Gustav Körting

Handbuch der romanischen Philologie

Gustav Körting

Handbuch der romanischen Philologie

ISBN/EAN: 9783965066342

Auflage: 1

Erscheinungsjahr: 2023

Erscheinungsort: Treuchtlingen, Deutschland

© Literaricon Verlag UG (haftungsbeschränkt)

www.literaricon.com

Printed in Germany

Handbuch

der

romanischen Philologie

(Gekürzte Neubearbeitung der „Encyklopädie und Methodologie
der romanischen Philologie")

von

Gustav Körting.

Leipzig,

O. R. Reisland.

1896.

Vorwort.

Das vorliegende Buch, welches meine „Encyklopädie und Methodologie der roman. Philologie" ersetzen soll, ist in Anlage und Ausführung ein durchaus neues Werk, welches mit dem älteren nur den Stoff, und auch diesen nur zum Theil, gemeinsam hat. Die von dem Herrn Verleger aus triftigen Gründen geforderte Beschränkung des Umfanges auf etwa 40 Bogen nöthigte mich, Alles fernzuhalten, was irgend entbehrlich schien[1]). Manches mag also dem neuen Buche fehlen, was man in dem älteren gern vorfand. Andrerseits ist aber doch auch Manches hinzugekommen, was in dem älteren Buche nicht berücksichtigt worden war. Dass ich die Ergebnisse der während des letzten Jahrzehnts auf dem Gebiete der romanischen Philologie erschienenen Untersuchungen aufgenommen oder doch kurz angedeutet habe, versteht sich von selbst.

Möge dem „Handbuche" dieselbe freundliche Aufnahme beschieden sein, welche einst, namentlich im Kreise der Studirenden, die Encyklopädie gefunden hat!

Kiel, den 13. Juli 1896.

G. Körting.

---

[1]) So z. B. die bibliographischen Angaben über die romanische Lautlehre (weil man dieselben in *Meyer-Lübke's* Gramm. d. rom. Spr. findet), die Abrisse der roman. Einzellitteraturen nebst den dazu gehörigen Schriftstellerverzeichnissen (weil ich einen besonderen „Grundriss der roman. Litteraturgeschichte" herauszugeben beabsichtige) und ebenso die Abrisse der roman. Einzelgrammatiken (weil dieselben, seitdem *Gröber's* Grundriss und *Meyer-Lübke's* Gramm. vorliegen, überflüssig gewesen sein würden).

Inhaltsverzeichniss.

Erster Theil.

Theorie und Praxis des Studiums der romanischen Philo

Seite

§ 1. Begriff der Philologie. . . . .
   1. Wesen der Philologie; Philologie und Einzelphilologien
S. 1 f. — 2. Die verschiedenen Einzelphilologien. Die „Neuphilologie" S. 2 f. — 3. Die „classische" Philologie und die „Neuphilologie" S. 3 f. — 4. und 5. Ausdehnung und Einengung des
philologischen Studiums. 3. 4.—6. — Anmerkung 1: Erörterung
des Begriffs „Philologie", Besprechung der verschiedenen Definitionen dieses Begriffs S. 6—10. — Anmerkung 2: Erörterung des
Begriffs „Volk" und des zwischen dem Volksthum einerseits und
der Sprache und der Litteratur andrerseits bestehenden Verhältnisses S. 10—14.

§ 2. Umfang und Gliederung der Philologie . . . . . .
   1. Die beiden Haupttheile der Philologie: der sprachliche
und der litte   . — 2. Verhältniss zwischen Spi
und Litte atur S. 15—18. — 3. Die Sprache als Object philologischer Forschung S. 18 f. — 4. und 5. Die Einzelgebiete der
Sprachlehre S. 19 f. — 6. Sprachgeschichte und Sprachbeschreibung
S. 20 f. — 7. Kritik und Hermeneutik S. 21—23.

§ 3. Bedeutung der Philologie . . . . 23—30
   1. Die Philologie erschliesst das Verständniss des geistigen
Lebens der Vorzeit S. 23 f. — 2. Die Philologie erschliesst das
Verständniss der geistigen Eigenart eines Volkes S. 24 f. —
3. Die Philologie ist die Erklärerin der schriftlichen Ueberlieferung
S. 25 f. — 4. „Nutzen" der Philologie S. 26—28. — 5. Vermeintliche Kleinkrämerei und pedantische Geistlosigkeit der Philologie
S. 28—30.

§ 4. Beziehungen der Philologie zu den anderen Wissenschaften . . . . 30—35

Seite

1. Einheit aller Wissenschaften S. 30 f. — 2. „Hauptwissenschaften" und „Hülfswissenschaften" S. 30. — 3. Allgemeines
Verhältniss der Philologie zu den anderen Wissenschaften S. 30. —
4. Philologie, Sprachwissenschaft, Sprachphilosophie, Sprachvergleichung S. 31 f. — 5. Philologie, Logik, Psychologie
S. 32 f. — 6. Philologie und die übrigen nach Erkenntniss der
geistigen Eigenart eines Volkes strebenden Wissenschaften
S. 33. — 7. Philologie und Geschichte S. 33 f. — 8. Philologie
und Naturwissenschaft S. 34 f.

§ 5. Bemerkungen über die Geschichte der Philologie. 35—45
1. Die griechische und die indische Grundlage der Philologie S. 35 f. — 2. Die Philologie bei den Griechen S. 36 f. —
3 und 4. Die Philologie bei den Römern S. 36—38. — 5. Die
Philologie im Mittelalter S. 39 f. — 6. und 7. Die Philologie
der Renaissancezeit; der Humanismus S. 40—43. — 8. Die
Philologie des 18. und 19. Jahrhunderts S. 43—45.

§ 6. Begriff der romanischen Philologie . . . . . . 45—47
1. Definition der romanischen Philologie S. 45 f. — 2. Die
romanischen Völker S. 46. — 3. Berechtigung der romanischen
Philologie S. 47.

§ 7. Umfang und Gliederung der romanischen Philologie . . . . 47—50
1. Umfang der romanischen Philologie S. 47 f. — 2. Die
romanischen Einzelphilologien S. 48 f. — 3. Zeitliche Eintheilung
der romanischen Philologie S. 49 f. — 4. Litteraturforschung
und Sprachforschung innerhalb der romanischen Phil. S. 50.

§ 8. Bedeutung der romanischen Philologie . . . . 51—59
1. Die Bedeutung der romanischen Philologie ist begründet
in der Bedeutung der romanischen Völker für die europäische
Culturentwickelung S. 51 f. — Germanenthum und Romanenthum
S. 52. — 2. Der innere Werth der romanischen Sprachen S. 53—
57. — 3. Der innere Werth der romanischen Litteraturen
S. 57—59. — 4. Bedeutung der romanischen Philologie für das
Verständniss der geistigen Eigenart der Romanen S. 59.

§ 9. Beziehungen der romanischen Philologie zu den
andern Wissenschaften. . . . . 59—73
1. Beziehungen der romanischen Philologie zur lateinischen
Philologie S. 59—61. — 2. Beziehungen der romanischen Philologie zur griechischen Philologie S. 61—63. — 3. Beziehungen
der romanischen Philologie zur germanischen Philologie S. 63 f. —
4. Beziehungen der romanischen Philologie zur englischen Philologie S. 64 f. — 5. Beziehungen der romanischen Philologie zur
keltischen Philologie S. 65—67. — 6. Romanisch und Baskisch
S. 67 f. — 7. Romanisch und Albanesisch S. 68. — 8. Romanisch
und Slavisch S. 68 f. — 9. Romanisch und Semitisch S. 70. —
10. Romanisch und Sanskrit S. 70 f. — 11. Romanische Philo-

Seite

logie und Geschichte (politische Geschichte, Culturgeschichte, Kirchengeschichte) S. 71—73. — 12. Beziehungen der romanischen Philologie zur bildenden Kunst S. 73.
(Ueber die Beziehungen der Philologie zur Philosophie etc. vgl. § 4.)

§ 10. Bemerkungen über die Geschichte der romanischen Philologie . . . . 73—80
1. Dante's „De vulgari eloquentia" S. 73. — 2. Mittelalterliche Schriften über prov., catal., ital., frz. Sprache, Rhythmik etc. S. 73 f. — 3. Beschäftigung mit romanischen Sprachen und Litteraturen während des 16., 17. und 18. Jahrh's. S. 73 bis 75. — 4. Bedeutung der romantischen Geistesströmung für das Entstehen der romanischen Philologie S. 76. — 5. Begründung der romanischen Philologie durch (Raynouard und) Diez S. 76—78. — 6. Die Entwickelung der romanischen Philologie S. 79 f. — 7. Ausbreitung der romanischen Philologie S. 79 f.

§ 11. Encyklopädische Darstellungen der romanischen Philologie; Zeitschriften . . . . 80—88
1. Begriff der „Encyklopädie" S. 80. — 2. Encyklopädien der romanischen Philologie; Gröber's Grundriss S. 80—83. — 3. Kleinere encyklopädische Schriften (Neumann, Gorra, Söderhjelm) S. 83. — 4. Zeitschriften für romanische Philologie S. 83 bis 87. — 5. Bibliographische Hülfsmittel S. 87 f.

§ 12. Bemerkungen über das Universitätsstudium der romanischen Philologie . . . . 88—112
1. Bevorzugte Stellung des Französischen S. 88. — 2. Im Universitätsstudium ist das Französische am besten mit dem Latein (nicht mit dem Englischen) zu verbinden S. 88 f. — 3. Die „Nebenfächer" S. 89. — 4. Die Lehrbefähigung im Latein; Nothwendigkeit ernstlicher Beschäftigung mit dem Latein S. 89 bis 93. — 5. Muss der „Neuphilolog" Kenntniss des Griechischen besitzen, bezw. sich dieselbe erwerben? S. 93—95. — 6. Ergänzung des Studiums des Französischen durch das Studium des Provenzalischen, Italienischen, Spanischen S. 95 f. — 7. Unmöglichkeit der Aufstellung eines festen Studienplanes für „Neuphilologen" S. 96. — 8. Einseitigkeit und Vielseitigkeit S. 96 f. — 9. Die Gefahr der Kraftzersplitterung im Studium S. 98—100. — 10. Der Besuch der Vorlesungen S. 100—102. — 11. und 12. Ordnung und Methode des Studiums S. 102—104. — 13. Die Lectüre S. 104—107. — 14. Gewöhnung an regelmässige Durchsicht der Fachzeitschriften S. 107 f. — 15. Dauer des Universitätsstudiums; Promotion; Staatsexamen S. 108—111. — 16. Die „neuphilologischen Vereine" S. 111 f.

§ 13. Die Erwerbung der Schreib- und Sprechfertigkeit im Französischen . . . . 112—118
1. Die auf die praktische Sprachkenntniss bezüglichen Be-

Seite

stimmungen der Prüfungsordnung S. 112—114. — 2. Der Aufenthalt im Auslande S. 114 f. — 3. Rathschläge für das praktische Sprachstudium S. 115—118.

Zweiter Theil.

Sprache, Schrift und Schriftthum (Litteratur) im Allgemeinen.

Erstes Capitel.

Die Sprache.

Seite

§ 14. Hülfsmittel für das Studium der Sprachwissenschaft und der indogerman. Sprachvergleichung . .   119—123

1. Anleitungsschriften S. 119 f. — 2. Sprachphilosophische Werke S. 120. — 3. Werke über die Geschichte der Sprachwissenschaft S. 121. — 4. Sprachbeschreibende Werke S. 121. — 5. Vergleichende Grammatiken der idg. Sprachen S. 121 f. — 6. Vergl. Wörterbücher der idg. Sprachen S. 122. — 7. Schriften über die Urgeschichte der Indogermanen S. 122. — 8. Zeitschriften und dgl. S. 122 f.

§ 15. Begriff und Wesen der Sprache . . . .   123—134

1. Begriff der „Sprache" S. 123. — 2. Die Uebertragung, bezw. die Versinnlichung des Denkens S. 123 f. — 3. Die Lautsprache S. 124. — 4. Das Sprechen ist eine psycho-physische (Bewegungs-)Thätigkeit S. 124 f. — 5. Der Ursprung des Sprechens S. 125. — 6. Individualismus der Sprache S. 125—127. — 7. Unvollkommenheit der mittelst des Sprechens erfolgenden Versinnlichung des Denkens S. 127—131. — 8. Das Trägheitsprincip in der Sprache S. 131—134.

§ 16. Erzeugung und Beschaffenheit der Sprachlaute   134—146

1. Die Lauterzeugung ein mechanischer, das Sprechen ein psycho-physischer Vorgang S. 134 f. — 2. Der Weg des Exspirationsstromes S. 135. — 3. Verwendung des Exspirationsstromes zur Lauterzeugung S. 135 f. — 4. Die Lautarten und Hauptlauttypen S. 134—138. — 5. Verschiedene Klangfähigkeit der Laute S. 138 ff. — 6. Verschiedene Dauer der Laute S. 140 f. — 7. Verschiedene Stärke der Laute (die Abstufungen der Betonung) S. 141—143. — Bemerkungen über das Studium der Lautphysiologie S. 143—146.

§ 17. Der Lautwandel . . . .   147—161

1. Die Hauptthatsachen des Lautwandels S. 147 f. — 2. Die Hauptthatsachen des Lautwandels zwischen Latein und

Seite

Romanisch S. 148 f. — 3. Die „Lautgesetze" und ihre Gültigkeit (Standpunkt der „Junggrammatiker") S. 149—154. — 4. Die Ursachen des Lautwandels S. 154—161.

§ 18.　Das Denken und das Sprechen . . . . 161—180
1. Das Sprechen und die Logik S. 161—163. — 2. Die Begriffe und ihre Beschaffenheit S. 163—165. — 3. Der sprachliche Ausdruck der Begriffe S. 165 f. — 4. Wurzelsprachen und Wortsprachen S. 166—168. — 5. Unvollkommene Scheidung der Wortkategorien S. 168—170. — 6. Die grammatischen Kategorien S. 170—172. — 7. Der sprachliche Ausdruck der Begriffsbestimmungen S. 172—174. — 8. Der sprachliche Ausdruck der Begriffsverbindungen S. 174 f. — 9. Der sprachliche Ausdruck der Begriffsbeziehungen S. 175 f. — 10. Die Bestandtheile des „Satzes" S. 175—178. — 11. Der sprachliche Ausdruck der Satztheile S. 178 f. — 12. und 13. Die „Rede" und ihre Formen S. 179 f.

§ 19.　Verschiedenheit und Eintheilung der Sprachen　180—195
1. Die Erfahrungsthatsache der Sprachverschiedenheit S. 180—182. — 2. Die zeitlichen Verschiedenheiten in der Sprache eines und desselben Individuums S. 182 f. — 3. Die Sprachverschiedenheiten zwischen den zu einer Sprachgenossenschaft gehörigen Individuen S. 183 f. — 4. Die Sprachverschiedenheiten zwischen den einzelnen Gruppen einer Sprachgenossenschaft, Sprachspaltung S. 184—186. — 5. Sprachen und Mundarten S. 186 f. — 6. Geographische Abgrenzung der Sprachen und Mundarten S. 187 f. — 7. Der Bau der Sprachen ist maassgebend für die Eintheilung derselben S. 188 f. — 8. Die Verschiedenheit des Baues der Wortsprachen S. 188—192. — 9. Die verschiedenen Abstufungen der „Flexion" S. 192—195.

§ 20.　Die indogermanischen Sprachen . . . . 195—201
1. Uebersicht über die indogermanischen Sprachen S. 195 bis 199. — 2. Die idg. Ursprache S. 199 f. — 3. Die Heimath des idg. Urvolkes S. 200. — 4. Nähere Verwandtschaftsverhältnisse zwischen einzelnen idg. Sprachen S. 200. — 5. Erloschene idg. Sprachen S. 200 f.

Zweites Capitel.

Die Schrift und das Schriftthum (die Litteratur).

§ 21.　Begriff und Wesen der Schrift . . . . 201—205
1. Begriff der Schrift S. 201 f. — 2. Arten der Schrift S. 202. — 3. Die Wortschrift S. 202. — 4. Die Silbenschrift S. 202 f. — 5. Die Lautschrift S. 203. — 6. Das Schreiben als psycho-physische Thätigkeit S. 203 f. — 7. Das Lesen

Seite

S. 204. — 8. Vervielfältigung der Schrift S. 204 f. — 9. Das Schreiben als Kunst S. 205.

§ 22. Die Lautschrift . . . . 205—209
1. Das Ideal der Lautschrift S. 205 f. — 2. Die praktische Lautschrift S. 206 f. — 3. Lautschrift und Phonetik S. 207 bis 209. — 4. Kurzschrift S. 209. — 5. Ergänzungen der Lautschrift (Interpunktion) S. 209.

§ 23. Das Schriftthum . . . . 209—216
1. Verbreitung der Schreibkenntniss S. 209 f. — 2. Begriff des „Schriftthums" (im weitesten Sinne des Wortes) S. 210. — 3. Die Schriftwerke sind Geisteswerke S. 210. — 4. Der Umfang der Schriftwerke S. 210 f. — 5. Eintheilung der Schriftwerke nach ihrem Inhalte: Schriftwerke „praktischer" Art und Schriftwerke „idealer" Art S. 211 f. — 6. Schriftwerke ästhetischer Form und Schriftwerke nicht-ästhetischer Form S. 212 f. — 7. Verschiedenheit des Gedankenbestandes der Schriftwerke, das Schriftthum im engeren Sinne des Wortes S. 213—215. — 8. Die Geschichte des Schriftthums (Litteraturgeschichte) S. 215 f.

§ 24. Die Dichtung . . . . 216—225
1. Das objective und das subjective Denken S. 216 f. — 2. Begriff der „Dichtung" S. 217. — 3. Idealistische und realistische Dichtung S. 217—219. — 4. Die Gattungen der Dichtung S. 219—221. — 5. Verhältniss der Individualität des Dichters zum Volksthume S. 221 f. — 6. Rhythmische und nicht-rhythmische Redeform der Dichtung S. 222—225. — 7. Ergänzung der Dichtung durch Musik und Gesang S. 225.

§ 25. Die Schriftsprache . . . . 225—230
1. Der Zweck des Schreibens S. 225. — 2. Das Schreiben für die Oeffentlichkeit S. 225 f. — 3. Der für die Oeffentlichkeit Schreibende erstrebt Verständlichkeit S. 226 f. — 4. Der für die Oeffentlichkeit Schreibende erstrebt gefällige sprachliche Form S. 227. — 5. Verschiedenheit der Schriftsprache von der Umgangssprache S. 227—229. — 6. Das Beharrungsstreben der Schriftsprache S. 222 f. — 7. Der archaische Charakter der Schriftsprache S. 230.

§ 26. Die Ueberlieferung der Schriftwerke . . . . . 230—241
1. Die ursprüngliche Fassung eines Schriftwerkes S. 230 f. — 2. Die „Urschrift" S. 231. — 3. Vervielfältigung der „Urschrift" S. 231. — 4. „Urschrift" und Abschrift S. 231. — 5. Mechanische Vervielfältigung einer „Urschrift" S. 231—233. — 6. und 7. Trübungen der ursprünglichen Fassung eines Schriftwerkes S. 233—236. — 8. Ermittelung der ursprünglichen Fassung eines Schriftwerkes durch Anwendung der Kritik S. 236—239. — 10. Werth der kritischen Wiederherstellung eines Schriftwerkes S. 239—241.

Dritter Theil.

Das Latein und das Romanische.

Seite

§ 27. Hülfsmittel für das Studium des Lateins . . . 242—253
     A. Quellen zur Kenntniss der latein. Sprache: a) Inschriften
S. 242; b) Handschriften S. 243; c) Angaben der lat. Gramma-
tiker (s. S. 244 f.); d) Die Metrik S. 243. — B. Grammatik
S. 244—248. Die nationalrömische Gramm. S. 244—246. —
Die latein. Gramm. im Mittelalter S. 246. Die latein. Gramma-
tik in der Neuzeit S. 247 f. — C. Die Lexikographie S. 248
bis 251. Die Lexikographie der Römer; die Appendix Probi
S. 248 f.; Die latein. Lexikographie des Mittelalters (Glossen)
S. 249; Die lat. Lexikographie der Neuzeit S. 249—251. —
D. Arten des Lateins S. 251. — E. Metrik S. 252 (vgl. S. 561).
— F. Litteraturgeschichte S. 252 f. — G. Zeitschriften S. 253.

§ 28. Hülfsmittel für das Studium des Romanischen 253—257
     1. Encyklopädien etc. s. § 11. — 2. Geschichte des Ro-
manischen S. 253. — 3. und 4. Grammatik des Romanischen
S. 253—256. 5. Lexikographie des Romanischen S. 256 f. —
6. Rhythmik des Romanischen S. 257. — 7. Geschichte der gesammtromanischen Litteratur S. 257.

§ 29. Die Stellung des Lateins im Kreise der ver-
wandten Sprachen . . . . 257—260
     1. Zugehörigkeit des Lateins zur italischen Sprachgruppe
S. 257 f. — 2. Muthmassliche nähere Beziehungen des Lateins
zum Keltischen S. 258. — 3. Beziehungen des Lateins zum
Griechischen S. 258 f. — 4. Die Sprache der italischen Gruppe
S. 259 f.

§ 30. Die Stellung des Romanischen im Kreise der
verwandten Sprachen . . . . 260—262
     1. Romanisch und Latein, Romanisch und Keltisch S. 260 f.
2. und 3. Das Romanische ist nicht eine „Tochtersprache", sondern
es ist die Fortsetzung des Lateins S. 261. — 4. Das Romanische
und das Germanische S. 261 f. — 5. Das Romanische und das
Arabische S. 262. — 6. Das Romanische und das Slavische
S. 262. — 7. Romanisch und Albanesisch S. 262. — 8. Kreolensprachen S. 262.

§ 31. Das Sprachgebiet des Lateinischen . . . . . 262—272
     1. Die im alten Italien gesprochenen Sprachen S. 262 f.
— 2. Die Ausbreitung des Lateins über Gesammtitalien, die
Westländer, die Provinz Afrika und Dacien S. 263—267.
— 3. Chronologische Angaben S. 267—269. — 4., 5. und 6. Das
lateinische Sprachgebiet in der späteren Kaiserzeit S. 269 bis
272.

Seite

§ 32. Das Sprachgebiet des Romanischen . . . . . . 272—279
       1. Uebersicht des roman. Sprachgebietes S. 172—275. —
2. Fremdsprachliche Bezirke innerhalb des roman. Sprachgebietes S. 275 f. — 3. Das roman. Sprachgebiet im Mittelalter
S. 276. — 4. Zahl der Romanen S. 276 f. — 5. Geringe Ausbreitungskraft der romanischen Sprachen S. 277 ff. — 6. Grosse
Aufsaugungsfähigkeit der roman. Sprachen S. 279.

§ 33. Die Arten des Lateins (Dialekte, Schriftlatein
       und Volslatein). . . . . 280—294
       1. Das Altlatein war nicht in Dialekte gespalten S. 280.
— 2. Dialektische Spaltung des Lateins in der späteren Zeit
S. 280—282. — 3. Schriftlatein und Volkslatein S. 282—284.
— 4. Quellen für die Kenntniss der latein. Volkssprache
S. 284—288. — 5. Verhältniss der latein. Volkssprache zur
Schriftsprache S. 288—291. — 6. Abweichung des Volkslateins
von dem Schriftlatein S. 292. — 7. „Reconstructionslatein“
S. 292 f. — 8. Bibliographische Angaben S. 293 f.

§ 34. Die Spracharten des Romanischen (die romani-
       schen Einzelsprachen) . . . . 294—304
       1. Die Einheitlichkeit des Romanischen S. 294 f. — 2. Die
einzelnen romanischen Sprachgenossenschaften S. 295 f. — 3.
Die romanischen Nationalitäten S. 296—298. — 4. Die roman.
Nationalschriftsprachen S. 298 f. — 5. Beschaffenheit der rom.
Nationalschriftsprachen S. 299. — 6. Verhältniss der roman.
Mundarten zu den Schriftsprachen S. 299 f. — 7. Uebersicht
über die roman. Mundarten S. 300—304.

§ 35. Bemerkungen über die Geschichte des Lateins 304—312
       1. Allmähliche Ausbreitung des Lateins S. 304—308. —
2. Die innere Geschichte des Lateins S. 308—312.

§ 36. Bemerkungen über die Geschichte des Romani-
       schen . . . . 312—322
       1. Die Lebenskraft der latein. Volkssprache S. 312—316.
2. Die Entstehung der roman. Nationalsprachen S. 316—319.
3. Verhältniss der roman. Einzelsprachen zu dem Latein
S. 319 f. — 4. Beeinflussung des Romanischen durch Fremdsprachen S. 320 f. — 5. Einfluss der humanistischen Bildung
auf die roman. Schriftsprachen S. 321 f.

§ 37. Bemerkungen über den lateinischen Wort-
       schatz . . . . 322—328
       1. Die Wortklassen des Lateins und ihre Verwendung
S. 322 f. — 2. Die Wortzusammensetzung im Latein S. 323
bis 325. — 3. Lückenhaftigkeit unserer Kenntniss des latein.
Wortschatzes S. 325. — 4. Etymologische Dunkelheit des
Lateins S. 326. — 5. Die griechischen Bestandtheile im latein.
Wortschatze S. 326 f. — 6. Sonstige fremde Bestandtheile im
latein. Wortschatze S. 327 f.

Seite

§ 38. Der Wortschatz des Romanischen . . . . 328—352
1. Die Wortklassen des Romanischen und ihre Verwendung S. 328—330. — 2. Verhältniss des roman. Wortschatzes zu dem latein. S. 330 f. — 3. Griechische Bestandtheile im roman. Wortschatze S. 331 f. — 4. Die „Erbworte" S. 332 bis 337 (Bedeutungswandel der „Erbworte" S. 334 ff.) — 5. Die „gelehrten" Worte S. 337—342 (die Doublets S. 341 f.) — 6. Worte vorrömischer Sprachen im Roman. S. 342 f. — 7. Die german. Bestandtheile im roman. Wortschatze S. 343—345. — 8. Fremdsprachliche Bestandtheile im Rumänischen S. 346. — 9. Die arabischen Bestandtheile im roman. Wortschatze S. 346. — 10. Wortaustausch unter den roman. Völkern S. 346 f. — 11. Wortschöpfung im Romanischen S. 347—349. — 12. Wortzusammensetzung im Romanischen S. 349—351. — 13. Der Wortschatz des Gesammtromanischen S. 351. — 14. Lateinische und romanische Worte im Althochdeutschen, Altenglischen etc. S. 352.

§ 39. Bemerkungen über die Laute des Lateinischen 352—365
1. Die Bezeichnung der Laute (die Schrift) S. 352 f. — 2. Der Lautwerth der lateinischen Buchstaben (die Aussprache) S. 353—355. — 3. Der Worthochton S. 355—358. — 4. Vocale und Diphthonge S. 358—360. — 5. Consonanten S. 360—363. — 6. Die Lautgestaltung der Worte innerhalb des Satzes (Satzphonetik) S. 363—365.

§ 40. Die Laute des Romanischen . . . . 365—399
1. Die Bezeichnung der Laute (die Schrift) S. 365—370. — 2. Feststellung der Aussprache S. 370—372. — 3. Der Worthochton S. 372—375. — 4. Der Vocalismus S. 375—391 (A. Hochtonvocale: Allgemeines S. 375 f.; lat. geschl. i S. 376; lat. geschl. u S. 377: lat. geschl. e S. 377 f.; lat. geschl. o S. 378 bis 380; lat. offenes $è$ S. 380 f.; lat. offenes $ò$ S. 381 f.; lat. $á$ S. 382—384; lat. $aú$ S. 384 f.; Nasalvocale S. 385—387. B. Die nichthochbetonten Vocale S. 387—391). — 5. Der Consonantismus S. 391—399.

§ 41. Bemerkungen über die Wortformen (den Formenbau) des Lateinischen . . . . 399—425
A. Das Nomen. I. Die Genera S. 399—401; II. Numeri S. 401; III. Casus S. 401 f.; IV. Die Nominalstämme S. 402 bis 404; V Verbindung der Nominalstämme mit den Casussuffixen S. 404—407; VI. Bemerkungen über die nominale Declination S. 407—409; VII. Comparation des Adjectivs S. 409 f.; VIII. Bemerkungen über die Declination der Pronomina S. 409 f.; Die Declination der Numeralia S. 411. — B. Das Verbum. I. Die Genera (Diathesen) S. 411; II. Zeitarten und Zeitstufen S. 411 bis 414: III. Die Bildung der Tempusstämme S. 414—420 (der Präsensstamm S. 414—416; der Perfectstamm S. 416—420);

Seite

IV. Die Modi S. 420 f.; V. Die Personalendungen S. 421 f.;
VI. Die Verbalnomina (das Verbum infinitum) S. 422 – 425.
§ 42. Die Wortformen (der Formenbau) des Romani-
schen . . . . 425—504
    A. Das Nomen. 1. Die Genera S. 425—429; 2. Die
Numeri S. 430; 3. Die Casus S. 430—434; 4. Die Nominal-
stämme S. 434—436; 5. Die Trümmer der Declination (die
Singular- und die Pluralform des Nomens S. 436—446 (die Zwei-
Casus-Decl. im Altprov und Altfrz. S. 442 ff.); 6. Das Adjectivum
S. 446—449; 7. Das Pronomen S. 450—456; 8. Das Zahlwort
S. 456—458. — B. Das Verbum. 1. Die Genera (Diathesen)
S. 458 f.; 2. Zeitarten und Zeitstufen S. 459—462; 3. Die Tempus-
stämme S. 462—478 (der Präsensstamm und die Conjugationen
S. 462—471; der Perfectstamm S. 471—478); 4. Die Modi
S. 478—482; 5. Die Personalendungen S. 482—487; 6. Das
Verbum infinitum S. 487—491; 7. Umschreibende Verbindungen:
Ersatz des Passivs S. 491 f.; Ersatz der Tempora der voll-
endeten Handlung S. 492—494; Ersatz des Futurs S. 494—496;
Schriften über die romanische Conjugation S. 496—499. —
C. Die einformigen Wortclassen: a) Die Adverbien S. 499—501;
b) Die Präpositionen S. 501—503; c) Die Conjunctionen S. 503;
d) Die Interjectionen S. 504.
§ 43. Bemerkungen über den Satzbau des Lateins . . 504—514
    1. Quellen für die Kenntniss des lat. Satzbaues S. 504. —
2. Beschaffenheit des lat. Satzbaues S. 504 f. — 3. Flexivischer
und nicht-flexivischer Ausdruck syntaktischer Verhältnisse
S. 505 f. — 4. Verhältniss des Nebensatzes zum Hauptsatze;
Einbeziehung des ersteren in den letzteren S. 506 f. — 5. Modale
Verbindung des Nebensatzes mit dem Hauptsatze S. 508 f. —
6. Aeussere Verbindung des Nebensatzes mit dem Hauptsatze
S. 509 f. — 7. Die Wortstellung und ihre Bedeutung für den
Stil S. 510—513. — 8. Einfluss des Griechischen auf den lat.
Satzbau S. 513. — 9. Hülfsmittel für das Studium der lat.
Syntax S. 513 f.
§ 44. Der Satzbau des Romanischen . . . . 514—551
    1. Beschaffeaheit des roman. Satzbaues S. 514—516. —
2. Der der Artikel u. Ausdruck der Casusverhältnisse S. 516—521.—
3. Das Adjectiv S. 521—523. — 4. Das Pronomen S. 523 f.; —
5. Das Verbum S. 523—528. — 6. Das Adverbium S. 528—531
(Bejahung, Verneinung, Frage S. 529 ff.) — 7. Wortstellung
S. 531—535. — 8. Satzzusammenziehung S. 535 f. — 9. Andeutung der ideellen Abhängigkeit des Nebensatzes von dem
Hauptsatze S. 537 f. — 10. Aeussere Verbindung des Nebensatzes
mit dem Hauptsatze S. 538—540. — 11. Der Stil im Roman.
S. 540 f. — 12. Hülfsmittel für das Studium des roman. Satzbaues und der roman. Grammatik überhaupt S. 541—551.

Inhaltsverzeichniss.

XV

Seite

§ 45. Bemerkungen über den Versbau des Lateins . . 551—563

1. Der altlat. Vers S. 551. — 2. Wechsel im Versbau in Folge der veränderten Hochton- und Quantitätsverhältnisse S. 551 f. — 3. Der Saturnier S 552 f. — 4. und 5. Einführung und Anwendung griechischer Versmaasse S. 553 f. — 6. Vielformigkeit des Hexameters S. 554 f. — 7. Versbindung S. 555. — 8. Cäsur S. 555 f. — 9. Die dichterische Sprache S. 556. — 10. und 11. Der Versbau der Volksdichtung in späterer Zeit S. 556—560. — 12. Kennzeichnung des accentuirenden lat. Versbaues S. 560 f. — 13. Hülfsmittel für das Studium des lat. Versbaues S. 561—563.

§ 46. Der Versbau des Romanischen . . . . 563—585

1. Grundgesetze des roman. Versbaues S. 563—568 (Anm. 1. Quantitirende Verse im Roman. S. 566 f. Anm. 2. Ursprung des roman. Verses S. 567 f.). — 2. Ungleichtaktigkeit des roman. Verses S. 568—581. — 3. Silbenzählung und Hiatus S. 571 bis 573. — 4. Mischung verschiedenartiger Verse S. 573—575. — 5. Der Reim S. 575—577. — 6. Das Enjambement S. 577. — 7. Versverbindung durch den Reim S. 577 f. — 8. Strophenbau S. 578 f. — 9. Die üblichsten Versarten S. 579 f. - 10. Die ältesten roman. Gedichte S. 580. — 11. Hülfsmittel für das Studium des romanischen Versbaues S. 580—585.

§ 47. Bemerkungen über das Schriftthum (die Litteratur) der Römer . . . . 585—597

1. Geistige Eigenart der Römer; Abhängigkeit der römischen Litteratur von der griechischen S. 585—587. — 2. Werth und Bedeutung der römischen Litteratur S. 587—590. — 3. Rascher Verfall der röm. Litt.; seine Ursachen S. 590—593. — 4. Kosmopolitischer Charakter der röm. Litt. S. 593 f. — 5. Die Rhetorik in der röm. Litt. S. 594 f. — 6. Die röm. Volksdichtung späterer Zeit S. 595 f. — 7. Die Endschicksale der röm. Litt. seit dem Emporkommen des Christenthums S. 596.

§ 48. Das Schriftthum (die Litteratur) der Romanen 597—645

1. Die Zeiträume der roman. Litteraturgeschichte S. 597. — 2. Das Nebeneinanderbestehen einer lateinischen und einer romanischen Litteratur im Mittelalter S. 598. — 3. Die Verbreitung der roman. Dichtungen durch mündlichen Vortrag während des Mittelalters S. 598 f. — 4. Umgestaltungen roman. Dichtungen während des Mittelalters in Folge des mündlichen Vortrags S. 599 f. — 5. Verhältniss der roman. Dichtung des Mittelalters zum classischen Alterthume S. 600 f. — 6. Das romanische Epos des Mittelalters S. 601—605. — 7. Die romanische Lyrik des Mittelalters S. 605. — 8. Das romanische Drama des Mittelalters S. 605 f. — 9. Die Betheiligung der einzelnen romanischen Nationen an dem litterarischen Schaffen S. 606—609. —

Seite

10. Die romanischen Litteraturen seit dem Aufkommen der Renaissancebildung S. 609—612.

Hülfsmittel für das Studium der romanischen Litteraturen: Allgemeines S. 612—614. — Besonderes: A. Italienisch S. 614—620; B. Rumänisch S. 620—621; C. Rätisch S. 621 f.; D. Provenzalisch S. 622—626; E. Französisch S. 626—638f.; F. Catalanisch S. 639—640; G. Spanisch S. 640—644; H. Portugiesisch S. 644—645.

Register .   646

Uebersicht der bibliographischen Angaben.

A. Allgemeines.

Sprachphilosophie S. 120. — Logik und Sprache S. 163 Anm. — Hülfsmittel für das Studium der allgemeinen Sprachwissenschaft und der indogermanischen Sprachvergleichung S. 119 f. — Geschichte der Sprachwissenschaft S. 121. — Sprachbeschreibung S. 121. — Vgl. Grammatik der indogermanischen Sprachen S. 121 f. — Vergleichende Wörterbücher der indogermanischen Sprachen S. 122. — Urgeschichte der Indogermanen S. 122. —
Zeitschriften für Sprachwissenschaft und Sprachvergleichung S. 122 f. —
Universalsprache S. 181 Anm. — Lautphysiologie und allgemeine Lautlehre
S. 145 f. — Lautgesetze S. 153 f. — Schriftgeschichte und Schriftwesen
S. 201 Anm. (vgl. S. XIX), S. 203 Anm., S. 206 Anm. — Uebersetzungs-
kunst S. 234 Anm. — Textkritik S. 239 Anm. und S. 629 Z. 7 ff. v. o. —
Begriff der Philologie S. 7 ff.

B. Lateinisch.

Inschriften S. 242 f. — Grammatik S. 245—248. — Lautlehre und
Aussprache S. 248. — Syntax S. 248 (s. auch S. 247 in der Mitte). —
Wörterbücher S. 249 f. — Etymologie, Semasiologie Synonymik S. 250 f. —
Metrik S. 561—563. — Litteraturgeschichte S. 252.

Volkslatein S. 293 f., vgl. auch S. 251. — Kirchliches Latein S. 251. —
Africanisches Lat. S. 282 Anm. — Mittelalterliches Latein S. 251 f. und 351.

C. Romanisch.

Encyklopädien S. 80 ff. — Zeitschriften und Bibliographien S. 83 ff. —
Geschichte der romanischen Philologie S. 77 f. und S. 80. — Grammatik des
Romanischen S. 253—256 (das Genus der Nomina S. 427 f. Anm.; die Casus-
bildung S. 441, 444 Anm., 445 f.; die Casuspräpositionen S. 433 Anm.; das
Adjectiv S. 448 unten und 449 unten; das Pronomen S. 455 f.; das Zahl-
wort S. 457 Anm.; die Conjugation S. 496—499; Adverbien S. 500 f. Anm.;
Präpositionen S. 503 Anm. — Grammatiken der romanischen Einzelsprachen:
Italienisch S. 542; Rumänisch S. 542 f.; Rätisch S. 543; Provenzalisch S. 543 f.;

Französisch 544—550; Catalanisch S. 550; Spanisch S. 550; Portugiesisch S. 551. Sonderschriften über die auf Einzelsprachen sich beziehenden Fragen sind an den eben genannten Stellen verzeichnet, namentlich auch die syntaktischen Schriften. — Etymologische Wörterbücher des Gesammtromanischen S. 256. — Wörterbücher (praktische, etymologische, synonymische) der Einzelsprachen: Italienisch S. 619 f.; Rumänisch S. 621; Rätisch S. 622; Provenzalisch S. 627; Französisch S. 636 ff.; Catalanisch S. 640; Spanisch S. 643 f.; Portugiesisch S. 645. — Sonderschriften über die Etymologie, Bedeutungswandel u. dgl. S. 331 ff. Anmerkungen, vgl. auch S. 620 (Ital.), 621 (Rum.), 622 (Rätisch), 626 (Prov.), 637 (Frz.), 640 ff. (Cat.), 644 (Span.), 645 (Ptg.); ebenda sind auch Schriften über Sprachgeschichte genannt. — Versbau: Allgemeines S. 580 (auch S. 562): Ital. S. 581; Rumän., Rät., Prov. S. 582; Frz. S. 583; Catal., Span., Ptg. S. 585. — Geschichte der romanischen Litteraturen und Sprachen: Allgemeines S. 257 und 612; Ital. S. 614; Rum. S. 620; Rät. S. 621; Prov. S. 622; Frz. S. 626; Catal. S. 639; Span. S. 640; Ptg. S. 644. — Chrestomathien und Sammlungen sind im Anschlusse an die litterargeschichtlichen Angaben genannt.

D. Nicht-romanische Sprachen.

Albanesisch S. 68. — Baskisch S. 68. — Chinesisch S. 167, Anm. — Englisch S. 64. — Germanisch S. 64 (über die germanischen Elemente im romanischen Wortschatze s. S. 345 u. 638). — Griechisch S. 62 f. — Keltisch S. 66. — Sanskrit S. 70 f. — Slavisch S. 69.

Nachträge und Berichtigungen.

S. 8 Z. 11 v. ob. statt Gvegorio lies **Gregorio**.

S. 63 füge hinzu: *Körting,* Neugriechisch und Romanisch, Berlin 1896.

S. 66. Seit Februar 1896 erscheint im Niemeyer'schen Verlage zu Halle eine Zeitschrift f. keltische Philologie, herausgeg. von *K. Meyer* und *L. Chr. Stern.*

S. 71. Z. 9 v. ob. statt Whitnery lies **Whitney**.

S. 71 Z. 24 v. ob. statt nichtphilosophischen lies **nichtphilologischen**.

S. 78. Zu den Diezschriften ist neuerdings hinzugetreten: *Stengel,* Zu Friedrich Diez' Gedächtniss (Vortrag, gehalten auf dem 6. Neuphilologen-tage), Hannover 1896.

S. 81. Von *Gröber's* Grundriss ist inzwischen Bd. II, Abth. 3 Lief. 1 erschienen (*Casini,* Geschichte d. ital. Litt.).

S. 84 f. Von *Vollmöller's* Jahresbericht ist inzwischen Bd. II, Heft 1 erschienen.

S. 116 Z. 8 v. u. im Texte. Von *Koschwitz'* Parlers parisiens erschien im Juli 1896 eine zweite Ausgabe.

S. 121 ist hinzuzufügen: *Hermann* (Ed.), Gab es im Indogermanischen Nebensätze? Ein Beitrag zur vergl. Syntax. Jena 1894, Diss.

S. 122 ist hinzuzufügen: *Jhering,* Vorgeschichte der Indo-Europäer, Leipzig 1894.

S. 129 Z. 7 v. u. statt Synonymen lies **Synonyma**.

S. 145 ist hinzuzufügen: *Winteler,* Naturlaute und Sprache. Aus-führungen zu W. Wackernagel's „Voces variae animantium", Aarau 1892, vgl. Ltbl. 1893 Sp. 273.

S. 181 Anm.[3]) *Schuchardt's* Schrift: „Weltsprache und Weltsprachen" erschien 1894 (nicht 1884).

S. 153 ist hinzuzufügen: *Ludwig,* Ueber den Begriff des Lautgesetzes Sitzungsberichte der k. böhmischen Gesellschaft d. Wissenschaften 1894.

S. 201 Anm.: *Chassant's* Werke erschienen zuletzt 1890, bezw. 1891. — Hinzuzufügen ist: *Prou,* Manuel de paléographie latine et frçse du 6e au 17e siècle suivi d'un dict. des abréviations, Paris 1892 (gutes Werk, vgl. Ltbl. 1895 Sp. 28). — *Paoli,* Grundriss der lat. Paläographie und Urkundenlehre. Aus dem Ital. übers. von *K. Lohmeyer*, Innsbruck 1885, vgl. Ltbl. 1887 Sp. 362.

S. 216 Z. 9 v. u. statt Es lies: es.

S. 245 ist hinzuzufügen, *Lindsay*, The Latin Language, Oxford 1894, vgl. *Stolz*, Histor. Gramm. d. lat. Spr. p. 366. — *Weise*, Charakteristik der lat. Sprache, Leipzig 1894.

S. 247. Zu den Mitarbeitern der „Histor. Gramm. der lat. Spr." ist hinzugetreten *Golling* (Wien).

S. 248. Eine neue Ausg. von *Marx'* Hülfsbüchlein erschien 1889. — Hinzuzufügen ist: *Gröber*, Verstummen des *h*, *m* und positionslange Silbe im Lat.: Commentationes Wölfflinianae p. 171 (Leipzig 1892).

S. 253 Anm. 1. Die Titel der beiden G. Paris gewidmeten Sammlungen sind: Recueil de mém. philol. présenté à M. G. P. par ses élèves suédois le 2 août 1889, Stockholm 1889, und: Etudes romanes dédiées à G. P. le 29 déc. 1890 par ses élèves français et ses élèves étrangers de pays de langue frçse. Paris 1891.

S. 260 ist hinzuzufügen: *Moratti*, „Studj sulle antiche lingue italiane, Florenz 1887 (behandelt besonders das Etruskische, vgl. Ltbl. 1887 Sp. 326).

S. 260 Z. 3 v. u. im Texte statt Mist. lies Misc.

S. 320 Z. 18 v. u. statt werden lies wären.

S. 346 No. 9. *Engelmann's* Dict. der span.-ptg. Worte arab. Ursprungs ist in den Litteraturangaben zu § 48 unter G S. 644 genannt.

S. 386 Z. 3 v. u. streiche die Worte nomen = ptg. nom.

S. 442 Z. 20 v. u. die neueste Schrift über das Suffix -arius ist *Staaff's* Diss : Le suffixe -arius dans les langues romanes, Göteborg 1896.

S. 442 Z. 16 v. u. statt *Vasconellos* lies *Vasconcellos*.

S. 448 Z. 5 v. u. streiche die Worte *Engelmann*, Ueber Flexion.

S. 448 Z. 2 v. u. statt n. lies **n.**

S. 557 Z. 7 f. v. u. ist zu lesen: Verse, welche aus je einer acht-silbigen und einer siebensilbigen Reihe mit tontrochäischem Rhythmus be-stehen.

S. 624 Hinzuzufügen ist: *P. Meyer*, Sur les rapports de la poésie des troubadours avec celle des trouvères, in: Romania XIX, 2, vgl. Ztschr. f. rom. Phil. XIV, 261; *Vollmöller's* Jahresb. I, 435.

S. 630 Z. 11 v. u. die neuste (von *Morf* bearbeitete) Ausg des *Hettner*-schen Buches erschien 1894.

Erster Theil.

Theorie und Praxis des Studiums der romanischen Philologie.

§ 1. **Begriff der Philologie.** 1. Die „Philologie" ist diejenige Wissenschaft, deren Aufgabe und Ziel die Erkenntniss der geistigen Eigenart eines Volkes (oder einer Völkergruppe) ist, soweit dieselbe in der Sprache[1]) und in der Litteratur ihren Ausdruck gefunden hat, bezw. noch gegenwärtig findet.

Nicht also die Sprache im Allgemeinen[2]) und ebensowenig die Litteratur im Allgemeinen ist Gegenstand der philologischen Forschung, sondern immer nur die Sprache und die Litteratur eines bestimmten einzelnen Volkes, bezw. einer bestimmten einzelnen Völkergruppe (vgl. jedoch § 4). Es sind demnach so viele Einzelphilologien zu unterscheiden, als einzelne Sprachen (Sprachgruppen) und Litteraturen (Litteraturgruppen) Gegenstand philologischer Forschung geworden sind. Da aber, welche Sprache(n) und welche Litteratur(en) auch ihr Gegenstand sein

---

[1]) Statt „Sprache" würde man besser „Rede" sagen, weil dadurch angedeutet würde, dass Philologie nicht schlechthin Sprachwissenschaft ist. Man beachte, dass der griechische Name eben „φιλολογία" und nicht etwa „φιλογλωττία" lautet. Indessen würde „Rede" statt „Sprache" in einem Zusammenhange, wie der obige es ist, hart und befremdlich klingen, wäre auch der Missdeutung fähig, dass man „Rede" als Gegensatz zur „Litteratur" auffassen und darunter die mündliche Ueberlieferung verstehen könnte.

[2]) Ueber das Verhältniss der (allgemeinen) Sprachwissenschaft zur Philologie ist oft gehandelt worden. Es genüge hier *Brugmann's* Rede „Sprachwiss. u. Phil." (in der Schrift „Zum heutigen Stand der Sprachwiss.", Strassburg 1885) zu nennen.

Körting, Handbuch der roman. Philologie. 1

möge(n), der philologischen Forschung in jedem Einzelfalle die gleiche Aufgabe gestellt, das gleiche Ziele gesetzt und die gleiche Methode vorgeschrieben ist, so ergibt sich aus der Vielheit der Einzelphilologien die wissenschaftliche Einheit der in ihnen vollzogenen geistigen Arbeiten, und es erscheinen die Einzelphilologien als die nach verschiedenen Richtungen hin geübten Bethätigungen eines und desselben geistigen Strebens. In Wahrheit also gibt es nur ein e Philologie, welche aber je nach den Sprachen und Litteraturen, deren Erforschung sie sich widmet, bald diesen, bald jenen Beinamen trägt (vgl. No. 2).

2. Unter den verschiedenen Einzelphilologien haben bis jetzt namentlich die folgenden nachhaltige und fruchtbringende Pflege gefunden: die griechisch-römische, die indische, die semitische, die germanische, die romanische, die slavische und — freilich erst seit Kurzem — die keltische. Diese Benennungen sind, wie man sieht, meist von den Namen der betreffenden Völkergruppen abgeleitet und folglich durchaus berechtigt. Dagegen empfiehlt es sich, nebenbei bemerkt, nicht, die auf morgenländische Sprachen und Litteraturen bezüglichen Einzelphilologien mit dem Gesammtnamen „orientalische Philologie" zu belegen, da auf diese Weise Sprachen ganz verschiedenen Stammes und Baues zu einer rein äusserlichen Zusammengehörigkeit verbunden werden.

Die Sprachen und Litteraturen, mit denen die philologische Forschung sich beschäftigt, sind theils bereits erloschene und folglich nur noch der Vergangenheit angehörige (wie z. B. das Sanskrit), theils aber noch lebende und also auch in unserer Gegenwart noch bestehende. Die Gesammtheit der auf die letzteren bezüglichen Einzelphilologien pflegt man als „neuere" (oder „moderne") Philologie zu bezeichnen im Gegensatz zu der die „alten" oder „classischen" Sprachen und Litteraturen, d. h. die griechische und die römische, behandelnden Philologie. Uebrigens begreift man unter dem Namen „neuere Philologie" gemeinhin nur die germanische und romanische und in Sonderheit wieder die deutsche, englische und französische Philologie. In dieser eingeschränkten Bedeutung, welche in der Beziehung des neusprachlichen Studiums zu der Praxis des Unterrichtswesens begründet ist, hat sich seit etwa fünfzehn Jahren statt der Benennung „neuere Philologie" der Ausdruck „Neuphilologie" eingebürgert, eine wenig glückliche Wortbildung, da sie zu der grundverkehrten Auffassung verführen kann, dass die „Neuphilologie" in ihrem Wesen verschieden sei von der „Altphilologie" und wohl gar im Verhältniss zu dieser einen höheren Werth beanspruchen dürfe, während doch, wenn überhaupt von einer Werthabschätzung die Rede sein kann, weit eher das Gegentheil sich behaupten lassen dürfte (vgl. No. 3).

3. Unter den Einzelphilologien ist (innerhalb des Kreises der europäischen Cultur) die griechisch-römische oder „classische" Philologie die bei weitem älteste — denn ihre Anfänge reichen bis zu den Alexandrinern, ja bis zur Zeit der Sophisten hinauf — und zugleich die bedeutsamste vermöge des tiefgreifenden Einflusses, welchen die Sprachen und Litteraturen des classischen Alterthums auf die Entwickelung der mittelalterlichen, namentlich aber der neuzeitlichen Culturverhältnisse ausgeübt haben.

Die classische Philologie, welche übrigens bis zum Beginne unseres Jahrhunderts die einzige in wirklich wissenschaftlicher Weise gepflegte Einzelphilologie war und folglich als Philologie schlechthin galt, ist die Lehrerin ihrer jüngeren Schwestern, insbesondere auch der romanischen Philologie, geworden und wirkt in dieser Eigenschaft auch jetzt noch fort (vgl. § 8). Namentlich haben die jüngeren Philologien in der Schule der classischen Philologie die Methodik der Forschung erlernt. Andrerseits hat die classische Philologie von den jüngeren Philologien gar manche fruchtbare Anregungen empfangen. Es sind dadurch, dass die „neueren" Sprachen Gegenstand wissenschaftlicher Betrachtung geworden sind, auch für die Erkenntniss der Entwickelung der „alten" Sprachen vielfach neue Gesichtspunkte gewonnen, zum Theil ist sogar neues Material beschafft worden [1]. Die Lautlehre des Griechischen und Lateinischen hat wissenschaftliche Gestaltung erst durch die

---

[1] Neben der „neueren" Philologie hat namentlich auch die indische fördernd auf die classische Philologie und insbesondere auf deren grammatisches Gebiet eingewirkt. Das Studium des Sanskrit schuf den festen Untergrund für den Aufbau der vergleichenden Grammatik der indogermanischen Sprachen und gab damit den Anstoss zur Umgestaltung der überlieferten Grammatik des Griechischen und des Lateinischen.

Rückwirkung der bezüglich anderer, namentlich auch der noch lebenden Sprachen unternommenen Forschungen erhalten. Die Erkenntniss der geschichtlichen Entwickelung des griechischen und des lateinischen Satzbaues ist mächtig gefördert worden durch die Ergebnisse, welche die anderen, namentlich auch den „neueren" Sprachen gewidmete syntaktische Arbeit erzielt hat. Auch manche Vorgänge und Erscheinungen in der griechischen und der römischen Litteraturgeschichte sind verständlicher und erklärlicher geworden, seitdem man erkannt hat, dass sie in anderen Litteraturen Entsprechungen haben. Das gilt z. B. von der Entstehung der homerischen Epen und von den Ursprüngen der griechischen Bühnendichtung: die ersteren lassen mit den altfranzösischen Chansons de geste, die letzteren mit den Anfängen des religiösen Schauspiels im Mittelalter sich vergleichen, und wenn auch freilich derartige Vergleichungen nicht Lösungen der betreffenden schwierigen Fragen bedeuten, so können doch aus ihnen neue Ansatzpunkte für die weitere Forschung gewonnen werden. In Sonderheit eng und ergiebig sind die Beziehungen zwischen der classischen (namentlich der lateinischen) und der romanischen Philologie, wie dies weiter unten (§ 9) darzulegen sein wird.

4. In der oben (No. 1) gegebenen Begriffsbestimmung ist bereits angedeutet worden, dass die philologische Forschung auf die Sprache und Litteratur nur eines Volkes (nicht also einer ganzen Völkergruppe) gerichtet werden kann. Diese Beschränkung ist eine praktische Nothwendigkeit für alle Diejenigen, denen es an Zeit, Kraft oder Neigung gebricht, ihre Forschung über ein so weites Gebiet auszudehnen, wie es das einer Philologie ist, welche die Sprachen und Litteraturen einer ganzen (vielleicht sogar vielgliedrigen) Völkergruppe umspannt. Auch kann die aus der Beschränkung sich ergebende Möglichkeit der Arbeitstheilung höchst förderlich für die Wissenschaft sein. Indessen kann, wer mit Sprache und Litteratur eines einzelnen Volkes philologisch sich beschäftigt, nur dann erfolgreich arbeiten, wenn er die Beziehungen, welche zwischen dieser einen Sprache und Litteratur und denen der zu derselben Gruppe gehörigen Völker bestehen, klar überschaut. Wer z. B. eine einzelne romanische Sprache und Litteratur (etwa die französische) zum Gegenstand philologischer For-

schung macht, muss mit den übrigen romanischen Sprachen
und Litteraturen so weit vertraut sein, dass er erforderlichen
Falls sie zur Erklärung der ihm auf seinem besonderen Arbeitsgebiete entgegentretenden sprachlichen und litterarischen Erscheinungen heranzuziehen vermag. Wer solche Befähigung
nicht besitzt, bleibt immer nur ein Dilettant und ist stets der
Gefahr ausgesetzt, sich in einseitigen, oberflächlichen und schiefen
Anschauungen zu verlieren. Was aber von dem Zusammenhange der Sprachen und Litteraturen der zu einer und derselben Gruppe gehörigen Völker gilt, das hat Geltung auch
in Bezug auf die Gesammtheiten der Sprachen und Litteraturen solcher Völkergruppen, welche (wie z. B. die Romanen
und die Germanen) in enge geschichtliche Beziehungen zu
einander getreten sind und sich gegenseitig beeinflusst haben.
Es muss, wer die Sprachen und Litteraturen oder auch nur
eine der Sprachen und Litteraturen irgend einer Völkergruppe
behandeln will, die Sprachen und Litteraturen der mit dieser
einen Gruppe geschichtlich verbundenen anderen Völkergruppen
kennen, wenigstens bis zu einem gewissen Grade. Wer z. B.
auf irgend einem Gebiete der romanischen oder auch nur der
französischen Philologie mit Erfolg als Philolog thätig sein
will, kann der Kenntniss z. B. der germanischen (namentlich
wieder der deutschen und englischen) Philologie nicht ent-
rathen (vgl. § 9). Jede philologische Einzelarbeit, welche
Höheres erstrebt, als ein mechanisches Zusammentragen und
äusserliches Ordnen von Wissensstoffen, kann vollen Erfolg und
wirklich wissenschaftlichen Werth nur dann haben, wenn der
Gesichtskreis des Arbeitenden ein weiter ist. Gewiss freilich
können nicht alle die vielen innerhalb eines weiten Sehfeldes
befindlichen Gegenstände gleichzeitig überschaut, können nie
auch alle gleich scharf und genau mit dem Blicke erfasst
werden, denn das menschliche Erkenntnissvermögen ist ein
sehr bedingtes und das menschliche Gedächtniss ist nur wenig
leistungsfähig. Aber wer einmal einen weiten wissenschaftlichen Gesichtskreis sich geschaffen hat durch ernstes und aus-
dauerndes Streben, dem bleibt als Frucht seiner Mühe wenigstens die Fähigkeit gewahrt, jederzeit die Richtung zu erkennen, nach welcher hin er über sein besonderes Arbeitsgebiet
hinaus greifen muss, um die richtigen Pfade und Ziele für

eine Einzelforschung zu gewinnen. Wohl zeigt sich in der Beschränkung der Meister, aber eben nur, wer Meister geworden ist, darf in der Wissenschaft sich beschränken, ohne damit zugleich auf selbständiges Denken und Forschen zu verzichten. Die Meisterschaft jedoch setzt Lehrjahre und Wanderjahre voraus, und eben während dieser gilt es, den geistigen Gesichtskreis thunlichst auszuweiten (vgl. § 12).

5. Vielfach wird in der Praxis des wissenschaftlichen Lebens die Beschränkung des philologischen Forschens so weit gesteigert, dass sie innerhalb eines einzelnen Sprach- und Litteraturgebietes nur auf eine bestimmte Litteraturgattung (z. B. des Epos) oder auf eine bestimmte Reihe von Litteraturwerken (so namentlich auf die Reihe der Werke eines Dichters, z. B. Shakespeare's) oder sogar auf ein einziges Litteraturwerk (z. B. die Nibelungen) gerichtet wird. So gibt es, wie bekannt, thatsächlich z. B. eine Homerphilologie, eine Nibelungenphilologie, eine Shakespearephilologie, eine Molièristik u. dgl. m. Auch solche Beschränkung ist an sich durchaus statthaft und kann sehr erspriesslich wirken, aber eben auch nur unter der Voraussetzung, dass der Gesichtskreis dessen, der sie übt, ein weiter sei. Wird diese Voraussetzung nicht erfüllt, so wird derartige auf engstem Gebiete betriebene Arbeit leicht zu einer zweckwidrigen Kleinigkeitskrämerei, deren ganzes Ergebniss in einem Aufhäufen von Wust und im Aufsteigen luftiger Gedankenblasen besteht. Ebenso schlimm freilich ergeht es umgekehrt auch dem, der immer unstät in entlegene Weiten schaut, der mit seinem Auge immer nur in die Ferne und nach den Höhen der Wissenschaft trachtet und es verschmäht, seinen Blick an der sorgsamen und prüfenden Beobachtung des Kleinen zu schärfen und zu schulen.

Anmerkung 1. In Wahrheit gibt es nur eine Wissenschaft, und jede Abgrenzung von Einzelwissenschaften ist lediglich in der Nothwendigkeit begründet, dass, weil kein Einzelner die Gesammtwissenschaft zu umfassen vermag, die Gesammtwissenschaft in eine grosse (und mit der zunehmenden Ausdehnung und Vertiefung der wissenschaftlichen Forschung sich immer vergrössernde) Zahl von Theilgebieten zerlegt werden muss. Es ist aber diese Theilung eben nichts als ein Nothbehelf. Dies gilt selbst von der üblichen Zweitheilung der Gesammtwissenschaft in Geisteswissenschaften und Naturwissenschaften, wie schon daraus erhellt, dass man gar nicht selten zur Aufstellung von

Wissenschaften sich genöthigt sieht, welche (wie z. B. die „Psychophysik") ebensowohl der einen wie der anderen Abtheilung angehören, also gleichsam Zwischen- oder Mischgebiete zweier Hauptgebiete der Wissenschaft darstellen.

Weil es sich aber eben so verhält, ist es unvermeidlich, dass jeder Versuch, das Wesen und die Aufgabe irgend welcher Einzelwissenschaft begrifflich zu bestimmen, nur in unvollkommenem Maasse gelingen kann. Daher erweisen sich alle bezüglich einer Einzelwissenschaft aufgestellten Begriffsbestimmungen als entweder zu eng oder zu weit gefasst, jedenfalls also als anfechtbar. So erklärt sich, dass eine jede derselben, wenn überhaupt, höchstens nur zeitweilig allgemeine Anerkennung gefunden hat, sehr bald aber doch wieder bestritten worden ist.

Der Begriff der „Philologie" bildet keineswegs eine Ausnahme von der angedeuteten Regel, sondern gerade er ist Gegenstand der lebhaftesten Erörterungen und der verschiedenartigsten Auffassungen geworden. Noch jede der bisher aufgestellten Definitionen ist auf Widerspruch gestossen, der mehr oder minder gut begründet war. Auch die oben in No. 1 gegebene Begriffsbestimmung darf sich nicht rühmen, des Beifalls Aller gewürdigt worden zu sein. Im Gegentheil, sie hat Widerspruch genug erfahren, und sie ist ganz gewiss auch thatsächlich nicht einwandsfrei. Aber, mag sie auch theoretisch sich bemäkeln lassen, praktisch annehmbar dürfte sie zweifellos sein, insofern als sie der Philologie Sprache und Litteratur (und eben nur diese beiden) zur Bearbeitung überweist. Denn Sprache und Litteratur sind erfahrungsgemäss die eigentlichen Arbeitsgebiete der Philologie, wenigstens sind sie es in unserer Jetztzeit. Auch die Begriffsbestimmungen, welche von Anderen neuerdings in Vorschlag gebracht oder doch angedeutet worden sind, laufen im Grunde darauf hinaus, dass die Philologie, mindestens vorzugsweise, mit Sprache und Litteratur sich zu beschäftigen habe und zwar mit dem Streben nach Erkenntniss des Geistes derer, welche Träger der Sprache und Litteratur gewesen sind oder noch sind, d. h. des Geistes eines ganzen Volkes. So sagt *Urlichs* (in *Iwan Müller's* Handbuch der class. Alterthumswissenschaft, Bd. I p. 1): „Die Philologie hat die wissenschaftliche Erkenntniss des fremden Geistes zum Ziele, wie er sich unter bestimmten Verhältnissen einzeln und in Gemeinschaft verkörpert und in bleibenden Denkmälern ausgedrückt hat, sie ist also wesentlich Wiedererkenntniss und Aneignung." Unter den „Denkmälern" können nun freilich auch solche der bildenden Kunst verstanden werden, aber zuvörderst wird man doch an litterarische zu denken haben, denn nur bei diesen ist „Wiedererkenntniss" und „Aneignung" im eigentlichen Sinne möglich. *Tobler* in seiner von „der romanischen Philologie an deutschen Universitäten" handelnden Rectoratsrede (15. October 1890) bezeichnet Philologie als „ein Bemühen um Kenntniss und Verständniss der in sprachlicher Form gegebenen Bezeugungen zeitlich und örtlich und national und persönlich bestimmten geistigen Lebens", kommt also der oben (No. 1) aufgestellten Begriffsbestimmung recht nahe. Dem

Wesen nach thut dies auch *Gröber*, denn nach ihm (Grundriss der roman. Phil. I 146) „gibt sich als das Gebiet der eigensten Thätigkeit des Philologen unzweideutig zu erkennen: die unverstandene oder unverständlich gewordene Rede und Sprache". Auch *Paul*, der sich im Eingange seines „Grundrisses der germanischen Philologie" zu der (weiter unten anzuführenden) Boeckh'schen Definition bekennt, räumt doch ein (p. 5), dass „man von dem Philologen im engeren Sinne eine besondere Pflege der Interpretation und Textkritik erwartet" und dass dieselbe sich zu stützen habe „auf die Beherrschung alles dessen, was für die Beurtheilung der litterarischen Production in Betracht kommt". Selbst *G. d. Gregorio*, der in seiner lesenswerthen, weil gedankenreichen, Schrift „Per la storia comparativa delle letterature neo-latine" (Palermo 1893) die Selbständigkeit der Litteraturwissenschaft gegenüber der Sprachwissenschaft verficht, urtheilt (p. 7): „La filologia, oltre che esaminare il contenuto dei monumenti letterari, deve pure occuparsi della lingua di questi, ma solo in ciò, che non possa credersi prodotto involontario dello spirito umano."

In, wenigstens scheinbar, scharfem Gegensatze zu der Anschauung, nach welcher Sprache und Litteratur die beiden einzigen Arbeitsgebiete der Philologie darstellen, steht die Definition des Begriffes „Philologie", mit welcher *A. Boeckh*, einer der grössten Meister der classischen Alterthumswissenschaft, seine „Encyklopädie und Methodologie der Philologie" (herausg. von *Bratuschek*, Leipzig 1877, 2. Ausg. 1886) einleitete. Darnach ist Philologie nichts Geringeres, als „Erkennen des Erkannten" schlechtweg, so dass also nicht Sprache und Litteratur allein, sondern alle Bethätigungen des geistigen Lebens (Religion, Recht, Sitte, Staatsverfassung, Wirthschaft, Wissenschaft, Kunst) in ihren Bereich fallen. Wer dies als richtig anerkennt, der weist dem Philologen die Aufgabe zu, die Gesammtcultur eines Volkes oder einer Völkergruppe wiederzuerkennen, d. h. alles das nachzudenken, was von dem Denken jenes Volkes oder jener Völkergruppe irgendwie überliefert wird. Das aber ist einfach eine unlösbare, weil weit über eines Menschen Kraft hinausgehende, Aufgabe, und um desswillen darf sie gar nicht gestellt werden. Wodurch *Boeckh* zu einem solchen Fehlgriff verleitet wurde, ist übrigens leicht begreiflich: er hatte die classische Philologie im Auge, welche allerdings von jeher die sogenannten Realien als zu ihrem Arbeitskreise gehörig betrachtet und sich also, wenigstens grundsätzlich, zur classischen Alterthumswissenschaft erweitert hatte. *Boeckh* übersah aber hierbei, dass die classische Philologie die Realien doch meist nur dann zu berücksichtigen pflegte, wenn dies durch das Bedürfniss der sachlichen Erklärung eines Litteraturwerkes erfordert wurde, dass sie also die betreffenden Fachgebiete (wie etwa die der Religions-, der Staats- und der Privatalterthümer) thatsächlich nur als Hülfswissenschaften behandelte und sie nicht für gleichberechtigt mit Grammatik und Litteraturgeschichte erachtete, sondern diesen sie unterordnete. Ueberdies ist seit einigen Jahrzehnten deutlich wahrnehmbar, wie einzelne

Fachgebiete der classischen Alterthumswissenschaft, welche früher als Anhängsel der Philologie galten, entweder sich zu verhältnissmässig selbständigen Fachwissenschaften ausgestalten (so z. B. die Archäologie, die Metrologie u. a.) oder aber mit den nächstverwandten nichtphilologischen Wissenschaften zu neuen Einheiten sich zusammenschliessen (so wird z. B. die griechische und die römische Mythologie mehr und mehr zu einem Bestandtheile der vergleichenden Religionswissenschaft). Wie es aber auch in dieser Hinsicht mit der classischen Philologie sich verhalten möge oder vielmehr wie man immer über die Angemessenheit der Boeckh'schen Definition bezüglich der classischen Philologie urtheilen möge, für die romanische Philologie ist diese Definition jedenfalls völlig ungeeignet, aus dem einfachen Grunde, weil es keine besondere romanische Religion, Sitte, Wissenschaft, Kunst etc., überhaupt keine besondere romanische Cultur gibt, sondern die Romanen mit den übrigen europäischen Culturvölkern des Mittelalters und der Neuzeit eine untrennbare Einheit bilden, in welcher Sonderheiten sich allerdings unterscheiden lassen, aber eben nur in der Sprache und — freilich schon in minderem Grade — in der Litteratur hinreichend scharf, um eine Sonderbetrachtung als wissenschaftlich gerechtfertigt und sogar als nothwendig erscheinen zu lassen. Was von der romanischen, das gilt (freilich in etwas abgeschwächter Weise) auch von der germanischen Philologie. Es war demnach ein arger Missgriff, wenn Elze seinem „Grundrisse der englischen Philologie" (Halle 1887) die Boeckh'sche Definition zu Grunde legte; er selbst hat übrigens die Undurchführbarkeit derselben erkennen müssen, denn er sah aus „praktischen Gründen" sich genöthigt, bestimmte Fachgebiete, namentlich Religion und Kunst, aus seinem Systeme auszuscheiden.

Wer aber die Beschränkung der Philologie auf das Doppelgebiet der Sprache und Litteratur als eine Beengung philologischer Forschung empfindet, der mag sich mit der Erwägung trösten, dass die Philologie mit allen übrigen Geisteswissenschaften in den engsten Beziehungen steht und dass in Folge dessen dem Philologen nicht nur die Möglichkeit geboten, sondern sogar die Pflicht auferlegt wird, sein Arbeitsfeld bald nach dieser, bald nach jener Seite hin zu erweitern.

Die Schwierigkeit, eine allseitig befriedigende Definition des Begriffes „Philologie" aufzustellen[1]), kann veranlassen, dass man sich geneigt fühlt, der Philologie überhaupt den Charakter einer Wissenschaft abzusprechen und ihr nur die Eigenschaft einer Methode zuzuerkennen, einer Methode, welche von der geschichtlichen Forschung zum Behufe der Prüfung und Deutung der gesammten litterarischen Ueberlieferung anzuwenden sei. Aber gerade wenn man dies thut, weist man ja damit

---

[1]) Man wird sich dieser Schwierigkeit recht bewusst, wenn man *Bonnet's* gedankenreiche Schrift „Qu'est-ce que la philologie?" (Paris 1891) liest. Der geistvolle und gelehrte Verfasser gelangt doch zu keinem recht greifbaren Ergebniss.

der Philologie ein ganz bestimmtes Arbeitsgebiet, dasjenige der litterarischen Ueberlieferung, zu und überdies mittelbar — weil die litterarische Ueberlieferung unlöslich an die Sprache gebunden ist — noch ein zweites, dasjenige der Sprache. Und so muss man doch wieder zu der Einsicht gelangen, dass Philologie eine Wissenschaft ist. Immerhin aber würde die Philologie, wenn sie eben nur die sprachliche und sachliche Prüfung und Deutung der schriftlichen Ueberlieferung vollzöge, bloss eine Hülfswissenschaft der Geschichte sein und zu dieser letzteren in einem dienenden Verhältnisse stehen. Zu einer selbständigen Wissenschaft, zu einer Vollwissenschaft wird die Philologie erst dadurch, dass sie die von ihr geübte sprachliche und litterarische Forschung als Mittel zur Erkenntniss der geistigen Eigenart desjenigen Volkes (oder Völkercomplexes) verwerthet, mit dessen Sprache und Litteratur sie in jedem Einzelfalle sich beschäftigt[1]).

Anmerkung 2. In der oben unter No. 1 gegebenen Definition des Begriffes „Philologie" bedürften die darin gebrauchten Begriffe „Sprache", „Litteratur" und „Volk" selbst wieder der Definition. Es kann indessen ohne Nachtheil für die Sache die Begriffsbestimmung der „Sprache" und der „Litteratur" auf die Eingangsparagraphen der beiden Capitel des Theiles II verschoben werden. Dagegen sei der Begriff „Volk" schon hier in Kürze erläutert, vorausgeschickt werde dabei die

---

[1]) Sehr anregend ist, was *Wundt* in seiner Methodenlehre (Logik, Bd. II, Stuttgart 1883 [in der seit 1894 erscheinenden zweiten Auflage ist der die Methodik der Geisteswissenschaften behandelnde Theil noch nicht enthalten]) über die Aufgabe der Philologie sagt, aber er fasst doch dieselbe einerseits zu weit, andrerseits zu eng auf, wenn er p. 520 sich folgendermassen ausspricht: „(die Philologie) liefert die Hülfsmittel und Methoden, mittelst deren der Thatbestand jedes einzelnen Geschehenen sichergestellt und in Bezug auf seinen inneren und äusseren Werth geprüft werden kann. Die Philologie erscheint so zunächst als Hülfsgebiet der Geschichte" (vgl. auch p. 521: „da das Object der eigentlichen Philologie das e i n z e l n e Geisteswerk ist, so hat die philologische Forschung als solche z w e i Hauptaufgaben. Die erste besteht in der Erkenntniss des Inhaltes und der Bedeutung des Forschungsobjectes, die zweite in der Feststellung der ursprünglichen, von zufälligen oder absichtlichen Veränderungen gereinigten Beschaffenheit des Erzeugnisses." Aber einerseits würde die Philologie, wenn sie „den Thatbestand jedes einzelnen Geschehenen" (also z. B. auch des in der bildenden Kunst Geschehenen) sicherstellen und auf seinen Werth prüfen sollte, keine Wissenschaft, sondern nur eine Methode sein. Andrerseits können in Hermeneutik und Kritik unmöglich die beiden Hauptaufgaben philologischer Forschung erblickt werden, denn sie sind in Wahrheit gar nicht Aufgaben, sondern Mittel der Forschung, ganz ähnlich, wie etwa auf naturwissenschaftlichem Gebiete die Mikroskopie nur Mittel, nicht Aufgabe, am allerwenigsten Hauptaufgabe der Forschung ist. Wer demnach Philologie überhaupt als Wissenschaft anerkennt, muss ihr ein höheres Ziel stellen, zu dessen Erreichung die Kritik und Hermeneutik als Mittel oder Wege gebraucht werden. Dies Ziel aber kann füglich kein anderes sein, als die Erkenntniss der nationalen (und der in dieser eingeschlossenen individualen) geistigen Eigenart, welche in Sprache und Litteratur zum Ausdruck gelangt.

Bemerkung, dass der genannte Begriff nur in Hinsicht auf die Philologie,
nicht etwa zugleich in Hinsicht auf die Politik bestimmt werden soll.
Unter „Volk" versteht man eine (aus Familienverbänden sich zusammensetzende) Genossenschaft, deren einzelne Mitglieder durch die (theils in
gemeinsamer Abstammung, theils in der Gewöhnung des Zusammen-
lebens begründeten) Gemeinsamkeit des Denkens und die daraus sich
ergebende Gemeinsamkeit des Glaubens, der Sprache, der Sitte und des
Rechts zu einer (oft, aber nicht immer, auch staatliche Form annehmenden) Einheit verbunden sind. Jede dieser Genossenschaften verhält sich
zu allen anderen, wie innerhalb ihrer jedes Individuum zu allen anderen.
Wie nun jedes Individuum seine geistige (ebenso ˙auch, wie selbstverständlich, seine physische) Eigenart besitzt, vermöge deren es sich
von allen anderen, auch von den zu demselben Volke gehörigen, unterscheidet, so besitzt auch jedes Volk (weil es gleichsam ein Collectiv-
individuum ist) seine geistige (und physische) Eigenart, durch welche
es von allen anderen Völkern sich abhebt. Das dadurch zwischen den
einzelnen Völkern geschaffene Abstandsverhältniss kann, in mannigfaltigster Weise, mehr oder minder gross sein, je nach den physischen
und geschichtlichen Bedingungen, unter denen jedes einzelne Volk sich
entwickelt. Am schärfsten prägt die geistige Eigenart eines Volkes sich
dann aus, wenn es im Wesentlichen auf sich selbst beschränkt bleibt,
d. h. wenn es mit anderen, namentlich mit ihm geistig überlegenen
Völkern nur geringen Verkehr unterhält. Beispiele für eine solche Entwickelung sind u. a. die alten Inder, die Chinesen, auch die Juden, da
die letzteren ja bis auf die Neuzeit inmitten ihrer heidnischen oder
christlichen oder muhamedanischen Umgebung ein Sonderdasein führten.
Je lebhafter dagegen die Beziehungen sind, durch welche ein Volk mit
anderen, namentlich geistig höher stehenden Völkern verbunden wird,
um so mehr schleift seine geistige Eigenart sich ab, indem sie durch
die geistige Eigenart der fremden Völker beeinflusst und dieser angeglichen wird. Wenn dieser Vorgang begonnen hat, so kann sein Verlauf ein dreifach verschiedenes Ergebniss haben. Entweder es verschmelzen die beiden mit einander in Berührung gebrachten Völker zu
einer neuen Einheit, zu einem neuen Volke (so z. B. Galloromanen und
Franken, Angelsachsen und Normannen). Oder aber die beiden Völker
schliessen sich zu einer Culturgemeinschaft zusammen, innerhalb deren
jedes Volk seine geistige Eigenart in wesentlichen Beziehungen beibehält (so etwa die Griechen und die Römer). Oder endlich es geht das
eine Volk derartig in dem anderen auf, dass fortan seine geistige Eigenart nicht mehr oder doch nur in unwesentlichen Zügen erkennbar ist
(so sind z. B. viele kleine italische Völkerschaften von dem Römerthume, manche slavische Volksstämme von dem Deutschthume vollständig aufgesogen worden). Jede dieser drei Entwickelungen ist übrigens
mannigfacher Abstufungen fähig. Ausser Betracht bleibt hier selbstverständlich der Fall, dass ein Volk durch ein anderes vollständig vernichtet wird.

Wie zwischen Volk und Volk, so kann auch zwischen Völkergruppe und Völkergruppe Mischung, Angleichung und Aufsaugung der
beiderseitigen geistigen Eigenart sich vollziehen.

Bemerkenswerth ist, dass in Bezug auf Religion und (was uns
hier besonders interessirt) auch in Bezug auf die Sprache Völker und
Völkergruppen sich am ehesten, am leichtesten und am vollkommensten
einander angleichen und sogar, während sie sonst ihre geistige Eigenart bewahren, mit einander verschmelzen. Was die Religion anbetrifft,
so genüge es, die Thatsache hervorzuheben unter Hinweis darauf, dass
sie durch die Geschichte aller Weltreligionen bewiesen wird. Hinsichtlich der Sprache aber sei zunächst auch auf die Geschichte verwiesen,
welche uns lehrt, dass z. B. die Gallier die lateinische, die Franken die
romanische (französische), die Normannen zunächst in Frankreich ebenfalls
die französische, dann aber in England die angelsächsiche Sprache angenommen haben. Es sind das nur wenige Beispiele von vielen. Die Sprache
ist eben (wenn wir von der Religion absehen) derjenige Bestandtheil der
Nationalität, welcher am leichtesten aufgegeben, am leichtesten durch
Uebernahme fremdnationalen Geistesgutes ersetzt wird. Gemeinhin glaubt
man das Gegentheil, meint, die Muttersprache sei das theuerste Gut
eines jeden Volkes, an welchem am zähesten festgehalten werde. Das
ist aber eben ein arger Irrthum. Wer sich von solchem Wahne befreien will, braucht sich nur dessen zu erinnern, wie oft und wie rasch
Auswanderer (namentlich auch deutsche Auswanderer) oder doch deren
Kinder in der neuen fremdsprachlichen Heimath ihre Muttersprache
vergessen, während sie vaterländische Sitten und Gebräuche weit
länger festhalten. Dieser Vorgang der Sprachvertauschung erklärt sich
nun ja leicht bei den einzelnen Individuen, die in ein Fremdsprachland
versetzt und dort durch die Praxis des Lebens der Heimathsprache ent-
wöhnt werden. Schwerer ist es, zu begreifen, wie ganze Völker ihre
Sprache haben wechseln können, und zwar auch ohne dass ein eigentlicher Zwang dabei in Anwendung gebracht worden wäre. Als
wichtigster Erklärungsgrund für die befremdliche Erscheinung ist der
Einfluss hervorzuheben, welchen eine überlegene Cultur auf ein höherer
Gesittung noch entbehrendes, aber ihrer bedürfendes Volk auszuüben
vermag. Dieser schon an sich starke Einfluss kann übrigens durch
mannigfache Verhältnisse noch gesteigert werden. So z. B. wenn sich
mit ihm die mächtige Einwirkung eines religiösen Glaubens, beziehentlich einer festgegliederten Kirche verbindet (man denke z. B. daran,
wie sehr die Ausbreitung des Arabischen durch den Muhamedanismus
gefördert worden ist). Sehr gefährdet wird der Bestand einer Sprache
auch schon dann, wenn die männlichen Angehörigen des betreffenden
Volkes häufig Ehen mit fremdsprachlichen Frauen eingehen, denn dann
vererbt die Sprache der Mutter sich auf die Kinder, so dass diese in
die fremde Sprachgemeinschaft eintreten. —

Die Frage, worin die geistige Eigenart eines Volkes (bezw. einer
Völkergruppe) bestehe, lässt sich, eben weil es um eine Eigenart sich
handelt, nicht im Allgemeinen, sondern immer nur in Bezug auf ein

bestimmtes Volk (bezw. eine bestimmte Völkergruppe) beantworten.
Im Allgemeinen lässt nur das sich sagen, dass die geistige Eigenart
eines Volkes (einer Völkergruppe) in einer bestimmten Denkrichtung
besteht, vermöge deren in dem geistigen Leben des betr. Volkes (der
betr. Völkergruppe) entweder der Verstand oder das Gemüth überwiegt
und in Folge dessen die ganze Welt- und Lebensauffassung entweder
mehr realistisch oder mehr idealistisch gestaltet ist. Dass in Bezug
hierauf die vielartigsten Abstufungen stattfinden können, bedarf nicht
erst der Bemerkung.

Die geistige Eigenart eines Volkes (einer Völkergruppe) bethätigt
sich, wie selbstverständlich, auf allen Gebieten seines (ihres) geistigen
Lebens und wird eben aus dieser Bethätigung erkannt. Unter den
Gebieten des geistigen Lebens aber sind die Sprache und die Litteratur
zwei der wichtigsten; gerade aus ihnen also kann in hervorragendem
Maasse die Erkenntniss der geistigen Eigenart gewonnen werden, und
eben, dass sie gewonnen werde, hat die Philologie als ihr höchstes
Ziel zu erstreben; die ihr damit gestellte Aufgabe ist eine der schwierigsten. Namentlich auch um desswillen ist sie es, weil sie nur gelöst
werden kann, wenn, soweit es thunlich ist, zuvor die geistige Eigenart
aller der Individuen erkannt wird, welche innerhalb eines Volkes (einer
Völkergruppe) auf die Entwickelung der Sprache und der Litteratur desselben (derselben) maassgebend eingewirkt haben. Denn es muss immer
mit der Möglichkeit gerechnet werden, dass die geistige Entwickelung
eines Volkes mehr oder weniger bedingt werde durch den Einfluss,
welchen geistig besonders geartete und beanlagte Individualitäten auf sie
ausüben. In Sonderheit hat die Philologie gewichtigsten Anlass, die
Bedeutung der Individualitäten in Betracht zu ziehen, da dieselben
auf dem litterarischen Gebiete ihre Eigenart am vollsten zur Geltung
zu bringen vermögen. Durch diese Nothwendigkeit der Berücksichtigung
des Individualen wird dem Philologen seine Arbeitsaufgabe sehr vielgestaltig, aber zugleich auch sehr anziehend gemacht, indem er fortwährend, namentlich aber bei litterarischer Forschung, das Verhältniss des
Individualen zu dem Nationalen festzustellen, gegen einander abzuwägen
und die Durchkreuzungen ihres beiderseitigen Wirkens zu berechnen hat.
Der Philolog vollzieht auf dem geistigen Gebiete eine ähnliche Arbeit,
wie auf dem naturwissenschaftlichen der Physiker, welcher das gegenseitige
Verhältniss mehrerer neben einander wirkender Kräfte erforscht. Auch mit
der Arbeit des Chemikers lässt die des Philologen sich vergleichen, namentlich wenn der letztere sich bemüht, die Einwirkungen fremdnationaler Einflüsse auf die geistigen Entwickelungen eines Volksthums zu erkennen
und die Verbindungen festzustellen, welche die national verschiedenen
Elemente mit einander eingehen. Freilich wird der Philolog nie zu so
genauen, reinlichen Arbeitsergebnissen gelangen, wie der Physiker
und Chemiker, weil geistige Factoren und Elemente sich nicht, wie
physische, im eigentlichen Sinne des Wortes messen und wägen, sich
also auch nicht in Ziffern und Formeln ausdrücken lassen. Aber doch
hat diese Arbeit an dem physisch Unmessbaren und Unwägbaren ihren

eigenartigen Reiz, denn sie vergegenwärtigt dem, der sie übt, die unendliche Tiefe und Vielgestaltigkeit des menschlichen Geisteslebens, erhebt ihn über die Enge der eigenen Persönlichkeit und lässt ihn, wenn nicht erkennen, so doch ahnen, welch' hohen Zielen die Menschheit entgegenstrebt und wie in diesem Streben ein jedes Volksthum, seine geistige Eigenart bethätigend, eine bestimmte Aufgabe löst im Dienste und zum Heile der Menschheit. Wahrlich, der Kleinlichkeit des Denkens wird entrissen, zu weiter Ausschau in Vergangenheit und Zukunft, zu umfassender Ueberschau der Gegenwart wird hingeleitet, wer als Philolog die Aufgabe seiner Wissenschaft richtig erfasst und um ihre Lösung sich bemüht.

Wenn übrigens der Philolog bei seiner auf die Erkenntniss der geistigen Eigenart eines Volksthums gerichteten Forschung darauf verzichten muss, zu Ergebnissen zu gelangen, welche ebenso positiv und klar ausdrückbar wären, wie diejenigen der Naturwissenschaft, so ist ihm doch andrerseits die Freude an der nicht bloss subjectiv, sondern auch objectiv sicheren Erkenntniss keineswegs versagt. Denn wo es sich um Feststellung sprachlicher und litterarischer Thatsachen (z. B. um die Feststellung der Aechtheit oder Unächtheit eines Schriftwerkes) handelt, da vermag der Philolog auf Grund methodisch geführter Untersuchung Beweisführungen zu geben, welche ebenso unanfechtbar und zwingend sind, wie diejenigen des Naturwissenschaftlers und Mathematikers. Freilich geschieht dies verhältnissmässig nur sehr selten, aber auch die Beweisführungen des Naturwissenschaftlers und Mathematikers erweisen sich häufig genug als irrig. Es ist das in der Bebedingtheit des menschlichen Erkennens überhaupt begründet.

§ 2. **Umfang und Gliederung der Philologie.** 1. Der Philologie ist das Doppelgebiet der Sprache und Litteratur als Arbeitsfeld zugewiesen, und dadurch wird einerseits der Umfang ihres Bereiches, andrerseits ihre Gliederung genügend gekennzeichnet. Denn es ergibt sich daraus ohne Weiteres sowohl, dass das Arbeitsfeld der Philologie ein sehr ausgedehntes ist, als auch, dass die Philologie in zwei Haupttheile, den sprachlichen und den litterarischen, zu zerlegen ist.

Wenn dies bezüglich der Philologie im Allgemeinen gilt, so hat es auch Geltung für jede Einzelphilologie. Jedoch ist der Umfang einer jeden Einzelphilologie mehr oder weniger erheblich, je nachdem die Sprache und die Litteratur, welche sie zu behandeln hat, mehr oder weniger reich entwickelt ist und einen mehr oder minder ausgedehnten Zeitraum umfasst. Es bestehen in dieser Hinsicht sehr erhebliche Unterschiede. Man bedenke z. B., wie klein das Gebiet der angelsächsischen Philologie — wenn man überhaupt von einer solchen neben

der englischen reden darf — im Vergleich etwa zur deutschen
ist. Einzelphilologien, welche, wie z. B. die romanische, die
Sprachen und Litteraturen einer ganzen grossen Völkergruppe
behandeln, besitzen selbstverständlich einen besonders weiten
Umfang, weshalb es bei ihnen nicht nur berechtigt, sondern
auch nothwendig ist, dass jede zu der Gesammtgruppe gehörige Einzelsprache und Einzellitteratur insoweit als ein in
sich abgeschlossenes Sondergebiet gelte, als die Beschaffenheit
der anzustellenden Forschung die Berücksichtigung des Gesammtgebietes nicht erfordert. In jedem Einzelfalle wird
aber sorgsam zu erwägen sein, ob das Eine geschehen könne
oder das Andere geschehen müsse. So würde es z. B. statthaft sein, die Geschichte des französischen Alexandriners zu
verfolgen ohne Rücksicht auf die Entwickelung, z. B. des
italienischen Endecasillabo oder anderer romanischer Verse.
Dagegen wäre es höchst verfehlt, z. B. die Geschichte des
französischen Dramas behandeln zu wollen ohne stete eingehende Berücksichtigung der Beziehungen, welche zwischen
dem Drama der Franzosen und dem der Italiener und Spanier
bestehen. Ja, wer mit der Geschichte des französischen
Dramas sich philologisch beschäftigen will, muss weit über
das Gebiet der romanischen Philologie hinausgreifen: er muss
das Drama der Griechen, der Römer, der Engländer, der
Deutschen kennen, denn allen diesen Völkern hat das Drama
der Franzosen Kunstregeln, Stoffe und Behandlungsweisen
entlehnt. Uebrigens wird die Behandlung eines Einzelthemas,
auch wenn sie die Berücksichtigung anderer Gebiete nicht
unbedingt erheischt, doch immer sich dann als fruchtbarer erweisen, wenn der Gesichtskreis des Bearbeiters ein weiter ist.

2. Die Litteratur ist — so lange als ein zusammen-
hängender Gedankeninhalt nur durch die Sprache versinnlicht
werden kann — unlöslich mit der Sprache verbunden, denn
jedes Litteraturwerk muss in einer bestimmten Sprache abgefasst sein, so dass also seinen Inhalt nur zu erfassen vermag, wer der betreffenden Sprache kundig ist. Der beliebte
Einwand, dass der einer Fremdsprache Unkundige statt
der Urtexte Uebersetzungen benutzen könne, ist, wo es um
wissenschaftliche und insbesondere um philologische Zwecke
sich handelt, sinnlos. Uebersetzungen können nie und nimmer

den Urtexten für gleichwerthig erachtet werden; sie sind stets nur unvollkommene Abbilder derselben[1]). Daran mag sich genügen lassen, wem es nur auf ästhetisches Geniessen oder auf allgemeine Bildung ankommt. Der Philolog darf solche Genügsamkeit nimmermehr üben, wenn er nicht aufhören will, Philolog zu sein.

Die allem Zweifel entrückte Thatsache der Gebundenheit der Litteratur an die Sprache verbietet es von vornherein, die Litteraturwissenschaft für unabhängig von der Philologie (und von der Sprachwissenschaft überhaupt) zu erklären. Elende Stümperei, grauenhafter Dilettantismus wird die Litteraturwissenschaft, sobald sie versucht, von der Philologie sich zu lösen, sie verliert dann alsbald den festen Boden unter den Füssen und schwebt haltlos in der Luft, unfähig zu allem Schaffen, unfähig jedes gedeihlichen Wirkens. Das ist so klar, und doch wird es so häufig nicht begriffen! So oft begegnet man der Meinung, dass, wer, ausgerüstet mit flüchtiger Sprachkenntniss und mit allgemeiner Bildung, ein Litteraturwerk lese, ohne Weiteres im Stande sei, über dessen sachlichen und künstlerischen Werth ein zutreffendes Urtheil abzugeben. Aber wer verbürgt in solchem Falle dem Leser, dass das betreffende Litteraturwerk wirklich das Werk ist, als welches es gemeinhin gilt, dass es wirklich aus der Zeit stammt, in welcher man es gemeinhin entstanden glaubt, dass es wirklich das geistige Erzeugniss des Mannes ist, der gemeinhin als sein Verfasser betrachtet wird, dass endlich der darin gebrauchte sprachliche Ausdruck nicht Eigenarten besitzt, deren Unkenntniss durch Missverständniss sich rächt? Diese Vorfragen müssen doch erst beantwortet sein, ehe auf Grund der Lesung ein wissenschaftlich berechtigtes Urtheil ausgesprochen werden kann. Die Beantwortung aber lässt nur auf dem

---

[1]) Insbesondere gilt dies von Litteraturwerken, welche in rhythmischer Form abgefasst sind und wieder rhythmisch übersetzt werden. Denn der Uebersetzer ist dann auch in dem Falle, dass er sich wirklich (und nicht bloss scheinbar) der rhythmischen Form des Urtextes bedienen kann, fortwährend gezwungen, dem Rhythmus zu Liebe die Genauigkeit der sprachlichen Uebertragung zu schädigen, sei es, dass er eine Auslassung oder einen Zusatz oder eine Aenderung sich gestattet. Jede dieser Abweichungen mag an sich unbedeutend sein, in ihrer Gesammtheit sind sie jedenfalls eine erhebliche Entstellung.

Wege sprachlich-philologischer Forschung sich gewinnen. Und selbst die künstlerische Form eines Litteraturwerkes wird, namentlich insoweit, als sie in Sprache und Rhythmus ihren Ausdruck findet, nur dem allseitig erkennbar, welcher philologisch zu beobachten gelernt hat. Wie also darf man glauben, dass Litteraturwissenschaft trennbar sei von Philologie?

Auch eine andere Meinung darf man nicht gelten lassen, obwohl sie nicht so unbedingt abgewiesen werden kann. Es lässt sich nämlich sagen, dass statt des Begriffes „Philologie" schlechtweg der Begriff „Litteraturwissenschaft" einzutreten habe, weil, im Grunde genommen, die Litteratur der einzige Gegenstand der Philologie sei, indem die Sprache doch nur in ihrer Eigenschaft als Rede, d. h. eben nur als Trägerin der Litteratur, für den Philologen in Betracht komme, im Uebrigen aber diesen nichts angehe, sondern dem Sprachforscher, dem Sprachvergleicher und dem Sprachphilosophen zu überlassen sei. Solche Behauptung klingt verführerisch genug, einwandsfrei ist sie indessen keineswegs. Denn die Sprache ist nicht nur in ihrer Allgemeinheit als eine wichtige Bethätigung des menschlichen Geistes und in ihrer Eigenschaft als Rede Gegenstand wissenschaftlicher Forschung, sondern sie ist es auch insofern, als ihre Sondergestaltungen zu einem erheblichen, ja vielleicht zum grössten Theile der Ausdruck nationaler Eigenarten sind und auch selbst als solche bezeichnet werden können. Die Forschung nun, welche auf Erkenntniss des national-eigenartigen Wesens der Einzelsprachen gerichtet ist, kann nicht von der allgemeinen Sprachwissenschaft geübt werden, da diese es eben nur mit der Sprache an sich zu thun hat; ebensowenig zählt sie zu den Aufgaben der Sprachvergleichung, mindestens ist sie bis jetzt nicht dazu gezählt worden; endlich gehört sie sicherlich auch nicht unmittelbar zur Litteraturwissenschaft, aber am ehesten lässt sie doch mit dieser sich in Verbindung setzen. Denn da einerseits jede Einzellitteratur an eine Einzelsprache gebunden, und da andererseits jede Einzellitteratur national-eigenartig gestaltet ist, so wird die nach Erkenntniss des nationalen Charakters einer Einzelsprache strebende Forschung sach- und zweckgemäss mit der auf Erkenntniss des nationalen Charakters der an diese Einzelsprache gebundenen Litteratur vereinigt. Eben dadurch aber entsteht das Doppelgebiet der Philologie, welche also keineswegs allein Litteraturwissenschaft ist.

3. Die Sprache ist, wie aus dem Laufe der bisherigen Erörterung sich ergiebt, in ihrer Eigenschaft als Rede, vermöge deren sie Trägerin der Litteratur ist, und in ihrer nationalen Sondergestaltung Gegenstand philologischer Forschung, während sie im Uebrigen, namentlich insofern sie die Bethätigung allgemein menschlichen Denkens ist und in ihrer Entwickelung allgemeinen Gesetzen unterliegt, das Forschungsobject der Sprachphilosophie, der Sprachwissenschaft und der Sprachvergleichung bildet. Daraus darf aber keineswegs gefolgert werden, dass eine jede Einzelphilologie sich daran genügen lassen könne, die zu ihrem Gebiete gehörige(n) Einzelsprache(n) nur nach bestimmten Richtungen hin (etwa der syntaktischen und der stylistischen) zu betrachten. Das würde grundverkehrt sein. Es hat vielmehr die Philologie jede Einzelsprache, welche sie in den Kreis der Forschung zieht, in ihrer Gesammtheit zu betrachten, da die Einzelsprache eben in ihrer Gesammtheit national-eigenartig gestaltet ist und die sprachliche Beschaffenheit der an sie gebundenen Litteratur bedingt. Nicht also nur etwa Syntax und Stylistik, sondern auch Wortbildungslehre, Formenlehre, Lautlehre fallen in den Bereich philologischer Forschung, und alle diese Einzelgebiete sprachlichen Erkennens sind für die Philologie von grösster Bedeutung. Denn man erwäge z. B., wie wesentlich die Beschaffenheit der litterarischen, insbesondere auch der dichterischen Rede davon abhängig ist, ob die betreffende Sprache die Wortzusammensetzung in ausgedehntem oder nur in beschränktem Maasse anzuwenden vermag, ob sie über ein reich gegliedertes oder über ein dürftiges Wortformensystem verfügt, ob endlich ihr Lautbestand bestimmte rhythmische Gestaltungen der Rede begünstigt oder erschwert, vielleicht sogar verbietet. Man denke an die Unterschiede, welche bezüglich der Compositionsfähigkeit etwa zwischen Griechisch und Lateinisch oder zwischen Germanisch und Romanisch, bezüglich des Formenbaues etwa zwischen Lateinisch und Romanisch, bezüglich des Lautsystems etwa zwischen den reimreichen romanischen und den reimarmen germanischen Sprachen bestehen. Sobald man diese Unter-

schiede sich vergegenwärtigt, wird man auch ihrer grossen Tragweite hinsichtlich der Litteratur sich bewusst.

Wenn aber die Philologie jede Einzelsprache, mit welcher sie sich beschäftigt, in ihrer Gesammtheit auffassen muss, so gliedert der sprachliche Theil der Philologie sich in ebenso viele Einzelgebiete, als die allgemeine Sprachlehre (die Grammatik) solche innerhalb der Sprache überhaupt unterscheidet. Es ist jedoch für jede Einzelsprache zu untersuchen, ob, oder vielmehr welche, sei es einschränkende, sei es erweiternde Abänderungen des allgemeinen Schemas vorgenommen werden müssen, um dasselbe auf die betreffende Einzelsprache wirklich anwendbar zu machen. Denn weil eben zwischen jeder Einzelsprache und allen übrigen mehr oder minder weite Abstände vorhanden sind, so bedingt jede praktische Anwendung immer auch Abänderungen des theoretisch allgemein gültigen Schemas. Für die sprachwissenschaftliche Praxis giebt es nur Sondergrammatiken, nicht eine Universalgrammatik.

4. Gemeinhin unterscheidet man drei Hauptgebiete der Sprachlehre: Lautlehre, Formenlehre, Satzlehre. Anwendbar jedoch ist diese Eintheilung überhaupt nur auf Sprachen, welche sogenannte Wortformen besitzen, aber auch für diese ist sie so wenig ausreichend, dass man sich genöthigt gesehen hat, noch andere Theile gleichsam als Anhängsel hinzuzufügen, nämlich die Wortbildungslehre und die Stylistik. Indessen, auch abgesehen davon, ist die übliche Eintheilung schon aus dem Grunde zu beanstanden, weil es wissenschaftlich ganz unmöglich ist, „Wortbildungslehre“, „Formenlehre“ und „Syntax“ von einander zu scheiden, denn jedes Wort, namentlich auch jedes zusammengesetzte Wort (Compositum oder Juxtapositum) und jede „Wortform“, die im Grunde doch auch nur ein zusammengesetztes Wort ist, stellt ein syntaktisches Gebilde dar und ist eben als solches Gegenstand philologischer Betrachtung. Es werde nachstehend versucht, eine andere Eintheilung wenigstens anzudeuten.

Die Sprache ist in dreifacher Beziehung Gegenstand wissenschaftlichen Forschens und Erkennens, nämlich 1. als physische, 2. als psychische, 3. als ästhetische Hervorbringung (oder Leistung) menschlichen Schaffungsvermögens. Darnach gliedert sich die Sprachlehre in drei Haupttheile, welche sind:

a) **Sprachphysiologie** (Lehre von der Erzeugung, Beschaffenheit, Entwickelung und Verbindung der als Sprachmittel gebrauchten Laute).

b) **Sprachpsychologie** (Lehre von dem Ausdruck der Begriffe [Wortlehre] und ihrer Determinirung [Wortbildungslehre], der Begriffsbeziehungen [Wortformen- und Formenwortlehre] und Begriffsverbindungen [Satzlehre]).

c) **Sprachästhetik** (Betrachtung der Sprache als eines Kunstwerkes, umfassend die Lehre von der ästhetischen Klangwirkung der Sprachlaute, von der ästhetischen Beschaffenheit des Sprachbaues und von der ästhetischen Wirkung der einheitlich verbundenen Lautmassen [Sätze, Perioden], welche ganze Begriffsreihen zum Ausdruck bringen).

Für die Philologie sind die Sprachpsychologie und die Sprachästhetik die beiden wichtigsten Theile der Sprachlehre.

In der Sprachästhetik wurzeln wieder die Disciplinen der **Rhythmik** und der **Stylistik**.

5. Unter „Rhythmik" versteht man die Lehre von der ästhetischen Wirkung bestimmter sprachlicher Tonfiguren und ihrer Verwendbarkeit für bestimmte Zwecke der Rede, insbesondere der dichterischen Rede. Derartige sprachliche Tonfiguren sind namentlich die regelmässige Wiederholung gleicher Laute (Allitteration, Assonanz, Consonanz, Reim) und die regelmässige Verbindung von Lautcomplexen, welche entweder in Bezug auf den bei ihrer Hervorbringung angewandten Athemdruck oder aber hinsichtlich des zu ihrer Hervorbringung erforderlichen Zeitmaasses in einem bestimmten Verhältnisse zu einander stehen (hochtonige, mitteltonige und tieftonige Silben; lange und kurze Silben).

Mit dem Namen der „Stylistik" bezeichnet man die Lehre von der künstlerischen Aneinanderfügung der in der Rede gebrauchten kürzeren oder längeren Lautcomplexe (Worte, Wortformen, Sätze, Satzgefüge).

6. Jede Einzelsprache und ebenso auch jede Gruppensprache — um diesen Namen zu brauchen für die Gesammtheit der von einer Völkergruppe geredeten Einzelsprachen — ist in beständiger Entwickelung begriffen, durchläuft also eine über kürzere oder längere Zeiträume sich erstreckende Geschichte.

Die wissenschaftliche Betrachtung kann die Sprache entweder als in der Entwickelung begriffen oder aber als an
einem bestimmten Punkte der Entwickelung angelangt und
auf diesem zeitweilig verharrend auffassen. In dem ersteren
Falle wird die Sprachbetrachtung zur Sprachgeschichte,
in dem letzteren zur Sprachbeschreibung; in dem einen
wie in dem anderen Falle aber kann sie ebensowohl auf alle
Gebiete des Sprachlebens ausgedehnt als auch auf einzelne
derselben beschränkt werden.

Die Sprachbeschreibung muss zur Anwendung kommen,
wenn es sich um die Erkenntniss, bezw. um die systematische
Darstellung der Sprache eines bestimmten Zeitraumes (z. B.
der Gegenwart) oder irgend welcher einem solchen angehöriger
Litteraturwerke handelt. Wird die Sprachbeschreibung vorgenommen ohne Berücksichtigung der Entwickelung, welche
die betreffende Sprache bis dahin durchlaufen hat, so ist dies
ein rein empirisches Verfahren, dessen Ergebniss immer nur
bedingten Werth haben kann. Zu wissenschaftlich befriedigen-
den Ergebnissen gelangt die Sprachbeschreibung vielmehr nur
dann, wenn sie den von ihr zu behandelnden Sprachzustand
aus der ihm vorausgegangenen Sprachentwickelung allseitig
zu erklären bemüht ist, also mit der Sprachgeschichte sich
verbindet. Die wissenschaftliche Grammatik muss folglich auf
sprachgeschichtlichem Grunde ruhen. Dadurch eben unterscheidet sie sich von der praktische Zwecke verfolgenden
Grammatik, welcher es lediglich darauf ankommt, die innerhalb eines bestimmten Zeitraumes zu beobachtenden sprachlichen Thatsachen festzustellen und darzustellen. Was von
der Grammatik gilt, das gilt auch von dem Wörterbuche,
welches ja, im Grunde genommen, nur ein Theil der Grammatik
ist. Desgleichen besitzt die aufgestellte Norm Gültigkeit für
die Rhythmik und für die Stylistik.

7. Als Litteraturwissenschaft ist die Philologie einerseits
Kritik, andrerseits Hermeneutik (und zwar Hermeneutik
in des Wortes weitestem Sinne, wonach es die wissenschaftliche Auslegung, Deutung, Erklärung im Allgemeinen bezeichnet). Als Kritik prüft die Philologie Ursprung und
Ueberlieferung der Litteraturwerke und bemüht sich, diesen
die ursprüngliche Form zurückzugeben, wenn dieselbe nach-

weislich oder doch muthmaasslich entstellt worden ist. Die Kritik kann sich — und dann ist sie sogenannte „niedere Kritik" — lediglich auf die Echtheit der sprachlichen Form richten, oder aber sie kann als sog. „höhere Kritik" die Ueberlieferung nach allen Richtungen hin prüfen, also die Fragen nach der Abfassungszeit, dem Abfassungsort, dem Abfassungszweck, der Abfassungsweise und dem Verfasser erörtern. Als Hermeneutik strebt die Philologie das allseitige, sowohl sprachliche als auch sachliche, Verständniss der Litteraturwerke an, einschliesslich des Verständnisses der künstlerischen Form, auf Grund dessen allein ein Urtheil über den künstlerischen Werth eines Litteraturwerkes statthaft ist.

Das Ziel der Hermeneutik nicht nur, sondern der philologischen Litteraturforschung überhaupt ist nur erreichbar, wenn der Philolog ein jedes Litteraturwerk, um dessen Verständniss er sich bemüht, einerseits als Ausdruck eines bestimmten Culturzustandes, andrerseits als das Ergebniss einer bestimmten Culturentwickelung betrachtet, also das betreffende Litteraturwerk im Zusammenhange mit der Gesammtlitteratur und Gesammtcultur, aus welcher es hervorgegangen ist, auffasst und in ihm ein mehr oder weniger bedeutsames Glied einer langen Reihe ursächlich verbundener geistes- und oft auch weltgeschichtlicher Thatsachen erblickt. Nur solche historische Auffassung bietet Gewähr für ein wenigstens annähernd richtiges Erkennen, nur sie auch schafft die Unterlage für ein ästhetisches Urtheil, welches über subjectives Empfinden sich erhebt. Allerdings kann das so gewonnene ästhetische Urtheil immer nur auf den r e l a t i v e n Kunstwerth sich beziehen, d. h. auf denjenigen Kunstwerth, welcher einem Litteraturwerke im Vergleich mit und im Verhältniss zu anderen gleichartigen Werken und unter Berücksichtigung der Culturzustände seiner Entstehungszeit beizumessen ist. Die Ermittelung des a b s o l u t e n Kunstwerthes ist nicht mehr Aufgabe der Philologie, sondern muss der Philosophie, beziehentlich der abstracten Aesthetik überlassen werden.

Als Erklärer der Litteraturwerke hat der Philolog am häufigsten Veranlassung, Fühlung mit den nichtphilologischen Geisteswissenschaften, nicht selten sogar mit den Naturwissenschaften zu suchen. Davon wird weiter unten (§ 4) näher gehandelt werden müssen.

§ 3. **Bedeutung der Philologie.** 1. Die Philologie strebt nach Erkenntniss der geistigen Eigenarten der einzelnen Völker (und Völkergruppen), und schon um des hohen Zieles willen, welches sie in diesem Streben verfolgt, darf sie auch eine hohe Bedeutung innerhalb der Gesammtheit der Wissenschaften beanspruchen. Freilich setzen auch andere Wissenschaften sich das gleiche Ziel, alle diejenigen Wissenschaften nämlich, welche ein Culturgebiet behandeln, das seiner Beschaffenheit nach den Ausdruck nationaler Geistesart ermöglicht. Aber die Philologie nimmt unter ihnen eine bevorzugte Stellung ein, wenigstens in Bezug auf Völker, deren Litteratur reich und vielseitig entwickelt ist. Denn der Natur der Sache nach prägt in der Litteratur die geistige Eigenart eines Volkes sich am vollkommensten aus, vollkommener noch, als in den Schöpfungen der bildenden Kunst. Zum Vortheil gereicht der Philologie dabei der Umstand, dass die Litteraturwerke, obwohl auch sie der Gefahr des Unterganges, der Verstümmelung und Entstellung in hohem Maasse ausgesetzt sind, sich doch im Allgemeinen leichter und unversehrter erhalten, als andere Hervorbringungen des Menschengeistes. Nicht nur die in Stein oder Erz gegrabene Inschrift, sondern auch das geschriebene Blatt überdauert unter günstigen Verhältnissen Jahrtausende, während deren Bau- und Bildwerke verfallen, Sitte und Recht sich ändern, Religionen sogar wechseln.

Wenn aber in Sprache und Litteratur der Völker geistige Eigenart am vollkommensten zum Ausdruck gelangt, so muss eben deshalb der Wissenschaft, welche in Sprache und Litteratur jene Eigenart zu erkennen strebt, hohe Bedeutung zukommen. Die Menschheit setzt aus Völkern sich zusammen, und jedes Volkes Geschichte ist ein Theil der Menschheitsgeschichte. Das grosse Buch der letzteren besteht aus Blättern, deren jedes von einem Volke beschrieben worden ist mit dem, was es gedacht und erstrebt hat. Soweit dieses Buches Schrift ein Denken und Streben überliefert, das in sprachlicher Form Ausdruck fand, ist sie nur dem Philologen lesbar. Der Philolog also ist berufen, durch seine Forschung dazu beizutragen, und zwar in sehr erheblichem Maasse dazu beizutragen, dass das Verständniss des geistigen Lebens der Vorzeit erschlossen und damit auch das Verständniss des geistigen Lebens der Gegenwart ermöglicht werde. Thöricht ist es, zu meinen, man könne das, was jetzt ist, begreifen, ohne vorher das begriffen zu haben, was einst war.

2. Die Philologie fasst die Sprache als nationale Rede auf, mittelst deren ein Einzelvolk sein Denken, namentlich auch sein eigenartiges Denken, versinnlicht. Diese Auffassung kann eng erscheinen gegenüber der viel weiteren, welche von der allgemeinen Sprachwissenschaft geübt wird. Aber mag sie auch eng begrenzt sein, sie bietet Raum für eindringlichste und bedeutsamste Forschung, denn diese lässt, wenn nicht in unbegrenzte Weite, so doch nach unbegrenzter Tiefe hin sich richten, zumal im Falle, dass sie der Sprache eines geistig besonders hoch entwickelten Volkes gilt. Wer die Sprache zu dem Zwecke litterarischer Rede, d. h. als Werkzeug zum Ausdruck ihm wichtig erscheinender ausgedehnter Gedankenreihen verwendet, der wird dazu gedrängt, zum Behufe der Deutlichkeit und Eindringlichkeit seiner Rede die der Sprache innewohnenden allgemeinen wie besonderen Kräfte thunlichst auszunutzen, sie möglichst zu steigern, zu schärfen, zu verfeinern, zu vervielfachen, die Sprache immer geschmeidiger und doch auch schneidiger, immer biegsamer und doch auch straffer zu gestalten. Je grösser aber die Zahl derer ist, welche solches sprachbildnerisches Bemühen üben, desto vielseitiger entwickelt sich die litterarische Rede, die Schriftsprache; um so fähiger wird sie zur Wiedergabe feinerer und feinster Gedankenverbindungen und Gedankenschattirungen, um so treuer spiegelt sich in ihr das Denken und Empfinden der Redenden ab. So wird die litterarische Rede auf eine Stufe der Ausbildung erhoben, im Verhältniss zu welcher die Rede des Alltagslebens als ein unbeholfenes Stammeln, als kindliches Lallen erscheint. Die litterarische Rede ist, verglichen mit der Alltagsrede, eine Sprache höherer Art. Freilich auch die Alltagsrede ist eine wunderbar kunstvolle Hervorbringung des menschlichen und auch des nationalen Geistes, aber die Schriftrede ist dies in gesteigertem Maasse; erst in ihr gestaltet die Sprache sich zu einem wahrhaften Kunst-

werke. Die Alltagsrede ist die Schöpfung des unbewussten Denkens, an der Erzeugung der Schriftrede aber hat auch das bewusste Denken wesentlichen Antheil. Es bethätigt sich also in ihr der menschliche Geist gleichsam unmittelbarer, als in der Alltagsrede, und diese Bethätigung erfolgt durch die Arbeit von Einzelpersönlichkeiten, deren jede einem bestimmten Volksthume zugehört, so dass sie das Gepräge zugleich des Individualen und des Nationalen erhält. Eine ebenso wichtige wie anziehende Sonderaufgabe der Philologie ist es nun, die Gestaltung der Schriftsprache zu erkennen, zu ermitteln, was in ihr auf individualer und was auf nationaler Eigenart beruht, oder vielmehr zu erforschen, inwieweit in ihr einerseits individuale, andrerseits nationale Eigenart sich bekundet.

3. Die hohe Bedeutung der schriftlichen Ueberlieferung für die Erkenntniss und das Verständniss der Vorzeit bedarf nicht erst des Beweises, denn sie ist hinreichend klar durch und an sich selbst. Aber die schriftliche Ueberlieferung bedarf stets der wissenschaftlichen Prüfung und Erklärung, denn sonst ist sie einerseits anfechtbar, andrerseits unverständlich oder auch missverständlich. Die Philologie ist es, welche die nothwendige Prüfung vollzieht und die nicht minder nothwendige Erklärung giebt. Sie thut damit etwas Hochverdienstliches: sie schmiedet und handhabt den einzigen Schlüssel, der den Zugang zu dem kostbaren Schatze schriftlicher Ueberlieferung öffnet. Wäre der Schlüssel nicht vorhanden, der Schatz würde dem Nibelungenhorte gleichen, der, wie die Sage berichtet, auf dem Grunde des Rheins ruht, aber durch keine Kunst, keinen Zauber gehoben werden kann. Was nützen Litteraturwerke, wenn Niemand da ist, der sie zu deuten versteht? Ohne die Philologie würden die homerischen Dichtungen, würden Platon's Werke, würden alle die durch die Schrift überlieferten Geistesschöpfungen der Vorzeit, auch der erst jüngst vergangenen Vorzeit, todte Massen beschriebenen Pergamentes oder bedruckten Papiers sein. Die Philologie allein vermag aus dem Schriftthume neu erstehen zu lassen das Gedankenleben früherer Geschlechter. Diese Wahrheit wird keineswegs eingeschränkt dadurch, dass der Inhalt der Litteraturwerke vielfach auch dem Nichtphilologen verständlich ist oder wenigstens für verständlich erachtet wird.

Es ist dies nämlich dann der Fall, wenn ein Litteraturwerk in einer noch jetzt lebenden Sprache abgefasst ist und einer im Wesentlichen noch gegenwärtig bestehenden Cultur angehört. Jeder gebildete Deutsche glaubt, seinen Schiller und Goethe zu verstehen. Jeder gebildete Franzose meint, dass er z. B. Lamartine's oder Musset's Gedichte auch ohne Hülfe einer philologischen Erklärung lesen könne. Bis zu einem gewissen Grade ist das ja auch richtig, und es ist ein Glück, dass dem so ist, ein Glück, dass Litteraturwerke, namentlich Dichtungen, nicht immer unbedingt eines Commentars bedürfen, sondern mehr oder minder allgemeinverständlich sind. Aber Allgemeinverständlichkeit ist nicht gleichbedeutend mit vollem Verständniss. Dem Nichtphilologen entgeht bei der Lesung eines Litteraturwerkes, auch wenn er es völlig zu verstehen glaubt, doch immer Vieles, ganz ähnlich wie dem, dessen Auge nicht künstlerisch geschult ist, bei der Betrachtung eines Bildwerkes stets Vieles, oft sogar recht Wesentliches verborgen bleibt. Das mangelhafte Verständniss eines Litteraturwerkes ist nun so lange, als keine wissenschaftlichen Ziele in Betracht kommen, ein meist erträglicher Uebelstand, vorausgesetzt freilich, dass die Mangelhaftigkeit des Verständnisses nicht zu verzerrendem Missverständnisse verleitet. Wer z. B. als Laie Goethe's Iphigenie liest, bemerkt gar vieles Schöne nicht, das darin ist, aber es bleibt trotzdem genug des Schönen für ihn übrig, an dem er sich erfreuen kann, und das mag genügen. Aber wenn es sich darum handelt, aus einem Litteraturwerke Schlüsse auf das Geistesleben der Vergangenheit oder auch der Gegenwart zu ziehen, in ihm nationale und individuale Eigenart zu erkennen, dann ist volles Verständniss unerlässliche Bedingung, und dieses ist eben nur mittelst philologischer Forschung zu erreichen.

Die Philologie ist also die Führerin zum wissenschaftlichen Verständnisse der schriftlichen Ueberlieferung; in dieser Eigenschaft vollzieht sie eine höchst verdienstliche Thätigkeit.

4. Auch „nützlich" darf man die Wirksamkeit der Philologie nennen. Freilich empfiehlt es sich nicht eben sehr, dem Wirken irgend einer Wissenschaft dieses Praedicat beizulegen. Denn es ist ein missliches Ding, den Nutzen einer Wissenschaft bestimmen zu wollen, zumal da der Begriff des Nutzens

sehr verschieden, auch sehr niedrig aufgefasst werden kann. Aber sagen darf man etwa: Da eine jede Wissenschaft Erkenntniss gewährt, so nützt auch eine jede, denn jede Erkenntniss bedeutet eine Erweiterung des geistigen Gesichtskreises. Das gilt von der Philologie selbstverständlich ebenso wie von jeder anderen Wissenschaft. Indessen, eine solche Anerkennung mag, weil sie so allgemeiner Art ist, leicht als bedeutungslos erscheinen. Es sei daher gestattet, die Nützlichkeitsfrage auch von einer anderen Seite her zu berühren. Die Ergebnisse der wissenschaftlichen Forschung lassen sich keineswegs immer nutzbar machen für die Gestaltung des praktischen Lebens, und wo es geschehen kann, geschieht es häufig erst nach Verlauf langer Zeit. Eben deshalb blicken ja Leute, welche jede Arbeitsleistung nur nach Maassgabe der praktischen Nützlichkeit berechnen, so verächtlich auf die Wissenschaft im Allgemeinen und insbesondere auf diejenigen Wissenschaften herab, deren Arbeitsertrag sich nicht in materiellen Gewinn umsetzen lässt. Dazu gehört auch die Philologie. Der Physiker, der Physiolog, der Chemiker kann durch seine Forschung Ergebnisse erzielen, welche, praktisch verwerthet, in der Gestalt von Maschinen, Heilmitteln und Stoffverbindungen den Entdeckern und mehr noch denen, welche die Geistesarbeit der Denker praktisch auszubeuten verstehen, Reichthümer einbringen. Dem Philologen ist das nicht vergönnt: seine Arbeit deckt, um geschäftlich zu reden, kaum die Anlagekosten. Mit philologischen Entdeckungen kann auch der schlaueste Speculant praktisch nicht viel anfangen. Dennoch ist die Philologie auch praktisch nutzbringend, nur liegt der Nutzen ihrer Leistungen auf dem idealen, nicht auf dem materiellen Gebiete. Indem die philologische Forschung das Verständniss der litterarischen Ueberlieferung aller Völker der Vorzeit erschliesst, trägt sie wesentlich bei zu einer idealen Gestaltung der Verhältnisse der Gegenwart. Und indem sie die allseitige und gerechte Würdigung dessen erstrebt, was ein jedes Volk in seiner Sprache und in seinem Schriftthum geistig geschaffen hat, bietet sie in einem weiten Umfange die Möglichkeit dar, dass ein Volk von den anderen lerne und sein geistiges Besitzthum aus demjenigen der anderen ergänze, dadurch aber sich selbst geistig fördere und hebe.

So ist es zu einem guten Theile das Werk der Philologie, wenn die Culturvölker der Gegenwart sowohl unter einander als auch mit denen der Vergangenheit eine grosse geistige Gemeinschaft bilden, innerhalb deren die älteren die Frucht ihres Denkens auf die jüngeren vererbt haben, und die neben einander stehenden geistigen Austausch mit einander pflegen. Durch solches Verhältniss wird der Rassenhass gemildert, der Gegensatz der Nationalitäten abgeschwächt, die Entwickelung des Bewusstseins der idealen Zusammengehörigkeit begünstigt. Noch nie freilich hat die Philologie einen Krieg verhindert oder auch nur gekürzt, aber wenn die Culturvölker auch im Kriege nach Bethätigung der Menschlichkeit streben, so ist das mittelbar und zu einem Theile, nächst der Religion, der Philologie zu danken, welche ein Volk das andere achten lehrt. Und einmal wenigstens hat die Philologie das Sklaven-joch eines Volkes gebrochen: als vor nun etwa siebzig Jahren die Nationen Westeuropas das unglückliche Griechenland aus türkischer Knechtschaft befreiten, da thaten sie es, weil sie in der Schule der Philologie zur Ehrfurcht und Dankbarkeit gegen das Hellenenthum angeleitet worden waren.

Wer aber von der Philologie durchaus unmittelbar prak-tischen Nutzen fordert, der sei darauf hingewiesen, dass die Erlernung fremder Sprachen und die Kenntniss fremder Litte-raturen auch eine praktische Nothwendigkeit ist, welcher ge-nügt werden muss, wenn das praktische Leben gefördert werden soll. Die Lehrmeisterin aber für diesen nothwendigen Unterricht ist keine andere, als die Philologie. Auch dadurch besitzt sie Bedeutung.

5. Man wirft der Philologie häufig vor, dass sie ihre Thätigkeit auf kleinliche Dinge richte, welche ernster wissen-schaftlicher Untersuchung überhaupt unwerth seien. Als ver-meintlich beweiskräftige Beispiele führt man an, dass Philo-logen etwa dicke Bücher über eine einzige Partikel geschrieben oder auch unendlichen Fleiss auf die Feststellung einer einzigen Lesart verwendet haben. Die Thatsachen sind ganz richtig. Kein Geringerer als *Gottfried Hermann* hat ein Werk über die griechische Partikel ἄν verfasst; und dass ein Philolog die Ermittelung einer richtigen Lesart zum Gegenstand mühe-vollster, zeitraubender, mitunter noch dazu auch kostspieliger

Untersuchung macht, das ist ein ganz alltägliches Vorkomm-
niss. Aber nichts kann verkehrter sein, als daraus einen
Vorwurf gegen die Philologie ableiten zu wollen. In jeder
Wissenschaft, namentlich auch in der Naturwissenschaft, wird
ganz entsprechend verfahren. Oder wer wüsste nicht, dass
z. B. der Zoolog, der Botaniker, der Physiolog in angestreng-
tester Weise mit dem Mikroskop und anderen der Erkenntniss kleinster Dinge dienenden Werkzeugen arbeitet, um irgend
etwas festzustellen, was dem, der des wissenschaftlichen Sinnes
entbehrt, als vollkommen gleichgültig erscheint?

Die Wissenschaft kennt den Begriff des Kleinen nicht,
sie kann und darf ihn nicht kennen. Nur für den Laien gibt
es, weil er eben als Laie richtigen Urtheiles unfähig ist, ein
Kleines und ein Grosses in wissenschaftlichen Dingen. Für
die Wissenschaft ist Alles bedeutsam, allerdings, je nach Lage
der Verhältnisse, zu einer gegebenen Zeit das Eine mehr und
das Andere minder, oft aber gerade das am meisten, was der
Laie für durchaus bedeutungslos erachtet. Die Philologie
bildet selbstverständlich keine Ausnahme, auch sie also bearbeitet oft anscheinend kleine Dinge, falls sie davon Förderung ihrer Forschung erhofft. *G. Hermann* schrieb das
Buch über ἄν, weil dieses Wörtchen von weittragendster Bedeutung für die ganze griechische Moduslehre ist. Der Feststellung einer einzigen Lesart, selbst der eines Interpunktions-
zeichens, kann unter Umständen die allergrösste Wichtigkeit
zukommen. Mitunter wird man sich dessen auch im praktischen Leben bewusst, wenn man die Hülfe der Philologie
anruft, um den Wortlaut und damit auch den Sinn z. B. einer
Stelle im Texte einer Urkunde zu bestimmen. Die wichtigsten
Urkunden aber sind die Werke der Litteratur, denn sie bezeugen die Geistesthaten der Vorzeit. Die der Richtigstellung
ihres Textes gewidmete Bemühung ist also jedenfalls berechtigt.
Falsch aber wäre es, nur dann textkritische Arbeit anzuwenden,
wenn derselben von vornherein ungewöhnliche Bedeutsamkeit
zuerkannt werden darf, denn es ist doch selbstverständlich,
dass der Gesammtwortlaut eines Textes mit thunlichster
Gründlichkeit geprüft und so weit, als irgend möglich, von
allen Fehlern und Entstellungen gereinigt werden muss, wenn
es gilt, sein allseitig richtiges Verständniss zu erreichen.

Geistlos ist wahrhaft philologische Arbeit nie; sie kann es gar nicht sein, weil sie immer mit Hervorbringungen des menschlichen Geistes sich beschäftigt und dadurch den Arbeitenden stets zum Denken, mindestens zum Nachdenken anregt. Allerdings aber muss der Philolog, um als solcher arbeiten zu können, gar oft mechanische Arbeit zuvor erledigen. Ohne vorausgegangenes Sammeln und Abschreiben z. B. von einzelnen Worten und Belegstellen, Ordnen von Zetteln und allerlei Notizen wird man nur ausnahmsweise eine philologische Leistung zu vollziehen vermögen[1]). Aber auch in allen anderen Wissenschaften gibt es der mechanischen Arbeiten genug.

Nun kann es ja wohl geschehen, dass ein Philolog ganz aufgeht in der mechanischen Arbeit seines Fachs. Dann hört er eben auf, ein Philolog zu sein, und sinkt zu einem, im günstigsten Falle in seiner Art nützlichen, gelehrten Handwerker herab. Solche Selbsterniedrigungen einzelner Personen aber beeinträchtigen die Würde der Wissenschaft nicht.

§ 4. **Beziehungen der Philologie zu den anderen Wissenschaften.** 1. In Wahrheit gibt es nur eine Wissenschaft, und die Abgrenzung von Einzelwissenschaften ist lediglich ein Nothbehelf, welcher in der Unerlässlichkeit der Arbeitstheilung, aber eben auch nur darin begründet ist. Weil eben die Wissenschaft in Wahrheit nur eine ist, hängt jede sogenannte Einzelwissenschaft mit allen übrigen zusammen (omnes artes, quae ad humanitatem pertinent, habent quoddam commune vinculum et quasi cognatione quadam inter se continentur. Cic. pro Archia poeta I, 2). Es gibt keine Scheidewände zwischen den einzelnen Wissenschaften, sondern nur nach praktischen Rücksichten mehr oder weniger willkürlich gezogene, leicht verschiebbare Abgrenzungslinien. Daher darf, wer nach wissenschaftlicher Leistung strebt, sich nie in der Art „specialisiren", dass er die Fähigkeit, über sein besonderes Arbeitsgebiet hinauszublicken, verliert oder gar von vornherein

---

[1]) Grosse philologische Unternehmungen, wie etwa die Herstellung des Thesaurus linguae latinae, machen selbstverständlich sehr umfangreiche Vorbereitungsarbeiten erforderlich. Nur Unverstand kann in der Betheiligung an solchen Vorbereitungsarbeiten etwas eines wissenschaftlich gebildeten Mannes Unwürdiges erblicken.

geflissentlich darauf verzichtet. Man darf sich nicht durch Vorbinden von Scheuklappen das Sehfeld verengen.

2. Auch die Unterscheidung von sog. Hauptwissenschaften und sog. Neben- oder Hülfswissenschaften ist eine rein praktische Maassnahme. Jede Einzelwissenschaft kann Hauptwissenschaft und kann Hülfswissenschaft sein, je nachdem sie das unmittelbare oder nur das mittelbare Forschungsgebiet eines wissenschaftlich Arbeitenden darstellt. Nur freilich liegt es in der Natur der Sache, dass gewisse Einzelwissenschaften vorwiegend als Hülfswissenschaften aufgefasst werden, weil die aus ihnen zu gewinnende Erkenntniss nicht so sehr um ihrer selbst willen, als wegen ihrer Nutzbarkeit für anderweitige Erkenntniss erstrebt wird. Dies gilt beispielsweise von der Inschriftenlehre (Epigraphik), von der Schriftgeschichte (Palaeographie), von der Urkundenlehre (Diplomatik). Was in diesen Disciplinen erkannt werden kann, erhält praktischen Werth erst im Dienste philologischer oder historischer Forschung. Das ist aber eben auch nur ein praktischer Gesichtspunkt und nur als solcher berechtigt.

3. Die Philologie steht, wie aus dem Gesagten sich ergibt, in Beziehungen mit allen anderen Wissenschaften, in näheren als Geisteswissenschaft mit den übrigen Geisteswissenschaften, in entfernteren mit den Naturwissenschaften. Jeder Wissenschaft kann die Philologie die Dienste einer Hülfswissenschaft leisten, aber auch von jeder solche Dienste empfangen.

4. Die wissenschaftliche Betrachtung der menschlichen Sprache in ihrer Allgemeinheit ist Sache der (allgemeinen) Sprachwissenschaft und der Sprachphilosophie. Aufgabe der ersteren ist die Ermittelung des allgemein Menschlichen in den Sondergestaltungen der Sprache; Aufgabe der Sprachphilosophie ist die Feststellung des Verhältnisses der Sprache zum Denken. Beide bedürfen der von der Sprachvergleichung gegebenen Nebeneinanderstellung der verschiedenen Typen des Sprachbaues. Gegenstand der Philologie ist die Betrachtung der nationalen Einzelsprachen. Da nun diese Betrachtung sich nur mit Berücksichtigung des in jeder Nationalsprache enthaltenen allgemein Menschlichen erfolgreich vollziehen lässt, so bedarf die Philologie für ihre Arbeit der Vorarbeit der

allgemeinen Sprachwissenschaft, der Sprachphilosophie und der Sprachvergleichung, während sie ihrerseits wieder diesen Disciplinen eine Fülle von Stoffen und Gesichtspunkten übermittelt. So verbinden sich die Wissenschaften von der Allgemeinsprache und die Wissenschaft von den Einzelsprachen zu einer höheren Einheit.

5. Die Sprache als Rede und die Litteratur sind die beiden unmittelbaren Forschungsgebiete der Philologie. Da nun die Sprache die mittelst der Laute vollzogene Versinnlichung des Denkens, die Litteratur die mittelst der Schrift vollzogene Ueberlieferung dieser Versinnlichung des Denkens ist, so ist die Philologie eng verbunden mit der Wissenschaft des Denkens, der Logik, und auch — weil im Denken alle Fähigkeiten des menschlichen Geistes sich bethätigen — eng verbunden mit der Wissenschaft vom menschlichen Geiste überhaupt, d. h. mit der Psychologie. In Sonderheit muss die Philologie mit der Psychologie sich verbinden, um den Einfluss der seelischen (oder gemüthlichen) Erregung, des Affectes, auf die Sprache festzustellen, wozu namentlich auf dem Gebiete der sog. Syntax sich Veranlassung bietet (man denke z. B. an die wesentlich durch Einfluss des Affects bedingten Schwankungen der Wortstellung). Ja, der Zusammenhang der Philologie mit der Psychologie ist so eng, dass man die Philologie, insofern als sie die Sprache als Ausdruck des Denkens, als Versinnlichung von Begriffen und Begriffsbeziehungen auffasst, mit dem Namen „Sprachpsychologie" benennen darf (s. oben S. 20). Aber auch als Litteraturwissenschaft steht die Philologie mit der Psychologie in engstem Zusammenhange oder vielmehr in mannigfachen Zusammenhängen. Einer der wichtigsten derselben wird durch den Umstand begründet, dass Litteraturwerke häufig (so z. B. die lyrischen Dichtungen) Ausflüsse seelischer Zustände, sogenannter Stimmungen, sind oder aber (so z. B. Romane, bzw. Epen, und Dramen) seelische Zustände schildern und veranschaulichen sollen. Endlich ist auch aus noch anderem Grunde die Philologie eng mit der Psychologie verbunden: die Philologie will in Sprache und Litteratur die geistige Eigenart der Einzelvölker erkennen, sie strebt also nach Erkenntniss dessen, was man „Volksseele" nennt, und verfolgt demnach, aber eben freilich nur auf dem sprachlich-

litterarischen Gebiete, das gleiche Ziel, wie die sogenannte Völkerpsychologie.

6. Die geistige Eigenart eines Volkes bekundet sich in allen Hervorbringungen des menschlichen Geistes, deren wichtigste — abgesehen von Sprache und Litteratur — sind: Religion (selbstverständlich nur in so weit, als sie Erzeugniss der Phantasie und des speculativen Denkens ist, also nicht auf Offenbarung beruht; in diesem Sinne aufgefasst schliesst der Begriff „Religion" auch die Mythologie sowie die Gesammtheit der abergläubischen Vorstellungen in sich ein); die Wissenschaft; die Kunst (namentlich die Musik, weil sie als Genossin der Dichtung wirken kann); endlich das Recht und die Sitte, auf welchen beiden wieder das staatliche und das wirthschaftliche Leben beruhen. Alle Wissenschaften, welche mit der Erforschung der genannten Gebiete des geistigen Volkslebens beschäftigt sind, stellen sich, eine jede für sich, das gleiche Ziel, wie die Philologie: Erkenntniss der nationalen geistigen Eigenart. Es stehen also alle diese Wissenschaften (Religions-, Kunst-, Wissenschafts-, Rechts-, Sitten-, Staats- und Wirthschaftswissenschaft[1])) zur Philologie, und steht diese zu ihnen in einem gleichsam schwesterlichen Verhältnisse, vermöge dessen sie einander unterstützen, ihre Forschungsergebnisse unter einander vergleichen und soweit, als es sich thun lässt, mit einander nach gemeinsamen Gesichtspunkten und Methoden arbeiten müssen. Sie bilden zusammen eine grosse Wissenschaftseinheit, die man etwa als „psychische Anthropologie" bezeichnen könnte, indessen kommt auf den Namen nichts an.

7. Jede Sprache und jede Litteratur durchläuft eine, oft sehr lange, Entwickelungsbahn, hat also eine Geschichte. Insofern nun, als die Philologie die Geschichte der Sprachen

---

[1]) Die Bezeichnungen „Religions-, Kunst-, Rechts- und Staatswissenschaft" bedürfen, weil sie ganz üblich sind, keiner Rechtfertigung. Die „Wirthschaftswissenschaft" ist das, was man gemeinhin „Nationalökonomie" nennt. Die „Sittenwissenschaft" (die selbstverständlich etwas ganz Anderes, als Sittenlehre, d. h. Ethik, ist) pflegt gewöhnlich als ein Theil der Völkerkunde aufgefasst zu werden. Der Ausdruck „Wissenschaftswissenschaft" mag befremdlich, ja widersinnig erscheinen, er hat aber doch sein gutes Recht, denn die Wissenschaft kann sowohl in ihrer Allgemeinheit als auch in ihren Sonderheiten (Einzelwissenschaften) selbst wieder Gegenstand wissenschaftlicher Betrachtung und Forschung sein, sonst würde es ja z. B. keine Geschichte der Philosophie geben.

und Litteraturen behandelt, ist sie eine Geschichtswissenschaft: Sprach- und Litteraturgeschichte. Da nun alle oben (Nr. 6) genannten Hervorbringungen des menschlichen, bezw. des nationalen Geistes ebenfalls eine geschichtliche Entwickelung besitzen, so ergeben sich ebensoviele einzelne Geschichtswissenschaften (Religions-, Kunst-, Wissenschafts-, Rechts-, Sitten-, Staats- und Wirthschaftsgeschichte), welche mit der Sprach- und Litteraturgeschichte zu der grossen Einheit der Culturgeschichte sich zusammenschliessen, und von denen eine jede alle anderen ergänzt, folglich auch eine jede nur mit Berücksichtigung aller anderen fruchtbringend gepflegt werden kann. Das gilt auch von der Philologie.

Die Culturgeschichte sowohl in ihrer Gesammtheit wie auch in ihren Einzeldisciplinen ist Geschichte des geistigen Völkerlebens, und in Wahrheit gibt es in Bezug auf menschliche Verhältnisse keine andere Geschichte, weil alle menschliche Thätigkeit aus dem Geistesleben entspringt. In der Praxis der Wissenschaft aber pflegt man der Culturgeschichte die sogenannte Weltgeschichte entgegenzustellen, d. h. die Geschichte der staatlichen Entwickelung, insoweit als sie sich in dem Wandel der staatlichen Verfassungen, in den wechselnden Gestaltungen der internationalen Beziehungen und in der thätigen Antheilnahme einzelner Persönlichkeiten an den politischen Vorgängen bekundet. Da nun die Beschaffenheit des staatlichen Lebens die Entwicklung aller übrigen Gebiete des Culturlebens tiefgreifend beeinflusst, so bedarf jede Disciplin der Culturgeschichte, bedarf insbesondere auch die Philologie in ihrer Eigenschaft als Sprach- und Litteraturgeschichte des Zusammenhanges mit der auf die (politische) Weltgeschichte gerichteten Forschung. —

8. Die Sprachlaute werden erzeugt durch Luftdruck, Muskelbewegungen und Schallwirkungen, also auf physischem Wege. Wahrgenommen aber werden die Sprachlaute vermöge der Einwirkung von Luftschwingungen auf die Gehörorgane, also ebenfalls auf physischem Wege. Dadurch wird ein unmittelbarer Zusammenhang der Sprachwissenschaft und folglich mittelbar auch der Philologie mit den Naturwissenschaften, namentlich mit der Physiologie und Akustik, hergestellt.

Im Uebrigen tritt die Philologie mit der Naturwissenschaft

nur dann in Beziehung, wenn sie deren Hülfe in Anspruch nehmen muss zum Behufe der Prüfung oder zum Zwecke der sachlichen Erklärung eines Litteraturwerkes. Dies geschieht beispielsweise, wenn es dem Philologen für die Bestimmung der Entstehungszeit eines Litteraturwerkes nothwendig erscheint, die Beschaffenheit der zur Niederschrift gebrauchten Schreibstoffe (Stein, Pergament, Papier, Tinte) sicher zu erkennen oder auch sich der Richtigkeit einer in dem Litteraturwerke enthaltenen astronomischen Angabe zu vergewissern. Derartige Fälle treten gar nicht so selten ein. Ausserdem ist noch auf Eins hinzuweisen. Für die räumliche Abgrenzung der einzelnen Sprachgebiete bedarf die Philologie der Mithülfe der politischen, zuweilen auch der physikalischen, in Bezug auf die Vergangenheit auch der historischen Geographie mit Hinzuziehung der Ethnographie. Für die Bestimmung der hinsichtlich der einzelnen Sprachgenossenschaften bestehenden Zahlenverhältnisse ist die Philologie auf die Unterstützung durch die Statistik angewiesen.

9. Das Sprechen ist, weil es die geistige Thätigkeit des Denkens mittelst physischer Vorgänge versinnlicht, ein zugleich physischer und psychischer Vorgang. In Folge dessen hat die Sprachwissenschaft und hat demnach auch die Philologie Beziehungen zu der Psychophysik als zu derjenigen Wissenschaft, welche nach Erkenntniss der Bedingtheit psychischer Vorgänge durch physische Einflüsse strebt.

§ 5. **Bemerkungen über die Geschichte der Philologie.** 1. Bei jedem Volke, welches eine Schriftsprache und eine Litteratur sich geschaffen hat, ist auch philologische Thätigkeit irgendwie geübt worden, meist freilich nur gleichsam ansatzweise und gelegentlich, nicht planmässig und durchgreifend. Zur Wissenschaft ausgebildet haben die Philologie nur wenige Völker. Unter diesen haben wieder, so scheint es wenigstens, einerseits die Inder, andrerseits die Griechen das Bedeutendste geleistet, und zwar durchaus unabhängig von einander und in sehr verschiedener Weise.

Die Entwickelung der Philologie innerhalb des europäischen Culturbereiches — zunächst bei den Römern, dann bei den Völkern des Mittelalters und denen der Neuzeit — ruht im Wesentlichen durchaus auf den Leistungen der Griechen. In-

dessen hat in neuester Zeit (d. h. seitdem Bopp die vergleichende
Grammatik der sog. indogermanischen Sprachen geschaffen hat)
die europäische Sprachwissenschaft und dadurch mittelbar auch
die Philologie durch die indische Grammatik manche Anregung
empfangen, hat zu ihrem Vortheil den Indern manchen sprachwissenschaftlichen Begriff sammt seiner Sanskritbezeichnung
entlehnt (so sind z. B. die Begriffe und Ausdrücke des Guna,
des Vriddhi übernommen worden, ebenso die indische Eintheilung der Arten der Composita [Dvandva, Tatpurusha
u. s. w.]). Jedenfalls ist dadurch, dass durch die Kenntniss
des Sanskrit und seines grammatischen Systemes die Schöpfung
der idg. Sprachvergleichung ermöglicht wurde, die Philologie
mächtig gefördert, ja mehrfach in andere Bahnen gelenkt
worden. Wer da weiss, wie viel z. B. für die Erkenntniss
der griechischen (in Sonderheit auch der homerischen) und
der lateinischen Sprache durch die Sprachvergleichung gewonnen worden ist, der kann die Bedeutung dieser Wissenschaft für die Entwickelung der Philologie ermessen, und der
weiss auch, wieviel mittelbar die Philologie den alten Indern,
dem Sanskrit verdankt.

2. Die erste philologische That der Griechen war die —
freilich vielleicht mehr der litterarischen Sage, als der Geschichte angehörige — Redaction der homerischen Gedichte,
welche an Peisistratos' Namen sich knüpft. Doch blieb dieses
Unternehmen, das übrigens einen rein praktisch-ästhetischen
Zweck verfolgte, auf lange Zeit hinaus die einzige Bethätigung
philologischen Sinnes. Es konnte dem auch gar nicht anders
sein: die Pflege der Philologie setzt eine gewisse Entwickelung der Sprachwissenschaft voraus, namentlich die Unterscheidung der Redetheile und eine gewisse Einsicht in das
System des Formenbaues sowie in das Wesen der Satzbildung.
Diese nothwendige Grundlage wurde in harter, mühevoller,
bewundernswerther Geistesarbeit von den Sophisten und den
ihnen nachfolgenden Philosophen geschaffen (Platon, Aristote-
les, die Stoiker). Dabei fanden die höchsten Probleme der
Sprachphilosophie — die Frage nach dem Ursprunge der Sprache
(ob sie $\varphi\acute{v}\sigma\epsilon\iota$ oder $\vartheta\acute{\epsilon}\sigma\epsilon\iota$ entstanden, d. h. ob sie dem Menschen
durch die Natur verliehen oder von den Menschen erschaffen
sei), die Frage nach dem Verhältnisse zwischen Analogie und

Anomalie — eine tiefgreifende, gedankenreiche Erörterung. Uns Neueren mag die Art, wie diese Fragen von den griechischen Weltweisen behandelt wurden, vielfach als kindlich unbeholfen erscheinen, manche Stelle selbst des platonischen „Kratylos" mag uns ein überlegenes Lächeln abgewinnen, aber die Unbeholfenheit liegt doch mehr in der Form, als in den Gedankenerwägungen der Behandlung, und, Alles in Allem genommen, die Leistung der Griechen auch auf diesem Gebiete des Denkens ist höchster Bewunderung werth. Ohne sie hätten wir Neueren es nicht „so herrlich weit" gebracht.

Die eigentliche Geburtsstätte der Philologie ist das ptolemäische Alexandria. Die Einrichtung und Verwaltung der dortigen grossen Bibliothek machte die Ausbildung und Anwendung philologischer Grundsätze zu einer praktischen Nothwendigkeit. Vor Allem musste man auf die Herstellung kritischer Texte der classischen Schriftsteller bedacht sein. Das aber gab den Anstoss zu eindringlicher Beschäftigung mit sprachlichen und litterarischen Fragen aller Art, namentlich auch zum weiteren Ausbau des grammatischen Systems. Als Hauptarbeitsgebiet erwählten die griechischen Philologen sich die Textkritik und Erklärung der homerischen Epen —, eine glücklichere Wahl konnte nicht vollzogen werden.

3. Die Ergebnisse der griechischen Sprachwissenschaft wurden von den Römern übernommen und für die grammatische Darstellung ihrer Sprache verwerthet. Die zwischen dem Latein und dem Griechischen bestehende, verhältnissmässig grosse, Verschiedenheit des Sprachbaues[1]) brachte es mit sich, dass das System der griechischen Grammatik nicht schablonenartig auf die lateinische übertragen werden konnte, sondern im Einzelnen mannigfach abgeändert werden musste. Diese Nothwendigkeit regte die römischen Grammatiker zu selb-

---

[1]) Man bedenke z. B., dass das Griechische keinen Ablativ und kein sog. Passivum, das Latein dagegen keinen Aorist und keinen Optativ besitzt. Freilich ist die eine wie die andere Thatsache nur vom Standpunkte der praktischen Sprachvergleichung aus betrachtet richtig, aber nur darauf kommt es hier an. Denn dass das Griechische ursprünglich ebenfalls einen Ablativ, das Latein aber einen Aorist und einen Optativ besass, und dass das lateinische Passiv in Wahrheit kein Passiv ist, das haben Griechen und Römer nie erkannt und haben es nicht erkennen können, weil sie, um den Bau fremder Sprachen sich nicht kümmernd, wissenschaftliche Sprachvergleichung nicht kannten.

ständigem Denken an, welches zu manchen richtigen Aufstellungen, freilich auch zu manchen schrullenhaften Einfällen hinleitete, jedenfalls aber die Einsicht in sprachliche Dinge förderte. Das von den römischen Grammatikern angewandte Schema der Grammatik ist sammt seiner — vielfach höchst misslungenen — Terminologie noch jetzt das in der Praxis der Wissenschaft, namentlich aber in der des Unterrichts übliche.

Der das Römerthum kennzeichnende praktische Sinn bethätigte sich auch auf dem philologischen Gebiete. Die Philologie wurde von ihnen nutzbar gemacht für die planmässige Ausbildung einer fest geregelten Schriftsprache. Bemerkenswerth ist auch, dass, wie es wenigstens scheint, die Römer in weiterem Umfange, als die Griechen es thaten, die Realien in den Kreis der Philologie einbezogen.

4. Gegenstand philologischer Forschung war bei den Griechen im Wesentlichen durchaus nur die eigene Sprache und Litteratur. Selbst das Latein, obwohl es in späterer Zeit ihnen so nahe trat, war für sie ein Object nur des praktischen, nicht des theoretischen Studiums. Aehnlich verfuhren die Römer, denn, wenn sie auch das System der griechischen Grammatik übernahmen, so sahen sie doch gänzlich davon ab, es durch selbständige Forschung zu erweitern und zu vertiefen. Jedenfalls erstreckte sich der philologische und überhaupt der sprachwissenschaftliche Gesichtskreis des classischen Alterthums über Griechisch und Lateinisch nicht hinaus, und niemals wurde, soviel wir wissen, ein ernstlicher Versuch gemacht, ihn auf die Sprachen und Litteraturen anderer Völker, etwa der Aegypter, Perser, Punier, Scythen, Kelten, Germanen auszudehnen, obwohl das doch, wie man glauben sollte, so nahe gelegen hätte. Es scheinen fremde Sprachen nie das wissenschaftliche Interesse der Griechen und Römer erregt zu haben. Der Folgezeit hat das schweren Nachtheil gebracht; denn man erwäge: hätte z. B. Caesar auch nur ein kleines Büchlein über die ihm doch gewiss recht bekannte Sprache der Galler geschrieben, oder hätte etwa Tacitus seiner Germania einige Bemerkungen über die germanischen Sprachen beigefügt, welchen reichen Gewinn würden jetzt die keltische und die germanische Philologie daraus ziehen! Es ist n i c h t

geschehen. Den Griechen und Römern selbst hat ihre Selbstgenügsamkeit in sehr wesentlicher Beziehung genützt, indem ihnen, namentlich aber den Griechen, dadurch die Einheitlichkeit ihrer Geistesbildung gewahrt blieb und die volle Entfaltung ihrer nationalen Eigenart verstattet wurde. Wissenschaftlich aber verurtheilten sie sich durch ihre Selbstgenügsamkeit zum Verzicht auf die tiefere Erkenntniss der eigenen Sprache; der griechisch-römischen Philologie wurde dadurch, nachdem sie eine gewisse, an sich sehr achtbare Höhe der Entwickelung erreicht hatte, die Möglichkeit eines weiteren Aufsteigens benommen; sie wurde zum Stillstand genöthigt, und als weitere, noch schlimmere Folge ergab sich die Verknöcherung der Wissenschaft, mumienhafte Erstarrung oder auch Entartung zu läppischer Spielerei. In letzterer Beziehung ist im späten Alterthum Unglaubliches geleistet worden (man denke z. B. an den Grammatiker Vergilius Maro).

5. Den westeuropäischen Völkern des Mittelalters war in Folge bekannter geschichtlicher Verhältnisse das Latein die Sprache der Wissenschaft, der Kirche und auch — freilich mit gewissen Einschränkungen — des Staates. Das schulmässige Studium des Lateins war also für sie eine praktische Nothwendigkeit. Gegenstand wissenschaftlicher Forschung aber war das Latein nicht, auch nicht die lateinische Litteratur, denn dieselbe wurde lediglich dogmatisch aufgefasst; kritische Prüfung der überlieferten Texte, kritische Betrachtung ihres Inhaltes wurde nicht geübt. Die lateinische Litteratur galt als das grosse Vorrathshaus gelehrter Kenntnisse, dem man für die Praxis des wissenschaftlichen Lebens die einzelnen Materialien autoritätsgläubig mit vollem Vertrauen auf die unbedingte Zuverlässigkeit der Ueberlieferung entlehnte. So übernahm das Mittelalter beispielsweise die Geschichtssage und die Fabelnaturgeschichte des Alterthums mit voller Gläubigkeit.

Griechische Sprache und Litteratur waren während des Mittelalters dem wissenschaftlichen Gesichtskreise des Abendlandes entrückt. Ganz vereinzelt nur geschah es, dass auch sie Gegenstand des Studiums wurden, und diese Ausnahmefälle blieben ohne Belang für die Allgemeinbildung. Im byzantinischen Reiche war das Verhältniss umgekehrt: dort betrieb man das Griechische schulmässig und kümmerte sich nur gelegentlich um das Latein.

Bei dieser Sachlage war während des Mittelalters nicht nur eine Entwickelung der Philologie über den im Alterthum erreichten Standpunkt hinaus unmöglich, sondern auch ihr Herabsinken weit unter diesen Standpunkt unvermeidlich. Ja, man darf sagen, dass philologische Wissenschaft damals überhaupt nicht bestand, sondern nur philologisches Handwerk betrieben wurde, und auch das nur auf lateinischem Gebiete. Sprachwissenschaft war überhaupt dem Mittelalter fremd, nur Sprachphilosophie kannte es, aber auch diese bloss in der unfruchtbaren Form scholastischer Abstraction und Speculation.

Nichtsdestoweniger hat jeder Philolog Ursache, dem Mittelalter aufrichtig dankbar zu sein. Denn lediglich mittelalterlicher Fleiss hat die Litteraturwerke des Alterthums uns in dem immerhin ansehnlichen Umfange erhalten, in welchem wir sie noch besitzen. Abendländische und byzantinische Mönche haben sich in dieser Beziehung, die einen auf lateinischem, die anderen auf griechischem Gebiete, verdient gemacht. Ihre abschreibende Thätigkeit war freilich oft genug eine gedankenlose, oft aber doch auch eine recht sorgfältige.

6. Das Aufkommen der nach Erneuerung der Antike strebenden Renaissancebildung belebte die erstorbene Philologie wieder. Zunächst freilich in zweifach einseitiger Weise. Nicht um eigentlich wissenschaftliches Erkennen war es den Renaissancephilologen, den „Humanisten“, zumeist zu thun, sondern um ästhetischen Genuss. Für die Schönheit der Werke des classischen Alterthums waren sie begeistert, und gerade diese Begeisterung liess sie nur selten zu kritischer Prüfung, zu methodischer Forschung, zu nüchternem Urtheile gelangen. Den idealen Bildungsgehalt, der in den Geistesschöpfungen der Alten niedergelegt ist, strebten sie zu erfassen und in eigenen Werken zu erneuen. Mit der Verfolgung dieses Zieles vertrug sich wenig die unbefangene Kritik des antiken Geisteslebens.

Sodann war die Thätigkeit der Humanisten ganz vorwiegend dem Römerthume zugewandt, dem Hellenenthume nur insoweit, als es in den nachahmenden Werken der Römer zur Erscheinung kam. Allerdings wurde — besonders nachdem der Fall des byzantinischen Reiches viele griechische Gelehrte heimathflüchtig gemacht hatte — die Kenntniss der griechischen Sprache nach dem Westen gebracht, wurden griechische Handschriften im Abendlande verbreitet. Aber es währte gar lange, bis das Studium des Griechischen über ziemlich unfruchtbaren Dilettantismus hinauskam und die Fähigkeit zu nachhaltiger Einwirkung auf die neuzeitliche Bildung erlangte. Das ist eigentlich erst vom Ende des 17. Jahrhunderts ab geschehen. Diese Thatsache ist für die Entwickelung der neuzeitlichen Litteraturen von weittragendster Bedeutung geworden, denn in ihr ist es begründet, dass das litterarische Schaffen der Neuzeit zunächst meist römischen, nicht hellenischen Vorbildern nachstrebte. Und so ist es gekommen, dass die Renaissanceepik vorwiegend Virgil (nicht Homer), die Renaissancelyrik vorwiegend Horaz (nicht Pindar), die Renaissancetragödie vorwiegend Seneca (nicht Aischylos oder Sophokles, selbst Euripides nur selten), die Renaissancecomödie vorwiegend Plautus und Terenz (nicht etwa Aristophanes) nachgeahmt hat. Die gleiche Wahrnehmung ist auch bezüglich der Prosalitteratur zu machen: Cicero und Seneca (nicht Demosthenes oder, auf philosophischem Gebiete, Platon), Livius und Sallust (nicht Herodot und Thukydides) galten denen als Vorbilder, welche in der Beredtsamkeit oder in philosophischer Schriftstellerei oder in der Geschichtsschreibung zu künstlerischem Schaffen sich berufen fühlten. Ausnahmen sind allerdings zu verzeichnen, namentlich in Bezug auf Platon.

7. Die ästhetisirende Richtung der Renaissancephilologie barg die Gefahr in sich, dass die Beschäftigung mit den classischen Sprachen und Litteraturen nicht sowohl als ernste Wissenschaft, die ihren Zweck in sich selbst findet, sondern als eine Art geistig anregender Unterhaltung und als ein Bestandtheil gesellschaftlicher Bildung aufgefasst wurde. Das ist denn auch in erheblichem Maasse geschehen. Andrerseits aber musste gerade das Streben nach Erfassung des Schönen in den classischen Sprachen und Litteraturen und der diesem Streben zu Grunde liegende feste Glaube, dass an und in diesen alten Sprachen und Litteraturen Alles schön sei, und dass die allseitige Schönheit sich voll entschleiern lasse, wenn

man nur ernstlich darnach trachte und hingebendes Bemühen nicht scheue —, es mussten solches Streben und solcher Glaube den Willen und die Kraft zu ausdauernder Arbeit verleihen, zu einer Arbeit, welche zwar selten nur wirkliche Forschung, sondern meist nur liebevolles Sichversenken in Einzelbeobachtungen war, indessen doch des Erfolges keineswegs entbehrte. In der Grammatik wie in der Lexikographie, in der Textherstellung wie in der Texterklärung hat die Renaissancephilologie, namentlich die des 16. Jahrhunderts, einzelne Leistungen aufzuweisen, welche, selbst mit dem heutigen Maassstabe der Wissenschaft gemessen, als bedeutende erscheinen, ja von denen mehrere (so z. B. der Thesaurus graecus der Stephani) bis jetzt nicht überholt worden sind.

Aber auch ein anderer Ruhm ist der Renaissancephilologie zuzuerkennen: sie ist nicht durchaus einseitig dem classischen Alterthume zugewandt gewesen, sondern sie hat ihre Arbeit auch auf die Sprachen der Neuzeit erstreckt. Etwa vom Ausgange des 15. Jahrhunderts ab beginnt das philologische Arbeitsgebiet sich zu erweitern. Bis dahin war — mit einziger, aber auch nur bedingter Ausnahme des Provenzalischen — noch keine der romanischen oder germanischen Sprachen Gegenstand einer systematisch-grammatischen Darstellung geworden (vgl. unten § 10). Das änderte sich nun: mehr und mehr versuchte man, das System der lateinischen Grammatik methodisch auf das Italienische, Französische, Englische u. s. w. zu übertragen und dadurch der litterarischen Anwendung dieser Sprachen feste Normen zu schaffen. Dass dabei viele Unbeholfenheiten, Schiefheiten, Verkehrtheiten und selbst Thorheiten mit unterliefen, lag in der Natur der Sache und darf deshalb nicht hart beurtheilt werden. Unvermeidlich war namentlich, dass das Schema der lateinischen Grammatik den neueren Sprachen gar zu mechanisch aufgezwängt wurde, ohne Berücksichtigung dessen, dass ihr Bau doch wesentlich abweicht von dem des Lateins. So wurde die neusprachliche Grammatik in eine Art von Prokrustesbett gespannt, aus welchem sie selbst jetzt noch nicht völlig befreit worden ist. Aber so Vieles auch im Einzelnen verfehlt wurde, die Schöpfung der neusprachlichen Grammatik war an und für sich eine hochbedeutsame und folgenreiche wissenschaftliche That.

Und noch Eins ist hervorzuheben. Die unter dem Einfluss der Renaissancebildung aufblühenden Litteraturen der Neuzeit erstrebten Nachbildung der antiken, in Sonderheit (vgl. S. 41) der römischen Geisteswerke. So gingen die Neueren in die Schule der Alten und empfanden vor diesen zunächst die Ehrfurcht, welche Schülern den Lehrern gegenüber ziemt. Bald aber kam die Zeit, in welcher ein Theil der Schüler die Meister überholt zu haben und selbst zu höherer Meisterschaft gelangt zu sein glaubte, während ein anderer Theil festhielt an der Ueberzeugung, dass die neuere Litteratur ihre Ideale stets im Alterthume suchen müsse. So entbrannte am Ausgange des 17. Jahrhunderts der langdauernde „Streit der Alten und der Neuen (la querelle des anciens et des modernes)". Zuerst und zumeist wurde er in Frankreich durchgefochten, indessen auch Italien, England und Deutschland nahmen lebhaften Antheil. Grosse Geistesschlachten wurden geschlagen. Des Sieges freilich konnte keine der kämpfenden Parteien sich rühmen, denn die strittige Frage gehört zu denen, welche nur durch Thatsachen der Culturentwickelung, nicht aber durch theoretische Erörterungen sich lösen lassen. Ergebnisslos war die Fehde indessen nicht, denn sie gab Anregung zum Nachdenken über die Grundbedingungen und die Ziele des litterarischen Schaffens, über das allgemeine Verhältniss der neuzeitlichen zur antiken Cultur, über die Parallelleistungen neuzeitlicher und antiker Dichter und Schriftsteller. Dies Alles bedeutete, mindestens mittelbar, eine mächtige Förderung der Philologie, verlieh der letzteren erhöhten Anreiz zu kritischer Thätigkeit. Besondere Tragweite für die Entwickelung der Philologie erhielt der Streit aber dadurch, dass in seinem Verlaufe zum ersten Male die homerische Frage aufgerollt und damit der philologischen Forschung eine ganz neue Bahn eröffnet wurde.

8. Dem Rausche der Renaissancebildung folgte die Ernüchterung. An Stelle der schwärmerischen Begeisterung für das Schöne trat die Verständigkeit, deren Ideal die Wahrheit ist. Das bedeutete einen Wendepunkt in der Entwickelung der Philologie, einen Wechsel, wie er schroffer nicht gedacht werden kann. So lange als die Renaissance in ihrer Vollkraft stand, hatte die Philologie die führende Stellung nicht nur im

wissenschaftlichen, sondern auch im gesellschaftlichen und staatlichen Leben eingenommen. Die Philologie war die Wissenschaft gewesen, welche nicht nur die theoretische Auffassung, sondern auch die praktische Gestaltung des Lebens bestimmt hatte. Selbst zur Führung der Staatsgeschäfte erschien Niemand geeigneter, als der Philolog, weil nur dieser die Fähigkeit zierlicher lateinischer Rede besass. Das wurde nun anders, ganz anders. Theologie und Rechtswissenschaft nahmen den Platz ein, den die Philologie innegehabt hatte. In die Hörsäle der Universitäten, in die Schulzimmer der Gymnasien, in die Studirstuben der Lehrer wurde die Philologie verwiesen. Aber das war für sie nicht Erniedrigung, sondern vielmehr Erhöhung. Jetzt erst, nachdem sie aufgehört hatte, Gegenstand einer zwar schwärmerischen, aber vielfach doch im letzten Grunde verständnisslosen Verehrung zu sein, wurde sie modischer Liebhaberei entrückt; nun erst konnte sie volle, wahre Wissenschaft werden. Und sie wurde es, freilich nicht in raschem Aufschwunge, sondern in der langsam fortschreitenden Arbeit der auf einander folgenden Geschlechter. Alle Culturvölker wirkten dabei mit, doch in verschiedenem Maasse und in verschiedener Weise, verschieden auch in den verschiedenen Zeiten. Im Einzelnen dies' zu erzählen oder auch nur anzudeuten, ist hier nicht der Ort.

Der ästhetisirenden Neigung vermochte auch die zur Wissenschaft gewordene Philologie nicht alsobald sich zu entschlagen. Insbesondere wurde die Textkritik lange noch nach ästhetischem Grundsatze gehandhabt, indem man, ohne nach der Geschichte der Ueberlieferung viel zu fragen und ohne um das Verwandtschaftsverhältniss der einzelnen Codices zu einander sich eingehend zu kümmern, diejenigen Handschriften bevorzugte, welche den gefälligsten Text darboten, und auch an diesen nach subjectivem Ermessen so oft herumbesserte, als der überlieferte Wortlaut den an ihn gestellten Anforderungen nicht zu genügen schien. Methodische Textkritik hat eigentlich erst unser Jahrhundert üben gelernt.

Das Arbeitsfeld der Philologie blieb, auch nachdem die humanistische Begeisterung sich abgeschwächt hatte, zunächst noch im Wesentlichen auf die classischen Sprachen und Litteraturen beschränkt, doch wurden wenigstens das lateinische und das griechische Sondergebiet mehr und mehr gleichmässig, zeitweilig auch das griechische mit Vorliebe angebaut. Neben der „classischen" erstand allerdings eine semitische Philologie, aber dieselbe verfolgte entweder im Dienste der Theologie das praktische Ziel der Bibelerklärung, oder aber sie war eine wissenschaftlich so ziemlich unfruchtbare Polyglottik. Den Sprachen und Litteraturen der romanischen und germanischen Völker wurde systematische philologische Pflege nicht zu Theil. Was für sie gethan wurde (und es war das in seiner Gesammtsumme doch nicht ganz unbedeutend), das wurde von einigen wenigen Männern ziemlich zusammenhangslos gethan, und zwar oft genug in der ganz subjectiven und methodelosen Weise, welche dem Dilettantismus eigen ist.

In Folge ihrer einseitigen Richtung auf Latein und Griechisch drohte der Philologie wiederum sehr ernstlich die Gefahr jener Verknöcherung und Erstarrung, der sie im späteren Alterthume anheimgefallen war. Aber die Gefahr drohte nur und verwirklichte sich nicht. Unter dem belebenden Einflusse romantischer Geistesrichtung erwachte die Freude an dem Studium einerseits der mittelalterlichen, andrerseits der morgenländischen, namentlich der indischen Dichtung. Und dieses Studium, das anfänglich nur als eine Art von Weltflucht aufgefasst, nur um des ästhetischen Genusses willen, den es verhiess, unternommen wurde, nahm mehr und mehr das Gepräge strenger Wissenschaftlichkeit an. So wurde die indische, die germanische, die romanische, die slavische, die keltische Einzelphilologie geboren, und sie alle traten, eine nach der anderen, ihrer älteren Schwester, der classischen Philologie, zur Seite, anfangs nur von ihr lernend, bald aber auch sie belehrend und dadurch verjüngend. Erst seitdem dies geschehen, ist die Philologie eine Wissenschaft geworden, welche die Gesammtheit der Cultursprachen umfasst und gerade durch diese ihre Weite befähigt ist, im Besonderen das Allgemeine zu erkennen und Grosses zu schaffen auch durch die Arbeit am Kleinen.

§ 6. **Begriff der romanischen**[1]) **Philologie.** 1. Die „romanische Philologie" ist diejenige Wissenschaft, deren Aufgabe

---

[1]) „*Romani*" war bereits in der späteren Kaiserzeit die Gesammtbezeichnung der lateinisch redenden Bewohner des römischen Reiches,

und Ziel die Erkenntniss der geistigen Eigenart der romanischen Völker ist, soweit dieselbe in Sprache und Litteratur[1]) ihren Ausdruck gefunden hat, bezw. gegenwärtig noch findet.

2. „Romanische Völker" sind diejenigen Völker, welche eine romanische, d. h. eine aus dem Latein hervorgegangene Sprache[2]) reden und in dieser eine Litteratur entwickelt haben. Es sind dies alle diejenigen Volksstämme, welche im Laufe ihrer Geschichte zu den nationalen Einheiten der Rumänen, der Italiener, (der Rätoromanen und der Ladiner), der Franzosen, der Provenzalen, der Catalanen, der Spanier und der Portugiesen verbunden worden sind. Bei den Rätoromanen (und den Ladinern) kann freilich von nationaler Einheit nur in sehr bedingtem und eingeschränktem Sinne die Rede sein.

Wenigstens zur Hälfte, um so zu sagen, gehört in den Bereich der romanischen Philologie auch die albanesische Sprache, da dieselbe als eine „halbromanische Mischsprache" bezeichnet werden darf (vgl. G. Meyer in Gröber's Grundriss I, 805).

Dagegen darf die romanische Philologie unberücksichtigt lassen die — für die allgemeine Sprachwissenschaft höchst anziehenden und lehrreichen — Kreolensprachen, welche romanische, nur mittelbar also lateinische Elemente in sich aufgenommen haben (so die verschiedenen Arten des Neger-Französisch, das Indo-Portugiesische, das Malaio-Spanische u. a. m.).

---

welche im Namen der Rumänen und Rätoromanen noch fortlebt. Darnach bildete man auch das Wort „*Romania*" (b. Oros. VII 43 ed. Havercamp p. 585; Vita Augustini [Acta SS. Aug. VI p. 439] c. 6) zur Bezeichnung des Gesammtgebietes römischer Cultur im Gegensatz zur Gesammtheit der Barbarenländer (Barbaria, schon von Cicero gebraucht). Vgl. G. Paris, Romania I 1. — Ein lateinisches Wort für den Begriff „romanisch" ist selbstverständlich nicht vorhanden; will man diesen Begriff lateinisch ausdrücken, so hat man die Wahl zwischen *romanicus* und *romaniensis* oder *romanensis*. Das letztere Adj. ist zu bevorzugen (es findet sich bereits bei Varro, LL. 8, 33).

[1]) Vgl. hierzu die Anmerkung zu dem ersten Satze des § 7.

[2]) Der Ursprung der romanischen Sprachen aus dem Latein muss als eine jedem Zweifel entrückte Thatsache gelten. Alle gegentheiligen Behauptungen — z. B. dass die romanischen Sprachen (oder doch das Französische) aus dem Keltischen hervorgegangen seien (*Gr. de Cassagnac*; *Isola*) oder dass Französisch aus dem Griechischen entstanden sei (*Périon*; neuerdings *Espagnolle*), oder dass die romanischen Sprachen Schwestersprachen des Lateins seien — sind einfach Dilettantenphantasien.

3. Die romanischen Sprachen in ihrer Gesammtheit dem Latein, aus dem sie erwachsen sind, als eine Einheit gegenüber zu stellen und damit auch der romanischen Philologie gegenüber der lateinischen eine, wenigstens verhältnissmässige, Selbständigkeit zuzuerkennen, ist man auf Grund der bedeutungsvollen Thatsache berechtigt, dass die romanischen Völker keineswegs eine Fortsetzung des römischen Volksthums darstellen, sondern vermöge ihrer ethnographischen Mischung und ihrer geschichtlichen Entwickelung für durchaus neuartige Nationalitäten erachtet werden müssen.

§ 7. Umfang und Gliederung der romanischen Philologie.
1. Das Arbeitsgebiet der romanischen Philologie umfasst alle Sprachen und Litteraturen der Romanen [1]). Der Begriff „Sprachen" kann in einem weiteren und in einem engeren Sinne aufgefasst werden. Im ersteren Falle werden auch die Mundarten (Dialekte) darunter begriffen, im zweiten Falle dagegen werden Sprachen und Mundarten unterschieden, indem man nur die Nationalsprachen, oft sogar nur die nationalen Schriftsprachen als „Sprachen", die landschaftlich verschiedenen Gestaltungen einer und derselben Nationalsprache dagegen (z. B. die toscanische, romagnolische etc. Gestaltung des Italienischen) als „Mundarten" oder „Dialekte" bezeichnet. Wissenschaftlich ist nur das erstere Verfahren statthaft, denn es ist wissenschaftlich schlechterdings unmöglich, eine im Wesen der Sprache selbst begründete Scheidung zwischen „Sprachen" und „Mundarten" vorzunehmen. Denn weder kann die grössere oder geringere Ausdehnung des Sprachgebietes, beziehentlich die grössere und geringere Zahl der zu einer Sprachgenossenschaft gehörigen Individuen ein ausreichendes Unterscheidungsmerkmal dafür abgeben, ob eine Sprache für eine Sprache im engeren Sinne des Wortes oder aber für eine Mundart zu erachten sei, noch auch kann in dem Verhältnisse der Sprache zur Nationalität ein hinlänglicher Unterscheidungsgrund gefunden werden. Andererseits ist es praktisch nicht bloss sehr wohl möglich, sondern auch geradezu nothwendig, Sprachen

---

[1]) Also auch das Latein, dessen die Romanen während des Mittelalters und in der Renaissance im kirchlichen, wissenschaftlichen und staatlichen Leben, sowie für die Zwecke geistlicher und weltlicher Dichtung (Hymnen, Carmina burana, lateinische Schauspiele und Epen) sich bedienten, sowie die Gesammtheit der betreffenden Litteraturwerke.

und Mundarten da zu unterscheiden, wo verschiedene Gestaltungen einer und derselben Sprache neben einander bestehen, von denen eine eine gewisse Allgemeingültigkeit für alle Sprachgenossen besitzt, während die übrigen nur je einem Theile der Sprachgenossenschaft zukommen.

Für die Bestimmung des Umfanges der romanischen Philologie ist übrigens die Frage nach der Unterscheidung zwischen Sprachen und Mundarten nicht von unmittelbarer Bedeutung. Denn da es völlig litteraturlose romanische Mundarten kaum gibt, sondern da wohl eine jede Mundart Trägerin einer, sei es auch noch so bescheidenen, Litteratur ist, so bietet eine jede die Möglichkeit philologischer Forschung dar und besitzt also Anrecht auf philologische Behandlung.

Die romanische Philologie hat also nicht nur die Gesammtheit der romanischen Nationalsprachen, sondern auch die Gesammtheit der romanischen Mundarten in den Bereich ihrer Betrachtung zu ziehen. Sie ist dazu umsomehr verpflichtet, als die auf Erkenntniss der Beschaffenheit und Entwickelung der Mundarten gerichtete Forschung das Verständniss der Beschaffenheit und Entwickelung der Nationalsprachen in hohem Grade zu fördern vermag. Es ist demnach durchaus berechtigt, dass seit einigen Jahrzehnten, namentlich seit dem Erscheinen von Ascoli's bahnbrechenden „Saggi ladini" (1872), die Dialektforschung eine immer steigende Bedeutung in der Romanistik gewonnen hat.

Selbstverständlich aber ist, dass die romanische Philologie als Litteraturwissenschaft den Nationalsprachen grössere Beachtung widmet, als den Mundarten, da jene die Trägerinnen weit bedeutenderer Litteraturen sind, als diese. Aber auch als Sprachwissenschaft hat die romanische Philologie dann, wenn sie für die Schule und für das praktische Leben wirken will, berechtigtsten Anlass, die Nationalsprachen vor den Mundarten zu bevorzugen.

2. Die romanische Philologie gliedert sich in ebensoviele Einzelphilologien, als man einzelne romanische Sprach- und Litteraturgebiete unterscheidet. Gemeinhin grenzt man diese Einzelgebiete nach Maassgabe der Nationalsprachen ab und unterscheidet also eine rumänische, italienische, (rätoromanische), provenzalische, französische, catalanische, spanische, portu-

giesische Einzelphilologie. Jede dieser Einzelphilologien kann aber sehr wohl nach Maassgabe der Mundarten noch weiter zerlegt werden. So wäre es z. B. sehr möglich, innerhalb der italienischen Philologie wieder eine sardische, sicilische, neapolitanische etc. Philologie zu unterscheiden oder auch innerhalb der französischen Philologie wieder von einer anglo-normannischen, franco-normannischen, picardischen etc. zu reden. Jede dieser Mundartphilologien hat selbstverständlich dieselben Aufgaben, wie jede einer Nationalsprache gewidmete Philologie.

Möglich und statthaft ist, wie in jeder, so auch in der romanischen Philologie die Beschränkung der Forschung auf die sprachliche und sachliche Erklärung einer Gruppe von Litteraturwerken (etwa die einzelnen Werke eines Verfassers) oder auch selbst nur eines einzigen Werkes (vgl. oben S. 6). Und es ist auch in der That innerhalb der romanischen Philologie dieses Verfahren häufig geübt worden, so z. B. in Bezug auf die Werke Dante's, Petrarca's, Boccaccio's, Tasso's oder auch Corneille's, Racine's, Molière's, Voltaire's, Victor Hugo's etc. etc. Wenn derartige engbegrenzte Arbeit in methodischer Weise geübt wird, so gereicht sie der Wissenschaft nicht nur nicht zum Nachtheil, sondern vielmehr zur Förderung.

3. Die Entwickelung der romanischen Sprachen und Litteraturen erstreckt sich über einen weiten Zeitraum, indem sie mit dem frühen Mittelalter anhebt und, meist wenigstens, bis zur Gegenwart herabreicht. Daraus ergiebt sich die Möglichkeit einer zeitlichen Theilung der romanischen Philologie. So lässt sich namentlich mit gutem wissenschaftlichen Rechte und mit praktischem Nutzen eine mittelalterliche und eine neuzeitliche Philologie unterscheiden, von denen die erste die romanischen Sprachen und Litteraturen bis zum Aufkommen der Renaissancebildung, die zweite aber seit dem Aufkommen dieser Bildung zu behandeln hat. Wissenschaftlich anwendbar ist diese Zweitheilung jedoch nur unter der Voraussetzung, dass, wer neuzeitliche Philologie betreibt, zuvor mit der mittelalterlichen sich vertraut gemacht habe, denn die neuzeitliche Entwickelung der Sprachen und Litteraturen ist selbstverständlich durch die ihr vorausgegangene mittelalter-

liche bestimmt worden. Es ist ein Widersinn, die Neuzeit oder auch nur die Gegenwart verstehen zu wollen, ohne die Vergangenheit verstanden zu haben. So ist beispielsweise wissenschaftliche Einsicht in die neufranzösische Sprache und Litteratur schlechterdings undenkbar ohne Kenntniss des Altfranzösischen, ebenso undenkbar wie etwa das Verständniss der gegenwärtigen politischen Lage Frankreichs ohne Kenntniss der französischen Geschichte.

4. Wie in jeder anderen, so verbinden auch in der romanischen Philologie sich sprachliche und litterarische Forschung zu einer wissenschaftlichen Einheit. Mehrfache Umstände aber bringen es mit sich, dass — freilich weit mehr nur dem Scheine nach, als in Wirklichkeit — in der romanischen Philologie die Litteraturforschung der Sprachforschung selbständiger gegenüber steht, als in der classischen Philologie. Die romanischen Sprachen sind den Romanen Muttersprachen und folglich, wenigstens in ihrer gegenwärtigen Gestaltung, den Romanen entweder unmittelbar verständlich oder doch leicht erlernbar. Aber auch dem des Lateins kundigen Nichtromanen, namentlich dem Germanen und dem Slaven, bereitet die Erlernung romanischer Sprachen verhältnissmässig nur geringe Mühe. In Folge dessen kann, wer romanische Litteraturwerke, namentlich solche der Neuzeit, liest, leicht glauben, des sprachlichen Verständnisses ohne Weiteres sicher zu sein und also sprachlicher Forschung nicht zu bedürfen. Dazu kommt, dass die Litteraturwerke der Neuzeit meist nicht handschriftlich, sondern in Form gedruckter Bücher vorliegen und folglich textkritischer Behandlung entbehren zu können scheinen. Dies alles ist nun freilich im Wesentlichen eben nur Schein, denn weder sind, wo es um Einzelnes sich handelt, neuzeitliche Litteraturwerke sprachlich so schlankweg verständlich, noch auch macht der Buchdruck Textkritik überflüssig. Immerhin aber ist zuzugeben, dass für die neuere romanische Litteratur der sprachlichen Erklärung und der Textkritik eine weniger bedeutsame Rolle zukommt, als dies in der classischen Philologie der Fall ist. Aber man hüte sich vor dem Wahne, dass die Möglichkeit rascher und im Allgemeinen auch richtiger Erfassung des Inhaltes eines Litteraturwerkes von der Verpflichtung sprachlich-philologischer Forschung entbinde.

§ 8. **Bedeutung der romanischen Philologie.** 1. Die Bedeutung, welche der romanischen Philologie zuzuerkennen ist, wird bedingt durch den Grad der Bedeutung, welcher den romanischen Völkern für die Entwickelung der westeuropäischen Cultur des Mittelalters und der Neuzeit zukommt. Es kann nun keinem Zweifel unterliegen, dass diese Bedeutung eine sehr hohe ist. Die Romanen — namentlich die Franzosen (nebst den Provenzalen) und die Italiener, und zwar die ersteren bis zum Aufkommen der Renaissancebildung, die letzteren seit diesem Wendepunkte — haben ja in Wissenschaft und Kunst, besonders auch in der Dichtkunst, bis zur Zeit der Reformation, in wichtigen Beziehungen auch noch darüber hinaus, die führende Stellung innegehabt. Man vergegenwärtige sich nur, in welchem weiten Umfange die germanische (deutsche, englische, niederländische, zum Theil auch die nordische) Litteratur des Mittelalters — um nur diese in Betracht zu ziehen — von der romanischen (besonders von der französischen und provenzalischen) abhängig, ja vielfach nur eine Nachbildung, ein Abklatsch derselben war. Oder man erwäge, wie maassgebend die von Italien ausgegangene Renaissancebildung für die Culturentwickelung der Germanen und der ihnen benachbarten Slaven (Polen, Czechen) geworden ist, ja bis auf den heutigen Tag geblieben ist. Man denke in Sonderheit daran, wie stark im 16., 17. und noch im 18. Jahrhundert die englische, die deutsche, die skandinavische Litteratur (ebenso auch die bildende Kunst, die Musik und andere Gebiete des geistigen Lebens) von Italien, Frankreich und Spanien aus beeinflusst worden ist. Es darf dagegen nicht eingewendet werden, dass auch die Germanen während des Mittelalters und der Renaissancezeit Grosses und Eigenartiges für die Förderung geistigen Lebens geleistet haben. Das ist durchaus wahr, nichtsdestoweniger aber bleibt die Thatsache bestehen, dass die Germanen seit ihrer Bekehrung zum Christenthume bis zur Reformation und vielfach noch darüber hinaus in Wissenschaft und Kunst, namentlich auch in der Litteratur, von den Romanen bestimmt und geleitet worden, dass sie Schüler und Nachahmer der Romanen gewesen sind.

Die Germanen haben sich übrigens ihres Abhängigkeitsverhältnisses von den Romanen keineswegs zu schämen, denn dasselbe ist, so paradox das auch klingen mag, in Wirklichkeit mehr ein nur scheinbares als ein thatsächliches. Wenn nämlich die Romanen zu einer so bedeutsamen Culturstellung gelangt sind, so verdanken sie dies erstlich dem Umstande, dass sie die unmittelbaren Erben der römischen Cultur waren, sodann der geschichtlichen Fügung, vermöge deren sie den Germanen den christlichen Glauben übermittelten, endlich und in sehr wesentlichem Grade aber ihrer Mischung mit dem Germanenthume. Es haben ja alle romanischen Völker (mit einziger, jedoch auch nicht ganz unbedingter Ausnahme der Rumänen) in sehr erheblichem Maasse germanische Elemente in sich aufgenommen. Ja, man darf sagen, dass das Romanenthum auf Verschmelzung des italisch-römischen, keltisch-römischen, iberisch-römischen etc. Volksthums mit dem Germanenthum beruht, dass also die romanischen Völker mehr oder minder zugleich auch germanische Völker sind. In Sonderheit sind die Altfranzosen als Halbgermanen zu betrachten; dazu berechtigt, um von allem Anderen abzusehen, das durchaus germanische Wesen der Chanson-de-geste-Dichtung. Die sprachliche Romanisirung beweist nichts dagegen, denn, wie bereits einmal (s. S. 12) bemerkt wurde, Sprachwechsel ist nur der Beginn, nicht der Abschluss des Verzichtes auf nationale Eigenart. Ohne die belebende, kräftigende, auffrischende Einwirkung des Germanenthums auf die (sprachlich latinisirte) Bevölkerung der weströmischen Provinzen würde dieselbe geistiger Versumpfung unrettbar anheimgefallen, würde zur Neuentwickelung der Cultur durchaus unfähig geworden sein. Das gilt ganz besonders von dem nördlichen Gallien, für dessen mittelalterliche und neuzeitliche Culturbedeutung nicht nur die Besitzergreifung durch die Franken, sondern auch und vielleicht mehr noch die spätere Niederlassung der Normannen von folgenreichster Wichtigkeit geworden ist.

Andererseits freilich darf selbstverständlich die Bedeutung des im Romanenthume enthaltenen germanischen Bestandtheiles nicht etwa derartig überschätzt werden, dass man zu behaupten wagen könnte, das Romanenthum sei überhaupt kein besonderes Volksthum, sondern nur eine Abart, gleichsam ein Ableger des Germanenthums, ein Germanenthum, das sich in den durch die Germanen besetzten römischen Gebieten eigenartig entwickelt habe. Eine so weitgehende Folgerung wird unbedingt verboten durch die Erwägung, dass im Romanenthume (selbst auch im Franzosenthume) die vorrömischen (d. h. keltischen etc.) und römischen Bestandtheile den germanischen allermindestens das Gleichgewicht halten, höchstwahrscheinlich sogar (wenigstens ausserhalb Nordfrankreichs) sie erheblich überwiegen. Leider giebt es keine Chemie, mittelst deren man Zahl und Beschaffenheit der Einzelbestandtheile eines Volksthums in einer genauen Formel auszudrücken vermöchte.

So wesentlich auch der Einfluss ist, welchen das Germanenthum auf das Romanenthum geübt hat, so kann doch dem letzteren das volle Anrecht darauf, als ein Sondervolksthum zu gelten, unmöglich bestritten werden. Hat aber das Romanenthum solchen Anspruch, so ist ihm auch der Ruhm zuzusprechen, dass es lange Jahrhunderte hindurch die Führung des westeuropäischen Geisteslebens gehabt hat.

Aus der hohen Culturbedeutung des Romanenthums ergiebt sich eine entsprechend hohe Bedeutung für die romanische Philologie als für diejenige Wissenschaft, welche die geistige Eigenart der Romanen zu erkennen strebt, soweit dieselbe sich in Sprache und Litteratur bekundet.

2. Aus dem Gesagten kann indessen eben nur das gefolgert werden, dass der romanischen Philologie Bedeutung um des Zieles willen zukommt, das sie ihrem Streben setzt. Es frägt sich nun, ob ihr Bedeutung vielleicht auch deshalb zuzuerkennen sei, weil den Sprachen und Litteraturen, mit denen sie sich beschäftigt, an und für sich (d. h. also ohne Rücksicht auf ihre Wichtigkeit für die allgemeine Cultur) ein hoher Werth beigelegt werden müsse. Diese Frage ist unbedingt zu bejahen, falls man bei ihrer Beantwortung sich nicht durch vorgefasste Meinungen irreführen lässt.

Die romanischen Sprachen dienten und dienen der Versinnlichung des von den romanischen Völkern geübten Denkens. Allerdings ist in Bezug hierauf eine Einschränkung zu machen: bis etwa zum 16. Jahrhundert ist das auf wissenschaftliche Dinge gerichtete Denken der Romanen vorwiegend in lateinischer Sprachform versinnlicht worden. Die Einschränkung ist wichtig genug, sie giebt aber kein Recht zur Anzweifelung dessen, was sogleich weiter gesagt werden soll;

schon um deswillen nicht, weil, wenn man die lateinische Litteratur der Romanen unberücksichtigt lässt, dadurch das Urtheil über den inneren Werth der romanischen Gesammtlitteratur nicht in ungünstiger Weise beeinflusst werden kann.

Das theils nachbildende, theils umbildende, theils eigenartig schaffende Gedankenleben der Romanen hat sich verkörpert in einer reich entwickelten Cultur, die von Jahrhundert zu Jahrhundert immer vielseitigere Gestaltung angenommen, zugleich auch immer mehr sich vertieft hat.

Soweit sich beobachten lässt, haben die romanischen Sprachen — selbstverständlich freilich erst, nachdem sie einen gewissen Grad der Festigung und Ausbildung erreicht hatten — nie ein Hemmniss abgegeben für die immer vollere Entfaltung des geistigen Lebens; sie haben vielmehr, wenigstens während der Neuzeit, sich stets als durchaus fähig erwiesen zum Ausdruck des immer mehr sich verfeinernden und über immer weitere Gebiete sich erstreckenden, immer mehr auch sich vertiefenden Denkens. Diese Fähigkeit bethätigen sie in vollem Maasse auch noch in unserer Gegenwart; nie und nirgends lässt sich wahrnehmen, dass sie unzulänglich seien und irgend welchen, sei es auch sehr gesteigerten, Anforderungen nicht zu genügen vermögen.

Sprachen, welche einer immer höher sich entwickelnden Cultur in so ausreichender Weise dienten und dienen, müssen unbedingt werthvolle Eigenschaften besitzen, denn sonst könnten sie eben nicht leisten, was sie geleistet haben und noch leisten.

In früheren Zeiten, welche übrigens noch gar nicht so weit zurückliegen, stellte man oft zwischen den romanischen Sprachen und denen des classischen Alterthums Vergleichungen an, die sehr zu Ungunsten der ersteren ausfielen. Man liebte es, sie als hässliche, missgestaltete Entartungen des edeln Lateins aufzufassen; man machte ihnen ihre Formenarmuth, ihren Mangel an Compositionsfähigkeit, ihre vermeintlich weitläufige Satzbildung, ihr Gebundensein an gewisse Wortstellungsgesetze, endlich noch viele andere Dinge zum Vorwurf; man dichtete ihnen sogar unsittliche Eigenschaften an, namentlich aber behauptete man, dass sie für die Aeusserungen des tieferen Gemüthslebens keine Worte besässen.

Auf solche Anklagen zu antworten, hatte vor einem Vierteljahrhundert noch Berechtigung, war sogar Nothwendigkeit. Damals hat denn auch *F. Scholle* in seiner auch jetzt noch sehr lesenswerthen, weil sehr anregenden Schrift „Ueber den Begriff Tochtersprache. Ein Beitrag zur gerechten Beurtheilung des Romanischen, namentlich des Französischen" (Berlin 1869) eine Antwort gegeben, wie sie besser gar nicht gegeben werden konnte. Heutzutage würde es Unkenntniss des von der Sprachwissenschaft erreichten Standpunktes verrathen, wenn man das Romanische gegen derartige Angriffe vertheidigen wollte. Es genüge daher folgende Bemerkung.

Das Griechische und das Lateinische drücken in verhältnissmässig weitem Umfange die Begriffsbeziehungen durch Wortformen aus, welche in zwei grosse Systeme, das nominale und das verbale, sich ordnen lassen. Der Besitz solcher Formensysteme gereicht den betreffenden Sprachen unleugbar zum Schmuck und verleiht ihnen ein nicht unwichtiges Mittel zur künstlerischen Ausgestaltung der Rede. Andererseits ist ein derartiger Besitz eine Erschwerung für die Handhabung der Sprache, da die Erlernung, Anwendung und Auseinanderhaltung der Formen den Sprechenden (und zwar auch den Sprachangehörigen, nicht etwa nur den Sprachfremden) eine sehr beträchtliche geistige Arbeit auferlegt, die um deswillen, weil sie zum grossen Theile durch das unbewusste Denken vollzogen wird, nicht aufhört, Arbeit zu sein und als solche Kraft und Zeitaufwand zu erfordern.

Die romanischen Sprachen haben einen nur verhältnissmässig kleinen Theil der lateinischen Wortformen beibehalten. Das bedeutet für sie in ästhetischer Hinsicht ganz gewiss eine Schädigung, in praktischer Beziehung aber ebenso gewiss einen Gewinn. Denn wenn Wortformen verschwanden, so wurde damit doch keineswegs die Fähigkeit zum Ausdruck der dadurch bezeichneten Begriffsbeziehungen verloren. Diese blieb vielmehr durchaus erhalten, nur wurde nun zu ihrer Bethätigung ein anderer Weg beschritten: statt der Wortformen wurden Formenworte (Praepositionen, Modalverba) gebraucht. Der Formenwortweg aber ist, was die Gangbarkeit und Sicherheit betrifft, ebenso gut, wie der Wortformenweg, und übertrifft diesen gar sehr an Bequemlichkeit. Formenwortsprachen sind viel beweglicher, handlicher, geschmeidiger als Wortformensprachen, die immer etwas architektonisch Starres an sich haben. Daher sind als Werkzeuge einer vielseitigen und im Einzelnen rasch wechselnden Cultur Formenwortsprachen weit geeigneter als Wortformensprachen. Man stelle sich einmal lebhaft vor, dass die romanischen Völker in Folge eines Zaubers oder Wunders in einer schönen Nacht ihre Sprachen vergässen und vom nächsten Morgen ab allesammt ciceronianisches Latein redeten. Was würde und müsste geschehen? Das formenreiche Latein würde sich für das Zeitalter der Eisenbahnen, des Telegraphen, der Dampfmaschinen, des Weltverkehrs, der Zeitungspresse als höchst unbrauchbar erweisen, und die Romanen würden eiligst einen grossen Theil der Wortformen wieder über Bord werfen müssen, um an dem Wettlauf der Culturvölker auch fernerhin sich betheiligen zu können. Formenreichthum der Sprache verträgt mit hoher Cultur sich nur dann, wenn diese zugleich eine verhältnissmässig einfache ist, wie die antike es war. Ist die Cultur vielgestaltig, so muss wenigstens die Sprache einfach sein.

Der Werth der romanischen Sprachen ist enthalten in ihrer Angemessenheit für die neuzeitliche Cultur. Freilich stehen sie nicht auf der höchsten Werthstufe: diese wird vielmehr von dem Englischen eingenommen, weil dasselbe noch freier von Wortformen und folglich noch handlicher ist. Immerhin ist der in der Gebrauchsleichtigkeit begründete Werth des Romanischen ein recht hoher, ein höherer, als z. B. der des Deutschen, da der Wortformenbestand des letzteren zwar an sich nicht grösser sein dürfte, als z. B. im Französischen, die Bildung seiner Wortformen aber aus mancherlei Gründen, z. B. wegen der Anwendung des Umlauts und Ablauts, eigenartig verwickelt ist (das Englische kennt den Ablaut allerdings auch noch, aber in viel beschränkterem Umfange), Nicht erst der Bemerkung bedarf es hierbei, dass es auch andere Grundsätze für die Werthabschätzung der Sprachen giebt, und dass, wenn sie gebraucht werden, auch das Ergebniss ein anderes, dem Deutschen günstigeres ist.

Weil eben die romanischen Sprachen der neuzeitlichen Cultur in trefflicher Weise dienen, besitzen sie hohen Gebrauchswerth und dadurch auch an und für sich Bedeutung, denn jener Gebrauchswerth setzt Eigenschaften voraus, welche, in gewisser Hinsicht wenigstens, Vorzüge sind. Als solche Eigenschaften sind etwa hervorzuheben das Vorhandensein eines Wortschatzes, der weder zu arm noch zu reich an Synonymis ist; die Einfachheit der Wortbetonung, vermöge deren der Worthochton im Allgemeinen an die beiden oder doch an die drei letzten Silben gebunden ist, also Spielraum genug besitzt, um rhythmischen Wechsel zu gestatten, ohne doch störende Buntheit des Wechsels zu veranlassen; die aus dem Latein ererbte, aber noch gesteigerte Fähigkeit, durch Ableitungssilben die Grundbedeutung eines Nomens in verschiedener Weise zu praecisiren (z. B. ital. casa, casina, casino, casella, casetta, casone, casoccio, casuccia, casuzza, casale, casile etc.); der Reichthum an Pronominalien, welcher feine Abstufungen der andeutenden Rede gestattet; endlich die Leichtigkeit der Satzverbindung, welche aus der Möglichkeit sich ergiebt, eine und dieselbe Conjunction je nach ihrem Verwendungszwecke zu modificiren (z. B. frz. que, pour que, afin que, parce que, quoique, bien que, jusqu'à ce que etc.). Anderes noch würde sich anführen lassen, aber das Gesagte reicht wohl aus.

3. Dass den romanischen Litteraturen hohe Bedeutung an und für sich zukommt, bedarf für den Sachkundigen keines Beweises. Freilich haben, wie die Sprachen, so auch die Litteraturen der Romanen geringschätzige Beurtheilung von Seiten derer erfahren, welche durch die, an sich sehr berechtigte, Bewunderung des classischen Alterthums zu Einseitigkeit des Urtheils sich verführen liessen. Davon hätte übrigens schon die Erwägung abhalten sollen, dass die romanischen Litteraturen neben vielen sklavischen und deshalb misslungenen und unerfreulichen Nachahmungen doch auch eine stattliche Zahl trefflicher, verständnissvoller Nachbildungen antiker Werke in sich schliessen. Und dann, wie darf man meinen, dass es nur ein Ideal künstlerischen Schaffens gebe? Damit würde ja der Menschheit die Berechtigung zu vielseitiger Entwickelung aberkannt. Wenn also die Romanen (und ebenso die Germanen) in ihren Litteraturschöpfungen oft Bahnen verfolgt haben, welche weit abliegen von denen des Alterthums, so muss, ehe daraus eine Verurtheilung abgeleitet werden darf, zuvor ge-

prüft werden, ob nicht auch diese Bahnen dem Idealen zustreben. Und solche Prüfung wird, oft wenigstens, zu der Einsicht führen, dass dies in der That der Fall ist. Es werde wenigstens Einiges angedeutet. Die antike Weltanschauung, wie sie etwa in Aischylos' und Sophokles' Tragödien zum Ausdruck gekommen ist, sie ist unstreitig ebenso gedankentief wie dichterisch schön, aber die christliche Weltanschauung ist beides mindestens in gleichem Grade. Oder das hellenische Freiheitsideal hat gewiss sein gutes Recht und seinen hohen Werth, aber gilt das Gleiche nicht auch von dem mittelalterlichen Ideal der Vasallentreue? Oder die griechische Auffassung des „ewig Weiblichen" ist zweifellos tief sittlich und edel, aber haben Mittelalter und Neuzeit sich ihrer Auffassung zu schämen? Ist z. B. Griseldis nicht eine ebenso berechtigte Idealgestalt, wie Penelope? Und so liesse eine lange Reihe von Fragen sich aufstellen, deren jede von einem unbefangenen Beurtheiler so beantwortet werden müsste, dass die Idealität der romanischen (und germanischen) Litteratur anerkannt würde. Zu ähnlichem Ergebnisse gelangt man auch, wenn man die rhythmischen Formen der Griechen und Römer mit denen der Romanen vergleicht. Ist beispielsweise der Alexandriner nicht ein ebenso gestaltungsfähiger und wirksamer Vers, wie der Hexameter? Darf die Canzone in Bezug auf künstlerische Gestaltung und Klangfülle sich nicht messen mit der sapphischen oder alkäischen Ode? Und so liesse noch Vieles sich fragen.

Nur engherzigste und verstockte Voreingenommenheit kann den romanischen Litteraturen die Bedeutung absprechen wollen, welche Gedankeninhalt und künstlerische Form verleihen. Dabei ist bereitwillig zuzugestehen, dass manche romanische Litteraturwerke den Vergleich mit den entsprechenden antiken nicht aushalten. So kann man unmöglich, mindestens nicht hinsichtlich der künstlerischen Anlage, die Chansons de geste den homerischen Epen oder die altfranzösischen Mysterien den aischyleischen Tragödien oder die Moralitäten den aristophanischen Comödien gleichstellen. Dafür muss aber andrerseits anerkannt werden, dass die Romanen gar manche Werke geschaffen haben, wie sie Griechen und Römer nie hervorgebracht haben und auf Grund ihrer Beanlagung und ihrer

Cultur auch gar nicht hervorbringen konnten. Man denke z. B. an den Don Quijote, an die Princesse de Clèves, an die Promessi Sposi, an den Hernani etc. etc. Verschieden eben sind die geistigen Gaben der Völker, aber sie können bei aller Verschiedenheit einander gleichwerthig sein.

4. Als Erklärerin romanischer Geistesart besitzt die romanische Philologie Bedeutung auch für die Praxis des Lebens. Indem sie Germanen und Slaven anleitet zu richtigem Verständnisse des Romanenthums, trägt sie bei zur Beseitigung nationaler Vorurtheile, zur Abschwächung des Rassenhasses. Wer von ihr sich hat belehren lassen, der urtheilt gerecht über das Romanenthum, insbesondere auch über das Franzosenthum; „gerecht" urtheilen bedeutet. aber hier im Wesentlichen so viel, wie günstig und anerkennend urtheilen. Wenn jemals der Tag kommen sollte, an welchem Europas Culturvölker zu dauerndem Friedensbunde sich die Hände reichen, dann wird die romanische Philologie sich rühmen dürfen, zu nicht geringem Theile das Versöhnungswerk vorbereitet und gefördert zu haben.

§ 9. **Beziehungen der romanischen Philologie zu den andern Wissenschaften.** Was in § 4 über die Beziehungen der Philologie zu anderen Wissenschaften im Allgemeinen gesagt wurde, das gilt auch für die romanische Philologie insbesondere. Hier werde deshalb nur das Verhältniss der romanischen Philologie zu anderen Einzelphilologien kurz besprochen.

1. In innigsten Beziehungen steht die romanische Philologie zur lateinischen Philologie, in so innigen, so unmittelbaren Beziehungen, dass beide Philologien für die wissenschaftliche Betrachtung eine Einheit bilden. Die romanischen Sprachen sind Fortsetzungen des Lateins, sind Neulatein. Folglich ist die sprachgeschichtliche Forschung des Romanisten Fortsetzung derjenigen des Latinisten und muss im engsten Anschlusse an diese geübt werden, wie andrerseits der Latinist verpflichtet ist, Kenntniss zu nehmen von der Arbeit des Romanisten.

Die romanische Litteratur kann als unmittelbare Fortsetzung der lateinischen freilich nicht betrachtet werden, weil sie auf wesentlich anderen Culturvoraussetzungen, als diese, beruht. Aber eng verwoben ist das eine Schriftthum mit dem andern doch: die romanische Dichtung des Mittelalters hat von der lateinischen vielfach Stoffe und Kunstmittel entlehnt[1]); die romanische Litteratur der Renaissance hat lateinischen Vorbildern weit mehr als griechischen nachgestrebt (vgl. oben S. 40); auch die romanische Litteratur der letzten Jahrhunderte ist, freilich in sehr abgeschwächtem Maasse, beeinflusst worden durch die lateinische.

Von grosser Bedeutung ist überdies die Thatsache, dass die Romanen stets lebendige Fühlung mit dem Latein bewahrt haben. Während des Mittelalters und der Renaissancezeit war es ihnen die Sprache der Wissenschaft, der Kirche und (mit gewissen Einschränkungen) des Staates; späterhin wurde es zwar aus der Praxis des wissenschaftlichen Lebens nahezu und aus der des staatlichen gänzlich verdrängt, aber es verblieb doch bis zur Gegenwart eifrig gepflegter Gegenstand des höheren Schulunterrichtes. Dieses ununterbrochene Festhalten am Latein hat auf die Entwickelung romanischer Geistesart, Sprache und Litteratur mächtig eingewirkt, um so mehr, als ja das Latein dem Romanischen so nahe verwandt ist und dasselbe in Folge dessen besonders leicht und besonders tief zu beeinflussen vermag, viel leichter und tiefer, als z. B. die germanischen Sprachen, obwohl auch diese der Einwirkung des Lateins sehr zugänglich gewesen sind. So sind denn beständig lateinische Elemente in das Romanische eingesickert, so dass dieses eine Art von Rücklatinisirung erfahren hat. Man denke z. B. an die Masse lateinischer Worte, welche, und zwar zu den verschiedensten Zeiten — einige sehr früh, andere erst neuerdings, die meisten in der Renaissancezeit —, in die romanischen Sprachen auf g e l e h r t e m Wege eingeführt worden sind; oder man denke an die zahlreichen Latinismen in der romanischen, namentlich z. B. in der italienischen Syntax; oder man erinnere sich z. B. des latinisirenden Gewandes,

---

[1]) So z. B. die Trojasage in der lateinischen Fassung des Dares und Dictys, die thebanische Sage in der Fassung des Statius, die Liebeskunst Ovid's, die Fabelnaturgeschichte (Plinius, Solinus etc.) etc. Was die Kunstmittel anbelangt, so sei namentlich auf die Anwendung der Allegorie hingewiesen. In welchem weiten Umfange die Dichtung des romanischen Mittelalters von der lateinischen befruchtet worden ist, erkennt man so recht aus Dante's Divina Commedia, und das ist doch gerade die Dichtung, in welcher mittelalterliche Denkart ihren höchsten Ausdruck und vollkommenste Zusammenfassung gefunden hat.

welches im 16. und 17. Jahrhundert der französischen Rechtschreibung angelegt worden ist. Nach welcher Richtung hin man auch das Romanische betrachten mag, überall gewahrt man deutliche Spuren der Einwirkung, welche das Latein als gelehrte Sprache geübt hat.

Zu alledem tritt nun noch hinzu, dass die Romanen altrömischen Culturboden bewohnen und schon in Folge dieses äusseren Umstandes Manches von der Denkweise und der Sitte des Alterthums bewahrt haben, namentlich da, wo, wie in Südfrankreich und in einzelnen Theilen Italiens, Mischung mit Germanen nur in verhältnissmässig geringem Grade erfolgt ist. Auch das musste zur Erhaltung des lateinischen Urgepräges ihrer Sprache beitragen.

Eben aus allen diesen Gründen bestehen zwischen Romanisch und Lateinisch so feste Zusammenhänge, dass die philologische Beschäftigung mit dem Einen diejenige mit dem Andern erfordert. Allenfalls kann der Latinist, wenn er auf Bearbeitung bestimmter Einzelfragen verzichtet, der romanischen Philologie fremd bleiben, nimmermehr aber der Romanist der lateinischen Philologie.

Hülfsmittel für das Studium der lateinischen Philologie werden unten in § 27 angegeben werden.

2. Griechen und Römer bildeten im späteren Alterthume (etwa vom zweiten vorchristlichen Jahrhundert an) eine Cultureinheit, in welcher, was Sprache und Litteratur betrifft, die Griechen der gebende, die Römer der empfangende Theil waren. In Folge dessen, sowie in Folge der noch weit älteren nachbarlichen Beziehungen der Römer zu den unteritalischen Griechen ist das Latein mit massenhaften griechischen Lehn- und Fremdworten durchsetzt worden, deren Zahl sich noch erheblich mehrte, als das Christenthum aus dem griechischen Osten in den lateinischen Westen übertragen wurde. So ist der lateinische Wortschatz, und zwar keineswegs etwa nur der schriftsprachliche, sondern auch der volkssprachliche [1]), in sehr beträchtlichem Umfange gräcisirt worden. Die in ihn eingedrungenen griechischen Worte haben sich in grosser Zahl auf das Romanische vererbt, so dass auch dessen Wortschatz eine gewisse Graecisirung erlitten hat, welche gar sehr beachtet

---

[1]) Man lese z. B. die Trimalchio-Scene bei Petronius.

zu werden verdient. Die Zahl der auf volksthümlichem Wege in das Romanische übergegangenen griechischen Worte ist weit grösser, als man gemeinhin glaubt; es wäre sehr verdienstlich, sie einmal zu sammeln und den Laut- und Bedeutungswandel, den sie erfahren haben, zu untersuchen.

Ungleich wichtiger aber noch, als die theilweise Graecisirung des lateinischen Wortschatzes, war die fast vollständige Graecisirung der lateinischen Litteratur. Indem die lateinische Litteratur ihrerseits den Romanen Vorbilder geistigen Schaffens gab, wurde die romanische Litteratur von ihrem Entstehen an mittelbar durch die griechische beeinflusst; in der Renaissancezeit geschah dies dann auch unmittelbar.

Aus diesen Thatsachen ergeben sich nicht unwichtige Beziehungen der romanischen Philologie zu der g r i e c h i s c h e n.

Es muss aber noch auf eine andere hingewiesen werden.

Zwischen dem romanischen Abendlande und dem griechischen (byzantinischen) Reiche bestand ein lebhafter, durch die italienischen, provenzalischen und catalanischen Seestädte vermittelter Handelsverkehr. Ueberdies führten die Kreuzzüge viele Tausende von Romanen nach dem Osten. Handelspolitik und Glaubenseifer verquickten sich mit einander in dem Kreuzzuge, dessen Ergebniss die Aufrichtung eines, freilich nur kurzlebigen, lateinischen Kaiserthums in Constantinopel, die Gründung französischer Fürstenthümer in Griechenland und Thessalien war. Diese geschichtlichen Verhältnisse liessen Sprache und Litteratur nicht unberührt: byzantinische (mittelgriechische) Worte und byzantinische Novellenstoffe wurden in ziemlicher Zahl theils unmittelbar theils mittelbar nach dem Westen verpflanzt. So hat die romanische Philologie auch, und gar nicht unwesentlich, mit der b y z a n t i n i s c h e n zu schaffen. Es werde hierbei bemerkt, dass bis jetzt nach dieser Richtung hin die Forschung noch bei Weitem nicht so thatkräftig geübt worden ist, wie die Wichtigkeit der Sache es erfordern würde.

Hülfsmittel für das Studium der griechischen Sprache und Litteratur können hier nur andeutungsweise genannt werden. Die beste griechische Grammatik ist, in stofflicher Beziehung, die von *Kühner* (neu bearbeitet von *Blass*, Hannover 1891/93, 2 Bde.). Vom Standpunkte der vergleichenden Sprachwissenschaft aus ist das Griechische behandelt in *Brugmann's* Grammatik (in *Iw. Müller's* Handbuch der class. Alterthumswissenschaft, Bd. II, 2. Aufl. Nördlingen 1890). Nützlich ist *Henry's* Précis de la grammaire comparée du grec et du latin, Paris 1888. Eine Grammatik der griechischen Vulgärsprache in historischer Entwickelung hat *Mullach* veröffentlicht, Berlin 1856. Die neuesten Darstellungen der griechischen Litteraturgeschichte haben gegeben *Sittl* (Gesch. d. griech. Litt. bis auf Alexander d. Gr., München 1884/87, 3 Bde.) und *Christ* (Gesch. d. griech. Litt. bis auf die Zeit Justinian's, in *Iw. Müller's* Handb. Bd. VII, Nördlingen 1889). Die Geschichte der alexandrinischen Litteratur hat *Susemihl* behandelt (Berlin 1891/92, 2 Bde.). Eine meisterhafte Geschichte der byzantinischen Litteratur verdankt man *Krumbacher* (in *Iw. Müller's* Handb. Bd. VIII, München 1890). Derselbe Gelehrte gibt seit 1892 auch eine Zeitschrift für byzantinische Philologie heraus. Wichtig, namentlich auch für Romanisten, ist *E. Rohde's* Geschichte des griech. Romans und seiner Vorläufer (Jena 1876).

Ein griechisches Wörterbuch, das den Ansprüchen der heutigen Wissenschaft gerecht würde, fehlt. Noch immer ist *Stephanus'* Thesaurus graecus (zuerst 1572, neueste Ausg. Paris 1831/65) unentbehrlich. Für das gewöhnliche Bedürfniss genügen die gangbaren Lexica von *Passow*, *Rost*, *Jacobitz* und *Seiler*, *Suhle* und *Schneidewin*. Für den mittelgriechischen Wortschatz ist des alten *Ducange* Glossarium mediae et infimae graecitatis noch immer das einzige grössere Hülfsmittel.

Bemerkt werde hier, dass das sehr dankbare Thema einer wissenschaftlichen Vergleichung des Neugriechischen mit dem Romanischen einen leistungsfähigen Bearbeiter bis jetzt nicht gefunden hat. Die über diesen Gegenstand von *Hans Müller* verfasste Schrift (Leipzig 1888) ist ganz unzulänglich. — Anregend und zur Erlernung des Neugriechischen brauchbar, wenn auch in seinem Grundgedanken durchaus verfehlt, ist das Buch von *Boltz:* Hellenisch, die Gelehrtensprache der Zukunft (2. Ausg. Leipzig 1891). Als beste praktische neugriechische Grammatik gilt die von *Sanders* (Leipzig 1875), aber auch sie lässt Vieles zu wünschen übrig. Vortrefflich, auch in wissenschaftlicher Hinsicht, ist *Thumb's* Handbuch der neugriech. Volkssprache (Strassburg 1895). Die wirklich wissenschaftliche Behandlung des Neugriechischen ist erst ganz neuerdings, u. A. namentlich durch *Hatzidaki's* Arbeiten (Einleitung in das Stud. des Neugriech. (Leipzig 1892) und *Meyer(-Lübke's)* Commentar zur Grammatik des Simon Portius (Paris 1889) angebahnt worden.

3. Nächst der lateinischen ist die romanische Philologie am engsten der g e r m a n i s c h e n verbunden, da die Germanen in Folge bekannter geschichtlicher Vorgänge wesentlich zur Bildung des Romanenthums mitgewirkt und die Entwickelung der romanischen Sprachen und Litteraturen fortdauernd mehr oder weniger beeinflusst haben. Gerade aber, weil die Beziehungen der Germanen zu den Romanen so überaus wichtige sind, genüge hier eine kurze Andeutung, und bleibe weitere Ausführung späteren Abschnitten dieses Buches vorbehalten.

Allseitige Belehrung über die germanische Philologie und ihre Einzelgebiete findet man nebst den erforderlichen bibliographischen Angaben in dem von *H. Paul* herausgegebenen Grundriss der german. Phil. (Strassburg 1889/93, Bd. I u. II, letzterer in zwei Abtheilungen). Kein Romanist darf gewissenhaftes Studium und stete Benutzung dieses wahrhaft trefflichen Werkes verabsäumen. Der Hinweis auf dieses Werk rechtfertigt es, dass hier von Angaben anderer Hülfsmittel abgesehen wird, allerdings mit dem Vorbehalte, einen Theil derselben an anderer Stelle zu nennen.

4. Unter den germanischen Einzelphilologien hat die englische für den Romanisten besondere Wichtigkeit wegen der sprachlichen Berührung, in welche das Französische durch die normannische Eroberung und nachfolgende politische Ereignisse mit dem Englischen gebracht worden ist (das Anglo-Normannische; die zahlreichen französischen Bestandtheile im englischen Wortschatz), sowie wegen der vielfachen Wechselbeziehungen zwischen der französischen und der englischen Litteratur sowohl des Mittelalters als auch der Neuzeit (englische Dichter des Mittelalters bearbeiteten vielfach französische Sagenstoffe und französische Dichter englische; Einfluss des französischen Classicismus auf die englische, der englischen Romantik auf die französische Litteratur).

Ueber englische Philologie geben encyklopädische Belehrung folgende Bücher: *Storm*, Englische Philologie. Bd. I. Die lebende Sprache. Erste Abtheilung: Phonetik und Aussprache. 2. Ausg. Leipzig 1892 (mehr bis jetzt nicht erschienen). Das Werk behandelt, wie auch sein Titel besagt, nur Phonetik und Aussprache, und zwar in gediegener und geistvoller, leider aber auch etwas zu aphoristischer, zu wenig übersichtlicher Weise. — *Earle*, The Philology of the English Tongue. 4. Ausg. Oxford 1888. Der Verfasser berücksichtigt nur den sprachlichen Theil der englischen Philologie und verfährt dabei gar sehr dilettantisch, bietet aber immerhin manche Anregung. — *Elze*, Grundriss der engl. Philologie. Halle 1887. Das Buch enthält eine Fülle geistvoller Bemerkungen und einen reichen Schatz gelehrter, namentlich auch bibliographischer Materialien. — *Vietor*, Einführung in das Studium der engl. Philologie mit besonderer Berücksichtigung der Praxis. Marburg 1888 (das Büchlein bietet Studirenden eine vortreffliche, weil reiflich durchdachte Anleitung). — *Körting*, Encyklopädie und Methodologie der englischen Philologie. Heilbronn 1888.

Beste, aber noch nicht vollendete Geschichte der englischen Litteratur ist die von *ten Brink* (Bd. I. Bis zu Wiclif's Auftreten. Berlin

1877. Bd. II. Bis zur Reformation. Erste Hälfte, Berlin 1888, zweite Hälfte, nach des Verfassers Tode von *Brandl* herausgegeben, Strassburg 1893). Das Werk ist Romanisten um so mehr zu empfehlen, als *ten Brink* auch Romanist war und folglich über das Verhältniss der englischen zu der romanischen Litteratur sachkundig zu urtheilen wusste. Eine treffliche Skizze der alt- und mittelenglischen Litteraturgeschichte hat *Brandl* in *Paul's* Grundriss Bd. II Abth. 1 p. 625 bis 718 gegeben. — Der von *Körting* veröffentlichte Grundriss der Gesch. der engl. Litt. (2. Ausg. Münster 1893) soll den Studirenden eine gedrängte Uebersicht über die Litteraturentwickelung nebst den erforderlichen bibliographischen Nachweisen geben.

Fachzeitschriften für englische Philologie sind die „Englischen Studien" (von *Kölbing* seit 1877 herausgegeben) und die „Anglia" (1877 von *Wülker* und *Trautmann* begründet, jetzt von *Einenkel* geleitet); in beiden findet der Romanist eine Fülle für ihn wichtiger Aufsätze und Besprechungen.

5. Ein beträchtlicher Theil des später romanischen Sprachgebietes wurde vor der römischen Eroberung von Kelten bewohnt. Diese liessen sich sprachlich allerdings rasch romanisiren, aber sie übertrugen — so darf, ja muss man wenigstens voraussetzen — gewisse Eigenarten ihrer Muttersprache auf das Latein, so dass dasselbe eine kelto-romanische Gestaltung annahm. Thatsache ist, dass die in den ehemaligen Keltenländern zur Entwickelung gelangten romanischen Sprachen Besonderheiten zeigen (z. B. *ü* = lat. *ū*), durch welche sie sich von den übrigen romanischen Idiomen scharf unterscheiden. Demnach steht das Romanische in sprachlicher Beziehung zum Keltischen, folglich die romanische Philologie in Beziehung zur k e l t i s c h e n. Zu beklagen ist dabei freilich, dass unsere Kenntniss des gallischen (und italischen) Keltisch, das vor und zur Römerzeit gesprochen wurde, sich lediglich auf Eigennamen, auf in das Griechische und Lateinische übernommene einzelne Worte und auf einige wenige Inschriften stützt, also recht dürftig ist. Nur in sehr bedingter Weise entschädigt uns dafür die Möglichkeit, aus den keltischen Sprachen des Mittelalters Rückschlüsse auf die Beschaffenheit des Altkeltischen ziehen zu können.

Irgend welcher Einfluss des gallischen Keltenthums auf die Entwickelung der französischen Litteratur ist nicht nachweisbar. Dagegen scheint es, als ob im späteren Mittelalter (im 11. und 12. Jahrhundert) nationalkeltische oder doch von den Kelten eigenartig gestaltete Sagenstoffe (Artussage, Parcivalsage, Merlinsage, Tristansage), sei es von Wales, sei es von der Bretagne her nach Nordfrankreich übertragen worden seien. Freilich wird diese Annahme neuerdings lebhaft und mit guten Gründen bestritten oder doch ihre Einschränkung gefordert.

Ueber keltische Sprachen im Allgemeinen unterrichtet man sich am besten durch *Windisch's* Aufsatz in *Gröber's* Grundriss I 283 und durch desselben Gelehrten Artikel in *Ersch's* und *Gruber's* Encykl. 2 Sect. Bd. 35 p. 132. Ferner sind zu nennen: *Rhys*, Lectures on Welsh Philology, London 1877 (seitdem 2. Ausg.); *Walter*, Das alte Wales, Bonn 1858; *Schuchardt*, Romanisches und Keltisches, Berlin 1886 (enthält „Keltische Briefe", in denen der gelehrte und geistvolle Verfasser Reiseeindrücke aus Wales schildert mit besonderer Berücksichtigung der gegenwärtigen litterarischen Bestrebungen der Walliser).

In grundlegender Weise wurde die Grammatik der keltischen Sprachen behandelt in *Zeuss'* Grammatica celtica, 2. Aufl. besorgt von *Ebel*, Berlin 1871. — Brauchbare Grammatiken der keltischen Einzelsprachen sind: *Windisch*, Kurzgefasste irische Grammatik mit Lesestücken, Leipzig 1878 (ausgezeichnetes irisches Elementarbuch, mit dessen Studium zu beginnen hat, wer Keltisch lernen will); *O'Donovan*, A Grammar of the Irish Language, Dublin 1845; *Canon Bourke*, The College Irish Grammar, Dublin 1879; *Joyce*, A Grammar of the Irish Language, Dublin 1879 (dieses und das vorher genannte Werk sind treffliche praktische Lehrbücher des Neu-Irischen); *Rowland*, A Grammar of the Welsh Language, Wrexham o. J. (vor etwa siebzehn Jahren erschienen, praktisch brauchbar); *Sattler*, Y Gomeryd, das ist: Grammatik des Kymraeg oder der kelto-wälischen Sprache, Leipzig und Zürich 1886 (wunderliches Buch, aber doch nicht ohne Werth, jedenfalls für den, der das heutige Wallisisch nach einer Methode à la Ollendorff zu erlernen Lust, Muth und Zeit hat, ganz nützlich, aber eben nur zur Orientirung in keltischen Dingen verwendbar, die sprachvergleichenden Bemerkungen des Verfassers muss man mit grosser Vorsicht aufnehmen). *A. de Jubainville*, Etudes grammaticales sur les langues celtiques, P. 1881.

Ueber die lexikalischen Beziehungen des Keltischen zum Romanischen handelt *Thurneyssen's* gediegenes Buch: Keltoromanisches, Berlin 1884.

Eine sehr werthvolle, wenn auch nicht über alle Anfechtungen erhabene Stoffsammlung[1]) für keltische Sprachkunde ist *Holder's* Altceltischer Sprachschatz, Leipzig 1891 ff. (bis jetzt 7 Hefte).

Die wichtigsten Werke über keltische Litteraturgeschichte sind: *Stephens*, Geschichte der wälschen Litteratur vom 12. bis 14. Jahrh.

---

[1]) Nämlich alphabetische Zusammenstellung aller überlieferter altkeltischer Eigennamen und sonstiger Wörter unter Beifügung der Belegstellen.

(aus dem Englischen übersetzt von *San-Marte*, Halle 1864), und: *A. de Jubainville*, Cours de littérature celtique, Paris 1883/92, 5 Bde. (beide Werke enthalten viel Werthvolles, sind aber, weil in ihnen ein unkritisches Verfahren geübt worden ist, mit Vorsicht zu benutzen).

In Berücksichtigung der, freilich fragwürdigen Wichtigkeit, welche man den sog. Mabinogion zuzuschreiben pflegt, sei bemerkt, dass dieselben neuerdings sowohl im Urtext (Oxford 1887) als auch in französischer Uebersetzung (Paris 1889) von *Loth* herausgegeben worden sind; dadurch ist die ältere Ausgabe von Lady *Guest* (London 1838 bis 1849, 3 Bde., mit englischer Uebersetzung) entbehrlich gemacht worden.

Einzige Zeitschrift für keltische Philologie ist die von *Gaidoz* seit 1870 herausgegebene Revue celtique. Werthvolle Beiträge zur keltischen Philologie findet man aber auch in *Kuhn's* Ztschr. f. Sprachvergl., in der Ztschr. f. rom. Phil. (dort [IV 124] z. B. *Schuchardt's* Besprechung von *Windisch's* Grammatik) und namentlich im Archivio glottologico, dessen Herausgeber *Ascoli* nicht nur einer der hervorragendsten Romanisten, sondern auch einer der bedeutendsten Keltisten ist.

Neuerdings ist die keltische Philologie durch eine Reihe scharfsinniger, theils sprachlicher, theils litteraturgeschichtlicher Untersuchungen *Zimmer's* (z. B. Gött. gel. Anz. 1890 p. 488 u. 785, Ztschr. f. frz. Spr. u. Litt. XII 232, sowie das Buch: Nennius vindicatus, Berlin 1893) mächtig gefördert worden, sehr zum Gewinn auch der romanischen Philologie.

Ueber den gegenwärtigen Stand der Gralfrage sowie überhaupt der Frage nach dem Ursprunge der altfranzösischen Artusdichtung hat *Freymond* in *Vollmöller's* Jahresbericht (I 389 ff., 415 ff., 424 ff.) eine sehr dankenswerthe lichtvolle Darstellung gegeben.

Das Studium des Keltischen bietet sehr erhebliche und eigenartige Schwierigkeiten, welche nur durch ausdauernden Fleiss sich überwinden lassen. Wer also als Romanist diesem Studium sich widmen will, erwäge zuvor, ob er dadurch seiner Fachwissenschaft nicht allzuviel Zeit zu entziehen genöthigt sein werde. Ein unbedingtes Erforderniss sind keltische Kenntnisse für den Romanisten keineswegs. Andrerseits ist es denkbar, wenn auch nicht gerade wahrscheinlich, dass ein Romanist, der zugleich ein tüchtiger Keltist ist, neue wissenschaftliche Gesichtskreise werde eröffnen können.

6. In einem ähnlichen Verhältnisse, wie das Keltische zu dem Französischen (Provenzalischen, oberitalischen Mundarten), steht das Baskische zu dem Spanischen, Portugiesischen und Gascognischen, da in den Basken, wenigstens sehr wahrscheinlich, Nachkommen der alten Iberer, d. h. der vorrömischen Bewohner Hispaniens und Aquitaniens, zu erblicken sind, und demnach vorauszusetzen ist, dass das Spanische, Portugiesische und Gascognische von dem Baskischen, bezw. von dem (unserer Kenntniss fast gänzlich entrückten) Iberisch, beeinflusst worden seien. Das

Baskische („Euskara") fällt also in das Forschungsbereich derjenigen romanischen Einzelphilologien, welche mit den pyrenäischen Sprachen sich beschäftigen.

Die baskische Sprache steht ausserhalb der indogermanischen Familie, und schon darin ist es begründet, dass ihr Bau uns als sehr fremdartig erscheint. Dazu kommt, dass die vorhandenen Grammatiken nicht eben geschickt abgefasst sind. Die verhältnissmässig brauchbarsten derselben dürften die von *J. van Eys* sein (Grammaire comparée des dialectes basques, Paris 1879; Outlines of Basque Grammar, London 1883). Den ersten Theil einer eindringenden Untersuchung der baskischen Conjugation hat neuerdings *H. Schuchardt* veröffentlicht (Abh. der Wiener Akad. d. Wissensch. 1894). Eine treffliche Zusammenfassung des Wichtigsten, was über baskisches Volksthum, baskische Sprache und Litteratur zu sagen ist, hat *Gerland* in Gröber's Grundriss I, 313 ff. gegeben.

7. Das Albanesische (die Sprache der Nachkommen der alten Illyrier) besitzt für die romanische Philologie Bedeutung dadurch, dass es eine, um so zu sagen, auf dem halben Wege zur Romanisirung stehen gebliebene Sprache ist, also Gelegenheit zu hochinteressanten sprachgeschichtlichen Beobachtungen darbietet, welche sich für die Entwickelungsgeschichte der vollromanisirten Sprachen nutzbar machen lassen.

Ueber das Albanesische unterrichtet man sich am besten durch die Schriften *G. Meyer's*: Die lateinischen Elemente im Albanesischen, in Gröber's Grundriss I, 804 ff.; Kurzgefasste albanesische Grammatik mit Lesestücken und Glossar, Leipzig 1888; Albanesisches Wörterbuch, Leipzig 1890; Ueber Sprache und Litteratur des Albanischen, in: Essays zur Sprachgeschichte und Volkskunde, Berlin 1885, Bd. 2, Strassburg 1893 (auf dieses ungemein anregende Buch, das u. A. auch einen hochinteressanten Aufsatz über das Neugriechische enthält, werde bei dieser Gelegenheit recht dringend aufmerksam gemacht). Erwähnt werde noch *Schuchardt's* Abhandlung: Albanesisches und Romanisches, in Ztschr. f. vgl. Sprachf. XX, 247. Weitere Litteraturangaben in *Körting's* Encycl. III, 804.

8. Unter den romanischen Sprachen hat nur das Rumänische unmittelbare Beziehungen zu dem Slavischen. Im Uebrigen sind die Berührungen zwischen Romanisch und Slavisch sehr geringfügiger Art, denn sie beschränken sich auf das Eindringen vereinzelter slavischer Worte in den romanischen Wortschatz, wobei übrigens meist das Deutsche die Vermittelungsrolle gespielt hat. Hinzuzufügen ist höchstens noch, dass in neuester Zeit die russische Litteratur (Turgenjeff,

Tolstoi, Dostojewski) einen gewissen Einfluss auf die französische ausübt. Der Romanist hat also nur dann, wenn er mit dem Rumänischen sich näher beschäftigt, Anlass — dann aber auch sehr ernstlichen Anlass — sich mit der slavischen Philologie vertraut zu machen.

Der Umstand, dass neuerdings auch russische Gelehrte in sehr bemerkenswerther Weise an den romanistischen Studien sich betheiligen und dass schon mehrfach wichtige Werke über romanische Dinge in russischer Sprache erschienen sind (so namentlich *A. Weselofsky's* ausgezeichnete Studien über Molière und Boccaccio), lässt es in einzelnen Fällen als wünschenswerth erscheinen, dass der Romanist sich die Lesefertigkeit im Russischen zu erwerben suche. Es ist dies eine keineswegs so schwierige Arbeit, wie man gewöhnlich glaubt, und, wer Zeit zu ferner liegenden Studien hat, darf sie dem Russischen um so unbedenklicher widmen, als sowohl die russische Sprache wie auch die russische Litteratur hochinteressant sind. Jedenfalls erweitert seinen sprachlichen Gesichtskreis in fruchtbringender Weise, wer einmal eine slavische Sprache, sei es auch nur in elementarem Grade, erlernt.

Die älteste und deshalb für die Sprachvergleichung und Sprachgeschichte (insbesondere auch für die Geschichte des Rumänischen) wichtigste slavische Sprache ist das Altbulgarische (oder Altslovenische), d. h. die Sprache der ältesten slavischen Bibelübersetzung; da die letztere noch jetzt in der russischen Kirche gebraucht wird, wird die Sprache oft als „Kirchenslavisch" bezeichnet.

Das Hauptwerk für slav. Philologie ist *Miklosich's* Vergl. Gramm. der slav. Spr., Wien 1868/79, 4 Bde. — Für das Studium des Altbulgarischen ist namentlich zu empfehlen *Leskien's* Handbuch der Altbulgarischen Sprache (Grammatik, Texte, Glossen), 2. Ausg., Weimar 1886. (*Schleicher's* Formenlehre der kirchenslav. Spr., Bonn 1852, ist veraltet.) — Viel allgemeine Anregung bietet *Krek's* Einleitung in die slavische Litteraturgeschichte, 2. Aufl., Graz 1887.

Hülfsmittel und Rathschläge für das Studium des Russischen sind in *Körting's* Encykl. III, 805 ff. angegeben. Hier werde nur bemerkt, dass für das Elementarstudium des Russischen *S. v. Manstein's* Handbuch der russischen Sprache (Grammatik und Chrestomathie), Leipzig 1884, empfohlen werden kann, namentlich da die darin gegebenen russischen Texte accentuirt sind (die Wortbetonung bietet im Russischen besondere Schwierigkeiten dar). Die verhältnissmässig beste russische Litteraturgeschichte in deutscher Sprache ist die von *A. v. Reinholdt*, Leipzig 1886.

9. Mit der **semitischen** Philologie ist die romanische Philologie durch mehrfache Zusammenhänge verbunden. Erstlich, weil aus den semitischen Sprachen theils unmittelbar, theils durch Vermittelung des Griechischen und Lateinischen eine gar nicht unerhebliche Anzahl von Worten in das Romanische übernommen worden ist; es kommen in dieser Beziehung besonders das Arabische, das Syrische und das Hebräische in Betracht, von denen das letztere in seiner Eigenschaft als Ursprache des Alten Testamentes den christlichen Völkern nahe trat. Sodann hat die etwa sechs bis sieben Jahrhunderte während Herrschaft der Araber über einen grossen Theil der pyrenäischen Halbinsel die Entwickelung der spanischen, portugiesischen (und catalanischen) Sprache und Litteratur in, wenigstens anscheinend, erheblichem Grade beeinflusst, namentlich hinsichtlich des Wortschatzes; indessen mehr oder weniger auch in anderen Beziehungen. Endlich hat das semitische Morgenland dem Abendlande eine ansehnliche Reihe von Sagen- und Fabelstoffen übermittelt, welche dann in den romanischen (und germanischen) Litteraturen bearbeitet, in der Bearbeitung freilich auch oft bis zur Unkenntlichkeit umgestaltet worden sind.

10. Auch aus **Indien** sind Sagen- und Fabelstoffe nach dem Abendlande überführt worden, wobei Semiten (Syrer, Araber), Perser und Griechen als Vermittler thätig waren. So beruht ja z. B. die bekannte Legende von Barlaam und Josaphat auf der Buddhasage. Manche Fabel Lafontaine's geht im letzten Grunde auf eine Erzählung des Hitopadesa oder des Pančatantra zurück. So hat die romanische Philologie wenigstens mittelbare Beziehungen zur **indischen** Litteratur (Sanskritlitteratur). Dieselben sind indessen, Alles in Allem genommen, so untergeordneter Art, dass um ihrer willen der Romanist nicht nöthig hat, sich dem mühevollen Studium des Sanskrit zu unterziehen. Eher könnte ihn dazu die Erwägung veranlassen, dass Kenntniss des Sanskrit unentbehrlich ist für den, welcher volles Verständniss für die Ergebnisse der vergleichenden indogermanischen Sprachforschung gewinnen will.

Zur ersten Orientirung über den Bau des Sanskrit ist *Kellner's* Kurze Elementargrammatik der Sanskrit-Sprache (Leipzig 1868, seitdem neuere Ausgabe) zu empfehlen; da dieselbe das Sanskrit in lateinischer Umschrift darbietet, bedarf der Lernende der (für weitergehende Studien freilich unentbehrlichen) Kenntniss der schwierigen Devanâgarîschrift nicht. Ein „Hülfs- und Uebungsbuch für Jedermann, besonders für Lehrer der modernen Sprachen" soll, nach Absicht ihres Verfassers, *Boltz'* „Vorschule des Sanskrit" (Oppenheim 1868) sein; das Buch ist auch gar nicht übel angelegt, und wer es verständig braucht, kann einiges Sanskrit verhältnissmässig leicht daraus lernen, aber es gehört dazu eben Anwendung einer Kritik, die eigentlich doch nur der üben kann, welcher Sanskrit bereits versteht. Die wissenschaftlich beste Sanskritgrammatik ist *Whitney's* Indische Grammatik, Leipzig 1879 (dazu das Ergänzungsheft: Die Wurzeln, Verbalformen und primären Stämme der Sanskrit-Sprache, Leipzig 1885). Sehr nützlich auch, namentlich wegen ihrer Syntax, ist *Kielhorn's* Grammatik der Sanskrit-Sprache, Berlin 1888. — Ein praktisches Nachschlagebuch über indische Mythologie u. s. w. ist *Dowson's* Classical Dictionary of Hindu Mythology and Religion, Geography, History and Literature, London 1891. Dies Buch kann dem nützliche Dienste leisten, der sich über altindische Begriffe und Dinge unterrichten will, wenn sie ihm bei der Lectüre etwa eines religionswissenschaftlichen Buches gelegentlich entgegentreten (so begegnet man z. B. bei französischer Lectüre zuweilen dem indischen Ausdruck *avatar*, ohne dass eine ausreichende Erklärung desselben beigefügt wäre, in solchem Falle findet man bei Dowson erwünschte Belehrung).

11. Bezüglich des Verhältnisses der romanischen Philologie zu den nichtphilosophischen Wissenschaften sei hier e i n e Bemerkung wenigstens noch ausgesprochen. Die Entwickelung der romanischen Sprachen und Litteraturen ist erfolgt im innigsten Zusammenhange mit und in fortwährender Abhängigkeit von den wechselnden politischen und religiösen, bezw. kirchlichen Zuständen. Kenntniss der politischen und der kirchlichen Geschichte ist demnach Vorbedingung für jede Forschung auf dem Gebiete romanischer Philologie. Man bedenke, wie sehr die Entstehung der romanischen Sprachen nicht nur, sondern überhaupt der romanischen Nationalitäten beeinflusst, ja bewirkt worden ist einerseits durch die politischen Verhältnisse des römischen Reiches, andrerseits durch die Beziehungen Roms zu den von ihm unterworfenen Völkern Galliens, Hispaniens u. s. w. und namentlich auch zu den benachbarten Germanen. Das ganze Romanenthum wird nur dem verständlich, der das Römerthum, namentlich das Römerthum der Kaiserzeit, und das alte Germanenthum kennt. So muss der Romanist mit römischer, er muss mit germanischer Geschichte sich gründlich beschäftigen. Vor Allem wird er den 5. Band von *Mommsen's* römischer Geschichte („die

Provinzen von Caesar bis Diocletian“) als eins der für ihn wichtigsten Bücher betrachten müssen, den Gregor von Tours als einen der für ihn interessantesten Quellenschriftsteller. Man bedenke ferner, wie viel geschichtliche Verhältnisse dazu beigetragen haben, dass bestimmte romanische Mundarten (z. B. die von Isle de France) sich zu nationalen Schriftsprachen erhoben, und wie dann die Entwickelung dieser Schriftsprachen sich mit der politischen Geschichte verflochten hat. Auch das bedenke man recht sehr, wie erheblich die christliche Kirche zur Verbreitung und Einwurzelung des Lateins in den Westprovinzen mitgewirkt, und welchen bedeutenden Einfluss sie auf die Gestaltung des romanischen Wortschatzes geübt hat. Es ist das eine Thatsache, über die sich gar Vieles sagen liesse, was noch nicht gesagt worden ist, denn man hat ihre Bedeutsamkeit noch kaum erkannt. Endlich bedenke man, wie innig die romanische Litteratur verwachsen ist mit dem religiösen Leben der Romanen: im Mittelalter war sie, in ihren hauptsächlichsten Hervorbringungen wenigstens, erfüllt und getragen von christlichem und in Sonderheit von katholischem Geiste[1]); in der Neuzeit beruht zum nicht geringen Theile ihre Bedeutung in der feindlichen Stellung, welche sie dem Christenthum und der Kirche gegenüber eingenommen hat.

---

[1]) Die mittelalterliche volkssprachliche Litteratur der Romanen darf man geradezu als eine katholische bezeichnen, denn auch diejenigen ihrer Erzeugnisse, welche (wie z. B. die Abenteuerromane) rein weltlicher Art sind, setzen die katholische Kirche als etwas Selbstverständliches voraus. Das geht soweit, dass die antikisirende Romandichtung (Trojaroman etc.) christliche Zustände auf das griechische und römische Alterthum überträgt. Die satirische Dichtung des Mittelalters hat allerdings oft und scharf die Geistlichkeit angegriffen (der Fuchsroman, die Fableaux etc.), nicht aber die Kirche und ihre Lehre. Freilich haben, wie bekannt, im Mittelalter sich Secten ausgebildet, welche in scharfem Gegensatz zur Papstkirche standen; aber es ist sehr bemerkenswerth, dass dieses vorreformatorische Denken in der volkssprachlichen Litteratur irgendwie bedeutsamen Ausdruck nicht gefunden hat, wenigstens nicht während des eigentlichen Mittelalters, das mit dem Aufkommen der Renaissancebildung (nicht erst mit dem Ausgange des 15. Jahrhunderts) endet. Der katholische Charakter der mittelalterlichen romanischen Litteratur legt dem akatholischen Romanisten die Verpflichtung auf, sich mit den Lehren, Einrichtungen und Gebräuchen der katholischen Kirche bekannt zu machen. Andrerseits aber ist der katholische Romanist, wenn er die romanische Litteratur des 16. und 17. Jahrhunderts verstehen will, verpflichtet, sich in die Gedankenkreise der Reformatoren einzuleben, namentlich in den Calvinismus, da dieser für das französische Geistesleben höchste Bedeutung erlangt hat.

Aus alledem ergibt sich ein unmittelbarer Zusammenhang der romanischen Philologie mit der auf das Römerthum, auf das Mittelalter und auf die Neuzeit bezüglichen Geschichtsforschung.

12. Die romanische Philologie berührt als Litteraturwissenschaft sich eng mit der Geschichte der romanischen Kunst oder, richtiger, mit der Geschichte des Antheils der Romanen an der Entwickelung der mittelalterlichen und neuzeitlichen Kunst. Denn es ist sehr zu beachten, dass die Litteratur, insoweit als sie das Ergebniss künstlerischen Schaffens ist, dieselben Entwickelungsformen durchläuft, wie die bildende Kunst und wie die Tonkunst. Die Stylverschiedenheiten, welche als Gothik, Renaissance, Rococo, Barock, Zopf etc. bezeichnet werden, sind auch in der Litteratur scharf ausgeprägt worden in nothwendiger Folge der Einheitlichkeit des geistigen Lebens.

§ 10. Bemerkungen über die Geschichte der romanischen Philologie. 1. Die Thatsache, dass die romanischen Sprachen eine dem Latein eng verbundene Einheit bilden, war den Romanen des Mittelalters (wenigstens den westeuropäischen) bekannt[1]), wurde aber nicht zum Ausgangspunkte wissenschaftlicher Forschung gemacht. Die romanische Gesammtphilologie war dem Mittelalter fremd. Indessen hat *Dante* vorahnend auf sie hingedeutet: in seinem gedankenreichen sprachwissenschaftlichen Buche „De vulgari eloquentia" stellt er (I 8) die romanische Sprachfamilie der germanischen gegenüber und unterscheidet in der ersteren drei Einzelsprachen, die Oc-Sprache, die Oïl-Sprache und die Sì-Sprache[2]), mit ausdrücklicher Hervorhebung dessen, dass sie in ihrem Wortschatze vielfach übereinstimmen („multa per eadem vocabula nominare videntur, ut Deum, caelum, amorem, mare, terram et vivit, moritur, amat, et alia fere omnia").

2. Unter den mittelalterlichen Romanen haben nur die Provenzalen (und Catalanen) und die Italiener ihre Sprache

---

[1]) Dafür zeugt die Anwendung der Benennung romans, romanz, romanzo, romance auf alle romanischen Sprachen, vgl. Völker in Ztschr. f. roman. Phil. X 486.

[2]) Die erste wird (seltsamer Weise) den „Hispani", die zweite den „Franci", die dritte den „Latini" beigelegt.

und Litteratur zum Gegenstande wirklich philologischer Arbeit gemacht. Bedeutend sind namentlich die Leistungen der ersteren (Abfassung der Troubadourbiographien, etwa 1200 bis 1250; Zusammenstellung von Liederbüchern; die ersten Grammatiken [der Donatz proensals des Uc Faidit[1]); Razos de trobar des Raimon Vidal, beide Schriften herausg. von *Stengel*, Marburg 1878]; zusammenfassende Darstellung der Grammatik, Rhetorik und Poëtik in den sog. Leys d'amors, verfasst im Anfang des 14. Jahrhunderts (herausg. von *G. Arnoult*, Paris 1841). Die philologische Thätigkeit der Italiener wandte sich vornehmlich der Erklärung der Dichtungen *Dante's* zu (z. B. Boccaccio's Commentar der ersten 17 Gesänge des Inferno, herausg. von *Milanesi*, Florenz 1863). Uebrigens hat schon *Dante* selbst einen Theil seiner lyrischen Gedichte commentirt.

Das mittelalterliche Frankreich kannte eine dem Französischen zugewandte philologische Thätigkeit nicht: es hat nur einige für die praktische Spracherlernung, namentlich von Seiten der Engländer, berechnete Anleitungsschriften (vgl. *Stengel* in Ztschr. f. neufrz. Spr. u. Lit. I, 1), Anweisungen zur Rechtschreibung (Orthographia gallica, herausgegeben von *Stürzinger*, Heilbronn 1884), Gesprächsbücher (Manière de language, herausgegeben von *P. Meyer*, Revue critique 1873), Vocabulare (vgl. *F. Didot*, Observations sur l'orthographe française [Paris 1868] p. 101 ff.) und endlich Tractate über Poetik und Rhetorik (Art de dictier [1392] des Eust. Deschamps, herausgegeben von *Crapelet*, Paris 1832) hervorgebracht. Das ist um so befremdlicher, als die Franzosen während des Mittelalters auf anderen Gebieten der Wissenschaft den übrigen Romanen überlegen waren.

3. Ebensowenig, wie im Mittelalter, wurden in den ersten Jahrhunderten der Neuzeit die romanischen Sprachen und Litteraturen in ihrer Gesammtheit zum Gegenstande wissenschaftlicher Behandlung gemacht. Dennoch sind diese Jahrhunderte überaus wichtig für die Geschichte der romanischen Philologie, denn sie haben die romanischen Einzelgrammatiken

---

[1]) Nach *Gröber* (Ztschr. f. roman. Phil. VIII 112 und 290) ist Uc Faidit identisch mit Uc de S. Circ.

geschaffen. Diese Schöpfung wurde in ihrem Werthe freilich gar sehr dadurch beeinträchtigt, dass man die romanische Grammatik allzu mechanisch dem Schema der lateinischen anpasste, ohne sich der zwischen Lateinisch und Romanisch liegenden Verschiedenheit des Sprachbaues bewusst zu werden. Auch im Einzelnen wurden mancherlei Missgriffe begangen, so namentlich in Frankreich, wo die auf Irrwege gerathene humanistische Gelehrsamkeit das Französische nicht nur zu latinisiren, sondern auch zu gräcisiren versuchte, ja den Ursprung des Französischen aus dem Griechischen behauptete. Immerhin ist das, was im 16. und 17. Jahrhundert — namentlich in Frankreich, aber auch in Italien und Spanien — für die Erkenntniss und für die systematische Darstellung des grammatischen Baues der romanischen Sprachen geleistet wurde, hochbedeutend, in mancher Beziehung sogar bewundernswerth (man denke z. B. an die Versuche zur Regelung der Rechtschreibung nach phonetischen Grundsätzen; an das, besonders in Frankreich, erfolgreiche Streben nach Festigung und Einheitlichkeit der Schriftsprache etc.). Zuweilen machten die mit einer Einzelsprache sich beschäftigenden Grammatiker Beobachtungen, welche für das Gesammtromanische gültig waren. So z. B. erklärte der Spanier Antonio de Lebrija (Ant. Nebrissensis) in seiner 1492 erschienenen spanischen Grammatik das romanische Futur ganz richtig als aus dem Inf. + habeo gebildet (vgl. *Moguel* in den Mém. de la soc. de ling. de Paris VI 176, vgl. auch Romania XXIII 284). Gelegentlich wurden auch allgemeine sprachwissenschaftliche Fragen mit Verständniss und Einsicht erörtert, so in Italien, als dort im 16. Jahrhundert der berühmte Streit über die Beschaffenheit und den Namen der Schriftsprache gekämpft wurde (vgl. *Vivaldi*, Le controversie intorno alla nostra lingua dal 1500 etc., Catanzaro 1895).

Eifrige Arbeit auf grammatischem Gebiete ist so recht kennzeichnend für das 16. Jahrhundert. Das 17. pflegte mit ähnlichem Eifer die lexikographische Thätigkeit (das Wörterbuch der Accademia della Crusca 1612; Ducange's Glossarium mediae et infimae latinitatis; erste Ausg. des Dict. der Académie française 1694).

Die Grossthat des 18. Jahrhunderts auf dem neuphilologischen Gebiete ist die Begründung der „Histoire littéraire de la France".

4. Unter dem Einflusse der romantischen Geistesströmung, welche seit Beginn des 19. Jahrhunderts mehr und mehr zur Herrschaft gelangte, erwachte ein lebhaftes Interesse für die Sprachen und Litteraturen des Mittelalters [1]. Aus diesem Interesse heraus wurden die germanische und die romanische Philologie geboren, beide zunächst eine Zeit des vorwiegend nach ästhetischem Genusse strebenden Dilettantismus durchlaufend, bald aber volle Wissenschaftlichkeit sich erringend [2].

5. Als Wissenschaft ist die romanische Philologie von *Friedrich Diez* begründet worden, indessen ist dem Provenzalen *Raynouard* der Ruhm zuzuerkennen, dass er dem deutschen Meister vorgearbeitet hat; nicht zu vergessen ist auch, dass, noch ehe *Diez* auch nur den ersten Band seiner Grammatik der romanischen Sprachen veröffentlichte, bereits *L. Diefenbach* das Verhältniss der romanischen Sprachen zu einander und zu dem Lateinischen echt wissenschaftlicher Betrachtung unterzogen hatte (Ueber die jetzigen roman. Schriftspr., Leipzig 1831). Sowohl *Raynouard* wie *Diez* wurden durch romantische Begeisterung für die Dichtung der mittelalterlichen Romanen, besonders aber der Provenzalen, zur romanischen Philologie hingeführt [3].

François-Juste-Marie Raynouard (geb. 18. Sept. 1761 zu Brignolles in der Provence, gest. 27. Oct. 1836 zu Passy bei Paris) verfasste: Choix des poésies originales des troubadours, Paris 1816/21, 6 Bde. (grosse Chrestomathie der Troubadourpoesie); Lexique de la langue des troubadours. Paris 1838/44 (vgl. dazu: *Sternbeck*, Unrichtige Wortaufstellungen und Wortdeutungen in R.'s Lexique roman. Theil I: Unrichtige Wortaufstellungen, Berlin 1887, Diss.; *Levy*, Provenzal. Supplement-Wörterbuch, Leipzig seit 1892). Beide Werke enthalten Untersuchungen über die Grammatik des Provenzalischen, bzw. des Romanischen. Raynouard's romanistische Thätigkeit war, so bahnbrechend sie auch

---

[1] Uebrigens nicht des abendländischen Mittelalters allein, sondern auch der morgenländischen (indischen, persischen, arabischen) Vorzeit.

[2] In schönster und fruchtbringendster Weise verband *Uhland* romantische Dichtung und wissenschaftliche Forschung.

[3] Bemerkenswerth ist auch, dass sowohl *Raynouard* wie *Diez* dichterisch thätig gewesen ist. Der erstere hat namentlich durch eine Tragödie („les Templiers") sich rühmlich bekannt gemacht. Der letztere hat seine poetische Begabung vornehmlich durch treffliche Uebersetzungen provenzalischer Lieder erwiesen.

gewirkt hat, doch im Wesentlichen nur die eines Dilettanten; insbesondere war seine Annahme, dass das Prov. zwischen dem Latein einerseits und den übrigen romanischen Sprachen andrerseits eine Mittelstelle einnehme und folglich eine Art romanischer Ursprache sei, gründlich verfehlt und sehr geeignet, die romanische Philologie gleich bei ihrem Entstehen ernstlich zu schädigen; indessen hat sich R. wenigstens ein wirkliches philologisches Verdienst erworben, indem er die altfranzösische (und altprov.) Declinationsregel entdeckte (Observations philologiques et grammaticales sur le Roman de Rou, et sur quelques règles de la langue des trouvères au XIIième siècle, Rouen 1829).

Friedrich Diez, geb. am 15. März 1794 zu Giessen, seit 1821 Lehrer an der Universität zu Bonn (zunächst Lector, 1823 a. o., 1830 o. Professor[1]), gest. daselbst am 29. Mai 1876, wurde Begründer der romanischen Philologie durch folgende Werke: Poesie der Troubadours, Zwickau 1826; Leben und Werke der Troubadours, Zwickau 1829 (neuer Abdruck, besorgt von *K. Bartsch*, Leipzig 1882); Grammatik der romanischen Sprache, Bd. I, Bonn 1836, Bd. II 1838, Bd. III 1844 (2. Ausg. 1856/60, 3. Ausg. 1870/71, 4. Ausg. 1876/77, 5. Ausg. [in einem Bd.] 1882, frz. Uebers., Paris 1872/76, 3 Bde.)[2]); Zwei altfrz. Gedichte (Passion, Leodegar), berichtigt und erklärt, Bonn 1852 (Neudruck 1876); Etymolog. Wörterbuch der roman. Spr., Bonn 1853 (2. Ausg. 1861, 3. Ausg. 1869/70, 4. Ausg., besorgt von *A. Scheler*, [in einem Bd.] 1878, 5. Ausg. 1887); Altromanische Glossare, berichtigt und erklärt, Bonn 1865; Roman. Wortschöpfung 1875. Die kleineren Schriften Diez' sind zum grossen Theile gesammelt und neuherausgegeben worden von *Breymann*, München und Leipzig 1882; ein Verzeichniss derselben findet man in *Körting's* Encycl. I, 165 ff.

Das, übrigens wenig ereignissreiche, Leben, sowie die liebenswürdige anspruchslose Persönlichkeit des Altmeisters romanischer Wissenschaft sind neuerdings häufig dargestellt worden, zum Theil unter Beifügung urkundlichen Materials (Freundesbriefe u. s. w.). Aeusseren Anlass dazu boten Diez' 50jähriges Doctorjubiläum (1871), die Anbringung einer Gedenktafel an seinem Geburtshause (9. Juni 1883) und die Gedächtnissfeier seines hundertjährigen Geburtstags. Von den bei letzterer Gelegenheit erschienenen Schriften seien angeführt die Festreden von *W. Förster* (Sonderabzug aus der Neuen Bonner Ztg., vgl. Romania XXIV, 151), *G. Paris* (Romania XXIII, 284), *Ritter* (Le Centenaire de Diez, Genf 1894), *Behrens* (vgl. Romania XXIV 156, es wird dort als

---

[1]) Und zwar „für die Geschichte der mittleren und neueren Litteratur", nicht etwa der romanischen Philologie.

[2]) Wer erkennen will, welchen ungeheuren wissenschaftlichen Fortschritt *Diez'* Grammatik bezeichnete, sehe sich einmal die ihr kurz vorangegangenen vergleichenden Grammatiken an (*Blondin*, Grammaire polyglotte française, latine, italienne, espagnole, portugaise et anglaise, Paris 1826; *Lindner*, Vergl. Gramm. der lat., ital., span., portug., franz. u. engl. Spr., Leipzig 1827, Bücher übrigens, welche für ihre Zeit gar nicht so ganz unverdienstlich waren).

Ergebniss der von Behrens angestellten Diezforschung u. A. hervorgehoben: „notre maître se trouvait ainsi avoir dans les veines quelques gouttes de sang français"), *Breymann* (Leipzig 1894); ferner: *Stengel*, Diez-Reliquien Marburg 1894); *Tobler*, Diez-Reliquien (Braunschweig 1894) und: Briefwechsel zwischen M. Haupt und F. Diez (Sitzungsberichte der Berliner Akad. d. Wissensch., Sitzung der philos.-hist. Cl. vom 8. Februar 1894); *Behrens*, Mittheilungen aus Carl Ebenau's Tagebuch, in: Zeitschr. f. frz. Spr. u. Lit. XVII[1] 129 (ebenda p. 237 hat *W. Förster* die auf Diez' amtliche Verhältnisse bezüglichen Schriftstücke veröffentlicht); *Söderhjelm*, Friedr. Diez. Hänen satavuotisen syntymäpäivänsä johdosta (aus „Valvoja", März 1894). — Die im Handel befindlichen Bildnisse von Diez (auch das dem Buche Breymann's vorangestellte Portrait) beruhen auf einer wahrscheinlich im Herbst 1867 aufgenommenen Photographie, vgl. *Tobler* a. a. O. p. 16.

6. Die von Diez begründete Wissenschaft wurde z u - n ä c h s t nicht sowohl in ihrer Allgemeinheit weiter entwickelt — in dieser Beziehung hat nur *A. Fuchs* (geb. 1818, gest. 1847) Bedeutendes geleistet (die sog. unregelmässigen Zeitwörter der roman. Spr., Halle 1840; die roman. Spr. in ihrem Verhältnisse zum Lat., Halle 1849) —, als vielmehr in ihren E i n z e l - g e b i e t e n rührig und erfolgreich angebaut. Namentlich wurden Grammatik, Sprach- und Litteraturgeschichte des Französischen und Provenzalischen entsprechend den nunmehrigen wissenschaftlichen Anforderungen umgestaltet; mittelalterliche Litteraturwerke, besonders altfranzösische und provenzalische, entweder in (freilich oft noch recht mangelhafter) kritischer Bearbeitung oder in blossem Abdruck veröffentlicht: Hülfsmittel für das Universitätsstudium der romanischen Sprachen und Litteraturen geschaffen; endlich wurde auch versucht, die Ergebnisse der romanischen Sprachforschung für den französischen Schulunterricht nutzbar zu machen. Hochbedeutende Leistungen sind in allen diesen Beziehungen vollzogen worden, nichtsdestoweniger ist nicht zu verkennen, dass die junge Wissenschaft noch nicht völlig ausgereift war, dass in ihrem Betriebe gar oft die Kritik zu wenig streng, die Methode zu wenig folgerichtig geübt wurde[1]).

---

[1]) Wie sehr auch noch nach *Diez* wüster Dilettantismus auf romanistischem Gebiete sein Unwesen treiben konnte, zeigen beispielsweise Bücher, wie: *Bruce-Whyte*, Histoire des langues romanes et de leur littérature depuis leur origine jusqu'au 14ième siècle (Paris 1841, 3 Bde.), und *Granier de Cassagnac*, Histoire des origines de la langue française,

Das rasch aufeinanderfolgende Erscheinen von *Gröber's* Dissertation über den Fierabras (1869), von *G. Paris'* Ausg. des altfrz. Alexiusliedes (1872), *Mall's* Ausg. des Cumpoz (1873) und von *Ascoli's* „Saggi ladini" (1873) sowie die Begründung der „Romania" (1872) und der „Zeitschr. f. rom. Phil." (1877) eröffneten eine neue Periode in der Geschichte der romanischen Philologie, deren Kennzeichen die Anwendung methodischer Kritik ist und deren bisherige Arbeitsergebnisse in Gröber's Grundriss (s. § 11) in trefflichster Form zusammengefasst worden sind.

Die seit 1876 von den sog. „Junggrammatikern" zur Anwendung gebrachte strenge sprachwissenschaftliche Methode (deren Hauptgrundsatz ist: „Aller Lautwandel, soweit er mechanisch vor sich geht, vollzieht sich nach ausnahmslosen Gesetzen") hat auch der roman. Philologie wesentliche Förderung gebracht. Für den gegenwärtigen Stand der romanischen Philologie ist kennzeichnend, dass sie eine immer engere Verbindung mit der lateinischen Sprachgeschichte und mit der indogermanischen Sprachvergleichung eingeht, dadurch aber ihren Gesichtskreis erweitert, ihre Forschung vertieft, ihr Erkenntnissstreben steigert. Es ist dies vor Allem den Arbeiten *G. Paris'*, *Ascoli's*, *Schuchardt's*, *W. Förster's* und *Meyer-Lübke's* zu danken. Zur Förderung gereicht es dabei der romanischen Philologie, dass ihrer Forschung von Latinisten, wie *Wölfflin*, und von Vertretern der indogerm. Sprachvergleichung, wie *Thurneyssen*, sachkundige Antheilnahme zugewandt wird.

7. An der Pflege der romanischen Philologie betheiligen sich alle europäischen Culturvölker, namentlich aber Deutsche, Franzosen, Italiener und Skandinavier. Verhältnissmässig wenig hat bis jetzt Spanien zur romanischen Wissenschaft beigetragen, verhältnissmässig viel dagegen Portugal, namentlich seitdem es die zweite Heimath der deutschen Romanistin *Caroline Michaëlis de Vasconcellos* geworden ist. Russland

---

Paris 1872 (der Verfasser erklärt das Französische für die Fortsetzung des Keltischen!). Ja, noch in den Jahren 1886/88 konnte ein Buch erscheinen, wie *Espagnolle's* L'Origine du français, Paris 1886/88, 2 Bde. (das Französische wird aus dem Griechischen abgeleitet). Auch *Isola's* grosses Werk „Delle lingue e letterature romanze" (Bologna 1880) wimmelt von den tollsten Behauptungen, wie sie nur das mit keiner Methode sich belastende Gehirn eines Dilettanten auszubrüten vermag.

besitzt wenigstens e i n e n hervorragenden Romanisten, *A. Weselofsky.* Nur Weniges haben die Engländer geleistet.

Aeusseren Ausdruck hat das Aufblühen der Romanistik in der Errichtung ihr gewidmeter Lehrstühle an den Universitäten Deutschlands, des cisleithanischen Oesterreichs, der Schweiz, Skandinaviens, Frankreichs, Italiens und Nordamerikas (ganz neuerdings sogar auch Finlands) gefunden[1]).

Eine reichhaltige Skizze der Geschichte der romanischen Philologie hat *Gröber* im ersten Bande seines Grundrisses entworfen. — Die Tagesereignisse auf dem Gebiete der Romanistik werden in der Chronik der „Romania" (s. § 11) verzeichnet; Personalnotizen u. dgl. findet man im „Litteraturbl. f. germ. u. rom. Phil.", sowie im „Literarischen Centralblatt". Vgl. auch die Anmerkung am Schlusse des § 12, wo u. A. *Tobler's* Schriften über romanische Philologie genannt werden.

§ 11. **Encyklopädische Darstellungen der romanischen Philologie; Zeitschriften.** 1. Unter „Encyklopädie"[2]) versteht man die systematische Darstellung der auf einem bestimmten Wissensgebiete — sei es dem der Allgemeinwissenschaft (welchem auch die Theorie der Kunst angehört) oder dem einer Einzelwissenschaft — gewonnenen (entweder positiven oder nur hypothetischen) Forschungsergebnisse.

2. Der Versuch einer encyklopädischen Darstellung der romanischen Philologie ist bis jetzt zweimal gemacht worden[3]): zuerst in *G. Körting's* „Encyklopädie und Methodologie der rom. Phil." (Theil I, Heilbronn 1884, Theil II, 1884, Theil III, 1886, Zusatzheft, bearbeitet von *Bernkopf*, 1888); etwas später in dem von *G. Gröber,* „unter Mitwirkung von fünfundzwanzig[4])

---

[1]) Für die Geschichte der romanischen Philologie in Deutschland besitzen die seit 1885 in der Regel alle zwei Jahre abgehaltenen „Neuphilologentage" eine nicht zu unterschätzende Wichtigkeit, ebenso (oder vielleicht noch mehr) die allgemeinen Philologenversammlungen. Freilich darf man die wissenschaftliche Bedeutung derartiger Zusammenkünfte auch nicht überschätzen.

[2]) Ein griechisches Wort ἐγκυκλοπαιδεία findet sich nicht, wohl aber der Ausdruck ἐγκύκλος παιδεία (Quintil. Inst. or. I 10).

[3]) N i c h t berücksichtigt ist im Obigen: *Schmitz*, Encyklopädie des philologischen Studiums der neueren Sprachen, besonders der französischen und englischen (1. Ausg. Leipzig 1859, 2. Ausg. 1875/76, dazu drei „Supplemente" und drei weitere Ergänzungshefte u. d. T. „die neuesten Fortschritte der französisch-englischen Philologie"). Das Werk behandelt, wie schon sein Titel besagt, nur das französische Gebiet der romanischen Philologie, und zwar in einer Weise, die heute mindestens als durchaus veraltet gelten muss.

[4]) In Wirklichkeit sind es noch mehr: das Titelblatt der letzterschienenen Lieferung zählt 28 Namen auf, zu denen noch der des Herausgebers selbst, da dieser zugleich auch Mitverfasser ist, hinzukommt.

Fachgenossen" herausgegebenen „Grundriss der romanischen Philologie" (Bd. I, Lieferung 1, Strassburg 1886, Lief. 2, 1886, Lief. 3, 1888; Bd. II, Abth. 1, Lief. 1, 1893, Lief. 2, 1893, Abth. 2, Lief. 1, 1893, Lief. 2, 1894, Lief. 3, 1894; die Schlusslieferungen sind zur Zeit [Mai 1895] noch nicht erschienen).

Eine Beurtheilung des erstgenannten Buches wird, aus nahe liegendem Grunde, hier Niemand erwarten. Aber auch über das zweite Werk kann hier ein eigentliches Urtheil nicht abgegeben werden, weil die Aussprache und Begründung eines solchen einen zu breiten Raum erfordern würde (vgl. *Körting* in *Vollmöller's* Jahresbericht I, 147). Es mögen hier zwei Bemerkungen genügen, denen dann die Inhaltsübersicht des Grundrisses folgen soll.

a) Der „Grundriss" ist nicht das einheitliche Werk eines Mannes, sondern es haben an ihm nahezu d r e i s s i g Gelehrte gearbeitet. Ein solches Zusammenarbeiten hat, da es ja selbstverständlich nicht ein Arbeiten nach Schablone sein darf, Ungleichartigkeit der Einzelbeiträge in Bezug auf Umfang, Anlage und inneren Werth zur unvermeidlichen Folge, mag auch, wie im vorliegenden Falle geschehen ist, der Herausgeber den Plan des Gesammtwerkes mit grösster Sachkunde und reiflichster Ueberlegung vorgezeichnet haben. So finden sich denn auch im Grundrisse neben Abschnitten von ganz hervorragender Bedeutung (zu denen namentlich die meisten Beiträge *Gröber's* selbst zählen, ausserdem z. B. *Cornu's* Arbeit über das Portug.) solche, welche als weniger gelungen bezeichnet werden müssen, sei es, weil ihr Umfang im Missverhältnisse zum Stoffe steht oder weil ihre Anlage unübersichtlich ist oder weil ihre Verfasser eine klare Ausdrucksweise geflissentlich (so muss man wenigstens glauben) verschmäht haben. Indessen, das sind doch mehr nur formale, bei einer zweiten Ausgabe leicht zu beseitigende Mängel. In sachlicher Beziehung stehen alle Abschnitte mit einer einzigen Ausnahme, welche übrigens nur eine Hülfswissenschaft betrifft, auf der erforderlichen Höhe der Forschung, wenn auch nicht alle Mitarbeiter von der Höhe ihres Wissens aus allseitig weite und genaue Umschau gehalten haben.

b) Der „Grundriss“ ist — schon aus dem äusseren Grunde seines grossen Umfanges — kein Lehrbuch für Anfänger, sondern kann mit Nutzen nur von dem gebraucht werden, welcher mit romanischer Sprach- und Litteraturforschung sich bereits einigermaassen vertraut gemacht hat. Wer aber diese Vorbedingung erfüllt hat, dem wird das Werk eine Quelle vielseitigster Belehrung, ein zuverlässiger Führer durch das weite Gebiet romanischer Wissenschaft sein.

Inhalt des Grundrisses (NB. die den einzelnen Angaben in Klammern beigesetzten Ziffern beziehen sich auf die Seitenzahlen): Bd. I: 1. Einleitung in die romanische Philologie. *Gröber*, Geschichte der r. Ph. (3 bis 139); *Gröber*, Aufgabe u. Gliederung der r. Ph. (140 bis 154). 2. Anleitung zur philologischen Forschung. *Schum*, Die schriftlichen Quellen (155 bis 196); *Gröber*, Die mündlichen Quellen (197 bis 208). Die Behandlung der Quellen. a) *Gröber*, Methodik der sprachwissenschaftl. Forschung (209 bis 250); b) *Tobler*, Methodik der philologischen Forschung (251 bis 280). 3. Darstellung der romanischen Philologie. A. Die vorromanischen Sprachen. a) *Windisch*, Keltische Spr. (283 bis 310); b) *Gerland*, Die Basken und die Iberer (313 bis 334); c) *Deecke*, Die ital. Sprachen (335 bis 350); d) *Meyer(-Lübke)*, Die lat. Spr. in den roman. Ländern (351 bis 382); e) *Kluge*, Romanen und Germanen in ihren Wechselbeziehungen (383 bis 397); f) *Seybold*, Die arabische Spr. in den romanischen Ländern (398 bis 405); g) *Gaster*, Die nichtlateinischen Elemente im Rumänischen (406 bis 414). B. Die romanischen Sprachen. 1. *Gröber*, Eintheilung und äussere Geschichte der roman. Spr. (415 bis 437); 2. *Tiktin*, Die rumänische Spr. (438 bis 460); 3. *Gartner*, Die rätoromanischen Mundarten (461 bis 488); 4. *d'Ovidio* und *Meyer(-Lübke)*, Die italienische Sprache (489 bis 560); 5. *Suchier*, Die französische u. provenzalische Sprache u. ihre Mundarten (561 bis 668); 6. *Morel-Fatio*, Die catalanische Spr. (669 bis 688); 7. *Baist*, Die spanische Spr. (689 bis 714); 8. *Cornu*, Die portugiesische Spr. (715 bis 803); 9. *G. Meyer*, Die lateinischen Elemente im Albanesischen (804 bis 822); Register (823 bis 853). Beigegeben sind dem Bd. I zwölf (nicht dreizehn, wie auf dem Titelblatt der Lief. III fälschlich angegeben) Sprachkarten. — Bd. II Abtheilung 1: Lehre von der romanischen Sprachkunst. *Stengel*, Romanische Verslehre (1 bis 96). Litteraturgeschichte der roman. Völker. A. *Gröber*, Die lateinische Litteratur von der Mitte des 6. Jahrh. bis 1350 (97 bis 432). Abtheilung 2: B. Die Litteraturen der roman. Völker. 1. *Stimming*, Die provenzalische Litteratur (1 bis 69); 2. *Morel-Fatio*, Die catalanische Litt. (70 bis 128); 3. *Michaëlis de Vasconcellos* und *Braga*, Die portugiesische Litt. (129 bis 382); 4. *Baist*, Die spanische Litt. (383 ff.: mit S. 384 schliesst die bis jetzt letzterschienene Lieferung. Es sollen nun noch weiter folgen: *Gröber* Die franzÖs. Litt.; *Casini*, Die italienische Litteratur; *Gaster*, Die rumänische Litteratur; *Decurtins*, Die rätoromanische Litteratur. IV. Grenzwissenschaften: *Bresslau* und *Philippson*, Geschichte der roman. Völker; *A. Schultz*, Culturgeschichte der roman. Völker (*Jacobsthal*, Musik); *Windelband*, Die Wissenschaften in den romanischen Ländern.)

3. Eine encyklopädische Darstellung der romanischen Philologie in kürzester Form hat *F. Neumann* gegeben in seinem praktisch sehr brauchbaren, nunmehr freilich allgemach schon veraltenden Büchlein: Die roman. Phil. im Grundriss, Leipzig 1886. — *Gorra's* Schrift „Lingue neolatine" (Milano 1894, ein Bändchen der „Manuali Hoepli") ist nicht sowohl eine Encyklopädie, als vielmehr nur eine (übrigens vortrefflich gearbeitete und sehr empfehlenswerthe) Urgeschichte der romanischen Sprachen, beziehentlich eine Darstellung des geschichtlichen Verhältnisses zwischen Romanisch und Lateinisch. — Genannt seien hier noch *Söderhjelm's* Handbüchlein: Vetenskaplige Vägvisare. I. Germanska og romanska språkstudier. En blick på deres historie, metoder, hjälpmedel, Helsingfors 1892 (vgl. Ltbl. 1894, Sp. 50), sowie desselben Gelehrten Antrittsrede „Moderne Språk", Helsingfors 1894.

4. Der romanischen Philologie sind, bezw. waren folgende Zeitschriften und sonstige periodische Veröffentlichungen gewidmet:

a) Romania, recueil trimestriel consacré à l'étude des langues et des litteratures romanes, p. p. *P. Meyer* und *G. Paris*, Paris, seit 1872 (jährlich ein Band). Diese ausgezeichnete Zeitschrift, welche in der Regel nur französisch oder doch romanisch geschriebene Beiträge aufnimmt, ist das Hauptorgan der französischen Romanisten. Jedes Heft enthält ausser den Abhandlungen, ausführlichen Bücherbesprechungen und kurzen Bücheranzeigen („livres sommairement annoncés") noch eine kritische Zeitschriftenschau und eine interessante „Chronique", welche über alle Vorkommnisse in der romanistischen Gelehrtenwelt unterrichtet. Rühmend ist hervorzuheben, dass die in der R. geübte Kritik grösste Objectivität, namentlich auch gegen Deutsche, bekundet und sich von aller Gehässigkeit frei hält.

b) Zeitschrift f. romanische Philologie, herausgegeben von *G. Gröber*, Halle, seit 1877 (jährlich ein Band in 4 Heften). Diese Zeitschrift, das Hauptorgan der deutschen Romanistik, wird von ihrem Herausgeber in verdienstlichster Weise geleitet und ist der Romania durchaus ebenbürtig, nur freilich ist sie nicht so reichhaltig, wie diese, denn es fehlen ihr die Chronik und die kurzen Bücheranzeigen. Für den letzteren Mangel bieten indessen Ersatz die, freilich sehr unregelmässig erscheinenden, bibliographischen Ergänzungshefte.

c) Revue des langues romanes, p. p. la Société pour l'étude des langues romanes, Montpellier und Paris, seit 1870 (früher in Vierteljahrs-, dann in Monatsheften herausgegeben; bis jetzt sind im Ganzen 38 Bände erschienen). Diese Zeitschrift widmet der provenzalischen, namentlich auch der neuprovenzalischen, Philologie besondere Berücksichtigung. Die in ihr veröffentlichten Abhandlungen sind vielfach dilettantisch, mitunter indessen doch recht dankenswerth.

d) Romanische Studien, herausg. von *Böhmer*, zuerst in Halle, dann in Strassburg, endlich in Bonn von 1871 bis 1885 erschienen (ein letztes Heft folgte jedoch noch 1895 nach), zusammen 22 Hefte = 6 Bde. Diese Zeitschrift brachte meist nur grössere Abhandlungen, ausserdem ein „Beiblatt", in welchem neu erschienene Bücher kurz besprochen und Vorkommnisse in Romanistenkreisen berichtet wurden, oft in recht pikanter Form.

e) Romanische Forschungen, Organ für romanische Sprachen und Mittellatein, herausg. von *Vollmöller*, Erlangen, seit 1882 (erscheinen in zwanglosen Heften, welche bis jetzt 7 Bände bilden).

f) Kritischer Jahresbericht über die Fortschritte der romanischen Philologie, herausg. von *Vollmöller* und *Otto* (bis jetzt ist nur Band I erschienen [München und Leipzig 1892/95], welcher die romanistischen Veröffentlichungen des Jahres 1890 bespricht).

g) Ausgaben und Abhandlungen aus dem Gebiete der romanischen Philologie, herausg. von *Stengel*, Marburg seit 1880 (bis jetzt gegen 90 Hefte; meist unter *Stengel's* Leitung entstandene Doctordissertationen, jedoch auch mehrere diplomatische Abdrücke [älteste französische Sprachdenkmäler, Horn etc.] enthaltend).

h) Rivista di filologia romanza, diretta da *Manzoni*, *Monaci* e *Stengel*, Roma 1872/76, 2 Bde. (enthält viel Treffliches).

i) Giornale di filologia romanza, diretto da Monaci, Roma o. J. (1878 bis etwa 1883, 4 Bde.; enthält ebenfalls werthvolle Beiträge).

k) Studj di filologia romanza, pubbl. da Monaci, Roma seit 1884 (bis jetzt 6 Bde., werthvoll).

Ausschliesslich der französischen (bezw. auch der provenzal.) Philologie sind gewidmet:

l) Zeitschrift für neufranzösische Sprache und Litteratur, begründet 1880 von *G. Körting* und *E. Koschwitz*, 1885 bis 1890 von *D. Behrens* und *H. Körting*, seit 1890 von *Behrens* allein herausgegeben; von Bd. XII ab wurde die Beschränkung auf das Neufranzösische aufgegeben. Erscheinungsort zuerst Oppeln u. Leipzig, jetzt Berlin; die Erscheinungsweise hat mehrfach gewechselt.

m) Französische Studien, herausg. von *G. Körting* und *E. Koschwitz*, Heilbronn, 1880 bis 1887 (7 Bde., von denen der letzte aber nicht abgeschlossen ist; im J. 1893 ist eine „Neue Folge" begonnen worden, von der bis jetzt jedoch nur ein Heft erschien).

n) Revue des patois gallo-romans, p. p. *J. Gillieron* et *Rousselot*, Paris 1887/92, 5 Bde. mit 1 Suppl., und: Revue des patois (von Bd. 3

ab: Revue de philologie française et provençaise, p. p. *Clédat*, 1887 ff.)

Der **italienischen** Philologie sind gewidmet:

o) Il Propugnatore, herausg. von *Zambrini*, Bologna, seit 1867 (jährlich werden 6 Dispense ausgegeben).

p) Giornale storico della letteratura italiana, diretto da *Graf, Novati, Renier*, Roma, Torino, Firenze, seit 1883. (Höchst wichtige, Jedem, der mit italienischer Litteratur sich beschäftigt, unentbehrliche Zeitschrift).

Hier werde auch gedacht einer Veröffentlichung, die leider nur kurze Zeit währte, aber viel Schönes darbot:

q) Italia, herausg. von *K. Hillebrand*, Leipzig 1874/77, 4 Bde. (enthält sehr werthvolle Aufsätze über italienische Litteratur, Sprache, Geschichte und Cultur).

Verschiedene in Portugal und Spanien gemachte Versuche zur Begrundung von Zeitschriften, welche auch der romanistischen Wissenschaft dienen sollten[1]), haben zu dauernden Unternehmungen nicht geführt.

Der **romanischen und der englischen** Philologie (namentlich aber der Litteraturgeschichte) war gewidmet:

r) Jahrbuch für romanische und englische Litteratur, herausg. von *Ebert*, Berlin 1859/71, 12 Bde., in neuer Folge u. d. T. Jahrb. f. rom. u. engl. Spr. u. Litt., herausg. v. *Lemcke*, Leipzig 1874/76, 3 Bde. Diese Zeitschrift hat die Entwickelung der romanischen und englischen Philologie wesentlich gefördert).

Der „**neueren**" Philologie im Allgemeinen wollen dienen:

s) Archiv für das Studium der neueren Sprachen, begründet (1846) und bis 1889 redigirt von *Herrig*, dann vou *Waetzold* und *Zupitza*, seit 1894 von *Tobler* und *Zupitza* († 1895) geleitet. Diese Zeitschrift war früher ein beliebter Tummelplatz des Dilettantismus, erst neuerdings hat sie ein wirklich wissenschaftliches Gepräge erhalten, unbeschadet der ihr von jeher eigenen Reichhaltigkeit des Inhaltes und der Rücksichtnahme auf die Bedürfnisse des neusprachlichen Unterrichts.

t) Publications of the Modern Language Association of America (bis jetzt 9 Bde.).

u) Modern Language Notes, seit 1888 unter *Elliott's* Leitung in jährlich 8 Heften erscheinend.

Andere Zeitschriften (wie das Neuphilol. Centralblatt, die „Phonetischen Studien" [jetzt „Neuphilol. Blätter"]), die „Franco-Gallia" kommen hier nur nebensächlich in Betracht, weil sie entweder praktische Zwecke verfolgen oder aber vorwiegend nur be-

---

[1]) Es seien genannt die von *Coelhe* herausgegebene Bibliographia critica de historia e litteratura, Porto 1873/75, und die von *Vasconcellos* redigirte Revista lusitana (1887). Ob die im März 1894 begonnene Revue hispanique sich lebensfähig erweisen wird, bleibt noch abzuwarten.

stimmte Sonder- oder auch Grenzgebiete der Philologie (z. B. die Phonetik) berücksichtigen.

Ausgezeichnete kritische Zeitschrift für germanische und romanische Philologie ist:

v) Literaturblatt f. german. u. roman. Philologie, herausg. von *Behaghel* und *Neumann*, Heilbronn (jetzt Leipzig), seit 1880. Diese monatlich erscheinende Zeitschrift bringt ausser (meist sehr gediegenen und objectiven) Bücherbesprechungen auch bibliographische Uebersichten und Mittheilungen über Personalien etc. [Neben dem Litteraturblatt und den oben genannten romanistischen Fachzeitschriften, unter denen *Vollmöller's* Jahresbericht hier besonders hervorzuheben ist, kommt für Kritik namentlich noch in Betracht das bekannte Leipziger „Literarische Centralblatt", welches aber freilich unter dem schweren Uebelstande leidet, dass die in ihm enthaltenen Bücheranzeigen anonym oder doch nur mit Beifügung von Chiffren erscheinen. Der Kundige weiss nun ja freilich die Recensenten leicht zu erkennen; immerhin aber ist die Verschweigung der Namen unschön und beeinträchtigt den Werth der ausgesprochenen Urtheile. Daraus erklärt sich auch, dass im Centralblatt so häufig unerquickliche, die Wissenschaft schädigende Polemik getrieben wird.]

Der allgemeinen Sprachwissenschaft und zugleich auch der romanischen Philologie dient in hervorragender Weise das

w) Archivio glottologico italiano, diretto da *Ascoli*, Roma, Torino, Firenze seit 1873 (erscheint in zwanglosen Heften; bis jetzt liegen 13 Bände vor). Diese Zeitschrift, welche mit Ascoli's „Saggi ladini" in glänzender Weise eröffnet wurde, ist schon um desswillen von höchstem Werthe, weil in ihr die grossen italienischen Romanisten *d'Ovidio, Bianchi, Parodi* u. A., vor Allen aber *Ascoli* selbst, bahnbrechende Untersuchungen veröffentlicht haben; indessen enthält das A. auch sehr schätzbare Beiträge von nicht-italienischen Gelehrten, so z. B. von *Tobler*, von *Gaster* u. A.

Unter den kritischen Zeitschriften des romanischen Auslandes sind besonders hervorzuheben:

x) Revue critique d'histoire et de littérature, Paris seit 1867 (erscheint wöchentlich, ist trefflich redigirt).

y) Rassegna bibliografica della letteratura italiana, Florenz seit 1892.

z) Le moyen-âge, Paris, seit 1888.

Die vorstehende Aufzählung kann und soll Anspruch auf Vollständigkeit nicht erheben bezüglich der Zeitschriften, welche nur Einzelgebiete der romanischen Philologie behandeln, sonst würden noch gar manche zu nennen sein, so z. B. die von *Hasdeu* herausgegebene rumänische Ztschr. „Columna luï Traiän" (Bukarest 1870/77), oder auch das nur der Dante-Philologie gewidmete „Giornale Dantesco" (bis jetzt 2 Bände).

Sonderzeitschriften für Sagen- und Volkskunde (Folk-Lore) sind namentlich die „Mélusine" (bis jetzt 7 Bde.), *Pitrè's* „Archivio per le

studio delle tradizioni popolari" (bis jetzt 14 Bde.) und die, als Fortsetzung von *Steinthal's* Zeitschr. f. Völkerpsychologie erscheinende,
„Ztschr. f. Volkskunde" (Berlin seit 1893).

Berücksichtigen muss der Romanist, wie selbstverständlich, auch
die der classischen, der germanischen und der keltischen Philologie
sowie die der Sprachvergleichung und der Geschichte gewidmeten Zeitschriften. Eine Aufzählung derselben würde aber hier zu weit führen
und darf um so eher unterbleiben, als die wichtigsten Zeitschriften für
Sprachvergleichung etc. an anderer Stelle genannt werden sollen. Hier
sei nur bemerkt, dass für den Romanisten besondere Wichtigkeit besitzen die beiden Sonderzeitschriften für englische Philologie: „Anglia"
und „Englische Studien", vgl. oben S. 64.

Zahlreiche und, wenigstens zum Theil, auch werthvolle Abhandlungen über Einzelgegenstände der romanischen Philologie, namentlich
aber der Litteraturgeschichte, findet man in den bekannten grossen
schöngeistigen Zeitschriften des In- und Auslandes. Besonders kommen
hier in Betracht die Revue des deux Mondes" und die „Nuova Antologia". Was die erstere anbelangt, so werde darauf aufmerksam gemacht, dass man sich über ihren reichen Inhalt mittelst der drei bis
jetzt erschienenen Registerbände bequem unterrichten kann.

5. Eine Gesammtbibliographie der romanischen Philologie ist nicht
vorhanden; ihre Anfertigung würde, da die Wissenschaft noch jung ist,
keine allzugrossen Schwierigkeiten darbieten und sollte jedenfalls bald
einmal versucht werden; besonders wünschenswerth wäre eine Gesammt-
inhaltsübersicht der romanistischen Zeitschriften.

Ein Verzeichniss der auf die „neuere" Philologie bezüglichen
Dissertationen und Programme hat *Varnhagen* zusammengestellt (Leipzig
1877, 2. Ausg., besorgt von *Martin*, 1893). Seit 1886 wird ein amtliches
Verzeichniss der in Deutschland erscheinenden Universitätsschriften
(also auch der Doctordissertationen) jährlich herausgegeben. Die *Teubner*-
sche Verlagsbuchhandlung veröffentlicht alljährlich ein Verzeichniss der
voraussichtlich im nächsten Jahre erscheinenden Programmabhandlungen.

Vom Jahre 1875 ab bieten die Supplementhefte der Ztschr. f. roman.
Phil. ausgezeichnete bibliographische Uebersichten dar, welche aber zur
Zeit leider nur bis zum Jahre 1891 sich erstrecken.

Ein höchst werthvolles bibliographisches Unternehmen ist der (von
1883 bis 1891 allerdings mit Unterbrechungen, in jährlich 12 Heften erschienene) von *Ebering* herausgegebene „Bibliographisch-kritische Anzeiger für romanische Sprachen und Litteraturen" (zusammen 6 Bde.).

Die neu erscheinenden romanistischen (und germanistischen)Schriften
werden im „Literaturbl. f. german. u. roman. Phil." monatlich verzeichnet.

Die oben unter No. 2 und 3 genannten encyklopädischen Werke
geben mehr oder minder reichhaltige bibliographische Uebersichten.

Ein nicht unwesentliches Hülfsmittel auch für romanistische Bücher-
kunde sind die systematischen Kataloge der grossen Antiquariatsbuchhandlungen sowie die Verlagsberichte der die Romanistik besonders
pflegenden Geschäfte (z. B. *O. R. Reisland* in Leipzig [hat auch den

früher *Henninger*'schen Verlag übernommen], *Niemeyer* in Halle, *Gronau* in Berlin, *Weidmann* in Berlin, *F. Schöningh* in Paderborn, *Vieweg* [jetzt *Bouillon*] in Paris, *Welter* ebenda, *Löscher* [jetzt *Clausen*] in Turin u. a. m.).

§ 12. **Bemerkungen über das Universitätsstudium der romanischen Philologie.** 1. Unter den romanischen Sprachen hat für das höhere Unterrichtswesen Deutschlands nur die französische unmittelbare praktische Bedeutung, da eben nur sie auf allen höheren Schulen gelehrt wird. Um desswillen bildet die französische Sprache (und Litteratur) auch den Schwerpunkt, den Hauptgegenstand des romanistischen Universitätsstudiums. Diese Bevorzugung des Französischen wirkt (wie jede Einseitigkeit) selbstverständlich an und für sich nicht eben vortheilhaft auf das Studium ein, immerhin aber lässt sie sich ertragen in Anbetracht dessen, dass unter allen romanischen Litteraturen die französische am Weitesten zurückreicht, dass sie im Mittelalter (bis zum Aufkommen der Renaissancebildung) die vielseitigst entwickelte gewesen ist, dass folglich auch die Sprachgeschichte weit zurückverfolgt und auf Grund reichlich fliessender litterarischer Quellen erforscht werden kann. In dieser Beziehung ist das Französische dem Italienischen und dem Spanischen, d. h. den ihm sonst in ihrer Bedeutung für die Cultur ebenbürtigen Schwestersprachen, unstreitig überlegen.

2. Die Studirenden, welche mit romanischer Philologie sich beschäftigen, erstreben meist noch immer neben der vollen Lehrbefähigung im Französischen auch diejenige im Englischen. Es ist das ein aus der Vergangenheit übernommener Brauch, der in der früher, aber auch jetzt noch recht verbreiteten Gepflogenheit wurzelt, Französisch und Englisch unter dem Namen „neuere Sprachen" als eine Einheit für das Studium und den Unterricht aufzufassen. Nun ist ja bereitwillig zuzugeben, dass die Verbindung von Französisch und Englisch insofern sachliche Berechtigung besitzt, als das Englische in seiner Entwickelung durch das Französische sehr nachhaltig beeinflusst worden ist und als die französische und die englische Litteratur in alter wie in neuer Zeit durch mannigfache Wechselbeziehungen verbunden sind. Dieser Umstand macht es sogar nothwendig, dass, wer Französisch wissenschaftlich studirt, auch mit dem Englischen sich ernstlich beschäftigen muss. Andrerseits aber ist von entscheidender Wichtigkeit die

Thatsache, dass das Französische der romanischen, das Englische dagegen der germanischen Sprachfamilie angehört. Denn daraus folgt, dass, wer beide Sprachen zu Hauptgegenständen seines Universitätsstudiums machen will, gleichzeitig Romanist und Germanist sein muss. Dadurch aber wird dem Universitätsstudium ein Umfang gegeben, welcher dessen erfolgreiche Durchführung von vornherein einfach unmöglich macht, mindestens für alle, welche nicht einer aussergewöhnlichen Begabung und Arbeitskraft sich erfreuen. Man erwäge auch, dass in der Staatsprüfung für das höhere Lehramt die Fertigkeit im mündlichen und schriftlichen Gebrauche des Französischen und des Englischen gefordert wird (vgl. § 13). Dieselbe aber für beide Sprachen sich zu erwerben, das ist eine unlösbare oder doch eine nur auf Kosten des wissenschaftlichen Studiums lösbare Aufgabe. Und endlich wolle man beherzigen, dass der künftige Lehrer des Französischen möglichst tief in den Geist des französischen Volksthums sich hineindenken und hineinleben soll, der künftige Lehrer des Englischen aber möglichst tief in den Geist des englischen Volksthums: wer beides zugleich erstrebt, wird allermeistens keins von beiden erreichen, sondern in dem einen wie in dem andern über Oberflächlichkeit nicht hinauskommen. Zwei so verschiedene Nationalitäten, wie die französische und die englische, lassen sich nicht wohl beide zugleich erfassen, mindestens nicht im Laufe einiger weniger Studienjahre.

Die einzig richtige, die, so zu sagen, naturgemässe Studienverbindung ist einerseits Französisch und Lateinisch, andrerseits Englisch und Deutsch, weil die so verbundenen Sprachen in unmittelbarem geschichtlichen Zusammenhang mit einander stehen. Beide Verbindungen ermöglichen die so nothwendige Einheitlichkeit des Studiums und gestatten die Beschränkung der praktischen Spracherlernung auf je eine Sprache, gewähren also eine höchst wünschenswerthe Arbeitsvereinfachung. Auch in Hinsicht auf die spätere Anstellung im Lehramt lassen die genannten Studienverbindungen sich empfehlen: Lehrer, welche den französischen und den lateinischen Unterricht zu ertheilen vermögen, sind erfahrungsgemäss sehr begehrt, ebenso aber auch solche, welche die Lehrbefähigung im Englischen und im Deutschen besitzen.

3. Als „Nebenfächer" sind neben Lateinisch und Französisch am füglichsten (für Gymnasialabiturienten) Griechisch und Geschichte oder (für Realgymnasialabiturienten) Deutsch und Geschichte, neben Deutsch und Englisch ebenfalls Geschichte und ausserdem Französisch anzurathen. Das ziemlich beliebte Verfahren, Religion als ein Nebenfach zu wählen, ist nicht zu billigen, weil dadurch die Einheitlichkeit des Studiums gestört wird. Auch kann doch nur d e r Religionsunterricht mit Erfolg ertheilen, wer inneren Beruf dazu in sich fühlt, — ist aber das bei einem Philologen so häufig der Fall?

Ebenfalls ziemlich beliebt (namentlich bei Realgymnasialabiturienten) ist die Wahl der Geographie als eines Nebenfaches. Auch das ist verkehrt, weil ernst betriebene geographische Studien von der Philologie zu weit abführen.

Wie man aber auch die Nebenfächer wählen möge, man wähle immer nur auf Grund wahrer Neigung, nicht nach sogenannten praktischen Rücksichten; namentlich lasse man sich nicht durch den Glauben (oder vielmehr Aberglauben) verführen, dass in einem bestimmten Fache das Examen besonders leicht sei. Nicht sowohl auf das Examen kommt es an, als vielmehr auf die spätere Lehrthätigkeit. G u t unterrichten kann man nur in Wissenschaften, die einem Herzenssache geworden sind. Nichts ist auf die Dauer qualvoller, als Dinge lehren zu müssen, für welche man kein eigenes lebendiges Interesse hegt.

4. Wer die Lehrbefähigung im Französischen (oder Englischen), sei es auch nur für untere Classen, erlangen will, muss (in Preussen) zugleich die Befähigung nachweisen, Latein in den unteren Classen unterrichten zu können. Diese lateinische Prüfung nun, so leicht sie an sich auch ist, wird gleichwohl von vielen Candidaten (namentlich von Realgymnasialabiturienten) n i c h t bestanden. Das hat für die Betreffenden die unliebsame Folge, dass sie, auch wenn sie in ihren Hauptfächern glänzende Ergebnisse erzielt haben, doch nur ein bedingtes Zeugniss erhalten und also, um anstellungsfähig zu werden, zuvor die Prüfung im Latein nochmals ablegen müssen.

Die Thatsache, dass die Candidaten der „Neuphilologie" so oft mit dem Latein auf gespanntem Fusse stehen, ist einfach beschämend. Denn gute lateinische Kenntnisse sind so sehr unerlässliche Vorbedingung des neuphilologischen Studiums, dass ein Neuphilolog, der sie bis zur Staatsprüfung nicht erworben hat, geradezu einer Pflichtversäumniss beschuldigt werden muss.

Dies gilt ganz besonders von dem Romanisten, der um die Lehrbefähigung im Französischen sich bewirbt.

Die romanischen Sprachen — also auch die französische — haben ihre Wurzel im Latein; die romanischen Litteraturen — also auch die französische — sind in wichtigen Beziehungen durch die lateinische beeinflusst worden. Folglich muss das Lateinische gründlich verstehen, wer das Französische w i s s e n - s c h a f t l i c h verstehen will. Freilich ein Sprachmeister gewöhnlichen Schlages kann man sehr wohl werden ohne Latein; ein solcher Mann gehört aber nicht in das Lehrercollegium einer höheren Schule, das nur aus Männern bestehen darf, die, was sie lehren, wissenschaftlich verstehen wollen. Wer nichts weiter werden will, als Sprachmeister, der spare sich die Kosten des für ihn ganz zwecklosen akademischen Studiums, nehme dann aber auch vorlieb mit der Anstellung an einer Handelsschule oder einer sonstigen rein praktische Ziele verfolgenden Anstalt.

Romanist kann schlechterdings nur sein, wer zugleich auch Latinist ist. Romanist aber ist Jeder, der auf einer U n i - v e r s i t ä t dem Studium des Französischen obliegt.

Wer also das Französische studirt, der kümmere sich gründlich um das Lateinische, suche nicht nur die darin auf der Schule erworbenen Kenntnisse sich unversehrt zu erhalten, sondern strebe auch, dieselben thunlichst zu erweitern. Er wiederhole fleissig die lateinische Formenlehre und elementare Syntax, denn leicht wird in diesen Dingen unsicher, wer um ihre Auffrischung sich nicht bemüht. Solche Wiederholung wird am besten durch fleissiges Uebersetzen aus dem Deutschen in das Latein geübt. Brauchbare Bücher hierfür gibt es ja in Fülle, und ein Jeder kennt und besitzt das eine oder andere derselben aus seiner Schulzeit. Sehr klug handelt, wer als Student wöchentlich einige Stunden lateinischen Privatunterrichts ertheilt, denn „docendo discimus".

Vor Allem aber muss der Student viel Lateinisch lesen. Auszuwählen sind erstlich Schriftsteller, deren Lesung sich in

Rücksicht auf die Vorbereitung für die Staatsprüfung empfiehlt, so namentlich Caesar, Cicero[1]), Ovid, ferner Schriftwerke, welche den romanischen Litteraturen, also auch der französischen, als Vorbilder oder als Quellen gedient haben, wie z. B. Virgil's Eklogen, Georgica und namentlich die Aeneis, Ovid's Liebeskunst, Horaz' Dichtungen, des Plautus und des Terenz Lustspiele, Seneca's Tragödien, des Statius Thebais, des Dares und des Dictys Trojageschichten; sodann Litteraturwerke, welche wegen ihrer mehr oder weniger der Umgangssprache, bezw. der Volkssprache sich annähernden Diction für den Romanisten besonderes Interesse haben, so z. B. wieder des Plautus und des Terenz Komödien, Cicero's und des jüngeren Plinius Briefe, die Satiren des Petronius Arbiter[2]), einzelne Werke der christlich-lateinischen Litteratur (namentlich kommen die lateinischen Bibelübersetzungen, [Itala und] Vulgata, in Betracht); endlich Schriftsteller, deren „barbarische“ Latinität den Verfall der Schriftsprache veranschaulicht, so vor Allem Gregor v. Tours, dessen Frankengeschichte überdies ein lebendiges Bild frühmittelalterlicher Zustände darbietet.

Mit dem Latein des Mittelalters sich bekannt zu machen, ist dem Romanisten Nothwendigkeit wegen der engen Beziehungen zwischen mittelalterlich - lateinischer und mittelalterlich-volkssprachlicher Litteratur.

Gerade aber, weil der Romanist zu eingehender Beschäftigung mit dem nichtclassischen Latein so vielfach veranlasst wird, muss er es sich ernstlich angelegen sein lassen, die Vertrautheit mit dem classischen Latein nicht zu verlieren, namentlich sich das lateinische Stylgefühl sich zu bewahren.

Dringend ist den Studirenden der „neueren“ Philologie anzurathen, dass sie unter einander und, wenn möglich, mit Hinzuziehung von Commilitonen, welche classische Philologie studiren, zu gemeinsamer lateinischer Lectüre sich vereinigen. Solche „Kränzchen“ können viel nützen, weil in ihnen Einer

---

[1]) Sehr nützlich ist für jeden Philologen die Lesung von Cicero's rhetorischen Schriften, da sie zum Nachdenken über stylistische Dinge anregen.

[2]) Diesen auch für die Sittengeschichte überaus wichtigen, aber nicht leicht verständlichen Roman (bezw. das darin erzählte „Gastmahl des Trimalchio“) liest man am besten in der schönen, mit Anmerkungen, Uebersetzungen und Einleitung versehenen Ausgabe von *Friedländer*.

den Anderen anregt, der Stärkere den Schwächeren unterstützt, und weil schon der äussere Zwang, den regelmässige Zusammenkünfte bedingen, häufigen und langen Unterbrechungen des Studiums vorbeugt.

Realgymnasialabiturienten haben besonderen Anlass, die gegebenen Winke zu beherzigen. Denn gerade sie kommen oft genug mit unzulänglichen Kenntnissen des Lateins auf die Universität. Um desswillen müssen sie nach Kräften sich bemühen, das nachzuholen, was die Schule an ihnen versäumt hat. Und das wird dem, der gewissenhaft arbeitet, auch sehr wohl möglich sein. Aber eben Gewissenhaftigkeit ist erforderlich, und vor Allem Selbsterkenntniss; Nichts ist verderblicher, als Selbsttäuschung. Wer sich einredet, er werde, obwohl schwach im Latein, schliesslich in der Staatsprüfung doch so eben noch bestehen können, wird gründlich enttäuscht werden und dann recht einsehen, wie thöricht es von ihm war, dass er nicht rechtzeitig sein loses und mangelhaftes Wissen festigte und erweiterte. Nachzulernen im Latein fällt dem, der erst vor Kurzem die Schule verlassen, leicht; unsäglich schwer dem, welchem Jahre ungenutzt vergangen sind, denn in diesen Jahren ist auch das mangelhafte Wissen, das er als Abiturient besass, noch verringert worden. Und dann ist ein Nachlernen, das betrieben wird in der steten Angst vor nochmaligem Misserfolg in der Prüfung, an sich schon eine Qual, und Lernen trägt doch dann erst wahre Frucht, wenn es mit Freudigkeit betrieben wird. Also v o r der Prüfung thue man seine Schuldigkeit, nicht erst nachher.

5. Kenntniss des Griechischen ist für den Neuphilologen, in Sonderheit für den Romanisten, ein höchst wünschenswerther Besitz in Anbetracht einerseits der trefflichen sprachlichen Schulung, welche das Erlernen dieser reichentwickelten Sprache verleiht, andrerseits wegen der engen Beziehungen, die zwischen der griechischen und der romanischen Litteratur bestehen. Der des Griechischen unkundige Realgymnasialabiturient, welcher der Neuphilologie sich zuwendet, ist also jedenfalls in seinem Studium schwer benachtheiligt und wird in manchen Einzelheiten auf die eigene Forschung verzichten müssen, nämlich überall da, wo es sich um Feststellung des sprachlichen Verhältnisses zwischen Romanisch, bezw. Französisch,

und Griechisch oder aber um philologische (nicht bloss um
ästhetische) Vergleichung der griechischen Mustern nach-
gebildeten oder der auf griechische Quellen zurückgehenden
romanischen (also auch der französischen) Litteraturwerke mit
den betr. griechischen Urtexten handelt. Das ist schlimm genug;
indessen, wer in solcher Lage sich befindet, hat nicht nöthig,
Muth und Arbeitsfreudigkeit zu verlieren: das Gebiet der
romanischen Philologie, auch schon das der französischen, ist
so weit und so vielseitig, dass in ihm auch der griechischer
Sprachkenntnisse Entbehrende vollauf die Möglichkeit zur Bethätigung seines Lern- und Forschungsdranges findet.

Strebsame Realgymnasialabiturienten versuchen nicht selten,
das Griechische noch nachzulernen, vielleicht sogar noch eine
zweite Abiturientenprüfung auf dem Gymnasium zu bestehen.
Es ist ganz selbstverständlich, dass ein solches, an sich höchst
ehrenwerthes, Bemühen vollen Erfolg haben kann. Griechisch
ist schwer, aber doch nicht schwerer, als z. B. etwa Arabisch
oder Sanskrit; es lässt sich also, ebenso wie diese Sprachen,
sehr wohl erlernen, freilich nur dann, wenn man sich ausreichende Zeit dazu gönnt und nicht meint, dass ein hastiges
und mechanisches Einpauken, ein Lernen mit Dampf, genüge.
Im Allgemeinen aber ist dem Realschulabiturienten doch nicht
zu rathen, dass er mit dem Studium des Griechischen sich
befasse, für welches, wenn es wirklich etwas nützen und nicht
bloss ein Scheinwissen erzeugen soll, doch etwa zwei Jahre
erforderlich sein dürften. Denn meist wird eine entsprechende
Verlängerung der Studienzeit nicht möglich sein. Dringend
abzurathen ist jedenfalls von autodidaktischem Studium, denn
dies führt in der Regel zu gar nichts. Es wende sich vielmehr, wer Griechisch lernen will, an einen guten Lehrer. Bedauerlich ist, dass an den Universitäten die Elemente des Griechischen nicht in ähnlicher Weise gelehrt werden, wie etwa diejenigen des Sanskrit, so dass dem der Sprache noch völlig
Unkundigen doch die Möglichkeit ihrer Erlernung geboten
würde, ohne theueren Privatunterricht in Anspruch nehmen
zu müssen. Ein derartiger griechischer Lehrcursus würde an
den Universitäten um so leichter sich einrichten lassen, als in
jeder Universitätsstadt doch gewiss Gymnasiallehrer zu finden

sind, die zur Uebernahme solches Unterrichtes Befähigung und Lust besitzen.

Eins aber muss in Bezug auf das Griechische jeder Realgymnasialabiturient durchaus thun: die Hauptwerke der griechischen Litteratur in guten deutschen Uebersetzungen lesen. Das ist für ihn ganz unerlässliche Pflicht, unerlässlich nicht nur desshalb, weil Kenntniss der griechischen Litteratur jedem „Neuphilologen" fachwissenschaftlich unentbehrlich ist — wie könnte z. B. über Racine urtheilen, wer Euripides nicht kennt? —, sondern auch, weil solche Kenntniss in den Kreis der höheren Allgemeinbildung gehört. Man stelle sich nur vor, welche traurige Rolle unter den akademisch Gebildeten z. B. derjenige spielen würde, der nie den Homer, sei es auch nur in Uebersetzung, gelesen hätte. Ein solcher Ignorant würde ja selbst in der deutschen Litteratur Vieles einfach gar nicht verstehen können. Philologische Forschung vollends — gleichviel welcher europäischen Cultursprache sie gewidmet wird — ist ein Unding ohne Kenntniss der griechischen Litteratur.

6. Wer eine romanische Sprache wissenschaftlich verstehen lernen will, der muss āuch mit den anderen dieser Sprachen sich thunlichst bekannt machen. Nur dadurch gewinnt er einen Einblick in die Gesammtentwickelung der ganzen Sprachsippe und in ihr Verhältniss zum Lateinischen. Nur dadurch auch wird er befähigt, die Eigenart der einen Sprache, welcher sein Hauptstudium zugewandt ist, klar zu erkennen, denn solche Erkenntniss wird nur durch Vergleichung erworben. Was von der Sprache gilt, das gilt auch von der Litteratur, es gilt von dieser selbst in noch höherem Maasse, weil zwischen den Einzellitteraturen wirkliche Abhängigkeitsverhältnisse bestehen, während zwischen den Einzelsprachen mehr nur Wechselbeziehungen stattgefunden haben. So steht z. B. die französische Litteratur des 17. Jahrhunderts in einem sehr bemerkenswerthen Abhängigkeitsverhältnisse zur spanischen, andrerseits diese letztere in Bezug auf das 18. (und 19.) Jahrhundert in einem solchen zur französischen. Dagegen kann man eine Abhängigkeit der spanischen Sprache von der französischen oder der letzteren von der ersteren nicht behaupten. Allerdings sind zahlreiche spanische Worte in das Französische

übergegangen und umgekehrt französische in das Spanische, aber von Abhängigkeit der einen Sprache von der anderen kann man nicht reden.

Nun freilich ist es praktisch unausführbar, innerhalb der wenigen Universitätsjahre alle romanischen Sprachen einigermaassen gründlich zu erlernen. Schon der Versuch, dies zu thun, muss nachtheilige Kraftzersplitterung zur Folge haben. Man begnüge sich also mit einem encyklopädischen Studium der romanischen Grammatik (Diez, Meyer-Lübke) und vertiefe dasselbe dadurch, dass man in den mit dem Französischen litterargeschichtlich eng verbundenen drei Sprachen, dem Provenzalischen, dem Italienischen und dem Spanischen, eingehendere Kenntnisse sich erwerbe. In diesen drei Sprachen und ihren Litteraturen aber muss einigermaassen sich heimisch machen, wer auf dem Gebiete des Französischen wissenschaftlich etwas leisten will.

7. Ein bestimmter Studienplan für die romanische Philologie kann nicht entworfen werden. Wer einen solchen sich vorschreiben lassen und sich ihm streng fügen wollte, der würde auf die Geltendmachung seiner persönlichen Eigenart völlig verzichten, und das würde seinem Studium nicht zum Segen gereichen. Auch sind die Verhältnisse der einzelnen Universitäten so verschieden von einander, dass eine allgemeingültige Studienanweisung, die über allgemeine und nahezu selbstverständliche Rathschläge hinausgehen soll, sich gar nicht ertheilen lässt. An jeder Universität übrigens sind die Docenten gern bereit, ihren Zuhörern bezüglich des Studienganges wohlerwogenen Rath zu gewähren. Nützen freilich kann auch der beste Rathschlag nur dann, wenn er richtig verstanden und richtig befolgt wird.

So mögen denn auch hier noch einige allgemeine Bemerkungen Platz finden.

8. Hauptaufgabe jedes Studierenden muss es sein, den richtigen Mittelweg zu finden, der zwischen der Scylla Einseitigkeit und der Charybdis Vielseitigkeit sicher hindurchführt. Einseitigkeit ist schlimm, denn sie lässt den, der ihr verfallen ist, zu keiner Weite des wissenschaftlichen Blickes gelangen, verleitet ihn zur Kleinlichkeit des Denkens, zur Pedanterie in der Arbeit, zur Versumpfung in wissenschaft-

liche Philisterthum. Schlimmer aber ist doch noch die in das Uebermaass gesteigerte Vielseitigkeit, denn sie führt nothwendig zur Oberflächlichkeit, zu jenem im letzten Grunde unsittlichen Dilettantismus, der auf allen möglichen Wissensgebieten umhernaschen, auf keinem aber gewissenhaft arbeiten will, zu jenem Dilettantismus, der eine doppelte Verlogenheit ist, indem der Dilettant sich selbst vorlügt, dass sein Treiben Wissenschaft sei, und dann auch Andere mit dem bunten Flitterkrame seiner Vielwisserei zu blenden sucht.

Man soll nicht zu wenig, man soll aber auch nicht zu viel erstreben wollen. Weise Beschränkung muss üben lernen, wer aus den Lehrjahren als Meister, befähigt zu tüchtigem Schaffen, hervorgehen will.

Dem jungen Studenten mag es gern gestattet werden, dass er den Kreis seines Studiums weiter ziehe, als es sachlich erforderlich ist. Kommt er aber in die späteren Semester, so lerne er die Kunst des Entsagens und halte grundsätzlich Alles von sich fern, was nicht in unmittelbarem Zusammenhange mit seiner Fachwissenschaft steht.

Selbstverständlich können bezüglich des Umfanges, der dem Studienkreise gegeben wird, mannigfache Abstufungen gerechtfertigt sein, je nach der persönlichen Begabung und Neigung, sowie je nach den äusseren Verhältnissen des Einzelnen, endlich auch je nach dem Studienziele, welches der Einzelne sich setzt. Enger wird den Kreis ziehen müssen, wer durch seine äussere Lage zu thunlichst raschem Abschlusse seiner Studien und zum Eintritt in ein Schulamt hingedrängt wird; weiter wird den Kreis ziehen dürfen, wer nicht ängstlich die Semester zu zählen braucht und vielleicht in den Schuldienst gar nicht einzutreten beabsichtigt. Namentlich hat, wer der Universitätslaufbahn sich widmen will, wohlbegründeten Anlass, seine Studien über die Grenzen der Fachwissenschaft hinaus auszudehnen, aber mit Besonnenheit muss auch er handeln und eingedenk bleiben des Spruches „qui trop embrasse, mal enceint". Wohl darf er, um so zu sagen, die Fühlhörner der Wissbegier einmal ausstrecken nach den verschiedensten Richtungen hin, aber er muss verstehen, sie rechtzeitig wieder einzuziehen, sobald er spürt, dass er das erkundete Wissensgebiet nicht umspannen kann.

9. Dem Romanisten droht die Gefahr der Kraftzersplitterung und des Abgelenktwerdens aus seiner fachwissenschaftlichen Bahn besonders von drei Seiten her: von Seiten der Lautphysiologie, der Sprachvergleichung und der Aesthetik.

Es ist das grosse Verdienst der neuzeitlichen Sprachwissenschaft, der Lautlehre die physiologische Grundlage gegeben und dadurch für die gesammte Sprachbetrachtung neue Gesichtsweiten gewonnen zu haben. Pflicht jedes Philologen ist es, sich mit den Elementen der Lautphysiologie gründlich bekannt zu machen; Pflicht ist es in Sonderheit für den Philologen, der, wie der Romanist, sein Studium lebenden Sprachen widmet, zumal wenn er Lehrer einer solchen Sprache werden will und folglich deren richtige Aussprache sich selbst aneignen muss, um sie Anderen überliefern zu können. Aber Lautphysiologie ist ein Einzelgebiet der Physiologie und gehört als solches in den Bereich der medicinischen Wissenschaft, lässt folglich auch nur auf Grund ernster medicinischer Studien, die namentlich experimentaler Art sein müssen, sich erfassen. Will der Romanist und überhaupt der „Neuphilolog“ derartigen Studien sich widmen, so begiebt er sich in einen Wissenschaftsbezirk, der seiner Fachwissenschaft im Uebrigen sehr fern liegt. Wird es da nicht allzu leicht geschehen, dass er auf dem ihm fremden Gebiete trotz alles aufgewandten Fleisses doch immer nur ein Pfuscher bleibt? „Non omnia possumus omnes“. Der Philolog überlasse besser die lautphysiologische Forschung den Lautphysiologen von Fach und bescheide sich damit, von ihnen entgegenzunehmen, was als gesichertes Ergebniss gelten kann. In allen Wissenschaften muss solche Bescheidenheit bezüglich der Aussengebiete geübt werden. Ein über das Elementare hinausgetriebenes Studium der Lautphysiologie kann den Philologen noch verhängnissvoller werden, als völlige Unkenntniss dieser Wissenschaft. —

Der Romanist als solcher erfüllt seine fachwissenschaftliche Pflicht, wenn er romanische Spracherscheinungen bis zu ihrem lateinischen (oder germanischen etc.) Ausgangspunkte zurückverfolgt, wenn er z. B. eine romanische Wortsippe auf ihr lateinisches (oder germanisches etc.) Grundwort zurückleitet. Ueber das Lateinische (bezw. das Germanische etc.) hinauszugehen, beispielsweise der Geschichte eines lateinischen (germanischen etc.) Wortes bis zur indogermanischen Urzeit hinauf nachzuspüren, ist nicht Sache des Romanisten, sondern des methodisch geschulten Sprachvergleichers. Will der Romanist die Arbeit auch des letzteren vollziehen, so kann er das nur auf Grund der erforderlichen sprachwissenschaftlichen Kenntnisse thun, Kenntnisse, die sich mindestens auf das Griechische, das Altindische, das Altbaktrische, das Altslavische und das Keltische erstrecken müssen (das Altgermanische braucht nicht erst genannt zu werden, weil mit diesem der Romanist als solcher bekannt sein muss). Nun mag ja unter besonders günstigen Verhältnissen hin und wieder einmal ein Einzelner eine so weite Ausdehnung seines Studienkreises mit Erfolg vorzunehmen vermögen. Einem *Ascoli*, um nur diesen zu nennen, ist das in glänzendster Weise gelungen. Aber die Meisten werden bei dem Versuche kläglich scheitern, Kraft und Zeit vergeuden und weder tüchtige Philologen noch auch tüchtige Sprachvergleicher werden. Das Herumstümpern in vielen Sprachen taugt nichts. Der Romanist begnüge sich damit, Romanist zu sein, und sein einziger wissenschaftlicher Ehrgeiz sei, als Romanist Gutes zu leisten. Für das Andere lasse er Andere sorgen. —

V o l l e s Verständniss der seinem Sprachbereiche zugehörigen Litteraturwerke soll der Philolog, also auch der Romanist, erstreben. Darin ist, wie selbstverständlich, das Verständniss des künstlerischen Baues, der künstlerischen Form miteingeschlossen — wie dürfte es fehlen? Es darf so wenig fehlen, dass es vielmehr als höchstes Ziel der philologisch-litterarischen Forschung gelten muss. Aber doch nur insofern, als die Kunstform der Litteraturwerke überhaupt in den Bereich der Philologie gehört, nämlich insoweit, als die Kunstform auf der Sprache beruht und an die Sprache gebunden ist. Dem Philologen genüge es, nachzuweisen, wie sprachliche Mittel aller Art (Lautverbindungen, Wortzusammenstellungen, Satzgruppierungen etc.) künstlerischer Wirkung dienen können und in bestimmten Fällen wirklich gedient haben. Will er noch mehr thun, so greift er in das Arbeitsgebiet des Aesthetikers ein und verfällt durch solchen Uebergriff leicht dem Dilettantismus. Denn die Wissenschaft vom Schönen erheischt Vorkenntnisse, welche der Philolog als solcher nicht besitzt und auch gar nicht erwerben kann, ohne der eigenen Wissenschaft Zeit und Kraft zu veruntreuen.

10. Erwünscht wäre es, dass der Student der Romanistik zunächst Vorlesungen über Encyklopädie der romanischen Philologie und vergleichende Grammatik der romanischen Sprachen (selbstverständlich mit steter Zugrundelegung des Lateins), sodann solche über Lautlehre, Formenlehre, Syntax und Rhythmik, insbesondere des Französischen, hören könnte. Ebenso erwünscht würde sein, dass die litterargeschichtlichen Vorlesungen nach den einzelnen Zeiträumen aufeinander folgten und also ein zusammenhängendes Ganzes ergäben. In Wirklichkeit wird wohl kein Student einen so vollständigen und geordneten Cursus durchlaufen können. Selbstverständlich beobachtet wohl jeder Universitätslehrer in seinen Vorlesungen eine systematische Reihenfolge, aber — abgesehen davon, dass dieselbe mitunter aus äusseren Rücksichten durchbrochen werden muss — umfasst sie immer mehrere (meist vier bis sechs) Semester und wird also erst nach deren Ablauf neu begonnen, so dass die in der Zwischenzeit eintretenden Studirenden die vorher gehaltenen Vorlesungen, wenn überhaupt, nur erst im nächstfolgenden Cursus hören können. Dieser Uebelstand macht sich in der Romanistik besonders fühlbar, da auf den deutschen Universitäten diese Wissenschaft nur von je einem ordentlichen Professor vertreten wird, dem überdies zur Zeit nur an wenigen Hochschulen ein ausserordentlicher Professor oder ein Privatdocent zur Seite steht. Die Sache ist indessen nicht so schlimm, wie sie scheint. Denn erstlich darf man wohl annehmen, dass jeder Professor, soweit als es sachlich irgend thunlich ist, sich bemüht, den in einer Vorlesung zu behandelnden Gegenstand (z. B. französische Formenlehre) auch denjenigen Zuhörern klar zu machen, welche die vorausgegangene Vorlesung (z. B. französische Lautlehre) nicht gehört haben. Sodann aber kann, wenigstens vielfach, die Durcharbeitung eines Lehrbuches das Hören einer Vorlesung einigermaassen ersetzen. Ueberhaupt muss der Student nicht all sein Heil von Vorlesungen erwarten, sondern er soll auch lernen und darin sich üben, in selbstthätiger Arbeit, durch eigene Kraft einzelne Wissensgebiete zu bewältigen. Es können

unmöglich Vorlesungen über a l l e Einzelgebiete einer Wissenschaft gehalten werden.

Es lerne überhaupt der Student den Werth der Vorlesungen richtig schätzen. Das eigentlich Wichtige, was in ihnen überliefert werden kann und soll, ist nicht sowohl der Wissensstoff, als vielmehr die wissenschaftliche Methode. In stofflicher Beziehung veraltet auch die beste Vorlesung in verhältnissmässig kurzer Zeit, denn der Wissensstoff erweitert sich von Tag zu Tag und erhält durch die fortschreitende Forschung immer neue Gestaltung, immer neue Beleuchtung. Daher arbeitet der gewissenhafte Universitätslehrer, wenn er eine Vorlesung wiederholt, dieselbe stets um, und das oft von Grund aus. Eben deshalb werden auch die Collegienhefte der Studenten, mochte auch ihr Inhalt zur Zeit der Niederschrift durchaus auf der damaligen Höhe der Wissenschaft stehen, in stofflicher Beziehung gar rasch zu einem recht fragwürdigen und nur noch mit Vorsicht und Kritik zu benutzenden Hülfsmittel des Studiums. Nichts ist verkehrter, als sich nach vergilbten Heften auf eine Prüfung vorzubereiten.

Daher hat auch wörtliches Nachschreiben, wohl gar mittelst Stenographie, nicht nur keinen Werth, sondern ist geradezu vom Uebel. Man soll gar nicht Alles schwarz auf Weiss nach Hause tragen wollen. Das lebendige Wort des Lehrers lasse man auf sich wirken und schwäche es nicht ab durch seine mechanische Fixirung auf Papier. Man suche vielmehr sich dessen klar bewusst zu werden, w i e der Lehrer den Wissensstoff auffasst und erfasst, w i e er die darin enthaltenen Probleme behandelt, auf welchen Wegen und mit welchen Mitteln er ihre Lösung erstrebt. Nur so ausgenutzt trägt das Hören einer Vorlesung wahre Frucht. Das Collegienheft wird dabei freilich dünn bleiben, aber was darin steht, auch für die Dauer oder doch für lange Dauer Werth behalten.

Der verständige Student wird also die Vorträge, die er hört, nur im Auszuge, der den Gedankengang wiedergibt, niederzuschreiben sich bemühen. Die durch dieses Verfahren bedingte Sichtung des Gehörten ist zugleich treffliche Denkübung. Weil sie aber das ist, darf sie auch nicht unterlassen werden. Wer n u r hören will, hört leicht nur Worte, ohne

die Gedanken zu erfassen, welche in jenen Worten Ausdruck
fanden.

11. Als selbstverständlich darf gelten, dass der Studirende
die beiden ersten Semester mehr nur zur allgemeinwissenschaft-
lichen Umschau benutzt und erst vom dritten ab mehr und
mehr auf seine Fachwissenschaft sich beschränkt. Nur dürfen
auch die ersten Semester nicht ganz unausgenutzt bleiben für
das fachwissenschaftliche Studium, namentlich muss auch schon
in ihnen die Schriftstellerlectüre (s. No. 13) betrieben werden.

Vom dritten Semester ab ist auch die Betheiligung an den
Uebungen des romanisch(-englisch)en Seminars anzurathen.
Jedenfalls schiebe man den Eintritt in das Seminar nicht allzu
lange hinaus, und vollends wähne man nicht, ganz darauf verzichten zu können. Freilich verpflichtet die Seminarmitglied-
schaft zu angestrengter Arbeit, aber gerade darin liegt der
grosse Segen, den sie bringt. Der sich selbst überlassene
Student verfehlt gar leicht, trotz allen Fleisses und besten
Willens, die rechten Arbeitswege und verliert, wenn er dessen
gewahr wird, leicht auch die rechte Arbeitsfreudigkeit, oder
aber er bewahrt sich diese zwar und findet sich schliesslich
durch eigenes Bemühen zurecht, aber nur unter Verlust an
Zeit und Kraft. Wer mit Erfolg wissenschaftlich zu arbeiten
lernen will, kann einer unmittelbaren Anleitung füglich nicht
entbehren. Diese aber wird eben im Seminar gegeben, und
zwar keineswegs allein von Seiten des Lehrers, sondern gar
sehr auch von Seiten der Mitglieder selbst, indem die schon
gereifteren durch ihr Beispiel die Neulinge belehren. Ueberdies werden in der Seminarbibliothek den Seminarmitgliedern
die litterarischen Hülfsmittel ihres Studiums, namentlich Wörterbücher und sonstige Nachschlagewerke, in bequemer Weise
zur Verfügung gestellt; oft enthält diese Bibliothek auch eine
Sammlung französischer etc. Romane und anderer belletristischer Schriften.

Der Studirende soll während der Universitätsjahre nicht
bloss Wissensstoff in sich aufnehmen, sondern er soll auch
Wissensstoff kritisch sichten und methodisch bearbeiten lernen,
um zu selbständiger Forschung befähigt zu werden. Eben
dieses höhere Ziel unterscheidet den Universitätsunterricht so
scharf von dem Unterrichte, wie er etwa in Volksschullehrer-

seminarien ertheilt wird. Der nothwendige Uebergang von der bloss receptiven zu der productiven wissenschaftlichen Arbeit wird am besten durch die Betheiligung an den Seminarübungen vollzogen.

12. Wissenschaftliche Forschungsthätigkeit muss immer an einem bestimmten Gegenstande geübt werden. Der zu eigener Forschung übergehende Student muss sich also einen solchen wählen. Die Wahl aber muss mit Umsicht erfolgen, mit Beherzigung des horazischen Spruches: „versate diu, quid ferre recusent, quid valeant umeri“, denn nur „cui lecta potenter erit res, nec facundia deseret hunc nec lucidus ordo“. Der Wählende hat also vor Allem seine eigene Leistungsfähigkeit gewissenhaft zu prüfen, hat namentlich vor dem Wahne sich zu hüten, dass seine Kraft auch schwierigsten Aufgaben gewachsen sei. Zu berücksichtigen ist bei der Wahl eines Themas auch der äussere Umstand, ob die zur Bearbeitung erforderlichen litterarischen Hülfsmittel überhaupt erreichbar sind. Denn vollständige Herbeiziehung der einschlägigen Litteratur ist Vorbedingung für den Erfolg jeder wissenschaftlichen, in Sonderheit jeder philologischen Untersuchung. Nach Quellen zweiter Hand darf man nicht arbeiten. So ist namentlich davor zu warnen, dass man irgendwo gegebene Citate auf Treue und Glauben als richtig hinnehme und ohne Weiteres aus ihnen Schlussfolgerungen ziehe. Jedes Citat, das man verwerthen will, muss im Urtext nachgeschlagen und auf seinen Zusammenhang mit dem Vorangehenden und Nachfolgenden sorgfältig geprüft werden. Man macht dann gar oft die Entdeckung, dass das Citat von dem früheren Arbeiter ungenau gegeben oder missverstanden worden war.

Nicht erst der Bemerkung bedarf es, dass die Universitätslehrer stets bereit sind, ihre Schüler bei der Auswahl eines Themas sachkundig zu berathen.

Jede wissenschaftliche Untersuchung erfordert von dem, der sie führen will, grösste Gewissenhaftigkeit in jeder Beziehung. Nichts darf bei einer solchen Untersuchung für zu geringfügig und klein erachtet werden, Alles vielmehr, was irgendwie in Betracht kommt, muss sorgsamster Berücksichtigung werth erscheinen. Akribie, d. h. peinliche Genauigkeit, auch in Bezug auf das anscheinend Unbedeutende und Gleichgültige zu üben, das muss dem wissenschaftlich Arbeitenden unverbrüchlicher Grundsatz sein. Nichts ist verkehrter, als zu glauben, man dürfe sich über „Kleinigkeiten", wie z. B. über die Feststellung einer Lesart, vornehm hinwegsetzen, und es genüge, wenn man das Grosse und wahrhaft Bedeutende behandele. Wer Tüchtiges leisten will, darf die unvermeidliche „Kleinarbeit" in der Wissenschaft nicht für seiner unwürdig halten, darf sie nicht den „Kärrnern" überlassen und selbst den König spielen wollen. Nein, wer in der Wissenschaft baut, muss selbst jeden Baustein prüfen, ihn formen, an die richtige Stelle ihn setzen, mit den anderen ihn verkitten. Denn alles dies muss methodisch nach einheitlichem Plane geschehen, erfordert stetes Ueberlegen, stetes Erwägen, stetes Prüfen; ein handwerksmässiges Hantiren ist da aus geschlossen, ebenso aber auch ein geistvolles Improvisiren, denn wenn auch zuweilen das Ergebniss eines solchen an sich richtig sein mag, so kann es als richtig erst dann gelten, wenn der wissenschaftliche Nachweis auf methodischem Wege erbracht worden ist.

Nur rein mechanische Geschäfte, wie sie mehr oder weniger mit jeder wissenschaftlichen Untersuchung verbunden sind — beispielsweise das Ausschreiben bestimmter Worte aus einem Wörterbuche, das Ordnen von Notizzetteln, die alphabetisch gelegt werden können —, also rein mechanische Geschäfte mag, wem die eigene Zeit zu kostbar ist, ohne Schaden Anderen anvertrauen dürfen. Vorausgesetzt wird dabei aber, dass er sorgfältige Aufsicht übe und etwa vorgekommene Versehen berichtige. Die Erfüllung dieser Pflicht wird ihm freilich mitunter ebensoviel Zeit kosten, als wenn er die Sache selbst gethan hätte. Und übrigens ist es ganz nützlich, wenn man als junger Mann ab und zu auch einmal in mechanischer Arbeit sich übt. Man lernt dabei Geduld, und das ist viel werth, denn die braucht man auch bei wissenschaftlicher Arbeit gar sehr.

13. Jeder Philolog muss es sich ernstlichst angelegen sein lassen, die zu seinem Sprachbereiche gehörige Litteratur in möglichst weitem Umfange durch eigene Lesung kennen zu lernen. Daher lese der Studirende so viel, als er thun kann, ohne sich zu verwirren und ohne andere wissenschaftliche Pflichten zu vernachlässigen. Der Studirende der französischen

Philologie suche also möglichst zahlreiche Litteraturwerke sowohl des Mittelalters als auch der Neuzeit[1]) durch Lectüre in den Bereich seiner Kenntniss zu ziehen. Aber freilich darf die Auswahl der zu lesenden Werke nicht dem blinden Zufall anheim gegeben, sondern muss nach verständigem Grundsatze vollzogen werden. So wird der Studirende sich etwa vornehmen müssen, in der altfranzösischen Litteratur die Hauptgattungen (Chansons de geste, Abenteuerroman, den antike Stoffe behandelnden Roman, Reimchronik, Lai, Fableau; Mystère, Moralité, Farce; die verschiedenen Arten der Lyrik; die Geschichtsschreiber) durch die Lesung eines oder mehrerer besonders kennzeichnender Werke kennen zu lernen; in der neufranzösischen Litteratur aber von den litterargeschichtlich bedeutendsten Schriftstellern nach Maassgabe ihrer zeitlichen Aufeinanderfolge ebenfalls mindestens e i n besonders kennzeichnendes Werk zu lesen. In vollem Umfange wird dies freilich nicht durchführbar sein, namentlich nicht, was das Neufranzösische betrifft, aber es lässt sich doch viel thun, wenn man nur ernstlich will, um so mehr, als ja die Lesung leichterer belletristischer Werke (Romane, Lustspiele etc.) auch in Stunden betrieben werden kann, in denen man zu eigentlicher Arbeit sich nicht frisch genug fühlt. Für einzelne Zeiträume kann die Benutzung guter Chrestomathien aushelfen, wie z. B. die von *Darmesteter* und *Hatzfeld* für das 16. Jahrhundert. Nur darf man nicht etwa die ganze altfranzösische Litteratur lediglich aus einem Lesebuche — und möge es auch das treffliche von *Bartsch-Horning* sein — kennen lernen wollen.

Die in so weitem Umfange geübte Lectüre kann freilich grösstentheils nur eine cursorische, lediglich auf Erfassung des Inhaltes gerichtete sein. Aber man hüte sich wenigstens

---

[1]) Namentlich auch der neuesten Zeit, d. h. unseres Jahrhunderts, beziehentlich der Gegenwart! Man sollte es gar nicht für denkbar halten, aber es kommt thatsächlich gar nicht so selten vor, dass ein Candidat, der die Lehrbefähigung für mittlere oder sogar für alle Classen zu erhalten wünscht, in der Staatsprüfung eingestehen muss, dass er z. B. von Lamartine, V. Hugo, Musset, G. Sand, A. Daudet, Flaubert u. A. nichts, gar nichts gelesen hat, dass er also von neuerer französischer Litteratur nicht so viel weiss, wie etwa jeder gebildete Kaufmann oder jede gebildete Dame. Natürlich kann ein solcher Candidat eine Lehrbefähigung nicht erhalten, mag er auch im Uebrigen noch so tüchtig sein, was freilich selten der Fall ist.

vor dem gedankenlosen Lesen, vor dem Durchjagen der Bücher, sondern man suche den Inhalt auch wirklich zu erfassen und sich ein Urtheil über ihn zu bilden. Sehr anzuempfehlen ist, dass man, wenn man die Lesung eines Werkes beendet hat, eine kurze Inhaltsangabe und Kritik desselben niederschreibe. Mögen das auch nur wenige Zeilen sein, ihre Abfassung nöthigt doch zum Nachdenken und unterstützt das Gedächtniss. Und sodann übe man sein Auge, auch bei cursorischer Lesung auf grammatische, lexikalische und rhythmische Dinge zu achten; und was von solchen Dingen irgendwie auffällig, der Erklärung bedürftig, weiteren Nachdenkens werth erscheint, das notire man sich, und zwar jede Notiz auf einem besonderen kleinen Zettel, deren jedem ein, späteres Wiederauffinden ermöglichendes, Stichwort überschrieben wird. Diese Zettel sammle und ordne man sich, ebenso die bei statarischer Lectüre sich ergebenden: man wird auf solche Art im Laufe der Jahre ein stattliches und, wenigstens zum Theil, auch wichtiges Material aufsammeln, das für wissenschaftliche Arbeit sich ausgiebig verwerthen lässt. Bleistift und Zettelkasten muss der Philolog stets auf seinem Lesepulte haben; Bleistift und Zettel auch stets bei sich tragen, ebenso wie die Naturwissenschaftler gewisse kleine Instrumente immer mit sich zu führen pflegen, um sie jederzeit brauchen zu können. Aber freilich, Bleistift und Zettel nützen nur dann, wenn ihr Besitzer sein Auge — und auch sein Ohr — in der Beobachtung des Bemerkenswerthen geübt hat.

Neben der cursorischen muss selbstverständlich auch die statarische Lectüre recht sehr gepflegt werden. Unbedingt nothwendig ist es, dass der Philolog auf einem bestimmten, nicht allzu eng begrenzten Litteraturgebiete sich völlig heimisch mache, die dazu gehörigen Schriftwerke nach allen Richtungen hin durchforsche, namentlich auch textkritisch sie durcharbeite. Jeder Philolog muss seine „Specialität" haben: nur dadurch bleibt er bewahrt vor der Gefahr, sich in Allgemeinheiten zu verlieren, und zwar Vieles oberflächlich, Nichts aber gründlich zu verstehen. Nur darf man sich nicht zu frühzeitig „specialisiren", auch die Specialisirung nicht dermaassen übertreiben, dass man eben nur noch das Specialgebiet sieht, nicht aber das, was rechts und links davon liegt. Wie in allen Dingen des Lebens, so gilt es auch im philologischen Studium, den richtigen Mittelweg zu finden zwischen dem Zuviel und dem Zuwenig. Und noch Eins. Glücklich ist zu preisen, wer begeistert für seine Fachwissenschaft ist. Aber diese Begeisterung muss frei von Engherzigkeit sein. Offenen Blick muss man sich bewahren für das, was ausserhalb der Fachwissenschaft liegt. Nur dann bleibt man wahrer Gelehrter, nur dann auch wahrer Mensch. „Homo sum, nihil humani a me alienum puto.“

Welche „Specialität“ der Einzelne sich erwählt, das muss im Wesentlichen seiner Neigung, seiner Eigenart überlassen bleiben. Aber ausgesprochen darf doch d e r Rath werden, dass, wer in den Lehrerberuf eintreten will, sich nicht eine „Specialität“ erkiese, die allzuweit abliegt von dem Hauptgebiete der Fachwissenschaft, auch nicht eine solche „Specialität“, die unter gewöhnlichen Verhältnissen von einem deutschen Lehrer sich gar nicht bearbeiten lässt, weil er die dazu erforderlichen litterarischen Hülfsmittel nicht zur Verfügung hat oder die nothwendigen Reisen (etwa zu Handschriftenvergleichungen oder zum Studium von Mundarten) nicht unternehmen kann. Man muss immer auch etwas praktisch denken. Es ist traurig, wenn Jemand auf der Universität sich freudig und erfolgreich in ein Sondergebiet eingearbeitet hat und dann als Lehrer, vielleicht in einer kleinen Stadt, erkennen muss, dass er seine Arbeit aus Mangel an allen Hülfsmitteln, an aller Anregung nicht fortsetzen kann. Solche schmerzliche Erfahrung benimmt dann leicht alle Lust zu wissenschaftlicher Arbeit, und das ist unsäglich schlimm: es bedeutet ein, wenigstens in wesentlicher Beziehung, verfehltes Leben.

14. Der Studirende der Philologie gewöhne sich von vornherein, die wichtigsten Fachzeitschriften regelmässig zu lesen. Für den Romanisten sind dies die „Romania“, die „Zeitschr. f. rom. Phil.“ und das „Litteraturbl. f. germ. u. rom. Phil.“ (s. oben S. 83 f.). Sehr anzurathen ist, dass man auch hier immer mit dem Bleistift in der Hand lese, dass man mindestens die Titel der in jedem Hefte enthaltenen Aufsätze sowie die Titel der besprochenen oder doch angezeigten neu erschienenen Werke auf Zetteln verzeichne, wobei das in den Recensionen ausgesprochene Urtheil kurz anzudeuten ist. Die

so entstehende, selbstverständlich systematisch zu ordnende Zettelsammlung wird im Laufe der Jahre zu einer Bibliographie, deren unschätzbarer Nutzen reichlich die darauf gewandte Mühe lohnt. Ueberhaupt aber lasse der Student es sich recht sehr angelegen sein, Bücherkenntniss innerhalb seiner Fachwissenschaft zu erlangen. Soweit es irgend ausführbar ist, suche er die Fachlitteratur durch eigenen Augenschein kennen zu lernen. Es kann ja nicht entfernt die Rede davon sein, dass er Alles lese — denn das ist ja einfach ein Ding der Unmöglichkeit —, aber es nützt schon, wenn man ein Buch einmal soweit einsieht, dass man einen Begriff von seinem Inhalte, seiner Anlage bekommt. Ja, auch die blosse Kenntniss der Büchertitel nützt, wie nicht erst bewiesen zu werden braucht. Daher würde der Student seine Zeit nicht verlieren, der sich nach und nach eine Bibliographie seiner Fachwissenschaft zusammenzustellen versuchen würde, wobei ihm die Kataloge der grossen Antiquariatsbuchhandlungen sehr nützen könnten. Aber freilich muss man auch bei Büchertiteln recht genau sein und auch in Bezug auf sie sich Citaten gegenüber kritisch verhalten, denn leider nur gar zu oft werden Bücher ungenau citirt. In den Vorlesungen kann es dem Studenten leicht geschehen, dass er die Titel der von dem Professor citirten Bücher unrichtig versteht, besonders was die Verfassernamen anbelangt. Er versäume deshalb nicht, zu Hause bei Durcharbeitung des gehörten Vortrages um die Richtigstellung der Titel sich zu bemühen. Genau sei man auch mit der Titelangabe, wenn man Bücher auf der Bibliothek bestellt, und man schreibe die betreffenden Zettel in richtiger Form (nämlich: Verfassername [und zwar Hauptname, Zuname], eigentlicher Titel, Erscheinungsort, Erscheinungsjahr, Bandzahl, Format, z. B. *Schwan, Eduard*, Grammatik des Altfranzösischen, 2. Aufl., Leipzig 1893, 1 Bd. 8).

15. Rathsam ist, dass der Studirende die Universität wenigstens e i n m a l wechsle, falls seine Verhältnisse ihm dies gestatten; dagegen kann ein häufiger Wechsel, ein stetes Wandern von Universität zu Universität nur nachtheilig wirken. Ein wissenschaftliches Studium bedingt durchaus eine gewisse Sesshaftigkeit, verträgt sich nicht mit einem Nomadenleben. Wer eine Universität bezieht, sollte mindestens zwei Semester auf der-

selben zubringen, es sei denn, dass es ihm nur um den Besuch einer bestimmten Vorlesung zu thun ist.

Ueber die Dauer des Universitätsstudiums wird ein Jeder nach Maassgabe seiner Verhältnisse zu befinden haben. Eine Studienzeit von wenigstens sechs Semestern muss nachweisen, wer zur Staats- oder Doctorprüfung sich meldet. Erfahrungsgemäss aber brauchen die meisten längere Zeit. Das ist durch den Umfang des Studiums durchaus gerechtfertigt. Nichtsdestoweniger ist doch dringend anzurathen, dass man die Studienzeit nicht allzusehr ausdehne. Wer gar so lange Student ist, verliert leicht die geistige Frische und wird examenscheu. Den altgewordenen Studenten bedroht die Gefahr, dass er, wenn nicht geradezu „verbummle", so doch in einen Schlendrian verfalle, in welchem alle That- und Arbeitskraft allgemach erstickt wird. Man lasse also nicht allzuviele der Semester verrinnen! Hat man sieben oder acht Semester einigermaassen seine Schuldigkeit gethan, so ist dann die rechte Zeit gekommen, den Studentenrock aus- und den Candidatenfrack anzuziehen. Wer promoviren will, dem ist zu empfehlen, dass er die Doctorprüfung vor der Staatsprüfung ablege. Will man es umgekehrt machen, so erschwert man sich die Sache erheblich. Denn wer einmal in den Vorbereitungsdienst (pädagogisches Seminar, Probejahr) oder sogar schon in ein Schulamt eingetreten ist, der verfügt meist nicht mehr über genügende Musse, um eine Doctorarbeit schreiben zu können. Zudem verliert er, wenigstens zunächst und zeitweise, im praktischen Schuldienste die unmittelbare Fühlung mit der theoretischen Wissenschaft, besonders leicht dann, wenn er die Universitätsstadt verlässt und folglich auf die leichte Benutzung der Bibliothek, auf den mündlichen Verkehr mit dem Fachprofessor, auf den anregenden Umgang mit den Studiengenossen verzichten muss. Thatsache ist jedenfalls, dass die meisten von denen, welche erst n a c h bestandener Staatsprüfung promoviren wollen, nie dazu gelangen. Und das ist bedauerlich, denn die Erwerbung der Doctorwürde auf Grund einer wissenschaftlichen Arbeit bildet doch eigentlich den schönsten Abschluss der akademischen Studien und zugleich die ehrenvollste Art des Uebertrittes aus dem Kreise der Lernenden in den der Lehrenden. Auch aus anderen Gründen noch ist das Promoviren recht sehr zu empfehlen. Die Arbeit an einer Dissertation bietet die beste Gelegenheit zu methodischer Zusammenfassung und Anwendungen dessen, was man gelernt hat, nöthigt den Arbeitenden zu höchster Anspannung seiner geistigen Kraft und verleiht ihm dadurch oft erst das Vollbewusstsein seiner Leistungsfähigkeit. Man darf wohl behaupten, dass mancher späterhin zu hoher Bedeutung gelangte Gelehrte sich bei der Arbeit an seiner Doctordissertation, um so zu sagen, selbst entdeckt hat, d. h. eben erst bei dieser Arbeit erkannt hat, was er leisten könne, wenn er nur wolle. Schon der Umstand, dass eine Dissertation dem öffentlichen Urtheil unterliegt, ist für ihren Verfasser ein starker Anreiz, sein Bestes zu bieten; die an seiner Arbeit geübte Kritik kann ihm nutzbringend werden für sein ganzes Leben, und zwar nicht nur, wenn sie günstig, sondern mehr noch, wenn sie ungünstig ist, falls er im letzteren Fall Einsicht genug besitzt, die ihm ertheilte Belehrung anzunehmen. Endlich ist zu erwägen, dass die Doctorwürde, wenn auch ihr Besitz nur für den Eintritt in die akademische Laufbahn unbedingtes Erforderniss ist, doch in jedem Falle ihrem Inhaber zur Ehre gereicht und ihm gesellschaftliches Ansehen verleiht.

Wer zu einer Prüfung, sei es nun die Doctor- oder die Staatsprüfung, sich einmal gemeldet hat, der lasse es sich angelegen sein, sie innerhalb der üblichen Frist zu bestehen. Langes Hinausschieben nützt gar nichts, es schadet vielmehr, denn jede zu lösende Aufgabe erscheint immer schwieriger, je länger man zögert, ihre Lösung thatkräftig zu unternehmen. Der Spruch „frisch gewagt, ist halb gewonnen" hat auch in Bezug auf Prüfungen Gültigkeit, vorausgesetzt freilich, dass das frische Wagen keine That des Leichtsinns sei.

Viele Candidaten verlassen nach der Meldung zum Examen die Universitätsstadt und kehren in ihre Heimath zurück: das mag in wirthschaftlicher Beziehung ganz vortheilhaft sein, in wissenschaftlicher Hinsicht aber kann es sehr nachtheilige Folgen haben und den Ausfall der Prüfung recht ungünstig beeinflussen. Denn der bei den häuslichen Penaten weilende Candidat wird leicht durch Familienverhältnisse von seinem Studium abgezogen, jedenfalls aber in demselben behindert, wenn er die Bücher, deren er bedarf, nicht bequem erlangen, anregenden Verkehr mit Fachgenossen nicht pflegen kann. Besser also ist es, in der Universitätsstadt zu verbleiben und sich dadurch die Möglichkeit nachhaltigen Arbeitens zu sichern.

16. Fast an jeder Universität besteht ein „neuphilologischer Verein". Der Eintritt in einen solchen Verein ist dem Studirenden der neueren Philologie angelegentlichst zu empfehlen, da er dadurch am leichtesten und unmittelbarsten Anschluss an Fachgenossen findet und freundschaftliche Beziehungen anknüpfen kann, welche nicht nur die ganze Universitätszeit, sondern auch das spätere Leben verschönen und nicht nur für die wissenschaftliche Ausbildung, sondern auch für die Bildung des Charakters sich als förderlich erweisen. Dem Nichtverbindungsstudenten bietet überdies die Zugehörigkeit zu einem neuphilologischen Vereine eine Art Ersatz für die Annehmlichkeiten des Verbindungslebens, und zwar ohne dass an seine Zeit und an seinen Beutel hohe Anforderungen gestellt würden. Aber auch der Verbindungsstudent wird es nicht bereuen, nebenbei auch einem neuphilologischen Vereine angehört und in demselben seine künftigen Collegen im Lehrerberufe kennen gelernt zu haben.

Die neuphilologischen Vereine bilden einen Cartellverband, der zur Vertretung seiner Interessen seit 1894 eine eigene, sehr inhaltsreiche Zeitschrift („Neuphilologische Blätter", Leipzig, Max Hoffmann) herausgiebt. In derselben werden nicht nur Fragen des neuphilologischen Studiums und Unterrichts sachkundig erörtert, sondern auch Mittheilungen belehrender oder unterhaltender Art (z. B. auch ernste, sowie launige Gedichte) sowie Personalnachrichten gegeben.

Sehr zu wünschen ist für die gute Sache, dass die „alten Herren" dem Vereinsleben ihre andauernde Theilnahme bewahren und dieselbe nicht nur durch regelmässige Zahlung der Jahresbeiträge, sondern namentlich auch durch ihr Erscheinen bei den Stiftungsfesten und durch Mitarbeit an den „Neuphilologischen Blättern" bekunden.

Rathschläge für das Studium der neueren Philologie findet man in folgenden Schriften: (Anonym) Wie studirt man neuere Philologie und Germanistik? Leipzig 1884 (vgl. *Wülker* in der Anglia VII, 129); *Suchier* und *Wagner*, Rathschläge für die Studirenden des Französischen und Englischen an der Universität Halle. Halle 1894 (die Schrift nimmt, wie schon ihr Titel erkennen lässt, besonderen Bezug auf

Halle'sche Verhältnisse, enthält aber Vieles, was für jeden „Neuphilologen" beherzigenswerth ist; andererseits freilich vermisst man in ihr auch Manches, was unbedingt hätte gesagt werden sollen, so z. B. den Hinweis darauf, dass der Studirende des Französischen Kenntniss des Italienischen und Spanischen sich wenigstens bis zu einem gewissen Grade aneignen muss, vgl. oben S. 96); *Körting,* Gedanken und Bemerkungen über das Studium der neueren Sprachen u. s. w., Heilbronn 1882, und: Neuphilologische Essays, Heilbronn 1886. — Mittelbare Belehrung über das Studium der romanischen Philologie bieten *Tobler's* Rectoratsrede „Die romanische Philologie an den deutschen Universitäten" (Berlin 1890) und desselben Gelehrten Abhandlung „Romanische Philologie" in dem von *Lexis* herausgegebenen Werke „Die deutschen Universitäten" (Berlin 1893). Dank ist Tobler namentlich dafür zu zollen, dass er gegenüber gewissen Bestrebungen mit allem Nachdrucke hervorgehoben hat, wie das Universitätsstudium der romanischen Philologie ein wissenschaftliches sein muss, nicht ausarten darf in eine auf praktische Sprachkenntniss abzielende Dressur. Den gleichen Grundsatz hat *Morf* in einer Züricher Universitätsrede (1890) ausgesprochen. Vgl. *Körting* in *Vollmöller's* Jahresbericht I, 151.

§ 13. **Die Erwerbung der Schreib- und Sprechfertigkeit im Französischen.** 1. Die Preussische „Ordnung der Prüfung für das Lehramt" vom 5. Februar 1887 schreibt in § 14 vor: „Um sich für den Unterricht in den o b e r e n Classen zu befähigen, muss der Candidat in dem schriftlichen und dem mündlichen Gebrauch der (französischen) Sprache nicht bloss grammatische Correktheit, sondern auch Vertrautheit mit dem Sprachschatze und der Eigenthümlichkeit des Ausdrucks erweisen", und bezüglich der Lehrbefähigung für m i t t l e r e Classen wird bestimmt: „Im mündlichen Gebrauche der Sprache muss der Candidat bereits eine gewisse Geläufigkeit erlangt haben". Ergänzt werden diese Forderungen durch die hinsichtlich der Lehrbefähigung für die unteren Classen gestellte: „Die Befähigung, das Französische in den u n t e r e n Classen zu lehren, ist als nachgewiesen zu erachten, wenn der Candidat eine im Ganzen correkte Uebersetzung eines nicht besonders schwierigen deutschen Textes in das Französische als schriftliche Klausurarbeit geliefert und in der mündlichen Prüfung dargethan hat, dass er mit richtiger, zu sicherer Gewöhnung gebrachter Aussprache Kenntniss der wichtigeren grammatischen Regeln und einige Uebung im Uebersetzen und Erklären der zur Schullectüre geeigneten Schriftsteller verbindet, auch im mündlichen Gebrauche der Sprache einige Fertigkeit sich erworben

hat.“ In Betracht kommt dann noch die in § 29 ausgesprochene
Bestimmung, dass die „auf moderne fremde Sprachen bezüglichen schriftlichen Hausarbeiten“ in den betreffenden Sprachen
abzufassen seien, und endlich die in § 31 den Prüfungs-
commissionen ertheilte Befugniss, „in allen Fällen, in welchen sie
es zur Ermittelung des sicheren Besitzes des Wissens für
zweckmässig erachten, Clausurarbeiten von mässiger Zeitdauer
anfertigen zu lassen“.

Diese die Schreib- und Sprechfertigkeit betreffenden Anforderungen, denen in den Prüfungsordnungen anderer deutscher Staaten ganz ähnliche entsprechen, sind sachlich durchaus begründet: wer eine lebende Sprache lehren will, muss
unbedingt in der praktischen Handhabung derselben einigermaassen geübt sein, wenn sein Unterricht nutzbringend sein
soll. Eben deshalb wird auch bei den Prüfungen auf den
Nachweis der Schreib- und Sprechfertigkeit besonderer Werth
gelegt.

Erfahrungsgemäss genügen jedoch den in Rede stehenden
Anforderungen viele Candidaten nur in sehr unzulänglichem
Maasse. Selbstverständlich wird dadurch das Gesammtergebniss
der Prüfung empfindlich benachtheiligt, was namentlich dann
recht beklagenswerth ist, wenn der Candidat — wie das gar
nicht selten vorkommt — eben nur im praktischen Theile der
Prüfung nicht bestand, in wissenschaftlicher Hinsicht dagegen
Alles leistete, was er leisten sollte, vielleicht sogar glänzend
leistete. Es ist eben durchaus nicht ungewöhnlich, dass ein
Candidat zwar ausgezeichnete Kenntnisse in der historischen
Grammatik und Litteraturgeschichte sich erworben, vielleicht
auch schon in rühmlichster Weise promovirt hat und doch im
praktischen Gebrauche der Sprache eine Unwissenheit und
Unbeholfenheit bekundet, die geradezu haarsträubend zu nennen
ist. Es darf auch Niemand, der eine so arge Blösse seines
Könnens zeigt, sich damit entschuldigen wollen, dass ihm die
Möglichkeit der praktischen Spracherlernung während seiner
Studienjahre nicht geboten worden sei, denn das ist mindestens
eine halbe, wenn nicht eine ganze Unwahrheit. Denn erstlich
werden wohl an jeder Universität praktische Schreib- und
Sprechübungen abgehalten: sind ja doch zu diesem Zwecke

vielfach besondere Lehrer (Lectoren) angestellt worden. Zweitens findet sich wohl in jeder Universitätsstadt ein Franzose, der zur Ertheilung von Unterricht befähigt und geneigt ist, wenn freilich auch zugegeben werden muss, dass in den kleineren, vom Weltverkehr etwas abseits liegenden Städten vollgeeignete Persönlichkeiten nicht immer zur Verfügung stehen. Drittens ist das französische Ausland doch nicht so fern (namentlich nicht für den auf einer westdeutschen Hochschule Studirenden), dass ein Aufenthalt daselbst zu den Unmöglichkeiten gehörte. Und endlich lässt sich auch aus Büchern für die Praxis sehr, sehr Vieles lernen, wenn man nur will, aber gerade diese Möglichkeit wird von den Meisten gar nicht gehörig ausgenützt.

2. Am besten lernt man, wie selbstverständlich, praktisches Französisch in französischem Lande. Daher sollte, wer es irgend ermöglichen kann, wenigstens ein Semester auf einer französischen Universität studiren. Nicht aber Paris ist dafür zu wählen, sondern Genf oder Lausanne oder Neuchâtel, und zwar dürften die beiden letzteren Orte dem verhältnissmässig grossen, zerstreuenden und unruhigen Genf noch vorzuziehen sein. Nach Paris gehe man erst nach bestandener Staatsprüfung, etwa, wie gesetzlich gestattet ist, während des Probejahres oder auch, wer zunächst promovirt hat, in der Zwischenzeit zwischen dem Doctor- dem und Staatsexamen. Der Aufenthalt in Paris kann eben nur dem schon Reiferen wirklich nützen, den Anfänger macht er leicht wirr und zerstreut.

Der Aufenthalt in der französischen Schweiz ist für den, der sich praktisch einzurichten weiss, nicht eben theuer. Wer aber dennoch die Kosten für ein ganzes Semester nicht erschwingen kann, der betheilige sich wenigstens an einem der Feriencurse, die neuerdings in Genf und Lausanne abgehalten werden [1]). Der Nutzen solcher Feriencurse ist freilich einigermaassen fragwürdig (man lese darüber die eingehenden Erörterungen im zweiten Jahrgang der „Neuphilologischen

---

[1]) Der 1894 und 1895 in Greifswald von *Koschwitz* eingerichtete Feriencursus war für Lehrer, nicht für Studirende bestimmt, kommt also hier nicht in Betracht. Doch werde hier Gelegenheit genommen, die Betheiligung daran Lehrern dringend anzuempfehlen.

Blätter"), indessen etwas lernen kann ein fleissiger und verständiger Theilnehmer immer, und etwas ist jedenfalls besser, als nichts.

Wer ganz unbemittelt ist, der wird doch, wenn er sich darum bemüht, mitunter Gelegenheit finden können, als Haus- oder Institutslehrer einige Zeit in der Schweiz zu verbringen. Eine derartige Stellung ist ja oft nichts weniger als angenehm, aber nützen kann sie doch.

Die vielverbreitete Meinung, dass in der Schweiz schlechtes Französisch gesprochen werde, ist, was die gebildeten Classen der Bevölkerung anbetrifft — und nur diese kommen in Frage —, ein Vorurtheil (vgl. *Koschwitz*, Die Aussprache des Französ. in Genf u. Frankreich, Berlin 1892). Durchschnittlich wird der deutsche Student sogar in der Schweiz ein besseres Französisch lernen, als in Paris, da er in der Schweiz weit leichter, als in Paris, Eingang in gebildete Familien findet.

Wirklichen Vortheil kann aber ein Aufenthalt im Auslande nur dann bringen, wenn man während desselben den Verkehr mit Landsleuten thunlichst vermeidet und nach Kräften sich bemüht, Beziehungen mit gebildeten Eingebornen anzuknüpfen. Gelegentliche Unterhaltungen mit Kellnern und sonstigen Dienstboten haben höchst zweifelhaften Werth.

Sehr hüte man sich davor, die Aussprache einer einzelnen Person für schlechthin mustergültig zu betrachten, sondern man bemühe sich, die Allgemeinsprache der Gebildeten zu erfassen. Bezüglich der, an sich ja sehr beachtenswerthen, Aussprache der Schauspieler, Professoren und Prediger berücksichtige man, dass, wer auf der Bühne, auf dem Katheder oder auf der Kanzel redet, nothwendigerweise aus akustischen Gründen sich von der Aussprache des gewöhnlichen Lebens etwas entfernen muss, um verstanden zu werden.

3. Als Vorbereitung für den Aufenthalt im Auslande oder als (freilich immer unvollkommener) Ersatz desselben sind namentlich folgende Maassregeln nachdrücklichst anzuempfehlen:

a) Fleissige Lesung moderner belletristischer Werke (Romane, Lustspiele), sowie regelmässige Lectüre der Revue des deux Mondes, wissenschaftlicher Zeitschriften (Romania, Revue critique) und einer Tageszeitung (z. B. Figaro); in der letzteren beachte man besonders auch die Annoncen wegen der darin sich findenden Ausdrücke des Alltagslebens. (Zwecklos dagegen ist Studirenden die Lectüre der von Deutschen zusammengestellten Unterrichtszeitungen, wie „l'Interprète", „la Semaine" u. dgl., denn das Niveau dieser, vielleicht für junge Kaufleute ganz brauchbaren, Blätter liegt für Studenten viel zu tief. Eher kann man einem Studenten anrathen, die bekannten Toussaint-Langenscheidt'schen Unterrichtsbriefe einmal durchzuarbeiten.)

b) Fleissige und regelmässige Uebung im Uebersetzen aus dem Deutschen in das Französische. Brauchbare Uebungsbücher sind ja hierfür vorhanden; besser aber benutze man irgend ein deutsches Buch, von welchem eine gute französische Uebersetzung erreichbar ist, da man dann an dieser die Richtigkeit der eigenen Uebersetzung prüfen und überhaupt aus der Vergleichung beider Texte viel lernen kann. In gleicher Weise lassen sich deutsche Uebersetzungen französischer Werke verwerthen; Reclam's Universalbibliothek und ähnliche Sammlungen bieten reichliche Auswahl, die französischen Originale aber findet man meist in jeder grösseren Leihbibliothek oder auch beim Antiquar, wenn man sie nicht neu kaufen will. In Rücksicht auf die bei der Staatsprüfung geforderte schriftliche Hausarbeit, in welcher ja immer ein wissenschaftliches Thema zu behandeln ist, lasse der Studirende es sich recht sehr angelegen sein, sich mit den bei Bearbeitung philologischer Dinge üblichen stehenden Ausdrücken und Redewendungen vertraut zu machen. Schon aus diesem Grunde ist die aufmerksame Lectüre französischer Werke über Lautlehre u. s. w. ganz unerlässlich; dass sie noch unerlässlicher aus wissenschaftlichem Grunde ist, versteht sich von selbst. Sehr nützlich ist es, sich die französischen termini technici, denen man bei der Lesung philologischer Werke begegnet, alphabetisch zusammenzustellen, da viele derselben selbst in den besten Wörterbüchern fehlen.

c) Für das theoretisch-praktische Studium der frz. Aussprache sind als Hülfsmittel zu empfehlen: *Beyer*, Das Lautsystem des Neufrz., ned: Französ. Phonetik (Cöthen 1887 f.); *Franke*, Phrases de tous les jours (4. Aufl. Leipzig) und namentlich *Koschwitz*, Les Parlers parisiens, anthologie phonétique (Paris 1893)[1]; das Buch enthält fünfzehn kürzere oder längere Texte in gewöhnlicher Druckschrift auf der einen, in leicht verständlicher Lautschrift auf der anderen Seite; die Lautschrift giebt genau die Aussprache wieder, mit welcher die Verfasser der betr. Texte dieselben dem Herausgeber der Anthologie vorgetragen haben. Die Verfasser aber sind: *A. Daudet*, geb. 13. 5. 1840 zu Nîmes, in Paris seit 1857; *E. Zola*,

----

[1] Man vgl. auch die hochinteressante Schrift desselben Verfassers: Die Aussprache des Frz. in Genf und in Frankreich, Berlin 1892.

geb. 2. 4. 1840 zu Paris als Sohn eines Italieners, dann in Aix lebend, ansässig in Paris seit 1858; *P. Desjardins*, geb. zu Paris[1], Redacteur des Journal des Débats; *E. Rod*, geb. 1857 zu Nyon, lebt in Genf; *G. Paris*, geb. 9. 8. 1839 zu Avenay [Marne], kam schon als Kind nach Paris; *E. Renan* (†), geb. zu Tréguier [Côtes du Nord, Bretagne] 27. 2. 1823, kam noch jung nach Paris; *M. d'Hulst*, geb. 10. 10. 1841 zu Paris; *Ch. Loyson*, geb. 10. 3. 1827 zu Orléans, lebte nur zeitweilig in Paris; *F. Got*, geb. 1. 10. 1822 zu Lignerolles [Orne], kam frühzeitig nach Paris; *H. de Bornier*, geb. 25. 12. 1825 zu Lunel [Hérault], lebt seit 1845 in Paris, *M. Silvain* und *Mme. Bertot* [Schauspieler]; *F. Coppée*, geb. 12. 1. 1842 zu Paris; *Sully-Prudhomme*, geb. 1839 zu Paris; *Leconte de Lisle*, geb. 23. 10. 1818 zu Saint-Paul [Ile de la Réunion], seit 1847 in Paris. Wer also diese Lauttexte sich laut vorliest, kann sich die Aussprache der genannten Schriftsteller, Dichter und Schauspieler annähernd vergegenwärtigen und dadurch eine höchst werthvolle Grundlage für die Ausbildung der eigenen Aussprache gewinnen. — Mit Vorsicht benutzt sind auch *P. Passy's* Buch „Le Français parlé" (3. Aufl. 1892) und *Beyer's* und *Passy's* „Elementarbuch des gesprochenen Französisch" (1893) lehrreich (vgl. darüber *W. Förster* im Lit. Centralblatt 1893 Sp. 1193 ff.).

Zu warnen ist vor der Angewöhnung einer lautphysiologisch construirten, mittelst des Spiegels und sonstiger Apparate künstlich einstudirten Aussprache, denn diese ist stets unnatürlich: man kann nach der Theorie der Lautphysiologie sehr richtig und doch thatsächlich sehr falsch sprechen, denn auf Grund der Theorie kann man jeden einzelnen Laut correct erzeugen, nicht aber die unmittelbare Verbindung der Laute untereinander herstellen, weil dieselbe in hohem Grade bedingt wird durch den Affect des Sprechenden.

Wer die im Obigen gegebenen Winke befolgt und jede sich ihm bietende Gelegenheit zu französischen Sprechübungen thunlichst ausnutzt, der darf erwarten, dass er, auch ohne im französischen Auslande gewesen zu sein, diejenige Schreib- und Sprechfertigkeit sich aneignen werde, welche bei der Staatsprüfung erfordert wird. Aber ohne ernstes Bemühen ist freilich ein Erfolg nicht denkbar. Wer Semester auf Semester vorübergehen lässt, ohne im schriftlichen und mündlichen Gebrauche der Sprache sich zu üben, und dann höchstens unmittelbar vor dem Examen einen krampfhaften Versuch macht, das Versäumte nachzuholen, der wird für seine Unterlassungssünde schwer büssen müssen, denn die volle Lehr-

---

[1] Das Geburtsjahr wird von *Koschwitz* nicht angegeben, ist auch aus den üblichen Nachschlagewerken nicht zu ermitteln.

befähigung kann ihm — und mag er wissenschaftlich noch so
tüchtig sein — schlechterdings nicht zuerkannt werden, unter
Umständen nicht einmal die für mittlere oder untere Classen.
Wie sollte man den Anfangsunterricht im Französischen einem
Manne anvertrauen dürfen, der vielleicht nicht einen einzigen
französischen Satz so auszusprechen vermag, dass seine Aussprache den Schülern vorbildlich sein kann? Also, der Studirende
versäume über der Wissenschaft die Praxis des Schreibens und
Sprechens nicht! Und übrigens ist die auf praktische Uebungen
verwandte Zeit auch für die Wissenschaft keineswegs verloren, denn praktisches Können fördert wissenschaftliches
Erkennen.

Anmerkung. Erörterungen über die Art, wie der französische
Unterricht auf den höheren Schulen zu ertheilen sei, liegen ausserhalb
des Rahmens dieses Buches. Es genüge hierfür, auf *Münch's* (Provinzial-
schulraths in Coblenz) treffliche Didaktik und Methodik des französ.
Unterrichts (in dem von *Baumeister* herausgegebenen „Handbuch der
Erziehungs- und Unterrichtslehre für höhere Schulen" Bd. III, München
1895) zu verweisen, wo man S. 95 ff. auch alle wünschenswerthen Litteraturangaben findet. Nur eine Bemerkung sei hier gestattet. Jeder
Lehrer soll auf seinem Unterrichtsgebiete unablässig nach Vervoll-
kommnung der Methode streben, denn nur dann wird er sich bewahren
vor der Gefahr, in handwerksmässigen Schlendrian zu verfallen, aber
jeder Lehrer muss stets sich zugleich dessen bewusst sein, dass auch
die beste Methode nur dann gut ist, wenn sie gehandhabt wird von
einem berufsfreudigen, für seine Wissenschaft begeisterten Manne.
Und darum werde Lehrer nur, wer wahren Beruf dazu in sich fühlt.

Zweiter Theil.

Sprache, Schrift und Schriftthum (Litteratur) im Allgemeinen.

Erstes Capitel.

Die Sprache.

§ 14.[1] **Hülfsmittel für das Studium der allgemeinen Sprachwissenschaft und der indogermanischen Sprachvergleichung**[2]. 1. Anleitungsschriften: *Delbrück*, Einleitung in das Sprachstudium. 3. Ausg., Leipzig 1893 (die kleine, geistvolle, ungemein anregende Schrift sollte von jedem Philologen gelesen werden) — *Paul*, Principien der Sprachgeschichte. 2. Ausg. Halle 1886 (bedeutendes Buch, das in trefflicher Weise über die Grundsätze der Sprachwissenschaft unterrichtet und geistvoll und scharfsinnig die Anschauungen der „Junggrammatiker" vertritt; die Lesung dieses Buches ist für jeden „Neuphilologen" um so unerlässlicher, als sich daraus auch unmittelbar für die „Neuphilologie" Vieles lernen lässt, weil der Verfasser als Germanist den neueren Sprachen besondere Berücksichtigung zu Theil werden lässt) — *Pott,* Einleitung in die allgemeine Sprachwissenschaft, in *Techmer's* Zeitschr. (s. unten) I, 1 u. 329, II, 54 und 251, III, 110 (enthält eine Fülle von Material) — *Kruszewski,* Principien der Sprachentwickelung, in *Techmer's*

---

[1] Die Paragraphen werden — des bequemen Citirens wegen — durch das ganze Buch durchgezählt.

[2] Selbstverständlich soll im Obigen keine vollständige Bibliographie gegeben werden, das verbietet ja der Zweck dieses Buches. Beabsichtigt konnte nur werden, solche Bücher zu nennen, deren Lesung den Romanisten zur tieferen Auffassung der sprachlichen Erscheinungen anregen kann. Ueberhaupt wolle man bei diesem ganzen der "Sprache" gewidmeten Capitel berücksichtigen, dass das vorliegende Buch in das Studium der romanischen Philologie, nicht aber in dasjenige der Sprachwissenschaft überhaupt einführen soll.

Ztschr. I, 295, II, 268, III, 145 (anregend u. geistvoll, wenn auch nicht gerade viel Neues bietend) — *v. d. Gabelentz*, Die Sprachwissenschaft, ihre Aufgaben, Methoden u. bisherigen Ergebnisse. Leipzig 1891 (dieses Werk des berühmten Sprachkenners ist durchaus allgemein verständlich gehalten und im Grossen und Ganzen sehr lesenswerth, im Einzelnen freilich ist, namentlich auch in Bezug auf das, was über die neueren Sprachen gesagt wird, gar Manches zu beanstanden).

In angenehm populärer Form belehren über sprachwissenschaftliche Dinge: *Max Müller*, Die Wissenschaft der Sprache. Neue Bearbeitung der in den Jahren 1861 und 1863 am Kgl. Institut gehaltenen Vorles. Deutsche Ausg. bes. von *Fick* und *Wischmann*. Leipzig 1893, 2 Bde. (dieses im Anfang der sechziger Jahre zuerst erschienene, also in. einer verhältnissmässig schon weit zurückliegenden Zeit entstandene Buch bietet manche Anregung, ist aber doch vielfach bereits recht veraltet. Sehr anregend ist auch *M. Müller's* kleine Schrift: Ueber die Resultate der Sprachwissenschaft. Strassburg 1872) — *Dwight Whitney*, Language and the Study of Language. 2. Ed., London 1868 (deutsche Uebers. v. *Jolly*, München 1874. Ueber das Buch muss ähnlich wie über *Müller's* Vorlesungen geurtheilt werden. Das Gleiche gilt von *Schleicher's* Buche: Die deutsche Sprache, Stuttgart 1860, 3. Ausg., besorgt von *J. Schmidt* 1874).

2. Sprachphilosophische Werke: *W. v. Humboldt*, Ueber die Verschiedenheit des menschlichen Sprachbaues. Herausgegeben und erläutert von *Pott*, Berlin 1875, 2 Bde. (vgl. auch *W. v. Humboldt*, Grundzüge des allgemeinen Sprachtypus, in *Techmer's* Ztschr. I, 383). W. v. H., Bruder Alexanders v. H., ist der grösste Sprachphilosoph der Neuzeit, das Studium seiner Schriften das beste Mittel, um zu einer richtigen und tiefen Auffassung allgemein sprachwissenschaftlicher Fragen zu gelangen. Vgl. über ihn die schöne Rede *Steinthal's*, gehalten bei Gelegenheit der Enthüllung des Humboldt-Denkmals in Berlin am 28. Mai 1883 (Berlin, Dümmler) — *Steinthal*, Ursprung der Sprache im Zusammenhang mit den letzten Fragen alles Wissens. Berlin 1851, 3. Ausg. 1877; Abriss der Sprachwissenschaft. Theil I, Die Sprache im Allgemeinen. Einleitung in die Psychologie und Sprachwissenschaft. Berlin 1871, 2. Ausg. 1881; Theil II, Charakteristik der hauptsächlichsten Typen des Sprachbaues (1860), neu bearbeitet von *Misteli*, Berlin 1893 (Steinthal hat Humboldt's Sprachphilosophie weiter ausgebildet und vertieft; das Studium seiner gedankenschweren Schriften ist angelegentlichst zu empfehlen) — *Gerber*, Die Sprache und das Erkennen. Berlin 1884 (der Verf. will das, „was Kant als ‚Kritik der reinen Vernunft‘ begann, fortführen als Kritik der unreinen Vernunft, der gegenständlich gewordenen, also als Kritik der Sprache". Derselbe Gelehrte hatte früher ein vielfache Anregung bietendes Werk über „Die Sprache als Kunst" veröffentlicht, Bromberg 1872/74, 2 Bde.). — *Wegener*, Untersuchungen über die Grundfragen des Sprachlebens. Halle 1885 (wichtiges und anziehend geschriebenes Buch).

3. **Geschichte der Sprachwissenschaft**: *Steinthal*, Geschichte der Sprachwissenschaft bei den Griechen und Römern. Berlin 1863 (höchst lehrreiches Buch, aus dem man so recht ersehen kann, welch' schwere Geistesarbeit die Aufrichtung des Systems der griechisch-lateinischen Grammatik erfordert hat). — *Jeep*, Zur Geschichte der Lehre von den Redetheilen bei den lateinischen Grammatikern. Leipzig 1893 (sehr schätzbarer Beitrag zur Geschichte der lat. Grammatik, vgl. Arch. f. lat. Lex. VIII, 602). *Benfey*, Geschichte der Sprachwissenschaft und der orientalischen Philologie in Deutschland seit dem Anfang des 19. Jahrhunderts mit einem Rückblick auf die früheren Zeiten. München 1869. — *Brugmann*, Zum heutigen Stande der Sprachwissenschaft. Strassburg 1885.

4. **Sprachbeschreibung** (d. h. Darstellung der verschiedenen Arten des Sprachbaues überhaupt): *Steinthal-Misteli*, Charakteristik der hauptsächlichsten Typen des Sprachbaues. Berlin (1860) 1893 (classisches Werk, dessen gründliches Studium für jeden der Sprachwissenschaft sich Widmenden unbedingtes Erforderniss ist. Man lasse sich durch die etwas schwere Schreibart des Verfassers nicht abschrecken). — *F. Müller*, Grundriss der Sprachwissenschaft, Bd. I, Abth. 1. Einleitung in die Sprachwissenschaft. Abth. 2. Die Sprachen der wollhaarigen Rassen. Bd. II. Die Sprachen der schlichthaarigen Rassen. Abth. 1. Die Sprachen der australischen, der hyperboreischen und der amerikanischen Rassen. Abth. 2. Die Sprachen der malayischen und der hochasiatischen (mongolischen) Rassen. Bd. III. Die Sprachen der lockenhaarigen Rassen. Abth. 1. Die Sprachen der Nuba- und der Dravida-Rasse. Abth. 2. Die Sprachen der mittelländischen Rasse. Wien 1876/87. Zwei weitere Bände, die analytischen und die sog. Mischsprachen behandelnd, sollen noch folgen. (Ein Riesenwerk, ungeheuere Massen gut verarbeiteter und übersichtlich geordneter Materialien enthaltend und durchaus geeignet, der weiter fortschreitenden allgemeinen Sprachforschung zur Grundlage zu dienen.) — *Sayce*, The Principles of Comparative Philology. 2. Ausg. London 1875, und: Introduction to the Science of Language, London 1880, 2 Bde. (gute Bücher, namentl. das zweite ist recht geeignet, Anfängern einen Ueberblick über die Sprachwissenschaft zu geben). — *Hovelacque*, La Linguistique. Paris 1875, seitdem öfters neu aufgelegt (popularisirendes Buch von mässigem Werthe).

5. **Vergleichende Grammatik der indogermanischen Sprachen**: *Brugmann*, Grundriss der vergl. Grammatik der idg. Sprachen. Bd. I, Einleitung und Lautlehre. Strassburg 1886; Bd. II, Wortbildungslehre (Stammbildungs- und Flexionslehre) 1892 (erschien in zwei Hälften); Bd. III, *Delbrück*, Vergleichende Syntax. Erster Theil 1893. Indices (Wort-, Sach- und Autorenindex) 1893. Durch dieses hochbedeutende Werk ist *Bopp's* Vergl. Gramm. (Berlin 1833/52, 3. Ausg. 1869/74, 3 Bde., dazu ein für die 2. Ausg., von welcher die 3. nur ein fast unveränderter Abdruck ist, gearbeitetes Sach- und Wortregister von *Arendt*, Berlin

1863) sowie *Schleicher's* Compendium der vergl. Gramm. der idg. Spr. (Weimar 1861, 4. Ausg. 1876, dazu eine idg. Chrestomathie, Weimar 1869) veraltet geworden. *Westphal's* Vergl. Gramm. der idg. Spr. (Theil I [mehr nicht erschienen]: Das idg. Verbum, Jena 1873) war, weil oberflächlich gearbeitet, schon bei ihrem Erscheinen werthlos.

6. Vergleichende Wörterbücher der idg. Sprachen: *Fick*, Vergleichendes Wörterbuch der idg. Spr. 4. Aufl. Göttingen 1891 (das Werk besitzt höchste Bedeutung, obwohl die Aufstellungen des Verfassers oft zu kühn sind) — *Zehetmayr*, Analogisch-vergleichendes Wörterbuch über das Gesammtgebiet der idg. Spr., Leipzig 1879 — *Pott*, Etymologische Forschungen auf dem Gebiete der idg. Sprachen. Lemgo und Detmold 1859/76, mit Namen- und Sachregister von *Bindseil* (hat gegenwärtig wohl nur als Materialiensammlung Werth).

7. Urgeschichte der Indogermanen: *Joh. Schmidt*, Die Verwandtschaftsverhältnisse der idg. Spr. Weimar 1871 — *Leskien* in der Einleitung zu seiner Schrift: Die Declination im Slavisch-Litauischen und Germanischen. Leipzig 1876 — *Brugmann*, Zur Frage nach den Verwandtschaftsverhältnissen der idg. Spr., in *Techmer's* Ztschr. I, 226. *Pictet*, Les Origines indo-europérennes ou les Aryas primitifs. Essai de paléontologie linguistique. 2. Ausg. 1877, 3 Bde. bahnbrechendes und geistvolles Werk, das noch jetzt gelesen zu werden verdient, wenn es auch gegenwärtig gänzlich veraltet ist, namentlich in methodischer Hinsicht) — *Schrader*, Sprachvergleichung und Urgeschichte. Jena 1883, 2. Ausg. 1890 (sehr anregend, aber Kritik darf bei Lesung des Buches nicht fehlen), und: Ueber den Gedanken einer Culturgeschichte der Indogermanen auf sprachwissenschaftlicher Grundlage. Jena 1887 (genannt mögen hier auch werden desselben Gelehrten „Linguistisch-historische Forschungen zur Handelsgeschichte". Jena 1886). — *v. Bradke*, Beiträge zur Kenntniss der vorhistorischen Entwickelung unseres Sprachstammes. Giessen 1888, und: Methode und Ergebnisse der arischen (indogermanischen) Alterthumswissenschaft. Giessen 1890 (scharfsinnige Schriften, die an den Aufstellungen Anderer, namentlich *Schrader's*, einschneidende Kritik üben, vgl. Ltbl. f. germ. u. rom. Phil. 1890 Sp. 293) — *W. v. Hehn*, Culturpflanzen und Hausthiere bei ihrem Uebergange aus Asien nach Griechenland und Italien, sowie in das übrige Europa. 3. Ausg., Berlin 1877 (sehr anziehendes und anregendes Buch).

Genannt möge hier auch werden, obwohl sie eigentlich nicht hierher gehört, *Bechtel's* wichtige Schrift: Ueber die Beziehungen der sinnlichen Wahrnehmungen in den idg. Sprachen. Weimar 1870.

8. Zeitschriften u. dgl.: Ztschr. f. Völkerpsychologie und Sprachwissenschaft, herausg. von *Lazarus* und *Steinthal*. Berlin 1860 bis 1890, seitdem umgewandelt in: Ztschr. f. Volkskunde — Revue de linguistique et de philologie comparée. Paris, seit 1862 — Internationale Ztschr. f. allgemeine Sprachwissenschaft, herausg. v. *Techmer*. Leipzig 1884 ff., 5 Bde. (diese Zeitschr. hat während der kurzen Zeit ihres Be-

stehens eine Fülle werthvollster Arbeiten gebracht, welche zu erheblichem Theile dem rastlosen Fleisse ihres leider früh verstorbenen Herausgebers verdankt werden) — Archivio glottologico italiano, diretto da *G. I. Ascoli* (s. oben S. 86).

Ztschr. f. vergl. Sprachforschung auf dem Gebiete der idg. Spr., herausg. von *F. Kuhn* und *J. Schmidt* (begründet durch *A. Kuhn*), Berlin seit 1852, mit Bd. 21 hat eine „Neue Folge" begonnen. — Beiträge zur vergl. Sprachforschung auf dem Gebiete der arischen, celtischen und slavischen Sprachen, herausg. von *A. Kuhn* und *A. Schleicher*. Berlin 1858/76. — Beiträge zur Kunde der idg. Sprachen, herausg. v. *A. Bezzenberger*, seit 1877. — Indogermanische Forschungen, Zeitschr. f. idg. Sprach- und Alterthumskunde, herausg. v. *Brugmann* und *Streitberg*. Strassburg, seit 1891 (als Beiblatt zu dieser Ztschr. erscheint ein kritischer „Anzeiger für idg. Sprach- und Alterthumskunde", in welchem auch die romanische Philologie insoweit, als ihre Forschungsergebnisse für die Sprachwissenschaft in Betracht kommen, berücksichtigt wird. Die in dem Anzeiger gegebenen sehr umfangreichen und sorgfältigen bibliographischen Uebersichten sind auch dem Romanisten sehr nützlich).

§ 15. Begriff und Wesen der Sprache. 1. „Sprache" ist Versinnlichung des Denkens. Diese Versinnlichung kann vollzogen werden durch Geberden und Zeichen (Zeichen- und Geberdensprache), durch (articulirte) Laute (Lautsprache), durch Bilder (Bildersprache). Zeichen-, Geberden- und Lautsprache beruhen un mittelbar, die Bildersprache beruht mittelbar auf Muskelbewegung.

2. Der Inhalt des Denkens (der Gedanke) ist zunächst nur für das Bewusstsein des denkenden Subjectes selbst vorhanden, n i c h t vorhanden für das Bewusstsein aller übrigen Individuen. Die Uebertragung eines Gedankeninhaltes von dem denkenden Subjecte auf andere Individuen erfolgt entweder un mittelbar auf psychischem Wege durch die sogenannte Suggestion oder aber mittelbar auf physischem Wege durch die Versinnlichung (s. No. 1). Die erste Art der Uebertragung findet nur ausnahmsweise statt und muss für die praktische Beurtheilung als abnorm gelten. Die übliche und für praktische Lebenszwecke (bis jetzt) ausschliesslich anwendbare Gedankenübertragung wird durch die Versinnlichung, also durch die Sprache, vollzogen.

Der Inhalt des Denkens beruht übrigens entweder auf Vorstellung oder auf Empfindung oder auf Vorstellung und Empfindung zugleich. Es ist also an ihm (und folglich auch an seiner Versinnlichung, der Sprache) entweder nur der Intellect oder nur der Affect, oder aber (und das ist die Regel) es sind Intellect und Affect zugleich betheiligt.

3. Unter den verschiedenen Sprachen, d. h. hier unter den verschiedenen Arten der Versinnlichung des Denkens, ist die Lautsprache die bei Weitem vollkommenste, nicht nur weil ihre Anwendbarkeit keiner physischen Beschränkung unterliegt, während Zeichen-, Geberden- und Bildersprache nur in erleuchteten Räumen anwendbar sind, sondern namentlich weil die sehr grofse Zahl der erzeugbaren Laute und Laut-modulationen und die noch ungleich grössere Zahl der mög-lichen Lautverbindungen dem Sprechenden weit reichere und überdies weit bequemer zu handhabende Mittel der Versinn-lichung zur Verfügung stellen, als dies bei der Zeichen-, Ge-berden- oder Bildersprache der Fall ist.

Die Lautsprache ist durch ihre Verwendbarkeit den anderen Sprachen derartig überlegen, dass gemeinhin diese letzteren neben ihr nur gelegentlich zur Aushülfe oder zur Unterstützung gebraucht werden.

Daher pflegt in der Praxis nicht nur des Lebens, son-dern auch der Wissenschaft die Lautsprache als die Sprache schlechthin aufgefasst zu werden, so dass das Wort „Sprache" im engeren Sinne eben nur die mittelst (artikulirter) Laute vollzogene Versinnlichung des Denkens bezeichnet. Auch im Folgenden wird das Wort nur in diesem Sinne gebraucht.

4. Das Sprechen ist seinem Wesen nach eine psycho-physische (Bewegungs-)Thätigkeit, welche am ehesten sich mit dem Zeichnen vergleichen lässt. Denn wie der Zeichnende sich bemüht, die (von seinem [Intellect oder Affect oder] In-tellect und Affect zugleich erfassten) Erscheinungen der Aussenwelt durch die Verbindungen verschiedenartiger Linien zu räumlicher Darstellung zu bringen, so will der Sprechende zunächst diese Erscheinungen der Aussenwelt durch die Ver-bindung verschiedenartiger Laute zu zeitlicher Darstellung bringen, ein Bestreben, das dann auch auf die durch die innere Erfahrung gewonnenen Vorstellungen (Causalvorstellungen) ausgedehnt wird und also nach Versinnlichung des gesammten Denkens trachtet. Das Zeichnen darf man ein Sprechen in Linien, das Sprechen ein Zeichnen in Lauten nennen. Wäh-rend aber das Zeichnen nur die dem Gesichte wahrnehmbaren

Erscheinungen anzudeuten vermag, kann durch das Sprechen auch die Andeutung der den übrigen Sinnen wahrnehmbaren Erscheinungen und sogar die Andeutung der durch die innere Erfahrung gewonnenen Vorstellungen vollzogen werden.

5. Zur Ausübung der psychophysischen Thätigkeit des Sprechens ist jeder Mensch befähigt, welcher articulirte Laute erzeugen und dieselben mittelst des Gehörs wahrnehmen kann. Thiere, welche Laute (meist nur unarticulirte) hervorzubringen vermögen, können dieselben höchstens zur Andeutung einzelner Affectsvorstellungen verwerthen, der Ausdruck von Vorstellungsreihen, falls sie solche überhaupt zu bilden fähig sind, ist ihnen nicht verstattet[1]).

Die Ausübung der psychophysischen Thätigkeit des Sprechens wird zunächst nicht durch das Bedürfniss der Gedankenübertragung veranlasst, sondern vielmehr durch den dem Menschen innewohnenden Drang, die Erscheinungen der Aussenwelt sich zu versinnlichen, welcher Drang in der Erzeugung und Verbindung von Lauten sich am leichtesten zu bethätigen vermag. Das Sprechen ist in seinem Ursprunge eine mittelst der Lautmuskeln (um diesen Ausdruck zu brauchen) vollzogene Reaction des menschlichen Geistes gegen die auf ihn einwirkenden Erscheinungen der Aussenwelt.

6. Die Sprache tritt mit jedem neugeborenen Kinde neu in die Erscheinung, und jedes Kind würde, bliebe es sich selbst überlassen und dennoch lebensfähig (was freilich undenkbar ist), seine eigene Sprache sich ausbilden, welche Sprache allerdings nur eine rohe Lautmalerei sein würde. Denn auf jedes Kind wirken, weil eben ein jedes ein physisches und psychisches Sonderwesen ist, die Erscheinungen der Aussenwelt etwas anders ein, als auf jedes andere, rufen also auch bei jedem eine etwas andersartige Reaction hervor. Gesetzt also, alle Kinder blieben sich selbst überlassen und wüchsen, ein jedes getrennt von allen anderen, heran, so würde ein jeder Mensch eine von der all er anderen Menschen so wesentlich verschiedene Sprache sich ausbilden, dafs diese

---

[1]) Nur vielleicht die Affen besitzen wirklich eine Sprache im höheren Sinne des Worts. Vgl. *Jespersen*, Abernes Sprog (in der Ztschr. „Tilskueren" 1893 S. 304, Referat über *Garner's* „The Speech of Monkeys".

Sprache eben nur für ihn, nicht aber auch für Andere verständlich sein würde und folglich ein Mittel zur Gedankenübertragung gar nicht abgeben könnte. Es wäre dann die Sprechfähigkeit in ähnlicher Weise ein rein persönlicher Besitz, wie es etwa die Seh- oder Hörfähigkeit ist: wie ein Mensch das, was er sieht oder hört, Anderen nicht mittelst des Auges, bezw. des Ohres mittheilen kann, ebensowenig würde der eine rein individuale Sprache redende Mensch den Inhalt seiner Rede Anderen zum Bewusstsein bringen können. Die tägliche Erfahrung zeigt ja, dass die Angehörigen verschiedener Sprachgenossenschaften einander nicht zu verstehen vermögen.

In Wirklichkeit aber wird nun jedes Kind durch die Thatsache seiner Geburt und seines Aufwachsens in unmittelbare Beziehung zu anderen und zwar zu älteren Individuen gesetzt. Diese Thatsache hat allerdings nicht unmittelbar zur Folge, dass das Kind auf die Ausbildung einer nur ihm eigenen Individualsprache völlig verzichtet. Man kann vielmehr bei jedem Kinde beobachten, wie es auf bestimmte Erscheinungen der Aussenwelt durch rein individuale Laute und Lautverbindungen reagirt, d. h. wie es für gewisse Personen, Dinge und Vorgänge zunächst ganz individuale Lautandeutungen sich erfindet. Aber diese Individualsprache kommt über Ansätze nicht hinaus, und selbst die Ansätze werden meist völlig rückgängig gemacht. Denn eben weil das Kind in unmittelbare Beziehung zu älteren Individuen gesetzt ist, wird es veranlasst, sich die Sprache derselben nachahmend anzueignen, d. h. die von ihnen zur Andeutung der Erscheinungen der Aussenwelt gebrauchten Lautgebilde auch seinerseits zum gleichen Zwecke zu verwenden. Sehr möglich ist, dass diese Nachahmung durch ererbte Vorbeanlagung für die elterliche Sprache begünstigt wird.

Sobald aber ein Individuum die von einem anderen zu bestimmtem Zwecke gebrauchten Lautgebilde nachbildet und zu gleichem Zwecke verwendet, ist zwischen beiden Individuen die Sprachgenossenschaft hergestellt, vermöge deren die Sprache Werkzeug der Gedankenübertragung wird. Die Sprache hört damit für die betreffenden Individuen auf, rein individual zu sein, und wird für sie social. In Folge dessen kann wesentliche Sprachverschiedenheit nicht zwischen den zu einer Sprach-

genossenschaft gehörigen Individuen, sondern nur zwischen
den einzelnen Sprachgenossenschaften bestehen, und zwar wird
dieselbe grösser oder geringer sein je nach der grösseren oder
geringeren Weite des Abstandes, der sie in Bezug auf die Auffassung der Erscheinungen der Aussenwelt von einander trennt,
denn, wie jedes Individuum, so wird auch jede sociale Gruppe
von den Erscheinungen der Aussenwelt etwas anders beeinflusst und dadurch zu etwas anderer Auffassung derselben
veranlasst.

7. Die Versinnlichung des Denkens durch die Sprache
kann immer nur eine unvollkommene sein. Schon aus d e m
Grunde, weil sie, um so zu sagen, auf einem Umwege erfolgt.
Das Denken ist ein psychischer Vorgang und kann als solcher
auf dem physischen Wege der Lauterzeugung und Lautverbindung nicht u n mittelbar versinnlicht werden, denn zwischen
den (psychischen) Vorstellungen und den (physischen) Lauten
besteht, eben weil sie in ihrem Wesen grundverschieden sind,
keinerlei Entsprechung. Die Versinnlichung kann vielmehr
nur m i t t e l bar in der Weise erfolgen, dass nicht die Vorstellungen von den Aussendingen (um zunächst diese hervorzuheben), sondern die Aussendinge selbst durch Laute angedeutet werden. Wenigstens zunächst ist ein anderes Verfahren nicht möglich, und eine rein individuale Sprache würde
darüber gar nicht hinauskommen können. Erst indem die
Sprache in die sociale Function der Gedankenübertragung eintritt, gewinnt sie die Fähigkeit, auch d i e Vorstellungen, denen
sinnlich wahrnehmbare Dinge und Erscheinungen nicht entsprechen, durch Laute gleichsam bildlich anzudeuten. Es geschieht dies durch den complicirten Vorgang, daſs das Nichtsinnliche zunächst als sinnlich (z. B. als räumlich) aufgefasst
und durch ein dieser Auffassung entsprechendes Lautgebilde
angedeutet, darauf aber gleichsam wieder entsinnlicht wird, indem das betreffende Lautgebilde durch conventionelle Gewöhnung allgemach nur noch zur Andeutung des Nichtsinn-
lichen, nicht mehr zur Andeutung des Sinnlichen, welchem
das Nichtsinnliche gleichgesetzt wurde, gebraucht wird. Man
vergegenwärtige sich die Bedeutungsentwickelung z. B. des
lat. *putare* („schneiden" : „rechnen, meinen, glauben") oder
pensare („wägen" : „denken", vgl. das deutsche „erwägen").

Die Sprachlaute sind akustische, d. h. durch das Gehör wahrnehmbare Erscheinungen, und eben weil sie das sind, können mittelst ihrer andere akustische Erscheinungen (Klänge, Töne, Geräusche) verhältnissmässig vollkommen angedeutet, ja häufig geradezu nachgeahmt werden. Aber die Andeutung oder Nachahmung ist doch nie wirklich vollkommen und kann es auch gar nicht sein, weil die Sprachorgane eben nur Sprachlaute, nicht aber z. B. Riesel- oder Knistergeräusche hervorzubringen vermögen. Ja selbst die Nachahmung von Sprachlauten (fremder Sprachen) gelingt häufig nur mangelhaft.

Wenn nun aber mittelst der Sprachlaute auch optische, d. h. durch den Gesichtssinn wahrnehmbare Erscheinungen angedeutet werden, so ist dies nur dadurch möglich, dass das Optische gleichsam in das Akustische umgesetzt, dass z. B. ein Ton als Farbe aufgefasst wird. Das Gleiche muss bezüglich der mittelst des Geschmacks-, Geruchs- und Gefühlssinnes wahrnehmbaren Erscheinungen geschehen. Diese Umsetzung in das Akustische aber macht es von vornherein unmöglich, dass die Andeutung nichtakustischer Dinge durch Sprachlaute mehr sein kann, als ein höchst unvollkommener Versuch.

Dazu kommt aber noch etwas Anderes. Jedes Ding oder Wesen erscheint dem es Wahrnehmenden als im Besitze von (theoretisch unendlich) vielen Eigenschaften befindlich und als (theoretisch unendlich) viele Thätigkeiten ausübend, z. B. die Schlange ist lang, dünn, geschuppt, schwärzlich (oder bräunlich etc.), fusslos, giftig u. s. w., die Schlange kriecht, ringelt sich, athmet, frisst, sticht, stirbt u. s. w. Die vollständige Lautandeutung würde die Berücksichtigung aller dieser Eigenschaften und Thätigkeiten erheischen. Dann aber würde jedes andeutende Lautgebilde unendlich lang sein und auf einem Denken beruhen, welches die Unendlichkeit des Endlichen zum Gegenstande hätte und selbst unendliche Dauer in der Endlichkeit besässe. Das ist selbstverständlich ein Widerspruch und folglich eine Unmöglichkeit. In Wirklichkeit beruht die Lautandeutung eines Dinges (Wesens) darauf, dass nur e i n e der unendlich vielen Eigenschaften und Thätigkeiten desselben zur Andeutung gebracht wird, bei der Schlange z. B. das Kriechen (lat. *serpens*) oder der stechende Blick (gr.

δράκων) oder die Fähigkeit der Ringelbildung (dtsch. „Schlange“). Gewählt aber wird diejenige Eigenschaft oder Thätigkeit, vermöge deren das betreffende Ding (Wesen) auf den Wahrnehmenden den nachhaltigsten Eindruck macht. Da nun aber das eine Individuum je nach seiner Eigenart durch die eine, ein anderes durch eine zweite, ein drittes durch eine noch andere Eigenschaft oder Thätigkeit am stärksten beeinflusst („impressionirt“) wird, so ist die Auswahl durchaus subjektiv und kann für jedes Individuum zu einem anderen Ergebniss führen. Innerhalb einer Sprachgenossenschaft verzichten nun die jüngeren Individuen (die Kinder) auf die Bildung oder doch auf die Beibehaltung eigener Lautandeutungen und nehmen die von den Aelteren gewählten an, jedoch keineswegs immer, wie das Fortbestehen und das immer neue Aufkommen von Synonymis bezeugt[1]). Zwischen den einzelnen Sprachgenossenschaften aber ist der Ausgleich viel schwieriger und findet nur ausnahmsweise statt. In Folge dessen besitzt jede Sprachgenossenschaft Lautandeutungen, welche eben nur ihr eigenthümlich, anderen Sprachgenossenschaften unverständlich sind. Eben darauf beruht zu einem Theile die Verschiedenheit der Sprachen.

Jedenfalls aber ist jede Lautandeutung nur gleichsam eine Abkürzung, bezieht sich nur auf e i n e Eigenschaft oder Thätigkeit des angedeuteten Dinges. Wenn eine solche gleichsam nur rudimentäre Lautandeutung dennoch verständlich ist, so erklärt sich das daraus, dass die jüngeren Individuen sie von den älteren (mitunter auch die älteren von den jüngeren)[2]) nachahmend übernehmen, indem sie dieselben als Andeutungen des betreffenden Dinges (Wesens) überhaupt, nicht als Andeutungen einer einzelnen Eigenschaft oder Thätigkeit desselben auffassen, ähnlich wie etwa gangbare Münzen einfach zum Nennwerthe angenommen werden, ohne dass der Empfänger sich darum kümmert, wie der Nennwerth zum wirklichen

---

[1]) Synonymen erhalten sich, bezw. kommen neu auf für solche Begriffe, welche für die Angehörigen einer Sprachgenossenschaft besondere Wichtigkeit besitzen; ein seefahrendes Volk z. B. ist reich an Synonymis für die Begriffe „See“, „Schiff“ etc., ein Jägervolk benennt ein und dasselbe jagdbare Thier verschieden, indem bald diese, bald jene Eigenschaft desselben hervorgehoben wird etc.

[2]) Man denke z. B. an frz. *oncle, tante, cousin, joujou* etc.

Werthe sich verhält. Eben nur dadurch also werden ursprünglich rein individuale Lautandeutungen innerhalb einer Sprachgenossenschaft verständlich, aber indem sie es werden, wird zugleich auch ihre versinnlichende Kraft gemindert, denn während sie vorher Lautbilder, wenn auch noch so einseitige und mangelhafte, waren, sind sie nunmehr nur noch Lautsymbole.

Wenn schon die Versinnlichung (oder vielmehr Rückversinnlichung) derjenigen Vorstellungen, welche das Denken mittelst der sinnlichen Wahrnehmung erwirbt, von der Sprache nur sehr unvollkommen vollzogen werden kann, so ist dies, wie selbstverständlich, in noch höherem Grade der Fall bezüglich der Vorstellungen, welche, weil sie Ergebnisse des Denkens sind, eines physischen, bezw. eines sinnlichen Substrates entbehren. Es muss dann eben das bereits oben (S. 127) angedeutete Verfahren Platz greifen.

Zu alledem kommt aber noch hinzu, dass die Sprache, auch nachdem sie für bestimmte Individuen das Mittel socialen Gedankenaustausches geworden ist, doch noch für jedes dieser Individuen bis zu einem gewissen Grade individuale Sprache bleibt. Denn da jedes Individuum in etwas anderer Weise wahrnimmt und denkt, als jedes andere, insbesondere auch als jedes andere zu derselben Sprachgenossenschaft gehörige, so ist es möglich, dass jedes Individuum mit einem bestimmten Lautgebilde zwar den social angenommenen Begriff verbindet, aber immer in einer etwas, sei es auch noch so wenig, andersartigen Auffassung. Solche Verschiedenheiten werden nun freilich nicht leicht zwischen allen einzelnen Individuen bestehen, umsomehr aber zwischen den einzelnen landschaftlichen und socialen Gruppen einer Sprachgenossenschaft, weil da die Verschiedenheit der thatsächlichen Verhältnisse die Verschiedenheit der Auffassung begünstigt, ja oft geradezu aufnöthigt. Der Binnenländer z. B. nennt „Sturm“, was für den Küstenbewohner nur „Brise“ ist; der Schweizer versteht unter „Berg“ etwas ganz anderes, als der Insasse des Flachlandes; das Wort „Freiheit“ besitzt für den Staatsrechtslehrer einen wesentlich anderen Inhalt, als z. B. für den Fabrikarbeiter. Daher die Unvermeidlichkeit der Missverständnisse,

die Unmöglichkeit vollen gegenseitigen Verständnisses selbst
unter den Mitgliedern einer und derselben Sprachgenossenschaft.

Und endlich ist noch Eins zu erwägen. Die Sprache ist
ein wunderbar feines Werkzeug für die Versinnlichung des
Denkens — und zwar, so paradox das auch klingen mag,
gerade deshalb, weil sie das Denken nur unvollkommen versinnlicht, denn nur dadurch werden die Lautandeutungen social
verwendbar —, aber doch kein so feines Werkzeug, dass
damit alle Gestaltungen, deren das Denken fähig ist, nachgebildet werden könnten, wenigstens nicht mittelst einer
Einzelsprache. Es steht vielmehr das Sprechen zu dem Denken
stets in einem Minusverhältnisse, und über allem Gesprochenen
schwebt ein Unausgesprochenes, weil Unaussprechbares. Die
oft gehörte Redensart: „ich fühle es wohl, kann mich aber
nicht ausdrücken" beruht keineswegs immer auf Ungeschick
oder Verlegenheit, sondern oft genug auf dem wirklich vorhandenen Fehlbetrage der Sprache gegenüber dem Gedanken.

8. Jede Thätigkeit ist Arbeit für den, der sie vollzieht.
Auch die psychophysische Thätigkeit des Sprechens ist Arbeit
für den Sprechenden. Meist freilich nur unbewusste Arbeit,
aber Arbeit doch immerhin. Jeder Arbeitende aber strebt
naturgemäss darnach, die Arbeit sich wenigstens so weit zu
erleichtern, als dies geschehen kann, ohne die Erreichung des
Arbeitszweckes zu gefährden. So ist auch der Sprechende
(freilich meist, ohne sich dessen bewusst zu sein) stets darauf
bedacht, seinen Arbeitszweck, d. h. die Anderen erfassbare
Versinnlichung seines Denkens mittelst der Laute, mit thunlichst geringem Kraftaufwande zu erreichen. Er lässt daher
unausgesprochen, was ihm entbehrlich erscheint. Entbehrlich
aber kann ihm alles das erscheinen, von dem er voraussetzen
darf, dass der Hörende es selbstthätig ergänzen werde. So
rechnet jeder Sprechende stets auf die Mitarbeit des Hörers;
freilich muss er sich gefallen lassen, dass, sobald er seinerseits
Hörer wird, von dem dann Sprechenden auf seine Mitarbeit
gerechnet werde. Jede Rede ist demnach unvollständig, bedarf
der Ergänzung durch den Hörer. Unter gewöhnlichen Verhältnissen bringt das keinen Nachtheil; als Uebelstand aber
kann es dann empfunden werden, wenn das Hören nicht un-

mittelbar, sondern nur mittelbar (durch das Lesen) vollzogen wird, weil der mittelbar Hörende (der Leser), falls er die Ergänzung der Rede nicht selbst zu leisten vermag, sie meist nicht von dem Redenden (d. h. hier dem Schriftsteller) selbst fordern kann, sondern sie von einem Dritten sich geben lassen oder auf das Verständniss verzichten muss. Darauf beruht ja die Nothwendigkeit philologischer Erklärung der Schriftwerke.

Das in der angedeuteten Weise bei dem Sprechen sich bethätigende Trägheitsprincip (bezw. das Streben nach Kraftersparniss) hat für die Beschaffenheit des Sprechens die weittragendsten Folgen. Denn aus diesem Principe entspringt das Streben nach möglichster Leichtigkeit der physiologischen Hervorbringung der Laute, nach thunlichster Kürzung der Lautgebilde, nach allseitiger Sparsamkeit in der Verwendung der Sprachmittel. Gerade um deswillen aber ist das Trägheitsprincip das Lebensprincip für die gesammte Sprachentwickelung: indem die Sprechenden möglichst geringe Spracharbeit vollziehen wollen, werden sie angeregt zu steter Arbeit an der Sprache, zu immer umgestaltender und neu schaffender Sprachthätigkeit. Es findet eben hier derselbe wundersame, schöpferische Gegensatz zwischen Absicht und Wirkung statt, der in allem menschlichen Thun wahrnehmbar ist: die Arbeitsscheu ist Mutter der Arbeitslust.

Auf der Wirksamkeit des Trägheitsprincipes beruht es — wie hier vorgreifend angedeutet werden möge —, dass formenreiche Sprachen im Laufe ihrer Entwickelung zu (wenigstens anscheinend oder beziehungsweise) formenarmen geworden sind. Die Sprechenden empfanden (ähnlich wie etwa Schüler, die Latein erlernen) eines verwickelten Formensystemes Handhabung, welche fortwährend das Auswählen der im Einzelfalle erforderlichen Form aus einer Menge in Lautgestalt und Funktion ihr ähnlicher bedingt, als eine zu schwere Arbeitsleistung. In Folge dessen verringerten sie den Formenschatz so weit, als sich dies mit dem Arbeitszwecke (Verständlichkeit der Rede) vertrug, was freilich nur dadurch geschehen konnte, dass, wenigstens zum Theile, statt der Wortformen andere Mittel in Anwendung gebracht wurden (Formenworte, Wortstellungen), deren Anwendung ihrerseits wieder Arbeit erforderte, aber thatsächlich allerdings eine geringere. Wenn

z. B. der Romane die lateinischen Dativformen fast völlig aufgegeben hat und statt dessen das Dativverhältniss localistisch
durch die Präposition *ad* andeutet, so ist das ganz zweifellos
für ihn eine sehr erhebliche Arbeitsentlastung, denn statt mit
fünf Dativsuffixen (*-ae, -o, -i, -is, -bus*) wirthschaftet er nun
mit der einzigen Verbindung *ad* + Cas. obl. des Nomens. Und
da trotz dieser Vereinfachung das Dativverhältniss nicht nur
ebenso deutlich zum Ausdruck gelangt, wie im Lateinischen,
sondern sogar noch deutlicher (weil im Lateinischen Dativ und
Ablativ vielfach zusammenfallen), so bedeutet die dadurch erreichte Arbeitsentlastung der Sprechenden ganz sicherlich
einen sachlichen Gewinn, einen Fortschritt, eine werthvolle
geistige Leistung. Die bezüglich der Sprachform gesparte
Kraft kann nun auf den Gedankeninhalt der Rede verwandt
werden.

Und noch auf Eins werde hier vorgedeutet. Die Lautgebilde (Worte, Wortformen) einer Sprache theilen sich nach
ihrer lautlichen Beschaffenheit und nach ihrer Funktionsver-
schiedenheit in zahlreiche grössere oder kleinere, mehr oder
weniger häufig zur Verwendung kommende Gruppen, deren
strenge Auseinanderhaltung einen erheblichen Aufwand geistiger
Arbeit erfordert. Die Sprechenden streben, vermöge des Trägheitsprincipes, auch hier nach Arbeitserleichterung und erreichen dieselbe, indem sie die zu einer kleineren oder doch zu
einer minder oft gebrauchten Gruppe gehörigen Lautgebilde
denen einer grösseren oder doch zu häufigerer Verwendung
gelangenden Gruppe angleichen. So wird das Trägheitsprincip
zum a n a l o g i s c h e n Princip und entfaltet als solches eine
weitgreifende Wirksamkeit, welche, rein äusserlich betrachtet,
allerdings auf schematische Gleichmacherei hinausläuft und
deshalb in sprachästhetischer Beziehung unerfreulich genug ist,
im letzten Grunde aber doch eine mächtige Förderung der
Leichtigkeit des Gedankenausdruckes bedeutet. Wenn z. B.
im Französischen sämmtliche erste Personen Pluralis (mit Ausnahme derer des Perfects und des ganz vereinzelten *sommes*)
auf *-ons* ausgehen, während im Lateinischen *-āmus, -ēmus, -īmus,*
-ĭmus und *-ŭmus* neben einander standen, so ist dies allerdings
recht sehr einförmig, aber doch ist es sachlich ein Gewinn,
dass die Sprechenden der Mühe des Wählens zwischen *-āmus,*

-*ĕmus* etc. überhoben sind, denn diese Mühe war sachlich zwecklos.

§16. **Erzeugung und Beschaffenheit der Sprachlaute**[1]). 1. Die Erzeugung eines artikulirten Lautes ist ein physischer (bezw. physikalischer und physiologischer) Vorgang, vermöge dessen das ihn vollziehende Individuum mittelst gewisser Muskelbewegungen einem Luftstrom akustische Wirkungsfähigkeit verleiht. Der Vorgang ist an und für sich, d. h. so lange als er nicht zu sprachlichem Zwecke (Versinnlichung des Denkens) vollzogen wird, ein durchaus mechanischer. Eben weil er dies ist, sind auch Thiere, welche die erforderlichen physiologischen Organe besitzen, der Erzeugung artikulirter Laute fähig. Ja, es können solche Laute mittelst Maschinen erzeugt werden, und thatsächlich sind schon wiederholt mehr oder weniger vollkommene Sprechmaschinen gebaut worden (zuerst, am Ausgang des vorigen Jahrhunderts, von W. v. Kempelen).

Der Vorgang der Erzeugung artikulirter Laute hört aber auf, ein mechanischer zu sein, sobald als das ihn vollziehende Individuum ihn zum Zwecke der Versinnlichung des Denkens vollzieht. Wer z. B. ein $j + a$ erzeugt, ohne mit dieser Lautcombination einen Sinn zu verbinden, vollzieht eine rein physische und auch rein mechanische Thätigkeit. Wer aber (als deutsch Redender) ein $j + a$ erzeugt, um damit eine Bejahung auszudrücken, vollzieht eine psychophysische, also nicht mehr eine rein physische, folglich auch nicht mehr rein mechanische Thätigkeit. Ebenso verhält es sich im folgenden Falle. Wer etwa die Silben *es're* ausspricht, ohne dass er damit einen Begriff verbindet, vollzieht einen rein physischen und rein mechanischen Act, der aus so und so vielen Muskelbewegungen sich zusammensetzt. Wer aber mit den Silben *es're* (**essĕre*, *esse*) den Begriff „sein" verbindet und dabei in dem aus dem Trägheitsprincip (s. oben S. 132) entspringenden Streben nach Erleichterung der Sprecharbeit statt der schwierigen Lautfolge

---

[1]) Absichtlich wurde in dem obigen Paragraph die Lautphysiologie eben nur gestreift. Zu einer ausführlicheren Darlegung der lautphysiologischen Dinge war in diesem Buche kein Raum; von einer kurzen Darstellung aber musste befürchtet werden, dass sie zu irrthümlichen Auffassungen Anlass geben könnte. An Hülfsmitteln für das Studium der Lautphysiologie und Phonetik ist wahrlich kein Mangel — sie werden am Schlusse des Paragraphen genannt werden —, und schon deshalb ist ein näheres Eingehen auf diese Gebiete hier entbehrlich.

$s + r$ die bequemere $s + t + r$ eintreten lässt (*estre* = *être*), der vollzieht damit eine nicht nur physische, sondern auch psychische Thätigkeit. Daran vermag der Umstand nichts zu ändern, dass der Sprechende die Einschiebung des t vermöge unbewussten und nicht vermöge bewussten Denkens vollzieht, denn auch das unbewusste Denken ist, wie selbstverständlich, eine psychische Thätigkeit, und in Folge dessen wird die auf unbewusstem Denken beruhende Lauterzeugung zu einer psychophysischen Handlung, welche also nimmermehr eine mechanische sein kann.

Nur also die Erzeugung artikulirter Laute an sich ist ein mechanischer Vorgang, nicht aber die Erzeugung artikulirter Sprachlaute, sondern diese ist stets eine psychophysische Thätigkeit.

2. Der bei dem Ausathmen (der Exspiration) aus den Lungen hervordringende Luftstrom durchschreitet zunächst die Luftröhre, darauf den Hohlraum des Kehlkopfes (larynx), sodann die oberhalb des Kehlkopfes befindlichen Hohlräume (Rachen, Mundraum, Nasenraum, zusammen das „Ansatzrohr" genannt), um endlich durch die Mundöffnung oder, wenn diese geschlossen, durch die Nasenöffnungen oder durch beide zu entweichen. Bei dem schweigenden Menschen legt, unter gewöhnlichen Verhältnissen wenigstens, der Luftstrom seinen Weg vollständig geräuschlos zurück.

Die Hohlräume des Kehlkopfes und des Ansatzrohres lassen sich vergleichen mit einem Blasinstrumente, dessen Mundstück der Kehlkopf (unterhalb der Stimmbänder) ist, während die oberen Theile — abgesehen davon, dass sie Hemmungen bilden können (s. Nr. 3) — den Resonanzraum darstellen.

3. Der Ausathmungsstrom kann zur Erzeugung von artikulirten Lauten benutzt werden[1]). Wenn dies geschehen

---

[1]) Was im Folgenden hinsichtlich der Lauterzeugung kurz angedeutet wird, bezieht sich nur auf das Sprechen im gewöhnlichen Sinne des Worts, nicht auf das sog. „Bauchreden"; auf das letztere (das übrigens ein sehr interessanter physiologischer Vorgang ist) einzugehen, lag hier kein Anlass vor. Wer sich aber darüber unterrichten will, dem sei *Flatau's* und *Gutzmann's* Buch „Die Bauchrednerkunst. Geschichtliche und experimentelle Untersuchungen" (Leipzig 1894) empfohlen, vgl. Lit Centralbl. 1895 Sp. 623 — Auch das Singen und das Flüstern durften hier unerörtert bleiben.

soll, so muss er irgendwo, sei es im Kehlkopf oder im Ansatzrohr, eine Hemmung finden. Diese Hemmung besteht entweder darin, dass die (sonst seitwärts liegenden) Stimmbänder
(chordae vocales) den Kehlkopf bis auf eine offen bleibende
Ritze (glottis) überspannen, oder darin, dass irgendwo im
Ansatzrohre (an einer „Artikulationsstelle") ein Verschluss oder
eine Enge gebildet wird. Im ersten Falle versetzt der auf-
steigende Luftstrom die ihm entgegenstehenden (Membrane
der) Stimmbänder in rhythmische Schwingungen und erzeugt
dadurch einen rhythmischen Klang, den sog. Stimmton. Im
zweiten Falle sprengt der Luftstrom den ihm entgegenstehenden
Verschluss und erzeugt dadurch ein Platzgeräusch (explosives
Geräusch). Im dritten Falle endlich reibt sich der Luftstrom
an den Wänden der von ihm zu durchlaufenden Enge und erzeugt dadurch ein Reibegeräusch (fricatives Geräusch). Sowohl
der Stimmton wie auch die Platzgeräusche und die Reibe-
geräusche finden Resonanz in den oberhalb ihrer Entstehungs-
stelle befindlichen, bezw. diesseits derselben liegenden Hohl-
räumen.

4. Wird der Stimmton erzeugt ohne gleichzeitige Verschluss-
oder Engebildung im Ansatzrohre, so fungirt das letztere lediglich als Resonanzraum des Stimmtones. In diesem Falle entsteht ein Vocallaut, welcher je nach der verschiedenen Gestaltung des resonirenden Ansatzrohres auch seinerseits verschiedenen Klang erhält. Namentlich werde Folgendes hervorgehoben: a) je nachdem bei Erzeugung eines Vokals die
Mundöffnung weit oder eng ist, enthält der Vocal entweder
offenen oder geschlossenen Klang (sog. „Qualität"); b) wird
bei der Vocalbildung der Nasenraum von dem Mundraum ab-
gesperrt, so entstehen die sog. Mundraumvocale (orale Vocale),
im entgegengesetzten Falle die Nasalvocale.

Wird der Stimmton erzeugt und zugleich an bestimmten
Stellen des Ansatzrohres entweder ein Verschluss oder eine
Enge gebildet, so entstehen je nach der Beschaffenheit des
Verschlusses, bezw. der Enge die (nichtvocalischen) Nasallaute
(die N- und M-Laute) und die sog. Liquida-Laute (die R- und
L-Laute).

Wird irgendwo im Ansatzrohre ein Verschluss gebildet
und sodann von dem emporsteigenden Luftstrome gesprengt,

ohne dass gleichzeitig der Stimmton erzeugt wird, so entstehen die tonlosen Platzlaute (oder Explosivae). Je nachdem an der Verschlussbildung die Lippen (labia), Zähne (dentes), der harte Gaumen (palatum) oder der weiche Gaumen (das Gaumensegel, velum) in maassgebender Weise betheiligt sind, unterscheidet man labiale, dentale, palatale und velare Explosivae.

Wird irgendwo im Ansatzrohre eine Enge gebildet, an deren Wänden sich der emporsteigende Luftstrom reibt, ohne dass gleichzeitig der Stimmton erzeugt wird, so entstehen die tonlosen Reibelaute (Fricativae oder Spiranten). Nach der Stelle der Engebildung werden wieder labiale, dentale, palatale und velare Reibelaute unterschieden.

Wird, indem der emporsteigende Luftstrom einen Verschluss sprengt oder an den Wänden einer Enge sich reibt, gleichzeitig der Stimmton (schwach) erzeugt, so entstehen die tönenden Explosivae und die tönenden Fricativae (Spiranten), welche ebenso wie die tonlosen, entweder labial oder dental oder palatal oder velar sind.

Durchbricht der emporsteigende Luftstrom den ihm entgegenstehenden Verschluss der Stimmbänder, ohne diese in Schwingungen zu versetzen, so entsteht ein (ganz schwaches) Kehlkopf-Platzgeräusch, der sog. Spiritus lenis.

Reibt sich der emporsteigende Luftstrom an den Rändern der ihm entgegenstehenden Stimmbänder, ohne die letzteren in Schwingungen zu versetzen, so entsteht ein Kehlkopf-Reibegeräusch, der sog. Spiritus asper = ' h.

Das aus den aufgeführten Möglichkeiten sich ergebende System der Laute werde durch folgende Tabellen veranschaulicht:

A. Vocale

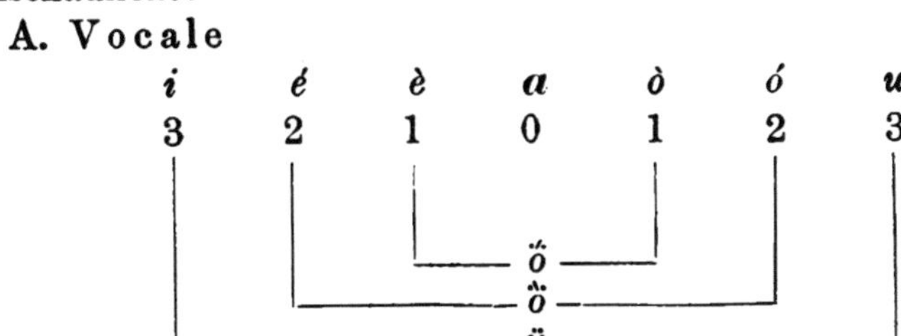

Zwischen je zweien einander benachbarten dieser zehn Vocale z. B. zwischen *é* und *è*) liegen unzählige Vocalnuancen, denn je nachdem die Mundstellung des *é* mehr oder weniger derjenigen des *è* genähert wird, entstehen Laute, welche entweder mehr von der Beschaffenheit des *é* oder mehr von derjenigen des *è* an sich haben.

B. Platz- und Reibelaute (Explosivae und Fricativae oder Spiranten), Nasale und Liquidae

(siehe Tabelle auf S. 139).

Die in diesen Tabellen verzeichneten Laute sollen nur die Hauptlauttypen darstellen. Der Übergang von einem Typus zum anderen wird durch Laute vermittelt, die in mannigfachster Abstufung (gleichsam in Bruchtheilen) die Beschaffenheit des einen Typus mit der des anderen verbinden (z. B. bei Vocalen den offenen und den geschlossenen Klang). Ueberdies wird die Mannigfaltigkeit der Vocale vermehrt durch die Verschiedenheiten der Stimmlage, sowie durch die der Dauer und der Stärke des Luftstromes, welche bei der Erzeugung eines jeden in Anwendung kommen können (s. Nr. 6 u. 7). Die Zahl der Explosivae aber erhöht sich durch die Möglichkeit ihrer gehauchten Aussprache.

Von diesen unendlich vielen überhaupt erzeugbaren Lauten gelangt in jeder Sprache immer nur eine verhältnissmässig kleine Zahl zur Verwendung, aber freilich bestehen auch in dieser Beziehung, wie in allen anderen, zwischen den Einzelsprachen die mannigfaltigst abgestuften Verschiedenheiten. Die in einer Sprache zur Verwendung gelangenden Laute bilden den Lautbestand derselben, welcher übrigens ein stets wechselnder ist, in steter Entwickelung sich befindet (vgl. § 27).

5. Unmittelbare Klangfähigkeit besitzen nur die Vocale, die Nasale (N- und M-Laute) und die Liquidae (R- und L-Laute), d. h. nur sie sind für sich allein voll vernehmbar. Sie werden deshalb als S o n o r e bezeichnet.

Die Platz- und Reibelaute besitzen nur mittelbare Klangfähigkeit, d. h. sie sind voll vernehmbar nur dann, wenn sie vor oder nach einem Vocal oder einem Nasal oder einer Liquida erzeugt werden. Weil sie also nur in Verbindung mit einem Sonor tönen, werden sie als C o n s o n a n t e n bezeichnet.

Die mittelbare Klangfähigkeit ist verhältnissmässig gross bei den Reibelauten, verhältnissmässig gering bei den Platzlauten, welche letzteren daher als M u t a e bezeichnet werden.

Ein einzeln erzeugter Sonor oder eine mittelst e i n e s

	I. Die beiden Lippen bilden Enge, bzw. Verschluss		II. Die Unterlippe bildet mit den oberen Schneidezähnen Enge, bzw. Verschluss		III. Die oberen Schneidezähne und die Zungenspitze bilden Enge, bzw. Verschluss		IV. Die Zungenspitze und die Alveolen d. oberen Schneidezähne bilden Enge, bzw. Verschluss		V. Die Zungenspitze bildet mit dem Vordergaumen Enge, bzw. Verschluss		VI. Der Zungenrücken und der hintere Gaumen bilden Enge, bzw. Verschluss		VII. Der Zungenrücken und das Gaumensegel bilden Enge, bzw. Verschluss	
	tönend	tonlos	tönend	tonlos	tönend	tonlos	tönend	tonlos	tönend	tonlos	tönend	tonlos	tönend	tonlos
Reibe-Laute	w^1 = w in mitteld. *Liewe* f. *Liebe*	f^1 = w in deutsch. *Quelle*	w^2 =franz. *v*	f^2 =franz. *f*	z^1 = th in engl. *thou*	s^1 = th in engl. *thin*	z^2 = z in franz. *zéro*	s^2 = s in franz. *son*	z^3 = j in frz. *jeu,* und g in frz. *âge*	s^3 = ch in franz. *chanter*	j = engl. y in *yes*	ch =dtsch. ch in *Sichel*	γ = g in niederdeutsch *Lage*	χ = ch in deutsch *ach*
Verschl.-Laute	b^1 = b in franz. *bon* (Hierzu Nasal *m*)	p^1 = p in franz. *port*	b^2 fehlen in den romanischen Schriftsprachen	p^2	d^1 fehlen in den romanischen Schriftsprachen	t^1	d^2 =franz. d in *dada* (Hierzu Nasal *n*)	t^2 =franz. t in *total*	d^3 fehlen in den romanischen Schriftsprachen	t^3	g^1 = g in franz. *guerre*	k^1 = k in frz. *kilomètre, quel*	g^2 =franz. g in *goût* (Hierzu Nasal *ng* [in *lang*])	k^2 =franz. c in *cadeau*
	labiale Consonanten		labiodentale Consonanten		linguodentale Consonanten. (Hierzu linguodent. *l*)		linguoalveolare Consonanten. (Hierzu linguoalv. *l,* Zungen-*r*)		linguopalatale Consonanten. (Hierzu linguopal. *l*)		linguodorsalpalatale Consonanten		linguovelare Consonanten. (Hierzu linguovel. Zäpfchen-*r*)	

Luftstroms erzeugte Verbindung von Sonor + Consonant(en) oder Consonant(en) + Sonor bildet eine sog. Silbe. Meist ist der Sonor einer Silbe ein Vocal (pa, ap etc.), er kann aber auch sehr wohl ein Nasal oder eine Liquida sein (so z. B. wenn man in der deutschen Umgangssprache *Rei-tr*, *Han-dl* u. dgl. statt *Reiter*, *Handel* spricht). Einen solchen silbenbildenden Nasal- oder Liquidalaut nennt man *nasalis*, bezw. *liquida sonans*.

Zwei (oder mehrere) Vocale werden entweder mittelst nur eines Luftstromes oder mittelst zweier (dreier etc.) unmittelbar aufeinander folgender Luftströme erzeugt. Im ersteren Falle entsteht eine einsilbige, im letzteren eine zwei- (oder mehr-) silbige Vocalverbindung. Eine einsilbige Vocalverbindung wird (je nach der Zahl ihrer Vocale) als Diphthong (oder Triphthong oder Tetraphthong) bezeichnet. Die Vocale *i* und *u* können vor einem nachfolgenden zweiten Vocal in consonantische Function eintreten und in Folge dessen zu Halbconsonanten (i̯, u̯) werden.

6. Die Stimmbänder ertönen so lange, als sie durch den Ausathmungsstrom in Schwingungen versetzt werden. In Folge dessen haben die mittelst des Stimmtons erzeugten (oralen und nasalen) Vocale, Nasallaute (M- und N-Laute) und Liquidae (L- und R-Laute) kürzere oder längere Zeitdauer (Quantität), je nachdem die Ausathmung schneller oder langsamer erfolgt. Man unterscheidet demnach lange, halblange, kurze Vocale und kann ebenso lange etc. Nasale und Liquidae unterscheiden. Eine bestimmte Zeitdauer (Länge oder Kürze) der Vocale kann (aber nicht muss) sich verbinden mit einer bestimmten Klangbeschaffenheit (Qualität, offener oder geschlossener Laut) und mit einer bestimmten Tonstärke (Hoch- oder Tieftonigkeit, s. unter Nr. 7).

Die Reibelaute (Fricativae, Spiranten) ertönen, so lange als der sie erzeugende Ausathmungsstrom an den Wänden der von ihm durchlaufenen Enge sich reibt. In Folge dessen besitzen auch die Reibelaute längere oder kürzere Zeitdauer.

Die Platzlaute ertönen nur in eben dem Augenblicke, in welchem der Ausathmungsstrom den ihm entgegenstehenden Verschluss sprengt. Sie besitzen demnach nur die Zeitdauer eines Augenblickes.

Es zerfallen demnach hinsichtlich ihrer Dauer die Laute in zwei sehr ungleich grosse Gruppen: die Dauerlaute und die Augenblickslaute (Momentanlaute).

7. Der Druck, mittelst dessen der Ausathmungsstrom aus den Lungen in Kehlkopf und Ansatzrohr hinaufgetrieben wird, kann stärker oder schwächer sein. Je nachdem das Eine oder das Andere der Fall ist, ertönen die mit Hülfe des Ausathmungsstromes erzeugten Laute mehr oder weniger laut; ihre akustische Wirkungsfähigkeit ist demgemäss eine grössere oder geringere. Daraus ergeben sich die mannigfachen Betonungsmöglichkeiten und Betonungsabstufungen der Rede.

Innerhalb einer aus Sonor + Consonant(en) oder Consonant(en) + Sonor bestehenden Silbe (s. oben S. 140) wird der Sonor[1]) mit stärkerem Ausathmungsdrucke erzeugt, als der (die) mit ihm verbundene(n) Consonant(en), ist folglich stärker betont, als diese(r), trägt demnach den (respiratorischen oder energischen) Silben h o c h t o n. Besteht eine Silbe aus einem Diphthongen (s. oben S. 140), so trägt entweder der erste oder aber der zweite Vocal den Silbenhochton, so dass die Betonung entweder fallend (z. B. áu) oder steigend (z. B. aú) ist. Entsprechend verhält es sich mit triphthongischen (und tetraphthongischen) Silben.

Sind zwei (oder mehrere) Silben begrifflich mit einander (zu einem Worte) verbunden, so wird der Sonor e i n e r dieser Silben mit stärkerem Ausathmungsdrucke erzeugt, als der (die) Sonor(e) der anderen Silbe(n), er ist folglich stärker betont, als der andere Sonor (bezw. die übrigen Sonore) des Wortes, trägt demnach den (exspiratorischen oder energischen) Worthochton (Accent). [Von dem exspiratorischen oder energischen Accent ist zu unterscheiden der musikalische oder chromatische, d. h. der tonfarbige, Accent, welcher dadurch erzeugt wird, dass der Sonor e i n e r Wortsilbe mit höherer Stimmlage gesprochen wird, als die übrigen im Worte befindlichen Sonore. Die romanischen und germanischen Sprachen verwenden, abgesehen vom Gesange, den chromatischen Accent fast nur zur Andeutung der Frage.]

---

[1]) Meist ist der Sonor ein Vocal, er kann aber auch ein Nasallaut (M- oder N-Laut) oder ein Liquidalaut (L- oder R-Laut) sein.

Der Worthochton ist entweder ein **freier** oder aber ein **gebundener** (fester). Im ersteren Falle kann er nach Maassgabe bestimmter Normen bald die Anfangs-, bald die Mittel-, bald die Endsilben treffen; im zweiten Falle ist er entweder auf die Anfangs- oder auf die Mittel- oder auf die Endsilben beschränkt. Das Griechische, das Lateinische und die romanischen Sprachen haben Endsilbenbetonung; die germanischen Sprachen dagegen Stammsilbenbetonung, d. h. — weil die Stammsilbe, falls ihr nicht Praefixe vortreten, zugleich die Anfangssilbe ist — vorwiegend Anfangssilbenbetonung. Die Art der Wortbetonung (ob frei oder gebunden, ob auf diese oder auf jene Silbenklasse beschränkt) ist das Ergebniss einer (unbewussten) Absicht der Sprechenden, entweder durch eine bestimmte Art der Betonung eine bestimmte sprachästhetische (rhythmische) Wirkung zu erzielen oder aber die vermöge ihres begrifflichen Werthes besonders bedeutsamen Silben auch lautlich als solche zu kennzeichnen. Von Einfluss ist auch das, vom Affecte der Sprechenden abhängige, Zeitmaass (Tempo) der Rede: die lebhafte Rede neigt zur Endungsbetonung, die langsamere gestattet auch Anfangs- und Mittelsilbenton. Die Wortbetonung ist also in jedem Falle psychologisch begründet.

Der Worthochton ist sowohl unmittelbar als auch mittelbar von grösster Bedeutung für den Vocalismus und überhaupt für die Lautbeschaffenheit des Wortes. Unmittelbar, weil die hochtonigen Vocale in Folge ihrer Hochtonigkeit Aenderungen der Zeitdauer und des Klanges (der Quantität und der Qualität) erleiden können; mittelbar, weil die nichthochtonigen (sei es vortonigen oder nachtonigen) Vocale eben in Folge ihrer geringen Tonstärke lautlicher Schwächung, ja selbst der Möglichkeit völligen Schwindens ausgesetzt sind, am meisten selbstverständlich diejenigen Vocale, welche die verhältnissmässig geringste Tonstärke besitzen. Die Aenderungen des Vocalismus aber können dann wieder den Consonantismus beeinflussen.

Zwei (oder mehrere) begrifflich verbundene Worte können, wenn das eine von ihnen dem oder den anderen begrifflich übergeordnet ist, in **der** Weise eine Lauteinheit bilden, dass die begrifflich untergeordneten Worte einen Worthochton nicht erhalten, und also nur das übergeordnete einen solchen besitzt. Dieses Verhältniss wird als Proklisis bezeichnet, wenn die untergeordneten Worte dem übergeordneten vorangehen (z. B. *je te le rends*), als Enklisis, wenn das Umgekehrte der Fall ist (z. B. frz. *rends-le-moi*).

Wenn aber ein jedes der begrifflich (zu einem Satze, einem Satzgefüge) mit einander verbundenen Worte seinen Hochton bewahrt, so ist der Hochton der dem Sinneszusammenhange nach wichtigsten Worte ein stärkerer, als der auf den minder wichtigen Worten ruhende, so dass eine auf- und absteigende Satzbetonung entsteht. Für die Gestaltung dieser Satzbetonung sind freilich auch noch andere Gründe maassgebend als das Wichtigkeitsverhältniss der in den einzelnen Worten zum Ausdruck gelangenden Begriffe. So namentlich das durch den Affect des Redenden bedingte Zeitmaass (Tempo), in welchem die Rede vor sich geht. Eine lebhafte, hastig vorwärts strebende Rede veranlasst Hochbetonung des Satzschlusses und verhältnissmässige Tonschwäche der vorderen Satzglieder, während die langsamere, behaglich vorschreitende Rede den Hochton aller Worte zu verhältnissmässiger Geltung kommen lässt. Indessen muss doch auch in lebhafter Rede die Hochtonsilbe jedes Einzelwortes, das überhaupt als solches empfunden wird, wenigstens kenntlich sein.

Anmerkung. Der menschliche Sprechapparat setzt sich aus verhältnissmässig nur wenigen, in kleinem Raume vereinigten Organen zusammen. Um so bewundernswerther ist seine Leistungsfähigkeit, vermöge deren er die verschiedenartigsten Laute zu erzeugen und mit einander zu verbinden vermag. Bewundernswerth ist namentlich auch die Sicherheit, mit welcher dieser physiologische Apparat in der Regel arbeitet.

Eine ungefähre Vorstellung von der Physiologie der Lauterzeugung und Lautbeschaffenheit kann man durch Selbstbeobachtung gewinnen (Befühlen des Kehlkopfes während des Sprechens; Beobachtung der Lippen- und Zungenbewegungen vor dem Spiegel; Benutzung des Kehlkopfspiegels zur Einschau in den Kehlkopf), aber freilich kann dies eben nur eine ungefähre Vorstellung sein.

Die wissenschaftliche Beobachtung der Lauterzeugung und Lautbeschaffenheit ist ungemein schwierig, weil die Thätigkeit der Sprachorgane sich zum grössten Theile der unmittelbaren sinnlichen Wahrnehmung entzieht und also nur mittelbar erkannt und festgestellt werden kann. Der Lautphysiolog hat für seine Zwecke eine ganze Reihe sinnreich construirter Instrumente und eigenartiger Vorrichtungen zur Verfügung, aber trotz aller in Bezug auf diese Technik gerade neuerdings — besonders durch das hochverdienstliche Wirken des Abbé Rousselot — erreichter Vervollkommnungen erweisen sich doch diese Mittel als noch nicht zulänglich. Auch den mit grösster Genauigkeit ausgeführten lautphysiologischen Beobachtungen haftet immer der Mangel an, dass ihr Ergebniss abhängig ist von der Hörfähigkeit des Beobachters[1]), also so lange, als nicht mehrere Beobachter zu gleichem Ergebnisse gelangen, nur subjectiven Werth besitzen kann. Aber selbst die Uebereinstimmung mehrerer Beobachter bietet noch keine unbedingte Gewähr der Richtigkeit, besonders dann nicht, wenn die Beobachter sämmtlich derselben Sprachgenossenschaft angehören, weil sie dann durch gleiches subjectives Empfinden beeinflusst werden können. Wenige Forschungsgebiete sind in solchem Grade, wie das lautphysiologische, der Gefahr ausgesetzt, Gegenstand subjectiven Meinens statt objectiven Erkennens zu werden. Schon der Umstand, dass die Laute eine zeitliche Erscheinung sind, ist eine gewaltige Erschwerniss der Forschung. Ein Laut ist nur in eben dem Augenblick erfassbar, in welchem er erklingt; der verklungene Laut entzieht sich jeder Prüfung — denn an dem Erinnerungsbilde, das der Sprechende und der Hörende bewahren, kann sie nicht vollzogen werden — und die (meist vorhandene) Möglichkeit der Wiederholung der Lauterzeugung bietet keinen ausreichenden Ersatz, weil die volle Gleichheit des wiederholten Lautes mit dem ersterzeugten sich schwer erweisen lässt. Wohl besitzt man einerseits in der Lautschrift, andererseits in gewissen Instrumenten Mittel zur räumlichen (graphischen) Darstellung der Laute, aber diese Mittel reichen nicht aus: es bleibt immer ein lautliches Etwas übrig, was auch die beste Schrift, das beste Instrument nicht wiederzugeben vermag. Ueberdies erfordert schon die Handhabung phonetischer Schrift und phonetischer Instrumente eine so ungemeine Aufmerksamkeit, dass die Möglichkeit des Irrens von vornherein eine sehr grosse ist, besonders bei der Lautschrift, da bei ihrer Anwendung ausser der Möglichkeit des Sichverschreibens auch die des Sichverhörens vorliegt.

Die an nur einem Individuum vorgenommenen lautwissenschaftlichen Untersuchungen können unmittelbaren Werth nur haben als Mittel zur Feststellung der eben von dieser einen Person vollzogenen Lautbildung, und es dürfen daraus keine verallgemeinernden Schlüsse gezogen werden auf die von der gesammten Sprachgenossenschaft, welcher jenes Individuum angehört, geübte Lautbildung. Selbst an mehreren Individuen angestellte Beobachtungen berechtigen noch nicht zu solchen Schlüssen. Diese darf man nur ziehen auf Grund von Beobachtungen, welche an möglichst zahlreichen Individuen und zwar an Individuen verschiedenen Geschlechtes, Alters und Berufes vorgenommen wurden.

---

[1]) Ueberhaupt muss die Physiologie der Sprachorgane, wenn sie der Phonetik erfolgreich dienen soll, ergänzt werden durch die Physiologie des Ohres. Das Sprechen setzt ja das Hören nothwendig voraus.

Daher ist die Untersuchung der Laute einer lebenden Mundart eine Arbeit, welche nur bei Anwendung ganz methodischen Verfahrens ein wissenschaftliches Ergebniss liefert. Dilettantismus ist der Wissenschaft überall vom Uebel, aber wohl nirgends in dem Maasse, wie auf dem Gebiete der Lautlehre. Daher lasse seine Hand von lautlichen Untersuchungen, wer nicht eine gründliche lautphysiologische Schulung erhalten hat. Ein Philolog als solcher ist, auch wenn er sich, wie seine Pflicht ist, mit den Elementen der Lautphysiologie vertraut gemacht hat, noch bei weitem kein Lautphysiolog, braucht es auch nicht zu sein, ja unter gewöhnlichen Verhältnissen soll er es gar nicht sein. Eben darum aber pfusche der Philolog nicht in lautphysiologische Dinge, sondern bleibe hübsch bei seinem eigenen Leisten. Kann Jemand ein tüchtiger Philolog u n d zugleich auch ein tüchtiger Lautphysiolog sein, nun ja, dann steht es anders. Nur vor Dilettantismus und Pfuscherei soll hier gewarnt werden. Solche Warnung ist aber nur allzu berechtigt auf neuphilologischem Gebiete. Ist doch der Neuphilolog, der auf einer Ferienreise in aller Geschwindigkeit den Lautbestand irgend einer Mundart „erforscht", schon eine stehende Figur im Reiseleben geworden.

Eine kritische Uebersicht über die Hülfsmittel zum Studium der Lautphysiologie und Phonetik hat in trefflicher Weise gegeben *J. Storm* in seinem bekannten Werke „Englische Philologie" Bd. I (Leipzig 1892, 2. Ausg.). Indem auf dieses Buch, welches eine wahre Schatzkammer feinsinniger Bemerkungen über Phonetik im Allgemeinen und englische und französische Phonetik im Besonderen darstellt (freilich eine wenig übersichtlich geordnete Schatzkammer!), ausdrücklich hingewiesen wird, mögen hier folgende Angaben genügen. Bestes und wichtigstes Werk über den Gegenstand sind *Sievers'* „Grundzüge der Phonetik" (3. Ausg. Leipzig 1885, in der 1. Ausg. „Grundzüge der Lautphysiologie genannt), trotz der von *Hoffory* („Prof. Sievers und die Principien der Sprachphysiologie", Berlin 1884) dagegen erhobenen Einwendungen. Indessen Sievers' Buch ist für Anfänger nicht recht brauchbar, mit wirklichem Nutzen werden es nur solche Studirende durcharbeiten können, welche mit den Elementen der Phonetik bereits bekannt sind. Für das Anfangsstudium aber lassen sich namentlich zwei Bücher empfehlen: *Trautmann,* Die Sprachlaute im Allgemeinen und die Laute des Englischen, Französischen und Deutschen im Besonderen (Leipzig 1884 (86), und: *Vietor,* Elemente der Phonetik und Orthoëpie des Deutschen, Englischen und Französischen (3. Ausg. Leipzig 1893 f.). Von diesen beiden Büchern dürfte für das erste Studium dasjenige *Vietor's* zu bevorzugen sein, weil es fasslicher als dasjenige *Trautmann's* ist; bei dem letzteren stört auch das Bestreben, die üblichen lateinischen Kunstausdrücke durch neugebildete deutsche oder auch durch altdeutsche zu ersetzen (z. B. Explosivae durch „Klapper", Fricativae durch „Schleifer"). Sehr belehrend ist auch *Techmer's* Abhandlung „Naturwissenschaftliche Analyse und Synthese der hörbaren Sprache" (in: Internat. Ztschr. f. allgem. Sprachwiss. I [1884] 69; die Abh. ist eine Art Auszug aus *Techmer's*

Buche „Phonetik", Leipzig 1880). Methodisch wichtig und anregend ist *Jespersen's* Schrift: The Articulations of Speech Sounds represented by Means of Analphabetic Symbols (Marburg 1889). — Eine treffliche Darlegung der physikalischen Grundlagen der Phonetik hat *Auerbach* in Ztschr. f. frz. Spr. u. Lit. XVI, 117 gegeben.

Einen Einblick in die experimentelle Behandlung der Phonetik und eine Uebersicht der dabei gebrauchten Instrumente (künstlicher Gaumen, Phonograph, Phonautograph, Mikrophon, Spirometer, Explorateur etc.) gewinnt man z. B. aus *Lenz'* Doctorschrift über die Palatale (Bonn 1888), aus *Auerbach's* oben genannter Abhandlung und *Schwan's* und *Pringsheim's* Aufsatz über den frz. Accent (Herrig's Archiv Bd. 85 p. 203)[1], *Wagner's* Schrift „Der gegenwärtige Lautbestand des Schwäbischen in der Mundart von Reutlingen". Festschr. u. Prgr. der Realanstalt zu Reutlingen 1889 (91), *Rousselot's* auf dem Congresse kathol. Gelehrten zu Paris 1891 gehaltenem Vortrag (über welchen *Koschwitz* Bericht erstattet hat) und namentlich aus *Rousselot's* meister- und musterhafter Dissertation: Les modifications du langage, étudiées dans le patois d'une famille de Cellefrouin (Paris 1892, vgl. darüber Romania XXI, 437, Ltbl. f. germ. u. rom. Phil. 1892 Sept.; Indogerm. Forsch. Bd. IV Anz. p. 77). Ebenfalls musterhafte Arbeiten sind *Pipping's* Abhandlungen: Die Lehre von den Vocalklängen, neue Untersuchungen mit dem Jensen'schen Sprachzeichner (Ztschr. f. Biologie Bd. XXXI, N. F. XIII), und: Ueber die Theorie der Vocale (Acta societ. scient. fennicae, t. XX No. 11, Helsingfors 1894), vgl. Ztschr. f. frz. Spr. u. Lit. XVII[2] 89. Aus letztgenannten Arbeiten kann man zugleich lernen, wie man die phonetische Untersuchung zu führen hat und wie dennoch, trotz bester Methode, die Ergebnisse zum Theil noch fragwürdig ausfallen[2].

Wer als Philolog mit Lautphysiologie sich näher beschäftigen will, der beherzige recht sehr, dass dieselbe eine Naturwissenschaft ist und dass ihr Studium daher gewisse Vorkenntnisse und Fähigkeiten erfordert, die der Philolog oft nicht besitzt und als Philolog auch nicht zu besitzen braucht. Man prüfe also seine geistige Kraft, ehe man dieselbe an ein Studium wendet, welches, wenn es nicht Stümperei sein soll, sehr viel Zeit und Mühe erfordert. Wer aber sich sagen muss, dass seine Leistungsfähigkeit zu einem erfolgreichen Studium der Lautphysiologie nicht ausreicht, der verzichte auch auf selbständige Arbeit auf phonetischem Gebiete. Die Philologie ist wahrlich weit genug, um ihm anderweitigen Spielraum für Bethätigung seines Schaffensdranges zu gewähren.

---

[1] Die Ergebnisse dieser Arbeit aber sind sehr ungenügend.
[2] Da Abbé Rousselot sich an den von Koschwitz geleiteten Feriencursen betheiligt, so ist deutschen Studirenden und Lehren die Möglichkeit geboten, den Unterricht des genialen französischen Phonetikers zu geniessen, ohne um desswillen sich nach Paris begeben zu müssen.

§ 17. Der Lautwandel. 1. Erfahrungsthatsachen sind:
a) Wie der Wortschatz und der Formenbau, so wandeln sich
auch die Laute einer jeden Sprache im Laufe der Zeit mehr
oder weniger, so dass also der Lautbestand einer jeden Sprache
in jeder späteren Zeit ein mehr oder weniger anderer ist, als
er in jeder früheren Zeit es war. — b) Jeder Lautwandel erfordert zu seinem Vollzuge einen längeren Zeitraum; darin
ist es begründet, dass die einzelnen Individuen, welche den
betreffenden Zeitraum zu einem Theile durchleben, sich des
im Vollzuge befindlichen Lautwandels nicht bewusst werden.
— c) Jeder Lautwandel ist räumlich (auf ein bestimmtes
Sprach- oder Mundartgebiet) und zeitlich begrenzt. Daraus
erklärt sich einerseits, dass ein Lautwandel häufig nur in
einer (oder mehreren einzelnen) unter vielen verwandten
Sprachen oder auch nur in einer (oder mehreren) unter vielen
Mundarten einer Sprache vollzogen wird (s. unten Nr. 2);
andererseits, dass die erst nach dem Vollzuge irgend eines
Lautwandels in eine Sprache (Mundart) neu eintretenden
Worte von demselben nicht mehr berührt werden. — d) Auch
abgesehen von den erst nachträglich neu hinzugekommenen
Worten pflegt ein Lautwandel mehr oder weniger zahlreiche
Worte unbetroffen zu lassen, von denen man erwarten sollte,
dass sie ihm hätten unterliegen müssen. Begründet sind diese
der Regel sich entziehenden Fälle meist darin, dass die betreffenden Worte von anderen Worten, auf welche ihrer Beschaffenheit nach der betreffende Lautwandel sich nicht erstrecken konnte, analogisch angezogen und dadurch dem Bereiche der betreffenden Lautänderung entrückt wurden (vgl.
Nr. 2 am Schlusse). Auch andere Gründe können die Wirksamkeit eines Lautwandels hemmen, so namentlich kann ein Wort,
dessen Anwendung vorwiegend auf die litterarischen Kreise
beschränkt ist (ein sog. „Buchwort"), von den Sprechenden
mehr oder weniger geflissentlich in seiner alten Lautform geschützt werden (so erklärt sich z. B. die Erhaltung des i in
frz. *livre* $=$ lat. *lībrum* [vgl. *pĭper*: *poívre*] oder die Erhaltung
des b in frz. *libre* $=$ *liberum* [vgl. *librum*: *livre*]). Auch der
Fall kann eintreten, dass ein Laut an sich in das Bereich
zweier Lautwandlungen fällt und dann entweder eine von

beiden erleidet, so dass er in Bezug auf diese der Regel folgt, während er hinsichtlich der anderen eine Ausnahme bildet, oder aber eine Mischung beider Lautwandlungen eintritt. Mit dem Lautwandel als solchem nichts zu schaffen haben aber diejenigen Fälle, in denen ein Wort einem anderen lautlich angenähert wird, indem entweder das eine Wort durch eine Art Kreuzung mit dem anderen Laute austauscht (so erklärt sich z. B. die auffällige Lautgestaltung von frz. *craindre* und *glaive*, vgl. *Ascoli*, Arch. glott. XI, 439 u. X, 272) oder aber auf dem Wege der sog. „Volksetymologie" einem anderen Worte, mit welchem es eine gewisse begriffliche Beziehung hat oder doch zu haben scheint, lautlich ähnlich gemacht (so wird z. B. altfrz. *ierre* [lat. *hĕdĕre*] zu *lierre* durch Anlehnung an das Verbum *lïer*) [1]).

2. Die im Obigen hervorgehobenen Erfahrungsthatsachen werden, wie selbstverständlich, auch im Verhältnisse der romanischen Sprachen zu dem Lateinischen beobachtet, da ja diese Sprachen geschichtlich die jüngeren (d. h. die mittelalterlichen) und die jüngsten (d. h. die neuzeitlichen) Gestaltungen des Lateins darstellen. In weitem Umfange haben die lateinischen Laute entweder in allen (oder doch nahezu in allen) oder aber wenigstens in mehreren Einzelsprachen oder endlich in e i n e r Einzelsprache oder Mundart bestimmte Wandelungen erfahren. Ein Beispiel für den ersten Fall ist die Palatalisirung (bezw. Assibilirung) des lat. *k* (d. i. *c*) vor

---

[1]) Der eigentliche Lautwandel ist für den begrifflichen Inhalt (die Bedeutung) der Worte völlig belanglos. Es können Worte einerseits in Folge des Lautwandels lautlich stark verändert werden und doch die alte Bedeutung bewahren (vgl. z. B. lat. *laudare:* frz. *louer,,* spr. *lué*, wo also die sieben Laute des lat. Wortes auf 3 vermindert sind, von denen noch dazu nur einer unverändert sich erhalten hat), andrerseits die lautliche Form nahezu unverändert beibehalten und doch die Bedeutung wesentlich ändern (vgl. z. B. lat. *mettere* u. frz. *mettre*). Zwischen Lautform und Bedeutung eines Wortes besteht überhaupt — abgesehen von den sog. Schallworten (Onomatopoieta) — in ausgebildeten Sprachen keine Beziehung oder doch fast keine Beziehung mehr, und gerade der Lautwandel hat wesentlich dazu beigetragen, die ursprünglich vorhanden gewesene Beziehung zu verwischen. Eben durch den Wegfall dieser Beziehung wurden die ursprünglichen Lautbilder der Begriffe zu blossen Lautzeichen für die Begriffe. Nach Vollzug dieser Entwickelung ist an sich jeder Laut und jede Lautverbindung jeder Bedeutung fähig. Daher die Erscheinung, dass völlig oder fast gleichlautende Worte (z. B. frz. *le cou u. le coup*, dtsch. *Kuh*) in verschiedenen Sprachen ganz Verschiedenes bedeuten.

e, ae, oe und *i*), welcher sich nur das Logudoresische (in Sardinien), eine istrische Mundart (Veglia) und das Albanesische entziehen (z. B. lat. *caelum* : ital. *cielo*, frz. *ciel*, span. *cielo* etc., dagegen log. *kelu*, vgl. *Meyer-Lübke*, Rom. Gramm. I, p. 319). Einen Beleg für den zweiten Fall bietet der Wandel des lat. *u* zu *ü* dar, welcher namentlich dem Französischen und dem Provenzalischen eigenthümlich ist, vgl. *Meyer-L.* I, 68.

Für den dritten Fall sei die französische Entwickelung des hochtonigen lat. *a* in freier Silbe (d. h. im Silbenauslaut vor einfachem Consonanten und vor muta cum liquida) angeführt. Dieses *a* nämlich wird im Französischen zu offenem *e* (die unter bestimmter Bedingung erfolgende weitere Entwickelung dieses offenen *e* zu geschlossenem *e* kann hier ausser Betracht bleiben), z. B. *clára* : *claire* = *clère*; *ámas* : *aimes* = *èmes*, *máre* : *mer* = *mèr*, *amáre* : *amer* = *amèr* (: *aimer* = *aimé*)), *mátrem* : *mère* etc. Eine Ausnahme von dieser Regel bildet die 3. P. Sg. Perf. der a-Conj. (chantá[t], vgl. dagegen chantèrent): diese Form ist der Analogie der 2. P. Sg. u. Pl. (*chantas* = *cantas[ti]*, *chantátes* = *cantastis*), vielleicht auch der 1. P. Pl. gefolgt. Einen weiteren Ausnahmefall zeigen die stammbetonten Formen, z. B. von *laver* = *laváre* (*lave*, *laves*, *lave*, *lavent* statt **lèf*, **lèves*, **lève*, **lèvent*): es ist klar, dass sie der Analogie der weit zahlreicheren endungsbetonten Formen gefolgt sind. Der Lautregel entzieht sich auch der Wortausgang -*avu*, z. B. *clávum* : *clou* (vgl. dagegen *clávem* : **clèf*, *clé*), ebenso *Anjou*, *Poitou*: die Neigung, aus *á* ein *è* zu entwickeln, wurde hier überwältigt durch das Bestreben, das *á* der nachfolgenden labialen Verbindung -*vu* anzugleichen, indem man es in *o* verdumpfte. Ein Wort wie z. B. *cave*, endlich verräth sich eben durch sein *a* (überdies auch durch das *c*) als Lehnwort, desgleichen z. B. *esclave* als Fremdwort, in noch gesteigertem Maasse z. B. *slave*.

3. Die theoretischen Sätze, in denen die regelmässig beobachteten Thatsachen des Lautwandels Ausdruck finden — wie eben z. B. „hochtoniges lat. *a* in freier Silbe : frz. *è* (*é*)“ —, werden gemeinhin als „Lautgesetze“ bezeichnet. Dieser Ausdruck ist selbstverständlich nur bildlich aufzufassen, aber auch so ist er nicht eben glücklich gewählt. Denn ein Gesetz setzt einen Gesetzgeber voraus, und von einem solchen kann

bei dem Lautwandel keine Rede sein. Auch der Ausdruck „Naturgesetze" bietet keine beweiskräftige Analogie dar. Denn in dem Worte „Naturgesetze" hat man doch gewiss den ersten Bestandtheil als Subject aufzufassen: es sind Gesetze, welche von der (persönlich gedachten) Natur gegeben worden sind (ähnlich wie Staatsgesetze von der Staatsgewalt erlassene Gesetze sind). Aber auch wenn Naturgesetze Gesetze bedeuten sollen, welche der Natur (etwa von Gott) gegeben worden sind, steht die Sache anders als bei den Lautgesetzen, da, wie schon bemerkt wurde, bei diesen an einen Gesetzgeber nicht gedacht werden kann. Es wäre also vielleicht besser, statt „Lautgesetze" „Lautregeln" zu sagen. Indessen der Ausdruck „Lautgesetze" ist nun einmal fest eingebürgert in der wissenschaftlichen Sprache und muss um desswillen beibehalten werden, was auch, sobald man nur über seinen Sinn klar ist, ohne Nachtheil geschehen kann.

Viel erörtert ist neuerdings die Frage nach der Art der Wirksamkeit der Lautgesetze. Noch *G. Curtius* glaubte (in den „Grundzügen der griechischen Etymologie") eine „regelmässige" und eine „unregelmässige Lautvertretung" unterscheiden, also den Lautgesetzen eine bloss bedingte, allerlei Störungen unterworfene Gültigkeit zuerkennen zu dürfen. Gegen diese Anschauung haben seit dem Jahre 1876 die sogenannten „Junggrammatiker" (Leskien, Brugmann, Delbrück, Osthoff, G. Meyer u. A.)[1] entschiedene und nachdrucksvolle Einsprache erhoben, und sie haben ihrerseits die „Ausnahmelosigkeit der Lautgesetze" als einen der vornehmsten Grundsätze der Sprachforschung aufgestellt. Es hat dies der Forschung ganz zweifellos zum grossen Vortheile gereicht, indem sie dadurch strengere Methode gewonnen hat und von der Gefahr, in der Beurtheilung lautgeschichtlicher Vorgänge subjective Willkür walten zu lassen, befreit worden ist. Aber jedenfalls muss der Satz von der Ausnahmelosigkeit der Lautgesetze in dem bekannten Sinne verstanden werden, in welchem die hochverdienten Sprachforscher, die ihn aufgestellt haben, ihn auffassen. Sie denken selbstverständlich nicht daran, den „Lautgesetzen" eine derartige Allgemeingültigkeit beizulegen, wie

---

[1] Auch W. Scherer darf den Junggrammatikern beigezählt werden.

sie den „Naturgesetzen" zuerkannt wird, sondern von vornherein erkennen sie den Lautgesetzen nur eine räumliche und zeitliche Wirkungsfähigkeit zu, so dass also ein Lautgesetz immer nur als innerhalb einer Einzelsprache (Einzelmundart) und auch innerhalb dieser bloss innerhalb eines bestimmten Zeitraumes wirksam zu denken ist. Zu dieser Beschränkung wird aber noch eine andere, nicht minder wichtige, gefügt. Die Thatsache nämlich wird durchaus anerkannt, dass ein Lautgesetz sich keineswegs immer an allen denjenigen Worten bethätigt, an denen die Bethätigung erfolgen könnte. Erklärt wird diese Erscheinung aus der Möglichkeit, dass die Wirksamkeit eines Lautgesetzes durch die eines anderen aufgehoben werden kann; ferner aus dem Umstande, dass die einem Lautgesetze sich entziehenden Worte Lehnworte, Buchworte, Fremdworte und volksetymologisch umgebildete Worte sein können; endlich und namentlich aber aus dem Walten der Analogie, vermöge dessen Worte und Wortgruppen dem Wirkungsbereiche eines Lautgesetzes entrückt und zum Anschluss an einen anderen, begrifflich verwandten Wortkreis veranlasst werden. So sind zwei Classen von Worten zu unterscheiden: solche, an denen die Lautgesetze sich als wirksam erwiesen, und solche, welche sich dieser Wirksamkeit aus irgend einem Grunde entzogen haben. In methodischer Hinsicht ist diese Unterscheidung ganz gewiss vortrefflich, denn sie nöthigt zu scharfer Prüfung jedes Einzelfalles und verpflichtet den Forschenden, Rechenschaft abzulegen von den Lautgestaltungen, welche mit den Lautgesetzen unvereinbar sind, während man früher mittelst der Annahme eines „sporadischen Lautwandels" solche Fälle sehr einfach erklärte oder vielmehr sie einfach nicht erklärte.

Sachlich indessen sind gegen den Satz von der Ausnahmelosigkeit der Lautgesetze ernste Bedenken zu erheben. Erstlich ist sein sachlicher Werth überhaupt anzuzweifeln. Denn wenn man einerseits ausnahmelose Lautgesetze annimmt, andererseits aber gleichzeitig anerkennt, dass denselben zahlreiche Worte sich entziehen, so sind doch thatsächlich diese Worte Ausnahmen von den Lautgesetzen, und die Lautgesetze wirken nicht ausnahmelos. Denn sagen zu wollen, dass die nicht lautgesetzlich entwickelten Worte gleichwohl keine Ausnahmen von den Lautgesetzen darstellen, weil an ihnen aus irgend welchem Grunde die Lautgesetze sich gar nicht haben bethätigen können, das wäre doch allzu künstlich und würde der gemeinverständlichen Logik zuwiderlaufen. Von ausnahmelos wirkenden Lautgesetzen muss man eben verlangen, dass sie sich innerhalb einer bestimmten räumlichen und zeitlichen Begrenzung in j e d e m Falle bethätigen, welcher in ihrem Bereiche eingeschlossen ist. Wenn ein a u s n a h m e l o s e s Lautgesetz z. B. fordert, dass lat. *á* in freier Silbe zu frz. *è* werde, so muss lat. *lávas* zu frz. **lèves* sich entwickeln. Da nun aber *lávas = laves*, und nicht = **lèves* ist, so kann jenes Lautgesetz nicht ausnahmelos genannt werden. Denn der Umstand, dass das lautlich ungesetzliche *laves* auf Analogiebildung beruht, hebt doch die Thatsache nicht auf, dass es eben lautlich ungesetzlich gebildet ist. In dieser Thatsache aber wird eine Ausnahme von dem betreffenden Lautgesetze anerkannt, welche um desswillen, weil sie erklärlich ist, nicht aufhört, Ausnahme zu sein. Oder soll man sich die Sache so vorstellen, dass es zwei Classen von Worten gibt: eine, innerhalb deren die Lautgesetze ausnahmelos gelten, und eine andere, für welche die Lautgesetze überhaupt nichts bedeuten, sondern andere Normen Gültigkeit haben? Dies würde aber doch mehr nur auf eine Umschreibung oder Umgehung, als auf eine Hinwegräumung des Begriffes „Ausnahme" hinauslaufen. Denn wenn man einmal von „Lautgesetzen" spricht, so versteht es sich doch eigentlich zunächst ganz von selbst, dass sie im Bereich der Laute insoweit allgemein gültig seien, als sich dies mit ihrer oben hervorgehobenen örtlichen und zeitlichen Begrenzung verträgt. Wem man aber trotzdem ihnen von vornherein ein grosses Wortgebiet entziehen will, so stellen die entzogenen Worte thatsächlich doch immer Ausnahmen dar, mag man sie auch nicht als Ausnahmen betrachten wollen.

Es ist aber noch etwas Anderes zu erwägen. Ausnahmelosigkeit der Lautgesetze kann man nur dann behaupten, wenn man den nach Maassgabe der Lautgesetze erfolgenden Lautwandel als einen mechanischen Vorgang betrachtet im Gegensatz zu dem Lautwechsel, welcher die Begleiterscheinung analogischer oder volksetymologischer Umbildung ist. Da nun aber das Sprechen unter allen Umständen eine psychophysische

Thätigkeit ist, so muss mechanische Vollziehung desselben auch hinsichtlich der Lauterzeugung und des Lautwandels als schlechthin ausgeschlossen erscheinen. Nicht also ein mechanischer Vorgang liegt im Lautwandel vor, sondern ein Vorgang, in welchem durch physische Mittel die Erreichung eines psychischen Zweckes angestrebt wird. Das sprechende Individuum ist stets auch zugleich ein denkendes Individuum, und mag das Denken, welches durch das Sprechen sich versinnlicht, auch noch so unbewusst vollzogen werden, es ist doch um desswillen kein mechanisches, und um desswillen kann auch die Wahl der zu erzeugenden Laute nicht mechanisch erfolgen, vollends nicht dann, wenn diese Wahl eine Abweichung von früherer Gewohnheit bedingt. Es muss vielmehr gerade in dem Falle, dass ein Laut für einen anderen, früher an der betreffenden Stelle gebrauchten gesetzt wird, ein psychischer Grund zu solchem Wandel vorliegen: denn gesetzt, dass in der Sprache eine mechanische Lauterzeugung überhaupt möglich wäre, so würde sie die immer erneute Wiederholung eines einmal erzeugten Lautgebildes, nicht aber eine Abänderung desselben zur Folge haben. Was wäre das für ein sonderbarer Mechanismus, der ein *mar* (lat. *mare*) in *mèr* (frz. *mer*) veränderte?

Anmerkung. Die Ausnahmelosigkeit der Lautgesetze wurde zuerst von *Leskien* behauptet in seiner bahnbrechenden Schrift über die Declination im Slavischen und Germanischen (Leipzig 1876). Seitdem ist über die Frage viel verhandelt worden. Eine gute, bis zum Jahre 1886 reichende Uebersicht der betr. Schriften hat *Nyrop* in der Einleitung zu seinem Buche „Adjectivernes kønsbøjning i de romanske sprog" (Kopenhagen 1886) gegeben. Hier seien folgende Schriften genannt: *L. Tobler*, Ueber die Anwendung des Begriffes von Gesetzen auf die Sprache, in: Vierteljahrsztschr. f. wissenschaftl. Philos. Bd. III, 32 (höchst gediegene Abhandlung, welche kein Philolog ungelesen lassen sollte); *Misteli*, Lautgesetz und Analogie, in: Ztschr. f. Völkerpsych. XI, 365 u. XII, 1; *Osthoff* und *Brugmann*, Morpholog. Untersuchungen I (1878) p. XIII (hier wird als erster „methodischer Grundsatz" der „junggrammatischen" Richtung hingestellt: „Aller Lautwandel, soweit er mechanisch vor sich geht, vollzieht sich nach ausnahmslosen Gesetzen"; dagegen sprach *Bezzenberger* in Gött. gel. Anz. 1879 p. 641; auch *J. Schmidt* erkannte die Richtigkeit des Satzes [nur in bedingter Form an: „Ganz ausnahmslose Lautgesetze, d. h. deren Ausnahmen wir alle erklären können, gehören ja noch zu den grössten Seltenheiten", Ztschr. f. vergl. Sprachf. XXV, 134); *Delbrück*, Einleitung in das Sprachstudium,

Leipzig 1880, p. 112 (in der 2. Ausg. p. 213), vgl. dagegen *d'Ovidio* in der Rivista di filologia, vol. X fasc. 5, 6; *Paul*, Principien der Sprachgeschichte, Halle 1880, p. 55 (in der 2. Ausg. p. 61; *Paul* vertritt den junggrammatischen Standpunkt in sehr besonnener Weise, indem er u. A. sagt: „in dem Sinne, wie wir in der Physik oder Chemie von Gesetzen reden . . . ., ist der Begriff ‚Lautgesetz‘ nicht zu verstehen"); *G. Curtius*, Zur Kritik der neuesten Sprachforschung, Leipzig 1885 (gegen die Junggrammatiker; bereits früher hatte *Curtius* in den Berichten der K. sächs. Gesellsch. d. Wissensch. 1870, philol.-hist. Cl., „Bemerkungen über die Tragweite der Lautgesetze, besonders im Lateinischen und Griechischen" veröffentlicht); gegen *Curtius* schrieben: *Delbrück*, Die neueste Sprachforschung, Leipzig 1885; *Brugmann*, Zum heutigen Stand der Sprachwissenschaft, Strassburg 1885, vgl. auch *Merlo*, Cenni sullo stato presente della grammatica ariana istorica e preistorica a proposito di un libro di G. Curtius, in: Rivista di filol. e d'istruz. classica Bd. XIV (1885); *Ascoli*, Una lettera glottologica, Torino 1881, und: Dei Neogrammatici (mit einer Poscritta), in: Archivio glottologica X 1 (ungemein inhaltsreiche und scharfsinnige Schriften, welche nicht bloss für die allgemeine Sprachwissenschaft, sondern insbesondere auch für die romanische Philologie von höchster Bedeutung sind); *Schuchardt*, Ueber die Lautgesetze. Gegen die Junggrammatiker. Berlin 1885 (höchst anregende Schrift des berühmten Sprachforschers und Romanisten, welche auch die gebührende Beachtung gefunden und eine Reihe gehaltvoller Recensionen veranlasst hat, vgl. namentlich Revue crit. vom 2. Febr. 1886 und Ltbl. f. germ. u. rom. Phil. 1886 p. 1); *F. Müller,* Sind die Lautgesetze Naturgesetze? in *Techmer's* Ztschr. I, 211 (die Frage wird verneint); *Jespersen*, Zur Lautgesetzfrage, in *Techmer's* Ztschr. III, 188 (interessante Abhandlung); *Wallenskjöld*, Zur Klärung der Lautgesetzfrage, in der Tobler gewidmeten Festschrift (Halle 1895) p. 288 (sehr lesenswerthe gedankenreiche Abhandlung; der Verfasser verneint den Begriff der „Lautgesetze", wie derselbe von den Junggrammatikern gefasst wird, vgl. Romania XXIV, 458); *Wundt*, Methodenlehre (Logik Bd. II) p. 564 (in der zweiten Ausg. des Buches [Stuttgart 1894] ist der betr. Abschnitt noch nicht erschienen), ferner in seinen Essays (Leipzig 1886) und in den „Philosophischen Studien" III 2 (W. ist Junggrammatiker).

4. Die Frage nach den Ursachen des Lautwandels wird selbstverständlich nicht dadurch genügend beantwortet, dass man auf die Wandelbarkeit aller irdischen Dinge hinweist. Gewiss, alles Irdische ist in stetem Flusse begriffen, und um desswillen sind es auch die Lautgebilde der Sprache. Aber diese Selbstverständlichkeit des Lautwandels schliesst doch das Vorhandensein besonderer Ursachen desselben keineswegs aus, sondern fordert es vielmehr, da in allem Werden Causalzusammenhang wahrnehmbar ist.

Ausgeschlossen muss von vornherein die Annahme bleiben, dass der Lautwandel die Folge physiologischer Veränderungen in den Sprachorganen der Angehörigen einer Sprachgenossenschaft sei. Abgesehen davon, dass solche physiologische Veränderungen doch nur in dem Wandel der physischen Bedingungen (des Klimas etc.), unter denen eine Sprachgenossenschaft lebt, begründet sein könnten, ein derartiger Wandel aber wohl nur selten in erheblichem Grade stattgefunden hat, so steht die erwähnte Annahme in Widerspruch mit den Thatsachen. Denn wenn z. B. im Romanischen ein *c* (= *k*) vor *e* und *i* palatalisirt oder assibilirt wird, so beruht dies doch nicht darauf, dass die Romanen zur Aussprache eines *k* vor hellen Vocalen unfähig geworden seien, denn sie sprechen ja ein aus *qu* hervorgegangenes *k* in solcher Stellung ohne alle Schwierigkeit (z. B. ital. *che, chi,* frz. *que, qui*). Oder lat. *á* kann nicht desswegen im Französischen zu *è* geworden sein, weil seine Aussprache Mühe bereitete: denn sonst würde nicht *laves* (= *lavas*) statt des lautregelmässigen **lèves* sei es beibehalten worden, sei es wieder eingetreten sein. Man wird durchaus glauben dürfen, dass die Sprachorgane der jetzigen Italiener, Franzosen etc. noch geradeso beschaffen sind, wie die der lateinisch redenden Italer, Gallier etc. es waren. Wenn dem aber so ist, dann lag nicht der leiseste physiologische Grund vor zum Wandel der lateinischen Laute im Romanischen. Dagegen lässt sich selbstverständlich nicht einwenden, dass den Romanen die richtige Aussprache des Lateins einige Schwierigkeit bereitet, so z. B. den Franzosen die Aussprache der Mundraumvocale vor nasalem Silbenauslaute (*sum, cum, dum* etc.). Denn das ist lediglich Sache der Gewöhnung.

Denkbar dagegen ist, dass bei Uebertragung einer Sprache auf ein ursprünglich anders redendes Volk (z. B. des Lateins auf die keltisch redenden Gallier) der Lautwandel, wenigstens zum Theil, mittelbar eine physiologische Nothwendigkeit oder doch ein praktisches Auskunftsmittel gewesen sei, indem die anders gewöhnten Sprachorgane des eine neue Sprache annehmenden Volkes gewisse Laute dieser neuen Sprache entweder gar nicht oder nur mit Mühe hervorzubringen vermocht hätten, so dass deren Ersatz durch andere Laute entweder nothwendig war oder doch sehr nahe lag. Es wäre dies dann derselbe Vorgang, aus welchem es sich erklärt, dass z. B. ein Deutscher sehr geneigt ist, statt der französischen Nasalvocale Mundraumvocale mit nachfolgendem nasalen Consonanten oder statt des englischen *th* ein *ss* oder statt des slavischen gutturalen *l* ein linguodentales *l* zu sprechen. Uebrigens ist dabei, genau genommen, nur die äussere Ursache des Vorgangs eine physiologische, die innere dagegen eine psychologische, nämlich das Trägheitsprincip, bezw. das Streben nach Kraftersparniss.

Im Verhältniss zwischen Lateinisch und Romanisch dürfte diese Ursache des Lautwandels oft wirksam gewesen sein. Feststellen aber lassen sich in Bezug hierauf Thatsachen nicht, da uns jede genauere Kenntniss von der Lautbeschaffenheit der vorlateinischen Sprachen der später lateinisch redenden Völker fehlt.

Aber auch abgesehen von dem Falle der Sprachübertragung ist in dem Trägheitsprincip eine der vornehmsten Ursachen des Lautwandels zu erkennen. Denn auf seine Bethätigung muss man es zurückführen, wenn Laute, welche als begrifflich werthlos erschienen, in Wegfall kamen, und wenn Lautverbindungen, deren Aussprache physiologisch schwierig war, irgendwie erleichtert oder vereinfacht wurden. Es sei hier auch an das erinnert, was bereits oben erörtert wurde (s. S. 132).

Von nicht minderer Wichtigkeit ist ein anderes Princip, welches im Gegensatz zu dem der Kraftersparniss dasjenige der Kraftaufwendung genannt werden kann: es bekundet sich in dem Bestreben, die Hochtonsilbe des Wortes quantitativ zu verstärken und sie dadurch als den lautlichen Kernpunkt der Worteinheit zu kennzeichnen. Auch dieses Streben ist selbstverständlich ein psychologisches, denn es dient (wie schon der Hochton an sich) der ästhetischen Ausgestaltung des Wortes, in Sprachen mit Wortstammbetonung zugleich auch der begrifflichen Hervorhebung des Wortstammes als des wichtigsten Wortbestandtheiles.

Auf diesem Principe beruht z. B.[1]) die französische Di-

---

[1]) Es soll eben nur ein Beispiel gegeben werden, sonst würde eine ganze Reihe von Lauterscheinungen (unter anderen auch die Reduplication) zu besprechen gewesen sein.

phthongirung langer hochtoniger lateinischer Vocale (besonders
in freier Silbe), nämlich:

ă (u. *ā*) : *ái* : **ęi* : *ęi* : *è* (z. B. *ámas* : *áimes* : *èmes*)[1]);

e : *ęi* (z. B. *mē* : *méi*, woraus weiter *mói* etc., endlich
mŭá);

ǫ : *ou* (z. B. *amǫr[em]* : *amóur*, woraus *amur*);
vermuthlich auch:

í : *ii* : *ī* (z. B. *rīpa* : **riive* : *rive*);

ú : *ui* : *ü* (z. B. *mūr[um]* : **muir* : *mür*).

Diese Diphthongirung ist eben aufzufassen als eine über
die einfache Vocallänge hinausgehende Längung der Hochtonsilbe, eine Längung, vermöge deren der Hochtonsilbe möglichste Dauer und damit möglichste Kraft verliehen werden
sollte. Durch analogische Anbildung konnte dann der Diphthong (bezw. der aus ihm entstandene Monophthong) auch
auf tieftonige Silben übertragen werden, daher z. B. *aimóns*
f. *amóns* nach *aime*, *croyons* f. *créons* nach *croi(s)*, *pleuróns*
f. *plouróns* nach *pleure* etc. Anderseits konnte die Diphthongirung
aufgehalten oder wieder rückgängig gemacht werden durch
die Analogiewirkung derjenigen Formen, in denen der betreffende Vocal tieftonig war, daher z. B. *laves* für **lèves*
wegen *lavóns* etc., *trouves* für **trueves treuves* wegen *trou-
vóns* etc.

Das Princip des Kraftaufwandes verbindet sich mit dem
Princip der Kraftersparniss: das der Hochtonsilbe zugewandte
Plus an Kraft kann ausgeglichen werden durch ein Minus an
Kraft bei den Tieftonsilben, in Folge dessen die letzteren
lautlich geschwächt werden, ja völlig unterdrückt werden
können. —

Eine sehr wesentliche und in vielfacher Richtung sich bethätigende Ursache des Lautwandels ist der **Affect**, mit
welchem die Rede vollzogen und durch welchen das Zeitmaass (Tempo) derselben bedingt wird. Ja, man ist berechtigt,
in dem Affecte die Grundursache des Lautwandels zu erblicken, da sowohl das Princip der Kraftersparniss wie auch

---

[1]) Wenn *clavum*: *clou* neben *clavem*: *clef* steht, so ist das eine
mehr scheinbare als wirkliche Ausnahme: in *clavu[m]* war, ehe Diphthongirung des *a* eintrat, das Princip der Angleichung wirksam, vermöge dessen *a* der nachfolgenden Labialverbindung angenähert, d. h.
zu *o* hinübergeführt wurde; der Diphthong wurde dann mittelst *o* gebildet.

das des Kraftaufwandes auf den Affect als auf ihren gemeinsamen Ursprung sich zurückführen lässt.

In dem Leben eines jeden Menschen wechseln unaufhörlich Lust- und Unlustempfindungen mit einander ab, wobei freilich die Empfindung sowohl der Lust als auch der Unlust den Gleichgültigkeitspunkt (Indifferenzpunkt) oft nur so wenig überschreitet, dass sie gar nicht zum Bewusstsein des Empfindenden gelangt. Der stete Wechsel zwischen Lust und Unlust hat steten Wechsel der seelischen Stimmung, des Affectes, zur Folge, und aus dem Durchschnitt der Stimmungsschwankungen ergibt sich das Temperament.

Die seelische Stimmung, und zwar sowohl die Momentanstimmung (Erregung) als auch die Dauerstimmung (Temperament), beeinflusst den Vollzug aller psychophysischen Thätigkeiten, so auch diejenige des Sprechens. Je nach der Stimmung des Redenden wechseln Stimmlage und Tonfall der Rede: der Zornige redet anders (lauter, hastiger etc.) als der Betrübte, anders als der Freudige etc. Je nach der Stimmung des Redenden ist die Rede eine mehr oder minder lebhafte, und je nach dem Grade der Lebhaftigkeit schreitet sie entweder verhältnissmässig rasch oder verhältnissmässig langsam voran. Und zwar findet dieser Wechsel statt nicht bloss bei den verschiedenen Reden[1]), welche ein Individuum während einer bestimmten Zeit (bezw. während seines ganzen Lebens) vollzieht, sondern auch in Bezug auf eine und dieselbe Rede, da auch während dieser die Stimmung des Redenden fortwährend, sei es auch noch so wenig, auf- und niederschwankt, und dieses Schwanken sich in der Rede abspiegelt[2]). So geschieht es, dass selbst in kurzer Rede die einzelnen Worte sehr verschieden ausgesprochen werden: die einen hastig schnell,

---

[1]) Es versteht sich von selbst, dass der Begriff der Rede hier im allgemeinsten Sinne aufzufassen ist.

[2]) Es ist bekannt, dass ein Vorleser — auch wenn er etwas vorliest, was er selbst geschrieben hat — meist ausdrucksloser und eintöniger spricht, als ein frei Redender. Es beruht dies darauf, dass der Vorleser in dem Inhalte des Vorgelesenen nicht unmittelbar Empfundenes vortragen kann, denn auch wer gestern erst eine Rede niederschrieb und heute sie ablesend vorträgt, befindet sich nicht mehr in der gleichen Stimmung, wie in der Stunde der Abfassung. Daher legen des Wortes gewandte Redner so häufig das Manuscript, das sie abzulesen begannen, bald bei Seite und ziehen den freien Vortrag vor.

andere behaglich langsam, noch andere in mittlerem Zeitmaass etc.; ja, so geschieht es, dass innerhalb einer, selbst kurzen, Rede ein und dasselbe Wort, wenn es öfters wiederholt wird, bei jedem einzelnen Male je nach dem Affecte, unter dessen Einflusse es ausgesprochen wird, eine etwas andere Aussprache erhält. Daraus erklärt sich ja z. B., dass ein und dasselbe Wort bald als Volltonwort, bald als En- oder Proklitika gesprochen wird, in welchem letzteren Falle es lautlich so vernachlässigt werden kann, dass es von einem Worte zu einem Worttheile herabsinkt.

Die Angehörigen einer Sprachgenossenschaft (eines Volkes oder Volksstammes) stehen unter dem Einflusse der Gemeinsamkeit wichtigster Lebensverhältnisse und neigen in Folge dessen auch zu einer gewissen Gemeinsamkeit des seelischen Affectes, vermöge deren jede Genossenschaft ein bestimmtes Temperament ausbildet, das man National- oder Stammestemperament nennen kann. Selbstverständlich muss dasselbe in der Sprache Ausdruck finden. Von höchster Bedeutung ist nun auch hier die grössere oder geringere Lebhaftigkeit des Temperamentes. Wo grosse Lebhaftigkeit sich bethätigt, da drängt die Rede im Worte und im Satze hastig vorwärts. Dies hastige Vorwärtsdrängen hat nicht nur allerlei syntaktische Vorwegnahmen (Prolepsen) und Constructionsvermischungen (z. B. Attraction) zur Folge, sondern es ergeben sich daraus auch mannigfache Lautwandelungen, die man sämmtlich als proleptisch bezeichnen kann. Der lebhaft Redende ist geneigt, den Vocal der Nachtonsilbe bereits in der Hochtonsilbe anzudeuten (Umlaut) oder ihn in diese einzubeziehen (Epenthese, z. B. *gloria : gloire*); er lässt gern in den mit *i* oder *u* anhebenden steigenden Diphthongen den ersten Vocal zum Halbconsonanten werden; er verschmilzt den Vocal mit einem nachfolgenden Nasal zu einem Nasalvocal; er ist bestrebt, die vocaltrennenden Consonanten zu schwächen oder ganz zu beseitigen (z. B. lat. *pacare* : frz. *payer, securum : sëur*) und aus letzterem Verfahren sich ergebende Vocalverbindungen zu vereinfachen (z. B. frz. *sëur* : *sûr*); er ist bemüht, die ungleichen Bestandtheile einer Vocal- oder Consonantengruppe dadurch leichter und also auch rascher sprechbar zu machen, dass der eine Bestandtheil dem anderen völlig oder theilweise angeglichen oder dass der eine Bestandtheil völlig unterdrückt oder einem Wechsel der Beschaffenheit unterworfen wird oder endlich, dass beide Bestandtheile mit einander vereinigt werden. Aus diesem Bemühen ergeben sich die vocalische und consonantische Assimilation (z. B. lat. *aut* : frz. *ou*, *lectus* : ital. *letto*), die Vereinfachung complicirter Consonantengruppen durch Unterdrückung oder Vocalisirung des ersten Consonanten (so z. B. Schwund des gedeckten *s*, Vocalisirung des gedeckten *l* im Französischen), die Vocalcontraction, die Palatalisirung etc. etc. Es ist leicht ersichtlich, dass alle diese Lautwandlungen zugleich eine Kraftersparniss bedeuten, dass also der Affect der Rede die Anwendung des Trägheitsprincipes veranlasst. Die gleiche Beobachtung ist bezüglich der Satzphonetik zu machen: je lebhafter die Rede ist, desto enger wird auch die Lautbindung der begrifflich zusammengehörigen Worte, was aber nur dadurch geschehen kann, dass dem Einzelworte innerhalb des Satzes seine lautliche Fülle und Selbständigkeit mehr oder weniger verkümmert wird, indem es z. B. den die rasche Bindung hemmenden Auslaut (oder auch Anlaut, z. B. das *h*) verliert oder sein Auslaut als Anlaut des nachfolgenden Wortes gesprochen wird (Liaison). So entsteht ein Satzlautwandel, der dazu führen kann, dass das Einzelwort in mehrfacher Lautgestaltung aufzutreten vermag (man denke z. B. an die verschiedenen Formen des griech. κατά). Diese Erscheinung würde uns viel vertrauter sein, wenn nicht die Schrift die Täuschung begünstigte, dass das Wort ein festes Lautgebilde sei.

Einen Wortbestandtheil aber muss auch der lebhaft Redende mit einer gewissen Langsamkeit und mit einem grösseren Kraftaufwande, als die übrigen Theile, sprechen, nämlich die Hochtonsilbe. In Bezug auf diese ist das Princip der Kraftersparniss unanwendbar, denn seine Anwendung würde Vernichtung des Wortes bedeuten. Gerade der sehr lebhaft und rasch Redende gibt der Hochtonsilbe gern lautliche Fülle durch Längung oder Diphthongirung (s. oben S. 157), um wenigstens dadurch im schnellen Flusse der Rede die einzelnen Worte von einander abzuheben. Der Lebhaftigkeit der Rede geschieht dadurch kein Abbruch: die lautliche Ausgestaltung der Tonsilbe hemmt allerdings in etwas das

Vorwärtsstreben der Rede, verleiht aber andererseits dem Einzelworte eine lebhaftere Färbung. Ueberdies entschädigt sich der Redende für den der Tonsilbe gewährten grösseren Kraftaufwand durch an den Tieftonsilben geübte Kraftersparniss, die dann eben lautliche Vernachlässigung dieser Silben zur Folge hat. So ergibt sich aus der durch den Affect bedingten grösseren oder geringeren Lebendigkeit der Rede das mehr oder weniger innige Zusammenwirken der einander entgegengesetzten Principien der Kraftersparniss und der Kraftaufwendung, und eben diesem Widerstreite der psychischen Strebungen entspringt der stetig sich vollziehende Lautwandel [1]).

§ 18. **Das Denken und das Sprechen** [2]). 1. Das Denken vollzieht sich, unter normalen Verhältnissen, nach logischen Gesetzen. In Folge dessen entspricht, unter normalen Verhältnissen, auch die das Denken versinnlichende Rede den logischen Gesetzen. Selbstverständlich bezieht sich dies aber nur auf die formale, nicht auch auf die sachliche Richtigkeit der Rede: eine Rede kann formal durchaus richtig, sachlich dagegen durchaus unrichtig sein.

Die logischen Gesetze können von dem denkenden Subjecte absichtlich und geflissentlich verletzt werden, dann wird

---

[1]) Der Eintritt eines Lautwandels in Folge autoritativer Feststellung der Aussprache (etwa von Seiten eines einflussreichen Grammatikers oder einer Sprachakademie) ist wohl nirgends nachweisbar, während autoritative Regelung der Rechtschreibung oft vollzogen worden ist. Conventionelle Aenderungen einzelner Lautverhältnisse, d. h. der Aussprache einzelner Laute und Lautverbindungen, in Folge des Einflusses, den die Aussprache maassgebender Gesellschaftskreise oder das durch eine geregelte Orthographie gefestigte Schriftbild ausübte, sind auf romanischem und namentlich auf französischem Gebiete mehrfach erfolgt.

[2]) Nicht berührt wurden im obigen Paragraphen die an sich sehr wichtigen Fragen, in wiefern das menschliche Sprachvermögen abhängig ist von der Function bestimmter Nervencentren im Gehirn und in wieweit Verletzungen oder Erkrankungen bestimmter Gehirntheile das Sprachvermögen beeinträchtigen und theilweise oder gänzlich aufheben können. Diese Dinge liegen ausserhalb des Bereichs der Philologie. Wer sich in Kürze darüber unterrichten will, lese *Binet's* Aufsatz „Les maladies du langage" in der Rev. des deux M. Januar 1892, p. 116, in welchem unter Benutzung der Forschungen *Ribot's, Kussmaul's, Bernard's, Egger's* u. A. die verschiedenen Formen der Aphasie recht interessant und fasslich besprochen werden. Man vgl. auch *Ballet*, Die innerliche Sprache und die verschiedenen Formen der Aphasie (übersetzt von *Bongers*), Leipzig und Wien 1890.

auch die das Denken versinnlichende Rede logisch falsch. Dieser Fall hat indessen kein sprachwissenschaftliches Interesse.

Der logische Verlauf des Denkens kann gestört werden durch die Einwirkung des Affectes, indem dadurch unlogische Verbindungen und Durchkreuzungen zweier oder mehrerer Vorstellungsreihen veranlasst werden. Daraus ergeben sich unlogische Redeformen, welche entweder nur gelegentlich auftreten oder aber innerhalb einer Sprache zu dauernder Gewohnheit werden können. Hierher gehören beispielsweise die syntaktischen Prolepsen und Attractionen aller Art (z. B. einem substantivischen Begriffe wird ein Epitheton beigefügt, welches erst in der Folge berechtigt ist; ein Relativpronomen tritt in den Casus des Substantivs, auf welches es sich bezieht, statt in den durch das Satzverhältniss geforderten Casus). Hierher gehört ferner z. B. die bekannte lateinische und romanische Verneinung des Prädicats in dem von einem Verbum oder Ausdruck der Befürchtung abhängigen Objectivsatze (*timeo, ne pluat*), indem diese Construction darin begründet ist, dass die Vorstellung, es werde etwas Widriges geschehen, durchkreuzt wird von dem Wunsche, dass dies nicht geschehen möge. Hierher gehört auch die in volksthümlicher Sprache so beliebte Verdoppelung der Verneinung: dem lebhaft Redenden ist in seinem Affecte daran gelegen, die Verneinung recht stark hervorzuheben, und er setzt sie daher doppelt, ohne sich dessen bewusst zu werden, dass er eben dadurch logisch die Verneinung wieder aufhebt. Hierher gehören endlich auch alle diejenigen Anakoluthe, welche darauf beruhen, dass der lebhaft Redende in seinem Eifer sich nicht die Zeit nimmt, eine begonnene Vorstellungsreihe zu Ende zu führen, sondern vor deren Schlusse schon zu einer anderen ihm sich aufdrängenden überspringt. Freilich kann dies auch geschehen in Folge der Unfähigkeit des Redenden zur sprachlichen Durchführung eines verwickelteren Gedankencomplexes.

In erheblichem Umfange beeinträchtigt wird die Logik der Rede durch die Wirksamkeit des Trägheitsprincipes: der Redende begnügt sich, besonders in der Sprache des Alltagslebens, gern damit, den Gedankenweg seiner Rede durch mehr oder weniger vereinzelte Worte oder Sätze gleichsam nur zu markiren, und überlässt es dem Hörenden, die fehlenden Bindeglieder selbstthätig zu ergänzen und dadurch den logischen Zusammenhang zwischen den Theilen der Rede herzustellen (vgl. oben S. 131) [1]).

2. Die Unterlage (das Substrat) des Denkens wird durch die Begriffe gebildet. Die Begriffe aber werden gewonnen unmittelbar durch die äussere, mittelbar durch die innere Erfahrung.

Die äussere Erfahrung beruht auf der sinnlichen Wahrnehmung.

Der sinnlichen Wahrnehmung stellt sich die Erscheinungswelt, inmitten deren das wahrnehmende Individuum sich befindet, als eine Vielheit von in zeitlichem, räumlichem und ursächlichem Verhältnisse zu einander stehenden Körpern — unbelebten Dingen und belebten Wesen — dar. Jeder dieser Körper wird von dem empirischen Denken als eine seiende Einheit, als eine Substanz aufgefasst, was jedoch nicht ausschliesst, dass auch Einzeltheile eines Körpers und dann wieder die Einzeltheile eines Einzeltheils ebenfalls als seiende Einheiten (Substanzen) aufgefasst werden können. So wird empirisch z. B. nicht nur der Baum als einheitliche Substanz aufgefasst, sondern das Gleiche geschieht auch bezüglich der Theile des Baumes (Wurzel, Stamm, Ast) und deren Theile (Zweige, Blätter, Blüthen etc.). Andererseits können auch getrennte Körper empirisch als e i n e Einheit aufgefasst werden (so z. B. mehrere, bezw. viele räumlich zusammengehörige Thiere als „Heerde"). Diese Möglichkeit collectivischer Auffassung kann sich übrigens in mannigfachster Weise bethätigen.

Aus der Wahrnehmung der empirisch als Substanzen aufgefassten Körper ergeben sich für das Denken die S u b s t a n z -

---

[1]) Ueber das Verhältniss zwischen Logik und Sprache (bezw. Grammatik) handeln selbstverständlich die oben (§ 14) genannten sprachphilosophischen und allgemeinen sprachwissenschaftlichen Werke. Hier seien noch zwei Sonderschriften genannt, die viel Anregendes enthalten: *Şăinénu*, Reporturale intre gramatica şi logica (Bucuresci 1891), und *Marty*, Ueber das Verhältniss von Grammatik und Logik (Symbolae Pragenses, Prag 1893), vgl. über letztere Schrift den Bericht in den Indogerm. Forsch. Bd. III, Anzeiger No. 3 p. 192. Mancherlei Interessantes, was hierher gehört, findet man in der anregenden Schrift von *Meringer* und *Mayer*, Versprechen und Verlesen, eine psychologisch-linguistische Studie, Stuttgart 1895 (befremdlich und bedauerlich ist der grammatisch fehlerhafte Titel).

begriffe, welche entweder als Sonderbegriffe (bezw. Einzel-
begriffe) oder als Collectivbegriffe auftreten.

Das eigentliche (metaphysische) Wesen, das wirkliche
Sein der empirisch als Substanzen aufgefassten Körper entzieht sich der sinnlichen Wahrnehmung. Gegenstand der
letzteren können nur sein die Erscheinungsformen der Körper,
wie sie durch die Beschaffenheit einerseits des menschlichen
Vorstellungsvermögens, andererseits der menschlichen Sinnes-
organe bedingt werden. Niemand hat noch jemals den „Baum“
an sich gesehen, sondern ein Jeder sah, sieht und wird sehen
immer nur einen entweder kleinen oder grossen, entweder
einen grünen oder welken etc. etc. Baum, oder auch einen
Baum, der entweder ruhig stand oder (im Winde) sich be-
wegte, einen Baum, der die Bodenfläche unter sich beschattete
oder unbeschattet liess etc. etc.

Die unendlich vielen Erscheinungsformen eines empirisch
als Substanz aufgefassten Körpers können von dem Denken
entweder als zuständliche Beschaffenheiten (Eigenschaften) oder
als zeitliche Bethätigungen — beziehentlich theils als jene,
theils als diese — des betreffenden Körpers aufgefasst werden.
Daraus ergeben sich die Eigenschaftsbegriffe (Acci-
densbegriffe) und die Thätigkeitsbegriffe.

Einerseits also schliesst jeder Substanzbegriff Eigenschaftsbegriffe und Thätigkeitsbegriffe in sich ein; andererseits aber setzt jeder Eigenschaftsbegriff eine Substanz voraus, an welcher er haftet, und jeder Thätigkeitsbegriff eine
Substanz, in welcher er wurzelt. Die Dreiheit der Substanz,
der Eigenschaft und der Thätigkeit bildet also eine sachlich
unlösbare Einheit. Formal aber kann diese Einheit durch
das Denken in die Dreiheit der genannten Begriffe zerlegt
werden.

Eine Substanz kann sich der sinnlichen Wahrnehmung
in räumlicher und zeitlicher Wiederholung darstellen (man
kann z. B. an verschiedenen Orten und zu verschiedenen
Zeiten verschiedene Bäume sehen), eine Thätigkeit in zeitlicher Wiederholung (z. B. ein Baum kann zweimal, dreimal
etc. blühen). Daraus ergibt sich für das Denken der Zahlbegriff, der sich von den bereits erörterten Begriffen dadurch unterscheidet, dass er nur ein Verhältniss, nicht eine

Form der Erscheinung zum Inhalte hat. Auf Eigenschaften
ist der Zahlbegriff unanwendbar, weil wohl die Substanzen,
an denen Eigenschaften haften, nicht aber die Eigenschaften
selbst der Wiederholung fähig sind.

3. Da ein empirisch als Substanz aufgefasster Körper
nicht an sich, sondern nur vermöge seiner Erscheinungsformen
sinnlich wahrnehmbar ist, so kann auch die das Denken versinnlichende Sprache nicht eine Substanz, sondern immer nur
eine Erscheinungsform (Eigenschaft oder Thätigkeit) der Substanz lautlich andeuten. Wie aber das Denken in den Erscheinungsformen der Substanz zugleich die Substanz selbst
erfasst, so vollzieht die Sprache durch die lautliche Andeutung
einer Erscheinungsform ursprünglich zugleich auch die Andeutung der Substanz, welche vermöge dieser Erscheinungsform sinnlich wahrnehmbar ist. Und wie das Denken den
Substanzbegriff loszulösen vermag von den Erscheinungsform-
begriffen, so kann auch in der Sprache die lautliche Andeutung der Substanz losgelöst werden von der lautlichen
Andeutung der Erscheinungsform. Ein Lautgebilde, an welchem
diese Abstraction vollzogen wird, erhält eben dadurch rein
substanzandeutende Kraft, wird ein Substantiv. Andererseits kann einem Lautgebilde die Fähigkeit, durch lautliche
Andeutung einer Erscheinungsform zugleich auch eine Substanz anzudeuten, entzogen werden, so dass es eben nur
noch eine Erscheinungsform anzudeuten vermag. In diesem
Falle wird das in seiner andeutenden Kraft eingeschränkte
Lautgebilde, je nachdem es eine zuständliche Beschaffenheit
oder eine zeitliche Bethätigung andeutet, zu einem Eigen-
schaftsworte (Adjectiv) oder aber zu einem Zeit-
oder Thätigkeitsworte (Verbum).

Der wichtige Hergang werde, seiner Wichtigkeit wegen,
auch in anderer Form noch kurz dargestellt.

Die von dem Substanzbegriffe mit den beiden ihm inhä-
rirenden Kategorien der Erscheinungsformbegriffe (Eigenschaft
und Thätigkeit) gebildete Vorstellungseinheit kann im Denken
entweder als solche erhalten bleiben oder aber in eine Dreiheit von Begriffen zerlegt werden.

Im ersten Falle sind die begriffsandeutenden Lautgebilde
der Sprache weder Substantiva noch Adjectiva noch Verba,

sondern schliessen gleichsam keimartig sowohl einen substantivischen als auch einen adjectivischen als auch einen verbalen Begriff in sich ein und lassen je nach dem Zusammenhange der Rede und je nach der Richtung, in welcher der Sprachgebrauch hinsichtlich jedes Lautgebildes sich gefestigt hat, bald den ersten, bald den zweiten, bald den dritten Begriff mehr hervortreten, jedoch immer nur so, dass der mehr hervortretende Begriff von den hinter ihn zurücktretenden sich nicht völlig loslöst. Derartige Lautgebilde werden als „Wurzeln" bezeichnet.

Im zweiten Falle — also im Falle der Zerlegung — werden die begriffsandeutenden Lautgebilde der Sprache in drei functionell verschiedene Kategorien zerlegt, indem sie entweder auf die Andeutung des Substanzbegriffes oder auf die eines der beiden Erscheinungsformbegriffe (nämlich entweder des Eigenschafts- oder des Thätigkeitsbegriffes) beschränkt werden. Derartige Lautgebilde werden als „Worte" bezeichnet und wieder nach ihrer Function als Substantive, Adjective und Verben unterschieden. Das „Wort" ist also eine Wurzel, welche eine bestimmte Begriffsfunction erhalten hat. Die zum Wort gewordene Wurzel kann ihre Lautgestalt entweder beibehalten oder dieselbe doppelt setzen (redupliciren) oder aber (und dies geschieht gewöhnlich) dieselbe verändern, sei es durch Wandel des Vocals, sei es durch Anfügung neuer Lautelemente, die wieder an Zahl und Beschaffenheit verschieden sein können. Die Doppelmöglichkeit des Beharrens oder der Veränderung kann übrigens dazu benutzt werden, dass eine und dieselbe Wurzel in der einen Gestaltung in die eine, in der anderen in die andere Wortkategorie eintritt. Wenn an die zum Worte erhobene Wurzel noch weitere lautliche Elemente (sog. Suffixe) zum Ausdruck irgend welcher Begriffsbeziehung antreten können, so wird das, sei es suffixlos gebliebene oder aber mit einem kennzeichnenden Suffixe versehene Wort als „Wortstamm" bezeichnet. Es kann in diesem Falle die Form des Wortstammes verschieden sein je nach der Wortkategorie.

4. Aus dem Gesagten ergibt sich, dass je nach der Art der Begriffsandeutung die Sprache entweder eine Wurzelsprache oder aber eine Wortsprache sein kann; die eine wie

die andere Möglichkeit ist vielfach verwirklicht worden. Es scheint aber, als ob eine Wortsprache immer ursprünglich eine Wurzelsprache gewesen sei, dass also die Wurzelsprache eine ältere, die Wortsprache eine jüngere Sprachentwickelung darstelle. Bestätigt wird diese Annahme auch dadurch, dass bis jetzt, so viel bekannt, noch nie eine Wortsprache zu einer Wurzelsprache geworden ist. Wohl zeigen einzelne Sprachen, so z. B. das Englische, in weitem Umfange die interessante Erscheinung, dass die stammverwandten Worte verschiedener Kategorien durch den aus lautlichen Gründen erfolgten Schwund der kennzeichnenden Suffixe lautlich zusammengefallen sind und dass das so entstandene einheitliche Lautgebilde wurzelhaftes Aussehen zeigt (z. B. engl. *love* „Liebe" und *love* „lieben"). Wohl auch ist in allen Wortsprachen die Thatsache zu beobachten, dass neue Lautgebilde entstehen, aus denen sich einerseits Nomina, andrerseits Verba entwickeln, so dass also diese Lautgebilde als Wurzeln fungiren (z. B. romanisch *clap, pīc, pīce*). Aber weder in dem einen noch in dem anderen Falle ist durch das Auftreten wurzelhaft aussehender und als Wurzeln fungirender Gebilde die begriffliche Scheidung der Wortkategorien rückgängig gemacht worden.

Sowohl die Wurzelsprachen[1] als auch die Wortsprachen vermögen den Zweck der Versinnlichung des Denkens in ausreichender Weise zu erfüllen, sie sind also in dieser Beziehung einander gleichwerthig. In sprachtechnischer Hinsicht dürften die Wurzelsprachen, da sie eben nur mit Wurzeln und nicht mit Worten (also auch nicht mit Wortformen) wirthschaften, Grösseres leisten, als die Wortsprachen. Denn wenn mit einem höchst einfachen Apparate dieselbe Arbeit vollzogen wird, wie mit einem sinnreich complicirten, so zeigt, wer den einfachen Apparat in so erfolgreicher Weise zu handhaben versteht, mehr technisches Geschick, als der mit dem complicirten

---

[1] Die wichtigste Wurzelsprache ist das Chinesische. Einen Einblick in den Bau dieser Sprache zu gewinnen, ist für jeden Philologen höchst belehrend. Es sei desshalb die Lectüre von *Misteli's* Aufsatz über das Chinesische (in *Techmer's* Ztschr. Bd. III, 29) empfohlen, welcher in gemeinverständlicher Weise darüber unterrichtet. Wer etwas mehr Zeit auf die Sache verwenden will, lese die einleitenden Kapitel in *Arendt's* Grammatik des Nordchinesischen (Berlin 1892, Sammlung der Lehrbücher des oriental. Seminars).

Apparate Arbeitende. Aber freilich, wer mit einem einfachen Werkzeuge dieselbe Arbeit leisten will oder soll, welche ein Anderer mittelst eines complicirten Werkzeugs (einer Art Maschine) vollzieht, der wird verhältnissmässig weit mehr Kraft und Zeit auf seine Arbeit verwenden, wird sich für ihren Vollzug viel gründlicher und einseitiger ausbilden müssen, als wer ein Werkzeug benutzt, dessen Construction ihn der Nothwendigkeit vieler Handgriffe überhebt. Jedenfalls sind Wurzelsprachen weniger handlich als Wortsprachen, namentlich als solche Wortsprachen, welche — wovon später zu sprechen sein wird — mehr mit Wortformen, als mit Formenworten arbeiten. Der Chinese hat ganz gewiss eine schwerere (unbewusste) Spracharbeit zu vollziehen, als z. B. der Engländer, mag auch der Unterschied nicht so erheblich sein, wie man auf den ersten Blick glauben möchte. Eben desshalb aber, weil die Wortsprachen leichter zu handhaben sind, als die Wurzelsprachen, sind sie zwar nicht ein vollkommneres, aber ein bequemeres Mittel der Gedankenübertragung und besitzen in Folge dessen eine grössere Brauchbarkeit für die Ausnutzung der Sprache im Dienste der Culturentwickelung. Es ist ganz gewiss kein Zufall, dass nur Völker, welche Wortsprachen redeten — Arier und Semiten —, zu höchster Gesittung emporgestiegen sind, während die wurzelsprachigen Chinesen zwar eine verhältnissmässig hohe Stufe der Cultur erreicht haben, auf derselben aber stehen geblieben und geistiger Erstarrung anheimgefallen sind. Dem Chinesen legt eben die Handhabung seiner Sprache (und Schrift, deren ungeheuere Schwierigkeit zwar keine nothwendige, aber doch eine sehr begreifliche Folge der Beschaffenheit der Sprache ist) eine solche Last geistiger Arbeit auf, dass er zu deren Bewältigung einen sehr erheblichen Theil seiner geistigen Kraft aufwenden muss, den er sonst anderweitig verwerthen könnte.

5. Die Wortsprachen (und insbesondere auch die Wortsprachen arischen Stammes) sind indessen keineswegs Wortsprachen in unbedingtem Sinne, denn die Scheidung der Wortkategorien ist in ihnen durchaus nicht mit voller Bestimmtheit und Strenge durchgeführt. Manche Thatsachen bekunden vielmehr einen Mangel an Scheidung, der gar sehr an die Wurzelhaftigkeit erinnert, vielleicht sogar geradezu

Fortsetzung oder doch Nachwirkung derselben ist. Es werde namentlich auf Folgendes hingewiesen (unter Benutzung lateinischer Beispiele):

a) Unvollkommene Scheidung des Thätigkeitsbegriffes einerseits von dem Substanzbegriffe, andrerseits von dem Eigenschaftsbegriffe — also des Verbums einerseits von dem Substantivum, andrerseits von dem Adjectivum — offenbart sich in dem Vorhandensein der zwitterhaften „Verbalnomina", Worte, welche verbale und nominale (entweder substantivische oder adjectivische oder auch sowohl substantivische als auch adjectivische) Beschaffenheit in sich vereinigen, so dass sie, wo Declination und Conjugation vorhanden ist, der einen wie der anderen angehören. Man vergegenwärtige sich nur, welche Zwieschlächtigkeit in der Doppelconstruction *vir amans patriam* u. v. a. *patriae* sich ausspricht.

b) Das Vorhandensein des Verbum substantivum bezeugt durch Namen und Function die gegenseitige Bedingtheit des Substanz- und des Thätigkeitsbegriffes.

c) Dieselbe Aussage lässt sich vielfach, wenigstens im Wesentlichen gleichwerthig, ebensowohl mittelst des einfachen Verbums wie auch mittelst des Substantivs oder des Adjectivs und des Verbums subst. vollziehen (*Augustus imperabat* und *A. imperator erat; arbor viret* und *arbor viridis est*) —, ein Zeugniss für die ursprüngliche Einheit des Substanz-, Thätigkeits- und Eigenschaftsbegriffes.

d) Der Thätigkeitsbegriff kann als Substanz aufgefasst, und es kann ihm vermöge dieser Auffassung ein Eigenschaftsbegriff beigelegt werden, aus welcher Möglichkeit die Entstehung der Wortkategorie des Adverbiums sich ergibt. Das Adverbium verhält sich zum Verbum analog, wie das Adjectivum zum Substantivum, allerdings eben nur analog, aber auch dies schon ist sehr bemerkenswerth.

e) Substanzbegriff und Eigenschaftsbegriff werden nirgends scharf auseinander gehalten. Es ist vielmehr ihre Scheidung so sehr eine nur gleichsam versuchsweise oder ansatzweise durchgeführte, dass sogar die grammatische Theorie das Substantiv und das Adjectiv als e i n e Wortkategorie höherer Art, als Kategorie des „Nomens" anerkennt in Erwägung dessen, wie Adjectiv und Substantiv gleiche Stammbildung aufweisen und wie adjectivischer Gebrauch des Substantivs und substantivischer des Adjectivs in weitem Umfange möglich ist (z. B. *victor* und *victrix, amicus, vicinus* etc. etc.).

f) Es können sowohl Nomina aus Verben als auch Verba aus Nominibus abgeleitet werden. Auch dies deutet auf die Einheitlichkeit des Substanz-, Eigenschafts- und Thätigkeitsbegriffes hin.

So findet also in den Wortsprachen scharfe Trennung der Wortkategorien nicht statt, und durch das Wort schimmert die Wurzel hindurch.

6. Die drei Wortkategorien des Substantivs, des Adjectivs und des Verbums ergeben sich, wie oben angedeutet wurde, aus der begrifflichen Beschaffenheit der Wurzel. Um desswillen sind sie die einzigen Wortkategorien in dem eigentlichen Sinne dieser Benennung; sie allein sind unmittelbar aus der Wurzel hervorgegangene Schösslinge.

Die von der üblichen Grammatik sonst aufgestellten Wortkategorien sind wesentlich anderer Art und zugleich zweifellos jüngeren Ursprungs.

Das A d v e r b i u m lässt sich, wie schon gesagt wurde (s. Nr. 5 d), bezeichnen als der Ausdruck des Eigenschaftsbegriffes, welcher dem als Substanz aufgefassten Thätigkeitsbegriffe beigelegt wird. Das Adverb ist also nur das in besonderer Verwendung gebrauchte Adjectiv (bezw. Subst., vgl. 5 e).

Des Z a h l w o r t s wurde ebenfalls bereits oben (S. 164) gedacht: es dient dem Ausdrucke des Verhältnisses der Wiederholung, welches zwischen den der Wahrnehmung sich darbietenden Substanzen und Substanzbethätigungen statthat. Nicht also einen Begriff, sondern eben ein Verhältniss, eine Beziehung der gleichartigen Substanzen und Substanzbethätigungen zu einander deutet es an. Das ergibt sich auch daraus, dass das Wiederholungsverhältniss, und zwar sowohl das unbestimmte als auch das bestimmte, auch mittelst der Wortform zum Ausdruck gebracht werden kann (Plural, Dual), freilich nur in beschränkter Weise. Das Zahlwort ist also ein

Beziehungs- (nicht ein Begriffs-)wort[1]). Daran wird nur formal, nicht sachlich etwas geändert durch die Möglichkeit, das Wiederholungsverhältniss, in welchem eine Substanz zu anderen gleichartigen erscheint, als eine Eigenschaft dieser Substanz aufzufassen (Ordinalzahl).

Durchaus nur Verhältniss- oder Beziehungsworte sind die sog. Präpositionen und Conjunctionen, denn ihre Function ist es, das Verhältniss oder die Beziehung anzudeuten, welches oder welche zwischen zweien oder mehreren Begriffen oder Vorstellungsreihen durch das Denken als räumlich oder zeitlich oder ursächlich stattfindend gesetzt wird. Daher sind diese Worte ursprünglich nominale Beziehungsformen (Casus).

Nicht Worte, sondern nur „Lautzeichen" oder „Lautgeberden" sind die sog. Pronomina: sie deuten nicht eine Substanz lautlich an, sondern sie deuten nur auf eine Substanz lautlich hin. Dieser Thatbestand bleibt sachlich auch dann unverändert, wenn die Pronomina den Nominibus formal angeglichen werden. Die Eigenart der Pronomina bekundet in diesem Falle sich vielfach dadurch, dass die Angleichung nur bezüglich der Kategorien, nicht aber bezüglich der Bildung der Formen erfolgt, d. h. dass die Pronomina zwar die Flexion der Nomina (Numeri und Casus) annehmen, sie aber mittelst anderer Formenmittel (Suffixe) vollziehen. Auch dass eine pronominale Hindeutung auf eine Substanz in adjectivischer Form erfolgen kann, verleiht dem Pronomen nur den Schein, nicht das Wesen des Nomens. Zu den Pronominibus gehört auch der sog. bestimmte Artikel. Wenn derselbe von der üblichen Grammatik gemeinsam mit der ersten Cardinalzahl als besondere Wortklasse aufgefasst wird, so ist das ein rein praktisches Verfahren.

Will man die Pronomina doch als „Worte" bezeichnen, so muss man sie „Hindeuteworte" nennen.

Nicht Worte und auch nicht Wurzeln, sondern nur aus der Wirkung des Affects entspringende Reflexlaute sind die sog. Interjectionen.

Es ergibt sich demnach folgende Eintheilung der von der üblichen Grammatik angenommenen Wortkategorien:

---

[1]) Zahlwort ist selbstverständlich auch der Ausdruck für „eins", denn er stellt den Ausgangspunkt des Wiederholungsverhältnisses dar.

A. Begriffsandeutende Worte (Begriffsworte).

α) Worte, welche einen Substanzbegriff andeuten: Substantiva;

β) Worte, welche einen Eigenschaftsbegriff andeuten: Adjectiva;

γ) Worte, welche einen Thätigkeitsbegriff andeuten: Verba.

B. Ein Verhältniss oder eine Beziehung andeutende Worte (Beziehungsworte).

α) Worte, welche das bezüglich mehrerer Substanzen oder Thätigkeiten bestehende Wiederholungsverhältniss andeuten: Zahlworte.

β) Worte, welche das zwischen zwei (oder mehreren) Begriffen bestehende räumliche oder zeitliche oder ursächliche Verhältniss andeuten: Präpositionen.

γ) Worte, welche das zwischen zwei (oder mehreren) Vorstellungsreihen bestehende räumliche oder zeitliche oder ursächliche Verhältniss andeuten: Conjunctionen.

C. Auf eine Substanz hindeutende Worte (Deuteworte, Pronomina, einschliesslich des Artikels).

[D. Reflexlaute (Interjectionen)].

7. Jeder durch ein Begriffswort angedeutete Begriff kann näherer Bestimmung bedürftig sein.

Bei den Substanzbegriffen ist dies dann der Fall, wenn es gilt, eine Substanz von anderen ihr gleichartigen zu unterscheiden (z. B. einen bestimmten Baum von anderen Bäumen). Die nähere Bestimmung erfolgt dadurch, dass mit dem betreffenden Substanzbegriffe der Begriff einer Eigenschaft verbunden wird, welche für die betreffende Substanz, verglichen mit den ihr gleichartigen Substanzen, als kennzeichnend erachtet wird. Zum sprachlichen Ausdruck gelangt diese Verbindung entweder durch Hinzufügung eines Adjectivs (bezw. eines in adjectivischer Function gebrauchten Substantivs [vgl. oben Nr. 5 e)]) zu dem Substantiv (z. B. der riesige Baum, der Riesenbaum) oder aber durch eine Erweiterung, bezw. durch irgend welche Veränderung des substantivischen Lautgebildes (z. B. Baum: Bäumchen = kleiner Baum).

Bei Eigenschaftsbegriffen kann es sich nur darum handeln, den Grad zu bestimmen, in welchem Bezug auf eine bestimmte Substanz, eine Eigenschaft, sei es mit oder ohne

Berücksichtigung ihres Auftretens bei anderen Substanzen (relativ oder absolut), zur Erscheinung kommt. Der sprachliche Ausdruck erfolgt entweder durch eine Erweiterung, bezw. irgend welche Veränderung des adjectivischen Lautgebildes (z. B. grün : grüner, grünster; grün : grünlich) oder durch Verbindung des Adjectivs mit einem ein Verhältniss andeutenden Worte (mehr grün, weniger grün). Die Mischung zweier Eigenschaften (z. B. Farben: „roth-braun" u. dgl.) gelangt, wenn überhaupt, durch die Verbindung der betreffenden beiden Adjective zum Ausdruck, oder die Eigenschaftsmischung wird als einfache Eigenschaft aufgefasst und in Folge dessen durch ein besonderes Adjectiv bezeichnet (z. B. lat. *fulvus*).

Am meisten ist der näheren Bestimmung bedürftig der Thätigkeitsbegriff. Jede Thätigkeit wird innerhalb der Zeit vollzogen und erscheint desshalb dem Wahrnehmenden einerseits als bereits vergangen oder als gegenwärtig oder als noch erst bevorstehend, andrerseits entweder als augenblicklich erfolgend oder als dauernd oder als sich wiederholend oder als beginnend oder auch als zeitlich bereits abgeschlossen und folglich zuständlich. Daraus ergeben sich für den sprachlichen Ausdruck vielfache und überdies mannigfacher Mischung, Verbindung, Abstufung fähige verbale Kategorien der Zeitstufe und der Zeitart: einerseits das Präteritum, das Präsens, das Futur, andrerseits der Aorist, das Durativum (Form der als dauernd aufgefassten Handlung), das Iterativum, das Inchoativum, das Perfectum (absolutum).

Ferner bethätigt sich bezüglich des Thätigkeitsbegriffes eine Zweiheit der Auffassung, welche bei dem Substanzbegriffe und Eigenschaftsbegriffe nicht statthat. Es kann nämlich eine Thätigkeit als real (wirklich) oder als ideal (vorgestellt) aufgefasst werden[1]), wobei die Idealität wieder verschiedene Auf-

---

[1]) An sich ist diese Zweiheit der Auffassung auch bei dem Substanzbegriffe und Eigenschaftsbegriffe möglich. Sie gelangt aber nicht zum sprachlichen Ausdruck, weil, wenn eine Substanz oder eine Eigenschaft ideal aufgefasst wird, dies durch den Modus des Prädicats ausreichenden Ausdruck findet. Sage ich z. B. „wenn bei meinem Hause ein Garten wäre, so würde ich schöne Blumen darin pflanzen", so fasse ich die Begriffe „Garten", „Blumen", „schön" ideal auf (denn weder der Garten, noch die schönen Blumen darin sind real vorhanden); dass ich dies thue, ergibt sich aus dem Conjunctiv (überdies auch aus der ganzen Form der Aussage), bedarf also nicht besonderer Hervorhebung. In gleicher Weise kann Verneinung des Prädicats den ganzen Satzinhalt verneinen.

fassungen zulässt, indem sich mit ihr z. B. der Wunsch oder die Forderung verbinden kann, dass die vorgestellte Handlung verwirklicht werde, oder auch die Vorstellung, dass die Handlung verwirklicht werden solle etc. Daraus ergeben sich für den sprachlichen Ausdruck mannigfache verbale Kategorien der Modalität: der Modus der Realität (Indicativ), der Modus der schlechthinnigen Idealität (Conjunctiv), der Modus des Wunsches (Optativ), der Modus der Forderung oder des Befehls (Imperativ), der Modus der Verpflichtung (Obligativ) etc.

Die auf Zeitstufe, Zeitart und Vollzugsweise (Modus) bezüglichen näheren Bestimmungen des Thätigkeitsbegriffes gelangen zum Ausdruck entweder durch irgend welche Veränderungen des verbalen Lautgebildes oder auf dem Wege der Wortverbindung. Es ist übrigens sehr wichtig, zu bemerken, dass in einer jeden Sprache keineswegs alle an sich möglichen näheren Bestimmungen des Thätigkeitsbegriffes Ausdruck finden, sondern immer nur eine mehr oder weniger erhebliche Zahl derselben.

Das System der dem Ausdruck der temporalen und modalen Bestimmung (sowie der dem Ausdruck des Subjects- und Objectsverhältnisses, s. Nr. 10) dienenden verbalen Formen wird als „Conjugation" bezeichnet.

Der Thätigkeitsbegriff kann endlich näher bestimmt werden in Bezug auf den Grad der Kraft, mittelst deren eine Thätigkeit vollzogen wird. Daraus ergeben sich die verbalen Kategorien des Deminutivs (z. B. dtsch. *„säuseln"*) und des Intensivs (z. B. lat. *tracto*).

8. Die Unterlage (das Substrat) des Denkens sind die Begriffe (s. oben Nr. 2); vollzogen aber wird das Denken dadurch, dass zwei oder mehrere Begriffe mit einander verbunden werden und dadurch entweder der eine durch den (die) andern näher bestimmt wird (vgl. Nr. 7) oder aber der eine als logische Ergänzung des (der) anderen aufgefasst wird. Das Erstere geschieht z. B., wenn einem Substanzbegriff ein Eigenschaftsbegriff beigefügt wird (Substantiv + Adjectiv). In Bezug auf das Letztere kommen zwei Fälle in Betracht:

    a) Jede Substanz steht in (räumlichem, zeitlichem, ursächlichem) Zusammenhang mit anderen Substanzen (z. B. der Baum wurzelt im Boden, steht inmitten des Luftraumes etc. etc.) und kann ausserhalb eines solchen Zusammenhanges gar nicht zur concreten Erscheinung gelangen. Daher bedarf jeder c o n c r e t aufzufassende Substanzbegriff logisch der Ergänzung durch mindestens e i n e n jenen Zusammenhang andeutenden anderen Substanzbegriff (z. B. „der Baum vor dem Hause"). Sprachlich bleibt die Ergänzung gleichwohl häufig unausgedrückt, weil der Redende ihre Vollziehung dem Hörenden überlässt (ich sage z. B. „die Kirschbäume blühen in diesem Jahre früh" und denke dabei an die Kirschbäume in meinem Garten oder an die der Gegend überhaupt, lasse dies aber unausgedrückt, weil ich annehme, dass der Hörende es ergänzen werde). Die Verschweigung der Ergänzung ist namentlich dann statthaft, wenn ein Deutewort stellvertretend wirkt (wenn ich sage „dieser Baum blüht schön", so deute ich mittelst „dieser" auf einen ganz bestimmten Baum hin, so dass es einer Ergänzung, etwa „dieser Baum hinter dem Hause", nicht bedarf).

b) Jede Substanz muss, um zur Erscheinung zu gelangen, sich irgendwie bethätigen. Andrerseits setzt jede Thätigkeit eine Substanz voraus, von welcher sie ausgeht, und eine zweite, auf welche sie übergeht, denn ein Vollzug einer Thätigkeit ist undenkbar ohne Ausgangspunkt und ohne Zielpunkt. So bedingt jeder Substanzbegriff immer einen Thätigkeitsbegriff als logische Ergänzung, jeder Thätigkeitsbegriff aber zwei Substanzbegriffe. Erst wenn diese Doppelergänzung vollzogen wird, gelangt die Begriffsverbindung zu einem logischen Abschlusse, bildet ein logisches Ganzes. Jede Begriffsverbindung also, welche n u r aus Substanzbegriffen oder n u r aus Thätigkeitsbegriffen besteht, ebenso auch eine jede, welche n u r einerseits Eigenschaftsbegriffe, andrerseits Substanz- o d e r Thätigkeitsbegriffe enthält, ist logisch u n vollständig.

Zum sprachlichen Ausdrucke gelangt die logisch abgeschlossene Begriffsreihe im S a t z e (vgl. Nr. 10).

9. Die räumlichen, zeitlichen und ursächlichen Beziehungen, in denen jede Substanz zu einer (bezw. zu mehreren

oder vielen oder allen) anderen Substanz(en) stehen kann, sind unendlich an Zahl, und in jeder Sprache gelangen nur verhältnissmässig wenige derselben zum Ausdruck, wobei sich wieder sehr verschiedenartige Auffassungen bethätigen können, namentlich einseitig verallgemeinernde, vermöge deren zeitliche und ursächliche Beziehungen als räumliche betrachtet werden.

Erfolgt der sprachliche Ausdruck dieser Beziehungen durch bestimmte lautliche Veränderungen, bezw. Erweiterungen der substantivischen Lautgebilde, so ergeben sich daraus die als „Casus" bezeichneten Beziehungsformen, zu denen in der praktischen Grammatik auch die dem Ausdruck des Subjects- und Objectsverhältnisses (s. Nr. 10) dienenden Formen gezählt werden. Das System der Casusbildung wird „Declination" benannt.

Die Casus als Beziehungsformen fungiren, entsprechend der Dreiheit der durch sie zum Ausdruck gebrachten Beziehungen, entweder in räumlichem oder in zeitlichem oder in ursächlichem Sinne, sind also entweder locativisch oder temporal oder causal (instrumental).

10. Der (eine logisch abgeschlossene Begriffsreihe zum Ausdruck bringende) Satz muss nothwendig zwei Begriffe enthalten (vgl. Nr. 8), nämlich:

a) einen Thätigkeitsbegriff (Verbum)[1]), bezw. (nach Nr. 5 c) einen mit dem Begriff des Seins (Verbum substantivum) verbundenen Nominalbegriff (Substantiv, Adjectiv) — das „Prädicat";

b) einen Substanzbegriff (Substantiv oder irgend welches als Substantiv aufgefasste Wort), welche den Ausgangspunkt der Thätigkeit bezeichnet —, das „Subject".

Jeder Satz setzt sich folglich nothwendig aus zwei Bestandtheilen — Prädicat, Subject — zusammen, von denen keiner entbehrt werden kann. In Wirklichkeit gibt es weder prädicatlose noch subjectlose Sätze. Nur scheinbar sind solche vorhanden. Denn allerdings kann der Redende, sei es

---

[1]) Im Obigen sind die Wortkategorien angegeben, denen in den Wortsprachen die einzelnen Satztheile angehören. In Wurzelsprachen werden, wie selbstverständlich, die Satzfunctionen durch Wurzeln vollzogen. Ein näheres Eingehen auf dieses Verfahren ist hier nicht thunlich, da im vorliegenden Buche nur Wortsprachen behandelt werden.

in Folge des Affectes, in welchem er redet (Aufregung etc.)
oder in Folge des Strebens nach möglichster Kürze des Ausdruckes, sowohl das Subject als auch das Prädicat, ja beide
zugleich verschweigen und die Ergänzung des (oder der) verschwiegenen Satztheils (Satztheile) dem Hörenden überlassen,
namentlich dann, wenn die Ergänzung durch die äussere Sachlage erleichtert, vielleicht auch durch eine die Rede be-
gleitende Geberde angedeutet wird.   Hört z. B. Jemand den
Ruf „Feuer" erschallen, so ergänzt er dazu sofort das Prädicat
„ist ausgebrochen"; der Postbeamte ergänzt zu der Brief-
aufschrift „frei" sofort den Brief als Subject; wer als Unter-
gebener seinen Vorgesetzten commandiren hört „vorwärts",
weiss vollkommen, dass er, der Untergebene, das Subject und
sein Kommen oder Gehen das Prädicat des anscheinend sub-
ject- und prädicatlosen Satzes ist[1]).

Wenn das Prädicat des Satzes durch einen Thätigkeitsbegriff — und nicht durch das Verb. subst. + Adjectiv —
gebildet wird, so ist auch das O b j e c t ein nothwendiger Satz-
bestandtheil, denn jede Thätigkeit m u s s einen Zielpunkt
haben, kann unmöglich in das Nichts verlaufen   Freilich aber
pflegt der Redende das Object immer zu verschweigen, wenn
der Hörende dasselbe ohne Weiteres zu ergänzen vermag.
Daher unterscheidet die übliche Grammatik geradezu Verba,
welche ein Object zu sich nehmen (T r a n s i t i v a), und solche,
welche in der Regel objectlos gebraucht werden (I n t r a n s i -
t i v a).   Dass dies aber eine rein praktische Unterscheidung
ist, erhellt schon daraus, dass auch die übliche Grammatik
den transitiven Gebrauch der Intransitiva sogar in doppelter

---

[1]) Von wirklicher Subjectlosigkeit kann auch bei den sog. unpersönlichen Verben nicht die Rede sein.   Im französischen *pleut-il?*
oder im deutschen *regnet es?* wird das Subject sogar doppelt angedeutet
(durch die Personalendung und das Personalpronomen), also gerade so,
wie etwa in *il meut* „e r bewegt".   Der Unterschied ist nur der, dass der
Hörende bei einem sog. persönlichen Verbum die Subjectsandeutung
auf eine bestimmte Person (oder Sache) nach dem Zusammenhange der
Rede zu beziehen vermag, bei einem sog. unpersönlichen Verbum dagegen zu einem festen Subjectsbegriff nicht gelangt.   Aber ein un-
bestimmtes Subject ist auch ein Subject, sonst müsste man ja alle Sätze,
deren Subject ein indefinites Pronomen ist, für subjectlos halten. —
Ueber die subjectlosen Sätze vgl. *Miklosich* in den Denkschriften der
Wiener Akad. d. Wissensch., philos.-hist. Cl. vom J. 1365 (Bd. 49);
Siegwart, Die Impersonalien. Freiburg i. B. 1888.

Weise anerkennt, einmal durch die Annahme des sog. inneren Objectes ("einen Schlaf schlafen", "einen Weg gehen"), sodann aber indem sie gewissen intransitiven Verben in bestimmten Verbindungen die Objectsfähigkeit beilegt (z. B. "der Ofen raucht", aber "ich rauche eine Cigarre").

Da das Subject den Ausgangspunkt, das Object den Zielpunkt der Thätigkeit bezeichnet, so bringen beide Satztheile eine räumliche Beziehung der Thätigkeit zur Substanz zum Ausdruck. Hinsichtlich des Subjects ist diese Beziehung zugleich eine causale. Bemerkenswerth ist dabei, dass eine Thätigkeit stets nur e i n e n Ausgangspunkt, dagegen oft z w e i Zielpunkte, einen unmittelbaren und einen mittelbaren, haben kann, so dass' also zweifaches Object bei e i n e m Prädicate möglich ist (z. B. docere aliquem aliquid, dare aliquid alicui).

Der Ausgangspunkt der Thätigkeit kann zugleich der Zielpunkt, das Subject also zugleich auch Object sein (R e - f l e x i v verhältniss).

Sowohl die substantivischen (oder doch substantivisch auf- gefassten) Satztheile (Subject, Object) als auch der verbale Satztheil (Prädicat) sind näherer Bestimmung(en) fähig. So treten zu den nothwendigen Satztheilen (Subject, Prädicat, Object) als mögliche Satztheile hinzu einerseits die attri- butiven, andrerseits die adverbialen Bestimmungen.

11. Die Satzverhältnisse können in sehr verschiedener Weise aufgefasst werden und finden demnach in den einzelnen Sprachen sehr verschiedenartigen Ausdruck. In Bezug auf die Wortsprachen sei diesbezüglich namentlich auf Folgendes hingewiesen:

a) Die Subjects- und die Objectsandeutung können durch Deuteworte (Personalpronomina) vollzogen werden, kön- nen aber auch durch Formenbestandtheile des Prädicates erfolgen (Personalsuffixe oder -präfixe).

b) Die räumliche, bezw. causale Beziehung, in welcher das Subject zu der im Prädicate ausgesagten Thätigkeit steht, kann dadurch formal gekennzeichnet werden, dass das Subject in den Casus tritt, welcher dem Ausdruck dieser

Beziehung dient (Ablativ, Instrumental). Daraus ergibt sich die sog. Passivconstruction des Satzes[1]).

c) Jeder Satztheil — mit einziger (sehr bemerkenswerther) Ausnahme des Prädicates — kann die Form eines Satzes annehmen. Ein derartiger Satztheilsatz (Subjectsatz, Objectsatz, Attributivsatz, Adverbialsatz) steht selbstverständlich zu dem Satze, dessen Satztheil er ist, in einem untergeordneten Verhältnisse, welches auch äusserlich in der Bedingtheit seiner Prädicatsform durch diejenige des übergeordneten Satzes (Consecutio temporum) oder im Casus seines Subjects und in der Infinitivform seines Prädicats (Accusativ cum inf.) zum Ausdruck kommen kann. Aus der Verbindung eines (übergeordneten) Satzes („Hauptsatze") mit entweder einem untergeordneten Satze („Nebensatze") oder mehreren untergeordneten Sätzen ergibt sich das Satzgefüge (die Periode). Der (als Satztheil fungirende) Nebensatz kann aber auch die Form eines Hauptsatzes haben (z. B. „ich sehe, du bist beschäftigt" statt: „ich sehe, dass etc."), er steht dann formal zu seinem Hauptsatze nicht im Verhältnisse der Unterordnung (Hypotaxe, Subordination), sondern in dem der Beiordnung (Parataxe, Coordination). Die Anwendung der hypotaktischen Satzfügung setzt eine grössere Gewandtheit des Denkens voraus, als diejenige der parataktischen.

12. Das in einer einzelnen Begriffsreihe (Satz, Satzgefüge) zu logischem Abschlusse gelangende Denken kann sachlich unabgeschlossen sein und demnach der Fortsetzung bedürfen. Es muss also der einen Begriffsreihe eine zweite, bezw. auch eine dritte, vierte etc. etc. folgen, bis auch der sachliche Abschluss des nach einer bestimmten Richtung hin sich bewegenden Denkens erreicht ist. Daraus ergibt sich die aus Satzreihen und Satzgefügen zusammengesetzte Rede.

Die in der Rede auf einander folgenden Sätze (und Satz-

---

[1]) Die Passivconstruction ist eins der schwierigsten Probleme der Grammatik. Da ich dasselbe bereits zweimal eingehender behandelt habe (im „Formenbau des frz. Verbums" p. 9 ff. und in einem besonderen Aufsatze in der Ztschr. f. frz. Spr. u. Lit. Bd. 18 p. 115), so darf ich hier wohl mit der obigen kurzen Andeutung mich begnügen.

gefüge) können äusserlich unverbunden oder verbunden sein (asyndetische und syndetische Redeform). Die Verbindung erfolgt nach Maassgabe der begrifflichen Beziehung, in welcher die zu verbindenden Sätze zu einander stehen, analog der Verbindung zweier oder mehrerer Begriffe.

13. Jeder „Satz" enthält ein Urtheil im logischen Sinne dieses Worts. Dieses Urtheil kann in positiver wie in negativer Fassung ausgesprochen und in jedem der beiden Fälle als der Bestätigung (durch das gleichlautende Urtheil eines Anderen) bedürftig oder auch als durch ein anderes Urtheil bedingt hingestellt werden. Daraus ergeben sich die positive und die negative und weiterhin die fragende und die verneinend fragende, die bedingte (hypothetische) und die verneinend bedingte Redeform (z. B. „er arbeitet" und „er arbeitet nicht", „arbeitet er?" und „arbeitet er nicht", „[wenn er könnte,] würde er arbeiten" und „[wenn er nicht müsste,] würde er nicht arbeiten"). Diese Redeformen können in den verschiedenen Sprachen sehr verschiedenartigen Ausdruck finden. Eine sehr bemerkenswerthe Eigenart der Frageform ist, dass zu ihrem Ausdrucke der chromatische Accent verwandt werden kann.

In logischer wie in sprachlicher Beziehung ist die hypothetische Redeform von besonderem Interesse. Logisch, weil die Bedingtheit eines Urtheils mannigfache feine begriffliche Abstufungen gestattet, indem sie nicht nur als entweder real oder ideal aufgefasst werden, sondern dabei auch die Möglichkeit, dass die Bedingung sich erfüllen werde, beziehentlich die darauf gerichtete Erwartung zum Ausdruck gelangen kann. Sprachlich aber ist die hypothetische Rede, wenn sie eine Satzform annimmt, dadurch interessant, dass der bedingte Satz (der Nachsatz, die ἐπίδοσις) durch einen bedingenden Satz (den Vordersatz, die πρότασις) ergänzt werden muss, während andrerseits der bedingende Satz der Ergänzung durch den bedingten nothwendig bedarf. So stellt die hypothetische Periode ein zweitheiliges Satzgefüge dar, in welchem der eine Theil mit dem anderen begrifflich auf das engste verbunden, gleichsam vernietet ist.

§ 19. **Verschiedenheit und Eintheilung der Sprachen.**
1. Folgende Erfahrungsthatsachen liegen vor:

a) Soweit als die geschichtliche Ueberlieferung zurückreicht, ist die Menschheit stets in eine sehr erhebliche (ziffernmässig aber nicht bestimmbare[1]) Zahl von grösseren und kleineren Sprachgenossenschaften getheilt gewesen. Man darf als gewiss annehmen, dass dieser Zustand auch in vorgeschichtlicher Zeit immer bestanden hat, oder doch, dass er so alt ist, wie die Trennung des Menschengeschlechtes in mehrere räumlich gesonderte Gruppen[2]). Als ebenso gewiss darf man annehmen, dass der gleiche Zustand so lange fortdauern wird, als es räumlich gesonderte Menschengruppen geben wird. Der Gedanke, dass irgend einmal in Zukunft alle Menschen e i n e Sprache reden könnten, schliesst eine Unmöglichkeit in sich ein (vgl. die folgenden Abschnitte). Denkbar ist nur, dass einmal für die Zwecke des internationalen Verkehrs und der internationalen Wissenschaft eine conventionelle Sprache in allgemeinen Gebrauch kommen werde. Die Schaffung einer derartigen Sprache ist jedenfalls höchst erstrebenswerth. Die zahlreichen bisher gemachten Versuche sind aber gänzlich misslungen; auch das famose „Volapük" und nicht minder das neuerdings in Aufnahme kommende „Esperanto" sind durchaus verfehlte Machwerke[3]). Nicht minder verfehlt ist der neuerdings öfter befürwortete Gedanke, das Griechische zur allgemeinen Gelehrtensprache zu erheben[4]).

---

[1]) Die zu irgend einer Zeit (etwa in unserer Gegenwart) auf der Erde gesprochenen Sprachen zu zählen, ist — um von äusseren Gründen ganz abzusehen — schon desshalb einfach unmöglich, weil sich verwandte Sprachen (bezw. Mundarten) nicht scharf von einander abgrenzen lassen.

[2]) Jede räumliche Sonderung muss Anlass geben zur sprachlichen Differenziirung, welche, anfänglich gering, im Laufe der Zeit sich mehr und mehr vergrössert. So zeigt z. B. das Französische in Canada, das Englische in Nordamerika, das Spanische in Südamerika, das Portugiesische in Brasilien bereits eine von dem Französischen etc. in Europa etwas abweichende Gestaltung. Die biblische Erzählung, welche die Entstehung der Sprachverschiedenheit in Zusammenhang bringt mit der Spaltung des bis dahin einheitlichen Menschengeschlechts in verschiedene räumlich getrennte Völker, besitzt durchaus innere Wahrheit.

[3]) Vgl. *Schuchardt*, Auf Anlass des Volapüks (Berlin 1888), und: Weltsprache und Weltsprachen (Strassburg 1884).

[4]) Vgl. *Boltz*, Hellenisch, die Gelehrtensprache der Zukunft. 2. Ausg. Leipzig 1891; *Flach*, Der Hellenismus der Zukunft, 2. Aufl. Leipzig 1890; *Kuhlenbeck*, Das Problem einer internationalen Gelehrtensprache und der Hellenismus der Zukunft. Leipzig 1891.

b) Innerhalb jeder Sprachgenossenschaft bestehen mehr oder weniger zahlreiche Gruppen, deren jede etwas anders spricht, als die andere. Diese Gruppensprachen werden im Verhältniss zur Sprache der Gesammtgenossenschaft als „Mundarten" bezeichnet. In jeder Gruppe sind wieder enthalten kleinere, nach Wohnort, Beschäftigung, Stand etc. sich theilende Gruppen, deren Sondersprachen sich mit der Sprache der Gesammtgruppe und mit derjenigen der Gesammtgenossenschaft in mannigfachster Weise durchkreuzen. Die kleinsten Sprachgruppen werden von den Familien gebildet.

c) Innerhalb jeder, auch der kleinsten, Sprachgruppe spricht jedes ihr angehörige Individuum etwas anders, als das andere: es bestehen folglich innerhalb einer jeden Gruppe so viel Individualsprachen neben einander, als die Gruppe redende Individuen zählt.

d) Die Sprache eines jeden Individuums ist zu verschiedenen Zeiten eine verschiedene.

Diese Erfahrungsthatsachen mögen im Nachstehenden kurz erörtert werden und zwar, aus praktischem Grunde, in umgekehrter Ordnung.

2. Die zeitlichen Verschiedenheiten in der Sprache eines und desselben Individuums werden bedingt:

α) durch das Lebensalter, indem dasselbe einerseits physiologische und anatomische Veränderungen der Sprachorgane bedingt (Umschlagen der Stimme bei dem Eintritt der Mannbarkeit; Zahnwechsel und Zahnschwund etc.) und dadurch die Lauterzeugung verschieden beeinflusst; andrerseits aber die mit zunehmendem Alter wachsende Erfahrung den Kreis der Begriffe erweitert, die Denkfertigkeit steigert und damit auch die immer zunehmende Entwickelung der Sprechfertigkeit fördert, bis der im Greisenalter eintretende Verfall der Kräfte die Abnahme des Denk- und Sprechvermögens zur Folge hat;

β) durch das leibliche Befinden: Erkrankungen der Sprechorgane (Heiserkeit, Katarrh) beeinträchtigen die Lauterzeugung, sonstige Erkrankungen (namentlich die des Gehirns) schwächen oder stören häufig das Sprechvermögen;

γ) durch das seelische Befinden (Stimmung, Affect): in der Aufregung spricht man anders, als in ruhiger Stimmung etc. etc. (vgl. oben S. 162);

δ) durch die Rücksicht auf die Hörer: man spricht z. B. mit Kindern anders, als mit Erwachsenen, mit Untergebenen anders, als mit Gleichgestellten oder Höherstehenden etc. etc.;

ε) durch den Zweck der Rede: anders spricht man zum Zweck einfacher Mittheilung alltäglicher Dinge, anders zum Zwecke der Ueberredung oder Abmachung etc. etc.

3. Die zwischen den zu einer und derselben Sprachgenossenschaft (bezw. sprachlichen Gruppe) gehörigen Individuen bestehende Sprachverschiedenheit ist begründet zunächst und zumeist in der physischen und psychischen Eigenart eines jeden Individuums; ausserdem aber kommen als wirksam in Betracht:

α) die Verschiedenheit des Geschlechts (der männliche Kehlkopf ist etwas anders gebaut, als der weibliche; der Gedankenkreis und die Denkfähigkeit der Männer sind etwas anders, als die der Frauen etc.);

β) die Verschiedenheit des Lebensalters: ältere Leute sprechen etwas anders, als jüngere, die Sprache der ersteren trägt ein leise archaisches, die der letzteren ein leise neologisches Gepräge;

γ) die Verschiedenheit des physischen Empfindens: Kranke (z. B. an Schnupfen Leidende) sprechen etwas anders, als Gesunde;

δ) die Verschiedenheit des Temperamentes: Phlegmatiker sprechen etwas anders, als Choleriker etc.;

ε) die Verschiedenheit des Bildungsgrades: der Gelehrte spricht anders, als der Ungelehrte etc.;

ζ) die Verschiedenheit des Berufes: der Seemann spricht etwas anders, als der Ackerbauer, der Soldat etwas anders, als der Kaufmann etc. etc. Es ist gerade diese Verschiedenheit von grosser Tragweite, denn sie beeinflusst nicht nur den Gedankenausdruck, sondern oft auch die Lauterzeugung; so z. B. gewöhnt, wer in seinem Berufe viel laut sprechen muss, sich leicht das Schreien an auch eigenartige Aussprache gewisser Laute (so hat ja

> z. B. „das Lieutenants-*r*“ lautphysiologische Wichtigkeit
> erlangt);
> η) Verschiedenheit der gesellschaftlichen Stellung: der Vor-
> nehme spricht etwas anders, als der sogenannte gemeine
> Mann etc., wobei freilich die Verschiedenheit der Bil-
> dung und des Berufes das eigentlich Maassgebende ist.

Diese unendlich abgestuften und sich kreuzenden Sprachverschiedenheiten zwischen den einzelnen Angehörigen einer
(selbst kleinen und kleinsten) Sprachgenossenschaft und nicht
minder die Schwankungen in der Sprache eines und desselben
Individuums hat gar sehr zu berücksichtigen, wer in einer
fremden Sprache Sprechfertigkeit sich erwerben will. Vgl.
die oben S. 115 f. gemachten Bemerkungen.

4. Die gleichen oder doch analogen Ursachen, denen die
Sprachverschiedenheiten zwischen den Angehörigen einer und derselben, sei es auch kleinsten, Sprachgenossenschaft entspringen,
sind nun auch wirksam, um zwischen den einzelnen Gruppen
einer grösseren Sprachgenossenschaft (Familien, Bevölke-
rungen der einzelnen Städte und Landschaften, verschiedenen
Berufsklassen etc.) anderweitige Verschiedenheiten zu erzeugen.
So lange indessen eine Sprachgenossenschaft räumlich und,
was damit zusammenhängt, auch staatlich vereinigt bleibt,
können diese Ursachen eine tiefgreifende Sprachspaltung nicht
veranlassen, denn ihrer Wirksamkeit steht die Wirksamkeit
anderer Verhältnisse hemmend und ausgleichend entgegen.
Vor Allem ist von Wichtigkeit, dass der sprachliche Neue-
rungstrieb der Jugend immer durch den Einfluss der Aelteren
in Schranken gehalten wird. Die ältere Generation ist doch
immer die bestimmende, die jüngere wird es erst, wenn sie
selbst wieder zur älteren geworden ist.

Auf höherer Culturstufe wirken die Staatsverwaltung, der
Heeresdienst, die Schule, die Kirche, die Litteratur darauf hin,
dass die Sprache möglichst einheitlich erhalten werde. So ist
denn auch bei den Culturvölkern der geschichtlichen Zeit eine
eigentliche Sprachspaltung nicht eingetreten, d. h. es ist nicht
geschehen, dass die Sondersprachen der einzelnen Gruppen
einer Sprachgenossenschaft sich in ihrer Entwickelung bis zur
Unkenntlichkeit entfernt hätten, zu einander ungleichartigen
Sprachen geworden wären. Das Lateinische ist allerdings in

verschiedene Gestaltungen auseinandergegangen, aber dieselben zeigen doch alle denselben Typus des Sprachbaues, sind morphologisch nur eine Sprache. Und dabei ist zu berücksichtigen, dass zur Differenziirung des Lateins der Einfluss einerseits der vorlateinischen Sprachen (Keltisch, Iberisch etc.), andererseits des Germanischen sehr wesentlich mitgewirkt hat, dass also viele Keime der Differenziirung aus nichtlateinischem Boden auf den lateinischen übertragen wurden. Angenommen, Gallien, Spanien etc. wären unbewohnt gewesen, als die Römer dieser Länder sich bemächtigten, und die römische Herrschaft wäre nicht von der germanischen abgelöst worden, so würde allerdings auch dann das Latein z. B. in Nordgallien sich etwas anders entwickelt haben, als z. B. in Spanien, aber die so entstandenen Provinzialidiome würden einerseits vom Latein, andrerseits von einander nicht soweit abstehen, wie es bezüglich des Französischen und des Spanischen der Fall ist.

Bei Culturvölkern wirken die auf mögliche Einheit der Sprache gerichteten Strebungen innerhalb einer staatlich (oder auch nur, wie z. B. früher in Italien, räumlich und durch gemeinsame Cultur) zusammengehaltenen grösseren Sprachgenossenschaft so stark, dass bereits entstandene Differenziirungen wieder abgeschwächt werden: es werden bei jedem Culturvolke die landschaftlichen und socialen Sprachgestaltungen mehr und mehr zurückgedrängt durch eine nationale Sprachform, wenn auch vollständige Einheitlichkeit der Sprache nie erreicht werden kann, weil dies nur durch die (unmögliche) Aufhebung alles und jedes Individualismus erreicht werden könnte.

Man versetze sich aber nun einmal in weit zurückliegende vorgeschichtliche Urzeit und denke sich einen Volksstamm, der eine Wurzelsprache redet. Aus irgend welchem Anlasse wandert ein Theil dieses Stammes aus seinen Heimathsitzen aus und siedelt sich nach langdauernden Wanderzügen irgendwo in weiter Ferne an, damit alle Verbindung mit den alten Stammesgenossen lösend, aber in Beziehungen mit sprachfremden Stämmen eintretend. Nothwendig wird dann im Laufe der Zeit — „Zeit" bedeutet aber hier Jahrhunderte, Jahrtausende — die Sprache der Ausgewanderten sich entfernen und entfremden von der Sprache der Daheimgebliebenen, da ja die beiderseitigen Entwickelungsbedingungen ganz verschiedene geworden sind. Es tritt in diesem Falle eine wirkliche Sprachspaltung ein, die um so schärfer werden kann, je unentwickelter die ursprünglich gemeinsame Sprache gewesen war, denn eben dann ist eine weit auseinanderlaufende Doppelentwickelung am ehesten möglich.

Eine derartige Zweitheilung eines Volksstammes mag vielleicht nicht eben häufig vorgekommen sein, obwohl der Vorgang selbst in geschichtlicher Zeit keineswegs selten ist (man denke z. B. an die Völkerwanderung, im Verlaufe deren so manches Volk sich getheilt hat). Aber auch wenn eine gleichsam strahlenförmige Ausbreitung eines ursprünglich eng zusammenwohnenden Volksstammes über ein weiteres Gebiet stattfand, wurde damit nothwendig ein Anlass und Ansatz zu stärkerer Differenziirung der ursprünglich einheitlichen Sprache gegeben.

5. So kann man sich sehr wohl die Entstehung der Sprachverschiedenheit erklären, und zugleich die Entstehung der mundartlichen Verschiedenheit. Denn Sprache von Sprache einerseits, Mundart von Mundart andrerseits unterscheidet sich nur durch den Grad der Differenziirung. Zwei von einander relativ wenig verschiedene Sprachgestaltungen stehen zu einander im Verhältniss von Mundarten, zwei relativ stark verschiedene im Verhältniss von Sprachen. Freilich lässt sich der Grad der Differenziirung nicht bestimmen, vermöge dessen zwei Sprachgestaltungen in dem einen oder dem anderen Verhältnisse zu einander stehen: er ist eben nur relativ oder auch conventionell. Indessen wenigstens nach e i n e r Richtung hin lässt eine feste Scheidung zwischen Mundart und Sprache sich gewinnen: die „Mundart" ist eine Sprachgestaltung, welche nur innerhalb e i n e r sprachlichen Sondergruppe (z. B. der Bevölkerung einer bestimmten Landschaft) Gebrauchswerth besitzt, d. h. eben nur innerhalb dieses Bereiches gesprochen (und geschrieben) wird; die „Sprache" aber ist eine Mundart, welche den geistigen Verkehr zwischen den Angehörigen a l l e r innerhalb eines Volksthums, einer Nation vorhandenen sprachlichen Sondergruppen vermittelt und also nationalen (nicht bloss etwa landschaftlichen) Gebrauchswerth besitzt. So ist z. B. die pikardische Mundart eben nur eine

Mundart, dagegen ist die Mundart von Isle de France zu einer Sprache geworden, nämlich zur französischen Nationalsprache. In diesem Sinne kommen also „Sprachen" nur Völkern zu, in deren einzelnen Stämmen das Gefühl der Zusammengehörigkeit lebendig ist und sich in gemeinsamer Culturentwickelung und Geschichte bethätigt hat.

6. Eine geographische Abgrenzung der einzelnen Mundarten und Sprachen findet nur in dem verhältnissmässig seltenen Falle statt, dass physische Grenzen, welche als wirkliche Verkehrshindernisse wirken, vorhanden sind: so können Inseln und abgeschlossene Gebirgsthäler wirklich scharf abgegrenzte Sprach- oder Mundartgebiete sein. Wo aber solche Grenzen nicht gezogen sind, da fliessen Sprachen und Sprachen, Mundarten und Mundarten, welche einander benachbart sind, unmerklich in einander über, so dass zwischen Sprache und Sprache, zwischen Mundart und Mundart unendlich viele Uebergangs- und Vermittelungsgestaltungen bestehen[1]). Diese Uebergangs- und Vermittelungsgestaltungen setzen nach allen

---

[1]) Daraus folgt aber nicht überhaupt die Unmöglichkeit, Sprachen und Mundarten verwandten Baues (z. B. romanische Sprachen und Mundarten) von einander zu unterscheiden (so sprach z. B. *A. Darmesteter* in der Revue crit. 1881, VI, 325, die Behauptung aus: „les dialectes sont des espèces créées par notre esprit et délimitées arbitrairement"). Mindestens ist eine solche Leugnung von Einzelsprachen und Einzelmundarten nur theoretisch berechtigt. Praktisch ist die Zerlegung einer Gesammtsprache, wie z. B. das Romanische es ist, in Einzelsprachen und -mundarten eine Nothwendigkeit, wenn der betr. Sprachstoff überhaupt darstellbar sein soll. Die Zerlegung ist aber auch (allerdings nur bis zu einer gewissen Grenze) sehr wohl möglich, weil innerhalb der Gesammtsprache bestimmte Laut- und Formenbildungen doch im Wesentlichen räumlich abgegrenzt erscheinen. Freilich ist die grammatische Rechnung dabei nie eine ganz glatte, aber sie ist doch möglich und jedenfalls, wie schon gesagt, praktisch nothwendig. — Die Frage, ob und in welchem Sinne es Sprachgrenzen und Dialekte giebt, ist neuerdings in der romanischen Philologie lebhaft erörtert worden. Nachdem bereits früher zwischen *Ascoli* (Arch. glott. III, 61 u. II, 385) und *P. Meyer*, (Romania IV, 293 u. V, 504) darüber verhandelt worden war, gab ein im J. 1888 von *G. Paris* gehaltener Vortrag „Les parlers de France" (Revue des patois gallo-romans II, 161), in welchem Dialectgrenzen und Dialecte geleugnet wurden, das Zeichen zum Ausbruch einer heftigen Fehde. Die betr. Streitlitteratur hat verzeichnet und beurtheilt *Horning* in seinem sehr lesenswerthen besonnenen Aufsatze „Ueber Dialectgrenzen im Romanischen", Ztschr. f. rom. Phil. XVII, 160 c. Hier sei nur noch auf den Vortrag hingewiesen, den auf dem Romanistencongresse zu Montpellier (1891) *Tourtoulon* zu Gunsten der Dialecte hielt (Revue des langues rom. XXXIV 130). Ueber die neuesten, zum Theil an das Komische streifenden Vorkommnisse in diesem Streite hat *G. Paris* in der Romania XXIII, 296 einen humorvollen Bericht gegeben.

Richtungen sich so lange fort, bis sie entweder auf natürliche Grenzen (Meere, Gebirge, Flüsse) oder auf Gebiete von Sprachen fremden Baues stossen. Im letzteren Falle aber sind wieder Mischungen und Kreuzungen möglich, aus denen seltsame Zwitter- und Bastardsprachen hervorgehen können. Dieser Vorgang ist auch möglich, wenn räumlich ganz getrennte Sprachen durch kriegerischen oder friedlichen Verkehr mit einander in nahe Berührung gebracht werden. So sind z. B. die zahlreichen sog. Kreolendialecte (Negerfranzösisch, Malaiospanisch etc., vgl. oben S. 46), so ist das höchst interessante „Pidgin-Englisch" (Business English, Mischung von Englisch und Chinesisch), so ist die „lingua franca" (Mischung des Italienischen mit morgenländischen Sprachen) entstanden. Etwas anders geartete, im Grunde aber doch auch hierher gehörige Ergebnisse sprachlicher Kreuzung sind z. B. das Anglo-Normannische und das Englische.

Jede dem Verkehre des Alltagslebens dienende Sprache oder Mundart ist (falls sie nicht von natürlichen Grenzen umschlossen wird, und selbst oft auch dann) irgendwie mit anderen Sprachen oder Mundarten gemischt und durch solche beeinflusst, ist also nicht durchaus einheitlich. Der reine Typus einer Sprache oder Mundart beruht überall da, wo Sprachvereinzelung (-isolirung) nicht statthat, lediglich auf künstlicher, bezw. gelehrter Schöpfung, welche einerseits in der Buchsprache, andrerseits in der Sprache der höheren Gesellschaft ihren Spielraum findet, und selbst da auch wird die Reinheit der Sprache oft genug getrübt.

7. Die wissenschaftlich einzig berechtigte Eintheilung der Sprachen, welche überdies auch die praktisch einzig mögliche ist, sondert oder verbindet die einzelnen Sprachen nach Maassgabe der Gemeinsamkeit oder Verschiedenartigkeit ihres Baues. Jeder andere Eintheilungsgrundsatz führt zu einem unzulänglichen und trügerischen Ergebnisse. Dies ist z. B. der Fall, wenn man es unternimmt, die Sprachen nach der Stammesverwandtschaft der einzelnen Völker einzutheilen. Denn erstlich lässt sich diese Verwandtschaft oft gar nicht, noch öfter nur vermuthungsweise feststellen, und sodann bedingt Stammesverwandtschaft noch durchaus nicht Sprachverwandtschaft und umgekehrt. Völker desselben Stammes

können in Folge geschichtlicher Verhältnisse ganz verschiedene Sprachen reden. So haben z. B. die zum finnischen Stamme gehörigen Bulgaren eine slavische Sprache angenommen; gewisse südamerikanische Indianerstämme reden spanisch etc. Die Sprachwissenschaft darf daher nicht an die Ethnographie sich anklammern wollen, nur gegenseitige Unterstützung können beide Wissenschaften sich leisten.

Der Bau einer Sprache wird bedingt durch die innere und die äussere Form derselben. Die innere Form besteht in der für eine Sprache gültigen Eigenart, wie die Begriffe, die Begriffsbestimmungen und die Begriffsbeziehungen (die Satzverhältnisse) aufgefasst werden (z. B. ob, bezw. in welchem Umfange der Substanz-, Eigenschafts- und Thätigkeitsbegriff unterschieden werden; ob Zeitart und Zeitstufe auseinandergehalten oder mit einander verquickt werden; ob das Verhältniss des Subjects zum Prädicate räumlich oder causal oder schlechthinnig aufgefasst wird etc.). Unter der äusseren Form aber versteht man die Art und Weise, wie diese oder jene Auffassungsweise der Begriffe und Begriffsbeziehungen sprachlich ausgedrückt wird. Denn die gleiche Auffassungsweise gestattet mehrfachen, selbst vielfachen Ausdruck (so fassen z. B. Lateinisch und Romanisch das sog. Genetiv- und Dativverhältniss in gleicher Weise auf, bringen es aber in verschiedener Weise zum Ausdruck, das Latein durch Casussuffixe, das Romanische durch Casuspräpositionen).

Nach Maassgabe des Sprachbaues ergeben sich zwei Hauptklassen der Sprachen: die Wurzelsprachen (z. B. Chinesisch) und die Wortsprachen (z. B. Sanskrit). Die Scheidung zwischen beiden Klassen ist jedoch keine durchaus scharfe: die Wurzelsprachen zeigen Erscheinungen, welche an die Wortsprachen gemahnen, und in den Wortsprachen hinwiederum begegnet man wurzelsprachartigen Gebilden und Ausdrucksformen (vgl. oben S. 168 ff.).

8. Die Wortsprachen, von denen allein im Folgenden die Rede sein soll, besitzen folgende Möglichkeiten des sprachlichen Ausdrucks der Begriffsbestimmungen (z. B. der temporalen und modalen Bestimmungen des Thätigkeitsbegriffes) und der Begriffsbeziehungen (Satzverhältnisse):

a) die lautliche Veränderung der als Wort fungirenden, bezw. dem Worte zu Grunde liegenden Wurzel (so z. B. Dehnung des Wurzelvocals im Präsensstamme gewisser Verba);

b) die Anwendung des exspiratorischen Accentes (vgl. oben S. 141);

c) die Anwendung des chromatischen Accentes;

d) die Stellung der begrifflich mit einander verbundenen Worte;

e) die Anwendung von Formenworten;

f) die Anwendung von Wortformen [1]).

Die beiden letztgenannten Möglichkeiten bedürfen, weil sie die wichtigsten und zugleich die am meisten ausgenutzten sind [2]), kurzer Erklärung.

Abgesehen von den Deuteworten (Pronomina), welche auf einen Substanzbegriff hindeuten, und von den ein Wiederholungsverhältniss ausdrückenden Zahlworten (vgl. oben S. 170) besitzen ursprünglich alle Worte einen begrifflichen Inhalt. Derselbe kann aber so beschaffen sein, dass er zur näheren Bestimmung eines anderen Begriffes oder zur Andeutung einer Begriffsbeziehung zu dienen vermag. Namentlich eignen sich dazu Worte, welche einen Raum-, Zeit- oder Causalbegriff zum Inhalt haben, wie z. B. lat. *latus* „Seite“. Wird nun ein solches Wort gebraucht, um eine Begriffsbestimmung oder Begriffsbeziehung anzudeuten (wie lat. *latus* im Frz. *lez* zur Andeutung der räumlichen Beziehung „neben“), so fungirt es nicht als Begriffswort, sondern nur als so-

---

[1]) Absichtlich nicht genannt wurde in diesem Zusammenhange die Wortzusammensetzung (Composition, Juxtaposition), denn bei Anwendung derselben wird der Ausdruck des Verhältnisses, in welchem die einzelnen Bestandtheile zu einander stehen, entweder durch die Wortstellung gegeben (vgl. „Weinflasche“ und „Flaschenwein“), oder aber der Redende überlässt es dem Hörenden, die syntaktische Beziehung der einzelnen Bestandtheile herzustellen (so ist z. B. in „Oberpostdirector“ das „ober“ auf „Director“ und nicht auf „Post“, dagegen in „Oberaufsichtsbehörde“ das „ober“ auf „Aufsicht“ und nicht auf „Behörde“ zu beziehen; vollends Composita, wie etwa „Kleinkinderbewahranstalt“, muss der Hörende erst syntaktisch ordnen, ehe er sie verstehen kann).

[2]) Von den übrigen Möglichkeiten wird (wenigstens auf indogermanischem Gebiete) ein sehr eingeschränkter Gebrauch gemacht. Der exspiratorische Accent findet im Indogermanischen der geschichtlichen Zeit nie, der chromatische nur selten (in der Frage, bei Interjectionen) syntaktische Verwendung in der Rede. Die Wortstellung dient vorwiegend rhetorischen Zwecken.

genanntes Formenwort, und es kann geschehen und ist häufig geschehen, dass es gänzlich aufhört, Begriffswort zu sein, und nur noch als Formenwort (Präposition, Conjunction, Modalverb) gebraucht wird, wie oben z. B. frz. *les* (oder auch *chez*, während z. B. frz. *part* bald als Begriffswort, bald als Beziehungswort fungirt). So erklärt sich die Entstehung der sog. Präpositionen und Conjunctionen (soweit als sie nicht ursprüngliche Deuteworte [Pronomina] sind), auch der sog. primitiven Adverbien. Derartige Worte verrathen ihren Ursprung oft noch in spätester Zeit dadurch, dass sie nominale Form, bezw. Casusendungen bewahren. In ganz entsprechender Weise können übrigens Begriffsworte auch zu Deuteworten werden (z. B. lat. *homo, causa* : frz. *on, [quelque] chose*).

Es kann aber noch etwas Anderes geschehen: es können Formenworte und ebenso können Deuteworte (Pronomina) in Folge dessen, dass sie eben einen begrifflichen Inhalt nicht besitzen und in lediglich formaler Function gebraucht werden, ihre Worteigenschaft und damit auch ihre lautliche Selbständigkeit völlig verlieren. Derartige ehemalige Formen- und Deuteworte sind dann eben nur Silben, welche Begriffsworten angefügt werden, um deren Begriff näher (z. B. temporal oder modal) zu bestimmen oder eine begriffliche Beziehung derselben zu einem anderen Worte anzudeuten. Die Verbindung eines Wortes mit einer solchen Silbe (oder mehreren solchen Silben) bezeichnet man als Wortform, die angefügte(n) Silbe(n) aber als Suffix(e). Die letztere Bezeichnung ist eigentlich nur für die einem Worte nachgefügten Silben zutreffend, sie wird aber auch für vor- und eingefügte Silben (Präfixe, Infixe) gebraucht, so dass man, wenn man die nachgefügte Silbe ausdrücklich als solche bezeichnen will, sich der Bezeichnung „Endung“ bedient[1]).

In einer Sprache, welche die Möglichkeit der Suffixirung besitzt, kann ein Wort je nach der näheren Bestimmung, welche ihm beigelegt, oder je nach der Begriffsbeziehung, welche angedeutet werden soll, bald dieses, bald jenes Suffix an-

---

[1]) Als „Affixe“ bezeichnet man die einem Verbum enklitisch angefügten Deuteworte (Pronomina, pronominale Adverbien, z. B. in ital. *datemene*), welche, weil sie eben noch als Deuteworte fungiren, nicht Suffixe genannt werden können.

nehmen, so dass also ein und dasselbe Wort in verschiedenen Lautgestaltungen, welche ebenso viele Wortformen darstellen, erscheinen kann. Das System der nominalen Wortformen wird als „Declination“, das der verbalen Wortformen als „Conjugation“ bezeichnet (vgl. oben S. 174).

Die Suffixirung kann in zweifacher Weise erfolgen: die Suffixe werden dem Worte (der als Wort fungirenden Wurzel) rein mechanisch angefügt, gleichsam angeleimt, oder aber sie verschmelzen mit dem Worte (bezw. der als Wort fungirenden Wurzel) zu einer festen lautlichen Einheit, wobei auch die Wurzel lautliche Aenderungen erfahren kann: das erstere Verfahren wird „Agglutination“, das zweite „Flexion“ genannt.

Darnach ergeben sich zwei Klassen der Wort(formen)-sprachen: agglutinirende Sprachen und flectirende Sprachen. Zu den ersteren gehören namentlich die sog. ural-altaischen Sprachen (Finnisch, Esthnisch, Magyarisch, Türkisch etc., auch Japanisch), zu den letzteren namentlich die semitischen Sprachen (Hebräisch, Aramäisch, Aethiopisch, Assyrisch, Punisch, Arabisch etc.) und die sog. indogermanischen oder indoeuropäischen Sprachen (vgl. § 20).

Man darf annehmen, dass die Agglutination die Vorstufe der Flexion ist. Wenn dies richtig ist, haben die flectirenden Sprachen sich aus agglutinirenden entwickelt.

Sowohl die Agglutination als auch die Flexion ist vereinbar mit verschiedenartigster Auffassung der Begriffsbestimmungen und Begriffsbeziehungen, so dass folglich sowohl die agglutinirenden als auch die flectirenden Sprachen bezüglich der inneren Sprachform sehr erheblich von einander abweichen können und auch thatsächlich von einander abweichen. Dass in beiden Sprachklassen die Einzelsprachen, unbeschadet des jeder Klasse eigenen Grundprincipes, auch in der äusseren Form sehr verschieden von einander sein nicht nur können, sondern sogar müssen, ergibt sich schon daraus, dass jede Sprache ihr eigenes Lautsystem besitzt, vgl. auch Nr. 9.

9. Die Flexion ist in den einzelnen flectirenden Sprachen in mannigfaltigster Abstufung mehr oder minder reich entwickelt, so dass die einzelnen Sprachen die verschiedenartigsten Gestaltungen aufweisen und zum Theil in gegensätzlichem

Verhältnisse zu einander stehen (man vergleiche z. B. das flexionsarme Neupersisch oder Englisch mit dem flexionsreichen Sanskrit).

Aber auch in den Sprachen, welche eine verhältnissmässig sehr reiche Flexion, einen vielgegliederten Bau der Declinations- und Conjugationsformen besitzen (wie z. B. Sanskrit, Griechisch, Latein), wird doch immer nur ein verhältnissmässig kleiner Theil der überhaupt zum Ausdruck gebrachten Begriffsbestimmungen und Begriffsbeziehungen durch Wortformen zum Ausdruck gebracht, so dass zum Ausdruck der meisten dieser Bestimmungen und Beziehungen Formenworte (Präpositionen etc.) gebraucht werden müssen. Man denke z. B. an Folgendes: die durch die Fragen *wo? wohin? woher?* angedeuteten Raumbeziehungen werden im Latein im Wesentlichen nur bei Städtenamen durch Casus (Locativ, Accusativ, Ablativ) ausgedrückt, sonst immer durch Präpositionen *(Romae, Romam, Romā, aber in Italia, in Italiam, ex Italia);* oder: die Modalvorstellungen, dass das Subject eine Handlung vollziehen will oder zum Vollzuge einer Handlung verpflichtet ist, lassen sich im Lateinischen nur durch die Modalverba *velle* und *debere* ausdrücken, nicht also durch Verbalformen.

Die Flexion ist also auch in flexionsreichen Sprachen nicht über Ansätze hinausgekommen; Declination und Conjugation sind in allen Sprachen gleichsam unvollendete Gebäude, deren Mauerwerk in der einen Sprache mehr, in der anderen weniger hoch emporragt, immer aber im Vergleich zu der Höhe, welche es, wenn der Bau systematisch fortgesetzt worden wäre, hätte erreichen müssen, niedrig genannt werden muss. Das Sanskrit besitzt z. B. — wenn man, wie selbstverständlich, den Vocativ nicht mitrechnet — sieben Casus; wie viele Casus mehr aber würde eine Sprache zählen, in welcher alle nominalen Begriffsbeziehungen durch je eine Wortform ausgedrückt würden!

Der Grund, weshalb die Flexion überall nur in verhältnissmässig sehr beschränktem Umfange durchgeführt wurde, ist leicht ersichtlich. Je grösser der Formenreichthum einer Sprache ist, desto schwieriger wird es dem Sprechenden, aus der Masse der Formen die in jedem gegebenen Falle gerade erforderliche herauszufinden und die ähnliche Begriffsbeziehungen ausdrückenden Formen fernzuhalten, z. B. nicht den Dativ statt des Accusativs, nicht den Conjunctiv statt des Optativs zu brauchen. Wie klein ist die Zahl der Casus im Deutschen, und wie oft doch werden in lebhafter oder nachlässiger Rede sie verwechselt! Ein Jeder, der Latein oder Griechisch (oder auch z. B. Russisch) gelernt hat, wird sich erinnern, wie schwer ihm die Unterscheidung der zahlreichen Formen fiel. Nun freilich beherrscht selbstverständlich, wer eine formenreiche Sprache als Muttersprache redet, deren Formenreichthum viel leichter, als der Ausländer, aber Arbeit, unbewusste Arbeit ist doch auch für ihn in hohem Maasse das stete Spielen auf dem vieltastigen Klaviere der Wortformen. Und eben deshalb bleibt die Zahl der Tasten immer eine verhältnissmässig beschränkte. Aber nicht nur dies, sondern es wird auch im Laufe der Zeit die Zahl der Tasten herabgemindert, um die Arbeit des Sprechens zu erleichtern, ihren rascheren Vollzug zu ermöglichen.

In jeder flectirenden Sprache tritt, nachdem der Formenbau bis zu einer gewissen Höhe emporgeführt worden ist, ein Stillstand ein: neue Formen werden nicht mehr gebildet; dem Stillstande folgt eine rückläufige Entwickelung: diese oder jene Formen werden ausser Gebrauch gesetzt, theils weil sie als zu unhandlich, als zu unbequem empfunden werden, theils weil sie in Folge lautlichen Verfalls, der wieder eine Wirkung eben des häufigen Gebrauchs ist, ihr kennzeichnendes Gepräge verloren haben und dadurch gebrauchsunfähig geworden sind. An Stelle der ausser Kurs gesetzten Wortformen müssen nun Formenworte eintreten: Personalpronomina für die Personalendungen, Präpositionen für die Casus, Modalverba für die Modus- und Tempussuffixe.

So wird die verhältnissmässige Synthese des Formenbaues mehr oder weniger wieder aufgelöst: die früher synthetisch gewesenen Sprachen werden analytische Sprachen. Diese Entwickelung liegt vor in dem Verhältnisse des Lateins zu dem Romanischen.

Diese Entwickelung muss in chronologischer Beziehung als eine rückläufige bezeichnet werden, da sie, wenigstens zunächst und unmittelbar, einen theilweisen Verzicht auf die Suffixirung, also eine theilweise Rückkehr zu dem suffixlosen

Zustande bedeutet. In sprachästhetischer Hinsicht muss man
sie sogar einen Rückschritt nennen, weil sie die durch die
Flexion geschaffene architektonische Sprachgestaltung — denn
sehr passend spricht man von dem Bau der Formen — theilweise wieder zerstört. Abgesehen hiervon aber ist die analytische Entwickelung der flectirenden Sprachen ganz unleugbar
ein Fortschritt, denn sie steigert die Gebrauchsfähigkeit der
Sprache (vgl. oben S. 55 f.).

Uebrigens ist die durch den Uebergang von der Syn-
thesis zur Analysis bewirkte theilweise Wortformenlosigkeit
der Sprache nur eine vorübergehende, zeitweilige. Denn es
vollzieht sich ein Kreislauf der Entwickelung: das an Stelle
des Suffixes tretende Formenwort (Präposition, Modalverb)
oder Deutewort (Pronomen) verwächst allgemach mit dem Begriffsworte (Nomen, Verbum), zu dessen näherer Bestimmung es
dient, und wird also selbst wieder zum Suffixe. So ist es
geschehen, wenn z. B. für das lat. Futurum *donabo* die Umschreibung *donare + habeo* (d. h. Infinitiv + Modalverb) eintrat, und in dieser das Modalverb mit dem Infinitive verwuchs:
frz. *donnerai*. Aehnliches wenigstens ist auch geschehen, wenn
z. B. lat. *donavimus* (Perf. praes.) ersetzt wird durch (*nos*) *ha-*
bemus donatum = frz. *nous avons donné*; Aehnliches auch
liegt vor, wenn etwa dem lat. *patribus* (Dat. Plur.) frz. *aux*
pères (spr. *opèr*) entspricht, denn auch hier sind die Formenworte mit dem Begriffsworte lautlich verwachsen, mögen sie
auch immerhin in der (einen älteren Sprachzustand festhaltenden
oder gelehrtem Einflusse unterstehenden) Schrift noch getrennt
erscheinen, und mögen sie auch theilweise (wie z. B. *nous*)
noch der Wortfunction fähig sein. Dass *nous* in Suffix-
function dem Verbum vorgefügt wird (Präfix), während das
lat. Personalsuffix -*mus* ihm (dem Verbum) nachgefügt wurde,
ist eine für den Sachverhalt gleichgültige, an sich aber recht
bemerkenswerthe Verschiedenheit.

§ 20. **Die indogermanischen Sprachen.** 1. Die Familie
(Sippe) der sog. indogermanischen[1]) oder indoeuropäischen

---

[1]) Die Benennungen „indogermanisch" — zuerst von *Klaproth*
gebraucht in seiner „Asia polyglotta" (Paris 1823), vgl. Idg. Forsch. II,
125 — und „indoeuropäisch" sollen die geographische Ausdehnung

Sprachen besteht aus folgenden Sprachgruppen, bezw. Einzelsprachen [1]):

A. Die arische Gruppe.

a. Das Indische.

α) die Sprache des Veda, „dessen älteste Bestandtheile
(Hymnen des Rigveda) etwa bis 1500 v. Chr. hinauf-
reichen mögen";

β) das (classische) Sanskrit, die altindische Schriftsprache, in welcher z. B. die Dichtungen des Kâli-
dâsa (Çakuntala, Raghuvaṃça, Ritusanhâra etc.),
die Fabelsammlungen „Hitopadesa" und „Pantscha-
tantra", die Spruchsammlung des Bhartrihari etc. etc.
abgefasst sind;

γ) das Prâkrit, die altindische Volkssprache, später
durch den Buddhismus auch zur Schriftsprache erhoben und als solche „Pâli" genannt. Aus dem
„Prâkrit" haben sich entwickelt:

δ) die zahlreichen neuindischen Sprachen und Mundarten (Hindi [Hindustani], Bengali, Uriya, Maha-
ratti, Guzerati, Sindhi, Penjabi u. a.

b. Das Iranische.

α) das Altpersische (Westiranisch), die Sprache der
aus der Zeit von ca. 520 bis ca. 350 v. Chr. stammenden persischen Keilinschriften.

Mittelbare Fortsetzungen des Altpersischen sind
die neupersischen Mundarten (Gilani etc.), das Kur-
dische und wohl auch das Ossetische (im Kaukasus).

β) das Avestische (Ostiranisch, auch Zend und Alt-
baktrisch genannt), die Sprache des Avesta, des
heiligen Buches der Zoroastrier.

Eine mittelbare Fortsetzung des Avestischen ist
das Afghanische (oder Paštu).

---

des Sprachstammes veranschaulichen. Glücklich ist keine von beiden,
denn einerseits sind nicht Inder und Germanen, sondern Inder und
Kelten die äussersten Glieder des Stammes, andrerseits umfasst der
Sprachstamm (allerdings nur infolge von Kolonisation) auch den grössten
Theil Amerika's und Australiens und weite Gebiete Afrika's (Capland,
die Boerenländer).

[1]) Die obige Aufzählung ist nach *Brugmann* (Grundriss der vergl.
Gramm. der idg. Spr. I, § 4 ff.) gegeben.

B. Das Armenische.

a. Das Altarmenische, als Schriftsprache noch jetzt üblich;

b. die neuarmenischen Mundarten.

C. Das Griechische.

a. Die jonisch-attische Mundart, in den jonischen und den attischen Dialect sich theilend; auf Grund des letzteren bildete sich gegen Ende des 5. Jahrhunderts v. Chr. eine allgemeingriechische Schriftsprache aus;

b. die dorische Mundart;

c. die nordwestgriechische Mundart;

d. die aeolische Mundart;

e. die elische Mundart;

f. die arkadisch-kyprische Mundart;

g. die pamphylische Mundart;

[Die altgriechischen Mundarten.]

[h. die mittelalterlich-griechische Litteratursprache („eine künstliche Mischung von Altgriechisch mit Formen der damaligen Volkssprache in mannigfachen Abstufungen"];

i. das Neugriechische (Schriftsprache und Mundarten).

D. Das Albanesische (vgl. oben S. 46 u. 68).

E. Das Italische.

a. das Latein; aus dem Latein haben sich die (neulateinischen oder) romanischen Sprachen entwickelt:

    α) das Italienische,

    β) das Rumänische,

    γ) das Rätoromanische,

    δ) das Französische,

    ε) das Provenzalische,

    ζ) das Catalanische,

    η) das Spanische,

    ϑ) das Portugiesische;

b. die umbrisch-samnitischen Mundarten, unter denen das Umbrische und das Oskische die bekanntesten sind.

F. Das Keltische (vgl. oben S. 65).

a. das Gallische (nur bekannt „durch keltische Namen und Wortcitate bei griechischen und lateinischen Autoren, durch Inschriften und Münzen");

b. das Britannische:

    α) das Kymrische oder Welsche (Wallisische), noch lebend;

    β) das Cornische, am Ende des 18. oder zu Anfang des 19. Jahrhunderts ausgestorben;

    γ) das Bretonische oder Aremorische.

c. Das Gälische:

    1. das Irisch-Gälische,

    2. das Schottisch-Gälische,

    3. das Manx (Mundart der Insel Manx).

G. Das Germanische.

a. das Gotische, hauptsächlich durch die Bibelübersetzung des westgotischen Bischofs Vulfila (311 bis 381 n. Chr.) bekannt;

b. das Nordische oder Skandinavische; daraus haben sich seit der Vikingerzeit (800 bis 1000 n. Chr.) entwickelt:

    α) das Isländische }
    β) das Norwegische } Westnordisch;

    γ) das Schwedische }
    δ) das Dänische } Ostnordisch.

c. das Westgermanische:

    α) das Angelsächsische (daraus das Englische),

    β) das Altfriesische (daraus das Neufriesische),

    γ) das Altsächsische (jetzt Niederdeutsch oder Plattdeutsch),

    δ) das Altniederfränkische (jetzt Holländisch, Vlämisch und die Sprache des deutschen Niederfrankens),

    ε) das Althochdeutsche (daraus die jetzigen oberdeutschen und mitteldeutschen Mundarten).

Ostgermanische Sprachen. (a, b)

Westgerman. Sprachen. (c)

H. Das Baltisch-Slavische.

a. Das Baltische:

  α) das Preussische (im 17. Jahrh. ausgestorben),

  β) das Litauische,

  γ) das Lettische.

b. Das Slavische:

  1. Die östlich-südliche Gruppe, umfassend:

  α) das Russische (Grossrussisch und Weissrussisch, Kleinrussisch),

  β) das Bulgarische (die altbulgarische [von *Miklosich* als „altslovenisch" bezeichnete] Sprache, auch „Kirchenslavisch" genannt, ist die alterthümlichste und deshalb für die Sprachvergleichung wichtigste der slavischen Sprachen),

  γ) das Illyrische (Serbisch und Kroatisch, Slovenisch).

  2. Die westliche Gruppe, umfassend:

  α) das Czechische (Czechisch im engeren Sinne, das Mährische und das Slovakische),

  β) das Sorbische oder Lausitzische (Ober- und Niedersorbisch),

  γ) das Lechische (das Polnische und das ausgestorbene Polabische oder Elbslavische).

2. Die grosse Uebereinstimmung, welche zwischen allen diesen Sprachen — namentlich aber zwischen den ältesten oder doch alterthümlichsten unter ihnen — sowohl bezüglich des Wortschatzes[1]) als auch bezüglich der Flexion besteht, berechtigt, ja nöthigt zu der Annahme, dass sie sämmtlich auf eine gemeinsame Ursprache zurückgehen, und gestattet sogar die, selbstverständlich nur hypothetische, Reconstruction dieser Ursprache. Aus der Thatsache der Stammesgemeinschaft der

---

[1]) Dass die Uebereinstimmung der idg. Sprachen im Wortschatze auf Stammverwandtschaft und nicht auf Entlehnung — obwohl selbstverständlich auch diese vielfach stattgefunden hat (so z. B. zwischen Lateinisch und Griechisch, zwischen Lateinisch und Germanisch etc.) — oder gar auf Zufall beruht, wird dadurch bewiesen, dass die einander entsprechenden Worte zu einander in festen Lautverhältnissen stehen, z. B. in dem der sog. Lautverschiebung.

idg. Sprachen folgt aber noch keineswegs, dass alle eine idg. Sprache redenden Völker auch wirklich Indogermanen seien. Denn es ist die Möglichkeit der Sprachübertragung auf stammesfremde Völker in Betracht zu ziehen, welche Möglichkeit in geschichtlicher Zeit mehrfach verwirklicht worden ist[1]) und daher auch in vorgeschichtlicher Zeit sich verwirklicht haben kann.

3. Die Heimath des idg. Urvolkes ist nicht mit Sicherheit zu bestimmen. Der früher herrschend gewesenen Annahme, dass sie sich im mittleren Asien befunden habe, ist seit einigen Jahrzehnten die andere entgegengestellt und mit guten Gründen gestützt worden, wonach der Ursitz der Indogermanen in (dem südöstlichen) Europa gesucht werden muss[2]). Wenn dem so ist, würden die arischen Völker (Inder, Perser und Baktrer) aus Europa nach Asien eingewandert sein, während man früher an die Herkunft der Griechen, Italer, Germanen etc. aus Asien glaubte.

4. Welche näheren Verwandtschaftsverhältnisse etwa zwischen den einzelnen Gruppen der idg. Sprachen bestehen, ist zur Zeit noch eine offene Frage. Nur zwischen Italisch (namentlich Lateinisch) und Keltisch lässt sich wenigstens einigermaassen eine engere verwandtschaftliche Beziehung wahrscheinlich machen, dagegen kann eine solche zwischen Lateinisch und Griechisch nicht angenommen werden.

Ob zwischen den indogermanischen und den semitischen Sprachen eine Urverwandtschaft besteht, entzieht sich bis jetzt der wissenschaftlichen Erkenntniss.

5. Von den indogermanischen Sprachen sind nicht wenige im Laufe der geschichtlichen Zeit erloschen. Nur in seltenen Fällen erklärt sich dies aus dem Untergange des betreffenden Volkes (so bei den Ostgothen und Vandalen). Meist ist Sprachübertragung Ursache des Erlöschens gewesen (so vertauschten z. B. Umbrer, Samniten, die oberitalischen und die gallischen Kelten ihre Sprachen mit dem Latein, die Polaben die ihre mit dem Deutschen etc.). In mehreren Fällen ist nur die

---

[1]) So ist z. B. das Latein auf die iberischen Stämme der Pyrenäenhalbinsel und des südwestlichen Galliens übertragen worden, die finnischen Bulgaren (zum Theil auch die Tartaren) sind slavisiert worden etc.

[2]) *Hirt* (Idg. Forsch. I, 464) verlegt ihn an die Ostsee.

Schriftsprache (in Folge veränderter Culturverhältnisse) abgestorben, während die Sprache an sich in immer sich ver-
jüngender Gestalt erhalten blieb. Das gilt namentlich vom
Sanskrit, vom Griechischen und Lateinischen. Vielfach sind
durch Differenziirung einer ursprünglich einheitlichen Sprache
(so z. B. des Lateins, des Nordischen) relativ neue Sprachen
entstanden, und aus der Kreuzung indogermanischer Sprachen
mit Sprachen fremden Baues sind Mischsprachen hervorgegangen,
vgl. oben S. 188.

Zweites Capitel.

Das Schriftthum (die Litteratur).

§ 21. Begriff und Wesen der Schrift[1]. 1. Unter „Schrift"
versteht man im weiteren Sinne des Wortes jede dem A u g e
erfassbare Versinnlichung des Denkens, so dass in diesem
Sinne auch einerseits die Geberden- und Zeichensprache,
andrerseits jede bildliche Darstellung in den Begriff der „Schrift"
einbezogen wird.

In dem engeren und üblichen Sinne des Wortes dagegen
versteht man unter „Schrift" das Mittel, durch welches die
aus Lauten sich zusammensetzende, eben deshalb an sich nur
dem O h r e erfassbare und im Augenblick ihrer Erzeugung

---

[1]) Die einzige wissenschaftliche Geschichte der Schrift ist: *Taylor*,
The Alphabet. An Account of the Origin and Development of Letters.
Vol. I, Semitic Alphabets, Vol. II, Aryan Alphabets. London 1883. —
Für die Urkundenlehre ist praktisch brauchbar: *Leist*, Die Urkunde.
Stuttgart 1884. — (Ein von *Wuttke* begonnenes, gross angelegtes Werk ist
nicht über den ersten Band hinausgekommen). Ueber das (für den
romanischen Philologen so wichtige) Schriftwesen des Mittelalters unterrichtet in trefflicher Weise das so betitelte Buch von *Wattenbach*
(Berlin, 2. Ausg. 1875). Für das griechische und römische Schriftwesen
giebt *Birt's* „Das antike Buchwesen" (Berlin 1882) benanntes Werk
gleiche Belehrung. Für das Studium der Palaeographie sind zu empfehlen *Chassant*, Paléographie des chartes et des manuscrits du 11e au
17e siècle (Paris, seit 1836, dazu ein Dict. des abréviations etc., 2. éd.
Paris 1862); *Arndt*, Schrifttafeln, Berlin seit 1874, 1878/86.

auch schon wieder verhallende R e d e dem A u g e erfassbar
gemacht wird und dadurch die Fähigkeit einer (an sich un-
begrenzten) zeitlichen Dauer erhält.   Nur in diesem Sinne
wird im Folgenden von der Schrift gehandelt.

2. Die „Schrift" entsteht und die Handlung des Schreibens
wird vollzogen, wenn in oder auf einem dazu geeigneten Körper
(Stein, Holz, Metall, Haut [Pergament], Pflanzenfaserstoffe
[Bast, Papier]) mittelst eines geeigneten Werkzeuges (Meissel,
Stichel, Griffel, Feder, Pinsel) gewisse Zeichen eingeritzt oder
aufgetragen werden [1]), deren jedes ein Wort oder eine Silbe
oder einen Laut andeutet.   Danach ist die Schrift entweder
Wortschrift oder Silbenschrift oder Lautschrift.

3. Die Wortschrift, welche man sich an den Bilder-
räthseln (Rebus) veranschaulichen kann, ist ebenso unvollkommen wie umständlich, weil sie einerseits unmittelbar nur
anwendbar ist in Bezug auf sinnlich wahrnehmbare Gegenstände und Vorgänge und weil sie andrerseits für jeden der
überhaupt darstellbaren Begriffe eines besonderen Zeichens
(Bildes), also einer sehr grossen Menge von Zeichen bedarf.
Nichtsdestoweniger ist die Wortschrift, allerdings mit manchen
Annäherungen an die Silben- und Lautschrift und unter Zu-
hülfenahme einer conventionellen Symbolik, bei verschiedenen
Völkern in Gebrauch gewesen (Hieroglyphen der alten Aegypter
u. dgl.).   Die indogermanischen Culturvölker bedienten und
bedienen sich der Wortschrift nur ganz gelegentlich (z. B. zu
symbolischen Andeutungen [man denke z. B. an die in Sachs-
Villatte's Wörterbuch oder in Kürschner's Litteratur-Kalender
gebrauchten Zeichen, wenn z. B. eine Krone „Geschichte",
ein Globus „Geographie" bedeutet], zu Reklamezwecken etc.;
Wortschrift sind auch die Ziffern, die mathematischen Zeichen
für Zahlverhältnisse, für den Begriff Wurzel, für den Begriff
des Unendlichen u. dgl.).

4. Auch die (z. B. von den Chinesen geübte) Silbenschrift ist überaus umständlich, da sie einer sehr grossen

---

[1]) Daher bedeuten die idg. Verba für den Begriff des Schreibens
entweder „ritzen, schneiden" oder aber „malen, schmieren", z. B. griech.
γράφειν eigentl. „kerben" (W. *gerph*), man vgl. damit engl. *to write*;
lat. *scribere* ist freilich dunkler Herkunft, dagegen steht *littera* wohl
in Zusammenhang mit *linere* „beschmieren".

Menge von Zeichen bedarf, deren Gestaltung noch dazu, um sie trotz ihrer Menge unterscheidbar zu machen, sehr complicirt sein muss. Von den indogermanischen Culturvölkern wurde und wird Silbenschrift nur zum Zwecke der Abkürzung gelegentlich (in der Stenographie aber systematisch [„tironische Noten“, „Sigel“]) gebraucht (so wenn für bestimmte Silben bestimmte Abbreviaturen angewandt werden, z. B. ein ~ deutet in Wörterbüchern an, dass eine beim ersten Vorkommen ausgeschriebene Silbe wiederholt wird: „Haus, ~frau, ~herr“).

5. Die Lautschrift ist die einzige Schrift, welche leichten und raschen Vollzug des Schreibens gestattet und folglich mit Aufwand einer verhältnissmässig geringen Arbeit erlernbar und anwendbar ist, vgl. § 22. Zugleich ist die Lautschrift die am leichtesten und am sichersten lesbare Schrift, vgl. Nr. 7. Darin ist es begründet, dass die zu höchster Cultur emporgestiegenen Culturvölker der Semiten und Indogermanen sich in geschichtlicher Zeit für die Zwecke des praktischen Lebens und für die Litteratur fast ausschliesslich der Lautschrift bedient haben.

6. Das Schreiben, d. h. die Umsetzung des Denkens zunächst in Rede und dann der Rede in Zeichen, ist ein höchst eigenartiger und verwickelter psychophysischer Vorgang, welcher wissenschaftlicher Betrachtung und Erforschung durchaus würdig ist. Verfehlt ist es jedoch, eine besondere „Schriftwissenschaft (Graphologie)“ aufstellen zu wollen [1]), denn die Schrift lässt sich von der Sprache nicht lösen, gehört also dem Bereiche der Sprachwissenschaft, bezw. dem der Philologie, an.

Wie in jeder psychophysischen Thätigkeit, so offenbart sich auch im Schreiben die Eigenart des sie vollziehenden Individuums, und in Folge dessen ist anzunehmen, dass in dem Ergebnisse des Schreibens, in der Schrift, der Charakter des Schreibenden zum Ausdruck gelange. Indessen darf man dieser Annahme keine übertriebene praktische Bedeutung beilegen. Denn es ist immer zu berücksichtigen, dass die Beschaffenheit der Handschrift in hohem Grade bedingt wird durch die Beschaffenheit des Schreibwerkzeugs (z. B. der Feder)

---

[1]) Neuerdings erscheint sogar eine besondere Zeitschrift für „Graphologie“.

und des Schreibmaterials (z. B. des Papiers). Ausserdem muss erwogen werden, dass der augenblickliche Affect, unter dessen Einfluss das Schreiben vollzogen wird, sowie das leibliche Befinden des Schreibers auf die Beschaffenheit der Handschrift sehr einwirken [1]). Noch Anderes tritt hinzu, so z. B. die Nachwirkung des die Handschrift des Schülers in eine bestimmte Richtung lenkenden Schulunterrichtes, der Einfluss socialer und nationaler Gewohnheiten etc. Somit hat, wer Handschriften deuten will, allen Grund, recht behutsam und bescheiden zu sein und sich vor Unfehlbarkeitsdünkel zu hüten.

7. Voraussetzung und Ergänzung des Schreibens ist das Lesen, d. h. die Umsetzung der geschriebenen Zeichen in Rede und dann der Rede in Denken, also der dem Schreiben entgegengesetzte Vorgang. Nicht gelesene oder nicht lesbare Schrift ist nur ein Gewirr von Strichen und Punkten. Es muss also der Philolog, welcher sich mit dem Schriftthume des Auslandes und der Vorzeit beschäftigt, die Schriften der Vorzeit und des Auslandes lesen lernen. Daher ist Palaeographie, d. h. die Lehre von der Schrift der Vorzeit (des Alterthums, des Mittelalters), eine Hülfswissenschaft der Philologie.

8. Schrift kann auf mechanischem Wege hergestellt und auf mechanischem Wege vervielfältigt werden (Schreibmaschine und Druckmaschine) [2]). Das letztere Verfahren ist (im Abendlande) bekanntlich erst seit ca. $4^{1}/_{2}$ Jahrhunderten in Gebrauch gekommen, hat aber, seitdem es gebräuchlich geworden, die Entwickelung der Cultur, namentlich aber die der Litteratur, in bedeutsamster Weise beeinflusst. Denn es begründet einen

---

[1]) Und zwar in solchem Grade, dass noch Niemand einen und denselben Buchstaben in völlig gleicher Weise geschrieben hat, da eben Affect und leibliches Befinden von Augenblick zu Augenblick wechseln, sei es in noch so unmerklicher, dem Schreibenden gar nicht zum Bewusstsein kommender Weise. Ebenso wechselt fortwährend die Beschaffenheit des Schreibwerkzeuges und des Schreibstoffes (z. B. mit jedem Striche wird die Feder ein wenig abgenutzt und also verändert; jeder Quadratmillimeter eines Papierblattes ist etwas mehr oder weniger glatt, als der andere, jeder Tropfen Tinte etwas mehr oder weniger leichtflüssig, als der andere etc. etc.).

[2]) Jedem, der für den Druck schreibt, ist einige Kenntniss der Technik des Druckens unentbehrlich, jedenfalls aber Vertrautheit mit der Druckcorrectur und den dabei üblichen Zeichen. Der Anfänger lasse sich von einem Erfahrenen darüber belehren oder benutze eine der vielen einschlägigen Anleitungsschriften. Wenn irgend möglich, lasse man sich bei der Correctur unterstützen. Gerade der Verfasser übersieht Druckfehler am leichtesten.

wesentlichen Unterschied, ob die Uebermittelung des Denkens
unmittelbar durch die Rede oder mittelbar durch die Schrift
erfolgt, ob der Denkende (Dichtende) sein Denken als Redner
(bezw. als Sänger) Hörern oder als Schriftsteller Lesern übermittelt. Die Uebermittelung durch die Schrift konnte aber
erst dann in weitem Umfange zur Anwendung kommen, als
in dem Buchdruck die Möglichkeit zu mechanischer Vervielfältigung des Geschriebenen gefunden worden war.

9. Die Thätigkeit des Schreibens besteht, rein äusserlich
betrachtet, in einem Einritzen oder Einschneiden oder Auf-
malen (vgl. Nr. 1), also in Hantirungen, welche mit dem Bestreben vollzogen werden können, dass ihr dem Auge wahr-
nehmbares Ergebniss gefalle, dass es schön sei. Wird das
Schreiben mit solchem ästhetischen Bestreben vollzogen, so
wird es dadurch zur bildenden Kunst und sein Ergebniss, die
Schrift, zu einem Kunstwerke erhoben. In seiner Eigenschaft
als Kunst nimmt das Schreiben Theil an der Gesammtentwickelung der bildenden Kunst. So überträgt jedes Zeitalter den ihm eigenthümlichen Kunststil auch auf die Schrift,
z. B. das Mittelalter baute „gothische" Dome und malte
„gothische" Buchstaben; die Renaissancezeit baute nach antikem Vorbilde und gab den Buchstaben die „Antiqua"-Form.

§ 22. Die Lautschrift. 1. Eine Lautschrift ist vollkommen, wenn sie jeden einzelnen der (entweder in der
menschlichen Sprache überhaupt oder doch) in derjenigen
Einzelsprache, in welcher die zu schreibende Rede gesprochen
wird, vorkommenden Laut durch ein besonderes Zeichen andeutet,
also z. B. nicht bloss den *a*-Laut schlechthin, sondern den hochtonigen und den tieftonigen, den langen und den kurzen (halb-
kurzen etc.), den hohen und den tiefen, den dunkeln und den
hellen *a*-Laut. Da nun in jeder Sprache die Zahl der vorkommenden Laute eine sehr beträchtliche, ja, theoretisch genommen, unendlich grosse ist, so muss die vollkommene Lautschrift auch eine sehr beträchtliche (theoretisch sogar unendlich
grosse) Zahl von Lautzeichen („Buchstaben") besitzen.

Eine unbedingt (absolut) vollkommene Lautschrift ist unmöglich, eben weil sie eine unendlich grosse Zahl von Lautzeichen erfordern würde.

Eine bedingt (relativ) vollkommene Lautschrift dagegen

ist wiederholt und in sehr verschiedener Weise dadurch hergestellt worden, dass man die Buchstaben des üblichen Alphabetes (s. Nr. 2) durch Beifügung unterscheidender („diakritischer") Zeichen (Accente, Punkte), durch Mischung verschiedener Schriftformen (z. B. lateinisches, griechisches und sog. deutsches, d. h. [in kunstgeschichtlichem Sinne] „gothisches" Alphabet) oder auch durch Umkehrung der Buchstaben (z. B. des a zu ɐ) oder endlich durch Hinzufügung neu erfundener Zeichen vervielfältigt hat. Die so entstandenen „phonetischen" Alphabete besitzen folglich einen sehr grossen Zeichenbestand, wovon sich Jeder leicht überzeugen kann, wenn er die phonetische Umschrift z. B. lateinischer Texte bei *Seelmann* „Aussprache des Latein", p. 373 ff., oder englischer Texte in *Sweet's* „Elementarbuch des gesprochenen Englisch", oder französischer Texte in *Koschwitz'* „Les Parlers parisiens" (s. oben S. 116) durchsieht.

Eben die Vielheit (nebenbei auch die Umständlichkeit) ihrer Zeichen macht diese Lautalphabete schwer erlernbar und anwendbar, so dass sie wohl für wissenschaftliche Zwecke, nimmermehr aber für den Gebrauch des Alltagslebens und ebenso wenig für die Litteratur benutzt werden können.

Eine eigenartige Lautschrift erfand der Engländer *Alex. Melville Bell*[1]). Mit Recht durfte ihr Erfinder sie als „Visible Speech" bezeichnen, denn ihre Eigenart besteht eben darin, dass jeder Laut durch ein Zeichen ausgedrückt wird, welches die bei Erzeugung des Lautes stattfindende Mundstellung der Sprachorgane andeutet. Es bedarf aber nicht erst der Bemerkung, dass auch diese Schrift nur für wissenschaftliche Zwecke verwendbar ist.

2. Eine praktisch brauchbare Lautschrift kann nur dadurch hergestellt werden, dass lediglich die Hauptlauttypen — also z. B. *a*, nicht auch *ā* und *ă*, *á* und *à* etc. — durch je ein Zeichen angedeutet werden und dass diese Zeichen möglichst einfach und erkennbar, also leicht schreibbar und lesbar sind. Die Zahl der Hauptlauttypen beträgt in den europäischen Cultursprachen etwa zwanzig bis dreissig, folglich ist

---

[1]) Visible Speech, the Science of Universal Alphabetics, or self-interpreting Physiological Letters, for the Writing of all Languages in one Alphabet (London 1867).

die Zahl der sie andeutenden Zeichen eine verhältnissmässig kleine und die Lernfähigkeit auch des Kindes nicht übersteigende.

Die praktisch brauchbarste Lautschrift ist — bis jetzt — diejenige, welche von Semiten (Phöniciern) erfunden, von den Griechen angenommen und von diesen den Römern und Slaven, mittelbar auch den Kelten und Germanen, überliefert worden ist.. Die Erfindung dieser Lautschrift oder vielmehr ihre Herausbildung aus einer ursprünglichen Bilderschrift ist eine der grössten Thaten des menschlichen Geistes[1]).

Dieses Alphabet hat auf dem Gebiete der indogermanischen Sprachen Europas[2]) drei Hauptgestaltungen angenommen: die griechische, die slavische (kyrillische) und die lateinische (und zwar die antik-lateinische und die eigenartige mittelalterlich-lateinische oder „gothische“, vgl. unten § 40 Nr. 1).

3. Eben weil die bei den indogermanischen Völkern Europas übliche Lautschrift nur die Hauptlauttypen durch Zeichen andeutet, verzichtet sie von vornherein grundsätzlich auf phonetische Genauigkeit. Die Durchführbarkeit des Grundsatzes „Schreib’, wie du sprichst“, den die Nichtsachverständigen so gern als Norm für die Rechtschreibung aufstellen, ist also mit dieser Schrift (aber auch mit jeder anderen praktisch brauchbaren Schrift) einfach unmöglich. Wenn er übrigens — um dies nebenbei zu bemerken — mittelst eines phonetischen Alphabetes zu praktischer Geltung käme, so würde dies die ungeheuerliche Folge haben, dass innerhalb einer und derselben Sprachgenossenschaft nicht nur jedes Individuum eine etwas andere Rechtschreibung haben würde, als das andere (weil jedes Individuum etwas anders spricht als das andere), sondern dass auch ein und dasselbe Individuum zu verschiedenen Zeiten verschieden schreiben müsste (weil jedes Individuum zu verschiedenen Zeiten verschieden spricht, vgl. oben S. 182 f.).

Eine praktisch brauchbare Lautschrift kann nur in dem bedingten Sinne phonetisch sein, dass jeder Hauptlauttypus

---

[1]) An sich vollkommener ist das Sanskrit-Alphabet (die Devanâgarî-schrift), aber es ist praktisch weniger brauchbar, weil es verhältnissmässig viele und theilweise umständlich gebildete Zeichen enthält.

[2]) Ob das Sanskrit-Alphabet ebenfalls auf dem semitischen beruht, kann hier dahingestellt bleiben.

durch ein bestimmtes Zeichen zur Andeutung gelangt und dass dieses Zeichen eben n u r für den betreffenden Typus und nicht auch für einen anderen gebraucht wird, wie etwa im Deutschen *c* für *k* und für *z* gebraucht wird („Cölestin", aber „Cöln" neben „Köln") oder wie im Englischen das *a* ebensowohl den *ā*- wie den *ä*- wie den *ē*- und sogar den *å*-Laut bezeichnen kann.

Aber auch diese sehr beschränkte Richtigkeit der Lautschrift wird (und zwar, in gewissem Maasse wenigstens, mit Nothwendigkeit) beeinträchtigt durch den Umstand, dass die Schrift dem in der Sprache allmählich sich vollziehenden Lautwandel nicht unmittelbar zu folgen vermag, eben desswegen aber im Laufe der Zeit von der vorschreitenden Lautentwickelung überholt wird und demnach theilweise Lautverhältnisse zum Ausdruck bringt, welche nicht die der Gegenwart sind (so wenn z. B. der Franzose zahlreiche Auslautconsonanten noch schreibt, welche, mindestens ausserhalb der Bindung, längst verstummt sind, oder wenn er längst zu Monophthongen gewordene Diphthonge, z. B. *ai, ou, eu,* in der Schrift noch beibehält). Selbst dann, wenn die Sprechenden des Abstandes zwischen Schrift und Laut sich bewusst werden, kann doch meist Abhülfe, wenigstens volle Abhülfe, nicht gebracht werden, weil durchgreifende Abänderungen der Schreibung einen Bruch mit der Vergangenheit bedeuten, der möglichst vermieden werden muss, überdies auch praktisch nur schwer und namentlich nur langsam ausführbar sind, so dass es leicht geschehen kann, dass das richtige Neue, ehe es durchgeführt ist, schon selbst wieder zum unrichtigen Alten wird.

So haben denn alle Culturvölker eine historische Rechtschreibung, welche auch gegen die an sich mögliche beschränkte phonetische Richtigkeit verstösst. Es kann aber der Abstand sehr verschieden sein. Verhältnissmässig sehr gross ist er bei den Engländern, verhältnissmässig sehr gering bei den Spaniern. Man begreift leicht, dass in Sprachen mit einem sehr complicirten Lautbestande die Kluft zwischen Schreibung und Aussprache sich leichter verbreitert, als in Sprachen mit verhältnissmässig einfachem Lautsysteme.

Eine Rechtschreibung, welche der möglichen phonetischen Richtigkeit in starkem Grade zuwiderläuft, bringt ohne Zweifel arge Missstände mit sich, immerhin aber lässt sie sich ertragen, wenn sie allgemein ist, d. h. wenn sie von allen Angehörigen der Sprachgenossenschaft für verbindlich erachtet wird. Schlimm aber ist es, wenn innerhalb einer Sprachgenossenschaft verschiedene Rechtschreibungen nebeneinander gebraucht werden, wie dies z. B. in Rumänien und — aber glücklicher Weise nur in sehr abgeschwächtem Maasse — auch im deutschen Sprachgebiete (Deutschland, Oesterreich, Schweiz) der Fall ist.

4. Wie der Redende auf die Mitarbeit des Hörers rechnet (s. oben S. 131), so der Schreiber auf die des Lesers. Desshalb erspart sich der Schreibende häufig die Mühe, alle Buchstaben auszuschreiben und gestattet sich, Buchstaben mit einander zu verschleifen (Ligaturen), so z. B. & = et, auch Silben und selbst ganze Worte nur durch einen oder einige der eigentlich erforderlichen Buchstaben anzudeuten (Abbreviaturen). Dies Verfahren bedeutet eine Erschwerung des Lesens; es wird deshalb im neueren Drucke nur in sehr beschränktem Maasse noch angewandt. Das Bestreben, eine Rede unmittelbar in Schrift umzusetzen, hat zur Erfindung mannigfachster Schnell- oder Kurzschriften (Tachygraphie, Stenographie) geführt (schon die Römer besassen seit Cicero's Zeit eine solche in den sog. „tironischen Noten").

5. Ergänzt wird die Lautschrift einerseits durch die Zahlzeichen, wofern für diese die (indischen, bezw. arabischen) Ziffern (und nicht Buchstaben) gebraucht werden, andrerseits durch die Interpunktionszeichen, welche die Theile des Satzes und des Satzgefüges abgrenzen und damit die Redepausen kennzeichnen, durch das Fragezeichen und das (dem Ausdruck des Affects dienende) Ausrufezeichen. Der Satzton kann durch verschiedene Arten des Druckes (gesperrt, fett, cursiv), sowie durch verschiedene Arten der Buchstaben (Majuskel, Capital) angedeutet werden.

§ 23. **Das Schriftthum.** 1. Die Angehörigen eines Culturvolkes sind entweder des Schreibens (und also auch des Lesens) kundige oder des Schreibens unkundige Personen, welche letzteren entweder wenigstens des Lesens kundig sind oder aber jeder Buchstabenkenntniss entbehren (Analphabeten). Das Zahlenverhältniss der Schreibkundigen zu den Schreibunkundigen kann ein sehr verschiedenes sein und je nach den Zeiten wechseln. Bei den gegenwärtigen Culturvölkern Europas, welche meist staatlichen Schulzwang haben, sind im Wesentlichen a l l e erwachsenen Personen des Schreibens kundig, wenn auch die Rechtschreibung immer nur von den höher Gebildeten beherrscht wird und oft auch von diesen nur mangelhaft. Die Allgemeinheit der Schreibkenntniss ist von grosser Bedeutung für die Sprache, vgl. § 24.

2. Die Gesammtheit dessen, was von den Angehörigen eines Volkes geschrieben wird, bildet das S c h r i f t t h u m des betr. Volkes, seine Litteratur im weitesten Sinne des Wortes.

Ein jedes Schriftthum umfasst eine unübersehbare Masse von einzelnen Schriftwerken, welche in Bezug auf Umfang, Inhalt, Bau (oder Anlage) und sprachliche Form die grösste Verschiedenartigkeit aufweisen.

3. Jedes Schriftwerk umfasst einen mehr oder weniger umfangreichen Bestand (Complex) von zusammenhängenden Gedankenreihen, es ist also seinem Inhalte nach ein G e i s t e s - werk (seiner Form nach, weil der Gedankenbestand mittelst der Sprache versinnlicht wird, ein rednerisches Werk, eine Rede). Als Geisteswerk aber ist der Inhalt eines Schrift- werkes bereits vorhanden, ehe er in der Schrift zu einem für das Auge fassbaren Ausdruck gelangt. Selbstverständlich kann ein rednerisches Geisteswerk geschaffen werden, o h n e dass es durch die Schrift Versinnlichung findet. Das geschieht be- züglich der Geisteswerke aller schreibunkundigen Völker. Aber auch bei schreibkundigen Völkern bleiben Geisteswerke (Dichtungen) häufig, wenigstens während langer Zeiträume hindurch, u n geschrieben, werden also dann nur mündlich (durch Gesang oder Vortrag) überliefert (so Heldenlieder, Sagen, Mährchen, Räthsel). Es versteht sich von selbst, dass diese ungeschriebenen Geisteswerke ebensogut, wie die ge- schriebenen, zum Gegenstande wissenschaftlicher Betrachtung gemacht werden können und müssen. Was im Folgenden über die Schriftwerke bemerkt wird, bezieht sich also auf die red- nerischen Geisteswerke überhaupt.

4. Der Umfang ist die äusserlichste Eigenschaft eines Schriftwerkes (Geisteswerkes). Nichtsdestoweniger ist dieselbe keineswegs gleichgültig, denn es kann durch sie die innere

Beschaffenheit des Schriftwerkes, namentlich die Erfassbarkeit seines Inhaltes in erheblichem Grade beeinflusst werden. Je grösser der Umfang eines Schriftwerkes ist, um so schwerer erfassbar ist in der Regel sein Inhalt dem Leser. Es wird daher der Verfasser eines umfangreichen Werkes in besonderem Maasse sich die übersichtliche Gliederung des Stoffes angelegen sein lassen müssen und also in dieser Hinsicht eine höhere Leistungsfähigkeit zu bekunden haben, als wer eine Schrift von nur mässiger Ausdehnung verfasst. Es steht demnach der Umfang der Schriftwerke in nahen Beziehungen zu dem Inhalte, wie auch weiter unten hervorzuheben sein wird.

5. Hinsichtlich des Inhaltes theilt sich die Masse der Schriftwerke in zwei grosse Classen, welche sich vielleicht am kürzesten als „Schriftwerk praktischer Art" und „Schriftwerk idealer Art" bezeichnen lassen. Zu der ersteren gehören alle Geschäftspapiere (Quittungen, Verträge, Urkunden etc.), alle Acten (Protocolle etc.), mit einem Worte alle Schriftstücke, deren Abfassungszweck die Feststellung oder Beurkundung eines Thatbestandes ist. Die zweite Classe dagegen wird gebildet von den Schriftwerken wissenschaftlichen und dichterischen Inhaltes. Die Scheidung beider Classen ist indessen nur in der Theorie streng, in der Praxis ist die Grenze sehr verschiebbar, denn es giebt Schriftwerke genug, welche eine zwitterhafte Beschaffenheit zeigen. So ist das namentlich häufig der Fall bei Briefen. Es kann auch geschehen, dass ein Werk sachlich der einen, formal aber der anderen Classe angehört, dass z. B. eine Urkunde in Versen abgefasst wird.

Schriftwerke praktischer Art sollen einen als feststehend angenommenen Thatbestand thunlichst objectiv darstellen; die Subjectivität ihrer Verfasser findet folglich für ihre Bethätigung nur denjenigen Spielraum, der sich daraus ergiebt, dass das denkende Subject stets etwas von seiner Eigenart auf das Object seines Denkens überträgt. Aehnlich verhält es sich mit Schriftwerken wissenschaftlichen Inhalts, wenn in ihnen nur die als sicher angenommenen Ergebnisse der Forschung ausgesprochen werden sollen. Handelt es sich dagegen um Darstellung der Forschung selbst, so müssen auch die subjectiven Vermuthungen Ausdruck finden, mittelst deren der

Forschende den ursächlichen Zusammenhang zwischen zwei oder mehreren von ihm als sicher angenommenen Thatsachen herzustellen versucht. In noch weitergehendem Maasse bethätigt sich die Subjectivität der Verfasser in dichterischen Schriftwerken, vgl. § 24.

6. Auch bezüglich des Baues (d. h. der Art, wie die einzelnen Bestandtheile des Inhaltes geordnet sind und in bestimmten Verhältnissen zu einander stehen) und der sprachlichen Form findet eine Zweitheilung der Masse der Schriftwerke statt. Dieselbe ergiebt sich aus der entweder vorhandenen oder aber nicht vorhandenen Absicht der Verfasser, ihrer Rede ästhetische Gestaltung zu verleihen, vermöge deren sie in den Hörern, bezw. in den Lesern, Lustempfindung zu erzeugen vermag. Es sind also Schriftwerke ästhetischer Form und solche nicht-ästhetischer Form zu unterscheiden. Nur den ersteren kann auf Grund ihres Baues (der inneren Form) und ihrer sprachlichen (oder äusseren) Form das Prädicat „schön“ zukommen, vorausgesetzt, dass ihr Umfang die mühelose Erfassung des Inhalts und der Form gestattet[1]).

Der Unterschied zwischen den beiderartigen Schriftwerken kann dadurch gesteigert werden, dass die ästhetische Redeform zugleich rhythmisch gegliedert ist, vgl. § 24.

Bei den auf höhere Entwickelungsstufe gelangten Culturvölkern zeigen in der Regel Schriftwerke praktischer Art nicht-ästhetische, wissenschaftliche Werke (z. B. Geschichtswerke) theils nicht-ästhetische, theils ästhetische (nicht jedoch zugleich auch rhythmische), dichterische Werke endlich ästhetische (oft zugleich auch rhythmische) Form. Völker dagegen, die noch auf niederer Culturstufe stehen, dehnen die Anwendung der ästhetischen Redeform, die dann meist zugleich auch rhythmisch gegliedert ist, gern auf Werke praktischer Art aus, namentlich aber bevorzugen sie bei wissenschaftlichen Werken die ästhetische (rhythmische) Redeform. So sind im Mittelalter z. B. Lehrbücher der Astronomie

---

[1]) „Schön“ ist das, was mühelos wahrnehmbar ist und sowohl durch seine äussere wie durch seine innere Form in dem Wahrnehmenden Lustempfindung erzeugt. Ein Werk also, welches in Folge seines Umfanges die mühelose Erfassung seiner Gesammtanlage unmöglich macht, kann als Ganzes nicht schön sein, sondern höchstens in einzelnen (für sich je ein kleineres Ganzes bildenden) Theilen.

(„Computi", so z. B. der Cumpoz des Philipp v. Thaon) oder der Zoologie („Physiologi") oder auch Chroniken in Versen abgefasst worden.

7. Jedes Schriftwerk, mag es nun praktischer oder idealer Art sein und ästhetische oder nicht-ästhetische Form besitzen, umfasst einen Gedankenbestand, welcher seinem Inhalte nach mehr oder weniger werthvoll sein kann. Der Grad, in welchem das Eine oder das Andere stattfindet, wird bedingt durch den Grad der geistigen Leistungsfähigkeit und die Beschaffenheit der geistigen Eigenart der die Geisteswerke schaffenden Individuen, ausserdem aber durch die Weite des Spielraums, welcher dieser Leistungsfähigkeit und dieser Eigenart zu ihrer Bethätigung vergönnt ist. Ein genialer Mensch vermag seine Genialität nicht z. B. bei Abfassung einer Urkunde, wohl aber bei wissenschaftlicher Forschung und in der Dichtung zur Geltung zu bringen, also dann, wenn ihm die Entfaltung seiner Subjectivität gestattet ist. Daraus folgt, dass die Schriftwerke idealer Art einen höheren Gedankenwerth besitzen, als diejenigen praktischer Art.

Dazu kommt noch etwas Anderes. Schriftwerke praktischer Art dienen praktischen Zwecken, welche vielfach eine nur sehr beschränkte Bedeutung und Daseinsberechtigung besitzen. Eine Quittung z. B. hat nur Bedeutung für die betreffenden Parteien und wird gegenstandslos, wenn innerhalb einer gewissen Zeit die vollzogene Zahlung nicht bestritten worden ist. Jedenfalls besitzen Schriftwerke praktischer Art nur durch die Thatsachen, welche in ihnen ausgesprochen werden, Interesse, besitzen also Werth nur durch ihre urkundliche Eigenschaft, eigenartiger Gedankeninhalt fehlt ihnen.

Schriftwerke idealer Art dagegen bringen Gedanken zum Ausdruck, welche, weil sie auf praktische Ziele sich nicht beziehen, eine gewisse Allgemeingültigkeit besitzen. Es kann also ein Schriftwerk alle oder doch viele Angehörigen der Sprachgenossenschaft, inmitten derer es entstanden ist, interessiren, ja auch die Angehörigen anderer (vielleicht sogar aller) Sprachgenossenschaften, und es kann dieses Interesse behaupten nicht nur während des Zeitalters, welchem sein Verfasser angehört, sondern auch während langer (vielleicht sogar aller) Folgezeiten. Die höchste Allgemeingültigkeit besitzt ein Schriftwerk dann, wenn sein Gedankeninhalt von allen Menschen erfasst und als ein der Aneignung würdiger erkannt wird.

Daraus folgt, dass die Schriftwerke idealer Art einen höheren Werth besitzen, als diejenigen praktischer Art.

Die Gesammtheit der innerhalb eines (mundartlichen, nationalen, universalen) Schriftthums enthaltenen Schriftwerke idealer Art wird als „Litteratur“ im engeren Sinne des Wortes bezeichnet[1]), meist noch mit der weiteren Einschränkung des Begriffs, dass nur wissenschaftliche Werke ästhetischer Redeform (z. B. Geschichtserzählungen, Reisebeschreibungen, Biographien u. dgl.) in die „Litteratur“ einbezogen, die in nichtästhetischer Redeform abgefassten (z. B. Grammatiken, mathematische Bücher, rechtswissenschaftliche Bestimmungen u. dgl.) als nicht zur „Litteratur“ gehörig betrachtet werden.

Gegenstand philologischer (beurtheilender und erklärender) Untersuchung sind zumeist nur die Schriftwerke i d e a l e r Art (in Sonderheit wieder die Dichtung), weil zumeist aus ihnen die Erkenntniss der geistigen Eigenart eines Volkes gewonnen wird.

Indessen kann philologische Beurtheilung und Erklärung auch in Bezug auf jedes Schriftwerk praktischer Art zur Anwendung kommen. Veranlassung dazu wird geboten, wenn ein derartiges Schriftwerk Wichtigkeit für die Feststellung irgend welcher Thatsachen besitzt und doch in seinem Wortlaute nicht ohne Weiteres verständlich ist. Als Deuterin der Schriftwerke kann die Philologie sich allen Wissenschaften hülfreich erweisen.

Philologische Untersuchung von Schriftwerken praktischer Art kann aber auch für Zwecke der Philologie selbst als nothwendig erscheinen, denn derartige Schriftwerke können einerseits sprachgeschichtliche Wichtigkeit besitzen (man denke z. B. an die Strassburger Eide) oder aber geeignet sein, das Verständniss der Schriftwerke idealer Art, mittelbar wenig-

---

[1]) Eingeschlossen werden auch die ungeschriebenen Geisteswerke (vgl. oben Nr. 3). Die Bezeichnungen „Schriftthum“ und „Litteratur“ sind also formal allerdings ungenau, lassen sich aber dadurch rechtfertigen, dass bei Culturvölkern die Niederschrift der durch die Sprache versinnlichten Geisteswerke durchaus die Regel ist.

stens, zu fördern (man denke z. B. daran, wie wichtig Personal-
urkunden [Taufschein etc.] für die Feststellung des äusseren
Lebens einer Person sind und wie diese Feststellung dann
wieder benutzt werden kann, um die Abfassungszeit etc. einer
Dichtung zu bestimmen).

8. Jedes Schriftwerk (idealer Art) erfordert zu seiner
Abfassung eine gewisse Zeit, es besitzt also eine Entstehungs-
geschichte. Die zu e i n e r Litteratur gehörigen Schriftwerke
aber stehen zu einander im Verhältnisse der zeitlichen Aufeinanderfolge, mit welcher sich bald mehr, bald weniger ur-
sächlicher Zusammenhang verbindet. Dieser letztere aber
findet nicht nur zwischen den einzelnen Schriftwerken in der
Art statt, dass jedes einzelne als durch andere bedingt erscheint, sondern er besteht auch zwischen den Schriftwerken
einerseits und den übrigen Bethätigungen des geistigen Lebens
(z. B. politische Handlungen, wirthschaftliche Einrichtungen[1])
etc.) andrerseits. So hat jede Litteratur eine Geschichte, und
diese Geschichte ist eng verflochten mit der Geschichte aller
übrigen geistigen Bethätigungen.

Die Erkenntniss der geschichtlichen Entwickelung der
Litteratur und ihrer Zusammenhänge mit der Entwickelung
des Geisteslebens überhaupt ist eine der Hauptaufgaben der
Philologie: ihre Lösung wird angestrebt in der „Litteraturgeschichte", geschehen aber kann dies nur auf Grund des
sorgfältig zusammengestellten und kritisch gesichteten urkundlichen Materials.

Wie in Bezug auf die Culturentwickelung überhaupt, so
können auch in Bezug auf die Entwickelung der Litteratur

---

[1]) Hinsichtlich der Beziehungen des Schriftthums zu dem wirthschaftlichen Leben ist namentlich auf Eins hinzudeuten. Ein Schriftwerk kann von seinem Verfasser als Waare behandelt werden, d. h. es
kann der Schriftsteller (bzw. der Dichter) von denen, welche als Hörer
oder Leser das Ergebniss seiner geistigen Arbeit geniessen, materiellen
Entgelt fordern und erhalten. Die Art, in welcher die Forderung gestellt, und ebenso die Art, in welcher ihr genügt wird, ist je nach den
Culturverhältnissen eine sehr verschiedene gewesen (Naturalgaben,
Geschenke von Schmuckgegenständen, Widmungshonorare, Buchhändler-
honorare). Nicht erst der Bemerkung bedarf es, dass die Art, in welcher
Schriftsteller und Dichter ihre geistige Arbeit materiell zu verwerthen
vermögen, Einfluss auf die Entwickelung und auf die Beschaffenheit
der Litteratur ausübt. Kann z. B. der Schriftsteller (Dichter) hohen
Honorarertrag erzielen, so liegt darin für ihn ein Antrieb, sich dem herrschenden Zeitgeschmack möglichst anzupassen.

mehrere Völker oder mehrere Völkerfamilien eine grosse Einheit bilden, wie dies z. B. die Romanen, Germanen und (allerdings in bedingter Weise) die Slaven thun. In solchem Falle muss selbstverständlich die litterarische Entwickelung jedes einzelnen Volkes abhängig sein von derjenigen aller der anderen betreffenden Völker, und die Litteraturgeschichte hat diese Thatsache gebührend zu berücksichtigen.

§ 24. **Die Dichtung.** 1. Das Denken kann in objectiver oder in subjectiver Weise vollzogen werden. Objectives Denken findet statt, wenn der Denkende die Dinge und Erscheinungen und deren gegenseitige Beziehungen zu einander so auffasst, wie sie sei es der empirischen Wahrnehmung, sei es dem kritisch prüfenden Verstande sich darstellen. Subjectiv dagegen ist das Denken dann, wenn der Denkende die Dinge und Erscheinungen und deren gegenseitige Beziehungen zu einander in einer ihm eigenartigen Weise auffasst, welche sowohl von der empirischen als auch von der kritisch-verstandesmässigen Auffassung abweicht. Objectiv denkt, wer z. B. in einem Baume schlechthin eine Pflanze mit bestimmten Eigenschaften oder aber einen organischen Körper mit bestimmten Functiónen erblickt. Subjectiv dagegen denkt, wer z. B. einen Baum als ein persönliches, mit menschlichen Eigenschaften ausgestattetes, des Denkens, Wollens und Handelns fähiges Wesen auffasst.

Objectives Denken bethätigt der Mensch in seinen praktischen Beziehungen zur Aussenwelt und in seinem praktischen Selbstbewusstsein; subjectives Denken dagegen in seinem Bemühen, sein Verhältniss zur Aussenwelt und diese letztere selbst zu begreifen. Das systematisch geübte subjective Denken ist „Philosophie“, wenn es sich Erkenntniss zum Ziel setzt; Es ist „Dichtung“, wenn es sich Selbstzweck ist und wenn der Denkende dem Ergebnisse seines Denkens ästhetischen Werth zu verleihen trachtet.

Die Fähigkeit des subjectiven Denkens wird als Einbildungskraft (Phantasie) bezeichnet.

Schriftwerke praktischer Art beruhen auf dem objectiven Denken, Schriftwerke idealer Art, wenn sie wissenschaftlichen Inhalt haben, auf einer Mischung des objectiven mit dem subjectiven Denken (letzteres bethätigt sich in der Forschung);

wenn sie Dichtungen sind, auf dem subjectiven Denken allein.

2. Unter „Dichtung" versteht man also ein s u b j e c - t i v e s Denken (vgl. Nr. 1), dessen (durch die Sprache versinnlichtes) Ergebniss in Inhalt und Form das Streben des Denkenden nach ästhetischer Gestaltung, nach Schönheit, bekundet. Das Ziel dieses Strebens wird erreicht, wenn das Ergebniss des Denkens nicht nur in dem Denkenden selbst, sondern auch in Anderen eine Lustempfindung[1]) von solcher Stärke erzeugt, dass neben ihr eine Unlustempfindung entweder überhaupt nicht aufkommt oder doch, wenn sie aufkommt, von der Lustempfindung überwogen wird.

Subjectives, nach ästhetischer Gestaltung (Schönheit) strebendes Denken kann auch durch bildnerische Thätigkeit (Malerei, Plastik, Architektur) versinnlicht werden, ebenso auch durch Hervorbringung rhythmischer Klänge mittelst der Sprachorgane (Gesang) oder mechanischer Werkzeuge (Musik).

Die Ausübung des subjectiven, nach ästhetischer Gestaltung strebenden Denkens wird „Kunst", ihr Ergebniss „Kunstwerk" genannt. Je nach der Art, in welcher derartiges Denken sich versinnlicht, unterscheidet man rednerische Kunst, bildende Kunst und Tonkunst.

Im weiteren Sinne nennt man „Kunst" die Ausübung jeder Thätigkeit, wenn sich in ihr das Streben nach ästhetischer Gestaltung bekundet, so z. B. Bewegungsthätigkeiten (Tanzen, Reiten, Mienenspiel etc.)

Auch das o b j e c t i v e Denken kann sich verbinden mit dem Streben nach ästhetischer Gestaltung des Inhalts und der Form. Wird ein solches Denken durch die Sprache versinnlicht, so entsteht ein rednerisches Kunstwerk nicht-dichterischer Art (z. B. eine Rede im engeren Sinne des Worts, ein Geschichtswerk).

3. Das als „Dichtung" sich bethätigende subjective Denken kann zu einem auch für Andere, als den Denkenden selbst, bedeutsamen Ergebnisse nur dann gelangen, wenn es von bestimmten Voraussetzungen aus in logischer Weise geübt wird, so

---

[1]) Unter Lustempfindung versteht man jede Empfindung, deren Eintreten dem empfindenden Subjecte leibliches oder seelisches Behagen verleiht. Auch Schmerz, Furcht und Grausen können unter Umständen als Lustempfindungen wirken.

dass die mit einander verbundenen Gedanken ein widerspruchsloses Ganzes bilden, welchem die Eigenschaft innerer Wahrscheinlichkeit zukommt.

Die Voraussetzungen, von denen eine Dichtung ausgeht, dürfen in Widerspruch stehen sowohl mit der empirischen wie mit der wissenschaftlichen Erkenntniss, aber der auf solchen Voraussetzungen sich erhebende Gedankenbau muss folgerichtig aufgeführt werden und logisch zusammengefügt sein. Der Dichter darf eine Wunderwelt ersinnen, in welcher Alles oder doch Vieles ganz anders ist, als in der wirklichen Welt, aber diese Wunderwelt muss als solche und in sich wahrscheinlich sein.

Eine Dichtung, welche sich aufbaut auf nur angenommenen Voraussetzungen — z. B. auf der Voraussetzung, dass die Menschen sittlich vollkommener oder geistig oder physisch leistungsfähiger sind, als es in Wirklichkeit der Fall ist —, ist idealistische Dichtung (so z. B. der Schäferroman, der Heldenroman).

Die Dichtung kann aber auch sehr wohl ausgehen von Voraussetzungen, welche der Wirklichkeit entsprechen: sie ist dann realistische Dichtung. In diesem Falle muss aber der Dichtende die aus den Voraussetzungen sich ergebenden Verhältnisse derartig ordnen und mit einander verbinden, dass daraus eine ästhetische Gesammtwirkung sich ergiebt.

Der Dichter bethätigt sich demnach als Erfinder, indem er entweder Voraussetzungen sich schafft, welche von der Wirklichkeit abweichen, oder aber bei der Wirklichkeit entsprechenden Voraussetzungen Beziehungen zwischen den daraus sich ergebenden Verhältnissen herstellt, welche ihrerseits von der Wirklichkeit abweichen. In dem einen wie in dem anderen Falle bethätigt er eben subjectives Denken, und je eigenartiger und durch seine Eigenart ästhetisch wirkungsfähiger dasselbe ist, um so bedeutsamer ist dessen Ergebniss, die Dichtung.

Blosse Darstellung des Wirklichen ist, eben weil in ihr subjectives Denken sich nicht bethätigt, nie Dichtung, selbst nicht in dem an sich möglichen Falle, dass die Wirklichkeit ästhetisch wirkungsfähig ist (z. B. die Darstellung einer ganz dramatisch verlaufenden wirklichen Begebenheit ist doch nur ein Bericht, weil eben der Erzähler dann den Stoff nicht subjectiv gestaltet).

Die Möglichkeit des Erfindens ist immer nur eine bloss bedingte, weil der menschliche Geist nur etwas relativ, nicht aber etwas absolut Neues zu schaffen vermag.

Die Bedeutsamkeit einer Dichtung beruht daher nicht sowohl in der Neuartigkeit des Stoffes — es kann derselbe vielmehr ein alt- und allbekannter sein —, als in der Neuartigkeit der Auffassung des Stoffes und in der Neuartigkeit der Verbindung und Mischung seiner einzelnen Bestandtheile[1]).

4. Der Dichtende kann zum Gegenstande seines subjectiven Denkens machen entweder sein eigenes Selbst und dessen Beziehungen zur Aussenwelt oder aber — unter Verzicht auf unmittelbare Bezugnahme auf sein eigenes Selbst — die Dinge und Erscheinungen der Aussenwelt und die gegenseitigen Beziehungen derselben zu einander. So ergeben sich zwei Hauptarten der Dichtung, welche man als „Innendichtung" und „Aussendichtung" bezeichnen darf, mögen die Namen auch ungewöhnlich klingen.

Die „Innendichtung" (lyrische Dichtung) ist ihrem Wesen nach durchaus subjectiv, weil das dichtende Subject zugleich auch Object des Dichtens ist. Die „Aussendichtung" ist vergleichsweise objectiv, weil in ihr Subject und Object von einander gelöst sind.

Die „Innendichtung" wird stets von starkem Affecte getragen, weil das dichtende Subject nur durch einen solchen veranlasst werden kann, sich selbst zum Objecte des Dichtens zu machen. Die „Aussendichtung" kann vergleichsweise (aber eben nur vergleichsweise) affectfrei sein, weil das dich-

---

[1]) Diese Neuartigkeit ist Schöpfung des subjektiven Denkens. Die Leistungsfähigkeit des letzteren ist selbstverständlich bei den einzelnen Individuen sehr verschieden, immer aber beruht sie auf natürlicher Begabung, welche durch Erziehung und Studium wohl in ihrer Entwickelung gefördert (aber auch gehemmt), nie jedoch ersetzt werden kann. Der Dichter wird geboren — nicht künstlich gezüchtet und gezogen —, und seine Leistungsfähigkeit ist um so grösser, je höher die Kraft und Eigenart seines subjectiven Denkens sich erheben über dasjenige gewöhnlicher Menschen. Daher erscheint der Dichter dem Durchschnittsmenschen gleichsam als ein Wesen höherer Art, das Dichten selbst aber als eine im Zustande der Verzückung, der Ekstase geübte Thätigkeit, die etwas Uebernatürliches an sich hat, verwandt ist mit der Weissagung, mit der Prophetie.

tende Subject sich der Aussenwelt gegenüber als verhältnissmässig selbständiges Wesen empfindet.

Der Affect, von welchem die „Innendichtung" getragen
wird, kann ein sehr verschiedenartiger sein: Furcht (bezw.
Ehrfurcht), Liebe, Hass, Dankbarkeit, Bewunderung etc.
Daraus ergeben sich verschiedene Gattungen der „Innendichtung": Hymnen, Liebeslieder, Streitlieder, Lob- und Preis-
lieder etc.

Auch die „Aussendichtung" kann von starkem Affecte
getragen werden; sie wird es namentlich dann, wenn der
Dichter sich veranlasst fühlt, seiner Entrüstung Ausdruck zu
geben über die (nach seinem subjectiven Urtheile vorhandene)
Unvollkommenheit der Aussenwelt. Die „Aussendichtung"
wird dann zur „Satire".

Die „Aussendichtung" behandelt entweder Zustände oder
Geschehnisse, welche letzteren, wenn sie Bethätigung des
Wollens bewusster Wesen (Menschen, als Menschen vor-
gestellter Götter oder Thiere oder als belebt gedachter un-
belebter Dinge) sind, „Handlungen" genannt werden. Zustände
werden beschrieben oder geschildert, Geschehnisse (Handlungen) erzählt. Daraus ergeben sich zwei Gattungen der
„Aussendichtung": die beschreibende oder schildernde Dichtung
und die erzählende Dichtung; es können aber beide Gattungen
mit einander verbunden werden.

Jede Handlung wurzelt in bestimmten seelischen Zuständen und Vorgängen (Stimmungen, Begierden, Leiden-
schaften), aus denen die Beweggründe (Motive) des Handelns
sich ergeben. Eine Handlung wird demnach nur dann verständlich, wenn die seelischen Zustände und Vorgänge, aus
denen sie entspringt, bekannt sind. Der erzählende Dichter
muss demnach die Handlungen, welche er erzählt, zugleich
begründen.

Es kann aber der Dichter sich auf die psychologische Begründung der Handlung beschränken und folglich auf die Erzählung der Handlung, wenigstens zu einem Theile, verzichten.
Dieses Verfahren beruht auf einer doppelten Voraussetzung:
erstlich, dass der Dichter die psychologische Begründung des
Handelns den handelnden Personen in den Mund lege, dieselben also redend einführe; sodann, dass der Dichter annehmen

darf, es werde die von ihm nicht erzählte Handlung durch mimische Darstellung veranschaulicht oder auch durch die selbstthätige Phantasie des Hörers oder Lesers ergänzt werden [1]).

So ergeben sich zwei Gattungen der erzählenden Dichtung: die vollständig erzählende (nämlich seelische Vorgänge und Handlungen erzählende) Dichtung (die epische Dichtung) und die unvollständig erzählende (nämlich nur die Seelenvorgänge, nicht aber die daraus hervorgehenden Handlungen erzählende) Dichtung (dramatische Dichtung). Die letztere bedarf eben, theoretisch wenigstens, der Ergänzung durch die Mimik, d. h. durch die nachahmende Darstellung derjenigen Handlungen, von denen angenommen werden muss, dass sie aus den erzählten seelischen Vorgängen sich ergeben. Man kann daher das Drama ein unvollständiges Epos, das Epos ein vervollständigtes Drama nennen [2]). —

Jede Eintheilung der Dichtung in Arten und Gattungen ist übrigens ein blosser Nothbehelf, über dessen wahre Bedeutung man sich nicht täuschen darf. Keinesfalls kann jedes Dichtungswerk unter eine der üblichen Rubriken gebracht werden. Es giebt vielmehr Dichtungswerke genug, welche eine solche Eigenart der Beschaffenheit zeigen, dass sie als einzig in ihrer Art betrachtet werden müssen. Man denke z. B. an die Divina Commedia oder an Langley's Vision von Peter dem Pflüger.

5. Der Dichter muss, wenn er Bedeutsames leisten will, durch die Eigenart seines subjectiven Denkens sich scharf abheben von der Allgemeinheit des Volksthums (bezw. des Menschenthums), in dessen Mitte er lebt. Denn spricht er

---

[1]) Diese Mühe kann der Dichter dem Leser dadurch erleichtern, dass der äussere Verlauf der Handlung durch Andeutungen der bei scenischer Darstellung vorzunehmenden Mimik (Bühnenanweisungen) gekennzeichnet wird. Statt des Dichters kann dies auch der Erklärer thun.

[2]) Jede Handlung, deren Erzählung, bezw. deren Darstellung ästhetisch wirksam sein soll, muss einer Verwickelung (einem Knoten) zustreben und wenn dieser Höhepunkt erreicht worden ist, sich allmählich wieder entwirren. Je nach der Beschaffenheit der Verwickelung und der Lösung unterscheidet man verschiedene dramatische Gattungen (das Trauerspiel, das Lustspiel, das Schauspiel im engeren Sinne des Worts etc.), Unterscheidungen, welche übrigens auch nur Nothbehelfe sind und noch dazu leicht zu ganz verkehrten Anschauungen verleiten können. So richtet namentlich die landläufige Auffassung des Begriffes „Komödie" schweres Unheil an.

nur das aus, was der Durchschnitt seiner Volksgenossen (bezw. der Menschen überhaupt) gleichfalls denkt und empfindet, so ist eben das, was er sagt, eindrucksvoller Wirkung nicht fähig. Andrerseits aber darf der Dichter sich durch die Eigenart seines subjectiven Denkens nicht zu scharf abheben von der Allgemeinheit des Volksthums (Menschenthums), denn sonst wird er unverständlich. Was der Dichter sagt, muss so eigenartig sein, dass es Anderen als neu erscheint; zugleich aber muss es so beschaffen sein, dass Andere es mühelos nachzudenken vermögen oder doch die Mühe des Nachdenkens als Lust empfinden. Daher wird die Einkleidung der Dichtung in allegorische Hülle leicht zu einer gefährlichen Klippe, weil dann der Leser oder Hörer ein zweifach subjektives Denken nachzudenken hat.

Jeder Dichter steht inmitten einer (nationalen) Cultur, deren Einflusse er vermöge der Eigenart seines Denkens sich zu einem Theile entzieht, zu einem anderen Theile aber nicht zu entziehen vermag, jedenfalls nicht bezüglich der Sprache. So trägt jedes Dichtungswerk mehr oder weniger das Gepräge derjenigen (nationalen) Cultur, in deren Kreise es geschaffen worden ist; voll verständlich ist es daher nur dem, welcher der betreffenden Cultur als Zeit- und Volksgenosse gleichfalls angehört oder durch philologisch-historische Forschung in diese Dichtung sich hineingedacht hat.

Jedes Dichtungswerk ist Ausfluss einer Individualität, welche selbst unter der Einwirkung ihrer Umgebung sich entwickelt hat. Daher muss, wer ein Dichtungswerk voll verstehen will, des Dichters Individualität und deren Entwickelungsgeschichte kennen. Namentlich gilt dies von den Werken der „Innendichtung" (der Lyrik), da in diesen die Individualität des Dichters den vollsten Ausdruck findet. Daraus ergiebt sich die Wichtigkeit der Biographie für die Erklärung der Dichterwerke und für das Verständniss der litterarischen Entwickelung.

6. Jede Rede zeigt lautlichen Wechsel, Mischung von Vocalen und Consonanten, von Hochton und Tiefton, von Länge und Kürze, von Gleichklang und Nichtgleichklang der Silben. Wenn in diesem Wechsel irgend welche Regelmässig-

keit stattfindet, so erhält die Rede Rhythmus, sie gliedert sich dann in rhythmische Reihen (Verse).

Es ist also eine nicht-rhythmische Redeform (Prosa) und eine rhythmische Redeform zu unterscheiden. Die eine wie die andere kann auf rednerische Geisteswerke jeder Art angewandt werden. Es ist nicht nur denkbar, sondern oft genug wirklich geschehen, dass einerseits ein Schriftwerk rein praktischer Art (z. B. ein Speisezettel) in rhythmischer Redeform (in Versen), andrerseits ein Gedicht, sogar ein lyrisches Gedicht (z. B. die Lieder Ossians), in nicht-rhythmischer Redeform (Prosa) abgefasst ist.

Je stärker die seelische Erregung (der Affect) ist, unter deren (dessen) Drucke der Redende spricht, um so mehr ist der Redende geneigt, seiner Rede rhythmische Form zu geben.

Ein Dichtender redet stets im Affect (vgl. Nr. 4). Daher liegt dem Dichter die Anwendung der rhythmischen Redeform besonders nahe, ganz besonders aber dem lyrischen Dichter.

Durch die Anwendung der rhythmischen Redeform wird nicht nur einem inneren Bedürfnisse des Dichtenden selbst genügt, sondern es wird durch sie auch, weil sie ästhetisch wirkungsfähig ist, in dem Hörenden Lustempfindung erzeugt. Darin liegt ein Antrieb für die Dichtenden, sich der rhythmischen Form zu bedienen.

Freilich aber wirkt dieser Antrieb nur so lange in voller Stärke, als Dichtungswerke entweder ausschliesslich oder doch zumeist durch mündlichen Vortrag, nicht durch die Schrift überliefert werden.

Daher findet die rhythmische Redeform innerhalb der Dichtung die weiteste Anwendung in Zeiten, in denen der mündliche Vortrag die Regel, das Lesen die Ausnahme ist. In solchen Zeiten wird der Gebrauch des Rhythmus gern auch auf nicht-dichterische Werke ausgedehnt. Grosse Ueblichkeit der Anwendung der rhythmischen Redeform hat die Steigerung der Feinfühligkeit des betreffenden Volkes für rhythmischen Klang zur natürlichen Folge.

Wird im Wandel der Culturverhältnisse die schriftliche Ueberlieferung der Dichtungswerke zur Regel, die mündliche Ueberlieferung zur Ausnahme — wie dies namentlich seit dem Aufkommen des Buchdrucks geschehen ist —, so kann der

Dichter durch die Rücksicht auf Andere eher zur Nichtanwendung, als zur Anwendung der rhythmischen Redeform
sich veranlasst fühlen. Denn für einen Leser ist — falls er
nicht laut liest und dadurch auch zum Hörer wird — die
rhythmische Redeform wirkungslos: das Auge kann ja nicht
hören, Auge und Ohr aber (mittelst lauten Lesens) gleichzeitig arbeiten zu lassen, das erfordert einen Aufwand von
Arbeit und Zeit, den zu leisten der Leser meist nicht gewillt
ist. Ja, die Anwendung rhythmischer Form kann von dem
Leser als Belästigung empfunden werden, weil sie ihn gewissermaassen nöthigt, nicht nur Leser, sondern auch Vor-
tragender zu sein, also eine Doppelarbeit zu verrichten.

Bei solcher Sachlage genügt der Dichtende durch Anwendung rhythmischer Form eben nur dem eigenen Triebe,
nicht mehr aber bietet er denen, welche sein Dichtungswerk
durch das Auge sich aneignen, die durch Wahrnehmung des
Rhythmus erzeugte Lustempfindung dar, er erregt in ihnen
vielmehr Unlustempfindung durch die Zumuthung einer Doppelarbeit. Dies muss für den Dichtenden ein Anreiz sein, auf
Anwendung der rhythmischen Form zu verzichten, und solchem
Anreize wird er um so eher nachgeben, als er damit auch
sich selbst von einer Arbeit entlastet. Denn die Innehaltung
rhythmischer Form legt dem Dichtenden den Zwang auf, seine
Rede in regelmässig geordnete Reihen zu gliedern, statt sie
sich frei bewegen zu lassen. Und dieser Zwang wird eben
dann als solcher empfunden, wenn der Dichtende, weil auch
er die Dichtungswerke Anderer als Leser, nicht als Hörer sich
aneignet, die Vertrautheit mit dem Rhythmus nicht mehr besitzt, welche erforderlich ist, um ihn verhältnissmässig mühelos zu beherrschen.

Die Verbreitung der Schreib- und Lesefertigkeit und die
Erleichterung mechanischer Vervielfältigung der Schriftwerke
hat also zur Folge, dass die rhythmische Redeform innerhalb
der Dichtung nur noch verhältnissmässig selten, ausserhalb
der Dichtung aber (abgesehen von bedeutungslosen Spielereien)
überhaupt nicht mehr gebraucht wird, dass also die Prosaform
innerhalb der Dichtung die Vorherrschaft, ausserhalb der
Dichtung die Alleinherrschaft erlangt.

In der neuzeitlichen Litteratur ist das Epos, soweit es in

der Form des Romans und der Novelle auftritt, völlig zur
Prosaform übergegangen; das Drama hat den Wechsel zum
Theil gleichfalls schon vollzogen, namentlich was das sog.
Lustspiel anbetrifft. Am festesten haftet die rhythmische Form
an der lyrischen Dichtung, weil in dieser der starke Affect
des Dichtenden des Rhythmus am schwersten entbehren kann,
und dann auch, weil lyrische Dichtungen durch ihr Erfüllt-
sein von Affect am ehesten den Leser bestimmen, auch Hörer
zu sein, d. h. durch mündlichen Vortrag (bezw. durch Gesang)
den Rhythmus sich zum Bewusstsein zu bringen und ästhetisch
auf sich wirken zu lassen.

7. Die ästhetische Wirkung der rhythmischen Redeform
wird verstärkt, wenn ihr mündlicher Vortrag in Form des
Gesanges (oder doch des Halbgesanges) erfolgt, und eine weitere
Steigerung ergiebt sich, wenn der Gesang von Musik begleitet
wird. So pflegt in Zeiten, in denen mündlicher Vortrag (bezw.
das Singen) der rhythmisch gebauten Dichtungswerke üblich
ist, die Dichtung eng verbunden zu sein mit der Musik. Je
mehr die Dichtung nicht-rhythmische Form annimmt, desto
mehr lockert sich ihre Beziehung zur Musik. Am festesten
bleibt die lyrische Dichtung (so z. B. das Kirchenlied) der
Musik verbunden, weil die Lyrik durch ihre Affectfülle zum
Gesang geradezu herausfordert, und der Gesang wieder der
Musik als seiner Ergänzung bedarf. Wo sonst in Zeiten des
Vorwiegens der nicht-rhythmischen Redeform Dichtung (und
Gesang) und Musik noch verbunden erscheinen (z. B. in der
Oper, in den Oratorien), da steht die Dichtung zur Musik in
dienendem Verhältnisse.

§ 25. **Die Schriftsprache.** 1. Ein Schriftstück wird geschrieben, damit es gelesen werde. Der Schreiber (d. h. hier
der Verfasser) kann wünschen, der einzige Leser zu sein; er
kann aber auch wünschen und geradezu beabsichtigen, dass
auch ein Anderer oder mehrere Andere oder viele Andere von
dem Inhalte Kenntniss nehmen, ja, er kann diese Absicht auf
alle Angehörigen seiner Sprachgenossenschaft ausdehnen, also
für die Oeffentlichkeit im weitesten Sinne des Wortes schreiben
wollen.

2. Wer für die Oeffentlichkeit schreibt, muss eben da-

durch, dass er dies thut, zu dem Streben bestimmt werden, richtig zu schreiben, d. h. so zu schreiben, dass die von ihm gebrauchten Worte, Wortformen, Satzfügungen und Redewendungen nicht von dem allgemein üblichen Sprachgebrauche in auffälliger Weise abweichen und in Folge dessen von den Lesern als fehlerhaft empfunden werden. Dieses Richtigkeitsbestreben ist, weil es eben auf Beobachtung des üblichen Sprachgebrauches abzielt, selbstverständlich auch schon in Zeiten wirksam, in denen die grammatischen Normen der betreffenden Sprache noch nicht theoretisch festgestellt sind und ein maassgebendes Wörterbuch ebenfalls noch nicht vorhanden ist. Wer übrigens nicht als zeitlich Erster innerhalb einer Sprachgenossenschaft für die Oeffentlichkeit schreibt, der besitzt in dem Sprachgebrauche derer, welche vor ihm dies gethan haben, ein Vorbild, dem er nachfolgen kann.

3. Dem für die Oeffentlichkeit Schreibenden muss daran gelegen sein, dass das, was er schreibt, möglichst allgemein verständlich sei. Er muss desshalb auf die Geltendmachung seiner individualen Spracheigenheit insoweit verzichten, als dadurch die Allgemeinverständlichkeit beeinträchtigt werden würde. Wenn er überdies von allen Sprachgenossen und nicht bloss von seinen Mundartgenossen verstanden werden möchte, so muss er bestrebt sein, seiner Mundart eine derartige Form zu geben, dass wenigstens diejenigen Eigenarten dieser Mundart, welche den eine andere Mundart Redenden geradezu unverständlich sein würden, unterdrückt oder doch abgeschwächt werden. Es wird also dann der Schreibende dazu gedrängt, eine Art von idealer Sprache zu schaffen, welche nirgends im Sprachgebiete gesprochen wird, überall aber verstanden werden kann, eine Sprache, welche möglichst das allen Mundarten Gemeinsame hervorkehrt, alle Besonderheiten dagegen thunlichst verschwinden lässt.

Wie der Redende auf die Mitarbeit des Hörers, so rechnet der Schreibende auf die Mitarbeit des Lesers. Er kann es aber nur in wesentlich geringerem Maasse thun, weil ihm nicht, wie dem Redenden, die Möglichkeit geboten wird, ein Nichtverstandenwordensein augenblicklich zu bemerken und dann sofort durch die erforderliche Ergänzung seiner Rede deren Verständlichkeit herzustellen. Der Schreibende muss sich also einer grösseren Vollständigkeit und Genauigkeit seiner Rede befleissigen, als der Redende dies nöthig hat.

4. Der für die Oeffentlichkeit Schreibende muss wünschen, dass sein Schriftwerk eine g e f ä l l i g e sprachliche Form zeige, weil diese wesentlich dazu beitragen kann, den Inhalt dem Leser als annehmbar erscheinen zu lassen. Er wird daher sich bemühen, aus seiner Rede alles fernzuhalten, wovon er befürchten muss, dass es von dem Leser für unschön erachtet werden werde. So wird er zu einer zugleich kritischen und ästhetischen Behandlung der Sprache veranlasst, zu einer Auswahl unter den begriffsverwandten Worten, den in ihrer Function einander nahestehenden Wortformen, den einander ungefähr parallelen Satzfügungen und Redewendungen. Insbesondere ist dies der Fall, wenn das Schriftwerk eine Dichtung ist, da dann die ästhetische Gestaltung der Sprachform auch aus anderem Grunde erfordert wird.

5. Aus den angeführten Gründen, welche übrigens auch (freilich in abgeschwächtem Maasse) für den öffentlich Redenden Gültigkeit haben, ergiebt sich, dass die Sprache der für die Oeffentlichkeit Schreibenden (und Redenden) abweicht von derjenigen des gewöhnlichen Verkehrs.

Es sind also innerhalb jeder Sprache, welche ein Schriftthum besitzt, zwei Spracharten neben einander vorhanden: die Sprache des Privatlebens oder die Umgangssprache und die Sprache des öffentlichen Lebens oder die Schriftsprache. Jede der beiden Spracharten kann (abgesehen von der mundartlichen Spaltung der Verkehrssprache) in zahlreiche Unterarten zerfallen je nach der geistigen Leistungsfähigkeit und Bildung der Personen, welche die eine oder die andere reden, und je nach dem Zwecke, für welche die eine oder die andere verwendet wird. Sò scheiden sich innerhalb der Verkehrssprache die Spracharten der einzelnen Stände und Berufsklassen, innerhalb der Schriftsprache z. B. die Sprache der Urkunden, die Sprache der Briefe, die Sprache der Wissenschaft und der einzelnen Wissenschaften, die Sprache der Dichtung.

Die Verkehrssprache ist (freilich immer nur in einer bestimmten mundartlichen Form) a l l e n Angehörigen einer Sprachgenossenschaft geläufig; mit der Schriftsprache dagegen sind immer nur diejenigen Personen vertraut, welche die Fertigkeit des schriftlichen Ausdruckes sich erworben haben, eine Fertigkeit, die den Besitz einer höheren Bildung zur Vorbedingung hat. In Folge dessen ist Vertrautheit mit der Schriftsprache das geistige Eigenthum der sog. höheren Stände; die sog. niederen Stände, das „Volk" im engeren Sinne des Worts, sind auf den Gebrauch der Verkehrssprache beschränkt, welche eben desshalb auch „Volkssprache" genannt wird.

Je weiter innerhalb eines Volkes die Schreib- und Lesefertigkeit sich verbreitet, um so mehr wird die Verkehrs- oder Volkssprache der Schriftsprache angenähert, namentlich dadurch, dass die mundartlichen Verschiedenheiten sich abschleifen. Zur Annäherung beider Spracharten an einander trägt bei, dass die höher Gebildeten in Folge der Gewöhnung an schriftlichen Ausdruck die Eigenart des letzteren auch auf die Sprache des gesellschaftlichen Verkehrs übertragen, so dass diese mehr oder weniger schriftsprachlich gefärbt wird. Dieser Vorgang wirkt dann auch auf die Sprache der niederen Stände ein, da dieselben stets geneigt sind, sich der Sprechweise der oberen Stände anzugleichen. Mächtig gefördert kann dann im Falle, dass die Sprachgenossenschaft staatlich vereinigt ist, die Verbreitung der Schriftsprache noch dadurch werden, dass sie im gesammten Staatsbereiche, also in allen Mundartgebieten, als Sprache der Verwaltung, der Gerichte, des Heeres, des Gottesdienstes und der Volksschule gebraucht wird. Dadurch werden namentlich die Ansätze zu schriftsprachlichem Gebrauche der ausserhalb des Gebietes, welches Mittelpunkt der staatlichen Einheit geworden ist, gesprochenen Mundarten erstickt. Nach dieser Richtung hin erweist sich namentlich die Volksschule wirksam und besonders wieder dann, wenn die Schulpflicht staatliche Einrichtung geworden ist. In Folge dieser Verhältnisse ist bei allen neuzeitlichen Culturvölkern die Schriftsprache zu einer Art von allgemeiner Landessprache geworden, neben welcher die Mundarten nur im häuslichen Gebrauche sich noch behaupten und auch in diesem mehr und mehr schriftsprachlich gefärbt werden.

Immer aber bleibt auch bei grösster Verallgemeinerung der Schriftsprache ein Unterschied zwischen dieser und der Verkehrssprache, selbst innerhalb der höheren Stände, bestehen, weil im alltäglichen Verkehre die Redenden ihrer Rede nicht diejenige Sorgfalt zuwenden können, welche beim Schreiben geübt wird. Schon das beim Sprechen, falls es nicht ein Sprechen für die Oeffentlichkeit ist, sich immer bethätigende Streben nach möglichst geringer Kraftaufwendung (also nach Bequemlichkeit) wirkt dahin, dass die private Rede nachlässiger gehandhabt wird, als die für die Oeffentlichkeit bestimmte Schriftrede.

6. Wenn innerhalb eines Volksthums eine Schriftsprache sich ausgebildet hat, so wohnt derselben ein starkes Beharrungsvermögen inne. Denn Jeder, der neu eintritt in die Zahl derer, welche die Schriftsprache brauchen, muss die von den Aelteren geübte Art des Gebrauches als die auch für ihn im Wesentlichen maassgebende anerkennen, und es wird also diese Art für ihn zur Gewöhnung. Es tritt dies besonders dann ein, wenn bereits eine Litteratur vorhanden ist, deren Hervorbringungen als „classisch“ auch in der sprachlichen Form betrachtet werden und folglich als Muster des Sprachgebrauches gelten. Indem derartige Schriftwerke dem schulmässigen Unterrichte zu Grunde gelegt werden, wird der in ihnen geübte Sprachgebrauch als der normale und allgemein verbindliche hingestellt, eben dadurch aber erhält er die Fähigkeit, im Wesentlichen so lange fortzudauern, als die Cultur, welche in jener Litteratur ihren vollendetsten Ausdruck fand, fortbesteht. Unveränderlich ist um desswillen die Schriftsprache freilich nicht und kann es nicht sein, weil das Volksthum es nicht ist, von dem sie getragen wird, aber ihr Wandel vollzieht sich nur langsam, und es ist sogar möglich, dass er zeitweilig wieder rückgängig gemacht wird, indem die Schreibenden geflissentlich schon veraltete Gebrauchsweisen wieder aufnehmen. Während so die Schriftsprache nur sehr allmählich sich verändert, schreitet die Volkssprache in ihrer Entwickelung rascher vorwärts, besonders da und dann, wo und wann kein Volksschulunterricht hemmenden Einfluss ausübt und die Einwirkungsfähigkeit der Litteratur durch die Schwierigkeit, die Schriftwerke zu vervielfältigen und damit auch zu verbilligen, eingeengt wird. So erweitert sich im Laufe der Zeit die Kluft zwischen der nur langsam sich ändernden Schriftsprache und der verhältnissmässig rasch sich

wandelnden Volkssprache dermaassen, dass endlich die erstere im Vergleich zur letzteren als eine erstarrte, rein künstliche und conventionelle Sprachart erscheint. Der Bruch zwischen beiden Spracharten wird vollendet, wenn die oberen (schriftsprachlichen) Stände bei einer ausgelebten Culturform beharren, während die unteren (volkssprachlichen) Bevölkerungsklassen einer neuen Cultur sich zuwenden, welcher die Zukunft gehört. Dann kann es im Laufe der geschichtlichen Entwickelung nicht ausbleiben, dass schliesslich jene alte Culturform sammt ihrer Schriftsprache untergeht, die letztere also zur todten Sprache wird. Wenn dies eintritt, so muss die überlebende Volkssprache ihrerseits eine Schriftsprachform erzeugen, inzwischen aber, bis die neue Schriftsprache geboren worden und leistungsfähig geworden ist, muss die todte Schriftsprache als gelehrte Buchsprache Aushülfe bieten. So ist es geschehen in der lateinisch-romanischen Sprachentwickelung.

7. Aus obiger Erörterung ergiebt sich, dass die Schriftsprache, verglichen mit der Volkssprache, immer ein mehr oder weniger stark hervortretendes alterthümliches (archaisches) Gepräge an sich trägt. Dies gelangt namentlich auch zum Ausdrucke in der Rechtschreibung, welche eben um desswillen immer einen von der lebendigen Sprache bereits überholten Lautstand darstellt (vgl. oben § 23 Nr. 3). Gerade aber durch diesen ihren conservativen Zug ist die Rechtschreibung, wie die Schriftsprache in ihrer Gesammtheit, geeignet, die innerhalb eines Volkes auf einander folgenden Geschlechter der Redenden und Schreibenden mit einander zu verbinden und in dem Wechsel der Zeit zu bekunden die Einheit des Geistes.

§ 26. **Die Ueberlieferung der Schriftwerke.** 1. Jedes zur Litteratur im engeren Sinne des Wortes (s. oben S. 214) gehörige Schriftwerk ist die Bekundung eines individualen Denkens und muss als solche aufgefasst und gewürdigt werden. Diese Auffassung und Würdigung kann aber nur dann zu richtigem Ergebnisse gelangen, wenn das in dem Schriftwerke bethätigte individuale Denken nicht von fremdem Denken durchkreuzt und getrübt worden ist, d. h. wenn das Schriftwerk dem Urtheilenden in der Fassung vorliegt, welche ihm von seinem Verfasser selbst gegeben wurde. Ist Anlass zu dem Verdachte vorhanden, dass dies nicht der Fall sei, so muss der Versuch gemacht werden, durch Ausscheidung oder Berichtigung dessen, was als fremde Beimischung erscheint, die ursprüngliche Fassung auf kritischem Wege wiederherzustellen.

2. Die ursprüngliche Fassung eines Schriftwerkes liegt vor in der von dem Verfasser selbst oder doch unter seiner unmittelbaren Aufsicht vollzogenen Niederschrift, welche also die Urschrift (der sog. *codex archetypus*) ist.

3. In der Urschrift besitzt ein Schriftwerk aus naheliegendem Grunde eine nur sehr beschränkte Verbreitungsfähigkeit. Ein für die Oeffentlichkeit bestimmtes Schriftwerk muss daher vervielfältigt werden. Es kann dies geschchen entweder durch Abschrift oder aber auf mechanischem Wege.

4. Eine Abschrift ist nie die völlig treue Wiedergabe der Urschrift, mindestens dann nicht, wenn die letztere grösseren Umfang besitzt. Ein unachtsamer Schreiber, dem es nur um äusserliche Erledigung seiner Arbeit zu thun ist, begeht Nachlässigkeitsfehler, z. B. Auslassungen, Doppelschreibungen und Falschschreibungen, in Menge. Aber auch der achtsamste Abschreiber kann sich verlesen oder verschreiben; gerade er ist überdies sehr geneigt, die ihm unverständlich erscheinenden Stellen der Urschrift eigenmächtig abzuändern, wobei er ja wirklich auch Unrichtiges verbessern, aber auch Richtiges unwissentlich entstellen kann, namentlich wenn er, weil einem anderen Volke und einem anderen Zeitalter, als der Verfasser, angehörig, die Sprache der Urschrift nur unvollkommen versteht. So sind reichlich fliessende Fehlerquellen vorhanden, denen Textverderbnisse entströmen können, ja entströmen müssen.

5. Eine auf mechanischem Wege hergestellte Vervielfältigung einer Urschrift stimmt mit der letzteren nur dann völlig überein, wenn die Vervielfältigung durch Abklatsch (hektographisch, mittelst Copirpresse etc.) erfolgt. Dies Verfahren kann indessen nur in beschränktem Maasse zur Anwendung gelangen, weil bei ihm alle äusseren Mängel der Urschrift (schwere Lesbarkeit, Ungleichmässigkeit etc.) auf die vervielfältigten Exemplare übertragen werden. Dieser Uebelstand kommt allerdings in Wegfall, wenn die Urschrift mittelst der

Schreibmaschine hergestellt wird, aber dass der Gebrauch der letzteren jemals allgemein werden werde, ist aus mehrfachen Gründen nicht zu erwarten.

Die in der Neuzeit üblichste Vervielfältigungsweise der Schriftwerke ist der Buchdruck. In Folge dessen ist der Setzer an die Stelle des Abschreibers getreten. Gewonnen wird bei diesem Tausche in Bezug auf die Genauigkeit der Vervielfältigung nichts. Denn auch der Setzer kann falsch lesen, namentlich aber kann er gar leicht in den Typen sich vergreifen und also falsche Buchstaben setzen. Die so entstandenen Fehler werden nun freilich in der Regel zum grössten Theile durch die Druckcorrectur, an welcher meist auch der Verfasser selbst sich betheiligt[1]), wieder entfernt, indessen auch bei achtsamster Correctur bleiben erfahrungsmässig doch immer noch Fehler stehen, so dass ein druckfehlerfreies Buch grösseren Umfanges nur selten hergestellt wird. Uebrigens wird gerade dann, wenn der Verfasser von der Möglichkeit der Correctur ausgiebigen Gebrauch macht, eine sehr erhebliche Abweichung des Drucktextes von der Urschrift veranlasst, indem der Verfasser nicht bloss Fehler berichtigt, sondern auch mehr oder weniger oft die ursprüngliche Fassung des Textes abändert. In diesem Falle stellt dann nicht mehr die Urschrift, sondern der bei der letzten Correctur hergestellte Wortlaut die ächte, d. h. die von dem Verfasser endgültig gewollte, Fassung des Textes dar. Dadurch wird der Werth der Urschrift für die später etwa vorzunehmende Textkritik beträchtlich herabgemindert, weil ja immer mit der Möglichkeit gerechnet werden muss, dass Abweichungen des Drucktextes von der Urschrift durch den Verfasser selbst bei der Correctur bewirkt worden seien. Ob dies geschehen ist oder nicht, lässt sich nur durch Prüfung der unter die Presse gekommenen Correcturbogen feststellen, aber eben diese Bogen fallen wohl stets der Vernichtung anheim. So ist, Alles in Allem genommen, die Textkritik der Druckwerke schwieriger und fragwürdiger, als die der abschriftlich ver-

---

[1]) Es kann aber geschehen, dass ein Schriftwerk ohne Zuthun, ja selbst gegen den Willen und ohne Wissen des Verfassers gedruckt wird. In diesem Falle ist der Verfasser selbstverständlich nicht in der Lage, sein Werk gegen Entstellungen aller Art zu schützen.

vielfältigten, weil eben nur bei diesen letzteren, nicht aber bei den ersteren die erhaltene Urschrift als unbedingt zuverlässig gelten kann. Aus diesem Grunde wird auch in der Neuzeit auf Erhaltung der Urschrift wenig Werth gelegt. Da man aber auch auf Erhaltung der Correcturbogen nicht bedacht ist, so fehlt eben der Textkritik bei Druckwerken die feste Unterlage, welche bei abschriftlich überlieferten Werken in der Urschrift, beziehentlich in einer ihr nahe stehenden Abschrift, gegeben ist.

6. Sowohl ein durch Abschrift als auch ein durch den Druck vervielfältigtes Schriftwerk ist der Gefahr ausgesetzt, dass seine ursprüngliche Fassung durch spätere Bearbeiter sprachlich und sachlich geflissentlich abgeändert werde. Von dieser Gefahr werden besonders diejenigen Schriftwerke bedroht, welche vermöge ihres inneren Gehaltes grosse Lebensfähigkeit besitzen und in Folge dessen von Geschlecht auf Geschlecht vererbt werden. Gerade weil solche Werke ein Zeitalter nach dem anderen zu überdauern fähig sind, werden sie oft der Sprachform und der Geschmacksrichtung eines jeden der auf einander folgenden Zeitalter angepasst, also gleichsam immer verjüngt, aber freilich auch mit jeder Verjüngung, mindestens in sprachlicher Beziehung, immer weiter von ihrer ursprünglichen Gestalt entfernt. Man denke z. B. an die Wandlungen, welche Luther's Bibelübersetzung im Laufe der Jahrhunderte durchgemacht hat.

Der mildeste Wandel, den ein Schriftwerk erfahren kann, ist der, dass die in der Urschrift, bezw. in dem Urdruck (der sog. „editio princeps") gebrauchte Rechtschreibung und Interpunction nach den Grundsätzen einer späteren Zeit umgeändert wird. Dieses Verfahren ist gleichwohl nicht so äusserlich, wie es scheinen mag, sondern bedeutet einen nicht unerheblichen Eingriff in die sprachliche Form, denn Rechtschreibung und Interpunction sind nicht zufällige Begleiterscheinungen der geschriebenen Sprache, sondern Ergebnisse des auf die Sprache gerichteten Denkens. Ein Schriftwerk, dessen ursprüngliche Rechtschreibung und Interpunction abgeändert worden ist, hat damit einen Wandel erfahren, durch welchen es seiner Entstehungszeit entfremdet worden ist.

Es kann aber Wichtigeres geschehen: es kann ein Schriftwerk umgesetzt werden in die Sprache einer späteren Zeit oder in die Sprache eines anderen Mundartgebietes[1]). Eine solche Umsetzung, welche man auch als eine Uebersetzung niederen Grades bezeichnen kann, ist ein nothwendiges Verfahren, wenn ein Schriftwerk für eine spätere Zeit verständlich bleiben oder für die Angehörigen einer fremden Mundart verständlich gemacht werden soll; aber so nothwendig dieses Verfahren auch ist, es bedeutet immer eine Entstellung des Urtextes, indem derselbe der Sprache des Verfassers mehr oder weniger weit entfremdet und dadurch in seinem Wesen beeinträchtigt wird. Die sprachliche Umsetzung kann übrigens in sehr verschiedenen Abstufungen erfolgen: sie kann mit planmässiger Folgerichtigkeit durchgeführt oder nur in oberflächlicher Weise vorgenommen oder endlich auf einzelne Spracherscheinungen beschränkt werden. Im ersteren Falle wird die

---

[1]) Selbstverständlich kann Umsetzung, d. h. Uebersetzung, eines Schriftwerkes auch in eine fremde Sprache erfolgen. In diesem Falle lässt sich die Uebersetzung als Mittel zur Wiederherstellung des verlorenen oder verderbten Urtextes verwerthen (so z. B. die altnordische Karlamagnussaga für die Textkritik des Rolandsliedes), namentlich dann, wenn die Uebersetzung dem Urtexte sich eng anschliesst, vielleicht sogar als sog. Interlinearübers. möglichst Wort für Wort wiedergiebt. Eine derartige Uebersetzung ist freilich — um dies nebenbei zu bemerken — stets nur gleichsam eine Scheinübersetzung. Denn da jede Sprache auf einem eigenartigen Denken beruht, so muss eine gute Uebersetzung so beschaffen sein, dass sie eine Uebertragung nicht bloss in die fremde Sprachform, sondern auch in den fremden Sprachgeist darstellt. Eine vollständige Lösung dieser Aufgabe ist übrigens unmöglich, weil die Worte einer Sprache denen einer andern begrifflich wohl annähernd entsprechen, aber nur selten mit ihnen sich decken. Das Uebersetzen ist daher eine schwere Kunst, in deren Wesen sich hineindenken und in deren Uebung sich hineinleben muss, wer in Sprache und Litteratur tiefer eindringen will. Jedem Philologen sei angelegentlichst empfohlen, sich mit den ungemein anregenden und lehrreichen Schriften bekannt zu machen, welche über das Uebersetzen handeln: *Tycho Mommsen*, Die Kunst des d. Uebersetzers aus neueren Sprachen, Leipzig 1858 (2. Ausg. 1879), und *P. Cauer*, Die Kunst des Uebersetzens, ein Hülfsbuch für den lat. u. griech. Unterricht, Berlin 1894 (vgl. Preuss. Jahrb. Bd. 79 p. 153). Jeder Philolog muss sich bemühen, ein guter Uebersetzer zu sein, denn nur, wenn er es ist, vermag er als Lehrer seine Schüler wirklich einzuführen in fremdnationales Geistesleben und dadurch den Sprachunterricht wirklich fruchtbar und bildend zu machen. Ein Lehrer, der, weil er selbst nicht gut zu übersetzen versteht, duldet, vielleicht sogar fordert, dass seine Schüler wörtlich, d. h. schlecht, übersetzen, verleidet denselben gründlichst die Freude an der betr. fremden Litteratur, namentlich wenn er sein Unvermögen noch durch die Thorheit steigert, den Schülern die Benutzung guter Uebersetzungen zu verbieten, statt sie zu fordern und methodisch zu verwerthen.

Sprache des Urtextes insoweit, als sie von der neuen Sprache
absteht, vollständig erneut; in den beiden letzteren, für die
Textkritik günstigeren, Fällen bleibt die Sprache des Urtextes
noch deutlich erkennbar.

7. Zur sachlichen Abänderung eines Schriftwerkes können
mannigfache Ursachen sich wirksam erweisen. Erstlich kann
an einem Schriftwerke die subjective Willkür, beziehentlich
der subjective Geschmack späterer Bearbeiter sich bethätigen.
Sodann aber können die culturgeschichtlichen Verhältnisse zur
Vornahme von Abänderungen hindrängen. Jedes Schriftwerk
(in Sonderheit auch jede Dichtung) ist das Ergebniss einer bestimmten Cultur und ist folglich in seinem Gedankeninhalte
nur denen unmittelbar erfassbar, welche dem Kreise der betreffenden Cultur angehören. Ebenso vermag ein Schriftwerk
die ästhetische Wirkung, deren es etwa fähig ist, nur auf
diejenigen voll auszuüben, welche die Culturgenossen des Verfassers sind. Jeder Wandel der Cultur thut daher der Verständlichkeit und der ästhetischen Wirkungsfähigkeit eines
Schriftwerkes Abbruch, und zwar, wie selbstverständlich, in
um so höherem Maasse, als jener Wandel erheblich ist. Es
muss demnach ein Schriftwerk, falls es für die Folgezeit unmittelbar (d. h. ohne die Vermittelung philologischer Erklärung) verständlich und wirkungsfähig bleiben soll, den
wechselnden Culturverhältnissen derselben immer auf's Neue
angepasst werden; jede solche Anpassung aber bedeutet einen
Verzicht auf einen mehr oder minder erheblichen Theil des
ursprünglichen Wesens, und die Summe mehrerer auf einander
folgender derartiger Verzichte kann ergeben, dass das Werk
eben nicht nur äusserlich, sondern auch innerlich seiner ursprünglichen Gestaltung völlig entfremdet wird. Man denke
z. B. an die Wandelungen, welche die Trojadichtung während
des Alterthums (und des Mittelalters) durchgemacht hat. Oder
man erinnere sich der Verballhornung, welche die Chansons
de geste in spätmittelalterlichen und neuzeitlichen Prosa-
romanen erfahren haben.

Selbstverständlich sind die Umgestaltungen, welche ein
Schriftwerk erleidet, dann besonders gross, wenn mit der Anpassung an eine neue Cultur auch die Anpassung an ein
fremdes Volksthum und also zugleich der Uebergang in eine

fremde Sprache verbunden ist. Dann mag es leicht geschehen, dass von der ursprünglichen Fassung nur die Umrisse des Inhaltes erhalten bleiben und auch diese nur in verschobener Form.

8. Der kritischen Prüfung eines Litteraturwerkes muss, wenn irgend thunlich, die Feststellung der Persönlichkeit seines Verfassers vorangehen. Von dieser Pflicht ist der Prüfende selbst dann nicht ohne Weiteres entbunden, wenn — was in Zeiten höherer Cultur die Regel ist — der Verfasser sich selbst genannt hat, denn diese Nennung kann ja falsch sein, sei es, dass sie auf einem Irrthum eines Bearbeiters oder Herausgebers beruht, oder, dass sie betrügerischer Absicht entstammt. Die Zuweisung eines namenlos oder mit offenbar falschem Namen überlieferten Werkes an einen bestimmten Verfasser gehört übrigens zu den schwierigsten, oft genug sogar zu den von vornherein unlösbaren Aufgaben der Philologie.

Diese Aufgabe kann dadurch noch erschwert werden, dass ein Schriftwerk in seinen einzelnen Bestandtheilen auffällige Ungleichheiten, vielleicht sogar sachliche Widersprüche aufweist und in Folge dessen den Verdacht nahelegt, dass die ursprüngliche Fassung durch spätere Einschiebsel erweitert worden sei, dass in ihm also nicht das einheitliche Werk e i n e s Verfassers, sondern das Ergebniss mehrerer, zeitlich von einander getrennter, Verfasser vorliege.

Wenn die Persönlichkeit des Verfassers entweder durch die Ueberlieferung glaubwürdig festgestellt oder durch die Forschung in überzeugender Weise ermittelt worden ist, müssen, soweit als die Sachlage es gestattet, seine Lebensverhältnisse klargelegt werden. Handhaben dazu bieten etwa vorhandene urkundliche Angaben, selbstbiographische Mittheilungen, Berichte von Zeitgenossen, endlich vielleicht noch lebendige mündliche Ueberlieferung. Alle diese Quellen bedürfen indessen sorgsamer kritischer Prüfung, denn sie alle können getrübt sein durch Irrthum oder durch Fälschung; insbesondere sind die selbstbiographischen Mittheilungen mit Vorsicht aufzunehmen, weil ihre Verfasser in Selbsttäuschung befangen gewesen sein oder auch aus irgend welchem Grunde (etwa zum Behufe der Selbstrechtfertigung) den Thatbestand geflissentlich unrichtig dargestellt haben können.

9. Der günstigste Fall der Ueberlieferung eines Schriftwerkes liegt dann vor, wenn die Urhandschrift selbst erhalten und ihre Aechtheit über jeden Zweifel erhaben ist. Dann sind ja nur die etwaigen Schreibversehen des Verfassers zu berichtigen, im Uebrigen aber entzieht sich der Text der kritischen Behandlung. Wurde freilich ein solches Schriftwerk von dem Verfasser selbst dem Drucke übergeben, so ist zu untersuchen, ob die Abweichungen des Drucks von der Urschrift auf der Correctur des Verfassers oder auf der des Druckers beruhen. Unter gewöhnlichen Verhältnissen wird man berechtigt sein, inhaltliche und stilistische Abweichungen dem Verfasser, graphische, bezw. orthographische dem Drucker zuzuschreiben.

Als ungünstig muss, in der Regel wenigstens, der Stand der Ueberlieferung genannt werden, wenn ein Schriftwerk nur in einer einzigen Abschrift erhalten ist, zumal in dem Falle, dass diese Abschrift erheblich jünger als die Urhandschrift ist und folglich vermuthen lässt, es sei zwischen ihr und dieser eine Reihe älterer, verloren gegangener Abschriften vorhanden gewesen. Bei solcher Sachlage ist also nur das letzte Glied einer vielleicht langen Kette von Abschriften erhalten, und es ist überaus schwierig, zu erkennen, in welchem Maasse dies letzte Glied verschieden ist von dem ersten (der Urhandschrift). Sind aus der Zeit, in welcher die Urhandschrift des betreffenden Werkes entstanden sein muss, anderweitige Schriftwerke, sei es in Urschrift, sei es in der Urschrift nahestehenden Abschriften, erhalten, so kann aus ihnen wenigstens die sprachliche Norm gewonnen werden[1]), auf welche die Sprachform des nur in junger (und also vermuthlich in sprachlich modernisirter) Handschrift erhaltenen Werkes zurückzuführen ist. Für solche sprachliche Normirung sind, wenn es sich um mittelalterliche Schriftwerke handelt, namentlich Urkunden wegen ihrer festen Datirung und Beglaubigung sehr werth-

---

[1]) Auch in sachlicher Beziehung kann solche Vergleichung nützen, namentlich wenn sie an inhaltlich verwandten Schriftwerken geübt werden kann.

volle Hülfsmittel, indessen wird ihr Werth doch durch den Umstand in etwas gemindert, dass die Sprache der Urkunden immer ein conventionelles und zugleich archaisches Gepräge trägt. Es ist um desswillen vor Ueberschätzung der sprachgeschichtlichen Verwerthbarkeit der Urkunden zu warnen.

Schriftwerke, welche während eines langen Zeitraumes und selbst während langer Zeiträume beliebt und viel gelesen waren, sind meist in mehreren, oft sogar (so z. B. der Roman de Troie, die Divina Commedia) in zahlreichen Abschriften — dagegen fast nie in der Urhandschrift — überliefert. Aufgabe der Kritik muss es nun sein, auf Grund sorgfältigster Prüfung und Vergleichung der vorliegenden einzelnen Handschriften den Urtext zurückzugewinnen. Erfordert wird hierzu zunächst die thunlichst genaue Feststellung der Geschichte (namentlich der Entstehungszeit und des Entstehungsortes) jeder einzelnen Handschrift, sodann die Ermittelung des zwischen den einzelnen Handschriften bestehenden Verwandtschaftsverhältnisses (der sog. „Filiation"), d. h. des Abhängigkeitsgrades, in welchem eine jede zu allen übrigen sich befindet. Das Alter, oft auch die Herkunft einer Handschrift lässt sich, freilich meist nur mit annähernder Sicherheit, aus der Beschaffenheit des Schreibstoffes (ob Pergament oder Papier, bezw. welche Art des Papiers) und der Schrift erschliessen; mittelalterliche Handschriften sind übrigens häufig von den Schreibern mit dem Datum der Niederschrift versehen worden. Das Filiationsverhältniss der Handschriften aber ergibt sich einerseits aus ihrer Altersbestimmung, andrerseits aus der zwischen einzelnen von ihnen bestehenden Uebereinstimmung (bezw. Abweichung) in Bezug auf Schreibweisen und Schreibfehler, Sprachformen und Sprachwendungen, Lücken und Ergänzungen. Eine genaue Vergleichung dieser Einzelheiten erlaubt mitunter sichere Schlüsse zu ziehen auf die Beschaffenheit nicht mehr erhaltener Handschriften, durch welche je zwei der erhaltenen mit einander verbunden waren. Das Ergebniss der auf Feststellung des Filiationsverhältnisses gerichteten Untersuchung pflegt man in Form eines Stammbaumes zum Ausdruck zu bringen, in welchem der nicht erhaltene Urtext meist durch x bezeichnet wird, die erhaltenen Handschriften durch lateinische (oder deutsche) Buchstaben (Anfangsbuchstaben des Aufbewahrungsortes, z. B. *O* = *Oxoniensis*, *H* = *Harleianus*, d. h. in der Harley'schen Sammlung der Bibliothek des British Museums befindlich, *L* = *Laurentianus*, d. h. in der von Lorenzo de' Medici begründeten Mediceischen Bibliothek zu Florenz befindlich, *P* = *Parisiensis*, *V* = *Venetus* etc. etc.), die nicht erhaltenen durch griechische Buchstaben (oder mit Unterscheidungszeichen versehene lateinische) kenntlich gemacht werden[1]).

10. Die auf kritischem Wege vollzogene Wiederherstellung der ursprünglichen Fassung, sei es eines vollständigen Textes, sei es einer einzelnen Textstelle, kann der Natur der Sache nach auch im günstigsten Falle nur als wahrscheinlich, vielleicht sogar als in hohem Grade wahrscheinlich, niemals aber als zweifellos richtig anerkannt werden, es sei denn, dass es sich um die Beseitigung einer Verderbniss handelt, welche auf einem nachweisbaren Lese- oder Schreibfehler beruht, oder dass eine verderbte Stelle durch Herbeiziehung einer Parallelstelle gebessert werden kann.

Anspruch auf Erreichung der Wahrscheinlichkeit kann der Textkritiker nur dann zu erheben wagen, wenn er völlig vertraut ist mit Inhalt und Sprache des von ihm behandelten Schriftwerkes, wenn er sich in die Eigenart des Denkens und Sprechens des Verfassers so eingelebt hat, dass er die Abweichungen von der Urschrift nicht bloss auf Grund verstandesmässiger Erwägung herausfindet, sondern sie auch, um so zu sagen, herausfühlt und ebenso das, was an Stelle des Verderbten zu setzen ist, nicht allein durch kritische Ueberlegung, sondern auch durch unmittelbare („divinatorische") Empfindung erkennt. Textkritik, welche ohne solche Ver-

---

[1]) Textkritik kann nicht theoretisch, sondern nur praktisch an concreten Beispielen gelehrt und gelernt werden. Auf der Universität sind die philologischen Seminare die eigentlichen Schulen der Textkritik. Eben deshalb ist es so nothwendig, dass der Studirende der Philologie an seminaristischen Uebungen sich betheilige. Meisterwerke kritischer Kunst sind auf romanischem Gebiete z. B. *G. Paris*' Ausg. des Alexiusliedes (Paris 1872), *W. Förster's* Ausgaben der Dichtungen Crestiien's v. Troyes, *Gröber's* Abhandlungen über die handschriftlichen Gestaltungen der Chanson de geste „Fierabras" (Leipzig 1869) und über die Liedersammlungen der Troubadours (Roman. Stud. II, 337 bis 670). Das eindringliche Studium dieser kritischen Ausgaben und Untersuchungen werde angelegentlichst empfohlen. Zu selbständiger Ausübung der Textkritik gehört übrigens eine eigenartige Begabung, welche manchem sonst tüchtigen Manne versagt ist.

trautheit geübt wird, ist ein blosses Rathen, durch welches allerdings zuweilen das muthmaasslich Richtige getroffen werden kann, meist aber das Unrichtige getroffen wird.

Die kritische Wiederherstellung eines Textes oder einer Textstelle ist immer nur gleichsam ein Vorschlag, den der Kritiker macht und über dessen Annehmbarkeit oder Nichtannehmbarkeit der Leser sich entscheiden muss, indem er seinerseits die Sachlage nachprüft. Daher ist ein immer erneutes Zurückgehen auf die Beschaffenheit der Ueberlieferung unerlässlich, und um desswillen ist der diplomatisch genaue Abdruck und mehr noch die mechanische (photographische, heliotypische etc.) Vervielfältigung von Handschriften (und Drucken) so wünschenswerth, da sie die Prüfung der Ueberlieferung auch denen ermöglicht, welche durch äussere Verhältnisse behindert sind, die Handschriften (bezw. die Originaldrucke) selbst einzusehen.

Jedenfalls aber muss, wer wissenschaftliche Erkenntniss der Litteratur anstrebt, sich dessen bewusst sein, wie schwankend und unsicher die Ueberlieferung vielfach ist, und durch dieses Bewusstsein zu grösster Vorsicht und Besonnenheit in seinem Urtheil sich bestimmen lassen. Es gilt das namentlich auch von dem ästhetischen Urtheil. Denn es ist für dasselbe selbstverständlich von grosser Bedeutung, ob das Schriftwerk, in Bezug auf welches geurtheilt werden soll, in unzweifelhaft oder aber in nur muthmaasslich ächter Gestaltung oder gar nur in späterer Bearbeitung vorliegt. Im letzteren Falle ist sorglich zu erwägen, in welchem Maasse sowohl Lob wie Tadel auf den Verfasser und auf den oder die späteren Bearbeiter zu vertheilen sei, denn der ästhetische Werth eines Werkes kann in der späteren Bearbeitung des letzteren ein wesentlich niederer, aber auch ein wesentlich höherer sein, als in der ursprünglichen Fassung [1]).

---

[1]) Auch abgesehen von der nothwendigen Rücksichtnahme auf die Beschaffenheit der Ueberlieferung ist die Abgabe eines wissenschaftlich begründeten aesthetischen Urtheils über ein Schriftwerk überaus schwierig. Zunächst sind der relative und der absolute Werth eines Schriftwerkes auseinanderzuhalten. Der erstere ergibt sich aus der Vergleichung des Werkes mit anderen ihm gleichartigen, im gleichen Zeitalter und im gleichen Culturgebiete entstandenen, wobei zu ermitteln ist, in wie weit die Leistungsfähigkeit des Verfassers durch die Culturverhältnisse,

innerhalb deren er lebte, fördernd oder hemmend beeinflusst werden
musste oder doch beeinflusst werden konnte. Bei Abschätzung des
absoluten Werthes dagegen handelt es sich lediglich um Feststellung
des Grades, in welchem ein Schriftwerk — unter welchen Verhältnissen
es auch immer entstanden sein möge — den Anforderungen des Schön-
heitsbegriffes genügt. Der absolute Werth kann also nur ermittelt
werden nach vorgängiger Bestimmung des Begriffes „schön" (vgl oben
S. 212 Anm.). Der relative und der absolute Werth eines und desselben
Werkes können sehr verschieden sein, doch freilich immer nur in der
Art, dass der relative hoch, der absolute dagegen niedrig ist —, nicht
aber umgekehrt, denn das absolut Werthvolle ist immer auch relativ
werthvoll.

Dritter Theil.

Das Latein und das Romanische.

————

§ 27. **Hülfsmittel für das Studium des Lateins**[1]. A. Quellen zur Kenntniss der lateinischen Sprache.

a) Inschriften. Die ungeheuere Masse der erhaltenen römischen Inschriften[2] überliefert uns einen verhältnissmässig nur wenig umfangreichen Sprachstoff, da der Natur der Sache nach Inschriften knapp gefasst und nur zum Zwecke der Beurkundung von Geschehnissen des staatlichen und privaten Lebens angewandt zu werden pflegen. Nichtsdestoweniger stellen die Inschriften, namentlich diejenigen, welche entweder datiert sind oder mit Sicherheit datiert werden können (sei es auf Grund ihres Inhaltes oder ihrer Schriftzüge), eine der wichtigsten Quellen für die Geschichte der lateinischen Sprache dar, da sie einerseits (namentlich die Staatsurkunden) die zu den verschiedenen Zeiten übliche Rechtschreibung (mittelbar also auch den Lautstand), andrerseits (namentlich die Privaturkunden [Grabschriften u. dergl.] und besonders wieder die aus plebejischen Kreisen stammenden) die Beschaffenheit der Volkssprache, einigermaassen wenigstens, erkennen lassen. Nicht minder wichtig sind die Inschriften für die Feststellung geschichtlicher Vorgänge und für die Kenntniss des römischen Lebens in allen Beziehungen; indessen das liegt hier ausserhalb des Kreises der Betrachtung.

Die grösste und bedeutendste Sammlung römischer Inschriften ist das von der Berliner Akademie herausgegebene Corpus inscriptionum

————

[1] Selbstverständlich werden im obigen Paragraphen die Hülfsmittel für das Studium des Lateins nur insoweit genannt, als dies für die Zwecke der romanischen Philologie erforderlich ist.

[2] Im griechisch-römischen Alterthum waren Inschriften in Stein und Erz weit üblicher als in der Neuzeit, da sie das einzige Mittel waren, einer Beurkundung Dauer zu verleihen, während in der Neuzeit dieser Zweck (und zugleich die Vervielfältigung der Schriftstücke) durch den Buchdruck erreicht wird.

latinarum[1]). „Einen vortrefflichen Abriss der römischen Epigraphik mit Angabe der sämmtlichen Litteratur findet man in *Iw. v. Müller's* Handbuch der class. Alterthumswissenschaft Bd. 1 (2. Aufl. 1892) von *E. Hübner*" (*Stolz* auf S. 71 seiner unten zu nennenden lat. Lautlehre). Zu den Inschriften gehören übrigens selbstverständlich auch die Auf- und Umschriften (Legenden) der Münzen.

b) **Handschriften.** Aus dem römischen Alterthume und selbst aus den ihm zunächstfolgenden Jahrhunderten des Mittelalters besitzen wir nur sehr wenige Hdschr.: das in Herculanum aufgefundene Papyrusbruchstück eines (von Rabirius verfassten?) Gedichtes „de bello actiaco"; den Codex Mediceus des Virgil (5. Jahrh.), den Veroneser Palimpsest[2]) des Gaius (5. Jahrh.), den florentiner Codex der Pandekten (6. oder 7. Jahrh.), den Codex Fuldensis der Vulgata u. a. m. Die weitaus grosse Mehrzahl der Hdschr. aber stammt erst aus den späteren Jahrhunderten des Mittelalters und stellt folglich die, von der ursprünglichen Orthographie oft sich weit entfernende, Schreibweise jener späten Zeit dar. Dass dem ungeachtet die handschriftlich überlieferten Litteraturwerke die reichlichst fliessende und wichtigste Quelle unserer Kenntniss des Lateins sind, ist selbstverständlich.

c) **Angaben der lateinischen Grammatiker.** Siehe unten S. 244 f.

d) **Die Metrik.** Die Metrik ist wichtig für die Kenntniss der Quantität der Silben (mit Ausnahme jedoch der sog. Positionssilben, da deren metrische Länge vielfach eben nur metrisch und nicht zugleich auch natürlich ist), namentlich der auslautenden Silben.

---

[1]) tom. I: Inscript. antiquissimae usque ad G. Caesaris mortem, ed. *Th. Mommsen* [1863], dazu *Ritschl:* Priscae latinitatis monumenta epigraphica (1862, mit fünf Suppl. Bonn 1862/65); (t. II: Inscr. Hispaniae, ed. *E. Hübner* 1869; t. III: Inscr. Asiae, prov. Europae graecarum, Illyrici, ed. *Th. Mommsen* (1873, dazu eine Nachlese von *Hirschfeld* in den Sitzungsberichten der Wiener Akad. d. Wissensch., phil.-hist. Cl. Bd. 77 [1874]); t. IV: Wandinschriften von Pompeji, Herculanum und Stabiae, ed. *Zangemeister* (1871); t. V: Inschr. aus Gallia cisalp., ed. *Th. Mommsen* (1872/77); t. VI 1: Stadtrömische Inschr., ed. *Henzen* (1877); t. VII: Britannische Inschr., ed. *Hübner* (1873); t. VI 2 und t. VIII: Africanische Inschriften, ed. *Wilmanns* (1881); t. IX u. X: Unterital. Inschr., ed. *Mommsen* (1883/87); t. XI: Ober- u. mittelital. Inschr., ed. *Bormann* (1881); t. XII Inschr. aus Gallia Narb., ed. *Hirschfeld* (1888); t. XIV: Inschr. aus Latium, ed. *Dessau* (1887); t. XV: Stadtröm. Inschr., ed. *Dressel* (1891).

[2]) Unter „Palimpsest" versteht man eine Pergamenthandschr., deren ursprünglicher Text — um das Pergament nochmals benutzen zu können — weggewischt und mit einem anderen überschrieben worden ist. Da das Wegwischen oft nur in unvollkommener Weise vollzogen wurde, so schimmern dann die alten halbverlöschten Schriftzüge durch die jüngeren noch hindurch oder können doch durch Anwendung chemischer Mittel wieder lesbar gemacht werden. Auf diese Weise sind manche werthvolle alte Texte uns erhalten (so z. B. ein Plautustext in dem Ambrosianischen [Mailänder] Palimpsest).

B. Grammatik. a) Ueber die Geschichte der lat. Grammatik im Alterthum vgl. namentlich *Steinthal*, Geschichte der Sprachwissenschaft bei den Griechen und Römern, Berlin 1863 u. 90/91); *Jeep*, Zur Geschichte der Lehre von den Redetheilen bei den lat. Grammatikern, Leipzig 1893, vgl. ferner: *Reisig*, Vorlesungen über lat. Sprachwissenschaft, herausg. v. *Haase* (Leipzig 1839), neue Ausg. von *Hagen*, Berlin 1879; *Haase*, Vorlesungen über lat. Sprachwissenschaft, herausg. von *Eckstein*, Leipzig 1874; *Gräfenhan*, Geschichte der Philologie im Alterthum, Bonn 1843/50, 4 Bde. (es kommen hier Bd. 2 u. 3 in Betracht).

Ueber die Geschichte der lat. Gramm. in Mittelalter und Neuzeit vgl. *Bursian*, Geschichte der class. Philologie in Deutschland; München und Leipzig 1883; *Thurot*, De Alexandri de Villa-Dei doctrinali, Paris 1860, und: Extraits de divers manuscrits latins pour servir à l'histoire des doctrines grammaticales au moyen âge, Paris 1869; *Neudecker*, Das Doctrinale des Alexander de Villa-Dei und der lat. Unterricht während des späteren Mittelalters in Deutschland, Leipzig 1885 Diss.; *Bäbler*, Beiträge zu einer Geschichte der lat. Gramm. im Mittelalter, Halle 1885; *Haase*, De studiis medii aevi philologicis disputatio, Breslau 1856 Index lect.; *Eckstein*, Lat. u. griech. Unterricht, herausg. v. *Heyden*, Leipzig 1881.

b) Beste Bibliographie der lat. Gramm. ist *Hübner's* Grundriss zu Vorlesungen über die lat. Gramm., 2. Ausg. Berlin 1887.

c) Die Römer haben mit grammatischen Dingen (zunächst mit Feststellung der Rechtschreibung und der Wortformen) sich zu beschäftigen begonnen, seitdem sie (etwa vom Ende des 3. Jahrh. vor Chr. ab) ihre Sprache in ausgedehnterem Maasse für litterarische Zwecke verwendeten. Die ersten römischen Dichter waren nothgedrungen zugleich auch die ersten römischen Grammatiker. Wie in den meisten andern Wissenschaften, so waren auch in der Grammatik die Römer die Schüler der Griechen: die ersten römischen Dichter erstrebten die Regelung der Sprache nach griechischem Vorbilde, und das theoretische Studium der Grammatik wurde durch den Griechen Krates v. Mallos in Rom begründet, der im J. 159 v. Chr. als Gesandter des Königs von Pergamos dahin kam. Indessen sind gerade auf dem Gebiete der Grammatik die Römer nicht sklavische Nachahmer der Griechen gewesen, sondern haben, so Vieles sie auch recht ungeschickt übernahmen, beziehentlich ungeschickt latinisirten (so namentlich viele grammatische Kunstausdrücke), doch in gar mancher Hinsicht eine sehr löbliche Selbständigkeit bewiesen. Genöthigt wurden sie übrigens dazu einigermaassen durch den Umstand, dass die zwischen dem Griechischen und dem Lateinischen bestehende Verschiedenheit des Sprachbaues[1]) die einfache Uebertragung des Schema's der griech.

---

[1]) Man bedenke, dass das Lateinische gewisse grammatische Kategorien besitzt, welche dem Griechischen fehlen (so z. B. den Ablativ,

Grammatik auf die lateinische unmöglich machte, sondern erhebliche Abänderungen bedingte. Es ist aber auch zu berücksichtigen, dass die den Römern eigene Begabung für praktisches Systematisiren der Ausbildung des Lehrgebäudes der lat. Grammatik förderlich sein musste. Im Grossen und Ganzen ist das, was die Römer für die grammatische Festigung und Darstellung ihrer Sprache geleistet haben, grosser Anerkennung, zum Theil sogar geradezu der Bewunderung werth. Freilich leidet die römische Grammatik — ebenso aber auch die griechische Grammatik des Alterthums — an zwei schweren Mängeln: sie entbehrt der sprachvergleichenden Grundlage (denn die Vergleichung des Lateins mit dem Griechischen wurde meist nur empirisch geübt, Vergleichungen mit anderen Sprachen überhaupt nicht vorgenommen [1]), und ebenso entbehrt sie (abgesehen von einzelnen recht verdienstlichen Ansätzen) einer auf Lautphysiologie sich gründenden Behandlung der Lautlehre. Wenn man indessen erwägt, dass die grammatische Wissenschaft überhaupt erst seit wenigen Jahrzehnten von diesen beiden Gebrechen sich befreit hat, also während des ganzen Mittelalters und noch in der Neuzeit bis tief in unser Jahrhundert hinein damit behaftet gewesen ist und zwar ohne sich dessen als einer schweren Hemmung bewusst zu sein, so wird man wahrlich Griechen und Römer nicht zu hart um desswillen verurtheilen dürfen.

Die Reihe der römischen Grammatiker ist eine lange: sie hebt an mit M. Terentius Varro (116 bis 28 v. Chr.), dem Verf. der Bücher „de lingua latina“ und endet mit dem in Constantinopel lehrenden, aus Cäsarea in Mauritanien gebürtigen Priscianus (Anfang des 6. Jahrh.). Die „Institutiones grammaticae“ des letzteren sind neben der „Ars“ — dies ist die übliche lateinische Bezeichnung für „Grammatik“ — des Aelius Donatus (um Mitte des 4. Jahrh.) die für das Mittelalter und noch für die Neuzeit maassgebenden Lehrbücher geworden. Dass jeder Grammatiker seine

---

das Passiv, das Supinum, das Gerundium, das Gerundiv), andrerseits aber auch mancher Kategorien entbehrt, welche das Griechische besitzt (so z. B. — wenigstens für die praktische Sprachbetrachtung — den Dual, den Aorist, den Optativ, das Medium). Vgl. oben § 5 No. 3 Anm.

[1] Es ist eine sehr bemerkenswerthe, weil für die Folgezeit wichtig gewordene Thatsache, dass die alten Griechen und Römer für das theoretische Studium fremder Sprachen kein Interesse besassen, so sehr man auch das Gegentheil erwarten sollte in Hinblick auf die mannigfachen Beziehungen, in denen die Griechen z. B. mit den Persern und Skythen, die Römer z. B. mit den Puniern und Kelten (später auch mit den Germanen) standen. Diese auffällige Interesselosigkeit hat es verschuldet, dass uns griechische und römische Schriftsteller ausser Eigennamen und vereinzelten Worten und Sätzen von den „Barbarensprachen“ so gut wie nichts überliefert haben. Wie ganz anders würden wir über die Sprache z. B. der alten Galler und Germanen unterrichtet sein, wenn etwa Cäsar und Tacitus darüber wenigstens einige Mittheilungen gemacht hätten! Vgl. auch oben § 5 No. 4.

Vorgänger ausnutzte, bezw. ausschrieb und namentlich grammatische Definitionen unbesehen von ihnen übernahm, kann um so weniger befremden, als dieses bequeme Verfahren auch in der Neuzeit noch recht üblich ist. Indessen bieten viele Grammatiker doch auch Eigenes dar, oft freilich recht wunderlicher Art (so z. B. der dem 6. oder 7. Jahrh. angehörige Tolosaner Vergilius Maro). Zur methodischen Verwerthung des von den Grammatikern überlieferten sprachgeschichtlichen Materials, namentlich auch für Zwecke der romanischen Philologie, ist es erforderlich, Persönlichkeit, Heimath und Lebenszeit jedes einzelnen Grammatikers thunlichst festzustellen, um die Tragweite und Bedeutsamkeit seiner Angaben richtig ermessen zu können.

Beste Gesammtausgabe der Grammatiker ist *Keil's* Sammlung „Grammatici latini", Leipzig 1857/80, 7 Bde. und ein Supplementband.

Ueber die Geschichte der nationalen römischen Grammatik vgl. (ausser den oben S. 244 genannten Werken) namentlich *Stolz'* unten (S. 247) zu nennendes Buch S. 55 ff.

d) Die Bearbeitung der lateinischen Grammatik (im Mittelalter und) in der Neuzeit setzte sich vor Allem die Feststellung des Sprachgebrauches der als classisch betrachteten Schriftsteller zum Ziele. Diese Arbeitsrichtung wurde ja durch die praktische Bedeutung bedingt, welche der lateinischen Sprache im Mittelalter und zur Zeit des Humanismus als der Sprache der Wissenschaft, der Kirche (und zum Theil auch des Staates) zukam, eine Bedeutung, welche in der Neuzeit allerdings sehr erheblich gemindert, aber doch nicht völlig aufgehoben worden ist, so dass auch gegenwärtig das Latein noch nothwendiger und wichtiger Gegenstand des gelehrten Unterrichtes ist. So wurden denn auch bis auf die neueste Zeit herab die massenhaft auf einander folgenden lateinischen Grammatiken fast ausnahmslos für den Schulgebrauch bestimmt, sind also Unterrichtsbücher, deren Niveau bald höher und bald tiefer liegt und deren Anlage theils von grossem, theils von geringem pädagogischen Geschicke zeugt. Da überdies der von den römischen Grammatikern geschaffene Schematismus fast unverändert (allerdings unter allmählicher Berichtigung der alten Definitionen) beibehalten wurde — er lebt ja zum grossen Theile noch jetzt in unseren Schulgrammatiken fort, was übrigens nicht sonderlich zu beklagen ist —, so konnte der wissenschaftliche Werth der grammatischen Werke nur bestehen in der Reichhaltigkeit und methodischen Durchdenkung der in ihnen niedergelegten Beobachtungen über den Sprachgebrauch im Allgemeinen und über den Sprachgebrauch der einzelnen Schriftsteller und Schriftstellerclassen (z. B. der Geschichtsschreiber, der Redner, der Epistolographen etc., der Komiker, der Elegiker, der Epiker etc.).
Vertieft wurde die grammatische Behandlung des Lateins erst

einerseits durch die Einwirkung der von Bopp begründeten Sprachvergleichung, andrerseits durch die von Ritschl und seiner Schule geübte eindringende sprachgeschichtliche (besonders auf dem Studium der Inschriften und Handschriften fussende) Forschung. Eine Zusammenfassung der durch die Sprachvergleichung und durch die historische Sprachforschung für die Erkenntniss des Wesens und der Entwickelung der lateinischen Sprache gewonnenen Ergebnisse ist bis jetzt in vollem Umfange noch nicht erfolgt, sie steht aber zu erhoffen von der „Historischen Grammatik der lat. Sprache“, zu deren Abfassung sieben hervorragende Latinisten sich vereinigt haben: *Blase* in Giessen, *Landgraf* in München, *Schmalz* in Rastatt, *Stolz* in Innsbruck, *Thüssing* in Feldkirch, *C. Wagener* in Bremen und *Weinhold* in Grimma. Bis jetzt ist der von *Stolz* geschriebene erste Band des grossen Werkes erschienen, die Einleitung, die Lautlehre und die Wortbildungslehre enthaltend (Leipzig 1894 f.). *Stolz* hatte übrigens schon früher (im zweiten Bande von *Iw. v. Müller's* „Handbuch der klass. Alterthumswissenschaft“, 2. Ausg. München 1890) eine Laut- und Formenlehre des Lateins veröffentlicht, welche in Verbindung mit der ebenda von *Schmalz* gegebenen Behandlung der Syntax den bis jetzt besten Abriss der lateinischen Grammatik darstellt.

Der Versuch, die lateinische Grammatik nach sprachvergleichenden Grundsätzen zu behandeln, war übrigens, und zwar sogar für den Zweck des Schulunterrichts, bereits im J. 1856 von *Vaniček* (einem Schüler des um die Verjüngung der lateinischen und griechischen Grammatik so hochverdienten *G. Curtius*) gewagt worden (Lat. Schulgramm. Prag 1856). Er wurde, indessen ohne sonderlichen Erfolg, wiederholt von *Schweizer-Sidler* und *Surber* (Gramm. der lat. Spr. Theil I, Halle 1888, übrigens 2. Aufl. einer schon 1869 erschienenen, von *Schweizer-Sidler* allein bearbeiteten „Elementar- und Formenlehre“). Sonst werde hier nur noch *Deecke's* Schulgramm (mit Erläut., Berlin 1893) genannt, vgl. ldg. F. VI Anz. 65. Auch in *Brugmann's* Grundriss (s. oben S. 121) hat das Lat. ausgiebige Berücksichtigung erfahren.

Von den hauptsächlich die Feststellung des Sprachgebrauchs beabsichtigenden Grammatiken ist gegenwärtig die beste *R. Kühner's* Ausführliche Grammatik der lateinischen Sprache, Hannover 1877/79, 2 Bde. (in 3 Theilen)[1].

Eine hochverdienstliche Zusammenstellung des auf die lat. Flexion bezüglichen Materiales ist *Neue's* Formenlehre der lat. Spr., jetzt in 3.,

---

[1]) Als ein für praktische Zwecke sehr brauchbares Hülfsbüchlein kann empfohlen werden: *C. Wagener*, Die Hauptschwierigkeiten der lat. Formenlehre, Gotha 1888. — Sehr unterhaltend und doch belehrend ist das Gesprächsbüchlein: Sprechen Sie Lateinisch? Moderne Conversation in lat. Sprache von *G. Capellanus* (Leipzig 1890). Man kann daraus lernen, wie sich moderne Begriffe und Gedanken sehr wohl, auch ohne schwerfällige Umschreibungen, in gutem Latein ausdrücken lassen. Ein ähnliches Büchlein ist übrigens auch für das Altgriechische vorhanden (*Joannides*, Sprechen Sie Attisch? Leipzig, L. A. Koch's Verlag, in welchem eine ganze Reihe von „Sprachführern“ erschienen ist).

von *C. Wagener* bearbeiteter Ausgabe erscheinend (Bd. II u. III in dieser bereits veröffentlicht).

Die Geschichte der lat. Declination ist in grundlegender Weise behandelt worden von *Bücheler*, Grundriss der lat. Decl. (Leipzig 1866, 2. Ausg. 1879, französ. Uebers. von *Havet*, Paris 1875).

Eine werthvolle „Syntaxe latine d'après les principes de la grammaire historique" verfasste *O. Riemann* (Nouv. éd. Paris 1890). Eine inhaltsreiche historische Syntax der lat. Spr. schrieb *Draeger* (Leipzig, Bd. I 1879, Bd. II 1881).

Unter den Einzelgebieten der lat. Gramm. hat die Lehre von der Aussprache besonders eingehende Behandlung erfahren. Zunächst ist hier zu nennen das grosse Werk *Corssen's* Ueber Aussprache, Vocalismus und Betonung der lat. Spr. (Leipzig 1858/59, 2. Ausg. 1868/70), welches freilich jetzt fast nur noch als Materialiensammlung und auch als solche nur mit Vorsicht zu gebrauchen ist[1). Sodann aber und namentlich ist anzuführen *Seelmann's* bahnbrechendes Buch „Die Aussprache des Latein (sic!) nach physiologisch-historischen Grundsätzen" (Heilbronn 1885), vgl. darüber *Techmer* in der Internat. Ztschr. f. Sprachwiss. V, 147. Neuerdings hat auch der holländische Gelehrte *Karsten* eine wichtige diesbezügliche Schrift veröffentlicht („De Uitspraak van het Latijn, Amsterdam 1893, vgl. Romania XXIII, 308 und Arch. f. lat. Lex. VIII 456)[2). Genannt möge hier noch werden *Bouterwek's* und *Tegge's* verdienstliche, eine Reform der üblichen Schulaussprache anstrebende Schrift: Die altsprachliche Orthoëpie und die Praxis (1878). Endlich ist hier noch zu erwähnen *Marx'* verdienstliches Hülfsbüchlein für die Aussprache der lat. Vocale in positionslangen Silben (Berlin 1883). — „Studien zur lateinischen Lautgeschichte" hat neuerdings *Solmsen* veröffentlicht (Strassburg 1894).

C. Lexikographie. a) Auch die lexikalische Bearbeitung des Lateins ist bereits, freilich in einer nach jetzigen Begriffen sehr unzureichenden Weise (namentlich was die Etymologie anlangt), von den Römern selbst in Angriff genommen worden, und einzelne der diesbezüglichen Schriften sind uns erhalten (so z. B. des M. Verrius Flaccus Werk „de verborum significatu" in den Auszügen des Sex. Pompejus Festus und des Paulus [Diaconus?]. Unter diesen hat für die romanische Philologie ein besonderes Interesse das unter dem Namen der „Appendix Probi" bekannte Wortverzeichniss, entstanden vermuthlich zu Anfang des 3. Jahrh.

[1) Mit *Corssen's* Buch berührt sich vielfach des genialen *H. Schuchardt's* Jugendwerk: Der Vocalismus des Vulgärlateins (Leipzig 1866/68, 3 Bde.), das noch an anderer Stelle zu nennen sein wird.

[2) Ein wichtiger Beitrag zur Geschichte der Aussprache des Lat. ist *Gröber's* Aufsatz: Verstummen des *h, m* und positionslange Silbe im Lat., Commentat. Wölfflinianae p. 171. Ferner sei hier genannt: *Meyer-Lübke*, Ueber ŏ und ŭ im Lat., in: Abhandlungen für Schweizer-Sidler, Zürich 1891, vgl. Ltbl. 1891 Sp. 411, und — *last, not least* — *W. Förster*, Bestimmungen der lat. Quantität aus dem Romanischen, Rhein. Mus. Bd. 33 p. 291 u. 634.

als Werk eines im Vicus Caput Africae zu Rom wohnhaften Pädagogen (treffliche Ausg. von *W. Förster* in den „Wiener Studien" Bd. XIV 278 ff., darnach in Sonderdruck erschienen Wien 1892; vgl. über die Schrift namentlich *G. Paris* in den Mélanges Renier p. 301, *Ullmann* in den Roman. Forsch. VII 146, *Sittl* im Arch. f. lat. Lex. VI 557, *Kübler* ebenda VII 593, *Schulze* in Kuhn's Ztschr. XXXIII 138). In dieser Schrift werden nämlich eine Reihe offenbar vulgärer Wortformen durch die entsprechenden schriftsprachlichen berichtigt, z. B. *speculum non speclum* (vgl. ital. *specchio*), *frigida non fricda* (vgl. frz. *froid*, ital. *freddo*), *auris non oricla* (vgl. ital. *orecchia*, frz. *oreille*), *pavor non paor* (vgl. ital. *paura*, frz. *peur*), *viridis non virdis* (vgl. ital. *verde*, frz. *vert*), *februarius non febrarius* (vgl. ital. *febbrajo*, frz. *février*) u. a. m. Es ist also diese Appendix eine für den Romanisten höchst werthvolle Sprachurkunde, wenn auch freilich ihre Bedeutung gegenwärtig etwas überschätzt werden dürfte.

b) Im Mittelalter, und zwar schon in den frühesten Jahrhunderten desselben, war die Ausarbeitung von Glossarien und Vocabularien durch das praktische Bedürfniss des Unterrichts und der Spracherlernung überhaupt eine Nothwendigkeit. Und so sind derartige Schriften in grosser Masse und der verschiedensten Art entstanden und zu einem erheblichen Theile auch noch erhalten. Die methodische Ausnutzung dieser Glossenlitteratur für die Geschichte des Lateins und des Romanischen hat erst in neuester Zeit begonnen und wird voraussichtlich noch zu bedeutsamen Ergebnissen (namentlich auch in sittengeschichtlicher Hinsicht) führen. Die diesbezügliche Forschung in Fluss gebracht zu haben, ist das Verdienst namentlich *G. Loewe's*, des Verfassers des *Prodromus corporis glossariorum latinorum* (Leipzig 1876) und des Begründers des von *Goetz* u. *Gundermann* u. A. seit 1888 herausgegebenen *Corpus glossariorum latinorum* (Leipzig 1888/94, 5 Bde.). Unter den auf diesem Gebiete thätigen Forschern sind besonders *Funck* und *Landgraf* zu nennen, die mehrfach werthvolle Beiträge im Archiv f. lat. Lex. veröffentlicht haben (besondere Hervorhebung verdient *Landgraf's* Abhandlung „Glossographie u. Wörterbuch" im eben genannten Archiv IX 355).

c) Begründer der wissenschaftlichen lat. Lexikographie der Neuzeit wurde Robertus Stephanus (R. Estienne) durch seinen *Thesaurus linguae latinae* (Paris 1532, 2. Ausg. 1543). Dieses grundlegende Werk erschien in einer Reihe von Neubearbeitungen, deren letzte *Gesner* im J. 1749 herausgab. Eine neue Periode der Wörterbuchschreibung hob an mit dem zuerst 1771 zu Padua erschienenen „Totius latinitatis lexicon" des *Egidio Forcellini*, welcher die Arbeit auf Anregung seines Lehrers *Facciolati* unternommen hatte (2. Ausg. dieses Lexicons, Padua 1805; 3., von *Furlanetto* besorgte, Ausg. Padua 1827 ff., dazu eine Appendix ebenda 1841; ergänzende Neubearbeitungen von *Corradini*, Padua seit 1864, u. von *V. de Vit*,

Prato (1858 ff.). Auf Forcellini's Werk beruhen einerseits *Scheller's* „Ausführliches und möglichst vollständiges lateinisch - deutsches Lexikon" (Leipzig 1783, 2. Ausg. 1788, 3. Ausg. 1804) u. desselben Gelehrten „Handlexikon" (Leipzig 1792), andrerseits *Freund's* „Wörterbuch der lat. Spr. nach historisch-genetischen Principien" (Leipzig 1834 ff.) u. „Gesammtwörterbuch der lat. Spr. zum Schul- u. Privatgebrauch" (Breslau 1844 f.). *Scheller's* „Handlexicon" wurde von *Lünemann* neu bearbeitet (zuerst 1806), und in dieser Gestalt wurde es die Grundlage für *Georges'* „Ausführliches lateinisch-deutsches Handwörterbuch", dessen neueste (7.) Auflage (Leipzig 1879 f., 2 Bde.) das zur Zeit brauchbarste lat. Wörterbuch überhaupt ist; eine Art Ergänzung dazu bildet desselben Verfassers „Lexikon der lat. Wortformen" (Leipzig 1890). *Georges'* Werk, so hochverdienstlich es auch in seiner Art ist, genügt jedoch nur dem praktischen Bedürfnisse und auch diesem in mancher Hinsicht nur sehr unvollkommen, so sind die etymologischen Angaben ganz veraltet und die Citate, weil sie meist unbeziffert sind, nicht voll verwerthbar.

Die Herausgabe eines gross angelegten, den Ansprüchen der gegenwärtigen Sprachwissenschaft genügenden „Thesaurus linguae latinae" wird seit Jahren von *Wölfflin* vorbereitet (vgl. dessen Vortrag „Die neuen Aufgaben des Thes. l. l." in den Sitzungsberichten der philos.-philol. und histor. Klasse der k. bayer. Akad. d. Wiss. 1894 Heft 2)[1]). Werthvolle Vorarbeiten für denselben enthält das seit 1884 von *Wölfflin* herausgegebene „Archiv für lat. Lexikographie u. Grammatik".

Werthvolle Beiträge zur lat. Wortkunde geben *Paucker's* Schriften: „Supplementum lexicorum latinorum" (Berlin 1883/85) und „Vorarbeiten zur lat. Sprachgeschichte", herausg. v. *Rönsch* (Berlin 1884) u. *Quicherat's* „Addenda lexicis latinis" (Paris 1862).

d) Bestes Werk über lat. Synonymik ist noch immer, wenn auch vielfach veraltet, *Döderlein's* „Lateinische Synonyma u. Etymologien" (Leipzig 1826 ff., 6 Thle.). Praktischen Bedürfnissen genügt *F. Schultz'* Schulsynonymik (Arnsberg 1841, seitdem in vielen Auflagen [Paderborn] erschienen).

Für die wissenschaftlich noch wenig angebaute Bedeutungslehre (Semasiologie) des Lateins sind bahnbrechend geworden *Heerdegen's* Untersuchungen zur lat. Semasiologie (Erlangen 1875, 1878, 1881, 3 Hefte).

Ein dem jetzigen Stande der Wissenschaft entsprechendes etymologisches Wörterbuch des Lateins fehlt. *Vaniček's* „Griechisch-lateinisches etymolog. Wörterbuch (Leipzig 1877) u. „Etymolog. Wtb. der lat. Spr." (2. Ausg. Leipzig 1881) sind veraltet. *Bréal's* u. *Bailly's* „Dictionnaire étymologique latin" (3. Ausg.

---

[1]) Vgl. auch *Wölfflin's* Aufsatz „Ueber die Aufgaben der lat. Lexikographie" im Rhein. Mus. XXXVII (1882) 83.

Paris 1891) ist nur ein an sich ganz nützliches, aber sehr elementares Schulbuch[1]. *Keller* in seinen beiden Schriften „Lateinische Volksetymologie und Verwandtes" (Leipzig 1891) und „Lateinische Etymologien" (Leipzig 1893) bietet in bunter Mischung scharfsinnige und annehmbare Vermuthungen und phantastische, schlechtweg abzulehnende Einfälle dar.

Ueber die Geschichte der lat. Lexikographie vgl. *Heerdegen* in *Iw. v. Müller's* Handbuch etc. II 608 ff.

e) Das classische Wörterbuch des mittelalterlichen Lateins ist *Ducange's Glossarium mediae et infimae latinitatis*, Paris 1678, 3 Bde., neu bearbeitet von *Henschel*, Paris 1840/50, 7 Bde., Neuausgabe dieser Bearbeitung Niort 1883 ff. Dies Werk ist eine Quelle reichster Belehrung nicht nur über das Latein, sondern auch über die Cultur des Mittelalters; übrigens enthält es auch ein sehr nützliches altfranzösisches Glossar.

D. Arten des Lateins. Die Anführung der litterarischen Hülfsmittel für die Kenntniss der Dialecte des Lateins sowie für die Kenntniss des Volkslateins werden unten genannt werden (s. § 33). Hier seien nur einige Hülfsmittel für die Kenntniss des von den christlichen (kirchlichen) Schriftstellern des römischen Alterthums gebrauchten Lateins verzeichnet: *Kaulen*, Handbuch zur Vulgata, Mainz 1870. — *Rönsch*, Itala und Vulgata. Das Sprachidiom der Itala und der katholischen Vulgata unter Berücksichtigung der römischen Volkssprache durch Beispiele erläutert, 2. Ausg. Marburg 1875. (Werthvolle Beiträge zur Kenntniss des Bibellateins und überhaupt des Spätlateins enthalten auch *Rönsch's* Collectanea philologica, herausg. von *C. Wagener*, Bremen 1891.) — *Ott*, Die neueren Forschungen im Gebiet des Bibellateins, in: Neue Jahrbb. f. Philol. u. Päd. 1874 S. 757 u. 833 u. 1875 S. 787, und Ztschr. f. österreich. Gymnas. 1876 S. 806. — *Koffmane*, Geschichte des Kirchenlateins, I. Entstehung und Entwickelung des Kirchenlateins bis Augustinus und Hieronymus. Breslau 1879. — *Schmidt*, De latinitate Tertullianea, Erlangen 1870|72. — *Hauschild*, Die Grundsätze und Mittel der Wortbildung bei Tertullian. Leipzig 1876. — *Langen*, De usu praepositionum Tertullianeo. Münster 1868/70, Index lect. — *Regnier*, De la latinité des sermons de saint Augustin. Paris 1886. — *Goelzer*, Etude lexicographique et grammaticale de la latinité de saint Jérôme, Paris 1884. — [Genannt möge auch hier werden das treffliche Werk *Bonnet's*, Le Latin de Grégoire de Tours, Paris 1890.]

Ueber mittelalterliches Latein vgl. man *Sittl*, Zur Beurtheilung des sog. Mittellateins, im Archiv f. lat. Lex. II 550. — *A. de Jubainville*, Déclinaison latine en Gaule à l'époque mérovingienne, Paris 1872. — *Boucherie*, Mélanges latins et bas-latins, Montpellier 1875. — *Stünkel*, Verhältniss der Sprache der lex romana Utinensis (oder Curiensis) zur schulgerechten Latinität in Bezug auf Nominalflexion und Anwendung

---

[1] Ueber die Etymologien der römischen Grammatiker vgl. *Wölfflin*, Arch. f. lat. Lex. VIII, 421 ff. u. 563.

der Casus, in: Neue Jahrbb. f. Philol. u. Päd. Supplbd. 8 (Leipzig 1876) 583. — *Ducange's* Glossarium wurde schon oben genannt.

E. Metrik. Die Nennung der hier einschlägigen Schriften bleibt aus praktischem Grunde dem § 43 f. vorbehalten.

F. Litteraturgeschichte: *Engelmann,* Bibliotheca scriptorum latinorum, neu herausg. von *E. Preuss.* Leipzig 1882 (das Buch enthält das Verzeichniss der sämmtlichen Ausgg. der lat. Schriftsteller u. der darauf bezüglichen Erläuterungsschriften). — *Hübner,* Grundriss zu Vorlesungen über römische Litteraturgeschichte. 4. Ausg. Berlin 1878. — *Teuffel,* Geschichte der röm. Litt. Leipzig 1870, 5. Ausg. 1890 (vortreffliches Werk, namentlich auch werthvoll wegen der sorgfältigen Bibliographie, welche es enthält). — *Ribbeck,* Geschichte der röm. Dichtung. I. Dichtung der Republik, 2. Ausg. Stuttgart 1894; II. Dichtung des augusteischen Zeitalters, Stuttg. 1889?; III. Dichtung der Kaiserzeit, Stuttg. 1892 (sehr anziehend geschriebenes geistvolles Werk; derselbe Gelehrte verfasste ein Buch über die röm. Tragödie im Zeitalter der Republik. Stuttgart 1875). — *Schanz,* Geschichte der röm. Litt. München 1891 (bildet einen Band von *Iw. v. Müller's* Handbuch etc.). — *Bähr,* Die christl. Dichter u. Geschichtsschreiber Roms. 2. Ausg. Karlsruhe 1872; Die Theologie u. die römische Litteratur des karolingischen Zeitalters. Karlsruhe 1837/40. — *Ebert,* Allgemeine Geschichte der Litt. des Mittelalters im Abendlande. Bd. I: Geschichte der christlich-latein. Litt. von ihren Anfängen bis zum Zeitalter Karls d. G. Leipzig 1874 (seitdem in 2. Ausg., überdies auch in französ. Uebers. erschienen); Bd. II: Die lat. Litt. vom Zeitalter Karls d. Gr. bis zum Tode Karls des Kahlen. Leipzig 1880; Bd. III: Die Nationallitteraturen von ihren Anfängen u. die lat. Litt. vom Tode Karls des Kahlen bis zum Beginne des 11. Jahrh. Leipzig 1887. — *Manitius,* Geschichte der christl.-lat. Litt., Stuttgart 1893. — *Krüger,* Geschichte der altchristl. Litt. Freiburg i. B. 1895. — *Bröcker,* Frankreich in den Kämpfen der Romanen, Germanen u. des Christenthums. Hamburg 1872 (behandelt S. 159 ff. die frühmittelalterliche Litt. Galliens).

Fabricius, Bibliotheca latina mediae et infimae latinitatis. Hamburg 1734/46 (zuletzt Florenz 1858), 6 Bde. — *Leyser,* Historia artis poeticae medii aevi. Helmstedt 1765. — *Gröber,* Uebersicht über die lat. Litt. von der Mitte des 6. Jahrh. bis 1350, im Grundriss der roman. Philol. Bd. II Abth. 1, Strassburg 1893.

In der grossen (später genauer zu nennenden) Histoire littéraire de la France wird auch die lateinisch-mittelalterliche Litt., so weit sie auf Frankreich Bezug hat, eingehend behandelt.

Potthast, Bibliotheca medii aevi. Wegweiser durch die Geschichtswerke des europäischen Mittelalters, Berlin 1862/68 (2. Ausgabe 1896). 2. Bde. — *Chevalier,* Répertoire des sources historiques. Paris 1877 f. Werthvollste Materialien zur Geschichte der lat. Litt. des Mittelalters enthalten die Einleitungen zu den Ausgg. mittelalterlicher Schriftwerke in den grossen Quellensammlungen (Monumenta Germaniae historica ed. *Pertz*, Scriptores rerum italicarum ed. *Muratori*, Recueil des historiens des Gaules ed. *Bouquet*, Acta Sanctorum coll. *Bollandus*, Acta Sanctorum ordinis sancti Benedicti ed. *Mabillon* u. a.).

G. Zeitschriften. Die einzige der lat. Philologie ausschliesslich gewidmete Zeitschrift ist das von *Wölfflin* herausgegebene „Archiv f. lat. Lexikographie und Grammatik mit Einschluss des älteren Mittellateins", Leipzig seit 1884. — Von einer Aufzählung der classisch-philologischen Zeitschriften muss hier Abstand genommen werden.

§ 28. **Hülfsmittel für das Studium des Romanischen.** 1. Die der romanischen Philologie gewidmeten Encyklopädien, Bibliographien und Zeitschriften wurden bereits oben (§ 11) genannt und besprochen [1]).

2. Mit der Geschichte des Romanischen im Allgemeinen und mit seinem Verhältnisse zum Lateinischen beschäftigen sich folgende Bücher und Schriften, welche freilich mehr oder weniger sämmtlich bereits veraltet sind [2]): *Diefenbach*, Ueber die jetzigen romanischen Schriftsprachen mit Vorbemerkungen über Entstehung, Verwandtschaft etc. dieses Sprachstammes. Leipzig 1831. — *Fuchs*, Die romanischen Sprachen in ihrem Verhältnisse zum Lateinischen. Halle 1849 (für seine Zeit hochbedeutendes und auch jetzt noch lesenswerthes Buch). — *Delius*, Die romanischen Sprachen (in: *Schleicher*, Die Sprachen Europas in systematischer Uebersicht. Bonn 1850). — *Beger*, Lateinisch und Romanisch, besonders Französisch. Berlin 1863.

Selbstverständlich ist die Sprachgeschichte des Romanischen auch sonst behandelt worden, aber doch immer nur mehr andeutungsweise und entweder mit besonderer Rücksichtnahme auf eine Einzelsprache oder mit besonderer Erwägung einer Einzelfrage. Die betr. Schriften, namentlich die auf das Verhältniss des Romanischen zum Lateinischen (und in Sonderheit zum Volkslatein) bezüglichen, werden in anderem Zusammenhange genannt werden.

3. Die Grammatik des Romanischen ist zweimal systematisch dargestellt worden: in der „Grammatik der romanischen Sprachen" von *F. Diez* (zuerst Bonn 1836/42, 3 Bde., 2. Ausg. 1856/60, 3. Ausg. 1870/72, die späteren Ausgaben, nach dem Tode des Verfassers erschienen, sind

---

[1]) Hinzugefügt werde hier, dass neuerdings verschiedene Sammelwerke erschienen sind, welche Abhandlungen über die verschiedensten Themata der roman. Philologie enthalten: so die dem Andenken *Caix*' u. *Canello's* geweihten Miscellanea di filologia (Florenz 1886), der *C. Hofmann* zum 70. Geburtstage dargebrachte Band der „Roman. Forschungen", die *G. Paris* zum 29. Dec. 1890 gewidmeten „Etudes" seiner französischen und nicht-französischen Schüler (Paris 1891, 2 Bde.), der zu *Tobler's* 60. Geburtstage von früheren Schülern herausgegebene stattliche Band (Halle 1895); auch die „Commentationes Wölfflinianae" (Leipzig 1892) enthalten auf roman. Phil. bezügliche Beiträge, ebenso die Mélanges Julien Havet. Paris 1895.

[2]) Es gilt dies auch von *Eyssenhardt's* verhältnissmässig neuem Buche: Römisch u. Romanisch (Berlin 1882), weil der Verfasser wissenschaftliche Methode zu ignoriren beliebt hat. Indessen enthält das Buch doch manchen anregenden Gedanken.

blosse Abdrücke) und in dem gleichbetitelten Werke *W. Meyer-Lübke's* (Bd. I: Lautlehre, Leipzig 1890, Bd. II: Formenlehre [und Wortbildungslehre] Leipzig 1893/94).

Durch *Diez'* Grammatik ist die romanische Philologie als Wissenschaft begründet worden, und das Buch besitzt um desswillen für alle Zeit geschichtliche Bedeutung. In sachlicher Beziehung ist es freilich zu einem grossen Theile veraltet und durch neuere Arbeiten überholt. Namentlich gilt dies von der Lautlehre, welche allzusehr nur Verzeichniss von Buchstabenvertauschungen ist, wie dies ja die übliche Behandlung der Lautlehre war, ehe dieselbe durch die lautphysiologische Forschung festen wissenschaftlichen Boden empfangen hatte. Auch die Darstellung der Formenlehre in *Diez'* Grammatik ist nach heutigen Begriffen zu äusserlich, dringt zu wenig ein in die Tiefen sprachlicher Entwickelung, wobei freilich sehr berücksichtigt werden muss, dass damals ein tieferes Eindringen in sprachgeschichtliche Probleme fast nur mittelst der Phantasie geschehen konnte und also ein sehr verfängliches Unternehmen war, auf welches sich eingelassen zu haben gar manchem der damaligen Forscher von der Nachwelt zum schweren Vorwurfe gemacht worden ist[1]). Während also die *Diez'*sche Laut- und Formenlehre heutigen Tages mehr nur geschichtliches Interesse beanspruchen kann, ist seine Syntax noch vollwerthig und wird es voraussichtlich noch auf lange Zeit hinaus bleiben. Denn wenn auch selbstverständlich erwartet werden muss, dass eine neue Behandlung der roman. Syntax — etwa der noch ausstehende dritte Band von *Meyer-Lübke's* Grammatik — den jetzt herrschenden Anschauungen besser entsprechen und vielleicht sogar sowohl im Grossen und Ganzen als auch im Einzelnen einen wesentlichen Fortschritt bezeichnen werde, so darf man doch mit Bestimmtheit behaupten, dass auch dann noch die Methode, mit welcher *Diez* die Syntax behandelt, und die Anschauungen, welche er über syntaktische Dinge ausgesprochen hat, hohen Werth behalten werden, weil sie die Ergebnisse feinfühliger Beobachtung und scharfsinnigen Denkens sind. Gerade *Diez'* Syntax darf wohl ein goldenes

[1]) In der Zeit, in welcher *Diez* sein grosses Werk schrieb, war sprachphilosophische Speculation sehr beliebt und richtete, weil sie meist auf Grund unzulänglicher Beobachtung unternommen wurde, viel Unheil an, indem sie zu willkürlichen Constructionen und phantastischen Annahmen verführte. Wenn daher *Diez* sich im Wesentlichen mit der klaren und bündigen Darlegung des sprachlichen Thatbestandes begnügte und mehr nur das Gewordene verzeichnete, als das Gewordensein erklärte, so handelte er sehr besonnen und für seine Zeit verdienstlich, und gerade durch sein Verfahren wurde ihm die Möglichkeit geboten, die Grundlagen für eine neue Wissenschaft zu schaffen. Man vergleiche damit das Verfahren z. B. *Raynouard's*. Dieser war an geistiger Begabung *Diez* gewiss ebenbürtig und hat mit nicht minderem Fleisse und nicht geringerer Beharrlichkeit, als *Diez*, ein ganzes langes Leben hindurch romanischer Sprachwissenschaft obgelegen. Gleichwohl ist sein Lebenswerk mit dem Makel des Dilettantismus behaftet, weil er in seiner Forschung nicht nüchtern blieb, sondern sich in phantastischen Vorstellungen berauschte und dadurch den festen Boden des Thatsächlichen verlor.

Buch genannt werden in Anbetracht der Gedankenschätze, die es einschliesst, Gedankenschätze, die noch lange nicht genügend verwerthet worden sind. Es werde indessen der Fall einmal als möglich angenommen, dass auch *Diez'* Syntax eines Tages veralten werde, so wird nichtsdestoweniger die Grammatik fortdauernd eine Stelle unter den classischen Werken philologischer Wissenschaft behaupten, denn immer wird man an ihr die Schlichtheit, Anspruchslosigkeit und Klarheit der sprachlichen Form bewundern —, Eigenschaften, welche in wohlthuendem Gegensatze stehen zu der selbstgefälligen Gespreiztheit, welcher man gegenwärtig in philologischen Büchern so oft begegnet. Die tiefinnerliche Bescheidenheit, welche den Menschen *Diez* auszeichnete, sie hat auch in der Form seiner Schriften Ausdruck gefunden und verleiht ihnen eigenartigen Reiz. —

Ueber *Meyer-Lübke's* Grammatik soll und kann hier nicht ein eigentliches Urtheil abgegeben werden, denn einem Werke von solcher Bedeutung gegenüber würde es unstatthaft und unziemlich sein, in wenigen und allgemein gehaltenen Worten eine Würdigung vollziehen zu wollen, zu eingehender Besprechung aber fehlt hier der Raum. So mögen einige Bemerkungen genügen.

Es ist selbstverständlich, dass ein in den letzten Jahren geschriebenes grammatisches Lehrbuch eines in der lateinisch-romanischen Sprachwissenschaft und nicht nur in dieser, sondern auch in der indogermanischen Sprachvergleichung so gründlich geschulten Gelehrten, wie *Meyer-Lübke* es ist, ein ganz anderes Gepräge tragen muss, als *Diez'* Grammatik, die nun schon über ein halbes Jahrhundert alt ist. Das ist denn auch in der That der Fall, und man kann der Weite des Abstandes, welcher die Jetztzeit von der Vorzeit trennt, sich kaum besser bewusst werden, als wenn man beide Werke mit einander vergleicht. *Meyer-Lübke's* Grammatik steht auf einem wissenschaftlichen Niveau, welches entschieden erheblich höher liegt, als das des *Diez'schen* Werkes. Dass dem so ist, ist ja nun freilich nicht das Verdienst *Meyer-Lübke's* allein, sondern aller der Vielen, welche seit *Diez* das betreffende Forschungsgebiet angebaut haben und zu denen übrigens auch *M.-L.* selbst gehört. Jedenfalls aber muss anerkannt werden, dass *M.-L.* bestrebt gewesen ist (und nicht vergebens es gewesen ist), die Forschungsergebnisse seiner Vorgänger methodisch und kritisch zusammenzufassen und, wo es ihm erforderlich schien, sie durch eigene Forschung oder doch durch Vermuthung zu ergänzen. Andrerseits ist es nicht mehr als begreiflich, dass man in einem so umfangreichen Werke, wie die Grammatik *M.-L.'s* es auch schon in den beiden bis jetzt allein vorliegenden Bänden es ist, in einem Werke noch dazu, in welchem alle schwierigsten Fragen der romanischen Laut- und Flexionslehre behandelt oder doch gestreift werden —, dass man in einem solchen Werke gar manche Seite trifft, deren Inhalt befremdet und entweder schlechtweg abgelehnt oder doch angezweifelt werden muss.

Diez behandelte in der Hauptsache nur die romanischen Schriftsprachen, nur bezüglich des Altfranzösischen ging er näher auf die Be-

schaffenheit der Mundarten ein. *Meyer-Lübke* dagegen hat in weitem
Umfange die Dialekte, namentlich die französischen und italienischen,
in den Kreis seiner Betrachtung einbezogen. Grundsätzlich ist dies
Verfahren zweifellos vollberechtigt, es drängt sich aber doch die Frage
auf, ob seine Anwendung gegenwärtig nicht noch verfrüht war, weil
bislang doch erst nur recht wenige Mundarten in wissenschaftlich ausreichender Weise erforscht worden, recht viele dagegen noch nicht einmal durch zuverlässige phonetische Texte zugänglich gemacht worden
sind. Bei der Lesung gar manches Abschnittes in *Meyer-L.'s* Buche,
besonders in der Lautlehre, wird man von dem unbehaglichen Gefühle
befallen, welches man bei dem Betreten schwankenden Bodens oder bei
dem Befahren einer klippenreichen See empfindet.

4. Einzelgebiete, bezw. Einzelfragen der romanischen G e s a m m t -
grammatik sind verhältnissmässig nur sehr selten bearbeitet worden;
geschehen, und zwar mit gutem Erfolge, ist es beispielsweise in folgenden Schriften: *Joret*, Du C dans les langues romanes, Paris 1874; *Ryd-
berg*, Le développement de *facere* dans les langues romanes, Paris 1893;
Jeanjaquet, Recherches sur l'origine de la conjonction *que* et des formes
romanes équivalentes. Zürich 1894 Diss. Andere derartige Arbeiten
werden besser in späterem Zusammenhange genannt werden. Uebrigens
ist in den wichtigeren Untersuchungen über grammatische Gegenstände
einer Einzelsprache (z. B. des Französischen) meist auch auf die übrigen
Sprachen Rücksicht genommen worden.

5. Das einzige lexikalische Werk von höherer Bedeutung, welches
über den Wortschatz des G e s a m m t romanischen sich erstreckt, ist
Diez' Etymologisches Wörterbuch der romanischen Sprachen, Bonn 1853
(Bd. I: Gemeinromanischer Wortschatz, Bd. II: Wortschatz der Einzelsprachen), 2. Ausg. 1861, 3. Ausg. 1869, 4. Ausg., besorgt von *Scheler*
1878 (mit einem nachtragenden Anhange). Einen vollständigen Index
dazu veröffentlichte *Jarník*, Berlin 1878. Ergänzungen und Berichtigungen
zu dem Werke enthalten (ausser den in Zeitschriften veröffentlichten
sehr zahlreichen etymologischen Untersuchungen und den [später zu
nennenden] etymologischen Wörterbüchern der Einzelsprachen) namentlich folgende Schriften: *C. Michaelis*, Studien zur romanischen Wortschöpfung, Leipzig 1876 (sehr unmethodisch und wüst, folglich wenig
fruchtbringend), und: Fragmentos etymologicos (Porto 1894, Abdruck
aus der Revista lusitana Bd. III; enthält sehr scharfsinnige und werthvolle Untersuchungen). — *Caix*, Studî di etimologia ital. e romanza,
osservazioni ed aggiunte al vocabolario etimologico di *F. Diez*, Florenz
1878 (sehr werthvoll). — *Thurneysen*, Keltoromanisches, Berlin 1884
(kritische Besprechung der von *Diez* vorgebrachten Wortableitungen
aus dem Keltischen).

Eine Ergänzung des *Diez'*schen Wörterbuches hat auch *Körting* zu
geben versucht in seinem „Lateinisch-romanischen Wörterbuche" (Paderborn 1891), in welchem die, sei es nachweislichen, sei es muthmaass-
lichen lateinischen (germanischen etc.) Grundworte der wichtigeren romanischen Wortgruppen und Einzelworte in alphabetischer Ordnung

zusammengestellt worden sind unter Beifügung der erforderlichen bibliographischen Nachweise[1]). Dieses Unternehmen erschien schon um desswillen gerechtfertigt, als die Anlage des *Diez*'schen Werkes nur mittelbar eine Erkenntniss des Umfanges gestattet, in welchem der lateinische Wortschatz im Romanischen fortlebt und sich dort weiter entwickelt hat. Unvermeidlich war dabei freilich, dass zu romanischen Worten, welche zweifellos oder doch vermuthlich auf ein lateinisches Grundwort zurückgehen, ohne dass dieses belegt werden könnte, das vorauszusetzende Etymon construirt wurde; es sind aber derartige fingirte Worte durch Sternchen und Klammern hinreichend als solche gekennzeichnet worden.

6. Schriften, welche die gesammtromanische Rhythmik behandeln, werden in § 46 genannt werden.

7. Eine Geschichte der romanischen Litteratur(en) in ihrer Gesammtheit wurde bis jetzt noch nie geschrieben und könnte auch höchstens in skizzenhafter Form geschrieben werden, wobei namentlich einerseits die in der Entwickelung der Einzellitteraturen deutlich erkennbare Gemeinsamkeit, andrerseits der wechselseitige Einfluss, welchen die Einzellitteraturen auf einander ausgeübt haben, hervorgehoben werden müsste. Recht wünschenswerth wäre die Zusammenstellung einer synchronistischen Uebersicht über die Geschichte der romanischen Gesammtlitteratur, wobei die germanische Litteraturgeschichte (besonders die deutsche und die englische) zur Vergleichung herbeizuziehen sein würde. Eine derartige Tabelle, die freilich in geschickter Weise nach reiflich erwogenem Plane angelegt werden müsste, würde recht deutlich erkennen lassen, wie Romanen und Germanen (bezw. auch die Slaven) in Mittelalter und Neuzeit eine grosse (Cultur- und) Litteraturgemeinschaft bilden. — Berücksichtigt ist, wie selbstverständlich, die Geschichte der romanischen Litteratur(en) in den allgemeinen Litteratur- und Litterärgeschichten, so namentlich in *Graesse's* wüstem und unkritischem, aber doch eine Masse gelehrten Stoffs enthaltendem Lehrbuch einer allgemeinen Litterärgeschichte aller bekannten Völker der Welt etc., Dresden u. Leipzig 1837/59, 13 Theile in 4 Bänden. Sonst seien noch genannt: *Bouterwek*, Geschichte der Poesie und Beredtsamkeit seit dem Ende des 13. Jahrh.'s, Göttingen 1801/19, 11 Bde.; *Eichhorn*, Geschichte der Litt. von ihrem Anfange bis auf die neuesten Zeiten, Göttingen 1805/11, 5 Bde.; *Wachler*, Handbuch zur Gesch. der Litt., 3. Aufl. Breslau 1834, 4 Theile. Alle diese Bücher sind ja veraltet und erscheinen uns leicht als Erzeugnisse einer zopfigen Gelehrsamkeit, aber für ihre Zeit waren sie doch bedeutend, und Manches lässt sich auch heute noch aus ihnen lernen.

§ 29. Die Stellung des Lateins im Kreise der verwandten Sprachen. 1. Das Latein bildet mit den ihm nächst ver-

---

[1]) Vorangegangen war in dieser Richtung *Gröber*, Vulgärlat. Substrata roman. Worte, in Arch. f. lat. Lex. I bis VII.

wandten italischen Sprachen (s. Nr. 4) die italische Gruppe
der indogermanischen Sprachfamilie, vgl. § 20, S. 197.

2. Die zur italischen Gruppe gehörigen Sprachen scheinen
zu dem Keltischen in näheren verwandtschaftlichen Beziehungen
zu stehen (vgl. *Brugmann* in *Techmer's* Ztschr. I, 226 und
Grundriss etc. I, 3; man lese auch *Windisch's* Aufsatz über
das Keltische in *Gröber's* Grundriss), ein ausreichender Be-
weis dafür kann freilich nicht erbracht werden. Die Berufung
auf die angebliche Gleichheit der Passivbildung dürfte unberechtigt sein (vgl. *Körting*, Formenbau des frz. Verbums
[Paderborn 1893] p. 9 und in Ztschr. f. frz. Spr. u. Litt.
XVIII [1], 115). Die Vergleichung des Lateins mit dem Keltischen
wird durch den Umstand erschwert, dass uns das dem Latein
gleichalterige Keltisch (z. B. die Sprache der [cis- und der
transalpinischen] Gallier nur höchst unvollkommen bekannt
ist, indem nur Eigennamen, einzelne Worte und nicht eben
zahlreiche, noch dazu wenig umfangreiche Inschriften überliefert sind. Man muss daher das Latein mit den jüngeren
keltischen Sprachen (namentlich mit dem Altirischen) vergleichen, und diese an sich schon ungünstige Sachlage wird
dadurch noch verschlimmert, dass die jüngeren keltischen
Sprachen aller Wahrscheinlichkeit nach sich vermöge einer
sehr rasch verlaufenen Entwickelung von dem alten Sprach-
stande zu weit entfernt haben, als dass von ihnen aus sichere
Rückschlüsse auf diesen statthaft wären.

3. Die Römer selbst glaubten an eine enge Verwandtschaft ihrer Sprache mit der griechischen, beziehentlich mit
der äolischen Mundart des Griechischen (vgl. z. B. Quintil.
Inst. I, 6, 31). Dieser Glaube wurde von der vergleichenden
Sprachwissenschaft der Neuzeit zunächst bestätigt, indem von
ihr Griechisch und Lateinisch als „gräco-italische Gruppe"
zu einer Einheit zusammengefasst wurden. Hervorragende
Forscher, wie namentlich *G. Curtius*, haben dieser Anschauung
durchaus gehuldigt, ja die Zusammengehörigkeit des Lateins
mit dem Griechischen als eine über jeden Zweifel erhabene
Thatsache betrachtet. Gegenwärtig indessen erachten die
maassgebenden Vertreter der Sprachwissenschaft die zwischen
dem Griechischen und dem Lateinischen bezüglich der Laut- und
Flexionsverhältnisse (namentlich bezüglich der Verbalflexion)

bestehenden Verschiedenheiten für allzu bedeutend, als dass die Annahme einer näheren Verwandtschaft zwischen beiden Sprachen statthaft wäre. Die gräco-italische Hypothese dürfte demnach aufzugeben sein [1]).

Wie es sich damit aber auch immer verhalten möge, das Griechenthum und das Römerthum bilden, wie bekannt, eine Cultureinheit, in welcher die Griechen der vorwiegend gebende, die Römer der vorwiegend empfangende Theil waren („*Graecia capta ferum victorem cepit et artis Intulit agresti Latio.*" Horat. Ep. II 1, 156 f.) Sprachlich hat diese Thatsache Ausdruck gefunden in einer starken Gräcisirung des Lateins. Allerdings ist davon vornehmlich das Schriftlatein betroffen worden, indessen doch auch die Volkssprache wenigstens insofern, als sie mit griechischen Lehnworten geradezu überschwemmt wurde (vgl. § 39), ein Umstand, der seinerseits wieder recht bedeutungsvoll auf den romanischen Wortschatz eingewirkt hat.

4. Die Sprachen, welche mit dem Latein die „italische Sprachgruppe" bilden (s. Nr. 1), sind die folgenden:

a) das Umbrische, die Sprache der (in späterer Zeit) in den Seitenthälern auf dem linken Tiberufer und in dem ostmittelitalischen Gebiete, dessen Endpunkte etwa Rimini und Ancona sind, sesshaften Umbrer;

b) das Oskische, die Sprache der Samniten;

c) die sog. sabellischen Mundarten, die Sprache der nichtlatinischen und nicht-umbrischen Volksstämme Mittelitaliens;

d) die latinischen Mundarten, z. B. die von Falerii (das Faliskische), von Praeneste und von Lanuvium.

Alle diese Sprachen sind uns — abgesehen von ganz vereinzelten bei römischen Schriftstellern sich findenden gelegentlichen Angaben — nur aus Inschriften bekannt, deren Gesammtzahl und Gesammtumfang überdies nicht bedeutend sind. Unter den umbrischen Inschriften sind die wichtigsten die

---

[1]) *v. Bradke* hat in seiner Schrift „Beiträge zur Kenntniss der vorhistorischen Entwickelung unseres Sprachstammes" (Giessen 1888) die ältere und die jüngere Anschauung von der Verwandtschaft des Lateins in der Art zu vereinigen gesucht, dass er eine ältere gräco-italische und eine jüngere kelto-italische Zeit annimmt. Die Vermuthung ist sehr ansprechend.

sieben Tafeln von Iguvium (die Eugubinischen Tafeln), unter den oskischen besitzt die Inschrift von Bantia besonderes Interesse.

Vgl. *Bücheler*, Umbrica, Bonn 1883; *Bréal*, Les tables Eugubines, Paris 1875; *Zvetajeff*, Sylloge inscriptionum oscarum, Petersburg 1878; Inscriptiones Italiae mediae dialecticae, Leipzig 1884; Inscriptiones Italiae inferioris dialecticae, Moskau 1886. — *Planta*, Grammatik der oskisch-umbrischen Dialecte, Strassburg 1893 2 Bde. (Bd. II noch unter der Presse); *Buck*, Der Vocalismus der osk. Sprache, Leipzig 1892; *Bronisch*, Die oskischen *I*- und *E*-Vocale, Leipzig 1892.

Ob die nicht-lateinischen italischen Sprachen Einfluss geübt haben auf die Gestaltung der (romanisch-)italischen Mundarten, ist eine an sich berechtigte, aber bei der grossen Kärglichkeit der Ueberlieferung unbeantwortbare Frage. Am ehesten wäre solcher Einfluss bezüglich des Oskischen zu vermuthen, da dasselbe über ein weites Gebiet verbreitet war und sich nachweislich bis tief in das erste nachchristliche Jahrhundert hinein (vermuthlich aber noch darüber hinaus) lebendig erhielt. Gleichwohl lässt sich Sicheres gar nicht darüber sagen.

Es scheint, dass das Umbrische und das Oskische in der lautlichen und flexivischen Entwickelung, bezw. Zersetzung rascher vorschritten, als das Latein, und zur Zeit, aus welcher die wichtigsten Inschriften stammen, bereits eine Stufe erreicht hatten, welche in mancher Beziehung an das Romanische gemahnt, so z. B. wenn urital. *k* im Umbrischen vor *e*- und *i*-Vocalen zu „einem nicht näher zu bestimmenden Zischlaut" wird (Brugmann a. a. O. I, 293). So besitzen auch diese Sprachen für den Romanisten ein gewisses Interesse; sie besitzen es aber auch dadurch, weil sie vermuthen lassen, dass das Latein eine Anzahl umbrischer und oskischer Worte in sich aufgenommen habe, welche zum Theil im Romanischen fortleben, z. B. *bos* (f. lat. **vos*), vielleicht gehört hierher auch *sifilus* (vgl. frz. *siffler*) neben *sibilus*, vgl. *Stolz*, Gramm. p. 14, *Ascoli* in Mist. Caix-Canello 427.

§ 30. **Die Stellung des Romanischen im Kreise der verwandten Sprachen**[1]). 1. Das Romanische ist die Fortsetzung

---

[1]) Die bibliographischen Nachweise, welche in diesem Paragraph zu finden man erwarten könnte, sind theils schon gegeben worden, theils werden sie an anderen Stellen gegeben werden.

des Lateins (vgl. oben § 5) und gehört als solche ebenfalls der indogermanischen Sprachfamilie an, es ist also eine indogermanische Sprache(ngruppe).

Die etwaigen u r verwandtschaftlichen näheren Beziehungen des Lateins zum Keltischen (vgl. § 29, 2) sind für das Romanische geschwunden; statt ihrer haben sich aber neue herausgebildet, indem in Oberitalien und in Frankreich das Romanische die Fortsetzung des von ursprünglich keltischen Volksstämmen gesprochenen Lateins ist.

2. Weil das Romanische die bis zur Gegenwart sich erstreckende Fortsetzung des Lateins ist, so ist es selbstverständlich jünger, als dieses. Es darf aber um desswillen nicht als „Tochtersprache" des Lateins bezeichnet werden, auch nicht wenn diese Benennung so geistvoll aufgefasst wird, wie dies *Scholle* in seiner ungemein anregenden Schrift „Ueber den Begriff Tochtersprache" (Berlin 1869) gethan hat. Denn der Begriff „Tochtersprache" hat, wenn er überhaupt einen Sinn haben soll, nothwendig zur Voraussetzung, dass ein sprachlicher Geburtsact (wie man sich denselben auch denken möge) erfolgt sei. Das Romanische ist nicht aus dem Lateinischen herausgeboren worden, sondern es ist selbst Latein, Latein, wie es sich im Volksmunde und im Schriftgebrauch von der römischen Kaiserzeit ab bis auf unsere Tage stetig entwickelt hat und noch weiter entwickeln wird. Man könnte es passend „Junglatein" nennen, zumal da der ebenfalls zutreffende Name „Neulatein" in anderem Sinne gebraucht zu werden pflegt.

3. Weil das Romanische „Junglatein" ist, so steht es in einem Parallelverhältnisse zu denjenigen Sprachen, welche ebenfalls Fortsetzungen altgeschichtlicher Sprachen sind, also z. B. zu dem Prâkrit (Fortsetzung des Sanskrit [Fortsetzung des Altindischen]), zu dem Neugriechischen, zu den germanischen Sprachen des Mittelalters und der Neuzeit etc. Die Vergleichung des Romanischen mit derartigen Parallelsprachen ist geeignet, die beiderseitige Entwickelung verständlicher zu machen.

4. Die romanisirten Gebiete des weströmischen Reiches wurden von germanischen Stämmen in Besitz genommen und beherrscht. In Folge dessen ist das Romanische in Mischbeziehungen zu den betreffenden germanischen Sprachen ge-

treten, Beziehungen, welche in weitem (allerdings auf den verschiedenen Gebieten verschieden weitem) Umfange den Wortschatz, mehrfach auch die Lautgestaltung und die Syntax des Romanischen beeinflusst haben, während der Formenbau, wie es wenigstens scheint, unberührt von germanischem Einflusse blieb.

5. Die Besitzergreifung eines grossen Theils der pyrenäischen Halbinsel durch die Araber hat Mischbeziehungen des dortigen Romanisch zu dem Arabischen veranlasst, welche ebenfalls namentlich im Wortschatze sich geltend gemacht haben.

6. Das romanisirte Gebiet des oströmischen Reiches (Dacien) wurde durch (germanische, später nachhaltig durch) slavische und finnische Völkerstämme besetzt. In Folge dessen ist das dortige Romanisch in Mischbeziehungen zu slavischen Sprachen (namentlich Altbulgarisch, bezw. Slowenisch, und Neubulgarisch) und finnischen Sprachen (namentlich Türkisch) eingetreten, welche ebenfalls besonders für den Wortschatz folgenreich geworden sind.

7. Die nicht zum Abschluss gelangte Romanisirung der illyrischen Stämme an der Westküste des adriatischen Meeres hat ein so zu sagen halbverwandtschaftliches Verhältniss zwischen Romanisch und Albanesisch begründet.

8. Die Uebertragung des Romanischen in aussereuropäische (asiatische, amerikanische, afrikanische) Gebiete hat eine Reihe sogenannter „Kreolensprachen" erzeugt, d. h. Sprachen, in denen die dem Romanischen zu Grunde liegende Denkform sich verquickt mit der Denkform, auf welcher die Sprachen der betreffenden fremdrassigen Völker (Malaien, Neger etc.) beruhen. Diese Idiome besitzen ein grosses allgemein sprachwissenschaftliches Interesse, die romanische Philologie als solche aber gehen sie nichts an.

§ 31. **Das Sprachgebiet des Lateinischen.** 1. Im alten Italien wurden, ehe seine Romanisirung vollzogen war, folgende Sprachen gesprochen:

a) die italischen Sprachen, s. § 29;

b) das Griechische im unteritalischen (grösstentheils von dorischen und achäischen Stämmen besiedelten) Colonialgebiete (Grossgriechenland) und in den griechischen

Colonien auf Sicilien. In einzelnen Städten und Bezirken hat sich das Griechische höchstwahrscheinlich bis tief in das Mittelalter hinein behauptet (vgl. *Hatzidakis*, Einleitung in die neugriech. Grammatik [Leipzig 1891] p. 444);

c) das Gallische in dem gegen 400 v. Chr. von den Kelten besetzten oberitalischen Gebiete (Gallia cisalpina, nämlich das Poland bis Verona, die aemilische Mark und ein Theil der adriatischen Mark);

d) illyrische Sprachen (das Venetische im Nordosten, das Messapische und Japygische im Südosten);

e) das Ligurische im Genuesischen Gebiete (vermuthlich eine vorindogermanische Sprache);

f) das Etruskische in der Toscana und den ihr zunächst benachbarten Gebieten (vielleicht auch in Rätien und Tyrol). Das Dunkel, welches über dieser räthselhaften Sprache liegt, ist trotz der eindringenden Forschungen von *O. Müller, Corssen, Deecke, Pauli, Lattes* und Anderer noch immer nicht völlig gelichtet, wenn auch gemindert worden; jedenfalls ist die Zugehörigkeit des Etruskischen zur indogermanischen Sprachfamilie noch nicht einwandsfrei nachgewiesen worden;

g) das Iberische (in Sardinien und, neben dem Etruskischen, in Corsica).

Das alte Italien war also in vorrömischer und frührömischer Zeit ein ungemein vielsprachiges Land [1]). Allerdings ist dabei zu berücksichtigen, dass die Sprachen der italischen Gruppe einander eng verwandt waren, dass also doch ein erheblicher Theil Italiens ein im Wesentlichen einheitliches Sprachgebiet bildete.

2. Das Latein, welches im Laufe der Geschichte die Sprache nicht nur des gesammten Italiens, sondern auch fast sämmtlicher weströmischen Provinzen (überdies auch eines oströmischen Landes) geworden und (als Romanisch) bis auf den heutigen Tag geblieben ist, war ursprünglich nichts, als die stadtrömische Mundart des Latinischen. So gilt auch in sprachlicher Hinsicht der Satz, mit welchem Eutrop seinen

---

[1]) Dabei ist noch die Masse der fremdsprachigen Sklaven (Syrer, Geten, Germanen etc. etc.) in Italien in Betracht zu ziehen.

Abriss der römischen Geschichte anhebt: *„Romanum imperium, quo neque ab exordio ullum fere minus neque incrementis toto orbe amplius humana potest memoria recordari etc.“*

Die Ausbreitung des Lateins war selbstverständlich die Folge der Ausbreitung der römischen Herrschaft, zu einem Theile übrigens die beabsichtigte Wirkung einer bewundernswerthen Staatskunst, welche die Sprache des herrschenden Stammes den unterworfenen Völkern zwar nicht aufzuzwingen, aber sie ihnen anzugewöhnen planmässig bestrebt war[1]). Zu einem anderen Theile ist die Ausbreitung des Lateins die natürliche Folge der Besiedelung der unterworfenen Gebiete durch lateinisch redende Einwanderer[2]). Denn man bedenke, dass die Westländer Spanien und Gallien, sowie die Provinz Africa im wirthschaftlichen Leben des römischen Alterthums für Italien eine ähnliche Rolle spielten, wie in der Neuzeit America: sie waren Colonialländer, in welche die Italer auswanderten, wenn sie in ihrer Heimath sich zu beengt fühlten.

----

[1]) Es geschah dies, indem das Latein zur Sprache der Verwaltung und der Rechtspflege gemacht wurde, und indem die Regierung sich bemühte, die höheren Stände der eingeborenen Bevölkerung durch Gewährung politischer Rechte (z. B. der Senatsfähigkeit) für die römischen Staatsinteressen zu gewinnen. In welch' hohem Grade die Romanisirung Galliens, Spaniens und Africas gelang, wird durch den Umstand bewiesen, dass eine verhältnissmässig sehr geringe Truppenmacht zur Aufrechterhaltung der römischen Herrschaft in diesen Ländern genügte. Wenn gleichwohl diese Herrschaft nur wenige Jahrhunderte währte, so ist ihr Zusammenbruch bekanntlich nicht die Wirkung einer siegreichen Erhebung der unterworfenen Völker gewesen, sondern lediglich die Folge der sittlichen Zersetzung des Römerthums, durch welche dieses unfähig gemacht wurde, den vorwärts drängenden Germanen zu widerstehen.

[2]) Der Aufrichtung der christlichen Kirche im weströmischen Gebiete einen erheblichen Antheil an der Romanisirung zuschreiben zu wollen, wie dies *Graevell* (die Charakteristik der Personen im Rolandslied [Heilbronn 1880] p. 137) gethan hat, kann nicht gut geheissen werden. Das christliche, bezw. das kirchliche Latein besitzt allerdings für die Urgeschichte des Romanischen eine sehr grosse Bedeutung, aber es hat dieselbe nur eben desshalb erlangen können, weil, als das Christenthum in den Westländern sich ausbreitete, dieselben im Wesentlichen bereits romanisirt, bezw. latinisirt waren. Wäre es anders gewesen, so würde die entstehende weströmische Kirche nicht so unbedingt die lateinische Sprache angenommen haben, wie es geschehen ist, sondern die Volkssprachen wenigstens mit berücksichtigt haben. Es ist doch kennzeichnend, dass niemals biblische Schriften — soviel wir wissen — gallisch oder iberisch bearbeitet worden sind, während doch germanische und slavische Uebersetzungen und Paraphrasen biblischer Bücher schon früh verfasst wurden. Gallische oder iberische Bibelversionen dürften eben gegenstandslos gewesen sein.

Dass aber die Auswanderung eine starke war, dafür sorgte
die seit den letzten Zeiten der Republik mehr und mehr auf-
kommende Latifundien- und Grosscapitalwirthschaft, die den
Bauernstand verdrängte (ganz so wie dies im neuzeitlichen
England geschehen ist). Die Hoffnung, in dem fernen Westen,
wo es noch so viel zu „gründen" gab, rasch zu Reichthum zu
gelangen, musste auch zahlreiche Gewerbtreibende und Kaufleute in die gallischen und spanischen Provinzen führen. Dazu
kam das Heer der Beamten und Officiere, deren die Regierung
zur Einrichtung und Aufrechthaltung staatlicher Ordnung bedurfte. Diese Einwanderer konnten inmitten der fremdsprachlichen Bevölkerung ihr Latein schon aus dem Grunde leicht
festhalten und verbreiten, weil diese Bevölkerung keine dichte
war. Freilich wirkten noch weit wichtigere Gründe mit. Vor
allem ist zu erwägen — und wenn man es thut, so versteht
man den Vorgang der Romanisirung unschwer —, dass die
Völkerstämme (es sind vornehmlich die Italer, die Gallier und
die Iberer), welche der Romanisirung anheim fielen, nicht zu
grösseren staatlichen Einheiten vereinigt gewesen waren und,
was die Gallier und Iberer anbelangt, auf erheblich niedrigerer
Culturstufe standen, als ihre römischen Herren[1]). Denn wenn
die Sprache einer höheren Gesittung mit derjenigen einer
niedrigeren Gesittung in Wettbewerb tritt, siegt stets die
erstere, selbst dann, wenn das höher gesittete Volk dem weniger
gesitteten politisch unterworfen ist, wie z. B. später die hispano-
und gallo-römischen Provinzialen den Germanen. Beweisend
dafür ist auch die Thatsache, dass die Romanisirung der
griechisch redenden Provinzen, namentlich des eigentlichen
Griechenlands, von den Römern, wie es scheint, nicht einmal
angestrebt, ganz sicherlich aber nicht erreicht worden ist.
Selbst in Italien liess die griechische Sprache sich nicht er-

---

[1]) Bezüglich der Osker, Umbrer und namentlich der Etrusker verhielt sich dies allerdings anders: die Osker und Umbrer scheinen den
Römern ungefähr in Cultur gleichgestanden zu haben, die Etrusker
aber den Römern überlegen gewesen zu sein. Was die Osker und
Umbrer anbelangt, ist die nahe Verwandtschaft ihrer Sprachen mit der
lateinischen in Betracht zu ziehen, denn diese Verwandtschaft musste
den Sprachenwechsel sehr erleichtern. Die Etrusker aber scheinen,
als sie unter römische Botmässigkeit kamen, ein greisenhaftes, abgelebtes
Volk gewesen zu sein, dem zur Behauptung seiner nationalen Eigenart
und Gesittung, Kraft und Willen fehlte.

drücken, denn sie war eben die Sprache der höheren Cultur. Auch in der Provinz Africa scheint den Römern die Romanisirung der auf hoher Culturstufe stehenden Punier nur unvollkommen, jedenfalls erst spät gelungen zu sein[1]). Wenn gleichwohl dort die lateinische Sprache zeitweilig sich einbürgerte, so ist dies auf die starke römische Einwanderung zurückzuführen, welche nach dieser nahe gelegenen und klimatisch begünstigten Provinz mit Vorliebe sich richtete. Feste Wurzeln schlug das Latein dort nicht, denn es hat den Zusammenbruch des weströmischen Reiches nur wenig überdauert.

Die Romanisirung der Westprovinzen ist ein Ereigniss von weltgeschichtlicher Bedeutung[2]), denn es ist bestimmend geworden für die westeuropäische Geschichte des Mittelalters und der Neuzeit[3]).

Unter den Mitteln, durch welche die Romanisirung vollzogen wurde, ist namentlich die Gründung zahlreicher Lehranstalten (besonders in Gallien, Hispanien und Africa) hervor-

---

[1]) Noch zäher, als das Punische, das schliesslich doch schwand, erwies sich dem Latein gegenüber das Berberische, denn es behauptete sich dauernd

[2]) Ueber die Geschichte der römischen Provinzen, namentlich auch Spaniens, Galliens und Africas, hat in eingehendster und anziehendster Weise gehandelt *Th. Mommsen* im 5. Bande seiner römischen Geschichte. Kein Romanist darf das Studium dieses grundlegenden Buches versäumen, welches für ihn eine Fülle des Wissenswerthen enthält. Der Romanist muss sich überhaupt immer dessen lebendig bewusst sein, dass die weströmische Provinzialgeschichte (und die italische Geschichte) zugleich die Urgeschichte der romanischen Sprachen und Völker ist. — Eine bündige Zusammenfassung der auf die Sprache bezüglichen Geschichtsthatsachen hat *Budinszky* gegeben in seinem verdienstlichen Buche: Die Ausbreitung der lat. Spr. über Italien und die Provinzen des römischen Reiches (Berlin 1881). Noch aber bleibt für die Einzelforschung gar Vieles zu thun übrig, namentlich fehlt noch die methodische Ausbeutung der Inschriften und der Ortsnamen für Feststellung der Geschichte des provinzialen Lateins und seiner Entwickelung zum Romanischen.

[3]) Ein der Romanisirung des europäischen Südwesten im Wesen und in geschichtlicher Bedeutung ganz ähnlicher Vorgang ist die Germanisirung der Slavenländer östlich der Elbe (Pommern, Brandenburg, Meissen, Lausitz, Schlesien etc.). Es ist interessant, die Romanisirung mit der Germanisirung in ihrer Wirkung zu vergleichen. Die Romanisirung hat zur Bildung neuer Nationalitäten geführt, die Germanisirung die Angliederung der von ihr betroffenen Slavenstämme an das deutsche Volksthum zur Folge gehabt. Völlig durchgeführt worden ist übrigens weder die eine, noch die andere; denn einerseits bestehen im romanischen Gebiete noch (keltische und) iberische (baskische) Sprachinseln, andrerseits sind im germanischen Gebiete noch jetzt slavische oder halbslavische Bezirke vorhanden.

zuheben. Auf der Wirksamkeit dieser Schulen beruht es, dass die Westprovinzen und Africa schon früh sich an der lateinischen Litteratur thätig betheiligten. Seit dem Ende der republikanischen Zeit ist eine sehr erhebliche Zahl der römischen Schriftsteller und Dichter aus den Westprovinzen und Africa hervorgegangen, ein Umstand, der, wie begreiflich, auf die Beschaffenheit der späteren römischen Litteratur von grossem Einflusse gewesen ist.

3. Im Folgenden seien zur Veranschaulichung der allmählichen Ausbreitung der römischen Herrschaft über das später romanisirte Gebiet (Italien, Rätien, Gallien, Hispanien, Dacien [Africa konnte, weil es wieder entromanisirt worden ist, ausser Betracht bleiben]) einige Zeitangaben zusammengestellt:

396 v. Chr. Das etruskische Veji erobert. — 383. Die Colonie Sutrium (Sutri) gegründet. — 373. Die Colonie Nepet gegründet. — 342/40. Erster Samniterkrieg. Die Römer fassen festen Fuss in Unteritalien; Besetzung von Capua. — 337. Endgültige Unterwerfung der Latiner, Volsker und Aurunker. — 325/304. Zweiter Samniterkrieg. Ausdehnung und Befestigung der röm. Herrschaft in Mittelitalien (Unterwerfung der Herniker, Umbrer, Campanier). Anlage von Colonien in Samnium und im sabellischen Gebiete (Lucaria, Carseoli, Narnia u. a.). — 298/290. Dritter Samniterkrieg. Die Sabiner und Aequer treten in den römischen Unterthanenverband ein. Die Colonie Venusia wird gegründet. — 289. Die Colonie Sena Gallica (Sinigaglia) und Hadria werden gegründet. — 283. Das gallisch-etruskische Heer wird (in der Nähe des Vadimonischen Sees) besiegt. Die Unterwerfung Etruriens wird dadurch im Wesentlichen vollendet. — 282. Die Senonen werden besiegt. — 280/275. Kampf gegen Pyrrhus und die ihm verbündeten italischen Völker. Ausbreitung und Befestigung der römischen Herrschaft in Unteritalien. Italien ist nunmehr römisch bis zum Arnus (Arno) und Aesis (Esino). — 273. Gründung der Colonien Paestum und Cosa. — 268. Gründung der Col. Benevent und Ariminum (Rimini). — 267. Die Sabiner erhalten das römische Bürgerrecht. — 264. Gründung der Colonien Castrum novum und Firmum. — 264/41. Erster punischer Krieg. — 263. Gründung der Col. Aesernia. — 244. Gründung der Col. Brundisium. — 241. Sicilien (mit Ausnahme von Syrakus und seines Gebietes) wird erste römische Provinz. — 238. Sardinien und Corsica werden (zweite) römische Provinz. — 224. Besiegung der Boier. — 222. Besiegung der Insubrer. — 219. Gründung der Col. Placentia (Piacenza) und Cremona. — 218/201. Zweiter punischer Krieg. — 218. Die Römer dringen in Spanien ein und unterwerfen, zunächst freilich nur zeitweilig, das Gebiet zwischen den Pyrenäen und dem Ebro. — 215. Die Veneter unterwerfen sich freiwillig der römischen Herrschaft. —

212. Syrakus wird römisch. — 206. Spanien (wenigstens die Küstenbezirke) unterworfen. Gründung der Col. Itala (in der Nähe von Sevilla). — 191. Dauernde Unterwerfung der Insubrer. Bald darauf Einrichtung der Provinz Gallia cisalpina. — 190. Erneuerung der Col. Placentia. — 189. Gründung der Col. Bononia (Bologna). — 187/154. Unterwerfung der Ligurer. — 181. Gründung der Col. Aquileia. — 177. Die istrische Halbinsel kommt unter römische Herrschaft. — 171. Gründung der Col. Carteia in Spanien. — 154. Die Römer unterstützen die griechische Colonialstadt Massilia (an der südgallischen Küste) gegen ligurische Stämme, welche Antipolis (Antibes) und Nikaea (Nizza) angreifen. — 153/136. Kämpfe gegen die Lusitaner (Viriathus). — 148. Gründung der Col. Dertona (Tortona). — 143. Unterwerfung der Salasser im Duriathal. — 138. Gründung der Colonie Valentia (Valencia in Spanien). — 133. Numantia erobert. — 123. Die Balearen werden von den Römern besetzt. — 121. Das Gebiet der Arverner (die Auvergne) und der Allobroger (östlich von der Rhône im Isèrethal bis etwa zum Genfer See wird als „Provincia Narbonensis“ mit dem römischen Reiche vereinigt; Aquae Sextiae (Aix) wird befestigt, Tolosa (Toulouse) militärisch besetzt. — 115. Das Alpenvolk der Carni wird bezwungen. — 101. Gründung der Colonie Eporedia (Ivren). — 91/88. Der Bundesgenossenkrieg. Die Aequer, Herniker, Marser, Paeligner, Marruciner, Vestiner und Picenter erhalten das römische Bürgerrecht. (Diese Völkerstämme prägten während des Krieges Münzen mit lateinischer Aufschrift). — 89. Die Etrusker erhalten das römische Bürgerrecht. — 77/72. Erhebung des Sertorius in Spanien gegen die römische Adelsherrschaft. — 69. Cicero (pro Font. V 11) bemerkt über die Romanisirung (des südlichen) Galliens: *„Referta Gallia negotiatorum est, plena civium romanorum. Nemo Gallorum sine cive romano quidquam negotii gerit; nummus in Gallia nullus sine civium romanorum tabulis commovetur;* ebenda V, 12: *unum ex toto negotiatorum, colonorum, publicanorum, aratorum, pecuariorum numero testem producant.* — 59. Illyrien wird als römische Provinz nebst den beiden Gallien Caesar zugetheilt. — 58. Caesar beginnt die Eroberung Galliens und dringt bis an den Rhein vor. — 57. Unterwerfung des nördlichen Galliens und des Wallis. — 56. Bezwingung der gallischen Küstenvölker zwischen Loire und Rhein. — 54/53. Niederwerfung der Aufstände gallischer Völkerschaften. — 53/52. Grosse Erhebung der Gallier unter Vercingetorix. — 52. Alesia erobert, Vercingetorix gefangen. — 49. Gades (Cadiz) erhält das römische Bürgerrecht. — 43. Gründung der Col. Lugdunum. Einverleibung der keltischen Landschaften zu beiden Seiten des Padus in Italien. — 42. Einverleibung Venetiens in Italien. — 42/12. Einverleibung Istriens in Italien. — 27. Augustus ordnet die Finanzverwaltung Galliens. — 26/25. Augustus in Spanien. Einrichtung der drei spanischen Provinzen: Hispania Tarraconensis oder Hispania citerior (von den Pyrenäen bis zur Stadt Urci); Hisp. Baetica oder Hisp. ulterior (von der Stadt Urci bis zum Flusse Anas [Guadiana]), Lusitana (jenseits des Anas). — 25. Gründung der Colonien Augusta Praetoria (Aosta) und (ungefähr gleichzeitig) Augusta Taurinorum (Turin). —

25/19. Unterwerfung der Cantabrer und Asturer. — 23. Gründung der Col. Augusta Emerita (Merida) in Spanien. Ungefähr gleichzeitig werden gegründet Caesaraugusta (Saragossa), Pax Augusta (Bajadoz), Lucus Augusti (Lugo), Asturica Augusta (Astorga). — 16/13. Augustus residirt in Lugdunum. Eintheilung Galliens in die Provinzen: Gallia Belgica (zwischen Rhein und Seine), G. Lugdunensis (zwischen Seine und Loire), Aquitania (zwischen der Loire und den Pyrenäen) und Gallia Narbonensis (s. oben unter dem Jahre 121).

14 n. Chr. Die Völkerschaften in den Seealpen werden bezwungen. — 29. Die Provinz Moesia (zwischen Balkan und Donau) wird eingerichtet. — 66. Die Völkerschaften in den cottischen Alpen werden bezwungen. — 107. Dacien (das Ländergebiet zwischen der Theiss, den Karpathen, dem Pruth und der unteren Donau) wird römische Provinz (*Traianus victa Dacia ex toto orbe romano infinitas eo copias hominum transtulerat ad agros et urbes colendas.* Eutrop VIII, 6). — 117/138. Kaiser Hadrian; er beabsichtigt, Dacien wieder aufzugeben, steht aber von dem Vorhaben ab, um nicht die zahlreichen römischen Ansiedler in Dacien den Barbaren zu überliefern. — 270/275. Kaiser Aurelian; er gibt die Provinz Dacien auf; die daselbst wohnhaften römischen Colonisten siedelt er in einem (nunmehr ebenfalls „Dacien" benannten) Theile Moesiens an.

4. Das lateinische Sprachgebiet der späteren Kaiserzeit umfasste in Europa[1]) — abgesehen von Dacien — die Nordostküste des adriatischen Meeres (den dalmatinischen Küstenbezirk), Istrien, Italien (im heutigen Sinne des Wortes einschliesslich der Alpenabhänge), Rätien, vermuthlich den grösseren Theil der heutigen französischen Schweiz, Gallien bis an den Rhein (also ausser dem heutigen Frankreich auch die linksrheinischen Gebiete Deutschlands, sowie Belgien und einen Theil der Niederlande umfassend), die pyrenäische Halbinsel und die zwischen Spanien, Gallien und Italien gelegenen Inseln (Balearen, Sicilien, Sardinien, Corsica etc.)[2]). Nicht erst der Bemerkung bedarf es aber, dass die Latinisirung dieses weiten Gebietes durchaus keine vollständige war. Wirklich durchgedrungen war sie gewiss nur in den grösseren

---

[1]) Welche Ausdehnung das lateinische Sprachgebiet in Africa besass, kann hier unerörtert bleiben. Jedenfalls aber war, wenigstens soweit als die höheren Classen der Bevölkerung in Betracht kommen, sein Umfang ein bedeutender, indem er sich nicht nur über das karthagische Gebiet, sondern auch über Numidien und Mauretanien erstreckte. Vgl. Mommsen, Röm. Gesch. V², p. 641 ff.

[2]) In welchem Umfange etwa auch Britannien und die zeitweilig von den Römern besetzt gewesenen germanischen Gebiete latinisirt worden sind, kann hier unerörtert bleiben, weil es für die romanische Sprachgeschichte bedeutungslos ist.

Städten (namentlich in solchen, welche Sitze römischer Statthalter, Behörden, Heeresabtheilungen und Lehranstalten waren) und in einzelnen Landschaften, welche eine stärkere italische Einwanderung aufgenommen hatten[1]). In den abgelegenen Landestheilen (in den schwer zugänglichen Gebirgsthälern, an den fernen Küsten des atlantischen Meeres, in dünn bevölkerten und abseits von den grossen Verkehrsstrassen befindlichen Gauen des Binnenlandes) erhielten sich die heimischen (keltischen, iberischen, tuskischen etc.) Sprachen und Mundarten jedenfalls während des ganzen Alterthums, so dass sie erst im Mittelalter von dem Romanischen (also nicht mehr von dem Lateinischen) verdrängt wurden. Mit ziemlicher Bestimmtheit lässt sich dies auch von dem Griechischen in Unteritalien behaupten (s. oben S. 265). Das Iberische hat sich als Baskisch (Euskara) bis auf den heutigen Tag in den biscayaischen Provinzen Spaniens und den angrenzenden französischen Bezirken erhalten. Dagegen ist das Keltische in der Bretagne nicht Fortsetzung des Altgallischen, sondern durch spätere Einwanderung aus Britannien nach Frankreich übertragen worden.

Zeugnisse über die Fortdauer der alten Landessprachen liegen mehrfach vor (vgl. Budinszky a. a. O. p. 47, 114 etc.). So bezeichnet z. B. Aulus Gellius (um 125 bis 175 n. Chr.) gelegentlich einmal *(Noct. Att. XI 7, 4)* das Tuskische und das Gallische als Sprachen, welche für einen Römer unverständlich und komisch klingen. Von dem Rechtsgelehrten Ulpian wurde, als er Praefectus praetorio war (222 bis 228 n. Chr.), verfügt: *„fideicommissa quocunque sermone relinqui possunt, non*

---

[1]) Einen gewissen Anhalt zur Feststellung der vollzogenen Romanisirung bieten die Ortsnamen wenigstens insofern, als lateinischer Name auf lateinische Besiedelung schliessen lässt. Andrerseits schliesst nichtlateinischer Name keineswegs die Romanisirung aus: es tragen vielmehr Orte, welche nachweislich römische Colonien waren (bezw. dazu gemacht geworden waren), keltische etc. Namen, z. B. Lugdunum (Lyon), ebenso wie längst deutsch gewordene Orte den slavischen Namen beibehalten haben, z. B. Leipzig, Chemnitz (wahrscheinlich auch Berlin). Jedenfalls aber ist die Ortsnamenforschung eine wichtige, noch erst wenig in Angriff genommene Aufgabe der romanischen Philologie. Sie ist dies auch um desswillen, weil in Ortsnamen häufig sonst nicht erhaltene Casus gleichsam versteinert vorliegen oder alterthümliche Lautgestaltungen fortleben. Man vgl. z. B. den ergebnissreichen Aufsatz *Bianchi*'s „La declinazione nella toponimia toscana" im Arch. glott. IX, 365 u. X, 304.

solum latina vel graeca lingua, sed etiam punica vel gallicana vel alterius cuiusque gentis." Den Kaiser Alexander Severus (222 bis 235 n. Chr.) warnte eine gallische Druidin „*gallico sermone*" vor Verrath und Niederlage (Lamprid. Alex. Sev. 60). Der heil. Hieronymus (340 bis 420) bemerkt, dass die den kleinasiatischen Galatern (Kelten) eigenthümliche Sprache mit derjenigen der Trevirer (Trier) fast gleich sei[1]). Und so lässt sich aus der spätlateinischen Litteratur noch manche andere Stelle vorbringen, welche auf ein Fortleben der alten Landessprachen hindeutet oder doch hinzudeuten scheint. Genauere Angaben fehlen freilich vollständig. Es hat sich eben auch in dieser Beziehung jener Mangel an Interesse für fremdsprachliche Studien bethätigt, welcher das griechisch-römische Alterthum kennzeichnet (vgl. oben S. 38f. u. 245).

Am gründlichsten und nachhaltigsten dürfte im Westen die Latinisirung durchgeführt worden sein in Mittelitalien, im cisalpinischen Gallien (Heimath des Virgil, des Catull, der beiden Plinius u. A.!), in der narbonensischen Provinz und den ihr nächst benachbarten nordgallischen Landschaften, endlich in den Städten der spanischen Ost- und Südküste.

Bis zu einem gewissen Grade latinisirt wurden jedenfalls auch Britannien, das römische Germanien, Pannonien und das innere Dalmatien. [In Epirus (Albanien) wurde die Latinisirung wenigstens begonnen.] Vgl. S. 269.

5. Ausserhalb Europas gehörte zu dem weströmischen Sprachgebiete des Lateins die Provinz Africa. Eine Entwickelung des Lateins zum Romanischen hat dort aber nicht stattgefunden, es ist vielmehr dort das Latein in Folge der Besitzergreifungen des Landes durch Vandalen, Byzantiner und Araber frühzeitig erstickt worden. Nichtsdestoweniger besitzt das afrikanische Latein und seine verhältnissmässig reiche Litteratur, deren Hauptvertreter Apulejus, Tertullian und der hl. Augustin sind, auch für die romanische Sprachgeschichte eine gewisse Bedeutung, worauf noch später zurückzukommen sein wird.

---

[1]) *Comm. in Epist. ad Galat.* II, 3 (*Opp.* VII, 357 bei Migne, *Patrol. Lat.* XXVI): „Galatas, excepto sermone graeco, quo omnis Oriens loquitur, propriam linguam eandem paene habere quam Treviros." Freilich aber kann die Stelle auch anders aufgefasst werden.

6. Im Osten bildete sich nur in Dacien, bezw. in Moesien ein einigermassen zusammenhängendes lateinisches Sprachgebiet. Bei den illyrischen Stämmen an der Südostküste der Adria, den heutigen Albanesen, gelangte die Romanisirung nicht zum Abschlusse. In den griechischen und asiatischen Provinzen blieb das Latein immer nur Fremdsprache, besass aber als solche verhältnissmässig grosse Verbreitung und Bedeutung, wie die Massenhaftigkeit der in das byzantinische Griechisch eingedrungenen lateinischen Worte beweist[1]).

§ 32. **Das Sprachgebiet des Romanischen**[2]). 1. Abgesehen davon, dass das Gebiet der römischen Provinz Africa frühzeitig entlatinisirt worden ist (vgl. § 31 Nr. 5)[3]), deckt sich der Umfang des romanischen Sprachgebietes im Grossen und Ganzen mit dem Umfange des lateinischen Sprachgebietes, wie er in der späteren römischen Kaiserzeit (etwa von Trajan ab) war. Das romanische Sprachgebiet umfasst nämlich im Wesentlichen folgende Länder und Landschaften (man vergleiche die dem ersten Bande von *Gröber's* Grundriss beigegebene Karte):

A. Das Ostgebiet (das rumänische Gebiet):

a) das Königreich Rumänien (Walachei und Moldau und der nördlichste Theil der Dobrudscha), ein Theil Bessarabiens, einzelne siebenbürgische und ungarische, bezw. banatische Bezirke. (Das daco-rumänische Gebiet.)

b) Einzelne Bezirke im südwestlichen Macedonien. (Das macedo-rumänische Gebiet).

B. Das Westgebiet.

a) Die Westküste von Istrien, die dalmatinischen Städte, das Königreich Italien (mit Sardinien und Sicilien), die

---

[1]) Vgl. darüber z. B. *Körting*, De vocibus latinis a Malala chronographo byzantino usurpatis. Münster, Index lect. Sommers. 1879.

[2]) Die in diesem Paragraphen gemachten Angaben sind absichtlich nur allgemein gehalten: eine Behandlung der zum Theil sehr verwickelten Fragen der Sprachabgrenzung würde zu viel Raum erfordert haben, und, was wichtiger ist, sie hätte auf Grund eines zum Theil wenig verlässlichen Materiales vorgenommen werden müssen.

[3]) Entlatinisirt worden sind auch Britannien und die im römischen Besitz befindlich gewesenen Gebiete Deutschlands, endlich auch Dalmatien (dessen Küstenstädte später von Venedig aus italianisirt wurden).

Insel Corsica, (der Schweizer Canton Tessin), das südliche Tyrol. (Das italienische Gebiet)[1]).

b) Der grösste Theil von Graubünden (die Landschaft an
den Rheinquellen bis wenige Kilometer vor Chur und
das Engadin), drei kleine Thäler in Südosttyrol (am
Avisio, am Grednerbach und an der Gader) und Friaul
bis an den Isonzo. (Das räto-romanische, bezw.
das rätisch-ladinisch-friulanische Gebiet.)

c) Die Dép. der Loire, der Rhône, des Ain, der Isère, Savoie
und Haute-Savoie, der Süden des Juragaues, die französische Schweiz nordwärts bis über Neuchâtel hinaus
und die an Savoyen angrenzenden Alpengebiete Italiens.
Vgl. *Suchier* in *Gröber's* Grundriss I, 594. (Das mittelrhônische oder francoprovenzalische Gebiet.)

d) Die Départements der Basses-Pyrénées (mit Abzug des
baskischen Gebiets), der Landes, des Gers, der Süden
des Départements der Haute-Garonne, der Westen des
Départements Ariège, der Westen des Départements von
Lot-et-Garonne und das Département Gironde bis auf
einen Streifen an der Nordgrenze. Vgl. *Suchier* a. a. O.
p. 595. (Das gascognische Gebiet.)

e) Das südliche, bezw. südöstliche Frankreich nach Abzug
des francoprovenzalischen und des gascognischen Gebietes. (Das provenzalische Gebiet)[2]).

----

[1]) Im engeren Sinne versteht man unter „Italienisch" nur das
Toscanische (auf welchem die ital. Schriftsprache beruht), das Venezianische (jedoch nur in seiner neueren Gestaltung, denn die ältere ist
ladinisch), die Mundarten Umbriens, der Marken und der Romagna, das
Calabresische, Abruzzesische, Neapolitanische und Sicilianische. Ausgeschlossen bleiben das Gallo-Italische (Ligurische, Piemontesische,
Lombardische, Aemilianische) und das Sardische (Logudoresische, Campidanesische, Galluresische). Vgl. *Ascoli*, Arch. glott. VIII, 98. — Nicht
zum ital. Sprachgebiet gehört Malta mit Gozzo und Comino.

[2]) *Suchier*, (le Français et le Prov. p. 64 f.) spricht sich über die
Begrenzung des prov. Sprachgebietes (lat. á in freier Silbe bleibt a)
folgendermaassen aus: „Il se maintient au Sud d'une ligne courbe qu'on
pourrait tirer de l'embouchure de la Gironde à Puy-Saint-André. Les
localités situées le plus au Nord.... sont: Lesparre (Gironde), Bordeaux,
Libourne, Massidon (Dordogne), Périgueux, Nontron, Mouhet (Indre),
Bellac (Haute-Vienne), Limoges, Guéret (Creuse), Chénérailles, Mont-
luçon (Allier), Verneuil, Clermont-Ferrand (Puy-de-Dôme), Saint-Bonnet-
le-Château (Loire), Saint-Sauveur-en-Rue, Gilhoc (Ardèche), Saint-Vallier
(Drôme), Romans, Die, Montmaur (Hautes-Alpes), Puy-Saint-André."

f) Das nördliche Frankreich bis an die Grenze des deutschen, bezw. des vlämischen Sprachgebietes[1]). (Das französische Sprachgebiet)[2]).

g) Der grösste Theil des Départements der Ostpyrenäen, die spanischen Provinzen Gerona, Barcelona, Tarragona und Lerida (= das frühere Principat von Catalonien), Castellon de la Plana, Valencia und Alicante (= das frühere Königreich Valencia), die Balearen (das ehemalige Königreich Mallorca). Vgl. *Morel-Fatio* in *Gröber's* Grundriss I, 669. (Das catalanische Gebiet.)

h) Spanien mit Ausnahme der baskischen Provinzen, der catalanisch redenden Landestheile, eines kleinen Theils Navarra's und Galliciens. (Das spanische Gebiet.)

i) Portugal und Gallicien. (Das portugiesische Gebiet.)

C. Das Colonialgebiet.

a) Die ehemals französischen Colonialländer in Nordamerika (Louisiana und Canada), indessen bestehen daselbst wohl nicht mehr zusammenhängende französische Sprachgebiete, sondern die französisch Redenden wohnen in mehr oder weniger dichten Gruppen oder auch familienweise vereinzelt inmitten der englisch sprechenden Bevölkerung. Dasselbe gilt von Algier.

b) Die jetzigen und ehemaligen spanischen Colonialländer in Mittel- und Südamerika. Der Umfang dieses Gebiets wird sehr erheblich verringert durch den Umstand, dass sich die eingeborenen indianischen Sprachen vielfach neben dem Spanischen behauptet haben.

----

[1]) Ueber die deutsch-französische Sprachgrenze vgl. *This*, Die deutsche Sprachgrenze in Elsass und Lothringen (Heft 1 und 5 der Beitr. zur Landes- und Volkskunde in Elsass-Lothr., Strassburg 1887/88, vgl. Ltbl. 1888 Sp. 214); *Zimmerli*, Die deutsch-französische Sprachgrenze in der Schweiz (Genf und Basel 1891, vgl. Ltbl. 1891 Spr. 310 und 1892 Sp. 17); *Pfister*, La limite des langues française. et allemande en Alsace-Lorraine (Nancy 1890); *Suchier* a. a. O. p. 3 ff.

[2]) Von dem eigentlichen (nord)französischen Sprachgebiete ist zu scheiden das (südostfranzös.) franco-prov. oder mittelrhônische Gebiet (wo á in freier Silbe nach Palatalen zu ie wird, sonst aber beharrt). Die Grenzorte dieses Gebietes sind nach *Suchier* a. a. O. p. 65: Grenoble (Isère), Saint-Étienne (Loire), Rive-de-Gier, Montbrison, Oingt (Rhône), Bourg (Ain), Genf, Neuchâtel. — Das französische Sprachgebiet erstreckt sich über die politischen Grenzen Frankreichs hinaus, indem es Gebiete von Belgien, Deutschland (in Lothringen und Elsass, wallonische Bezirke im Reg.-Bez. Aachen) und der Schweiz umfasst. Vgl. *Claus*, Die geographische Verbreitung der französischen Sprache (Tübingen 1890).

Kleine spanische Sprachgebiete sind in Folge von spanischer Besiedelung in einzelnen marokkanischen Küstenstädten (den sog. „Presidios") und in der algerischen Provinz Oran entstanden.

Auf den Philippinen ist das Spanische nicht Volkssprache geworden.

c) Die ehemaligen portugiesischen Colonialgebiete in Südamerika (Brasilien). Auch dieses Gebiet wird, wie das amerikanisch-spanische, durch das Fortleben von Indianersprachen wesentlich eingeschränkt.

[d) Zu dem romanischen Colonialgebiete müssen auch die zahlreichen Creolensprachen gerechnet werden; vgl. über diese oben S. 262.]

2. Abgesehen von dem Rumänischen, dessen Gebiet durch Zwischenschiebungen slavischer Sprachen (Slovenisch, Serbisch, Bulgarisch), des Deutschen, des Türkischen und des Neugriechischen sehr zerklüftet ist, bildet das romanische Sprachgebiet ein im Wesentlichen zusammenhängendes Ganzes. Fremdsprachliche Bezirke finden sich in ihm verhältnissmässig nur wenige. In Frankreich gehört der äusserste Südwesten (bis Lescun und Biarritz ausschliesslich) dem Baskischen an, der westliche Theil der Bretagne dem Keltischen (in Folge kymrischer Einwanderung), die Arrondissements von Dunkerque und Hazebrouck sowie einige Gemeinden im Département Pas-de-Calais dem Vlämischen, vgl. *Suchier* a. a. O. S. 3. In Italien gibt es neugriechische[1]) und deutsche[2]) Sprachinseln, die letzteren sind aber im Schwinden begriffen, denn die dreizehn, bezw. sieben deutschen Gemeinden in Oberitalien (Lombardei) sind nahezu italianisirt. Die nordwestlichen Landschaften Spaniens (Guipuzcoa, Viscaya, Alava) sind baskisch. Das spanische und portugiesische Sprachgebiet in Südamerika wird vielfach von Indianersprachen (Araucanisch etc.) durchbrochen.

---

[1]) Vgl. *Comparetti*, Saggio dei dialetti greci dell' Italia meridionale, Pisa 1866; *Moyosi*, I dialetti romaici del mandamento di Bova in Calabria, Arch. glott. IV, 1; und: Studî sul dialetti greci della terra d'Otranto, Locca 1870. — Nebenbei werde bemerkt, dass sich auf Sardinien ein catalanischer Sprachbezirk findet (Alghero), auf Sicilien einige kleine gallo-italische Gebiete, in Südostitalien einige albanesische Colonien.

[2]) Vgl. *Cipolla*, Dei coloni tedeschi nei XIII. Comuni Veronesi, Arch. glott. VIII, 161.

Die Spaltung des rätisch-ladinisch-friaulischen Gebietes wurde bereits oben angegeben.

3. Die jetzigen Grenzen des romanischen Sprachgebietes decken sich nicht ganz mit denen, welche im Mittelalter bestanden. Namentlich ist hervorzuheben, dass das Französische weiter nach Osten und das Italienische weiter nach Norden vorgedrungen ist, das eine wie das andere auf Kosten des Deutschen. Dagegen hat das Deutsche einen beträchtlichen Theil ehemals rätischen Gebietes gewonnen. Bemerkenswerth ist noch die Uebertragung des Französischen im Mittelalter nach England[1]). Vgl. auch unten Nr. 5.

4. Die weite Ausdehnung und die, wenigstens in Europa, vielfach dichte Bevölkerung der romanischen Sprachgebiete bedingt es, dass die Gesammtzahl der Romanen (bezw. der eine romanische Sprache als Muttersprache redenden Personen) eine sehr grosse ist. Eine diesbezügliche bestimmte Zahlangabe lässt sich aber nicht machen. Was Europa anbelangt, so kann man ja die durch die amtliche Statistik ermittelten Bevölkerungsziffern der einzelnen romanischen Staaten (und der romanischen Gebiete nichtromanischer Staaten) zusammenzählen. Es müsste indessen einerseits von der gefundenen Zahl das Gesammte der in den romanischen Ländern lebenden nichtromanisch redenden Individuen (Bretonen, Basken, Deutsche, Engländer etc. etc.) in Abzug gebracht, andrerseits müssten die in nicht-romanischen Ländern lebenden romanisch redenden Individuen, z. B. die zahlreichen spanischen Juden in der Türkei, die vielen italienischen Erdarbeiter in Deutschland, Deutsch-Oesterreich und der deutschen Schweiz etc. etc.) hinzugerechnet werden. Beide Zählungen aber lassen sich in verlässlicher Weise gar nicht durchführen, sind übrigens vielleicht auch entbehrlich, falls man annehmen darf, dass die beiderseitigen Summen einander ungefähr aufheben. Und so liesse sich für Europa, unter Vorbehalt der Möglichkeit eines nicht eben grossen Irrthums — mit welcher Möglichkeit die Statistik ja

---

[1]) Ueber das Französische im mittelalterlichen England vgl. *Scheibner* im Prgr. der Realschule zu Annaberg 1880; *Behrens* in den Französischen Studien V, Heft 2 und in *Paul's* Grundriss etc. I, p. 799 ff.; *Sturmfels* in Anglia VIII, 208; *Clover*, The Mastery of the French Language in E. New York 1889.

immer rechnen muss —, die Gesammtzahl der romanisch Redenden allerdings ermitteln. Ganz unmöglich aber ist dies bezüglich der amerikanischen Länder.

Die Gesammtbevölkerung betrug in Frankreich (nach der Zählung vom Jahre 1891): 38 343 192; in Italien (nach der Zählung vom J. 1891): 30 347 291, dazu 695 566 Italiener und Ladiner in Oesterreich-Ungarn (nach der Zählung vom J. 1890); in Spanien (nach der Zählung vom J. 1887): 17 565 632; in Portugal (nach der Zählung vom J. 1881): 4 708 178; in Rumänien (nach der Zählung vom J. 1889): 5 038 342 (dazu kommen [nach der Zählung vom J. 1890] 2 800 973 Rumänen in Oesterreich-Ungarn, etwa 800 000 in Bessarabien); die Zahl der Italiener im Canton Tessin beträgt (nach der Zählung vom J. 1888) 126 751; die Zahl der Franzosen (Wallonen) in Belgien wird nach der Zählung vom J. 1891 auf 2 230 316 veranschlagt; die Zahl der Franzosen und Wallonen in Deutschland beträgt etwa 220 000; die Zahl der Franzosen in der Schweiz wird auf 500 000, die Zahl der Rätoromanen in Graubünden auf 40 000, die Zahl der friulanischen Romanen endlich auf 464 000 berechnet.

Es ergibt dies die stattliche Gesammtzahl von 103 632 468 Romanen in Europa —, aber freilich, die Richtigkeit der Rechnung muss ganz dahingestellt bleiben [1]).

Jedenfalls stehen aber die romanischen Sprachen in Bezug auf die Zahl der sie Redenden erheblich hinter den germanischen und slavischen zurück.

5. Die romanischen Sprachen haben in Europa keine Ausbreitungskraft bewiesen, da sie im Wesentlichen die Grenzen des lateinischen Sprachgebietes nicht überschritten haben. Die einzige romanische Sprache, welche der benachbarten deutschen Gebiet abgewonnen hat und noch weiter abzugewinnen droht, ist das Italienische (in Südtyrol). Die Fortschritte, welche

---

[1]) In *Hickmann's* „geographisch-statistischem Taschen-Atlas" (Wien o. J. [1895]) wird die Zahl der romanisch Redenden auf 146 Millionen veranschlagt, und zwar: Italienisch 31 M., Spanisch gegen 40 M., Portugiesisch 15 M., Französisch 30 M., Provenzalisch 12 M., Rumänisch 9½ M., Rätisch 0,1 M., Ladinisch und Friulanisch 0,4 M. In demselben Werke wird die Zahl der germanisch Redenden auf 193,5 Millionen, die der slavisch Redenden auf 111,6 Millionen berechnet. Alle diese Ziffern sind aber nur Phantasiegebilde.

das Französische nach der deutschen Sprachgrenze hin früher gemacht hat — erheblich sind sie nicht gewesen —, dürften in Folge der für Deutschland günstig gewordenen politischen Lage allmählich wieder rückgängig gemacht werden.

Im Mittelalter ist das Französische durch die Normannen nach England und Sicilien, durch die Kreuzfahrer (Ville-hardouin u. A.) nach Griechenland übertragen worden. In keinem dieser Länder hat es dauernd sich zu behaupten vermocht, obwohl man doch glauben muss, dass seine Einwurzelung durch die politischen Verhältnisse mächtig gefördert worden sei, denn die Franzosen waren ja die Herren in jenen Landen. Nichtsdestoweniger ist das Französische in Sicilien spurlos ge-schwunden, nahezu spurlos auch in Griechenland. Nicht so allerdings in England: dort wurde das Angelsächsische mit französischen Worten durchsetzt, vielleicht auch lautlich und syntaktisch beeinflusst. Eine bleibende Einbürgerung des Französischen fand aber auch in England nicht statt[1]).

Im siebzehnten Jahrhunderte gründeten die nach Auf-hebung des Edicts von Nantes aus Frankreich fliehenden Hugenotten in Deutschland (und Skandinavien) zahlreiche französische (vereinzelt, so namentlich in Württemberg, auch provenzalische)[2]) Niederlassungen. Die Nachkommen dieser Einwanderer sind rasch germanisirt worden, höchstens dass sie ihre französischen Namen bewahrten. Ebenso ist es den Nachkommen der französischen Flüchtlinge ergangen, welche durch den Sturm der Revolution über Osteuropa, namentlich über Deutschland, verstreut wurden.

Das Französische war seit Ludwigs XIV. Zeit Jahr-hunderte lang die internationale Verkehrs- und Gesellschafts-sprache Europas. Noch erinnern daran die massenhaften französischen Fremdworte, welche allenthalben sich eingenistet haben, aber eine dauernde Einbürgerung des Französischen ist nirgends erfolgt.

----

[1]) Ueber das Verhältniss zwischen Französisch und Englisch, bezw. den von dem ersteren auf das letztere geübten Einfluss vgl. oben S. 276 Anm. (*Scheibner* in Progr. des Realgymnas. zu Annaberg 1880, *Behrens* in Französ. Stud. V, 2 und in *Paul's* Grundriss I, 799). Weitere An-gaben sehe man in *Körting's* Encykl. der engl. Phil. p. 79.

[2]) Ueber die Sprache der prov. Colonien in Württemberg vgl. *Rösiger's* interessante Abhandlung über *Neu-Hengstett* (Greifswald 1883).

Die grossen italienischen Handelsstädte, vor allen Venedig und Genua, haben ihre Sprache in der Levante verbreitet. Es ist in Folge dessen dort eine italianisirte Geschäftssprache, die lingua franca, entstanden, nicht aber eine wirkliche Italianisirung irgend welcher Landschaften bewirkt worden.

Spanische Heere haben im 16. und in der ersten Hälfte des 17. Jahrhunderts in den Niederlanden und in Westdeutschland Standlager gehabt, die spanische Sprache haben sie nicht dahin verpflanzt, selbst spanische Worte sind nur ganz vereinzelt sitzen geblieben.

In den amerikanischen Colonialländern aber hat das Romanische die Sprachen der Eingeborenen nur sehr unvollkommen zu verdrängen vermocht: Mittel- und Südamerika ist bei Weitem nicht in dem Grade romanisirt, wie Nordamerika anglisirt.

6. Dagegen haben die romanischen Sprachen eine starke Aufsaugungsfähigkeit bethätigt, vermöge deren sie die in ihr Gebiet eingedrungenen Fremdsprachen wieder beseitigt haben. So sind namentlich die Sprachen der im römischen Gebiete sesshaft gewordenen Germanen (der Langobarden, Burgunder, Franken, Westgothen, Sueven, später der Normannen) verhältnissmässig rasch geschwunden: es wurden eben die betreffenden Völkerstämme romanisirt, oder vielmehr sie und die von ihnen unterworfenen romanisirten Provinzialen verschmolzen zu nationalen Einheiten, wobei die romanische Sprache über die germanische siegte. Aehnliches ist auf der pyrenäischen Halbinsel und auf Sicilien bezüglich der Araber geschehen.

In Folge dessen umschliesst das romanische Sprachgebiet nur wenige und kleine fremdsprachliche Bezirke, von denen übrigens mindestens einer, der baskische, noch aus römischer Zeit her sich erhalten hat. Der keltische Bezirk in der Bretagne wird durch das vordringende Französisch mehr und mehr geschmälert. Ebenso schrumpfen die namentlich im Nordwesten Frankreichs und in Oberitalien vorhandenen winzigen germanischen Sprachinseln immer mehr zusammen, so dass ihr völliges Schwinden nur noch eine Frage kurzer Zeit ist. Das Gleiche gilt wohl auch von den griechischen und albanesischen Sprachinselchen in Unteritalien.

§ 33. Die Arten des Lateins (Dialekte, Schriftlatein und Volkslatein). 1. Das Latein war ursprünglich einer von den mehreren in Latium gesprochenen latinischen Dialekten. Da dieser Dialekt auf ein sehr kleines Gebiet, die Stadt Rom und ihr Weichbild, beschränkt war — denn schon z. B. im nahen Falerii redete man eine andere Mundart —, so ist die Annahme statthaft, dass er einheitlich, also nicht in Untermundarten getheilt gewesen sei. Die sagenhafte Erzählung von der Vereinigung der Römer mit den Sabinern kann nicht als Einwand dagegen geltend gemacht werden. Denn liegt ihr wirklich eine geschichtliche Thatsache zu Grunde, so ist diese eben in den Anfängen der römischen Geschichte erfolgt. Es ist dann also anzunehmen, dass die Sprache der Römer so ziemlich von ihrem Anbeginne an eine sabinische Färbung erhalten habe und dadurch von den anderen latinischen Dialekten verschieden geworden sei. Sobald aber die etwaige Mischung des römischen Latinisch mit dem Sabinischen vollzogen war — und das muss doch rasch geschehen sein —, bestand eine dialektische Spaltung in der Sprache der Römer nicht mehr. Ob eine solche dann etwa durch etruskische Einwanderung herbeigeführt worden ist, entzieht sich jeder Kenntniss, ist übrigens an sich unwahrscheinlich, weil das Etruskische, wenn es auch vielleicht dem indogermanischen Sprachstamme angehörte, doch gewiss dem Latein zu fern stand, um sich mit ihm verschmelzen zu können.

Jedenfalls wissen wir durch die Ueberlieferung nichts von einer dialektischen Spaltung des Altlateins.

2. Dagegen ist von vornherein als sicher anzunehmen, dass, als das Latein über ganz Italien, die Westprovinzen und Nordafrica sich ausbreitete, zugleich auch eine dialektische Zerlegung stattgefunden und im Verlaufe der Zeit immer mehr sich entwickelt habe. Das muss schon aus dem allgemeinen Grunde angenommen werden, der aus der Thatsache sich ergiebt, dass noch nie eine über ein weites Gebiet verbreitete Sprache einheitlich geblieben ist, sondern immer in Mundarten sich zerlegt hat. So sehen wir ja in unseren Tagen, wie das nach Nordamerika übertragene Englisch von der Sprache des

Mutterlandes abzuweichen beginnt[1]), zunächst freilich nur erst sehr unerheblich. Es ist geradezu undenkbar, dass das nach den verschiedenen eroberten, von Italern, Gallern, Tuskern, Iberern, Puniern etc. bewohnten Ländern übertragene Latein dort nicht je nach der Sonderart der ethnischen Verhältnisse und der einheimischen Sprachen mehr oder weniger sich umgewandelt habe. Wäre dies nicht geschehen, so bliebe die Verschiedenheit der romanischen Sprachen ein Räthsel, denn unmöglich kann man dieselbe lediglich aus der Verschiedenheit der Sprachen (Germanisch, Arabisch, Slavisch etc.) erklären wollen, welche späterhin mit dem italischen und provinzialen Latein in enge Berührung traten.

Alles weist darauf hin, dass schon in den letzten Zeiten der Republik und mehr noch in der Kaiserzeit lateinische Dialekte vorhanden waren, dass also Cyprian's (Ep. 25) bekannter, auf den Beginn des 3. Jahrhunderts n. Chr. sich beziehender Ausspruch *„latinitas et regionibus mutatur et tempore“* durchaus in der Sachlage begründet war.

Aber freilich, wie diese Dialekte abgegrenzt waren — wenn man überhaupt von Dialektgrenzen reden darf —, und wie sie sich einerseits von der Schriftsprache, andrerseits von einander unterschieden, wir wissen es nicht oder wissen doch nur sehr Weniges darüber. Die Schriftsteller überliefern uns nichts[2]), abgesehen davon, dass sie gelegentlich die provinziale Aussprache nichtrömischer Redner und sonstiger Persönlichkeiten rügen[3]). Nachweislich dialektisch geschriebene Litteratur-

---

[1]) Dabei ist sehr zu beachten, dass dies nicht etwa durch den Einfluss der indianischen Sprachen geschieht —, denn diese sterben aus, ohne im amerikanischen Englisch etwas Anderes als vereinzelte Worte zu hinterlassen. Nein, die beginnende Differenzirung scheint ihren Grund in den veränderten physischen und wirthschaftlichen Verhältnissen und in der Berührung des Englischen mit anderen Einwanderungssprachen zu haben. Je mehr die Ausbildung einer Yankee-Nationalität vorschreitet, desto eigenartiger wird sich auch das Yankee-Englisch entwickeln.

[2]) Oder doch nur ganz Vereinzeltes und nicht recht Verwerthbares. So z. B. wenn der Grammatiker Consentius bemerkt, dass die Gallier lateinisches *i* als einen zwischen *i* und *e* schwankenden Laut aussprechen, denn das thaten vermuthlich alle lateinisch Redenden mehr oder wenig (vgl. *fĭdem* > ital. *fede*, span. *fè*, frz. *feit, foi* etc.).

[3]) So z. B. Cicero die Aussprache der gallischen Rhetoren. Man sehe die Belege hierfür und für andere ähnliche Fälle in *Sittl's* unten zu nennender Abhandlung. — *Quintilian* bemerkt (XI, 3, 31) *„sonis homines ut aera tinnitu dignoscimus“*.

werke liegen nicht vor, vermuthlich sind solche auch nie verfasst worden. Der Versuch aber, aus den einer bestimmten
Provinz (z. B. Africa) angehörigen Inschriften und Schriftwerken den Dialekt dieser Provinz zu erschliessen, hat bis
jetzt zu recht greifbaren Ergebnissen nicht geführt, wenn auch
wenigstens so viel als festgestellt gelten darf, dass das Latein
in Africa und in Gallien in Bezug auf Wortschatz, Wortgebrauch und Stilistik gewisse Eigenarten besass, wogegen in
Bezug auf Aussprache, Flexion und Syntax sich das bis jetzt
nicht nachweisen lässt[1]).

Nach dem gegenwärtigen Stande der Forschung muss
man urtheilen, dass in Bezug auf Formenlehre und Syntax
die Verschiedenheiten der einzelnen Dialekte (unter einander
und) vom Schriftlatein nicht sehr gross gewesen sind. Eine
stärkere Verschiedenheit lässt sich hinsichtlich der Lautbeschaffenheit voraussetzen, ohne dass darüber Angaben gemacht werden könnten. Jedenfalls ist hervorzuheben, dass
keine Thatsache überliefert ist, aus welcher geschlossen
werden müsste, dass die Dialektverschiedenheit den sprachlichen Verkehr der Angehörigen der verschiedenen Landschaften erschwert habe (wie dies gegenwärtig der Fall ist).

3. Wie in jeder Sprache, welche Trägerin einer höher
entwickelten Litteratur geworden ist[2]), unterschied sich auch
im Latein die Schriftsprachart von der Sprachart des gewöhnlichen Lebens (dem *sermo cottidianus* oder der „*consuetudo*“).
Die Schriftsprache war in ihrer Anwendung selbstverständlich

---

[1]) Die neuesten Untersuchungen über das vielbehandelte africanische
Latein (einschliesslich des „*tumor africanus*“, d. h. des afrikanischen
Schriftstellern eigenthümlichen Schwulstes) sind geführt worden von
Wölfflin im Archiv f. lat. Lex. VII, 1 und 467, *Kübler* ebenda VIII,
161, *Thielemann* ebenda VIII, 501; recht lesenswerth ist auch der Aufsatz *Boissier's* in der Revue des deux Mondes vom 15. Januar 1895.
Ueber das gallische Latein vgl. namentlich *Geyer*, Arch. f. lat. Lex. II,
25 u. VIII, 469, *Thurneysen*, Die Reciprocität im gall. Lat., Arch. f. lat.
Lex. VII, 596 (vgl. VIII, 482) und *Huemer*, Gallische Rhythmen und
gall. Latein in: Eranos Vindobonensis (Wien) 1893) p. 113. -- Die bis
jetzt einzige zusammenfassende Arbeit über die lateinischen Dialekte
ist das trotz aller seiner grossen Schwächen (über welche man vgl.
G. *Meyer* und H. *Schuchardt* in Ztschr. f. rom. Phil. VI, 608) verdienstliche und anregende Buch *Sittl's*: Die localen Verschiedenheiten der
lateinischen Sprache mit bes. Berücksichtigung des africanischen Lateins
(Erlangen 1882).
[2]) Vgl. oben § 25.

auf die höher gebildeten Kreise der lateinisch Redenden beschränkt, wurde aber auch innerhalb dieser nur eben beim Schreiben[1]) und bei öffentlicher Rede, nicht aber im Alltagsverkehre, in voller Reinheit gebraucht. Die Verkehrssprache dagegen wurde — selbstverständlich mit den gleich noch weiter hervorzuhebenden mannigfachen Abstufungen — von der Gesammtheit der lateinisch Redenden gebraucht; sie darf um desswillen als „Volkslatein" bezeichnet werden; nur ist dabei der Begriff „Volk" durchaus im Sinne von *populus* und nicht in dem von *plebs* oder gar von *vulgus* zu verstehen. Es dürfen „Volkslatein" und „Vulgärlatein" keineswegs als gleichwerthige Begriffe gebraucht werden.

Jede Volkssprache wird von denen, welche sie reden, sehr verschieden gehandhabt. Die Gebildeten sprechen anders, als die Ungebildeten, die Städter (und namentlich wieder die Grossstädter) anders, als die Landbewohner, die Angehörigen der einzelnen Berufsklassen und Stände weichen in ihrer Sprache mehr oder weniger von einander ab. Ueberdies aber spricht ein Jeder verschieden je nach dem Zwecke der Rede und nach Beschaffenheit Derer, zu denen er spricht, z. B. anders redet man im familiären Verkehre und anders im amtlichen; wer zu Höherstehenden redet, bedient sich anderer Sprechart, als wer mit Untergebenen spricht etc. etc. Zu alledem tritt dann noch die Verschiedenheit der Mundarten.

Es kann gar keinem vernünftigen Zweifel unterliegen, dass auch das „Volkslatein" in mannigfachster Weise sich abstufte, dass es also aus einer ganzen langen Reihe von Spracharten sich zusammensetzte, deren oberste die zierliche, der Schriftsprache sehr nahe stehende Sprachart der Gebildeten (die „*urbanitas*"), die unterste (übrigens wieder vielfach getheilte) die Sprache der niedersten, namentlich der ländlichen Bevölkerungsklassen (die „*rusticitas*") war. Der Begriff des „Volkslateins" ist demnach nur insofern ein einheitlicher, als er die Gesammtheit der Spracharten des mündlichen Verkehrs im Gegensatze zum „Schriftlatein" bezeichnet. Abgesehen hiervon aber ist der Ausdruck „Volkslatein" der Gesammt-

---

[1]) Genauer ist zu sagen: In den für die Oeffentlichkeit bestimmten Schriftwerken, sofern Inhalt und Tendenz derselben nicht eine Annäherung an die Verkehrssprache erforderlich oder doch wünschenswerth machten.

name für eine Vielheit von Spracharten, welche unter einander
sehr verschieden, namentlich auch dialektisch stark differenzirt
gewesen sein können, obwohl nicht gewesen sein müssen. Sobald es sich also um Einzeldinge der Sprachbeschaffenheit und
Sprachentwickelung handelt, kommt in Frage, ob eine bestimmte
Erscheinung für a l l e oder nur für e i n z e l n e oder gar für
bloss e i n e Art des „Volkslateins" anzunehmen sei. Nichts ist
verkehrter, als bei „Volkslatein" immer nur an die Sprachart
des Pöbels zu denken. Auch diese ist allerdings „Volkslatein", aber doch eben nur e i n e Art desselben.

4. In der Natur der Sache ist es begründet, dass, wer
im Alterthum lateinisch schrieb, S c h r i f t latein schreiben
wollte und diesen Willen bethätigte so gut oder so schlecht,
als er nach Maassgabe seiner Bildung und Befähigung es eben
vermochte. In der Neuzeit freilich ist es üblich, dass die für
eine bestimmte Bevölkerung berechneten Schriften in deren
örtlicher Mundart abgefasst werden, z. B. Berliner Local-
possen im Berliner Dialekt (richtiger Jargon). Es ist dies
einerseits in dem realistischen Zuge unserer Zeit, andrerseits
in dem gegenwärtig weit verbreiteten Interesse an volksthümlichem Sonderleben begründet. Im r ö m i s c h e n Alterthume
ist Aehnliches kaum geschehen, mindestens wissen wir nichts
davon. Jedenfalls besitzen wir kein einziges Schriftwerk, von
dem man behaupten könnte, dass es in wirklichem Volkslatein, bezw. in einer bestimmten Sprachart des Volkslateins
abgefasst sei.

Aber nicht Jeder, welcher Schriftlatein schreiben wollte,
war der Handhabung dieser Sprachart voll mächtig, denn
nicht Jeder besass die dazu erforderliche gute Schulbildung,
namentlich nicht in der späteren Zeit. Wenn also der nicht
ausreichend Gebildete es dennoch unternahm, schriftlateinisch
zu schreiben, so musste es geschehen, dass ihm Formen und
Wendungen der ihm eigenthümlichen Sprachart des Volkslateins mit unterliefen, dass er unabsichtlich das Schriftlatein
volkssprachlich färbte.

Nicht Jeder auch, welcher zum correcten Gebrauche der
Schriftsprache befähigt war, machte von dieser Fähigkeit jeder
Zeit Gebrauch. Zum Theil schon aus Bequemlichkeit nicht,
denn selbstverständlich schreibt man müheloser und rascher,

wenn man nicht immer sorgfältig erwägt, ob ein Wort oder
eine Redewendung auch wirklich schriftgemäss sei. Ein derartiges behagliches Sichgehenlassen gestattet sich namentlich,
wer vertrauliche Briefe schreibt, von denen man annimmt,
dass der Empfänger sie keiner sprachlichen Kritik unterziehen und der Oeffentlichkeit nicht übergeben werde.

Aber auch wer mit der Handhabung des Schriftlateins
durchaus vertraut war, konnte in bestimmten Fällen Anlass
haben, seine Sprache dem Volkslatein (bezw. einer bestimmten
Art desselben) einigermaassen anzunähern. Wer über technische Dinge (z. B. Bauwesen, Feldmesskunst, Landwirthschaft
etc.) schrieb, musste nothwendiger Weise Ausdrücke und Wendungen brauchen, welche der Sondersprache der betreffenden
Berufsclassen eigen waren[1]). Die Verfasser von Lustspielen
und Romanen verzichteten auf volle Durchführung schul-
mässiger Sprachcorrectheit, wenn sie ihre Werke nicht bloss
für die Kreise der Hochgebildeten, sondern für das „grosse
Publikum“ bestimmten. Namentlich aber mussten die christlichen Theologen einer schlichten und volksthümlichen Sprache
sich bedienen, wenn sie wollten, dass ihre Uebersetzungen
biblischer Bücher und ihre erbaulichen Schriften der Gesammtheit der Gläubigen verständlich seien[2]), denn die alt-
christlichen Gemeinden setzten sich ja zu einem guten Theile
aus den Angehörigen der niederen Stände der städtischen
Bevölkerung zusammen.

Und so sind uns denn in der That verhältnissmässig viele
Schriftwerke überliefert, deren schriftlateinische Sprache
zweifellos eine mehr oder weniger starke volkslateinische
Schattirung aufweist. So die Briefe Cicero's und des jüngeren
Plinius, welche die elegante Conversationssprache der be-
treffenden Zeiten wiederspiegeln, eine Sprachart, welche unter

---

[1]) Solche technische Schriftsteller, zu denen z. B. auch die Koch-
künstler (Apicius) und Thierärzte (Pelagonius) gehören, mögen oft genug
auch aus Mangel an litterarischer Bildung ein fragwürdiges Latein geschrieben haben. Der Baumeister Vitruv erbittet in der Einleitung
seines Buches über Architektur ausdrücklich im Voraus Verzeihung für
etwaige Schnitzer (*„peto, ut, si quid parum ad regulam grammaticam fuerit
explicatum, ignoscatur“*).

[2]) Augustin (*Enarr. in psalm.* 138, 20) stellt geradezu den Grundsatz auf: *„melius est reprehendant nos grammatici, quam non intelligant
populi“*. Man darf das für keine leere Redensart halten.

Anderem durch die massenhafte Anwendung griechischer Fremdworte gekennzeichnet wird. Ebenfalls in die Umgangssprache der höheren Gesellschaft, aber freilich einer weiter zurückliegenden Zeit, führen uns Terenz' Lustspiele ein, während diejenigen des Plautus etwas tiefer hinabsteigen, ohne doch, wie es scheint, geradezu plebejisch zu werden. Die Umgangssprache der gebildeten Stände im Zeitalter des Augustus wird uns aus Horaz' Satiren und Episteln einigermaassen anschaulich. Die Umgangssprache der Gebildeten im Zeitalter Nero's und zugleich die damalige süditalische Volkssprache der niederen Stände lässt uns der sittengeschichtlich so wichtige Roman des Petronius, bezw. die darin enthaltene (oder vielmehr davon fast allein erhaltene) „Scena Trimalchionis" erkennen[1]. Auch der gleichfalls sittengeschichtlich hoch interessante Roman des Africaners Apuleius („Metamorphoseon libri XI") enthält zahlreiche Gesprächsscenen, von denen man annehmen möchte, dass sie volkssprachlich gefärbt seien; nur mischen sich gerade bei diesem Schriftsteller africanische Mundart, individuelle Sonderbarkeiten der Sprache und alterthümelnde Sucht so wirr zusammen, dass sich die volkssprachlichen Bestandtheile schwer herausschälen lassen. Volkslateinische Bestandtheile enthalten, wie schon oben bemerkt wurde, die technischen Schriften, wie z. B. Columella's Buch über den Landbau, Vitruv's Werk über die Architektur, die Abhandlungen der Feldmesser *(gromatici, agrimensores)* etc.; freilich aber ist diese ganze Fachlitteratur dem, welcher mit der betreffenden Technik und dem antiken Betriebe derselben nicht vertraut ist, sachlich unverständlich oder nur halbverständlich, woraus sich leicht Fehlannahmen bezüglich der Sprache ergeben. Dieser Uebelstand fällt hinweg bei den volksthümlich gehaltenen theologischen Schriften, namentlich bei den ältesten Bibelübersetzungen, der nur in Bruchstücken überlieferten (wahrscheinlich in Africa entstandenen) sog. „Itala" und der jüngeren (auf den hl. Hieronymus zurückgehenden) „Vulgata". Schon ihrer zum Theil späten Ent-

---

[1] Kein Romanist sollte diese wichtige Quellenschrift ungelesen lassen, so unappetitlich sie auch vielfach ist Man liest sie am besten in der mit guter Uebersetzung, trefflichen Erklärungen und lehrreicher Einleitung versehenen Ausg. *Friedländer's* (Leipzig 1892).

stehungszeit wegen sind diese theologischen Schriften am geeignetesten, uns einen Blick in das Volkslatein der späteren Zeit thun zu lassen. Neben ihnen kommen besonders die unter dem Gesammtnamen der *„scriptores historiae augustae"* bekannten Verfasser der Kaiserbiographien (Lampridius u. A.) in Betracht, schon weil sie so manches Geschichtchen erzählen, das Anlass zum Gebrauch eines volkssprachlichen Ausdrucks darbot, noch mehr aber, weil sie offenbar Schriftlatein zwar haben schreiben wollen, es aber nicht eigentlich haben schreiben können, sondern sich mühselig damit haben quälen müssen. (Noch weniger schriftsprachlich correct ist selbstverständlich das Latein vieler der im Uebergange vom Alterthume zum Mittelalter, d. h. im ausgehenden 5., im 6. und im 7. Jahrhunderte, entstandenen Schriftwerke [Geschichtswerke, Urkunden, Gesetze etc.]; was aber in diesen an volkssprachlichen Bestandtheilen sich etwa nachweisen lässt — man kann übrigens in diesbezüglichen Annahmen nicht vorsichtig genug sein —, das darf man füglich nicht mehr „volkslateinisch", sondern muss man schon „romanisch" nennen).

Auch aus Inschriften, welche plebejischen Kreisen entstammen (wie z. B. die Mauerinschriften in Pompeji, ein grosser Theil der christlichen Katakombeninschriften), lässt sich manche Andeutung auf die Beschaffenheit des (in den niederen Ständen gesprochenen) Volkslateins entnehmen. Indessen grosse Vorsicht ist auch hier von Nöthen. Namentlich ist es sehr übereilig, wenn man in jeder einzelnen von der üblichen Orthographie abweichenden Schreibweise das Anzeichen einer volksthümlichen Aussprache erblickt. Nur eine gewisse Folgerichtigkeit in Schreibfehlern gestattet einen Schluss auf die Aussprache.

Was man aber auch immer aus Schriftwerken und Inschriften an volkssprachlichen Thatsachen erkennen zu können glaubt, stets gilt es da, zu beherzigen, dass jede dieser Thatsachen zunächst im günstigsten Falle nur eben für den Ort und die Zeit, an welchem und in welcher das betreffende Schriftwerk oder die betreffende Inschrift entstanden ist, für feststehend erachtet werden darf. Bezüglich der Schriftwerke muss man sich überdies vor dem Wahne hüten, als ob die Schreibweise der Handschriften, in denen sie uns überliefert sind, auch die Schreibweise der Urtexte gewesen sei. Die mittelalterlichen Schreiber haben ihre eigenen orthographischen oder vielmehr unorthographischen Systeme befolgt; im besten Falle sind sie bemüht gewesen, die zu ihrer Zeit und in ihrem Lande übliche Schulaussprache des Lateins wiederzugeben. —

Die römischen Nationalgrammatiker wollten, wie begreiflich, nur die Schriftsprache lehren. Die Volkssprache liessen sie daher in ihren Darstellungen entweder ganz unberücksichtigt oder beachteten sie nur insoweit, als sie gelegentlich vor Anwendung von Vulgarismen warnten. In dieser Beziehung sind namentlich wichtig die sog. Appendix Probi (s. oben S. 248 f.) und die „Ars de barbarismis et metaplasmis" (bei *Keil* V 338 ff.) des Consentius (um Mitte des 5. Jahrhunderts). Der letztere versichert ausdrücklich: „*Non imitabor eos scriptores, qui exempla huiusmodi vitiorum de auctoritate lectionum dare voluerunt . . . nos exempla huiusmodi dabimus, quae in usu cotidie loquentium animadvertere possimus, si paulo curiosius audiamus ea*" (vgl. *Seelmann* in *Vollmöller's* Jahresb. I 52 f.).

Alles in Allem genommen fliessen die Quellen für die Kenntniss der lateinischen Volkssprache überaus kärglich und noch dazu oft recht trüb. In Folge dessen wissen wir vom Volkslatein nur gar Weniges sicher, sehen uns also bezüglich seiner zumeist auf Vermuthungen angewiesen. Ueber die Berechtigung, das Volkslatein aus dem Romanischen „zurückzuconstruiren" vgl. Nr. 7.

5. Es ist sehr üblich, dass man sich den Abstand zwischen Schriftlatein und Volkslatein als sehr gross vorstellt, ihn für noch erheblicher erachtet, als er in den neueren Sprachen zwischen Schriftsprache und Volkssprache zu sein pflegt. Diese Annahme beruht zum Theil darauf, dass man das Volkslatein ganz einseitig als ein Vulgärlatein, ein nur von den niedersten und rohesten Bevölkerungsklassen gesprochenes Latein, kurz als ein Bauern- und Pöbellatein auffasst. Zu einem anderen Theile erachtet man sich zu dem Glauben an eine grosse Verschiedenheit des Schriftlateins von dem Volkslatein um desswillen für berechtigt, weil das Schriftlatein stark gräcisirt worden und dadurch zwischen ihm und der Volkssprache eine weite Kluft entstanden sei. Diese Voraussetzung

ist nun ja bis zu einem gewissen Grade unstreitig richtig, aber man darf sie doch auch nicht allzusehr betonen wollen. Einigermaassen gräcisirt nämlich wurde zweifellos auch die Volkssprache der späteren Zeit. Es musste dies das nothwendige Ergebniss verschiedener zusammenwirkender Verhältnisse sein: des in den oberen Ständen herrschenden Hellenismus, der grossen Zahl der in Italien und den Westprovinzen lebenden griechisch redenden Personen (Sklaven, Kaufleute, Kunsthandwerker, Litteraten etc.), endlich der Einwirkung des aus dem griechischen Osten nach dem lateinischen Westen übertragenen Christenthums (man denke an die Masse der griechischen Worte im Bibellatein und im Kirchenlatein, von denen viele noch jetzt im Romanischen als durchaus volksthümliche Worte fortleben, vgl. unten §§ 37 u. 38). Auch darf man gewiss nicht glauben, dass das Bildungsniveau der unteren Stände im Allgemeinen ein sehr tiefes und pöbelhaft niedriges gewesen sei. Allerdings das römische Alterthum entbehrte zweier wichtiger Mittel der Volksbildung, über welche die Neuzeit verfügt: der Volksschule und der Presse. Die Zahl der Analphabeten war damals gewiss gross, wenn auch nicht so gross, wie man vielleicht glauben möchte, denn sonst würden Pompeji's Hauswände schwerlich „Sgraffiti" uns erhalten haben, und Aufschriften, wie *„cave canem"*, die doch gewiss nicht bloss von Gelehrten gelesen werden sollten, wären entbehrlich gewesen; auch die allgemeine Ueblichkeit der Grabschriften lässt auf weite Verbreitung der Lesefertigkeit schliessen —, denn wozu hätte man sonst Grabschriften angebracht? Wie dem aber auch sein mag, jedenfalls lagen damals mannigfaltige Bildungsstoffe so zu sagen in der Luft, namentlich solche ästhetischer Art: sie strömten gleichsam aus von den zahlreichen monumentalen Gebäuden (Tempeln, Thermen, Theatern, Basiliken, Palästen) und von den allenthalben vorhandenen Bildwerken, welche mythologische oder geschichtliche Gegenstände darstellten; dazu kam die Unentgeltlichkeit der Schauspiele, unter denen wenigstens die so beliebten Pantomimen bei aller ihrer sittlichen Fragwürdigkeit doch die Ausbildung des Schönheitsgefühles in der Volksmasse fördern mussten. Und vieles Andere noch liesse sich anführen. Sittlich waren die Völker des späten griechisch-römischen Alterthums entsetzlich versumpft und verroht, aber intellectuell und ästhetisch standen sie leidlich hoch. Bei dieser Sachlage ist nicht anzunehmen, dass das Volkslatein auch der unteren Schichten eine besonders verwilderte Sprache gewesen sei, die weitab gestanden habe von der zierlichen Sprache der Litteratur. Auch in Bezug auf die Provinzen kann man das nicht glauben. Denn allenthalben blühten dort bis in die späteste Zeit hinein Rhetorenschulen, welche, wenn auch die Zahl ihrer Besucher immer nur eine beschränkte sein konnte und vorwiegend nur den höheren Ständen angehörte, mittelbar doch auch auf die Sprache des Volkes bildend einwirken mussten.

Zwei Thatsachen sind es vor allem, welche zu der Annahme drängen, dass das Volkslatein in seinem Durchschnitt sich nicht allzu weit von dem Schriftlatein entfernt habe.

Erstlich stehen auch diejenigen Schriftwerke, welche anscheinend am stärksten volkssprachlich gefärbt sind — etwa Plautus' Lustspiele, Petronius' Roman, die Bibelübersetzungen —, in ihrer S p r a c h f o r m nicht eben sehr weit vom reinen Schriftlatein ab [1]), gross ist der Abstand nur in s t i l i s t i s c h e r Beziehung, das aber ist hier nebensächlich.

Sodann aber wird nirgends überliefert, dass die Sprache des gemeinen Mannes dem Höhergebildeten unverständlich oder auch nur schwerverständlich gewesen sei; ebensowenig wird angedeutet, dass der sprachliche Verkehr der Bewohner der verschiedenen Provinzen unter einander Schwierigkeiten gehabt habe, während dies doch in den Ländern der Neuzeit so vielfach der Fall ist. Allem Anscheine nach ist im gesammten lateinischen Sprachgebiete ein im W e s e n t l i c h e n sehr gleichartiges Latein gesprochen worden, und dieses gesprochene Latein entfernte sich nicht allzu weit vom Schriftlatein, wenigstens nicht so weit, dass das sprachliche Verständniss eines vorgelesenen oder recitirten Schriftwerkes (z. B. einer Tragödie, einer Ode) dem der Handhabung der

---

[1]) Cicero (de Orat. III, 12, 44 f.) berichtet, dass dem Redner Crassus die Sprache seiner (des Crassus) Schwiegermutter Laelia so vorgekommen sei, wie die des Plautus oder Nävius. Dadurch wird bezeugt, dass der Abstand zwischen Volkssprache und Schriftsprache nicht erheblich gewesen ist.

Schriftsprache nichtkundigen Hörer unmöglich oder auch nur sonderlich schwierig gewesen wäre. Es mag einem solchen Hörer manches Wort, manche Form, manche Construction fremdartig erschienen sein, aber den Inhalt konnte er doch erfassen. Wäre es anders gewesen, so würde z. B. die Popularität der Gedichte Virgil's, die namentlich in ihrer Verwendung als Stechbuch *(sortes Vergilianae)* Ausdruck gefunden hat, rein unerklärlich sein, denn es waren doch gewiss nicht bloss gelehrte Leute, die an Virgil ihren Aberglauben übten. —

Bei der ganzen Frage ist übrigens noch Eins zu erwägen. Die grosse Mehrzahl der lateinisch redenden Bevölkerung Italiens und mehr noch der Westprovinzen und Africa's war nicht römischen, sondern keltischen, iberischen etc. Ursprunges, für sie war also das Latein nicht die angestammte Muttersprache, sondern eine vor längerer oder kürzerer Zeit, sei es in der Praxis des Lebens oder (aber seltener) in der Schule, angelernte Fremdsprache, etwa wie das Deutsche für die germanisirten Slaven in Schlesien etc., nur dass für diese die Germanisirung schon viel weiter zurückreicht, als für die römischen Provinzialen, selbst der Kaiserzeit, die Latinisirung. Wohl übertrugen nun ohne Zweifel die latinisirten Kelten, Iberer etc. etwas von der Eigenart ihrer Nationalsprachen auf das angenommene Latein, namentlich auf die Aussprache desselben, und begannen damit eine dialektische Differenzirung, welche Nachwirkungen haben musste. Aber andrerseits wird auch damals die in der Neuzeit oft beobachtete Erscheinung eingetreten sein, dass eine Bevölkerung, welche ihre Sprache mit einer fremden vertauscht (nicht aber vermischt!), diese letztere verhältnissmässig rein spricht, ja in einer Weise spricht, welche der Schriftsprache sich annähert. Es ist dies die Folge dessen, dass doch wenigstens ein Theil, sei es auch nur ein kleiner, der den Sprachentausch vollziehenden Bevölkerung die Fremdsprache schulmässig, also in der Schriftsprachform, erlernt, und dass dann die durch die Schule Hindurchgegangenen mittelbar und praktisch die Lehrer ihrer nicht schulmässig unterrichteten Landsleute werden. Man darf also glauben, dass gerade die Nichtrömer ein durchschnittlich leidlich gutes Latein redeten.

6. Das Hauptkennzeichen des Volkslateins im Verhältnisse zum Schriftlatein war ohne Zweifel das Streben nach Vereinfachung des ursprünglich vorhandenen Formenbestandes, also nach Herabminderung der Casus und der verbalen Kategorien, beziehentlich Ersetzung derselben durch Umschreibungen. Es lässt sich dies um so bestimmter behaupten, als das gleiche Streben in jeder gesprochenen flexivischen Sprache sich von jeher geltend gemacht hat und geltend macht. Die Folge der Herabminderung der Flexion für den Satzbau ergibt sich von selbst: auch er wird zu einem Theile vereinfacht in analytischer Richtung hin.

Bezüglich des Lautsystems kann von einem Unterschiede zwischen Schriftsprache und Volkssprache — also auch zwischen Schriftlatein und Volkslatein — nicht die Rede sein oder doch nur in ganz bedingtem Sinne.

Eine Schriftsprache wird eben nur geschrieben, nie eigentlich gesprochen. Eben darum folgt sie auch den Lautwandlungen der gesprochenen Sprache entweder gar nicht oder doch nur sehr langsam und unvollkommen nach, sondern sie beharrt gern bei der einmal üblich gewordenen Art des Lautausdrucks durch die Schrift, mag auch diese Art im Laufe der Zeit ganz veraltet geworden sein. So ergibt sich ein mehr oder minder grosser Abstand zwischen Schreibung und Aussprache, ein Abstand, der, wenn nicht endlich die Schreibung abgeändert wird, mehr und mehr sich erweitert.

Und so verhielt es sich auch in Bezug auf Schriftlatein und Volkslatein: die Rechtschreibung des ersteren entsprach, wenigstens in späterer Zeit — und diese geht uns hier allein an —, einem Lautstande, welchen die gesprochene Sprache in vielen Punkten bereits aufgegeben hatte, ja in manchen Punkten vielleicht nie eingenommen hatte, denn es ist ja denkbar, dass bei der Feststellung der schriftlateinischen Orthographie Willkürlichkeiten stattgefunden haben.

7. Die Spärlichkeit dessen, was wir von dem Volkslatein wissen, legt den Gedanken nahe, diese Sprachart aus den romanischen Sprachen gleichsam zu reconstruiren, ungefähr wie man aus der gegenwärtigen Beschaffenheit eines mehrfach umgebauten Bauwerkes Schlüsse auf die ursprüngliche Anlage zieht und auf Grund dieser Schlüsse den Plan des ersten Bau-

meisters wieder aufzufinden sich bemüht. Im Grundsatze ist dieses Verfahren ganz berechtigt[1]), praktisch ist es vielfach sogar unentbehrlich, so z. B. wenn es sich um die Aufstellung nicht belegter lateinischer Grundworte für romanische Worte unzweifelhaft lateinischer Herkunft handelt. Oft genug sind solche zunächst bloss fingirte Worte späterhin aus Glossen etc. als wirklich vorhanden nachgewiesen worden (Beispiele hierfür gibt *Landgraf* im Arch. f. lat. Lex. IX 413 f. u. 425). Das „Reconstructionslatein“ verdient also an und für sich den Spott nicht, zu dessen Zielscheibe es neuerdings mitunter gemacht worden ist. Aber freilich muss, wer eine sprachliche Reconstruction sich gestattet, sich dessen vollbewusst bleiben, dass das Reconstruiren eben nur ein Experiment ist und dass dessen Ergebniss so lange fraglich bleibt und folglich nicht als Unterlage für weitere Aufstellungen benutzt werden darf, als seine Richtigkeit nicht durch geschichtlichen Nachweis erhärtet werden kann. Was aber Laute und Formen anbetrifft, so ist immer die Möglichkeit in Betracht zu ziehen, dass die romanischen Gestaltungen das Ergebniss einer romanischen Analogiebildung sein können und folglich für das Latein gar nichts beweisen. Wer z. B. aus frz. *point* ein volkslat. *pŭnctum* statt *pūnctum* erschliessen wollte, würde sehr fehlgreifen, denn das *oi* in *point* beruht auf Anbildung an *poindre*, *poins* etc., in welchen (Präsensstamm-)Formen *oi* einem lat. *ŭ* entspricht. Noch ärger (und übrigens unverzeihlich) wäre der Schnitzer, wenn man z. B. dem frz. *écrivis* zu Liebe frischweg ein volkslat. *scribivi* ansetzen wollte. Solche Sünden, wenn auch nicht gerade so offenkundiger Art, werden aber mitunter begangen, und ein solches „Constructionslatein“ verdient allerdings reichlich Spott und Rüge.

8. Das grundlegende Werk für die wissenschaftliche Erforschung des Volkslateins ist *H. Schuchardt's* Vocalismus des Vulgärlateins, Leipzig 1866 ff., 3 Bde., ein Werk, das eine reiche Fülle ebensowohl

----

[1]) Es ist dabei Eins sehr zu beachten: Eine Reconstruction hat für den Gesammtumfang des Volkslateins nur dann Anspruch auf Gültigkeit, wenn sie durch die Uebereinstimmung a l l e r romanischen Hauptsprachen gestützt wird (z. B. *sapēre* f. *sapĕre*); beruht sie dagegen auf einer Thatsache, welche nur auf eine Gruppe der romanischen Sprachen sich bezieht (z. B. auf Französisch-Provenzalisch[-Catalanisch]), so hat sie unmittelbaren Werth nur für das Volkslatein des betr. Landgebietes (z. B. für das gallische V.).

von Rohstoff wie von anregenden Gedanken in sich birgt und im
Wesentlichen noch nicht überholt ist. Seitdem ist über Volkslatein
Vieles geschrieben worden, zum Theil freilich recht Oberflächliches.
Neue Gesichtspunkte stellten auf: *Gröber*, Sprachquellen und Wort-
quellen des lat. Wörterbuchs, Arch. f. lat. Lex. I, 25, und: Vulgär-
lateinische Substrate romanischer Worte, ebenda Bd. I bis Bd. VIII;
Seelmann, Aussprache des Latein [sic!], Heilbronn 1885; *Sittl* in einem
Vortrage auf der Philologenversammlung zu Görlitz 1889 (wandte sich
lebhaft gegen die übliche Auffassung des Begriffes „Vulgärlatein"[1]);
Bonnet, Le Latin de Grégoire de Tours (Paris 1890, vgl. über dieses
hochwichtige Buch *Boissier*, Journal des Savants, Jan. u. Apr. 1892).
Ueber die neuesten Arbeiten vgl. *Sittl* in *Bursian's* Jahresb. üb. die
Fortschritte der class. Alterthumswiss. Bd. LXVIII, 226 ff.; *Monceaux*
in der Rev. des deux Mondes 15. Juli 1891; *Miodoński* im Arch. f. lat.
Lex. VIII, 146 (dieser Bd. VIII enthält auch sonst wichtige Beiträge,
so p. 161 *Kübler's* Aufsatz über die lat. Spr. auf afric. Inschr. u. A.);
Seelmann in Bd. I S. 48 ff. des Vollmöller'schen Jahresberichtes; *Vising*,
Om Vulgärlatinet, in: Forhandl. paa det 4. nord. Filologemøde (Kopen-
hagen 1893) p. 146, vgl. Indogerm. Forsch. (Anz.) Bd. IV, 60 u. 80,
Romania XXII, 622. — Mit Vorsicht ist zu lesen *Meyer-Lübke's* Artikel
über das Latein in Bd. I des *Gröber*'schen Grundrisses (vgl. darüber
die, freilich etwas gar zu lebhafte, Kritik *Seelmann's* in den Gött. gel.
Anz. 1890 (S. 665), auf welche *Meyer-Lübke* in der Ztschr. f. rom. Phil.
XV, 281 geantwortet hat). — Wichtig ist *Kluge's* Aufsatz: Vulgärlat.
Auslaute auf Grund der ältesten lat. Lehnworte im Romanischen, in
Ztschr. f. rom. Phil. XVII, 559, vgl. Indogerm. Forsch. Bd. IV (Anz.)
p. 82. — Nur mehr mittelbar behandelt das Volkslatein das sonst sehr
bedeutende Buch *Cohn's*, Die Suffixwandlungen im Vulgärlat. und im
vorlitt. Franz., Halle 1890. Lesenswerth sind *Boué's* Aufsätze „La vie
des mots latins" in: l'Enseignement chrétien 1892. Ein gewisses Interesse besitzt auch *Fisch's* Schrift: Die Walker oder Leben und Treiben
in altröm. Wäschereien. Mit einem Exkurs über lautliche Vorgänge im
Gebiet des Vulgärlateins. Berlin 1890. Litteraturangaben über das
Bibellatein und die christliche Latinität überhaupt sehe man oben
S. 251.

§ 34. **Die Spracharten des Romanischen (die romanischen
Einzelsprachen).** 1. Das Romanische bildet eine grosse Sprach-
einheit, und weil dem so ist, lässt es sich nicht derartig in
kleinere Spracheinheiten zerlegen, dass dieselben unter einander scharf und reinlich abgegrenzt werden könnten. Die
Aufstellung von romanischen Einzelsprachen und Mundarten,
Sprachengruppen und Mundartengruppen kann nur unter dem

---

[1] Einen kurzen Bericht über *Sittl's* Vortrag findet man in den
Indogerm. Forsch. Anzeiger 2 p. 180.

Vorbehalte geschehen, dass die dadurch vollzogene Scheidung sich bloss auf einzelne Seiten der Sprachgestaltung beziehe, also eine bloss theilweise sei und vollen Raum lasse für das Vorhandensein breiter und fester Zusammenhänge. Unter diesem Vorbehalte besitzt die Zerlegung des Romanischen in Einzelsprachen und Mundarten, welche beiderseits wieder zu Gruppen sich verbinden, wissenschaftliche Vollberechtigung und genügt zugleich einer praktischen Nothwendigkeit, denn eben nur dadurch wird die Uebersicht der Fülle des Sprachstoffes und der Vielartigkeit der Sprachentwickelung ermöglicht.

2. Innerhalb des romanischen Gebietes bestehen, wie innerhalb jedes Sprachgebietes, zahlreiche — für die theoretische Betrachtung unendlich viele — Sprachgenossenschaften nach Maassgabe der physischen und geschichtlichen Bedingungen, unter denen in den einzelnen Ortsgebieten [1]) das Lateinische fortgelebt, sich weiter entwickelt und Beeinflussung durch Fremdsprachen erfahren hat. Jede einzelne dieser Genossenschaften redet eine Sprache, welche in den meisten wesentlichen Beziehungen mit derjenigen aller übrigen Genossenschaften übereinstimmt, während sie in minder wesentlichen, vielleicht zum Theil auch in einigen wesentlichen Beziehungen abweicht von der Sprache aller übrigen Genossenschaften und eben dadurch eine Sondersprache darstellt. Jede dieser Sondersprachen, welche man als Mundarten ersten Grades bezeichnen kann, erstreckt sich nur über ein kleines Gebiet, sie sind nur Orts-, bezw. Ortsgruppenmundarten.

Mehrere (benachbarte oder doch, ehe eine Fremdmundart oder Fremdsprache sich trennend zwischen sie schob, benachbart gewesene) Ortsmundarten können in mehreren ihrer Eigenarten einander nahe berühren, vielleicht einzelne Eigenarten geradezu gemeinsam haben, so dass sie in Bezug auf

---

[1]) Jeder Ort, bezw. jede Ortsgruppe bildet eine verhältnissmässig (aber eben nur verhältnissmässig) abgeschlossene wirthschaftliche und politische Einheit, welche immer auch ihre Sondergeschichte durchlebt. Diese Thatsache erlangt sprachlichen Ausdruck dadurch, dass die Bewohner eines solchen Bezirkes irgendwelche, sei es auch höchst unbedeutende, sprachliche Eigenarten entwickeln, d. h. Lautgestaltungen, Wort- und Wortformenfunctionen und Satzfügungen ausbilden, welche innerhalb des nationalen Kreises, dem sie (die betr. Ortsbewohner) angehören, eben nur ihnen eigenthümlich sind.

diese eine sprachliche Einheit bilden. Wenn dies geschieht,
so bilden die so zusammengehörigen O r t s mundarten eine
Mundart höheren (zweiten) Grades, eine L a n d s c h a f t s -
mundart. Ebenso können nun auch wieder Landschaftsmundarten zu einer höheren Einheit, einer Mundart dritten oder
höchsten Grades, sich zusammenschliessen: es entsteht dann
eine Mundart, welche man, wenn das betreffende Landgebiet
einen Theil eines Staates bildet, „Provinzialmundart", sonst
„Landesmundart" nennen kann. Die Verbindung dieser Mundarten höchsten Grades endlich ergibt die romanische Gesammtsprache.

Man veranschauliche sich das Verhältniss der Mundarten
verschiedenen Grades zu einander durch ein Gleichniss: man
denke sich eine grosse Masse in langer Reihe neben einander
liegender kleiner Ringe (Ortsmundarten); von diesen Ringen
werden bald mehrere bald wenigere in einander gehakt und
zu je einem Kranze verbunden, so dass eine Reihe grösserer
oder kleinerer Kränze entsteht (Landschaftsmundarten); auch
diese Kränze werden bald in grösserer, bald in geringerer Zahl
mit einander verflochten, und es wird in Folge dessen eine
Anzahl von mehr oder minder umfangreichen Kränzen gebildet
(Landes-, bezw. Provinzialmundarten), welche endlich zu einem
einzigen Riesenkranze verkettet werden (Gesammtromanisch).
Ergänzen mag man sich dies Gleichniss durch die Vorstellung,
dass alle die kleinen Einzelringe (Ortsmundarten) die gleiche
Grundfarbe tragen, dass aber ein jeder irgendwie mit einer
Sonderfarbe punktirt oder schattirt ist, und zwar so, dass
immer mehrere oder wenigere Ringe ungefähr die gleiche
Nuancirung der Färbung zeigen; jede in dieser Weise sich ergebende Gruppe von einander ähnlich gefärbten Ringen bildet
nun einen Kranz (Landschaftsmundart), und jeder dieser
Kränze trägt selbstverständlich eine ihm eigenthümliche Farben-
zeichnung, jedoch so, dass immer eine grössere oder kleinere
Anzahl von Kränzen einander besonders ähnlich ist, und eben
aus diesen einander ähnlichen Kränzen werden nun so viele
grosse Kränze (Landes-, bezw. Provinzialmundarten) gebildet,
als nach der Aehnlichkeit Gruppen vorhanden sind.

3. Die Einwohnerschaft des lateinischen Sprachgebietes
(Italien, Gallien, Spanien etc.) setzte sich aus verschiedenen

Völkern zusammen (Römer, Kelten, Iberer etc.). Dieselben wurden nun zwar in Folge ihrer staatlichen Zusammengehörigkeit sowie anderer Verhältnisse, die hier unberührt bleiben dürfen, in Bezug auf Sprache und Gesittung zu einer grossen Gemeinschaft verschmolzen, aber ihre nationalen Verschiedenheiten blieben doch, wenn auch bis zu einem gewissen Grade abgeschwächt und abgeschliffen, erhalten: unter der Decke der staatlichen Einheit bestand die nationale Vielheit fort, es entwickelte sich nicht eine weströmische Gesammtnationalität, sondern höchstens ein gewisses Staatsbewusstsein. Als nun der weströmische Staatsverband gelöst wurde und germanische Stämme (später auch Araber) als Eroberer in sein Gebiet einzogen, wurde dadurch Möglichkeit und Anstoss zur Bildung neuer Nationalitäten gegeben, indem sich die latinisirten und römisch civilisirten, aber doch noch immer etwas von ihrer alten Stammeseigenart bewahrenden Völker des Westreiches (Italoromanen, Keltoromanen, Iberoromanen etc.) mit den Germanen (auf der pyrenäischen Halbinsel auch mit den Arabern) mischten. So entstanden im Laufe einer bald langsamer, bald rascher sich vollziehenden Entwickelung die Nationen der Franzosen, der Provenzalen, der Catalanen, der Spanier, der Portugiesen, der Italiener, der Rumänen, der Rätier und Ladiner (welche beiden letzteren übrigens nur in sehr bedingtem Sinne „Nationen" genannt werden können, sondern richtiger „Volksstämme" heissen). Diese einzelnen Nationalitäten zeigen übrigens sehr verschiedene Grade der Durchbildung und Festigung, eine Thatsache, die auch in politischer Hinsicht scharf hervortritt und höchst bemerkenswerth ist. Die am meisten gefestete und in sich abgeschlossene romanische Nationalität ist die französische, wie denn auch der französische Staat unter allen romanischen Staatswesen die straffste Ausbildung, eine ihm gleichsam zur Natur gewordene Centralisation zeigt. Erheblich lockerer schon ist die spanische Nationalität, denn eine vollkommene Verschmelzung des castilischen Volksthums mit dem aragonesischen, asturischen, galicischen und namentlich mit dem catalanischen ist noch nicht erfolgt; indessen ist in Spanien die Nationalität schon seit Jahrhunderten so weit entwickelt, dass die Bildung eines einheitlichen Staates, der doch wenigstens annähernd ein

Nationalstaat ist, möglich war. Fester ausgebildet, als die spanische, ist, schon in Folge ihres eng bemessenen Gebietes, die portugiesische Nationalität. Sehr langsam ist die Ausbildung der italienischen Nationalität erfolgt, der italienische Nationalstaat ist sogar noch nicht einmal ein halbes Jahrhundert alt. Wie fest oder wie locker die rumänische Nationalität ist, lässt sich zur Zeit nicht recht beurtheilen; politisch geeinigt ist gegenwärtig nur erst die etwas grössere Hälfte der Rumänen. Das provenzalische Volksthum ist zu voll nationaler Gestaltung nie gelangt, daher auch nie zu staatlicher Einigung. Eine etwas stärkere Leistungsfähigkeit zu nationalpolitischem Leben haben die Catalanen erwiesen, aber eine Nation im vollen Sinne des Wortes sind sie doch nicht geworden. Rätier und Ladiner sind Volksstämme oder vielmehr Gruppen von Volksstämmen, nicht Nationen.

4. Innerhalb jeder romanischen Nationalität hat sich eine nationale Schriftsprache entwickelt, welche da, wo die Nation staatlich geeint ist, im gesammten Staatsbereiche als Sprache der Verwaltung, der Gerichte und des Heeres gebraucht wird, stets aber als Sprache der Litteratur von allen denen angewandt wird, welche als Dichter oder Schriftsteller an die Gesammtheit ihres Volkes sich wenden.

Jede dieser Schriftsprachen beruht auf der Mundart derjenigen Landschaft, welche durch geschichtliche Fügungen für die betreffende Nation Mittelpunkt des geistigen, meist zugleich auch des politischen, Lebens geworden ist. In Italien ist dies Toscana (Florenz), in Frankreich Isle de France (Paris), in Spanien Castilien (Madrid), in Portugal die Landschaft am unteren Tajo (Lissabon); in der Provence scheint während des Mittelalters Limousin die sprachliche Führung besessen zu haben, in der Neuzeit besitzen die Mundarten der Rhônemündung und des Gebietes von Montpellier eine Art von schriftsprachlicher Geltung; im catalanischen Gebiete ist die ostcatalanische Mundart (Barcelona) die bedeutsamste, indessen liegen dort die Verhältnisse so eigenartig, dass von einer nationalen Schriftsprache nicht wirklich die Rede sein kann; im rumänischen Gebiete ist die siebenbürgisch - walachische Mundart Schriftsprache geworden; im rätischen Gebiete endlich fehlt, weil eine rätische Nation nicht vorhanden ist, eine nationale Schriftsprache, denn es werden mehrere Mundarten neben einander, eine jede innerhalb ihres Bereichs und der nächst angrenzenden Bezirke, litterarisch gebraucht.

5. Jede zur nationalen Schriftsprache erhobene Mundart hat auf einen Theil ihrer Eigenart verzichten müssen, um nationale Allgemeingültigkeit erlangen zu können. Namentlich hat eine jede ihren Wortschatz durch Aufnahme fremdmundartlicher Bestandtheile bereichert. Eine jede hat auch, um der Verwendung für Zwecke der Wissenschaft und der höheren Bildung fähig zu werden, lateinische und griechische Worte in erheblicher Zahl auf gelehrtem Wege übernommen und ebendadurch, sowie durch eine Annäherung an die Syntax des Schriftlateins eine Art von gelehrtem Gepräge erhalten. Besonders in Folge dieses letzteren Umstandes machen die romanischen Schriftsprachen den Eindruck von Kunstsprachen, welche von der Natürlichkeit der Rede sich mehr oder weniger weit entfernen, denn selbstverständlich bestehen auch hier wieder Gradunterschiede, und zwar nicht nur zwischen den einzelnen Sprachen, sondern auch zwischen den einzelnen Stilgattungen, und überdies haben zeitliche Schwankungen stattgefunden.

6. So besitzen die romanischen Völker zwei Spracharten: die nationalen Schriftsprachen und die landschaftlichen (bezw. örtlichen) Mundarten. Nur die ersteren sind Trägerinnen des nationalen Geisteslebens, welches in der nationalen Litteratur sich bethätigt[1]). Der Gedankenkreis, in welchem die mundartliche Dichtung sich bewegt, erweitert sich nur höchst selten über die engen Grenzen hinaus, innerhalb deren den einzelnen zu einer Staatseinheit zusammengefassten Volksstämmen die Geltendmachung ihrer geistigen Eigenart noch vergönnt ist. Die neuzeitlichen Culturverhältnisse, insbesondere der Einfluss der Volksschule und der Presse, bringen es überdies mit sich, dass die Schriftsprache mehr und mehr den Gebrauch der Mundarten für litterarische Zwecke und für den Verkehr der Gebildeten einengt, so dass die Mundarten zu litteraturlosen

---

[1]) In Bezug auf die Catalanen und namentlich in Bezug auf die Provenzalen der Neuzeit gilt dies übrigens nur in sehr beschränktem Sinne, weil diese Völker ja einbezogen worden sind in den Kreis der spanischen, bezw. der französischen Nationalität.

Patois herabgedrückt werden und in Folge dessen verwildern und entarten, zum Theil mit der Schriftsprache zu unschönen Zwittergebilden sich mischend.

7. Im Folgenden werde eine Uebersicht der romanischen Mundarten gegeben (Litteraturnachweise sind in Rücksicht auf den beschränkten Raum nur wenige beigefügt worden, es werde deshalb auf die bei *Körting*, Encykl. d. rom. Phil. Bd. III gegebenen Verzeichnisse verwiesen. Ueber die roman. Mundarten im Allgem. vgl. *Meyer-Lübke*, Rom. Gr. I, 11 ff.).

a) **Italienisch** (nach *Ascoli*, Arch. glott. VIII, 98). A. Nichtitalienischen romanischen Sprachgebieten angehörige Dialecte: 1. Das **Franco-Provenzalische** im Nordwesten von Piemont, Hauptörtlichkeiten z. B. Val Soana, Aosta, Chiamorio, Usseglio etc. (vgl. über die Mundart v. Valsoana *Nigra*, Arch. glott. III, 1 und 53). — 2. Das **Ladinische**, ein Zweig des Rätoromanischen. (Ueber das Lad. vgl. *Ascoli's* grundlegende Saggi ladini, Arch. glott. I u. VII.) — B. Dem eigentlich italienischen Complexe fernstehende, aber doch zu keinem nichtitalienisch-romanischen Complexe gehörige Dialecte. 1. Das **Gallo-Italische**, nämlich α) das Ligurische (Genuesische), β) das Piemontesische, γ) das Lombardische (das Mailändische) etc. Vgl. *Mussafia*, Darstellung der altmail. Mundart nach Bonvesin's Schriften [in den Abh. der Wiener Akad. d. Wissensch. 1868]; *Salvioni*, Fonetica del dialetto moderno della città di Milano, Turin 1884; *Cherubini*, Vocabolario milanese-ital., Milano 1870; *Banfi*, Vocab. ital.-milanese, 3ª ed. Mil. 1870); δ) das Aemilianische (z. B. das Bolognesische). Wie schon der Gesammtname „Gallo-italisch" dieser Mundarten besagt, nähern dieselben sich lautlich vielfach dem Französischen, sie besitzen indessen auch bemerkenswerthe Eigenarten, so namentlich die Ausdehnung des I-Umlautes (z. B. Sp. *quest mes = ecco iste mensis*, Pl. *quist mis = ecco isti *mensi*). — 2. Das **Sardische**, und zwar α) das Logudoresische (central), β) das Campidanesische (südlich), γ) das Galluresische (nördlich); das S. ist die dem Latein in Hinsicht auf Lautsystem (z. B. Nichtdiphthongirung) und Formenbau (z. B. Erhaltung des Conj. Imperf.) vielfach am nächsten stehende romanische Mundart. Vgl. *Spano*, Ortografia sarda nazionale, ossia gramm. della lingua logudorese paragonata all' italiana, Cagliari 1840; *Delius*, Der sard. Dialect des 13. Jahrh., Bonn 1868; *Hofmann*, Die logudoresische und campidanesische Mundart, Strassburg (Druckort Marburg) 1885 Diss. — C. Dialecte, welche sich mehr oder weniger von dem rein italienischen oder toscanischen Typus entfernen, aber doch mit dem toscanischen ein Sondersystem romanischer Dialecte bilden können. 1. Das **Venezianische**, und zwar das Altvenez. oder Venetische und das Neuvenez. Kennzeichnend ist für das Vn. z. B. *č* aus *cl* (*čave = clavem*), *ž* f. ital. *ǧ* (*žovene* f. *giovane*), die Participien auf *-esto*, s. unten § 42 Abschnitt

B 7 c). Vgl. *Ascoli*, Archiv. glott. I, 391 und 448, *Ceruti*, ebenda III, 177 (dazu Anmerkungen von *Ascoli* p. 244); *Patriarchi*, Vocab. veneziano e padovano, 3ª ed. Padova 1821; *Luzzatto*, I dialetti moderni delle città di Venezia e di Padova. Parte I: Analisi dei suoni, Padova 1892 und: Vocalismo del dialetto moderno delle città di Venezia e di Padova, Venezia 1891, vgl. Romania XXII, 300; *Wendriner*, Die paduanische Mundart bei Ruzante, Breslau 1889 Diss.; *Donati*, Fonetica, morfologia e lessico della raccolta d'esempi in antico veneziano, Zürich 1889 Diss.; *Portolan*, Vocabolario del dialetto antico vicentino, Vicenza 1893. — 2. Das Corsische. — 3. Das Sicilische und das (in weiterem Sinne des Wortes) Neapolitanische. Beiden Mundarten ist gemeinsam z. B. die eigenartige Palatalisirung eines Labials mit nachfolgenden halbconsonantischen *i* (z. B. ital. *piano* = sicil. *chianu*, neap. *chiane*), die Erhaltung neutraler Plurale auf *-ora*, die Erhaltung des Ind. Plusqpf. als Condicional. Jede der beiden Mundarten besitzt aber auch zahlreiche, zum Theil sehr interessante Sondereigenthümlichkeiten, namentlich das Sicil. Vgl. *Giovanni*, Filologia e letteratura siciliana, Palermo 1871 u. 1879; *Wentrup*, Beiträge zur Kenntniss des sicil. Dialectes, Halle 1880 (s. auch Herrig's Archiv Bd. 25, Heft 1 u. 2); *Hüllen*, Vocalismus des Alt- und Neu-Sicilischen, Bonn 1884 Diss., vgl. Ltbl. VII, Sp. 238; *Schneegans*, Laute und Lautentwickelung des sicilianischen Dialectes nebst einer Mundartenkarte und aus dem Volksmunde gesammelten Sprachproben, Strassburg 1887 Diss. (ausgezeichnete Arbeit, vgl. Ltbl. 1888 Sp. 223); *de Gregorio*, Saggio di fonetica sicil., Palermo 1891; *Pirandello*, Laute und Lautentwickelung der Mundart von Girgenti, Bonn 1891 Diss.; *Avolio*, Del valore fonetico del diagramma ch nel vecchio siciliano, Palermo 1891 (Arch. stor. sicil. N. S. 15); eine umfangreiche „Biblioteca delle tradizioni popolari siciliane" hat Pitrè herausgegeben (die Bände 1 u. 2 erschienen Turin 1891); *Amalfi*, L'Ortografia del dialetto napol., vgl. Bibliogr. Anz. f. rom. Spr. u. Lit. II Nr. 1995; *Wentrup*, Beitr. zur Kenntniss der neapol. Mundart, Wittenberg 1855 Prgr.; *Rocco*, Vocab. del dial. nap., Neapel seit 1893; *Capozzoli*, Gramm. del. dial. nap., Neapel 1889. Die Mundart des neapolitanischen Festlandes theilt sich wieder in: α) das Neapolitanische im engeren Sinne des Worts; β) das Abruzzesische. Vgl. *Finamore*, Vocab. dell' uso abruzzese, 2ª ed., Città di Castello 1893, vgl. Ltbl. 1894 Sp. 235, und: Tradizioni popolari abbruzesi, Turin 1893; γ) das Calabresische. Vgl. *Scerbo*, Sul dialetto calabro, Florenz 1886, vgl. Ltbl. 1887, Sp. 129. — 4. Die Dialecte Umbriens, der Marken und der Provinz Rom. — D. Das Toscanische mit den Einzelmundarten von Florenz, Siena, Lucca, Pisa etc. Das T. bildet die Grundlage der ital. Schriftsprache; als gesprochene Sprache aber weicht es doch vom Schriftital. mehrfach erheblich ab, selbst in Florenz, wo z. B. lat. *ŏ* beharrt (*novo*), also nicht zu *uo* diphthongirt wird. Vgl. *Giacchi*,

Dizionario del vernacolo fiorentino etc., Florenz 1878; *Hirsch*, Laut-
und Formenlehre des Dialectes von Siena, (Ztschr. f. rom. Phil.
IX, 513, X, 56 u. 411). Ueber das Verhältniss des Florentinischen,
bezw. des Toskanischen zur ital. Schriftsprache ist unendlich Vieles
geschrieben worden, namentlich mit Bezugnahme auf *Manzoni's*
„Promessi sposi".

Eine sehr interessante Sammlung von ital. Dialectproben
(Uebertragung der Novelle I, 9 des Decamerone in die verschiedenen
Mundarten) giebt *Papanti's* I parlari italiani in Certaldo etc.
Livorno 1879, vgl. Romania V, 496.

b) Rumänisch. 1. Das Daco-Rumänische, und zwar α) das
Walachische, β) das Siebenbürgische und 2. das Macedo-
Rumänische. Vgl. *Miklosich* und *Ive*, Rumänische Untersuch-
ungen (Denkschr. der Wiener Akad. d. Wissensch., philos.-hist.
Cl. Bd. 32 [1882]; *Weigand*, Die Aromunen Ethnographisch-
philologisch-historische Untersuchungen über das Volk der sog.
Macedo-Romanen oder Zinzaren. Leipzig 1894, 2 Bde, vgl. Romania
XXIV, 159 (bei dieser Gelegenheit werde auch desselben Gelehrten
Schrift über die Spr. der Olympo-Walachen genannt, Leipzig 1888);
eine Gramm. des M.-R. hat *Bojadschi*, herausgegeben, Wien 1813. —
3. Das Istro-Rumänische. Vgl. *Weigand*, Nouvelles recherches
s. le roumain de l'Istrie Romania XXI, 240, ausserdem *Miklosich*
a. a. O. und *Ive*, Die istr. Mundarten, Wien 1893.

Dem Rumänischen nahe stand das dalmatinische Romanisch,
dessen einziger bekannter Ueberrest die Mundart der Insel Veglia
im istrischen Meerbusen ist.

c) Rätisch. A. Das Weströtische (oder Bündnerische), und
zwar 1. das Engadinische im Graubündener Innengebiete:
α) das Oberengad., β) das Unterengad., γ) die Mundart des Münster-
thales; 2. Das Oberländische im Graubündener Rheingebiete:
α) das Obwaldische oder Supraselvanische am Vorderrheine
(kathol. Bezirk mit dem Hauptorte Dissentis, reformirter Bezirk mit
dem Hauptorte Ilenz); β) das Nidwaldische oder Sotto-
selvanische am Hinterrheine. — B. Das Mittelrätische oder
Ladinische in Tyrol, und zwar: 1. Mundart von Ober-Fascha,
2. Mundart des Grednerthales, 3. Mundart des Gaderthales. —
C. Das Oströtische oder Friaulische, und zwar: 1. Mundart
von Innerfriaul, 2. Mundart von Carnien, 3. Mundart von Plattfriaul.

Die Hauptwerke über rätische Mundartenforschung sind *Ascoli's*
classische Saggi ladini (Arch. glott. I u. VII) und *Gartner's* Räto-
rom. Gramm., Leipzig 1883. Bibliogr. Angaben in Rom. Stud. VI.

d) Provenzalisch und Französisch. Im Gebiete des alten
Galliens werden drei Sprachen gesprochen: das Französische im
Norden, das Franco-Provenzalische im Südosten (Lyonnais, die
östliche Franche-Comté, der grösste Theil der sog. frz. Schweiz,
Savoyen) und das Provenzalische im Süden, s. oben S. 273 f. Als
Unterscheidungszeichen kann dienen lat. *a* in offener Silbe = frz. *e*,
francoprov. nach Palatalen *ie*, sonst *a*, prov. immer *a*. Ueber den

Begriff des Franco-Prov. vgl. *Ascoli*, Arch. glott. III, 61 u. II, 365,
P. Meyer, Romania IV, 294.

Das Provenzalische war im Mittelalter und ist noch gegenwärtig nach den verchiedenen Landschaften mundartlich getheilt.
Die Unterscheidung der Mundarten wird aber für die alte Zeit
sehr erschwert durch den Umstand, dass die Trobadors einer im
Wesentlichen einheitlichen Schriftsprache sich bedienten, welche
wohl auf den Dialect von Limousin sich gründete. Eine Sonderstellung innerhalb des Prov. nahm und nimmt das Gascognische
ein. Zum Prov. gehört auch das Catalanische, denn dasselbe ist
nichts, als nach Spanien (Catalonien, Valencia, Balearen, Pityusen)
hinüber getragenes und dort zu litterarischer Entwickelung ge-
langtes Provenzalisch.

Ueber die ältesten (vorlitterarischen) Mundarten des Französischen haben gehandelt *G. Paris* in der Einleitung zu seiner
Ausg. des Alexiusliedes (Paris 1872) und *Lücking* in seinem meister-
haften Buche: Die ältesten Mundarten des Französischen (Berlin 1877).

Eine Eintheilung der prov., franco-prov. und französ. Mundarten
nach lautlichen Unterscheidungszeichen (z.B. Behandlung der Gruppen
ca und *ct*, hat *Suchier*, Le Français et le Prov. p. 65 ff., gegeben.

Die wichtigsten altfranzösischen Mundarten waren: A. Westliche Mundarten: 1. Das Picardische, interessant durch manche
Lauteigenarten, z. B. *ch* statt frz. *ç* (z. B. *Franche, merchi*), *k* statt frz.
ch (z. B. *cacher* f. *chasser, pekié* f. *pechié*); reiche Litteratur, zu welcher
z. B. die für die Anfangslectüre geeignete Chantefable *Aucassin et Nicolete* (ed. *Suchier*, Paderborn 1881, 2. Aufl.) gehört. — 2ᵃ Das Franco-
Normannische (oder das Continental-Norm. mit reicher Litt., z. B.
die Reimpredigt „Grant mal fist Adam" (herausg. v. *Suchier*, Halle
1879, vgl. dazu *Bokemüller*, Zur Lautkritik der Reimp., Halle 1883). —
2ᵇ. Das Anglo-Normannische, durch mancherlei Laut- und
Formeneigenthümlichkeiten gekennzeichnet, z. B. *-un* und *-um* f. frz.
-on und *-om*, Vernachlässigung der Zweicasusdecl., Endung *-um*
(ohne *-s*) in der 1. P. Pl., Infinitive auf *-er* statt *-eir* etc. Umfangreiche und wichtige Litt., der z. B. das Oxforder Rolandslied,
der Cumpoz des Philipp v. Thaün (ed. *Mall*, Strassburg 1872) und
Brandan's Seefahrt (ed. *Suchier* in Roman. Stud. I, 553) angehören. —
3. Die Mundarten von Poitou, Saintonge, Anjou, Maine und
der frz. Bretagne. Vgl. *Görlich*, Die nordwestl. Dialecte der langue
d'oïl, in Französ. Stud. III, 41. — B. Oestliche Mundarten: 1. Das
Lothringisch(-Burgundische); Sprachdenkmale sind z. B. eine
lothr. Psalterübers. (herausg. von *Apfelstedt*, Roman. Bibl. Bd. IV,
Heilbr. 1881) und die Uebers. der Predigten des hl. Bernhard (herausg.
von *Förster*, Roman. Forsch. Bd. II; neuerdings von *A. Schulze*
in der Bibl. des Stuttgarter litterar. Vereins Bd. 203). Vgl. *Görlich*,
Französ. Stud. VII, Heft 1, *Buscherbruck*, Rom. Forsch. IX, 2. —
2. Das Wallonische, eine höchst eigenartige Mundart. Vgl.
Suchier, Ztschr. f. rom. Phil. II, 257 u. 274. — C. Die centralen

Mundarten von Isle de France und der Champagne; aus der ersteren ist die frz. Schriftsprache hervorgegangen, deren frühester Vertreter Crestiien v. Troyes ist.

Die alten Mundarten bestehen gegenwärtig nur als verkümmerte und verwahrloste Patois noch fort (wenigstens in Frankreich, während in der Provence einige Mundarten, nämlich diejenige der Rhônemündung und die von Montpellier, durch bedeutende Dichter wieder Trägerinnen einer Litteratur geworden sind).

Eine sorgfältige Bibliographie der über die frz. Patois vorhandenen, bezw. in Patois geschriebenen Schriften hat *Behrens* zusammengestellt (Frz. Stud. Neue Folge Heft 1 [1893]). Indem auf dieselbe verwiesen wird, seien von Arbeiten über neufrz. Mundarten nur folgende genannt: *Horning*, Die ostfrz. Grenzdialecte zwischen Metz u. Belfort (Frz. Stud. V, Heft 4 [1887], vgl. auch Ztschr. f. roman. Philol. XVIII, 232); *Durot*, Grammaire savoyarde, herausg. v. *Koschwitz*, Berlin 1893; *Zéliqzon* Die frz. Mundart in der Wallonie und in Belgien längs der preuss. Grenze, Ztschr. f. rom. Phil. XVII, 419.

Weit über das Niveau eines Patois erhebt sich das Wallonische, welches, namentlich auch um seiner reichen Litteratur willen, richtiger als eine Sprache neben, denn als eine Mundart in dem Frz. zu betrachten ist. Es ist sehr zu bedauern, dass die Erforschung dieses interessanten Idioms bis jetzt vorwiegend den Dilettanten überlassen worden ist.

e) **Portugiesisch** und **Spanisch.** Das Portugiesische theilt sich in das Südport. südlich vom Mondego, das Nordport. zwischen Douro und Minho, das Mirandolesische und die Mundart der Açoren. Vgl. Rev. Lus. I, 192, *Meyer-L.*, R. Gr. I, 15. Dem Ptg. nahe steht das Galicische und diesem das Asturische. Neben dem Castilianischen (Spanisch) steht als nah verwandte Mundart das Andalusische. (Das Catalanische ist ein Zweig des Provenzalischen.)

Das nach America übertragene Spanische und Portug. beginnt dort eine eigenartige Färbung anzunehmen. Doch ist in dieser Beziehung noch wenig beobachtet. Vgl. *Lenz* in Ztschr. f. rom. Phil. XVII, 188.

§ 35. Bemerkungen über die Geschichte des Lateins.

1. Die bedeutsamste Thatsache in der äusseren Geschichte des Lateins ist die allmähliche Ausbreitung desselben über Italien und über die Westländer (später auch über das untere Donauland). Leider aber fehlt über die Einzelheiten des Verlaufs dieser hochwichtigen Entwickelung fast jede sichere Ueberlieferung. Freilich ist uns die Reihenfolge bekannt, in welcher die einzelnen späterhin latinisirten Gebiete von den Römern unterworfen und ihrem Staate angegliedert wurden

(vgl. § 31). Freilich lässt sich nun als selbstverständlich annehmen, dass von Seiten des Staates die planmässige Latinisirung der betreffenden Länder erst in Angriff genommen werden konnte, seitdem dieselben bleibend unterworfen worden waren. Aber weder darf man die Unterwerfung eines Gebietes schlechthin als den Beginn seiner Latinisirung betrachten noch auch glauben, dass die einzelnen Gebiete genau in derselben zeitlichen Aufeinanderfolge latinisirt worden seien, wie sie erobert worden waren, dass also (abgesehen vom italischen Festlande) Sicilien das erste, Sardinien und Corsica das zweite, die spanische Ostküste das dritte latinisirte Gebiet gewesen sei und so fort, bis endlich Dacien als letztes den Schluss gemacht habe. Denn es ist sehr wohl denkbar, dass die Latinisirung einzelner Gebiete schon vor deren Eroberung durch Einwanderung lateinisch redender Ansiedler sehr wesentlich vorbereitet worden sei; man darf dies namentlich in Bezug auf Gallia cisalpina vermuthen und daraus die besonders intensive Latinisirung dieser Provinz erklären.

Andrerseits ist denkbar, dass die Latinisirung einzelner Gebiete, wenigstens insofern, als sie durch Einwanderung lateinisch redender Ansiedler bewirkt wurde, erst geraume Zeit nach der Eroberung begann. So mochte z. B. die bergige und von halbwilden Völkerstämmen bewohnte Insel Sardinien, als sie im Jahre 238 v. Chr. Provinz wurde, nicht eben sehr zu rascher Besiedelung locken. Und dann ist überhaupt als selbstverständlich anzunehmen, dass die Stärke der Einwanderung sehr verschieden war je nach der physischen Beschaffenheit der einzelnen Gebiete und nach der Aussicht auf wirthschaftlichen Erfolg, welche sie den Einwanderern eröffnete. Allerdings legte der Staat allenthalben Militärcolonien an, und diese waren gewiss wichtige Ausgangs- und Stützpunkte für die Latinisirung der eroberten Länder, aber die Hauptsache musste doch durch die freie Einwanderung lateinisch redender Ackerbauer, Kaufleute und Gewerbtreibender gethan werden, und eben diese Einwanderer wählten sich die neue Heimath gewiss, wo ihnen die Verhältnisse am aussichtsvollsten erschienen. Ganz ohne Zweifel ist die Ansiedelung einer lateinisch redenden Bevölkerung in den Westprovinzen (und in

Dacien) ein sehr vielgestaltiger, durch die verschiedenartigsten
Umstände bedingter Vorgang gewesen, welcher überdies in
den verschiedenen Zeiten in verschiedener Art sich vollzog.
Man thut gut, die Verhältnisse der Neuzeit zum Vergleich
heranzuziehen. Bekanntlich ist z. B. die deutsche Auswanderung nach überseeischen Ländern eine sehr starke, vertheilt
sich aber je nach dem Wechsel der politischen und wirthschaftlichen Lage sehr ungleich sowohl in Bezug auf die Aus-
gangsgebiete wie auf die Hingangsgebiete: bald stellt Süd-
deutschland die verhältnissmässige Mehrzahl der Auswanderer,
bald Norddeutschland, und bald richtet sich der Auswande-
rungsstrom mit Vorliebe nach diesem, bald nach jenem Lande,
wobei die mannigfachsten Beweggründe maassgebend sein
können (man denke z. B. an die Auswanderung württem-
bergischer Sectirer nach Palästina). Ganz entsprechend dürfte
es bezüglich der Auswanderung lateinisch redender Italer sich
verhalten haben: gemäss der jeweiligen Zeitlage war sie mehr
oder weniger stark, hatte bald dieses, bald jenes Hauptaus-
gangsgebiet, war vorzugsweise bald nach diesem, bald nach
jenem Lande gerichtet. Leider aber sind uns eben alle Einzelheiten unbekannt: die Wirthschaftsgeschichte des Alterthums
ist nur in grossen Umrissen erkennbar. Wir wissen wohl,
dass die erschreckende Zunahme des Latifundienwesens und
der Grosscapitalwirthschaft in der letzten Zeit der Republik
und späterhin die „kleinen Leute" in Masse zur Auswanderung
trieb, aber alles Einzelne wissen wir nicht, und noch weniger
sind wir unterrichtet über die Verhältnisse der früheren Zeiten.

Jedenfalls aber darf man nicht glauben, dass die Besiedelung der Westprovinzen durch lateinisch redende Ackerbauer
etc. in derartiger Weise sich vollzogen habe, dass z. B. gleich
nach der Eroberung Sardiniens ein geschlossener Trupp von
Auswanderern dorthin gezogen sei und dass sich dies dann
ebenso bei den übrigen Provinzen wiederholt habe und zwar
ohne dass dem je ersten Trupp später andere nachgefolgt
seien, dass also die Nachkommen der ersten Ansiedler sich
nicht mit späteren Zuzüglern gemischt hätten. Wäre dies so
gewesen, es würde herrlich sein für die Sprachgeschichte.
Denn dann dürfte man ja annehmen, dass nach jeder Provinz das Volkslatein e i n e s bestimmten Zeitalters verpflanzt

worden sei, z. B. nach Sardinien das um 238 v. Chr., nach dem narbonensischen Gallien das um 121 n. Chr. gesprochene Latein, und daraus könnte man die schönsten Schlüsse ziehen für die Entwickelungsgeschichte der romanischen Einzelsprachen, z. B. dass das Sardische die älteste, das Spanische die zweitälteste romanische Sprache u. s. w. sei. Aber leider! eine solche Annahme ist nur ein täuschender Traum. In Wirklichkeit muss es ganz anders, nämlich viel bunter und bewegter zugegangen sein: nicht säuberlich von einander gesonderte Schichten des Volkslateins haben sich, eine jede in einer bestimmten Zeit, in den einzelnen Ländern abgelagert und sich dort, eine jede für sich, reinlich entwickelt, sondern durch vielfache, während mehrerer Jahrhunderte sich immer wiederholende, bald stärkere, bald schwächere Auswandererwogen wurde das Latein nach den Westprovinzen und endlich auch nach Dacien gespült und bildete dort eine Menge von theils grossen, theils kleinen Sprachseeen, die andrerseits, weil inmitten einer fremdsprachlichen Umgebung gelegen, zugleich auch Sprachinseln waren, und diese Sprachseeen erhielten immer neuen lateinischen Zufluss durch die fortdauernde Einwanderung, vergrösserten sich aber auch selbstthätig dadurch, dass sie mehr und mehr das umliegende Fremdsprachgebiet in ihren Bereich zogen, bis endlich im Westen alle die lateinischen Sprachseeen zu einem lateinischen Sprachmeere zusammenflossen, innerhalb dessen nunmehr die übrig gebliebenen Reste des Fremdsprachgebietes ihrerseits Sprachinseln bildeten.

Ebenso in ihren Einzelheiten dunkel, wie die Geschichte der allmählichen Besitzergreifung des Westens durch lateinisch redende Ansiedler, ist die Geschichte der allmählichen — indessen verhältnissmässig allem Anscheine nach doch zugleich auch raschen — Verbreitung des Lateins unter der einheimischen keltischen, iberischen etc. Bevölkerung. Wohl lässt sich im Allgemeinen sagen, dass diese Verbreitung die natürliche Folge des Verkehrs war, in welchen die lateinisch redenden Ansiedler mit den politisch ihnen untergeordneten und überdies ihnen an Gesittung erheblich unterlegenen Kelten, Iberern etc. traten. Hinzufügen lässt sich auch noch, dass die Latinisirung durch Gründung von Schulen und durch allerlei staatliche Maassnahmen mächtig gefördert werden musste. Endlich lässt sich sagen, dass die Kelten, Iberer etc., weil in eine Menge von kleinen Volksstämmen getheilt und nationaler Schriftsprachen entbehrend, sich in der denkbar ungünstigsten Lage befanden, um dem eindringenden Latein gegenüber, das die Sprache ihrer römischen Herren war, den Fortbestand ihrer Volkssprache sichern zu können. Alle diese allgemeinen Erwägungen sind zweifellos richtig, aber leider lassen sie sich nicht ergänzen durch bestimmte Angaben über den Einzelverlauf der Dinge. Namentlich sind wir unvermögend, den Grad der Widerstandsfähigkeit oder -unfähigkeit abzuschätzen, welche die einzelnen einheimischen Sprachen gegenüber dem Latein bethätigten. Es scheint, dass das Keltische sich als besonders schwach erwiesen hat, vielleicht weil es zu dem Latein in nahem verwandtschaftlichen Verhältnisse stand, in Folge dessen die Sprachvertauschung ein Hineinleben in eine völlig fremde Denkform nicht erforderte[1]).

2. Die innere Geschichte des Lateins enthält auf allen Gebieten der Sprachentwickelung eine Fülle von Thatsachen, welche für das Romanische folgenreich geworden sind. Es muss und kann aber auf diesbezügliche Andeutungen hier verzichtet werden, weil sie in den nachfolgenden Paragraphen gegeben werden sollen. Hier sei nur ein Punct hervorgehoben.

Bis um die Mitte des dritten vorchristlichen Jahrhunderts war der Schriftgebrauch des Lateins im Wesentlichen beschränkt auf die Zwecke der Gesetzgebung (Zwölftafelgesetze), der Beurkundung (Inschriften verschiedener Art) und der religiösen Liturgie (Carmen saliare, Carmen arvale). Die Litteratur im engeren und eigentlichen Sinne des Wortes wurde erst durch Livius Andronikus (ca. 284 bis 204 v. Chr.), Ennius (239 bis 169) und Naevius (als Dichter thätig von etwa 235 bis ca. 202) begründet. Der erste war ein aus Tarent gebürtiger Grieche, der zweite, aus Rudiae bei Tarent stammend, war unter dem Einflusse griechischer Bildung aufgewachsen, ebenso der in Campanien geborene Latiner Naevius. Schon

---

[1]) Ueber das Verhältniss des Keltischen zum Latein vergleiche man die bündigen Bemerkungen *Windisch's* im ersten Bande des *Gröber*schen Grundrisses.

durch diese äusseren Umstände wurde es veranlasst, dass die entstehende lateinische Schriftsprache und Dichtersprache sich eng (nicht jedoch sklavisch!) an das Griechische anlehnte. Es war dies übrigens eine durch die ganze damalige Culturlage bedingte Nothwendigkeit, wie man recht deutlich daraus erkennen kann, dass auch die Volkssprache sich in ihrem Wortschatze stark durch das Griechische beeinflussen liess.

Auf dem Wege einer langsamen und offenbar recht mühseligen Entwickelung gelangte nun die lateinische Schriftsprache im letzten Jahrhunderte der Republik und in den ersten Jahrzehnten der Kaiserzeit auf die Höhe klassischer Ausbildung. Aber dem „goldenen" Zeitalter folgte rasch der Niedergang zu dem „silbernen" (etwa von 20 bis 120 n. Chr.), diesem dann eine kurze Periode der Alterthümelei (die „archaisirende Zeit", etwa von 120 bis 180 n. Chr.), und dann trat unaufhaltsamer Verfall ein.

Dieser Verlauf muss höchst befremdlich erscheinen, wenn man ihn mit dem Entwickelungsgange der neuzeitlichen Schriftsprachen vergleicht. Man denke beispielsweise an das Französische. Im 17. Jahrhunderte, im Zeitalter Ludwigs XIV., erreichte die französische Schriftsprache eine Ausbildung, welche sich sehr wohl vergleichen lässt mit derjenigen des classischen Lateins. Das Zeitalter Ludwigs XIV. mit seiner eigenartigen Rococnocultur ging vorüber, es folgten andere Zeiten mit anderen Culturverhältnissen, ja es folgten gewaltsame Umgestaltungen der staatlichen und wirthschaftlichen Verhältnisse —, aber die französische Schriftsprache hat sich, obwohl gerade sie unter allen neuzeitlichen Schriftsprachen noch am meisten eine gewisse Neigung zu conventioneller Versteifung zeigt, doch während dieser Jahrhunderte allen Wechseln der Zeiten und Culturverhältnisse trefflich angepasst, hat sich in vollem Leben, in voller Frische erhalten. Die frz. Schriftsprache unserer Tage ist freilich wesentlich anders geartet, als diejenige des 17. Jahrhunderts, aber sie braucht den Vergleich mit dieser nicht zu scheuen, denn sie ist keineswegs eine verfallene oder verfallende Sprache; es mag wohl sein, dass sie weniger zierlich und weniger künstlerisch durchgebildet ist, als die classische Sprache eines Racine und Bossuet, aber dafür besitzt sie Eigenschaften, deren diese entbehrte: sie ist reicher an Worten und Wendungen und vielfacheren Stilwechsels fähig, vor allen Dingen aber ist sie markiger und hat einen gewissen Grad von Natürlichkeit sich zurückgewonnen.

Aehnliches würde sich, und zwar in noch verstärktem Maasse, beispielsweise auch von der neuenglischen Schriftsprache sagen lassen, welche seit den Tagen Shakespeare's allen Wandelungen der Cultur mit bewunderungswürdiger Geschmeidigkeit gefolgt ist.

So mag man staunen, dass das Schriftlatein nach nur kurz bemessener Blüthezeit einer Versumpfung anheimfiel, aus welcher es keine Rettung gab.

Und doch löst man dies Räthsel leicht, wenn man nur die Verhältnisse der spätrömischen Zeit richtig auffasst.

Die lateinisch redenden Völker des römischen Kaiserreiches bildeten (im Verein mit denen des griechischen Ostens) eine grosse Culturgemeinschaft, aber sie waren keine Nation. Wohl besassen sie das Gefühl der Zusammengehörigkeit, betrachteten sich als eine Einheit gegenüber den „Barbaren", waren auch erfüllt von einem gewissen Staatsbewusstsein —, aber eine Nation waren sie keineswegs. Das Römerthum war stark genug gewesen, die unterworfenen Völkerstämme sich in Sprache und Cultur anzugleichen, aber nicht hatte es die Kraft besessen, diese Völkerstämme innerlich in sich aufzunehmen, es war im Gegentheil seinerseits zersetzt und zerstört worden durch die Berührung und Mischung mit allerlei fremdem Volksthum. Es verlor der römische Kaiserstaat, je länger er bestand, um so mehr jede nationale Grundlage. Namentlich geschah dies im lateinischen Westen, denn im Osten behauptete sich die griechische Nationalität mit eigenartiger Zähigkeit. Darin ist es begründet, dass der Osten vom Westen sich politisch löste und dann noch über ein Jahrtausend als Staat fortzubestehen vermochte, während der Staatsverband des Westens rasch zusammenbrach.

Jede Schriftsprache muss, soll sie lebensfähig und entwickelungsfähig sein, getragen werden von einer Nationalität. Die lateinische Schriftsprache lebte und entwickelte sich, so lange als ein römisches Volksthum bestand, und als dieses abstarb, musste auch sie absterben, wie eine Pflanze, welcher der Nährboden entzogen wird [1]).

Das Schriftlatein war in den letzten Jahrhunderten der Kaiserzeit keine Nationalsprache mehr, sondern die internationale Sprache der weströmischen Staatsgemeinschaft. Als solche bestand sie nun freilich fort, so lange als der weströmische Staat bestand; es war dies aber ein nur künstliches Leben, welches zu seiner Erhaltung der Pflege durch die Schule bedurfte. Und als nun der Staat zusammenstürzte und als die Schulen verfielen, da musste auch dieses künstliche Leben enden: die Schriftsprache starb, erwachte jedoch zu einem neuen künstlichen Leben, als in der karolingischen Zeit wieder Schulen erstanden [2]). Inzwischen aber hatte die Welt sich geändert: eine neue Cultur war im Entstehen begriffen, neue Nationalitäten begannen in den ehemals römischen, jetzt von den Germanen besetzten Provinzen sich auszubilden, das Volkslatein war zum Romanischen geworden, und dieses Romanische fing an, in Nationalsprachen sich zu spalten. So fand sich das neubelebte Schriftlatein in eine fremdartige Umgebung versetzt, und sein Dasein konnte nun erst recht ein nur künstliches sein. Freilich wird in den lateinischen Schriftwerken des Mittelalters die Künstlichkeit der Sprache meist verdeckt durch die Kunstlosigkeit des Stils und durch die Unbefangenheit, mit welcher die Schriftsteller Worte und Satzfügungen der (romanischen oder germanischen) Volkssprache auf das Latein übertrugen. Wenn aber im Mittelalter ein Schriftsteller einmal kunstvoll schreiben wollte, dann entstand meist ein stilistisches Zerrbild [3]), welches die Unnatur

---

[1]) Untergraben wurde die Schriftsprache auch durch das Aufkommen des Christenthums, denn der dadurch bewirkte allmähliche Zusammenbruch der antiken Weltanschauung musste nothwendig auch die in dieser wurzelnde Schriftsprache erschüttern. Ueberdies musste die christliche Kirche als Volkskirche auch der Volkssprache sich nähern.

[2]) Selbstverständlich erfolgte das Absterben des Schriftlateins nur ganz allmählich, so allmählich, dass es sich mit der Neubelebung vielfach berührte und eine wirkliche und völlige Unterbrechung des Schriftgebrauches nicht eintrat. Die lateinische Litteratur setzt sich lückenlos (d. h. ohne dass irgendwo eine völlig litteraturlose Zeit dazwischen läge) vom Alterthum in das Mittelalter fort, aber die Sprachform vieler in der Uebergangszeit entstandenen Schriftwerke zeigt deutlich, dass ihre Verfasser in der Grammatik der Schriftsprache nicht mehr, bezw. noch nicht wieder sicher waren.

[3]) Man lese z. B. Dudo v. St. Quentin oder Wilhelm v. Poitiers.

der künstlichen Schriftsprache so recht deutlich erkennen lässt. Einen Schimmer von Natürlichkeit gewann das Schriftlatein erst wieder, als es die Sprache des nach Erneuerung der Antike strebenden Humanismus wurde.

§ 36. **Bemerkungen über die Geschichte des Romanischen.** 1. Die lateinische S c h r i f tsprache welkte, weil ihr der befruchtende Untergrund einer Nationalität fehlte, frühzeitig dahin und starb endlich ab, als ihr die Stützen des Staates und der Schule entzogen wurden (vgl. § 35). Die lateinische V o l k s sprache dagegen behauptete sich in aller Drangsal und allen Stürmen der Uebergangszeit mit so ungeschwächter Lebenskraft, dass sie sogar die in ihr westliches Gebiet eingedrungenen germanischen Sprachen zu überwinden vermochte, freilich nicht ohne in dem Kampfe mit ihnen eine leichte Germanisirung zu erleiden. Ein noch festeres Widerstandsvermögen bewies die lateinische Volkssprache im unteren Donaugebiete gegenüber den slavischen und finnischen Sprachen und dem Griechischen, aber freilich auch dort musste sie den Sieg mit Opfern erkaufen.

Als Volkssprache wurde das Latein von der G e s a m m t h e i t der lateinisch redenden Bevölkerung gesprochen, also ebensowohl von den höheren wie von den niederen Ständen. Man darf annehmen, dass die von den höheren Ständen gebrauchte Form der Volkssprache der Schriftsprache nahe stand. Man darf aber auch annehmen, dass die Volkssprache der niederen Stände von derjenigen der höheren sich nicht allzu weit entfernte. Man darf dies annehmen erstlich auf Grund der Erwägung, dass aller Wahrscheinlichkeit nach eine gewisse Bildung auch in den unteren Volksschichten weit verbreitet war, namentlich auch die Kenntniss des Lesens und Schreibens (vgl. oben § 33). Sodann darf man es annehmen auf Grund dessen, dass die Sprache derjenigen Schriftwerke, welche — wie z. B. die Bibelübersetzungen — für einen weiteren, auch weniger Gebildete in sich einschliessenden Leserkreis bestimmt waren, freilich in Wortgebrauch, Wortbildung und Satzbau gar manche bemerkenswerthe Abweichung von der Schriftsprache aufweist, dass aber gleichwohl zwischen den beiden Spracharten keine so grosse Verschiedenheit zu bemerken ist, wie sie bei neuzeitlichen Völkern zwischen der Sprache der höheren und der niederen Stände so häufig begegnet. Allerdings ist ja dabei bereitwillig zuzugeben, dass die Verschiedenheit der Aussprache in der Schrift nicht hervortritt und dass diese Verschiedenheit eine sehr erhebliche gewesen sein kann, wenn auch in letzterer Beziehung bemerkt werden muss, dass gerade in der Aussprache die familiäre Rede der Gebildeten sich gern der Sprache, namentlich der mundartlich gefärbten Sprache der weniger Gebildeten annähert, vielfach mit ihr sogar zusammenfällt. In den einzelnen deutschen Landschaften wenigstens pflegen gewisse Eigenarten der Aussprache von Hoch und Niedrig getheilt zu werden.

Wie dem aber auch sein mag, jedenfalls war die Volkssprache der niederen Stände nicht die e i n z i g vorhandene Volkssprache, nicht die Volkssprache schlechthin, sondern es bestand neben ihr auch eine Volkssprache der höheren Stände, welche an die Schriftsprache sich anlehnte, zwischen dieser und der niederen Volkssprache eine Art Mittel- und Vermittelungsstellung einnahm. Diese höhere Volkssprache musste nun freilich, eben weil sie an die Schriftsprache sich anlehnte, in ihrem Bestande untergraben werden, als die Schriftsprache verfiel und endlich abstarb. Es wurde, seitdem dies geschah, den Gebildeten die schriftsprachlich-grammatische Correctheit ihrer Rede erschwert und getrübt, und dies selbstverständlich mit der fortschreitenden Zeit immer mehr. Es wurde dadurch gleichsam die Scheidewand, welche die höhere von der niederen Volkssprache trennte, immer dünner gemacht, und endlich schwand sie ganz, so dass nun beide Volksspracharten ineinanderflossen. Aber die ursprüngliche Doppelheit musste nothwendig nachwirken: wenn einerseits die Sprache der Gebildeten stark mit plebejischen Bestandtheilen durchsetzt wurde, so wurde andererseits der Sprache der niederen Stände Manches beigemischt, was vordem Eigengut der feineren Umgangssprache gewesen war.

Ganz sicherlich darf man nicht glauben, dass in der Zeit der Auflösung des weströmischen Reiches die höheren Stände völlig vernichtet worden und also nur die niederen übriggeblieben seien. Freilich wohl wurde die Bevölkerung der Städte und wurden insbesondere die vornehmen Geschlechter schwer getroffen und gelichtet von dem Sturme der wildbewegten Zeit, aber von einer gänzlichen Ausrottung kann doch keine Rede sein. Niemals hat die Einwohnerschaft des ehedem weströmischen Reiches lediglich aus Bauern und rohen Proletariern bestanden, es behaupteten sich vielmehr überall auch patrizische Familien, und in diesen erhielt sich eine gewisse Bildung, erhielt sich namentlich eine gewisse Kenntniss der lateinischen Litteratur. Dazu kam der Einfluss der Kirche, welche um ihrer eigenen Interessen willen es sich angelegen sein lassen musste, von den Bildungselementen des Alterthums zu retten und zu bewahren, was irgend ohne Nachtheil für die Kirche gerettet und bewahrt werden konnte. An den Mauern der Klöster und der Bischofssitze brachen sich die Wogen der Barbarei. Innerhalb dieser geschützten Stätten gab es jederzeit Männer, welche Fühlung behielten mit der Kultur der Vergangenheit, namentlich auch mit deren Sprache.

Wenn dem aber so war, so muss man daraus folgern, dass die nach dem Untergange der lateinischen Schriftsprache allein übrig bleibende Volkssprache, welche nunmehr als „Romanisch" bezeichnet werden kann, keineswegs eine blosse Pöbelsprache gewesen ist. Recht nachdrücklich muss man vielmehr gegen eine solche zugleich einseitige und übertreibende Anschauung Einspruch erheben. Das Romanische zeigt wohl vielfach, namentlich in Wortschatz und Syntax, plebejische Züge[1]), und es ist sehr wichtig, dieselben mehr und mehr herauszufinden, aber neben diesen auch Züge, welche die Fortdauer feinerer Sprachart, ja Zusammenhang mit dem Schriftlatein bekunden[2]).

---

[1]) So enthält das Romanische eine Anzahl von Worten, welche als plebejisch bezeichnet werden müssen (z. B. frz. *reculer* v. *culus*, *péliller* v. *pedere*, namentlich aber gehören hierher die Bezeichnungen der Körpertheile, wie frz. *tête, joue, bouche, jambe* u. a. m.). Als plebejisch darf man auch betrachten die Vorliebe für Deminutiva und Intensiva, ferner die umständlichen Präpositional-, Adverbial- und Conjunctionalverbindungen (z. B. frz. *avec* = *apud* + *hoc* (s. S. 350), *désormais* = *de ex hac hora magis*, *parce que* = *per ecce hoc quod*.

[2]) So vor Allem die zahlreichen gelehrten und halbgelehrten Worte, welche auch schon in den ältesten Sprachdenkmälern sich finden; die Anlehnung der Orthographie an das Lateinische; der Fortbestand der absoluten Participialconstructionen; die Beibehaltung zweier Tempora der Vergangenheit; der verhältnissmässig weite Anwendungskreis des Conjunctivs; die Ausbildung einer verhältnissmässig strengen Consecutio temporum.

Und so werde die ganze obige Erörterung in einem Schlusssatze zusammengefasst: das Romanische ist seinem Ursprunge und seinem Grundwesen nach nichts Anderes, als diejenige Art des Volkslateins, welche entstand aus der in Folge des Verfalls und des Untergangs der Schriftsprache eintretenden Mischung der höheren und der niederen Volkssprache der vorangegangenen Zeit.

Daraus ergiebt sich auch die einzige Möglichkeit, die Entstehungszeit des „Romanischen" andeutungsweise zu bestimmen: der Untergang der Schriftsprache ist die Veranlassung der Entstehung des „Romanischen"; die Schriftsprache aber fiel dem Untergange anheim, als mit dem Zusammenbruche des weströmischen Reiches ihr die Stütze des Staates entzogen wurde.

Das römische Kaiserreich und seine Schriftsprache sind nach langem Siechthume gestorben; so recht gesund waren sie übrigens nie gewesen, sondern von Anfang an hatten sie Krankheitskeime in sich getragen. Andrerseits haben sie beide doch auch eine grosse Lebenszähigkeit erwiesen, vermöge deren sie äusserlich noch lange fortbestanden, nachdem sie innerlich bereits abgestorben waren.

Kaiserreiche und Schriftsprachen sterben nur allmählich. Auch des römischen (bezw. des weströmischen) Reiches und der lateinischen Schriftsprache Tod war ein langsamer. Ein Sterbejahr lässt sich nicht angeben, um so weniger, als der Verlauf des Sterbens in den verschiedenen Theilen des Reiches in verschiedenem Zeitmaasse sich vollzog, in einzelnen Gebieten früher, in anderen später zum Abschluss gelangte, wenn hier überhaupt von einem Abschlusse geredet werden darf angesichts der Thatsache, dass Karl der Grosse eine Art von staatlicher und sprachlicher Wiedergeburt des römischen Reiches vollzog.

Anmerkung. Eine eingehende Untersuchung über die Entwickelung des Lateins zum Romanischen fehlt noch, der Anfang zu einer solchen liegt vor in *Sittl's* Abhandlung „Zur Beurtheilung des sog. Mittellateins" (im Arch. f. lat. Lex. II, 550; behandelt wird hier der Untergang der lat. Declination [mit Berücksichtigung der Arbeiten von *d'Arbois de Jubainville,* La déclinaison latine en Gaule à l'époque mérovingienne, Paris 1872, und *L. Stünkel,* Das Verhältniss der Sprache der Lex Romana Utinensis zur schulgerechten Latinität in Bezug auf Nominalflexion und Anwendung der Casus, in: Jahrb. f. Philol. u. Pädag.,

Supplbd. VIII, 585, Leipzig 1876]). Einzige Quelle für unsere Kenntniss des in der Entwickelung zum Romanischen begriffenen Lateins sind Schriftwerke (namentlich Urkunden), welche in den frühmittelalterlichen Jahrhunderten von des Schriftlateins nicht mächtigen Personen abgefasst wurden. Die wichtigsten dieser Schriftwerke sind von *Gröber*, Arch. f. lat. Lex. I, 66, und von *Sittl*, ebenda II, 554, verzeichnet. Hinzuzufügen ist namentlich die Benedictinerregel in der Ausg. von *Wölfflin* (Leipzig 1895). Ueber die Latinität des Geschichtsschreibers Gregor v. Tours (6. Jahrh.) vgl. die ungemein gründliche und ergebnissreiche Untersuchung *Bonnet's*, Le Latin de Grégoire de Tours, Paris 1890. Durch dieses für die romanische Philologie ungemein wichtige Werk hat *Bonnet* unter anderen namentlich auch das Verdienst sich erworben, nachdrücklich darauf hingewiesen zu haben, dass die oft ausgesprochene Anschauung, wonach das Romanische die Fortsetzung nur des niederen Volkslateins sein soll, der Berichtigung bedarf.

2. Nothwendig muss angenommen werden, dass das über Italien, die Westprovinzen, Africa und Dacien sich ausbreitende Latein in Folge der verschiedenartigen örtlichen Verhältnisse, namentlich aber in Folge der Einwirkung der verschiedenen Sprachen der romanisirt werdenden keltischen, iberischen etc. Bevölkerung sich dialektisch spaltete, wenn auch vermuthet werden darf, dass diese Spaltung zunächst — d. h. so lange, als das Latein im Munde der Kelten, Iberer etc. Fremdsprache war — nicht eben sehr tief gegriffen hat. Selbstverständlich musste die dialektische Spaltung des Lateins im Romanischen nicht nur fortdauern, sondern auch sich erheblich erweitern, je mehr einerseits der ausgleichende Einfluss der Schriftsprache zu wirken aufhörte und andrerseits der Einfluss der verschiedenen germanischen Sprachen, welche durch die Festsetzung der Germanen im Gebiete des weströmischen Reiches dorthin übertragen wurden, zu wirken anfing und zwar in den verschiedenen Landschaften in verschiedenem Maasse. So hat es ein einheitliches Romanisch nie gegeben, sondern von vornherein eine Vielheit romanischer Mundarten, welche nach Maassgabe ihrer durch die geschichtliche Entwickelung bedingten näheren oder ferneren Beziehungen zu einander grössere oder kleinere Gruppen bildeten.

Die Angehörigen einer Mundartengruppe stellten nicht nur eine Sprachgenossenschaft dar, sondern zugleich auch eine Volksstammgenossenschaft, oder vielmehr weil sie eine solche waren, waren sie auch eine Sprachgenossenschaft.

Durch die allmähliche Entwickelung einzelner Volksstamm-
genossenschaften zu Nationen wurde die Möglichkeit und in
gewisser Weise sogar die Nothwendigkeit geschaffen, dass
innerhalb einer jeden der betreffenden Mundartengruppen eine
Einzelmundart zur nationalen Verkehrs- und Schriftsprache sich
erhob (vgl. oben § 34 No. 4). So erwuchsen die grossen romanischen Nationalsprachen: die französische, die provenzalische (die
catalanische), die spanische, die portugiesische, die italienische,
die rumänische. Zwei derselben, die catalanische und die
provenzalische, haben in Folge des Anschlusses der Catalanen
an die spanische, der Provenzalen an die französische Nationalität eine erhebliche Herabminderung ihrer Bedeutung erlitten,
denn sie haben aufgehört, Nationalsprachen zu sein und sind
nur noch Volksstammsprachen. —

Geburtsjahre lassen für die romanischen Nationalsprachen
sich nicht angeben. Die Entwickelung der einzelnen romanischen Nationalitäten und folglich auch die Entwickelung
der einzelnen Nationalsprachen hat sich, wie alle derartigen
geschichtlichen Vorgänge, langsam und allmählich vollzogen.
Ganz verkehrt ist es, die Entstehung einer Nationalsprache
von der Abfassungszeit der ältesten uns erhaltenen Schrift-
denkmale ab rechnen zu wollen, beispielsweise also die Geschichte der französischen Nationalsprache mit dem Jahre 842
beginnen zu wollen, weil damals die Strassburger Eide ge-
schworen wurden. Denn durch die gelegentliche und vereinzelte Verwendung zu urkundlichen oder litterarischen
Zwecken erhält selbstverständlich eine Mundart noch keineswegs die Bedeutung einer Nationalsprache. Solche Bedeutung
erlangt sie vielmehr erst dann, wenn sie Trägerin einer an
das gesammte Volksthum sich wendenden Litteratur und Werkzeug staatlichen Lebens wird. Dies aber ist in romanischen
Landen verhältnissmässig erst spät geschehen, weil die Herausbildung romanischer Nationalitäten aus dem frühmittelalterlichen
Völkergemische lange Zeit erforderte. Am frühesten erstand
im Norden und Süden Frankreichs [1] aus dem mit germanischen
Bestandtheilen durchsetzten Galloromanenthume je eine neue

---

[1] Ueber die Benennungen *France* und *français* vgl. *Hoefft, France,
Français* und *France* im Rolandsliede, Strassburg 1891 Diss., vgl. dazu
Förster und *Gröber*, Ztschr. f. rom. Phil. XVI, 244 und 286.

Nation. Diese Entwickelung wurde im Norden vergleichs-weise rasch und durchgreifend vollzogen, da dort die junge französische Nation zeitig auch staatlich, zunächst freilich nur in loser Form, geeinigt wurde; dem provenzalischen [1]) Volks-thume des Südens dagegen war die staatliche Einigung nicht vergönnt, und eben deswegen hat die provenzalische Nationalität nicht in der Fülle sich entwickelt, wie die französische, darum ist auch die provenzalische Sprache nicht eine Nationalsprache im vollen Sinne des Wortes geworden. Von französischer Nationalität und Nationalsprache darf man reden, seitdem merovingische und karolingische Helden in volksthümlichen Gesängen französischer Zunge gefeiert wurden. Freilich aber muss dahingestellt bleiben, wann dies zuerst geschehen ist; nur vermuthen darf man, nicht jedoch nachweisen lässt es sich, dass die Anfänge französischer Dichtung bereits dem 7. Jahrhundert angehören [2]). Noch unthunlicher ist es, die Anfänge der nationalen provenzalischen Litteratur zeitlich zu bestimmen. Aus allgemeinen Gründen darf man indessen sich zu der Annahme für berechtigt erachten, dass im Süden Frankreichs die national-romanische Dichtung mindestens nicht später, als im Norden, anhob. Denn warum sollen die Thaten der Merovinger und Karolinger nicht auch im Süden dichterischen Wiederhall gefunden haben?

Erheblich später, als im ehemaligen Gallien, haben auf der pyrenäischen Halbinsel und in Italien sich romanische Nationalitäten und Nationalsprachen entwickelt. Bekannte geschichtliche Verhältnisse haben es ja bedingt, dass in beiden Ländern diese Entwickelung nur unter grossen Schwierigkeiten und eben deshalb nur sehr langsam und gleichsam zögernd sich vollziehen konnte und erst um die Wende des 11. und 12. Jahrhunderts zu festen Ergebnissen gelangte.

Die jüngste unter den romanischen Nationalitäten und Nationalsprachen ist die rumänische [3]), denn erst in der Neu-zeit haben die rumänischen Volksstämme das Bewusstsein

---

[1]) Ueber den Namen „Provenzalisch" vgl. *P. Meyer* in den Annales du Midi I (1889), vgl. *Stengel* in *Vollmöller's* Jahresb. I, 292.

[2]) Man vgl. *Körting's* Aufsatz über das Farolied in Ztschr. f. frz. Spr. u. Lit. XVI, 235, namentl. aber *Rajna*, Le origini dell' epopea francese (Flrz. 1884).

[3]) Vgl. über den Volksnamen der Rumänen die so betitelte Schrift von *Gartner*, Czernowitz 1893, vgl. Romania XXIII, 317.

nationaler Zusammengehörigkeit erlangt, und hat die daco-rumänische Mundart (in der siebenbürgisch-walachischen Form) die Stellung einer nationalen Sprache erhalten.

3. Sämmtliche romanische Mundarten und zwar, wie selbstverständlich, ebensowohl die zu Nationalsprachen gewordenen wie diejenigen, welche Landschaftssprachen geblieben sind, wurzeln im Latein, sind nichts als verschiedenartige Fortentwickelungen des Lateins, eine jede von ihnen ist ein Neulatein, welches auf allen Gebieten sprachlichen Lebens eine eigenartige Weiterbildung des Altlateins aufweist. Die Frage liegt nahe, in welchem Sonderverhältnisse jede einzelne Mundart, beziehentlich jede einzelne Mundartengruppe oder doch jede einzelne Nationalsprache zu dem Altlatein stehe, ob sie ihm verhältnissmässig nahe geblieben sei oder aber verhältnissmässig weit von ihm sich entfernt habe. Diese Frage gestattet, auch wenn man sie auf die Nationalsprachen einschränkt, nur eine ganz allgemeine Beantwortung, welche lediglich das Gesammtergebniss, nicht aber die Einzelergebnisse der sprachlichen Entwickelung berücksichtigt. Denn soll das Letztere geschehen, so muss bezüglich jeder Sprache die Antwort in eine lange Reihe von Theilen zerlegt werden, weil eine jede Sprache in manchen (lautlichen, morphologischen, syntaktischen, lexikalischen) Beziehungen dem Latein besonders nahe in manchen anderen besonders fern steht. Es hat eben jede Einzelsprache sich in ihren Einzeltheilen nicht gleichmässig, sondern sehr ungleichmässig vom Latein entfernt, so dass, wenn man das Latein als eine gerade Linie sich vorstellt, jede romanische Sprache daneben als eine Zickzacklinie erscheint, welche an einzelnen Stellen der geraden Linie nahe bleibt, an anderen weit von ihr abbiegt, an noch anderen wieder mehr oder weniger zu ihr zurück sich wendet. Es ist eben auch hier jene Bewegtheit und Vielgestaltigkeit wahrzunehmen, welche kennzeichnend für jede geschichtliche Entwickelung ist. Immerhin aber lassen sich die Durchschnittsweiten der Ausbuchtungen ermessen, welche die einzelnen romanischen Zickzacklinien von der lateinischen Grundlinie entfernen. Die weitesten Curven beschreibt das Französische, nächst ihm das Provenzalische, in lautlicher Beziehung auch das Portugiesische; das Spanische, das Portugiesische (abgesehen

von seinen Lauten), das Italienische und das Rumänische bewegen sich in erheblich geringerem Abstande von dem
Latein. Das Catalanische nimmt eine Mittelstellung zwischen
Provenzalisch und Spanisch, das Rätische eine solche zwischen
Italienisch und Französisch - Provenzalisch ein. Man kann
sich diese Verhältnissentfernungen etwa folgendermaassen veranschaulichen:

Latein

Ital. Rumän.   *Span. Ptg. (abgesehen von den Lauten)*
Rätisch   *Catal.*
Französisch-Provenzalisch.

Diese kleine Tabelle würde wesentlich ausgedehnt werden
müssen, wenn neben den Nationalsprachen auch die Landschaftsmundarten berücksichtigt werden sollten.

4. Fremdsprachlicher Einfluss spielt in der Geschichte
des Romanischen bei weitem keine so bedeutende Rolle, wie
man von vornherein glauben möchte. Allerdings muss dabei
bemerkt werden, dass die Richtigkeit dieses Urtheils vielleicht
angefochten werden könnte, wenn die vorlateinischen Sprachen
(das gallische Keltisch, das Iberische etc.) uns näher bekannt
werden. An sich ist die Annahme durchaus statthaft, dass
jede dieser Sprachen in dem Latein, durch welches sie allmählich verdrängt wurde, eigenartige Beimischungen hinterlassen, bestimmte Entwickelungsbahnen ihm gleichsam vorgezeichnet hat. Jedenfalls muss die Möglichkeit, dass dies
geschehen ist, durchaus zugegeben werden, aber der Nachweis
der Wirklichkeit solcher Beeinflussung ist schlechterdings nicht
zu erbringen. Das, was aus den vorlateinischen Sprachen als
im Romanischen fortlebend mit Sicherheit bezeichnet werden
kann, sind einzelne, nicht eben zahlreiche Worte und, im
Französischen, die Zählung mittelst zwanzig (*quatre - vingt,
six-vingt*); dagegen lassen sich romanische Lautgestaltungen,
Formenentwickelungen (wie etwa die Casuszweiheit im Frz.-
Prov.) und syntaktische Neigungen nicht auf vorlateinische
Ausgangspunkte zurückführen.

Das Germanische hat sämmtliche romanische Sprachen
beeinflusst, aber freilich in sehr verschiedenem Maasse: am
stärksten das Französische, so dass dieses auch dadurch vom

Lateinischen am weitesten sich entfernt hat; am schwächsten das Rumänische, für welches vielmehr das Slavische einflussreich geworden ist. Das Hauptgebiet, auf welchem germanischer Einfluss sich bethätigt hat, ist der Wortschatz. Eine gewisse Germanisirung scheint auch der Satzbau des Romanischen, und zwar wieder je nach den verschiedenen Sprachen in verschiedenem Grade, erfahren zu haben, indessen es ist misslich, in dieser Beziehung bestimmte Behauptungen auszusprechen, weil die betreffenden Erscheinungen romanischen Satzbaues (z. B. die Neigung des Altfrz. in Sätzen, welche mit Adverbialien beginnen, das Prädicat dem Subject voranzustellen) sich auch anderweitig erklären lassen. Die Entwickelung des romanischen Formenbaues ist, wie es scheint, allenthalben unberührt geblieben von germanischer Beeinflussung, ebenso auch, mit wenigen Ausnahmen (z. B. das Eindringen des 'h in das Frz.), die romanische Lautentwickelung.

Die pyrenäischen Sprachen haben Einwirkung des Arabischen über sich ergehen lassen müssen, aber auch diese ist vorwiegend nur eine lexikalische gewesen. In den übrigen romanischen Sprachen hat das Arabische nur vereinzelte Fremdworte abgelagert. Dasselbe haben auch andere Sprachen gethan, mit denen das Romanische im Laufe der Geschichte in Berührung trat.

5. Das Aufkommen der Renaissancebildung und des Humanismus ist für die romanischen Schriftsprachen, mittelbar auch für die Landschaftsmundarten, von tiefgreifender Bedeutung geworden. Es haben Renaissance und Humanismus eine Fluth lateinischer und griechischer Worte in gelehrter oder halbgelehrter Lautform in das Romanische einströmen lassen und zugleich die schriftsprachliche Ausdrucksweise mit Nachbildungen lateinischer Stileigenarten erfüllt. Dadurch ist der Abstand zwischen den Schriftsprachen und den Landschaftsmundarten sehr erheblich erweitert, und sind die letzteren mehr und mehr auf die niederen Kreise der Bevölkerung beschränkt worden und dadurch der Verwahrlosung anheimgefallen.

Die Beeinflussung der romanischen Schriftsprachen durch das Schriftlatein hat übrigens keineswegs mit der Renaissance erst begonnen, sondern sie ist auch bereits während des ganzen Mittelalters wirksam gewesen. Bei der Bedeutung, welche das Studium des Schriftlateins für die Kirche und die Wissenschaft des Mittelalters besass, konnte dies ja auch gar nicht anders sein. Es haben sich also die romanischen Schriftsprachen fortdauernd in der Schule des Schriftlateins befunden, es hat aber die Renaissance dem Einflusse dieser Schule besondere Nachdrücklichkeit verliehen.

§ 37. **Bemerkungen über den lateinischen Wortschatz.** 1. Der Wortbestand des Lateinischen theilt sich, wie derjenige aller indogermanischen Sprachen, in zwei grosse Gruppen: flexionsfähige Worte und flexionsunfähige Worte. Die erste Gruppe umfasst die Nomina (Substantiva, Adjectiva, Pronomina) und die Verba, die zweite die Adverbien, Präpositionen, Conjunctionen (und Interjectionen). Die flexionsunfähigen Worte sind übrigens entweder nachweislich (wie z. B. die Adverbien auf *-o*, *-e*, *-iter*, *-tus*, *-tim*) oder doch vermuthlich erstarrte Casusformen.

In Bezug auf die Verwendung der einzelnen Wortkategorien ist namentlich hervorzuheben, dass die verhältnissmässig reich entwickelte Nominal- und Verbalflexion den Ausdruck syntaktischer Beziehungen durch Wortformen in weitem Umfange ermöglicht, wodurch der Anwendungskreis der Formenworte (Präpositionen, Zeitadverbien, Modalverba) erheblich eingeschränkt wird. Im Einzelnen verdient besondere Beachtung, dass dem Latein die Verbindung des Infinitivs mit Präpositionen unbekannt ist, weil sie durch das Vorhandensein des sog. Gerundiums entbehrlich gemacht wird.

Kennzeichnend für das Latein, namentlich für das classische Schriftlatein, ist die Abneigung gegen die Verwendung verbalnominaler Abstracta und die Neigung, statt derselben Verbalformen (Gerundium, Gerundivum, Particip Perf. Pass.). Erst im späteren, insbesondere im christlichen Latein werden Bildung und Gebrauch derartiger Abstracta allgemach üblich.

Die Abschwächung des Demonstrativs *ille* und der Cardinalzahl *unus* zu artikelhaftem Gebrauche ist im Schriftlatein nur erst in Ansätzen wahrnehmbar, ebenso die Verwendung von *ille* als Personalpronomen der dritten Person. Wie das

Personalpronomen, so fehlt dem Latein auch das Possessivpronomen der dritten Person, denn *suus* ist nur reflexiver Verwendung fähig.

2. Wie alle indogermanischen Sprachen, so besitzt auch das Latein die Fähigkeit, Worte (namentlich Nomina) lautlich und begrifflich der Art mit einander zu verbinden, dass sie in Bezug auf Betonung, Flexion und Bedeutung eine Einheit bilden. Im Vergleich jedoch mit den meisten anderen idg. Sprachen — namentlich mit dem Sanskrit, dem Griechischen, dem Germanischen und dem Slavischen — bethätigt das Latein diese Zusammensetzungsfähigkeit nur in sehr beschränktem Umfange. Die Armuth an Wortzusammensetzungen (Compositis) ist geradezu ein Kennzug des Lateinischen, welcher für die Gestaltung des lateinischen Stils, namentlich auch des poetischen, bedeutungsvoll geworden ist. Wie so manche andere Eigenart des Lateins, ist übrigens auch die Compositionsarmuth in der Schriftsprache durch künstliche Nachbildung des Griechischen abgeschwächt und verdeckt worden.

Die lateinischen (und überhaupt die indogermanischen) Nominalcomposita zerfallen ihrer Form nach in vier Classen (vgl. *Brugmann*, Grundriss etc. II, 21), nämlich: a) Composita, deren erstes Glied der Stamm eines declinirten Nomens oder Pronomens ist, z. B. *sacer-dos* (aus *sacr* [mit vocalischem *r*] + *dōt*), *prin-ceps, belli-ger, angui-cornis, tri-dens, fun-ambulus, nau-fragus* und (als Neubildung) *nav-i-fragus, homi[n]-cida, ju-dex* (aus *iouz-dic-s*). b) Composita, deren erstes Glied ein eben nur in der Composition vorkommendes Wort ist. Derartige Composita sind die Zusammensetzungen mit den verneinenden Partikeln *in-* und *ne-*, z. B. *in-teger, ne-fas.* c) Composita, deren erstes Glied ein auch ausserhalb der Composition gebräuchliches Adverbium (bzw. Präposition) ist, z. B. *sub-urbium, per-fidus, ante-novissimus.* d) Composita, deren erster Theil eine Casusform oder ein von einem Adj. abgeleitetes Adverb (d. h. ein adverbial gebrauchter Adjectivcasus ist), z. B. *Ju-piter* = Ζεῦ πάτερ (*Ju-* ist also Vocativ), *res + publica, jus + jurandum, agri + cultura, fidei + commissum, brev[e] + iter* = *breviter* (so überhaupt alle Adverbien auf *-iter*, bzw. *-ter*; indessen ist diese von *Osthoff*, Arch. f. lat. Lex.

IV, 455, aufgestellte, an sich sehr ansprechende Erklärung wohl noch nicht völlig gesichert, vgl. *Delbrück*, Grundriss III, 631), *male + volens*, bzw. *+ *volentia*.

In Bezug auf die Bedeutung werden einerseits „beiordnende" und „unterordnende", andrerseits „nicht mutirte" und „mutirte" Composita unterschieden[1]).

Beiordnende Composita sind solche, deren Glieder in rein copulativem Verhältnisse zu einander stehen (z. B. *su-ovetaurilia*, ein Opfer, bei dem ein Schwein, ein Schaf und ein Rind geopfert wird), während bei den unterordnenden Compositis das eine Glied durch das andere näher bestimmt wird, das eine also dem anderen begrifflich untergeordnet ist, z. B. *agricultura*, wo der Hauptbegriff *cultura* durch *agri* näher bestimmt wird.

„Mutirt" wird ein Compositum dann genannt, wenn es aus seiner ursprünglichen Wortkategorie in eine andere übergetreten ist. Es kommt dabei namentlich Uebertritt aus der substantivischen in die adjectivische Bedeutung in Betracht, z. B. *nocti-color* eigentl. „Nachtfarbe", dann „nachtfarbig", *tri-ceps* eigentl. „Dreikopf", dann „dreiköpfig".

Zusammensetzungen von Nominalstämmen mit Verben sind selten (z. B. *aedi-ficare*), ebenso solche von Verbalstämmen mit Verben (z. B. *calĕ-facĕre*).

Ueber die Composition im Lat. vgl. (ausser *Brugmann* a. a. O.) namentlich S t o l z, Die lat. Nominalcompos. in formaler

---

[1]) Da die Nominalcomposition im Sanskrit besonders reich entwickelt ist, so besitzt die von den indischen Grammatikern aufgestellte Eintheilung der Nominalcomposita ein allgemeines Interesse und wird oft auch auf europäisch-indogermanische Sprachen übertragen. Man unterscheidet im Sanskrit folgende Compositaclassen (vgl. *Kielhorn*, Sanskrit-Grammatik [Berlin 1888] p. 204 ff.): 1. T a t p u r u s h a, Composita, deren zweites Glied durch das erste näher bestimmt wird, und zwar: a) e i g e n t l i c h e   T a t p u r u s h a, d. h. Comp., deren erstes Glied zu dem zweiten in einem obliquen Casusverhältniss steht, z. B. *râjapurusha* „des Königs Mann"; b) *Karmadhâraya*, Comp., deren beide Glieder in gleichem Casusverhältnisse stehen (z. B. beide als Nominative aufzufassen sind), *nîlotpala* „blauer Lotus"; c) D v i g u, d. h. Comp., deren erstes Glied eine Cardinalzahl ist, z. B. *tribhuvana* „die Dreiwelt, die drei Welten". 2. B a h u v r î h i, Composita attributiva, z. B. *pitâmbara* „ein gelbes Gewand habend". 3. D v a n d v a, beiordnende oder copulative Composita, z. B. *brâhmanakshatriya* „ein Brâhmane und ein Krieger". 4. A v y a y î b h â v a, undeclinirbare adverbiale Composita, z. B. *yathasakti* „nach Kräften".

Hinsicht, Innsbruck 1877, und *Skutsch*, De nominum latinorum compositione quaest. sel., Bonn (Nissae) 1888 Diss.

3. Wir kennen den einst vorhanden gewesenen lateinischen Wortbestand keineswegs in seinem vollen Umfange, denn so verhältnissmässig bedeutend auch die Gesammtmasse der uns überlieferten lateinischen Inschriften und Litteraturwerke ist, so stellt dieselbe doch nur einen und zwar wahrscheinlich recht kleinen Bruchtheil des lateinischen Schriftthums dar. Es ist also anzunehmen, dass der uns verlorene Theil dieses Schriftthums Worte enthalten habe, welche unserer Kenntniss sich entziehen. Namentlich aber muss man glauben, dass die gesprochene Rede des Alltagslebens und besonders wieder diejenige der niederen Stände, der *sermo plebeius*, zahlreiche Worte besessen habe, deren Verwendung eben ihres plebejischen Charakters wegen in der Schriftsprache geflissentlich vermieden wurde. Bei dieser Sachlage ist es ein durchaus berechtigtes Verfahren, für romanische Worte, deren lateinischer Ursprung wahrscheinlich ist, aber nicht belegt werden kann, ein lateinisches Grundwort („Substrat") zu construiren, nur muss man sich des hypothetischen Charakters solcher Wortreconstructionen bewusst bleiben und muss sie auch äusserlich irgendwie, etwa durch ein vorgesetztes Sternchen, kennzeichnen. Mehrfach sind übrigens derartige „Substrate" aus Glossen (s. oben S. 249) nachgewiesen und dadurch gegen jede Anzweiflung gesichert worden (vgl. z. B. Arch. f. lat. Lex. IX, 424).

Wie in allen Sprachen, so ist auch im Lateinischen der Wortbestand einem theilweisen zeitlichen Wandel unterworfen gewesen (vgl. Horat. Ars poet. 60 ff.: *ut silvae foliis pronos mutantur in annos, prima cadunt: ita verborum vetus interit aetas, et iuvenum ritu florent modo nata vigentque*). Unsere Kenntniss dieser Wandelungen ist aber nur eine sehr unvollkommene, namentlich was die Sprache des Alltagslebens anbetrifft.

Ueber den Wortschatz des Volkslateins vgl. *Cooper*, Wordformation in the Roman Sermo Plebeius. An Historical Study of the Development of Vocabulary in Vulgar and Late Latin with special Reference to the Romance Languages. Boston 1895 (eine kurze Inhaltsangabe findet man im Litteraturbl. f. germ. u. rom. Phil. 1895 Sp. 358, vgl. auch *Stolz* in der hist. Gramm. der lat. Spr. p. 705.

4. Das Lateinische ist in Bezug auf die Etymologie eine der am wenigsten durchsichtigen indogermanischen Sprachen, namentlich im Vergleich mit dem Griechischen und gar mit dem Sanskrit erscheint es als etymologisch sehr dunkel. Daraus erklärt sich, dass in der lateinischen Wortforschung so häufig arge Missgriffe gemacht worden sind, und zwar ebensowohl von den römischen Nationalgrammatikern, welche ihre Wortableitung in naivster Weise auf ungefähre Lautähnlichkeit gründeten und dabei noch dazu oft mehrere Möglichkeiten neben einander annahmen, als auch von den Sprachvergleichern der Neuzeit. Erschwert wird in erheblichem Maasse die etymologische Erforschung des Lateins noch durch den Umstand, dass allem Anscheine nach gerade im Latein die Volksetymologie eine unheimliche Geschäftigkeit bethätigt hat. Schriften über lat. Etymologie wurden oben S. 250 f. genannt.

5. Mehrfache geschichtliche Fügungen — die Nachbarschaft des grossen griechischen Colonialgebietes in Unteritalien, die Hellenisirung der römischen Cultur (einschliesslich des Götterglaubens) und Litteratur, endlich die Uebertragung des Christenthums aus dem hellenistischen Osten in das lateinische Sprachgebiet — haben es veranlasst, dass das Lateinische während der ganzen Dauer seiner Geschichte mit griechischen Lehnworten und Fremdworten geradezu überfluthet worden ist, und zwar keineswegs etwa nur die Schriftsprache, obwohl diese allerdings in besonders starkem Maasse[1]), sondern auch die Sprache des Alltagslebens, wie man z. B. aus Plautus' und Terenz' Lustspielen oder aus Cicero's und Plinius' Briefen erkennen kann. Das Lateinische ist mit griechischen Bestandtheilen (zu denen selbstverständlich auch die beliebte Verwendung griechischer Suffixe, wie z. B. -issa, -ismus, -izare gehört) in ähnlicher Weise durchsetzt gewesen, wie das Deutsche im 17. und 18. Jahrhunderte mit französischen, ja vielleicht in noch höherem Grade[2]). Man kann sogar geneigt

---

[1]) Wie leicht begreiflich, finden hinsichtlich der Menge der gebrauchten griechischen Worte sehr erhebliche Gradunterschiede zwischen den einzelnen Schriftstellern und Litteraturwerken statt. Es giebt sogar Autoren (z. B. Tacitus), welche den Gebrauch griechischer Worte augenscheinlich mit Geflissenheit vermieden haben.

[2]) Ganz anders urtheilt freilich Draeger am Schlusse der Einleitung zu seiner „Histor. Syntax der lat. Spr.", aber er hat, wenigstens was den Wortschatz anbetrifft, entschieden Unrecht.

sein, die Gräcisirung des lateinischen Wortschatzes zu vergleichen
mit der Romanisirung, welche der englische, oder mit der
Arabisirung, welche der türkische erfahren hat. Zu einem
Theile werden die massenhaften Gräcismen im lateinischen
Wortbestande dadurch verdeckt, dass die betr. Worte lautlich
vollkommen latinisirt worden sind (z. B. *paenula* = φαινόλης,
purpura = πορφύρα) oder volksetymologische Umbildung erlitten haben (z. B. ὀρείχαλκος zu *aurichalcum*, μηλόφυλλον zu
millefolium).

Ueber die griech. Worte im Latein vgl W*eise*, Die griech. Wörter
im Latein, Leipzig 1882 (Preisschrift der fürstlich Jablonowski'schen
Gesellschaft, No. XV); *Saalfeld*, Tensaurus Italograecus, Wien 1884,
und: Die Lautgesetze der griech. Lehnwörter im Lat., Leipzig 1884
(beide Schriften sind ungünsig beurtheilt worden); *Gäbel*, Zur Latinisirung griechischer Wörter, Arch. f. lat. Lex. VIII, 339. *Funck*, Die
Verben auf -*issare* und -*izare* in *Wölfflin's* Archiv III, 398 und 553,
IV, 317.

6. Abgesehen von den Wortentlehnungen aus dem Griechischen ist der Bestand an Fremdworten im Lateinischen nicht
eben gross oder, um vorsichtiger zu reden, er scheint nicht
eben gross zu sein. Nur verhältnissmässig wenige Worte
lassen sich mit Sicherheit als aus dem Keltischen, Germanischen, Iberischen, Punischen, Hebräischen etc. entlehnt nachweisen[1]), indessen in Bezug auf das Keltische muss die
Möglichkeit zugegeben werden, dass es in höherem Maasse,
als man zu erkennen vermag, zur Bereicherung des lateinischen
Wortschatzes beigetragen habe.

Immerhin genügt schon die starke Beimischung griechischer Bestandtheile, um dem lateinischen Wortschatze, namentlich demjenigen der späteren Zeit, eine Art von internationalem
Gepräge zu verleihen. Dadurch aber musste bei den lateinisch
Redenden das Gefühl für und das Streben nach Reinheit und
Einheitlichkeit des Wortbestandes erheblich abgeschwächt
werden. Ueberdies ist vorauszusetzen, dass die Volksstämme,

---

[1]) Keltisch sind z. B. (nach *Holder*) *alauda*, *ambactus* (dies allerdings ursprünglich wohl germanisch), *beccus* („Schnabel"), *benna*, *braca*,
bulga, (e)*marcus*, *galba* u. a. m. — Iberisch sollen sein *ballux*, *cuniculus*,
gurdus, *laurex*, *minium*, *palacra* u. a. m. — Dem Germanischen sind entlehnt z. B. *burgus*, *framea*, *ganta*, *glaesum* etc. — Punisch sind wahrscheinlich *mappa* und *mapalia*. — Dem Hebräischen entlehnte das kirchliche Latein eine Anzahl Worte, welche zum Theil, wie z. B. *gehenna*,
auch in der profanen Sprache sich einwurzelten.

welche das Latein zunächst als Fremdsprache übernahmen,
nicht das mindeste Bedenken trugen, Worte ihrer Sprache in
mehr oder weniger gelungener Latinisirung dem Latein bei-
zumengen, namentlich in der Rede des Alltagslebens, welche
eben dadurch ein recht buntscheckiges Aussehen gehabt haben
mag. Dies bereitete den Boden vor für die Wortmischung in
grossem Maassstabe, welche sich später im Romanischen vollzog.

§ 38. **Der Wortbestand des Romanischen.** 1. Das Romanische hat die Wortkategorien des Lateinischen beibehalten und
dieselben nach mehrfacher Richtung hin erweitert. Durch Be-
deutungsabschwächung einerseits des Demonstrativs *ille*[1]),
andrerseits der Cardinalzahl *unus* ist ein bestimmter und ein
unbestimmter Artikel geschaffen worden. Ebenso hat Be-
deutungsabschwächung von *ille* (bezw. von *ipse* = ital. *esso* etc.)
das dem Latein fehlende Pronomen der 3. Person und Be-
deutungserweiterung des reflexiven *suus* hat das dem Latein
gleichfalls fehlende Possessivum derselben Person ergeben;
auf einem Theile des romanischen Gebietes (im Sard., Span.,
Ptg.) hat der Genetiv *cuius* zu einem relativen, bezw. interroga-
tiven Possessiv sich entwickelt, als welches er sich übrigens
vereinzelt schon im Schriftlatein gebraucht findet (*cuium pecus?*
Virgil). Die Personalpronomina haben, je nachdem sie in
satzbetonter oder satzunbetonter Stellung stehen, Doppelformen
entwickelt, wenn auch freilich die Spaltung nicht vollständig
durchgeführt worden ist.

In Bezug auf die Verwendung der einzelnen Wortkategorien
weist das Romanische mehrfache beachtenswerthe Abweichungen
vom Latein auf, welche in Kürze angedeutet werden mögen.

Der Schwund zahlreicher Wortformen sowohl in der Declination als auch in der Conjugation bedingt die vielseitige Verwendung von Formenworten. Dadurch erhält das Romanische im

---

[1]) Im Sardischen, Mallorcanischen, sowie in einem Theile des
Gascognisch-Catalanischen und in einzelnen provenzalischen Mundarten
(an der Küste von Nizza bis Valence) ist *ipse* in die Function des
Artikels eingetreten. Im Altfranzösischen (und zwar wohl nicht bloss
in einzelnen Mundarten) finden sich neben *ille* auch *ecce* + *ille* = *cil*
und *ecce* + *iste* = *cist* artikelhaft gebraucht (so auch noch im Neufrz.
in Verbindungen wie *ces dames*). — Bemerkenswerth ist, dass *ille* als
Artikel im Romanischen (mit Ausnahme des Rumänischen) dem Substantiv vorangestellt, nicht enklitisch angefügt wird, wie man erwarten
sollte (denn schriftlat. sagt man lieber *homo ille* als *ille homo*).

Vergleich zu dem Lateinischen einen analytischen Charakter, wobei jedoch zu beachten ist, dass die Formenworte (z. B. der Artikel, die sog. Hülfsverben) mit den durch sie näher bestimmten Begriffsworten zu einer lautlichen Einheit verwachsen und folglich in gewisser Weise auch morphologisch an Stelle der ausser Gebrauch gesetzten Casus- und Verbalsuffixe (Personalendungen etc.) getreten sind.

Uebertritt aus einer Wortkategorie in die andere ist im Romanischen nach mehrfacher Richtung häufig vollzogen worden. Es werde namentlich Folgendes hervorgehoben: a) Substantiva sind mehrfach zu Adjectiven geworden, z. B. *vermiculus* > frz. *vermeil*. — b) Adjectiva sind (besonders im Neutrum) zu Substantiven geworden, z. B. *alba* > frz. *aube*, *serum* > frz. *soir*, *diurnum* > frz. *jour*. — c) Substantiva sind zu Adverbien und Präpositionen geworden (z. B. *punctum* > frz. *point*, **casus* > frz. *chez*). — d) Adverbia sind zu Substantiven geworden (z. B. *bene* > frz. *le bien; le devant, le derrière* u. dgl.)

Das Romanische besitzt eine eigenartige Abneigung gegen die Anwendung gewisser Kategorien von Adjectiven, namentlich solcher, die zum Ausdrucke der Quantität, des Stoffes und der Herkunft dienen, und braucht statt derselben gern substantivische Verbindungen, welche mittelst Präpositionen hergestellt werden (z. B. *aetas aurea* = frz. *l'âge d'or*). Hinsichtlich der die Quantität bezeichnenden Adjectiva findet sich der Ansatz zu dieser Sprachsitte bereits im Latein. Worin dieselbe innerlich begründet ist, ist schwer ersichtlich. Käme nur das Französische in Betracht, so könnte man an lautliche Ursachen denken, da gar manche der betr. Adjectiva lautlich unbequeme oder zweideutige Bildungen ergeben haben würden (so wäre z. B. *aureus* zusammengefallen mit *orge* aus *hordeum*, Adjectiva wie z. B. *laneus*, *cupreus* etc. mit den betr. stoffbezeichnenden Substantiven). Aber für die anderen Sprachen ist diese Erklärung nicht annehmbar, denn in ihnen konnte z. B. *aureus* sich sehr wohl lautlich halten. Es scheint, dass in dem Schwunde der in Rede stehenden Adjectiva und in deren Vertretung durch präpositionale Umschreibung, ein Ansatz zu erkennen sei, welchen die Sprache machte, um diese Umschreibung, nach dem sie als Ersatz des attributiven Genetivs üblich geworden war, zum Ausdruck des Attributivverhältnisses überhaupt zu verwenden, eine Neigung, welche sich ja auch in Verbindungen, wie ital. *un uomo dabbene*, frz. *un homme de bien*, bekundet.

Zum grössten Theile geschwunden sind die lat. Adverbien auf *-e*, *-o* und *-ter*, an ihre Stelle ist die modale Verbindung Adj. + Abl. *mente* getreten.

Die im Lateinischen unstatthafte Verwendung des Infinitivs in rein substantivischer Function (und ebenso die im Latein unmögliche Verbindung des Infinitivs mit Präpositionen) sind im Romanischen durchaus üblich geworden. Vereinzelt ist auch das Gerundium substantivirt worden (z. B. frz. *séant*).

2. Das Romanische ist die Fortsetzung der lateinischen Verkehrssprache, des gesprochenen Lateins, welches je nach den Landschaften, in denen, und je nach den Bevölkerungs-classen, von denen es gesprochen wurde, eine verschiedenartige Färbung zeigte. Eingeschlossen in der Verkehrssprache war auch eine rohe Pöbelsprache, aber an sich war die Verkehrs-sprache selbstverständlich keine Pöbelsprache, und das Romani-sche ist folglich nur in sehr bedingtem und eingeschränktem Maasse die Fortsetzung einer solchen.

Wie jede Verkehrssprache, enthielt auch die lateinische Worte, Wortbildungen und Wortformen, welche in die Schrift-sprache Aufnahme nicht fanden. Daraus erklärt sich, dass das Romanische Worte, Wortbildungen etc. besitzt, die, obwohl zweifellos lateinischen Ursprunges, gleichwohl in den uns er-haltenen lateinischen Schriftwerken nicht anzutreffen sind. So setzt z. B. prov. *cardo-s*, frz. *chardon*, span. *cardon* ein **cardo*, **cardōnem* voraus, ital. *cardo* ein **cardus* (f. *carduus*); altfrz. *estovoir* nöthigt uns, ein **stŏpēre* anzusetzen, so räthsel-haft auch das Wort uns erscheinen mag; für *carina* ist **carēna* (in Angleichung an *patēna*, *lagēna*) eingetreten, denn ital., span. *carena*, ptg. *querena*, *crena*, frz. *carène*; frz. *gercer* scheint auf ein **carptiare* zurückzudeuten etc. etc. etc. Man braucht nur einige Seiten in *Diez'* etymologischem Wörterbuche oder in *Körting's* lateinisch-romanischem Wörterbuche zu überlesen, um Beispiele in Masse zu finden. Es ist daher ein vollberech-tigtes Verfahren, aus romanischen Worten nicht belegte lateini-sche Worte zu reconstruiren, nur muss man sich des bloss hypothetischen Charakters solcher Gebilde bewusst bleiben und muss sie äusserlich irgendwie, etwa durch Vorsetzung eines Sternchens, kennzeichnen. Gestattet muss es auch sein, romanische Wortgebilde, welche erst in romanischer Zeit aus Bestandtheilen lateinischen Ursprunges geformt worden sind, in das Lateinische zu übertragen, z. B. frz. *ménager* (Vb. u. Adj.) = lat. **mansionaticāre* und **mansionaticārius*. Derartige Reconstructionen erscheinen, vom lateinischen Standpunkte aus betrachtet, selbstverständlich als höchst barbarisch und ungeheuerlich, aber sie können die Eigenart romanischer Wortbildung gut veranschaulichen.

Wenn im Romanischen uns zahlreiche lateinische Worte überliefert sind, welche schriftsprachlich nicht belegt werden können, so fehlen ihm andrerseits nicht minder zahlreiche Worte, welche in der lateinischen Schriftsprache nachweislich vorhanden und zum Theil sogar sehr gebräuchlich waren. Zum Theil mögen dieselben der Verkehrssprache fremd geblieben oder doch ihr frühzeitig fremd geworden sein. Zu einem anderen Theile aber haben sie gewiss ursprünglich auch der Verkehrssprache angehört und sind erst allmählich aus irgend welchem Grunde aus dieser ausgeschieden, sei es, weil ihre lautliche Form zu schwach war, als dass sie sich hätte erhalten können, oder dass sie begrifflich als entbehrlich erschienen, oder dass sie in Folge geschichtlicher Verhältnisse (Festsetzung der Germanen etc.) durch fremdsprachliche Worte verdrängt wurden. Bemerkenswerth ist insbesondere, dass vielfach Ableitungen (Deminutiva[1]), Intensiva etc.) an Stelle der einfachen Grundworte getreten sind, ebenso auch Zusammensetzungen.

3. Die aus der lateinischen Verkehrssprache überkommenen Worte bilden die Grundschicht des romanischen Wortbestandes, über welche sich dann andere Schichten gelagert haben, bezüglich deren Beschaffenheit und Umfang die Einzelsprachen vielfach übereinstimmen, vielfach aber auch abweichen (vgl. Nr. 5 ff.).

Zur Grundschicht gehören auch diejenigen griechischen

---

[1]) So sind die primitiven Subst. (z. B. *filius, sol, apis* etc.) vielfach durch Deminutive [z. B. auf -*ŏlus, -a, -um*, über deren Geschichte im Roman. *Mirisch* in seiner Diss., Bonn 1882, gehandelt hat) verdrängt worden] (ital. *figliuolo*, frz. *soleil*, prov. *abelha*). Vgl. unten § 39, 3, und: *Körting*, Neugriechisch und Romanisch (Berlin 1896), p. 5.

Worte, welche bereits in die lateinische Verkehrssprache Aufnahme gefunden und, falls es erforderlich war, in dieser latini-
sirende lautliche Umprägung erfahren hatten (vgl. § 37, 5).
Die Zahl solcher durch das Latein hindurchgegangener griechischer Worte ist eine sehr erhebliche, eine Thatsache, welcher
die gebührende Berücksichtigung und Untersuchung noch nicht
gewidmet worden ist (ungenügend ist *Zambaldi's*, übrigens
nur das Ital. behandelnde, Schrift: *Le parole greche dell' uso
italiano.* Turin 1883)[1]. Es wäre sehr verdienstlich, die aus
dem Verkehrslatein in das Romanische übergegangenen Worte
einmal zusammenzustellen und ihre Laut- und Bedeutungsentwickelung, sowie ihre Verbreitung in den romanischen
Einzelsprachen eingehend zu untersuchen. Auch cultur-
geschichtlich dürfte eine solche Arbeit zu werthvollen Ergebnissen führen, sie würde z. B. zeigen, dass eine grosse Zahl
romanischer Pflanzennamen griechischen Ursprunges ist.

4. Die dem Verkehrslatein (Volkslatein) entstammenden
romanischen Worte pflegt man als „Erbworte" zu bezeichnen,
und diese Benennung ist bereits zu fest gewurzelt, als dass
der Versuch ihrer Beseitigung gewagt werden dürfte. Für
zutreffend kann sie aber nicht erachtet werden, denn das
Romanische ist, wie schon oft hervorgehoben wurde, nicht eine
aus dem Latein geborene Sprache, die zu diesem also in dem
Verhältnisse einer „Tochtersprache" stände und als solche die
„Muttersprache" zu beerben im Stande gewesen wäre, sondern
das Romanische ist eben die Fortsetzung des Lateins (bezw.
des Verkehrs- oder Volkslateins). Die sog. „Erbworte" sind
nicht von einer Sprache auf die andere Sprache vererbte,
sondern innerhalb einer und derselben sich stetig fortentwickeln-
den Sprache verbliebene Worte, also „Dauerworte".

An den „Erbworten" hat die fortschreitende lateinisch-
romanische Lautentwickelung in vollem Umfange sich bethätigt,
und eben deshalb haben sie sich in ihrer Lautgestaltung von
dem Schriftlatein oft sehr weit entfernt, oft so weit, dass der
Zusammenhang nur auf gelehrtem Wege sich ermitteln und
erkennen lässt (man vgl. z. B. frz. *coucher* mit *collocare, múr*

---

[1] Ebenso *Capeller's* Prgr.: Die wichtigsten aus dem Griechischen
gebildeten (!) Wörter der französischen und englischen Sprache zusammengestellt und etymologisch erklärt. Gumbinnen 1890.

mit *maturum*). Besonders aber ist der etymologische Zusammenhang dann verdunkelt worden, wenn die lautregelmässige Entwickelung eines Wortes durch dessen analogische Angleichung an ein anderes[1]) oder gar durch das phantastische Spiel der Volksetymologie[2]) beeinträchtigt worden ist.

Keineswegs alle ursprünglich aus dem Latein in das Romanische übergegangenen „Erbworte" haben sich lebensfähig behauptet, es sind vielmehr in allen Einzelsprachen zahlreiche im Laufe der Zeit abgestorben oder doch veraltet. Besonders deutlich lässt sich dies im Verhältniss zwischen Altfranzösisch und Neufranzösisch erkennen: der Wortschatz des letzteren besitzt viele Erbworte entweder nicht mehr oder doch nicht mehr in lebendigem Gebrauche, welche der alten Sprache ganz geläufig waren (z. B. *ester* = *stare*, *ocirre* = *occidĕre*, *remaindre* = *remanĕre* f. *remanēre*; veraltet sind z. B. *ouïr* und *chaloir*, abgesehen von einzelnen Formen); es ist überaus lehrreich und interessant, einen altfranzösischen Text darauf hin genau durchzusehen und bei jedem einzelnen Worte möglichst festzustellen, wann und weshalb es wohl geschwunden ist).

Zahlreiche „Erbworte" haben durch allen Wandel der Zeiten unverändert die Bedeutung bewahrt, welche ihnen im Latein, bezw. im Schriftlatein eigen war (z. B. *pater, mater, legĕre, scribĕre, bonus, longus*). Andere dagegen haben einen mehr oder minder starken Bedeutungswandel erfahren (z. B. *filiolus* Söhnchen > ital. *figliuolo* Sohn, frz. *filleul* Pathensohn, *jactare* stark oder wiederholt werfen, hin- und herwerfen > ital. *getare*, frz. *jeter* werfen (im Allgemeinen), *domus* Haus > ital. *duomo* Dom, frz. *dôme* Domkuppel, *casa* Hütte > ital. *casa* Haus, *ponĕre*, setzen, stellen, legen > frz. *pondre* Eier legen, *cubare* liegen > frz. *couver* brüten, *mittĕre* schicken > ital. *mettere*, frz. *mettre* legen, setzen, stellen). Für diesen Be-

---

[1]) Namentlich häufig erfolgte Wortangleichung durch Suffixvertauschung. Für das Frz. vgl. die inhaltsreiche Diss. von *Rothenberg*, Die Vertauschung der Suffixe in der frz. Sprache, Göttingen (Druckort Berlin) 1880, vgl. Ztschr. f. neufrz. Spr. u. Lit. III, 558. Ganz besonders wichtig ist *Cohn's* Buch: Die Suffixwandlungen im Latein und im vorlitterarischen Französisch, Halle 1891.

[2]) Vgl. *Roll*, Ueber den Einfluss der Volksetymologie auf die Entwickelung der neufrz. Schriftsprache. Kiel 1888, Diss.

deutungswandel, welcher übrigens in verhältnissmässig nur
wenigen Fällen auf das Gesammtromanische gleichartig
sich erstreckt, sondern meist entweder in den einzelnen Sprachen
verschiedenartig erfolgt ist oder auch überhaupt auf nur eine
Sprachgruppe oder Einzelsprache sich beschränkt (z. B. lat.
captivus gefangen = ital. *cattivo* schlecht, frz. *chétif* armselig;
lat. *quaerĕre* suchen = ital. *chiedere* fragen, ersuchen, span.
querer lieben, frz. *quérir* suchen). Die daraus sich ergebende
Mannigfaltigkeit wird noch dadurch gesteigert, dass vielfach
derselbe Begriff in den verschiedenen Einzelsprachen und
Mundarten durch verschiedene Worte zum Ausdruck gelangt.

Vier Hauptarten des Bedeutungswandels lassen sich unterscheiden [1]): a) Verallgemeinerung oder Erweiterung der Bedeutung, wie z. B. in *mittĕre* > frz. *mettre*; b) Verengung
der Bedeutung, wie z. B. *ponĕre* > frz. *pondre*; c) Hebung
der Bedeutung (z. B. *caballus* „Gaul" > frz. *cheval* „Pferd,
Ross"); d) Senkung der Bedeutung (z. B. *pedester* „Fussgänger"
> frz. *piètre* „armselig").

Unter diesen vier Hauptarten des Bedeutungswandels
nimmt die erste wohl das umfangreichste Gebiet ein, denn
ihr gehört unter Anderem auch die wichtige Erscheinung an,
dass vielfach Ableitungen (z. B. Deminutiva, Intensiva, Iterativa)
und Zusammensetzungen (so namentlich präpositionale Verba)
die Besonderheit ihrer Bedeutung (also z. B. die Deminutiv-
bedeutung oder die präpositionale Färbung) abstreiften, in
Folge dessen die Bedeutung der Grundworte annahmen
und dadurch die letzteren zu verdrängen befähigt wurden
(so ist z. B. in einzelnen Sprachen *soliculus* für *sol* eingetreten [frz. *soleil*, prov. *solelh-s*], *comparare* in der Bedeutung „erwerben" für *parare*, das, wo es sich erhielt, auf
die Bedeutungen „zurecht machen, schmücken" und „abwehren"
beschränkt wurde). In dieser Entwickelung, welche übrigens
vielfach auch schon innerhalb des Lateins sich vollzogen hatte
(vgl. z. B. *stella*, *puella* aus *ster-ula*, *puer-ula*; den Compositis
abdĕre, *condĕre*, *perdĕre* etc. steht ein Simplex, welches dem
griech. τιθέναι entsprechen würde [$\sqrt{dh\bar{a}}$], nicht zur Seite),
konnte die Vorliebe der Sprache für lautlich vollere und

---

[1]) Andere, künstlichere Kategorien hat *Morgenroth* aufgestellt,
Ztschr. f. frz. Spr. u. Lit. XV, 1 ff. Vgl. auch S. 337 Anm.

deshalb so zu sagen greifbarere und dauerfähigere Formen sich bethätigen.

Besonders interessant ist die Hebung oder Veredelung der Bedeutung (z. B. *testa* Scherbe > it. *testa*, frz. *tête* [Hirnschale] Kopf, *gabata* Schüssel > ital. *gota*, frz. *joue* Wange, **pediticulare* „crepitum ventris edere" > frz. *pétiller* sprudeln, moussiren), denn es ist darin ein recht volksthümlicher, ja wenn man will, ein plebejischer Zug des Romanischen zu erblicken: ein Wort, das ursprünglich zum Ausdruck eines niederen Begriffes diente, wird zum Ausdruck eines edleren Begriffes gebraucht und zwar vermöge einer bildlichen, wenn auch recht rohen und derben, Auffassung des letzteren.

Bezüglich der Bedeutungsverengung ist als sprach- und sittengeschichtlich wichtig der Vorgang hervorzuheben, dass einzelne Worte, weil die Kirche sie zur Bezeichnung ganz bestimmter Begriffe brauchte, dadurch der profanen Sprache entrückt wurden und eben nur noch als kirchliche Ausdrücke fortlebten (so z. B. *caena* als „Abendmahl", *plebs* im ital. *pieve* „ländlicher Pfarrbezirk"). An Stelle der von der Kirche gleichsam mit Beschlag („Tabu") belegten Worte mussten dann selbstverständlich andere eintreten. Vgl. *Knesebiter*, Die christl. Wörter in der Entwickelung des Frz., Halle 1887 Diss.

Durchaus nicht alle Einzelerscheinungen des Bedeutungswandels lassen sich in eine der oben angegebenen Arten einordnen, sondern gar viele Fälle entziehen sich einer systematischen Einreihung, so z. B. *obstare* widerstehen > frz. *ôter* wegnehmen (die verbindenden Begriffe sind „[sich vertheidigen] etwas fernhalten, abweisen, wegbringen") oder *tutare* schützen > frz. *tuer* tödten (der Bedeutungsübergang liegt in den Begriffen „vor Feuersgefahr schützen", „ein Licht löschen"). Diese beiden Beispiele[1]), welche sich unschwer vermehren liessen, mögen zugleich zeigen, auf wie verschlungenen Pfaden die Bedeutungsentwickelung eines Wortes verlaufen kann.

Bedeutungswandel hat nicht nur im Verhältniss vom Romanischen zum Latein, sondern vielfach auch innerhalb der romanischen Sprachgeschichte, und zwar auch noch in neuerer Zeit, stattgefunden. So bedeutete z. B. altfrz. *vaslet* „Junker",

---

[1]) Vgl. *Körting*, Lat.-rom. Wtb. Nr. 5700 u. 8452.

neufrz. *valet* dagegen „Bursche, Knecht". Nicht selten haben romanische, z. B. französische Worte, welche in eine fremde Sprache eintraten, in dieser die Bedeutung bewahrt, welche sie zur Zeit des Eintrittes besassen, während sie in der eigenen Sprache die Bedeutung geändert haben (man vgl. z. B. frz. *parterre* und dtsch. *Parterre*, frz. *écuyer* und engl. *squire*).

Der Bedeutungswandel ist begründet entweder in geschichtlichen Verhältnissen (so z. B. bei den oben erwähnten kirchlichen Ausdrücken) oder in der bildlichen Verwendung eines Wortes (so z. B. *gabata* > *joue*) oder in Begriffsverschiebungen, welche durch sog. Begriffsassociationen veranlasst wurden (so z. B. bei *obstare* > *öter*, *tutare* > *tuer*). Bestimmte Regeln (oder gar „Gesetze"), nach denen der Bedeutungswandel sich vollzogen habe — Regeln, welche den Regeln („Gesetzen") des Lautwandels entsprechen würden —, lassen sich jedoch nicht aufstellen, und es muss fraglich erscheinen, ob dies jemals wird geschehen können. Muss man doch annehmen, dass der erste Anstoss zu einer Bedeutungsabänderung durch ein einzelnes Individuum gegeben worden ist, welches einen bestimmten Begriff eigenartig auffasste und dieser seiner subjectiven Auffassung im Kreise seiner unmittelbaren Sprachgenossenschaft Geltung verschaffte. Die Feststellung eines derartigen Vorganges aber ist unthunlich, und selbst wenn dem nicht so wäre, würde doch die wichtige Frage, wodurch dieses Individuum zu der betr. eigenartigen Auffassung hingeführt worden sei, sich höchstens nur vermuthungsweise beantworten lassen[1].

Ein innerer Zusammenhang zwischen Lautwandel und Bedeutungswandel besteht keinesfalls, denn sonst hätten weder lautlich stark veränderte Worte die alte Bedeutung festhalten können (z. B. *laudare* > frz. *louer*) noch auch lautlich nur wenig veränderte die Bedeutung wesentlich zu wandeln vermocht (z. B. *mittere* > frz. *mettre*).

---

[1] Man kann die Einzelfälle des Bedeutungswandels wohl nach ihrer verschiedenen Beschaffenheit in bestimmte Gruppen ordnen, nicht aber darf man von „Gesetzen" des Bedeutungswandels reden. Es giebt keine Gesetze, sondern es gibt nur Ursachen des Lautwandels, diese aber sind in der Ideenassociation begründet, mit Ausnahme der seltenen Fälle, in denen die Bedeutung eines Wortes in Folge eines nachweisbaren geschichtlichen Anlasses, oder durch die autoritative Einwirkung einer Persönlichkeit abgeändert worden ist.

Eine das Gesammtromanische umfassende Untersuchung des Bedeutungswandels ist noch nicht geführt, wenigstens noch nicht veröffentlicht worden (*A. Darmesteter's* ganz lesbares, aber nicht tiefgehendes Buch „La vie des mots étudiés dans leurs significations" [Paris 3. Ausg. 1889] ist eine solche Untersuchung nicht). Nur in Bezug auf Einzelsprachen liegen mehr oder minder verdienstliche Arbeiten vor[1]).

5. Neben dem zum Romanischen gewordenen Verkehrslatein erhielt sich während des ganzen Mittelalters hindurch und, freilich in gemindertem Maasse, noch Jahrhunderte darüber hinaus das Schriftlatein als die Sprache der Kirche, der Wissenschaft, der gelehrten Dichtung und endlich auch, wenigstens in gewissem . Umfange, des staatlichen Lebens. Allerdings zeigte dieses Schriftlatein je nach den Zeiten und je nach den Personen, in denen und von denen es gehandhabt wurde, eine sehr verschiedenartige, oft genug, mit antikem Maassstabe gemessen, eine barbarisch verrenkte Gestaltung. Immerhin aber war es doch die lateinische Schriftsprache, welche in diesen Gestaltungen fortlebte, deren Worte und Wortformen Allen, welche auch nur die Anfangsgründe gelehrter Bildung in sich aufnahmen, vertraut wurden. Und sodann blieb ja auch die Lesung der lateinischen Schriftsteller des Alterthums ununterbrochen Gegenstand des gelehrten Unterrichts und Studiums. Freilich wohl war der Kreis der gelesenen Schriftwerke meist ein enger und umfasste überdies zu einem guten Theile solche Schriftwerke, welche — wie z. B. einerseits Solinus, Martianus Capella, Isidor und andere Sammelscribenten des späteren und spätesten Alterthums, andrerseits die Vulgata und überhaupt

---

[1]) Ueber den Bedeutungswandel im Frz. haben u. A. gehandelt *Lehmann* in seiner so betitelten Schrift (Erlangen 1884) und *Morgenroth* in einer Abhandlung in der Ztschr. f. frz. Spr. u. Lit. XV, 1. Man vgl. auch *Littré's* Schrift: Comment les mots changent de sens, Paris 1888. Ferner: *Thomsen*, Ueber die Bedeutungsentwickelung des Frz., Kiel 1890, Diss.; *Franz*, Ueber d. Bedeutungswandel lat. Wörter im Frz., Dresden 1890, Prgr. Erwähnt werde hier auch *Marten's* Abhandlung: die Anfänge der frz. Synonymik, Oppeln 1887, vgl. Ltbl. 1890 Sp. 109. (Bestes Werk über frz. Synonymik ist *Lafaye's* classisches Dictionnaire des synonymes, 4e ed., Paris 1878. Gute Handbücher sind *Schmitz*, Frz. Synonymik, Leipzig 1883 [3. Ausg.], *Koldewey*, Frz. Synonymik, 3. Ausg., Wolfenbüttel 1889; *Klöpper*, Frz. Synonymik, Leipzig 1881.)

die kirchlichen Schriften — nicht eben Muster feiner und
zierlicher Latinität waren, aber auch die Prosaiker und Dichter
der classischen Zeit wurden doch immer berücksichtigt; man
hörte nie auf, Cicero und Livius, Virgil, Horaz und Ovid zu
lesen. So behielten die Romanen stets feste Fühlung mit der
lateinischen Schriftsprache, unmittelbar freilich nur die Gelehrten
oder doch Halbgelehrten, mittelbar aber auch die Nichtgelehrten,
und sei es auch nur durch den lateinischen Gottesdienst.

Ueberall, wo zwei Sprachen, einander eng berührend,
neben einander gebraucht werden, erfolgt nothwendig eine
Mischung des beiderseitigen Wortbestandes, denn wer zwei
Sprachen neben einander braucht, mischt gar zu leicht Worte
der einen in die andere ein, zum Theil unabsichtlich und aus
blosser Bequemlichkeit, weil ihm im Augenblick das Wort,
dessen er benöthigt ist, nur eben in der einen, nicht aber in
der anderen Sprache gegenwärtig ist, und er die Mühe längeren
Nachsinnens scheut; zum Theil aber auch absichtlich, weil
ihm das fremde Wort als besonders zierlich oder als besonders
ausdrucksvoll erscheint. So haben auch die lateinisch schreibenden Romanen des Mittelalters unbedenklich ihrem Latein
romanische Worte (in äusserlich latinisirter Form) beigemischt,
namentlich, wie selbstverständlich, dann, wenn es sich um den
Ausdruck mittelalterlicher Begriffe (des Rechtslebens, der
Sitte etc.) handelte, für welche das Schriftlatein ein passendes
Wort nicht darbot, so dass, wer das romanische nicht einsetzen
wollte, zu umständlicher Umschreibung genöthigt war. So ist
das mittellateinische Wörterbuch mit romanischen — und
ebenso auch mit germanischen — Bestandtheilen geradezu voll-
gepfropft worden, wie die Durchsicht auch nur einiger Seiten
des Glossariums *Ducange's* lehren kann. Andrerseits aber
übertrugen die Romanen des Mittelalters ebenso unbedenklich
auch Worte des Schriftlateins in ihre Sprache. Die Versuchung
dazu war ja um so stärker, als naturgemäss das Latein von
den Romanen nicht als eine eigentlich fremde Sprache, sondern
nur als eine vornehmere Art der eigenen Sprache empfunden
und betrachtet wurde, ähnlich wie etwa der Niederdeutsche
das Hochdeutsche auffasst.

So drangen von früh an das ganze Mittelalter hindurch
schriftlateinische Worte, welche dem Verkehrslatein (Volks-

latein) fremd geblieben oder fremd geworden waren, in das Romanische ein. Schon in den ältesten romanischen Sprachdenkmälern sind solche Eindringlinge zu finden (so z. B. im altfrz. Eulalialiede *anima, element, virginitet, clementia*).

Einen weit reichlicheren Wortstrom aber ergoss die Quelle des Schriftlateins in das Romanische seit dem Aufkommen des Humanismus und der Renaissancebildung. Im Mittelalter hatten die Romanen mehr nur naiv schriftlateinische Worte hinübergenommen, nun aber thaten sie es mit Bewusstsein und mit Absichtlichkeit, theils weil sie durch solche Entlehnungen ihre Sprache zu schmücken und dem bewunderten classischen Latein anzunähern glaubten, theils weil sie im Schriftlatein am bequemsten Worte fanden zum Ausdruck der neuen Begriffe, welche die neue Cultur mit sich brachte. Aus den gleichen Gründen griffen sie auch in den altgriechischen Sprachschatz, der ja durch den Humanismus neu erschlossen worden war. Und diese lateinischen und griechischen Anleihen sind bis auf den heutigen Tag fortgesetzt worden, allerdings, seitdem der Humanismus verblasste und die Renaissance sich abschwächte, in minderem Maasse und vornehmlich nur zum Zwecke der Gewinnung wissenschaftlicher, bezw. gewerblicher Kunstausdrücke.

Die auf gelehrtem Wege in das Romanische übernommenen lateinischen (und griechischen) Worte werden im Gegensatze zu den „Erbworten" als „gelehrte Worte *(mots savants)*" oder als „Buchworte" oder als „Lehnworte" bezeichnet. Die beiden ersten Bezeichnungen sind nicht recht zutreffend, denn sehr viele dieser Worte werden keineswegs ausschliesslich in der gelehrten oder Büchersprache gebraucht, sondern sind durchaus üblich auch in der Sprache des Alltagslebens (man denke z. B. an frz. Worte, wie *exact, direct, agiter* etc. etc.). Nennt man sie aber „Lehnworte", so reiht man sie dadurch in e i n e Classe ein mit den aus Fremdsprachen übernommenen Worten. Indessen, die erwähnten Benennungen, namentlich die Bezeichnung „gelehrte Worte", haben sich bereits fest eingebürgert, und es wäre vergeblich, dagegen ankämpfen zu wollen.

Die „gelehrten Worte" bilden einen höchst beträchtlichen Bestandtheil des romanischen Sprachschatzes, namentlich in denjenigen Einzelsprachen, welche in hervorragender Weise Werkzeuge einer hohen Cultur und insbesondere wieder der Renaissancecultur geworden sind (Italienisch, Französisch, Spanisch, Portugiesisch). Der Wortschatz dieser Sprachen erhält durch das Nebeneinander von „Erbworten" und „gelehrten Worten" unleugbar eine gewisse Zwiespältigkeit und Buntscheckigkeit[1]), indessen treten im Romanischen diese Eigenschaften weniger auffällig hervor, als z. B. in denjenigen germanischen Sprachen, welche stark mit Worten lateinischen und romanischen Ursprunges durchsetzt sind. Denn es wurzeln ja b e i d e Wortclassen im Lateinischen — die „gelehrten Worte" griechischer Herkunft dürfen hier ausser Betracht bleiben — und stehen folglich in einem geschwisterlichen Verhältnisse zu einander. Jedenfalls hat es den Romanen sprachlich zum grossen Vortheile gereicht, dass sie für die sprachlichen Anleihen, welche sie im Interesse ihrer Culturentwickelung machen mussten, in erster Linie das ihrer Sprache so nahe stehende Schriftlatein ausbeuten konnten, sich also nicht, wie so viele andere Völker (z. B. die Germanen, die Slaven), an eine fernstehende Sprache zu wenden nöthig hatten.

Die „gelehrten Worte" haben sich der Lautentwickelung der romanischen Einzelsprachen, in welche sie eingetreten sind, nur sehr unvollkommen und höchstens nur theilweise angepasst. Begründet ist dies erstlich darin, dass sie zunächst nur von Gelehrten gebraucht wurden, welche die lateinische Form geflissentlich möglichst treu erhalten wollten; sodann aber erklärt es sich aus dem Umstande, dass der Eintritt oder doch die häufige Ingebrauchnahme der „gelehrten Worte" erst erfolgte, als bestimmte Einzelverläufe der Entwickelung bereits zum Abschluss gelangt waren. Als z. B. lat. *nation-em* anfing, im Französischen üblich zu werden, war es schon zu spät, als

---

[1]) Es ist ebenso leicht wie nützlich, sich dessen bewusst zu werden: man nehme ein romanisches (z. B. ein französisches) Buch und unterstreiche auf einigen Seiten alle „gelehrten Worte", welche man aus ihrer Lautbeschaffenheit als solche erkennt. Sehr nützlich ist es auch, diese Uebung an Schriftwerken verschiedenen Inhaltes, verschiedener Verfasser und verschiedener Zeiten vorzunehmen und daraus zu lernen, wie das statistische Verhältniss zwischen „Erbworten" und „gelehrten Worten" die mannigfachsten Schwankungen aufweist, und wie diese Schwankungen zu interessanten litteratur- und culturgeschichtlichen Folgerungen berechtigen.

dass daraus ein *naison sich hätte gestalten können. Theilweise Angleichung hat stattgefunden z. B. in frz. *école < schŏla*, indem hier dem *s* impurum ein *e* vorgeschlagen wurde und späterhin das *s* schwand (als Erbwort hätte *schŏla* ergeben müssen *esqueule, *équeule*, vgl. *sŏla < seule*) und *livre < lībrum*, indem *b* zu *v* verschoben wurde (als Erbwort hätte *lībrum* ergeben müssen *loivre*, vgl. *pĭper > poivre*). Derartige Worte pflegt man als „halbgelehrte" zu bezeichnen.

So heben sich die „gelehrten Worte" lautlich von den „Erbworten" deutlich erkennbar ab. Am schärfsten selbstverständlich in denjenigen Sprachen, welche in ihrer Lautentwickelung sich am weitesten vom Latein entfernt haben. So namentlich im Französischen. In dieser Sprache kann bekanntlich nur die letzte, bezw. die vorletzte Silbe den Worthochton tragen, indem der lateinische Worthochton zwar seine Stelle festgehalten hat, von den nachtonigen Silben aber höchstens e i n e verblieben ist. Dieser Endungsbetonung mussten auch die „gelehrten Worte" sich unbedingt fügen, wenn sie überhaupt Wurzel fassen wollten in der Sprache[1]). Sie mussten also erforderlichenfalls eine Verschiebung des Hochtones über sich ergehen lassen (z. B. *spíritus*, aber *esprít* [aus dem Dativ *spirituí*], *fábrica > fabríque, sollícito > sollicíte* u. dgl.), d. h., während sie im Uebrigen die schriftlateinische Lautgestaltung leidlich gut bewahrten, in Bezug auf die Betonung eine geradezu barbarische Verzerrung erleiden. So ist im Französischen das seltsame Verhältniss eingetreten, dass hinsichtlich des Accentes die „gelehrten Worte" vom Latein abgewichen sind, während die „Erbworte" die lateinische Accentstelle unverbrüchlich festgehalten haben.

Häufig ist ein und dasselbe lateinische Wort sowohl als „Erbwort" wie auch als „gelehrtes Wort" in eine romanische Einzelsprache eingetreten (so ist z. B. im Französischen *tábula* als *tôle* und *table, fábrica* als *forge* und *fabríque, pórticus* als *porche* und *portíque, sollicitare* als *soucier* und *solliciter, pensare* als *peser* und *penser*, überdies auch als *panser* vorhanden). Derartige Doppelworte (frz. „doublets", ital. „allotropi" genannt)

---

[1]) Ganz ähnlich haben die in das Englische eingetretenen romanischen Worte der germanischen Stammsilbenbetonung sich anpassen müssen.

stehen zu einander begrifflich vielfach im Verhältniss von Synonymen und befördern als solche die Ausdrucksfähigkeit der Sprache.

Ueber die Doppelformen im Ital. vgl. *Canello*, Arch. glott. III, 285 (dazu *Tobler*, Ztschr. f. rom. Phil. IV, 182), im Frz. *Brachet*, Dictionnaire des doublets etc., Paris 1878, Suppl. 1881; *Waura*. Die Scheideformen oder Doubletten im Frz., Wiener Neustadt 1890 Prgr., vgl. Vollmöller's Jahresb. I, 216; im Span. *C. Michaelis*, Studien zur roman. Wortschöpfung, Leipzig 1876; für das Ptg. *Coelho*, Romania II, 281.

6. Erwarten sollte man, dass die vorrömischen Sprachen (Umbrisch, Oskisch etc., Keltisch, Iberisch etc.) einen erheblichen Theil ihres Wortschatzes auf das Romanische vererbt hätten. Gleichwohl wird diese Erwartung durch die etymologische Forschung bis jetzt nicht bestätigt: die Zahl der nachweislich vorrömischen Worte ist — abgesehen von den geographischen Eigennamen und Gattungsnamen (d. h. die Worte für Begriffe für „Berg, Thal, Fluss, Heide, Weg" u. dergl.[1]) — im Romanischen verhältnissmässig sehr gering. Möglich ist freilich, dass wir uns hierüber täuschen, wenigstens was das Italische und das Keltische anbelangt: diese Sprachen standen dem Latein so nahe, dass die aus ihnen in das Latein (und dann weiter in das Romanische) eingetretenen Worte uns als lateinisch erscheinen können. So mag gar manches Wort, für welches wir lateinische Herkunft vermuthen, uns aber nachweisen können, in Wahrheit italischen oder keltischen Ursprungs sein. *Ascoli* ist es gelungen (Arch. glott. X 1), den sabellischen Ursprung gewisser lateinischer Worte, in denen *f* zwischen zwei Vocalen erscheint (z. B. *sifilare*, neben ächt lat. *sibilare*, daher ital. *zufolare*, frz. *siffler* etc.), festzustellen. Derselbe Gelehrte hat wahrscheinlich gemacht, dass die auffällige Lautgestaltung gewisser französischer Worte (*orteil, glaive, craindre*) aus der Kreuzung

---

[1] Vgl. *Pennier*, Les noms topographique devant la philologie, Paris 1886, vgl. Ltbl. 1887 Sp. 448. *Williams*, Die frz. Ortsnamen keltischer Abkunft, Strassburg 1891, Diss.; vgl. Romania XXI, 476; *Hölscher*, Die mit dem Suffix -acum, -iacum gebildeten frz. Ortsnamen, Strassburg 1891 Diss.; *Arbellot*, Origine des noms de lieu en Limousin et provinces limitrophes, Paris 1887; *Götzinger*, Die roman. Ortsnamen des Cantons St. Gallen, Freiburg i. B. 1891, Diss., vgl. Ltbl. 1891 Sp. 308; [*Westphal*, Englische Ortsnamen im Altfrz., Strassburg 1891. Diss.]; *Kübler*, Die suffixhaltigen Flurnamen Graubündens. Theil I Liquidensuffixe, Leipzig und Erlangen 1894, vgl. Ltbl. 1895 Sp. 238.

keltischer Worte mit lateinischen sich erklärt (Arch. glott. X
270, 272, XI 439). Das Gleiche hat *Suchier* (Altfrz. Gr. p. 57)
in Bezug auf *lieu* behauptet, freilich aber nicht bewiesen.
Immerhin wird man aber glauben müssen, dass die vorrömischen
Sprachen dem Romanischen nur Weniges überliefert haben.

7. Ueberaus wichtig für die Gestaltung des romanischen
Wortschatzes wurde die Festsetzung der germanischen Volksstämme in den von ihnen eroberten Gebieten des weströmischen Reiches (Heruler, Ostgothen, Langobarden, Franken in
Italien, später Normannen in Unteritalien; Niederfranken im
nordwestlichen, Burgunder im östlichen, Ost- und Westgothen
und Sueven im südlichen Gallien, später Ausdehnung der
Frankenherrschaft über fast ganz Gallien, endlich im 10. Jahrhundert Festsetzung der Normannen im Gebiete der unteren
Seine; Sueven und Westgothen auf der pyrenäischen Halbinsel). Das entstehende Romanisch wurde mit germanischen
Bestandtheilen geradezu durchtränkt, besonders in Gallien und
besonders wieder in Nordgallien, wo die Germanen am festesten
Fuss fassten und, weil in steter Verbindung mit ihren über-
rheinischen Stammesgenossen bleibend, ihr Volksthum am
zähesten behaupteten. So sind alle romanischen Sprachen erfüllt worden mit germanischen Worten, in Sonderheit aber
die französische, deren Wortschatz wohl noch jetzt zu reichlich einem Viertel germanischen Ursprungs sein dürfte, im
Mittelalter aber in noch umfangreicherem Maasse es war. Kennzeichnend für die Bedeutung des germanischen Einflusses ist
namentlich auch das Eindringen germanischer Personennamen
in die romanischen Länder, und zwar besonders wieder in
Nordfrankreich; indessen ist auch das italienische und spanische Namenbuch stark germanisirt worden. Andrerseits ist
es bezeichnend, dass, abgesehen von den nordfranzösischen
Grenzbezirken und von der Normandie, germanische Ortsnamen (ebenso Berg- und Flussnamen) nur in verhältnissmässig geringer Zahl sich finden.

Nicht alle Gebiete des romanischen Wortbestandes sind in
gleichem Grade mit germanischen Bestandtheilen durchsetzt
worden. Vorwiegend drangen in die Wortkreise, welche auf
das Kriegswesen, auf das staatliche Leben, auf Landwirthschaft und auf Schifffahrt sich beziehen, germanische Worte ein

weit weniger in die Kreise, welche städtisches Leben, gewerbliche Thätigkeit und geistige Arbeit betreffen; indessen fehlt es doch auch da nicht an germanischen Eindringlingen, besonders im Französischen, das ja z. B. zur Bezeichnung des Töpfers (*potier*), des Metzgers (*boucher*), des Maurers (*maçon*), des Hufschmiedes *(maréchal)* germanische Worte braucht und eben ein solches z. B. auch für den Begriff des Buchstabirens (*épeler*) verwendet. Bemerkenswerth ist ferner die Einwurzelung germanischer Ausdrücke für wichtige Farbenbezeichnungen (weiss, grau, blau, braun). Endlich ist hervorzuheben, dass mehrfach auch für Bethätigungen des Gemüthslebens germanische Worte übernommen worden sind (z. B. frz. *haïr*, *gramoiier*, *marrir* etc).

Das Romanische hat die germanischen Bestandtheile, welche es aufgenommen hat, im Allgemeinen lautlich gut[1]) romanisirt, so dass zwischen dem germanischen und dem romanischen Theile seines Wörterbuches ein erheblicher Lautgegensatz nicht besteht, sondern nur, wenn man so sagen darf, eine geringe Verschiedenheit der lautlichen Schattirung. So ist also trotz der starken Wortmischung eine lautliche Zwieschlächtigkeit des Wortbestandes (wie sie z. B. im Englischen vorhanden ist und mehr noch im Mittelenglischen vorhanden war) nicht eineingetreten. Ja, die Lauteinheit des Romanischen ist so gross, dass man vielfach zweifelhaft sein kann, ob eine Wortsippe (oder ein Einzelwort) dem Lateinischen oder dem Germanischen entstammt (so z. B. ob frz. *grêle* [altfrz. *gresle*], *grésiller* auf lt. *gracilis* oder auf germ. *grioz* „Gries" zurückgeht)[2]). Derartige Zweifel sind um so erklärlicher, als ja Lateinisch und Germanisch, weil beide indogermanische Sprachen, einander urverwandt sind und folglich viele Wortstämme mit einander gemein haben. Dabei ist noch zu berücksichtigen, dass die germanischen

---

[1]) Namentlich durch die Beseitigung der Spiranten *ch, th, w* und durch die fast gänzliche Unterdrückung des Kehlkopfgeräusches ʻh, ferner durch die Erleichterung schwieriger Consonantengruppen mittelst Vocaleinschubs.

[2]) Der romanische Etymolog gewinnt oft den Eindruck, als ob aus der Mischung von Romanisch und Germanisch eine Art von undurchsichtigem Urbrei entstanden, als ob ein thatsächlich neuer Sprachstoff erzeugt worden sei. Mindestens darf man sagen, dass Romanisch und Germanisch vielfach zu einem festen Wortteige mit einander verknetet worden sind.

Worte zur Zeit, als sie in das Romanische eintraten, noch eine vollere Lautgestalt besassen, welche eine bessere Angleichung an romanische Lauteigenart gestattete, als dies späterhin möglich gewesen wäre.

Für das praktische Sprachgefühl der Romanen bilden jedenfalls der lateinische und der germanische Theil des romanischen Wortschatzes eine einheitliche Masse. Es ergiebt sich dies schon daraus, dass der Procentsatz der zur Verwendung kommenden Worte gemanischen Ursprungs durchschnittlich wohl in jeder Art romanischer Rede — gleichviel, ob gelehrt oder ungelehrt, ob rhythmisch oder nicht rhythmisch — der gleiche ist, während in dieser Beziehung z. B. im Englischen selbst heute noch erhebliche Schwankungen statthaben.

Durch das Eindringen germanischer Worte ist zweifellos gar manches Wort lateinischen Ursprungs aus dem Romanischen vertrieben worden, welches erhalten zu werden verdient hätte. Alles in Allem genommen aber hat die Aufnahme germanischer Bestandtheile dem Romanischen entschieden sachlichen Gewinn gebracht, so namentlich die Möglichkeit feinerer synonymischer Unterscheidungen (so sind z. B. im Frz. neben *cité, ville, village*, die auf das Latein zurückgehen, die Worte germanischen Ursprunges *bourg, faubourg, hameau* getreten; neben *élire* steht *choisir*, neben *couteau, coupe, fier, onde* traten *canif, hanap, orgueilleux, vague* etc. etc.). Nicht zu unterschätzen ist auch die Vermehrung des Bestandes an sehr verwendungsfähigen und ausdrucksvollen Suffixen, welche aus der Aufnahme germanischer Wortreihen sich ergab.

Eine Untersuchung über Umfang und Bedeutsamkeit des germanischen Theiles im romanischen Wortschatze, welche das G es a m m t romanische berücksichtigte, fehlt noch, und doch wäre sie so verdienstlich! Eingehendere Arbeiten liegen nur für das Französische vor: *Atzler*, Die germanischen Elemente in der frz. Spr., Köthen 1867 (noch immer nicht völlig veraltet); *Waltemath*, Die fränkischen Elemente in der frz. Spr., Paderborn 1883 (ursprünglich Strassburger Diss.); *Mackel*, Die german. Elemente in der frz. und provenz. Spr., in: Französ. Stud. VI, 1; *Kornmesser*, Die frz. Ortsnamen german. Abkunft, I die Ortsgattungsnamen, Strassburg 1888. Bezüglich des Spanischen ist wenigstens e i n e Arbeit vorhanden: *Goldschmidt*, Zur Kritik der altgerman. Elemente im Span., Bonn 1887, Diss. Für das Ital. fehlt leider eine Sonderschrift.

8. Das Rumänische ist — abgesehen von Worten, welche es in neuerer Zeit dem Deutschen entlehnte — ganz (oder doch nahezu ganz) frei geblieben von germanischer Beimischung. Dagegen hat es, wie dies aus geschichtlichen und grographischen Verhältnissen sich erklärt, eine Menge slavischer, türkischer und neugriechischer Worte in sich aufgenommen, so dass es in etymologischer Beziehung eine recht buntscheckige Musterkarte verschiededartigster Bestandtheile darstellt.

Die nichtlateinischen Bestandtheile des Rumän. sind zusammengestellt im 2. Bande von *Cihac's* Dictionnaire d'étymologie dacoromane, Frankfurt a. M. 1879. Man vgl. auch *Saineanŭ*, Elemente turcosti in limbă romănă, Bukarest 1885; *Rudow*, Neue Belege zu türkischen Lehnwörtern im Rumän., Ztschr. f. rom. Phil. XVII, 368, XVIII, 74, XIX, 383.

9. Die Festsetzung der Araber in Spanien hat ein reichliches Einströmen arabischer Worte in die pyrenäischen Sprachen, besonders in das Spanische, zur Folge gehabt, wodurch der Wortschatz dieser Sprachen eine eigenartige semitische Färbung erhalten hat.

Vgl. *L. de Eguilaz y Yanguas*, Glosario etimológico de palabras españolas de orígen oriental, Granada 1886. (Genannt werde hier auch: *Simonet*, Glosario de voces ibéricas y latinas usadas entre los Moçárabes, Madrid 1888, vgl. Ltbl. f. germ. u. rom. Phil. 1891 Sp. 58.)

In die übrigen romanischen Sprachen sind arabische Worte nur vereinzelt verschleppt worden, zum Theil sehr früh (schon im Rolandslied finden sich arabische Worte), zum Theil erst in neuester Zeit, besonders in Folge der Eroberung Algiers durch die Franzosen.

Ueber die arab. Worte im Frz. vgl. *Lammens*, Remarques sur les mots français dérivés de l'arabe, Beyrouth 1890 (vgl. Ltbl. f. germ. u. rom. Phil. 1892 Sp. 23).

10. Die romanischen Völker haben in Folge der regen Kulturbeziehungen, in denen sie von jeher zu einander gestanden und noch stehen, allezeit einen lebhaften Wortaustausch unter einander gepflogen. Die führende Stellung, welche während des Mittelalters Frankreich im Culturleben Westeuropa's einnahm, veranlasste die Uebertragung zahlreicher französischer Worte in die Sprachen der Nachbarvölker, namentlich der Italiener. Als dann vom Ausgange des 14. Jahrhunderts ab die Renaissancebildung von Italien aus nach Frankreich und nach der Pyrenäenhalbinsel verbreitet wurde,

wanderten zugleich massenhafte italienische Fremdworte (namentlich als technische Bezeichnungen für Ausdrücke des Handels, des feineren Gewerbes, der Künste [besonders der Musik und der Malerei], des Kriegswesens und des geselligen Lebens) in das Französische, Spanische und Portugiesische ein. Die politische Machtstellung, welche Spanien während des 16. und noch während der ersten Hälfte des 17. Jahrhunderts behauptete, hatte die Einbürgerung spanischer Worte im Italienischen und Französischen zur Folge. Seit der Mitte des 17. Jahrhunderts ist es wieder die französische Sprache gewesen, bei welcher Italiener, Spanier, Portugiesen und neuerdings auch Rumänen Wortanleihen in erheblichem Maasse gemacht haben.

Durch diesen lebhaften Tauschverkehr sind zwischen den Wortbeständen der romanischen Einzelsprachen überaus zahlreiche Verbindungsfäden hin- und hergewoben worden, so dass eine Art von vielmaschigem internationalen Wortnetze entstanden ist. Der Wortforschung gereicht diese Thatsache gar sehr zur Erschwerung, denn die Entscheidung, ob ein Wort oder eine Wortsippe oder auch ein Suffix zum Erbgute oder zum Lehngute einer romanischen Einzelsprache gehöre, ist gar oft nur mit Vorbehalt auszusprechen und die Gefahr des Irrthums ist nach dieser Richtung hin ungemein gross. Es fällt ja hierbei der Umstand mit in's Gewicht, dass Wortübergang nicht nur aus einer Schriftsprache in die andere, sondern auch aus Mundarten in eine Schriftsprache häufig genug erfolgt. So mögen z. B. Venetianer, Genuesen, Pisaner und andere Seefahrt und Handel treibende Volksschaften Ausdrücke ihrer heimischen Mundarten an alle Küsten hin verschleppt haben. Solchen etwaigen Wortwanderungen nachzuspüren, ist eine der mühseligsten Arbeiten des Etymologen.

11. Die Romanen haben einen erheblichen Theil des lateinischen Wortschatzes, sei es unmittelbar bewahrt, sei es nachträglich auf gelehrtem Wege sich angeeignet, und sie haben nicht nur mit dieser lateinischen Wortmasse eine Fülle germanischer Worte zu einem leidlich einheitlichen Ganzen verschmolzen, sondern sie sind auch in hervorragender Weise wortschöpferisch thätig gewesen: aus den ihnen von dem Latein oder von dem Germanischen überlieferten Wortstämmen haben

sie entweder unmittelbar (z. B. durch Rückbildung von Primitiven aus Deminutiven, durch Gewinnung von Verbalsubstantiven aus Infinitiven, z. B. frz. *envoi* aus *envoyer*, *appel* aus *appeler*, *tir* aus *tirer* etc.[1]) oder aber mittelst ursprünglich lateinischer oder auch ursprünglich germanischer Suffixe eine unübersehbare Menge von Ableitungen gebildet. Fast ein jeder Wortstamm bildet den Kernpunkt einer mehr oder weniger grossen, mitunter einer ungeheueren Wortsippe, welche ausser den Ableitungen auch Zusammensetzungen umfasst. Nicht wenige Wortsippen sind übrigens aus Eigennamen entsprungen, welche aus irgend welcher Veranlassung in appellativem Sinne gebraucht wurden[2]). So gingen z. B. Ableitungen des vielbeliebten Frauennamens „*Maria*" in die Bedeutung „Mädchen, Dirne, Puppe" u. dergl. über (vergl. frz. *marionnette* kleine Puppe, *mar[i]otte* Puppe, Steckenpferd, *maraud*, vielleicht durch Suffixvertauschung aus *Mar[i]ot* entstanden, ptg. *marota* geiles Frauenzimmer, span. *marota* Fuchs, ital. *mariuolo* Gauner etc.), vergl. *C. Michaelis* in den Misc. Caix-Canello p. 146 und *Cohn* in der Festschrift f. Tobler, p. 287.

Ja, nicht nur von romanischer Wortschöpfung, sondern auch von romanischer Wurzelschöpfung darf man mit bestem Rechte sprechen, denn wichtige und umfangreiche romanische Wortsippen beruhen auf Wurzeln, welche neu genannt werden müssen, weil sie, wenn auch im Lateinischen (oder Germanischen) bereits gleichsam latent vorhanden, so doch noch nicht zeugungskräftig waren. Eins der interessantesten Beispiele hierfür bietet die Sippe dar, zu welcher z. B. frz. *pic*, *piquer* gehört (vgl. Lat.-roman. Wtb. 6119). Die ihr zu Grunde liegende Wurzel *pic(c)* scheint aus lat. *picus*, *pīca* gewonnen worden zu sein, aber erst in romanischer Zeit. Es hat also

---

[1] Vgl. *Egger*, Les substantifs verbaux formés par l'apocope de l'infinitif. Paris 1875.

[2] Appellativ gebrauchte Personennamen (z. B. *macadam*), bezw. von Personennamen abgeleitete Appellativa (z. B. *guillotine*, *mansarde*) pflegt man, falls der Bedeutungsübergang sich geschichtlich nachweisen lässt, als „historische Worte" zu bezeichnen. — Vgl. *O. Schultz*, Zum Uebergange von Eigennamen in Appellativa, Ztschr. f. rom. Phil. XVIII, 130.

das Romanische dieselbe Triebfähigkeit bethätigt, welche man gemeinhin nur den sogenannten „Ursprachen" zuerkennt[1]).

12. Eigenartig verhält es sich mit der romanischen Nominalcomposition. Das Latein bildete, abgesehen von der Dichtersprache, vorwiegend nur Composita, deren erster Bestandtheil ein Nominalcasus oder aber ein Adverbium war (z. B. einerseits *rosmarinus*, *aquaeductus*, *agricultura*, andrerseits *malevolens*). Auf diesem Standpunkte ist das Romanische im Wesentlichen verblieben (vgl. *lundi* etc. = *lunae dies*), jedoch besitzt es auch Bildungen, in denen der flectirte, bezw. als obliquer Casus fungirende Bestandtheil an zweiter Stelle steht (z. B. *Hôtel-Dieu*, wo *Dieu* als Genitiv zu verstehen ist), wie dies der romanischen Syntax entspricht. Beliebt ist die Verbindung von Adjectiv + Subst. oder umgekehrt, z. B. *rougegorge*, *patte-pelue*). Mehrfach werden in der Composition Adverbien verwendet, die im Lat. dessen unfähig waren, z. B. *minus* (*méchant* = *minus cadentem*); beachtenswerth ist die pejorative Verwendung von *bis* (z. B. span. *bisojo* schielend = *bis* + *oculus*), vgl. Lat.-rom. Wtb. 1189; eine sehr auffällige Verbindung ist frz. *aveugle* = *ab* + *oculus*, vgl. Lat.-rom. Wtb. 39; räthselhaften Ursprungs ist die im Frz. u. Prov. als erstes Glied von Compositis ziemlich häufig erscheinende pejorative Partikel *cal-*, *cali-* (z. B. *califourchons*), vgl. *A. Darmesteter*, Traité de la formation des mots composés dans la langue française (Paris 1875) p. 112 ff.

Indessen ist die aus dem Latein übernommene Art der Nominalcomposition im Romanischen doch verhältnissmässig nicht sehr üblich. Romanische Sprachsitte ist es vielmehr durchaus, die Verbindung nominaler Begriffe mittelst Präpositionen herzustellen (frz. *aide-de-camp*, *ver-à-soie*, *chambre à coucher* u. dergl.[2]). Seinem Wesen und Ursprunge nach ist dieses Verfahren selbstverständlich Juxtaposition, nicht Composition, aber im lebendigen Sprachgebrauch nähert es sich der Com-

---

[1]) Ueber die fortdauernd sich bethätigende wortschaffende Kraft des Frz. vgl. *Darmesteter*, De la création actuelle de mots nouveaux dans la langue frçse. etc. Paris 1877.

[2]) Daneben ist, namentl. in den neueren Sprachen, beliebt die einfache Zusammenschiebung zweier Subst., wobei deren Begriffsverhältniss zu einander ganz unangedeutet bleibt, z. B. ital. *ferrovia*, *capostazione*, frz. *chef-lieu*, *oiseau-mouche*, *chien-loup*, *garçon-boucher* u. dgl.

position doch sehr, da derartige Verbindungen nur einen Worthochton tragen und als Begriffseinheiten empfunden werden.

Eine ganz eigenartige, nämlich einen verbalen Bestandtheil und ein davon abhängiges Substantiv zusammenfügende Compositionsart hat das Romanische sich dadurch geschaffen, dass es einen scheinbaren Imperativ oder scheinbaren Verbalstamm mit einem Objecte verbindet (z. B. frz. *cure-dent(s)*, *porteplume*, *licou = lie-cou*, *abat-jour* u. dergl.). Es ist dies eine höchst glückliche Schöpfung gewesen, die auch in weitem Umfange ausgenützt worden ist.

Mit Präpositionen (und Adverbien) zusammengesetzte Verba (z. B. *recipĕre*) hat das Romanische in stattlicher Zahl theils aus der lateinischen Verkehrssprache beibehalten, theils auf gelehrtem Wege aus der lateinischen Schriftsprache sich erworben und diese Zahl hat es dann durch analogische Neubildungen noch vermehrt. Es kommen aber dabei fast ausschliesslich nur die bereits im Latein üblichen Präpositionen und Adverbien zur Verwendung, höchst selten neugebildete Partikeln (so wird z. B. im Frz. kein einziges Compositum mittelst *avant* oder *avec* oder *chez* gebildet).

Beliebt ist im Romanischen Partikelzusammensetzung zum Ersatze geschwundener lateinischer Präpositionen und Adverbien (*ab + ante, de + ab + ante*; hier erwähnt werde auch die wunderliche Verbindung ab (aus *ap[ud]? + hoc = avec*).

Mittelst der Verbindung von Präpositionen mit einem Demonstrativ und darauf folgenden Relativum (bezw. relativer Partikel) hat das Romanische sich eine Fülle neuer Conjunctionen geschaffen, z. B. frz. *parce que, jusqu'à ce que* (mit Unterdrückung des Demonstrativs *pour que, avant que*). Statt des Demonstrativs kann auch ein Substantiv in solche Verbindungen eintreten, z. B. frz. *afin que, en cas que* u. dgl.

Dem Französischen eigenthümlich ist die Verbindung von *hoc* (und *non*) mit dem Personalpronomen, in Sonderheit mit dem personalpronominal gebrauchten *ille*, und die Verwendung dieser Verbindungen als Beziehungs- bezw. Verneinungspartikel (altfrz. *oïl, nennil*, neufrz. *oui, nenni*).

Ueber die Wortbildung und Wortzusammensetzung im Romanischen vgl. man namentlich die betr. Darstellungen in *Diez'* Gramm. (Bd. III) und in *Meyer-Lübke's* Gramm. (Bd. II), ausserdem *Darmesteter's* bereits oben (S. 349) genanntes, höchst inhaltsreiches Buch.

Ausserdem seien hier angeführt: *Barmayer*, Die Nominalcompos. im Ital. Lüneburg 1886, Prgr. *Etienne*, De diminituvis, intensivis, collectivis etc. Nancy 1882, Thèse; *Cornu*, Ueber die roman. Dimin. auf *-ett* = *-ittus*, Romania VI, 247; *Schmidt*, Ueber die französische Nominalzusammensetzung, Berlin 1872, Prgr., vgl. Romania I, 387; *Meunier*, Les composés qui contiennent un verbe etc., Paris 1875; *Osthoff*, Das Verbum in der Nominalcomposition etc., Jena 1878.

13. Die vielverflochtene und wechselvolle Geschichte des g e s a m m t romanischen Wortbestandes ist noch nicht geschrieben worden. Wer sie schreiben wollte, müsste zunächst versuchen, festzustellen, welchen Umfang und welche Eigenart der Wortbestand des Verkehrslateins in den einzelnen römischen Provinzen, welche späterhin romanische Einzelsprachgebiete wurden, besass. Freilich würde diese Aufgabe nur bis zu einem gewissen Grade lösbar sein, unlösbar aber ist sie (abgesehen vom Rumänischen) nicht. Vorbedingung ihrer Lösung ist die methodische Ausnützung derjenigen frühmittelalterlichen, in Bezug auf Zeit und Land der Abfassung leidlich sicher bestimmbaren lateinischen Schriftwerke, deren Sprache sich der Verkehrssprache annähert und deren Inhalt auf die Verhältnisse des Alltagslebens Bezug nimmt. Vor Allem kommen die Leges und die Glossarien in Betracht, und zwar von den letzteren ebensowohl die nur lateinischen oder lateinisch-romanischen wie auch (freilich in zweiter Linie und nur in bestimmten Fällen) die lateinisch-althochdeutschen, lateinisch-irischen etc.

Vgl. *Pott*, Das Latein im Uebergang zum Romanischen, in: Ztschr. f. Alterthumswissensch. Jahrg. 1853 p. 481 und Jahrg. 1854 p. 219 und 233; Romanische Elemente in der Lex Salica, in: Ztschr. f. d. Wissensch. der Spr. III, 113; Romanische Elemente in den langobardischen Gesetzen, in: Ztschr. f. vgl. Sprachf. XII 161, XIII, 24, 81 und 321; Plattlateinisch und Romanisch, in: Ztschr. f. vgl. Sprachf. X, 309 und 385; *Stünkel*, Das Verhältniss der Sprache der *lex romana Utinensis* zur schulgerechten Latinität, in: Jahrb. f. Philol. und Päd. Supplbd. VIII; *Buck*, Die rätoromanischen Urkunden des 8. bis 10. Jahrh., in: Ztschr. f. rom. Phil. XI, 107. Recht nachdrücklich werde hier nochmals auf *Gröber's* Aufsatz über die Quellen des lat. Wörterbuches (Archiv f. lat. Lex. I, 1) und auf *Sittl's* Abhandlung „Zur Beurtheilung des sog. Mittellateins (ebenda II, 550) hingewiesen. — Ueber die Glossarien vgl. oben S. 249.

14. Aus dem Latein sind, namentlich durch Vermittelung der Kirche, zahlreiche Worte in das Althochdeutsche (auch schon in das Gothische), ebenso in das Altenglische (Angelsächsische) und in das Altirische, Altkymrische etc. verpflanzt worden. Aus der Bedeutung und Lautgestaltung, welche diese Worte in den fremden Sprachen angenommen haben, lassen sich für die Wort- und namentlich für die Lautgeschichte des Romanischen oft werthvolle Schlüsse ziehen.

Vgl. *Kluge* in Ztschr. f. roman. Phil. XVII, 559; *Franz*, Die romanischen Elemente im Althochdeutschen, Strassburg 1883; *Pogatscher*, Zur Lautlehre der griech., latein. und roman. Lehnworte im Altenglischen Strassburg 1888 (sehr inhaltsreiche Schrift); *Güterbock*, Die lat. Lehnworte im Altirischen, Königsberg 1888.

Für die französische Wort- und Lautgeschichte ist von besonderer Wichtigkeit die Entwickelung der zahlreichen in das Englische übergetretenen französischen Worte.

Vgl. *Behrens*, Beiträge zur Geschichte der frz. Sprache in England, in: Frz. Stud. V, 2 (man vgl. den betr. von *Behrens* verfassten Abschnitt über das Frz. im Englischen in *Paul's* Grundriss der german. Philol. Bd. I, 799); *Sturmfels*, Der altfrz. Vocalismus im Mittelenglischen, in: Anglia VIII, 201.

Die sonstigen zu diesen Paragraphen gehörigen Litteraturangaben sind aus praktischem Grunde bereits den einzelnen Abschnitten in Form von Anmerkungen beigefügt worden. Man vgl. auch auch § 4 c.

§ 39. Bemerkungen über die Laute des Lateinischen.
1. Die Bezeichnung der Laute (die Schrift). Die Römer bedienten sich zur schriftlichen Wiedergabe der Laute ihrer Sprache des griechischen Alphabetes, welches sie von den unteritalischen Griechen entlehnten. Die Zeichen für $y = ü$ und z blieben, weil dem Latein die entsprechenden Laute fehlten, zunächst ausgeschlossen und wurden erst in späterer Zeit (Ende der Republik oder Anfang der Kaiserzeit) übernommen, aber nur in griechischen Fremdworten angewandt. Das ursprüngliche Γ (C) erhielt den Lautwerth von K, in Folge dessen dieses Zeichen in der Schriftsprache nur in einzelnen Worten noch angewandt wurde; für den Laut g (tönende gutturale Explosiva) wurde das neue Zeichen G geschaffen. Darnach bestand das lateinische Alphabet aus 23 Buchstaben. Der Versuch des Kaisers Claudius, das Alphabet um drei weitere Buchstaben (für v, ps und $ü$) zu vermehren, hatte keinen dauernden Erfolg.

Die Scheidung zwischen ε und η, o und ω wurde von den Römern nicht übernommen. Zeitweise wurde die Vocallänge durch Doppelschreibung des Vocals oder durch Uebersetzung eines diakritischen Zeichens (des sog. *apex*) oder, bei *i*, durch Längung des Buchstabens (*i longa*, *I*) angedeutet.

Eine Bezeichnung des Wortaccentes fand nicht statt.

Die römische Schrift war anfangs nur Capitalschrift (wie sie im Wesentlichen in unseren Antiqua-Majuskeln noch fortlebt); daraus bildete sich einerseits eine Cursivschrift (deren älteste Beispiele uns auf pompejanischen Diptychen, Triptychen und Wachstafeln überliefert sind), andrerseits eine sog. Uncialschrift mit theilweise gerundeten und der Cursive sich annähernden Buchstaben. Vgl. *Blass* in *J. v. Müller's* Handbuch der classischen Alterthumswissenschaft I² 324.

2. **Der Lautwerth der lateinischen Buchstaben (die Aussprache)**. Von höchster Wichtigkeit für die lateinische und weiterhin für die romanische Lautgeschichte ist selbstverständlich die Beantwortung der Frage, welcher Lautwerth den lateinischen Buchstaben im Allgemeinen und sodann in den einzelnen Zeiträumen (z. B. in der späteren Kaiserzeit) beigelegt) worden sei. Wir haben hierfür folgende Anhaltspunkte: [a] Die schulmässige Ueberlieferung. Das Latein ist seit den Tagen des Alterthums bis heute ununterbrochen Gegenstand des Schulunterrichtes gewesen, es hat also eine unmittelbare Ueberlieferung der lateinischen Aussprache stattgefunden. Dieselbe ist nun freilich durch Anpassung an romanische und germanische Spracheigenarten, durch verkehrte Theorien und durch allerlei Sprachmoden arg getrübt und entstellt worden (so durch die palatale oder assibilirte Aussprache des *c* vor hellen Vocalen, durch Nichtbeachtung der Vocaldauer und Vocalbeschaffenheit, durch nicht genügende Hervorhebung des Worthochtones etc.), immerhin aber ist doch eine Ueberlieferung erhalten, und man darf annehmen, dass in ihr wenigstens ein schwacher Nachhall römischer Laute bewahrt ist. Bezüglich der gegenwärtigen Schulaussprache des Lateins bestehen übrigens unter den einzelnen Ländern grosse Verschiedenheiten: die vergleichsweise beste Aussprache haben die Spanier und Italiener, sodann, allerdings in ziemlich weitem

Abstande, die Deutschen und Scandinavier; darauf folgen Franzosen und Portugiesen; am meisten entstellt wird das Latein im englischen Munde (in dem z. B. *fagi* als *fēdschei* gesprochen wird), indessen ist in England ein diesbezügliches Besserungsbestreben bereits in Wirksamkeit]. — b) Die Zeugnisse der nationalrömischen Grammatiker, welche freilich um so mehr sorgsamster kritischer Prüfung bedürfen, als die Grammatiker des Alterthums lautphysiologischer Schulung entbehrten und überdies, auch wenn sie phonetische Beobachtungsgabe besassen und für lautliche Dinge sich interessirten, durch die Unbeholfenheit und Unzulänglichkeit der ihnen zur Verfügung stehenden Fachausdrücke in der klaren und scharfen Aussprache ihrer Erfahrungen und Anschauungen behindert wurden. Immerhin ist in den Schriften der nationalrömischen Grammatiker ein unverächtlicher Schatz von auf die Aussprache bezüglichen Thatsachen niedergelegt. — c) Schwankungen der auf Inschriften angewandten Rechtschreibung. Besonders kommen Inschriften provinzialen und plebejischen Ursprunges in Betracht, da man vermuthen darf, dass in ihnen sich findende Abweichungen von der schriftsprachlichen Orthographie auf provinziale, bezw. plebejische Aussprache hindeuten. — d) Die Wiedergabe lateinischer Worte, bezw. Sätze in griechischen Buchstaben[1]) (griechisch geschriebene lateinische Inschriften in Ravenna etc.). Als Zeugniss für die Aussprache des Lateins können derartige inschriftliche Texte allerdings nur unter der nicht in vollem Maasse erfüllbaren Voraussetzung verwerthet werden, dass der Lautwerth der griechischen Buchstaben für die in Frage kommende Zeit sich sicher ermitteln lasse. Entsprechend verhält es sich mit der Gräcisirung lateinischer Worte (namentlich Personennamen) bei griechischen Schriftstellern (z. B. Plutarch). Immerhin aber kann man doch auch daraus Einiges lernen. Dagegen ist dies kaum möglich bezüglich der von römischen Schriftstellern gebrauchten und mit lateinischen Buchstaben geschriebenen griechischen Worte, da in der früheren Zeit die Römer sich das Griechische möglichst mundgerecht zu machen suchten

---

[1]) Vgl. *Eckinger*, Die Orthographie lat. Wörter im griech. Inschriften, Leipzig 1892.

und also treue Lautwiedergabe gar nicht beabsichtigten, in späterer Zeit aber einfach die schriftgriechische Rechtschreibung mittelst lateinischer Buchstaben befolgten, unbekümmert darum, dass diese Rechtschreibung sich mit der Aussprache nicht mehr deckte. — e) Die Wiedergabe lateinischer Worte im Albanesischen, im Gothischen, Althochdeutschen, Ags. und Altirischen[1]). Man darf annehmen, dass Gothen, Deutsche, Iren etc., wenn sie lateinische Worte in ihre Sprachen aufnahmen und schriftlich brauchten, die damalige Aussprache annähernd, soweit es alphabetisch möglich war, wiederzugeben bestrebt gewesen sind. Freilich sind trotzdem solche fremdsprachliche Transscriptionen lateinischer Worte nur von sehr bedingtem Werthe, weil wir nicht wissen können, inwieweit Gothen etc. überhaupt im Stande waren, lateinische Laute richtig aufzufassen und wiederzugeben.

Bei methodischer Ausnutzung der angegebenen Quellen ist es wohl möglich, von der Aussprache des Lateins in den verschiedenen Perioden seiner (litterarisch belegbaren) Geschichte eine einigermaassen klare Gesammtvorstellung zu gewinnen, mag auch im Einzelnen gar Vieles noch dunkel oder doch zweifelhaft bleiben. Wenn die Wissenschaft so weit vorgeschritten ist, so ist dies vor Allem der Gelehrsamkeit und dem Scharfsinne *E. Seelmann's* zu danken, dessen Buch „Die Aussprache des Lateins nach physiologisch-historischen Grundsätzen" (Heilbronn 1885) bahnbrechend geworden ist[2]). [Sonstige Schriften über lateinische Aussprache wurden oben p. 248 genannt.]

3. Der Worthochton. Der Worthochton (Accent) des Lateins ist der exspiratorisch-energische, d. h. zur Aussprache der Hochtonsilbe wird eine grössere Energie des aus der Lunge hervorgestossenen Luftstromes (Ausathmungs-,

---

[1]) Ueber latein. Lehnworte im Albanesischen vgl. *G. Meyer* in *Gröber's* Grundriss I, 804 und namentlich sein Albanes. Wörterbuch (Leipzig 1890); im Althochd. *Franz*, Die lat. Lehnworte im Ahd. (Strassburg 1883, Diss.); im Ags.: *Pogatscher* in Heft 64 der „Quellen und Forschungen"; *Güterbock*, Die lat. Lehnworte im Altirischen, Königsberg 1882 Diss.

[2]) Am Schlusse seines Buches hat S. eine Anzahl lat. Textproben in Lautumschrift (phonetischer Transscription) gegeben. Kein Romanist sollte verabsäumen, sich in der Lesung dieser Texte möglichst zu üben und dadurch seine Augen von schullateinischen Schuppen zu befreien.

Exspirationsstromes) aufgewandt, als zur Aussprache der nicht
hochbetonten Silben[1]). Die Art des Worthochtons war also
im Latein dieselbe wie im Deutschen, indessen war der Energie-
unterschied in der Aussprache der hochbetonten und der nicht
hochbetonten Silben im Latein nicht so gross, wie im Deutschen,
d. h. die hochbetonten Silben wurden im Latein etwas weniger,
die nicht hochbetonten etwas mehr energisch gesprochen, als
im Deutschen. Die Hochtonsilbe überwog also nicht in dem
Maasse, wie es im Deutschen der Fall ist, die übrigen Silben
des Wortes.

Im ältesten Latein lag (wie im Altkeltischen und im Germanischen) der Worthochton auf der Anfangssilbe[2]). Nachwirkungen dieser Betonung sind im späteren Latein noch vielfach zu beobachten (so setzt z. B. *debeo* ein **dé-hibeo*, * *dé-
habeo* voraus, *pólleo* ein **póte valeo*, *incípio* ein * *íncipio* **ín-
capio*, *incéptus* ein **ín-ceptus*, **ín-captus* etc.; überhaupt erklärt sich der Wandel des Vocals der Stammsilbe in zusammengesetzten Worten aus der Anfangsbetonung).

Im geschichtlichen Latein hat die Art der Wortbetonung
sich wesentlich geändert, indem für sie die Quantität der vorletzten Silbe bestimmend geworden ist: ist diese Silbe (Paenultima) von Natur oder durch sog. Position lang, so trägt sie
selbst, ist sie kurz, so trägt die drittletzte Silbe (Antepaenultima)
den Worthochton, z. B. *filiárum*, aber *fília*, *armórum*, aber
córpŏrum, *comparámus*, aber *cómpăro*[3]). Die Anfangssilbe trug
fortan nur noch einen Nebenton (*còmparámus*).

---

[1]) Von dem exspiratorischen Hochtone ist zu unterscheiden der musicalische, welche in einer Erhöhung der Stimme über die gewöhnliche
mittlere Tonlage besteht. Musicalischen Accent besassen z. B. das Altindische und das Altgriechische und besitzen jetzt noch die sog. iso-
lirenden Sprachen (Chinesisch etc.). In Sprachen, welche exspiratorischen
Hochton haben, wird der musicalische nur zum Ausdruck der Frage, der
Verwunderung, des Spottes etc. gebraucht (so z. B. wenn man im
Deutschen ironisch frägt „wirklich?“).

[2]) In der indogermanischen Urzeit war der Worthochton frei, d. h.
nicht an bestimmte Silben gebunden, sondern je nach Art und Flexionsform jedes einzelnen Wortes beweglich (etwa wie jetzt im Russischen).

[3]) Keltische und griechische Ortsnamen entzogen sich vielfach dieser
Betonung und bewahrten trotz langer Paenultima den Hochton auf
der drittletzten Silbe, z. B. *Písaurum* = *Pésaro,* *Némausus* = *Nîmes*,
Tricasses = *Tvoyes*, *Bitúriges* = *Bourges*, *Nomnĕtes* = *Nantes* etc. etc.,
vgl. auch *Táranto*. — Der Personenname *Jácobus* behielt seine griechische Betonung bei, daher *Jago*, *Giácomo*, *Jaimes* (engl. *James*), *Jacques*.
Darīus trat zu den Worten auf -*árius* über, daher altfrz. *Daíres*.

Im geschichtlichen Latein sind alle[1]) Worte (einschliesslich der in die Volkssprache übergegangenen griechischen Worte, wie *abyssus, biblia, ecclesia, parabola, spasmus* etc.) entweder auf der zweitletzten oder auf der drittletzten Silbe betont (Paroxytona, bezw. Properispomena oder Proparoxytona), es fehlen demnach gänzlich sowohl endungsbetonte Worte — mit selbstverständlicher Ausnahme der einsilbigen — als auch auf der viertletzten, fünftletzten etc. betonte Worte[2]). Die lateinische Schriftsprache und die lateinische Verkehrssprache (Volkssprache) stimmten bezüglich der Wortbetonung im Wesentlichen durchaus überein. Nur folgende Abweichungen sind bemerkenswerth: a) Von zwei im Wortinnern stehenden Hiatusvocalen wurde im Volkslatein stets der zweite betont (z. B. schriftlat. *mulíerem*, aber volkslat. *muliérem*, daher prov. *molher*, span. *mujer*; schriftlat. *paríetem*, aber volkslat. *pariétem*, daher franz. *paroi*; schriftlat. *filíolus*, aber volkslat. *filiólus*, daher ital. *figliuólo*, franz. *filleul*). — b) Vocal vor muta cum liqu. wurde im Volkslatein betont, auch wenn er von Natur kurz war (z. B. schriftlat. *íntegrum*, aber volkslat. *intégrum*, daher ital. *entiero*, franz. *entier*; schriftlat. *pálpebra*, aber volkslat. *palpébra*, daher franz. *paupière*; schriftlat. *ténebras*, aber volkslat. *tenébras*, daher span. *tinieblas*). — c) In den beiden ersten Zehnerzahlen (20, 30) wurde volkslateinisch die erste Silbe betont (*víginti*, daher ital. *venti*, frz. *vingt*; *tríginta*, daher ital. *trenta*, frz. *trente*)[3]). Diese Betonung erklärt sich wohl aus dem Bestreben, die erste Silbe als die begrifflich wichtige hervorzuheben. — d) Vielfach wurden in der Volkssprache die zusammengesetzten Verben neu gebildet („recomponirt"). In solchen Neubildnngen („Recompositionen") erhielt das Verbum den (in der Schriftsprache geschwächten) ursprünglichen Stamm-

---

[1]) Tonlos (proklitisch) waren dle (einfachen) Präpositionen in Verbindung mit dem Subst., ferner einzelne Conjunctionen (namentlich *et* und *aut*) und einzelne Adverbien (so deuten ital. *bene* und frz. *mal* auf Tonlosigkeit hin, da sie sonst *biene, *mel lauten müssten), endlich die in Verbindung mit dem Verbum personalpronominal gebrauchten Formen von *ille*. Auch einzelne Formen von *esse* scheinen, wenigstens oft, tonlos gewesen zu sein (vgl. frz. *tu es* für *tu *ies, *ere* neben *iere*).

[2]) Wichtig ist, zu bemerken, dass die zweite Silbe v o r und die zweite n a c h der Hochtonstelle einen Nebenton trägt, vermöge dessen sie in der Hebung des accentuirenden Verses stehen kann, vgl. § 45 No. 12.

[3]) Anzunehmen ist auch die Betonung *quadráginta, quinquáginta* etc.

vocal zurück und dieser seinerseits den Hochton (z. B. schriftlat. *de-cídĕre*, 3 P. Pl. Praes. Ind. Act. *décidunt*, volkslat. **de-cádere*, 3 P. Pl. Praes. Ind. Act. *de-cádunt*, daher altfrz. *decheoir, decheent*; derartige Recomposition hat auch ausserhalb des Verbums stattgefunden, z. B. **adsátis* [= *assai, assez*] f. *ádsatis*)[1]. — e) Das Pronomen *ille* wurde in artikelhafter Verwendung proklitisch mit dem ihm nachfolgenden Substantiv verbunden und verlor in Folge dessen (im gallischen Volkslatein) nicht nur den Worthochton, sondern auch die ihn tragende Anlautssilbe (schriftlat. *ílle múrus, íllum múrum* > gallisch-volkslat. [**il*]*li múrus*, [*il*]*lum múrum* > altfrz. *li murs, lo mur*). — (f) Die Verschiebung des Tones in der ersten und zweiten Pers. Pl. des span. u. portug. Imperfects beruht auf Angleichung an den Sing. u. die dritte P. Pl.).

Ausserdem scheinen einzelne romanische Wortgestaltungen auf Hochtonverschiebungen im Volkslatein hinzudeuten; so scheint z. B. span. *trébol*, ptg. *trévo* ein **tréfolum* für *trifólium* vorauszusetzen (frz. *trèfle* dagegen lässt sich anders erklären).

Die Hochtonverschiebungen, welche durch die suffixartig angefügten Partikeln *-que, -ve, -ne, -ce* veranlasst wurden (*armáque* u. dgl.), können hier ausser Betracht bleiben, so wichtig sie auch in anderer Beziehung sind.

4. Vocale und Diphthonge. Das Latein besass (in geschichtlicher Zeit) die fünf Vocale *a, e, i, o, u*, ausserdem einen Mittellaut zwischen *i* und *u* (z. B. in *optimus, quadrivium* etc.). Der letztere hat keine Nachwirkung auf das Romanische geübt; es entspricht ihm immer *i* (ital. *ottimo* u. dgl.) mit einziger Ausnahme von ital. *car(r)obbio* = *quadruvium* (nicht *quadrivium*), wo aber vielleicht Anlehnung an *carrus* erfolgt ist.

Jeder Vocal ist von Natur entweder lang oder kurz und zwar sowohl in freier wie auch in geschlossener Silbe. Es kann daher auch in Positionssilben der Vocal von Natur kurz sein und ist es sehr häufig (so z. B. immer vor *ss: míssus*). Die Schulregel, dass Positionsvocal immer lang sei (ausgenommen vor muta cum liquida), hat nur für die Metrik Geltung. Ueber die Quantität der Positionsvocale vgl. *Marx*, Hülfsbüchlein für

---

[1] Die Wiedervorschiebung des Tones kann übrigens auch bei Beharrung des geschwächten Stammvocales statthaben, z. B. *récipit* > **recípit* = ital. *ricéve*, frz. *reçoit*.

die Aussprache der lateinischen Vocale in positionslangen Silben, Halle 1883 (freilich sind nicht alle Angaben in diesem Buche richtig).

Die langen Vocale wurden geschlossen, die kurzen offen gesprochen (nur zwischen $\bar{a}$ und $\breve{a}$ scheint ein Klangunterschied nicht bestanden zu haben), also:

$\bar{e} = ẹ$, aber $\breve{e} = ę$, $\bar{\imath} = i$, aber $\breve{\imath} = į$ [1]), $\bar{o} = ọ$, aber $\breve{o} = ǫ$, $\bar{u} = ụ$, aber $\breve{u} = ų$.

In der späteren Volkssprache schwand der Quantitätsunterschied der Vocale oder schwächte sich doch wesentlich ab [2]); es blieb also der Qualitätsunterschied allein bestehen (in nichthochbetonten Silben aber verwischte sich auch dieser).

$ẹ$ und $į$ ($\bar{e}$ und $\breve{\imath}$), sowie vielfach auch $ọ$ und $ų$ ($\bar{o}$ und $\breve{u}$) müssen im Klange einander sehr nahe gestanden haben, denn im Romanischen zeigen die beiden ersteren Laute immer, die beiden letzteren vielfach die gleiche Entwickelung (z. B. $ẹ$ [$\bar{e}$] und $į$ [$\breve{\imath}$] = frz. *ei, oi*, z. B. $m\bar{e}$ = *mei, moi*, *f\breve{\i}dem* = *feit, foi*; o [$\bar{o}$] und $ų$ [$\breve{u}$] = frz. *ou*, z. B. *am\bar{o}rem* = *amour*, *t\breve{u}rrem* = *tour*).

[Das griechische *v* wurde volkssprachlich in der früheren Zeit als **u**, seltener als o gesprochen, in der späteren Zeit als *i*, vgl. einerseits κυβερνήτης mit *gubernator*, κρυπτή mit *crupta*, ἄγκυρα mit *ancora*, andrerseits γῦρος mit *girus*, ἄβυσσος mit *abissus* etc. Die Auffasssung des *v* als *i* beruht wohl auf einem schon damals vollzogenen Wandel der griechischen Aussprache].

Das Latein der späteren Zeit besass nur die Diphthonge *ae, oe* und *au* (*eu* findet sich nur in Fremdworten und Eigennamen; die Verbindung *ui*, z. B. in *huic*, ist nicht diphthongisch. Vgl. unten S. 363 Z. 15 ff.).

ae (aus *ai*) und *oe* (aus *oi*) wurden im Spätlatein zu *e* (theils zu $ẹ$, theils, aber seltener, zu $ę$) monophthongirt. Der Diphthong *au* behauptete sich bis in späte Zeit, ja zum Theil bis in das Romanische hinein (denn z. B. in frz. *chose* = *causa*

---

¹) Vor *gn* war (in der späteren Zeit) *i* lang, aber offen, also z. B. *d\breve{\i}gnus*, *l\breve{\i}gnum* mit offenem $\bar{\imath}$, daher ital. *degno, legno*, während geschlossenes $\bar{\imath}$ beharrt haben würde, vgl. *tristem* > *triste*.

²) Wenigstens ist dies in Bezug auf das Gallo-Lateinische anzunehmen. In Italien hat allem Anscheine nach die Quantität sich lange behauptet.

muss der Wandel des *au* zu *o* später erfolgt sein, als der von *c* zu *ch*, da dieser letztere nur vor *a*, nicht vor *o*, eintreten konnte). Tonloses anlautendes *au* wurde volksprachlich zu *a* vereinfacht, wenn die folgende Silbe ein *u* enthielt, z. B. *augustus* > **agustus*, daher frz. *août*, *augurium* > **agurium*, daher frz. *ëur*, *eur* (dafür, in falscher Anlehnung·an *heure* = *hŏra*, *heur* geschrieben: *bonheur*, *malheur*), *ausculto* > **asculto* (daher frz. *écoute*). Schriftlateinisch trat unrichtig *au* ein an Stelle von ursprünglichem und volkssprachlich beharrendem *o* in *cauda* (f. *coda*), *fauces* (f. *foces*), *caudex* (f. *codex*).

5. **Consonanten.** Das Lateinische besass folgende Consonanten [1]):

Nasale: stimmhaftes bilabiales *m*; — stimmhaftes dorsal articulirtes dentales *n* (im Wort- und Silbenanlaut und im Wortauslaut gebraucht); — stimmhaftes palatal-velares *n* (*n* vor *c*, *g*, *q*, *x*, ähnlich dem norddeutschen *n* in *hinhen* etc.)

Bi- und dentilabiale Laute: stimmhafter bilabialer Klapplaut *b* — stimmloser bilabialer Klapplaut *p* — bilabiales *f* (so erst seit der mittleren Kaiserzeit; vorher war *f* „eine interdentale dorsal gebildete Spirans mit gleichzeitiger bilabialer Eigenverstärkung". Vgl. Quintil. Inst. XII 10).

Dorsodentale, bezw. dentigingivale Laute: stimmhafter dorsal gebildeter rein dentaler Klapplaut *d* — stimmloser dorsal gebildeter dentigingivaler Klapplaut *t* — stimmloser dorsal gebildeter rein dentaler Reibelaut *s* — [griechisches ζ, d. h. „stimmhafter stumpf-coronal gebildeter bidentaler lispelartiger Reibelaut, Mittellaut zwischen bidentalem *d* und *s*, populär und kürzer: eine Art gelispeltes *s*"] — stimmhafter mehrschlägiger denticoronaler klapperartiger Laut *r* („ein durch zitternde Bewegung des vorderen Zungensaumes hervorgerufener Knarrton") — stimmhafter dorsal gebildeter dentigingivaler lateral offener Klapplaut *l*.

Dorsopalatale Laute (sog. Gutturale): stimmloser dorsal gebildeter postpalataler Klapplaut *k* (sog. „vorderes" *k*, vor hellen Vocalen) — stimmloser dorsal gebildeter (früher mediopalataler, später mehr) präpalataler Klapplaut *k* (sog. „hinteres" *k*, vor dunklen Vocalen) — stimmhafter dorsal ge-

---

[1]) Die lautphysiologischen Bezeichnungen sind dem Buche *Seelmann's* entlehnt.

bildeter postpalataler Klapplaut *g* (*g* vor hellen Vocalen) — stimmhafter dorsal gebildeter medio- oder präpalataler Klapplaut *g* (*g* vor dunkeln Vocalen).

Zu diesen consonantischen Lauten treten noch:

a) die Halbconsonanten *i̯* (palatal) und *u̯* (labial);

b) die Lautverbindungen *qu* (d. i. „ein *k*, bei dessen Bildung der Mund eine röhrenartige Form annahm, und dem sich ein entsprechender schwacher, aber durchaus vocalischer *u*-Nachklang anschloss") und $k + s = \mathrm{x}$;

c) das Kehlkopfgeräusch ʻh und ʼh (spiritus asper und sp. lenis).

In kürzerer Fassung lässt sich der lateinische Consonantenbestand so darstellen

S o n a n t e n : labial *m*,

dental *n*, *l*, *r*.

E x p l o s i v e n : stimmhaft und labial *b*,

„ „ dental *d*,

„ „ guttural[1]) g^1 u. g^2.

stimmlos und labial *p*,

„ „ dental *t*,

„ „ guttural[1]) k^1 und k^2,

F r i c a t i v e n : stimmlos und labial *f*,

„ „ dental *s*,

[stimmhaft und labial *u̯* $= v$]

[„ „ palatal *i̯* $= j$]

K e h l k o p f g e r ä u s c h e : ʻh und ʼh.

[L a u t v e r b i n d u n g e n : $k + u = qu$,

$k + s = x.$]

In Bezug auf die Aussprache der Consonanten haben allem Anscheine nach zwischen der Schriftsprache und der Verkehrssprache erhebliche Verschiedenheiten nicht bestanden. Nur etwa Folgendes ist zu bemerken:

a) Das *h* schwand seit Ende der republicanischen Zeit völlig aus der gesprochenen Sprache (man vgl. das Spottgedichtchen Catulls auf Arrius).[2]) — b) *n* vor *s* schwand volks-

---

[1]) Statt „*guttural*" sagt man besser „*palatal*".

[2]) ʻh ist also aus dem Lateinischen in das Romanische gar nicht übernommen worden. Wo im Romanischen *h* erscheint, hat es sich entweder aus anderen Lauten entwickelt (so im Spanischen aus *g* und *f*) oder es ist germanischen Ursprunges (so im Französischen).

sprachlich, z. B. *pesare* f. *pensare.* (Auch in der Schriftsprache trat häufig Schwund des *n* vor *s* ein, so z. B. im
Suffix *-ōsus* f. *-onsus*). Ueberhaupt neigte *n* vor folgendem
Consonanten, besonders vor einem Dental, zur Verflüchtigung
und zum Schwunde, ebenso vor vocalischem Anlaute, auch
schriftsprachlich, z. B. *co-actus* f. *con-actus*). — c) *ks* = *x* scheint
volkssprachlich öfters in *sk* umgestellt worden zu sein. —
d) Anlautendem *s* + Cons. wurde ein kurzes *i* (*e*) vorgeschlagen (*istare* u. dgl.).

Sehr beachtenswerth ist, dass *k* (*c*) bis etwa zum 7. Jahrhundert n. Chr. auch vor hellen Vocalen seinen ursprünglichen
sog. gutturalen Lautwerth durchweg bewahrt hat, also bis
dahin noch nicht palatalisiert und nicht assibiliert worden
ist. Dagegen hat die Assibilierung von *t* + *i* + Voc. und *d*
+ *i* + Voc. volkssprachlich schon früh begonnen (inschriftliche Beispiele finden sich seit dem 2. Jahrh. n. Chr.). —

Jeder lat. Consonant kann im Anlaut stehen, nicht jedoch
im Auslaut. In diesem erscheint am häufigsten *s* (sowohl allein
als auch mit vorausgehendem *c, g* [*c* oder *g* + *s* = *x*], *n,*
m, b, p; dem *x* kann auch noch *l* oder *r* vorausgehen, z. B.
calx, arx), sodann *m* (neigte aber volkssprachlich zur Verflüchtigung), *l* und *r*, viel seltener *n* (in gewissen Wortstämmen
auch schriftsprachlich geschwunden, z. B. *ordo*, aber *ordin-is,*
dagegen erhalten in *carmen* u. dgl.) und *t* (meist mit vorangehendem *n*), noch seltener *d* (*ad, sed*), *b* (*ab, ob*), *c* (*lac,*
halec), endlich *p* nur in *volup.* Von Consonantengruppen können
anlauten Muta + *r, b* + *l, p* + *l, c* + *l, g* + *l, f* + *r, f* + *l,*
g + *n, s* + *t* (+ *r*), [*s* + *t* + *l* wurde schriftsprachlich zu
l vereinfacht, z. B. *stlis* zu *lis*, volkssprachlich erhielt es sich
z. B. in *stloppus* = ital. *schioppo*], *s* + *p* (+ *r* u. + *l*), *s* + *c*
(+ *r*), *g* + *n*, (*qu* ist = *k* + *u*). Die Anlautsmöglichkeit
ist also eine sehr beschränkte. Zwischen Vocalen kann ein
jeder Consonant stehen, mit einziger Ausnahme von *f* (*sifilare*
u. dgl. sind aus dem Umbrischen etc. entlehnt); *j* steht nur
vor dunkelm Vocal (*major* etc.), dagegen wird *j* + *i* und
j + *e* zu *ī*. Im Inlaut erscheinen die Verbindungen: *n* +
Dental, *n* + *s* (vgl. jedoch oben Zeile 1 ff.), *n* + *f* (*n*
neigte hier zum Schwunde), palatal-velares *n* + Guttural (s.
oben S. 360, Z. 15), *m* + Labial, *m* + *n, r* + beliebiger

Cons. (ausser *l*), *l* + beliebiger Cons. (ausser *r*), *s* + beliebige tonlose Explosiva, beliebige Explosiva + *r*, Gutturalis + *l*, Labialis + *l*, Gutturalis + *s*, Labialis + *s*, *g* + *n*, *p* + *t*, *c* + *t*, *l* + *n*, *r* + *n*, *m* + *n*, *g* + *n*, *l* + *m*, *r* + *m*, *n*, *r*, *s* + *g* + *m*, beliebige Explosiva (ausg. Dental) + *l* etc.; einzelne Verbindungen erscheinen nur sehr sporadisch, zum Theil nur in Fremdworten, z. B. *gd* (*smaragdus, amygdala*). Der Verdoppelung sind alle Consonanten fähig, indessen finden sich *bb*, *dd*, *gg* kaum in echt lateinischen Worten. Aus drei Consonanten können nur die Gruppen *nct*, *ncs*, *ncl*, *ngl*, *ntr*, *nst*, *mpt*, *mps*, *mpl*, *mbr*, *cst*, *str* gebildet werden; anlautfähig ist davon nur *str*; aus vier Consonanten besteht allein die Gruppe *cstr*.

Das lateinische Lautsystem muss in seiner Gesammtheit als ein sehr einfaches bezeichnet werden, denn es besass nur wenige Diphthonge (in späterer Zeit sogar nur den einen *au*), keine getrübten Vocale (abgesehen von dem Mittellaute zwischen *i* und *u*; erst späterhin traten hinzu *ae* und *oe* aus *ai* und *oi*), keine eigentlichen Nasalvocale (Ansätze zur Nasalirung scheinen allerdings vorhanden gewesen zu sein; die in einzelnen romanischen Sprachen durchgedrungene Nasalirung beruht indessen vermuthlich auf keltischer Einwirkung). Im Consonantismus ist das Fehlen der Spiranten ϑ u. χ beachtenswerth (volkssprachlich wurden diese Laute in griech. Fremdworten als *t* und *c* aufgefasst).

Lautwandlungen innerhalb der Flexion kommen nur in sehr beschränktem Umfange vor. Die wichtigste derselben ist eine Art scheinbaren Ablautes in einzelnen starken Perfecten (*věnio vēni*, *căpio cēpi* u. dgl.). Nicht der Flexion sondern der Wortbildung gehört an die durch ursprüngliche Anfangsbetonung (s. oben S. 357 f.) veranlasste Schwächung des Stammvocals (*incipio, inceptus, cécini* etc). Umlaut ist der Schriftsprache fremd; ob, bezw. in welchem Umfange die gesprochene Sprache ihn gekannt hat, ist eine noch offene Frage.

6. **Die Lautgestaltung der Worte innerhalb des Satzes (Satzphonetik).** Syntaktisch eng mit einander verkettete Worte konnten (vermöge des sog. Legato-Sprechens, d. h. indem das eine Wort lautlich unmittelbar mit dem

folgenden verbunden wurde) [1]) einerseits im Auslaut und Anlaut einander angleichen (sog. „Sandhi"), andrerseits zu einer Hochtoneinheit verschmelzen, indem entweder das erste Wort proklitisch oder das zweite enklitisch gebraucht wurde. In der Schriftsprache gelangten diese Vorgänge allerdings nur ganz vereinzelt zum Ausdruck (Doppelformen gewisser Präpositionen [*a, ab* und *abs*; *ex* und *e*] und Conjunctionen [*ac* und *atque*; *nec* und *neque*], bei welchen letzteren jedoch diese Erklärung fraglich ist), in der gesprochenen Sprache hat aber zweifellos die Satzphonetik eine bedeutsame Rolle gespielt. Darauf deutet z. B. die Doppelgestaltung der Personalpronomina und des Demonstrativs *ille* im Romanischen hin. Auch der Abfall des auslautenden *m* (und theilweise des auslaut. *s*), sowie der Schwund des *h* dürften als Folge des Legato-Sprechens zu erklären sein.

So ist anzunehmen, dass ein Wort innerhalb des Satzes, je nachdem es betont oder unbetont war oder auch gemäss des folgenden Anlautes in zweifacher (oder mehrfacher) Lautgestalt erscheinen konnte, dass also sog. „Satzdoppelformen" vorhanden waren. Andrerseits aber darf nicht ausser Acht gelassen werden, dass der folgerichtige Gebrauch derartiger Doppelformen eine grosse Erschwerung des Sprechens verursacht haben würde, und dass demnach vermöge des die Sprache beherrschenden Trägheitsprincipes (s. oben S. 132 u. 156) das unbewusste Streben der Sprechenden auf die nur beschränkte Verwendung der Doppelungen gerichtet sein musste. Auch ist zu berücksichtigen, dass gerade die Vielheit der Möglichkeiten, denen die Stellung eines Wortes innerhalb des Satzes unterworfen war, hemmend auf die Entstehung verschiedenartiger Lautgestaltungen einwirken musste, da sich sonst eine begrifflich verwirrende Fülle derselben ergeben hätte. Man wird also Bedenken tragen müssen, die auffällige Lautentwickelung eines romanischen Wortes ohne Weiteres durch Wirkung der Satzphonetik erklären zu wollen.

---

[1]) Die Neigung zum Legato-Sprechen lebt im Roman. fort, freilich in den verschiedenen Sprachen in sehr verschiedenen Stärke (man denke z. B. an die Wortbindung [„Liaison"] im Frz.; an die Verdoppelung des anlautenden Cons. im Ital., wenn ein consonantisch anlautendes Wort mit einem vocalisch auslautenden sich verbindet, z. B. *o* + *vero* = *ovvero*, *e* + *pure* = *eppure*).

Vgl. *Gröber* in den Commentat. Wölfflin; *Neumann*, Ueber einige Satzdoppelformen der frz. Sprache, in: Ztschr. f. roman. Philol. VIII, 243 u. 368 (N. geht viel zu weit in der Annahme von Satzdoppelformen); *Schwan*, Zur Lehre von den roman. Satzdoppelformen, in: Ztschr. f. roman. Philol. XII, 192.

c § 40. **Die Laute des Romanischen.**[1)] 1. Die Bezeich-nung der Laute (die Schrift). Die Romanen behielten, wie dies ja in den geschichtlichen Verhältnissen begründet war, das lateinische Alphabet bei. Nur die in slavischer Um-

---

[1)] Zu einem Buche ansehnlichen Umfanges hätte dieser Paragraph ausgestaltet werden müssen, wenn eine irgend ausreichende Darstellung der gesammtromanischen Lautlehre beabsichtigt gewesen wäre. Daran konnte ja hier nicht gedacht werden. Man wolle also mit einzelnen Andeutungen vorlieb nehmen. Nicht berücksichtigt wurde die Ent-wickelung der germanischen, arabischen etc. Laute im Romanischen, weil dies zu viel Raum erfordert haben würde. Es werde hier in aller Kürze bemerkt, dass das Romanische sich die fremden Laute im Wesent-lichen sehr gut angeglichen hat, indem es dieselben im Allgemeinen ganz ebenso wie die entsprechenden lateinischen Laute (falls solche vorhanden waren) behandelte. Mit einziger Ausnahme des germanischen 'h — und diese Ausnahme ist überdies in der Hauptsache auf das Französische beschränkt und noch dazu dort wieder fast aufgehoben worden (denn 'h ist ja nicht mehr Spiritus asper) — ist kein im Lateini-schen nicht vorhandener Laut in das Romanische übergegangen (der arabische Ursprung des span. *j*, früher *x* geschrieben, ist eine Fabel, der Laut ist vielmehr erst spät [16. bis 17. Jahrh.] aus palatalem *j* ent-standen), sondern es sind dem Latein fremde Laute latinisirt worden, so namentlich die germanischen Spiranten *ch*, *þ*, *w* (das letztere bekannt-lich durch Umsetzung in *gu* [z. B. *guerra*, *guanto*], was dann zur Folge gehabt hat, dass auch lat. anlautendes *v* zuweilen gutturalen Vorschlag erhielt, z. B. *guêpe*). Und noch eine allgemeine oder auch, wenn man will, besondere Bemerkung werde hier gemacht. Wie jede Entwicke-lung, so hat auch die Entwickelung der lateinischen Laute zunächst innerhalb des Lateins selbst und sodann innerhalb des Romanischen nur langsam sich vollzogen, und zwar war der Verlauf einer bestimmten Entwickelung, welche über das Gesammtgebiet sich erstreckte, zweifel-los in den verschiedenen Theilgebieten (Gallien, pyrenäische Halb-insel, Italien, Dacien etc.) bald ein rascherer, bald ein langsamerer, bald ein durchgreifender, bald ein nur gleichsam ansatzweise versuchter und früh wieder aufgegebener. Aber leider lassen alle diese Vorgänge im Einzelnen bis jetzt mehr nur sich vermuthen und ahnen, als klar erkennen und nachweisen; noch weniger lassen feste Zeitangaben sich machen, man muss vielmehr schon froh sein, wenn man einen Laut-vorgang auf ein bestimmtes Jahrhundert oder Halbjahrhundert fixiren kann. Am günstigsten verhält es sich noch hinsichtlich des (späteren) Lateins, weil uns da die Inschriften zu Hülfe kommen, deren Entstehungs-ort und oft auch Entstehungszeit sicher bekannt sind. Schlimm aber steht es mit den ersten mittelalterlichen Jahrhunderten: inschriftliches Material ist aus ihnen nur spärlich, volkssprachliche Schriftwerke gar nicht überliefert (denn man bedenke, dass die ältesten roman. Schrift-werke erst dem 9. Jahrh. angehören). So ist man darauf angewiesen, aus der handschriftlich überlieferten damaligen Schreibweise des Lateins

gebung wohnenden Daco-Rumänen vertauschten dasselbe mit
der (aus dem griechischen Alphabete herausgebildeten und
übrigens zur Bezeichnung einer lautreichen Sprache wohl geeigneten) sog. „kyrillischen“ Schrift und sind erst seit etwa
fünfzig Jahren zur lateinischen Schrift zurückgekehrt.

Was die äussere Gestaltung der Schrift anbelangt, so
entwickelten sich im Frühmittelalter verschiedene nationale
Schriftarten, welche im Wesentlichen Minuskelschrift waren:
die langobardische Schrift in Italien (im 9. Jahrhundert zur
kalligraphischen Ausbildung gelangt), die westgothische
Schrift in Spanien (deren Blüthezeit das 10. und Ver-
fallzeit das 12. Jahrhundert ist), die merovingische Schrift in
Gallien, welche später in der karolingischen Minuskel fortge-
bildet und kalligraphisch durchgebildet wurde; ausserhalb
des romanischen Gebietes waren die irische und die angelsächsische Schrift von Bedeutung.

Bis zum Beginn des 12. Jahrhunderts blieb im romanisch-
germanischen Gebiete die karolingisch-fränkische Minuskel die
vorherrschende Schrift; sie stimmt im Wesentlichen überein
mit der durch den Humanismus eingeführten und noch jetzt
im Druck üblichen Schriftart (vorwiegend gerundete Schriftzüge, scharfe Buchstabenformen, keine „Ligaturen“ [Buch-
stabenzusammenziehungen], wenig Abkürzungen). Im 12. Jahrhundert kam dann die sog. „gothische“ (oder „deutsche“)
Schriftart, die „Mönchsschrift“, auf, jene eckige und spitzige
Schrift, welche noch gegenwärtig in Deutschland (zum Theil
auch in Skandinavien) üblich, ihrem Ursprunge nach aber
(ebenso wie der „gothische“ Stil überhaupt) nicht eigentlich
deutsch ist. In dieser „Mönchsschrift“ nun sind die meisten
der mittelalterlich-romanischen (und -germanischen) Schriftwerke überliefert. Im Allgemeinen sind die betreffenden Handschriften, sobald man nur einige Uebung erlangt hat, leicht
zu lesen, besonders die sorgfältiger ausgeführten. Schwierigkeiten machen nur, zumal dem Anfänger, die zahlreich (aber

---

Schlüsse auf die damalige Aussprache zu ziehen, wobei selbstverständlich grösste Vorsicht nöthig ist. So liegt die Chronologie der Urzeit
der romanischen Lautentwickelung noch recht im Dunkel. Ein schätzbarer Beitrag zur Lichtung ist *Hammer's* Diss. Die locale Verbreitung
frühester romanischer Lautwandlungen im alten Italien. Halle 1893.

doch auch in der Regel folgerichtig gebrauchten) Buchstaben-
zusammenziehungen, der Verschleifungen und Abkürzungen
häufig vorkommender Endungen und Worte (z. B. *ap* mit einem
wagerechten Striche über dem *p* = *apud*, *DS* mit einem Striche
darüber = *deus*, *b* mit einem verschieden gestalteten Quer-
strichelchen durch den oberen Theil des verticalen Striches =
-*ber* und -*bus*, *st* oder nur *s* mit einem Striche darüber =
sunt etc. etc.).

Gegen Ende des Mittelalters trat die umständliche „Mönchsschrift“, die mehr nur gemalt als geschrieben werden konnte,
zurück hinter eine flüssige, aber oft schwer lesbare Cursive.

Vgl. *Mabillon*, De re diplomatica libri sex, Paris 1709; *Toustain* et
Tassin, Nouveau traité de diplomatique, Paris 1750/65, 6 Bde. (Auszug
daraus von *N. de Wailly*, Eléments de paléographie, Paris 1838); *Chassant*,
Paléographie des chartes et des manuscrits du 11. au 17. siècle, Paris
zuerst 1839, und: Dictionnaire des abréviations latines et françaises, 2. éd.
Paris 1862; *Wattenbach*, Anleitung zur lat. Palaeographie, 4. Ausg.
Leipzig 1886; *Arndt*, Schrifttafeln, 2. Ausg. 1886; *Blass* in *Iw. v. Müller's*
Handb. d. class. Alterthumswiss. I² 323.

Auch in den ältesten Drucken (Incunabeln „Wiegen-
drucke“) und vielfach noch späterhin wurde in romanischen
Ländern die „Mönchsschrift“ sammt ihren Abbreviaturen beibehalten. Erst der zur Herrschaft gelangende Humanismus
bewirkte die Wiederaufnahme der gerundeten „Antiqua“-Schrift,
welche seitdem im Druck üblich geblieben ist. Die „Mönchsschrift“ wird seitdem bei den Romanen nur gelegentlich noch
als Zierschrift gebraucht.

Kurzschrift (Stenographie) wurde, freilich in unbeholfener
Form (in Anknüpfung an die tironischen Noten der Römer),
auch schon im Mittelalter geübt; innerhalb des mittelalterlich-
romanischen Handschriftenbestandes findet sie sich wohl nur
im altfranzösischen Jonasbruchstück gebraucht. Auch die
späteren Kurzschriften der Neuzeit haben für die romanische
Philologie bislang keinerlei Bedeutung.

Eine jede der romanischen Einzelsprachen besitzt erheblich mehr Laute als das Lateinische (vgl. Nr. 4 ff.). Es hätte
also nahe gelegen, das lateinische Alphabet durch neu er-
fundene Zeichen zu vermehren. Es ist dies aber nur in Bezug auf *j* und *u* (letzteres in der „Mönchsschrift“ zur Unter-

scheidung von dem sehr ähnlichen *n* mit einem Ringel überschrieben) mit bleibendem Erfolge geschehen; anderweitige
Versuche sind allerdings wiederholt, ja oft gemacht worden
(so z. B. von dem Italiener Trissino, von den französischen
Orthoëpikern des 16. Jahrhunderts etc.), sie sind aber durchweg gescheitert. Die Romanen haben also von der Erfindung
neuer Schriftzeichen abgesehen und sich damit begnügt, für
einzelne der neu entstandenen Laute durch diakritische Zeichen
(so namentlich durch die Cédille, durch den sog. Tilde im
Span., z. B. *niño*) und durch Buchstabenverbindungen (z. B.
ch = *č* im Span., = *k* vor hellen Vocalen im Ital., *nh*, *lh* =
palat. *n* und *l* im Ptg. und Prov., *ch* = *š* im Frz. etc.) neue
Bezeichnungen zu schaffen. Die romanischen Alphabete sind
demnach, phonetisch betrachtet, recht unvollständig (so werden
z. B. offene und geschlossene Vocale nur vereinzelt [frz. *é* und *è*]
in der Schrift unterschieden), aber doch nicht unvollständiger,
als z. B. die germanischen es sind. Man muss vielmehr anerkennen, dass die schwierige Aufgabe, lautreiche Sprachen
schriftlich in einer dem p r a k t i s c h e m Bedürfnisse ungefähr
genügenden Weise mittelst weniger Buchstaben darzustellen,
im Romanischen gut gelöst worden ist. Nicht erst der Bemerkung übrigens bedarf es, dass der gegenwärtige Stand der
Lautbezeichnung erst nach langem Umhertappen und Versuchen erreicht worden ist.

Zur phonetisch genauen Wiedergabe der romanischen
Sprachen bedient man sich der verschiedenen Lautschriften,
welche die neuzeitliche Sprachwissenschaft zu verwenden pflegt.
Leider giebt es solcher Schriften allzuviele, und es wäre dringend
zu wünschen, dass man sich auf die Anwendung nur e i n e r
beschränkte.

Der fortdauernde Gebrauch der lateinischen Schriftsprache,
sowie das den Romanen nie entschwundene Bewusstsein der
Verwandtschaft ihrer Sprache mit dem Latein hat von vornherein die Beeinflussung der Schreibung des Romanischen durch
das Latein veranlasst. So ist in die romanische Orthographie
ein etymologisches Princip hineingetragen worden, das sich
besonders unter der Einwirkung humanistischer Gelehrsamkeit
geltend machte und namentlich in der Schreibung überflüssiger

„etymologischer" Buchstaben sich bethätigte, wobei noch dazu oft arge Missgriffe gemacht wurden (so z. B. wenn man frz. *poids* statt *pois* = *pe[n]sum* schreibt, als ob es von *pondus* herkäme). Die italienische und besonders die spanische Orthographie ist in neuerer Zeit von etymologischem Ballast leidlich befreit worden, die französische und portugiesische dagegen leiden noch sehr darunter (die altfranzösische war ungleich einfacher und verständiger). Am misslichsten ist es um die Schreibung des Rumänischen bestellt, weil eine ganze Reihe verschiedener Systeme, von denen ein jedes recht verzwickt ist, neben einander gebraucht werden; indessen bessert sich dieser Zustand allgemach.

Wie überall, so ist auch in den romanischen Sprachen die Schrift dem Wandel der Lautentwickelung nur unvollkommen nachgefolgt. Besonders im Französischen ist die Schrift hinter der Aussprache weit zurückgeblieben. Es bekundet sich dies nicht nur in der Schreibung massenhafter längst verstummter Laute (so des Endungs-*s* und -*t* ausserhalb der Bindung), sondern auch darin, dass vielfach derselbe Laut je nach seinem Ursprunge verschieden geschrieben wird (so z. B. frz. *ai*, *aî*, *ei*, *eî*, und *e*, bezw. *è*, *é* = *ę̆*, *o*, *au*, *eau* = *o*, *eu* und *œ* = *ö*).

Die Bezeichnung des Worthochtons kennen die romanischen Sprachen ebensowenig wie das Latein. Die sog. Accente sind im Romanischen entweder etymologische Zeichen (so wird im Frz. Vocalzusammenziehung und Schwund des gedeckten *s* meist — keineswegs immer! — durch den Circumflex angedeutet, z. B. *sûr* aus *se[c]ur*, *être* aus *estre*; im Ital., Span., Ptg., auch im Frz. werden gleichlautende einsilbige Worte mehrfach durch Setzung des Gravis auf das eine unterschieden, z. B. it. *da*, Präpos., aber *dà* „er gibt", frz. *là* und *la*, *ou* und *où* ferner ist im Ital. der Gravis oft Abkürzungszeichen [Apostroph], z. B. *città* = *citta'* aus *ci[vi]ta[tem]*), oder aber sie sind Aussprachezeichen (so kennzeichnet im Frz. der Acut das geschlossene, der Gravis und der Circumflex das offene *e*). Nur gelegentlich wird das Accentzeichen zur Kenntlichmachung der Worthochtonstelle gebraucht, meist aber bloss in Fällen, wo Sprach- oder Schriftgebrauch zu falscher Betonung verführen könnten (z. B. bei ital. *già*, bei den span. Proparoxytonis etc.).

Logische Satzinterpunction nach heutiger Art war dem

Mittelalter unbekannt; sie hat sich erst in der Neuzeit sehr allmählich ausgebildet. In der Hauptsache ist sie für das ganze romanische Gebiet die gleiche. Eine äusserliche Besonderheit des Spanischen ist es, dass Frage und Ausruf nicht nur durch Nachsetzung, sondern auch durch Vorsetzung des betreffenden Zeichens (das bei der Vorsetzung umgedreht wird) gekennzeichnet werden.

2. Feststellung der Aussprache. Die heutige Aussprache der romanischen Sprachen und Mundarten lässt sich selbstverständlich durch unmittelbare Beobachtung feststellen, diese letztere muss aber, wenn sie Werth haben soll, mit Methode und Vorsicht geübt werden. Namentlich gilt es, sich vor voreilig verallgemeinernden Schlüssen zu hüten. Vgl. übrigens oben S. 144 und S. 183. Wissenschaftlich brauchbar werden Aussprachebeobachtungen erst dann, wenn sie durch Wiedergabe der Laute in einer geeigneten Lautschrift veranschaulicht werden.

Als Muster einer praktisch ausgeführten Lautuntersuchung kann des Abbé *Rousselot* oben S. 146 genanntes Buch dienen.

Für die Feststellung der Aussprache der Vergangenheit sind wir angewiesen:

a) Auf Schlüsse, welche sich aus der Schreibung der Laute ziehen lassen. So darf man z. B. aus der im altfrz. Alexiusliede (*L*) vorkommenden Schreibung *th* für lat. intervocalisches *t* (z. B. 15 a b c *mustrethe, espethe, mandethe*) folgern, dass der Schreiber mit *th* einen von *t* verschiedenen Laut, vermutlich die dentale Spirans (*þ*), hat bezeichnen wollen. Oder wenn im altfrz. Hohen Liede dem *c* vor *a* zwei Accentstriche nachgesetzt werden (z. B. 37 f. *c"anter, c"aasteed*), so darf man darin wohl einen Versuch erkennen, den Laut *ch* anzudeuten. Oft genug freilich stösst man auf Buchstaben, welche offenbar einen Lautwerth nicht bezeichnen sollen, sondern nur irgendwelcher Schrulle zu Liebe geschrieben wurden, so z. B. wenn in dem eben genannten Gedichte den auf tonloses *e* ausgeherden Worten ein *t* oder *d* angefügt wird, so z. B. *bellet* f. *belle, diret* f. *dire, terred* f. *terre*. Im Allgemeinen aber darf man annehmen, dass die mittelalterlichen Schreiber lautgemäss schreiben wollten, soweit dies ihnen

eben möglich und bequem war. Die Belastung der Schrift
mit einer Menge etymologischer Buchstaben, die noch dazu
oft recht gedankenlos gebraucht wurden (wenn man z. B.
im Frz. statt *chevaus* oder *chevax* [wo *x* Zusammenziehung
von *us* ist] schrieb *chevaulx*, obwohl *l* ja vocalisiert in *u*
fortlebte), tritt erst unter dem Einflusse des Humanismus ein.

b) Auf die Beobachtung der Vocalreime (Assonanzen) und
Vollreime. Diese Beobachtung ist eine höchst ergiebige
und werthvolle Quelle für die Erkenntniss der mittelalterlichen Aussprache (besonders der Vocale, weil die mittelalterlichen Dichter auf die Reinheit des Reims grosse
Sorgfalt verwandten). Selbstverständlich gewährt auch
die Beobachtung der Silbenzählung Aufschlüsse über die
Aussprache.

c) Die Angaben der Grammatiker. Im Mittelalter ist nur
die provenzalische Aussprache, indessen doch wesentlich
nur bezüglich der Vocalqualität, Gegenstand eingehenderer
theoretischer Behandlung gewesen (der *Donatus pro-
vincialis* des Uc Faidit [oder Uc de Saint-Circ?], die
Rasos de trobar des Raimon Vidal aus Bezaudu(n), die
Leys d'amors des Guillem Molinier); im Uebrigen sind
nur wenige gelegentliche Bemerkungen überliefert. Erst
mit dem Ausgange des 15. Jahrhunderts beginnt die
Grammatik und mit ihr die Aussprachelehre aufzublühen;
im 16. und 17. Jahrhundert sind bereits, namentlich in
Frankreich und Italien, Schriften in Masse vorhanden,
welche Aussprache lehren oder auch berichtigen wollen.
Und seitdem ist die Fluth dieser Litteratur immer
mehr und mehr angeschwollen. Im Grossen und Ganzen
ist aus allen diesen älteren Büchern wenig zu lernen.
Im besten Falle bieten sie rein empirische Beobachtungen,
welche lautphysiologischer Begründung und phonetischer
Genauigkeit entbehren. Ueberdies gehen die Verfasser
oft von vorgefassten Anschauungen und Meinungen aus
und suchen das, was ihnen als richtig erscheint, entweder
in der Sprache bestätigt zu finden oder aber in die
Sprache hineinzucorrigiren; sie verfahren also ganz subjectiv, wo sie den sprachlichen Thatbestand objectiv

hätten darstellen sollen. Besonders fragwürdig sind die von Nichtromanen (Engländern, Deutschen etc.) verfassten Aussprachelehren romanischer Sprachen, schon aus dem Grunde, weil die lautliche Eigenart einer Sprache von einem Ausländer nur selten richtig erfasst wird.

Alles in Allem genommen können wir die Aussprache vergangener Zeiten nur in höchst unvollkommenem Maasse uns vergegenwärtigen —, es ist dies eine schwer empfindliche Lücke unseres Erkennens, durch welche nicht nur unsere Einsicht in die Geschichte der Lautentwickelung erheblich eingeengt und getrübt wird, sondern namentlich auch unser Verständniss für die Klangwirkung der rhythmischen Rede der Vergangenheit überaus beeinträchtigt wird. Wir können uns z. B. keine recht klare Vorstellung davon machen, wie ein provenzalisches Lied im Gesange eigentlich geklungen haben mag.

Jedenfalls muss man sich recht sehr dessen bewusst sein, dass die Aussprache in den verschiedenen Zeiten der Vergangenheit eine andere war, als die unserer Gegenwart. Molière z. B. sprach das Französische anders aus als die heutigen Franzosen, Tasso das Italienische anders als die heutigen Italiener. Selbstverständlich ist der Abstand zwischen einstiger und jetziger Aussprache um so grösser, je weiter die Vergangenheit zurückliegt. Insbesondere gilt dies vom Französischen, denn diese Sprache hat unter allen romanischen Sprachen die durchgreifendsten Lautwandlungen erfahren.

3. Der Worthochton. In nahezu sämmtlichen Worten, welche das Romanische auf unmittelbarem Wege aus dem Lateinischen übernommen hat (die sog. „Erbworte"), ist der Worthochton auf derjenigen Stelle verblieben, auf welcher er im Lateinischen stand, d. h. auf der (ursprünglich) drittletzten oder vorletzten Silbe.

Dieses feste Beharren des Worthochtons durch allen Wandel der Zeiten hindurch ist eine überaus wichtige und interessante sprachgeschichtliche Thatsache, welche in scharfem Gegensatze steht zu dem Umsprunge der Betonung, der innerhalb der lateinischen Sprachgeschichte stattgefunden hat (s. oben S. 356)[1]).

---

[1]) Im Französischen scheint — man kann eben nur sagen „scheint" — ein Umsprung des Worthochtones, nämlich Verlegung des Accents auf die Anfangssilbe begonnen zu haben. Zunächst scheinen Eigennamen

Durch die Festhaltung des lateinischen Worthochtons werden die „Erbworte" als solche gekennzeichnet. Die „gelehrten" Worte haben vielfach Tonverschiebung erlitten, besonders im Französischen (*fabríque*, *portíque*, *sollicíte* etc., s. oben S. 341).

Abgesehen von keltischen, griechischen und anderen fremdsprachlichen Ortsnamen, welche ihren eigenartigen Hochton vielfach behauptet haben (*Táranto*, *Pésaro* etc., vgl. oben S. 356), und abgesehen von fremden (griechischen) Personennamen, welche mancherlei Tonbesonderheiten zeigen (namentlich Neigung zur Betonung der ersten Silbe, was aus dem häufigen Gebrauche solcher Namen im Anrufe sich erklärt), abgesehen also von Eigennamen, die ja immer eine Sonderstellung einnehmen, findet man kaum allgemein romanische Hochtonverschiebungen, namentlich dann nicht, wenn man nicht vom Schriftlatein, sondern vom gesprochenen Latein der späteren Zeit ausgeht, in welchem man bereits aller Wahrscheinlichkeit nach *filíolus*, *muliérem*, *pariétem* u. dgl., *intéger*, *tenébrae*, *colúber*, *cathédra* u. dgl., vielleicht auch *fícatum*, *sécale*, endlich *víginti*, *tríginta*, *quadráginta* etc. sprach, so dass diese Verschiebungen schon innerhalb des Lateins selbst sich vollzogen haben und folglich nicht dem Romanischen zur Last fallen. Wenn im Spanischen und Portugiesischen (seltener im Ital.) in den ursprünglich proparoxytonen Formen gewisser Verbalclassen der Hochton auf die Paenultima getreten ist (z. B. *determíno*, *imagíno*, *suplíco* etc. statt *detérmino* etc.), so handelt es sich da theils um Worte ursprünglich gelehrten Gebrauches, theils um analogische Anbildung. Auf flexivischer Umbildung beruht selbstverständlich die grosse Mehrzahl der scheinbaren Tonverschiebungen, welche innerhalb der Conjugation wahrnehmbar sind, so z. B. in den Infinitiven, wie ital. *rídere*, *rispóndere*, frz. *rire*, *répondre* etc. gegenüber lat. *ridére*, *respondére* etc.; oder in der 1. u. 2. P. Pl. Präs. Ind. der starken Verba, z. B. ital. *vendiámo*, *vendéte*, frz. *vendóns*, *vendéz* gegenüber lat. *véndimus*, *vénditis*. Im ital. *pórgere (porrigĕre)*, *érgere (erigĕre)* liegt gleichfalls nicht Tonverschiebung, sondern An-

---

von diesem Umschwunge erfasst worden zu sein (*Vóltaire* u. dgl.), allgemach aber auch sonstige Worte davon erfasst zu werden (*maison* u. dgl.).

bildung des Infinitivs an das Präs. (*pór[ri]go, ér[i]go*) vor. Aehnlich verhält es sich mit *érta* (*erécta*), *córto* (*corréctus*) u. dgl.: sie sind an den Inf. angebildet. Frz. *ouvre, couvre* sind nicht = *apério, coopério*, sondern gleichsam *apero (*avre, *ovre, ouvre), *copero.

Die Beibehaltung der lateinischen Betonung bedingt es, dass das Romanische eigentlich, wie das Latein, nur Paroxytona und Proparoxytona besitzt. Es können aber im Italienischen, indem die Personalendung *-nt* zu *-no* sich gestaltet hat, also Silbenwerth besitzt, oder indem an eine Verbalform mehrfache „Affissi" (enklitische Personalpronomina und Pronominaladverbien) antreten, Worte entstehen, welche auf der viertletzten, fünftletzten etc. Silbe betont sind (z. B. *detérminano, dátemene*).

Im Französischen (Provenz. u. Rätorom.) werden, da — abgesehen von bestimmten Ausnahmefällen (vgl. unten No. 4 B) — in Paroxytonis die Nachtonsilbe schwindet, zahlreiche Paroxytona zu Oxytonis (z. B. *servum* > *serf, vendis,* > *vends, muros* > *murs, planta* > *plante*, gesprochen *plant'*). Die Proparoxytona aber werden, indem entweder die erste oder die zweite nachtonige Silbe schwindet, durchweg zu Paroxytonis (z. B. *mirablia* > *mervéille, viáticum* > *voyage* etc. etc.). Auch durch die Verbindung des Verbs mit Encliticis können Proparoxytona nicht entstehen, weil in solchem Falle entweder Tonverschiebung eintritt (z. B. *parlé-je?*), oder an letzter Stelle statt der Enklitika die entsprechende Hochtonform gebraucht wird (z. B. *dis-le-moi*, nicht *dís-le-me*). So hat sich die Sprache der Proparoxytona völlig entledigt. (Vgl. auch die Anmerkung auf S. 372 f.).

Im Spanischen ist durch die oben angedeuteten Verschiebungen die Zahl der Proparoxytona so erheblich gemindert worden, dass man, um falscher Aussprache vorzubeugen, in der Schrift solche Worte mit dem Accentzeichen versieht (z. B. *Alcántara, Málaga, amábamos;* letztere Form übrigens ein Beispiel für analogische Tonverschiebung zu Gunsten der Proparoxytonirung).

Der durchschnittliche Tonabstand zwischen hochbetonten und nicht hochbetonten Silben ist in den verschiedenen romanischen Sprachen verschieden, am stärksten wohl im Italienischen und Spanischen — jedoch nicht so stark wie im Deutschen und

Englischen, wo die Nachtonsilben unter dem Uebergewichte der Hochtonsilben verkümmern —, am schwächsten im Französischen, namentlich innerhalb des Satzes, weil dann der Satzaccent die Wortaccente dermaassen erdrückt, dass sie nur wenig zur Geltung kommen. Insofern ist man berechtigt, dem Französischen „Accentlosigkeit" beizulegen.

Enklitisch (bezw. proklitisch) sind im Romanischen ein Theil der unmittelbar mit dem Verbum, bezw. mit dem Nomen verbundenen Formen der Personal- und Possessivpronomina, die artikelhaft gebrauchten Formen von *ille* (im Frz. auch *ce, cette, ces)*, das einfache Relativ, die einfachen Präpositionen und einzelne einsilbige Conjunctionen, besonders die Fortsetzungen von *et, aut, quod, quam*.

Ueber Satzdoppelformen vgl. oben S. 364.

4. **Vocalismus. A. Hochtonvocale**[1]). a) Für die Entwickelung der Hochtonvocale aus ihrer lateinischen zur romanischen Gestaltung sind maassgebend geworden vor Allem erstlich der Hochton selbst, welcher namentlich die diphthongische Erweiterung des Vocals in offener Silbe, wo solche stattgefunden hat, veranlasst zu haben scheint (z. B. im Frz. $a > ai$, $ę > ei$, $ǫ > ou$, $ę > ie$, $ǫ > uo, ue$), und sodann die entweder geschlossene oder offene Klangbeschaffenheit. Hochton und Klang haben die Quantität vollständig überwogen, wie sich aus der gleichen Entwickelung quantitätsverschiedener, aber klangverwandter Vocale ergiebt ($ē$ u. $ĭ > ę$, $ō$ u. $ŭ > ǫ$).

Von Bedeutung für die Entwickelung der Hochtonvokale sind ferner gewesen die Art ihrer Stellung (ob in freier oder in geschlossener Silbe und in letzterem Falle) die Beschaffenheit des ihnen nachfolgenden Consonanten[2]), die Beschaffenheit des ihnen vorangehenden

---

[1]) Die nachfolgenden Angaben, für deren Anordnung und vielfach auch Fassung *Meyer-Lübke's* Grammatik maassgebend gewesen ist — obwohl ich mit M.-L. keineswegs in allen Beziehungen übereinstimme —, berücksichtigen vorwiegend nur die Schriftsprachen. Dies Verfahren war praktisch nothwendig; theoretisch ist es selbstverständlich falsch, schon um desswillen, weil die Lautentwickelung und der Lautstand einer Schriftsprache immer eine Zusammenschiebung mundartlicher Eigenthümlichkeiten aufweist, und folglich die Laute einer Schriftsprache zu einem Theile nur aus den Lauten der Mundarten, die an der Ausbildung der betr. Schriftsprache betheiligt gewesen sind, sich verstehen lassen.

[2]) Hierauf beruht namentlich die Nasalirung, vgl. unten k).

Consonanten, endlich die umlautende oder epenthetische Einwirkung eines nachtonigen *i* (*e*) oder, aber weit seltener, eines nachtonigen *u*.

Bezüglich der Entwickelung der Hochtonvokale finden zwischen den romanischen Einzelsprachen erhebliche Verschiedenheiten statt; am nächsten ist dem Latein das Sardische geblieben, am weitesten vom Latein hat das Französische sich entfernt; die übrigen Sprachen nehmen Zwischenstellungen etwa in der Art ein, dass Spanisch und Italienisch dem Latein verhältnissmässig nahe stehen, das Provenzalische mit dem Catalanischen ein wenig mehr in der Richtung nach dem Französischen abweicht, noch mehr in der gleichen Richtung das Rätische, das Rumänische aber neben dem Italienischen und das Portugiesische neben dem Spanischen einen durch starke Eigenart gekennzeichneten Platz einnimmt. Die einzelnen Mundarten werden entweder von der Hauptsprache, in deren Umkreis sie fallen, vollständig umschlossen, oder aber sie bilden Lautbrücken zwischen Sprache und Sprache. Feste Trennungslinien lassen sich nicht ziehen.

b) Lat. geschlossenes *i* (*ī*) hat sich auf dem romanischen Gesammtgebiete fast durchweg[1] unverändert erhalten, vgl. z. B. *vīnum* = ital. span. *vīno*, ptg. *vinho*, rum. rät. *viu*, prov. *vi-* [*n*]-*s*. — Ueber das Frz. vgl. k).

Wichtige Ausnahmen, und zwar mehrfach nur theilweise Ausnahmen, sind folgende einzelne Worte: *frīgidus* = span. port. *frio*, aber ital. *freddo*, prov. *freid*, frz. *froid* (= **frĭgidus* nach *rĭgidus*) — *ĭlicem* = ital. *elce* (sard. *elighe*), prov. *euze*, frz. *yeuse* (= **ĭlicem* nach *sĭlicem* u. dgl.), span. *encina*, ptg. *encinha* — *fĭcatum* (v. *fīcus*) = span. *hígado*, ptg. *fígado*, aber ital. *fégato*, rät. prov. *fetge*, frz. *foie* (= **fĭcatum*), die Ableitung des Wortes muss jedoch als zweifelhaft gelten, da die Tonverschiebung (*fĭcátum* > *fícatum*) unerklärlich ist — *līnteum*, aber ital. *lenzo*, span. *lienzo* (= **lĭnteum*, wohl an *lĕntus*, **lĕnteus* angebildet) — *glīrem* = ital. *ghiro*, (span. *liron*, ptg. *lirão* und *leirão*), aber frz. *loir* (= **glĭrem?* oder ist *loir* angeglichen an *noir?*) — *carina*, aber ital. *carena*, span. *carena*, ptg. *querena*, *crena*, frz. (*carine* und) *carène* (viell. Angleichung an *patena*, *lagena*). Vgl. *Meyer-Lübke*, Gr. I 64. — Ueber *dignus*, *lignum* > *degno*, *legno* s. oben S. 359 Anm. — Ueber Nasalirung vgl. unten k).

---

[1] In vereinzelten (rätischen u. a.) Mundarten wird *ī* zu *ei*.

c) Lat. geschlossenes *u* (*ū*): *α*) es bleibt erhalten im Ital., Osträtischen (Friaul), Rumän., Span., Portug. u. Catal., z. B. *mūtat,* = ital. *muta*, rum. *mută*, friaul. *mude*, span. portug. cat. *muda;* — *β*) es wird zu *ü* im Prov., im Frz. (auch schon in der alten Sprache, wie man z. B. daraus schliessen darf, dass *ou* von vornherein den Lautwerth des *u* besitzt), in den west- und mittelrät. Mundarten (Engadinisch, Ladinisch), an der Südostküste Italiens (und in einem mundartlichen Bezirke Portugals). Im Wesentlichen scheint das Gebiet von *ū* = *ü* zusammenzufallen mit dem altkeltischen Sprachgebiete.

Im Frz. erscheint *ū* vor mehrfacher Consonanz theils als *ü* (z. B. *jūnium* = *juin*, *sū[r]sum* = *sus*, *de-ūsque* = *jusque*, *nūllum* = *nul*, *fūstem* = *fût*, dazu die gel. W. *juste*, *rustre*), theils als *u*, geschr. *ou* (*gūstum* = *goût*), theils als *o* (*ūndecim* = *onze*, *de-ūsque* = altfrz. *josque*, *jūxta* = altfrz. *joste*, *jūncum* = *jonc*. Eine befriedigende Erklärung dieser Spaltung ist noch nicht gegeben; es scheint aber, dass die Entwickelung des gedeckten *ū* zu *o*, *ou* als Regel, die zu *ü* als Abweichung, veranlasst durch Palatale (*juin* aus *juñ*, *jusque* aus *djusque*) oder durch Angleichung (*nul[l]* an *un*), aufzufassen sei; dunkel bleibt dabei *fût*.

Vgl. *Meyer-Lübke*, Gr. I 65 ff.

d) Lat. geschlossenes *e* (*ē*, *ĭ*, vereinzelt *œ* u. *æ*, z. B. *fœnum, præda* = frz. *foin*, *proie*; in der logudoresischen und campidanesischen Mundart des Sardischen bleibt *ē* als *e* und *ĭ* als *i* erhalten, während die Mundart von Gallura nur *e* kennt).

α) Geschl. *e* bleibt erhalten im Ital. (in gel. Worten wird jedoch *ę* statt *ẹ* gesprochen; wegen des *i* in *fingere* etc. s. unten *k*), Friaul., Prov. (im Auslaut jedoch auch *ẹ* > *ei*), Catal., Span. u. Ptg.([1]) (z. B. *trēs* = ital. *tre*, prov. *tres* [das *i* in *trei* ist wohl Anbildung an *dui*], cat. span. ptg. *tres*; *fĭdem* = ital. *fede*, *fè*, prov. *fe* [u. *fei*], cat. span. *fe*, ptg. *fè*). — *β*) Geschl. *e* wird *i* in einzelnen südital. Landschaften, (Sicilien, Calabrien, Apulien, Arensana marittima, Lecce.)([2]) — *γ*) Geschl. *e* wird

---

[1]) Im Ptg. wird *e* vor Palatalen jetzt *a* gesprochen, z. B. *abelha nho* = *abalha, tanho.*

[2]) Als Folge umlautender Wirkung eines nachtonigen *i* (*e*) oder des Einflusses eines benachbarten Palatals findet sich der Wandel von (*ē*, *ĭ*) zu *i* auch sonst recht häufig, z. B. **fēsi, *prēsi* > frz. *fis, pris,*

(in **f r e i e r**, seltener in geschlossener Silbe [1]) *ei* im Rumän. (daneben jedoch auch *e*, (z. B. *trēs* = *trei*, aber *vĭdet* = *ved*), u. *eá* s. unter δ), im Engadinischen (wo aus *ei* ein *ai* entsteht, z. B. *tres* = *trais*); im Ladin., in einzelnen ital. Mundarten (Genua, [Piemont], südliche Emilia), im Franco-Prov. u. im Frz. (wo *ẹ́i* > *ẹ́i* > *ọ́i* > *ọ̀ẹ* > [13. Jahrh.] *ọ̀ẹ́* > *uẹ́* > *uá* sich entwickelt, in bestimmten Fällen wird *uẹ́* > *ẹ*, geschr. *ai*, so im Impf. Vgl. *Ulbrich* in Ztschr. f. rom. Phil. III. 385, *Weigelt* ebenda XI 85, *Rossmann* in Roman. Forsch. I 145, *Meyer-Lübke*, Gr. I. 90) [2]. — δ) „Betontes *e*, sowohl primäres als secundäres, nimmt im Rumän. die Gestalt *ĕá* an, wenn der nächstfolgende plenisone Vocal desselben Wortes ein *á* oder *e* ist: *fenestra* wird *ferĕástrá*, *lēgem* wird **lĕáge*.“ *Tiktin*, Studien zur rumän. Philol. (Leipzig 1884) S. 27 f. u. Ztschr. f. rom. Phil. XI. 58 (T. bezeichnet den Vorgang als „Brechung“, womit man schwerlich einverstanden sein kann; eher könnte man ihn als eine Art „Umlaut“ bezeichnen, aber es ist doch zu fragen, ob wirklich *á* u. *e* Ursache des Wandels von *e* zu *ĕá* ist).

     Vgl. *Meyer-Lübke*, Gr. I. 81 ff. (§. 68 ff.).

     Ueber die Nasalirung des *ẹ* s. unten *k*.)

e) Geschlossenes *o* (*ō*, *ŭ*; im Sardischen, Rumänischen [u. Albanesischen] bleiben *o* u. *u* geschieden).

α) Geschl. *o* bleibt im Ital. (in gel. Worten, wie z. B. *vittọria*, wird *ọ* statt *o* gesprochen), Span., Ptg., Cat., Prov., (in bestimmten Stellungen [vor Nasal + Vocal, vor Cons. + nachtoniges *i*] auch im Frz.), z. B. *flōrem* = ital. *fiore*,

---

ĭlli, Pl., und **ĭlli* (f. *ille*) = frz. *il(s)*, *il*, *famĭlia* > ital. *famiglia* (frz. *famille* ist gel. W.), *tinea* = ital. *tigna*, span. *tiña*, ptg. *tinha* (aber frz. *teigne*); *limpidus* > span. *limpio*. — Auf Suffixvertauschung beruht das *i* im span. *venin*, altfrz. *velin* = **venīnum* f. *venēnum*, frz. *parchemin* = **pergamīnum* f. *-mēnum* u. a. m.

[1]) In **g e s c h l o s s e n e r** Silbe beharrte im Frz. *ẹ* als *ẹ* und wandelte sich dann im 12. Jahrh. zu *ẹ*, z. B. *mĕttere* (*mĭttere*) > *mẹttre* > *mẹttre*, *vĕtrum* (*vĭtrum*) > *vẹrre* > *vẹrre*. Ausgenommen sind Fälle, in denen nach *ẹ* ein *i* durch Vocalisirung eines Gutturalen entstand z. B. *tēctum* > *teit*, *dĭgitum* > *deit*) oder durch nachtoniges *i* erzeugt wurde (z. B. *cervẹsia* > *cerveise*); ein solches *ei* wird behandelt wie *ei* aus *ẹ* in offener Silbe (also *teit* > *toit* etc.).

[2]) Vor palatalem *l* findet Diphthongirung nicht statt, z. B. *solĭculus* > *soleil*, *consĭlium* > *conseil* etc. (das *i* vor *l* ist selbstverständlich Zeichen der Palatalisirung).

span. ptg. cat. prov. *flor; pŏmum* = ital. *pomo* (ebenso
span. etc.), frz. *pomme; angŭstia* = ital. *angoscia,*
span. *engoja,* frz. *angoisse;* vgl. auch unten *k δ*) —
β) Geschl. *o* wird *u* im Engad.[1]), Sicilianischen u. (in gedeckter Silbe) im Frz. (z. B. *flŏrem,* = engad. *flur,*
sicil. *čuri, jŭvenem* = engad. *žuven,* sicil. *ǧuvini; multum*
= altfrz. *molt, moult, dŭplum* = altfrz. *doble, double,*
gŭtta = frz. *goutte.* — *γ*) Geschl. *o* in freier Silbe wird
im Frz. zu *ou* diphthongirt, woraus sich *eu* u. weiter
offenes *œ* entwickelt, z. B. *dolōrem,* = *dolour, douleur*
(spr. *dulœr), famōsus* = *famous, fameus, -eux* etc.; *amour*
ist halbgel. W., ebenso *labour;* das *ou* in *j'avoue, doue,*
épouse beruht auf Anlehnung an die flexionsbetonten
Formen *avouer* etc., an *épouser* lehnt sich das Sbst.
époux, -se; nous u. *où* behalten *ou* statt *eu* wegen ihrer
häufig tonlosen Stellung; *proue* aus *prora* ist Fremdwort;
tout, toute ist = **tottus, -a;* viel umstritten und noch
nicht voll befriedigend erklärt ist die Lautgestaltung von
loup, jou[g]; es scheint ein *lŭ[p]u, jŭ[g]u* zu Grunde
zu liegen, also das nachtonige *u* erhalten zu sein; gleichwohl müsste man auch dann *lou leu, jou jeu* erwarten.
Vgl. *G. Paris,* Rom. X 36. — *δ*) Geschl. *o* erscheint
als *au, å, a* etc. in südostfrz., bezw. schweizerischen
Mundarten (vgl. *Meyer-Lübke,* Gr. I. § 124).
Wichtigere Einzelfälle: In Folge der Einwirkung eines
nachtonigen *i* erscheint mehrfach *ui* als Stellvertreter von *ǫ,* z. B.
(*totti* = altfrz. *tuit), ōstium* = frz. *huis* (ital. *uscio,* altsp. *uzo* haben
räthselhaftes *u), cŭpreum* = frz. *cuivre* (vermittelt durch **cŏpreum,*
**cueivre);* mittelbar gehören hierher auch *studium* = frz. *étude* (gel.
Missbildung, die sich an die gel. Worte auf *-ude* = lat. *-ūdinem,*
wie *latitude* etc. anlehnt, daher auch der Geschlechtswechsel;
**studiare* ergab regelrecht *estoiier,* aber durch Einfluss von *vuidier*
und *cuidier,* in denen das *i* der ersten Silbe auf Nachwirkung
des Gutturals, bezw. Palatals beruht, trat dafür *estuiier* ein, wovon
das Sbst. *étui), dilŭvium* = frz. *déluge, pŭteus* = frz. *puits* —
ǫvum ist zu *ǫvum* geworden, daher ital. *uovo,* frz. *œuf* etc. (vielleicht liegt Anlehnung an *nŏvum* vor). — Frz. *or, lors, alors* verdanken ihr offenes *o* wohl der Mischung mit *a: ha[c] hora, illa*
hora, ebenso *encore* = *hanc ad horam;* das anlautende *a* im prov.

---

[1]) Gedecktes *ǫ* wird jedoch im Engad. oft wie off. *ǫ* behandelt,
d. h. diphthongirt, z. B. *anguŏsa* aus *angŭstia.*

ara dürfte ebenfalls aus *å* = *a* + *o* entstanden sein. — Frz. *sur* (aus *süper*) scheint an *sus* (aus *sū[r]sum*) angebildet zu sein, *fur* (aus *förum*) vielleicht an *mesure*. — Zahlreiche halbgelehrte Worte entziehen sich dem regelrechten Lautwandel, so z. B. span. ptg. *cruz*, frz. *gloire*, *noble* (vgl. *meuble*) etc. Die Entwickelung mancher einzelner in diesen Umkreis gehöriger Worte ist noch sehr dunkel. — Vgl. *Meyer-Lübke*, Gr. I 120 ff.

Ueber die Nasalirung vgl. unten k).

f) Lateinisches offenes *e* (*ĕ*, *æ*, vereinzelt *œ*).

α) Offenes *e* ist als *e* verblieben (und zwar theils als *ę*, theils als *ẹ*) in einzelnen italienischen und gallo-italienischen Mundarten (Sardinien, Piemont, Genua, Macerata, Lombardei, einigen mittelital. Landschaften, Sicilien), im Catal. und im Portug., z. B. *mĕl* = mailänd. *mel*, sicil. *mele*, portug. *mel*. — *β*) Offenes *e* ist, aber in sehr verschiedenem Umfange, zu *ie* diphthongirt worden im Ital. (mit den obengenannten mundartlichen Ausnahmen, ausserdem nicht vor mehrfacher Consonanz, auch nicht in drittletzter Sylbe, z. B. *lĕgere* = *leggere*, daher auch 3 P. Sg. *legge*), im Rumän. (wo das *ę* in *ie* wie *ẹ* sich entwickelt), im Rätischen, im Prov., im Frz. (jedoch nicht vor mehrfacher Consonanz), im Span. (jedoch nicht vor palatalhaltigem Consonant und *i* aus Pal., z. B. *pecho* [*ch* aus *ct*], *prez* [*z* aus *tj*], *ten* [= *teñ* aus **teni*], *madera* [aus *materia*], *seis* [aus *sex*], *grey* [*gregem*]; Ausnahme ist *viejo*), z. B. *mel* = ital. *miele*, rum. *miere* = span. franz. *miel*; *terra* = rum. *tieră*, friaul. *tierre*, span. *tierra* (aber ital. prov. frz. *terra*, *terre* wegen der mehrfachen Consonanz). Besonders eingeschränkt ist die Diphthongirung im Südostfranzösischen.

Wichtigere Einzelfälle: Im Frz. wird *ę* mit einem aus Guttural entstandenen *i* zu *i*, z. B. *lĕctus* = *lit*, *despĕctus* = *dépit*, *pĕctus* = altfrz. *piz*[1]); ebenso ergiebt sich *i* aus *ę* durch den umlautenden Einfluss eines nachtonigen *i*, z. B. *ivre* aus *ĕbrius*, *nice* aus *nĕscius*, *épice* aus *spĕciem*; Diphthongirung hat statt in *neptia* = *nièce* (wohl in Anlehnung an das Masc. *nies* = *nĕ[po]s*), *pièce* (Herkunft ganz unklar trotz aller Vermuthungen) und *tiers* aus *tĕrtius*. — Vorangehendes palatales *g* verschluckt im Ital. den ersten Bestandtheil des Diphth. *ie*, z. B. *gĕlu* = *gelo* (aus *gielo*), *gĕmit* = *geme* (aus *gieme*), dagegen *caelum* = *cielo*, wo wenigstens in der

---

[1]) Ital. *dispitto* (neben *dispetto*), *profitto* etc. sind dem Frz. entlehnt.

Schrift *i* noch erhalten ist; man vgl. altfrz. *mangier* u. dgl. >
neufrz. *manger*. Im Rumän. bewirkt jeder Palatal Vereinfachung
eines nachfolgenden *ie* zu *e*. — Nach *r* erscheint im Ital. einfaches *e* statt *ie*, z. B. **prĕcat* = *prega*. — Ital. *bene* statt **biene*
beruht auf der häufigen Tonlosigkeit des Wortes im Satze. — Im
Anglonormann. ist *ie* zu *e* vereinfacht worden: *ben* f. *bien* etc.

Vgl. *Meyer-Lübke*, Gr. 1 S. 141 ff.

Ueber die Nasalirung vgl. unten k).

g) Lateinisches offenes *o* (*ŏ*) [1]).

α) Offenes *o* ist als *o* (und zwar theils als geschlossenes,
theils als offenes *o*) erhalten im Sardischen, in einigen
sicil. und mittelital. Mundarten, im Rumänischen und im
Portug., z. B. *nŏvum* = rum. *nou*, portug. *novo*, [im
Rum. erscheint für *o* häufig *oa*, z. B. *rŏta* = *roată*).
In gedeckter Stellung verbleibt *o* auch im Ital., Prov. u.
Frz. (Schriftspr.), vgl. *β*) am Schlusse. — *β*) Off. *o* wird
diphthongirt zu *uo* im Schriftital. (z. B. *nŏvum* zu *nuovo*,)
in drittletzter Silbe bleibt jedoch *o*), zu *ue* im Span.[2]),
(im Calabres., oft auch im Friaul.), z. B. *nŏvum* =
span. *nuevo*; im Frz., dessen ältester Sprachstand ebenfalls *ue* aufweist (*uo* nur in dem *buona* des Eulalia-
liedes), wird *ue* zu *œ* (theilweise *œu* geschr.) monophthongirt, z. B. *nŏvum* = *neuf*[3]); ebenso verhält es sich
in den gallo-ital. und in einem Theile der rät. Mundarten, z. B. *nŏvum* = mailänd. *nœf*. Das Prov. behält
theils (und zwar häufig) den Monophthong bei, z. B.
rŏta = *roda*, *nŏvum* = *nou*, theils nimmt es den Diphthongen an, z. B. *fŏlium* = *fuelh*, *pŏdium* = *puei* (im Allgemeinen wird man sagen dürfen, dass das Prov. ursprünglich nur den Monophthong kannte, im Laufe seiner
Entwickelung aber mehr und mehr zum Diphthong über-
ging). In gedeckter Stellung verbleibt *o* im Ital., Prov. und
Schriftfrz. (in den beiden letzteren Sprachen jedoch tritt
vor palatalem *l* und vor Guttural, wenn er vocalisirt wird,

---

[1]) *o* vor *n* + Dental (*pontem*, *montem* etc., *respondet* etc.) scheint im
gesprochenen Latein theils in Bezug auf die einzelnen Worte, theils in
Bezug auf die einzelnen Gebiete bald *ọ* bald *ǫ* gewesen zu sein (z. B.
span. *monte*, aber *puente*, dagegen ital. *monte* und *ponte* etc.).

[2]) Jedoch nicht vor *ch* (aus *ct*), *j* und *y*, z. B. *noche* (aus *nŏctem*),
ojo (aus *ŏculus*), *poyo* (aus *pŏdium*).

[3]) Das *ǫ* behauptet sich jedoch vor gedecktem *l*, z. B. *mŏl[e]re* =
moldre (*ou* = *o* + *l*).

Diphthong ein). — γ) Offenes *o* stellt sich im Engad. in offener Silbe als *ou* dar, z. B. *rŏta = rouda, bŏvem = bouf, mŏla = moula.*

Wichtigere Einzelfälle: Im Frz. und Prov. ergiebt *ǫ* mit nachfolgendem, aus Guttural entstandenem *i* den Triphthong *uei, üei,* der im Frz. zu *üi* vereinfacht wird, z. B. *ŏcto* = frz. prov. *ueit,* woraus frz. *(h)uit, nŏctem* ▬ frz. prov. *nueit,* woraus frz. *nuit.* Ebenso ergiebt sich *uei,* frz. *üi* aus *ǫ* + nachtonigem Hiatus *-i,* z. B. *hŏdie* ▬ *huei,* frz. *hui, pŏdium* — *puei,* frz. *pui (puy).* — Im Altfrz. erscheint vor *l* (bezw. vor aus *l* vocalisirtem *u*) häufig statt *ue* ein *ie,* z. B. *iels, ieus (ieux, yeux)* statt *uels = ŏculos, vielt, vieut* statt *vuelt = *vŏ[l]et;* für *ie* kann, wenn *l = ł,* auch *ia* erscheinen, z. B. *vialt* u. dgl. — Unklar ist noch immer, soviel auch bereits darüber gehandelt worden ist, die Entwickelung von *fŏ[c]u, jŏ[c]u, lŏ[c]u* zu frz. *feu, jeu, lieu.* — Das Demonstrativ *hŏc* hat sich der regelmässigen Lautentwickelung meist entzogen, indem *ǫ* entweder verblieben oder zu *e* geschwächt worden: *ecce + hoc* = ital. *ciò,* prov. *azo,* altfrz. *ço,* woraus *ce; per + hoc* = ital. *però,* span. *pero;* dagegen *apud* (?) + *hoc* = frz. *avuec, avec,* vgl. auch *porec.* — Doppelformen, von denen die einen offenes, die anderen geschl. *o* voraussetzen, zeigen im Altfrz. *demorer* und *devorer.* — Zahlreiche Worte haben *ǫ* bewahrt, statt den Diphthongen anzunehmen; zum Theil sind es gelehrte oder halbgel. Worte, z. B. ital. *Giove. rosa;* frz. *rose, école* (vgl. auch. ptg. *escola,* wo das erhaltene *l* gelehrten Ursprung kennzeichnet) u. a. In anderen Fällen erklärt sich das Verbleiben des *o* aus der Tonlosigkeit[1]), so im franz. *hors* (in *bon, on* kommt dazu noch der Einfluss des Nasals). In *roue* statt **reue* liegt Angleichung an das Vb. *rouer* vor. Bei einzelnen Worten aber, z. B. bei ital. *nove,* fehlt eine ausreichende Erklärung.

Vgl. *Meyer-Lübke,* Gr. I S. 166 ff.

Ueber die Nasalirung vgl. unten k).

h) Lateinisches *a* (*ā* und *ă*).

α) *a* bleibt im Wesentlichen erhalten in den pyrenäischen Sprachen, im Ital., im Rumän., im Prov., im Friaulischen und in einigen westrätischen Mundarten, z. B. *capu[t]* = ital. *capo,* rum. *cap,* prov. *cap,* span. *cabo,* friaul. *k av.* — β) *a* erscheint als *e* im Frz. (im Südostfrz. jedoch nur in sehr beschränktem Umfange); mehr oder weniger ist der gleiche Wandel eingetreten auch im Engadinischen,

---

[1]) Auch der Wandel von *o* zu *a* im altfrz. *danz, dame* (= *dŏminus, dŏmina*) beruht wohl auf der Tonlosigkeit, welcher diese Worte in titelhafter Anwendung verfielen.

Piemontesischen, in einzelnen Mundarten der italienischen Ostküste und Portugals.

Im neueren Frz. wird *e* aus *a* in unmittelbarem Auslaute geschlossen gesprochen, z. B. *beauté, aimé, aime[r]*, vor auslaut. *r* offen, z. B. *amer, mer, cher* etc. Diese Spaltung hat sich seit dem 17. Jahrhundert ausgebildet. Für die frühere, bezw. für die mittelalterliche Zeit ist einheitliche Aussprache vorauszusetzen. Welcher Lautwerth dem *e* aus *a* zuzuerkennen, lässt sich nicht mit voller Sicherheit angeben. Manche Gründe lassen sich für *ẹ* vorbringen. Anderes scheint wieder für sehr offenes *e* zu sprechen; Alles in Allem genommen, dürfte man eher für altes *ẹ* als für altes *ę* sich entscheiden, schon um desswillen, weil man eher verstehen kann, dass auslautendes *ẹ* zu *ę* sich verengt, als dass umgekehrt *ę* in solcher Stellung zu *ẹ* sich verbreitert. Wenn übrigens, wie man doch glauben muss, *a* über *ai* zu *e* geworden ist (darauf deutet ja z. B. die Schreibung *plaine, vaine* etc. hin), so wird man, scheint es, zu der Annahme gedrängt, dass *ai* zunächst zu *ẹi*, dann aber zu *ęi, ę* sich entwickelt habe; eine ähnliche Entwickelung liegt ja vor in *ẹ > ẹi >* (durch Zwischenstufen) *oę̂ > ę* (*plēna > plaine = plęne* ähnlich wie *vāna > vaine = vęne*)[1]. Auch daran darf erinnert werden, dass *a + i* aus Guttural über *ai* zu *ę* geworden ist, z. B. *factum > fait = fę[t]*. Die weitschichtige Litteratur über die verwickelte Frage findet man bei *Meyer-Lübke*, Gr. I p. 201, verzeichnet. *M.-L.* tritt seinerseits für *a* = altfrz. *ę* ein: er beruft sich auf den Unterschied zwischen *eau* aus *aqua*, älter *ę-we*, und *pieu* aus *palus*, älter *pęl* (aber das *ie* weist doch auf *ę*, am einfachsten aber deutet man *pieu* als Angleichung an *épieu]*[2]), auf die Reimbindung von *ere* (satzunbetonte Form von *erat*, während *iere* die satzbetonte ist, aber wenn *ere* im Reime steht, muss es doch satzbetont sein, und folglich darf man glauben, dass *e = ę* war); endlich macht *Meyer-Lübke* geltend, dass *e* aus *a* reime mit dem *e* lateinischer Worte (z. B. *truvé: tempore* Cumpoz 751), denn das lat. *e* sei geschlossen gesprochen worden, aber ist dies für das Mittelalter wirklich zu beweisen?

Wo im Frz. lat. *a* in freier Silbe geblieben (also nicht zu *e* geworden ist), liegen gelehrte oder entlehnte Worte vor, z. B. *rare, avare, cave* etc. (hierher gehören auch die Adj. auf *-al*), oder es hat Angleichung stattgefunden, z. B. *lave* (f. **lève*) nach *lavons, -ez, -er, -é* etc. Ursprünglich ist *a* nur in *jà* (= *jam*), *esta* (= *stat*), *va* (= *vadit*), *a* (= *habet*); mit dem *a* in der 3. P. Sg. Perf.

---

[1] Die Annahme, dass *i* in *pleine, vaine* (und ebenso in *pain* etc.) Nasalirung andeute, halte ich für durchaus unzulässig.

[2] *Meyer-Lübke*, Gr. I, § 249, erklärt *pieu* ganz anders, aber, wie ich glaube, nicht richtig.

(*trouva*) hat es seine besondere Bewandtniss, welche die Flexions-, nicht die Lautlehre angeht.

Als geschlossene Silbe gilt auch -*age* (wo *g* aus *t[i]c*), daher behauptet sich darin *a* (im Altfr., namentlich im Lothr. und Burg., daneben -*aige*, wo *i*, ebenso wie das *i* in *saint* aus *sañt*, *sanct*, durch den nachfolgenden Palatalen erzeugt worden ist).

Im Altfrz. wird nach palatalem Consonanten (*c*, *ch*, *g*, *ll*, *ñ*), sowie nach einer Silbe, welche ,*i* oder Vocal + *i* (*ai*, *ei*, *ui*, *oi*) enthält, *a* zu *ie*, z. B. *chacier*, *chier*, *mangier*, *merveillier*, *baignier*, *pitié*, *crestiien*, *aidier*, *laiier*, *cuidier*, *aproismier* etc. etc. (das sog. „*Bartsch*'sche" Gesetz, um dessen Klarlegung übrigens nicht nur *Bartsch*, sondern namentlich auch *Mussafia* und *W. Förster* sich verdient gemacht haben). Im späteren Verlaufe der Sprachentwickelung ist (ausgenommen *pitié*, *moitié*, *amitié*, *chien*) *ie* wieder zu *e* vereinfacht worden. -*iee* wird altfrz. zu *ie* (wohl *íe* zu betonen), z. B. *cadunt* = *chieent*, *chient*, *maisnie* f. *maisniee*.

a mit nachfolgendem, durch Vocalisation eines gedeckten *l* (*ł*), selten *g*, entstandenen *u* hat sich zu (ao) *ǫ* entwickelt, z. B. *val[e]t* = *vaut*, *cal[i]dus* = *chaud*, *sagma* = *saume*, *somme*, *smaragdus* = *émeraud* (vielleicht auch **fantagma* [für *phantasma*] = *fantôme*).

Auffällige Entwickelungen zeigen: das Suffix -*ārius* = ital. -*ieri*, -*iere* (aus **-aerī* f. -*aerii* aus -*ariu*) und -*ajo* (aus -*ariō*), frz. -*ier* (aus **-aerī*) und -*aire* (aus -*ario*) [*vair* = **varus?*][1]), **adcapto* = *achète* statt **achat(te)*, vgl. das Sbst. *achat* (das Vb. wurde von den Verben auf -*eter* angezogen); *aqua* = frz. *eue*, *eaue*, *eau* (das *a* und der Abfall des auslautenden *e* aus *a* sind noch nicht genügend erklärt); ferner frz. *cérise*, prov. *cereisa*, ital. *ciliegia*, rum. *ciriasă*, *cirașă*, span. *cereza*, ptg. *cerega* (die Grundform scheint **cerẹsea* f. **cerasea*, das in sard. *kerasa* und auch sonst in ital. Mundarten fortlebt, zu sein, der Wandel von *a* zu *ẹ* auf Umlaut zu beruhen); unerklärt (wenigstens nicht befriedigend erklärt) sind bis jetzt ital. *allegro*, altfrz. *aliegre*, *halaigre* (= **alécrem* für *álacrem?*) und ital. *getto*, frz. *jette*, dessen Entwickelung aus *jacto* nicht recht denkbar ist (vgl. *tracto* = *tratto*, *traite*).

Vgl. *Meyer-Lübke*, Gr. I 193.

i) Lateinisches *au*.

α) *au* ist erhalten im Sardischen, im Sicil., im Engad., im Altprov., im Rumän., z. B. *laudat* = engad. *laud*, altprov. *lauza*, rum. *laudă*. — *β*) *au* ist zu *ou* geworden im Neuprov. (ausgenommen das Béarnische) und im

---

[1]) Vgl. *Körting*, Ztschr. f. frz. Spr. u. Lit. XVII[1] 197; *Zimmermann*, Geschichte des Suffixes -*ārius* in den roman. Spr. Heidelberg 1895 (Diss., Druckort Darmstadt); *Morf*, Herrig's Archiv, Bd. 94; *Bianchi*, Arch. glott. XIII, 141.

Portug., indessen ist es in den nördlichen Mundarten desselben zu *o* vorgeschritten, z. B. *laudat* = ptg. *louva* (*lova*). — γ) *au* ist zu *u* geworden (wohl über *ou*) im Ost- und Südostfrz. — δ) *au* ist zu *o* (ursprünglich und zum Theil noch jetzt *ǫ*) geworden im Ital., Span., Nordfrz., z. B. *laudat* = ital. *loda*, span. *loa*, frz. **loe* (wurde in Angleichung an die flexionsbetonten Formen *loue*); *aurum* = ital. span. *oro*, frz. *or*. Das Oströtische schwankt zwischen *au* und *o*. — ε) *au* + nachtoniges Hiatus-*i* ergiebt *ǫi*, *ǫí*, schliesslich *uá*, z. B. *gaudia* = *joie*, **claustreum* = *cloître*. Ein Sonderfall ist altfrz. *pou* (neufrz. *peu*) aus *pau[c]u* (vgl. *feu*, *jeu* aus *fö[c]u*, *jö[c]u*) neben *poi* = *pauco*.

Vgl. *Meyer-Lübke*, Gr. I. 234.

k) **Nasalvocale.** Silbenauslautender Nasal verbindet sich mit dem ihm vorausgehenden Vocale zu einem Nasalvocale im Französischen und Portugiesischen [1]); im Frz. wird durch die Nasalirung meist auch die Klangbeschaffenheit des Vocals geändert.

α) Geschlossenes (langes) *i* + Nas. (*m, n*) = ptg. nasal. *i*; = frz. nasal. *i* (das im Altfrz. noch mit nichtnasal. *i* assonirt, später (etwa seit Anfang des 16. Jahrh.'s) nasales offenes *e*, z. B *vinum* = *vin*, *vẽ*.

β) Geschlossenes *ū* (woraus frz. *ü*) + Nasal = ptg. nasales *u*, z. B. *unum* = *um*; = frz. nasales *ü*, wo-

---

[1]) Auch in rätischen und gallo-italischen Mundarten. Man wird sagen dürfen, dass die Vocalnasalirung ein Kennzeichen der auf ehemals keltischem Gebiete entstandenen rom. Sprachen (u. des Ptg., ist. Die Entstehung der Nasalirung beruht auf dem Streben nach engster lautlicher Verbindung aufeinander folgender Silben, bezw. Worte; denn wo solches Streben sich geltend macht, da bleibt zur Vollaussprache des Nasals gleichsam keine Zeit, die Sprechenden begnügen sich mit der blossen Andeutung des Nasals, indem sie den Vocal nasal färben. Im Frz. wird innerhalb der Bindung (*en hiver* u. dgl.) der Nasal zwar oft beibehalten, aber der vorausgehende Vocal im Klange ihm angeglichen (wenn in *en hiver* das *e* von *en* als *a* gesprochen wird, so ist das derselbe Vorgang, wie der, vermöge dessen das *o* von *domina* zu *a* wird, *dame*). Sehr beachtenswerth ist, dass in denselben Sprachen, welche Vocalnasalität besitzen, auch Schwund auslautender und inlautender Consonanten in weitem Umfange eingetreten ist, namentlich gedeckter und zwischenvocalischer Consonanten (im Ptg. sogar der Liquiden, z. B. *corona* > *coroa*). Es sind dies Alles Erscheinungen des Legato-Sprechens.

raus später (etwa im Ausgange des 16. Jahrh.'s) offenes nasales *œ*, z. B. *unum* = $\tilde{œ}$.

γ) *e* + Nasal = ptg. nasales *e*, z. B. *bene* = *bem*; frz. *e* (aus *ę* = *ē*, *ĭ*) + Nasal vor Cons. = nasales *a*, z. B. *lingua* = *langue*, *cingulum* = *sangle*, *templum* = *temple*, *sine* vor Cons. = *sans* (das *s* beruht auf Anbildung an *dans*), *in* = *en* (ursprünglich nur vor consonantisch anlautenden Worten, dann ist aber der *a*-Laut auch vor vocalischem Anlaut eingetreten, z. B. *en hiver*), *femina* = *femme* (im Altfrz. mit nasalem *a* gesprochen, im Neufrz. ist die Nasalirung geschwunden, der *a*-Laut aber geblieben; wie *femina* wurde im Altfrz. auch *gemma* behandelt, neufrz. *gemme* ist gel. Wort; gelehrt ist auch *cintrer* aus **cincturare*). In den Verben auf *-eindre* (aus *-ĭngĕre*), denen sich *geindre* aus *gĕmere* anschliesst, wird *e* behandelt wie vor einfachem Nasal. — Frz. *e* vor einfachem Nasal (und in den Verben auf *-eindre* aus *-ĭngˑre*) = *ei*, woraus nasales offenes *e* (gleichlautend mit dem aus *ē* entstandenen), z. B. *plenum* = *plein*, *sĭnum* = *sein* etc.; ebenso ist *ē* vor *n* + Vocal zu *ei* = *ę* geworden[1]), z. B. *plena* = *pleine* (also nicht **ploine*); befremdlich ist *foenum* = *foin* (man sollte **fein* erwarten). Der Wandel des *e* zu nasalem *a* ist übrigens nur im Centralfrz. durchgedrungen, in Mundarten erhielt sich, namentlich vor *n*, nasales *e* in weitem Umfange, besonders im Pic. und Norm. — Im Ital. wird (aus *ĭ* entstandenes) *ę* vor *n* + Guttural oder Palatal wieder zu *i*, z. B. *lingua, cinghia, pingere*.

δ) *o* + Nasal = ptg. nasales *o*, z. B. *nomen* = *nom*, *bŏnus* = *bom*; in dem Ausgange *-ōnem* und *-[i]ōnem* = *ão* (dumpfes nasales *au*[2])), z. B. *curationem* =

---

[1]) An die von *Meyer-Lübke*, Gr. I, § 391, befürwortete Entstehung des *ę* in *pleine* aus nasalem *e* kann ich nicht glauben: *plē-na* und *fem-[i]na* sind ganz verschiedene Fälle, da in *plena* die erste Silbe offen ist, in *fem-na* aber auf Nasal auslautet; *bonne* beweist nichts, da altfrz. auch *bone* ganz üblich ist, ebenso verhält es sich mit *pomme*.

[2]) Vgl. *Vianna*, Exposição da pronuncia normal portuguesa (in den Berichten der Sociedade de geographia de Lisboa 1892) p. 53: „Com a

curação, condicionem = condição — *ō* und *ŏ* + (freier oder gedeckter) Nasal = frz. nasales *o*, z. B. *nōmen = nom, numerus = nombre, rationem = raison, hŏmo = on, bŏnum = bon* (aber *bo[n]ne* mit oralem *o*, weil *bǒ-na*, vgl. S. 386 Anm.[1]); *ǫ* + palatales *n* ergiebt nasales *oę*, z. B. *jŭng[è]re = joindre, *pŭnctum = point, cŭneum = coin*. In den westfrz. Mundarten wird *ǫ* + *n* zu *un*, im Anglonorm. zu *un* u. *oun*. — Im Ital. wird *ǫ* aus *u* vor *n* + Palatal zu *u*, z. B. *pungere, pugno*; das gleiche ist geschehen in *dōnique = dunque* und *lŏngus = lungo*. Im Rumän. wird *o* vor *n*, *n* + Cons. *m* + Cons. (nicht jedoch vor *mń*) zu *u*, z. B. *bonum = bun, ponit = pune, pavonem = pòun* (aber *pomum = pom*.)

ε) Frz. *ię* + Nasal = gleich nasales *ię*, z. B. *bien* und dergl. (auch *rēm*, **rèm* [in satztonloser Stellung] = *rien*). Im Prov. und in südostfrz. Mundart tritt in solcher Stellung *ę* statt *ę* ein, z. B. prov. *be[n]*, *re[n]*.

ζ) *a* + Nasal = ptg. nasales *a*, z. B. *lana = lã(a)*; *a* + Nasal + tonloses *u* = ptg. *ão*, z. B. *germanus = irmão, manus = mão*. — *a* + einfacher Nasal = frz. nasales offenes *e* (wie das aus *i* + Nas. entstandene), z. B. *panem = pain, manum = main*; *a* + gedeckter Nasal = nasales *a*, z. B. *grand, amant, plante*; (im Anglonorm. wurde *a* in dieser Stellung zu nasal. *o*, geschrieben meist *au*, verdumpft, z. B. *graund, chaunce*).

B. Die nicht-hochbetonten Vocale. Die nicht-hochbetonten lateinischen Vocale besassen ursprünglich die gleichen (Quantitäten und) Klangarten, wie die hochbetonten (es wurden auch nicht-hochbetontes *i, e, o, u* [entweder lang oder kurz und] entweder geschlossen oder offen gesprochen). Da nun für die lautliche Entwickelung neben dem Hochton vor allem der Klang (die Qualität) maassgebend gewesen ist,

---

semivogal *u*, nasalizada, procedida de *ã* forma-se o ditongo *ãu*, escrito *ão* como en *mão, ouregão*, o *am* nas terminações atonas de verbos, como *amam* etc.

so könnte man erwarten, dass die nicht-hochbetonten Vocale die gleiche Entwickelung durchgemacht hätten, wie die hochbetonten. Es wird jedoch diese Erwartung nur in geringem Umfange bestätigt und noch dazu zum Theile nur scheinbar, da häufig die betreffenden Fälle aus analogischer Anbildung zu erklären sind, wie z. B. das *ai* in *aimer* (für *amer*) oder das *oi* in *voyons* (für *veons*) auf Angleichung an *aime* etc. beruht. Zwei Ursachen sind es, aus denen es sich erklärt, dass die Entwickelung der nicht-hochbetonten Vocale vielfach eine andere gewesen ist, als diejenigen der hochbetonten. Erstlich ist anzunehmen, dass der Hóchton an sich (neben dem Klange) die von ihm getroffenen Vocale wesentlich beeinflusste, und dass folglich die nicht-hochbetonten Vocale schon eben ihrer Nicht-hochtonigkeit wegen nicht in dem gleichen Maasse zu gewissen Entwickelungen (so namentlich zur Diphthongirung) vorbeanlagt waren, wie die hochbetonten. Sodann aber erlangte, seitdem die Quantität kein Gegengewicht mehr bildete, die Hochtonsilbe ein derartiges Uebergewicht über die nicht-hochtonigen Silben, dass diese letzteren, beziehentlich ihre Vocale, vielfach verkümmerten, d. h. in ihrem Klange sich abschwächten (namentlich was die Scheidung zwischen geschlossenem und offenem Klang anbetrifft) oder verdumpften [1]) oder auch völlig schwanden. Wie leicht begreiflich, bestehen in Bezug auf das Schicksal der nicht-hochbetonten Silben erhebliche Verschiedenheiten zwischen den romanischen Einzelsprachen. In denjenigen Sprachen, welche Proparoxytona beibehielten (so namentlich das Ital. und Span.), haben die nicht hochbetonten Silben ziemlich zahlreich sich zu behaupten vermocht, während sie in den Sprachen, welche die Proparoxytona in Paroxytona (und die Paroxytona in Oxytona) umwandelten — es ist dies namentlich im Frz. geschehen (übrigens scheint der Vorgang bereits im Volkslatein begonnen zu haben [*frigdus*, *virdis* für *frigidus*, *viridis* und dergl.]) —, massenhaft erdrückt oder abgeworfen worden sind (vgl. z. B. *cólloco* und *couch*[e], *collocámus* und *couchons*, *fábrica* und *forge*, *tégula*

---

[1]) Man vgl. z. B. *audire* und ital. *udire*, *augustus* und ital. *agosto*, frz. *août*, *finire* und altfrz. *fenir*, *primarius* und frz. *premier*, *imperatorem* und altfrz. *empereor*, **quiritare* und ital. *gridare*, frz. *crier*, **corrotulare* und frz. *crouler*.

und *tuile* etc. etc., *servum* und *serf*, *frigidum* und *froid*, *consilium* und *conseil* etc. etc.). Besonders die unmittelbar vor und mehr noch die unmittelbar nach der Hochtonsilbe stehenden Vocale waren dem Schwunde ausgesetzt.

Auslautendes tonloses *a* ist in weitestem Umfange und in den meisten Sprachen unverändert erhalten, so namentlich als Nominalendung (Sing. der 1. Decl., z. B. *rosa*, Pl. der Neutra, z. B. *brachia* = ital. *braccia*) und als Ausgang (nach geschwundenem *t*) in der 3 P. Sg. Präs. (*amat* = ital. *ama*, *credat* = ital. *creda*). Im Neuprov. ist *a* zu *o* verdumpft. Im Frz. wird tonloses *a* im Auslaut stets zu *e* geschwächt (*rosa* = *rose*), welches *e* im Neufrz., wenigstens in der Umgangssprache, verstummt ist, falls es nicht als Stützvocal dient (*chère* = *cher'*, aber *table*), ein Vorgang, der die Zahl der Paroxytona stark herabgemindert hat; alter Abfall des *a* hat stattgefunden in *or* (= *ha[c]hora*) und seinen Compositis (*alor-s*, *lor-s*, *encor* neben *encore*), ebenso, aber erst in neuerer Zeit, in *eau* aus *eaue*. Auch inlautendes tonl. *a* ist meist erhalten, im Frz. als *e*, doch fehlen Fälle des Schwundes nicht, so frz. *serment* aus *sacramentum*, *mostier* aus *monasterium*. Tonloses *a* (ebenso tonloses *e*), welches durch Wegfall eines nachfolgenden Cons. im Hiatus zu stehen kam, erhielt sich im Altfrz., ist aber später mit dem nachfolgenden Vocale verschmolzen, z. B. *emperëor* > *empereur*, *armëure* (aus *arma[t]ura*) > *armure*, *sëur* (aus *se[c]urum*) > *sûr*, *vëu* (aus *vīdū[t]u[m]*) > *vu*. Dadurch sind zahlreiche frz. Worte um je eine Silbe gekürzt worden. Es ist dies ein für das Frz. geradezu kennzeichnender Vorgang, denn in den übrigen Sprachen ist Schwund des zwischenvocal. Cons. selten, und wenn er erfolgt, findet Vocalzusammenziehung nicht statt (z. B. **A[g]usta* > it. *Aosta*, *rivus* = span. *rio*). — Der Ausgang *-ās* ist theils > *-as*, theils > *-es* (ersteres z. B. im Span., Ptg. und Prov., letzteres z. B. im Catal. und Frz.). Im Ital. scheint *-as* durch Einwirkung eines vor dem *s* entstandenen *i* zu *e* oder *i* geworden zu sein, z. B. *amas* über **ama-i-[s]* zu *ami*, *rosas* über **rosa-i-[s]* zu *rose* (dem entsprechend vielleicht auch *amicos* über *amico-i-[s]* zu *amici*); indessen lässt sich die naheliegende Annahme, dass *ama[s]* nach *senti[s]* zu *ami* umgebildet sei, und dass in *rose, amici* der Nom. Pl. vorliege, nicht abweisen, ja scheint die Wahrscheinlichkeit für sich zu haben.

Der Ausgang *o* ist als Nominalendung (*servo*) und als Endung der 1. P. Sg. Präs. (*canto*) im Ital., Span., Ptg. und Rum. erhalten, im Ptg. und Rum. ist jedoch *o* zu *u* verdumpft; in der letzteren Sprache hat sich das *u* übrigens nur nach Cons. + *r* oder *l* sowie (wenigstens in der Schrift) nach Vocalen behauptet (z. B. *socru* = *soc*[*e*]*ru*[*m*], *ochiŭ* = *oculum*, aber *cal* = *caballum*). In den nordwestl. Sprachen, namentlich im Frz., verbleibt *o*, und zwar in der Schwächung *e*, nur dann, wenn die vorausgehende Consonanz eines Stützvocales bedarf, so nach muta cum liquida, nach *mn*, nach *rl*, nach Palatal (ausgenommen palat. *l* und *n*, welches letztere im Auslaut entpalatalisirt wird, z. B. *juin* aus *juñ-*), z. B. *peuple, tremble, homme* [aus *hominem*, *on* aus *homo*], *assomme, parle, cache, tâche, venge, sage* (NB. in *je donne* etc. beruht *e* auf Angleichung, *monde* für *mont* ist halbgel. Bildung; ausserdem beharrt *o* als *u* in einigen Substantiven und Adjectiven, in denen vor *u* zwischenvocalischer Consonant schwand oder dem *u* ein Vocal vorausging, so in *lŭ*[*p*]*u, fŏ*[*c*]*u, jŏ*[*c*]*u, lŏ*[*c*]*u, pau*[*c*]*u, grae*[*c*]*u, cae*[*c*]*u, Deus* etc. = *lou*[*p*], *fou : feu, jou : jeu, lou : leu, lieu, pou : peu, grieu, cieu, dieu* etc. Einen besonderen Fall stellen Worte dar, wie *tiede* aus *tĕpidum, coude* aus *cubitum* und dergl., hier beruht das *e* auf der ursprünglichen Proparoxytonirung. In Bezug auf die Erhaltung oder den Abfall des auslautenden tonlosen *e* und *i* findet im Wesentlichen dieselbe Zweitheilung der Sprachen statt, wie bei *o* (*u*). Nur ist hier die Neigung zum Abfall verbreiteter. So schwindet im Span. *e* nach *l, r, n, d, s, z* (d. h. *c* nach Vocal), z. B. *vil, amar, corazon, verdad, pais, haz* (= *facem*), *paz* (= *pacem*) etc. etc. Ebenso verhält es sich im Portg., nur dass dort das *e* nach *d* beharrt. Im Ital. kann *e* im Satzinnern in bestimmten Fällen schwinden (*amar* für *amare*, unmöglich aber ist z. B. *mont* für *monte*).

Aus den obigen kurzen Andeutungen ergibt sich, dass die südwestlichen und östlichen Sprachen – das Rumänische allerdings nur mit starker Einschränkung — einen noch verhältnissmässig reichen vocalischen Auslaut besitzen, während das Prov. auf -*a* (jetzt *o*) und -*e* beschränkt ist, das Französische sogar nur auf *e*, welches überdies, wo es nicht aus *a* hervorging, nur da auftritt, wo ein Stützvocal erforderlich war. Daraus folgt, dass das Französische, ehe in ihm die Verstummung der auslautenden Consonanten einriss und dadurch, wenigstens vor consonantischem Anlaut, wieder Vocale in den Auslaut traten (z. B. *sept*[*em*] > *sẹt*, > *sẹ*), vorwiegend consonantischen Auslaut besessen hat, welcher freilich, wenn er nasal war, frühzeitig nasalvocalisch wurde.

Nicht erst der Bemerkung bedarf es, in welch' hohem Maasse die Verschiedenheit des Auslautes beiträgt zu dem verschiedenen Gesammtklange der Einzelsprachen.

5. Consonantismus. Die Entwickelung des lat Consonantismus im Romanischen zeigt in nicht minderem Grade, wie diejenige des Vocalismus, einen vielgestaltigen Wandel, dessen Ergebniss für jede Einzelsprache eine stattliche Vermehrung des Lautbestandes gewesen ist[1]). Die bewegenden Kräfte für den Consonantenwandel waren namentlich das Streben nach Erleichterung solcher Consonantenverbindungen, welche aus ungleichartigen Elementen bestanden, sei es durch Assimilation (z. B. *tracto* > ital. *tratto*) oder durch Vocalisirung des ersten Bestandtheils (z. B. *tracto* > frz. *trait-e*)[2]) oder durch gänzliche Beseitigung eines Bestandtheils (z. B. *tracto* > span. *trato*; die Unterdrückung des gedeckten *s* im Frz.)[3]) oder endlich durch Zwischenschiebung eines vermitteln-

---

[1]) Hervorzuheben ist namentlich, dass das Romanische zahlreiche Laute besitzt, die dem Lat. völlig fremd waren, z. B. *č* (im Ital. Sp. Ptg.), sp. *j*, altfrz. *ł*.

[2]) Vocalisirt können werden *c*, *g*, *j* (vor Cons. und im Auslaut) zu *i* (*factum* > frz. *fait*, *frig*[*i*]*dus* > frz. *froid*, *majus* > frz. *mai*, *magis* > frz. *mais*, *regem* > frz. *rei*, span. *rey*); *p*, *b*, *v* vor Cons. zu *u* (*captivus* > span. *cautivo*, *debita* > span. *deuda*, *parab*[*o*]*la* > prov. *paraula*, frz. *parole*, *tab u la* > frz. **taule*, *tôle*, *fabr*[*i*]*ca* > frz. **faurge*, *forge*); gedecktes velares *l* (*ł*) zu *au*, z. B. *bellus* > altfrz. *bєał-s* (das *a* wird durch das *ł* erzeugt), *bєau-s* (dann analogisch auch im Cas. obl. *beau*). Andere Fälle der Vocalisirung treten nur vereinzelt auf, so z. B. *g* vor Cons. > *u*, z. B. *sagma* > frz. **saume*, *somme*. Mitunter liegt nur versteckte Vocalisirung vor, so z. B. in frz. *chétif* aus **chaitif* (das *i* ist nicht etwa aus dem *p* in *captivus* entstanden, sondern aus dem *c* eines kelt. *cact-*). In manchen Fällen kann man zweifeln, ob Vocalisirung oder ein anderer Vorgang stattfand, z. B. ob frz. *clou* aus *clav-* oder (wie wahrscheinlicher) aus *cla*[*v*]*u* (vgl. *lu*[*p*]*u* > *lou*), ob frz. *faire* aus *fac*[*e*]*re* oder aus **fajere* (oder gar Neubildung?), *plaid* aus *plac*[*i*]*tum* (vgl. *factum* > *fait*) oder aus **plajit* u. dgl.

[3]) Auch geminirte Consonanz wird vielfach vereinfacht, so zwischenvocalisch meist im Span. (ausgenommen ist namentlich *ll*, das palatal wird), auslautend stets im Frz. (z. B. *siccus* > *sec*, **tottus* > *tout*, **muttum* > *mot*, *bellus* > *bel*).

den Consonanten (z. B. *cĭn[e]rem* > ital. frz. *cendre*, *vinc[e]re* >
altfrz. *veintre*). Ferner bethätigte sich, namentlich im Französischen, die Neigung eine zwei Vocale trennende Muta ab-
zuschwächen, indem Tenuis zur Media, Media zur Spirans
verschoben wurde (die romanische Lautverschiebung) [1]), z. B.
**sapĕre* > *saber* > *saveir*, *pacare* > frz. *pagare* > frz. *pęjer*
(*payer*). Die Verschiebung ist vielfach bis zur Ausstossung gesteigert worden, z. B. *sagitta* > ital. *saetta*, frz. *saette*, span.
saeta, *amata* > frz. *amepe* (vgl. oben S. 372) > *amede* > *amee*
(*aimée*), *vidĕre* > frz. *ve[d]oir audıre* > *ou[d]ïr*). — Endlich
aber hat sich in gewaltigem Umfange als wirksam erwiesen
die Einwirkung eines *j* — sei es, dass es bereits im Lateinischen als tonloses Hiatus-*i* (*e*) vorhanden war (z. B. in *medius*),
oder dass es aus Palatalen entstand (z. B. in *viatje* aus *viaticum*),
oder parasitisch einem Consonanten sich anfügte (z. B. in
kjamp, *tjamp* = frz. *champ* aus *campu-*). Dieses *j* hat im
lateinischen Consonantismus die ungeheuersten Verheerungen
angerichtet, indem es Consonanten zersetzt, zerquetscht und
zerstört hat, einem Schmarotzer vergleichbar, welcher den
Organismus, in welchem er sich eingenistet hat, allgemach
untergräbt. Von einem anderen Standpunkte der Betrachtung
aus kann man freilich mit ebenso gutem Rechte sagen, dass
dieses *j* als ein treibender und befruchtender Gährstoff sich bethätigt hat, unter dessen Einwirkung neue Laute in üppiger
Fülle emporschossen, eine sehr erhebliche Umschaffung des
alten Consonantismus in eine neue Form oder vielmehr in
neue Formen sich vollzog [2]). —

------

[1]) Verschiebung anlautender Mutae ist sehr selten, z. B. *conflare* >
gonfiare, *colpus* (κόλπος) > *golfe*. Auslautende Media wird im Frz. regelmässig zur Tenuis (*b*, *v* zu *f*) verschoben, z. B. *viridem* > *vert*, *frigidum* >
froit (*froid* etymologisirende Schreibung), *trab-em* >   , *nav-em* > *nef*.
Abgesehen von Verschiebung und Palatalisirung ist Consonantenwechsel
selten (so z. B. Wechsel der Liquidae in *anima* > *arma*, *alma*, *titulus*
> frz. *titre*, *pampinus* > frz. *pampre* u. dgl.).

[2]) Auch in mancher anderen Sprache spielte der *j*-Laut eine sehr bedeutsame Rolle für die Lautentwickelung, so z. B. im Griechischen,
namentlich aber im Slavischen. Uebrigens vermag *j* (*i*), indem es den
sog. „Umlaut" bewirkt, auch den Vocalismus einer Sprache in weitem
Umfange umzugestalten, wie dies z. B. im Germanischen geschehen ist.
Im Romanischen findet sich (abgesehen vom Rumänischen) Umlaut nur
gleichsam ansatzweise und gelegentlich (z. B. *veni* > frz. *vin-s*, **totti* >
altfrz. *tuit*), namentlich in der Pluralbildung der *o*-Stämme (*murus*, Pl.
muri) in gewissen ital. Mundarten. Im Volkslatein scheint das aus *iu*
(= *iu*[s] und -*iu*[m]) entstandene *ī* umlautend gewirkt zu haben, z. B.

Es mögen zunächst einige Bemerkungen über die einzelnen Fälle der Palatalisirung und Assimilirung folgen:

α) Lat. *c* besass ausschliesslich die Geltung der tonlosen sog. gutturalen Explosiva (*k*) ebenso vor hellen wie vor dunkeln Vocalen (also z. B. *centum* = *kentum*). Dieser Zustand blieb nur in der logudoresischen Mundart des Sardischen (und annähernd auch im Albanesischen) unverändert, z. B. *centum* = log. *kentu*, alb. *k'int*. In allen übrigen romanischen Sprachen hat *c* nur vor dunkeln Vocalen den *k*-Laut bewahrt (jedoch im Frz. *c* + *a* = *cha*), vor hellen Vocalen (*e, i, ae, oe,* bezw. den damit anlautenden Diphthongen) ist *c* entweder palatalisirt oder assibilirt worden, nämlich: im Ital. zu *tš*, geschr. *c* (vor dunkeln Vocalen *ci*), z. B. *caelum* = *cielo*), ebenso im Rätischen und Rumänischen (z. B. *caelum* = rum. *cier*, engad. *čil*); im Span. zu *ϸ*, d. h. tonlose dentale Spirans (engl. *th*, geschr. *c*), z. B. *caelum* = *cielo*; im Ptg., Cat., Prov. und Frz. zu scharfem *s* (*sz*), geschr. *c*, bezw. *ç*, z. B. *caelum* = ptg. *céo*, prov. *cel*, frz. *ciel* (im Picard. erscheint statt *ç* das palatale *ch*, z. B. *Franche, merchi*). Den Anstoss zu dieser Lautentwickelung gab vermuthlich ein parasitischer *j*-Laut, der sich dem *k* anhing und zunächst dessen Verschiebung zu *t* veranlasste (*k* > *kj* > *tj* > *tj*, woraus *tš* und *ç*)[1]).

Im Frz. (ausg. das Picard.) wird *c* vor *a* — und zwar gleichgültig, ob dasselbe *a* geblieben ist oder anderen Lautwerth angenommen hat — zu *ch* (ursprünglich vermuthlich = *tš*, später = *š*) palatalisirt, z. B. *cantare* >

-*āriu* > -*ārī* > -*aeri* = *eri*, woraus ital. -*ieri*, -*iere*, frz. -*ier*. Vgl. oben p. 383 (besonders die Anm.). — Häufig ist im Romanischen der Eintritt des tonlosen Hiatus-*i* (-*e*) in die Stammsilbe, vgl. z. B. *cŭpreum* > frz. *cuivre*.

[1]) Wie lat. *c* entwickelt sich auch *ch* (griech. *χ*) in denjenigen griechischen Worten, welche bereits im Latein volksthümlich geworden waren; in gel. Worten wird es vom Ital. und Span. meist als *k*, vom Frz. als Palatal (*š*, geschr. *ch*) aufgefasst, z. B. *χίμαιρα chimaera* = ital. *chimera*, span. *quimera*, frz. *chimère*. — Lat. *brachium* = ital. *braccio*, span. *brazo*, ptg. *braço*, prov. *bratz*, frz. *bras* (*brasse* = *brachia*), rumän. *braţ*. — Dagegen ist *qu* = *kŭ* mit wenigen Ausnahmen (von denen das zu *cinque* und *cinquanta* dissimilirte *quinque* und *quinquáginta* die wichtigsten sind) stets auch vor hellen Vocalen guttural geblieben. Im Frz. ist der Guttural inlautend geschwunden (*aqua* > *ewe*, **sequĕre* > *sieivre, sirre, suivre; aequal-* > altfrz. *iwal*). Im Ital. ist *qu* erhalten.

chanter, cara > *chère, causa* > *chose;* frz. Worte, welche *c* vor *a* zeigen (wie *cave, camp, carcasse* etc.), sind durchweg entweder Lehnworte (aus dem Ital., Pro etc.) oder gelehrte Worte.

β) Lat *g* scheint vor *e* und *i* im Volkslat. zu *j* verschoben worden zu sein. Dies *j* hat sich erhalten im Sard., Sicil., und Südital.; im Span. hat es sich zu dem Hauchlaute ʿ*h* entwickelt (z. B. *germanus* > *hermano*), der jedoch in der neueren Sprache wieder fast geschwunden ist; (Worte wie *gente* f. *yente,* **hente* sind gelehrt). In den übrigen Sprachen ist *j* aus *g* zu *dž* palatalisirt worden, woraus im Ptg., Prov. und Frz. *ž* entstand (z. B. *generum* > ital. *genero,* rum. *ginere,* engad. *gendre,* frz. *gendre;* ptg. *genro;* abweichende Entwickelung zeigt im Ptg. *irmão* aus *germanus*). In einzelnen Mundarten (Südostfrankreich, Genua, Lombardei, Venedig, Macedonien) ist *j* aus *g* zu *dz* assibilirt (*generum* > venez. *dzenero*). Wie *j* aus *g,* wird auch behandelt das anlautende *di* = *dj* in *diurnum* (= *giorno, our* etc., jedoch span. *jornada,* wo *j* gutturale Spirans), sowie *z* in *zelosus* (= *geloso, jaloux*).

Im Frz. wird *g* vor *a* — sei es erhaltenem oder in einen anderen Laut übergegangenem — zu *ž,* geschr. *j,* palatalisirt, z. B. *gálbanum* = *jaune, gaudia* = *joie, gabata* = *joue.*

Sonst bleibt *g* vor *a,* überall aber vor *o* und *u* tönende sog. gutturale Explosiva.

γ) Lat. *j* wird vor allen (also auch vor dunkeln) Vocalen im Allgemeinen in derselben Weise palatalisirt, wie *g.* Im Span. verbleibt *j* theils als *j* (geschr. *y*), theils (namentl. vor tonlosem *a,* vor *u* und vor *ue*) entwickelt es sich, freilich in sehr mittelbarer Weise, zur gutturalen Spirans, d. h. zum Laute des deutschen *ch* in *doch,* z. B. *jovis* > *jueves, júvenem* > *jóven* (doch sind mancherlei Ausnahmen vorhanden, zum Theil freilich, wie *yusto,* nur gelehrte Worte).

δ) Lat. *s* wird in südostfrz., rätischen und ital. Mundarten (so z. B. im Venez.) zu *š* palatalisirt. In den Schriftsprachen findet sich Wandel von *s* > *š* (ebenso auch der von *s* > *z*) nur gelegentlich. Schriftital. *š* für *s* (z. B. in

scimmia f. *simia*) beruht auf *s* + *i* (bezw. *e*) oder auf
ex + Vocal (z. B. *escire* aus *exire*, *sciagura* aus **exa*[*g*]*urium*).

ε) *m* + tonl. Hiatus-*i*[1]) = frz. *ng*, z. B. *vindemia* = *ven-
dange*; = sicil. *ñ*, z. B. *vindemia* = *vinniña*; im Rum.
und Ptg. tritt *i* in die Vorsilbe, z. B. *vindemia* = ptg.
vindima; im Ital. wird *m* vor *i* verdoppelt, z. B. *simia* =
scimmia. Sonst bleibt *m* + *i*.

p + tonl. H.-*i* = prov. *pch*, z. B. *sepia* = *sepcha*
(im Auslaut beharrt *pi*, z. B. *apium* = *api*); frz. = *ch*,
z. B. *sepia* = *sèche*; engad. *č*, z. B. *sepia* = *seča*; im
Span. schwindet *i* oft, nachdem es den Vocal der Stammsilbe erhöht hat, z. B. *sepia* = *jibia*, *sapiat* = *sepa*; im
Ital. wird *p* vor *i* verdoppelt, z. B. *sepia* = *seppia*.

b + tonl. H.-*i* = span. *bi*, z. B. *rabies* = *rabia*;
engad. *bǧ*, z. B. *rabies* = *rabǧa*; frz. (und nordprov.) *dž*,
woraus *ž*, geschr. *g*, z. B. *rabies* = *rage*; im Rumän.,
Friaul. und Ptg. tritt *i* in die Stammsilbe, z. B. *habeat* =
rum. *aibă*; *rabies* = ptg. *raiva*; im Ital. wird *b* verdoppelt, z. B. *rabies* = *rabbia*.

Im Wesentlichen ebenso, wie *b* + *i*, wird vortoniges
v + tonl. H.-*i* behandelt, z. B. *cavea* = frz. *cage*, span.
gavia, ptg. *gaiva*, ital. *gabbia*.

ζ) Lat. nachtoniges *t* + tonl. H.-*i* = sard. *tt*, ital. *zz*, rum.
ț, engad. *ts*, prov. frz. scharfes *s* (*ç*), span. *z*, ptg. *ç*, z. B.
puteus = sard. *puttu*, ital. *pozzo*, rum. *puț*, engad. *puts*,
frz. *pui*(*t*)*s*, span. *pozo*, ptg. *poço*; **nuptia* und *nuptiae, -as* =
sard. *nunta*, ital. *nozze*, rum. *nunți*, frz. *noces*. — Lat.
vortoniges *t* + tonl. H.-*i* = ital. *ǧ* (in gel. Worten *z* + *i*),
z. B. *ratiónem* = *ragione* (aber *natiónem* = *nazione*);
rum. *ș*; span., ptg., prov., cat. *z* (bezw. *s*): *razon, ração,
razo-s* (*raso-s*); frz. *is* (also Eintritt des *i* in die Stammsilbe nach vollzogener Assibilirung des *t*): *raison*.

Geht dem *t* + *i* ein Consonant voran, so entwickelt
sich scharfer Quetsch-, bezw. Zischlaut im Ital. und Frz,
im Span. aber die Spirans *z*, z. B. **captiare* = ital.
cacciare, frz. *chasser*, span. *cazar*.

---

[1]) Gleichwerthig und gleichwirksam mit diesem *i* ist tonloses
Hiatus-*e*.

Die Entwickelung vom lat. *k* (*c*) + tonl. H.-*i* fällt mit der von *t* + *i* meistentheils zusammen, weil *kj* zunächst in *tj* umsprang; bemerkenswerth ist, dass *k* + *i* im Ital. *čč* ergibt (*faciem* = ital. *faccia*, rum. *faţă*, engad. *fača*, prov. *faz*, span. *haz* [daneben *hácia* = **faciam*], ptg. *face*). Abweichungen finden sich indessen mannigfach.

Lat. nachtoniges *d* + tonl. H.-*i* (ebenso *g* + ton. H.-*i*) = ital. *ǧ*, sicil. *y*, rät. rum. (*dz*) *z*, prov. (*ǧ*, *ž*), *i*, frz. *i*, span. *y*, ptg. *i*, *j*, z. B. *radius* = ital. *raggio*, sicil. *rayu*, rum. *razu*, prov. frz. *rai*, span. *rayo*, ptg. *raio* (dagegen z. B. *invidia* = *enveja*). — Vortoniges *d* + *i* ergibt rum. *ž* (geschr. *j*), ital. *j*, ptg. *ǧ*, geschr. *j*, frz. *y*, z. B. *mediolócu* = rum. *mijloc* (vgl. frz. *milieu*, wo *mi* = *miei*), **disradiare* = ital. *sdrajare*, *radiare* = ptg. *rajar*, frz. *räyer*.

Im Rumänischen wird *t* auch vor *e* und *ie* zu *ts*, geschr. *ţ*, palatalisirt, ebenso *d* zu (*dz*) *z*, z. B. *terra* = *ţara*, *decem* = *zece*.

Lat. nachtoniges *s* + tonl. H.-*i* = ital., rum., ptg. *š*, *ž*, in den übrigen Schriftsprachen tritt *i* in die Tonsilbe ein, z. B. *basium* = ital. *bascio* (mundartlich daneben *bacio*), ptg. *beijo*, 'span. *beso*, prov. frz. **bais*, vgl. das Vb. *baiser*; **cerasea* = rum. *cireaşă*, vgl. oben S. 384. — Vortoniges *s* + *i* = ital. *ǧ*, ptg. *j*, z. B. **presionem* = ital. *prigione*, *occasionem* = ital. *cagione*, ptg. *cajão* (häufig ist im Ptg. *s* erhalten, zumal in halbgel. oder entlehnten Worten, z. B. *prisão*); im Span. schwindet *i* (*preson*), ausser in gel. Worten (*ocasion*); im Frz. tritt *i* in die Vorsilbe und erhöht den Vocal derselben oder bildet mit ihm einen Diphthong, bezw. Mischlaut, z. B. **presionem* = *prison*, **ma[n]sionem* = *maison*.

η) Lat. nach- und vortoniges *n* + tonl. H.-*i* = roman. palat. *n* (*ñ*, *ni*, *nh*, *gn* geschr.), woraus im Sard. *dz*, im Rum. *i* sich entwickelt, z. B. *vinea* = ital. *vigna*, sard. *bindza*, rum. *viie*, engad. *vinia*, prov. *vinha*, frz. *vigne* (in einzelnen frz. Worten *n* + *i*, bezw. *e*, = [*n*]*ž*, z. B. *linea* = *linge*, *granea* = *grange*, *extraneus* = *étrange*, *lanea* = *lange*), span. *viña*, ptg. *vinha*. Im Frz. wird auslautendes oder in gedeckter Stellung stehendes palatales *n* wieder ent-

palatalisirt, nachdem es in der Vorsilbe ein *i* erzeugt hat;
dieses entpalatalisirte *n* verschmilzt sodann mit dem ihm
vorangehenden Vocale zu einem Nasalvocal, z. B. *cŭneum*
> **coñ* > **coiñ* > *coin* > *coę* (nasal), *frang[ĕ]re* >
**frañre* > **fraiñ-d-re* > *fraindre*, wo *ain* = nasales *ę*.

Lat. nach- und vortoniges *l* + tonl. H.-*i* = roman.
palatales *l* (geschr. *lh, il, ll*), nur im Südsard. ist *l* + *i*
= *z*, z. B. *filia* = ital. *figlia*, sard. *fiza*, sicil. *figgya*,
rum. *fiie*, engad. *filʻa*, prov. *filha*, frz. *fille*, span. *hija*,
ptg. *filha*. Mehrfach hat Weiterentwickelung des palatalen
l-Lautes stattgefunden; am bemerkenswerthesten ist der
Schwund des *l*-Bestandtheiles, welcher namentlich im
Rumänischen (z. B. *folia* = *foaie*), im Sicil., im Spanischen (z. B. *folia* = *hoja*) und im Neufranzösischen
(*folia* = *feuille* = *fœjʼ*) erfolgt ist.

Palatales *l* entsteht auch aus *c* + *l*, *g* + *l*, *f* + *l* vor
bet. Vocal im Span. und Ptg.; in der letzteren Sprache
entwickelt sich aus pal. *l* der Quetschlaut *ch*, z. B.
clamare = span. *llamar*, ptg. *chamar*, *flamma* = span.
llama, ptg. *chamma*. Auch sonst werden die Gruppen
cl, gl, pl, bl, fl vielfach palatalisirt. So namentlich im
Ital., wo aber *l* von dem *j*-Element verdrängt wird
(*clarus* = *chiaro*, **glacia* = *ghiaccia*, *planus* = *piano*,
**blasimo* aus **blasphemo* = *biasimo*, *plango* = *piango*,
flamma = *fiamma*, **oc[u]lus* = *occhio*, **vec[u]lus* f. *vetulus*
= *vecchio*, *duplus* = *doppio*, *fib[u]la* = *fibbia* etc.; in den
letzteren Beispielen ist die Doppelung des vorgängigen
Consonanten zu beachten). Im Span., Frz. und Ptg.
werden *cl, gl, pl* inlautend ebenfalls zu palatalem *l*; dasselbe beharrt aber nur im Ptg. (*apicula* = *abelha*), im
Span. und Neufrz. schwindet der *l*-Laut (*apicula* = span.
abeja, neufrz. *abeille*, d. i. *abęj*). Palatalisirung eines
einfachen anlautenden *l* findet sich im Rumänischen[1]).

---

[1]) Noch ein anderer Lautwandel des lat. *l* ist hervorzuheben: *l* in
gedeckter Stellung (also auch auslautendes *l* vor consonantischem Anlaut) wurde im Altfrz. velar (= slav. *ł*) gesprochen und dadurch zur
Vocalisirung in *u* vorbereitet; in der Verbindung *e* + *ll* vollzog sich
dieselbe aber erst oft dann, nachdem *l* ein *a* vor sich erzeugt hatte
(*bel[lo]s*, **castell[o]s* = *bełs beałs beaus*, *chastełs chasteałs chasteaus*, für
-us wurde *x* geschrieben, also *beax* etc., daneben aber auch fälschlich
beaux, zeitweilig sogar *beaulx*; die Schreibung *beaux* ist die herrschende
geworden).

Lat. nach- oder vortoniges *r* + tonl. H.-*i* hat eine palatale Verbindung fast nie ergeben, sondern es ist entweder das *r* geschwunden (z. B. Suffix- *ario*, bezw. *ariŏ* = ital. *-ajo*, vgl. S 383 Anm. u. S. 393 Anm.), oder das *i* ist in die Vorsilbe getreten (z. B. *-toriu* = engad. *-tuir*, frz. *-toir*, *impĕrium* = frz. **empieíre*, *empire*, *area* = engad. *era* aus *aira*, frz. *aire*, so vielleicht auch *primaria* = frz. *primaire*), oder es ist *i* in Wegfall gekommen (z. B. *murea* = rum. *murắ*) oder endlich *r* + *i* ist einfach verblieben (*area* = rum. *arie*).

Durch alle diese massenhaften Palatalisirungen ist in den romanischen Consonantismus — sehr im Gegensatz zu dem Lateinischen — eine bemerkenswerthe Weichheit, ja Weichlichkeit hineingetragen worden, freilich in die verschiedenen Einzelsprachen in sehr verschiedenem Grade. Es haben durch ihren Palatalismus die romanischen Sprachen Klangähnlichkeit mit den slavischen erhalten.

Durch die Palatalisirungen sind die tonlosen Hiatus-*i* und -*e*, also ein sehr erheblicher Procentsatz der lateinischen Vocale, zum grössten Theile beseitigt worden. Allerdings sind durch den Palatalismus auch neue Hiatus-*i* (*i̯*) geschaffen worden (ital. *piombo*, *occhio*, *fiore* etc.), aber doch nur in verhältnissmässig sehr beschränktem Umfange. Der Vocalbestand hat also durch den Palatalismus eine Herabminderung erfahren. Dieser Verlust wird aber — selbst wenn man die durch Zusammenziehung unterdrückten Vocale (*mëur* > *mûr* etc.) hinzuzählt — weit überwogen durch die Masse der neuen Vocale, welche durch Vocalisirung von Consonanten (s. oben S. 391 Anm.) entstanden sind. Freilich sind sowohl an dem Verlust wie an dem Gewinn die Einzelsprachen in sehr verschiedenem Verhältnisse betheiligt, zumal wenn man die gesprochene Sprache berücksichtigt und nicht die geschriebene, in welcher letzteren ja viele jetzt verstummte Vocale noch geschrieben werden (so das sog. stumme *e* im Frz., das *u* im Rumän., z. B. im enklitischen Artikel). Darnach ist auch der Klang der verschiedenen Sprachen sehr verschieden. Durch mannigfache andere Verhältnisse wird diese Verschiedenheit noch gesteigert. So namentlich durch die Behandlung der nachtonigen Vocale, denn, wo dieselben in weitem Umfange schwanden, wie dies besonders im Prov. und Frz. geschehen ist, da entsteht vorwiegend consonantischer Auslaut, der nun freilich im Frz. durch die Verstummung der Endconsonanten (ausserhalb der Bindung) wieder mit dem vocalischen vertauscht worden ist. Sodann ist von grosser Bedeutung der Grad, in welchem die Verschiebung der Mutae (s. oben S. 392) vollzogen worden ist. Italienisch und Französisch bezeichnen in dieser Beziehung das erstere den Anfangs-, das letztere den Endpunkt einer stufenartigen Entwickelungsreihe. Endlich kommt in Betracht der Stand des Diphthongismus, denn auch in Hinsicht auf ihn walten grosse Verschiedenheiten ob, und es stehen auch hier Italienisch und Französisch einander gegenüber: das erstere mit seinen üppig entwickelten Diphthongen und Triphthongen (*miei* etc.), das letztere mit seinem in Folge von Monophthongirung (z. B. *ai*, *ei* = *ę*, *ao* mehrfach = *a* etc.) und Vocalzusammenziehung (z. B. *ëu* > *eu* = *ü*) arg verkümmerten Diphthongismus[1]). Bemerkenswerth ist übrigens, dass in allen romanischen Sprachen die steigenden Diphthongen durchaus vorherrschend geworden sind, indem in den ursprünglich fallenden der Silbenton von dem ersten auf den zweiten Bestandtheil gerückt ist[2]).

§ 41. **Bemerkungen über die Wortformen (den Formenbau) des Lateinischen. A. Das Nomen. 1. Genera.** Das Latein besitzt, wie alle älteren indogermanischen Sprachen, drei Genera: Masculinum, Femininum, Neutrum[3]). Die Genus-

---

[1]) Triphthonge waren im Frz. ursprünglich in Folge von Consonantenvocalisirung vorhanden, sie sind aber durch Diphthongirung oder Monophthongirung beseitigt worden (*uei* > *ui*, *iei* > *i*, z. B. *nŏct-* > *nueit* > *nuit*, *lĕct-* > *lieit* > *lit*).

[2]) Die Lautlehre des Gesammtromanischen ist in ihrem vollen Umfange bis jetzt nur in den Grammatiken von *Diez* und *Meyer-Lübke* behandelt worden. Die *Diez*'sche Darstellung ist, wie selbstverständlich, jetzt vielfach veraltet, besitzt aber vor der *Meyer-L.*'s den Vorzug, dass sie nicht nur die Entwickelung der lat. (und german.) Laute im Roman. darlegt, sondern auch die roman. Laute auf ihren Ursprung hin verfolgt. Bibliographische Angaben findet man bei *Meyer-L.*

[3]) Die Frage nach der Entstehung des grammatischen Genus ist vielfach behandelt worden, gerade auch in den letztvergangenen Jahren. *J. Grimm* hatte in seiner deutschen Grammatik (III 311, besonders 344) die Anschauung ausgesprochen, dass die Geschlechtsunterscheidung auf einer grossartigen Personificirung des Unbelebten beruhe, indem die lebhafte Phantasie der Urvölker auch die unbelebten Dinge als belebte Wesen, und zwar eben bald als männliche, bald als weibliche Wesen aufgefasst habe. Gegen diese Ansicht lässt sich schon das Eine ein-

unterscheidung beim Substantiv haftet im Wesentlichen an den Wortausgängen, jedoch ist die Dreitheilung keineswegs glatt durchgeführt, denn manche Bedeutungsgruppen (die „Männer, Völker, Flüsse, Wind und Monat Masculina sind", „die Weiber, Bäume, Städte, Land und Inseln weiblich sind benannt") ent-

---

wenden, dass, wenn die Urvölker eine so lebendige und gleichsam dichterisch umschaffende Einbildungskraft besessen hätten, es unerklärlich wäre, warum doch so viele Neutra übrig geblieben sind. Gewichtiger noch ist der Einwand, dass man gerade Urvölkern am wenigsten eine schöpferische Phantasie zutrauen darf. Ganz anders fasst *Brugmann* (*Techmer's* Ztschr. IV 100 u. Grundriss d. vgl. Gramm. II 100 f. u. 429) die Sache auf. Er glaubt, dass die Bedeutung gewisser viel gebrauchter Worte (wie *mamā* Mutter, *genā* Weib) den äusseren Anlass gegeben habe, alle mit dem Suffix *ā* gebildeten Worte als weiblich aufzufassen, und im Gegensatze zu ihnen seien dann die mit dem Suffix-*o* gebildeten Worte als männlich aufgefasst worden. Uebrigens ist, worauf auch *Brugmann* in *Techmer's* Ztschr. hingedeutet hat, Folgendes zu erwägen. Das grammatische Geschlecht bethätigt sich in Sprachen, welche, wie die älteren indogermanischen (also z. B. das Latein), kein geschlechtiges Pronomen der dritten Person („er, sie, es") besitzen, lediglich darin, dass mit bestimmten Substantiven nur je eine Form des — sei es attributiv, sei es prädicativ gebrauchten — Adjectivs verbunden wird (z. B. *magna mensa, mensa magna est*, aber *altus murus, murus altus est*). Zwei Hauptkategorien der Substantiva waren aber einerseits die mit dem Suffixe -*a*, andrerseits die mit dem Suffixe -*o* gebildeten. Daher lag es nahe, das Adjectiv in Verbindung mit einem Subst. auf -*ā* ebenfalls auf -*ā*, in Verbindung mit einem Subst. auf -*o* ebenfalls auf -*o* ausgehen zu lassen, und so hat die Mehrzahl der Adjectiva diese Ausgänge erhalten, zu denen dann noch der Ausgang -*um* hinzutrat in Anschluss an diejenigen *o*-Stämme, welche im Lat. ein -*m* (statt -*s*) als Casussuffix annahmen, also z. B. *parva mensa, parvus hortus, parvum tectum*. Der Umstand nun, dass unter den Subst. auf -*a* sich vielgebrauchte Worte mit weiblicher Wurzelbedeutung, unter denen auf -*o* solche mit männlicher Wurzelbedeutung befanden, gab Anlass, dass die Subst. auf -*a*, wenn ihre Wurzelbedeutung nicht in offenbarem Widerspruche damit stand, überhaupt als weiblich, sowie die auf -*o* überhaupt als männlich, die auf -*um* aber als weder weiblich noch männlich aufgefasst wurden. Nachdem auf diese Weise die Vorstellung des grammatischen Geschlechtes einmal entstanden war, wurde sie auch auf die anderen Substantivstämme übertragen, so dass mit gewissen Subst. (z. B. *nox*) nur ein Adj. auf -*a*, mit anderen (z. B. *mons*) nur ein Adj. auf -*us*, mit noch anderen (z. B. *corpus*) nur ein Adj. auf -*um* verbunden wurde. Eine weitere Folge der geschlechtigen Auffassung der Substanzbegriffe war, dass Subst. auf -*ā*, bezw. auf -*o*, trotz ihres Ausganges wegen ihrer Wurzelbedeutung als weiblich, bezw. als männlich aufgefasst und demnach mit der Adjectivform auf -*a*, bezw. auf -*us* verbunden wurden. Sonach würde die grammatische Geschlechtsunterscheidung der Subst. zunächst in dem Bestreben wurzeln, das Adj. mit seinem Subst. gleich ausklingen zu lassen, also eine Art lautlicher Angleichung sein, sodann aber würde der ursprünglich rein lautliche Vorgang begrifflich verwerthet worden sein. Eine ähnliche Entwickelung hat ja der sog. Ablaut erfahren, indem er als ein Mittel der Tempusbildung gebraucht wurde. An der späteren Entfaltung der Geschlechtsunterscheidung ist aber freilich die Phantasie selbstverständlich betheiligt.

ziehen sich mehr oder weniger dem Geschlechte, welchem sie vermöge ihrer Endung angehören sollten. So liegen denn die Genusverhältnisse bei dem lateinischen Substantiv ziemlich verwickelt, und es sind die „Genusregeln" der Schulgrammatik mit zahlreichen Ausnahmen gespickt.

Die Pronomina der ersten und zweiten Person unterscheiden kein Geschlecht, ein Pronomen der dritten Person fehlt. Dagegen sind die übrigen Pronomina geschlechtig, ebenso das adjectivische Zahlwort *unus;* von den sonstigen Zahlwörtern bis 100 besitzen nur *duo* und *tres* eine kümmerliche Genusunterscheidung.

2. N u m e r i. Von den drei indogermanischen Numeris — Singular, Plural und Dual — ist der Dual nur in den beiden Zahlworten *duo* und *ambo* (vielleicht auch in *viginti*) erhalten. Es verbleiben also nur Singular und Plural. Bemerkenswerth ist erstlich, dass die beiden Numeri formal streng auseinandergehalten werden, sodann, dass der Plural des Neutrums stets mit pluralischem, nie (wie im Griechischen) mit singularischem Prädicate verbunden wird, woraus sich ergibt, dass der Ursprung dieser Form völlig in Vergessenheit gerathen war.

3. C a s u s. Das Indogermanische besitzt folgende Casus: Nominativ (Casus zum Ausdruck des Subjects einer Handlung); Accusativ (Casus zum Ausdruck des Zieles [Objects] einer Handlung); Dativ (Casus zum Ausdruck der Person [oder Sache], welcher eine Handlung gilt [mittelbares Object]); — Genetiv (Casus, der in Verbindung mit einem Substantiv ein attributives Verhältniss ausdrückt [z. B. „der Palast des Königs" = „der königliche Palast"], in Verbindung mit einem Verbum ein abgeschwächtes Objectsverhältniss zum Ausdruck bringt [z. B. „des Weines schenken"]); — Locativ oder Localis (Casus, welcher die Frage „w o?" beantwortet); — Ablativ (Casus, welcher die Frage „w o h e r?" beantwortet); — Instrumentalis (Casus, welcher die Frage „w o d u r c h" beantwortet, d. h. das Mittel oder Werkzeug angibt, durch welches eine Handlung vollzogen wird).

Im Latein ist der Locativ in seiner ursprünglichen Function nur noch vereinzelt vorhanden (*belli, domi, militiae, Corinthi, Romae* etc., die römische Nationalgrammatik und ihr folgend die

Schulgrammatik erblickte in diesen Formen Genetive).
Der Locativ, Dativ, Ablativ und Instrumental sind im Latein
formal und begrifflich vielfach mit einander verquickt worden.
Die römische Nationalgrammatik und ihr folgend die Schulgrammatik bezeichnet die betr. Formen (mit Ausnahme der
dativischen) sämmtlich als Ablative. Daher die Vieldeutigkeit
des sog. Ablativs.

Zum Anruf wird der Nominativ, bei den *a-* und *o-*Stämmen
im Singular der Nominalstamm gebraucht. Die römische
Nationalgrammatik und ihr folgend die Schulgrammatik fasst
den vocativisch gebrauchten Nominativ, bezw. Nominalstamm
als besonderen Casus (Vocativ) auf.

In weitem Umfange sind ursprüngliche Casusformen zu Adverbien (im engeren und weiteren Sinne des Wortes) erstarrt,
so z. B. Accusative auf *-im* (*partim* u. dgl.).

Da die Zahl der Casus eine nur beschränkte ist, so müssen
im Indogermanischen und insbesondere auch im Latein die
meisten räumlichen, temporalen und modalen Beziehungen
durch Präpositionen oder durch adverbiale Sätze zum Ausdruck
gelangen. Mehrfach hat der Redende die Wahl zwischen einem
Casus oder einem adverbialen Satze (z. B. *cum reges expulsi
essent, consules creati sunt* oder: *regibus expulsis* etc.).

4. Die Nominalstämme. Das Latein besitzt in mehr
oder weniger enger Uebereinstimmung mit den anderen indogermanischen Sprachen folgende Nominalstämme[1]):

a) Vocalische Stämme.

α) *a*-Stämme (weibliche Subst. mit entsprechender
weiblicher Form des Adj.; männliche Subst. nur
als Ausnahme), z. B. *mensa, ala, filia* etc. — Erste
Decl. der üblichen Grammatik.

β) *o*-Stämme (männliche und sächliche Subst. mit entspr.
männlicher und sächlicher Form des Adj.; weibliche Subst. nur als Ausnahme), z. B. *servus, populus,
murus, filius* etc. — Zweite Decl. der üblichen
Grammatik.

Im Altlatein wird bei den Stämmen auf *-io*
(z. B. *Cornelio*) dieses *io* in *i* zusammengezogen

---

[1]) Nach *Stolz* in *v. Müller's* Handb. II², 324. Vgl. auch *Brugmann*
a. a. O. II, S. 102 ff.

(z. B. *Cornelis, Cornelim*), vgl. auch den Voc. Sg. *fili* aus *filie*. Ueber den Nom. Sg. der Stämme auf *-ro* s. unten Nr. 5 a.

γ) *ĕ-* und *iĕ*-Stämme (weibliche Subst.), z. B. *spē-s, temperiĕ-s* etc. — Fünfte Decl. der üblichen Grammatik.

δ) *u*-Stämme (männliche und neutrale Subst.; weibliche Subst. nur als Ausnahme), z. B. *cornu, acu-s*, die Verbalsubstantiva auf *-tu-s*, wie *cantu-s* etc. — Vierte Decl. der üblichen Grammatik (*su-s* und *gru-s* nach der dritten Decl.).

ε) *i*-Stämme (männliche und weibliche Subst.; Adjectiva, diese letzteren schwächen in Verbindung mit Neutris das *i* zu *e*, z. B. *agili-s, agile*), z. B. *vī-s, doti-* (*dos*), *poti-s* etc. Die meisten *i*-Stämme (so namentlich die auf *-ti*) folgen ganz oder mit Ausnahme des Gen. Pl. der Analogie der consonantischen Stämme. — Die *i*-Stämme bilden mit den consonantischen Stämmen die dritte Decl. der üblichen Grammatik.

ζ) Diphthongische Stämme. Die ursprünglichen *ei*-Stämme sind zu den *i*-Stämmen, die ursprünglichen *eu*-Stämme zu den *u*-Stämmen übergetreten, der Stamm *rēi* zu den *ē*-Stämmen (*rēs*), ebenso der Stamm *diieu* (*diēs*), der ausserdem in *Dies-piter* und *Ju-piter* (aus **Jeu-piter, *Jou-piter*) erstarrt erhalten ist. Der Stamm *nau-* folgt den *i*-Stämmen (*navi-s*); *bō-s* (*bou*) ist Lehnwort.

b) Consonantische Stämme (sie bilden mit den i-Stämmen die dritte Decl. der üblichen Grammatik).

α) Gutturalstämme (auf *c* und *g*; männliche und weibliche Subst.; einformige Adj.), z. B. *lŭc-, vōc-, dŭc-, rēg-, nĕc-, audāc-, velōc-* etc. (Im Nom. Sg. *c*, bezw. *g + s = x*, also *vox, dux, rex* etc.)

β) Labialstämme (auf *p* und *b*; nur wenige theils männliche, theils weibliche Subst.), z. B. *prin-cep-s, dap-s, stĭp-s.*

γ) Dentalstämme (auf *t* und *d*; männliche, weibliche und sächliche Subst.; einformige Adj.), z. B. *vad-, lact- noct-* (daneben *nocti-*), *equĕt-, abiĕt-, lapĭd-, capit-*, *locuplet-* etc. (Im Nom. Sg. schwindet bei den Masc. und Fem. der Stammauslaut vor dem Casussuffix *-s*, daher *vas*, *noc-s = nox*, *eques*, *abies*, etc., ebenso schwindet *t* in dem Neutr. *lac[t]*.)

δ) *s*-Stämme (männliche und sächliche Subst., einformige Adj.; die Comparative auf *-or* [aus *-os*] und *-us*, (z. B. *major*, *majus*), Subst., z. B. *flos-*, *mas-*, *corpos-*, *calos-*, *decos-*, *genos-*, Adj. *de-genes-* (im Nom. Sing. der Neutra wird *o* zu *u*, also z. B. *corpus*, *genus*; im Nom. Sing. der Masc. und der Adj. wird der Stammauslaut *-s* zu *-r*, z. B. *calor* etc., *degener* [zuweilen Doppelformen, z. B. *decus* und *decor*, *honos* und *honor*], in der weiteren Declination wird *s* durchgängig zu *r*, also nicht nur *calor*, *calōris*, *calōri* etc., sondern auch *corpus*, *corpŏris*, *corpŏri* etc.).

ε) Nasal-Stämme. Einziger *m*-Stamm ist *hiem-s*; zahlreich sind dagegen die *n*-Stämme; es gehören zu ihnen z. B. die Neutra auf *-en* (*carmen* etc.), die Subst. (Masc. und Fem., deren *-n-* im Nom. Sing. schwindet) auf *-do* (*ordo*, *ordin-em*), *-go* (*virgo*, *virgin-em*), *-io* (*unio*, *union-em*), *-tio* (*statio*, *station-em*, *portio*, *portion-em*, übrigens sind diese *-tion*-Stämme Weiterbildungen aus *ti*-Stämmen, vgl. *station-em*, mit *stati-m*, *portion-em* mit *parti-m*), *-mo* (*homo homin-em*).

ζ) Liquida-Stämme (Subst. aller Genera), z. B. *sol-*, *far-*, *patr-*, *sor-or-* etc.) (Der Nom. Sg. nimmt das Suffix *-s* nicht an.)

5. **Verbindung der Nominalstämme mit den Casussuffixen.** (Vgl. *Brugmann*, a. a. O. II. 524.)

a) Nom. Sg. Masc. u. Fem. Suffixlos bleiben: die *ā*-Stämme (*filiā*, das *ā* wird verkürzt, also *filiă*); die Stämme auf *-ro*, welche das *o* abwerfen, z. B. *viro > vir*, *agro > agr*, *ager* (vgl. dagegen *muro > murus*); die *s*-Stämme (*calor* aus **calos*, wo *s* eben stammhaft und nicht Casussuffix ist); die *n*-Stämme (*ordo*, *statio*, *homo*); die Liquida-Stämme (*sol*, *soror*, *pater*).

Das Suffix *-s* nehmen an: die *o*-Stämme (*servo-s*, *servu-s*) mit Ausnahme einiger auf *-ro*, s. oben; (im Anrufe [Vocativ] bleiben die *o*-Stämme suffixlos, es wird dann *o* in *e* geschwächt, z. B. *serve*); die *ē*-Stämme (*spē-s*); die *u*-Stämme (*sū-s, grū-s, cantu-s*); die *i*-Stämme (*vĭ-s, poti-s, dŏt[i]-s = dŏ-s*; (der *ou*-Stamm *bo[u]-s*); die Gutturalstämme (*luc-s = lux, reg-s = rex*); die Labialstämme (*dap-s, stip-s, trab-s*); die Dentalstämme (*va[d]-s = vas, lapi[d]-s = lapis, eque[t]-s = eques, noc[t]-s = nox*); der *m*-Stam *hiem-s*.

Der **Nom. Sg. Neutr.** ist suffixlos (*corpus-, carmen-* etc.) mit einziger Ausnahme der *o*-Stämme, welche im Nom. u. im Acc. Sg. das Suffix *-m* annehmen (*membro-m, membru-m*).

b) **Accus. Sg. Masc. u. Fem.** Das Suffix dieses Casus ist durchweg *-m*, welches bei Anfügung an consonantische Stämme sonantisch wird und in Folge dessen ein *e* vor sich entwickelt, also: *filia-m, filio-m, filiu-m, spē-m, fructu-m, vi-m, voc-em, stip-em, noct-em* etc. etc.

Der **Accus. Sg. Neutr.** ist suffixlos mit einziger Ausnahme der *o*-Stämme, welche im Nom. u. Acc. Sg. das Suffix *-m* annehmen.

c) **Genetiv Sg.** Bei den *ā*-Stämmen ging in alter Zeit der Gen. Sg. auf *-āi* aus (*viāi*), vielleicht nach Analogie der *o*-Stämme: aus *āi* entwickelte sich *ae,* vielleicht in Anlehnung an den Dat. Sg. — Die *o*-Stämme haben im Gen. Sg. den (bis jetzt nicht genügend erklärten) Ausgang *ī* (*lupī, membrī*).

Für alle übrigen Stämme ist das Suffix des Gen. Sing. *-is,* dessen *i* mit vorausgehendem Vocale verschmilzt (die *i*-Stämme behalten jedoch *ĭ* nach Analogie der consonantischen St.), z. B. *fructu-is = fructūs, spē-is = spēs, doti-s, reg-is, dap-is, carmin-is* etc.

d) **Ablativ. Sg.** Das Suffix des Abl. Sg. ist *-d* (ursprünglich kam dasselbe nur den *o*-Stämmen zu), z. B. *sententiā-d, rē-d* (v. *res*), *marī-d* (v. *mare*); der Ausgang *ī-d* der *i*-Stämme wurde auf die consonantischen Stämme übertragen, daher z. B. *aër-ī-d* (v. *aër*). Das *d* fiel indessen frühzeitig ab, so dass nun also der Abl. Sg. die vocalischen Ausgänge *ā, ŏ, ē, ū, ī* erhielt, von denen *ī* durch die Instrumentalendung -*ĕ* fast völlig verdrängt wurde.

Alte erstarrte Ablative sind die Superlativadverbien auf *ē*, z. B. *facillimē*.

e) **Dativ Sg.** Vom lateinischen Standpunkte aus darf *-ī* als Suffix des Dat. Sg. gelten: *filiā-ī*, (*ā* + *ī* ergab späterhin *ae*, also *filiae*), *servŏ-ī* (*ŏ* + *ī* ergab späterhin *ō*, also *servō*), *faciĕ-ī*, *fructu-ī*, *doti-ī* = *dotī*, *reg-ī* etc.

f) **Locativ Sg.** Das im Latein vorwiegend gebrauchte Suffix des Loc. Sg. ist *ei̯*, woraus *ī*; es haben sich jedoch nur vereinzelte Locative erhalten (*belli*, *domi* u. dgl.); das Locativsuffix *i* liegt, zu *e* geschwächt, vielleicht auch vor in den scheinbaren Ablativen *rure*, *Carthagine* u. dgl.

g) **Instrumentalis Sg.** Ursprüngliche Instrumentale, gebildet mit einem Suffix -*ĕ*, welches mit vorausgehendem Vocal zu langem Vocal verschmilzt (*o* + -*e* = -*ō* etc.), sind vielleicht die Adverbialien *hā-c*, *unā*, *rectā*, *dextra*, möglicherweise auch *frustră*, *contră* (mit gekürztem *a*). Alte Instrumentale sind auch die von der üblichen Grammatik als Ablative aufgefassten Formen *matr-e*, *homin-e*, *carn-e* etc., durch welche die alten Ablative *matr-īd* etc. verdrängt worden sind, s. oben d).

h) **Nom. Pl. Masc. u. Fem.** Das Suffix für diesen Casus (ursprünglich freilich wohl nur den Plural, nicht den Nom. andeutend) ist -*ĕs*, dessen *ĕ* mit vorausgehendem Vocal zu langem Vocal verschmilzt, z. B. *faciĕ-ĕs* = *faciēs*, *fructu-ĕs* = *fructūs*, *ovi-es* = (*ovīs* u.) *ovēs*, *patr-ēs*, *homin-ēs* (das *e* gedehnt nach Analogie der *i*-Stämme sowie des Acc. Pl.).

Auch die *ā*- u. *o*-Stämme besassen ursprünglich die gleiche Bildung (*filiā-es* = **filiās*, *servo-es* = **servōs*), es ist aber der Nom. Pl. der *o*-Stämme nach Analogie der Pronominaldecl. umgebildet worden und hat dadurch den Ausgang -*oi* = *ī* erhalten (*servī*); der Nom. Pl. der *a*-Stämme aber hat den Ausgang -*ās* mit -*ai* = -*ae* vertauscht, sei es in Anbildung an die *o*-Stämme oder sei es, dass eine ursprüngliche Dualform pluralische Function erhielt.

Nom. Pl. Neutr. Der Nom. Pl. der neutralen *o*-Stämme ist ursprünglich der Nom. Sing. von in collectivischer Bedeutung gebrauchten *ā*-Stämmen, also z. B. *jugă* (Pl. zu *jugum*) ist eigentlich der Nom. Sg. eines Feminins *jugā* (mit gekürztem *a jugă*) „das Gejöche".

Auch alle übrigen neutralen Stämme haben im Nom. (u. Acc.) Plur. den Ausgang *-ă*, wohl in Anlehnung an die *o*-Stämme.

Der Accus. Pl. Neutr. ist gleich dem Nom.

i) Accus. Pl. Masc. u. Fem. Das Suffix dieses Casus ist *-ns;* an vocalische Stämme trat dasselbe ohne Weiteres an: *filiā-ns, lupo-ns, ovi-ns* etc., woraus mit lautregelmässigem Ausfalle des *n: filiās, lupō-s, ovī-s* etc.; in Verbindung mit consonantischen Stämmen entwickelte sich aus dem (sonantischen) *n* ein *e*, also *ns : ens*, z. B. *voc-ens, reg-ens, dap-ens,* woraus *voc-ēs, reg-ēs, dap-ēs.*

k) Genetiv Pl. An alle Stämme trat das Suffix *-ŭm* (aus *-ŏmen*), z. B. *fructu-ŭm, ovi-ŭm, reg-ŭm, voc-ŭm* etc. Die *ā*-Stämme bildeten den Gen. Pl. frühzeitig nach Analogie der Pronominaldecl. mittelst des Suffixes *-sŭm*, woraus *-rum*, also *filiā-rum*, etc.; ihnen folgten dann die *o*- und die *e*-Stämme, also *servō-rum, faciē-rum* etc.

l) Locativ Pl. Das Suffix dieses, im Lat. nicht mehr vorhandenen, Casus war *-s[u]*; ein erstarrter Loc. ist das Adv. *forās* „draussen" (zu unterscheiden von dem Accus. *forās* „hinaus").

m) Dat. u. Abl. Pl. Das dem Dat. und Abl. gemeinsame Casussuffix ist *-bus*, z. B. *filiā-bus, rē-bus, manu-bus* (wofür analogisches *mani-bus* eintrat), *ovi-bus, voc-i-bus* etc. Bei den *o*- und *ā*-Stämmen trat der Instr. an Stelle des Dat.-Abl.

n) Instr. Pl. Dieser Casus ist, und zwar in die Function des Dat.-Abl. eingetreten, nur bei den *o*-Stämmen erhalten, sein Ausgang ist *-ōis*, z. B. *servōis*, woraus *servīs;* nach Analogie der *o*-Stämme haben dann die *ā*-Stämme im Dat.-Abl. den Ausgang *-ābus* mit *-is* vertauscht, z. B. *filiāis* = *filiis* f. *filiabus.*

6. Bemerkungen über die nominale Declination. Die lat. Schulgrammatik unterscheidet nach alter Ueberlieferung

fünf Declinationen. Auch wissenschaftlich kann dies geschehen, falls man nur die Reihenfolge ändert; es lassen sich nämlich unterscheiden:

A. Die vocalische Declination.

a) Die *A*-Decl. (= erste Decl.);
b) Die *O*-Decl. (= zweite Decl.);
c) Die *E*-Decl. (= fünfte Decl.);
d) Die *U*-Decl. (= vierte Decl.);
[e) Die *I*-Decl., sie ist mit der consonantischen Decl. verschmolzen].

B. Die consonantische Declination mit Einschluss der I. Decl. (= dritte Decl.).

Die *A*-Decl., die *O*-Decl. und die consonantische (+ *I*-) Decl. umfassen eine jede sehr zahlreiche Nomina, während der *U*-Decl. und der *E*-Decl. deren nur wenige angehören. Daraus erklärt, dass in der späteren Volkssprache die *U*- und die *E*-Decl. schwanden, indem die Nomina der ersteren in die *O*-Decl., die der letzteren entweder in die *A*-Decl. oder in die consonantische Decl. übertraten (vgl. *fructŭs* Pl. *fructūs* mit ital. *frutto* Pl. *frutti; facies* einerseits mit ital. *faccia*, andrerseits mit span. *haz*).

Vielfach waren mehrere Casusformen sei es in allen Decl. oder doch in einigen oder wenigstens in einer derselben einander gleichlautend. Der Nom. u. Acc. Pl. der Neutra ging überall auf -*a* aus; der Nom. u. Acc. Sg. Ntr. waren wenigstens innerhalb jeder einzelnen Decl. einander gleich. Der Ausgang -*bus* ist dem Dat. und Abl. der 3., 4., u. 5. Decl. gemeinsam und kommt überdies auch in der 1. Decl. zur Anwendung (*deābus* u. dgl.). Der Ausgang -*um* im Gen. Pl. erstreckt sich gleichfalls auf die 3., 4. u. 5. Decl. Sowohl in der 1. wie in der 2. Decl. endigt der Gen. Pl. auf -*rum* u. der Dat.-Abl. Pl. auf -*īs*. In der 1. Decl. lauten der Dat. Gen. Sg., Nom. (u. Voc.) Pl. sämmtlich auf -*ae* aus. In der zweiten Decl. fallen der Dat. u. Abl. Sg. zusammen, in derselben Decl. auch der Acc. Sg., dessen -*m* frühzeitig verstummte (*servo*[*m*]), mit dem Nom. Sg. in den Fällen, wo das -*s* desselben in Wegfall kam (*servo*[*s*]); dieses *servo* aber stimmte, abgesehen von der Quantität, auch mit dem Dat. u. Abl. Sg. (*servŏ*) und mit dem Acc. Pl., falls er sein -*s* verlor, überein (*servŏ*[*s*]). In der ersten Decl. wurde der Accus. Sg. nach Verlust des -*m* (*aqua*[*m*]) gleichlautend mit dem Nom. (u. Voc.) Sg. und, abgesehen von der Quantität, auch mit dem Abl. Sg. (*aquā*). In der 3. Decl. fiel der Acc. Sg. nach Verlust seines auslautenden Nasals (*voce*[*m*]) mit dem Abl. Sg. zusammen, ferner mit dem Dat. Sg., falls dessen *ī* in *e* abgeschwächt worden sein sollte (*voci* > *voce*?), endlich auch mit dem Gen. Sg. (und bei den Worten auf -*is* mit dem Nom. Sg.), wenn wir annehmen, dass dessen *i* ebenfalls zu *e* sich schwächte und das *s*, zunächst vor gewissen Anlauten, abfiel (*voci*[*s*] > *voce*?). Der Nom. u. Acc. Pl. der 3. Decl. waren stets gleichlautend.

So erfolgte, wenigstens in der gesprochenen Sprache, eine starke Herabminderung der Zahl der Casusformen, also eine erhebliche Vereinfachung der Declination.

Bei der Mehrzahl der zur 3. Decl. gehörigen Nomina (sog. Imparisyllaba) nimmt der Nom. Sg. insofern eine Sonderstellung gegenüber allen anderen Casus ein, als er um eine Silbe kürzer ist, als diese (z. B. *arx*, aber *arcis* etc.; *urbs*, aber *urbis* etc.; *cinis*, aber *cineris* etc.; *corpus*, aber *corporis* etc.). Es liegt die Annahme nahe, dass in der gesprochenen Sprache der späteren Zeit dieser störende Gegensatz dadurch beseitigt worden sei, dass entweder der Nom. Sg. den übrigen Casus angeglichen wurde oder diese ihm, dass man z. B. nach dem Gen. *arcis*, Dat. *arci* etc. einen neuen parisyllabischen Nom. Sg. **arcis* gebildet habe (vgl. ital. *arce*, das ja nicht nothwendig = *arcem* zu sein braucht), ebenso etwa auch **artis* für *ars*, **mortis* für *mors*, **civitatis* für *civitas* u. dgl., und dass man andrerseits z. B. declinirt habe Nom. Sg. *sanguis*, Gen. **sanguis*, Dat. **sangui*, Acc. **sangue*[*m*], Abl. **sangue* (vgl. ital. *sangue*, span. *sangre*, frz. *sang*).

7. **Comparation des Adjectivs.** Der Comparativ wird mittelst des Suffixes -*ĭes* gebildet[1]), welches sich einerseits zu -*is* und -*ĭĕs* (vgl. *ma-ies-tas*), andrerseits zu -*ĭŏs* (woraus das neutrale -*ius*) und -*ĭōs* (woraus das geschlechtige -*ĭōr*)

---

[1]) Es ist aber sehr beachtenswerth, dass zahlreiche Adjectiva (z. B. die auf -*uus*) sich der Comparation mittelst des Suffixes entziehen und durch *magis*, *maxime* steigern.

entwickelt, z. B. *mah* + *ies*, daraus einerseits *magis*, anderseits *maius, maior*. Die Superlativbildung erfolgt theils mittelst des Suffixes *-mo* (z. B. *sup-mo* = *sum-mu-s*, *pri-mo* = *primu-s*), theils mittelst des Suffixes *-timo*, *-tumo* (z. B. *op-timu-s*, *postumu-s*). In der Regel treten beide Suffixe an den Comparativstamm auf *-is* an, wobei das *t* von *-timo* sich dem *s* angleicht, z. B. *altis* + *timo* = (*altistimus*) *altissimus*. Das Suffix *-mo* tritt auch in der Form *-(m)mo* (d. h. mit anlautendem sonantischen *m*, aus dem ein *i* sich entwickelt), auf, z. B. *plus-imo* = *plurimus*, *mag[i]s-imo* = *maximus*; auf derselben Bildung beruhen wohl auch die Superlative, wie *pulcherrimus* (aus *pulcr-[i]s-imo*, dann an *pulcher* wieder angeglichen mit Assimilation des *s* an: *pulcherrimus*), *facillimus* (aus *facil-is-imo*). Vom Standpunkte der praktischen Grammatik aus erscheinen die Superlative auf *-issimus* als die regelmässigen, die übrigen als unregelmässig. Bemerkenswerth ist, dass der lat. Superlativ absolute („elative") und auch relative Bedeutung besitzt (*altissimus* „sehr hoch" und „der höchste").

8. **Bemerkungen über die Declination der Pronomina.** Die Pronomina sind theils ungeschlechtig, theils geschlechtig. Ungeschlechtig sind die Personalia und das Reflexiv, geschlechtig alle übrigen. Die Declination der Personalia (Pronomen der 1. und 2. Pers., ein Pronomen der 3. Pers. fehlt) sowie des Reflexivs weicht von der Nominaldeclination sehr eigenartig ab; die Personalia zeigen überdies in der Declination eine Mischung mehrerer Stämme (drei im Pron. der 1., zwei im Pron. der 2. P.). — Von den geschlechtigen Pronominibus folgen die Possessiva (*meus, mea, meum* etc.) ganz der Declination der nominalen *O-* und *A-*Stämme; für die 3. P. fehlt übrigens, wie das Personale, so auch das Possessiv, denn *suus* ist lediglich reflexiv. Die übrigen geschlechtigen Pronomina haben (vom Standpunkt der *A-* und *O-*Declination aus betrachtet, denen im Uebrigen auch sie folgen) eigenartige Ausgänge für den Gen. Sg. *-īus* (*illius, istius, eius, hujus, cuius*), für den Dat. Sg. *-ī* (*illi* etc.), für den Nom. Pl. *-ī*, *-ae* (im Relativ und im Demonstr. *hic*; *hae* auch, für das Neutr.), für den Gen. Pl. *-sum*, woraus *-rum*. Die Ausgänge des Gen. und Dat. Sg. sind auch auf das Numerale *unus* und auf mehrere Pronominaladjectiva (*ullus, nullus* etc.)

die Ausgänge des Nom. und Gen. Pl. Masc. und Fem. auf die nominalen *O-* und *A*-Stämme übertragen worden (*servi servōrum* nach *illi illorum*, *equae equārum* nach *illae illārum*).

Auf den Ursprung der lat. Pronomina braucht hier nicht eingegangen zu werden. Hervorgehoben aber sei, dass der Interrogativstamm auch die Function des Relativs übernommen hat. Aufmerksam werde auch auf die Zusammensetzung *hĭ-c[e]*, *hae-c[e]*, *hŏ-c[e]* gemacht.

9. **Die Declination der Numeralia.** Das adjectivische *unus*, *ducenti* etc., die Ordinalia und die Distributiva folgen der *O-* und *A*-Decl., die Plurale *tres* und *milia* der dritten Decl., die Duale *duo* und *ambo* haben eine Sonderdeclination.

B. **Das Verbum. 1. Genera (Diathesen).** Das Latein besitzt, wie ursprünglich alle indogerm. Sprachen, zwei Genera, das Activum und das Medium. Das letztere aber hat bei einigen Verben (den sog. Deponentien) activische oder doch eine dem Activ sich nähernde Bedeutung, bei den übrigen passive Bedeutung angenommen[1]). Die übliche Grammatik unterscheidet daher Activum[2]), Passivum und Deponens, fasst aber das letztere nicht eigentlich als Genus, sondern als Verbalclasse auf. Die activische Verwendung des Deponens veranlasste es, dass die gesprochene Sprache den Deponentien activische Form gab, z. B. **hortare* für *hortari*, **sequĕre* für *sequi*.

2. **Zeitarten und Zeitstufen.** Die durch das Verbum ausgedrückte Handlung wird im Indogermanischen aufgefasst:

einerseits als eintretend (Aorist),
oder   „   dauernd, bezw. noch nicht vollendet,   } Zeit-arten[3]).
   „   „   vollendet (Perfect);
andrerseits als vergangen (Praeteritum),
oder   „   gegenwärtig (Praesens),   } Zeit-stufen.
   „   „   zukünftig (Futurum).

---

[1]) Die mediale Bedeutung wird im Latein theils durch das scheinbare Passiv, theils durch reflexive Umschreibung zum Ausdruck gebracht, z. B. *milites castris sese effundunt* oder *effunduntur*.

[2]) Von den Activformen besitzt die 1. P. Sg. Perf. Ind. mediale Endung (*vid-i*).

[3]) Eine Handlung kann ferner aufgefasst werden als beginnend

Theoretisch giebt es also drei Praeterita (eins zum Ausdruck der eintretenden, ein zweites zum Ausdruck der dauernden, ein drittes zum Ausdruck der vollendeten Handlung), ebenso drei Praesentia und drei Futura. Praktisch aber ist diese neunfache Gliederung in keiner Sprache durchgeführt. Das Präsens der eintretenden und das der dauernden Handlung werden in vielen Sprachen begrifflich nicht geschieden (so giebt es z. B. im Griechischen kein Präsens Aoristi, mindestens nicht im Indicativ). Ein Futur wurde überhaupt ursprünglich nirgends gebildet; wo es eigene Formen besitzt, sind dieselben erst durch Zusammensetzung oder durch temporale Anwendung eines Modus (so z. B. der lat. Optativformen *legēs*, *legēt* etc. oder endlich durch Verbindung von Modalverben mit Verbalnominibus entstanden.

Hinsichtlich des Lateins ist namentlich noch Folgendes zu bemerken: a) das dem griechischen (augmentirten) Imperfect entsprechende Praeteritum (z. B. ἔτυπτον) ist geschwunden, aber durch eine Neubildung ersetzt worden; b) das dem griechischen starken Aorist (z. B. ἔλιπον) entsprechende Praeteritum ist, bis auf wenige Spuren, verschwunden, ohne durch eine Neubildung ersetzt worden zu sein; c) der sog. „sigmatische" Aorist (z. B. *scrīp-s-i*, vgl. griech. ἔγραπ-σ-α = ἔγραψα fungirt nicht nur als Praeteritum der eintretenden Zeitart („historisches Perfect"), sondern auch als Praesens der vollendeten Zeitart („Perfectum praesens"), z. B. *scripsi* kann ebensowohl in der Bedeutung von griech. ἔγραψα (frz. *écrivis*) als auch in der von griech. γέγραφα (frz. *j'ai écrit*) gebraucht werden; d) das Präsens der vollendeten Zeitart (Perfect) kann ebensowohl in dieser seiner eigentlichen Function als auch in derjenigen eines Praeteritums der eintretenden Handlung („historisches Perfect", Aorist) gebraucht werden, d. h. z. B. *cecĭdi* ist seiner Bedeutung nach sowohl = griech. πέπτωκα (frz. *je suis tombé*) als auch = griech. ἔπεσον (frz. *je tombai*). Von

------

(inchoativ), als sich wiederholend, bezw. häufig erfolgend (iterativ, frequentativ), als mit Energie vollzogen (intensiv), als mit geringer Energie vollzogen (deminutiv, z. B. im Deutschen „lächeln", im Gegensatz zu „lachen"). Es besitzen indessen diese Zeitarten nicht die durchgreifende Bedeutung für die Conjugation, wie die drei oben hervorgehobenen. — Ueber die Verba frequentativa und intensiva vgl. *Wölfflin* in seinem Archiv IV 197. — Vgl. auch *Herbig*, Idg. Forsch. VI, 157.

der römischen Nationalgrammatik wurden daher, und in Folge dessen werden von der Schulgrammatik noch jetzt der ursprüngliche sigmatische Aorist und das ursprüngliche Perfect (sammt den ihm functionell gleichwerthigen Neubildungen, wie z. B. *amāvi*) zu e i n e m Tempus, dem „Perfect", zusammengefasst; e) zu dem Aorist-Perfect *(scripsi, cecīdi)* ist ein Praeteritum, das sog. Plusquamperfectum, gebildet worden *(scripseram, cecideram)*; f) sowohl zu dem Präsens als auch zu dem Perfectum praesens ist ein Futurum (Fut. simplex und Fut. exactum) gebildet worden *(amabo, amavero)*. — Das lat. Tempussystem gliedert sich demnach folgendermaassen:

A. T e m p o r a d e r e i n t r e t e n d e n H a n d l u n g.

a) (Das Praesens der eintretenden und das der dauernden werden nicht geschieden.)

b) Praeteritum (Aorist, historisches Perf.) ist verschmolzen mit dem Präsens der vollendeten Handlung (Perf. praes.),

c) das Futurum der eintr. Handlung wird von dem Fut. der dauernden Handlung nicht geschieden, kann aber durch Part. Fut. Act. + *sum* zum Ausdruck gebracht werden.

B. T e m p o r a d e r d a u e r n d e n H a n d l u n g.

a) Praesens (vgl. A a),

b) Praeteritum (Imperfectum),

c) Futurum (simplex, vgl. A c).

C. T e m p o r a d e r v o l l e n d e t e n H a n d l u n g.

a) Praesens (Perfectum praes., vgl. A b),

b) Praeteritum (Plusquamperfectum),

c) Futurum (exactum).

Die Tempora einerseits der dauernden Handlung, andrerseits diejenigen der vollendeten Handlung (von denen das Perfect Doppelfunction besitzt), werden von je einem Tempusstamme abgeleitet; man unterscheidet demnach einen Präsensstamm und einen Perfectstamm (vgl. No. 3):

A. D e r P r ä s e n s s t a m m.

a) Praesens (der eintretenden und der dauernden Handlung),

b) Praeteritum der dauernden Handlung (Imperfect),

c) Futurum der dauernden und der eintretenden Handlung (NB. das Fut. der eintretenden Handlung kann auch durch die Verbindung Part. Fut. Act. + *sum* ausgedrückt werden, z. B. *scripturus sum*).

B. Der Perfectstamm.

a) Präsens (der vollendeten Handlung, also Perf. praes., dasselbe fungirt aber auch als Aorist und umgekehrt der [sigmatische] Aorist als Perf. praes.),

b) Praeteritum (der vollendeten Handlung, das sog. Plusquamperfect),

c) Futurum (der vollendeten Handlung, das sog. Futurum exactum).

3. **Die Bildung der Tempusstämme.** Das Latein besass ursprünglich drei Tempusstämme, den Präsensstamm, den Perfectstamm und den Aoriststamm. Der letztere ist aber nur noch in Trümmern vorhanden, weche dem Perfectstamm zugezählt werden. Der Perfectstamm ist nur im Activ vorhanden. Das Medium (Passiv, Deponens) besitzt folglich nur den Präsensstamm, vgl. Nr. 7.

I. Der Präsensstamm.

a) **Das Präsens.** Nur in vereinzelten Formen einiger Verba fungirt die Wurzel als Verbal-, bezw. als Präsensstamm: [*īre*] *eo* (?), *is, it, imus, itis*; [**dă-re*, wofür *dāre*] *dămus, dătis*; [*es-se*] *es, est*; [*ed-ĕre* „essen"] *ēs, est, estis, esto, este, edim, esse*; [*fer-re*] *fert, fertis, fer, ferto, ferte*; [*vel-le*] *vult, vultis, velim*. Sonst wird stets die Wurzel durch antretenden Vocal erweitert; es geschieht dies aber in zweifacher Weise, nämlich:

α) An die Wurzel tritt der sog. thematische (d. h. stammbildende) Vocal an (*ĕ, o, ĭ, ŭ*)[1]), z. B. *leg-ĕ-re, leg-o, leg-ĭ-s, leg-ŭ-nt*.

Anmerkung. Die durch den thematischen Vocal erweiterte Wurzel kann auf mannigfache Weise lautlich verstärkt werden, nämlich: 1. Durch Reduplication: *gigno* (daneben altlat. *geno*), vgl. griech. γίγνομαι, *sīdo* aus **si-zd-o, sisto, bĭbo, sero* aus **si-so*.

---

[1]) Es ist ursprünglich derselbe Vocal, mittelst dessen auch die nominalen *o*-Stämme gebildet werden. Eine Wurzel + *o* kann also sowohl zum Nomen als auch zum Verbum werden, je nachdem an *o* ein Casussuffix oder eine Personalendung gefügt wird.

2. Durch Antritt eines *t*, z. B. *flec-t-o, nec-t-o, plec-t-o* (aber Perf. *flec-si* = *flexi* etc.), vgl. griech. τύπ-τ-ω, τίκ-τ-ω etc. — 3 α) Durch Antritt eines *n[u]*, z. B. *ster-nu-o*, vgl. griech. πτά-νυ-μαι, *li-n-o, cer-n-o, ster-n-o* (aber Perf. *lē-vi* und *li-vi, crē-vi, strā-vi*); auch *vel-lo* aus *vel-n-o, tol-lo* aus *tol-n-o; 3 β)* durch Eintritt eines Nasals in die Wurzel, z. B. *ta-n-go* (aber Perf. *te-tĭg-i*), vgl. griech. ϑιγγάνω *pu-n-go* (aber Perf. *pu-pūg-i*), *iu-n-go, pi-n-go* etc. (hier ist der Nasal auch in das Perfect eingedrungen: *iunxi, pinxi*, vgl. dagegen die Subst. *iugum, pic-tor* (dagegen hat frz. *peintre* das *n* vom Verbum übernommen). — 4. Durch Antritt eines *sc*, z. B. *pa-sc-o, no-sc-o* (aber Perf. *pā-vi, nō-vi*), vgl. griech. γι-γνώ-σκ-ω u. dgl. Das *sc* kann dem thematischen Vocale auch nachfolgen, z. B. *gemi-sc-o* (aber Perf. *gemui*), es kann endlich auch Stämmen, welche mit Ableitungsvocal gebildet sind (s. u.), angefügt werden, z. B. *invcterā-sco* (Perf. *invetera-vi*), *abolē-sco* (Perf. *abolē-vi*), *concupī-sco* (Perf. *concupī-vi*). Die mittelst des Suffixes *sc* gebildeten Verba haben inchoative Bedeutung, mitunter erscheinen sie causativ gebraucht. — 5. Durch Antritt eines (ursprünglich halbvocalischen) *i*, z. B. *cap-i-o, cup-i-o, fug-i-o* (Inf. *capĕre, cupĕre, fugĕre*), vgl. griech. σπείρω aus σπέρ-ι-ω, φράσσω aus φράκ-ι-ω; die meisten der hierher gehörigen Verba sind durch den Ausgang *io* zu den ableitungsvocalischen auf *-īre* hinübergezogen worden, z. B. *farcīre, venīre* u. a. m. (man beachte die nicht ableitungsvocalisch gebildeten Perfecta dieser Verben: *farsi, vēni* etc.)[1]).

Die mittelst thematischen Vocals gebildeten Verben (einschliesslich der wurzelhaften Einzelformen) werden s t a r k e Verben genannt, ihre Conjugationsweise die s t a r k e Conjugation.

Die „starken" Verba betonen im Präs. Ind. durchweg die Wurzelsilbe, z. B. *légo, légis, légit, légĭmus* (dagegen *amāmus, docēmus, audĭmus*), *légitis* (dagegen *amātis, docĕtis, audĭtis*), *légunt*.

β) Die Bildung des Präsensstammes (bezw., da der Präsensstamm meist auch dem Perfect zu Grunde liegt, des Verbalstammes) erfolgt durch Antritt eines sog. Ableitungsvocals an die Wurzel[2]).

Der Ableitungsvocal kann sein *ā, ē, ī, (u)*. Da aber die Verba auf *-uo* (aus *u-i̯o*) zur Conjugation der

---

[1]) Eine eigenartige Gruppe dieser Verba auf *-io* bilden die Denominativa auf *-ūrio* mit sog. desiderativer Bedeutung, wie *esurio, canturio, scripturio, abiturio*.

[2]) Die Bezeichnung ist darin begründet, dass der „Ableitungsvocal" zur Ableitung von Verben aus Nominibus (z. B. *curāre* v. *cura, fumāre* v. *fumus*) dient.

themavocalischen (sog. starken) Verba übergetreten sind (z. B. *statuĕre*), so sind nur drei Classen ableitungsvocalischer Verba vorhanden, nämlich:

Verba auf *-ā-re* (*A*-Verba, *A*-Conjug.),

   „   „ *-ē-re* (*E*-Verba, *E*-Conjug.),

   „   „ *-ī-re* (*I*-Verba, *I*-Conjug.).

In der ersten Person Sing. Praes. Ind. tritt an den Stammvocal der Ausgang *-io* der 5. themavocalischen Classe, also z. B.:

plantā-io, woraus durch Zusammenziehung *plantō*, vgl. gr. τιμάω, τιμῶ),

silē-io, woraus durch Verschmelzung *sileo* (vgl. gr. φιλέω),

finī-io, woraus durch Verschmelzung *finio*;

in den übrigen Formen dagegen werden die Personalendungen unmittelbar an den Ableitungsvocal gefügt, z. B. *amā-s*.

Die mittelst des Ableitungsvocales gebildeten Verba werden **schwache** Verba genannt, ihre Conjugationsweise die **schwache** Conjugation.

Die meisten schwachen Praesentia auf *-āre* und *-īre*, auch einige auf *-ēre* übertragen den Ableitungsvocal auf das Perfect (*amā-vi, audi-vi, plē-vi*).

b) **Das Imperfectum.** Das zum Präsensstamme gehörige Praeteritum (Imperfect) ist aus der Verbindung eines alten Infinitivs mit dem Aorist der Wurzel *bheu̯, bhu* „werden" entstanden: *amā-bam, plē-bam, andi-bam* (üblicher *andiē-bam* mit analogischem *ē*), *legē-bam*; *eram* (für **esam*) ist vermuthlich nach Analogie von *-bam* gebildet.

Der Conjunctiv Imperfecti gehört ursprünglich zu dem sigmatischen Aorist (*starem* aus **stasem*).

c) **Das Futurum.** Das Futurum der zur 3. und 4. Conjug. gehörigen Verba (*legam legēs* etc., *audiam audiēs* etc.) ist in der 1. P. Sg. ein ursprünglicher Conjunctiv, in den übrigen Personen ein ursprünglicher Optativ. Das Futurum auf *-bo* der *A*- und *E*-Verba ist entstanden aus Verbindung eines alten Infinitivs mit dem Präsens der Wurzel *bheu̯, bhu* „werden".

II. Der Perfectstamm (und Aorist).

a) Das Perfect. *α*) Das Kennzeichen des indogerman. Perfects ist bei consonantisch anlautenden Verben die Reduplication, d. h. die Wiederholung des Anlautes mit dem Vocale *e*, z. B. lat. *de-di, ste-[s]ti, ce-cĭd-i, ce-cĭn-i*. Der Reduplicationsvocal hat sich dem Vocal der Stammsylbe angeglichen, wenn derselbe ursprüngliches (also nicht aus *a* geschwächtes) *i, o* oder *u* war, z. B. *di-dĭc-i, mo-mord-i, pu-pŭg-i* für **de-dĭc-i* etc. Bei den vocalisch anlautenden Verben *edĕre* (essen), *emĕre, agĕre* und **apĕre* tritt *e* (sog. Augment) vor den Stamm und verschmilzt mit dessen anlautendem Vocal: *e-ed-i* = *ēdi*, *e-em-i* = *ēmi, e-ag-i* = *ēgi*, **e-api* = **ēpi* (zusammengesetzt mit *co* entsteht daraus *co-epi* = *coepi*, vgl. griech. ἦχα von ἄγω). Reduplicirende Verben sind im Lateinischen nur noch in sehr geringer Zahl (etwa 30) vorhanden, sie gehören sämmtlich der starken Conjugation an (Bildungen, wie griech. τετίμηκα, πεφίληκα, fehlen also gänzlich). An mehreren Perfecten erkennt man die einst vorhanden gewesene Reduplication noch an der Doppelung des anlaut. Stammconsonanten (so in *rettuli, repperi*) oder an der Beschaffenheit des Wurzelvocals (so in *fĭdi, scĭdi* aus **fe-fĭdi, sce-cĭdi*). Bei anderen Perfecten darf man annehmen, dass die Reduplication einfach geschwunden ist, z. B. *lambi, scandi, verti* etc., indessen ist diese Annahme nicht einwandsfrei[1]. — *β*) Eine Anzahl reduplicationsloser Perfecta (von durchweg starken Verben) zeigt eine Art „Ablaut": Präs. *ă*, Perf. *ā*, z. B. *scăbo, scābi*; Präs. *ă*, Perf. *ē*, z. B. *făcio, fēci, căpio, cēpi, fră-n-go, frēgi*; Präs. *ĭ* Perf. *ī*, z. B. *vĭdeo, vīdi, vĭnco, vīci*; Präs. *ĕ*, Perf. *ē*, z. B. *lĕgo lēgi, vĕnio, vēni*; Präs. *ŭ*, Perf. *ū*, z. B. *fŭgio, fūgi*; Präs. *ŏ*, Perf. *ō*, z. B. *mŏveo, mōvi*. Die Entstehung dieses scheinbaren Ablautes darf hier unerörtert bleiben. Bemerkt sei nur, dass er vielfach wohl nur auf An-

---

[1] *Brugmann*, Grundriss II 1235, erblickt in *scĭdit, fĭdit* (ebenso auch in *fuit*) themavocalische Aoriste, in *tetigi* und dgl. aber reduplicirte themavocal. Aoriste.

bildung an die augmentirten Perfecte (*e-ag-i* = *ēgi*) beruht. — *γ*) Der Stamm einiger vielgebrauchter Verba mit starker Perfectbildung lautete auf *v* aus (z. B. *mo-v-eo, jūv-o*), das Perfect folglich auf *v-i*, z. B. *mŏv-i, jūv-i*). Die Participien *mŏ-tus, jū-tus*, in denen das *v* geschwunden war, gaben nun Anlass, dass im Perfect *mŏ-, jū-* als Stamm, *-v-i* aber als Endung aufgefasst wurde (*mŏ-vi, jū-vi*). Dieser vermeintliche Perfectausgang *-vi* wurde nun analogisch auf andere Stämme übertragen, zunächst auf vocalisch auslautende (*pā-vi, crē-vi, sē-vi, amā-vi, delē-vi, audi-vi* etc. etc.), dann auch (unter Anlehnung an das Perfect der zahlreichen Verba auf *-uĕre*, wie *acui, tribui, rui* etc. etc.) auf consonantisch auslautende, wobei *v* zu *u* vocalisirt wurde (*doc-ui, mou-ui* etc. etc.). Vgl. *Brugmann* Grundriss II. 1244 f. Da die meisten schwachen Verben das Perfect auf *-vi* bilden, so ererscheint dasselbe, von dem Standpunkte der praktischen Grammatik aus betrachtet, als das regelmässige. — *δ*) Die Perfecta auf *-si* (Conj. *-serim* aus *-sesim*) sind sigmatische Aoriste (vgl. *dixi* mit griech. ἔ-δειχ-σα = ἔ-δειξα). Auf sigmatischer Aoristbildung beruht wohl auch das in der 2. P. Sg. und Plur. Ind. aller Perfecta zwischen Tempusstamm und Personalendung erscheinende *-(s)is-*, z. B. *dic-sis-ti, dic-sis-tis, vīd-is-ti, vīd-is-tis, amav-is-ti, amav-is-tis*. Sigmatische Aoristbildungen sind auch die *v*-losen Formen der Perfecta ableitungsvocalischer Verba: *amās-ti, amās-tis, amār-unt* (aus **amas-unt*)[1]; die *v*-lose 1. P. Sg. solcher Perfecta (*audii*, volkslat. *amái*) ist ebenfalls aoristisch.

b) **Das Plusquamperfectum und c) das Futurum exactum.** Nach dem Muster des präsentialen Präteritums (Imperfects) auf *-bam* und des präsentialen Futurs auf *-bo* wurde auf Grundlage der sigmatischen Aoristformen ein perfectisches Präteritum (Plusquamperf.) und ein perfectisches Futurum (Fut. exactum) gebildet[2], z. B.

---

[1] Die 3. P. Pl. Ind. ist durchweg sigmatisch: *scripser-unt* aus **scripses-unt, amaver-unt* gleichsam *amaves-unt*.

[2] Das sog. Fut. exact. ist ursprünglich ein Conjunctiv.

zu *vĭd-i vĭd-is-ti* ein *vĭdes-am* (vgl. gr. ᾔδε[σ]α), *vider-am*, und *vides-o*, *vide-ro*, zu *dic-si dic-sis-ti* ein *dic-ses-am*, *dic-ser-am* = *dixeram*, und ein *dic-ses-o*, *dic-ser-o* = *dixero*, darnach dann auch *amav-er-am*, *amav-er-o*. Sigmatische Aoristbildung ist (wie der Conj. Imperf., so) selbstverständlich auch der Conj. Plusquamperf., z. B. *vidis-sem dic-sis-sem*.

Die Perfecta auf *-i*, *-si* und die nicht ableitungsvocalischen auf *-vi* (z. B. *pāvi*, *crēvi*) werden als „starke" (von der praktischen Grammatik als „unregelmässige"), die ableitungsvocalischen Perfecta auf *-āvi*, *-ēvi*, *-īvi* als „schwache" (von der praktischen Grammatik als „regelmässige") bezeichnet.

Die starken Perfecta betonen in der 1. und 3. P. Sing. und in der 1. P. Pl. Ind. die Stammsilbe (*légi, légit, légimus*), in der 2. P. Sing. und in der 2. und 3. P. Pl. die der Personalendung vorausgehende Sylbe (*legísti, legístis, legérunt*); volkssprachlich scheint die 1. P. Pl. paroxyton, die 3. P. Pl. proparoxyton gewesen zu sein (**scripsímus, *scrípserunt*), die letztere Betonung findet sich zuweilen auch schriftsprachlich („*stĕtĕruntque comae*").

Einem starken Präsens entspricht in der Regel ein starkes Perfect (z. B. *lĕgo, lēgi*), einem schwachen Präsens ein schwaches Perfect (z. B. *amo, amavī*), so dass also ein Verbum in der Regel in beiden Tempusstämmen entweder stark oder aber schwach ist. Indessen sind Fälle, dass das Präsens schwach und das Perfect stark ist (z. B. *mŏveo*, aber *mōvi; doceo*, aber *docui*), ziemlich zahlreich; zum Theil sind sie freilich nur scheinbar (so z. B. bei *capio, cēpi*, da ja *capio* nicht der I-Conj. angehört), und vielfach beruhen sie auf Analogiebildung (so wenn das ursprünglich starke Präsens *vĕnio* [vgl. gr. βαίνω] zur I-Conj. übergetreten ist). Inchoativen, also starken Präsentien stehen vielfach schwache Perfecta zur Seite.

Die durchweg schwach conjugirten Verba haben wegen des Massenbestandes der A- und I-Conjug. ein sehr beträchtliches Zahlenübergewicht über die starken und halbstarken. In Folge dessen wurden in der Weiterentwickelung der Sprache vielfach starke oder halbstarke Verba zur schwachen Conjugation hinübergezogen. Andrerseits allerdings haben auch vielfach schwache Verba, bezw. schwache Präsentia zu einem Theile starke Formenbildung angenommen (*rīdeo, ridēre*, aber ital. *rīdo, ridĕre*), so z. B. durch Uebergang zur Inchoativbildung (*punio* > *punisco* etc.). Aus dem Griechischen in das Romanische eingetretene Verba sind in die schwache Conjugation einbezogen worden, so z. B. die Verba auf *-ίζειν* = *-izāre* (daneben volkssprachlich, wie es scheint, *-idiāre*, welcher Ausgang dann auch an lateinische Stämme gefügt wurde, denn vermuthlich *-ĭdiāre* = ital. *-eggiare*, frz. *-oyer* etc.).

4. Die Modi. Die durch ein Verbum zum Ausdruck gebrachte Handlung wird im Indogermanischen aufgefasst entweder als real (wirklich) oder als ideal (nicht wirklich); im letzteren Falle kann wieder angedeutet werden, dass der Vollzug der betr. Handlung gewünscht oder dass er gefordert (befohlen) wird. Diesen vier Auffassungsweisen, zu denen übrigens in manchen Einzelsprachen noch andere hinzugetreten sind, entsprechen die vier Modi: Indicativ, Conjunctiv, Optativ, Imperativ.

Im Lateinischen sind Conjunctiv und Optativ derart mit einander verschmolzen, dass bei den A-Verben der Optativ zugleich als Conjunctiv, bei allen übrigen Verben aber der Conjunctiv zugleich als Optativ gebraucht wird[1]). Die Verwendung der 1. P. Sg. des Conjunct. und der 2., 3. P. Sg., 1., 2., 3. P. Pl. des Optativs zum Ausdruck des Futurs in der starken Conj. sowie in der I-Conj. (*legam, legēs* etc., *audiam, audiēs* etc.) wurde schon oben erwähnt. Die praktische Grammatik kennt nur einen Conjunctiv.

Das Kennzeichen des Conjunctivs ist der Vocal *ā*, der bei den starken Verben unmittelbar an den Stamm antritt (*leg-a-m*), bei den I-Verben und E-Verben dem Ableitungsvocale nachfolgt (*audi-a-m, doce-a-m*).

Das Kennzeichen des Optativs ist der Vocal *ī*[2]), bezw.

---

[1]) Die neuerdings von einem Sprachforscher aufgestellte Hypothese, dass *feram ferās* etc. eine Neubildung, **ferēm ferēs* etc. aber der alte Conjunctiv sei, möge eben nur erwähnt werden.

[2]) Im Sing. ursprünglich *iē*.

ĭ, welcher bei den Wurzelverben unmittelbar an den Stamm antritt (z. B. *ed-ĭ-m, vel-ĭ-m, s-ĭ-m*), bei dem themavocalischen dem Themavocal nachfolgt, z. B. *fero-i-mus, fero-i-tis*, woraus, indem *o* + *i* in *ē* zusammengezogen wird, *ferēmus ferētis* entsteht; dies *ē* wird dann auch auf die übrigen Personen — mit Ausnahme der 1., für welche der Conjunctiv eintritt (*feram*) — übertragen, also *ferēs, ferēt, ferent*. Der Optativ der A-Verben (*amēm, amēs* etc.) ist Neubildung nach **ferēm, ferēs* etc.)

Als 2. P. Sing. des Imperativs fungirt der Präsensstamm: *legĕ, amā, docē, audi* (analogisch gebildet sind *dā, stā, nolī*); *ēs* (*esse* essen), *ĕs* (*esse* sein), *fer* (*ferre*), *vel* (*velle*, nur noch als Conjunction gebraucht) sind ursprünglich 2. P. Sg. Ind. (**ēd-s, *es-s, *fer-s, vel-s*), darnach die Analogiebildungen *dic, duc, fac*. Die übrigen Formen des Imperativs bestehen aus Präsensstamm + Personalendung, z. B. *amā* + *tō[t], amā* + *te, amā* + *tōte, amā-nto*.

5. **Personalendungen.** a) **Das Activ.** Der Personalendung entbehren die 1. P. Sg. des Präs. Ind. (*lego, amo*) [nur *sum* und *possum* haben Personalendung] und der Futura auf *-bo* und *-so* = *ro* (*amabo, amavero*); mediale Endung hat die 1. P. Sg. Perf. Ind. (*legi, amavi*). Sonst erhalten sämmtliche Formen Personalendungen, und zwar: 1. P. Sg. *-m*; 2. Sg. *-s* (im Perf. Ind. *-ti*, z. B. *legis-ti*, über das *-is*, s. oben S. 418); 3. P. Sg. *-t*; 1. P. Pl. *-mus*; 2. P. Pl. *-tis*; 3. P. Pl. *-nt*. Der Ursprung der Personalendungen ist unaufgeklärt; die Vermuthung, dass sie ursprünglich Personalpronomina seien, liegt nahe.

b) **Das Passiv.** Die Personalendungen des Mediums, welches theils active, theils passive Bedeutung erhalten hat (*sequitur*, aber *legitur*) und demnach entweder als Deponens oder als Passiv bezeichnet wird, können hier unbesprochen bleiben, weil dieses Genus im Romanischen nicht fortlebt. Nur auf zwei Verhältnisse werde hingewiesen.

Die 2. P. Pl. Präs. Ind. ist ursprünglich der Nom. Masc. Pl. eines Particips Präs. Med. (*legimĭnĭ* = gr. λεγόμενοι, Singularformen dieses Particips liegen vor in *alumnus* von *alĕre, Vertumnus* von *vertĕre*, vielleicht auch in *auctumnus*).

Ganz dunkel ist der Ursprung des Passivausganges *-r* (*amatu-r*, *amantu-r*), den das Latein mit dem Oskischen und dem Keltischen gemein hat. *Bopp* erkannte darin das Reflexiv *s*[*e*]. Da aber gegenwärtig angenommen wird, dass auslautendes *-s* im Oskischen und Keltischen nicht zu *r* habe werden können, so gilt jetzt die Bopp'sche Annahme als unzulässig, vielleicht jedoch mit Unrecht (vgl. *Körting*, Formenbau des frz. Verbums p. 12 ff., und in Ztschr. f. frz. Sp. und Lit. XVIII[1] p. 115).

6. **Verbalnomina (das Verbum infinitum).**

a) **Infinitive.** Der Inf. Praes. Act. auf *-ĕr-ĕ* ist der erstarrte Locativ Sing. eines Verbalnomens auf *-es*, z. B. **lĕgĕs* (vgl. Neutra, wie *opus opes-is*, *opes-i*, woraus *operis oper-i*), gleichsam „das Lesen", davon Loc. **lĕgĕs-i*, daraus **lĕgĕsĕ*, endlich *lĕgĕrĕ*. Nach diesem Muster wurden dann auch die Inf. Praesentis der übrigen Verben gebildet (*amāre* etc.; *esse* aus *ed-se*, *ferre* aus *fer-s-e*, *velle* aus *vel-se*); ebenso die Infinitive Perfecti (*dixisse* etc.; altlat. auch *dixe*, vgl. die 2. Praes. Sing. Ind. *dixti* neben [nicht für] *dixisti*). — Der Inf. Präs. Pass. u. Dep. auf *ī* ist ursprünglich der Dat. Sing. eines wurzelhaften Verbalnomens (*Nomen actionis*), z. B. *lĕg-i*, konnte also eigentlich nur zu den starken Verben gebildet werden. Es wurde indessen die Endung *ī* auch auf die Infinitive Act. der schwachen Verben übertragen, um ihnen mediale (bezw. deponentiale oder passive) Bedeutung zu geben, also *amārī*, *hortārī*; auch der activische Inf. **fĭĕrĕ* wurde in *fĭerī* umgestaltet[1]). — Der periphrastische Inf. Fut. Pass. (z. B. *lectum irī*) ist aus der activischen Verbindung Supin. + *īre* (*lectum eo*) erwachsen.

b) **Participien.** Das Part. Präs. Act. wird mittelst des Suffixes *-nt* gebildet, welches an den Präsensstamm antritt (*legĕ-nt*, *amā-nt*). Das Part. Präs. Med. auf **-mĕno* ist als solches geschwunden, es haben sich jedoch einzelne Masc. und Fem. Şg. als Substantiva erhalten (*alumnus*, *columna*, *Vertumnus*), und der Plur. Masc wird

---

[1]) Die Inf. Praes. Pass. auf *-ier* (*agier*, *laudārier* etc.) sind bis jetzt nicht ausreichend erklärt worden.

als 2. P. Plur. Präs. Pass. u. Dep. gebraucht (*alĭmĭnĭ, portāmĭnĭ*). — Das Part. Perf. Act. scheint völlig geschwunden zu sein, denn auch die Subst. *cadaver, papaver* sind schwerlich ursprüngliche Participien. Activische Bedeutung aber haben die Participien Perf. Deponentis (*hortatus, profectus* etc.). — Das Part. Fut. Act. auf *-turus* (*lĕctūrus*) ist eine Weiterbildung des Suffixes *-tor* der Nomina actoris (*lector*). — Das Suffix des Part. Perf. Pass. ist *-to*[1]), welches theils an den unerweiterten, theils an den mit Ableitungsvocal gebildeten Stamm antritt (z. B. *lectus*, aber *amātus*). Die Participien P. P. sind also entweder stark oder schwach, die ersteren betonen die Wurzelsilbe, die letzteren den Ableitungsvocal; zu den schwachen Participien müssen ihrer Betonung wegen auch die Participien auf *-ū* (aus *u* + *i*) + *-tus* gezählt werden (*tribūtus, solūtus* etc.), nach deren Muster die Volkssprache dann zahlreiche andere bildete. Die in activischer Bedeutung gebrauchten Media (*hortāri* etc.) verwenden das Part. Perf. Pass. ebenfalls in activischer Bedeutung (*hortatus*, „ermahnt habend"). Dies mag den Anstoss dazu gegeben haben, dass volkssprachlich das Part. Perf. Pass. auch sonst (z. B. in der Verbindung mit *habeo)* activische Bedeutung annahm und also zu einem Part. Präteriti wurde. — Ueber das Part. Perf. Fut. (Gerundivum) s. unten d).

c) **Supinum.** Die beiden Supina auf *-tum* und *-tu* sind Casus (Accus. u. Dat.) von Verbalnominibus auf *-tus* (z. B. *cantus*).

d) **Gerundium** und **Gerundivum.** Das Gerundium scheint entstanden zu sein aus der Verbindung eines alten accusativischen Infinitivs auf *-m* mit der Postposition *dŏ*, welche etymologisch u. begrifflich dem deutschen „zu" entspricht[2]), also z. B. *ferom* + *dŏ* „zu tragen", woraus *ferendŏ* (vgl. *quam* + *dŏ* = *quandŏ*).

---

[1] *mortus* (zu *mori*) wurde in der Schriftsprache durch *mortuus* verdrängt, in der Volkssprache dagegen behauptete es sich.

[2] Dieses *dŏ* ist auch in *dōnicum, dōnec* enthalten; identisch damit ist wohl griechisches δώ in ἡμέτερόν δώ und δε in ἡμέτερόνδε. Als Präposition ist *do* in den slavischen Sprachen noch ganz üblich. Vgl. *Brugmann* a. a. O. p. 1425.

Indem nun später diese Form anlässlich ihrer Endung
-ō als Ablativ-Dativ .aufgefasst wurde, bildete man einerseits dazu einen Genetiv und Accusativ, andererseits ein
Verbaladjectiv auf -us, -a, -um, z. B. *ferendus, a, um* „zu
tragend"; mehrfach sind derartige Verbaladjectiva zu
schlechthinnigen Adjectivis geworden, z. B. *rotundus*[1]). Vgl.
Brugmann, Grundriss etc. II. S. 1425. Der Besitz dieses
„*participium necessitatis*" — denn so darf man das Gerundiv bezeichnen — ist für das Latein in syntaktischer
Beziehung sehr werthvoll, nicht minder der Besitz des
Gerundiums, vermöge dessen Ersatz für die Declinations-
unfähigkeit des Inf.'s geboten wird.

7. Umschreibende Verbindungen. Da das in
passiver Bedeutung gebrauchte Medium des Lateins nur einen
Präsensstamm besass, so musste das passive Perfect in seiner
Doppelbedeutung (Perf. praes. u. Perf. histor.) durch Umschreibung zum Ausdruck gebracht werden; es geschah dies
durch die Verbindung des Part. Perf. Pass. mit *esse* (z. B.
liber scriptus est). An sich war freilich diese Verbindung ihrem
Wesen nach nur zum Ausdruck des Perf. praes. geeignet, sie
wurde aber zugleich als Perf. hist. gebraucht, daneben allerdings
auch *fuisse* statt *esse* (*liber scriptus fuit*). Das Perfect der
Deponentien wurde gleichfalls durch das Part. Perf. Pass. umschrieben, vgl. oben Nr. 6 b).

Die Verbindung des Part. Fut. Act. + *esse* (z. B. *scripturus sum*) ermöglichte den Ausdruck des sog. Fut. instans.

Die Verbindung des Neutrums des Gerundivs mit *esse* und
dem Dativ der Person (*mihi scribendum est*) ergab eine modale
Redeweise, welche man als „Obligativ" bezeichnen kann.

Das Vorhandensein derartiger periphrastischer Verbindungen zum Ausdruck temporaler und modaler Verhältnisse,
für welche synthetische Formen fehlten, musste es begünstigen,
dass in der späteren Sprache weitere Periphrasen üblich
wurden zur Vertretung zweideutiger oder lautlich unbequemer
Formen (so des Futurs, des Perfectum praesens etc., vgl. § 42).

---

[1]) Bildungen ähnlicher Art sind wohl auch *jucundus*, *fecundus*,
facundus, *rubicundus* und dgl. (vgl. die Verben *juvo*, **feo [?]*, *for*, *rubeo*).

Sonderschriften über Einzelfragen der lateinischen Formenbildung sind, wie begreiflich, in reichster Fülle vorhanden; es muss, schon aus Rücksicht auf den Raum, hier darauf verzichtet werden, sie namhaft zu machen, und wäre es auch nur in bescheidenster Auswahl. Es werde daher auf die betr. Angaben bei *Brugmann* und *Stolz*, sowie auf die der Sprachwissenschaft und der classischen Philologie gewidmeten Bibliographien (namentlich auf *Streitberg's* Anzeiger für indogerman. Sprachwiss. und Alterthumskunde) und Zeitschriften (namentlich auf *Wölfflin's* Archiv f. lat. Lex.) verwiesen.

§ 42. Die Wortformen (der Formenbau) des Romanischen [1]).

A. Das Nomen. 1. Die Genera. Von den drei grammatischen Geschlechtern des Lateins ist das Neutrum bei dem Substantiv im Romanischen durchweg geschwunden; bei dem Adjectiv hat es sich begrifflich (nicht auch formal) erhalten, kann aber, weil neutrale Substantive fehlen, weder attributiv noch auch, ausgenommen in unpersönlichen Ausdrücken, prädicativ gebraucht werden, besitzt also eine sehr eingeengte Anwendungsfähigkeit, welche durch die Möglichkeit der Substantivirung (z. B. frz. *le sublime* „das Erhabene") nicht sonderlich erweitert wird. Im Pronomen ist das Neutrum begrifflich und vielfach auch formal erhalten (vgl. unten Nr. 7).

Die neutralen Substantiva singularer Form sind Masculina, diejenigen pluraler Form sind Feminina geworden (z. B. *brachium* = frz. *le bras*, aber *brachia* = *la brasse*). Die so entstandenen Feminina sind Singulare (*arma* = frz. *une arme* [2]), und bilden einen neuen Plural [3]). Dabei ist befremdlich, dass viele Neutra, deren Singular im Latein durchaus üblich war und die folglich — so sollte man glauben — als Masculina hätten fortleben können, im Romanischen oder doch in einer best. Einzelsprache als Feminina auftreten, so entspricht z. B. dem lat. *pomum* im Frz. nicht **le pom*, sondern *pomme*, was *poma* voraussetzt. Im Frz. mag dies zum Theil darin begründet sein,

---

[1]) Auch im obigen Paragraphen, wie in § 40, konnten, dem Zwecke dieses Buches entsprechend, nur Andeutungen und Gesichtspunkte gegeben werden.

[2]) So hat sich im Gange der Sprachgeschichte ein Kreislauf vollzogen: der Plural des Neutrums war einst (wenigstens bei den *o*-Stämmen) der Sing. eines weiblichen Substantivs mit collectiver Bedeutung (**arma *armae* „das Geräth", vgl. oben p. 399 Anm. 3) und ist im Romanischen nun wieder zur Singularform eines weiblichen Substantivs geworden.

[3]) Es liegt damit die Thatsache vor, dass ein Plural nochmals ein Pluralsuffix annehmen kann, denn z. B. frz. *entrailles* ist = **intralia* (Pl. v. **intrale*) + Pluralsuffix -*s*, also gleichsam **intralia-s*.

dass der übernommene Singular im Auslaute eines Stütz-*e* bedurfte, durch dieses *e* aber den zahlreichen Femininen auf -*e*
sich anreihte, so ist z. B. (*une*) *étable* gewiss = *stabulum*, nicht
= *stabula*, aber zum Feminin geworden in Anlehnung an
table; in ähnlicher Weise richtete sich das missgelehrte Subst.
étude gewiss nach den zahlreichen Femininen auf -*tude*. Bei einem
Worte, wie *folia* = ital. *foglia*, span. *hoja*, frz. *feuille* erklärt
sich die Uebernahme des Plurals aus der collectiven Bedeutung „Laub“, und so auch bei manchem anderen Worte.
Immerhin bleibt noch Vieles dunkel[1]). Im Ital. haben sich
mehrfach neutrale Plurale als Plurale erhalten, welche dann
weiblichen Artikel vor sich nehmen, z. B. *pecora, brachia* =
le braccia (darnach analogisch auch *le dita* für *di*[*gi*]*ti*), daneben,
aber freilich nur in übertragener Bedeutung, das Masc. *i bracci.*
Zahlreiche neutrale Plurale auf -*ora* haben sich im Rumän.
erhalten, freilich mit männlicher Endung (*corpuri* = *corpora*);
Plurale neutraler *o*-Stämme zeigen im Rumän. noch vielfach -*a*
= -*e* (*lemne* = *ligna*).

Der Schwund des subst. Neutrum ist schon in den ältesten
romanischen Sprachen vollzogene Thatsache. Altfranzös. *s*-lose
Nominative früherer Neutra (z. B. *jugement* u. dgl. im Oxforder
Psalter) können gar nichts dagegen beweisen.

Der im Romanischen vollzogene Wandel der Neutra in
Masculina oder Feminina ist ein rein formaler, ja man möchte
sagen: mechanischer Vorgang, mit welchem irgend welche begriffliche Abänderung nicht verbunden ist. Nichts wäre verkehrter, als zu glauben, dass die Romanen vermöge einer besonders lebhaften Phantasie den Neutris grammatisches Geschlecht beigelegt, also das vollendet hätten, was nach *J. Grimm*
(s. oben S. 399 Anm.) die Urindogermanen begonnen haben
sollen[1]).

Die Neutra auf -*u* (*cornu*) waren von vornherein gleichformig mit dem Accus. der männlichen *o*-Stämme (*servum*),
nachdem dieser sein -*m* verloren hatte (*servu*), die Neutra auf

---

[1]) Warum z. B. heisst es im Frz. *huile* f. ? Man sollte doch entweder **euil* = *öleum* (vgl. *seuil* = **söleum* f. solea) oder **euille* = **ölea*
(vgl. *feuille* = *fölia*) erwarten.

[2]) Uebertritt der Neutra zu den persönlichen Geschlechtern ist
auch im Litauischen erfolgt und erklärt sich dort, wie im Romanischen.
Im Englischen dagegen sind bekanntlich die Masc. und Fem. zu Neutris
geworden; auch dies ist ein rein formaler Vorgang. Ebenso in den
neukelt. Sprachen vgl. Zeuss Gramm. celt.[2] p. 209 ff.

-*um* (*membrum*) wurden es nach Verlust des -*m* (*membru*). Wenn nun aber z. B. *bono servo* u. *bono membro* im Sing. gleichen Ausgang des Accus. (und, wo -*s* verstummte, auch des Nom.) hatten, die übrigen Casus des Sing. aber ohnehin gleichformig waren, so lag es doch nahe, die Gleichformigkeit auch auf den Nom. u. Accus. Pl., d. h. auf die beiden einzigen verschiedenformigen Casus, auszudehnen und also *bona membra* umzubilden in *boni membri*. Die Neutra auf -*us* (*corpus*) fielen, wo das -*s* verstummte (*corpu*), mit den *o*-Stämmen zusammen; wo aber -*s* sich erhielt und das ihm vorausgehende *u* wegfiel (altfrz. *cors*), da wurde -*s* nur eben als Wortauslaut aufgefasst, und dadurch das Wort zu dem Masc. hinübergeführt, und zwar zu den Subst., deren Stamm auf -*s* ausgeht (altfrz. *nes* = *nasus*). Der Nom. Acc. Sing. der Neutra auf -*r* (*piper*) u. -*n* (*carmen*) wurde in den Sprachen, welche im Acc. Sg. Masc. u. Fem. das *e* beibehielten (*monte*), von den geschlechtigen Subst. angezogen (*flumen* > ital. *fiume*); wo aber das Accusativ-*e* wegfiel (frz. *mont*), da mussten die Neutra auf -*r* u. -*n* ein Stütz-*e* erhalten (**pip*[*e*]*r-e* = frz. *poivre*, **carm*[*i*]*n-e* = frz. *charme*) und wurden dadurch veranlasst, zum Geschlecht der Masc. oder der Fem. gleichen Ausganges überzutreten (*poivre* konnte etwa von *cuivre*, *livre*, *charme* aber von dem gleichlautenden *charme* = *carpīnus* angezogen werden). Auch im Span. traten die Neutra auf -*n* zu den Subst. auf -*e* über: *nomen* = *nombre*, *lumen* = *lumbre* (ptg. *lume*, *nome* u. *não*). Der Uebergang der neutralen Plurale auf -*a* (*arma*) zu den Femininis wurde durch die Endung veranlasst. Die Vertauschung des Neutr. mit dem Masc. oder Fem. beruht also überall auf Wirkung der Analogie. Es gilt dies selbstverständlich auch von den in das Romanische eingetretenen germanischen Neutris[1]).

Ueber den Schwund des lat. Neutrums und den Geschlechtswechsel der einzelnen Neutra vgl.[2]) *Appel*, De genere neutro intereunte in

---

[1]) Begünstigt musste der Schwund des Neutrums durch das Vorhandensein der einformigen Adj. (*felix*, *audax* etc.) werden, weil durch sie das Gefühl für die Geschlechtsunterscheidung abgestumpft wurde.

[2]) Vgl. auch *Mercier*, *De neutrali genere quid factum sit in gallica lingua* (Paris 1879), und *Suchier*: Der Untergang der geschlechtlosen Substantivform (Archiv f. lat. Lex. III 163). — Ueber den syntakt. Gebrauch des Neutr. vgl. die, freilich sehr schwache, Diss. von *Aubert: Des emplois syntaxiques du genre neutre en français* (Aix 1886). — Noch

lingua latina, Erlangen 1883 Diss.; *W. Meyer*, Die Schicksale des lat. Neutr. in den roman. Sprachen, Halle 1883 (Züricher Diss.). Ueber den Geschlechtswandel im Frz. (Masc. u. Fem.) vgl. die so betitelte Diss. von *Armbruster* (Heidelberg [Druckort Karlsruhe] 1888).

Die lat. Masc. u. Fem. haben ihr Geschlecht im Allgemeinen bewahrt. Es gilt dies insbesondere von den *a*- u. *o*-Stämmen, namentlich in den Sprachen, welche -*a* u. -*o* erhalten haben. Bei den Substantiven der 3. Decl. finden vielfache Schwankungen statt, bezüglich deren die einzelnen Sprachen übrigens sehr von einander abweichen. Im Einzelnen liegen die Grundverhältnisse im Romanischen überaus verwickelt[1]), es will da jede Sprache für sich betrachtet werden; durchweg gültige Sätze lassen sich nicht aufstellen, nicht einmal für eine Einzelsprache. Denn, wenn man z. B. sei es in Bezug auf das Romanische überhaupt oder auch nur in Bezug auf eine, etwa die französische, Sprache sagt, dass die schriftlateinischen Ausnahmen in die Regel zurückgetreten sind, so trifft dies zwar vielfach zu (z. B. frz. *un arbre, la cendre, la poudre, la dent* [im Ital. dagegen kann *arbore* auch Fem. sein, *dente* ist Masc., so auch im Span. u. Rumän.]), vielfach aber auch wieder nicht (so ist z. B. frz. *crin*, allerdings nach einigem Schwanken, Masc. geblieben, ebenso *le mont, le pont*, wodurch auch *frons frontis* angezogen worden zu sein scheint, denn *le front; fons* dagegen ist Fem. geworden: altfrz. *la font*). Oder wenn man sagen will: nach französischem Sprachgefühle sind die Worte auf (sog. stummes) -*e* Feminina, alle übrigen Masculina, so hat dies allerdings eine gewisse Berechtigung, und man mag darnach den Geschlechtswechsel von *art, sort, salut* etc. erklären, aber, wie viele Wortgruppen entziehen sich doch der Regel!

Die wichtigste Abweichung vom lateinischen Genus ist der im Frz. u. Prov. (auch im Rumän.) erfolgte Uebertritt der Masc. auf -*or.* -*ŏris* zum Fem. (*colorem* = prov. *la color*, frz.

---

seien genannt: *Sachs*, Geschlechtswechsel im Frz. Ein Versuch der Erklärung desselben. I. Ursprüngliche Neutra Göttingen 1887 Diss., *Jörss*, Ueber den Genuswechsel lat. Masc. und Fem. im Frz., Ratzeburg 1892 Prgr.

[1]) Darin, bezw. in dem Umstande, dass der Wortausgang im Roman. kein sicheres Kennzeichen des Genus ist, ist das Aufkommen des Artikels im Roman. begründet: der Artikel fungirt gewissermaassen als Genuspraefix.

la couleur, rum. *caloarea*[1]). Eine voll befriedigende Erklärung des befremdlichen Wechsels ist noch nicht gegeben. Ein formaler Grund kann kaum vorgelegen haben. Es scheint, als ob die abstracte oder doch dem Abstracten sich annähernde Bedeutung der betr. Worte sie zu dem Fem. hinübergeführt habe, da die Abstracta auf *-tas -tātis* (*veritas* etc.) diesem Geschlechte angehörten.

Auch in romanischer Zeit hat innerhalb jeder Einzelsprache mannigfacher Geschlechtswechsel stattgefunden. So namentlich im Französischen, besonders im 16. Jahrh. durch den Einfluss des Humanismus, der auch in Bezug auf die Genusverhältnisse das Frz. dem Latein wieder anzunähern sich bestrebte (man vgl. die interessanten Angaben bei *Darmesteter* u. *Hatzfeld, Le* XVI ᵉ *siècle*).

Das natürliche Geschlecht wird, soweit Personen in Frage kommen, im Romanischen meist geachtet, so dass die betr. Subst. in ihrem Genus nicht durch die Endung, sondern durch die Bedeutung bestimmt werden, also z. B. *il poeta, le poète*, ptg. *o lingua* „der Dolmetscher“, frz. *le Petit Chose* „Der kleine Dingsda“. Nicht ganz selten ist aber dennoch in solchen Fällen die Endung massgebend für das Geschlecht, z. B. ital. *la guida*, der Führer (aber frz. *le guide*), *la sentinella*, die Schildwache (so auch frz.) etc. Vielfach erklärt sich dies daraus, dass die betr. Worte ursprünglich nicht eine Person, sondern eine Handlung bezeichnen (z. B. *la guardia* die Wache, *la scolta*, das Lauschen, der Lauscher), nichtsdestoweniger sind auch derartige Worte, wenn auf Personen bezogen, meist Masc., z. B. frz. *un aide* (Vblsb. zu *aider*, eigentl. „Hülfe“, dann) „Gehülfe“, ital. *il camerata* (eigentl. die Gesammtheit der in einem Zimmer wohnenden Personen, dann) „Gefährte“. Im Altfrz. u. Prov. ist dagegen die Wirkung der weiblichen Endung so mächtig, dass sogar Worte wie *papa* „Papst“ und *propheta* den weiblichen Artikel vor sich nehmen können.

Recht beachtenswerth ist, dass im Frz. *quelque chose* und *rien* = *rem* (häufig auch *personne*) in pronominaler Verwendung als Masc. oder vielmehr, was *quelque chose* und *rien* anbetrifft, als Neutrum betrachtet werden.

---

[1] Frz. *labour* ist keine Ausnahme, sondern Neubildung; *amour* ist halbgelehrtes Wort.

2. **Numeri.** Die beiden Numeri des Lateins, Singular und Plural, leben im Romanischen fort; *duo* u. *ambo* sind zur Pluralform übergetreten.

Im Französischen ist bei den Subst. u. Adj., wenn sie nicht in Bindung (*Liaison*) stehen, die Scheidung zwischen Sing. u. Plur. nur noch in der Schrift vorhanden, denn z. B. *femme* u. *femmes*, *arbre* u. *arbres* werden gleich gesprochen, wenigstens fast gleich auch z. B. *ami* u. *amis* (im Plur. soll das *i* ein wenig länger sein, als im Sing.). Bei den auf *s, x, z* auslautenden Worten: *nez paix*, *corps* fallen Sing. u. Plur. auch in der Schrift zusammen. Es sind also im Frz. ausserhalb der Bindung die Numeri thatsächlich nicht mehr formal geschieden, so dass der Artikel als Numeruszeichen fungirt (z. B. *palais* kann sowohl Sing. wie auch Pl. sein, ob es der eine oder der andere ist, giebt der Artikel an: *le palais* u. *les palais*).

Pluralia tantum sind im Romanischen ziemlich zahlreich; manche derselben können befremden, z. B. frz. *les mœurs*.

3. **Casus** (vgl. hierzu Nr. 5). Das lateinische Casussystem ist im Romanischen nur in Trümmern noch vorhanden. so dass Declinationseinheiten gar nicht mehr bestehen. Zu dieser so völligen Auflösung der lateinischen Nominalflexion haben, wie es scheint, vornehmlich zwei Thatsachen den äusseren Anstoss gegeben. Erstlich die lautliche Schwerfälligkeit gewisser Casus (der Genet. Pl. auf *-ōrum*, *-ārum*, *-ērum*, *-ĕrum*, der Dative u. Ablative auf *-bus*). Sodann die schon im Schriftlatein in weitem Umfange (namentlich nach dem Verstummen des Accusativ-*m*) vorhandene Gleichformigkeit vieler Casusbildungen (z. B. *servō* Dat. u. Abl., *servīs* ebenfalls Dat. u. Abl. etc., vgl. oben S. 427), in Folge deren die äussere Auseinanderhaltung dieser Casus unmöglich und präpositionaler Ausdruck der betr. Casusbeziehungen nothwendig wurde. Zu alledem kam als innerer Grund hinzu das jeder synthetischen Sprache innewohnende, im Trägheitsprincip wurzelnde Streben nach Erleichterung der Handhabung der Sprache durch Beseitigung entbehrlicher oder doch leicht umschreibbarer Formen. Mit diesem Streben verband sich die Neigung nach localistischem Ausdrucke der Casusbeziehungen, wie sie in der Verwendung der Raumpräpositionen *de* und *ad* zum Ausdruck des Genetiv-, Dativ- u. Ablativverhältnisses sich bethätigen konnte. Solche

Neigung ist ja z. B: auch in den germanischen Sprachen (vgl. z. B. englisch *of* und *to*) und im Griechischen (vgl. die Anwendung von εἰς zum Ausdruck des Dativs) wirksam gewesen.

Ueber den geschichtlichen Verlauf des Absterbens der lat. Casusflexion sind wir nahezu völlig im Dunkeln[1]). Ansätze zur präpositionalen Casusumschreibung finden sich bereits im Schriftlatein (Schwanken im Gebrauch des blossen Ablativs oder des mit *in*, bezw. mit *cum* verbundenen Ablativs; Constructionen, wie *dare, scribere aliquid ad aliquem* neben *d., scr. alqd. alicui*). Fehler in der Rection der Präpositionen kommen zuerst in den pompejanischen Inschriften vor, sie deuten auf eine Abschwächung der Sicherheit in der Auseinanderhaltung der Casus. In der Volkssprache sind zweifellos Casusumschreibungen schon früh üblich gewesen, es sind jedoch, wie es scheint, die Casus noch nicht geradezu verdrängt, worden, denn sonst würde in Schriftwerken, welche, wie die ältesten Bibelübersetzungen (Itala, Vulgata), offenbar der Volkssprache sich annäherten, der Casusgebrauch nicht noch voll lebendig sein. Erst Schriftwerke des beginnenden Mittelalters (z. B. die Werke *Gregor's v. Tours*, merovingische Urkunden etc.)[2]), zeigen arge Verwirrung in der Anwendung der Casus und verrathen dadurch, dass ihren Verfassern die Handhabung der Declination nicht mehr aus dem mündlichen Sprachgebrauche geläufig war. Es mag also die Declination (und überhaupt die Flexion) in der wildbewegten wirren Zeit des Ueberganges vom Alterthum zum Mittelalter in Verfall gerathen sein, in jener Zeit, in welcher die Auflösung des weströmischen Reiches der Schriftsprache den staatlichen Rückhalt raubte und damit der die analytische Entwickelung der Volkssprache hemmende Damm niedergerissen wurde.

Von den lat. Casus sind nur der Nominativ und Accusativ

---

[1]) *Meyer-Lübke*, Rom. Gr. § 108 ff., hat eine Skizze der Entwickelungsgeschichte der romanischen Declination entworfen; sie enthält viel Schönes und Anregendes, lässt aber doch auch recht sehr erkennen — trotz aller Gelehrsamkeit und alles Scharfsinns des Verfassers —, wie unsicher der Boden ist, auf dem bauen muss, wer derartiges unternimmt.

[2]) Man vgl. *Bonnet's* herrliches Werk: *Le Latin de Grégoire de Tours* (Paris 1890), und: *A. de Jubainville, La déclinaison latine en Gaule à l'époque mérovingienne* (Paris 1872). Letzteres Buch hat freilich nur als Materialiensammlung Werth.

erhalten, jedoch (abgesehen vom Altprov. und Altfrz.) bloss in der Art, dass nur entweder der eine oder aber der andere erhalten ist und dann die Function des geschwundenen nebst seiner eigenen versieht (so entspricht z. B. span. *amigos* lautlich und begrifflich dem lat. *amicos*, begrifflich aber auch dem lat. *amici*, ebenso ist das aus dem Nom. *soror* entstandene frz. *sœur* begrifflich = *soror* u. *sororem*); überdies wird eine solche Wortform auch mit Präpositionen verbunden (*de, à, avec la sœur*), so dass sie die Stelle des lat. Accusativs und Ablativs einnimmt (*de sorore, cum sorore, ad sororem*). Bei dieser Sachlage darf man die ursprünglich sei es nominativische oder accusativische Wortform gar nicht mehr als Casus bezeichnen, sondern sie ist eine nominale Wortform schlechthin. So ist also, wenigstens im Wesentlichen, das romanische Nomen flexionslos, besitzt keine Casus.

Der lat. Genetiv ist als Casus bis auf wenige, zum Theil in den neueren Sprachen auch schon beseitigte, Reste geschwunden (solche Reste sind die altfrz. Genetive *Francor, paienor* etc.[1]); das frz. *la [féte] chandeleur* = **candelorum* f. *candelarum*; die altfrz. Verbindungen, wie *le fils rei* „der Sohn des Königs", falls man, was aber recht anfechtbar ist, meint dass *rei* hier aus *regi[s]* entstanden sei [in *Hôtel-Dieu* ist *Dieu* selbstverständlich kein Genetiv]; möglicherweise leben locativische Genetive in frz. Ortsnamen, wie *Cambrai* = *Cameraci, Douai* = *Duaci*, fort, vgl. *Schwan*, Altfrz. Gramm. § 194[3], jedoch ist die Sache wenig wahrscheinlich; italienische Ortsnamen, wie *Assisi* etc., sind keinesfalls locativische Genetive, denn *Assisii* hätte **Assisci* ergeben). Ziemlich zahlreich sind Genetive, die in eine andere Function eingetreten sind, z. B. *illorum* ist Personal- und Possessivpronomen geworden; *cuius* findet sich bereits im Schriftlatein als interrogatives Relativ gebraucht („*cuium pecus? an Meliboei?*" Virg. Ecl. III 1) und hat sich als solches z. B. im Spanischen erhalten; die Genetive *Martis, Jovis, Veneris* dienen im Spanischen (und ebenso im Rumän.) zur Bezeichnung des Dienstages, Donnerstages u. Freitages (*martes, jueves, viérnes*, darnach auch *lunes* und *miércoles* gebildet;

---

[1] Man hat in ihnen formelhafte und halbgelehrte Ausdrücke zu erblicken.

in den übrigen Sprachen sind die betr. Genetive mit *dies* verbunden); Genetive endlich stecken, gleichsam verborgen, in
manchen Compositis, z. B. ital. *merluzzo*, frz. *merlus* = *maris
lucius*.

Der Dat. Sing. ist im Rumän. bei den Femininis noch erhalten, z. B. *roase* = *rosae*, *mortīī* = *morti*; ausserdem lebt *cui*
fort, nach dessen Muster *lui* (=*illui*) u. *istui* (in frz. *cestui*)
gebildet ist. Vom Dativ Pl. ist keine Spur erhalten, ausg
das wunderliche *omnibus*, das freilich selbstverständlich kein
Erbwort, sondern ganz moderner Latinismus ist.

Der Ablativ Sing. *mente* (v. *mens*) ist zum Adverbialsuffix
geworden (z. B. ital. *chiaramente*, frz. *dûment* = *duement* =
de[b]ū[t]amente); ausserdem ist manches Einzeladverb ein
erstarrter Abl., z. B. frz. *lor(s)* = *illa hora*. Endlich scheinen
manche Orts-, bezw. Landschaftsnamen auf locativische Abl.
Sing. oder Plur. zurückzugehen, z. B. *Poitou* = *Pictavo*, *Aix*
= *Aquis*. — Der pronominale Abl. *mē* liegt vor in ital. *meco*
(= *mecum*), span. ptg. *commigo*, *conmigo* (gleichs. *cum mecum*).

Der Voc. Sg. auf -*e* lebt vielleicht im Rumän. noch fort,
ausserdem im ital. *domeneddìo* (woraus *iddio* sich erklärt); auch
altfrz. (u. prov.) *emperere* u. dgl. ist wohl nicht nur Nom.,
sondern auch Vocativ. (Wenigstens fungirt bei den Nominibus actoris im Altfrz. u. Altprov. der Casus rectus zugleich
als Vocativ, wie dies übrigens auch sonst durchaus Regel ist,
vgl. *Koschwitz*, Roman Stud. III. 493, u. *Beyer*, Ztschr. f. rom.
Phil. VII, 23.)

Ueber den Nom. u. Accus. s. unten No. 5.

In der Umschreibung des Genetiv- u. Dativverhältnisses
verfahren alle Einzelsprachen gleichmässig, indem sie die Raumpräpositionen *de* u. *ad* verwenden, also die Casusbeziehung
localistisch auffassen[1]). Interessant ist, dass im Altfrz. das
Genetivverhältniss possessiver Art auch durch *ad* (wie im Englischen durch *to*) ausgedrückt werden kann, z. B. *li fils au
rei*. Mehrfach ist der Ansatz gemacht, auch das Objectsver-

---

[1]) Vgl. *Clairin*, Du génitif latin et de la préposition *de*, Paris
1881; *Bianchi*, Storia della preposizione *a* e de' suoi composti nella lingua
italiana, Florenz 1877; *Bourciez*, De praepositione *ad* casuali in latini-
tate aevi merovingici, Paris 1886.

hältniss localistisch aufzufassen: im Span. kann das Object mit *á* = *ad*, im Rumänischen mit *pe (pre)* = *per* verbunden werden; im Frz. (u. Ital.) wird das schlechthinnige Object, aber nur wenn es den Artikel oder das Adj. vor sich hat, mit *de* verbunden (*je bois du vin* „ich trinke Wein", *je bois de bon vin*). Die verschiedenen Functionen des Ablativs werden durch verschiedene Präpositionen (*de, cum, in, per*) umschrieben.

Die Casuspräpositionen verwachsen mit dem bestimmten Artikel; die so entstandenen Wortformen (*del, al, du, au* etc.) lehnen sich proklitisch an das ihnen nachfolgende Subst. an und fungiren demnach als Casuspräfixe, so dass thatsächlich eine Neubildung des Genetivs u. Dativs in der gesprochenen Sprache vollzogen worden ist. Denn man beachte, dass, wenn die Genetiv- oder Dativbeziehung zum Ausdruck gebracht werden soll, das romanische Substantiv s t e t s mit dem Artikel verbunden wird (abgesehen von Eigennamen), dass also die aus Artikel und Präpositionen zusammengewachsenen Casuspräfixe, wo es um Genetiv- und Dativausdruck sich handelt, ständig gebraucht werden.

N o m i n a l s t ä m m e. Da im Romanischen eine Verbindung von Casussuffixen mit dem Nominalstamme nicht mehr statthat, so besitzt die lautliche Gestaltung der Nominalstämme nur für die Lautlehre, nicht für die Formenlehre Interesse. Es mögen daher nachstehende Andeutungen genügen, bei denen übrigens nur die Hauptsprachen berücksichtigt sind.

α) Die *a*-Stämme bewahren durchgehend ihr *a*, indessen verdumpft dasselbe im Neuprov. zu *o*, im Französischen schwächt es sich ab zu *e,* welches, wo es nicht als Stützvocal erhalten blieb, in der gegenwärtigen Umgangssprache verstummt ist (*filia* = ital. *figlia*, neuprov. *filho*, neufrz. *fille* = *fij'*); auch im Rumänischen hat das *a* einen dumpfen Laut angenommen. Ganz geschwunden ist das aus *a* entstandene *e* befremdlicher Weise in neufrz. *eau* = *aqua* (altfrz. *ewe, eawe, eaue*); in den Adv. *or*, *lor(s)* handelt es sich um ablativisches *a*.

β) Die *o*-Stämme bewahren ihren Auslaut im Ital., Span., Ptg. (*servo*), zum Theil auch im Rumän., nämlich nach Cons. + *r* oder *l* u. vor dem Art. (nach Vocal wird *u* als *u* in der Schrift bewahrt); im Ptg. verdumpft allerdings *o* zu *u*; sie verlieren ihn, falls ein Stützvocal nicht erforderlich ist, im Rum. (s. ob.), Catal., Prov., Frz., Rät. (*serf*, bezw. *ser[f]-s*). Im Frz. erhält sich in einzelnen bestimmten Fällen (nach dem Schwunde eines vorausgehenden intervocalischen Gutturals und Labials) das *u* (=*o*): *cae[c]u = cieu, grae[c]u = grieu, fo[c]u, lo[c]u, jo[c]u = fou, lou, jou*, woraus *feu, lieu, jeu; lŭ[p]u = lou[p], cla[v]u = clou*; hierzu tritt *Deu[m] = Dieu*; ebenso bleibt *e* als *u* in ursprünglichen Proparoxytonis auf -*ĭto, -ĭdo*, in denen *i* erst später schwand, z. B. *cubĭto = coude, tepĭdo, tiède, mal[e h]abĭto = malade, sapidus = sade*, vgl. dagegen *digito = doit (doigt), calido = chaud.*

γ) Die *u*-Stämme sind zu den *o*-Stämmen übergetreten, z. B. *fructŭs*, Pl. *fructūs* = ital. *frutto, frutti*.

δ) Die *e*-Stämme sind zu den *a*-Stämmen übergetreten, z. B. *facie* = ital. *faccia* (vereinzelt steht span. *haz*, gleichs. **facem* nach *pacem, audacem* etc.); *rēm* ist im Frz. zu **rĕm = rien* geworden, eine Entwickelung, welche sich aus der satztonlosen Stellung des meist pronominal gebrauchten Wortes erklärt; *spēm* wurde im Ital. zu *speme* (gleichsam **spemen*) erweitert; *dies* wird theils zu *di* gekürzt (ital. *lunedì*, frz. *lundi* etc.), theils tritt es zu den *a*-Stämmen über (prov. sp. *dia*).

ε) Die *i*-Stämme bewahren den Ausgang als -*e* im Ital., Rumän., Span., Ptg. (*parte*), sie verlieren ihn im Catal., Prov., Frz., Rät. (*part*); im Frz. tritt ausserdem Verstummung des in den Auslaut tretenden Consonanten ein.

ζ) Die *s*-Stämme bewahren ihren Auslaut, verlieren aber den ihm vorangehenden Vocal im Cat., Prov., Frz., Rät. (*corpus > cors*, mit etymolog. Schreibung *corps*). Sie werfen das -*s* ab und treten zu den *o*-Stämmen über im Ital. (*corpo*) und im Rumänischen, wo dann auch *o* schwindet (*pectus = *pieptŭ, piept, tempus = *timpŭ, timp; lature* ist vom Plural aus gebildet). Im Sardischen bleibt die lateinische Form erhalten (*corpus*); so auch ursprünglich im Span. und Ptg. (*pectus* = altspan. *pechos*, wegen des Ausganges -*os* wurde die Form als Plur. aufgefasst und ihr nun ein neuer Sing. auf -*o* angebildet, also *pecho*).

η) Die neutralen *n*-Stämme verlieren ihr *n* im Ital., Rum., Ptg., Frz., Rät. (*nome,* im Frz. fällt *e* ab, also *nom,* woraus *no* mit nasalem *o*; ital. Worte, wie *germine,* und frz., wie *crime,* sind gelehrt); sie erhalten den Ausgang *-m[i]ne,* woraus *-mne, -mre, -mbre* sich entwickelt im Span. (*nombre, lumbre* etc.). Im Sardischen stehen die Ausgänge *-me* und *-mene* neben einander. Ueber das Masc. *sanguin-* vgl. oben § 41 No. 7 (es hat Kürzung erfahren: ital. *sangue,* frz. *sang,* jedoch span. *sangre* aus *sang[ui]ne.*

ϑ) Die *r*-Stämme, deren Zahl übrigens sehr stark herabgemindert ist, erhalten theils den Ausgang *-er* (so im Rum. *fulgur = fulger*), theils nehmen sie den Ausgang *-re* an (*piper =* ital. *pevere* [daneben die gekürzte Form *pepe*], span. *pebre,* frz. *poivre; marmor =* frz. *marbre,* ital. mit Kürzung *marmo,* auch prov. *marme,* span. *marmol*).

ι) Die sonstigen auf Consonant (*c, g, p, b, t, d*) auslautenden Stämme (einschliesslich der männlichen und weiblichen *n*-Stämme, wie *ration-*) haben im Allgemeinen den Ausgang *-e* im Ital., Rumän., Span., Ptg. (*monte*), consonantischen Ausgang im Cat., Prov., Frz., Rät. (*mont,* im Frz. tritt Consonantenverstummung ein). Im Einzelnen ist Manches zu bemerken, so z. B., dass die Stämme auf *-tāt-e, -tūt-e* im Span. das *e* verlieren und auf *-tad, -dad* und *-tud* auslauten (*verdad, virtud*); im Ital. wird auch der Dental abgeworfen (*verità, virtù, città* etc. NB. Der Gravis ist als Apostroph aufzufassen). Die Stämme auf *c* erhalten den Ausgang *e* im Ital. und Rum. (*pace*), wobei *c* durch *e* palatalisirt wird (ausgenommen im Sardischen); in den übrigen Sprachen fällt *e* ab, nachdem es den Wandel des *c* zu *z, tz, is* bewirkt hat (span., ptg. *paz,* prov. *patz,* altfrz. *pais*; neufrz. *paix* verdankt sein *x* gedankenloser etymologisirender Schreibung). Die Stämme auf *g* haben den Ausgang *-e* im Ital. und Rumän. (*legge, lege*; gekürzt ist ital. *rè = *rege*); in den übrigen Sprachen schwindet *e,* und *g* wird zu *i* vocalisirt (span. *ley,* ptg., cat., prov., frz. *lei,* neufrz. *loi*).

5. **Die Trümmer der Declination (die Singular- und die Pluralform des Nomens).** Abgesehen

von dem Altprov. und Altfrz., welche in weitem Umfange einen Casus rectus und einen Casus obliquus haben (vgl. die Anmerkung zu diesem Abschnitt), und abgesehen von dem Rumänischen, wo der Dativ Sing. bei Femininis noch fortlebt (s. oben S. 433), abgesehen von diesen beiden Ausnahmen besitzt jedes romanische Nomen, das beide Numeri bildet([1]), nur je eine Form für den Sing. und den Plur. Nach dem, was oben in No. 3 erörtert wurde, kann man diese als Nominativ, Accusativ, Praepositionalis und Vocativ fungirende, also vierdeutige Form nicht als „Flexionsform", sondern muss sie schlechthin als „Wort-" oder „Nominalform" bezeichnen.

Ueber den Ursprung dieser Form sei Folgendes bemerkt:

α) Unzweifelhaft ursprüngliche Nominative Sing. sind einige (nicht eben zahlreiche) Worte, von denen die wichtigsten etwa sind[2] (vgl. *Meyer-Lübke*, Rom. Gr. II p. 5 ff.): span. *Dios* (daneben *Dio* in *sandio*); rum. *sor*, prov. *sor*, frz. *sœur* = *sŏror*; ital. *uomo*, rät. *om*, frz. *on* (daneben aber *homme*) = *hŏmo*; ital. *prete*, frz. *prêtre* = *présbyter*; frz. *cuistre* = **custor* f. *custos*, frz. *pâtre* = *pastor*; prov. *e[n]fas*, altfrz. *anfes* = *infa[n]s*; altfrz. *oirs* = *heres*; prov. *coms*, altfrz. *cuens* = *cŏmes*; altfrz. *ábes* = *abbas*; frz. *traître* = **traditer*; frz. *chantre* = *cantor*; frz. *peintre* = **pinctor*; frz. *ancêtre* = *antecessor*; frz. *sire* = *senior*; frz. *maire* = *maior*; altfrz. *chaure* = *calor*; ital. ptg. *ladro*, altfrz. *ler(r)e* = *latro*; altfrz. *ber* = *baro*; ital. *compagno*, altfrz. *compain* = **companio*; ital. *ghiotto*, altfrz. *glot* = **glutto*; altfrz. *fel* = **fello*; prov. altfrz. *fauc* = **falco*; altspan. *virtos* = *virtus*; altfrz. *gars* = **garcio*; vielleicht frz. *queux* = *cŏquus* (entschieden nicht gehören hierher frz. *pui[t]s*, dessen *s* auf assibilirtem *t* beruht, und *fils*, das = Cas. obl. *fil* + *s* aufzufassen ist). Ferner sind Nominative, bezw. Vocative die altprov. und altfrz. Subst. auf -*er(r)e* = -*átor*, z. B. *emperere* = *imperator*; endlich Eigennamen, wie ital. *Giovanni*, frz. *Pierre*, *Charles*, *Jacques*, *Georges*, *Louis* etc., span. *Carlos*. — Ueber altfrz. altprov. *mur-s* etc. s. unten p. 493. — Ausser Betracht müssen bleiben gelehrte Worte, wie z. B. frz. *préface*, *dédicace* etc., ebenso das ital. Kirchenwort *frate*[3]). — Vgl. auch S. 440 [a]).

---

[1]) Verhältnissmässig zahlreich aber sind die Fälle, in denen eine Pluralform nicht gebildet wird, sondern beide Numeri nur eine Form haben, also nur mittelst des Artikels unterschieden werden können, so z. B. bei den ital. Oxytonis (*città*, *virtù*, *dì*); bei den frz. auf *s*, *x*, *z* ausgehenden Subst. (*corps*, *noix*, *nez*). Im Frz. ist übrigens überall da, wo das Plural-*s* verstummt ist, die Numerusunterscheidung nur graphisch.

[2]) Ueber portug. Nominativformen (*Deus*, *ladro*, *prestes* etc.) vgl. *Cornu*, Romania XI 79.

[3]) Altfr. Nom. Sing. Fem., wie *povérte*, *jovénte*, *tempéste*, sind nicht

[Pronominale Nominative Sing. sind die aus lat. *ego, tu, *illi* f. *ille, *isti* f. *iste, qui* entstandenen Formen.]

β) Ein unzweifelhafter Accus. Sing. ist frz. *rien* = **rĕm* f. *rēm*; ital. *speme* = *spēm* scheint künstliche Bildung (= *spemen?*) zu sein. — Altprov. altfrz. *mur* kann = *mur[um], mur[i], mur[o]* sein.

[Pronominale Accusative Sg. leben fort in den aus *mē, tē, sē, illum, istum, quem* (span. *quien*) entstandenen Formen, ferner in frz. *mon, ton, son, mien*.

γ) Die Substantive auf -*a*, bezw. -*e*, -*o* (*rosa, rose, roso*), welche lat. *a*-(und *e*-)Stämmen entsprechen, beruhen auf dem lat. Nom.-Accus. Sg. (*rosă, rosă[m]*); mitbetheiligt kann sein der Abl. Sg. auf · -*ā*, falls man annehmen darf, dass sein *ā* sich früh gekürzt habe, was für Frankreich leicht, für Italien schwer glaublich ist.

δ) Die Substantiva auf -*o*, bezw. auf (sei es erhaltenes oder geschwundenes) -*e*, welche lat. *o*- (und -*u*-)Stämmen entsprechen (*servo, serf; popolo, peuple; membro, membre*), beruhen auf dem lat. Nom.-Accus. Sg. (*servŏ*); mitbetheiligt kann sein der Dat.-Abl. Sg. auf -*ō* unter der bei γ) ausgesprochenen Voraussetzung.

ε) Die Substantive auf -*o* (das im Rumän. aufgegeben ist), bezw. auf -*s*, welche lat. neutralen *s*-Stämmen entsprechen (*tempo, timp[u] temps*), beruhen auf dem lat. Nom.-Accus. Sg. (*tempu[s]*, bezw. *temp[u]s*). Ebenso verhält es sich bezüglich der Subst. auf -*me*, prov. frz. -*m*, welche lat. neutralen *n*-Stämmen entsprechen (*nome, nom*).

ζ) Die Substantiva auf (sei es erhaltenes, sei es geschwundenes) -*e*, welche lat. *I*-Stämmen und consonantischen Stämmen entsprechen (*monte mont, ragione raison, notte nuit, pace pais, legge lei, virtud vertù*), können beruhen auf dem lat. Accus. Sing. (*monte[m]*, bezw. *mont em]*), sie können aber auch entstanden sein durch den Zusammenfall sämmtlicher Casus obl. Sing., denen sich möglicher Weise ein neugebildeter parisyllabischer Nominativ anschloss (also z. B. Gen. *montĭ[s]* = **monte*, Dat. *montī* = **montĭ *monte*, Accus. *monte[m]* = *monte*, Abl. *monte*, dazu vielleicht ein neuer Nominativ **monti[s]* = **monti, monte*). Das Gleiche gilt von den span. Subst. auf -*mbre*, welche masculinen und neutralen *n*-Stämmen entsprechen (*hombre* = *hom[i]ne, nombre* = *nom[i]ne*).

η) Die span. ptg. prov. Plur. Fem. auf -*as*, frz. -*es* der *a*-(und *e*-)-Stämme (*hijas, filhas, filles*) beruhen wohl zweifellos auf dem Acc. Plur. auf -*ās* (*filiās*)[1].

ϑ) Die span. ptg. Plur. Masc. (und das Fem. *mano*) auf -*os* sowie die neufrz. Plurale (altfrz. und altprov. Casus obl. des Pl.) auf -*es*,

---

= *paupértas* etc. (was **poverz* hätte ergeben müssen), sondern = **pauperta* (1. Decl.) anzusetzen. Dunkel ist der Cas. rect. *cit.*

[1] Den frz. Plural auf -*es* der *a*-Stämme für eine Analogiebildung zu halten (*filles* nach *mères* u. dgl.), liegt ein zwingender Grund nicht vor. Ein **fille* = *filiae* musste wegen des Gleichlauts mit dem Sing. von vornherein unbequem sein.

bezw. -*s* der *o*- (und *u*-)Stämme (*servos, sers; pueblos, povos, peuples*) beruhen wohl zweifellos auf dem Accus. Pl. auf -*ōs* (*servōs*).

ι) Die prov. frz. Plurale (altprov. altfrz. Casus obl. des Plur.) auf -(*e*)*s* der *i*-Stämme und der consonantischen Stämme (*part-s* = *partz, parz, parts, lei-s*) beruhen zweifellos auf dem Nom.-Acc. Plur. auf -*ēs* (*partēs, legēs*).

x) Die ital. rumän. Plurale auf -*e* der *a*-Stämme (*rose*) beruhen wahrscheinlich auf dem Nom. Plur. auf -*ae* (*rosae*). Die Annahme, dass der Accus. Pl. (*rosās*) zu Grunde liege, indem auslautendes *s*, bevor es schwand, ein *i* vor sich erzeugt habe, und dann der so entstandene Diphthong *ai* monophthongirt worden sei (*rosās* > *rosāᵢs* > *rosai[s]* > *rosai* > *rosae* > *rose*), diese Annahme ist mindestens nicht sehr glaublich, kann auch durch den Hinweis auf lat. *amās* (scheinbar) = ital. (*tu*) *ami* nicht hinreichend gestützt werden, da *ami* sich als Anbildung an die I-Verba (*senti*) erklären lässt.

λ) Die ital. und rumän. Plurale[1] auf -*i* der *o*-Stämme (*amici*) beruhen wahrscheinlich auf dem Nom. Pl. auf -*ī* (*amicī*)[2]. Ueber die Annahme, dass *amici* aus *amicōs*, *amicoᵢs*, *amicoi[s]* durch Zusammenziehung des *oi* in *i* entstanden sei, gilt das unter *x*) Bemerkte.

μ) Die ital. rumän. Plurale auf -*i* der ursprünglichen *i*-Stämme und consonantischen Stämme (*parti, leggi*) beruhen wohl auf Anbildung an den Plural der *o*-Stämme (*amici*) und bei den Masc. auf Beeinflussung durch den Artikel *li*. Ueber die Annahme, dass *parti* aus *partēᵢs*, *partei[s]* durch Zusammenziehung des *ei* in *i* entstanden sei, gilt das unter *x*) Bemerkte.

ν) Die (ursprünglich neutralen) Pluralformen auf -*a*, -*ora* (rum. *uri*) beruhen zweifellos auf dem lat. Nom.-Acc. Pl. (*brachia* = *braccia; pecora, timpuri* = *tempora*).

o) Der altprov. altfrz. Casus rect. Sing. der *o*- und *u*-Stämme (*mur-s*) beruht nach gewöhnlicher Annahme auf dem lat. Nom. Sing. der 2. Decl. (*mur[u]s*).

π) Der altprov. altfrz. Cas. rect. Plur. der *o*-(und *u*-)Stämme (*mur*) beruht nach gewöhnlicher Annahme auf dem Nom. Plur. der lat. 2. Decl. (*mur[i]*).

ξ) Der altprov. altfr. Cas. obl. Sg. der *o*-(*u*-)Stämme (*mur*) beruht

---

[1] Das Rätische schwankt mundartlich und zeitlich zwischen dem Plural auf -*i* nach italienischer und dem auf -*s* nach französischer Art.

[2] Durch die Palatalisirung des *c* (*amiči*) wird dies freilich nicht bewiesen, denn sie wäre selbstverständlich auch vor einem aus *oi* entstandenen *i* eingetreten. Vielfach ist übrigens der Palatal durch Einwirkung des Singulars wieder mit dem Guttural (*ch*) vertauscht worden (*giuochi*); *ch* aus *qu* und *ch* aus *cl* beharrte (*antichî, vecchi*). — Wenn man übrigens frägt, weshalb das Ital. und Rumän. nicht, wie das Span. Ptg., Prov. und Frz., den Accusativ auf -*os* (und -*as*) zur Pluralform gemacht haben (also etwa ital. *cavallos* statt *cavalli*, *rosas* statt *rose*), so ist einfach zu antworten, dass diese Sprachen consonantischen Auslaut meiden und dass *cavallo[s]*, *rosa[s]* dem Sg. gleich gewesen wäre.

nach gewöhnlicher Annahme auf dem Accus. Sing. der lat. 2. Decl.
(*mur[um]*).

ϱ) Der altprov. altfrz. Cas. obl. Plur. der *o*-(und *u*-)Stämme (*murs*)
beruht zweifellos auf dem lat. Accus. Plur. (*mur[o]s*); mitgewirkt
kann dabei haben der Dat. Abl. Pl. *mur[i]s*.

Aus obiger Zusammenstellung ergiebt sich:

Der romanischen Singularform liegt zu Grunde:

a) Der lat. Nominativ Sg. bei den unter *α*) genannten Worten,
denen sich noch andere anreihen lassen (z. B. die altfrz. Comparative *pire* = *peior*, *mieldre* = *mēlior*, *mendre* = *minor* etc.); die
altprov. und altfrz. Casus recti Sg., welche lat. Nominativen auf
-*us* (*murus*), -*átor* (*imperator*) und, aber nur vereinzelt, -*o*, Gen. -*ōnis*
(*baro barōnis*) entsprechen. (Bezüglich des Cas. rect. nach dem
Typus *mur-s* müssen Zweifel verstattet sein, vgl. S. 442 Anm. 3).

b) Der lat. Accusativ Sg. bei frz. *rien* (ital. *spém-e?*); bei den pronominalen Formen, welche lat. *mē*, *tē* etc., *illum* etc., *tuum* etc. und
quem entsprechen; nach gewöhnlicher Annahme auch bei dem
altprov. altfrz. Cas. obl. Sg. der *o*-(und *u*-)Stämme (*mur*), doch
können hier auch Gen. Dat. und Abl. Sg. mitgewirkt haben (*mur[i]*,
mur[ō]).

c) Der lat. Nom.-Accus. Sg. bei den *a*- (und *e*-)Stämmen und *o*-
(und *u*-)Stämmen (*figlia figlio* vgl.); ferner bei den Worten auf -*o*
oder -*s*, welche lat. neutralen *s*-Stämmen entsprechen (*tempu[s]* und
temp[u]s); bei den Worten auf -*me* und -*m*, welche lat. neutralen
n-Stämmen entsprechen (*nome[n]*, *nom[en]*); endlich bei den auf
hoc, *quid* und *quod* zurückgehenden pronominalen Neutris.

d) Der lat. Accus. Sg. oder aber eine aus dem lautlichen Zusammenfall sämmtlicher Cas. obl. des Sg. (und vielleicht auch eines neu-
gebildeten parisyllabischen Nominativs; s. oben ζ) entstandene Ein-
heitsform bei den I-Stämmen (*part[e]*), sowie bei den consonantischen
Stämmen (*ragione*, *raison*), einschliesslich der span. Nomina auf
-*mbre* (aus -*m[i]ne*), welche männlichen und neutralen *n*-Stämmen
entsprechen (*hombre*, *nombre*).

Der romanischen Pluralform liegt zu Grunde:

a) Der lat. Nominativ Plur. bei dem Cas. rect. Plur. der altprov.
und altfrz. Worte, welche im Lat. der 2. und 4. Decl. angehörten
(*mur*, *fruit* = *murī*, *fructus*); wahrscheinlich auch bei den ital.
rum. Pluralen auf -*e* und -*i* der *a* (und -*e*) und *o*- (und *u*-)Stämme
(*rose*, *servi*)[1]. Der ital. rum. Plural auf -*i* der ursprünglich consonantischen und *i*-Stämme erklärt sich wohl aus Angleichung.

b) Der lat. Accus. Plur. bei den span. ptg. prov. Pluralen Fem.
auf -*as*, frz. -*es* (*rosas*, *roses*, vgl. oben S. 438 Anm. 1), sowie die
span. ptg. Plurale Masc. auf -*os*, prov. frz. auf -(*e*)*s* der *o*-Stämme

---

[1] Ueber das theils gutturale, theils palatale *c* im ital. Plural auf
-*i* und -*e* vgl. *Goidanich*, La gutturale e la palatale nei plurali dei
nomi toscani della prima e della seconda declinazione. Salerno 1894.

(*amis* = *amic[ō]s*); bei den letzteren kann aber der Dat.-Abl. mitgewirkt haben (*amic[ī]s*).

c) Der Nom.-Accus. Plur. bei den span. ptg. Pluralen auf *-es*, prov.
frz. *-(e)s* bei den ursprünglich consonantischen und *i*-Stämmen
(*montes, partes, monts, parts*), sowie bei den ursprünglich neutralen
Pluralformen auf *-a, -ora* (*-uri*).

Diez hatte die Annahme aufgestellt, dass überall, wo nicht
zweifellos der Nominativ vorliege, der lateinische Accusativ die
Grundlage für die einzige romanische Nominalform eines jeden
der beiden Numeri abgegeben habe, dass also z. B. *raison* =
rationem, *mont* = *montem* sei. Diese Annahme bedarf entschieden der Beschränkung, da zahlreiche Classen von Nominal-
formen sowohl aus dem Accusativ als auch aus dem Nominativ sich deuten lassen und folglich jedenfalls beide Casus fortsetzen; ferner auch, weil die Möglichkeit, dass bei den *i*-Stämmen
und consonantischen Stämmen sämmtliche Casus des Sing. in
e i n e Form zusammengefallen seien (**montī[s]* für *mons*,
Gen. *montī[s]* etc., s. oben S. 438 ζ), sich nicht in Abrede
stellen lässt. Darauf zuerst nachdrücklich hingewiesen zu
haben ist *d'Ovidio's* grosses Verdienst (Sull' origine dell' unica
forma flessionale del nome italiano, Pisa 1872), freilich ging
er in der Bekämpfung der Diez'schen Ansicht über das Ziel
hinaus (vgl. *Mussafia*, Romania I 492; *Tobler*, Gött. gel. Anz.
Jahrg. 1872, p. 1892; *Canello*, Rivista di filol. rom. I 129). Neuerdings haben *Ascoli* (namentlich in Arch. glott. Bd. X) und *Bianchi*
(namentlich in Arch. glott. Bd. XIII) den Nachweis zu führen versucht, dass in der roman. Ur-Declination Nominativ und Accusativ
in weitem Umfange neben einander sich erhielten, dass auch andere
Casus, namentlich der Ablativ, zunächst vielfach fortbestanden,
und dass daraus sich die auffällige Lautgestaltung und die Doppel-
formigkeit gewisser Nomina und Nominalkategorien erkläre[1]).

---

[1]) *Ascoli* nimmt z. B. Folgendes an: im Nom. Sing. *fŏcus lŏcus*×
schwindet zunächst *u*, also **fŏc-s* (*fox*) **lŏc-s* (*lox*), sodann auch *s*, also
**fŏc lŏc*, bezw. **fuoc luoc*, im Accus. Sing. *fŏcum lŏcum* schwindet *m*,
aber *u* erhält sich, also *fŏcu lŏcu*; dann wird intervocalisches *c* zu *g*
verschoben, also (und mit Diphthongirung des *ŏ*) **fuogo, luogo*; nun
wird entweder der Nominativ dem Accus. angeglichen, indem er das *o*
zurückerhält (also *fuoc-o*), und in diesem Falle schwindet der Accus.,
oder aber der Nominativ (**fuoc*) schwindet, und dann wird der Accusativ
(*luogo*) die einzige Singularform: so also erklärt sich, dass *fuoco* ein *c*,
luogo aber ein *g* aufweist. In ähnlicher Weise setzt A. catal. *nif* =
nĭ[d]u[m] an, indem er Consonantirung des *u* in *f* behauptet (in Analogie zu derartigen Fällen soll auch frz. *soif* gebildet sein, gleichsam

Bei aller Anerkennung des bewundernswerthen Scharfsinnes der genannten genialen Forscher wird man gleichwohl urtheilen müssen, dass ihren kühnen Annahmen zur Zeit noch manche gewichtige Bedenken entgegenstehen. Andrerseits aber ist bereitwilligst zuzugeben, dass die Geschichte der lateinischen Casus im Romanischen nicht so einfach verlaufen ist, wie man gemeinhin glaubt, und dass Zweifel an den bisherigen Aufstellungen gestattet sein müssen[1]).

Anmerkung. Das Altprovenzalische und das Altfranzösische besassen für umfangreiche Nominalclassen eine Zwei-Casus-Declination, indem entweder in beiden Numeris oder doch im Singular ein Casus rectus (Subjectscasus) und ein Casus obliquus (Objectscasus und Präpositionalis) unterschieden wurden[2]). Es sind hier folgende Einzelfälle zu unterscheiden (zu deren Veranschaulichung altfrz. Beispiele gebraucht werden sollen):

a) Substantiva und Adjectiva, entstanden aus lat. *o*-(und *u*-)Stämmen (Masc. und Neutr.), welche im Nom. Sg. entweder ursprünglich (*murus*) oder analogisch (**membrus* f. *membrum*) auf -*s* ausgingen; ferner die gleichsilbigen Nomina auf -*is* und -*es*, z. B. *grandis*, *mortalis* etc.

    Sg. Cas. rect. (*lǐ* = **illi furille*) *murs* (= *mur[u]s*)[3])
    Sg. Cas. obl. (*lo— =- illu[m]*) *mur* (= *mur[um]*
    Pl. Cas. rect. (*li* = *illi*) *mur* (= *mur[i]*)
    Pl. Cas. obl. (*les* = *illos*) *murs* (= *mur[o]s*).

---

sǐ[t]u). — Nach *Bianchi* ist ital. *argentajo* aus dem Dat. Abl. *argentariō* entstanden, *argentieri*, -*iere* aber aus **argentaeri*, dieses durch Umlaut aus **argentarī*, Zusammenziehung von **argentarǐi* = *argentărǐu[s]*, und *argentārǐu[m]*, vgl. altlat. *Cornelis*, -*im* f. *Cornelǐus*, -*ǔum.* — Vgl. auch *Ascoli*, Arch. glott. XIII, 280, und dazu *Meyer-Lübke*, Ztschr. f. rom. Phil. XIX, 139.

[1]) Mancherlei interessante Reste der alten Declination sind in Ortsnamen bewahrt; man vgl. die inhaltsreichen Studien *Bianchi's* über die Ortsnamen Toscana's (Arch. glott. Bd. IX ff.). Ueber alte Casus im Portugiesischen vgl. *Cornu*, Romania XI, 79, und *L. de Vascorellos* in der Revue hispanique, tome II. — Ueber Casusreste (-*ānem*) in Flussnamen vgl. *Thomas*, Romania XXII.

[2]) Im Engadinischen erhält das Adj. Sg. Masc. (ebenso das Particip Masc. Sg.) ein -*s*, wenn es prädicativ steht, während es sonst nur in *s*-loser Form auftritt (z. B. *portau-s* und *portau*). Vgl. *Böhmer*, Roman. Stud. II, 210, *Ascoli*, Arch. glott. VII, 426, *Schuchardt*, Ztschr. f. rom. Phil. I, 118 Anm. 4.

[3]) Wenn man *murs* = *mur[u]s* ansetzt, so wird damit angenommen, dass auslautendes nachvocalisches *s* im gallischen Latein sich behauptet habe, während es sonst bekanntlich überall gefallen ist (ital. *muro* etc.). Man kann diese Annahme durch den Hinweis auf die neutralen *s*-Stämme stützen und etwa die Gleichung aufstellen *mur[u]s : murs* = *corp[u]s : cor[p]s* (dagegen ital. *corpo* etc.). Die Stütze ist aber nicht ausreichend fest, weil doch immerhin denkbar ist, dass der Ausgang -*us* der neutralen *s*-Stämme anders behandelt worden sei, als der Ausgang -*us* der *o*-Stämme,

Der Analogie dieser Subst. und Adj. folgten zunächst die
-ro-Stämme (z. B. *līber* und *liber* = *livre* und *libre* [beides halbgel.
Worte, wie *i* = *i* statt *ei* und *b* = *b* statt *v* anzeigen], dafür *livre-s*,
libre-s); sodann, in der Annahme des Nominativ *-s*, sämmtliche der
ursprünglich der 3. Decl. angehörigen (nicht auf *-s* [*x*] , *z* auslautenden) Nomina, z. B. *rei* zu *rei-s* (gleichsam *reg[e-m]* + *s*),
calór-s (gleichsam *calór[e-m]* + *s*), *cité-z* (gleichsam *ci[vi]tát[e-m]* + *s*),
aman-z (gleichsam *amant[em]* + *s*), *raison-s* (gleichsam *ration[e-m]*
+ *s*), endlich auch die Nominative auf *-o* und *-ator* (s. b) und c),
z. B. *ber-s* (gleichsam *bar[o]* + *s*), *compain-s*, *-n -z* (gleichsam **com-
panj[o]* + *s*) , *empereres* (gleichsam *imperator* + *s*). Diese Verallgemeinerung des Nominativ *-s* erfolgte freilich in den verschiedenen Mundarten in sehr verschiedenem Umfange und oft
nur in sehr schwankender Weise.

Mit vorausgehendem Dental verschmolz *-s* zu *z* (*fust[e-m]* + *s* =
fuz, *mont[e-m]* + *s* = *mon-z amant[e-m]* + *s* = *aman-z* etc., Cas. obl.
aber *fust, mont, amant*; da also einem Cas. obl. auf *-nt* in diesen
sehr häufigen Fällen ein Cas. rect. auf *-nz* entsprach, so wurde
analogisch ein Cas. obl. auf *-nt* auch zu einem Cas. rect. auf
-nz = *n-s* gebildet, z. B. *tirant* statt *tiran* zu *tiranz* = *tyrann[u]s*,
auch *romant* statt *roman* zu *romanz* aus *romanice)*. Nach *n* trat *z* statt
s ein (*tiran-z, an-z*, ebenso nach *n* aus *m*, z. B. *flun-z* [*flumen])*.
Dentales und ebenso palatales *l* wurde vor *-s* zu *u* vocalisirt
(*cheval-s* = *chevaus*, vgl. den Cas. obl. Plur. *cheval-s* aus *cabal[lo]s*,
woraus ebenfalls *chevaus*, dagegen Cas. obl. Sg. und Cas. rect. Pl. *cheval*

---

dass neutrales *-us* zunächst zu *-es* geworden sei (*genus* zu **genes*, vgl.
gener-is), also **corpus* > **corpes* > *corp[e]s*. Derartige Formen hätten
im Frz., das consonantischen Auslaut zuliess, sich behaupten können,
nicht dagegen z. B. im Ital., dort würde Umbildung von *corps* nach
dem Muster der *o*-Stämme erfolgt sein.
Noch weniger darf man auf die Endung der 1. P. Pl. *-ons* sich
berufen und etwa die Gleichung sich construiren: *mur[u]s : murs* =
**vendúm[u[s : vendons*. Die Entwickelungsgeschichte der Endung *-ons*
ist noch gar nicht recht klar (man sehe z. B. das, was neuerdings
Settegast und *Ulrich*, Ztschr. f. rom. Phil. XIX, 266 und 463, darüber
geschrieben haben). Dass *-ons* auf **-úmus* zurückgeht, dürfte freilich
sicher sein, damit ist aber (namentlich in Anbetracht des prov. *-am*,
-em, westfrz. *-om* und anglonorm. *-um*) die Ursprünglichkeit des *-s* noch
lange nicht bewiesen.
Wenn *murs* = *mur[u]s* ist, so muss man erwarten, das Nominativ-*s*
und überhaupt die Casusunterscheidung in den ältesten Sprachdenkmälern noch am strengsten durchgeführt zu finden. Gerade das Gegentheil ist aber der Fall, und unmöglich kann man alle die massenhaften
Fehler nur dem Unverstand und der Nachlässigkeit der Schreiber zu-
schieben wollen. Wirklich durchgeführt wurde, was das Frz. anbelangt,
die Zwei-Casus-Decl. nur in der centralfranzös. Schriftsprache (Christian
v. Troyes) und auch da nur für kurze Zeit. Es liegt also wohl Grund
vor, die übliche Gleichsetzung *murs* = *mur[u]s* anzuzweifeln. Andrerseits freilich ist keine irgendwie annehmbare Möglichkeit der Erklärung
des Cas. rect. Sg. *murs* zu ersehen.

mit erhaltenem *l*; das -*us* pflegte man in *x* zusammenziehen [so z. B. auch in *Diex* = *Dieus*], daher *chevaus* = *chevax*, daneben aber auch *chevaux*, später sogar die unsinnige, etymologisch sein sollende Schreibweise *chevaulx*, wo also das längst geschwundene *l* wieder eingesetzt und das aus *l* entstandene *u* zweimal, einmal als *u* und sodann in der Ligatur *x*, geschrieben wurde).

b) Einzelne Masculina auf ursprünglichen Nom. Sg. ⏜ *o*, Accus. -*ōn[em]*, z. B. *báro*, *látro*, **compánio*.

Sg. Cas. rect. *ber* (= *báro*)

Sg. Cas. obl. *barón* (= *barón[em]*)

Pl. Cas. rect. *baróns* (= *barón[e]*)s

Cas. obl. *barons* (= *barón[e]s*).

Nach dem Muster von Eigennamen, welche zu dieser Classe gehören, wie z. B. *Hugo* = **Huc* (wofür analogischos *Hues* eintritt), *Hugonem* = *Huon*, wird dann auch z. B. zu *Charles* ein Cas. obl. *Charlón* (statt *Charle*) gebildet[1]).

c) Einzelne Comparative auf -*or* (z. B. *mélior meliórem* = *mieldre meillour*), einzelne Nomina actoris auf -*tor* (z. B. *pastor* = *pâtre*, *pastórem* = *pasteur*, freilich ein gel. W.) und die Nomina actoris auf -*átor* (z. B. *imperátor*); endlich das Fem. *sóror* (= *suer*).

Sg. Cas. rect.   *emperere*   (= *imperát[o]r*)

„   „   obl.   *empereor*   (= *impera[t]ór[em]*)

Pl.   „   rect.⎰
⎱ *empereors* (=˙ *impera[t]ór[e]s*).
„   „   obl.

(Statt *emperere* konnte *emperere-s* und statt Cas. r. Pl. *empereors* konnte *empereor* in Angleichung an die *s*-Decl. eintreten.)

---

[1]) Parallelbildungen zu dem masculinen Ausgange -*ón* scheint zu sein der weibliche Ausgang -*aín* (Pl. -*aines*), der bei einigen *a*-Stämmen (Personennamen und Bezeichnungen für Frauenclassen) erscheint, z. B.

Sg. Cas. rect. *Ève Berte nonne*

„   „   obl.   *Evaín Bertaín nonnain*

„   „   rect.⎰   „   „   *nonnaines*
„   „   obl.⎱

Diez setzte *Evaín* = *Evám* (mit Hochtonverschiebung) an, was *Gröber*, Grundriss I, 658, vertheidigte, aber wenn man auch ein *Erám* sollte ansetzen dürfen, so würde man doch nur zu **Evan* gelangen (vgl. *Adan*). Seitdem ist über diese Formen, welche übrigens, bezw. in der Lautgestaltung -*aun*, -*auns* auch im Rätischen sich finden, viel verhandelt worden (*Sittl*, Arch. f. lat. Lex. II, 580: *Ascoli*, Arch. glott. VII, 443; *Förster*, Ztschr. f. rom. Phil. III, 566; *Horning*, ebenda VI, 442, *Marchot*, ebenda XVIII, 243; eine sehr eingehende Untersuchung hat *G. Paris*, Romania XXIV, begonnen, ist aber zur Aussprache seiner schliesslichen Ansicht bis jetzt nicht gelangt). *Evaín* scheint auf ein **Evánem, antaín* auf **amitánem* hinzudeuten, vgl. *Meyer-Lübke*, Rom. Gr. II, p. 24, wo germanischer Ursprung des befremdlichen Wortausganges angenommen wird. Lateinische Bildungen, wie *amitanis* (statt *amitae*) und *amitanem* (f. *amitam*), die vereinzelt in mittelalterl. Urkunden vorkommen, beweisen gar nichts, da sie nur Latinisirungen der romanischen Formen sind. Von Bedeutung sind höchstens die Flussnamen auf -*ánem*, die *Thomas*, Romania XXII, nachgewiesen hat.

Streng durchgeführt wurde die altfrz. Zwei Casus-Decl. (auf deren Vorhandensein zuerst *Raynouard* aufmerksam gemacht hat in den „Observations philologiques sur le Roman de Rou", Rouen 1829) nur in der centralfranzös. Schriftsprache (Christian v. Troyes), überall sonst ist ihre Handhabung eine mehr oder weniger unsichere und unfolgerichtige gewesen; ärgste Vernachlässigung der Declinationsregeln ist kennzeichnend für das Anglonormannische.

In der weiteren Entwickelung der Sprache ist sowohl im Prov. wie auch im Frz. der Casus rectus des Sg. und des Plur. mehr und mehr durch den Casus obl. verdrängt worden (also im Sg. *murs* durch *mur*, im Plur. *mur* durch *murs*). Im Neuprov. und Neufrz. ist die Beseitigung der Declination eine längst vollendete Thatsache; es besitzen das Neuprov. und Neufrz. eben auch nur, wie alle übrigen roman. Sprachen, nur je eine einzige Nominalform für den Sg. und Plur. (vgl. aber oben S. 437 Anm. 1). Diese eine Form ist im Plural stets, im Sg. fast stets der frühere Casus obliquus (z. B. *empereur, baron, compagnon* etc.). Nur in ganz vereinzelten Fällen hat der Cas. rect. des Sg. sich behauptet (*sœur, chantre, pâtre, peintre, sire, pire, maire*; nicht hierher gehören aber *puits*, das Cas. obl. ist, denn das *t* beruht auf falscher Schreibung, und *fils*, das aus dem Cas. obl. gebildet ist [*fil + s* für *fiu-s*], vgl. *Meyer-Lübke*, Rom. Gr. II, p. 34). Die auf *-l* ausgehenden Casus obliqui Sg. behaupteten nur vereinzelt ihr *-l* (z. B. *cheval — chacal, cal* etc. sind Lehnworte), meist nahmen sie nach Analogie des Cas. obl. Pl. *au*, bzw. *eau* an (z. B. *chapeau*).

Der Verfall der Decl. begann schon im 13. Jahrhundert und schritt sehr rasch vorwärts; im 14. Jahrhundert scheint er für die gesprochene Sprache vollendet gewesen zu sein, bald darnach auch für die Schriftsprache. Diese Entwickelung scheint darauf hinzudeuten, dass in der Volkssprache die Zwei-Casus-Decl. nie und nirgends streng durchgeführt wurde, sondern dass dies eben nur in der Schriftsprache engbegrenzter Gebiete geschehen ist, dass man also, mindestens bis zu einem gewissen Grade, in ihr eine litterarische, bezw. künstliche Bildung zu erblicken hat.

Vgl. *A. de Jubainville*, La déclinaison latine en Gaule à l'époque mérovingienne, Paris 1872, und: l'Influence de la déclinaison gaule sur la décl. lat. dans les documents latins de l'époque mérovingienne, in Revue celt. I, 320, vgl. Romania II, 149; *Lebinsky*, Die Decl. der Subst. in der Oïl-Spr. bis auf Crestiiens v. Troyes, Breslau 1878, Diss.; *Schneider*, Die Flexion der Subst. in den ältesten metrischen Denkmälern des Frz. und im Charlemagne, Marburg 1883, Diss.; *Simon*, Ueber den flexivischen Verfall des Substantivs im Rolandsliede, Bonn 1867 Diss.; *Koschwitz*, Der Vocativ in den ältesten frz. Sprachdenkmälern, Rom. Stud. III, 493; *Beyer*, Die Flexion des Vocativs im Altfrz. und Prov., Ztschr. f. rom. Phil. VII, 22; *Tobler*. Ueber die scheinbare Verwechselung zwischen Nominativ und Accus., Ztschr. f. deutsche Phil. IV, 375, vgl. Romania II, 273; *Löffler*, Untersuchungen über die Anzahl der Casus im Neufrz., Centralblatt f. die Interessen des Realschulwesens VIII,

150; *Plattner*, Form und Gebrauch des Plurals im Neufrz., Ztschr. f. neufrz. Spr. u. Lit. III, 424. — *Thomas*, Le latin *-itor* et le provencal *-eire*, Romania XXII, 261. — *Reimann*, Die Decl. der Subst. und Adj. in der langue d'oc bis zum Jahre 1300, Strassburg (Druckort Danzig) 1882, Diss.; *Loos*, Die Nominalflexion im Prov., Marburg 1883, Diss. — Vgl. auch oben S. 411 f. und 414 Anm.

6. **Das Adjectivum.** a) Das Lateinische besitzt drei Classen von Adjectiven: solche, welche für jedes der drei grammatischen Genera eine besondere Endung haben (*bonus, bona, bonum, alacer, alacris, alacre*); solche, welche einerseits für die beiden persönlichen Geschlechter, andrerseits für das Neutrum eine besondere Endung haben (*grandis, grande*); endlich solche, welche überhaupt nur e i n e Endung besitzen (*felix, pauper*). Seitdem das substantivische Neutrum in die persönlichen Geschlechter einbezogen worden war, konnten die neutralen Adjectivformen weder attributiv mit einem Substantiv verbunden noch prädicativ auf ein Substantiv bezogen werden; es blieb ihnen nur übrig die Möglichkeit der Verbindung mit einem unpersönlichen Verbum und der Verwendung in substantivisch-abstractem Sinne (*le beau*, das Schöne). In Folge dessen musste der Plural des adjectivischen Neutrums schwinden, der Singular dagegen in der Nominativ-Accusativform beharren. Da aber diese letztere (nach Schwund des *-m*, bezw. des masculinen *-s*) mit dem Masculinum zusammenfiel, so hörte damit die formale Selbstständigkeit des adjectivischen Neutrums (im Positiv) auf. (Nur im Altfrz. und Altprov. unterschied sich das neutrale Adj. Sg. von dem Masc. dadurch, dass es kein Nominativ-*s* annahm: Masc. *granz* = *grand*[*i*]*s*, Neutr. *grant* = *grand*[*e*].

Durch den thatsächlichen Wegfall der neutralen Adjectivform wurden die Adjective dreier Endungen selbstverständlich zu Adjectiven zweier Endungen (*bonus, bona*) und die Adjective zweier Endungen zu Adjectiven einer Endung (*grandis*). Die Adjective einer Endung verblieben meist als solche (so z. B. *audax, felix*); einzelne nahmen geschlechtige Form an (z. B. *pauper* = ital. *povero, -a*). Im weitesten Umfange ist dies im Frz. geschehen: *grandis, mortalis* etc. erscheinen altfrz. nur in einer Form (sowohl des Casus rectus als auch des Cas. obl.) für beide Genera:

Sg. Cas. rect. *granz* = *grand*[*i*]*s*[1]),

„ „ obl. *grant* = *grand*[*em*][2]),

Pl. „ rect. } *granz* = *grand*[*e*]*s*;

„ „ obl.

allmählich aber wurde zu *granz* nach Analogie der Adjectiva wie *bons*, *bone*, ein neues Feminin. *grande*[3]), zu *mortal-s* ein *mortele* (*mortelle*) etc. gebildet, so dass im Neufrz. nur diejenigen Adjectiva noch einformig sind, in denen das Masc. auf ein Stütz-*e* auslautet (z. B. *faible*) oder wegen früherer proparoxytoner Betonung auf -*e* endet (z. B. *tiède* = *tépidum*). Eine ähnliche Verallgemeinerung des Feminin-*e*, bezw. -*a* hat auch im Westrätischen und im Lombardischen stattgefunden.

Anbildung des Masc. an das Fem. hat öfters sich vollzogen, z. B. altfrz. *antif* (statt *anti** = **anticum*) nach Fem. *antive*, *lâche* (statt **lais* = *laxum*), nach Fem. *lâche* (= *laxam*), *riche* (statt **ric* = *rĭccum*, vgl. *sec* = *sĭccum*), nach Fem. *riche* (= **rĭccam*, vgl. *sèche* = *sĭccam*). Häufiger ist Anbildung das. Fem. an das Masc., besonders im Frz. (z. B. Fem. *verte* nach *vert*; richtiger allerdings muss man in solchem Falle sagen, dass bei der analogischen Bildung des Feminins das *e* an die bis dahin einzige Form des Cas. obl. Sing. antrat, also *vert* [= *vĭr*[*ĭ*]*d*[*ĕ*] + *e* = *verte*, und dass in solchem Falle der Stammauslaut des Cas. obl. entweder beibehalten wurde, wie eben in *verte* geschehen, oder dass er etymologisirend sowohl im Masc. als auch im Fem. abgeändert wurde, wie es in *grand*, *grande* geschehen ist. Wirkliche Anbildung des Fem. an das Masc. liegt aber vor, wenn z. B. zu *pieus* = **piosus* für *pius* ein Fem. *pieuse* an Stelle von *pie* tritt (freilich kann man auch **piosa* an-

---

[1]) In den ältesten frz. Sprachdenkmälern allerdings lautet der Nom. Sg. Fem. öfter *grant* als *granz*, eine Erscheinung, die unverständlich ist, wenigstens von dem gewöhnlichen Standpunkte der Betrachtung aus. Im Prov. lautet das F. immer *granz*.

[2]) Auslautenden *d* wird regelrecht zu *t* verschoben.

[3]) Die alte Form *grant* hat sich in der falschen Schreibung *grand'* erhalten in *grand' mère* u. dgl.

setzen); hierher gehört auch die Bildung *française* statt *francesche* = *francĭsca*, vgl. altfrz. *fresche* [neufrz. *fraîche*] = **frisca*; es ist eben *française* nach dem Masc. *français* = **francĭscus* [vgl. *François* = *Francĭscus*] geformt worden, so dass nun *française* scheinbar einem durch Feminin-*e* erweiterten **francē[n]s-is* entspricht.

b) Ueber die Entstehung der je einen Form des Sg. und des Plur einerseits des Masc., andrerseits des Fem. der Adjectiva gelten die oben S. 437 ff. gemachten Bemerkungen.

Im Frz. hat, wo im Masc. das -*e* schwand, der nunmehrige consonantische Auslaut die lautregelmässigen Veränderungen erfahren, während der betreffende Laut im Fem. erhalten bleiben konnte. Daher steht die Femininform dem Latein oft lautlich näher, als das Masc.; man vgl. z. B. altfrz. *froit* und *froide*, *bas* und *basse*, *coi* und *coite* (= **quētam*; die Erhaltung des zwischenvocalischen *t* beruht auf Anlehnung an die weiblichen Participien auf -*te*, wie z. B. *faite*). In anderen Fällen hat infolge regelmässigen Lautwandels das Fem. sich weiter als das Masc. · vom Latein entfernt, man vgl. z. B. *sèche* und *sec*; bei gelehrten Worten musste mitunter aus Rücksicht auf die Aussprache das Fem. anders geschrieben werden, als das Masc., z. B. *grec*, aber *grecque* (die Schreibung des Fem. ist dann öfters auf das Masc. übertragen worden, z. B. *publique*). Vielfach ist die Schreibung der Femininform durch das Streben, die Aussprache des Vocals der Tonsilbe anzudeuten, ungeschichtlich gemacht worden, so wenn man *mortelle* statt *mortele* (oder *mortèle*) schreibt; auch *bonne* statt *bone* ist gewiss nur phonetisch aufzufassen (es sollte angedeutet werden, dass das *o* in *bonne* oraler, nicht, wie in *bon*, nasaler Vocal ist; nasale Aussprache von *bonne* im Altfrz. ist schwer glaublich).

Engelmann, Ueber Flexion. — *Nyrop*, Adjectivernes Kønsbøjning i de romanske sprog, Kopenhagen 1886 (sehr wichtiges Buch!). Zu vgl. ausserdem die Diss. von *Engelmann* (Ueber Flex. des Adj., Marb. 1879) n. *Plathe* (Entwickelungsgesch. d. einf. Adj., Greifswald 1886).

c) Von den lat. Comparativen auf *-ior*, *-ius*, bezw. *-iórem*, *-ius* haben sich im Romanischen nur einzelne der sog. unregelmässigen (*maior*, *minor*, *melior*, *peior* etc.) erhalten, die verhältnissmässig meisten im Frz., zum Theil freilich nur als entweder nicht mehr als Comparative fungirende oder als gelehrte Worte (*maior* = *maire* [nur Subst.], *maiorem* = *majeur* [gel. W.], *mĭnor* = altfrz. *mendre*, *mĕlior* = altfrz. *mieldre*, *meliorem* = *meilleur*, *pĕior* = *pire*, *mĕlius* = *mieux*, *pĕius* = *pis* etc., **plusiores* = *plusieurs*; überdies *altiorem* = *alçor* u. dgl.

Umschrieben wird der Comparativ durch die Verbindung des Positivs entweder mit *magis* (= rum. *mai*, span. *mas*, catal. *mes*, ptg. *mais*) oder mit *plus* (ital. *più*, prov. frz. rät. *plus*).

Von den organischen Superlativen des Lateins sind im Romanischen als Erbworte erhalten die altfrz. Formen *mermes*, = *mĭn*[*i*]*mus*), *proismes* = *proximus*, *maismes* = *maximus*, *pesme* = *pessimus*. Alle sonst im Romanischen vorkommenden Superlativformen sind, wenigstens ursprünglich, gelehrte Worte, so die altfrz. Superl. auf *-isme* (z. B. *saintisme*, als Erbwort müsste es **saintême* lauten, vgl. *baptĭsmus* = *baptême*), die span. u. ptg. Superl. auf *-is(s)imo*, die italienischen auf *-issimo* (nach deren Muster dann im 16. Jahrh. frz. *richissime* u. dgl. gebildet wurde) u. *-errimo;* dasselbe gilt von Formen, wie *ottimo*, *minimo* u. dgl. Indessen haben im Ital., Span. u. Ptg. diese Superlative auch in der Volkssprache feste Wurzeln gefasst.

Der Superlativ in relativer Function („der grösste") wird ersetzt durch die Determinirung des Comparativs mittelst des Artikels (*le plus grand*, eigentl. „der grössere" und also von zweien „der grösste"). Der absolute Superlativ („sehr gross") muss durch Adverbien (z. B. frz. *très*, *bien*, *fort*, *infiniment* etc.) umschrieben werden.

Vgl. *Wölfflin*, die Comparation im Lat. u. Roman. Erlangen 1879); *Hammesfahr*, Zur Comparation im Altfrz. (Strassburg 1881, Diss.).

7. **Das Pronomen.** a) Auf dem Gebiete des Pronomens haben sich in weiterem Umfange, als auf dem des Subst. u. Adj., Genera und Casus erhalten, zum Theil übrigens in lautregelwidriger Gestalt in Folge satzunbetonter Stellung. Zunächst ist zu bemerken, dass das Neutrum, freilich nur das des Singulars, noch vielfach lebendig ist; manche seiner Formen liegen allerdings nur in Zusammensetzungen, also gleichsam erstarrt, vor, dienen aber als Theile eines Compositums zur Bildung neuer Neutra; so ist *hŏc* als Simplex geschwunden (bezw. nur mit veränderter Function in der prov. Bejahungspartikel *oc* und in den altfrz. Bejahungsverbindungen *o je*, [*o tu*], *oïl* = *hoc* *illi* f. *ille* erhalten)[1]), lebt aber fort in den Verbindungen *ecce* + *hoc* = ital. *ciò*, frz. *ço, ce*. Ganz lebendig ist *quĭd* im frz. *quoi*, während sonst *quĭd* u. *quŏd* zusammengefallen sind. Die Neutra auf *-ud*, *illud*[2]) u. *istud*, sind geschwunden; an ihre Stelle sind *illum, istum* (*ello, lo, esto*) getreten. Völlig geschwunden sind das Pron. *is, ea (id)* und viele Indefinita, so namentlich alle Zusammensetzungen mit *-libet* und *-vis*.

Der Nom. Sing. ist (mit Ausnahme des Fem. *quae* u. von *hic, haec, hŏc* (vgl. jedoch oben) durchweg erhalten, selbstverständlich in dem Umfange, in welchem die Pronomina in den Einzelsprachen fortleben; die Nominative auf *-e* sind durch solche auf *-i* verdrängt worden (*ille* u. *iste* durch *illi* *isti*), *ipse* durch *ipsu[s]*.

Der Genetiv Sg. *cuius* ist erhalten als relatives Possessiv: sard. *cuju*, span. *cuyo*, ptg. *cujo*, also mit Functionsveränderung, für welche sich übrigens sogar schriftlat. Beispiele beibringen lassen. — Der Genetiv Pl. *illorum* lebt in possessiver Verwendung (z. B. ital. *loro*, frz. *leur*, welches im Neufrz. so vollständig als Adj. aufgefasst wird, dass es Plural-s erhält) und mit auffälliger Functionsänderung als Dat. Plur. des Pronomens der 3. Pers. fort (*loro, leur* „ihnen"), ausserdem in Zu-

---

[1]) Erhalten ist *hŏc* auch in der sehr auffälligen Zusammensetzung *ap[ud]* + *hŏc* = frz. *avuec, avec*, sowie in *pro* + *hŏc* = frz. *poruec, pruec*.
  [2]) *il[lu]d* hätte im Frz. *elt, *eut ergeben müssen (vgl. *ap[u]d* > altfrz. *ot*).

sammensetzungen (z. B. ital. *coloro*, *costoro*, gleichsam
[ec]cu[m il]loru[m], [ec]cu[m i]storu[m]; diese Formen sind
auch nominativischen und accusativischen Gebrauches
fähig.

Erhalten sind die Dative Sg. *mihi*, *tibi*, *sibi* (z. B. *mihi*
= sard. *mie*, rum. *mie*, rät. altfrz. span. *mi*, ptg. *mim*, dem
entsprechend *tibi* u. *sibi*; besonders deutlich liegt der
alte Dativ vor in der südital. mundartlichen Form *teve*,
seve, der sich *meve* angebildet hat, vgl. *Meyer-Lübke*, Rom.
Gr. II. S. 93); ferner ist *cui* erhalten, und zwar in schlechthin obliquer Function (frz. *qui* in Verbindung mit Präpos.); nach *cui* sind **illui*, **istui* nebst dem Fem. **illaei*,
istaei gebildet (s. unten c); das alte dativische *illi* lebt
personalpronominal in *gli* u. *li* fort. Der Dat. Pl. *illis*
ist vielleicht zu erkennen in sard. *lis*, rum. *le*, altital. *li*;
altfrz. (pik. wall. anglonorm.) *lis*, *les* (vgl. *Tobler*, Beitr.
z. frz. Gramm. I 74 Anm.), span. *les*, engad. *-ls*.

Der Accus. Sg. u. Pl. ist fast durchweg erhalten;
quem nur im Rumän. (*cine*, wonach *mine* u. *ţine* für *mĕ*
u. *tĕ* angebildet sind), im Span. (*quien*) u. im Ptg. (*quem*).

Der Abl. Sing. *mĕ*, *tĕ* liegt vor in ital. span. *meco*,
teco, *(con)migo*, *(con)tigo*.

Die Nominative Pl. *nōs*, *vōs*, *illĭ*, *istĭ*, *ipsĭ*, *quī* sind
erhalten, *ipsi* (wie *ipse* überhaupt) nur in einzelnen
Sprachen.

Ueber den Genetiv, Dativ u. Accus. Pl. ist das Erforderliche oben bereits bemerkt worden.

Wie aus dem Obigen sich ergiebt, ist der lateinische
Pronominalbestand, soweit es um einfache Pronomina
sich handelt, in ziemlicher Vollständigkeit in das Romanische übergegangen; geschwunden dagegen sind fast
alle zusammengesetzten Pronomina, mit Ausnahme von
einigen Zusammensetzungen mit *ali-* (z. B. *aliqu-* + *unus*
= *alcunus*, frz. *aucun*), *quisque* (frz. *chaque*) u. *quisque*
+ *unus* (ital. *ciascuno*, frz. *chacun*); freilich ist die lautliche Entwickelung so dunkel, dass man die rom. Formen
vielleicht anders erklären muss [1]). Das verallgemeinernde

---

[1]) Möglicherweise hat sich *quisque* mit χάϑα (s. unten S. 452) ge-
kreuzt; freilich bleibt auch dann ital. *cia-* lautregelwidrig.

-que u. *-cunque* leben nur in beschränkter Weise fort (z. B. ital. *qualche,* frz. *quelque, quelconque*). Vgl. S. 450.

Vermehrt wird der Pronominalbestand — abgesehen von den Neubildungen (s. unten c) — durch die Verwendung von *qualis* (rum. *care,* ital. *quale,* frz. *quel* etc.) als Relativ und Interrogativ; ferner durch die pronominale Verwendung von **qualisque causa* (ital. *qualche cosa,* frz. *quelque chose*), *persona* (frz. *personne*), des Particips *nata* (scil. *res*) u. *nati* (scil.' *homines*) = span. *nadi,* neuspan. *nadie, nada,* eigentlich „Jemand, etwas", dann mit Uebergang in die negative Bedeutung [vgl. frz. *personne, rien*] „Niemand, nichts", *ne + gent*[*em*] = ital. *niente,* frz. *néant,*[1] *hŏmo* = frz. *on, nemo* = ital. *nimo,* rum. *nime, rēm, *rĕm* (= frz. *rien*) *tōtus,* bezw. **tottus* (= frz. *tout,* Pl. altfrz. *tuit* mit Umlaut), *omnis* (ital. *ogni, ognuno*), *alter* (z. B. frz. *autre*); endlich durch die interessante Pronominalisirung des griech. κάϑα = span. *cada* etc. (vgl. darüber *P. Meyer,* Romania II 80, *Ascoli,* Arch. glott. XI 425, *Thumb,* Handb. d. neugr. Volksspr § 137).

Höchst beachtenswerth ist die Neigung des Romanischen zu pronominaler Verwendung von Adverbien räumlicher Bedeutung, so *inde* = ital. *ne,* frz. *en, ibi* = ital. *vi, hic* = frz. *y, ecce + hic* = it. *ci, unde* = ital. *onde, de + unde* = ital. *donde,* frz. *dont.* Im Ital. sind *noi* u. *voi* n Verbindung mit dem Verbum durch *ci* u. *vi* völlig verdrängt worden, ein überaus merkwürdiger Vorgang.

b) Functionsverschiebungen haben vielfach stattgefunden; die bemerkenswerthesten sind folgende: α) Die demonstrative Kraft von *ille* ist in der Art abgeschwächt worden, dass das Pronomen in Verbindung mit dem Verbum (sowie mit Präpositionen, endlich auch absolut) als Pronomen der 3. Person, in Verbindung mit dem Subst. aber als bestimmter Artikel fungirt. Der erstere Gebrauch ist all-

---

[1] Die Diez'sche Ableitung des Wortes von *nec + ent* (Stamm von *ens,* Part. Präs. von *esse, nec-ens* also „nicht seiend") ist unhaltbar, schon weil ein Part. *ens* (statt *sens*) im gesprochenen Latein nie vorhanden gewesen ist. Auch die von *Ascoli* (Arch. glott. XI, 417, XII, 24) aufgestellte Ableitung *niente = ne + ĭnde* ist schwerlich zutreffend. *Ne + gent* lässt sich vergleichen mit ahd. *ni-wiht* = nichts.

gemein, dem letztern entziehen sich das Sardische u. mundartlich das Catalanische, welche beide *ipse* als Artikel verwenden. Im Altfrz. wird neben *ille* das zusammengesetzte *cil* u. *cist* gern artikelhaft verwendet (noch neufrz. *ces dames* u. dgl., im älteren Neufrz. *ce* beim Tagesdatum); das als Artikel gebrauchte *ille* wird dem Subst. proklitisch voran-, nur im Rumän. enklitisch ihm nachgestellt. Der bestimmte Artikel verschmilzt mit den Casuspräpositionen zu Casuspräfixen (s. oben S. 444). — β) Der Genetiv *illorum* fungirt sowohl als Personalpron. der 3. P. Pl. wie auch als Possessivpron. der 3. P. Plur., s. oben. — γ) *cuius* ist relatives Possessiv geworden, s. oben. — δ) *cui* wird als Obliquus schlechthin gebraucht, ebenso die analogischen **illui *istui *illaei *istaei*, die sogar auch Nominativfunction vollziehen können. — ε) *suus, -a, -um* ist zum Possessiv der 3. Person schlechthin geworden. — ζ) *ipse* ist demonstrativ geworden, vgl. unten S. 455 Z. 6 v. o.

c) Neuschöpfungen sind in weitem Umfange vollzogen worden, und zwar sowohl begrifflicher als auch formaler Art. So ist aus *ille* ein Pronomen der 3. Person[1]) entstanden (s. oben), dessen unmittelbar mit dem Verbum verbundene, also satztonlose Formen sich vielfach (besonders im Dat. u. Accus. Sg., theilweise aber auch Pl., im Frz. sogar im Nom. Sg. des Masc.) unterscheiden von den absolut gebrauchten oder mit Präpositionen verbundenen (z. B. frz. *il* u. *lui*, *il[s]* u. *eux* etc.). Die gleiche Spaltung ist bei den Pron. der 1. u. 2. Pers. eingetreten. Diese Spaltung ursprünglich einheitlicher Formen in eine satzbetonte und satzunbetonte Lautgestaltung (sog. *„pronoms absolus"* u. *„pronoms conjoints"*) ist auch bei dem Reflexiv, bei dem Possessiv u. bei dem Demonstrativ vollzogen worden (vgl. frz. *se* u. *soi*, *mon* u. *mien*, altfrz. *cist* u. *cestui*, neufrz. *ce* u. *celui*), freilich bei dem Possessiv

---

[1]) Bemerkt zu werden verdient, dass das Romanische es gern vermeidet, das Pronomen der 3. Person, wenn es mit Präpositionen verbunden werden müsste, auf unbelebte Dinge zu beziehen. — Im Frz. kann übrigens das Pronomen der 3. Person in Verbindung mit Präpositionen auch als Reflexiv fungiren.

und Demonstrativ nur in einzelnen Sprachen (so beim Possessiv nicht im Ital., in diesem auch bei dem Demonstrativ nur unvollkommen). Am folgerichtigsten ist in dieser Beziehung das Französische verfahren, das auch beim neutralen Interrogativ *que* (bezw. *qui*) u. *quoi* auseinanderhält. — Das reflexive Possessiv *suus* ist zu einem Poss. der 3. Pers. schlechthin verallgemeinert worden; in einzelnen Sprachen (Frz., Prov., Ital.) tritt daneben *illorum* (*loro, lor, leur*).

Neugebildete Formen sind: **illi* für *ille*, nach *qui*, *hi[c]* gebildet (im Ital. wird vor anlautendem Vocale das *ll* von *illi* durch das nachfolgende *i* palatalisirt, also *egli*, woraus im Plural durch Anfügung der verbalen Pluralendung *eglino* entsteht). **illi* wird sowohl als Artikel[1]) wie auch als Pron. der 3. P. gebraucht (z. B. ital. *il* u. *egli*[2]), frz. *li* u. *il*); im letzteren Falle ist es selbstverständlich Masc., wird aber auch bei unpersönlichen Verben (z. B. frz. *il semble*), also scheinbar neutral, gebraucht. — **illui* (nach *cui*) für *illi* (Dat.), welches letztere u. ebenso **illae* für das Fem. als tonloses Pron. (*li, le*) fortlebte, während [*il*]*lui* satzbetont gebraucht wurde. — **istui* für *isti*, nur in Zusammensetzungen vorhanden (s. unten). — Zu **illui *istui* für *illi*, *isti* wird das Fem. **illaei* (*lei*) **istaei* gebildet. — Durch Verbindung von *eccu[m]* u. *ecce* mit **illi* oder **illui*, -*aei* oder *illu[m]*, -*a[m]*, bezw. **isti* od. **istui*, -*aei* od. *istu[m]*, -*a[m]* entsteht eine ganze Reihe neuer Demonstrativa, z. B. ital. *questi, costui, costei* (dazu der Plur. *costoro*), *questo, questa*, frz. [*i*]*cist*, dazu Cas. obl. *cest, cet* (vor Cons. *ce*), Fem. *ceste* (*cette*); *cestui*; ital. *quegli, colui, colei* (dazu Plur. *coloro*), *quello, quella*, frz. [*i*]*cil*, dazu Cas. obl. *cel*, Fem. *celle; celui*. Die mit **illui, *istui, *istei* (im Ital. auch die mit *illi, isti*) gebildeten

---

[1]) Der Artikel tritt im Rumänischen enklitisch dem Substantiv nach (wie im Skandinavischen und in gewissen semitischen Sprachen), sonst überall proklitisch vor das Substantiv. Vgl. *Hasdeu*, Le type syntactique *homo-ille ille-bonus*, Arch. glott. III, 420 und dazu *Cihac*, Roman. Stud. IV, 437; vgl. auch *Obédénare* in den Miscell. Caix-Canello p. 209.

[2]) Wie *egli* durch Antritt der verbalen Endung -*no* zu *eglino* sich erweitert, so wird *elle* (= *illae*) zu *elleno*, eine seltsame Uebertragung verbaler Flexion auf das Personalpronomen.

Formen werden absolut, die mit *illum*, *istum* (im Frz.
auch die mit *illi*, *isti*) gebildeten adjectivisch gebraucht.
Im Frz. können die Demonstrativa (von denen das Neu-
frz. nur *ce[s]t*, *cette*, *celle* u. *celui* erhalten hat) mit den
deiktischen Adverbien *ci* = *ecce* + *hic* u. *là* = *illac* verbunden werden. — *ipse* (das als Simplex demonstrativ
geworden ist: ital. *esso* [auch als Personale gebraucht],
ptg. *esso*, span. *ese*, prov. *eps*) wird zusammengesetzt mit
id (ital. *desso*), *iste* (ital. *stesso*), *met-* + *ĭpsĭmus* (ital.
medesimo, frz. *meesme*, *même*); erhalten ist *ipse* auch in
dem altfrz. Adv. *eneslepas* = *in ipso illo passu*. — Eine
i- u. *ui*-Form wird auch von *alter* gebildet; ital. *altri*
altrui, frz. *autrui*; altfrz. ist auch *nului* vorhanden; am
weitesten aber hat die *ui*-Bildung im Rumän. gewuchert
(*cărui*, *cutărui*, *unui*); dort findet sich auch ein *tuturor*,
gleichsam *totorum* + *-oro*. — Im Frz. ergiebt *meus meum*
in satzunbetonter Stellung *mes*, *mon*, in satzbetonter
Stellung dagegen **mieus* (vgl. *Deus* > *Dieus*) **mieun*;
aus dem letzteren entwickelt sich *mien*, (dazu neugebildet
der Cas. rect. *miens* und das Feminin *mienne*); entsprechend wird mit *tuus* und *suus* verfahren. Vgl. *Meyer-
Lübke*, Rom. Gramm. II. S. 115.

Vgl. *Gröber*, Ztschr. f. roman. Phil. I, 108, II, 594 und VI,
175 (*egli*, *il* u. dgl.); *Horning*, Le pronom neutre *il* en langue
d'oïl, Roman. Stud. IV, 229 (höchst anregende, lesenswerthe Abhandlung); *G. Paris*, Le pronom neutre de la 3. personne au frçs.,
Romania XXIII, 163; *Tobler*, Ztschr. f. roman. Phil. III, 159
(*illui*); *Darmesteter* in den „Mélanges Renier" [Paris 1886] (*ille*,
illni etc.); *Thomas*, *lui* et *lei* (Romania XII, 332); *Nannucci*, Intorno
al pronome *lei* usato dagli antichi nel caso retto, Corfu 1841;
1841; *Tobler*, Beitr. z. frz. Gramm. I, 74 Anm. (*les* = *los*); *d'Ovidio*,
Arch. glott. IX, 45 (höchst werthvolle Beiträge zur Geschichte
der Pronomina); *Gengnagel*, Die Kürzung der Pronomina hinter
vocal. Auslaut im Altfrz., Halle 1882, Diss.; *Dittmer*, Die Pron.
possess. im Altfrz., Greifswald 1888; *Förster*, Ztschr. f. rom. Phil.
II, 91 (das altfrz. Pron. poss. abs. fem.); *Cornu* und *G. Paris*,
Romania VII, 593 (*mien* = *meum*); *Gröber*, Ztschr. f. rom. Phil. III,
157 (*mien* = **mem*); *Cornu* und *Puitspelu*, Romania XV, 134 und
434 (altlyon. *min*); *Cornu*, Le possessif en ancien espagnol, in:
Romania XIII, 307; *Cuervo*, Los casos encliticos y procliticos del
pronombre de tercera persona en castellano, in Romania XXIV,
97; *Hengesbach*, Beitrag zur Lehre von der Inclination im Prov.,
Marburg 1885 (Ausg. u. Abh. 37), vgl. Ltbl. VIII, Sp. 226; *Elsner*,

Ueber Form und Verwendung der Personalpronomina im Altprov.,
Kiel 1885, Diss.; *Cornu* und *Philipon*, Das Adj. possess. im Lyonesi-
schen, Romania XV, 130, 134 und 434, vgl. Ztschr. f. rom. Phil.
XI, 150 (*W. Meyer*); *Gessner*, Das span. Personalpron., Ztschr. f.
roman. Phil. XVII, 1), Das span. Possessiv- und Demonstrativpron.,
ebenda XVII, 329, und: Das span. Interrogativ- und Relativpron.,
ebenda XVIII, 449; *Bohnhardt*, Das Personalpron. im Altprov.
Marburg 1886 (A. u. A. 74); *Ascoli*, Arch. glott. VII, 447 ff. (die
Formen auf *-ui* im Rät.); *W. Förster*, Anmerkung zu V. 1403
des Löwenritters (altfrz. *çeu*); *P. Meyer*, Romania IX, 156 (prov.
el). — Ueber die Pronomina im Frz. handeln ausser den bereits
genannten, auch für das Romanische im Allgemeinen interessanten,
Schriften namentlich noch die folgenden: *Gessner*, Zur Lehre vom
frz. Pronomen, Berlin 1873/74, Progr. des Französ. Gymnas.,
2. Ausg. (Buch), Berlin 1885 (sehr gediegene Arbeit); *Nissen*, Der
Nominativ der verbundenen Personalpronomina in den ältesten
frz. Sprachdenkmälern, Kiel 1882, Diss.; *Beyer*, Die Pronomina im
Rolandsliede, Halle 1875, Diss.; *Clédat*, Les cas régimes du pronom
personnel et du pronom relatif, in: Rev. des langues rom. 3. série
III, 47 (1882); *Genzlin*, Die Pronomina demonstr. im Altfrz., Greifswald, 1888, Diss.; *O. Schulze*, Zur Entwickelung des frz. Demonstrativpron., Vegesack 1876, Prgr.; *Radisch*, Die Pronomina
bei Rabelais, Leipzig 1878, Diss.; *Zilch*, Der Gebrauch des frz.
Pron.'s in der 2. Hälfte des 16. Jahrh. etc., Giessen 1892, Diss.;
Lahmeyer, Das Pronomen in der frz. Spr. des 16. und 17. Jahrhunderts, Göttingen 1887, Diss.; *Vallström*, Om bruket af de
relative pronomina i Ny-Franskan, Upsala 1875, Diss.; *Joret, non
et on* (Romania VIII, 102, XII, 589, vgl. dazu die Artikel von
Fleury, Rom. X, 402, XII, 342, weitere Angaben über die Sache
bei *Meyer-Lübke*, Rom. Gr. II, p. 100); *Schliebitz*, Die Person der
Anrede in der frz. Sprache. Breslau 1887.

8. Das Zahlwort. a) Die Cardinalzahlen sind erhalten; im Neufrz. sind jedoch 70, 80, 90 (altfrz. *setante*
etc.) durch Additions- und Multiplicationsausdrücke (60 +
10, 4 × 20, 4 × 20 + 10) verdrängt worden, ein Wandel,
welcher wohl auf keltischer Einwirkung beruht[1]). Ueber
die Hochtonverschiebung bei den Zehnerzahlen s. oben
S. 357, vgl. auch *d'Ovidio, I riflessi romanzi di vigĭnti, tri-
gĭnta,* in Ztschr. f. rom. Philol. VIII, 82. Für die Hundert-
zahlen werden in mehreren Sprachen, so im Frz., statt
der Zusammensetzungen (*ducenti*) Verbindungen (*deux
cents*) gebraucht. — Die Ordinalzahlen sind erhalten, aus-

---

[1]) Ganz lautregelwidrig ist die frz. Gestaltung von *ŭndecim* = *onze*;
sehr befremdlich ist auch die Nichtelision vor *onze* (*le onze* und *le onzième*).

genommen im Frz. u. Rumän.; in ersterem wird *primus* durch *primarius* = *premier* (das *e* für *i* beruht auf Angleichung an *dernier*) ersetzt, von 2 ab werden die Ordinalien aus den Cardinalien durch Anfügung des noch unerklärten Suffixes *-ième* neu gebildet (*deuxième, troisième* etc.); altfrz. waren *prime* (*second*), *tiers, quart, quint, sist, sedme* (analogisches *oidme, neufme*) und *disme* noch vorhanden, nach *disme* wurde *novisme* etc. gebildet; neufrz. ist *second* veraltet, *tiers* in bestimmten Verbindungen, *quart* und *dîme* nur als Subst. noch gebräuchlich[1]). Im Rumänischen werden die Ordinalia (mit Ausnahme von *primus*, das durch *intĕiŭ* ersetzt wird) durch die mit dem Artikel verbundenen Cardinalien vertreten, wie dies auch im Frz. etc. bei dem Monatsdatum u. dgl. geschieht. — Die Distributiva (*bini* etc.) und die Multiplicativa (*semel* etc.) sind geschwunden; bemerkenswerth ist, dass *bis* in Compositis als Pejorativpräfix fungirt.

b) Von den Cardinalzahlen wird *unus* überall als. Adjectiv behandelt; die Hunderte unterscheiden im Span. und Ptg. noch das Geschlecht; *vingt* und *cent* können im Frz. Pluralform annehmen. Für *duo* ist die Pluralbildung Masc. *dui*, Fem. *duae*, Neutr. *dua* eingetreten (z. B. altfrz. M. *dui*, c. o. *dous*[2]), Fem. *doues*, Neutr. *doue*; neufrz. ist nur *deux* = *dous* erhalten, auch in den übrigen Sprachen ist schliesslich eine Form alleinherrschend geworden, so rum. *doĭ* = *dui*, ital. *due* = *duae*, span. *dos* = *duos*); *ambo* erscheint in den älteren Sprachen in Pluralform auf *-os* (bezw. *-i*), *-as* (bezw. *-e*), es verbindet sich gern mit *duo*, z. B. altfrz. *andui, ansdous, ambesdoues*. Von *tres* sind nur in den älteren Sprachen und in Mundarten Flexionsreste vorhanden. Von *mille* besitzt das Span. und Ptg. nur den Sg. (*mil*), das Rumän. nur den Plur. (*mie*), das Prov. Sg. und Pl. (*mil* und *milia;* letzteres wurde in *mila* umgebildet und dann auch für den Sg. gebraucht), ebenso das Frz. (*mil* und *mille,*

---

[1]) Vgl. *Knösel*, das altfrz. Zahlwort. Erlangen 1884, Diss.; *Rauschmann*, Ueber den figürlichen Gebrauch der Zahlen im Altfrz. Erlangen 1892.

[2]) Vgl. *Böhmer, dous*, Roman. Stud. III, 603.

letzteres auch als Sg. gebraucht) und das Ital. (*mille* und *mila* statt *miglia*).

Die Ordinalien werden als Adjective behandelt.

B. Das Verbum[1]). 1. Die Genera. Von dem lat. Activum sind in allen Sprachen erhalten das Präsens (Indicativ, Conjunctiv, erste Form der 2. P. Sg. Imperat.[2]), Inf. und Particip), das Imperf. Ind., das Perfect (dies letztere jedoch mehrfach nur als schriftsprachliches, eine Art von halbgelehrtem Charakter an sich tragendes Tempus), das Plusquamperf. Conj, der Ablativ des Gerundiums.

Nur in einzelnen Sprachen sind erhalten: der Conjunctiv Imperf. (Sardisch), das Plusquamperf. Ind. (südital. Mundarten, Prov., Span., Ptg., einzelne Reste auch im ältesten Frz.), das Futurum exact. (oder der Conj. Perf.?) (Altrumänisch, Span., Ptg.).

Ueberall geschwunden sind: das Futurum simplex (ausgenommen *ero* = *ier* im Altfrz.), der Inf. Perf., die Supina[3]), der Gen., Dat. und Acc. des Gerundiums (ebenso das zum Passiv gehörige Gerundiv; die Annahme, dass dasselbe in frz. Verbindungen, wie *argent comptant*, erhalten sei, ist irrig).

Trotz der starken Verluste ist der Formenbestand des romanischen Activs (bezw. des Verbums überhaupt) doch verhältnissmässig, im Vergleich etwa mit dem Germanischen oder dem Slavischen, ein noch reicher[4]). Bemerkenswerth ist jedenfalls, dass, während die lat. Declination im Roman. fast

---

[1]) In der Entwickelungsgeschichte der romanischen Conjugation haben zwei einander widerstreitende Kräfte sich bethätigt, welche aber trotz ihres Widerstreites doch beide dem Trägheitsprincipe entsprangen. Erstlich das Streben, bei dem Vorhandenen zu beharren, die Mühe der Um- und Neugestaltung zu sparen. Sodann aber das noch stärkere Streben, die Flexion möglichst durch Ausgleich der Conjugationsverschiedenheiten und Verallgemeinerung bestimmter Suffixe und Bildungsweisen zu vereinheitlichen und also zu erleichtern. Es zeigt in Folge dessen der Formenbau des romanischen Verbums alte und neue Gebilde in bunter Durcheinanderwürfelung.

[2]) Die 2. P. Pl. Imperat. ist nur in einzelnen Sprachen erhalten, denn z. B. frz. *aimez* ist Indicativ, *soyez* Conjunctiv.

[3]) Wegen des Rumänischen vgl. unten No. 7 c) die Anmerkung am Schlusse.

[4]) Im Frz. freilich nicht so reich, wie er dem Auge sich darstellt, denn zahlreiche in der Schrift noch geschiedene Verbalformen fallen, namentlich ausserhalb der Bindung, lautlich zusammen, so dass sie nur mittelst der Personalpronomina (Personalpräfixe) auseinandergehalten werden, z. B. *[je, tu] aimais, il aimait, ils aimaient* = ɛmè.

völlig geschwunden ist, die lat. Conjugation noch in so ansehnlichen Resten fortbesteht, dass von einem Conjugationssysteme gesprochen werden kann. Der Grund, weshalb die Formen der Conj. sich besser, als die der Decl., erhalten haben, ist darin zu suchen, dass die Casus obliqui durch Präpositionen leicht und, was wichtig war, mit gleichsam räumlicher Anschaulichkeit sich ersetzen liessen, während für die Verbalformen eine solche Möglichkeit nicht vorlag. Vielfach wurden die Verbalausgänge auch durch den Hochton geschützt, während die Casusendungen fast durchweg nachtonig und folglich lautlichem Verfalle ausgesetzt waren.

Von dem Passivum ist nur das Part. Perf. erhalten, welches übrigens zugleich die Function eines Part. Praeteriti übernommen hat, eine Functionserweiterung, welche durch die Participien Deponentis des Lateins angebahnt worden war [1]).

Die Deponentien sind theils geschwunden (z. B. *proficisci*), theils in activischer Form erhalten (z. B. *sequi*).

Die mediale Diathese wird durch Verbindung des Activs mit dem Accus., bezw. Dativ des Reflexivpronomens in der 3., des Personalpronomens in der 1. und 2. Person zum Ausdruck gebracht. Mediale Färbung des Verbalbegriffes ist im Roman. sehr beliebt (man denke z. B. an ital. *accorgersi*, frz. *s'apercevoir*).

Die schon im Latein lockere Scheidung zwischen transitiven und intransitiven Verben ist im Roman. noch loser geworden, denn zahlreiche Verba können sowohl in der einen wie in der anderen Art gebraucht werden (z. B. frz. *monter*, *descendre*).

2. Zeitarten und Zeitstufen. Die Unterscheidung der eintretenden, dauernden und vollendeten Handlung ist, was das Präsens anbetrifft, von dem Romanischen in demselben Umfange wie im Latein beibehalten, im Präteritum aber dadurch verschärft worden, dass schriftsprachlich das Perfect nur als Aorist fungirt, das Perf. präs. aber durch Umschreibung

---

[1]) So kann z. B. im Span. *llegado* bedeuten *él que ha llegado*, *huido = él que huyó*, *caido = él que ha caido* etc. Ueber altfrz. Participien Perf. mit activischer Bedeutung vgl. *Tobler*, Ztschr. f. rom. Phil. V, 186.

eine eigene Form erhalten hat (z. B. frz. *je vis* = *vidi* Perf. hist., griech. *εἶδον, j'ai vu* = *vidi* Perf. präs., griech. *ὄπωπα*). Von den Zeitstufen gelangen nur Gegenwart und Vergangenheit durch Tempora zum Ausdruck, die Zukunft dagegen wird in Bezug auf die eintretende und dauernde Handlung modal aufgefasst (frz. *j'écrirai* „zu schreiben habe ich, schreiben soll ich"). Es ist also der lateinische Zustand verblieben, denn im Latein setzte sich ja das sog. Futur aus Formen des Conjunctivs (*-bo, -am*) und des Optativs (*-ēs, -ēt* etc.) zusammen. Das Futur der vollendeten Handlung (Futurum exactum) wird durch die Verbindung des einfachen (d. h. des modalen) Futurs von *esse*, bezw. *habēre*, mit dem Part. Prät. zum Ausdruck gebracht, im Rumänischen durch die Verbindung von *voiu* (= *volo*) + *fi* (= *fieri*) + Part. Prät.

Der Indicativ des Präteritums der vollendeten Handlung (Plusquamperfectum) hat, wo er erhalten ist (s. oben), modale Bedeutung angenommen (temporale, bezw. aoristische Bedeutung ist nur in den altfrz. Formen bewahrt). Der Conjunctiv desselben Tempus in die Function des verlorenen Conjunctivs des Präteritums der dauernden Handlung (Imperfectum) verschoben worden (im Rumänischen hat er die Function des Indicativs übernommen, also z. B. *cîntasem* der Form nach = *cantassem*, der Bedeutung nach = *cantaveram*). In Folge dessen müssen (abgesehen vom Rum.)[1] beide Modi des Plusquamperfectums durch Umschreibung gebildet werden. Diese wird durch die Verbindung des Part. Prät. (Part. Perf. Pass). mit dem Imperfect einerseits von *habēre* oder *tevēre* (frz. *j'avais chanté*, ptg. *tinha cîntado*), andrerseits mit *esse*, bezw. *stare* (frz. *j'étais parti*, ital. *io era venuto*) vollzogen. Es kann aber das Part. Prät. sich auch mit dem Perfect der genannten Verba (frz. *j'eus, je fus*, ptg. *tive, fui*) verbinden, und dadurch entsteht auf periphrastischem Wege ein neuartiges Tempus, nämlich ein Plusquamperfect der eintretenden Handlung, ein aoristisches oder historisches Plus-

---

[1] Indessen wird auch im Rumänischen neben *cîntasem* ein periphrastisches Plusquamperf. gebildet, z. B. *am* (= *habeo*) *fost* (umgebildetes Particip zu dem Perf. *fui*) *cîntat*, also doppeltes Particip (gleichsam ital. **ho stato cantato*), eine ganz eigenartige Verbindung: *am cîntat* „ich habe gesungen" (Perf. präs.) wird durch das Particip *fost* „gewesen" in präteritale Bedeutung verschoben, *fost* fungirt also gleichsam als Augment.

quamperfect, dessen Function in den mit *ubi*, *ut* etc. eingeleiteten Temporalsätzen im Lateinischen das historische Perfect
mit versah.

Das romanische Tempussystem gliedert sich also folgendermaassen:

A. Tempora der eintretenden Handlung.

a) Das Präsens der eintretenden und das Präsens der
dauernden Handlung werden nicht unterschieden.

b) Das Präteritum (= lat. Perfectum hist.), z. B. frz. *je vis*.

c) Das Plusquamperfect (= lat. Perf. hist. in Temporalsätzen), durch Umschreibung gebildet, s. oben S. 460.

d) Das Futurum der eintretenden und das der dauernden
Handlung werden nicht geschieden; in einzelnen Sprachen
kann das Futurum der eintretenden Handlung durch
den Infinitiv verbunden mit *stare* oder mit einem Verbum
der Bewegung zum Ausdruck gebracht werden, z. B. frz.
je vais écrire (*je viens écrire*), ital. *sto per partire* etc.).

B. Tempora der dauernden Handlung.

a) Präsens[1]),

b) Präteritum (Imperfect),

[c) Futurum, modal gebildet und deshalb richtiger als das
Präsens eines Modus aufzufassen; da nun, entsprechend
diesem modalen Präsens, auch ein modales Präteritum
(Imperfect, in der üblichen Grammatik „*Conditionnel*"
genannt) gebildet wird, so ist also vorhanden auch ein

d) Präteritum (Imperfectum) Futuri].

C. Temporale der vollendeten Handlung.

a) Präsens (= Perfectum präsens), mittelst Umschreibung
gebildet, s. oben S. 460;

b) Präteritum (Plusquamperfectum), mittelst Umschreibung
gebildet (ausgenommen im Rumän., s. oben S. 460);

c) Das Futurum (exactum), durch Umschreibung gebildet,
s. oben S. 460.

---

[1]) Im Altfrz. wird die Dauer, bezw. die Zuständlichkeit der Handlung gern durch *estre* oder *aller*, verbunden mit dem Part. Präs. (Gerund.)
hervorgehoben, z. B. *paien vont Renier fort loiant*, A et A 1227; *Damme
Erembors le vait mult resgardant*, ebenda 1232; *moult sui desirranz*, ebenda
3276; *soiez le secorrant*, J. d. B. 1234. Häufig ist eine begriffliche Verschiedenheit solcher Umschreibung von der einfachen Verbalform gar
nicht mehr herauszufühlen.

Die vorstehende Uebersicht ergiebt, dass das romanische Tempussystem begrifflich reicher gegliedert ist [1]), als das lateinische, freilich auch, dass diese Weiterentwickelung auf periphrastischem Wege vollzogen worden ist.

Wie im Lateinischen, so liegt auch im Romanischen einerseits dem Präsens und Imperfect (der dauernden Handlung), andrerseits dem (historischen) Perfect je ein besonderer Tempusstamm — Präsensstamm, bezw. Perfectstamm — zu Grunde, falls nicht der Präsensstamm zugleich zur Bildung des Perfects dient und folglich als Verbalstamm überhaupt fungirt.

3. Tempusstämme. Die unerweiterte Wurzel erscheint als Verbalstamm nur in der 2. und 3. P. Sg. Präs. Ind. von *esse* (*es* = frz. prov. ptg. rät. *es*, aber rum. *esçi*, ital. *sei*, span. *eres*, letzteres eine höchst befremdliche Form, die sich schwerlich = *eris* ansetzen lässt, sondern eher als aus *es-es* [gleichsam lat. *esis* nach Analogie von *leg-i-s*] zu deuten ist; *est* = prov. span. rät. *es*, ptg. *he*, *é* [aus *es*], frz. *est* [gesprochen in Bindung *èt*, sonst *è*], ital. *è* [altital. auch *este*], rum. *este*) [2]). Wo sonst im Romanischen die Wurzel scheinbar sich unmittelbar mit der Personalendung verbindet oder gar scheinbar als Verbalform fungirt, beruht dies entweder auf Kürzung der Form durch Wegfall der Endung und des ihr vorangehenden Vocals (z. B. altfrz. *je vent* = *vend*[*o*], neufrz. *il vainc* = *vinc*[*ĭt*] und dergl.) oder aber auf falscher Schreibung (z. B. *il vend* für *il vent* = *vend*[*i*]*t*. Allerdings aber haben romanische Verbalformen, besonders im Frz., durch derartige Kürzung sehr häufig ein wurzelhaftes Scheingepräge erhalten.

a) Der Präsensstamm und die Conjugationen. Die lateinischen Bildungsweisen sind, im Grundzuge wenigstens

---

[1]) Aus den Einzelsprachen würden sich noch manche andere (periphrastische) Tempusgebilde anführen lassen, so z. B. das ital. *stare a fare qualche cosa* zur Hervorhebung der Zuständlichkeit der Handlung. Ganz eigener Art ist die frz. Verbindung *venir de faire qlq. ch.* „soeben etwas gethan haben", also eine Verschmelzung der Zeitart der eintretenden Handlung mit derjenigen der vollendeten Handlung, gleichsam ein aoristisches Perfectum praesens.

[2]) Wurzelhaft sind auch span. *das estas, da esta* (*dare stare*), falls sie etwa ein lat. *dă-s, stă-s* etc. fortsetzen, wahrscheinlicher ist aber *das estas* etc. = *dās stās*.

bewahrt, der Präsensstamm wird also gebildet durch Anfügung entweder des thematischen Vocales oder aber eines
der Ableitungsvocale *ā*, *ē*, *ī*; demnach sind zu unterscheiden:

α) themavocalische oder sog. starke Verba (z. B. ital. *ven-*
   dĕre, frz. *vendre*);

β) ableitungsvocalische oder sog. schwache Verba, welche
   wieder in *A-*, *E-* und *I-*Verba zerfallen (z. B. ital. *amāre*,
   tenēre, *sentīre*).

Es ist demnach auch im Romanischen eine sog. starke
und eine sog. schwache Conjugation zu unterscheiden, innerhalb der letzteren wieder eine *A-*, *E-* und *I-*Conjugation.
Diese Scheidungen sind indessen durch die Sprachentwickelung an vielen Punkten durchbrochen.   Erstlich sind
zahlreiche starke Verba, namentlich die auf gelehrtem Wege
übernommenen, in die schwache Conjugation eingetreten (z. B.
calefacere = frz. *chauffer*[1]), *quaerĕre* = altfrz. *querre*, aber neufrz. *quérir*, *regĕre* = frz. *régir*, gel. W., *corrigĕre* = frz.
corriger, gel. W., *collĭgĕre* = frz. *cueillir* etc.).   Sodann sind
in allen Einzelsprachen gewisse Formen der starken Conjugation durchweg zur schwachen umgebildet worden (so ist
z. B. im Ital. der Ausgang *-amo* der 1. P. Pl. Präs. Ind. der
*A-*Conj. auf alle Verba übertragen worden, nach *amiamo* also
sind *sentiamo*, *vendiamo* etc. entstanden; im Frz. ist *-ātis* aus
der 2. P. Pl. Präs. Ind. der *A-*Conj. in alle Conjugationen eingedrungen; dem lat. *véndītis* entspricht ital. *vendéte* [gleich-
sam *vendetis*], rum. *vindeatzi*, prov. *vendétz*, frz. *vendez* [gleich-
sam *vendatis*], span. u. ptg. *vendeis*).   Es ist dies so durchgehends geschehen, dass ein rein starkes Verbum überhaupt
nicht vorhanden ist, von einer starken Conjugation also, genau
genommen, gar nicht mehr gesprochen werden dürfte. Andrerseits aber haben zahlreiche ursprünglich schwache Formen
Umbildungen erfahren, in Folge deren sie das Gepräge
starker Formen erhalten haben[2]).   So sind zahlreiche

---

[1]) Es erklärt sich dies dadurch, dass nach Analogie von *dare* und
stare ein (im Ital. erhaltenes) *fare* gebildet wurde, also *cal[e]fare*, das
nun durch seine Endung der ersten Conjugation angehörte. Im Simplex
hat sich *fer* im Fut. erhalten (*fer-ai*), als Inf. ist es durch die Analogiebildung *faire* (nach *dire*, *duire*) verdrängt worden.

[2]) Erinnert werde hier auch an die stark gebildeten ersten Personen
Sing. Präs. Ind. einzelner *A-*Verba im Altfrz.: *truis*, *pruis*, *ruis* (*tropo*,

Infinitive auf *-ēre* zu solchen auf *-ĕre* geworden (*respondēre* = ital. *rispóndĕre*, *ardēre* = ital. *árdĕre*, *ridēre*, = ital. *rídĕre*, vgl. frz. *répondre*, *ardre*, *rire*). Häufig erstreckt sich dieser Wandel auf das ganze Präsens (*respondeo*, aber ital. *rispondo*, frz. *réponds*). Der Uebertritt aller oder einzelner schwacher Präsensformen zur starken Bildung hatte vielfach lautlichen Grund: in der ersten Pers. Sg. und 3. P. Pl. Präs. Ind. und Conj. bewirkte das in nachtoniger Hiatusstellung stehende *-e-*, bezw. *-i-* der Ausgänge *-eo* und *-io* Palatalisirung des vorausgehenden Consonanten, oder aber es verhärtete sich zu *g* (z. B. *teneo*, *venio* = ptg. *tenho*, *venho*, prov. *tenh*, *venh* [neben *tenc*, *venc*], frz. **tieñ*, **vieñ*, woraus *tien*, *vien* und mit analogischem *-s tiens*, *viens*; dagegen ital., span. *tengo*, *vengo*)[1]; in beiden Fällen schwindet also der Ableitungsvocal; im Prov. und Frz. schwindet derselbe auch in der 2. und 3. P. Sg. Präs. Ind. (*tenēs*, *venīs* = *tens*, *vens*, *tiens*, *viens*, *tenet*, *venit* = *te[n]*, *ve[n]*, *tient*, *vient*). Am wichtigsten aber ist die Ueberführung schwacher Formen zur starken Bildung vermittelst des stammerweiternden Sufixes *-sc*. Diese Inchoativbildung nimmt bereits im Schriftlatein einen breiten Raum ein; im Volkslatein bezw. im Romanischen ist derselbe noch wesentlich erweitert worden, indem zahlreiche Verben der *E-*, *I-* und der starken Conjug., sei es im ganzen Präsensstamm oder in bestimmten Formen desselben, inchoative, also starke Gestaltung angenommen haben. Der Grund dieses Vorganges ist nicht darin zu suchen, dass man Vereinheitlichung des in den ursprünglichen Formen wechselnden Hochtones (z. B. *flóreo*, aber *florémus*) habe herbeiführen wollen, denn z. B. im frz. *fleuris*, *fleurissóns* liegt doch auch wieder Tonverschiedenheit vor, indem in *fleuris* der Hochton v o r, in *fleurissons* n a c h dem Inchoativsuffixe *sc* statthat. Es beruht vielmehr das Weiterwuchern einerseits auf der Vorliebe der Volkssprache für lautkräftige Formen, auf jener Vorliebe also, welche auch das

---

probo, *rogo*), welche vermuthlich Anbildungen an *puis* (aus **pŏ[t]sco* f. *possum*) sind. Uebrigens haben im Altfrz. alle erste Personen Präs. Ind., bei denen *-o* nicht als Stütz-*e* erhalten ist, starkes Aussehen, z. B. *aim*, doch trat frühzeitig in Angleichung an die 2. und 3. P. ein *e* wieder an (*aime*).

[1] Der Ausgang *-ngo* wurde analogisch Verben auf *-no* beigelegt, (*pongo* für *pono*). Man denke auch an lat. *frango* etc.

häufige Eintreten der Intensiva an Stelle der Primitiva (*cantare* für *canere*, *jactare* für *jacĕre*) veranlasst hat; andrerseits aber darf man darin wohl das Streben erkennen, unbequemen Palatalisirungen und Consonantirungen aus dem Wege zu zu gehen, denn man bedenke, dass z. B. *púnio* im Frz. ein **puiñ, *puin* (vgl. *junius = juin*), im Ital. ein **pungo* ergeben haben, im letzteren Falle also mit *pungo* von *pungĕre* zusammengefallen sein würde (ganz entsprechend wäre *finio* im Ital. zu **fingo*, also gleichlautend mit *fingo* von *fingĕre*, geworden etc.). Im Span. und Ptg. erstreckt sich das Inchoativsuffix, wo es überhaupt eintritt, auf den gesammten Präsensstamm (die Verba auf *-ecer*), in den anderen Sprachen, welche diese Bildung aufgenommen haben, nur auf einen Theil des Stammes, so im Ital. und Rumän. nur auf den Sing. und 3. P. Pl. Präs. Ind. und Conj. (*punisco, -sci, -sce, -scono, -sca, -scano*, aber *puniamo, punite, puniva, punire, punendo*; im Rumän. wird z. B. *iubesc* „ich liebe" entsprechend conjugirt); im Prov. bleibt die 1. und 2. P. Plur. Präs. Ind. und das Imperf. Ind. frei vom Inchoativsuffix, im Frz. dagegen dehnt sich dasselbe über alle zum Präsensstamme gehörigen Formen des Verbum finitum (also auch über das Imperf. Ind.) aus und sogar über das Part. Präs. und das Gerundium (*punissant*), so dass allein der Inf. noch einfache Form zeigt; allerdings darf man mit grosser Wahrscheinlichkeit annehmen, dass dies Ueberhandnehmen inchoativer Bildung erst sehr allmählich eingetreten ist und dass das älteste (d. h. das vorlitterarische) Französisch auf dem Standpunkte stand, auf welchem das Prov. beharrt hat. Die ursprüngliche Dreiheit der Inchoativbildung, nämlich *-ē-sco* (*E*-Conjug.), *-ī-sco* (*I*-Conjug.) und *-ĭ-sco* (starke Conjug.)[1] — z. B. *florēsco, finīsco, gemĭsco* — ist in den einen Sprachen (Rum. Span., Ptg.) zu *-esc* (Inf.-*escere* = span. -*ecer*), in den anderen (Ital., Prov., Frz.) zu-*isc* vereinfacht worden (also z. B. *florisco, floris, fleuris* statt *florēsco*; im Frz. hat sich aber wenigstens **parēscĕre = pareistre, paraître* behauptet). Durch die Inchoativbildung sind namentlich die Verba auf *-īre* in grosser Zahl der schwachen Conjugation mehr oder weniger entfremdet worden. Aber auch diejenigen *I*-Verba, welche von

---

[1] Eine Sonderstellung nehmen ein *pā-scĕre, crē-sc-ĕre, nō-sc-ĕre*.

dem Inchoativsuffixe verschont blieben (es sind dies übrigens gerade sehr gebräuchliche Verba, wie *dormire*, *sentire*, **mentire*, *operire*, *cooperire*, **offerire* für *offerre*, **sufferire* für *sufferre* u. a. m.), haben doch auch ihren Ableitungsvocal wenigstens im Präs. (unter Umständen mit Ausnahme der 1. P. Plur.), oft in noch weiterem Umfange aufgegeben und folglich starke Form angenommen (z. B. *dormio* = ital. *dormo*, span. *duermo*, frz. *dor*[m]-*s* etc.). Begründet ist dies wohl in der Scheu vor unbequemer Palatalisirung, welche durch Beibehaltung des *i* nothwendig geworden wäre (man bedenke, dass *dormio* im Ital. **dorño*, geschrieben **dorgno*, im Span. **duerño*, im Frz. aber **dor*[m]*ge* ergeben hätte, denn vgl. *somnium* = *sogno*, *sueño*, *songe*; derartigen lästigen Bildungen wurde durch **dormo* vorgebeugt; ebenso verhielt es sich bei den Verben auf *-rio*; bei denen auf *-tio* würden Formen mit *z*, bezw. *ç* — z. B. *sentio*, *sentiunt* = ital. **senzo*, **senzono*, frz. *senz*[1]), **sencent* — entstanden sein, die sich von denen auf *t* weit entfernt hätten)[2]).

So sind starke und schwache Conjugation mannigfach durch einander geschoben worden. Auch Anderes würde in dieser Beziehung sich noch anführen lassen. So der Uebertritt einzelner Infinitive auf *-ĕre* zur *E*-Conjug. (*sapēre*, *cadēre*, *capēre*), ein Vorgang, der auf Anbildung beruht (*sapēre* nach *habēre*, dem es sich auch sonst vielfach angleicht, *capēre* ebenfalls nach *habēre*, *cadēre* etwa nach *sedēre*). Im Span. und Ptg. fallen die Infinitive auf *-ēre* und *-ĕre* in *-ér* zusammen. Eine ganz seltsame Zwitterbildung ist der Ausgang der 1. P. Plur. auf *-ons* im Centralfranzös. (westfrz. *-om*, anglonorm. *-um*, ost- und nordfrz. *-omes*); er muss auf ein *-úmus* zurückgehen und dieses wieder auf *súmus* beruhen; es ist also der Ausgang eines starken Verbs zu einer betonten Flexionsendung geworden[3]).

---

[1]) Im Altpikardischen war *senz*, *menz* etc. wirklich vorhanden und hat Anstoss zu manchen Neubildungen gegeben. Vgl. S. 480.

[2]) Anderweitige Verbalableitungen hatten Conjugationswechsel nicht zur Folge, so z. B. diejenige mittelst des Suffixes *-idi-* (aus griech. -ιζ-ειν entstanden). Die damit gebildeten Verba traten in die *A*-Conjug. ein (*-idiāre* = ital. *-eggiare*, span. port. *-ear* und *-ejar*, prov. *-eiar*, frz. *-oyer*). Bemerkenswerth ist nur, dass im Rumän. die betr. Verba das Suffix *-ez-* nur im Sing. und in der 3 P. Pl. Präs. Ind. und Conj. annehmen, also wie die Inchoativa verfahren.

[3]) Ueber *-ons* ist viel geschrieben worden, vgl. namentlich *Lorentz*, Die erste Pers. Plur. des Verbums im Altfrz. Strassburg 1886, Diss.;

Schon aus dem Obigen ist zu entnehmen, dass die *I*-
und die *E*-Conjug. durch das Eindringen starker Bildungen
in ihrem Bestande sehr geschädigt worden sind. Insbesondere
hat die (bereits im Lat. nur schwach entwickelte) *E*-Conjug.
sehr gelitten, so sehr, dass sie als eigentliche Conjugation zu
leben aufgehört hat und von der praktischen Grammatik mit
der starken Conj. vereinigt wird. Nur einzelne *E*-Formen sind
noch vorhanden und vielfach auch in andere Conjugationen
eingedrungen, so namentl. im Span. und Ptg.; im Frz. ist das
Imperf. auf *-ēbam* sogar alleinherrschend geworden. Dagegen beruht im Prov. das *ei*-Perfect der *A*-Verba (*cantei*) nicht
auf *E*-Bildung, sondern *-ei* ist aus *-ai* entstanden. Vgl. S. 477.

Die *I*-Conjugation hat wenigstens insofern ihre Selbständigkeit behauptet, als, wenn auch Ind., Conj. und Imp.
des Präsens ganz oder theilweise stark geworden sind (ital.
dormio, fiorisco, frz. *dors, fleuris*), doch im Infinitiv, (theilweise)
im Imperf. und im Perf. der Ableitungsvocal erhalten ist.

Auch die starken Verba haben trotz der Durchsetzung
mit schwachen Formen (so ist das Imperf. Ind. immer schwach
gebildet, ja war es, wenigstens scheinbar — es gilt hier aber
scheinbar und thatsächlich gleich viel — schon im Latein)
doch praktisch ein Anrecht darauf, als eine gesonderte Conjugation aufgefasst zu werden, da wenigstens im Sing. und in
der 3. P. Plur. Präs. Ind. und Conj., ferner im Inf. und namentlich auch im Perfectstamm die starke Bildung sich entweder
durchgängig oder doch in bestimmten Formen erhalten hat.

So sind vom romanischen Standpunkte aus zu unterscheiden eine *A*-Conjugation, eine *I*-Conjugation (beide zusammen die schwache Conjugation bildend) und eine starke
Conjugation. Von diesen umfasst die *A*-Conjugation den weitaus ansehnlichsten Verbalbestand, zum Theil weil sie im Latein
eine in dieser Hinsicht bevorzugte Stellung einnahm, zum
Theil in Folge des Umstandes, dass vorzugsweise in sie die
dem Latein (und Griech.) auf gelehrtem Wege entnommenen

Meyer-Lübke und *G. Paris* in Romania XXI, 337; *Muret* in den Etudes
romanes p. 464; *Thurneysen* und *Baist* in Ztschr. f. rom. Philol. XVIII,
276; *Settegast* u. *Ulrich*, ib. XIX, 266 u. 463. *Meyer-Lübke*, Rom. Gr. II,
175, nimmt an, dass nach *sons* (*sumus*) zunächst **dons* (*damus*), **estons*
stamus) und **vons* (**vamus*) gebildet worden seien. Das ist sehr ansprechend.

Verba und ebenso die aus dem Germanischen entlehnten Verba eingetreten sind. Ungleich wenigere, immerhin aber doch noch zahlreiche Zeitwörter, darunter ebenfalls solche gelehrten oder fremden Ursprunges (z. B. einerseits frz. *agir*, andrerseits *blanchir*) oder Ableitungen (z. B. frz. *vieillir*), gehören der *I*-Conjugation an. Die starke Conjugation verfügt über einen nur kleinen Bestand, der aber durchweg altes Erbgut ist.

Unter dem Gesichtspunkte der praktischen Grammatik betrachtet, erscheint die *A*-Conjugation als die eigentliche Hauptconjugation und als die „regelmässige" Conjugation, die *E*- und *I*-Conjugation als ein Gemisch „regelmässiger" und „unregelmässiger" Formen, die starke Conjugation endlich als ein Gruppencomplex „unregelmässiger" Verba, deren Flexion ein alterthümliches (archaisches) Gepräge trägt. Die wissenschaftliche Grammatik kann selbstverständlich „unregelmässige Verba" nicht mehr anerkennen [1]), aber wohl kennt sie einzelne Verba, welche einem Conjugationsschema sich nicht fügen, sondern so zu sagen ihre Conjugation für sich haben, theils ein jedes für sich, theils mehrere gemeinsam. Die wichtigsten dieser Sonderlinge sind: Erstlich das aus dem Latein übernommene mehrstämmige *esse* (*sum, fui*), dessen Formen die seltsamsten Um-, An- und Neubildungen erfahren und überdies in einzelnen Sprachen einen Theil der Formen von *stare* in ihren Kreis aufgenommen haben (ital. *stato*, frz. *été, étant, étais*, welches letztere vielleicht erst vom Inf. aus neu gebildet ist, aber auch auf *stabam* zurückgeführt werden kann) [2]). Sodann das Verbum für „gehen": ital. *andare*, span. ptg. *andar* (= *ambitare*?), prov. *anar*, frz. *aller* (*ambulare*?) [3]), rumän. (istr.) *amná* (= **aminare*?), welches theils mit **vare* (= *vadĕre*), theils mit *īre* sich gemischt hat. Ferner kommt in Betracht das Zeitwortpaar *dare* und *stare*, dem sich theilweise **fare* für *facere* und **vare* für *vadĕre* (**vare* = altfrz. **ver*, erhalten in *desver*) [4]) angeschlossen haben;

---

[1]) *Meyer-Lübke* freilich braucht diese Bezeichnung.

[2]) Ueber *esse* im Frz. vgl. *Thurneysen*, Das Verbum *être* und die frz. Conjugation. Halle 1882, Habilitationsschr.

[3]) Lautregelmässig konnte aus *ambulare* freilich nur *ambler* werden (vgl. *tremulare* = *trembler*); die lautunregelmässige Bildung aber kann aus keltischem Einflusse, kann auch aus dem willkürlichen Verfahren erklärt werden, welches die Umgangssprache zuweilen an viel gebrauchten Worten übt.

[4]) Ganz anders freilich wird *desver* von *Cohn* erklärt in Ztschr. f. rom. Phil. XVIII, 202.

durch *dare* wird im Frz., wo übrigens das Zeitwort früh abgestorben ist, *donare* beeinflusst (altfrz. *doins* nach **doi-s*). *Potēre*
und *volēre*, *habēre* und **sapēre* bilden je ein Paar; die letzteren
Verba berühren sich wieder mit *dare*, *stare*, **fare*, **vare*,
auch mit *esse* (vgl. z. B. ital. *hanno, danno, stanno, fanno,
vanno*; frz. *ont, estont, font, vont, sont*). *Fieri*, das fast nur
im Rum. fortlebt, hat sich dort mit *esse* gemischt.

Die 1. und 2. P. Pl. Präs. Ind. und Conj. sind mit ganz
wenigen Ausnahmen (z. B. span. *vamos, damos* etc., ital. *fate,
dite*, frz. *faites, dites*) flexionsbetont, die übrigen Formen
stammbetont (z. B. frz. *párle, párles, párle, párlent*, aber
parlóns, parléz, entsprechend im Conj.; das Imperf. ist durchweg endungsbetont). Daraus ergiebt sich, dass in den stammbetonten Formen der Stammvocal diejenigen Veränderungen
erleidet oder doch erleiden kann, denen die Hochtonvocale
ausgesetzt sind, während er in den flexionsbetonten Formen
dem Schicksale der vortonigen Vocale anheimfällt. So entsteht bezüglich der Vocalisation eine Spaltung der Präsensformen[1]), wie z. B.

ital. *niego, nieghi, niega, niegano*, aber *neghiamo, neghiate,
negare, negava* etc.,

frz. *je veux, tu veux, il veut, ils veulent*, aber *nous voulons,
vous voulez, vouloir, je voulais* etc.

In weitem Umfange ist nun freilich diese Spaltung auf
analogischem Wege wieder beseitigt worden, indem entweder
die flexionsbetonten Formen den stammbetonten oder diese
jenen sich angeglichen haben. Der letztere Vorgang ist der
gewöhnliche, weil die flexionsbetonten Formen an Zahl die
stammbetonten weit überwogen, namentlich bei den schwachen
Verben (so also ist z. B. im Frz. für **lef = lavo, lèves =
lavas, *levet = lavat, *lèvent = lavant* eingetreten *lave, laves,
lave, lavent* nach Analogie von *lavons, lavez, laver, lavais,
lavai* etc.). Indessen nicht ganz selten hat doch der Vocal

---

[1]) Eine ähnliche Spaltung trat im Altfrz. ein bei den Verben *arais-
nier*, *aidier*, *mangier* und *parler*, indem in den stammbetonten Formen
die (wirkliche oder scheinbare) Stammsilbe sich erhielt, während sie in
den flexionsbetonten als vortonig schwand, z. B. *paráb[o]lo, paráb[o]las,
paráb[o]lat, paráb[o]lant = paróle, paróles, paróle[t], parólent*, aber
**par[abo]lúmus, par[abo]látis = parlons, parlez.* Im Neufrz. sind die stamm-
betonten Formen nach dem Muster der flexionsbetonten umgebildet
worden. Vgl. *Cornu*, Romania VII, 420, und *G. Paris*, ebenda XIX, 288.

der stammbetonten Formen gesiegt und also auch in den flexionsbetonten sich festgesetzt (so z. B. neufrz. *aimons, aimez* f. altfrz. *amons, amez; voyons, voyez* f. altfrz. *veons, veez*). Immerhin sind ansehnliche Reste des „Ablautes" übrig geblieben, und die Conjugation derjenigen Sprachen, welche sie sich erhalten haben, wird dadurch eigenartig belebt.

Am folgerichtigsten durchgeführt ist der Ablaut im Altfrz. — Das Spanische zeigt eine eigenartige Zweiheit des Ablautes darin, dass die Verben mit stammhaftem *e* dies theils in *ie*, theils in *i* wandeln (z. B. **sento = siento*, aber *peto = pido*); dieses *i* ist wohl aus den flexionsbetonten Formen eingedrungen, in denen ein nachtoniges *i* auf das *e* des Stammes umlautend [1]) eingewirkt hat (z. B. *pidiendo* für *pediendo*), vgl. *Meyer-Lübke*, Rom. Gr. II p. 233.

Der Ablaut ist übrigens in der romanischen Conjugation des Präs. ein rein lautlicher Vorgang, welcher in keiner Weise für Zwecke der Flexion verwendet wird.

Im Imperfect Ind. ist die Scheidung zwischen *-ābam* (*A*-Conjug.), *-ībam* (*I*-Conjug.) und *-ēbam* (*E*-Conjug. u. starke Conjug.) zunächst überall festgehalten worden. Dauernd aber hat sie sich nur im Ital., Engadin., Span. und Portug. behauptet. Im Sard. und Prov. ist *-ēbam* an Stelle auch von *-ēbam* getreten (*vendia* für *vendea*), im Neurumän. *-ībam* an Stelle von *-ībam*. Im Franz. sind *-ābam* (= *eve*, norman. *-oue*) und *-ibam* (= *-ive*) durch *-ēbam* (= *-eie*, *-oie*, wofür später analogisches *-ois*, *-ais*) verdrängt worden. In den älteren Sprachdenkmälern (einschliesslich des Rolandsliedes *O*) findet man jedoch noch *A*- (und *I*-)Imperfecta. In den pyrenäischen Sprachen, im Rumän., Prov. und im Franz. sind übrigens die *E*- und *I*-Imperfecta *b*-, bezw. *v*-los gebildet, zeigen also die Ausgänge *-e[b]a*, *-i[b]a*. Im Ital., und zwar mundartlich wie auch schriftsprachlich, stehen *temeva* und *temea, dormiva* und *dormia* neben einander. Diese *b*-losen Imperfecta sind

---

[1]) Umlaut findet sich sonst innerhalb der Conjugation der romanischen Schriftsprachen nur im Portug. und im Rumän., und zwar ist es Umlaut des Stammvocals, veranlasst durch den nachtonigen Vocal des Verbalausganges, z. B. ptg. *fujo, fuja*, aber *fojes, foje; divirto, divirta*, aber *divertes, diverte*; rum. *vâz, vază*, aber *vezĭ, vede; chem, chemĭ, chema*, aber *chiamă*. Sehr verbreitet ist der Umlaut in italienischen Mundarten. Vgl. *Meyer-Lübke*, Rom. Gr. II, 236.

wohl Anbildungen an das *v*-lose Perfect (also *dormia* nach *dormii*). Die Annahme *Gröber's* (Archiv. f. lat. Lex. I 230), dass bereits volkslateinisch ein nach *ĕram* gebildetes Imperfect auf -*éam* (*floréam* u. dergl.) bestanden habe, ist gänzlich unerweisbar.

Das Imperf. *ĕram* (von *esse*) ist durchweg erhalten. Im Frz. ist jedoch *iere* (neben welchem ein schwer erklärliches *ere* sich findet) durch *estois*, *étais* verdrängt worden, eine Form, die (entweder = *stēbam* für *stābam* anzusetzen oder aber) als vom Infinitiv *est-re* aus gebildet aufzufassen ist.

Ueber die Conjunctive Präs. und Imperf. vgl. unten No. 4.

Das zum Präsensstamm gehörige lateinische Futur auf -*bo* ist durchweg geschwunden; es würde Formen ergeben haben, welche entweder denen des Imperfects unliebsam nahe gestanden oder inmitten der sonstigen Conjugation sich wunderlich ausgenommen hätten (z. B. *amabo* würde im Ital. zu *amavo*, im Frz. zu *amef* geworden sein, vgl. *trab*[*em*] = *tref*). Das Fut. *ero* (v. *esse*) ist im Altfr. als *ier* noch vorhanden.

b) **Der Perfectstamm.** Schon im Lateinischen bilden die starken Perfecta gegenüber den in Masse vorhandenen schwachen eine so kleine Minderzahl, dass sie für die Betrachtungsweise der praktischen Grammatik als unregelmässige Bildungen erscheinen. Dieses Verhältniss hat sich im Romanischen noch mehr zu Ungunsten des starken Perfects verschoben, erstlich in Folge des gänzlichen Schwundes zahlreicher starker Verben (z. B. *agĕre*, *regĕre*, *tegĕre* u. v. a.; wenn diese Worte auf gelehrtem Wege in die Sprache wieder eintraten, so nahmen sie starke Form an), theils durch den Uebertritt starker Verba zur schwachen Conjugation (freilich kommen hierbei meist nur gelehrte Worte in Betracht), endlich dadurch, dass zahlreiche starke Verben zwar im Präsensstamm stark blieben, aber ihr Perfect mit einem schwach gebildeten vertauschten (so hat *scribĕre* im Neufrz. sein starkes Perf. *escris* mit dem schwachen *écrivis* vertauscht; ein ähnlicher Vorgang liegt vor, wenn im Frz. z. B. *válui* zu *valŭii* = *valu-s* verschoben wurde und dadurch in eine Reihe mit *a(i)mai dormi*[*i*]-*s* trat; im Frz. ferner haben die Verba auf -*ngĕre* = -*indre*,

z. B. *plangĕre* = *plaindre*, statt des starken Perfects auf *-nxi* = *-ins*, z. B. *planxi* = *plains*, sich ein neues schwaches Perf. vom Präsensstamme aus gebildet, z. B. *plaign-i-s*). Ueberdies sind mehrfach schwache Bildungen in das starke Perfect eingedrungen (so werden im Ital. die 2. P. Sg. und die 1. und 2. P. Pl. vom Präsensstamme gebildet, z. B. *feci, fece, fecero*, aber *facesti, facemmo*, im Rumän. fügen die *-s[i]*-Perfecta in der 1. P. Sg. das *n* des Präsensstammes wieder ein, z. B. lat. **resposit* [für *respondit*] = ital. *rispose*, aber rum. *răspunse*). In gewissen frz. Mundarten ist sogar das inchotive *-iss* aus dem Präsensstamm in das Perf. überführt worden.

Die schon im Lateinischen nur spärlich vorhandenen reduplicirenden Perfecten sind geschwunden mit Ausnahme von *dedi* und *steti* im Ital. und Rumän. (ital. *diedi, stetti*; rum. *dedéiŭ* und *dadáiĭ, stătuiŭ* und *stetéiŭ*), also doppelte Angleichung. Nach einer Richtung wenigstens hat aber die Reduplication weiter gewuchert. Indem nämlich die Verba auf *-dĕre* nach dem Typus *credĕre* das Perf. *-dĭdi* (z. B. *credĭdi*) durch Recomposition mit *-dĕdi* vertauschten (z. B. **credĕdi* = ital. *credetti*), wurde dadurch für das Ital., welches *-dĕdi* in der 1. und 3. P. Sg. und 3. P. Pl. beibehielt (*credetti, credette, credettero*), der Anstoss gegeben, diese Bildung analogisch auch auf andere Verba auf *-ĕre* und *-ēre* zu übertragen (also z. B. ein *temetti* zu *temēre* zu bilden). Auch *andare* (volksetymologisch als Compos. von *dare* aufgefasst) konnte das Perf. auf *-dĕdi* bilden. Im Frz. wurden nach dem Vorgange von *vendĕre* auch andere Verba auf *-ndĕre* und sogar Verba auf *-rdre* (z. B. *perdre*), z. B. **descendĕre, *respondĕre*, zur *-dĕdi*-Bildung hinübergezogen, daher altfrz. Formen, wie 1. P. Sg. *respondié[t]*, 3. P. Sg. *respondiet*, 3. P. Sg. *respondierent* (vgl. *Schuchardt*, Romania IV 122 (vgl. auch ebenda II 477), und *Wolterstorff*, das Perf. der 4. schwachen Conjug. im Altfrz. Halle 1882 Diss., vgl. dazu Ltbl. f. germ. u. rom. Phil. 1882 Sp. 230).

Von den (nicht reduplicirten) starken Perfecten auf *-i* sind nur erhalten: *fui* (bemerkenswerth ist ital. *fosti, foste*, weil es auf **fŭsti, *fŭstis* zurückweist); *feci* (ital. *feci*; rum. *fecĭ*, wofür eingetreten ist *făcuiŭ*; span. *hice*; ptg. *fiz*; cat. *fiu*; prov. *fis*, frz. *fis*, gleichsam **fisi*, Neubildung nach *dis, mis*, *sis*); *vidi* (ital. *vidi* und *veddi*, letzteres scheint auf **vĭdui* zu deuten; rum. *văzŭiŭ*; span., ptg., prov. *vi*; frz. *vi-s*); *veni* (ital. *venni*[1]); rum. [maced.] *vini*; span. *vine*, ptg. *vim*; prov. *vinc*, also zur -*ui*-Bildung übergegangen; frz. *vin-s*); der Analogie von *vēni* folgt **tēni* für *tenui*. Die übrigen *i*-Perfecta sind, soweit als die betr. Verba überhaupt fortlebten, entweder zur *si*- oder *ui*-Classe übergetreten (z. B. *respondi* = **resposi* = ital. *risposi*, *mōvi* = **movui* = frz. *mus*) oder aber sie sind schwach geworden (z. B. *deféndi* = fr. *défendís*).

Die *si*- und die *ui*-Classe haben sich wesentlich bereichert, indem sie zahlreiche ursprünglich reduplicirende und nicht reduplicirende Perfecta auf -*i* in sich aufgenommen haben, und zwar meist in der Art, dass in der einen Sprache ein Verbum in diese, in der anderen in jene Classe eingetreten ist (z. B. *cucurri* = **cŭrsi* = ital. *corsi* und **cŭrrui* = frz. *couru-s*; bei einigen Verben aber stimmen die Sprachen überein, z. B. *quaesivi* = **quaesi* = ital. *chiesi*; span. *quise*; ptg. *quiz*; prov. frz. *quis*; *prehendi* = **presi* = ital. *presi*, rum. *prins*; altspan. *prisi* und *pris*; altptg. *pres*; prov. *pres*; frz. *pris*, angebildet an *mis*, *dis*).

Die *si*-Perfecta geben zu Bemerkungen hier keinen Anlass[2]. Dagegen ist die Entwickelung der *ui*-Perfecta in den verschiedenen Sprachen hier wenigstens anzudeuten. Im Ital. wird -*c* + *ui* zu -*cqui* (*tacui* = *tacqui*, **nascui* = *nacqui*), *b* + *ui* = *bbi* (*habui* = *ebbi*, wo das *e* für *a* entweder als Anbildung an die Perf. auf -*etti* oder als Umlaut, veranlasst durch das *i* der Nachsilbe, aufzufassen ist[3]); nach *ebbi* ist *seppi* gebildet, wie überhaupt *sapēre* an *habēre* sich anschliesst); ebenso -*v* + *ui* = *bb* (*crevi* = **crevui* = *crebbi*); möglicherweise beruht auch *caddi* auf Assimilation (**cadui*), schwerlich aber *venni* (= **venui*?) *tenni* (= *tenui*?). — Für das Span. und Ptg. ist kennzeichnend, dass die Zahl der *ui*-Perfecta bis auf wenige herabgemindert worden und dass das *u* des Ausganges epenthetisch in die Stammsilbe eingetreten ist, z. B. *habui* = **haubi* = span. *hobi*, *hube*, ptg. *houve*; *sapui* = **saupe* = span. *sopi*, *supe*; ptg. *soube*; *pŏtui* = span.

---

[1] *Meyer-Lübke*, Rom. Gr. II, 323, setzt *venni* und *vin-s* = **venui* an.

[2] Ueber frz. Einzelheiten vgl. *Czischke*, Die Perfectbildung der starken Verba der *si*-Classe im Frz. Greifswald 1888, Diss.

[2] Oder *ebbi* nach *crebbi*? oder *seppi* nach **cep(p)i* und dann *ebbi* nach *seppi*?

ptg. *pude*; analogisch angebildet an *hube* ist span. *tuve*, etwas abweichend ptg. *tive*. — Im Prov. erleiden die Perfecta *sapui*, *capui, *recipui*, *eripui* Epenthese (*saup*, *caup*, *receup*, *ereup*). Im Uebrigen aber tritt eine höchst eigenartige Bildung ein: es geht nämlich die 1. und 3. P. Sg. auf *c* aus, in der 3. P. Pl. erscheint *g*, in den flexionsbetonten Formen *gu*, z. B.

lat. Sg. 1.	*plácui*	prov.	*plac*
„ Sg. 3.	*plácuit*	„	*plac*
„ Pl. 3.	**plácuerunt*	„	*plagron*
„ Sg. 2.	*placuísti*	„	*plaguist*, -*est*
„ Pl. 1.	**placuímus*	„	*plaguem*
„ Pl. 2.	*placuístis*	„	*plaguetz*,

ebenso z. B. *debui*, *bĭbui, *potui*, *valui*, *volui*, *movui, *cognovui, *parui, *cooperui* etc. == *dec*, *poc*, *bec*, *valc*, *volc*, *moc*, *conoc*, *parec*, *cuberc* etc. Ausgegangen ist diese Bildung wohl von Verben, wie *placēre*, *tacēre*, *jacēre*, *nocēre*, bei denen das *c*, bezw. in den flexionsbetonten Formen das *gu* von vornherein gegeben war. Indem nun in der 1. und 3. P. Sg. und 3. P. Pl. das *c*, bezw. *g* als Perfectzeichen aufgefasst wurde und ebenso das *gu* der flexionsbetonten Formen, wurde die Möglichkeit der Uebertragung dieser vermeintlichen Perfectzeichen auf andere Verba geschaffen. Uebrigens brauchte dies zunächst nur in Bezug auf das *c* zu geschehen, denn sobald z. B. ein *valc* (*valui*) nach Analogie von *plac* gebildet worden war, musste ein dem *plaguest* analogisches *valguest* nothwendig nachfolgen. Vor dem Pseudo-Perfectzeichen *c* mussten selbstverständlich *b* und *v* schwinden, also *dec*, *pac* für *de[b]-c*, *pa[v]-c*[1]). Sehr wunderlich sind Bildungen wie *paréc* (*parui*), *corréc* (von *correr*), *cazéc* (v. *cazer*); es scheint, dass sie eine Mischung von schwacher und starker Form darstellen, z. B. dass *parec* gleichsam eine Kreuzung von *parc und *parét (nach *vendét*)

---

sei. Ueberführung zur schwachen Bildung veranlasste die Flexionsbetonung der 2. P. Sg., 1. und 2. P. Pl.: aus *beguíst* etc. konnte eine schwache 1. P. Sg. *begui* abgeleitet werden. Diese Bildung hat in späterer Zeit mächtig gewuchert, vgl. *Koschwitz*, Gramm. de la langue des félibres p. 105. — Im Frz. scheiden sich die *ui*-Verba in zwei Classen. In der einen, welche von denen auf *-l-ui* (*calui, valui, dolui* etc.)[2]) und von **cadui* gebildet wird, erfolgt unter Einwirkung der Participien auf *-ú-tus* (**volútus, *cadútus* etc.) Umbildung des Perfects auf *-'ui* nach dem Muster der Perfecta auf *-ái* und *-íi*, also nach

    *cantái, cantásti, *cantát, cantámus, cantástis, cantárunt* (= frz. *chantai, chantas, chanta, chantâmes, chantâtes, chantèrent*) und:

    *dormi(i), dormísti, *dormít, *dormímus, dormístis, *dormírunt* (= frz. *dormi-s, dormis, dormit, dormîmes, dormîtes, dormirent*) wird gebildet gleichsam:

    **valúi, *valústi, *valút, *valúmus, *valústis, *valúrunt* = frz. *valui* = *valu-s, valus, valut, valûmes, valûtes, valurent*.

Es hat also Umformung der starken zur schwachen Perfectbildung stattgefunden, deren Ergebniss als *ú*-Perfect sich bezeichnen lässt[2]). In der zweiten Classe der frz. *ui*-Perfecta, welcher alle nicht auf *-l-ui* ausgehenden Perfecta (mit Ausnahme von **cadui*) angehören, bleiben die 1. und 3. P. Sg. und 3. P. Pl. stammbetont (*pŏtui, pŏtuit, *pŏtuerunt*) und stehen dadurch im Gegensatz zu der 2. P. Sg. und 1. und 2. P. Pl., welche das *-i* des Ausganges betonen (*potuísti, *potuímus, potuístis*). Diese Verschiedenheit der Betonung veranlasst Verschiedenheit der Entwickelung: aus *pŏ[t]ui, pŏ[t]uit, *pŏ[t]uerunt* entstanden in Folge von lautlichen Vorgängen, welche hier nicht erörtert werden können, *poi* (wallon. *pou*), *pout, po(u)rent*; die flexionsbetonten Formen gehen im Francischen und Normannischen zur schwachen *ú*-Bildung (s. oben Z. 8 ff.) über, also *poús, poúmes, poústes* (gleichsam **potús[ti], *potúmus, potústis*); im Wallonischen werden sie durch das hochtonige *i* (*potuíst[is]*

---

[1]) Ausgenommen aber war ursprünglich *volui*, an dessen Stelle zunächst *voil* und *vols* traten; erst später wurde nach Analogie von *valu-s* etc. auch *voulu-s* gebildet.

[2]) Im Rumänischen sind sämmtliche *ui*-Perfecta auf dem *u* betont worden.

etc.) zur *I*-Conjugation hinübergeführt [1]). Später haben sich dann im Franc. und Norm. *poi, pot, porent* an *poüs* etc. angeglichen, sind also zu *pu-s, put, purent* geworden, denn auch in *poüs* etc. wurde der Doppelvocal vereinfacht. Die durch den Hochton veranlasste Zweitheilung der Formen des frz. starken Perfects, mit welcher sich häufig eine Schwächung des Stammvocals in den flexionsbetonten Formen verband (z. B. *vi*, aber *veïs*; *fis*, aber *fesis*; *dis*, aber *desis* und *deïs* etc.), ist überhaupt in der weiteren Entwickelung der Sprache meist dadurch aufgehoben worden, dass die stammbetonten Formen sich den flexionsbetonten anglichen oder aber umgekehrt, wobei beiderseits vielfach Analogiebildung mitthätig war (z. B. *dis, desís, dist, desímes, desístes, distrent* wurde vereinheitlicht zu *dis, dis, dit, dîmes, dîtes, dirent*, indem *desis* etc. nach Analogie von *veïs* zu *deïs* umgebildet und dann in *dis* zusammengezogen wurde, so dass also scheinbar wieder Stammbetonung eintrat; die 3. P. Pl. *distrent* wurde nach *virent* zu *dirent* gestaltet; in *vin-s, venís, vint, venímes, venístes, vindrent* zogen die stammbetonten Formen die flexionsbetonten an sich; umgekehrt glichen sich *duis* und *struis* [aus *dux-i* und *strux-i*] an *duisís* [= *duxísti*] etc. an, so dass nun das Perfect durchgehends (scheinbar) schwache Gestalt erhielt.

Das schwache Perfect hat im Schriftlatein den Ausgang *-vi*, welcher an den durch Ableitungsvocal gebildeten Verbalstamm tritt, also *-ā-vi, (-ē-vi), -ī-vi*. Neben diesem Perfect erscheinen aber auch schriftlateinisch *v*-lose Formen (*dormii, amāsti, dormīsti, amāstis, dormistis, amārunt, dormiērunt*, wofür *dormīrunt* nach *dormībam* eintrat). In der Volkssprache muss diese *v*-lose Bildung, welche übrigens keineswegs auf einer (dem Lat. unbekannten) Ausstossung des *v*, sondern auf unmittelbarer Verbindung der Ausgänge des Perf., bezw. des Aor. mit dem Stamme beruht —, es muss also diese Bildung auch auf die übrigen Formen mit Ausnahme der 3. P. Sg. ausgedehnt worden

---

[1]) Bahnbrechend für die Erkenntniss der Entwickelungsgeschichte des frz. *ui*-Perfects ist *Suchier's* Abhandlung „Die Mundart des Leodegarliedes" (Ztschr. f. rom. Philol. II, 755. — Ueber die frz. Perfectbildung überhaupt s. *Körting*, Formenbau des frz. Verbums (Paderborn 1892) p. 286 ff. Ueber das frz. *ui*-Perf. vgl. *Trommlitz*, Die frz. *ui*-Perf. ausser *poi* bis zum 13. Jahrh. einschliesslich, Stralsund 1895, Prgr. des Gymn.; über die *si*-Perf. vgl. *Czischke's* obengenannte Diss.

sein (*amai, amāmus, dormimus*); nur in der 3. P. Sg. erhielt sich *v*, wurde aber zu *u* vocalisirt (*amaut, dormiut*). Das romanische schwache Perfect ist also *v*-los, ausgenommen in der 3. P. Sg., indessen zeigt diese nur im Ital. noch die Nachwirkung der ursprünglichen Bildung (*amò* aus **amot, *amaut*); in den übrigen Sprachen hat sie sich den anderen Personen angeglichen, d. h. *a* (bezw. *e*) angenommen (daher frz. *ama[t]*, prov. *amet*). Wo im romanischen schwachen Perf. *v*-Bildungen erscheinen (es ist dies namentlich in ital. Mundarten der Fall), da sind es Neubildungen, zum Theil solche recht verwickelter Art (vgl. *Meyer-Lübke*, Roman. Gr. II 304 f.).

Die Perfecta auf *-ēvi* sind schon im Schriftlatein sehr wenig zahlreich (*plēvi, flēvi, nēvi* und dergl.). Perfecta auf *-ēi* dürften in der Volkssprache überhaupt nicht vorhanden gewesen, sondern durch solche auf *-ii* ersetzt worden sein. Das Romanische besitzt demnach höchstwahrscheinlich kein schwaches Perfect auf *-ei*, sondern nur ein schwaches Perfect auf *-ai* und ein solches auf *-ii*. Wo im Romanischen ein Perfect auf *-ei* erscheint (ital. *credei* neben *credetti*, prov. *vendei*, dagegen span., ptg. *vendi*, frz. *vendi-s*, rum. *vindui*), da liegt eine analogische Neubildung vor (da z. B. im Ital. neben *amāre, amāva* etc., *amai, amasti*, neben *dormire, dormiva* etc. *dormii, dormisti* etc. stand, so bildete man zu *temēre, temēva* ein *temei, temesti*, ebenso zu *vendeva* ein *vendei* neben *vendetti*). Die Nichtursprünglichkeit des *ei*-Perfects wird hinlänglich schon dadurch bezeugt, dass es durchweg nur von Verben gebildet wird, welche im Latein im Perf. nicht auf *-ēvi*, sondern auf *-i*, bezw. auf *-ui* ausgehen, dass es also an Stelle des starken Perfects getreten ist. Das prov. *ei*-Perfect der *A*-Conjugation ist erst aus *-ai* hervorgegangen (*chantei* aus *chantai*).

Im frz. *a*-Perfect ist das *a* in der 1. P. Sg. nur scheinbar (*chantai*, gesprochen *chanté*), in der 2. P. Sg. und Plur. (*chantas[t]*, *chantâtes* aus *chantastes*) ist es lautregelmässig erhalten (vgl. *casta = chaste*, germ. *mast = mât*), in der 3. P. Pl. ist es lautregelmässig zu *è* geworden (vgl. *amara = amère*), in der 3. P. Sg. beruht es auf Anbildung (*chanta[t]* für **chantot* [aus *cantaut*] nach *chantas*), in der 1. P. Plur. endlich auf

Analogie. Nicht befremden kann es, dass in altfrz. Mundarten auch für *-erent* analogisches *-arent* auftritt.

Eine ganz wunderliche Anbildung an die *si*-Perfecta hat
das schwache Perfect im Neusardischen erfahren, vgl. *Hofmann*, Die logudoresische und campidanesische Mundart
(Strassburger Diss. 1885), p. 135, *Meyer-Lübke*, Rom. Gr.
II. 321.

Im Rumänischen haben die *A*- und *E*-Verba die 1. und
2. P. Pl. Perf. an die 3. angebildet (*cantárăm*, *cantárătĭ*
nach *cantară*); das Gleiche können die starken Verba thun,
z. B. *rupserem* neben *rupsem*. Aehnliches findet im Neuprov. statt.

Im Ladinischen ist das (starke und schwache) Perfect geschwunden; im Engadinischen ist es nur in der Litteratursprache (wohl vermöge des italienischen Einflusses) lebendig.

Der Indicativ des Plusquamperfects lebt in der Function
eines Condicionals[1]) im Prov., Span. und Portug., sowie in
umbrischen, kalabresischen und sonstigen südital. Mundarten
fort. Im Altfrz. finden sich im Eulalia-, Leodegar- und Alexiuslied, sowie in der Passion vereinzelte Plusquamperfectformen
Ind. (z. B. *roveret — rogarat*, *fisdra = fecerat*, *auret =
hábuerat u. a. m.) in der Function eines erzählenden Perfects.
Die Bildung des Plusquamperfects entspricht derjenigen des
Perfects, das schwache Plusquamperfect ist also *v*-los.

Ueber den Conjunctiv Perfecti und Plusquamperfecti siehe
No. 4.

4. D i e M o d i. Das Modussystem des Lateins ist im
Romanischen nur dadurch erweitert worden, dass zu dem Indicativ, Conjunctiv und Imperativ noch ein periphrastisch gebildeter „Obligativ" hinzugetreten ist, d. h. ein Modus, welcher
das Verpflichtetsein zu einer Handlung ausdrückt („ich habe
zu schreiben, ich soll schreiben"). Die praktische Grammatik
fasst das Präsens dieses Modus als Futurum, sein Präteritum
aber als sog. „Condicional" auf. In ihrem ersten Theile darf
diese Auffassung als praktisch berechtigt gelten, in ihrem
zweiten Theile dagegen muss sie als mindestens sehr unzulänglich bezeichnet werden, weil dabei die wichtige Funktion

---

[1]) Vgl. über diese und andere Verschiebungen die treffliche Arbeit
von *Foth*, Die Versch. der lat. Tempora in den roman. Spr., in *Böhmer's*
Rom. Stud. II, 243.

des sog. Condicionals, die vom Standpunkte der Vergangenheit aus als noch erfolgen müssend gedachte Handlung[1]) auszudrücken, unberücksichtigt bleibt. Eine anderweitige Erweiterung des Modussystems ist im Span. und Ptg. dadurch erfolgt, dass das Fut. exact. modale (conjunctivische) Bedeutung erhalten hat.

Der periphrastische „Necessitativ" des Lateins (*mihi scribendum est, epistola mihi scribenda est*) kann im Romanischen nicht gebildet, wohl aber kann diese Modalität in den Einzelsprachen bald auf diese, bald auf jene Weise ausgedrückt werden (z. B. frz. *j'ai qlq. ch. à faire, il me faut faire qlq. ch.*). —

Der Conj. Präs. hat im Latein die Ausgänge entweder *-ēm, -ēs* etc. (*A*-Conj.) oder *-am, -ās* etc. (*E-, I-* und starke Conjug.). Beide Bildungen sind im Roman. leidlich gut erhalten (jedoch ist *-iam* meist durch *-am* verdrängt worden, also z. B. ital. *senta* = *sentam für *sentiam*)[2]). Mehrfach sind allerdings Indicativformen statt der conjunctivischen eingetreten (z. B. ital. *tu vendi* statt *venda*, altfrz. *nous chantons, vous chantez*[3]) für *chanteins, chanteiz*). Mehrfach wird auch die *e*-Form statt der *a*-Form gebraucht (rum. *vindem, vindeţĭ* für *vindam, vindaţĭ*; engad. *vendents, vendes, venden*). Im Altprov. und Altfrz. musste der Sg. der *E*-Conj. lautregelmässig sein *e* verlieren (*can, canz, can, chant, chanz, chant*), in der späteren Sprache hat er es durch Anbildung an den Indicativ zurückerhalten.

In Bezug auf das Frz. sind noch mehrere Einzelheiten zu erwähnen[4]). Die Ausgänge der 1. und 2. P. Pl. waren ursprünglich *-ons* (aus dem Indicativ entnommen) und *-ez* (= *ātis*, das entweder aus dem Ind. der *A*-Conj. oder aus dem Conjunctiv der übrigen Conj. stammt); im Neufrz. sind sie ver-

---

[1]) Man vergegenwärtige sich dies etwa an folgendem frz. Beispiele: „*Elle aimait, elle aimait de toute son âme. Où la mènerait cette passion?*"

[2]) Mehrfach lebt aber der Ableitungsvocal (namentl. *ē*) in der Palatalisirung des ihm vorangehenden Cons. fort, z. B. ital. *piaccia* = *placeam*, ital. *vaglia* (und *valga*), frz. *vaille* = *valeam* etc., doch können dies auch Anbildungen an den Indicativ sein.

[3]) *chantez* kann allerdings auch *cantatis, Anbildung an *vendatis*, sein.

[4]) Ueber den frz. Conj. vgl. *Willenberg*, Historische Untersuchung über den Conj. Präs. der ersten schw. Conjug. im Frz., in *Böhmer's* Roman. Stud. III, 373; diese treffliche Arbeit wird ergänzt durch *Kirste's* Diss. über den Conj. Präs. der übrigen Conjugationen (Greifswald 1890).

tauscht worden mit *-ions*, *-iez* in Anlehnung an das Imperf.
Präs. [und Fut.] (*punissions*, *[punirions]*), in welchen Zeiten
i ursprünglich nur den *I*-Verben zukam (*dormions*), aber
analogisch auf alle Verba übertragen ist. So hat die 1. und
2. P. Pl. Conj. eine Art von Modusvocal wiedererhalten. Im
Altfrz. finden sich (besonders im Westen) Conjunctive auf *-ge*,
z. B. *fierge* (*fĕriam*), *vienge* (*vĭniam*), *valge*, *vauge* (*valeam*),
auge (**ulliam*) und dergl. (z. B. auch *prenge*, *parolge*). Es
liegt nahe, in diesem *g* den zum Consonanten verdichteten Ableitungsvocal zu erblicken, wobei man sich auf *serorge* = *sororius*,
cierge = *cercus*, *linge* = *linea lange* = *lanea*, *auge* = *alveus*
berufen kann [1]). Ebenso beruhen vermuthlich auf Nachwirkung
des Ableitungsvocales die altfrz. Conjunctivformen auf *-ce*, wie
mancet = **mentiat*, *sancet* = *sentiat* etc.; sie entsprechen scheinbar der 1. P. Präs. Ind. auf *-z*, wie *menz* vgl. S. 482. Indessen
sind Zweifel an dieser Erklärung doch berechtigt, wie überhaupt die ganze Frage nach dem Ursprunge der altfrz. In-
dicative auf *-z, -c, -ch* und der Conjunctive auf *-ce, -ge, -che*
noch einer eingehenden Untersuchung bedarf, ebenso die Frage
nach Herkunft der seltsamen lothringischen Conjunctive auf
-oisse, z. B. *trembloisse* (gleichsam **tremulĭscam*, woraus freilich
ganz lautregelmässig **tremblaische* hätte werden müssen, vgl.
frisca = *fraîche*), vgl. *Apfelstedt* in der Einleitung zu seiner Ausgabe des lothr. Psalters p. LVII, *Meyer-Lübke*, Rom. Gr. II
p. 190. — Hingewiesen werde noch auf die befremdliche Ein-

---

[1]) *Meyer-Lübke*, Rom. Gramm. II, p. 191, nimmt an, dass die *ge*-
Bildung von *col[li]gam*, *a[d]ĕr[i]ga[m]*, *finga[m]* ausgegangen und dass
dann nach *colga* zunächst *tolga*, nach *aerge* ein *arge* (von *ardre*), nach
feinge ein *vienge* gebildet worden sei. Aber aus *cóll[i]gat* und *fingat*
mussten doch Formen mit palatalem *l*, bezw. *-n* entstehen, und *aerge*
war doch kein so übliches Zeitwort, dass es eine mächtige Analogiewirkung hätte üben können. (Auf p. 219 setzt *Meyer-Lübke* übrigens
arge = *ardeat* an; ebenda bemerkt *Meyer-Lübke*: „. . . . 1. Sing. *tienc*,
vienc, remainc, prenc, deren *c* nicht auf lat. *-io* zurückgehen kann, sondern
sich wohl wie ital. *tengo* durch Anlehnung an *frango* erklärt, und diesem
tienc etc. entspricht ein Conj. *tienge* etc.“ Dass *tienge* von *tienc* aus gebildet sei, ist eine recht ansprechende, wenn auch keineswegs wahr-
scheinliche Vermuthung, denn da das *c* in *tienc* doch nach *Meyer-Lübke's*
Annahme = *k* sein muss [*tienc* soll ja Anbildung an *frang-o* sein], so
wäre als Conj. dazu **tiengue* mit gutturalem *g*, nicht *tienge* mit palatalem *g* zu erwarten. Uebrigens ist schwerlich *tienc* nach *frango, plango*
etc. gebildet, denn diese Formen mussten durch Analogiebildung *fraiñ*,
plaiñ ergeben. Ein **franc*, **planc* hat noch Niemand im Frz. nachgewiesen).

silbigkeit der Conjunctive *ait* und *soit* für **aiet* (*habeat*) und
soiet* (siat*), welche sich wohl aus Anlehnung an die einsilbigen Indicativformen *a*[*t*] und *est* erklären.

Der Conjunctiv Imperfecti hat sich nur in der logudoresischen Mundart des Sardischen erhalten; seine ursprünglich
dem Latein sehr nahe gebliebene Form ist aber seit dem
vorigen Jahrhundert in Anlehnung an das Perfect umgestaltet
worden, vgl. darüber *Meyer-Lübke*, Rom. Gr. II § 264.

Die beiden Formen des lat. Conjunctiv Plusquamperfecti
auf *-assem*, *-asses* etc., auf *-issem*, *-isses* etc. sind im Romanischen
gut bewahrt und in dem festen Formenverbande, der sie im
Lat. mit dem Perfecte verknüpfte, belassen worden. (Die Verschiebung der Function in die eines Conj. Imperf., im Rumän.
aber in die des Ind. Plusquamperf. wurde schon oben S. 460
erwähnt.) Bemerkungen sind demnach kaum zu machen;
das nachtonige Schluss-*e* der 1. P. Sg. (z. B. *cantasse*[*m*])
musste im Span., Ptg., Prov. und Frz. schwinden (*cantas*,
chantas), es wurde aber die Form nach Analogie der zweiten
Person (in welcher *e* verblieb, um den Zusammenstoss der
Personalendung mit dem Tempuszeichen zu verhüten, also
cantasses für *cantass*[*e*]*s*, woraus *cantas* geworden wäre) zu
span., ptg., frz. *c*(*h*)*antas*(*s*)*e*, neuprov. *cantèsse* zurückgebildet.
In der 1. und 2. P. Pl. nehmen im Frz. sämmtliche Verba den
scheinbaren Modusvocal *i* (s. oben S. 480) vor der Personalendung, die *A*-Verba überdies nach Analogie der *I*-Verba
(z. B. *finissions*) ein *i* statt *a* vor dem *ss* an, z. B. *chantissiens*,
chantissiez für *chantass*(*i*)*ens*, *-ons*, *chantass*(*i*)*ez*; erst auf gelehrtem Wege ist im 16. Jahrh. der Ableitungsvocal *a* wieder
hergestellt worden.

Das zum Perfectstamme gehörige lat. Futurum exactum
lebt im Span. — und zwar im Altspan. noch oft mit dem
Ausgange *o* in der 1. P. Sg. (*amaro*, später *amare*) — und
im Portug., sowie im Altrum. und im Macedorum. fort. In
seiner Bildung hat es den festen Anschluss an das Perfect
bewahrt, der ihm im Latein eigen war; nur ist zu bemerken,
dass es sich im Span. und Ptg. an die 3. P. Pl. Perf. anschliesst (vgl. z. B. span. *hicieron* und Fut. *hiciera*). Die Function des Tempus ist eigenartig nach modaler Richtung hin

verschoben: es entspricht ungefähr dem griech. Conjunctiv (namentlich Conj. Aor.) mit ἄν in hypothetischen Sätzen, es dient nämlich zum Ausdruck einer Handlung, besonders einer als bedingt aufgefassten Handlung, deren Vorsichgehen als möglicherweise bevorstehend angenommen wird.

Von dem Imperativ sind nur die ersten Formen der 2 P. Sg. und Pl. (*canta, cantate*) erhalten; auch diese fehlen im Prov. und Frz. (der Sg. auch im Rumän.) und werden durch Indicativformen, vereinzelt durch Conjunctivformen ersetzt. Im Engad. wird *-a* im Sg. auch auf die *l*-Verba und die starken Verba übertragen (*durma, venda*). Im Ptg. ist für die 2. P. Pl. eine Kurzform vorhanden (*cantai, dormi*).

5. **Personalendungen.** a) 1. P. Sg. *-o* (Präs. Ind.) ist erhalten im Ital. (wo es auch auf *sum* übertragen worden ist, *sono*, gleichsam *sum* + *o*; ebenso mundartlich und in der Schriftsprache facultativ auf die 1. P. Sg. Imperf.: *amavo* neben *amava*), im Span., Ptg.; geschwunden ist *-o*, ausser wo es als Stütz-*e* (prov. auch *-i*) sich erhielt, im Rum., Engad., Prov.[1]) und Frz. (*cïnt, k'aunt, cant, chant*), es ist jedoch nach Analogie der mit solchem Stütz-*e* versehenen Formen, sowie der 2. P. Sg. (*chantes*) im Neuprov. und Neufrz. *-e* wieder eingetreten (*cante, chante*).

Mancherlei Neubildungen haben stattgefunden. In rätischen Mundarten trat zwischen auslautendes *l* und ihm vorausgehenden Cons. ein *e* ein, z. B. *mac[u]l[o]* = *makl* = *makel, sib[i]l[o]* = *sivl* = *sivel*[2]), und es wurde ein Pseudo-Personalsuffix *-el* gewonnen, dessen Anwendung verallgemeinert wurde. Im Neukalatanischen fasste man das auslaut. *c* in *dic[o], duc[o]* und dergl. als Personalzeichen auf und fügte es nun auch an andere Stämme, z. B. *crec* = *credo, ric* = *rideo, responc* = *respondeo* etc. Im Altfrz. erscheint (zunächst bei Stämmen auf *-nt, -nd, -t,* dann überhaupt) bei consonantisch auslautenden Stämmen der Ausgang *-z, -c, -ch,* z. B. *menz, menc, mench* = **mentio, ranz, renc, rench* = **rendo* für *reddo* und dergl. mehr. Der Ursprung dieser Ausgänge ist noch nicht aufgeklärt. (Dass das *z* aus *tj* entstanden sei, also *menz* aus **mentj[o]*, ist unwahrscheinlich, weil man annehmen muss, dass **mento* und nicht **mentio* dem frz.

---

[1]) Verdumpft zu *u* lebt *o* fort in prov. *dau, estau, vau* = lat. **dao, *stao, *vao.*

[2]) Damit lassen sich lothringische Formen, wie *dobel, trobel* für *double, trouble,* vergleichen.

Präsens zu Grunde liege, denn 3. P. Pl. *mentent* und Conj. *mente*
setzen *mentunt und *mentam, nicht *mentiunt und *mentiam
voraus.) — Ebenso muss dahingestellt bleiben, ob das altfrz. *-z*
etwa in dem *-s* fortlebt, welches in der späteren Entwickelung
der Sprache die 1. P. Sg. Präs. Ind. sämmtlicher Verba mit
consonantisch auslautendem Stamme annahm (*vend-s, bat-s, quier-s*
etc.), später auch die 1. P. der Verba mit vocalisch auslautendem
Stamme (*reçoi-s, voi-s, doi-s* etc.; noch im 17. Jahrh. wurden im
Verse auch die *s*-losen Formen *voi* etc. gebraucht). Gewöhnlich
nimmt man an, dass *-s* von der 2. P. auf die 1. übertragen worden
sei. Vgl. *Horning* in Roman. Stud. V, 707.

Im Fut. exact. ist *-o* im Altspan. noch vorhanden (*amaro*),
sonst ist es zu *e* geschwächt (span. *amare*) oder geschwunden
(ptg. *amar*).

Die Endung *-m* (*cantem, cantabam, cantaram, cantas-_
sem*) ist überall geschwunden; im Rumän. aber haben das
Imperf. (*cantám*) und das Plusquamperf. (*cantásem*) das
-m zurückerhalten, wohl in Angleichung an *am* „ich
habe“, welches seinerseits ursprünglich Pluralform ist.

Der Ausgang *-i* der 1. P. Sg. Perf. Ind. ist im
schwachen Perfect durchweg erhalten, nur ist *-ai* im Span.
in Schrift und Aussprache, im Frz. nur in der Aussprache zu *e* monophthongirt worden (*canté, chantai*), und
im Rumän. ist analogisches *u* angetreten (*cîntaĭ-ŭ*). Erhalten blieb *i* auch bei den frz. *ui*-Perf. (*oi, poi* und dergl.),
dagegen wird flexionsbetontes *valúi* zu *valu-s*. Im Ital.,
das überhaupt nur wenige *ui*-Perfecta besitzt, bleibt *i*, aber
u wird consonantirt (*[ebbi], piacqui, parvi*). Im Span. und
Ptg. erhält sich *i* als *e* (*habui* = *hube, houve, potui*
= *pude*). Im Prov. schwindet das i der *ui*-Perf. (*plac,
moc, dec, saup* etc., s. oben), erscheint aber wieder in
den schwachen Bildungen auf *-gui*. Das *-i* der sonstigen
starken Perfecta blieb als *i* im Ital. (*vidi, presi, feci*), als *e* im
Spanischen (*hice* = *feci, dije* = *dixi*, jedoch *vidi* = *vi*).
Im Ptg. ist *i* theils als *e* erhalten (*dixi* = *disse*, altptg. auch
dissi), theils geschwunden (*feci* = *fez* und *fiz*, jedoch *vi[di]*
= *vi*). Im Rumän. ist das *i* der *si*-Perfecta geschwunden
(*rupsi* für *rūpi* = *rups*, wofür jedoch die schwache
Bildung *rupsei* eintritt). Im Prov. und Frz. musste *i* selbstverständlich fallen (*fetz, pres; fis, pris*). — Uebertragen

ist das *-i* des Perfects auf die Präsentia *sui* (nach *fui*),
ai (nach *amai*), *estoi*, *voi* (von *stare*, *vadere*).

b) 1. P. Pl. lat. *-mus* ist erhalten als *-mos* im Span. und
Ptg.; *cantamus = cantamos*, ebenso im Perf.; (die 1.P.Pl.
Imperf. wird nach Analogie der 1. P. Sg. betont, also
span. *cantábamos*, ptg. *cantávamos*); als *-mo* im Italienischen (*cantāmus*, Präs., und **cantāv[i]mus*, Perf., = *cantiamo*, bezw. *cantammo*); als *-mes* im Frz. im Perf. **cantāmus = chantámes*[1]), sowie in *sumus = sommes*; als *-ns*
in den sonstigen frz. ersten Personen Pl. (*cantāmus =
chantons*), als *-nts* im Engad. (*chantaints*); als *-m* im
Prov. und Rumän. (prov. *cantam*, rum. *cîntẹm*).

Der Ausgang *-amo* ist im Ital. von der 1. P. Pl. Präs. Ind.
der *A*-Verba auf die 1. P. Pl. Ind. und Conj. aller Verba übertragen worden, er hat aber dabei von den *I*-Stämmen das *i* übernommen (*cantiamo* nach *sentiamo*), so dass also die Mischbildung
-iamo entstand.

Im Frz. ist *-ons*, das gleich *-ŭmus* nach *sŭmus* angesetzt
werden muss (vgl. oben S. 466), der allgemeine Ausgang der 1.P.
Pl. zunächst des Präs. Ind. (und Fut.) geworden (nach *vendons*,
recevons wurde auch *chantons* für *chantains* gebildet) und ist dann
auch auf die übrigen ersten Pers. Pl. (ausgenommen die des Perf.)
übertragen worden, deren ursprünglicher Ausgang *-iens = iāmus*,
-eamus war (*senti[b]amus = sentiens*).

c) 2. P. Sg. (ausgenommen Imperat. und Perf.) *-s*. Das *-s*
ist geschwunden im Ital. und Rumän.; sonst ist es durchweg erhalten (*cantas* = span., ptg., prov. *cantas*, frz.
chantes).

Im Ital. und Rumän. geht die 2. Sg. Präs., Imperf., Plusquamperf. Conj. durchweg auf *-i* aus (*canti, cantavi, cantassi*). Dieses
i muss beruhen auf Verallgemeinerung des *-īs* der I-Stämme, bezw.
des *-ĭs* der starken Verba (*sentis, credis*; in *credis* scheint das *ĭ*
durch ein zweites *i*, welches vor *s* sich entwickelte, gestützt
worden zu sein, also *credi* aus **credī[s]* für **crediis*).

Im Frz. schwinden vor *-s* sämmtliche Vocale, insofern nicht
ein Stütz-*e* nöthig ist, also *cantēs = chanz* (neufrz. *chantes* ist
Uebertragung aus dem Ind., *credĭs = crois, sentīs = senz, sens*),
aber *tremules = trembles*; nur *a* erhält sich als *e* (*cantas =
chantes*).

---

[1]) Man sollte **chantains* erwarten; *chantames* erklärt sich aus Anlehnung an *chantastes*, das vor der Kürzung in **chantaz* dadurch geschützt wurde, dass man den Zusammenfall der 2. Pl. mit der 2. Sg.
meiden wollte. Im Neufrz. verdankt *chantâmes* seinen Circumflex ebenfalls dem *chantá[s]tes*.

Im Engadinischen wird dem (dann palatal werdenden) -s gern ein *t* angefügt, z. B. *cantas* = *k'auntes, k'auntešt*, was wohl auf Anlehnung an die deutsche Flexion („du singst") zurückzuführen ist; an Einfluss des Perfects darf man nicht denken, weil das Perf. im Weström. ein nur litterarisches Tempus ist.

Der Ausgang *-sti* der 2. P. Sg. Perf. Ind. hat sich erhalten als *-sti* im -Ital., als *-ste* im Span. und Ptg., als *-st* im Prov., als *-s* im Frz. und Rumän.; in letzterer Sprache wird ein analogisches *-i* angefügt (*cantasti* = ital. *cantasti*, span., ptg. *cantaste*, prov. *cantest*, frz. *chantas*, rumän. *cíntaşi*).

Die 2. Sg. Imperat. entbehrt, wie im Lat., der Endung (das *-s* im neufrz. *rend-s, voi-s, va*-s [in Bindung] ist Anbildung an den Indicativ).

d) 2. P. Pl. (ausgenommen Imperat. und Perf.). *-tis*, es ist erhalten als *-tes* in frz. *étes, faites, dites*, als *-des* im Span. und Ptg. (doch ist dann Kürzung in *-is* eingetreten: *cantatis* = *cantades, cantais; dormitis* = *dormides, dormis*, **vendetis* = *vendedes, vendeis*; das *i* für *e* beruht wohl bei *dormi[d]es* auf Assimilation, bei *vende[d]es* auf Dissimilation, bei *canta[d]es* auf Analogiebildung); als *-ts* = *-tz, -z* im Prov. und Frz. (*cantatis* = *cantatz, chantez*), als *-s* im Engad. (*cantatis* = *cantais*, wo *ai* = *a*, nicht etwa = *a[t]i* ist), als *-ţi* im Rumän. (*cantatis* = *cíntaţi*); als *-te* im Ital. (*cantatis* = *cantate*).

Im Frz. sind die Ausgänge *-ē-tis* = *-eiz, -oiz* und *-ītis* = *-iz* von *-ā-tis* = *-ez* verdrängt worden (also *habētis* = *avez*, gleichs. **habātis, dormītis* = *dormez*, gleichs. **dormatis*); im mittelalterlichen Ostfranzösisch dagegen war *-eiz* der übliche Ausgang. Vgl. *A. Behrens*, Die Endung der 2. P. Pl. des altfrz. Verbums (Greifswald 1890), Diss.

Im Span. und Ptg. hat die 2 P. Pl. Impf. ebenso wie die 1. Zurückverschiebung des Hochtons erfahren.

Der Ausgang *-stis* der 2. P. Pl. Perf. ist erhalten als *-stes* im Portug. (*cantastes*) und im Frz. (*chantastes, chantátes*, s. oben S. 484, Anmkg.); als *-steis* (analogisch nach dem Präs. etc. gebildet) im Span. (*cantasteis*); als (*-ašts*), *-ašs*, im Engad. (*k'auntašs*); als *-tz* im Prov. (*cantetz*); als *-ste* im Ital. (*cantaste*); im Rumän. hat Umbildung der Form stattgefunden, s. oben S. 478.

Der Ausgang *-te* der 2. Pl. Imperat. ist erhalten im

Ital. und Altrumän. (*cantate, cíntade*); als *-ade* ist er erhalten im Portug. (*cantade*, Kurzform *cantai*) und im
Sardischen (*kantade*); die Endung ist geschwunden im
Engad.; im Prov. und Frz. ist die Indicativform eingetreten (*cantatz, chantez*).

e) 3. P. Sg. *-t.*   Die Endung ist geschwunden im Ital.
(*canta* etc., *cantò*, Perf., aus *cantav[i]t*, **cantavt*, **cantaut*,
Rumän. (*cíntă* etc.), Engad. (*k'aunta* etc.), Prov. (*canta*
etc.), Span. (*canta*, Perf. *cantó*, aus *cantav[i]t*; das *-o* ist dann
auch auf die starken Verba übertragen worden, z. B.
hizo, supo aus *fecit, sapuit*) und im Portug. (*canta*, Perf.
cantou; die ursprünglichen *ui*-Perfecta haben *-e*, z. B.
houve, pode aus *habuit, potuit*; die *i*-Perfecta haben *o*.
vio, veio für *vidit, venit*; die *si*-Perfecta sind endungslos,
z. B. *quiz, fez* = **quaesit, fecit*).

Erhalten ist *-t* im Sard. (*kantat*, Perf. *kantaut, kan-
tesit*), im Perf. des Prov. (*cantét*) und ursprünglich durchweg im Frz.; im letzteren ist es aber geschwunden in
der 3. P. Sg. Präs. Ind. (*chante*) und in der 3. P. Sg. Perf.
der *A*-Verba (*chanta*), sowie in *a[t]* (daher auch im Futur.)
und in *va[t]*[1]); wo *t* im Frz. erhalten ist, lautet es im
Neufrz. nur noch innerhalb der Bindung (*il dor[t]*, aber
dort-il?).

f) 3. P. Pl. *-nt.*   Die Endung ist erhalten im Sard. (*kan-
tant*, Perf. *kantarunt, kantesint*) und im Frz.; im letzteren
ist aber *n* überall (ausgenommen in den einsilbigen
Formen *ont, sont, font*, wo *o* + *n* = nasales *o*) verstummt, und *t* lautet nur in der Bindung (*ils dormir[ent]*,
aber *dormir[en]t-ils?*). Ueberall sonst ist *t* abgefallen, so
dass also *-n* Endung ist. Im Ital. ist im starken Perf.
-nt geschwunden (**fécerunt* = *féceron[o]*, *fécero*); das
auf diese Weise in den Auslaut tretende *-o* wird als
Personalzeichen aufgefasst und auf die übrigen dritten
Personen übertragen, daher *amano, amavano* etc. neben
aman, amavan.

---

[1]) Das seit dem 16. Jahrh. in den fragenden Verbindungen erscheinende *-t-* (*parle-t-il? parla-t-il? a-t-il?*) beruht auf Anbildung an die
Formen, welche *t* innerhalb der Bindung bewahrt haben (*peut-il, dort-il?*
und dergl.). Mundartlich hat sich aus *t-i[l]* eine Fragepartikel *ti* entwickelt, vgl. Romania VI, 133 und 438, VII, 599.

g) Ursprünglich war die Hinzufügung der Personalpronomina zu den Formen des Verbum finitum im Romanischen nicht erforderlich, sie ist aber theils in Folge des Schwundes oder der Verdunkelung der Personalendungen, theils in Folge des Strebens nach deiktischer Deutlichkeit der Rede mehr und mehr üblich geworden, so dass sie in den neueren Sprachen, ganz besonders aber in dem endungsarmen Neufranzösisch, als Regel gilt; indessen haben sich Fälle der Nichtanwendung der Personalpronomina vereinzelt selbst im Neufrz. noch erhalten. Die Personalpronomina werden als Subj. proklitisch (in der Fragestellung enklitisch) mit dem Prädicate verbunden und fungiren somit thatsächlich als Personalpräfixe.

Die höfliche Anrede wird in den romanischen Sprachen mittelst der 2. P. Pl. vollzogen. Im Ital., Span. und Ptg. ist es jedoch üblicher, die 3. P. Sg. in Verbindung mit einem (zu ergänzenden oder gekürzten) Devotionssubstantiv (ital. *vossignoria*, span. *Usted* = *Vuestra Merced*) zu brauchen[1]); auch das Rumän. kann dieser Ausdrucksweise sich bedienen.

6. Das Verbum infinitum. a) Der Inf. Präs., der einzige erhaltene lat. Infinitiv, hat sich lautregelmässig sei es behauptet, sei es entwickelt. In den Ausgängen der schwachen Conjug. *-āre*, *-ēre*, *-īre* kann *e* schwinden im Ital., es muss schwinden im Span., Ptg., Prov.; auch das *r* schwindet im Rumän. und im Frz. (*chante[r]*), doch haben in dem letzteren die Verba auf *-oir* und *-ir* durch Anbildung an die Verba auf *-re* es wieder angenommen (z. B. *recevoir* nach *boire*, *punir* nach *dire*). Der starke Ausgang *-re* hat sich (falls nicht Uebergang zur schwachen Bildung erfolgt ist, wie z. B. in frz. *querre* zu *quérir*, behauptet; im Frz. sind jedoch mehrere Infinitive auf *-re* Neubildungen; zweifellos ist es der Fall bei *plaire* und *taire* für *plaisir* und *taisir* (vgl. *loisir*, dem, weil das Verbum finitum frühzeitig abstarb, kein **loire* zur Seite steht), nicht ganz sicher ist es in Bezug

---

[1]) Vgl. *Schleinitz*, Die Person der Anrede im. Frz. Breslau 1887.

auf *faire*, da dies vielleicht aus *fagĕre* (Anbildung an *agĕre*) entstanden ist. Im Altfrz. finden sich auch inchoativ gebildete Inf., wie *finistre* für *finire*. Vereinzelt finden sich Beispiele einer Doppelung der Infinitivendung, so portg. *sarar* für *sar* = *sanare*, *morrer* für *morre* = *mor[ĕ]re* für *mŏri*, catal. (mallorcanisch) *caurer* für *caure* = *cadĕre* u. a. m. Der Inf. des Verbum subst. *esse* ist zu *essère* umgebildet worden (auch frz. *étre* = *es[s]-t-re*, vgl. *paître* aus *pais-t-re*).

Ein ganz eigenartiges Verfahren findet sich im Portugiesischen: es werden dem Inf. die Personalendungen (2. Sg. -*es*, 2. Pl. -*des*, 1. Pl. -*mos*, 3. Pl. -*em*) angefügt, je nach der Person, auf welche er sich bezieht; es tritt also der Inf. zu dem Verbum finitum über[1]).

b) Das Particip Präs. ist nur in der Function eines Verbaladjectivs, bezw. Verbalsubst. (z. B. frz. *amant*) noch vorhanden, gehört also nicht mehr in den Rahmen der Conjugation. An seine Stelle ist der Ablativ des Gerundiums eingerückt (also *amando* für *amans*), eine Functionsverschiebung, welche sich daraus erklärt, dass die Nebenhandlung als eine Modalität („ein Umstand") der Haupthandlung, nicht als eine attributive Bestimmung des Subjects aufgefasst wird (man vergegenwärtige sich z. B. den begrifflichen Unterschied zwischen den beiden Sätzen *magistri docendo discunt* und *magistri docentes discunt:* im ersteren Falle wird das Lehren als das Mittel des Lernens, im letzteren als ein zeitlicher Zustand des Subjects aufgefasst).

Am längsten bestanden in Frankreich das Part. Präs. und das Gerundium neben einander: erst am 3. Juni 1667 verfügte die Académie, dass man das Particip nicht mehr flectiren, d. h. dass das (seinem Ursprunge nach unflectirbare) Gerundium als Particip, das alte Part. Präs. aber nicht mehr als solches, sondern nur als Verbaladj. fungiren solle[2]). Sehr bemerkenswerth ist, dass im Frz.

---

[1]) Vgl. *Otto* in Roman. Forsch. VI 299, *C. Michaelis de Vasconcellos*, ebenda VII, 49; *Wernekke*, Zur Syntax des portug. Verbums, Weimar 1885, Prgr. der Realschule.

[2]) Ueber die Geschichte des frz. Part. Präs. und Gerund. vgl. *Clemenz*, Der syntakt. Gebrauch des Part. Präs. und des Gerund. im

das Gerundium als Verbalsubst. gebraucht werden kann
(z. B. *de son vivant*).

Die drei Ausgänge des Gerundiums *-ando, -endo* und
-iendo sind nirgends neben einander erhalten. Das Portug.
besitzt allerdings drei Ausgänge, es ist aber *-indo* für
-iendo eingetreten (*partindo*); im Span. ist *-endo* durch
-iendo verdrängt worden, also z. B. *vendiendo*), im Ital.
und Prov. *-iendo* durch *-endo* (also z. B. *partendo*, prov.
parten); im Frz. ist *-ando* alleinherrschend geworden
(*dormant, vendant* nach *aimant*); im Rumän. hat sich *-indo*
behauptet (*florind*); *-ando* und *-endo* sind in *-und* zusammengefallen (*cîntund, vendund*).

c) Die im Latein vorhandenen Formenarten des Part. Perf.
Pass. — Participien auf *-to* (z. B. *dictus*), *-so* (z. B.
missus), auf *-ātus* (z. B. *amātus*), *-ētus* (z. B. *delētus*),
-ītus (z. B. *audītus*) und *-ūtus* (z. B. *solūtus*) — leben
auch im Romanischen fort, die Participien auf *-ētus* freilich nur im adjectivischen Gebrauche und den Stempel der
Buchworte tragend (z. B. *segreto, completo*, frz. *secret*
für **secroi, complet* für **comploi;* altfrz. Bildungen wie
chaeit für *chëu* [= **cadūtus*[1])] sind Angleichungen an
colleit = collectus). Im Einzelnen hat sich allerdings Vieles
verändert. Namentlich ist hervorzuheben, dass zahlreiche
starke Participien auf *-to* und *-so* im Span. und Portug.
zur *-īto-*, in den übrigen Sprachen zur *-ūto-*-Bildung übergetreten, also schwach geworden sind[2]); die *-īto-*, bezw.
-ūto--Bildung haben meist auch die Participien derjenigen
Verba angenommen, welche, wie z. B. *sapĕre, venīre,
posse* und *velle*, im Latein des Particips entbehrten (z. B.
tentus, aber span. *tenido*, ital. *tennto*, frz. *tenu; *ventus*,
aber span. *venido*, ital. *venuto*, frz. *venu*). Zwischen den

<hr>

Altfrz., Breslau 1884, Diss; *Stimming*, Verwendung des Gerundiums und
des Part. Präs. im Altfrz., in Ztschr. f. roman. Philol. X, 526; *Tobler*,
Vermischte Beiträge zur frz. Gramm. Bd. I (Leipzig 1886), p. 32.

[1]) Vgl. *Förster*, Ztschr. f. rom. Phil. III, 105.

[2]) Viele aus dem participialen Gebrauche verdrängte starke Participien leben als Verbalsubstantiva fort, z. B. *dette* (*débita*), *recette*
(*recepta*), *vente* (*vendita*), prov. *renda, tenda* (**rendita, *tendita;* das *d* für
t erklärt sich aus Auslehnung an den Inf.). Vgl. *Canello*, Storia di al-
cuni participî nell' italiano e in altre lingue romanze, Riv. di filol. rom.
I 1 (vgl. ebenda I, 188).

einzelnen Sprachen finden übrigens mannigfache Verschiedenheiten statt (z. B. *visus* = span. *visto*, ital. *visto* und *veduto*, frz. *vëu, vu*; *quaestus* = ital. *chiesto* und *chieso*, frz. *quis*, span. *quisto* und *querido*).

Aus Formen wie **quaestus, *pos[i]tus* hat das Romanische einen neuen Participialausgang *-sto* sich gewonnen, der mehrfach ältere Ausgänge verdrängt und Analogiebildungen veranlasst hat (so ital., span. *visto* für *viso*, ptg. *comesto* für *comēsus*, darnach auch *bebesto*; das Venezianische bildet *ponesto, rimanesto* und dergl.) [1]).

Vielfach bestanden im Latein primitive Adjectiva und schwache Participien oder aber starke Participien und schwache Participien in ungefähr gleicher Bedeutung neben einander, z. B. *liber* und *liberatus, privus* und *privatus, acceptus* und *acceptatus.* Indem solche Doppelformen von einzelnen Sprachen übernommen wurden (z. B. ital. *privo* und *privato, accetto* und *accettato*, altfrz. *delivre* und *delivré*), wurde damit ein Anstoss gegeben, neben die Participien auf *-ato* Kurzformen zu stellen (so z. B. ital. *porto* neben *portato, trovo* neben *trovato*) [2]).

Häufig hat das Particip den Stammvocal des Perfects übernommen, so namentlich im Frz., z. B. *dit* (nach *dis*) für **doit* = *dĭctus* (vgl. *Beneoiz, Benoît* = *Benedictus*), *duit* (nach *duis*) für **doit* = *dŭctus, mis* für *mes* = *mĭssus.*

Ueber die Geschichte des Part. Perf. Pass. vgl. *Ulrich*, die formelle Entwickelung des Part. prät. in den roman. Spr., Winterthur 1879 (Halle'sche Diss.); vgl. Romania VIII, 445.

Im Rumänischen wird das mit der Präposition *de* verbundene Part. Prät. in derselben Weise gebraucht, wie im Ital. und im Frz. der mit *da*, bezw. mit *à* verbundene Infinitiv, z. B. *casa aceasta este de vindut* „dies Haus ist zu verkaufen" (*Diez*, Gr. II³, 264). *Diez* und *Tiktin* (*Gröber's* Grundriss I, 453, letzte Zeile) meinen, dass *vindut* das lateinische Supinum sei, eine wenig glaubliche Annahme, weil sich sonst im gesammten Romanisch vom

----

[1]) Vgl. *Ascoli*, Arch. glott. III, 467 und IV, 393; *Mussafia*, Ztschr. f. rom. Phil. III, 267; *Böhmer*, Rom. Stud. III, 606.

[2]) Vgl. *Schürmann*, Die Entstehung und Verbreitung der sog. verkürzten Participien im Ital., Strassburg 1890, Diss.; *G. Paris*, Romania VIII 448; *Förster* zum Yzopet v. 520, 1415.

Supinum nicht die leiseste Spur findet; auch wäre die Hinzufügung der Präpos. *de* zum Sup. schwer begreiflich. Vermuthlich
liegt in *vindut* das substantivisch gebrauchte Particip vor, ist also
mit ital. *vendita*, frz. *vente* zu vergleichen, so dass *casa aceasta
este de vindut* einem ital. *questa casa è da vendita* entsprechen würde[1]).

d) Das Rumänische besitzt ein, an die Nomina actoris auf
-tor sich anlehnendes, Verbaladj. auf *-tŏriŭ* (z. B. *ajută-
tŏriŭ, dormi-tŏriŭ, ungŏtŏriŭ*), welches in die Function des
verlorenen Part. Präs. eingetreten ist.

7. **Umschreibende Verbindungen.** a) **Ersatz des Passivs**[2]). Das Passiv wird umschrieben:
α) Durch reflexive Ausdrucksweise, die sich vergleichen
lässt mit dem Medium der älteren idg. Sprachen. So
lässt z. B. lat. *haec domus venditur* sich wiedergeben mit
ital. *questa casa si vende*, frz. *cette maison se vend*. Bemerkenswerth ist, dass diese Ausdrucksweise auch in
unpersönlicher Form möglich, ja in dieser im Ital. sogar
sehr beliebt ist, z. B. lat. *dicitur* = ital. *si dice*; im Frz.
ist diese Form nur mit nachfolgendem logischen Subjecte im Plural gestattet, z. B. lat. *inveniuntur homines*
= frz. *il se trouve des hommes*. Ganz eigene Wege geht
das Rumänische. Zwar ist auch in ihm, wenigstens für
die 3. Person, die reflexive Umschreibung in persönlicher Form gestattet[3]), z. B. *îl se báte* „er schlägt sich“
und: „er wird geschlagen“, aber das Uebliche ist, das
Passiv durch die 3. P. Sg. des Activs verbunden mit
dem Accusativ des Personalpronomens auszudrücken,
z. B. *má báte, te báte, îl báte*, eigentlich „schlägt mich,
dich, ihn“, d. h. „ich werde, du wirst, er wird geschlagen“. Diese ganz seltsame Ausdrucksweise, zu
welcher sich anderwärts schwerlich ein Seitenstück findet,

---

[1]) Man könnte vielleicht auch daran denken, dass es ursprünglich
geheissen habe *casa aceasta este de fi vinduta*; es läge dann eine ähnliche Kürzung vor, wie etwa in span. *el caballero despues de caido*
für *de haber caido*, eine Kürzung, in Folge deren das nun nicht mehr als
Prädicat empfundene *vinduta* die masculine, d. h. hier die als Neutrum
fungirende masculine Form annahm.

[2]) *Schulze*, Das frz. Passiv und seine Ersatzmittel, Zittau 1895,
Prgr. des Gymnas.

[3]) Sogar in Bezug auf Personen, während sie in den übrigen
Sprachen wohl nur in Bezug auf Dinge gebracht wird, denn z. B. im
Frz. kann *il se tue* nur den Sinn von „er tödtet sich“ und nimmermehr
den von „er wird getödtet“ haben.

ist wohl aufzufassen als eine Verallgemeinerung der unpersönlichen Redeweise, vgl. unten *δ*). (Die Umschreibung des Passivs mittelst *esse*, bezw. *fieri* + Part. ist in das Rumänische erst in neuester Zeit missbräuchlich eingeführt worden, vgl. *Tiktin* a. a. O. p. 455.) — *β*) Durch *esse* (seltener durch *stare*) + Part. Perf. Pass. (*sum laudatus* = ital. *sono lodato*, frz. *je suis loué* etc.); es ist die in allen Sprachen mit Ausnahme des Rumänischen (s. *α*)) und des Rätischen (s. *γ*)) üblichste Umschreibungsweise, wenigstens im Schriftgebrauche, denn die lebendige Rede bevorzugt doch wohl das Reflexiv. Es versteht sich von selbst, dass *sono lodato* ursprünglich logisch ein Perf. Präs. ist, gleichwerthig mit dem griech. ἐπ-ῃνημένος εἰμί. Es kann nun *sono lodato* noch als Perf. Präs. gebraucht werden; da es aber auch in die Funktion des schlechthinnigen Präsens (*laudor*) eingetreten ist, so wurde dadurch, um Zweideutigkeit der Rede zu vermeiden, die Bildung eines neuen Perf. Präs. nothwendig und mittelst des Part. Prät. von *esse* (span., ptg. *sido*) oder von *stare* vollzogen: span. *hé sido querido*, ptg. *tenho sido amado*, ital. *sono stato amato*, frz. *j'ai été aimé*. — *γ*) Durch *venire* (rät. *gnir*) + Part. Prät.; es ist dies die im Rätischen übliche Umschreibung, welche, namentlich für die 3. Person (*viene lodato* neben *è lodato*), auch im Ital. gebräuchlich ist. — *δ*) Durch die 3. Person Sing. des Activs mit unbestimmten Personalpronomen, z. B. *on me loue*, dem Sinne nach = *laudor*, denn, wenn man mich lobt, so werde ich gelobt. So erklärt sich wohl auch das rumänische *má, te, îl báte* (s. oben); *báte* ist aufzufassen als „man schlägt", gleichsam eine unpersönlich gebrauchte, aber mit persönlichem Object verbundene 3. Person (man stelle sich vor, dass zu ital. *si batte* noch *mi, ti, lo* etc. gefügt werden könnte).

b) **Ersatz der Tempora der vollendeten Handlung** (Perf. präs., Plusquamperf., Fut. exact. Act.). Wie früher (s. S. 459) bemerkt worden ist, wurde das lat. Perf. im Roman. auf die Funktion eines historischen Perfects beschränkt, der Indicativ Plusquamperf., wo er sich erhielt, in condicionale Function verschoben, der

Conjunct. Plusquamperf. für den Conj. Imperf. gebraucht, das Fut. exact. endlich, wo es verblieb, als Condicional verwendet. In Folge dessen mussten die Tempora der vollendeten Handlung durch Umschreibung ersetzt werden. Es geschah mittelst *habeo* (bezw. *teneo*)[1] + Part. Prät. oder *sum* + Part. Prät. Beide Umschreibungsarten sind ansatzweise schon im Schriftlatein vorhanden, besonders *sum* + Part. Prät. (die Deponensperfecta *profectus sum, secutus sum* etc.!). *Habeo* kam bei transitiven, *sum* bei intransitiven Verben zur Anwendung; in Folge des Ueberwiegens der Transitiva haben auch die Intransitiva vielfach (im Span. und Ptg. sogar durchweg) *habēre* angenommen (so frz. *j'ai couru, marché* etc.) oder können sowohl *habeo* als *sum* zu sich nehmen mit Differenziirung der Bedeutung (z. B. frz. *je suis monté, j'ai monté*). Es bestehen in dieser Beziehung zwischen den einzelnen Sprachen sehr erhebliche Verschiedenheiten[2]), von denen die wichtigste ist, dass im Ital., Prov. und Frz. die reflexiven Verba *sum* und nicht, wie in den übrigen Sprachen, *habeo* zur Umschreibung verwenden; es beruht dies auf Kreuzung der Vorstellung von dem Vollzogensein der Handlung und von dem dadurch hervorgebrachten Zustande (z. B. **me habeo occisum*, also *sum occisus;* beide Ausdrucksweisen verschmelzen in **me sum occisus* = ital. *mi sono ucciso*)[3]).

Sowohl das mit *habere* als auch das mit *esse* verbundene Particip war, wie selbstverständlich, ursprünglich flectirbar, d. h. congruirte im Genus, Numerus und Casus mit dem Object, bezw. mit dem Subjecte des Satzes. Das mit *esse* verbundene Particip hat dabei verharrt; das mit *habere* verbundene dagegen ist zu einer Art von Tempuszeichen erstarrt und congruirt höchstens noch mit einem vorausgehenden, nicht mehr mit einem

---

[1]) Vgl. *Thielemann, Habere* mit dem Part. Perf. Pass., in *Wölfflin's* Archiv II, 372 und 508.

[2]) Vgl. *Fontaine*, On the History of the Auxiliary Verbs in the Romance Languages, in: University Studies Published by the University of Nebraska 1888. Für das Frz. vgl. *Hofmann, avoir* und *estre* in den umschreibenden Zeiten des altfrz. intransitiven Zeitworts, Kiel (Druckort Berlin) 1890, Diss.

[3]) Vgl. *Körting* in Ztschr. für frz. Sprache und Litt. XVII², 122.

nachfolgenden Objecte (*les filles que j'ai vues*, aber *j'ai vu les filles*). Da im Neufrz. das Feminin-*e* und (ausserhalb der Bindung) das Plural-*s* verstummt sind, so dass z. B. *vu, vue, vus, vues* gleichlauten, so kommt des Part. passé meist nur noch bei Participien auf -*t* u. -*s* (*dit, fait, mis* etc.) zur lautlichen Geltung. Nichtsdestoweniger war der Vorschlag *Clédat's* (in Rev. de philol. frçse. et prov. IV), die Congruenz abzuschaffen und also zu schreiben z. B. *les paroles que j'ai prononcé* (für -*cées*), mindestens verfrüht.

c) **Der Obligativ (Ersatz des Futurs).** Durch die Verbindung Infinitiv + *habeo*, in welcher *habeo* als Modalverb im Sinne von *debeo* fungirt (z. B. *sribere habeo* „zu schreiben habe ich, schreiben soll ich"), wird der Modalbegriff des Verpflichtetseins zu einer Handlung zum Ausdruck gebracht und damit ein neuer Modus geschaffen, der zugleich geeignet war, zum Ersatz des aufgegebenen Futurs zu dienen[1]). Diese temporale Verwendung des Obligativs hat denn auch in allen roman. Sprachen (mit einziger Ausnahme des Rumän.) Platz gegriffen, jedoch ohne dass dabei der modale Gebrauch vergessen worden wäre. Es gilt dies nicht nur von dem Präsens, sondern auch von dem Präteritum des Obligativs (Inf. + *habebam*, im Ital. gewöhnlich Inf. + *habui*), dem sog. Condicionale.

Die beiden Bestandtheile der Verbindung Infinitiv + *habeo*, bezw. Inf. + *habebam* (*habui*) waren selbstverständlich ursprünglich getrennt und erscheinen auch in altromanischen, namentlich in altspanischen Sprachdenkmälern noch getrennt (altspan. auch in umgekehrter Stellung: *habeo scribere*)[2]). Frühzeitig aber sind beide Bestandtheile zu einer Worteinheit derartig fest ver-

---

[1]) Ueber das allmähliche Aufkommen der Verbindung des Infinitivs mit *habeo* vgl. die trefflichen Untersuchungen von *Thielmann* in *Wölfflin's* Archiv II, 48 und 157. Ueber den modalen Gebrauch des sog. Futurs noch im Neufrz. vgl. *Tobler* in den Sitzungsberichten der Berliner Akad., philos.-hist. Cl., 22. Januar 1891 (s. auch *Körting*, Formenbau des frz. Verbs p. 62).

[2]) Vgl. *Cornu*, Recherches sur la conjugaison espagnole aux 13 e et 14 e siècles, in den Miscellanea Caix-Canello (Florenz 1886).

wachsen, dass das „Futur" und der „Condicional" vom
Standpunkte der praktischen Grammatik aus synthetische
Bildungen genannt werden müssen [1]).

Das *a* des Infinitivs (*cantare hábeo*) musste sich trotz
der vortonigen Stellung behaupten, im Ital. indessen ist
es in den mehr als zweisilbigen Futuren zu *e* geschwächt
worden (*canterò*, dagegen *darò*, *starò*, wonach dann *sarò*
für [*es*]*serò*, und im Altfrz. schwindet es zwischen zwei
r (*jurrai* für *jurerai*; Verba auf *-trer*, *-vrer* und dergl.
bilden ein Fut. auf *-errai*, z. B. *enterrai* für *entrerai*, eine
bezüglich ihrer Entstehung leicht verständliche Bildung,
welche aber wieder rückgängig gemacht worden ist;
n[*e*]*r* wird zu *rr* assimilirt, z. B. *dun*[*e*]*rai* zu *durrai*)[2]).
Das *i* und das *e* des Futurs (*sentire habeo*, *perdere
habeo*) mussten im Ital. beharren, im Rätischen, Prov.,
Französ., Span. u. Ptg. dagegen fallen, ausser wenn daraus
unstatthafte Lautverbindungen entstanden. Es ist aber *i*
und, wenigstens im (Span. u.) Ptg., auch *e* durch den Einfluss
des Infinitivs und der sonstigen Formen, in denen *i* (*e*)
verblieb, auch in das Futur wieder eingeführt worden,
doch sind mehrere gekürzte Futura erhalten (z. B.
mourrai für **mourirai*)[3]). Im Einzelnen sind noch
manche Futurformen unerklärt, z. B. frz. *aurai*, altfrz.
auch *arai* für **avrai*, welches sich lautregelmässig hätte
behaupten sollen, da *v* vor *r* im Franz. nicht ausfällt
(vgl. *fièvre*, *ivre*, *cuivre* u. a. m.; *écrirai* ist Anbildung
an *écrire*); vielleicht steht *aurai* für **orai*, und ist dieses
Anbildung an die Perfectformen *oi* *ot* *orent*[4]).

---

[1]) Diese Entwickelung ist für die allgemeine Sprachwissenschaft
hoch interessant als eins der wenigen geschichtlich nachweisbaren Beispiele für einen Vorgang, durch welchen der Formenbau des indogermanischen Verbums in vorgeschichtlicher Zeit zu einem guten Theile
erwachsen sein dürfte.

[2]) Vgl. *Bröhan*, Die Futurbildung im Altfranzös., Greifswald
1889, Diss.

[3]) Ueber das Futur der *I*-Verba vgl. die ausgezeichnete, tief eindringende Schrift von *Risop*, Studien zur Geschichte der Verba auf
-ir im Frz. (Berlin 1889), welche einer der wichtigsten Beiträge zur Geschichte der frz. Conjugation überhaupt ist.

[4]) Vielleicht kann man sich die Sache auch so vorstellen: Es standen
ursprünglich neben einander **avrai* und *arai* (Anbildung an *avons*,
avez etc.), und *aurai* trat als eine Art von Ausgleichungs- oder Ver-
mittlungsform hinzu.

Im logudoresischen Sardisch wird (statt *cantare habeo*) *habeo ad cantare* (*apo a cantare*) oder *debeo* (*depo*) *cantare* gesagt; die erste Verbindung hat ihr Seitenstück im frz. *avoir qlq. ch. à faire*, die zweite zeigt recht deutlich die Gleichwerthigkeit von *habeo* mit *debeo*. Im Obwaldischen wird das Futur durch *venio* + Inf. (*veng kuntar*, vgl. frz. *je viens, je vais chanter*) oder *venio* + *ad* + Inf. (*veng a kuntar*) umschrieben.

Im Rumänischen dient *volo* + Inf. (in älterer Zeit auch Inf. + *volo*) zur Futurumschreibung.

Die Gesammtconjugation des Romanischen ist bis jetzt nur selten Gegenstand der Untersuchung gewesen. Ausser den Grammatiken von *Diez* und *Meyer-Lübke*[1]) sind nur zu nennen das noch immer lesenswerthe, aber freilich in vielen Dingen ganz veraltete Buch von *Fuchs*: Die unregelmässigen Verba in den roman. Spr. (1849), *Foth's* gehaltvolle Diss. über die Verschiebung der lat. Tempora[2]) in den roman. Spr. (*Böhmer's* Roman. Stud. II, 243), die wichtige Schrift von *Trier*. Sur la classification des verbes dans les langues romanes (Nordisk Tidsskrift for Filologi, neue Reihe IV, 151, vgl. Romania IX, 169) und *Mussafia's* werthvolle Monographie über die Präsensbildung des Romanischen (Abhandlungen der Wiener Akad. der Wissensch. 1883, vgl. darüber *Schuchardt* im Litteraturbl. für german. und roman. Phil. 1884, Sp. 61[3]). Siehe auch unten Französisch.

Die Schriften, welche mit der Conjugation der Einzelsprachen sich beschäftigen, sind theils oben bereits genannt worden (s. namentl. S. 468 f. über die Endung *-ons*, S. 485 über *-ez*, S. 479 über den frz. Conj. Präs., S. 473 über das frz. *s*-Perf., S. 488 f. über das Gerundium, S. 490 über das Part. Prät., S. 493 über die mit *habeo*, bezw. *sum* + Part. Prät. oder Inf. gebildeten Verbindungen, S. 498 über den Inf. im Portug.), theils sollen sie im Folgenden genannt werden, jedoch nur Einzelschriften (nicht auch die Grammatiken)[4]), welche wissenschaftlichen Werth haben.

Italienisch. *Nannucci*, Analisi critica de' verbi italiani, investigata nella loro primitiva origina, Florenz 1849 (noch immer unentbehrlich[5]); *Amedeo*, Teoria dei verbi irregolari della ling.

---

[1]) Vgl. auch *Meyer's* inhaltreichen Aufsatz „Zur schwachen Perfectbildung“, Ztschr. für roman. Philol. IX, 233.

[2]) Vgl. auch *Vising*, Die realen Tempora der Vergangenheit im Frz. und in den übrigen roman. Spr., Frz. Stud. VI, Heft 3, und VII, Heft 2, vgl. Ltbl. 1890, Sp. 337.

[3]) Vgl. auch *Mussafia's* Abhandlung in Romania XVIII, 544.

[4]) Ueber diese vgl. den Schluss des § 44.

[5]) Von demselben Verfasser ist auch eine Teoria dei nomi ital. (1858) vorhanden.

ital., Torino 1877, vgl. Giorn. di filol. rom. I, 249; *Compagnoni,* Teoria dei verbi ital., rivista da *P. Fanfani,* Florenz 1865; *Caix,* Sull' influenza dell' accento nella conjugazione *manducare, adjutare,* in: Giorn. di filol. rom. II, 10, und: Sul perfetto debole romanzo, ebenda I, 229, vgl. ebenda II, 63; *Marchesini,* I perfetti deboli in *-etti,* in Studj di filol. rom. 1 445; *Luzzatto,* Il congiuntivo e l'indicativo ital., in Studj di filol. rom. II, 96.

Zehle, Laut- und Flexionslehre in Dante's Div. Commedia, Marburg 1886; *Zingarelli,* Parole e forme della Div. Comm. aliene dal dialetto fiorentino, in Studj di filol. rom. I, 1.

Rumänisch. *Mussafia,* Zur rumänischen Formenlehre, in: Jahrb. f. roman. u. engl. Lit. X, 360; *Meyer-Lübke's* oben S. 496 Anm. genannter Aufsatz über die schw. Perfectbildung; *Tiktin,* Zur Stellung der tonlosen Pronomina und Verbalformen im Rumän., Ztschr. f. rom. Phil. IX, 590; *Bumbacu,* Die Conjugation im Rumän. in ihrem Verhältniss zur lateinischen, Czernowitz 1884, Prgr.; *Drocu-Barcianu,* Teoria verbului si conjugarea completa a verbilor auxiliare etc. etc. Bukarest 1882 (Theil I; ob Theil II erschienen ist, muss dahingestellt bleiben).

Rätisch. *Carisch,* Hauptparadigmata der roman. Declination und Conjugation, Chur 1848; *Pallioppi,* La conjugazion del verb nel idiom Romauntsch d'Engadin etc., Samedan 1868; *Stürzinger,* Ueber die Conjug. im Rätorom. Winterthur 1879 (Züricher Diss.); *Böhmer,* Die Participien auf *-est,* Roman. Stud. III, 605.

Provenzalisch. *P. Meyer,* Les troisièmes personnes du pluriel en prov., Romania IX, 192; *Schmidt,* Ueber die Endungen des Präs. im Altprov., Strassburg 1887, Diss., vgl. Ltbl. 1888 -Sp. 454; *Armitage,* au, fau, vau, Romania IX, 128, vgl. ebenda 193 u. Ztschr. f. rom. Phil. IV, 477; *Chabaneau,* ti interrogatif en prov. moderne, Romania VI, 442; *P. Meyer,* L'imparfait du sub- jonctif en *-es,* Romania VIII, 155 und IX, 156, vgl. Ztschr. f. rom. Phil. III, 308; *Schenker,* Ueber die Perfectbildung im Prov., Zürich 1883, Diss.; *K. Meyer,* Die prov. Gestaltung der vom Perfectstamme gebildeten Tempora des Lat., Marburg 1883, Diss. (Ausg. u. Abh. 12); *Harnisch,* Die altprov. Präsens- und Imperfect- bildung mit Ausschluss der *A*-Conjug. Marburg 1886, Diss. (Ausg. u. Abh. 40); *Schmidt,* Die Endungen des Präs. im Altprov., Strass- burg 1887, Diss.; *Fischer,* Der Inf. im Prov. nach den Reimen der Trobadors, Marburg 1883, Diss. (Ausg. d. Abh. 6); *Roque- Ferrier,* L'r des infinitifs en langue d'oc, in R. d. l. r. 2. série V, 180; *Wolff,* Futur u. Conditional II im Altprov., Marburg 1884, Diss. (Ausg. u. Abh. 30); *Hentschke,* Die Verbalflexion im Oxforder Girart de Ross., Breslau (Druckort Halle) 1883, Diss.

Französisch. *Scheler,* Mélanges sur la conjugaison frçse considérée sous le rapport étymologique, Brüssel 1845; *Tobler,* Darstellung der lat. Conjugation und ihrer romanischen Gestaltung,

Zürich 1857; *Chabaneau*, Histoire et théorie de la conjugaison frçse, 2. éd. Paris 1878 (vgl. *Förster*, Ztschr. f. neufrz. Spr. u. Lit. I, 80); *Thierkopf*, Der stammhafte Wechsel im Normannischen, Halle 1886, Diss.; *Behrens*, Unorganische Vertretung innerhalb der formalen Entwickelung des frz. Verbalstammes, in: Französ. Stud. III, 420; *Risop*, Die analogische Wirksamkeit in der Entwickelung der frz. Conjug., Ztschr. f. rom. Phil. VII, 45 (wichtig; noch ungleich wichtiger und bedeutender ist desselben Verfassers Buch: Studien zur Geschichte der frz. Verba auf -*ir*, Berlin 1889); *Klostermann*, Ueber die stetig fortwirkende Tendenz der frz. Spr., starke Verba in schwache zu verwandeln oder ganz ausfallen zu lassen, Pilsen 1878, Prgr. der Realschule; *Muret, estois, vois, pruis, truis, ruis*, in: Etudes romanes déd. à *G. Paris* p. 469; *Mussafia, vals, valt, sals, salt* etc., Romania XXIV, 433; *Horning*, L's à la première pers. du singulier en frçs., Roman. Stud. V, 707; *Söderhjelm*, Ueber Accentverschiebung in der 3. P. Plur. im Altfrz., aus: Oversigt of Finska Vetensk. Soc. Förhandlinger Heft 37; *Burgatzky*, Das Imperf. und Plusquamperf. des Fut. im Altfrz., Greifswald 1886, Diss. — *Körting*, Formenbau des frz. Verbums, Paderborn 1892 (vgl. *Risop* im Archiv f. das Stud. d. neueren Spr. Bd. 92 p. 445).

Thurneysen, Das Verbum *être* und die frz. Conjugation, Halle 1882. — *Bonnard*, Le participe passé en vieux frçs., Lausanne 1877; *Mercier*, Hist. des part. frçs., Paris 1879, vgl. Rom. IX, 614; *Mussafia*, Concordanz des Part. Praet. im Rolandsliede, Ztschr. f. roman. Phil. IV, 104; *Edström*, Etude s. l'emploi du part. passé en frçs., Götaborg 1879, Diss.; *Busse*, Die Construction des Part. Prät. in activer Verbalconstruction, Göttingen 1882, Diss.; *Doleschal*, Das Part. passé in activer Verbalconstr. etc., Steyr 1893, Prgr.; *Bastin*, Etude philologique des participes etc., Petersburg, 2 ed. 1888 (gute Schrift); *Nyrop* in Nordisk Tidsskrift for Filologi, Neue Reihe IV, 1, vgl. Romania IX, 169; *Wehlitz*, Die Congruenz des Part. Prät. in activer Verbalconstr. (vom Anfang des 13. bis zum Ende des 15. Jahrh.), Greifswald 1887, Diss.; *Roitzsch*, Das Particip bei Crestien, Leipzig 1886, Diss. — S. auch oben S. 489 f.

Ueber Verbalflexion in bestimmten altfrz. Litteraturwerken handeln u. A. die Dissertationen von *Freund* (älteste Sprachdenkmäler bis zum Rolandslied einschl., Marburg [Heilbronn] 1879), *Meister* (Oxforder Psalter, Halle 1877 als Buch erschienen, behandelt auch die Nominalflexion), *Fichte* (Cambridger Psalter, Halle 1879 als Buch erschienen, behandelt auch die Nominalflexion), *Lenander* (Gui de Bourgogne, Malmö 1875), *Brekke* (Brandan 1885, vgl. Ztschr. f. roman. Phil. IX, 158), *Clédat* (hl. Bernhard, Paris 1885), *Merwert* (Quatre livres des rois, Wien 1880, Prgr. d.

Unterrealsch. in der Leopoldstadt), *Langsdorff* (Quatre livres des
rois, Leipzig 1880). — Andere Schriften wurden schon genannt.

Catalanisch. *Milá y Fontanals*, Mélanges catalans, in: Rev.
des langues rom. 2. série III, 225; *Vogel*, Neucatal. Studien, in:
Körting, Neuphilol. Stud. Heft 5, Paderborn 1886.

Spanisch. *Bello*, Análisis ideológica de los tiempos de la
conjugacion castellana, obra publicada con algunas notas por
J. V. Ganzalez, Madrid 1883; *Cornu*, Recherches s. la conjugaison
espagnole au 13. et 14. siècles, in Miscell. Caix-Canello p. 277;
Hanssen, Sobre la formacion del imperfecto de la segonda i tercera
conjugacion castellana en las poesias de G. de Berceo, Santiago
de Chile (Anales de la Universidad 1894).

Portugiesisch. *Coelho*, Theoria da conjugação em latim
e portuguez, Lisboa 1870 (treffliche Arbeit).

8. Die einformigen Wortclassen. a) Wie
das Latein, so kann auch das Romanische das Neutrum
des Adjectivs in adverbialer Weise brauchen, indessen
ist dieser Gebrauch auf bestimmte Verbindungen eingeschränkt (z. B. frz. *parler haut*). Auch die Sprachsitte
des Lateins, bei den Verben, welche einen Zustand bezeichnen, die nähere Bestimmung des Zustandes prädicativ durch das Adjectiv (nicht modal durch das Adverb) auszudrücken, hat das Romanische sich bewahrt
(z. B. frz. *ils vivaient heureux et contents*). Andrerseits
kann, wenigstens im Frz., das Verbum substantivum,
wenn es in Bezug auf den Gesundheitszustand gebraucht
wird („sich befinden“), mit dem Adverb verbunden werden.

Sehr beachtenswerth ist die Neigung des Romanischen, modale Bestimmungen durch verbale Verbindungen zum Ausdruck zu bringen[1]).

Die zu Adjectiven gehörigen Adverbien des Lateins
auf -*e*, -*o* und -*iter* leben im Rom. nur noch vereinzelt
fort (z. B. *bene*, *male*, *tarde* u. a., auch *romanice* ==
altfrz. *romanz* [freilich lautregelwidrig gebildet], darnach
auch *normanz* und dergl.; besonderes Interesse haben
die rumän. Adv. auf -*şte* == -*ĭsce*); ganz geschwunden
scheinen die auf -*iter* (*feliciter* und dergl.) zu sein, was

---

[1]) Vgl. *Reichenbach*, Der Gebrauch des frz. Verbums zum Ausdruck
des Adverbiums. Ein sprachvgl. Versuch. Colberg 1865, Prgr. Die
Sache sollte aber nochmals behandelt werden.

aus der schwerfälligen Lautbeschaffenheit dieser Worte sich erklärt (altfrz. *nuitantre* ist nicht = **noctanter*, sondern = **noctante*, scil. *die* oder *tempore*; der Ausgang *-tre* beruht auf Anbildung an *dementre* = *dum interim*, vgl. ital. *mentre*; auch altfrz. *escientre* ist wohl nur Analogiebildung, also nicht = *scienter*).

Im Ital. zeigen die aus dem Latein übernommenen Adverbien eine Vorliebe für den Ausgang *-i* (z. B. *tardi* für *tardo*, *oggi* aus *hodie*, *domani* aus *de mane*, *avanti* aus *ab ante*). Eine befriedigende Erklärung hierfür ist noch nicht gefunden; möglich, dass *tardi* ursprünglich Nom. Pl. Masc. war, der aus Verbindungen, wie *arrivano tardi* „sie kommen als späte an", zu adverbialer Verwendung gelangte; darnach würden die nicht zu Adjectiven gehörigen Adverbien auf *-i* Analogiebildungen sein.

Der im Frz. beliebte Ausgang *-s* der Adverbien ist zum grossen Theile etymologisch berechtigt, so z. B. in *ailleurs* (*aliorsum*), *dans* (*de* + *intus*), *moins* (*mĭnus*) etc.; darnach erhielten dann analogisches *-s* z. B. *certes* (das man doch nicht wohl als *certas* auffassen kann), *alors*, *sans* etc.; mehrfach stehen die *s*-Form und die *s*-lose Form neben einander, z. B. *guère* und *guères*.

Oefters sind Substantiva in adverbiale Verwendung übergegangen, namentlich einerseits zum Ausdruck von Quantitätsbegriffen (so *bellus col[a]p[h]us* = frz. *beaucoup*), andrerseits zur Verstärkung der Verneinung des Prädicats (so *punctum*, *passus*, *mica* = frz. *point*, *pas*, *mie*, wozu im Altfrz., ebenso auch im Altprov. noch manche andere Substantiva treten)[1]. Einmal in den Kreis der Verneinung hineingezogen, haben diese Substantive — ebenso wie das pronominal gebrauchte

---

[1] Vgl. *Meder*, *pas*, *mie*, *point* im Altfrz. Marburg 1891, Diss.; *Perle*, Die Negation im Altfrz., Ztschr. f. rom. Phil. II, 1 und 407. — Anschliessend werde hier bemerkt, dass Bildung und Gebrauchsweise der romanischen Adverbien bisher wenig untersucht worden ist. Nennenswerth ist eigentlich nur (abgesehen von *Tobler's* unten zu nennenden Bemerkungen) *Zeltin's* Aufsatz über die altfrz. Adverbien der Zeit, Ztschr. f. rom. Phil. VI, 256 und VII, 1, und *Gentsch's* Diss. über die Formen des Adverbiums der Gegenwart im Altprov., Marburg 1892, Diss.

persona und *rem* — auch im absoluten Gebrauche die Fähigkeit negativer Function erlangt. Auch sonst sind Substantiva entweder ohne ein bestimmendes Adjectiv oder Pron. oder mit einem solchen zu Adverbien geworden, so *hoc anno* = span. *ogaño, hac hora* = span. *agora* auch frz. *or*), *mala hora* = (?) altfrz. *mar* (ob das Antonym dieses Adverbs, *buer,* = *bona hora* anzusetzen sei, muss zweifelhaft erscheinen). Der wichtigste hierhergehörige Fall ist aber, dass der Ablativ *mente* (von *mens*), verbunden mit vorausgehendem attributiven Adjectiv, als üblichster Ersatz der im Lat. zu Adjectiven gehörigen Adverbien gebraucht wird; so tritt z. B. für das lat. *clare* (zu *clarus*) ein ital. *chiaramente.* Diese Verbindung verwächst zu einer Lauteinheit, wodurch im Franz. Zusammenziehungen mehrerer zusammenstossender Silben veranlasst werden (einerseits z. B. *constant*[e] *ment*[e] = *constamment,* andrerseits z. B. **sensa*[t]*a ment*[e] = *senséement* = *sensément;* in anderen Fällen, wie bei *commodément,* scheint entweder Participialbildung, wie **commoda*[t]*a mente,* oder analogischer Gebrauch des Acutus angenommen werden zu müssen; in noch anderen Fällen, wie bei *confusément* und *impunément,* beruht die Setzung des Accents wohl auf gelehrt sein sollender Schreibung) [1].

Im Spanischen kann *mente* zwei durch *y* verbundene Adjectiva zu sich nehmen, es wird also dort *mente* noch als Subst. behandelt, während es sonst überall zu einem Suffix erstarrt ist, ähnlich wie das Modalverb *habeo* im Obligativ (s. oben. S. 485).

Vereinzelt sind ganze kleine Sätze zu Adverbien verwachsen, z. B. span. *quizá,* frz. *peut-être, naguère* (*n'a guère,* eine höchst alterthümliche Verbindung, in welcher unpersönliches *a* noch ohne *il* und ohne *y* erscheint), *piéça* (*pièce a*) [2].

b) Von den lateinischen Präpositionen sind im Romanischen viele geschwunden, insbesondere solche, welche selbst

---

[1] Ueber die abnormen Adverbialbildungen des Frz. vgl. *Tobler,* Beitr. z. frz. Gramm. I, 77.
[2] Vgl. *Tobler,* a. a. O. II, 1.

schon im Schriftlatein nur ein kümmerliches Dasein fristeten (z. B. *palam, coram*), oder welche lautlich unbequem waren (z. B. *praeter, propter*). Einzelne sind zwar in das Romanische übernommen worden, aber im Laufe der Zeit veraltet (z. B. *ultra* = frz. *outre*) oder völlig abgestorben, z. B. *apud* = altfrz. *ot* oder *o*[1]).

Sehr beliebt sind durch Zusammensetzung gebildete Doppelpräpositionen, wie z. B. *de* + *a(d)* und *de* + *a*[b] = ital. *da*; *de* + *ab* + *ante* = ital. *davanti*, frz. *devant*; *ad* + *tenus* + ptg. *at* u. v. a.

Der Bestand der Präpositionen hat erhebliche Vermehrung dadurch erfahren, dass vielfach Adverbien, Adjective und, sei es mit Präpositionen verbundene oder allein stehende, Substantiva in präpositionalen Gebrauch übergegangen sind, z. B. Adverbien: *intus* = altfrz. *enz*, *de* + *intus* = frz. *dans*, *intro* + *usque* = altfrz. *trosque*, *subtus* = frz. *sous*, *sursum* = frz. *sus* (darnach ist *sur* aus *seure* =: *supra* umgebildet), *foras* = frz. *hors*, ital. *fuori*; Adjectiva (bezw. Participien): *bassus* = span. *bajo*, *junctus* = span. *junto*, *pressum* = ital. *presso*, frz. *près*, mit Artikel *auprès*, *ad* + *pressum* = frz. *après*, *longum* = ital *lungo* (dagegen hat franz. *selonc, selon* schwerlich etwas mit *longum* zu schaffen, ist nicht = *sub longum*), *in medio, per medium* = frz. *enmi, parmi*; *foras missum* = frz. *hormis*; Subst. mit Präpos.: ital. *appetto* (*ad pectus*), *a cagione di* (*ad occasionem de*), frz. *vis-à-vis* (*visus ad visum*); Subst. ohne Präpos.: ital. *senza* (aus [ab]*sentia*); prov. *latz*, frz. *lez* (*latus*); frz. *chez* (**casō* von *casus*, Nebenform für *casa*). Eine ganz eigenartige Bildung ist frz. *avuec, avec* (auch nach Analogie von *jusque, onque* und dergl. *avecque*) = *ap*[ud] *hòc*.

Durch alle diese Neubildungen, deren Zahl eine sehr grosse ist — freilich können nicht alle als eigentliche Präpositionen, sondern nur als präpositionale Verbindungen aufgefasst werden —, sind die durch den Wegfall alter

---

[1]) Auch Neubildungen sind vielfach wieder aufgegeben worden, namentl. im Frz., so z. B. *enmi, trosque* u. a. m. Die neuere Sprache zeigt in dieser Beziehung eine gewisse Armuth gegenüber der älteren, die geradezu an einem *embarras de richesse* litt.

Präpositionen erlittenen Verluste nicht nur ausgeglichen, sondern es ist auch ein erheblicher Mehrbetrag erzielt worden. Die romanischen Sprachen sind in Folge dessen in hohem Maasse befähigt, auch feinere Abstufungen der zwischen zwei Substantiven oder einem Substantiv und einem Verbum denkbaren Modalitätsbeziehungen zum Ausdruck zu bringen [1]).

c) Von den lateinischen Conjunctionen sind viele und zwar zum Theil gerade die im Schriftlatein üblichsten geschwunden, z. B. *ut, sed, autem, nam, enim* etc. etc.; allgemein erhalten ist von dem alten Bestande fast nur *et* (doch ist im Rumän. dafür *sic* eingetreten), *nec, si* (das altfrz. als *se*[*d*] erscheint, in Anbildung an *que*[*d*], neufrz. *si* ist entweder Anbildung an *ni* oder aber -- und das ist wohl wahrscheinlicher — durch gelehrten Einfluss in Aufnahme gekommen) und *quod* (= *qued, que, che* für **quo, *co* in Anbildung an *et, ed, e*), welches theils allein theils in Verbindung mit dem präpositionalen Demonstrativ (*per hoc quod* = ital. *perocchè, per ecce hoc quod* = frz. *parce que* und dergl.) oder mit einem Substantiv (z. B. *ad finem quod* = frz. *afin que*, ital. *affinchè* und dergl.) einen grossen Theil der geschwundenen Conjunctionen ersetzt. Der Grund des Absterbens so vieler lateinischer Conjunctionen ist übrigens keineswegs allein in deren (vielfach allerdings lebensunfähiger) Lautbeschaffenheit zu suchen, sondern mehr noch in dem Streben der Sprache nach möglichster Gleichförmigkeit in der Einleitung der Nebensätze, ein Streben, das wieder in dem Trägheits- oder Bequemlichkeitsprincipe begründet ist.

---

[1]) Ueber die Entwickelung der Präpositionen und ihres Gebrauches sind auf dem Gebiete der roman. Philologie bisher nur wenige Untersuchungen von wissenschaftlichem Werthe geführt, dieselben beziehen sich überdies (abgesehen von den auf S. 433 genannten Schriften über die Casuspräpositionen) fast nur auf das Frz.; es seien genannt: *Dziatzko*, Die Entstehung der Participialpräpos., in Ztschr. f. rom. Philol. VII, 125; *Dickhuth*, Form und Gebrauch der Präpos. in den ältesten frz. Sprachdenkmälern, Münster 1883, Diss.; *Raithel*, Die altfrz. Präpos. I. Abth. *od, par, en, enz, dans, dedans, parmi, enmi* (Göttingen, bezw. Berlin 1875, Diss.), und: Ueber den Gebrauch und die begriffliche Entwickelung der Präpos. *sor, desor* (*dedesor*), *ensor, sus, desus, dedesus, ensus* (Metz 1888 Prgr. d. Realsch.); *Barthe*, Ueber die Präpos. *par* und *pour* in einigen anglonorm. Denkmälern etc., Kiel 1887, Diss.; *Köcher*, Beitrag zum Gebrauch der Präpos. *de* im Prov., Marburg 1890, Diss.

d) Die romanischen Interjectionen bieten, soweit sie nicht blosse Empfindungslaute sind, Gelegenheit zu mancher interessanten Beobachtung dar. Denn man findet unter ihnen erstlich manche fremdsprachliche Bildungen, z. B. span. *ojalá* (arab. *enschá allah*), ital. *macári* (griech. *μαχάριος*), ital. *oibò* (viell. griech. = *oἰβοῖ*); ferner manche Nominal- und Verbalform, z. B. altfrz. *diva* (die Imperative *di* von *dire* und *va* zu *aller*), frz. *hélas* (*hé* + *las* = **lassus, laxus* schlaff, matt, elend); rumän. *blem* (viell. = *[am]b[u]lemus*); altfrz. *avoi* (= *ha* + *voi-s*); altspan. *afé* (= *ad fidem*); endlich auch manchen wunderlichen Euphemismus, z. B. ital. *corpo di Bacco* (wo *Bacco* wohl für *Cristo* steht), frz. *diantre* für *diable*, *morbleu* für *mort de Dieu*, *saint ventre gris* (wo in *gris Christ* versteckt zu sein, *ventre* f. *corps* zu stehen scheint) etc.

§ 43. **Bemerkungen über den Satzbau des Lateins.** 1. Der Satzbau des Schriftlateins ist uns in seinen einzelnen Thatsachen wohl bekannt, wenn auch freilich die Erklärung mancher Thatsachen noch nicht gefunden ist. Spärlich dagegen ist unser Wissen von dem Satzbau der lateinischen Umgangssprache, da es hierfür an eigentlichen Quellen des Erkennens fehlt. Diejenigen Litteraturwerke, welche der Umgangssprache sich nähern (wie Cicero's und Plinius' Briefe, Plautus' und Terenz' Lustspiele), sind doch immerhin von der Schriftsprache stark beeinflusst; die Bibelübersetzungen (Itala und Vulgata) sind zudem eben Uebersetzungen und legen also die Gefahr nahe, für volkssprachlich das zu halten, was in Wirklichkeit Eigenart einer Fremdsprache ist. Die Inschriften vulgären Charakters bieten, weil sie meist kurz sind und sich in stehenden Formeln bewegen, wenig syntaktischen Stoff dar.

2. Die Beschaffenheit des Satzbaues einer Sprache wird bedingt durch die Beschaffenheit ihres Formenbaues[1]). So

---

[1]) Zu einem Theile auch die Beschaffenheit des Wortschatzes, denn wenn auch die ursprünglichen Lücken desselben auf dem Wege der Wortableitung ausgefüllt werden können, so wirken sie doch lange nach. Für das Latein ist in dieser Beziehung Mehreres folgenreich geworden. So z. B. der ursprüngliche Mangel an Nominibus actionis, für welche, als die Anwendung der betr. Begriffe häufiger wurde, Verbalconstructionen eintreten mussten; nur sehr langsam und sehr theilweise gewannen die Subst. auf -*tio* Boden, das gute Schriftlatein hat sich nie recht mit ihnen befreunden können, dadurch aber sich selbst geschadet.

auch im Lateinischen. Der verhältnissmässig reich entwickelte Formenbau des Lateins gestattet ihm einerseits, zahlreiche Begriffsbeziehungen und Begriffsbestimmungen auf flexivischem Wege zum Ausdruck zu bringen, andrerseits aber, in der Stellung der Satztheile sich frei zu bewegen.

3. Der Formenbestand des Lateins ist aber eben nur verhältnissmässig reich und genügt nicht entfernt zum Ausdruck aller zur Verwendung gelangenden Begriffsbeziehungen und Begriffsbestimmungen. Daher und überdies in Folge des Umstandes, dass gar manche Flexionsformen ihrer schwerfälligen Bildung wegen wenig handlich sind, bleibt neben der Flexion ein weiter Spielraum übrig für die Anwendung von Beziehungswörtern (Präpositionen, Conjunctionen, Modalverba). Flexivisch gelangen zum Ausdruck das Subjectsverhältniss (Nominativ)[1]), das unmittelbare Objectsverhältniss (Accusativ) und das Attributivverhältniss (Genetiv)[2]); das mittelbare Objectsverhältniss kann flexivisch durch den Dativ und präpositional ausgedrückt werden (*dare litteras ad aliquem*). Flexivisch werden ferner, wenigstens in erheblichem Umfange, ausgedrückt: die Zeitart und Zeitstufe, sowie die Realität und die schlechthinnige Idealität der durch das Prädicat ausgesagten Handlung (Indicativ und Conjunctiv); dagegen sind zum Ausdruck der näher zu bestimmenden Idealität (Wunsch, Verpflichtung, Nothwendigkeit etc.) Modalverba (*volo*, *debeo* etc.) oder Umschreibungen (das Gerundiv) anzuwenden. Flexivisch wird auch ausgedrückt (durch den Comparativ und Superlativ) der Grad einer, sei es einem Substanz- oder einem Verbalbegriffe beigelegten Eigenschaft (Adjectiv, Adverb)[3]), indessen ist hier doch die Anwendung von Beziehungsworten (*magis*, *maxime* und dergl.) statt der Flexionsformen recht üblich.

Nach anderer Richtung hin ist bemerkenswerth das Fehlen eines Personale und eines Possessivs für die 3. Person, das allerlei Unbequemlichkeiten zur Folge hatte.

[1]) Durch den Ablativ kann (scheinbar) das Subjectsverhältniss ausgedrückt werden nach dem Comparativ: *pater prudentior est filio* = *p. pr. est quam filius* (*est*).

[2]) Das Attributivverhältniss kann, wenn es auf eine Eigenschaft sich bezieht, auch durch den Ablativ (*qualitatis*) zum Ausdruck gelangen. Das den Zweck bezeichnende Attributivverhältniss kann durch den Dativ zum Ausdruck gelangen.

[3]) Auch der Grad (Schwäche, Stärke) der Handlung wird häufig morphologisch ausgedrückt (Inchoativa, Deminutiva, Intensiva).

Flexivisch endlich können ausgedrückt werden, aber freilich nur in sehr beschränktem Maasse, die Raumverhältnisse des Woher? (Ablativ), Wo? (Locativ, bezw. Genetiv und Ablativ) und Wohin? (Accusativ), sowie die Art des Vollzogenwerdens einer Handlung (Abl. instr., Abl. modi).

Im Uebrigen also muss der Ausdruck der Begriffsbeziehungen und Begriffsbestimmungen auf nicht-flexivischem, d. h. analytischem Wege erfolgen.

4. Jeder Nebensatz steht zu seinem Hauptsatze in dem Verhältniss eines Satztheiles, und zwar entweder des Subjects oder des Objects oder der attributiven oder endlich der adverbialen Bestimmung. Das Latein kann, bezw. die lateinische Schriftsprache muss in bestimmten Fällen dieses Verhältniss dadurch zum Ausdruck bringen, dass der Nebensatz formal in den Hauptsatz einbezogen und dadurch auch äusserlich zu einem Satztheile gemacht wird. Es geschieht dies erstlich bei dem von gewissen Verben (verba sentiendi et declarandi) abhängigen Objectssatze und bei den von gewissen unpersönlichen Ausdrücken (*constat, certum est* und dergl.) abhängigen Subjectssatze durch die Construction des sogenannten Accus. cum inf. Bei dem Objectssatze beruht diese Construction darauf, dass sowohl sein Subject als auch sein Prädicat in die Objectsform (Accus., bezw. Inf.) treten und dadurch auch äusserlich als zu dem Prädicate des Hauptsatzes gehörige Objecte gekennzeichnet werden. Bei dem Subjectssatze findet die gleiche Construction statt; bezüglich seines Prädicates ist dies durchaus verständlich, weil der Inf. sowohl als Subject wie als Object fungiren kann; bezüglich des Subjects aber muss es befremden, dass es Objectsform annimmt. Es ist hierin wohl eine sog. constructio ad sensum ($\varkappa\alpha\tau\grave{\alpha}$ $\sigma\acute{v}\nu\varepsilon\sigma\iota\nu$) zu erkennen: unpersönliche Ausdrücke, wie *constat, certum est,* berühren sich in ihrer Bedeutung nahe mit den Verbis sentiendi et declarandi (z. B. *inter omnes constat* ist nahezu dasselbe wie *omnes sciunt*), und es wird in Folge dessen der von ihnen abhängende Subjectssatz volkslogisch als Objectssatz aufgefasst. Dagegen bewahrt das Subject einerseits bei *videri*, andrerseits bei *dici, tradi, ferri* und dergl. die Nominativform, indem hier das Subject des Objectssatzes zum Subject des Hauptsatzes erhoben wird, denn z. B. *Socrates dicitur sapientissimus hominum fuisse*

ist dem Sinne nach dasselbe wie *dicunt Socratem sapientissimum hominum fuisse*. Satzzusammenziehung liegt also auch hier vor.

Sodann können bestimmte Adverbialsätze (Temporalsätze, Causalsätze) in den Hauptsatz dadurch einbezogen werden, dass die Prädicatshandlung als Eigenschaft des Subjectes aufgefasst und folglich durch das attributive Prädicatsnomen, d. h. durch das Particip, ausgedrückt wird, dieses Prädicatsnomen aber sammt seinem Subjecte in den Adverbialcasus (Ablativ) tritt (Ablativus absolutus). Es wird dadurch der Adverbialsatz auch äusserlich ein Bestandtheil des Hauptsatzes.

Satzzusammenziehung, freilich etwas versteckter Art, liegt endlich auch vor in der Gerundialconstruction, wenn von dem Gerundium ein Object abhängt, sowie in der Gerundivconstruction, denn sowohl das Gerundialobject als auch das durch das Gerundiv näher bestimmte Substantiv ist das Object der durch das Gerundium, bezw. Gerundiv ausgedrückten Handlung, deren Subject aus dem Zusammenhange der Rede zu entnehmen ist. Man veranschauliche sich dies durch die deutsche Uebersetzung etwa folgender Sätze *superstitionem tollendo religio non tollitur* „dadurch, dass man den Aberglauben beseitigt, wird die Religion nicht beseitigt“; *Aegyptum proficiscitur antiquitatis cognoscendae (causa)* „er reist nach Aegypten, damit er das Alterthum kennen lerne“ (oder „weil er das Alterthum kennen lernen will“). Ebenso enthält die unpersönliche und persönliche Gerundivconstruction, vermöge deren die Verpflichtung, bezw. die Nöthigung zu einer Handlung ausgedrückt wird (*mihi scribendum est, epistola mihi scribenda est*), eine Zusammenziehung zweier Sätze (*mihi scribendum est* ist dem Sinne nach = *necesse est, ut scribam*).

Diese mehrfache Möglichkeit der Satzzusammenziehung, bezw. die Häufigkeit, mit welcher von ihr Gebrauch gemacht wird, ist kennzeichnend für die schriftlateinische Syntax. Der Accus. c. inf. und der Abl. abs. sind zweifellos auch der Umgangssprache durchaus geläufig gewesen, nicht so dagegen, wie es scheint, die Gerundial- und Gerundivconstruction.

Die Anwendung der Satzzusammenziehung, durch welche eine mehrgliedrige Begriffsreihe zu einer syntaktischen Einheit zusammengefasst wird, setzt eine grosse Spannkraft des Denkens voraus.

5. In anderen Fällen wird der Nebensatz seinem Hauptsatze zwar nicht eingegliedert, aber doch logisch auf's engste mit ihm dadurch verbunden, dass sein Prädicat in dem Modus der Idealität (Conjunctiv) erscheint und dadurch seine logische Abhängigkeit von dem Prädicate des Hauptsatzes zu erkennen giebt. So geschieht es überall da, wo die Handlung, welche durch das Nebensatzprädicat ausgesagt wird, als eine vom Subjecte des Hauptsatzes geforderte, gewünschte oder beabsichtigte dargestellt wird. So auch stets dann, wenn der Inhalt des Prädicats als die nur mittelbare Aussage des Redenden und folglich als nur ideal vorhanden gekennzeichnet werden soll (indirecte Rede). Dass auch sonst, wo eine nur vorgestellte Handlung im Nebensatze zum Ausdruck gebracht werden soll, der Conjunctiv gebraucht wird, ist selbstverständlich. Die einzige Ausnahme ist, dass die als schlechthin bedingt vorgestellte Handlung als real aufgefasst wird (hypothetische Periode der Realität: *si habeo pecuniam, dabo*). Möglich, dass hier eine syntaktische Angleichung vorliegt, nämlich dass der scheinbare Indicativ des Futurs auf *-bo* (in Wirklichkeit Conjunctiv) im Hauptsatze den Indicativ im Nebensatze nach sich gezogen hat (ähnlich wie im Romanischen der als Obligativ fungirende, mit einem Infinitiv verbundene Indicativ Imperf. *habebam* die, z. B. im Frz. übliche, Anwendung desselben Modus im Nebensatze nach sich gezogen hat, z. B. **ego donare habebam tibi pecuniam, si inde habebam* [für *habērem*] = frz. *je te donnerais de l'argent, si j'en avais*). Möglich aber auch, dass der Indicativ in derartigen Bedingungssätzen einfach darauf beruht, dass der Redende die als bedingt vorgestellte Handlung deshalb als real auffasst, weil er die Möglichkeit von der Wirklichkeit nicht unterscheidet. In entsprechender Weise, nur in umgekehrter Richtung, kann man die unlogische Anwendung des Conjunctivs (statt des Indicativs) in Folgesätzen zweifach erklären: entweder als Angleichung an die Absichtssätze oder aber als eine Verwechslung der Realität mit der Idealität. Der Conjunctiv in den mit *cum* eingeleiteten Temporalsätzen beruht auf Verwechselung, bezw. mangelhafter Unterscheidung des Temporal- und des Causalverhältnisses.

So wird im Latein, bezw. im Schriftlatein die ideelle Abhängigkeit der im Nebensatze ausgesagten Handlung von der im Hauptsatze ausgesagten in nahezu durchgreifender Weise auch formal zum Ausdruck gebracht. Auch dies ist ein Kennzug der Sprache, welcher von grosser Spannkraft des Denkens zeugt.

6. Ein Nebensatz kann seinem Hauptsatze äusserlich unverbunden (asyndetisch) angereiht oder aber, falls er nicht als Satztheil dem Hauptsatz einverleibt wird (s. No. 4), äusserlich mit ihm durch ein Beziehungswort (Conjunction, Relativpron., Fragewort) verbunden werden (syndetische Anreihung). Ebenso können auf einander folgende Hauptsätze, welche eine logische Periode bilden, in asyndetischem oder syndetischem Verhältnisse stehen. Das Latein bevorzugt sowohl bei den Nebenwie bei den Hauptsätzen die Syndese in entschiedenster Weise, bei den Nebensätzen in solchem Grade, dass die nicht durch ein Beziehungswort vermittelte Anreihung eines Nebensatzes an seinem Hauptsatze als seltene Ausnahme erscheint.

So bekundet sich in der häufigen Anwendung der Satzzusammenziehung, in dem durchgreifenden Gebrauche des Conjunctivs zum Ausdruck der ideal aufgefassten Handlung und in der fast ausschliesslichen Anwendung der Syndese zwischen Hauptsatz und Nebensatz das energische Streben der Sprache nach straffer Zusammenfassung der durch ihren begrifflichen Inhalt mit einander verknüpften Sätze, also nach einem Aufbau der Periode, den man einerseits als organisch, andrerseits als architektonisch bezeichnen darf. So macht der lateinische Satzbau den Eindruck logischer Ordnung und Klarheit, wobei freilich auch die Ordnung leicht zur Starrheit, die Klarheit zur Nüchternheit werden kann.

Das soeben Bemerkte gilt zunächst nur von der Schriftsprache. Indessen ist schon aus allgemeinem Grunde anzunehmen, dass auch der Satzbau der Umgangssprache durch das Streben nach straffer Zusammenfassung von Hauptsatz und Nebensatz bedingt gewesen sei. Es ergiebt sich dies schon daraus, dass aller Wahrscheinlichkeit nach, wie bereits bemerkt wurde, der Gebrauch des Accus. c. inf. und des Abl. abs. durchaus volksthümlich war. In späterer Zeit trat darin allerdings eine wichtige Aenderung ein: der Objectssatz, bezw. der Subjectssatz wird dem Hauptsatz mittelst der relativen Conjunction *quod* (oder *quia*) angefügt, in Folge dessen sein

Prädicat als Verbum finitum, sein Subject als Nominativ erscheint. So wurde die Zusammenziehung der Sätze aufgehoben, die Satzeinheit aufgelöst in die Satzzweiheit. Den Anstoss zu dieser analytischen Entwickelung gab wohl der Umstand, dass die Verba des Affects, in ihrer Bedeutung den Verbis sentiendi vielfach nahestehend, von jeher die Construction mit *quod* bevorzugten, was aus dem causalen Charakter der von ihnen abhängenden Sätze sich erklärt. Innerlich begründet aber dürfte die Vertauschung des Accus. c. inf. mit der *quod-(quia-)*Construction darin gewesen sein, dass das in Folge höherer Cultur gesteigerte Bedürfniss des Redens auch den Trieb nach grösserer Bequemlichkeit des Redens steigerte und dadurch die Vermeidung der grosse Spannkraft des Denkens erfordernden Satzzusammenziehung veranlasste.

7. Innerhalb des Satzes erlaubte der verhältnissmässig reiche Formenbestand des Lateins grosse Freiheit der Wortstellung, namentlich hinsichtlich des Subjects, Objects, Prädicats und der adverbialen Bestimmung[1]), nicht so freilich in Bezug auf die attributive Bestimmung. Der Redende durfte im Wesentlichen die Satzglieder so auf einander folgen lassen, wie der Affect, wit welchem, oder die Absicht, in welcher er sprach, oder endlich die Rücksicht auf den rhythmischen Wohlklang der Rede es ihm als sachgemäss erscheinen liess. Es konnte also, unbeschadet der Deutlichkeit der Rede, der Bau des Satzes nach Maassgabe der rhetorischen Zwecke geordnet werden. Der litterarischen Verwendung der Sprache gereichte dies aber auf die Dauer zum schweren Nachtheile, indem dadurch dem nach äusseren Erfolge trachtenden Redner und Schriftsteller die Versuchung nahegelegt wurde, mit rhetorischen Kraftmitteln zu spielen und die Form der Sache unterzuordnen; dieser Versuchung mussten besonders die höherer Beanlagung Entbehrenden erliegen.

Dazu trat noch etwas Anderes. Die verhältnissmässig reich entwickelte Flexion des Lateins gestattete Kürze, Knappheit und Schärfe des Ausdrucks, andrerseits aber verlockte sie leicht zu dem Trachten nach Volltönigkeit der Rede, zur Ausbeutung der rhythmischen Mittel, welche klangreiche Flexions-

---

endungen darboten, für rednerische Zwecke. So musste es
geschehen, dass der lateinische Satzbau je nach der Eigenart
des Redners, Schriftstellers oder Dichters, von welchem er
gehandhabt wurde, entweder zu sententiöser Kürze oder aber
— und dies musste das Häufigere sein — zu schwülstigem
Ausdrucke neigte. Das Erstere ist z. B. geschehen bei Sallust, bei
Tacitus, bei Horaz; das Letztere z. B. bei Livius, bei Curtius,
bei Ovid. Eine einfache und schlichte, gerade deswegen aber
klare und schöne Form der Rede ist der Vorzug verhältnissmässig nur weniger Autoren, unter denen Cäsar wohl die erste
Stelle einnimmt. Die Neigung zum Schwulst musste immer
mehr die Oberhand gewinnen, als nach Ablauf des augusteischen Zeitalters die geistige Kraft, welche litterarischen Werken
bedeutsamen Inhalt zu geben vermag, mehr und mehr er-
lahmte.

Man kann diesen Entwickelungsgang auch von einem
anderen Gesichtspunkte aus betrachten und an die Betrachtung
eine wichtige Folgerung knüpfen.

Die Römer waren ihrer ganzen Beanlagung nach ein zu
litterarischem Schaffen wenig geneigtes und wenig befähigtes
Volk[1]). Erst unter dem Einflusse griechischer Bildung und
in Anlehnung an griechische Vorbilder erlernten sie die für
sie schwere Kunst des stilgerechten Schreibens. In Folge dessen
haftete ihrem litterarischen Schaffen von vornherein etwas
Schülerhaftes und Schulmässiges an. Diese Schwäche wurde
im Fortgang der Zeit nicht nur nicht überwunden, sondern
vielmehr noch gesteigert, da eben die ursprünglich vorhanden
gewesene, verhältnissmässig erhebliche geistige Kraft und Frische
zu eigenartigem geistigen Schaffen rasch und stetig sich min-
derten. So musste der Schwerpunkt der litterarischen Thätigkeit mehr und mehr nach Seite der sprachlichen Form hin
gerückt werden: die Kunst der Rede sollte die Oede und
Schalheit des Denkens verhüllen. Die Kunst der Rede aber
kann bis zu einem gewissen Grade gelehrt und erlernt werden;
es giebt eine rednerische Dressur. So wurde die Rhetorenschule die Pflanzstätte, aus welcher die Schriftsteller, die Dichter

---

[1]) Dass dieser Satz einer nicht unwichtigen Einschränkung bedarf,
wird in § 47 zur Sprache kommen.

hervorgingen, und aus welcher sie die Anschauung mitbrachten, dass die Rede reich ausgestattet werden müsse mit allerlei zierlichem Schmucke, und dass sie sorgsam gegliedert und verschränkt werden müsse gemäss den Vorschriften und Musterbeispielen, wie sie in den Lehrbüchern gegeben waren. Dazu kam noch etwas Anderes. Allgemach traten in immer steigender Zahl Männer in den Kreis litterarischen Schaffens ein, deren Heimath die Provinz war, sei es Gallien oder Hispanien oder Africa. Diese Männer, welche aufgewachsen waren in fern von Rom gelegenen Landschaften, innerhalb deren das neben noch lebendigen Barbarensprachen gesprochene Latein eigenartige Färbungen anzunehmen begann, waren in ihrer Jugend des Schulunterrichts auch aus dem Grunde bedürftig gewesen, weil sie die Handhabung der grammatisch correcten Schriftsprache nur in der Schule hatten erlernen können. So war für sie die Sprache, deren sie schreibend sich bedienten, eine schulmässig erlernte Sprache, und wer in einer solchen schreibt, der schreibt nie mit voller Unmittelbarkeit und voller Frische, denn er ermangelt des natürlichen Sprachgefühles, er fühlt sich gebunden an die Regeln der theoretischen Grammatik, an den Bestand des conventionell gesichteten Wortschatzes. Wer aber auf solcher sprachpolizeilich vorgeschriebenen Strasse wandelt, der scheut die Annäherung an die Sprache des Lebens, befürchtend, dass er auf verbotene Wege gerathen könne und darob von den Sprachmeistern getadelt werden werde.

So wurde die Rhetorenschule das Treibhaus für eine künstlich gezüchtete Schriftsprache, deren geschnörkelter und gezirkelter Satzbau nur von denen gehandhabt werden konnte, welche in langen Lehrjahren die mühselige Arbeit des Componirens erlernt und einen stattlichen Haufen zierlicher Redewendungen aus den Litteraturwerken der Vorzeit sich aufgestapelt hatten zu passender oder auch zu unpassender Verwendung. Solch eine Schriftsprache musste rasch sich ausleben in ohnmächtigen Versuchen zur Nachahmung der Stilarten besserer Zeiten, sie musste einer Mumie gleichen, welcher man, um ihr den Anschein des Lebens zu geben, allerlei zierliche und farbenbunte Striche aufmalt, wobei der eine Maler den

Pinsel in diesen, der andere in jenen Farbentopf taucht, der aus alter Zeit ihm zur Verfügung steht.

Entfremdet, völlig entfremdet, insbesondere auf dem Gebiete des Satzbaues, wurde durch dies alles die Schriftsprache der Sprache des Lebens und dadurch trübseligem Siechthume überliefert. Aber auch die Sprache des Lebens wurde durch dieses Verhältniss geschädigt, welches ihr die Anlehnung an eine natürlich entwickelte, auf dem Boden des Volksthums ruhende Schriftsprache unmöglich machte.

8. Die enge litterarische Berührung des Lateinischen mit dem Griechischen brachte eine Beeinflussung des schriftsprachlichen, insbesondere des dichtersprachlichen Satzbaues durch das Griechische nothwendig mit sich. Auch auf die Umgangssprache konnte es nicht ohne Folgen bleiben, dass seit dem Ausgange der republikanischen Zeit das Griechische in den oberen Ständen als Sprache des geselligen Verkehrs sehr beliebt war[1]), ähnlich wie etwa das Französische in Deutschland während des 17. Jahrhs. Indessen ist dadurch wohl nur der Wortschatz, nicht aber der Satzbau der Umgangssprache beeinflusst worden. Das Letztere geschah wohl erst, als nach der Uebertragung des Christenthums in das lateinische Sprachgebiet lateinische Uebersetzungen der griechischen Bücher der Bibel veranstaltet und benutzt wurden, denn es konnte nicht ausbleiben, dass Hellenismen in die Uebersetzung übernommen wurden und dann Eingang gewannen in die Allgemeinsprache. Alles in Allem genommen wird man jedoch die Beeinflussung des lateinischen Satzbaues durch das Griechische nicht sonderlich hoch veranschlagen dürfen: die innere Beschaffenheit einer jeden der beiden Sprachen war eine zu verschiedene, als dass die Syntax der einen in die Bahnen der anderen hätte gelenkt werden können.

Die Hülfsmittel für das Studium des lat. Satzbaues[2]) findet man

---

[1]) Man denke nur an die Masse der griechischen Ausdrücke z. B. in Cicero's Briefen. Sehr bezeichnend ist auch, dass Caesar's letzte Worte griechische Worte waren: „καὶ σὺ εἶ ἐκείνων, καὶ σὺ τέκνον;“ rief er aus, als er auch Brutus unter seinen Mördern erblickte.

[2]) Wie die wissenschaftliche Erkenntniss der Laut- und Flexionsentwickelung des Lateins mächtig gefördert, in vielen Dingen sogar erst ermöglicht worden ist durch die vergleichende Sprachwissenschaft, so darf man von dieser auch vielseitige Aufklärung über die Entwickelung

zusammengestellt in *Hübner's* Grundriss zu Vorlesungen über lat. Gramm.
2. Ausg. Berlin 1881. Ueber die neueren Erscheinungen wird in den
der classischen, bezw. der lat. Philologie gewidmeten Zeitschriften Bericht erstattet, so namentlich in dem Archiv für lat. Lexikographie und
Gramm. Selbstverständlich findet man nähere Angaben auch in den
die lat. Syntax und Stilistik betreffenden Abschnitten des *Iw. v. Müller'-*
schen Handbuches der class. Alterthumswiss. Bd. II. Hier genüge es,
zu verweisen auf *R. Kühner's* Ausführliche Gramm. der lat. Spr.,
Hannover 1877/79, 3 Theile; *Dräger's* Histor. Syntax des Lateins, Leipzig
1874/81, 2 Bde.; *Riemann's* Syntaxe latine, nouv. éd. Paris 1890. Nicht
erst der Bemerkung bedarf es, welche Wichtigkeit zugleich für die
lateinische und für die romanische Syntax *Bonnet's* Buch „Le Latin de
Grégoire de Tours" (Paris 1890) besitzt. Auf dieses classische Werk
wird immer zurückgreifen müssen, wer die Zusammenhänge der romanischen mit der lateinischen Syntax zu erkennen strebt.

§ 44. **Der Satzbau des Romanischen**[1]). 1. Im Romanischen hat sich der dem Latein eigen gewesene Bestand
an Flexionsformen wesentlich verringert, vgl. § 42. Es ist
dadurch — freilich nicht dadurch allein, sondern auch durch
andere Verhältnisse — eine sehr erhebliche Wandelung in der
Beschaffenheit des Satzbaues bedingt worden, eine Wandelung,
welche sich kurz als Uebergang von synthetischer zu analytischer Form bezeichnen lässt. In Wirklichkeit freilich ist
diese Bezeichnung hinsichtlich der romanischen Sprachen der
Neuzeit und auch schon des späteren Mittelalters — ja viel-

---

des lat. Satzbaues erwarten. Manches ist in dieser Beziehung schon
gethan worden, so z. B. hinsichtlich des Infinitivs und des Gerundiums,
bezw. Gerundivums, der Tempuslehre etc. Freilich ist die vergleichende
Syntax im Allgemeinen bisher wenig bearbeitet, eine Gesammtdarstellung
derselben erst neuerdings von *Delbrück* (*Brugmann's* Grundriss Bd. III)
begonnen worden, übrigens wohl nicht mit vollem Erfolge. Andrerseits
darf man von der vergleichenden Syntax für die Syntax der Einzelsprachen nicht allzu viel erhoffen. Gerade der Satzbau ist dasjenige
Sprachgebiet, auf welchem jedes Volksthum seine Eigenart am vollsten
zu bethätigen und am leichtesten von aus der Urzeit ererbten Neigungen
und Gewohnheiten sich loszusagen vermag. Auch die persönliche Eigenart eines jeden Einzelangehörigen einer Sprachgenossenschaft findet im
Satze den bequemsten Spielraum für ihre Geltendmachung.

[1]) Die Theilung der Sprachlehre in Lautlehre, Formenlehre und
Satzlehre ist eine praktische Nothwendigkeit, welche ausser Acht lassen
zu wollen zu chaotischer Verwirrung führen würde. In Wahrheit aber
bildet die Sprachlehre eine untheilbare Einheit, und die praktisch nothwendige Dreitheilung ist nichts als ein Nothbehelf. Wirklich abgrenzen
lassen sich die Einzelgebiete nimmermehr. Namentlich eine Scheidung
zwischen der Lehre von den Wortformen und der Lehre von den syntaktischen Functionen der Wortformen ist einfach unmöglich. Daher hat
Manches, was man in diesem Paragraphen zu finden erwarten darf, bereits
in § 42 Besprechung gefunden. Fortwährende Zurückverweisungen wären
störend gewesen, es ist also von ihnen Abstand genommen worden.

leicht würde man richtiger geradezu sagen: der romanischen Sprachen überhaupt — nur in geschichtlichem Sinne, nicht im begrifflichen Sinne berechtigt. Allerdings, der lateinische Formenbau ist zu einem erheblichen Theile im Romanischen aufgelöst, indem statt flexivischer Formen Beziehungsworte erscheinen: Präpositionen statt der Casusendungen, Modal- und Hülfsverba statt (bestimmter) Tempus-, Modus- und Genus- zeichen. Aber diese Beziehungsworte sind entweder that- sächlich wieder zu Suffixen geworden[1]) oder sind auf dem Wege, zu Suffixen, bezw. Präfixen zu werden. Denn man erinnere sich der Verschmelzung des Artikels mit seinem Substantiv, wie sie besonders im Rumänischen (namentlich wieder im Dativ) erfolgt ist[2]). Oder man bedenke, wie in der niederen frz. Umgangssprache *je* von der 1. P. Sg. auch auf die 1. P. Pl. übertragen wird (*j'avons*), was doch besagen will, dass die Sprechenden *je* nicht mehr als Wort, sondern als Präfix empfinden. Man wird also sagen müssen, dass die geschwun- denen lateinischen Wortformen im Romanischen durch neue flexivische Bildungen ersetzt worden sind, welche freilich von den alten sich dadurch unterscheiden, dass die ursprünglichen Worte, welche zu Suffixen geworden sind oder solche zu werden im Begriffe sind, noch die Wortgestalt meist bewahren, während sie in den alten Sprachen dieselbe bis zur Unkennt- lichkeit verloren haben. Indessen, auch in den Ausgängen des roman. sog. Futurs und Condicionals sind die Worte nicht mehr zu erkennen (wer sollte z. B. als Laie erkennen, dass

---

[1]) Man denke z. B. an *habeo* in der Bildung des romanischen Futurums (frz. *donner-ai*) oder an das italienische Personale Pluralis *egli* (= lat. **illi*), das sogar verbale Endung angenommen hat (*eglino*) und dadurch so recht bekundet, dass es, wenn mit dem Verbum verbunden, kein Nomen, überhaupt kein selbständiges Wort mehr ist. Man wende dagegen nicht ein, dass *eglino* auch absolut (= frz. *eux*) gebraucht werden kann, denn dieser Gebrauch beruht nur darauf, dass man das Bedürfniss empfand, den Plural *egli* von dem gleichlautenden Singular zu unterscheiden, was bei dem auf -*i* ausgehenden Worte durch An- fügung der Pluralendung nicht geschehen konnte, während im Frz. die Anfügung des Plural -*s* an das pluralische *il* keine Schwierigkeit hatte.

[2]) Nicht aber gehören hierher die vereinzelten Fälle eines Ver- wachsens des Artikels mit dem Subst., welche im Frz. sich finden, z. B. *lierre* f. *l'ierre* (= *illa hedera*), denn hier ist Volksetymologie im Spiele: *l'ierre* wurde zu *lierre* in Anlehnung an das Verbum *lier*, weil der Epheu gleichsam wie ein Band um den Baum sich windet.

-*ei* in ital. *sarci* = *habui* ist?), werden jedenfalls nicht mehr
als Worte, sondern nur als Endungen empfunden. Man hat
demnach wohl alles Recht, zu sagen, dass im Romanischen
flexivische Neuschöpfung theils sich bereits vollzogen hat, theils
im Vollzuge begriffen ist. Wenn dies richtig ist, so liegt die
interessante Thatsache vor, dass gleichsam vor unseren Augen
der Vorgang der Formenbildung sich abspielt, den wir in Bezug auf die alt-indogermanischen Sprachen (Sanskrit, Griechisch, Latein etc.) in eine vorgeschichtliche Urzeit verlegen
müssen.

Wie man indessen über die Sache auch denken mag —, das
ist jedenfalls gewiss, dass der im Flexionsbestande erlittene Verlust keine Schädigung der Sprache bedeutet, weil nicht nur nahezu Alles, was verloren wurde, durch anderweitige Sprachmittel
ersetzt worden ist, sondern auch darüber hinaus für eine Reihe
von Begriffsbeziehungen und Begriffsbestimmungen, für welche
das Latein einen unzweideutigen und bequemen Ausdruck nicht
besass, passende Ausdrucksweisen geschaffen worden sind.
Es genüge beispielsweise, an die formale Scheidung des historischen Perfects (*cecĭdi* = ἔπεσον) von dem Perfectum
präsens (*cecĭdi* = πέπτωκα) und an die Erweiterung der
Function des reflexiven Possessivs (*suus*) zu einem Possessiv
der 3. Person zu erinnern.

2. Wenn wir von der Zwei-Casus-Declination im Altprov.
und Altfrz. und von dem Dativ des Feminins im Rumänischen
absehen, so besitzen die romanischen Sprachen bei dem Substantiv und Adjectiv nur entweder je eine Wortform für den
Singular und den Plural (z. B. ital. *l'amico* und *gli amici*)
oder überhaupt e i n e Wortform für beide Numeri (z. B. ital.
la città und *le città*); der letztere Zustand ist im Neufrz. der
vorherrschende, da bekanntlich das Plural-*s* ausserhalb der
Bindung verstummt ist; aber auch sonst ist formale Gleichheit
beider Numeri recht häufig.

Im Latein ist die formale Scheidung der grammatischen
Genera bei dem Substantiv und Adjectiv zwar keineswegs
vollständig durchgeführt, immerhin aber doch so weit, dass in
der Regel am Nominativ Sg. das Genus erkannt werden kann.
Im Romanischen ist diese Scheidung erheblich eingeschränkt
worden, erstlich weil die romanische Wortform der lat. Im-

parisyllaba in der Regel nicht auf dem Nominative, sondern (um hier einen kurzen Ausdruck zu brauchen, das Genauere sehe man oben S. 437) auf dem Accusative beruht, also einer kennzeichnenden Endung entbehrt; sodann weil in einzelnen Sprachen (Prov., Frz.) die *O*-Stämme ihr *o* eingebüsst oder in ein für die Genusbezeichnung gleichgültiges *e* abgeschwächt haben (z. B. frz. *serf*, *peuple* können an ihrer Form nicht als Masculina erkannt werden, denn es giebt auch Feminina auf *-f*, *-e*, bezw. auf *-ple*). Eine unzweideutige Genusendung (aber freilich ausgenommen im Frz.) haben nur die *A*-Stämme bewahrt. Das ist entschieden, verglichen mit dem lateinischen Zustand, ein Mangel —, aber die Sprache hat Abhülfe geschaffen, indem sie das Substantiv in der Regel mit einem geschlechtigen Demonstrativpronomen (meist *ille*) oder mit der gleichfalls geschlechtigen Cardinalzahl *unus* verbindet. Diese Genusbezeichnung ist freilich auch nicht vollkommen, weil in den meisten Sprachen die vocalisch anlautenden Substantiva sich ihr entziehen (z. B. *arbor*, *ordo* etc.), aber sie ist der lateinischen doch mindestens gleichwerthig. Ueberdies hat das Romanische, namentlich das Frz., den Adjectiven, welche im Latein des Femininzeichens entbehrten (z. B. *mortalis*), dasselbe auf dem Wege der Analogiebildung verliehen (frz. *mortelle*) und auch dadurch die Genusunterscheidung der Substantiva erleichtert.

Durch den sog. bestimmten Artikel wird auch die Scheidung der Numeri vollzogen, wo dieselbe nicht schon durch die Endung bewirkt wird. Das Romanische hat also in dieser Beziehung das Latein übertroffen, welches bei den *E*-Stämmen den Nom. Sg. und Plur. überhaupt nicht, bei den *U*-Stämmen aber nur durch die Quantität der Endsilbe unterschied [1]). Ja, die Spanier

---

[1]) Der Artikel fungirt demnach als Genus- und Numeruszeichen. Dies ist jedoch selbstverständlich nur eine Nebenfunction, die er, um so zu sagen, nebenbei übernommen hat. Die eigentliche und die Hauptfunction des artikelhaft gebrauchten Demonstrativs ist die deiktische Hervorhebung des Substantivs, und diese Hervorhebung wieder ist begründet einmal in dem Streben der Sprache nach Deutlichkeit überhaupt und sodann in dem Streben nach jener umständlichen Deutlichkeit, welche die sonst so bequeme Umgangssprache da liebt, wo es sich um den Hinweis auf Substanzbegriffe handelt: es ist der Artikel gleichsam die zum Wort gewordene Handbewegung, mittelst welcher der lebhaft Redende auf das den Gegenstand seiner Rede bildende Ding hindeutet. Daher wird der Artikel nicht gebraucht, wenn das Objectssubst. mit seinem Verbum zu einer Begriffseinheit verschmilzt (z. B. *avoir faim*

und Portugiesen haben sich, indem sie *unus* auch im Plural
artikelhaft brauchen, thatsächlich einen neuen Numerus geschaffen, der als Dual und als unbestimmter Plural verwendet
wird (z. B. *unas manos, los unos libros*; auch im Altfrz. finden
sich solche Verbindungen).

Die einzige Wortform eines jeden der beiden Numeri
(z. B. ital. *servo* und *servi*), bezw. die einzige Wortform für
beide Numeri (z. B. ital. *virtù*) fungirt ebensowohl als Subjects-
wie auch als Objectscasus. Dieser formale Zusammenfall des
Subjects mit dem Objecte und umgekehrt ist zweifellos ein
Uebelstand, indessen praktisch keineswegs ein so schwerer, wie
es theoretisch scheinen muss. Denn Zweideutigkeit der Rede
kann er im Wesentlichen doch nur dann veranlassen, wenn
sowohl das Subject als auch das Object persönliche Wesen
sind; wo das nicht der Fall ist, kann ein Missverständniss der
Natur der Sache nach nicht so leicht eintreten. Ueberdies
besitzt die Sprache ein Mittel, jedem Missverständnisse vorzubeugen: sie stellt das Subject dem Prädicate voran, das Object
nach. Aber schon die Thatsache, dass diese Wortstellung doch
nur im Frz. zur Regel geworden ist, beweist hinlänglich, dass
sie aus keinem zwingenden Bedürfnisse entsprungen ist. Auch
ist Folgendes zu erwägen. In weitem Umfange nämlich wird
im Romanischen das Verhältniss zwischen Object und Prädicat
räumlich als ein Entspringen der Handlung aus dem Nominal-

„hungern“), oder wenn das mit einer Präposition verbundene Subst.
gleichsam als Adverbialcasus fungirt (z. B. *en France*, gleichsam ein
Locativ; *par violence*, gleichsam ein Abl. modi), und in anderen derartigen Fällen, zu denen selbstverständlich auch die Artikellosigkeit
der Ländernamen nach „Titeln und Producten“ gehört, denn da ist der
mit *de* verbundene Name einem Adj. gleichwerthig, mit dem er auch
wechseln kann. Eigennamen, namentlich Personennamen verschmähen
den Artikel, weil ihnen schon ohnehin deiktische Kraft innewohnt,
werden sie doch viel als Rufe gebraucht. Die befremdliche Anwendung
des Art. bei Ländernamen mag ihren Anfang bei denjenigen Namen
genommen haben, welche ursprünglich Appellativa waren (z. B. *l'Ile
de France, la Franche-Comté, la Toscana, la Mancha* etc.), und dann verallgemeinert worden sein. Aehnlich erklärt sich der Gebrauch des Artikels
bei Familiennamen im Ital. (*il Boccaccio* u. dgl.). Wie sehr die Sprache
die umständliche deiktische Hervorhebung liebt, beweist der in einzelnen
Sprachen, z. B. im Ital. und Altfrz., beliebte Gebrauch des Art. vor
dem attributiven Possessiv (z. B. *il mio amico*).
Die Geschichte des romanischen Artikels muss erst noch geschrieben
werden, sie wird viel Interessantes darbieten. Vgl. *Meyer-Lübke* in
Ztschr. f. roman. Philol. XIX, 305.

begriff aufgefasst [1]) und in Folge dessen das Objectsnomen mit der Präposition *de* verbunden (z. B. frz. *jouir de qlq. ch.*, *abuser de qlq. ch.*) nothwendig ist diese Construction bei allen reflexiven Verben (*se repentir de qlq. ch.*), für deren Anwendung das Romanische eine grosse Vorliebe besitzt. Im Anschluss daran ist überhaupt zu bemerken, dass, wenn mit einem Prädicate ein persönliches und ein sachliches Object verbunden werden, das erstere im Romanischen meist als unmittelbares, das letztere als mittelbares Object aufgefasst und folglich mit der Präpos. verbunden wird (z. B. deutsch „Jemandem etwas rauben" = frz: *priver*, *dépouiller q. de qlq. ch.*). Vielfach wird in Folge einer ebenfalls räumlichen Auffassung des Prädicat-Objectsverhältnisses das Objectsnomen mit der Präpos. *ad* verbunden, (z. B. *survivre à qlq.*, *souscrire à qlg. ch.*).

Einzelne Sprachen haben noch anderweitig einen Ansatz gemacht, das unmittelbare Object auf Grund räumlicher Auffassung präpositional auszudrücken. So verbindet das Spanische einen persönlichen Objectsbegriff mit *à*, das Rumänische mit *pre*. Am weitesten aber ist das Frz. gegangen, indem es das sachliche Object, wenn es im schlechthinnigen Sinne verstanden werden soll, mit *de* verbindet, z. B. *manger du pain* „Brot essen"[2]). Man pflegt diese Verbindung als „Theilungsartikel" zu bezeichnen, ein aus doppeltem Grunde falscher, ja widersinniger Name. Denn erstlich ist gar nicht der Artikel, sondern eben *de* das Wesentliche, wie schon daraus erhellt, dass bei dem bereits anderweitig näher bestimmten Substantiv der Artikel gar nicht gebraucht wird (*manger de bon pain, de mon pain*). Sodann wird gar nicht ein Theilungsverhältniss, sondern eben das schlechthinnige Objectsverhältniss durch *de* ausgedrückt: *manger du pain* bedeutet nicht etwa „einen Theil des Brotes, etwas Brot essen", sondern schlechthin „Brot (nicht etwa Fleisch, Früchte etc.) essen". Das Frz. ist noch einen sehr wichtigen Schritt weiter gegangen, indem der schlecht-

---

[1]) Ebenfalls auf räumlicher, aber andersartiger und schon aus dem Latein übernommener Auffassung beruht die Anwendung von *de* in Verbindungen, wie z. B. frz. *parler, causer de*.

[2]) Selbstverständlich kann von dem „Theilungsartikel" nicht die Rede sein in Fällen, wie: „*Lequel préférez-vous, du cheval secouant sa crinière ou du cheval dompté?*" Es beruht da die Anwendung von *de* lediglich auf analogischer Anbildung an Sätze wie: „*Lequel de ces deux hommes est le plus coupable?*"

hinnige Objectsbegriff erweitert worden ist zum schlechthinnigen Substanzbegriff überhaupt, so dass die Verbindung *de* (+ Artikel) + Substantiv einerseits auch als Subject gebraucht, andrerseits auch mit Präpositionen verbunden werden kann. Das Frz. hat somit sich einen Ausdruck des schlechthinnigen Substanzbegriffes geschaffen, wie ihn wohl keine andere Sprache besitzt; es ist dies ein höchst bemerkenswerther Vorzug des Frz. Das Ital. braucht den sog. „Theilungsartikel" meist nur in Objectsfunction und auch da nur facultativ.

Endlich ist hervorzuheben, dass statt eines substantivischen Objects vielfach ein Objectsinfinitiv gebraucht wird; so wird man z. B. in dem Satze „er verweigerte seine Betheiligung an diesem Unternehmen" das Object „Betheiligung" in allen romanischen Sprachen nicht durch ein Verbalsubstantiv (das einen ganz anderen Sinn ergeben würde), sondern durch den Infinitiv ausdrücken, vgl. No. 5.

Die Anwendung des präpositionalen und des infinitivischen Objects schränkt den Gebrauchskreis des Subjects-Objectscasus sehr erheblich ein und mindert dadurch den Uebelstand des Nichtvorhandenseins einer besonderen Objectsform des Substantivs.

Bei den (nicht-adjectivischen) Pronominibus werden Subjects- und Objectsform auseinander gehalten, wenigstens insoweit, als das Latein die erforderlichen Formen darbot und nicht Verallgemeinerung einer Casusform stattgefunden hat, wie z. B. geschehen ist, wenn der frz. Accus. *moi* im Neufrz. auch als Nominativ gebraucht wird.

Zum Ausdruck des Genetivverhältnisses dient die Präpos. *de*, zum Ausdruck des Dativverhältnisses die Präpos. *ad*, es liegt also räumliche Auffassung zu Grunde. Indessen kann in bestimmten Fällen das präpositionslose Substantiv in genetivischer Function stehen, z. B. ital. *capo-stazione*, frz. *fête-Dieu*. Im ersteren Falle liegt Wortzusammenrückung (asyndetische Wortverbindung) vor. Schwierig ist die Erklärung des zweiten Falles, der in den Namen der Heiligentage (*la* [*fête*] *Saint-Jean* etc.) wiederkehrt und in *Hôtel-Dieu* ein Seitenstück hat: selbstverständlich kann sich in *Dieu* nicht der Genetiv *Dei* erhalten haben, aber auch Wortzusammenrückung (wie etwa in modernen Verbindungen, z. B. *la porte Saint-Antoine* oder gar *la Rue Rivoli*) kann man nicht annehmen. Man wird vielmehr glauben müssen, dass ursprünglich der Casus obliquus auch in possessivem Sinne stehen konnte, dass *fête-Dieu* = *festa *Deu[m]* ist. Dass im Altfrz. *ad* auch das Possessivverhältniss bei persönlichen Begriffen ausdrücken konnte, wurde bereits oben (S. 433) bemerkt.

Der Ablativ ist gleichsam in seine Einzelfunctionen aufgelöst worden, und eine jede derselben hat den ihrer Beschaffenheit entsprechenden präpositionalen Ersatz erhalten.

Die romanische Umschreibung der lateinischen Casus obliqui (mit Ausnahme des Accus.) muss man als sachgemäss bezeichnen. Irgendwelchen Nachtheil für die Deutlichkeit der Rede hat sie nicht im Gefolge, man müsste denn einen solchen in der etwas gar zu ausgedehnten Verwendung von *de* erblicken wollen. Im Gegentheile, man darf sagen, dass die Deutlichkeit der Rede durch den präpositionalen Ausdruck gewonnen hat, denn es wird dadurch der Uebelstand beseitigt, der sich im Latein daraus ergab, dass vielfach verschiedene Casusformen gleichlautend waren (so z. B. Dat. u. Gen. Sg. *rosae*, Dat. und Abl. Plur. *rosis*, Nom. und Accus. Pl. *homines* etc.), gewiss ein nicht zu unterschätzender Vortheil. Insbesondere aber muss die Beseitigung des formal oft unbequemen und begrifflich wegen seiner Vielseitigkeit geradezu gefährlichen Mischcasus Ablativ als ein sprachlicher Fortschritt gelten, ganz abgesehen davon, dass jede einzelne Function des Ablativs auf präpositionalem Wege je nach dem Zusammenhange der Rede bald durch dieses, bald durch jenes Präpositionale zum Ausdruck gebracht werden kann, wodurch feine Abstufungen des Sinnes sich ermöglichen lassen, auf welche das Latein verzichten musste.

3. Dem Adjectiv ist die (persönliche) Geschlechtsbezeichnung nicht nur belassen, sondern vielfach auch da verliehen worden, wo sie im Latein nicht vorhanden war, so namentlich im Neufrz. (z. B. lat. *mortalis* für Masc. und Fem., aber frz. *mortel, mortelle*). Dagegen hat das Adjectiv die flexivische Steigerung mit der adverbialen vertauscht (für *grandior* ist *plus grandis* oder *magis grandis* eingetreten, für *grandissimus* aber *ille plus grandis*, also der durch das artikelhaft gebrauchte Demonstrativ näher bestimmte Comparativ). Ein sachlicher

Nachtheil ist mit diesem Tausche nicht verbunden. Die Sprachen übrigens, welche die lateinische Superlativform wieder sich angeeignet haben (s. oben S. 449), sind dadurch befähigt worden, den absoluten und den relativen Superlativ formal zu unterscheiden (ital. *grandissimo* „sehr gross", *il più grande* „der grösste").

Das Romanische besitzt eine gewisse Abneigung gegen die attributive Anwendung der Adjectiva, welche Herkunft, Stoff und Menge bezeichnen[1]). Herkunft und Stoff werden gern durch die betr. Substantiva, verbunden mit der Raumpräposition *de*, ausgedrückt, die Mengebegriffe „viel, wenig, etwas und dergl." gern durch adjectivische Neutra (z. B. frz. *peu*) oder durch Adverbia (z. B. frz. *assez*) oder endlich durch Substantiva (z. B. frz. *beaucoup, force*). Der Grund dieser Erscheinung, welche übrigens bei den Mengebegriffen bereits im Latein sehr wahrnehmbar ist, muss wohl darin gesucht werden, dass die räumliche Auffassung der betr. Begriffsverhältnisse grössere Anschaulichkeit besass, als das attributive Adjectiv. Bei den einen Stoff bezeichnenden Adjectiven (*aureus, argenteus* und dergl.) bot auch die lautliche Form der Romanisirung vielfach Schwierigkeiten dar (z. B. *aureus* hätte im Frz. zu **orge* werden müssen, *argenteus* zu **argenz*, Fem. **argence*, vgl. *tertius, -a* zu *tiers, -ce*). Indessen ist dieser Umstand nicht ausschlaggebend, denn er hätte durch Suffixvertauschung (z. B. *argentinus* für *argenteus*) gehoben werden können.

Das romanische Adjectiv muss, wie das lateinische, mit seinem Substantiv übereinstimmen in Genus und Numerus. Dagegen ist durch den Untergang der Declination die Uebereinstimmung im Casus selbstverständlich beseitigt worden, was als eine grosse Entlastung der Sprache von sachlich zwecklosem Flexionsaufwand betrachtet werden muss, denn man bedenke, wie umständlich der Gebrauch einer Verbindung wie etwa *res publica* war. Die Casuslosigkeit gewährt überdies dem Romanischen den Vortheil, Adjectiv und Substantiv, wenn

---

[1]) Auch den negativen Begriff „kein" drückt das Romanische nicht gern adjectivisch, sondern lieber durch Verneinung des Prädicates oder substantivisch (z. B. frz. *pas*, bezw. *point de*) aus, wie dies übrigens auch schon im Latein üblich war.

sie eine Begriffseinheit bilden (wie eben etwa *res publica*), auch zu einer Worteinheit zusammenzufassen.

4. Auf dem Gebiete des Pronomens sind zahlreiche Neuschöpfungen vollzogen worden (s. oben S. 453 ff.), welche in syntaktischer Beziehung sämmtlich als Fortschritte in der Klarheit und Leichtigkeit des Ausdrucks bezeichnet werden dürfen. So namentlich die Schöpfung eines Personal- und eines Possessivpronomens der 3. Person. Die Einführung pronominaler Doppelformen, von denen die einen absolut, die anderen conjunktiv gebraucht werden, kann allerdings als eine Erschwerung der Rede erscheinen; es ist dabei aber zu erwägen, dass die mit dem Verbum verbundenen Formen thatsächlich als Personalsuffixe zur Bezeichnung des Subjects und Objects fungiren [1]) und folglich aus der Reihe der Pronomina ausgeschieden sind. Jedenfalls bieten die conjuncten Formen den Vortheil grösster lautlicher Leichtigkeit und Handlichkeit dar, und dadurch

---

[1]) Nach *Thurneysen*, Ztschr. f. roman. Philol. XVI, 303, würde es sich allerdings ganz anders verhalten. Er behauptet nämlich, wenigstens in Bezug auf „die verschiedenen roman. Sprachen älterer Periode", dass die conjuncten Pronomina sich nicht proklitisch an das Verbum, sondern enklitisch an das vorausgehende Wort anlehnen, dass also in einem Satze, wie *que bien le puez faire* (Auc. et Nic. 8, 20) *le* nicht an *puez*, sondern an *bien* sich anlehne. Für beweisend hält er den Umstand, dass, wenn das Verbum an die Spitze des Satzes tritt, das Pronomen ihm nachfolgt und also die zweite Stelle im Satze einnimmt, z. B. altfrz. *voit le li quenz*, neufrz. *donne-la-moi*, ital. *di[ce]rò-l-ti molto breve*. Aber in solchem Falle erklärt die Stellung sich doch einfach aus dem Satzton: das Verbum ist Träger desselben, und folglich gebührt ihm die erste Stelle; damit ergiebt sich die Nachstellung des Pronomens als selbstverständliche Notwendigkeit. Im Uebrigen lässt sich nur sagen: logischer Weise muss doch angenommen werden, dass ein Wort, wenn es überhaupt sich anlehnt, an d a s Wort sich anlehnt, mit welchem es begrifflich eng verbunden ist, nicht an ein solches, mit welchem es begrifflich nichts zu schaffen hat. In dem Satze *que bien le puez faire* gehört *le* begrifflich zweifellos zu *puez faire* (nicht zu *puez* allein), keineswegs zu *bien*, es kann sich also nicht an dieses, sondern nur an *p. f.* anlehnen; daher, weil es eben so ist, müsste *le* sein *e* verlieren, wenn ihm statt *puez* eine vocalisch anlautende Verbalform folgte. Fragen kann man nun freilich, warum im Romanischen die conjuncten Personalpronomina dem Verb in der Regel vorangehen, nicht ihm nachfolgen, warum man z. B. sagt frz. *je te le donne* und nicht *donne je te le* oder ähnlich. Darauf ist zu antworten: in der Frage, in welcher die Anwendung des Personalpronomens zur Subjectsandeutung zunächst erforderlich war, trägt das Prädicat den Satzhochton, folglich steht es an der Spitze des Satzes und das Pron. folgt nach. Daraus ergab sich, dass im nicht-fragenden Satze das Subjectspronomen dem Prädicate voranstehen musste, denn sonst hätten ja Fragesatz und Nichtfragesatz sich nicht formal unterschieden. Die Objectspronomina folgten dann der Analogie der Subjectspronomina.

wird der etwaige Nachtheil eines Doppelformenbestandes reichlich ausgeglichen.

Auch hinsichtlich des Pronomens bethätigt das Romanische seine schon öfters hervorgehobene Vorliebe für räumliche Auffassung der zwischen den Satztheilen bestehenden Begriffsbeziehungen. Darauf beruht die ausgiebige Verwendung gewisser Raumadverbien (*inde*, *hic*, *unde*, *de* + *unde*, *ubi*, *de* + *ubi*) in pronominaler Function. Meist werden dieselben allerdings nur zur Andeutung von Verhältnissen gebraucht, in denen Sachbegriffe sich befinden, indessen ist die Bezugnahme auf Personen doch gar nicht selten; im Ital. erscheinen die Adverbien *ci* und *vi* (= *ecce hic* und *ibi*) geradezu als Vertreter des mit dem Verbum verbundenen Accusativs und Dativs des Pronomens der 1. und 2. Person. Der pronominale Gebrauch der Adverbien ist einer jener Kennzüge, durch welche das Romanische seine Entstehung aus einer Volkssprache deutlich offenbart.

5. In Bezug auf das Verbum ist als weitaus wichtigste Thatsache zu nennen die weite Ausdehnung der Anwendungsfähigkeit des Infinitivs. Im Lateinischen, bezw. im Schriftlatein — indessen ist hier dieser Zusatz nicht einmal nöthig — kann bekanntlich der Infinitiv nur als Subject und als Object gebraucht werden[1]), unmöglich ist es, ihn mit einer Präposition zu verbinden. Im Romanischen dagegen ist der präpositionale Infinitiv in einem Umfange üblich, wie dies innerhalb des indogermanischen Sprachschatzes wohl nur im Germanischen in gleichem Maasse der Fall ist. Man darf diese hochwichtige Erscheinung gewiss nicht daraus erklären wollen, dass das Schwinden des Genetivs, Dativs und Accusativs des Gerundiums einen solchen Ersatz nöthig gemacht habe. Dies wäre eine sehr äusserliche Auffassung, gegen welche man sofort einwenden kann, dass es dann noch näher gelegen hätte, das Gerundium mit Präpositionen zu verbinden, wie es, wenigstens

---

[1]) Von dem historischen Infinitive kann hier abgesehen werden, da er in das Romanische nicht übernommen worden ist. Der historische Inf. im Neufrz. (denn altfrz. finden sich nur ganz vereinzelte Beispiele) ist eine syntaktische Neuschöpfung, über welche, nebenbei bemerkt, recht viel Verfehltes geschrieben worden ist. — Vgl. *Marcou*, Der hist. Inf. im Frz., Berlin 1888, Diss.; *Schulze* und *Kalepkg* in Ztschr. f. roman. Phil. XV, 504 und XVII, 285. — Ueber den substantivirten Inf. im Lat. vgl. *Wölfflin* in seinem Archiv III, 70.

im Frz., in beschränktem Umfange wirklich geschehen ist (*en parlant, de son vivant, sur son séant*). Noch verkehrter wäre es, in dem präpositionalen Inf. des Romanischen eine Nachahmung germanischer Sprachsitte zu erblicken. Der Vorgang ist vielmehr folgendermaassen aufzufassen. Die lateinische Sprache als die Sprache eines für die Praxis des Lebens hoch beanlagten, dagegen zu philosophischer Speculation wenig befähigten Volkes war ursprünglich arm an Substantiven für die Bezeichnung abstrakter Begriffe, namentlich auch an Nominibus actionis, obwohl deren Ableitung von dem Verbum bequem genug sich darbot. Die Schriftsprache hat späterhin diesen Mangel theilweise abgeholfen, aber dennoch, abgesehen von der Zeit ihres gänzlichen Verfalles, eine Abneigung gegen die Substantiva auf *-tio* und *-sio* bewahrt und hat, statt sie durchweg zu bilden und zu brauchen, sich lieber mit Participien, Gerundium und Gerundiv beholfen. Einem lateinischen Ohre muss ein Satz, wie z. B. *de eversione Troiae* („über die Zerstörung Troja's") *multae fabulae narrantur*, entsetzlich geklungen haben. Die Volkssprache bewahrte diesen Widerwillen gegen die Nomina actionis alle Zeit hindurch. Noch heutigen Tages tragen z. B. im Ital. die Nomina auf *-zione* und *-sione* (z. B. *mozione*) und im Frz. diejenigen auf *-tion* und *-sion* (z. B. *action, destruction* etc.) ein durchaus gelehrtes Gepräge, so gebräuchlich sie übrigens auch in der Neuzeit durch den Einfluss der Litteratur und Wissenschaft geworden sind. Das Latein und nach ihm das Romanische neigen eben entschieden zu verbalem Ausdrucke der abstract aufgefassten Handlung. Das bequemste Mittel zu solchem Ausdruck war nun zweifellos die Verwendung des Infinitivs, indessen, es war unbenutzbar so lange, als das Sprachgefühl die Verbindung der Präposition mit einem bestimmten Casus forderte. Als nun aber seit dem Absterben der Flexion die Präpositionen mit undeclinirbaren Wortformen sich verbanden, da wurde auch der Infinitiv präpositionsfähig [1]), und nun stand seinem Gebrauche

---

[1]) Am häufigsten werden, und das ist beachtenswerth, die Raumpräpositionen *ad* und namentlich *de* mit dem Inf. verbunden; *de* in solchem Umfange, dass es — ähnlich wie das englische *to* — fast als Infinitivpartikel betrachtet und dem Infinitiv auch dann beigegeben wird, wo er als Subject oder Object fungirt und folglich präpositionslos bleiben müsste. Dadurch ist der Gebrauch des präpositionslosen Inf.

in anderen Satzfunctionen, als in der des Subjects und Objects, ein Hinderniss nicht mehr entgegen.

Diese erweiterte Verwendungsfähigkeit des Infinitivs gereicht dem romanischen Satzbaue zum grossen Vortheile, indem sie ihm Kürze des Ausdruckes ermöglicht. Andrerseits freilich hat sie eine gewisse allzu verbale Färbung der Rede zur Folge. In noch höherem Maasse würde dies der Fall sein, wenn der Accus. c. inf. sich in seinem vollen lateinischen Umfange behauptet hätte.

Bezüglich des Verbum infinitum sind als syntaktisch wichtige Vorgänge namentlich noch zu nennen die Verwendung des gerundialen Ablativs als Particip Präs. und der Gebrauch des Part. Perf. Pass. in der Function eines Part. Präteriti. Beide Vorgänge waren zugleich auch Fortschritte, denn der erste bot die Möglichkeit einer formalen Sonderung zwischen Part. Präs. und Verbaladj., welcher Sonderung das Latein entbehrte; der zweite aber, der übrigens bereits im Latein durch die Deponentialparticipien (*profectus*, *secutus* etc., denen sich *cenatus*, *pransus* und dergl. anschlossen) angebahnt worden war, schuf einen passenden Weg zum Ausdruck der vollendeten Handlung, in Folge dessen es möglich wurde, das Perfect von der Function des Perf. präs. zu entlasten und auf die des Perf. hist. zu beschränken.

Das Verbum finitum hat, indem an Stelle der aufgegebenen Flexionsformen begrifflich ganz oder doch annähernd gleichwerthige Umschreibungen getreten sind (vergl. oben S. 491), die Tempus- und Moduskategorien des Lateins bewahrt, und auch die Verwendung derselben ist, abgesehen von der des Conjunctivs im abhängigen Satze, die gleiche geblieben. Nicht nur bewahrt aber, sondern auch vermehrt hat das Romanische die Kategorien des Verbum finitum, indem es theils durch Zusammensetzung (Inf. + *habeo*)[1], theils durch Functions-

---

im Romanischen sehr eingeengt, nämlich im Wesentlichen auf die Verbindung mit Modalverben und Verben der Bewegung beschränkt worden.

[1] Besonders wichtig ist die Verbindung Inf. + *habebam* (*cantare habebam* = frz. *je chanterais*), denn sie stellt ein ganz eigenartiges Modaltempus, ein Präteritum des Obligativs, dar. Am deutlichsten tritt die eigentliche Function dieser Verbindung hervor, wenn sie in Hauptsätzen gebraucht wird, z. B. frz. (*elle aimait, elle aimait de toute son âme.*) *Où la mènerait cette passion?* Vgl. *Tobler* in den Abh. der Berliner Akad. d. Wissensch., philos.-hist. Cl. 22. Januar 1891; *Körting*, Formen-

verschiebung (nämlich des Ind. Plusquamperf. in modale Bedeutung [in den südwestlichen Sprachen][1]) einen neuen Modus (den sog. Condicionalis, bezw. den Obligativ) sich geschaffen hat, überdies auch durch Zusammensetzung ein historisches Plusquamperfect. Ja, in den südwestlichen Sprachen (Prov., Catal., Span., Ptg.) ist eine Ueberfülle von modalen Kategorien eingetreten, indem da zwei sog. Condicionale (das modal gebrauchte Plusquamperf. Ind. und die Umschreibung Inf. + *habebam*) neben einander stehen, zu denen im Span. und Ptg. noch das ehemalige Fut. exact. als eine Art Conjunctiv Futuri hinzutritt (vgl. oben S. 481).

Man darf mithin sagen, dass die Verbalsyntax im Romanischen über den Stand der Ausbildung, den sie im Lateinischen einnahm, hinaus vervollkommnet worden ist. Wer allerdings gewohnt ist, in dem lateinischen Passivum ein syntaktisch wirkliches und echtes Passivum zu erblicken, der mag mit Recht darauf hinweisen, dass keine der mehrfachen romanischen Passivumschreibungen (s. oben S. 491) wirklich passiven Sinn besitzt, dass also dem roman. Verb ein wichtiges Genus fehlt. Man darf dies zugeben, nur darf man dann andrerseits nicht vergessen, dass das Romanische durch die von ihm so häufig beliebte reflexive Auffassung des Verbalbegriffes (z. B. ital. *accorgersi*, frz. *s'apercevoir*) wenigstens den Ansatz zur Neuschaffung eines Genus gemacht hat, nämlich des Mediums, für welches das Latein das Feingefühl verloren hatte, indem es die alten Medialformen theils activisch (deponential), theils passivisch brauchte.

Auch die Schlaffheit, mit welcher im Romanischen der transitive und der intransitive Gebrauch der Verba auseinander gehalten werden — eine Ungenauigkeit, deren sich aber auch schon das Latein, selbst das Schriftlatein, in hohem Grade

---

bau etc. p. 61 ff. Die von *Burgatzky* in seiner übrigens tüchtigen Diss. „Das Imperf und das Plusqpf. des Fut. im Altfrz." (Greifswald 1886) aufgestellte Behauptung, dass der sog. Condicional ein Tempus sei, ist grundverkehrt.

[1] Die auf den ersten Blick sehr befremdliche Verschiebung des Ind. Plusqpf. in conjunctivische, bezw. condicionale Function hat *Foth* in seiner schon öfters angeführten Abhandlung (Roman. Stud. II) einleuchtend erklärt. Wie leicht der Ind. Plusqpf. conjunctivische Bedeutung annehmen kann, lässt sich veranschaulichen an deutschen Sätzen, wie: „Ich hatte Alles verloren, wenn nicht" etc.

schuldig gemacht hat, wenn hier von Schuld die Rede sein
kann —, diese Schlaffheit also mag man als einen syntaktischen Mangel zu betrachten geneigt sein. Doch das wäre
verkehrt. Transivität und Intransivität sind nichts als eine,
allerdings recht nützliche, grammatische Fiction, welche
höchstens bei dem Verbum substantivum mit logischem Grunde
vertheidigt werden kann. In Wahrheit kann jedes Verbum
transitiv sein, im Romanischen sogar das Verbum subst. (denn
man kann z. B. sagen *je le suis*, scil. z. B. *heureux*), und wenn man
in Verbindungen, wie sie alle idg. Sprachen verwenden, nach
der Art „ich gehe einen Weg, er schläft einen tiefen Schlaf"
die Accusative „Weg" und „Schlaf" nicht als Objecte anerkennen
will, sondern irgend welche andere Namen für sie erfindet,
so ist das ein rein willkürliches, übrigens auch ein unprak-
tisches Verfahren.

6. Der Anwendungskreis des Adverbiums ist im Romanischen erheblich eingeschränkt worden. Nicht in Folge des
Schwindens zahlreicher lateinischer Adverbien und ganzer Ad-
verbialkategorien, denn diese Verluste sind ersetzt worden
durch Neuschöpfungen (s. oben S. 502), welche, wenn auch
formal meist substantivischer Art, syntaktisch als Adverbien
aufgefasst werden müssen (z. B. *de bonne heure*). Aber das
Romanische liebt es, Adverbialbegriffe durch Verbalconstructionen zum Ausdruck zu bringen[1]). Namentlich im Frz. ist
diese Neigung stark entwickelt. Die Umständlichkeit, welche
mit solcher Ausdrucksweise verbunden ist — man bedenke
z. B., wie der lateinische Satz: *paene mortuus est* in frz. Uebersetzung lauten würde —, gereicht der Sprache zum Nachtheil,
wenngleich auch zugegeben werden muss, dass sie eine gewisse
Anschaulichkeit der Rede in sich schliesst, zumal da der Ausdruck vielfach auf räumlicher Auffassung beruht, also mittelst
Verben der Bewegung hergestellt wird, z. B. *il va revenir* „er
wird zugleich zurückkommen", *le soleil vient de disparaître*
„die Sonne ist soeben untergegangen" und dergl. Es spricht
sich in solchen Redewendungen ein Streben nach malerischer
Darstellung aus, das fast dichterisch zu nennen ist und jeden-

---

[1]) Vgl. *Reichenbach*, Der Gebrauch des frz. Verbums zum Ausdruck
des Adverbiums. Ein sprachvergl. Versuch. Colberg 1865.

falls, mag es auch zur Umständlichkeit führen, doch zur Ausschmückung der Rede beiträgt. Es ist übrigens in diesem Streben ein echt volksthümlicher Zug der Sprache zu erkennen[1]). —

Bemerkenswerth ist, dass, während im Latein eine feste Form der adverbialen Bejahung nicht vorhanden war — meist erfolgte die Bejahung durch Wiederholung des in der Frage gebrauchten Verbs (z. B. *fecistine hoc? Feci*) —, die romanischen Sprachen feste Bejahungsadverbien besitzen; die meisten Sprachen bejahen mit *sic = sì, si*[2]), im Prov. und Frz. aber dient zur Bejahung das Demonstrativ *hoc*[3]) = prov. *oc*, frz. *o* (mit dem Personalpronomen *il* verbunden *oïl*, woraus *oui* durch Wegfall des *l* [der bei *il* vor Cons. in der Umgangssprache ja auch sonst stattfindet] und Verdumpfung des *o* zu *ou*); unter den zahlreichen Bejahungspartikeln des Rumänischen ist das dem Slavischen entlehnte *da* die gebräuchlichste.

Als Verneinungspartikel hat sich lateinisch *non* behauptet, freilich meist in gekürzter oder geschwächter Form: *no, nu, ne, n'*. Das Romanische neigt aber dazu — und bekundet durch diese Neigung wieder einmal, dass es ursprünglich eine Volkssprache (nicht eine Schriftsprache) war —, die Verneinung durch Hinzufügung eines verstärkenden Füllwortes zu erweitern. Mit Vorliebe werden zu diesem Zwecke (und es ist dies kennzeichnend) die Raumsubstantiva *punctum* und *passus* gebraucht, ausser diesen aber zahlreiche Substantiva, welche einen sehr kleinen oder dünnen und feinen Gegenstand be-

---

[1]) Volksthümliche Unbeholfenheit der Sprache spricht sich aus in der besonders im Frz. stark hervortretenden Neigung des Romanischen, die Einschränkung eines Begriffes nicht adverbial („nur"), sondern verbal (*non . . . quam*) zu vollziehen.

[2]) Bemerkenswerth ist, dass in der ital. Umgangssprache „ja" gern durch *già* ausgedrückt wird, ein Sprachgebrauch, dessen Grund nicht recht ersichtlich ist, denn an Hinübernahme des deutschen *ja* ist gewiss nicht zu denken.

[3]) Es wird also das Object wiederholt (*fecistine hoc? hoc*, scil. *feci*) und im Frz. noch das Subjectspronomen hinzugefügt (*fecistine hoc? hoc ego* [scil. *feci*] = *oje*), für die Pronomina der 1. und 2. P. trat aber frühzeitig das der 3. ein, was sich leicht aus dem Ueberwiegen der auf die 3. Person bezüglichen Fragen erklärt. Uebrigens kann, bezw. muss im Frz. die Bejahung der (verneinenden) Frage auch durch *si, si fait* geschehen, was der Deutsche in der Praxis oft vernachlässigt.

zeichnen, so z. B. *mica* „Krümchen", *gutta* „Tropfen", *pilus* „Haar", *bucca* „Mund, Bissen"; aus dem Deutschen entlehnt ist ital. *guari*, frz. *guère*, sowie prov. *dorn*; noch nicht festgestellt ist der Ursprung des prov. *gens*, *ges*, man darf aber vermuthen, dass es (durch Anhängung eines analogischen *s*) aus lat. *gent[em]* „Wesen" (von *gignère*) entstanden sei, demselben *gent* also, das aller Wahrscheinlichkeit nach in ital. *niente*, frz. *néant* enthalten ist. Nicht befremden kann es, dass diese negativen Füllwörter durch ihre häufige Verbindung mit dem verneinten Prädicate auch selbst negativer Bedeutung fähig geworden sind, so dass sie auch ohne *non* (*ne*) das Prädicat verneinen können.

Am folgerichtigsten durchgeführt ist, wie so manche andere romanische Sprachsitte, die Doppelverneinung im Frz.: sie ist dort durchaus zur Regel geworden.

Volkslogisch wird, wie schon im Latein, so auch im Romanischen das Prädicat derjenigen Sätze, welche von einem Verbum des Fürchtens oder von gewissen verneinten Verben (z. B. frz. *ne pas douter*, *ne pas nier* und dergl.) abhängen, verneint, jedoch, was bemerkenswerth ist, auch im Frz. nur mittelst einfacher Negation.

Die Einleitung der unmittelbaren (directen) Frage durch eine Partikel (lat. *-ne, num, nonne, utrum, an*) ist im Romanischen nicht mehr möglich. Das Romanische besitzt überhaupt keine direkte Fragepartikel mehr[2]). Die romanische Frage wird entweder nur durch den Stimmton oder durch Stellung des Prädicats an die Spitze des Satzes kenntlich gemacht. Wenn das Letztere geschieht, tritt das Subject dem Prädicate als dem den Satzhauptton tragenden Worte nach.

Der romanische Ausdruck der unmittelbaren Frage ist unstreitig sachgemässer, als der lateinische, weil er einfacher ist. Die Möglichkeit, den Sinn der Frage je nach Art der erwarteten Antwort („ja" oder „nein") sprachlich zu kenn-

---

[1]) Ueber die Negation im Frz. vgl. *Perle*, Ztschr. f. rom. Phil. II, 1 und 407.

[2]) In frz. Mundarten hat sich aus *-t-i[l]* eine Fragepartikel *ti* entwickelt, vgl. Rom. VII, 599. — Nicht Fragepartikeln im eigentlichen Sinne des Wortes sind (weil sie nicht zur Einleitung der Frage dienen) die zahlreichen Partikeln, welche im Romanischen, namentlich im Frz. und besonders im Altfrz., gebraucht werden, um die Frage ausdrucks- oder nachdrucksvoller zu machen.

zeichnen (was im Latein durch *nonne* und *num* geschah), ist, wenigstens was die Bejahung anbetrifft, auch im Romanischen vorhanden: wer bejahende Antwort erwartet, verneint das Prädicat der Frage, d. h. er spricht sich negativ aus, um den Gefragten zur Bejahung anzureizen. Dagegen kann die Erwartung verneinender Antwort nicht zum Ausdruck gebracht werden, was aber nicht eben ein Nachtheil ist, da die meisten Fragen die Beschaffenheit der Antwort dahingestellt sein lassen oder aber bejahende Antwort voraussetzen. Uebrigens entspricht wenigstens im Neufrz. die mit *ne ... point* gestellte Frage einigermaassen dem lateinischen mit *num* eingeleiteten Fragesatze, denn: *ne le vois-tu pas?* = „du siehst es doch?", aber *ne le vois- tu point?* = „siehst du es wirklich nicht?"

7. Die Stellung der Satztheile innerhalb des Satzes ist im Lateinischen an keine Regel gebunden, also frei. Indessen, wirklich ausgenutzt wird diese Freiheit doch nur in der von einem Affecte getragenen und folglich auf rhetorische Wirkung hinzielenden Rede. Für die affectfreie Rede besteht bezüglich der Stellung von Subject, Prädicat und Object durchaus die feste Sprachregel, dass das Prädicat den Satz schliesst, das Object dem Prädicate und das Subject dem Objecte vorangeht, also die Satzordnung sich ergiebt: Subject, Object, Prädicat, z. B. *parentes liberos amant* „Die Aeltern lieben die Kinder." Es ist schwer abzusehen, worauf diese Constructionssitte sich gründet. Auf die Logik oder — was übrigens hier dasselbe ist — auf die Satzbetonung selbstverständlich nicht oder doch nur bezüglich der Voranstellung des Subjects. Denn was das Subject anbetrifft, da mag man ja annehmen dürfen, dass der durch dasselbe angedeutete Substanzbegriff dem Redenden wichtiger erscheint, als der durch das Prädicat ausgesagte Thätigkeits- oder Zustandsbegriff. Eine solche Hervorhebung des Subjects ist freilich an sich durchaus unberechtigt, denn Subject und Prädicat sind gleichwichtig, weil das eine das andere fordert und das eine erst durch das andere zum Subject, bezw. zum Prädicate wird. Indessen, es ist begreiflich, dass das Subject sich vordrängt, weil mit ihm sich leichter die sinnliche Anschauung verbindet, als mit dem Prädicate, oder vielmehr, weil die dem Subjecte zu Grunde

liegende Sinneswahrnehmung so zu sagen ein mehr concretes Subject hat, als diejenige, welche im Prädicate zum Ausdrucke gelangt: wenn ich einen Vogel fliegen sehe, so tritt zunächst der Vogel in meine Wahrnehmung ein und dann erst die von ihm vollzogene Bewegung, bezw. Raumveränderung. Dies dürfte wenigstens der gewöhnliche Vorgang sein. Also die Voranstellung des Subjects ist begreiflich. Befremden aber muss, dass auch das Object dem Prädicate vorangeht. Vielleicht lässt sich dies aus lautlichem Grunde erklären. Die wohl häufigste Objectskategorie sind die Personalpronomina. Nun aber sind diese auch die häufigste Subjectskategorie. Dem als Subject fungirenden Pronomen gebührte aus dem oben angegebenen Grunde die Stellung vor dem Prädicate, denn das Pronomen ist Träger des (verschwiegenen) Substanzbegriffes. Dies aber konnte Anlass geben zur Voranstellung auch des Objectspronomens. Und dazu tritt noch etwas Anderes. Die Personalpronomina sind durch ihre Lautbeschaffenheit und durch ihre Function geneigt, sich entweder enklitisch oder proklitisch an das Prädicat anzulehnen. Die Enklisis nun war aber vielfach unmöglich, weil sich daraus Verbindungen ergeben mussten, welche mit der lateinischen Wortbetonung unverträglich waren, wie z. B. *amabámuste, *amávimuste, wo die viertletzte Silbe den Hochton getragen hätte [1]). Also musste die Proklisis eintreten: *te amabámus* etc. So also traten die Personalpronomina auch in (unmittelbarer und mittelbarer) Objectsfunction vor das Prädicat. Daraus aber konnte sich das Sprachgefühl entwickeln, dass jedes Object, auch das substantivische, dem Prädicate vorangehen müsse.

Wie dem aber auch sein mag, im Romanischen ist die Reihenfolge Subject, Prädicat, Object die durchaus übliche [2]). Nur die Pronominalobjecte haben im Allgemeinen den alten Platz vor dem Prädicate behauptet [3]), wenigstens vor dem indi-

---

[1]) Das Auskunftsmittel, dessen sich das Griechische in solchen Fällen bedient (z. B. ἰλυόν σε), war im Latein nicht anwendbar.

[2]) Zwischen Romanisch und Latein besteht also in dieser Beziehung derselbe Unterschied, wie im Deutschen zwischen Hauptsatz und Nebensatz: Hauptsatz „die Aeltern lieben die Kinder" wie im Rom.; Nebensatz „.... dass die Aeltern die Kinder lieben", wie im Latein.

[3]) Wenn jedoch das Verbum den Satz begann, musste im Altital., Altprov. und Altfrz., sowie im Rumän. bis tief in das 18. Jahrh. hinein das Pronomen als Object dem Verbum nachtreten, also z. B. altital. *vedoti*, nicht *tivedo*, vgl. *Tiktin*, Ztschr. f. rom. Phil. IX, 590.

cativischen und conjunctivischen Prädicate, während sie bei
dem Imperative fast durchweg, bei dem Infinitive wenigstens
in weitem Umfange (Ital., Span., Ptg.) enklitisch nachgestellt
werden, ebenso dem Gerundium (diesem auch im Rumän.).
Das substantivische Object steht dem Verbum finitum nur
sehr selten voran (so in archaischen frz. Verbindungen, z. B.
(*qui terre a, guerre a*), häufiger einem Infinitive (z. B. frz, *sans
coup férir*), namentlich dann, wenn es (wie z. B. frz. *rien* und
beaucoup) pronominale oder adverbiale Bedeutung angenommen
hat. Aehnliches gilt bezüglich des Particips Prät. Immer vor
dem Prädicate steht das als Object fungirende Relativpronomen und Interrogativpronomen.

Die Aenderung der Stellung des substantivischen Objects (*parentes liberos amant* > *parentes amant liberos*) ist
wohl dadurch veranlasst worden, dass nach dem Absterben
der Declination das unmittelbare Nebeneinanderstehen zweier
Substantiva, deren syntaktische Function durch keine Casus-
endung mehr angedeutet wurde, als schwere, die Deutlichkeit
der Rede schädigende Unzuträglichkeit empfunden und folglich beseitigt wurde.

Was die Stellung des Subjects vor dem Prädicate anbelangt, so ist sie im Romanischen durchaus Regel geblieben.
Nur zwei wichtigere Fälle der Umstellung (Inversion) sind
hervorzuheben. Der eine betrifft den unmittelbaren Fragesatz
und wurde schon oben S. 530 berührt. Es bietet in diesem
Falle die Umstellung des Pronominalsubjects keine Schwierigkeit dar; unbequem dagegen muss, namentlich wenn das
Prädicat aus Hülfsverb + Part. besteht, die Umstellung des
substantivischen Subjects erscheinen. Sie kann dadurch vermieden werden, dass das subst. Subj. zunächst, gleichsam absolut,
genannt, d. h. ausserhalb der Satzconstruction gestellt wird,
darauf erst der eigentliche Satz mit dem Prädicate anhebt,
welchem dann ein auf das vorausgestellte subst. Subj. hin-
deutendes pronominales Subject folgt. Regel aber ist dieses
Verfahren nur im Frz. Der andere Fall der Umstellung betrifft den mit einem Adverb, bezw. mit einer adverbialen Bestimmung eingeleiteten Satz (z. B. frz. *à la tête de l'escadre
marchait le vaisseau amiral*). Diese, namentlich in der älteren
Sprachperiode sehr beliebte, Stellung ist wohl in dem Streben

nach malerischer Darstellung begründet oder auch, was übrigens
so ziemlich auf dasselbe hinauskommt, in dem Streben nach
spannender Darstellung: indem das Adverbiale an die Spitze
des Satzes tritt, wird die Aufmerksamkeit des Hörers (oder
Lesers) zunächst auf das räumliche, zeitliche oder modale Verhältniss hingelenkt, unter welchem die durch das Prädicat
ausgesagte Handlung sich vollzieht, und dadurch dieses Verhältniss nachdrucksvoll hervorgehoben; dann folgt die Aussage
der Handlung und endlich zum Abschluss der Vorstellungsreihe die Nennung des Subjects. Zugleich wird durch diese
Stellung, wenn das Adverbiale ein präpositionales Subst. ist,
das unmittelbare Nebeneinanderstehen zweier Substantiva vermieden, indem das Verbum zwischen sie sich einschiebt, ein
die Deutlichkeit der Rede gewiss förderndes Verfahren.

Im Neufranzösischen ist die Wortfolge „Subject, Prädicat,
Object" zur feststehenden Satzfügung der Aussage geworden.
In dieser Thatsache eine besondere Bethätigung logischen
Denkens erblicken zu wollen, ist wohl kaum statthaft, denn
solcher Annahme widerstreitet die andere Thatsache, dass das
Frz. diese „logische" Satzfügung sehr gern durch die mittelst
c'est que oder *ce sont que* vollzogene deiktische Hervorhebung
sei es des Objects oder des Adverbiale umgeht. Eher wird
man sagen dürfen, dass in der angeblich „logischen" Wortfolge sich die dem Neufrz. in hohem Grade eigene Neigung
zu äusserlicher Regelmässigkeit und conventioneller Festigkeit
der Sprachform bekundet. Freilich widerstrebte in dem vorliegenden Falle diese Neigung dem ebenfalls im Neufrz. sich
sehr stark geltend machenden Streben nach rhetorischer Gestaltung und Wirkungsfähigkeit der Rede, und eben deshalb
wird von jener deiktischen Hervorhebung ein so ausgiebiger
Gebrauch gemacht, übrigens auf Kosten der ästhetischen
Form der Rede, denn das so häufig angewandte *c'est .... que*,
ce sont . . . que steigert noch die, in Folge des Vorherrschens
der Conjunction *que* ohnehin schon vorhandene, Eintönigkeit
der Satzverbindung. —

Die übliche Stellung des attributiven Adjectivs ist im
Lateinischen die nach dem Substantive (*rosa pulchra*), indessen
ist doch auch Voranstellung recht häufig, wenn Rücksicht
auf rhetorische Hervorhebung oder auf den Wohlklang sie

als wünschenswerth erscheinen lässt. Im Romanischen besteht im Wesentlichen die gleiche Sachlage, in den einzelnen Sprachen allerdings in im Einzelnen mannigfach verschiedener Art. Gerade in der Stellung des Adjectivs besitzt das Romanische eine Bewegungsfreiheit, welche für rednerische und rhythmische Zwecke sich trefflich ausnutzen lässt.

Der attributive Genetiv wird im Latein dem Substantiv, welches er näher bestimmt, gern vorangestellt. Im Romanischen geschieht das fast nur noch in der dichterischen Rede, in dieser aber gern und wirkungsvoll.

8. Von den im Lateinischen möglichen und üblichen Satzzusammenziehungen (s. oben S. 506) ist der Accus. c. inf. im Romanischen — abgesehen von den Fällen, in denen der Rede geflissentlich latinisierende Form gegeben worden ist — nur wenig noch in Gebrauch, im Wesentlichen nur bei den Verben der unmittelbaren Sinneswahrnehmung und bei denen des Veranlassens und Zulassens. Besonders wichtig ist, dass die Hauptsätze der indirecten Rede nicht mehr durch den Accus. c. inf. dem Prädicate des übergeordneten Satzes auch formal als Object angeschlossen werden können. An Stelle des Accus. c. inf. ist der mit *quod* (= roman. *che, que*) eingeleitete Nebensatz getreten[1]). Zwei Ursachen sind es, aus denen diese syntaktisch überaus bedeutsame Wandelung sich vollzogen hat. Erstlich die Anziehungskraft, welche die Verba des Affects mit ihrer *quod-* oder *quia*-Construction zunächst auf die begriffsverwandten Verba des Wollens und weiterhin auf die Verba declarandi et sentiendi ausübten. Sodann der Umstand, dass, wie früher schon hervorgehoben wurde (s. oben S. 507), die Anwendung des Accus. c. inf. eine grosse Spannkraft des Denkens erfordert, also eine Anstrengung, welche zu vermeiden die Redenden sich immer mehr angelegen sein lassen mussten, je mehr sie nach leichter und rascher Handhabung der Rede trachteten. Denn die ohnehin schwere Form des Accus. c. inf. musste noch mehr erschwert werden, als allgemach an Stelle der bequemen Flexionsformen des Inf. Perf.

---

[1]) Der nachclassische Sprachgebrauch schwankte zwischen *quod, quia, quomodo, quoniam, ut.* Vgl. *Mayen*, De particulis *quod. quia, quoniam quomodo, ut* pro acc. cum inf. post verba sentiendi et declarandi positis, Kiel 1889, Diss.

Act. (*amavisse*) und des Inf. Präs. Pass. (*amari*) die umständlichen Umschreibungen mit *habere* und *esse* traten.

Die fast völlige Verdrängung des Accus. c. inf. durch den Conjunctionalsatz hat wesentlich dazu beigetragen, dass der romanische Bau der Periode im Gegensatz zu dem der lateinischen ein analytisches Aussehen erhalten hat. Man möchte in diesem Falle sagen, dass das Romanische wie die Wortflexion so auch die Satzflexion verloren und durch Umschreibung ersetzt hat.

Die durch die Construction des absoluten Ablativs bewirkte Satzzusammenziehung ist im Romanischen durch eine völlig gleichwerthige ersetzt worden, indem statt des nicht mehr vorhandenen Ablativs die Subjects-Objectsform des Nomens in Verbindung mit dem Particip, bezw. mit dem Gerundium gebraucht wird. Es trägt indessen diese Construction ein mindestens halbgelehrtes Gepräge, und ihre Anwendung ist, abgesehen von einzelnen stehenden Redewendungen, im Wesentlichen auf die Schriftsprache, bezw. auf die Sprache der Gebildeten beschränkt. Immerhin gereicht ihr Besitz dem Romanischen zu grossem Vortheile.

Im weitesten Umfange übt das Romanische Satzzusammenziehung durch Verwendung des präpositionalen Infinitivs. Alle Arten der Conjunctionalsätze können durch den Infinitiv vertreten und auf diese Weise als Adverbialien dem Hauptsatze angeschlossen oder vielmehr mit dem Hauptsatze zu einer Satzeinheit vereinigt werden. Dadurch wird die Kürze der Rede ungemein gefördert und doch ohne Schädigung der Klarheit. So hat also, auch unter diesem Gesichtspunkte betrachtet, die Erweiterung der Anwendung des Inf.'s hohe syntaktische Bedeutung.

Eine sehr bemerkenswerthe Eigenart des Portugies. ist es, dass der, sei es präpositionslose, sei es präpositionale, Infinitiv die seinem Subjecte entsprechende Personalendung annimmt (ausser wenn das Subject in erster Person steht), z. B. *senti renovar e m-se-me as forças* „ich fühlte die Kräfte sich mir erneuern, fühlte, dass die Kräfte sich mir erneuerten." Dadurch erhält in ebenso einfacher wie sinnreicher Weise der Infinitiv Satzform und doch nicht Satzumfang.

9. Die Andeutung der ideellen Abhängigkeit der im Prädicate des Nebensatzes ausgesagten Handlung von dem Prädicat des Hauptsatzes mittelst Anwendung des Conjunctivs findet auch im Romanischen, insbesondere schriftsprachlich, noch in weitem Umfange statt. Allerdings aber hat in dieser Beziehung ein Rückschritt hinter den im Lateinischen (bezw. im Schriftlatein) erreichten Stand logischer Folgerichtigkeit, ein Nachlassen in der Gewohnheit strengen Denkens stattgefunden. Grosse Satzgebiete, welche im Latein mit vollem Rechte oder doch, wie der Folgesatz, thatsächlich dem Conjunctive zugehörten, sind ihm im Romanischen entzogen worden. So namentlich die indirecte Rede einschliesslich der indirecten Frage; die letztere freilich nicht völlig, denn selbst im gegenwärtigen Frz. findet sich in ihr vereinzelt noch der Conj. gebraucht, vgl. *Johansson*, Ztschr. f. frz. Spr. u. Litt. XVII², 195. Was übrigens die indirecte Rede anbelangt, so ist zu beachten, dass ihr Prädicat, wenn es von einem Tempus der Vergangenheit abhängt, in den sog. Condicional zu stehen kommt, welcher, wenn auch formal ein Indicativ (Inf. + *habebam*), begrifflich doch das Präteritum des Obligativs ist. Das Gleiche ist der Fall im Nachsatze der hypothetischen Periode der Irrealität, in welcher im Frz. der formale Indicativ des Nachsatzes den Indicativ im Vordersatze nach sich zu ziehen pflegt (*si j'avais de l'argent, je t'en donnerais* statt *si j'eusse* etc.). Immerhin ist das Gebiet, welches der Conj. in den romanischen Sprachen behauptet hat, noch beträchtlich genug; es umfasst den Absichtsatz (einschliesslich des Folgesatzes, wenn die Folge als beabsichtigt dargestellt wird), den auf die Zukunft bezüglichen Temporalsatz, den Relativsatz, wenn dessen Inhalt als nur subjectiv hingestellt werden soll, und die Sätze, in denen Voraussetzungen, Einräumungen und nur subjective Annahmen ausgesprochen werden, zum Theil mit Einschluss der irrealen Bedingungssätze. Freilich bestehen in den letzteren Beziehungen zwischen den einzelnen Sprachperioden mannigfache Verschiedenheiten; auch finden innerhalb derselben Sprache und derselben Zeit mancherlei Schwankungen statt.

Im Hauptsatze wird der romanische Conjunctiv in denselben Functionen gebraucht, wie der lateinische. Doch auch hier zeigt sich ein Rückgang, der namentlich darin sich bekundet, dass die 1. P. Pl. Präs. Ind. (z. B. frz. *allons*) adhortiv gebraucht wird. Bemerkenswerth ist ausserdem namentlich Folgendes: der in optativem Sinne stehende Conj. nimmt gern ein *que* zu sich, d. h. der Hauptsatz erhält die Form des (von einem Verbum sentiendi oder declarandi abhängigen) Nebensatzes. Man darf aus dieser Erscheinung folgern, dass das Sprachgefühl dazu neigt, den Conjunctiv nur noch im Nebensatze als berechtigt anzuerkennen.

Auch die Anwendung des Imperativs hat eine Einschränkung erlitten: der verneinte Befehl wird gern durch den verneinten Inf. ertheilt; das Neufrz. allerdings braucht auch da nur den Imperativ[1]).

10. Die syndetische Verbindung des Nebensatzes mit seinem Hauptsatze ist, wie im Lateinischen, so auch in den romanischen Schriftsprachen durchaus die Regel; freilich hat sie da, wo sie mittelst des kurzen und farblosen *que* (*che*) vollzogen wird, nur noch den Werth eines gesprochenen Kommas. Die Umgangssprache gestattet sich manche Asyndese. Bemerkenswerth ist, dass in älteren Sprachdenkmälern sich mehrfach attributive Nebensätze asyndetischer Form finden, welche sonst durch das Relativ eingeleitet werden. Es ist dies von grossem sprachgeschichtlichen Interesse. Die relative Verbindung ist die begrifflich schwierigste und findet sich nur in Sprachen, welche bereits einen höheren Standpunkt syntaktischer Entwickelung erreicht haben. Wenn daher das Altromanische den Ansatz zum Verzicht auf das Relativ machte, so bedeutet dies das Zurücksinken auf eine niedere Entwickelungsstufe, über welche das Latein schon von Beginn seiner geschichtlichen Zeit an hinausgekommen war[2]).

Das Latein verfügte über eine lange Reihe satzverbindender Conjunctionen. Das Romanische hat nur wenige davon be-

---

[1]) Sehr üblich ist im Romanischen die Verstärkung des Imp. durch Partikeln (z. B. altfrz. *car*, neufrz. *donc*, etc., vgl. *Engländer*, Der Imp. im Altfrz. Breslau 1889, Diss.).

[2]) Man wende dagegen nicht ein, dass auch das Neuenglische auf die Anwendung des Relativs vielfach verzichtet. Formal liegt auch da ein Zurücksinken auf eine niedere Entwickelungsstufe, bezw. das Verharren auf einer solchen, vor. Sachlich aber ist die Erscheinung nicht begründet in Unbeholfenheit des Denkens, sondern in dem Streben des Redenden, sich die Satzverbindung zu ersparen und sie durch den Hörer ergänzen zu lassen. Auf diesem Streben beruht ja überhaupt die Häufigkeit der Asyndese im Englischen, namentlich im gesprochenen Englisch.

wahrt (s. oben S. 503), Neuschöpfungen auf diesem Gebiete auch nur vereinzelt vorgenommen. Die bemerkenswertheste derselben ist das frz. *car* (= *qua re*), das nur in Folge einer unlogischen Verschiebung der Satzbeziehungen in die Function von *nam* eingetreten sein kann [1]).

Die im Romanischen weitaus üblichste Art der Verbindung des Nebensatzes mit dem Hauptsatze ist die demonstrativ-relative: in dem Hauptsatze wird durch ein mit Präposition verbundenes Demonstrativ oder auch Substantiv auf den Nebensatz hingedeutet und dann die äussere Verknüpfung durch die relative Partikel *que* (*che*) [2]) vollzogen, z. B. ital. *acciocchè* eigentlich „zu dem, dass", *affinchè* „zu dem Ende dass", frz. *parce que* „wegen dessen, dass", *pource que*, „um desswillen, dass", *jusqu'à ce que* „bis zu dem, dass". In der weiteren Entwickelung der Sprache ist dann mehrfach (vielleicht in Angleichung an den präpositionalen Infinitiv) die demonstrative Hindeutung fallen gelassen worden, so dass nun Präposition und *que* allein die Satzverbindung vollziehen (so ital. *perchè*, span. *por que*, frz. *pourque*). Es muss die demonstrativ-relative Verbindung, verglichen mit der schriftlateinischen, als schwerfällig und unbeholfen bezeichnet und in ihr ein Kennzug einer nach umständlicher Deutlichkeit ringenden Volkssprache erblickt werden. Das einfache *que* = *quod* genügt zur Einleitung des Objects- und Subjectssatzes, vielfach auch zu der des von Verben des Affects abhängigen Causalsatzes. Bei Sätzen, welche Voraussetzung, Einräumung und Verallgemeinerung aussagen, verbindet sich *que*, das dann je nach dem einzelnen Falle entweder = *quod* oder = *quam* ist, mit Adverbien (z. B. *bene*), Participien (z. B. *positus, suppositus* „angenommen", vgl. frz. *supposé*, das freilich gleichsam **suppausatum* ist), Pronominibus (z. B. *quid*, vgl. z. B. *quoique*) oder endlich mit dem Conjunctiv **siat* für *sit* (z. B.

---

[1]) Frz. *je suis tranquille, car je suis innocent* bedeutet wörtlich „ich bin ruhig, deshalb bin ich unschuldig", die Logik erfordert selbstverständlich die umgekehrte Verbindung: „ich bin unschuldig, deshalb bin ich ruhig", es sind also Ursache und Folge mit einander vertauscht worden.

[2]) In *que* (*che*) haben sich *quod* und *quam* gemischt; auch *quid* wurde conjunctional — vgl. über diesen Gebrauch im frühmittelalterlichen Latein *Jeanjaquet*, Recherches etc. p. 55 —, weil es in pronominalem Gebrauche mit *quod* sich gemischt hatte.

frz. *soit que*). Als bedingende Conjunction hat sich *si* behauptet[1]), mehrfach (so im Ital. und Altfrz.) lautlich an *que* angeglichen, also zu *se* geworden. Das Abhängigkeitsverhältniss des Bedingungsatzes und überhaupt des eine subjective Annahme aussagenden Satzes kann auch durch die Fragestellung zum Ausdruck kommen.

Einleitung des dem Nebensatze nachfolgenden Hauptsatzes durch *si*[c] „so", findet sich im Altfrz., indessen keineswegs als Regel.

Die romanische conjunctionale Satzverbindung macht, eben weil das lautlich farblose, gleichsam nur ein lautliches Satzzeichen darstellende *que* (*che*) in ihr so vorherrschend ist, den Eindruck eines eintönigen und rein formalen Verfahrens. Der Eindruck wird noch dadurch gesteigert, dass auch die relative und interrogative Verbindung zu einem guten Theile und endlich der Vergleich fast durchweg mittelst *que* (*che*) vollzogen wird. So wirkt dieses *que* (*che*) sprachästhetisch entschieden höchst unschön (ebenso wie dies im Deutschen mit *dass* der Fall ist)[2]), andrerseits freilich ist diese einfache und stereotype Art der Satzverbindung sehr praktisch; auch kann man nicht sagen, dass die Deutlichkeit der Rede darunter litte.

11. Das Romanische ist die Fortsetzung der lateinischen Volkssprache (wenn auch durchaus nicht lediglich der lat. Pöbelsprache). In Folge dessen muss man erwarten, dass die romanische Syntax in ihrem Wesen sich kunstlos, schlicht und selbst unbeholfen zeige. Diese Erwartung wird denn auch in vollem Maasse bestätigt, wie so manche Thatsachen beweisen, welche in diesem Paragraphen hervorgehoben wurden, so noch soeben die Thatsache der einförmigen Satzverbindung. Aber in den romanischen Schriftsprachen ist der kunstlose Satzbau doch wieder kunstvoll geworden, indem der den Romanen angeborne Formensinn und ihre von den Römern ererbte Neigung zur Rhetorik es verstanden haben, mit geringen Mitteln (z. B. mit der Inversion des Prädicats, mit der Stellung des Attributs, mit der Anwendung der verschiedenen

---

[1]) Ausserdem hat *si* die Function der Einleitung des indirecten Fragesatzes übernommen.

[2]) Ebenso eintönig ist die Satzcoordination mittelst *et* (*e, y, i*), während das Lat. ausser *et* noch -*que, ac* und *atque* besass.

Tempus- und Moduskategorien etc.) Grosses zu leisten. Namentlich ist dies geschehen, seitdem unter dem Einflusse der Renaissancebildung Nachahmung lateinischer Stilkunst erstrebt wurde. Freilich ist dabei in Ueberschreitung des richtigen Maasses oft eine Latinisierung des romanischen Stiles vorgenommen worden, welche den Schriftwerken, an denen dies geschah, das Gepräge des Unnatürlichen, des Gekünstelten und Manierirten aufgedrückt hat. Namentlich die italienische Prosa hat darunter leiden müssen, dass man den synthetischen Satzbau des Lateins auf sie zu übertragen versuchte. Wer z. B. den Stil Boccaccio's einerseits etwa in der Teseide, andrerseits etwa in Filocopo eingehender untersucht hat, wird die Richtigkeit der ausgesprochenen Behauptung anerkennen müssen und ihre Tragweite zu ermessen verstehen.

Wo aber der romanische Satzbau gehandhabt worden ist mit maassvoller und feinfühliger Ausnutzung der theils von der Sprache selbst dargebotenen, theils aus dem Lateinischen entlehnten Kunstmittel, da sind Werke von einer in ihrer Art vollendeten stilistischen Schönheit geschaffen worden. Und da, wo — wie so oft im Mittelalter — Schriftsteller oder Dichter berechnende Stilkunst nicht kannten, sondern der Rede freien und ungezwungenen Lauf liessen, da vermögen die Frische und die Naivität des Ausdruckes den Mangel an zierlichem Satzbau reichlich aufzuwiegen.

12. Die bisher einzige Gesammtdarstellung der romanischen Syntax hat *Diez* im dritten Bande seiner Gramm. gegeben; sie ist ihrer Anlage nach jetzt völlig veraltet, aber immer noch werthvoll durch die Fülle der in ihr niedergelegten feinsinnigen Bemerkungen. Mit grossen Erwartungen darf man dem dritten Bande der Grammatik *Meyer-Lübke's* entgegensehen, denn voraussichtlich wird in ihm diejenige Methode der syntaktischen Forschung, welcher auf anderen Sprachgebieten, namentlich auf dem germanischen, wichtige Ergebnisse verdankt werden, nun auch auf das Romanische erfolgreich angewandt worden sein.

Schriften über Einzelfragen der gesammtromanischen Syntax sind zur Zeit nur erst wenige vorhanden. Als wichtig seien hier genannt *Foth's* schon öfters angeführte Untersuchung über die Tempusverschiebung (Roman. Stud. II); *Tobler's* Abhandlung über das Imperf. Fut. (s. oben S. 526 A.); *Jeanjaquet's* Diss. „Recherches sur l'origine de la conjonction *que* etc." (Zürich, bezw. Paris und Leipzig 1894); *Meyer-Lübke's* Abhandlung „Zur Syntax des Subst.", in Ztschr. f. rom. Philol. XIX, 305 (behandelt die „absolute" und die „bestimmte" Form des Subst., d. h. das artikellose und das mit dem Artikel verbundene Subst.).

In den Grammatiken der romanischen Einzelsprachen, namentlich
in den für Unterrichtszwecke bestimmten, ist selbstverständlich meist
auch die Syntax behandelt worden, sei es in Verbindung mit der Formenlehre, sei es in einem abgesonderten Theile. Freilich aber sind diese
Arbeiten zum grossen Theil in wissenschaftlicher, oft aber auch in praktischer Beziehung ganz unzulänglich.

Im Folgenden seien die wichtigeren Grammatiken der Einzelsprachen (darunter auch solche, in denen ein Abschnitt über die Syntax
fehlt), sowie einige bedeutendere Sonderschriften über syntaktische
Dinge genannt. Ausführlichere Angaben findet man in *Körting's* Encyklopädie III [1]).

    a) **Italienisch.** [*D'Ovidio* und *W. Meyer* in *Gröber's* Grundriss
I, 489.] — *W. Meyer-Lübke*, Ital. Gramm., Leipzig 1890 (die
einzige wissenschaftlliche Gr., behandelt jedoch nur Laut- und
Formenlehre); *Blanc*, Gramm. der ital. Spr., Halle 1844 (veraltet,
aber für Syntax noch immer unentbehrlich, überdies schätzenswerth als reichhaltige Stoffsammlung); *Vockeradt*, Lehrbuch (Gramm.
und Lesebuch) der ital. Spr., Berlin 1878 (empfehlenswerthes Werk,
namentlich auch hinsichtlich d. Syntax); *Baragiola*, Ital. Gr. mit
Berücksichtigung des Lateins und der roman. Schwestersprachen,
Strassburg 1880 (sehr verbesserungsbedürftig, vgl. Ztschr. f. rom.
Phil. V, 576). — Von den zahlreichen Grammatiken praktischer
Tendenz seien diejenige *Mussafia's* (Wien, in mehr als 20 Auflagen
erschienen), *Gantner's* (Passau 1890) und *C. v. Reinhardstöttner's*
(2. Ausg. München 1880) genannt; letztere kann denjenigen empfohlen
werden, welche auf Grund des Lateins sich die Kenntniss der
grammat. Hauptthatsachen des Ital. erwerben wollen.

    Einzelschriften: *David*, Ueber die Syntax des Ital. im
Trecento, Strassburg 1887, Diss.; *Zehle*, Laut- und Formenlehre
in Dante's Div. Commedia, Berlin 1886; *Pesamento*, Sintassi com-
parativa del latino e dell' italiano, Florenz 1867; *Demattio*,
Sintassi della ling. ital., Innsbruck 1872, vgl. Riv. di filol. rom.
I, 57; *Fornaciari*, Sintassi dell' uso moderno, Florenz 1881; *Lund-
borg*, Studj sul congiuntivo nella Div. Comm., Lund 1884; *Güth*,
Die Lehre vom Conj. mit Anwendung auf die ital. Spr., Berlin
1876; *Buchholz*, Zur ital. Gramm. 1. Passiver Inf. Präs.; 2. die
Präpos. *a*, 3. Gerundium, in Herrig's Archiv LIV, 183; *Gaspary*,
Altital. und altfrz. *si* f. ital. *finchè*, Ztschr. f. Phil. II, 95.

    b) **Rumänisch.** [*Tiktin* in *Gröber's* Grundriss I, 438]. — Wissen-
schaftl. Grammatiken des Rumän. sind die von *Cipariu* (Bucarest
1870/77 und *Nadejde* (Jassy 1884); gute Schulgrammatik von *Tiktin*,
Jassy 1892, vgl. Ztschr. f. rom. Phil. XVl, 538 (*Tiktin* hat auch
ein Manual de ortografia romînă herausgegeben, Jassy 1890). Eine
deutschgeschriebene wissenschaftlich brauchbare Gramm. des Rum.

---

[1]) Bibliographische Angaben findet man auch in dem praktisch
nicht ganz unnützlichen Leitfaden *Breitinger's* „Das Studium des Ital.“,
Zürich 1879.

ist noch nicht vorhanden. Von Grammatiken praktischer Tendenz sei die von *Cionca* genannt (5. Aufl. Bucarest 1892). — Einen kurzen Abriss der Gramm. findet man in *Gaster's* Chrestomathie Bd. I (Leipzig 1891).

Cipariu, Principii di limbă si di scriptură. Bucarest 1878.

Tiktin, Zur Stellung der tonlosen Pronomina und Verbalformen im Rum., Ztschr. f. rom. Phil. IX, 590; *Meyer-Lübke,* Zur Geschichte des Inf.'s im Rumän., in der Festschr. f. *Tobler* p. 79.

Bei Gelegenheit seien hier auch folgende auf die rumän. Philologie bezüglichen Bücher genannt; *Philippide,* Istoriă limbei romîne. Vol. I Principii de storiă limbii, Jassy 1894, vgl. Romania XXIV, 156, Ltbl. 1895 Sp. 170; *Densasianu,* Istoria limbei si literaturie române, Jassy 1895; *Adamescu,* Notiuni de istoria limbii si literaturii rominasti, Bucarest 1894, vgl. Romania XXIV, 155; *Săinénu,* Istoria filologiei române, Bucarest 1892, vgl. Ltbl. 1894, Sp. 21.

Es werde erwähnt, dass an der Universität Leipzig ein Institut für rumän. Philologie unter *Weigand's* Leitung errichtet worden ist; der erste Jahresbericht dieser Anstalt erschien 1894.

c) **Rätoromanisch.** [*Gartner* in *Gröber's* Grundriss I, 461]. — *Gartner,* Räto-roman. Gramm., Heilbronn 1888. Alle übrigen Grammatiken sind nur Elementar- und Schulbücher, so die von *Carisch* (Chur 1852), der auch „Hauptparadigmata" der rätorom. Conjugation und Decl. herausgegeben hat (Chur 1848); *Conradi* (1820, Zürich); *Andeer* (Zürich 1880). Vgl. *Körting,* Encykl. III, 777.

Böhmer, Der Prädicatscasus im Rätorom., Roman. Stud. II, 210.

Eine Bibliographie des Rätorom. hat *Böhmer* in Bd. VI, 109 u. 219 der Roman. Stud. zusammengestellt.

d) **Provenzalisch.** [*Suchier* in *Gröber's* Grundriss I, 561; die Arbeit ist unter dem Titel „Le Français et le Prov." auch in frz. Uebers. erschienen, Paris 1890][1]. Eine wissenschaftlich brauchbare Gramm. des Altprov. ist nicht vorhanden. *Raynouard's* grammat. Skizzen im Lexique und in den Poésies des troub. sind verfehlt und veraltet. *Mahn's* Prov. Gramm., von welcher übrigens nur ein Theil erschienen ist (Köthen 1885), taugt leider gar nichts. Für das Bedürfniss des Anfängers kann nur der kurze Abriss in (*Bartsch's* und in) *Appel's* prov. Chrestomathien empfohlen werden.

---

[1] Mittelalterliche Lehrbücher des Prov. sind der Donatz proensals des Uc Faidit (oder Uc de Saint-Circ?), die Razos de trobar des Raimon Vidal und die sog. Leys d'amors des Guillem Molinier (ersten Kanzlers des 1324 gegründeten Consistori de la gaya sciensa zu Toulouse). Die beiden ersteren sind herausg. von *Guessard* (Paris 1858) und von Stengel (Marburg 1878), die Leys von *Gatien-Araoult* (Toulouse 1841, 3 Bde.); vgl. dazu die Diss. v. *Lienig,* Die Gramm. der prov. Leys d'amors etc. Breslau 1890.

Brauchbare Grammatiken des Neuprov. sind: *Chabaneau*, Grammaire limousine, Paris 1876, und namentlich: *Koschwitz*, Grammaire hist. de la langue des félibres, Greifswald 1894.

Sonderschriften über prov. Syntax fehlen.

e) **Französisch**. [*Suchier* in *Gröber's* Grundriss I, 561, s. ob.][1]. — Eine wissensch. Gramm. des Frz., welche den jetzigen Ansprüchen genügte, fehlt. Es muss immer noch *Mätzner's* Frz. Gramm. (Berlin 1856) benutzt werden, ebenso dessen Frz. Syntax (Berlin 1843/45, 2 Bde.), obschon beide für ihre Zeit hochverdienstlichen Werke jetzt grundveraltet sind. Den Versuch, auf Grund von *Diez'* Gramm. eine wissenschaftliche deutsche Schulgramm. des Frz. zu schreiben, machte zuerst, und zwar in trefflicher Weise *Collmann* (Marburg und Leipzig 1849 und 1862). Seitdem ist der Versuch öfters wiederholt worden, im Ganzen mit wenig Glück (an *Körting's* Gramm. [Leipzig 1872] wurde seiner Zeit die Behandlung der Syntax gelobt). Eine für Gymnasium, bezw. für Universität wirklich und voll brauchbare Gramm. fehlt[2]. Die verhältnissmässig brauchbarste ist diejenige *Lücking's* (Berlin 1880, auch in kleiner Ausg. erschienen), welche sich besonders durch gute Darstellung der Syntax hervorthut. Für praktische Zwecke (namentlich auch für Aussprache, Rechtschreibung, Phraseologie) ganz ausgezeichnet ist *Plattner's* Schulgramm. (2. Ausg. Karlsruhe 1887), deren Verf. einer der wenigen deutschen Grammatiker ist, welche das Neufrz. wirklich beherrschen.

Ganz eigenartig ist *Koschwitz'* Neufrz. Formenlehre nach ihrem Lautstande dargestellt, Oppeln 1888 (in diesem Buche, über welches zu vgl. *Passy* im Ltbl. 1889 Sp. 101, wird die frz. Formenlehre der künstlichen Hülle entkleidet, welche die Schreibung längst verstummter Laute ihr überwirft). Sehr inhaltsreich ist auch desselben Gelehrten Gramm. der neufrz. Schriftspr. Theil I Lautlehre, Oppeln und Leipzig 1889, vgl. Ltbl. 1891 Sp. 405.

Die lange Reihe der frz. Nationalgrammatiken ist selbstverständlich wichtig für Sprachgeschichte und Feststellung des sprachlichen Thatbestandes, aber sonst ist wenig aus ihnen zu

---

[1]) Ueber die mittelalterl. Anleitungsschriften zur Erlernung des Frz. vgl. *Stengel*, Ztschr. f. neufrz. Spr. u. Litt. I, 1. Eine Bibliographie der frz. Grammatiken vom Ausgang des 14. bis zum Ende des 18. Jahrhunderts hat *Stengel* zusammengestellt (Oppeln 1890). Ueber die sehr wichtige Geschichte der frz. Gramm. im 16. Jahrh. vgl. *Livet*, Grammaire et grammairiens au 16 e siècle, Paris 1859. — Ausg. von *Vaugelas'* Remarques s. la langue frçse von *Chassang*, Versailles 1880. — Die Grammatik *Palsgrave's* („L'Esclaircissement de la langue françoyse, London 1530) ist von *Génin* neu herausgegeben worden (Paris 1852).

[2]) Diese Lücke wird auch durch *Erzgräber's* Elemente der hist. Laut- und Flexionslehre des Frz. (Berlin 1895) keineswegs ausgefüllt, das Büchlein kann aber in neuer Bearbeitung recht brauchbar werden. Ein nützlicher, freilich gar sehr der Verjüngung bedürftiger Leitfaden ist: *Breitinger*, Studium und Unterricht des Frz., 2. Ausg., Zürich 1885.

lernen; sie hier aufzuzählen, ist ganz unmöglich. Genannt seien nur *Ayer*, Gramm. comparée de la lang. frçse., 4. éd. Basel und Lyon 1885 (enthält eine sehr reichhaltige Syntax), *Chassang*, Nouv. gramm. frçse., cours supérieur (erscheint seit 1882 in immer neuen Aufl., beliebtes Schulbuch, knapp, klar, verständig), *Clédat*, Gramm. raisonnée de la lang. frçse (Paris 1894), von *G. Paris* bevorwortet, und das ist Empfehlung genug, und Nouv. gramm. hist. du fr., P. 1891.

Brochet's einst recht verdienstliche Gramm. historique (Paris, seit 1874) ist jetzt veraltet. Eine Art Ersatz dafür ist *Brunot's* Grammaire hist. de la lang. frçse, Paris 1889, vgl. Vollmöller's Jahresb. I, 311. (*Brunot* hat auch einen Précis de gramm. hist. herausgegeben, Paris 1888, vgl. Ltbl. 1888 Sp. 170.) *Darmesteter's* Cours de gramm. frçse, Paris 1894, ist ganz elementar gehalten.

Unter den Grammatiken des Altfrz. ist diejenige *Schwan's* (freilich nur Laut- und Formenlehre enthaltend, 2. Ausg. Leipzig 1893) die beste, trotz mancher Mängel, die aber in der von Behrens unternommenen Neubearbeitung hoffentlich verschwinden werden. Brauchbar ist auch, namentlich weil sie eine geschickt gearbeitete Syntax[1]) enthält, *Clédat's* Gramm. élémentaire de la vieille langue frçse (Paris seit 1885). Von *Suchier's* Altfrz. Gramm. (das Normannisch-Francische behandelnd) liegen bis jetzt nur wenige Bogen (Anfang der Lautlehre) vor (Halle 1893). Veraltet, aber als Stoffsammlung und auch wegen ihres praktischen Glossars noch nicht entbehrlich ist *Burguy's* Gramm. de la lang. d'oïl (Berlin 1857/58, 2 Bde.; die beiden späteren Ausg. sind nur Abdrücke der ersten). Dilettantenarbeit ist *Etienne's* Buch: La langue frçse depuis les origines jusqu' à la fin du XI. siècle (Paris 1890; ein neuerdings erschienenes Buch desselben Verfassers „Essai de grammaire de l'ancien français [9 à 14 siècles]“, Paris 1895, ist etwas besser). Dilettantenarbeit ist auch *Roget's* Introduction to Old French, 2. ed. London 1894, vgl. Romania XXIV, 158.

Abrisse der Grammatik sind den altfrz. Chrestomathien, z. B. von *Bartsch* und *Bartsch-Horning*, sowie den Ausgaben einzelner altfrz. Texte (z. B. des Rolandsliedes von *Clédat* und von *G. Paris*) beigegeben, so namentlich der Ausg. *Suchier's* von Aucassin und Nicolete (bestes Hülfsmittel zur Kenntniss der picardischen Mundart).

Sehr zahlreich sind die Schriften über Einzelgebiete der frz. Syntax. Obenan stehen *Tobler's* „Vermischte Beiträge zur frz. Gramm.“ (Leipzig 1886 und 1893, 2 Bde.), in denen eine lange Reihe von Einzelfragen mit grösster Genauigkeit und glänzendem Scharfsinne behandelt worden sind. Besondere Hervorhebung

---

[1]) *Clédat's* Schrift „Syntaxe hist. de la langue frçse“ (Bourdeaux 1881) ist nur Skizze. Werthlos ist *Engel's* Diss.: De pristina linguae francicae syntaxi, Rostock 1874.

verdienen auch die Untersuchungen *Haase's* über die Syntax Pascal's (Ztschr. f. neufrz. Spr. und Lit. IV, 95), über die Syntax Garnier's (Frz. Stud. V, 1) und über die Syntax des 17. Jahrh. (Oppeln 1887)[1]. Vgl. auch *Haase's* krit. Uebersichten in Ztschr. f. neufrz. Spr. und Lit. VI², 52 und IX², 145.

Ueber den Artikel haben z. B. gehandelt: *Fleck* (Dortmund 1885, Prgr.), *Hemme* (Göttingen 1869, Diss.), *Zander* (Lund 1892, Diss., vgl. *Koschwitz* in *Streitberg's* Anzeiger III, 15), *Meyer-Lübke* in Ztschr. f. roman. Phil. XIX, 305.

Ueber den sog. Theilungsartikel vgl. z. B. *Keding* (Guhrau 1870, Prgr.), *Löffler* (Centralorgan f. d. Interessen des Realschulwesens VII, 705), *Schneider* (Breslau 1883, Diss.), *Herforth* (Prgr. d. Realgymnas. zu Grünberg i. Schl. 1887).

Nehry, Ueber d. Gebrauch des absoluten Cas. obl. des altfrz. Sbst. Berlin 1882, Diss.

Grotkass, Beiträge zur Syntax der französ. Eigennamen, Erlangen 1886 (Göttinger Diss.).

Ueber die Stellung des Adjectivs haben z. B. geschrieben: *Eichelmann* (Marburg 1879, Diss.), *Dühr* (Stendal 1890, vgl. *Vollmöller's* Jahresb. I, 321), *Wagner* (Greifswald 1890, Diss.), *Cron* (Strassburg 1892, Diss.; vgl. Ltbl. 1893, p. 133), *Hendrych* (Görz 1892 und 93, Prgr.), *Baale* (Farbenadj., Taalstudie X, 65, vgl. *Vollmöller's* Jahresb. I, 321).

Hoefer, Ueber den Gebrauch der Apposition im Altfrz., Halle 1890, Diss.

Ueber die Pronomina s. oben S. 455 f., ausserdem: *Knuth*, Personalpr. im Frz. und Ital., Mülhausen 1878, Prgr.), *Dittmer* (Possessiva, Greifswald 1888), *Giesecke* (Demonstr. im Altfrz., Rostock, bezw. Sondershausen 1880, Diss.), *Genzlin* (Pron. demonstr., Greifswald 1888, Diss.); *Pietsch* (Relativ, Halle 1888); *Neumann* (Relativ, Heidelberg 1890); *Keup* (en, Berent 1893, Prgr.), *Suchier* (Ausrufe mit *quel*, Ztschr. f. rom. Phil. VI, 445); *Wallström* (neufrz. Relativ, Upsala 1875, Diss.), *Schäfer* (Die altfrz. Doppelrelativsätze, Marburg 1884, Diss.), *Weiss* (Pron. b. Christian v. Troyes, Zeitschr. f. das Realschulwesen XII 9); *Zilch* (Pron. b. Pasquier, Giessen 1891,

---

[1] Es seien hier noch folgende, auf einzelne Schriftsteller oder Schriftwerke bezügliche syntaktische Studien genannt: *Wolff*, Adenet le Roi, Kiel 1884, Diss.; *Haase*, Villehardouin et Joinville, Oppeln 1884; *Ebering*, Froissart, Halle 1881; *Riese*, Froissart, Halle 1880, Diss.; *Raumair*, Robert v. Clary, Erlangen 1885, Diss.; *Toennies*, Commines, Berlin 1876; *Stimming*, Commines, Ztschr. f. rom. Phil. I, 194 und 489; *Lidforss*, Ronsard, Lund 1865; *Grosse*, Calvin, Herrig's Archiv Bd. 61 p. 243; *Glauning*, Montaigne, Herrig's Archiv Bd. 49 p. 163, 325 und 415; *Wagner*, Du Bartas' Semaine, Königsberg 1876, Diss.; *Jensen*, R. Garnier, Kiel 1885. — Weitere Angaben sehe man in dem letzten Abschnitte dieses Verzeichnisses.

Diss.), *Lahmeyer* (Pron. des 16. und 17. Jahrhdts., Göttingen, bezw.
Erlangen 1887), *Schmidt,* Pron. b. Molière, Kiel 1885, Diss.).
Ueber die Zahlworte s. oben S. 457.

Ueber die Tempora und Modi haben geschrieben z. B. *Clédat,*
Leçons de syntaxe hist., sur les modes et les temps frçs., Paris
1881 (ausserdem im Annuaire der faculté des lettres in Lyon I,
61, vgl. Romania XII, 629); *Körnig,* der syntakt. Gebrauch des
Imperf. und des histor. Perf. im Altfrz., Breslau 1883, Diss.; *Bock-
hoff,* der syntakt. Gebrauch der Temp. im Oxforder Texte des
Rolandliedes, Münster 1880, Diss.; *Rudolph,* der Gebrauch der
Temp. und Modi im agn. Horn, in Herrig's Arch. LXXIV, 257;
Engwer, Ueb. die Anwendung der Tempora perfectae statt der
Tempora imperfectae actionis im Altfrz. Berlin 1884, Diss. ; *Vogels,*
der syntakt. Gebrauch der Tempora und Modi bei Pierre de
Larivey, Roman. Stud. V, 445; *Berg,* Die Syntax des Verbums
bei Molière, Kiel 1886, Diss.; *Lenander,* L'emploi des temps et
des modes dans les phrases hypothétiques, Lund 1886; *Vising,*
Die realen Tempora der Vergangenheit im Frz., in Französ.
Stud. VI, 3 und VII, 2.

Tobler, Vom Gebrauche des Imperf. Fut. in Roman., Sitzungsberichte der Berl. Akad. d. Wissensch., philos.-hist. Cl. 1891, vgl.
Ltbl. 1891, Sp. 124; *Kalepky,* Noch einmal Imparfait u. Défini
etc., Ztschr. f. rom. Phil. XVIII, 498 (vgl. ebenda 159).

Badke, Beiträge zur Behandlung der Moduslehre im Frz.,
Stralsund 1895, Prgr.

Ueber den Conjunctiv vgl. man u. A.: *Gille* (Allgemeines,
Herrig's Arch. Bd. 82, p. 423, vgl. *Vollmöller's* Jahresb. I, 322);
Wenzke (Allgemeines, Stargard 1890, Prgr.); *Williams,* The Syntaxe
of the Subjunctive Mood in French, Boston 1885, vgl. Modern
Language Notes, 1. Januar 1886, Sp. 20); *Spohn,* Conj. im Altfrz.,
Schrimm 1882; *Horning,* Conj. in Comparativsätzen im Altfrz.,
Ztschr. f. rom. Phil. V, 386 (vgl. *Bischoff* ebenda VI, 123); *Stiebeler,*
Conj. in den verkürzten Nebensätzen, Stettin 1895, Prgr.; *Quiehl,*
Conj. in den ältesten Sprachdenkmälern bis zum Rolandslied
einschliesslich, Kiel 1881; *Krollick,* Conj. b. Villehardouin, Greifs-
wald 1877, Diss.; *Nebling,* Conj. b. Joinville, Kiel 1880, Diss.;
Haase, Conj. b. Joinville, Küstrin 1881/82, Prgr.; *Kowalski,* Conj.
b. Wace, Göttingen 1882, Diss.; *Bischoff,* Conj. b. Crestien de
Troyes, Halle 1881 (die beste unter den Conjunctiv-Arbeiten);
Schulze-Veltrup, Conj. im Chevalier as 2 espees, Münster 1885,
Diss.; *Schnellbächer,* Conj. in Huon de Bordeaux, Amis et Amiles
etc., Giessen 1891, Diss.; *Weissgerber,* Conj. b. d. Prosaikern
des 16. Jahrhs., Ztschr. f. neufrz. Spr. und Litt. VII, 241 und
VIII, 273.

Engländer, der Imperativ im Altfrz., Breslau 1889, Diss.

Ueber den Inf.: *Wulff*, L'emploi de l'infinitif dans les plus anciens textes frçs., Leipzig 1875; *Lachmund*, Ueb. den Gebrauch des reinen und des präpositionalen Infs. im Altfrz., Rostock 1879, vgl. Ztschr. f. rom. Phil. IV, 422; *Schiller*, Der Inf. b. Crestien, Breslau 1883, Diss; *Soltmann*, Der Inf. mit *à* im Altfrz. bis zum 12. Jahrh., Frz. Stud. I, 361; *Gallert*, Inf. b. Molière, Halle 1886, Diss.; *Modin*, Om bruket af Infinitiven i Ny-Fransken, Upsala 1875, Diss.; *Johnsson*. Verbet faire mid foljende Inf., Norköping 1875, Prgr.; *Marcou*, Der histor. Inf. im Frz., Berlin 1888, Diss., vgl. *G. Paris*, Romania XVIII, 204, *Schulze*, Ztschr. f. rom. Phil. XV, 504, *Kalepky*, ebenda XVII, 285, *Körting*, Ztschr. f. frz. Spr. und Litt. XVIII, 1, 258.

Ueber die Syntax der Participien und des Gerundiums s. oben S. 498.

Weber, Ueb. d. Gebrauch von *devoir, laissier, pooir, solair, voloir* im Altfrz., Berlin 1879, Diss., vgl. Ztschr. f. roman. Phil. IV, 420.

Ueber Wortstellung: *Wespy*, Die historische Entwickelung der Inversion des Subjects im Frz. und ihr Gebrauch b. Lafontaine, Ztschr. f. frz. Spr. und Litt. VI, 150 und 161; *Völcker*, Wortst. i. d. ältesten Sprachdenkmälern, Frz. Stud. III, 449 (die beste unter den Wortstellungs-Arbeiten); *Morf*, Wortst. im Rolandslied, Roman. Stud. III, 199; *Krüger*, Wortst. i. d. frz. Prosalitt. des 13. Jahrhs., Berlin 1876, Diss.; *Marx*, Wortst. b. Joinville, Frz. Stud. I, 315; *Le Coultre*, L'ordre des mots dans Chrétien de Troyes, Leipzig 1875, Diss.; *Schlickum*, Wortst. i. Aucassin und Nicolete, Frz. Stud. III, 177; *Höpfner*, Wortst. b. Alain Chartier etc., Leipzig 1883; *Bartels*, Wortst. in den 4 Livres des Rois, Erlangen 1886, Diss.; *Philippsthal*, Wortst. i. d. frz. Prosa des 16. Jahrhs., Halle 1886, Diss., vgl. Ltbl. VIII, Sp. 26; *Thurneysen*, Die Stellung des Verbs im Altfrz., Ztschr. f. rom. Phil. XVI, 289.

Schneider, Ueb. d. adnominalen Gebrauch der Präp. *de* im Altfrz., Halle 1881, Diss.; *Wehrmann*, Beitr. zur Lehre von den Partikeln der Beiordnung im Frz., Rom. Stud. III, 383; *Perle*, Die Negation im Altfrz., Ztschr. f. rom. Phil. II, 1 und 407.

Klapperich, Histor. Entwickelung der Bedingungssätze im Altfrz., Frz. Stud. III, 323; *Lenander*, L'emploi des temps et des modes dans les phrases hypothétiques etc. Lund 1886, Diss.; *Gaspary*, Der Konditionalsatz mit Optativ zur Betheuerung und Beschwörung, Ztschr. f. rom. Phil. XI, 136; *Johannssen*, der Ausdruck des Concessivverhältnisses im Altfrz., Kiel 1885; *Riecke*, Die Construction der Nebensätze im altfrz. Rolandslied, Münster 1884, Diss.; *Mätschke*, Die Nebensätze der Zeit im Altfrz., Kiel 1887, Diss.; *Schulze*, Der altfrz. directe Fragesatz, Leipzig 1888 (hervorragende Arbeit, vgl. Ltbl. 1888, Sp. 353); *Dubislav*, Ueb.

Satzbeiordnung und Satzunterordnung im Altfrz., Berlin 1888, Prgr.; *Rosenbauer*, Zur Lehre von der Unterordnung der Sätze im Altfrz., Strassburg 1886, Diss., vgl. Ltbl. 1888, Sp. 62; *Strohmeyer*, Ueb. d. verschiedenen Functionen des altfrz. Relativsatzes, Berlin 1892, Diss.; *Hirschberg*, Auslassung und Stellvertretung im Altfrz., Göttingen 1878, Diss.; *Klatt*, Zur Syntax des Altfrz. Die Wiederholung und Auslassung gewisser Form- oder Bestimmungswörter in der frz. Prosa des 13. Jahrhs., Oldenburg 1878, Prgr.

Siede, Syntaktische Eigenthümlichkeiten der Umgangssprache weniger gebildeter Pariser, beobachtet an den Scènes populaires von Henri Monnier, Berlin 1885 (sehr tüchtige und interessante Diss.)[1].

Neumann, Ueb. einige Satzdoppelformen der frz. Sprache, Ztschr. f. rom. Phil. VIII, 243 und 368; *Morf*, Ueber Satzdoppelformen, in Gött. gel. Anz. 1889, S. 11, vgl. *Neumann*, Ltbl. 1889, Sp. 37; *Schwan*, Ztschr. f. rom. Phil. XII, 192.

Vising, Les débuts du style frçs., in: Recueil des mém. présent. à G. Paris, p. 175.

Zutwern, Ueb. d. altfrz. epische Sprache, Heidelberg 1885; *Ziller*, Der epische Stil des altfrz. Rolandsliedes, Magdeburg 1883; *Drees*, Der Gebrauch der Epitheta ornantia im altfrz. Rolandsliede, Münster 1883, Diss.; *J. Bekker*, Gegenüberstellung homerischer und altfrz. Sitte und Ausdrucksweise, Sitzungsberichte der Berliner Akad. d. Wissensch. 1866; *Tolle*, Das Betheuern und Beschwören in der altroman. Poesie, mit bes. Berücksichtigung der altfrz., Erlangen 1883; *Altona*, Gebete und Anrufungen in den altfrz. Chansons de geste (*Stengel's* Ausg. und Abh. Heft IX); *Bredtmann*, Der sprachliche Ausdruck einiger der geläufigsten Gesten im Karlsepos, Marburg 1889, Diss.; *Ebert*, Die Sprichwörter der altfrz. Karlsepen (*Stengel's* Ausg. und Abh. Heft 23); *Grosse*, Der Stil Crestiens von Troyes, |Frz. Stud. I, 127; *Werneke*, Sprichwörtliche und bildliche Redensarten im Frz., Merseburg 1895, Prgr.; *Hosch*, Frz. Flickwörter, Berlin 1895, Prgr.; *Lotz*, Auslassung, Wiederholung und Stellvertretung im Altfrz., Marburg 1885, Diss.; *Börner*, Raoul de Houdenc, eine stilistische Untersuchung, Leipzig 1885, Diss.; *Lorenz*, Stil in Wace's Roman de Rou, Leipzig 1886, Diss.; *Keller*, Wace, eine stilistische Untersuchung seiner beiden Romane „Rou“ und „Brut“, Zürich 1886, Diss.; *Raeder*, Die Tropen und Figuren bei Garnier, Kiel 1886; *Degenhardt*, Die Metapher bei den Vorläufern Molière's (*Stengel's* Ausg. und Abh. Heft 72); *Meyer*, Vergleich und Metapher in den

---

[1] Das Hauptwerk über Pariser Volkssprache im Allgem. ist: *Nisard*, Etude sur le langage populaire ou le patois de Paris et de sa baulieue, Paris 1872. Ein Wörterbuch des Pariser Argot hat *Villatte* herausgegeben (Parisismen, 2. Ausg., Berlin 1888).

Lustspielen Molières, Marburg 1885, Diss.; *Schürmeyer*, Vergleich
und Metapher in den Dramen Racine's, Marburg 1886, Diss.;
Fritzsche, Rousseau's Stil und Lehre in seinen Briefen, Zwickau
1884, Prgr.; *Robert*, Notes et remarques s. la langue des romans
champêtres de G. Sand, Taalstudie, Bd. 5 und 6; *Lotsch*, Ueb.
Zola's Sprachgebrauch, Greifswald 1895, Diss.; *Gaufinez*, Etudes
syntaxiques s. la langue de Zola dans le docteur Pascal, Bonn
1894, Diss.

f) *Catalanisch.* [*Morel-Fatio* in Gröber's Grundriss I, 669.] — Ueber
das Altcatal. unterrichtet man sich am besten aus *Mussafia's*
Einleitung zu seiner Ausgabe der sieben weisen Meister (Denkschr.
d. Wiener Akad. d. Wissensch. philos.-hist. Cl. Bd. 25). Einen
guten Abriss der neucatal. Laut- und Formenlehre hat *Vogel* in
seiner Diss. „Neucatalanische Studien"|(Neuphilol. Studien, Heft 5,
Paderborn 1886) gegeben.

Die erste vollständige und systematische catal. Grammatik
gab *Ballot y Torres* heraus, Barcelona 1815.

Praktisch brauchbare Anleitungsschriften sind: *Bofarull*,
Estudios, sistema gramatical y crestomatia de la leng. cat., Barce-
lona 1874; *Farré y Carrió*, Gram. cat., estudis sobre la matexa,
Barcelona 1874. — *Amengual*, Gram. de la lengua mallorquina,
Palma (?) 1835; *Soler*, Gram. menorquina, Mahon 1858. Ueber
das Catal. von Alghero (Sardinien) hat *Morosi* in den Miscellanea
Caix-Canello gehandelt.

Irgend welche nennenswerthe Schriften über catal. Formenlehre und Syntax sind nicht vorhanden.

g) *Spanisch.* [*Baist* in *Gröber's* Grundriss I, 689.] — Eine wissensch.
Gramm. des Sp. wird schmerzlichst vermisst, denn *P. Förster's*
„Spanische Sprachlehre" (Berlin 1880) ist zwar wissenschaftlich
angelegt, lässt aber in der Ausführung sehr Vieles zu wünschen
übrig. Praktisch brauchbar sind die Grammatiken von *Franceson*,
Berlin 1822 und öfters, zuletzt 1882; *Wiggers*, Leipzig 1884 (die
Syntax darin ist recht brauchbar); *Fesenmaier*, 2. Ausg., München
1880; *Schilling*, 5. Ausg., Leipzig 1889, vgl. Ltbl. 1889, Sp. 438
unten; *Nyrop*, Kopenhagen 1889, vgl. Ltbl. 1890, Sp. 190.

Mugica, Gramática del Castellano antiguo, Berlin 1891; *Keller*,
Altspanisches Lesebuch mit Grammatik und Glossar, Leipzig 1889.

Cuervo, Diccionario de construccion y régimen de la lengua
castellana, Bd. I, Paris 1887, vgl. Romania XIV, 176, Bd. II,
Paris 1893, vgl. Romania XXIII, 318 (hochbedeutendes Werk für
die span. Syntax).

Lang, The Collective Singular in Spanish, in den Trans-
actions of the Modern Lang. Assoc. of Am. Vol. I, 133 (ebenda,
5. Mai 1888, hat derselbe Verf. die span. Pronomina behandelt);
Vianna, Cual castelhano funcionalmente analogo a *quem* portuguez, in Rev. Lusit. I, 1.

b) *Portugiesisch. [Cornu* in *Gröber's* Grundriss I, 715; die von *C.* gegebene Darstellung des portug. Sprachbaues ist das Beste, was
der Gröber'sche Grundriss in Bezug auf sprachliche Dinge enthält.] — Wissenschaftlich angelegte Grammatiken, freilich nur
elementare Zwecke verfolgend, sind: *Braga,* Grammatica portugueza elementar, fundada sobre o methodo historico-comparativo,
Porto 1877; *d'Ovidio,* Grammatica portoghese, Imola 1881; *C. v.
Reinhardstöttner,* Gramm. d. portg. Sprache auf Grundlage des
Lat. und der roman. Sprachvergl., Strassburg 1878.

Werthvoll ist *Coelho's* Buch: Questões da lingua portugueza.
Primeira parte. Preliminares. O lexico. O consonantismo. Porto u.
Braga 1874, vgl. Romania III, 310 (Coelho's Schrift über die ptg.
Conjugation wurde oben S. 499 genannt). *Cornu's* Etudes de
gramm. port. (Romania X, 334 und XI, 76) behandeln vorwiegend
lautliche Dinge, jedoch auch die im Ptg. erhaltenen Nominativformen.

§ 45.   Bemerkungen über den Versbau des Lateins.

1. Der Vers, dessen die Römer sich bedienten, ehe sie in
Metrik und Poetik die Schüler der Griechen wurden, war die
viermal gehobene Kurzzeile.   Die Hebung war nicht an die
Länge geknüpft; die Senkung konnte durch längeres Ver-
weilen der Stimme auf der Hebungsstelle ersetzt werden.
Innerhalb der Zeile wurden zwei oder drei satzbetonte Worte
gern durch gleichen Anlaut (Allitteration) mit einander gebunden.   In der Regel wurden zwei oder drei Kurzzeilen zu
einer Langzeile vereinigt.   Vgl. *Gleditsch* in *I. v. Müller's* Handbuch d. class. Alterthumswiss. II², 820.

Der national-römische Vers war also accentuirend und
allitterirend gebaut.

Dieser Vers wurde gebraucht einerseits zu sacraler Dichtung (Gebetformeln u. dergl.), andrerseits zu volksthümlichen
Spott-, Triumph- und Klageliedern.

Nur spärliche Trümmer sind uns von diesen ältesten
Dichtungen erhalten, so dass wir von ihrer rhythmischen Beschaffenheit und Wirkungsfähigkeit eine klare Anschauung
nicht besitzen.

2. Als in Folge der eigenartigen Sprachentwickelung,
welche im Latein sich vollzog, der Wortton von der Stammsilbe, bezw. der Anlautssilbe, auf eine der drei letzten Silben
verlegt wurde (s. oben S. 356), und als zugleich neben dem
Wortton mehr und mehr die Wortquantität zur Geltung kam,

wurde damit zugleich eine gänzliche Aenderung des Versbaues angebahnt. Die erhöhte Bedeutung der Silbenquantität gab Anlass, neben der Tonbeschaffenheit auch die Quantitätsbeschaffenheit der Silben zu berücksichtigen, bezw. die letztere vorwiegend maassgebend für den Versbau sein zu lassen. Die Anwendung der Allitteration aber musste mehr und mehr ausser Gebrauch kommen, als die Anlautssilben der mehrsilbigen Worte den Hochton verloren, und folglich auch der Satzton nicht mehr auf ihnen, sondern auf den Endungssilben ruhte. So wurde der Versbau zu dem quantitirenden und allitterationslosen Principe hinübergeführt.

3. Der in der ältesten Kunstdichtung der Römer übliche Vers ist der sog. Saturnier, dessen sich z. B. Livius Andronicus in seiner Uebersetzung der Odyssee und Naevius in seinem Gedichte über den ersten punischen Krieg bediente, und der auch für poetische Grabschriften (z. B. des Scipio Barbatus) gebraucht wurde. Da dieser Vers in der Folgezeit bald durch den Hexameter völlig verdrängt wurde, kam er dermaassen ausser Gebrauch, dass schon im späteren Alterthum die Kenntniss seines Baues entschwunden war und folglich uns nicht hat überliefert werden können. So wurde die Möglichkeit geschaffen, dass die Philologen der Neuzeit über die Structur dieses Verses die verschiedensten Ansichten aufstellen, dass namentlich die einen ihn für accentuirend, die andern ihn für quantitirend gebaut erklären konnten[1]). Eine allseitig anerkannte Lösung des Problems ist bis heute nicht gegeben. Für die romanische Philologie besitzt übrigens die Frage keine unmittelbare Bedeutung. Denn die Annahme, dass etwa der Saturnier in der volksthümlichen Dichtung fort-

---

[1]) Ueber den Saturnier ist eine ganz umfangreiche Litteratur vorhanden. Von einer Anführung der betr. einzelnen Schriften kann aber hier um so eher abgesehen werden, als man sie in Lehrbüchern der lateinischen Metrik zusammengestellt findet, und überdies hat die Frage nach dem Bau des Sat., wie oben noch zu bemerken sein wird, für die roman. Philologie keine unmittelbare Bedeutung. — Das übliche Beispiel für den Saturnier

Dabúnt malúm Metélli | Nóevió poétae

ist irreführend.

Unter denen, welche über den Saturnier geschrieben haben, befinden sich auch zwei Romanisten: *Bartsch* (der Saturnier und die germanische Langzeile, Leipzig 1867) und *Thurneysen* (der saturn. Vers, Halle 1885).

gelebt und die Grundlage des romanischen Versbaues abgegeben habe, muss von vornherein als gänzlich ausgeschlossen
erscheinen. Schon aus dem Grunde, weil uns nirgend überliefert wird, dass in der Kaiserzeit noch irgendwann und
irgendwo für volksthümliche Dichtung Saturnier angewandt
worden seien. Ganz anders freilich urtheilt *Stengel* (Gröber,
Grundriss II, Abt. 1, S. 19, Abschn. 35).

4. Die Nachahmung griechischer Dichtungswerke von
Seiten der römischen Dichter hatte, wie begreiflich, die Nachahmung auch des griechischen Versbaues zur Folge. Dieser
Vorgang konnte um so leichter sich vollziehen, als er durch
die Entwickelung des römischen Versbaues vorbereitet worden
war, s. oben No. 2. So bedienten sich die Dramatiker (Livius,
Naevius, Plautus, Terenz u. A.) und ebenso die Satiriker
Ennius, Lucilius, Varro u. A.) griechischer Versmaasse,
namentlich des jambischen Trimeters[1]). Die Nachahmung
war aber zunächst noch eine freiere und verstattete dem Worthochtone noch einigen Spielraum[2]).

5. Je mehr die römische Kunstdichtung erstarkte, je
enger sie an die griechische sich anschloss und damit die
Fühlung mit römischem Volksthume verlor, um so strenger
wurde auch der Versbau nach den für das Griechische gültigen
Regeln gestaltet. Die Metrik der classischen und der nach-
classischen Dichtung ist, äusserlich wenigstens und scheinbar,
nahezu völlig gräcisirt. Das Quantitätsprincip siegte also.
Trotz alledem aber verlor der Wortton doch nicht alle Bedeutung für den Versbau: man war bestrebt, im Versanfange
und namentlich im Versausgange Quantität und Wortton mit
einander zu vereinen, d. h. in der Arsis nur solche Silben zu
brauchen, welche zugleich den Wortton trugen[3]). Ja, es

---

[1]) Es mögen hier noch genannt werden der Mimendichter Publilius
Syrus und der Fabeldichter Phädrus.

[2]) „Vielfache Uebereinstimmung des rhythmischen Ictus mit dem
grammatischen Accente und die deutlich hervortretende Abneigung, in
gewissen Fällen nichtbetonte Silben in die Hebung und betonte in die
Senkung des Verses treten zu lassen, Schwanken und Unsicherheit in
den Quantitätsverhältnissen, Vorliebe für Allitteration und Gleichklang,
Häufigkeit aller Arten von Vocalverschleifung, geringe Empfindlichkeit
gegen den Hiatus, grosse Freiheit in der Behandlung der Senkungen
des Verses ... charakterisiren diese Periode im Gegensatze zu der
späteren römischen Dichtung." *Gleditsch* a. a. O. p. 817.

[3]) Man nehme z. B. den ersten Vers der Aeneis: *Árma virúmque*

scheint Manches darauf hinzudeuten, dass eine noch weiter
gehende Berücksichtigung des Worttones stattgefunden habe.
Jedenfalls bewahrte der Wortton sich neben der Quantität
eine keineswegs gering zu veranschlagende Bedeutung: er
behauptete gleichsam festen Stand, um wieder die Führung
des Versbaues übernehmen zu können, sobald die Quantität
die zu solcher Rolle erforderliche Kraft nicht mehr besitzen
würde.

Die Allitteration fand in dem nach griechischem Muster
geregelten Verse nur noch gelegentliche Verwendung, die noch
dazu oft wohl nicht einmal beabsichtigt war. Ebenso wurden
Endreim und Binnenreim (der Cäsurstelle mit dem Versschluss,
der sog. leoninische Reim) nur ganz gelegentlich und allermeist
wohl absichtslos gebraucht [1]).

6. In dem quantitirenden Verse sind eine Länge und
zwei Kürzen einander gleichwerthig, so dass die beiden letzteren
für die erstere eintreten können (unter gewissen Bedingungen
und in beschränktem Umfange auch umgekehrt, doch darf
dies hier ausser Betracht bleiben). Durch Ausnutzung dieses
Umstandes kann ein und derselbe Vers die verschiedenartigsten Gestaltungen erhalten, wie man z. B. am Hexameter
recht deutlich erkennen kann. Derselbe enthält in seiner normalen
Gestalt ($-\cup\cup\,|-\cup\cup\,|-\cup\cup\,|-\cup\cup\,|-\cup\cup\,|-\cup$) sechs (bezw. sieben)
Längen, welche (mit Ausnahme der zweiten des sechsten Fusses)
zugleich in der Arsis stehende Silben sind, und zehn, bezw·
elf Kürzen, welche zugleich in der Thesis stehende Silben
sind. Indem nun in jeder Thesis statt der beiden Kürzen
eine Länge eintreten und diese Vertauschung entweder in nur
einer (d. h. in der ersten oder in der zweiten oder in der
dritten etc.) Thesis oder in mehreren oder endlich
(wenigstens theoretisch) in allen Thesen zugleich vollzogen werden kann, ergeben sich etliche dreissig verschiedene Gestaltungen des Hexameters. Vermöge dieser
seiner Gestaltungsfähigkeit wurde der Hexameter (und in entsprechender Weise auch der Trimeter etc.) in der Hand eines fein-

---

cano, *Troiae qui primus ab óris*, so wird man sehen, dass in den beiden
letzten Worten die langen Silben zugleich hochtonig sind. Am Versschlusse des Hexameters ist diese Uebereinstimmung geradezu Regel.

[1]) Vgl. *Wölfflin* in seinem Archiv I, 350.

fühligen und sprachgewandten Dichters zu einem hochvollkommenen rhythmischen Werkzeuge. Indem innerhalb einer Dichtung (z. B. in einem Epos) Verse auf einander folgen, welche im Wesentlichen den gleichen, im Einzelnen aber mannigfach verschiedenen Bau haben, findet innerhalb einer grossen rhythmischen Einheitlichkeit doch ein stetig bewegter rhythmischer Wechsel statt, der dem Dichter das Mittel darbietet, den rythmischen Gang seiner Rede stets ihrem Inhalt anzupassen. Es gleicht der Hexameter einem Musikinstrumente mit mehr als dreissig Claviaturen, von denen der Spieler je nach der rhythmischen Wirkung, welche er erzielen will, bald diese, bald jene anschlägt. Ermüdende Eintönigkeit des rhythmischen Spieles ist demnach ausgeschlossen, ausgeschlossen selbst für den weniger sprachgewandten Dichter, denn ein solcher wird eben durch seine Ungewandtheit bald zu der einen bald zu der anderen Versform veranlasst, aber freilich kann bei ihm der Rhythmus des Verses leicht mit dem Inhalte dissoniren.

7. Eine rhythmische Bindung der auf einander folgenden Verse findet in der quantitirenden Dichtung nicht statt, ebensowenig aber auch eine syntaktische Trennung des einen Verses von dem ihm nachfolgenden. Es gleitet vielmehr die rhythmische Rede von Vers zu Vers weiter, ohne dass der Uebergang von dem einen zum andern irgendwie rhythmisch oder sprachlich anders gekennzeichnet wird, als durch das Zusammentreffen von Versictus und Worthochton am Versschlusse und eventuell auch am Versanfange (s. oben No. 3). Es blieb also der Feinfühligkeit des Hörers überlassen, die rhythmische Sonderung der Verse herauszuhören.

Strophische Zusammenfassung von Versen (gleichen oder) verschiedenen Umfanges wandte die lat. Kunstdichtung ausserhalb der Lyrik nicht an, und auch in der Lyrik begnügte sie sich oft und gern mit der einfachsten Strophe, dem Verspaare (Distichon).

8. Verse grösseren Umfanges werden in der quantitirenden Dichtung dadurch gegliedert, dass innerhalb eines bestimmten Fusses durch einen syntaktisch merkbaren Wortschluss eine rhythmische Pause, ein Verseinschnitt (Cäsur) hervorgebracht wird (*arma virumque cano* ǁ *Troiae* etc.). Da

im Hexameter die Cäsur innerhalb verschiedener Versfüsse eintreten kann, so wird dadurch die rhythmische Gestaltungsfähigkeit des Verses noch erhöht.

9. Wie in Stoff und in Rhythmus, so lehnte sich auch in der Sprache die römische Kunstdichtung an griechische Vorbilder an. Nur freilich konnte aus naheliegendem Grunde in dieser Hinsicht die Anlehnung keine so enge sein, wie in den anderen genannten Beziehungen, sondern beschränkte sich im Wesentlichen auf die Nachahmung gewisser syntaktischer Eigenheiten, so z. B. den sog. Accusativus graecus, und auf die Nachbildung der in der griechischen Dichtung üblichen Stilarten, so z. B. des epischen Stils. Immerhin fand doch eine gewisse Graecisirung der Dichtersprache statt, wodurch die letztere mehr, als bei einer rein nationalen Entwickelung der Poesie hätte geschehen können, der Volkssprache entfremdet wurde. Gesteigert wurde dies noch dadurch, dass die Dichter, wie dies ja ihr gutes Recht war, mit Erfolg bestrebt waren, einen Bestand von poetischen Worten und Redewendungen zu schaffen, der durch seine Eigenart sich scharf abhob von demjenigen des Alltagslebens. Es wurde dadurch ein Zustand herbeigeführt, wie er mehr oder weniger in allen höher entwickelten Litteraturen besteht, ohne dass besondere Nachtheile daraus sich ergeben; auf römischem Boden aber war ein solcher Zustand verhängnissvoll, weil auch er die Kluft erweiterte, durch welche ohnehin die Kunstdichtung von dem Volksleben getrennt wurde —, eine Kluft, welche zwar durch Virgil's Aeneis und Georgica an wichtigen Stellen überbrückt wurde, im Wesentlichen aber doch unausgefüllt blieb.

10. Die römische Kunstdichtung erreichte ihren Höhepunkt am Ende der republicanischen und am Beginne der kaiserlichen Zeit. Darnach sank sie rasch in Bezug auf Gedankeninhalt und Würde, in der sprachlichen und rhythmischen Form aber hielt sie sich noch längere Zeit auf einem leidlichen Stande der Leistungsfähigkeit.

Eine irgendwie bedeutsame Volksdichtung bestand aller Wahrscheinlichkeit nach neben dieser Kunstdichtung nicht. Darauf deuten schon die äusseren Thatsachen hin, dass in den uns überlieferten, doch verhältnissmässig zahlreichen und um-

fangreichen Werken der römischen Schriftsteller von Volksdichtung so sehr wenig die Rede ist, und dass wir, trotz der Masse der
erhaltenen Inschriften, Alles in Allem genommen kaum ein
Dutzend von Versen und Gedichtchen besitzen, welche als
wirklich zur Volksdichtung gehörig bezeichnet werden können.
Denn auszuschliessen ist ja Alles, was in Hexametern oder
Distichen oder in sonstigen griechischen Maassen abgefasst ist.

Es scheint, als sei die Volksdichtung stets der Wortbetonung getreu geblieben, und zwar in der Art, dass sie nicht
nur die hochbetonten, sondern auch die mittelbetonten Silben
in der Hebung brauchte, so dass z. B. in *Gálliás* sowohl das
erste wie das zweite *a* in Hebung stehen konnte oder in
Nicomédes sowohl das *e* der vorletzten als auch das *i* der
ersten Silbe. Es scheint ferner, als habe die Volksdichtung
sich der Kunstdichtung zeitweilig — d. h. zur Zeit, als die
Kunstdichtung voll entwickelt und noch von nationalem Geiste
getragen war, also im Zeitalter Virgil's — so weit angepasst,
dass sie nur betonte lange (also nicht auch kurze) Silben in
Hebung setzte, folglich neben dem Wortton auch die Quantität
berücksichtigte. Es scheint endlich, als habe in späterer Zeit
die Volksdichtung auf die Berücksichtigung der Quantität
wieder verzichtet und folglich sich auch die Setzung kurzer
Silben in Hebung auf's Neue gestattet.

Den triumphirenden Cäsar verhöhnten seine Soldaten mit
folgenden, von Sueton (Cäs. 49) überlieferten, Spottversen:

> *Gálliás Caesár subégit, Nicomédes Caésarém,*
> *écce Caésar nunc triúmphat, quí subégit Gálliás,*
> *Nicomédes nón triúmphat, quí subégit Caésarém*

und:

> *Urbaní, serváte uxóres, moéchum cálvum addúcimus,*
> *Aúrum in Gállia effútuísti, híc sumsísti mútuúm.*

Man sieht, es sind Verse, welche aus je zwei achtsilbigen
Reihen mit tontrochäischem Rhythmus bestehen. Zwischen
den beiden Reihen eines jeden Verses findet eine merkbare
syntaktische und rhythmische Pause statt. Der Versictus ruht
— mit Ausnahme von *Caesár* in V. 1 und *urbani* in V. 4, bei
welchen Worten aber wohl schwebende Betonung angenommen
werden darf — theils auf der hochtonigen, theils auf der

mitteltonigen Silbe (z. B. *Caésarém*), diese Silben aber sind (mit Ausnahme der am Versschlusse) durchweg, sei es von Natur, sei es durch Position, lang.

Einige Jahrhunderte später sangen die Krieger Aurelian's nach siegreich durchfochtenen Kämpfen (Vopisc. Aurel. c. 9):

Mílle, mílle, mílle, mílle, mílle décollávimús,
únus hómo mílle, mílle, mílle décollávimús,
mílle, mílle, mílle, mílle, vívat qui mílle óccidít,
tántum víni némo hábet quántum fúdit sánguinís.

Diese Verse zeigen den gleichen tonjambischen Bau, wie die zuerst angeführten, zeigen aber zugleich auch zweimal kurze Silben in der Hebung (*hŏmo, hăbet*). Bei *óccidit*, das doch zweifellos als *occĭdit* und dieses wieder als *occīsit* aufzufassen ist, scheint überdies Tonverschiebung stattgefunden zu haben.

Nebenbei sei darauf hingewiesen, dass diese beiden, mehrere Jahrhunderte auseinanderliegenden Liederbruchstücke eben n i c h t in Saturniern abgefasst sind, wie man doch erwarten müsste, wenn der Saturnier der volksthümliche Vers geblieben wäre.

11. Für die Entwickelung der lateinischen Vocale zu ihrer romanischen Gestaltung sind zweifellos nur ihre (geschlossene und offene) Lautbeschaffenheit und ihre Tonstellung, nicht aber ihre Quantität maassgebend gewesen. Denn sonst würden nicht langes *e* und kurzes *ĭ* oder langes *o* und kurzes *u* die gleichen Entwickelungswege gegangen sein. Man muss daraus schliessen, dass in der späteren Sprache die Vocalquantität von dem Hochtone zurückgedrängt worden ist, dass insbesondere die tieftonigen langen Silben in der Aussprache gekürzt worden sind (z. B. *rŏsăs, árbŏrĕs* für *rosās, arborēs*). Dieser Wandel musste in Bezug auf die Rhythmik zwei tiefgreifende Folgen haben. Erstlich wurde dadurch die quantitirende Kunstdichtung zu einer künstlichen, weil auf ein nunmehr der Vergangenheit angehöriges Princip gegründeten Dichtung, zu einer Dichtung in einer todten Sprache. Sodann aber wurde ebendeshalb die Volksdichtung jeder Rücksichtnahme auf die Quantität überhoben. Der Wandel tritt, was die Kunstdichtung anbelangt, recht augenfällig zu Tage bei

Commodius (ca. 230 n. Chr.): dieser Dichter wollte sein Lehrgedicht „Instructiones" offenbar in Hexametern schreiben, vermochte aber die Quantität nicht mehr zu beherrschen, und in Folge dessen zeigen seine Verse eine ungeheuerliche Mischung von quantitirendem und accentuirendem Baue. Nach anderer Richtung hin sind lehrreich die Eingangsverse[1]) des seltsamen *ABC*-Psalmes, den der hl. Augustin gegen die Donatisten richtete (abgedruckt z. B. bei *Migne*, Patrol. XLIII, 23):

> *Déus nóster, cústos mágne, tú nos pótes liberáre*
> *á pseudóprophétis íllis qui nos quaérunt dévoráre.*

Diese Verse zeigen (wie die oben angeführten Soldatenverse) tontrochäischen Rhythmus. Der Verston ruht ebensowohl auf langen wie kurzen, auf hochtonigen wie mitteltonigen Silben, z. B. einerseits *cústos, tú, liberáre*, aber *Déus, pótes, vólunt*; andrerseits ist z. B. in *liberáre* sowohl das hochtonige *a* wie auch das mitteltonige *i*, in *pseudóprophétis* sowohl das hochtonige *ē* als auch das mitteltonige *ŏ* versbetont. Ueberdies sind die beiden Verse durch weiblichen Vollreim gebunden.

Die christliche Hymnendichtung zeigt durchaus accentuirenden Bau, wobei sie sich allerdings gelegentlich die Freiheit der Accentverschiebung, beziehentlich, wie richtiger zu sagen sein wird, der schwebenden Betonung gestattet. Beispielsweise seien folgende Strophen angeführt:

> *O réx aetérne dómine*
> *rerúm creátor ómniúm*
> *qui éras ánte saéculá*
> *sempér cum pátre fíliús,*

und:

> *ápparébit répentína*
> *díes mágna dómini*
> *fúr obscúra vélut nócte*
> *ímprovísos óccupáns.*

Es hat gewiss etwas Bestechendes, den rhythmischen Bau des Kirchenliedes auf semitischen Einfluss zurückzuführen, wie dies *W. Meyer* (s. u. No. 13) gethan. Nichtsdestoweniger ist

---

[1]) Nur diese werden hier berücksichtigt. Im Uebrigen ist der rhythmische Bau des Gedichtes gar nicht so einfach, sondern bedarf noch näherer Untersuchung.

diese Annahme durchaus als einfach unnöthig abzuweisen,
weil eben die römische Volksdichtung ursprünglich und aller
Wahrscheinlichkeit durch alle Zeiten hindurch (nur vorübergehend zugleich auch die Quantität berücksichtigend) den
Vers accentuirend gebaut hat.

12. Wo die Wortbetonung (und nicht die Silbenquantität)
für den Versbau maassgebend ist, da bilden sich, allerdings
— wie sehr nachdrücklich hervorgehoben werden muss —
keineswegs mit Nothwendigkeit (denn man bedenke z. B. den
altgermanischen Vers!), zwei bedeutsame rhythmische Sitten
aus. Erstlich die Sitte, Hebung und Senkung in regelmäss-
siger Folge (z. B. hochbetont + tiefbetont, d. h. tontrochäisch,
oder tiefbetont + hochbetont, d. h. tonjambisch, oder auch
tiefbetont + tiefbetont + hochbetont, d. h. tonanapästisch
etc.) mit einander abwechseln zu lassen, welche Regelmässigkeit bedingt, dass jede rhythmische Reihe eine bestimmte Anzahl von Silben zählt, woraus weiter sich ergeben kann (nicht
muss), dass mit dem Begriffe der rhythmischen Reihe der Begriff einer festen Silbenzahl sich verbindet. Sodann lässt der
accentuirende Versbau (namentlich wenn er in Folge der
Sprachbeschaffenheit vorwiegend in rhythmischen Reihen sich
bewegt, welche, wie die tonjambische und die tontrochäische,
auch der Prosarede sehr geläufig sind), das Bedürfniss hervortreten, die auf einander folgenden rhythmischen Reihen,
bezw. die auf einander folgenden Verse irgendwie rhythmisch
mit einander zu verbinden, um sie eben dadurch recht deutlich als Versrede zu kennzeichnen. Mit diesem Bestreben
kann sich das weitere verbinden, den Versschluss irgendwie
kenntlich zu machen, damit dem Hörer die Auseinanderhaltung der auf einander folgenden Verse erleichtert werde.
Diesem Doppelstreben genügt am besten der Gleichklang der
letzten Hochtonvocale in den einander folgenden Versen; verstärkt aber kann dieser Vocalgleichklang (Assonanz) noch werden
durch den Gleichklang des oder der auf den Hochtonvocal
etwa noch folgenden Consonanten, beziehentlich einer oder
mehrerer (im Lat. nur zweier) nachtoniger Silben (Vollreim).
Die Anwendung der Assonanz oder des Vollreimes wird zur
Versbindung besonders in denjenigen Sprachen gebraucht,
welche in Folge der Endungsbetonung eine grosse Fülle an

Reimvocalen, bezw. Reimsilben besitzen. Zu diesen Sprachen aber gehört das Latein [1]).

Die beiden eben gekennzeichneten rhythmischen Sitten sind der römischen Volksdichtung eigen gewesen: die rhythmischen Reihen zeigen feste Silbenzahl und regelmässigen Wechsel zwichen Hebung und Senkung; die Verse können durch den Reim mit einander gebunden werden.

In den oben angeführten Versen ist der Rhythmus tontrochäisch ($' \cap ' \cap$ etc.), aus der Hymnendichtung lassen sich aber auch tonjambische ($\cap \doteq \cap \doteq$ etc.) Verse beibringen. Die Anwendung dieser beiden Rhythmen war dadurch gegeben, dass auch die mitteltonigen Silben in der Hebung gebraucht werden konnten (*Nícomédes*, *Caésarém*, *líberáre*). Aehnliches ist ja auch in unserem Neuhochdeutschen der Fall, und eben deshalb sind in diesem tontrochäischer und tonjambischer Rhythmus das Uebliche, tondactylischer und tonanapästischer dagegen nur Ausnahmen.

Der accentuirende gleichtaktige Vers der römischen Volksdichtung ist überaus einfach gebaut, ist eigentlich nur gleichförmig scandirte Prosarede. Die regelmässige Aufeinanderfolge von Hebung und Senkung oder umgekehrt hat grosse Eintönigkeit zur Folge und kann ermüdend wirken.

13. Da die römische Kunstdichtung für die romanische Philologie unmittelbare Bedeutung nicht besitzt, so wird hier davon Abstand genommen, Hülfsmittel für das Studium der quantitirenden Metrik zu nennen; man findet dieselben übrigens bei *Gleditsch* a. a. O. verzeichnet. Die wichtigsten Werke sind: *Rossbach* und *Westphal*, Metrik der Griechen etc., 2. Ausg., Leipzig 1867/68; *Christ*, Metrik der Griechen u. Römer, 2. Ausg., Leipzig 1879; *L. Müller*, De re metrica poetarum latinorum praeter Plautum et Terentium libri VII, Leipzig 1861, und: Rei metricae etc. summarium, Petersburg 1878; *Klotz*, Grundzüge altröm. Metrik, Leipzig 1890. — Für die Urgeschichte der Metrik ist wichtig: *Usener*, Altgriechischer Versbau, ein Versuch vergl. Metrik, Bonn 1887, vgl. Ltbl. 1888, Sp. 36.

Ueber den Saturnier vgl. namentlich *Havet*, De Saturnio Latino-

---

[1]) Man kann die Doppelfrage aufwerfen, warum einerseits die altnationale Dichtung und andererseits die quantitirende Kunstdichtung der Römer den Reim nicht angewandt habe. Darauf ist zu antworten: Die erstere that es nicht, weil sie die Allitteration bevorzugte; die letztere aber musste den Reim schon um desswillen verschmähen, weil er der griechischen Dichtung fremd war.

rum versu, Paris 1880; *Keller*, Der sat. Vers als rhythmisch erwiesen, Leipzig und Prag 1883, und: Der sat. Vers, Prag 1886; *L. Müller*, Der sat. Vers und seine Denkmäler, Leipzig 1885; *Ramorino*, Del verso saturnio, Mailand 1886; *Lindsay* im American Journ. of Phil. XIV, 139 und 305, vgl. *Streitberg's* Anz. z. Bd. 4 der Idg. Forsch., p. 91. S. auch oben S. 552 Anm.; *Reichardt*, Der sat. Vers, in: Neue Jahrb. f. Phil. u. Päd. Supplementbd. XIX (1892).

Ueber Allitteration: *Nake* im: Rhein. Mus. III (1829), 324; *Loch*, De allitterat. usu apud poet. lat., Halle 1865; *Erhard*, Die Allitt. in der lat. Spr., Bayreuth 1882, Prgr.; *Bötticher*, De allitt. apud Romanos vi et usu, Berlin 1884; *Habenicht*, Allitt. b. Horaz, Eger 1885, Prgr.; *Wölfflin*, Ueb. d. allitt. Verbindungen der lat. Spr., in den Abh. d. bayer. Akad. Wissensch., phil.-hist. Cl. 1881, vgl. *Gröber*, Ztschr. f. rom. Phil. VI, 467.

Ueber den Reim: *Usener*, Reim in altlat. Poesie, Jahrb. f. Phil. und Päd. 1873, p. 174; *Buchhold*, De paromoioseos apud Romanos usu, Leipzig 1883; *Wölfflin* in seinem Archiv I, 350.

Ueber altlat. (accentuirenden) Versbau im Allgemeinen: *Zander*, De lege versificationis lat. summa et antiquissima, in Lund's Universitet's Arskrift, Bd. 26, vgl. *Streitberg's* Anz. III, 11; *Vernier*, Etude s. la versification des Romains à l'époque classique, Besançon 1889, vgl. Romania XLX, 336; *Ramorino*, La pronunzia dei versi quantitativi latini nei bassi tempi ed origine della verseggiatura, Torino 1893 (Memorie della R. Accad. delle scienze di Torino, Serie II, t. 43), vgl. über diese wichtige Schrift Ltbl. 1894. Sp. 153 und Romania XXII, 574; *W. Meyer* (-*Speyer*), Ueber die Bedeutung des Wortaccentes in der altlat. Poesie, und: Anfang und Ursprung der lat. und griech. rhythmischen Dichtung, in den Abhandl. der k. bayer. Akad. d. Wissensch. 1884 u. 1885, vgl. auch desselben Gelehrten Untersuchung über den Ludus de Antichristo, ebenda 1882; *G. Paris*, Lettre à M. Léon Gautier sur la versification latine rythmique, Paris 1866.

Ueber Hymnendichtung: *Huemer*, Ueb. die ältesten lat.-christl. Rhythmen, Wien 1879; *Dechevrens*, Du rhythme dans l'hymnographie latine, Paris 1894; *Pasdera*, Le origini dei canti popolari latini cristiani, Turin 1889; *Dütschke*, Die Rhythmik der Litanei, Halle 1889, Diss.; *Gautier*, Histoire de la poésie liturgique au moyen âge, Paris 1887; *Ronca*, Metrica e ritmica del medio evo. I primi monumenti ed origine della poesia ritmica latina, Rom 1890; *F. Wolf*, Ueb. die Lais, Sequenzen und Leiche, Heidelberg 1841; *Bartsch*, Die lat. Sequenzen des Mittelalters etc., Rostock 1868; *Kehrein*, Lat. Sequenzen des Mittelalters, Mainz 1873. — *Daniel*, Thesaurus hymnologicus, Halle 1841/46, 2 Bde.; *Mone*, Die lat. Hymnen des Mittelalters, Freiburg i. B. 1853/55, 3 Bde. — *Du Méril*, Poésies populaires latines antérieures au XIIe siècle, und: Poésies pop. lat. du moyen âge, Paris 1847. — Carmina burana ed. *Schmeller* in der Bibl. des Stuttgarter litt. Vereins, Bd. XVI.

Ueber Rhythmik im Allgemeinen seien genannt: *Ackermann*, Traité de l'accent appliqué à la théorie de la versification, Paris und Berlin 1843; *Pierson*, Métrique naturelle du langage, Paris 1884; *Benloew*, Précis d'une théorie des rhythmes, Paris 1863/64; *Combarien*, Les rapports de la musique et de la poésie considérés au point de vue de l'expression, Paris 1894; *Kawczynski*, Essai comparatif sur l'origine et l'histoire des rhythmes, Paris 1889, vgl. Ltbl. 1891, Sp. 19; *Souza*, Questions de métrique. Le rythme poétique, Paris 1892; *Prudhomme-Sully*, Réflexions sur l'art des vers, Paris 1892; *Graf*, Rhythmus und Metrum, Marburg 1892, vgl. Litt. Centralbl. 1892 No. 26, *Wulff*, Von der Rolle des Accentes in der Versbildung (Skandinavisk Archiv I, 69), Lund 1891, vgl. Ltbl. 1892, Sp. 235).

Eine „Revue de métrique et de versification" erscheint seit Mitte des Jahres 1894.

§ 46. Versbau des Romanischen. 1. Die rhythmische Reihe besteht im Romanischen aus einer Aufeinanderfolge von Silben, von denen entweder die letzte oder die vorletzte oder die drittletzte hochbetont sein muss. Da diese Betonung unbedingtes Erforderniss ist — Ausnahmefälle sind nur ganz selten und überdies nur scheinbar (denn in Wirklichkeit liegt dann Verskürzung vor) —, so ist die rhythmische Zeile accentuirend gebaut.

Als einander rhythmisch gleich gelten nur solche Reihen, welche bis zur abschliessenden Tonsilbe einschliesslich gleichviele Silben zählen[1]). Es ist z. B. ein Vers, dessen (letzte) Hochtonsilbe die zehnte Silbe ist, nur einem eben solchen Verse rhythmisch gleich, nicht etwa einem Verse, dessen (letzte) Hochtonsilbe an neunter oder elfter Stelle steht. Andrerseits aber gelten alle einander gleichsilbigen Verse auch als einander rhythmisch gleich, mag auch ihr innerer Bau verschieden sein (so werden z. B. der frz. sog. classische und der sog. romantische Alexandriner als einander gleich betrachtet und folglich mit einander gebunden.

Die romanische rhythmische Reihe ist also accentuirend gebaut und an eine feste Silbenzahl gebunden. Durch letztere Eigenschaft unterscheidet sie sich scharf einerseits von der

---

[1]) Die der (letzten) Hochtonsilben nachfolgenden Silben werden nicht gezählt und gelten als überschüssig, so dass z. B. ein altfrz. Alexandriner, dessen beide Hemistiche weiblichen Ausgang haben, so dass der Vers thatsächlich vierzehn Silben zählt, doch als Zwölfsilbler gilt. Im Ital. jedoch gilt der Vers mit weiblichem Ausgange als bestimmend für die Silbenzahl. Vgl. S. 565.

quantitirend gebauten rhythmischen Reihe, in welcher zwei
Kürzen durch eine Länge vertreten werden können und umgekehrt (s. § 45 No. 6), andrerseits aber auch von der accentuirend gebauten rhythmischen Reihe des Altgermanischen, in
welcher nur die Zahl der Hebungen, nicht aber Zahl und
Silbenumfang der Senkungen bestimmt sind. Dagegen stimmt
die romanische rhythmische Reihe in Bezug auf die Silbenzählung überein mit der accentuirenden rhythmischen Reihe
des Lateins (*Gálliás Caesár subégit* etc.), da auch diese an
eine bestimmte Silbenzahl gebunden ist, s. oben § 45 No. 12.

Zwei Silben sind selbstverständlich der geringste Umfang
einer rhythmischen Reihe, der Höchstumfang wird durch die
Athemdauer bestimmt; im Romanischen geht er — abgesehen
von künstlichen Spielereien — über 14 Silben nicht hinaus,
vgl. unten S. 565.

Die rhythmische Reihe des Romanischen kann bei längerem
(z. B. sechssilbigem) Umfange ausser der Hochtonstelle am
Schlusse noch eine zweite im Innern haben, deren Platz entweder fest oder aber — und dies ist das weitaus Ueblichere — beweglich ist. Im letzteren Falle ergiebt sich eine grössere oder
geringere Zahl rhythmischer Variationen.

Je nachdem die (letzte) Hochtonstelle die Reihe ab-
schliesst oder aber noch eine nachtonige Silbe oder zwei
solcher Silben nach sich hat, ist der Ausgang der Reihe

>   entweder oxytonisch (männlich, stumpf), z. B. ital. *amò*,
>   oder paroxytonisch (weiblich), z. B. ital. *ámo*,
>   oder proparoxytonisch (gleitend), z. B. ital. *ámano*.

Männlicher und weiblicher Reihenausgang ist in allen
roman. Sprachen möglich. Bemerkenswert aber ist, dass im
Neufrz., weil das auslautende *e* vielfach verstummt ist, der
weibliche Ausgang vielfach nur noch für das Auge, aber nicht
mehr für das Ohr besteht (so sind z. B. *terre : verre* thatsächlich männliche Ausgänge). Vgl. S. 565.

Gleitender Reihenausgang ist nur in den Sprachen möglich, welche noch Proparoxytona besitzen; nicht möglich ist er
also im Frz. und Provenzalischen.

Eine rhythmische Reihe kann für sich allein als Vers gebraucht werden, es können aber auch zwei Reihen (z. B. eine
viersilbige und eine sechssilbige oder zwei sechssilbige) zu

einem Verse sich verbinden. In letzterem Falle besitzt der Vers zwei feste Hochtonstellen, nämlich je eine am Schlusse jeder der beiden Reihen; ausserdem kann innerhalb einer jeden der beiden Reihen noch eine zweite (sei es feste oder) bewegliche Tonstelle, ja unter Umständen können noch mehr Tonstellen vorhanden sein.

Zwischen den zwei zu einem Verse verbundenen rhythmischen Reihen besteht als Andeutung der Trennung eine schwache, zugleich syntaktische und rhythmische Pause, z. B. frz.:

le tyran est tué — la liberté remise.

Diese Pause pflegt als „Cäsur“ bezeichnet zu werden, und dieser Name ist, weil einmal eingebürgert, nicht wohl zu beseitigen. Aber es ist wohl zu beachten, dass die romanische Cäsur etwas ganz Anderes ist, als die griechische und römische; die erstere ist eben eine Pause zwischen zwei rhythmischen Reihen, die letztere ist Unterbrechung einer rhythmischen Reihe (Durchschneidung eines Versfusses).

Die Pause kann übrigens dadurch aufgehoben werden, dass zwischen beiden Reihen (Hemistichen) unmittelbare syntaktische und rhythmische Verbindung hergestellt wird, so z. B. im sog. romantischen Alexandriner des Neufrz.

Wie die einzelne Reihe, so hat auch die Doppelreihe (der Vers) entweder männlichen oder weiblichen oder gleitenden Ausgang, von denen der letztere nur in Sprachen möglich ist, welche Proparoxytona noch besitzen (also nicht im Frz. und Prov.). Die italienischen Benennungen für diese drei Versarten sind *verso tronco* (Vers mit männl. Ausg.), *verso piano* (Vers mit weibl. Ausg.), *verso sdrucciolo* (Vers mit gleitendem Ausg.). Der *verso piano* gilt im Ital. als der Normalvers und als bestimmend für die Silbenzahl, so dass also ein Vers, dessen zehnter hochbetonter Silbe eine tieftonige nachfolgt, „Elfsilbler (*endecasillabo*)“ heisst, dieser Name aber auch auf den zehnsilbigen *verso tronco* und auf den zwölfsilbigen *verso sdrucciolo* übertragen wird, indem man annimmt, dass der erstere eine Silbe zu wenig, der letztere eine Silbe zu viel habe. Im Frz. gilt der Vers mit männlichem Ausgange als Normalvers, so dass also, wie schon bemerkt, ein Alexandriner mit weiblichem Ausgange der zweiten und eventuell auch mit weiblichem Ausgange der ersten Reihe doch für die rhythmische

Theorie nicht ein Dreizehn-, bezw. ein Vierzehnsilbler, sondern eben ein Zwölfsilbler ist.

Auf einander folgende Verse müssen im Romanischen durch den Vocalreim (Assonanz) oder durch den Vollreim rhythmisch mit einander gebunden werden. Reimlose Verse (ital. *versi sciolti*, span. *versos sueltos*, frz. *vers libres*) sind im Ital.[1]), Span. und Portg. allerdings möglich, sind auch im Frz. gelegentlich (z. V. von Voltaire) gebraucht worden, aber sie sind nur künstliche, also auch nur in der Kunstdichtung anwendbare, völlig unvolksthümliche Bildungen.

Der romanische Versbau beruht also auf dem Worthochtone, auf der Silbenzählung und auf der Anwendung des Reimes; von diesen drei Grundlagen ist der Worthochton die wichtigste.

Anmerkung 1. Es ist öfters versucht worden, romanische quantitirende Verse zu bauen. Der älteste dieser Versuche liegt vor in der altfrz. Eulalia-Sequenz, der neueste in den Odi barbare des genialen italienischen Dichters und Litteraturhistorikers Carducci. Namentlich aber waren Bemühungen, den quantitirenden Versbau auf das Romanische zu übertragen, in der Renaissancezeit an der Tagesordnung, wenn auch freilich alle wirklich bedeutenden Dichter und andrerseits auch alle namhaften Sprach- und Verstheoretiker von einem so aussichtslosen Unternehmen sich fern hielten. Es sind im Romanischen wirklich quantitirende Verse, d. h. Verse, wie sie die griechische Dichtung und nach deren Vorbilde die römische Kunstdichtung gebraucht hat, schlechterdings unmöglich. Nicht etwa deshalb, weil die romanischen Sprachen keine Vocal-, bezw. Silbenquantität besässen. Diese ist allerdings vorhanden, wenn auch freilich, um so zu sagen, in wesentlich geringerem Grade und in anderem Verhältnisse zum Worthochtone, als in den classischen Sprachen. Die Unfähigkeit des Romanischen zum quantitirenden Versbau ist vielmehr darin begründet, dass es in ihm unmöglich ist, nichthochbetonte Silben in der Hebung zu gebrauchen, und diese Unmöglichkeit wurzelt wieder in dem Uebergewichte des Worthochtons über die Quantität. In Folge dessen sind angeblich quantitirend gebaute Verse im Romanischen doch immer Accentverse, welche zugleich quantitirende Verse sind. Man nehme z. B. das frz. Distichon des Rapin (1535—1608):

O, dit- | elle le | coup ‖ que je | viens de don | ner ne me | deult pas,
  mais bien, | Paete, ce | luy ‖ qu'ores tu | vas te don | ner,

---

so sieht man, dass in der Arsis nur betonte Worte stehen, zum Theil
freilich Worte (wie z. B. *viens, vas*), deren Satzton zu schwach ist, als
dass sie in einem normalen Accentverse in der Hebung stehen könnten.
Nebenbei ist zu bemerken, dass, wenn in V. 1 *dit* und in V. 2 *bien* als
Länge gebraucht wird, dies eine Vergewaltigung der Sprache bedeutet.

Auch im Germanischen und Slavischen sind die Nachbildungen
antiker Metren in Wirklichkeit immer nur Accentverse.

Anmerkung 2. Der Versbau der späteren römischen Volksdichtung war, wie die überlieferten Reste ausweisen, und wie man auch
aus der Hymnendichtung schliessen darf, accentuirend und silbenzählend. Der romanische Versbau ist gleichfalls accentuirend und
silbenzählend. Ansätze zur Anwendung des Reimes finden sich in dem
volkslateinischen Versbau. Folglich ist die Anwendung des Reimes im
romanischen Versbau nichts eigentlich Neues. Bei dieser Sachlage
muss man glauben, dass der romanische Vers nichts Anderes ist, als
der volkslateinische Vers[1], ein Glaube, der ja auch durch die Erwägung
gestützt wird, dass, weil die Sprache der Romanen im Wesentlichen
auf die lat. Volkssprache sich gründet, eine entsprechende Annahme
auch bezüglich des romanischen Verses durchaus am nächsten liegt.
Es ist demnach der oft ausgesprochene Gedanke, dass der romanische
Vers, bezw. eine bestimmte romanische Versart von irgend einem
Metrum der lat. Kunstdichtung abzuleiten sei[2], von vornherein als
unstatthaft abzulehnen[3]. Es setzt ein solcher Gedanke ja nothwendig
voraus, dass irgend ein quantitirendes Metrum volksthümlich geworden
sei —, wie aber kann man das glauben und wie vollends es beweisen?
Nein, die Grundlage des accentuirenden romanischen Verses kann nur
ein accentuirender lateinischer Vers sein. Wer den Saturnier für
accentuirend gebaut hält, darf daher an diesen denken, wie *Stengel* in
Gröber's Grundriss II, Abth. 1 p. 19 es that. Aber war der Saturnier
wirklich accentuirend gebaut? Noch im J. 1892 hat *Reichardt* (Neue
Jahrb. f. Phil. u. Päd., Supplementbd. 19) es mit guten Gründen verneint. Und dann, kein einziges Zeugniss liegt dafür vor, dass der

---

[1] Ueber eine wichtige, schliesslich aber doch nur untergeordnete
Verschiedenheit, welche zwischen dem volkslat. und dem roman. Verse
besteht, wird in No. 2 gehandelt werden.

[2] Beispielsweise wollte *Rochat* (Jahrbuch f. rom. Litt. XI, 74)
den Zehnsilbler vom jambischen Trimeter ableiten, *ten Brink* (Conjectanea
p. 20) und *Gautier* (les Epopées frçes. I², 306) aus dem hyperkatalek-
tischen Trimeter, *Bartsch* (Ztschr. f. rom. Phil. III, 364) aus einem daktylischen Tetrameter, *Gröber* (Ztschr. f. rom. Phil. VI, 167) den dreimal
gehobenen Zwölfsilbler aus dem versus spondiacus tripartitus, *Thurneysen*
(Ztschr. f. rom. Phil. XI, 305) aus dem daktylischen Hexameter, *Henry*
(Contribution à l'étude des origines du décasyllabe roman, Paris 1886)
aus dem jambischen Trimeter etc.

[3] Der griechische versus politicus ist allerdings aus einem quantitirenden Metrum hervorgegangen. Aber darauf darf man sich nicht
berufen. Denn die quantitirenden Metren waren in altgriechischer Zeit
die Metren auch der volksthümlichen Dichtung, bei den Römern dagegen
gehörten sie nur der Kunstdichtung an.

Saturnier in der späteren Kaiserzeit noch lebendig gewesen sei. Wäre dem so gewesen, dann hätten uns die römischen Metriker wohl besser über den Saturnier unterrichtet; in Wirklichkeit aber kannten sie diesen Vers nur aus dunkler Ueberlieferung und erblickten in ihm das Metrum einer altersgrauen Vorzeit.

Die Annahme *W. Meyer's* (s. oben S. 559), dass die lat. Accentdichtung auf Nachahmung semitischer (syrischer) Dichtung beruhe, ist mindestens unnöthig. Das Gleiche gilt von *A. de Jubainville's* (Romania VIII, 145 und 422, IX, 177) und *Bartsch's* Annahme (Ztschr. f. rom. Phil. II, 195, III, 359 und IV, 476), dass gewisse romanische Versarten keltischen Ursprunges seien, wie dies auch *Rajna* (Le Origini dell' epopea francese p. 524) bezüglich des Zehnsilblers glaubt[1]). Gegen derartige Annahmen ist überdies einzuwenden, dass wohl nie eine Volksdichtung sich Metren oder Rhythmen aus der Fremde entlehnt hat. Das ist ein nur der Kunstdichtung geläufiges Verfahren.

2. Wenn der romanische rhythmische Vers nur e i n e Hochtonstelle (am Schlusse) besitzt, so stehen selbstverständlich alle ihr vorangehenden Silben in der Senkung. Sind, was bei grösserem Umfange des Verses die Regel ist, zwei Hochtonstellen vorhanden, so stehen die einer jeden vorangehenden Silben in der Senkung, so dass zwei Senkungen bestehen. Dann aber liegen zwei Möglichkeiten vor: entweder die beiden Senkungen sind einander an Silbenzahl gleich (haben z. B. beide je drei Silben), oder aber sie sind einander an Silbenzahl ungleich (z. B. die erste hat nur zwei, die letztere dagegen drei Silben oder umgekehrt). Im Falle der Gleichheit entsteht gleichtaktiger, im Falle der Ungleichheit ungleichtaktiger Rhythmus. Es besitzt also das Romanische ebensowohl gleichtaktige als auch ungleichtaktige Verse. Die letzteren aber sind die weitaus häufigeren, s. No. 3.

In der volkslateinischen Dichtung waren gleichtaktige Verse üblich, in der romanischen Dichtung herrschen die ungleichtaktigen Verse vor. Dieser hochbedeutsame Unterschied zwischen beiden Dichtungen ist folgendermaassen zu erklären.

Im Lateinischen können nicht nur die hochtonigen, sondern auch die mitteltonigen Silben in der Hebung stehen; mitteltonig aber sind namentlich die zweite Silbe vor und die zweite Silbe nach der Hochtonsilbe, z. B. einerseits das *i* von *libertátem*, andrerseits das *e* von *Caésarém*. Es stimmt also die latei-

---

[1]) Ueber altirische Betonung und Verskunst vgl. Zimmer in den Kelt. Studien, Heft 2 (1884).

nische Betonung in dieser Beziehung ganz mit der neuhochdeutschen überein, denn z. B. in dem nhd. Compositum *Váterháus* ist nicht nur das *a* der ersten, sondern auch das *áu* der dritten Silbe der Stellung in Hebung durchaus fähig. Die Betonungsweise aber, vermöge deren auch die mitteltonigen Silben durchaus den Verston tragen können, begünstigt nothwendig die Vorherrschaft des tonjambischen und tontrochäischen Rhythmus, d. h. gleichtaktiger Rhythmen. Daher sind einerseits in der lateinischen accentuirenden Dichtung, andrerseits in der neuhochdeutschen Dichtung die Verse ganz vorwiegend entweder tonjambisch oder tontrochäisch, d. h. gleichtaktig gebaut; es wechseln in ihnen Senkung und Hebung oder Hebung und Senkung ganz regelmässig ab, z. B. lateinisch:

> *Míhi ést propósitúm*
> *ín tabérna móri,*
> *vínum sít appósitúm*
> *móriéntis óri*

oder neuhochdeutsch:

> *es gíbt im Ménschenlében Aúgenblícke —.*

Im Romanischen dagegen überwiegt die Hochtonsilbe des Wortes alle übrigen Wortsilben derartig an Tonstärke, dass die Mitteltonigkeit für Stellung in Hebung nicht mehr ausreicht. Es kann also im Romanischen nur die Hochtonsilbe des Wortes in Hebung stehen, z. B. in ital. *libertà*, frz. *liberté* nur die dritte Silbe (*-tà*, *-té*), nicht auch, wie im Latein, die erste (*li-*), oder in ital. *Césare* nur die erste Silbe (*Ce-*), nicht auch, wie im Latein (*Caésarém*), auch die dritte (*-re*).

Diese Betonungsweise muss nun aber zur Folge haben, dass tonjambischer und tontrochäischer Rhythmus verhältnissmässig selten, tondaktylischer und tonanapästischer, ebenso tonpaeonischer Rhythmus verhältnissmässig häufig ist, dass jedenfalls die Wortrhythmen weit gemischter sind, als es im accentuirten Latein der Fall war. Denn z. B. *libertátem* war im Latein ein Doppeltrochäus, ital. *libertà* ist ein Tonanapäst; der lat. Satz *amábant árborès* hatte tontrochäischen Fall, in ital. Uebersetzung *amávano gli álberi* erhält er, wenn man von der ersten Silbe absieht, tondaktylischen Fall.

Aus dieser Sachlache muss sich ergeben, dass nicht nur

die im Latein übliche tontrochäische oder tonjambische Gleichtaktigkeit, sondern auch überhaupt die Gleichtaktigkeit des
Verses im Romanischen nicht so unmittelbar durch den
Sprachstoff gegeben ist, wie im Lateinischen. Die rhythmische Gestaltung der Worte ist eben im Romanischen eine
zu bunte, als dass gleichtaktiger Versbau in weiterem Umfange ohne Künstlichkeit und Gewaltsamkeit möglich wäre,
vgl. No. 4.

Der romanische Vers wird also vorwiegend ungleichtaktig
gebaut, d. h. der Silbenumfang der innerhalb einer rhythmischen Reihe, bezw. eines Verses befindlichen Senkungen ist
ungleichmässig, es stehen also einer jeden Hochtonstelle bald
nur eine, bald zwei (oder drei etc.) tieftonige Silben voran.

Unrhythmisch ist dieser Versbau an sich nicht, denn es
kann ja die Tonstärke der Senkungssilben eine verschiedene
sein (so ist z. B. in ital. *libertà,* frz. *liberté* die erste Silbe etwas
stärker betont als die zweite, so dass sie mit dieser, um den
wunderlichen Ausdruck zu brauchen, einen Senkungstontrochaeus
bildet), und weil dem in der Regel so ist und so sein muss,
kann rhythmische Wirkung erzeugt werden. Immerhin aber
nähert sich der romanische Vers — zumal da, wenn er aus
zwei Reihen besteht, diese in der Regel nicht (wie im Altgermanischen) durch die Allitteration rhythmisch verbunden sind
— sehr der Prosarede, wird von dieser nur durch eine dünne
Scheidewand getrennt; daher bedarf der romanische Vers der
Unterstützung durch die Musik: es .muss der, für sich allein
nur schwache, Rhythmus des Verses getragen werden von der
musikalischen Composition. Eben deshalb war in der altromanischen Zeit, d. h. im früheren Mittelalter, die Dichtung
(und zwar nicht bloss die Lyrik, sondern auch das Epos) un-
trennbar mit der Musik verbunden. Der Dichter schuf nicht
nur den Text des Gedichts, sondern auch die musikalische
Weise dazu, und nicht wegen der ersteren, sondern wegen
der letzteren Thätigkeit wurde er als „Erfinder *(trobador)*“
bezeichnet. Wer daher den Rhythmus altromanischer Verse
wirklich verstehen will, muss ihre musikalische Composition
kennen —, aber wie selten und wie schwer ist dies möglich!

Seit dem späteren Mittelalter hat die Verbindung zwischen
Versbau und Musik sich mehr und mehr gelockert und gelöst.

Selbst der lyrische Dichter rechnet jetzt meist nicht mehr auf die musikalische Composition seiner Lieder, ist oft überhaupt nicht einmal musikkundig.

Eben weil der romanische Vers einen nur schwachen Rhythmus besitzt, bedarf er zu deutlicherer Unterscheidung von der Prosarede der Stütze des Reimes. Im Neufranz. wird aber selbst diese nicht mehr für ausreichend erachtet, sondern noch die weitere der relativen syntaktischen Abgeschlossenheit hinzugefügt (Verbot des sog. Enjambement). Nichtsdestoweniger ist gerade im Neufrz. der Vers ganz bedenklich nahe an die Prosarede herangekommen, namentlich seitdem durch die thatsächliche (allerdings noch nicht folgerichtig durchgeführte) Nichtaussprache des auslautenden *e* (falls es nicht Stützvocal ist) die feste Silbenzahl des Verses vielfach nur auf einer geschichtlichen Fiction beruht. Man neigt in Frankreich mehr und mehr dazu, die Verse nach Art der Prosa vorzutragen, sie also nicht mehr rhythmisch zu scandiren.

3. Der romanische Vers hat feste Silbenzahl, in welcher jedoch die nachtonige(n) Silbe(n) am Reihenschlusse nicht inbegriffen ist (sind), s. oben No. 1. Bezüglich der Silbenzählung bestehen aber zwei Schwierigkeiten, erstlich hinsichtlich des Silbenwerthes der Vocalverbindungen, sodann in der Behandlung des Zusammentreffens eines auslautenden mit einem anlautenden Vocale (Hiatus). In der einen wie in der anderen Hinsicht sind die einzelnen Sprachen vielfach verschiedene Wege gegangen, haben überdies in manchen Dingen zu verschiedenen Zeiten ein verschiedenes Verfahren beobachtet. Hier jedoch kann unmöglich auf Einzelheiten eingegangen werden.

Die aus einfachem lat. Vocale hervorgegangenen Diphthonge (z. B. *ie* = lat. *ĕ*, *uo* = lat. *ŏ*) werden selbstverständlich einsilbig gemessen, ebenso Diphthonge, welche aus Vocalisirung eines lat. Cons. entstanden sind (z. B. ital. *fiore* = *flōrem*, prov. *fait* = *factum*). Andrerseits sind ebenso selbstverständlich Vocalverbindungen, welche auf mehrfachem lateinischen Vocal beruhen, zweisilbig, so z. B. frz. *li/en* = *li[g]am[en]* im Gegensatze etwa zu *bien* = *bĕne*. Im Einzelnen aber finden vielfache Schwankungen und Unfolgerichtigkeiten statt. So z. B, wenn im Frz. vielfach Silben, die mit halbconsonantischem *i* anlauten (wie etwa in *-ien* aus *-ianum*, z. B. *chrétien = christianum* oder *-ia* in *diable = diabolum*), auch dann, wenn im Lat. Doppelvocal vorhanden war, als einsilbig gelten. Oder wenn das Italienische auslautende Doppelvocale, welchen Ursprung sie auch haben mögen, im Versausgange zweisilbig, im Versinnern aber einsilbig misst, und was sich noch mehr anführen liesse von solchen Einzelheiten, deren jede übrigens, so wunderlich sie auch auf den ersten Blick erscheinen mag, doch einen sprachgeschichtlichen Hintergrund besitzt.

Hinsichtlich des Hiatus im Wortinnern sind die romanischen Sprachen wenig empfindlich, wie die grosse Zahl zwei- oder dreivocalischer Verbindungen zeigt, welche sie besitzen (z. B. ital. *paura*, *miei* etc.). Am weitesten in der Vereinfachung vocalischer Verbindungen ist das Frz. gegangen (z. B. **lieit > lit*), aber auch in ihm ist immer noch Hiatus in Fülle vorhanden (man denke z. B. an Verba wie *prier*, *tuer*). Und wenn im Frz. z. B. *pouvoir* für *pooir* eingetreten oder *cafetier* statt **cafeier* gebildet worden ist, so ist dies keineswegs zur Vermeidung des Hiatus geschehen, sondern es sind einfach Analogiebildungen (*pouvoir* nach *devoir*, *cafetier* nach *laitier*)[1]).

Auch in Bezug auf den Hiatus zwischen Wortauslaut und Wortanlaut haben die romanischen Sprachen, wie es scheint, ursprünglich wenig Empfindlichkeit besessen, wobei man sich dessen erinnern mag, dass in dem aurelianischen Soldatenliede (s. oben S. 558) es heisst: *tántum víni némo [h]ábet* etc., also zwischen *némo* und *hábet* ein Hiatus stattfindet, welcher durch Verschleifung nicht gehoben werden darf, weil dadurch die Silbenzahl gestört werden würde. Nicht einmal der auslautende Vocal einsilbiger Prokliticae wird vor folgendem Vocal in allen Fällen abgestossen. So wird lat. *quod* im Altfrz. zu *qued* und dieses zu *que*, aber nicht nur kann *que* im Hiatus stehen, sondern nach seinem Vorgange sind auch *se* (= *si*) und *ne* dessen fähig, wie sie andrerseits nach dem Vorgange von *qued* zu *sed* und *ned* hatten werden können.

Im Verlaufe der Zeit hat sich aber im Romanischen eine

---

[1]) Ebensowenig soll das *-t-* z. B. in *parle-t-il?* den Hiatus tilgen (denn bis in das 16. Jahrh. hinein sprach man *parle-il*), sondern es beruht auf Anbildung an *parlait-il?* u. dgl.

starke Abneigung gegen den Hiatus herausgebildet, und wohl nicht nur durch Wirkung gelehrten Einflusses, sondern auch durch Verfeinerung des Lautgefühls. Und so wird in der Dichtung, besonders in der Kunstdichtung, der neueren roman. Sprachen der Hiatus vielfach vermieden, indem man entweder ein vocalisch auslautendes und ein vocalisch anlautendes Wort überhaupt nicht zusammentreffen lässt oder bei solchem Zusammentreffen beide Vocale verschleift oder den ersten derselben abstösst. Im Französischen freilich ist das Hiatusverbot bei dem heutigen Lautstande der Sprache zu einem guten Theile nur Blendwerk, denn indem stumme und auch der Bindung nicht fähige Auslautconsonanten als noch lautend betrachtet werden, findet im Falle, dass ihnen vocalischer Anlaut nachfolgt, zwar nicht auf dem Papiere für das Auge, wohl aber in der Sprache für das Ohr Hiatus statt, und dieser wird ganz ruhig ertragen.

4. Der romanische Vers ist entweder gleichtaktig oder aber — und das ist das weit Häufigere — ungleichtaktig gebaut, vgl. oben No. 2. Folglich kann ein romanisches Gedicht bestehen entweder aus nur gleichtaktigen oder aus nur ungleichtaktigen Versen, oder endlich es können gleichtaktige und ungleichtaktige Verse mit einander gemischt werden. Da nun aus dem oben (No. 2) angegebenen Grunde sich im Romanischen leichter ungleichtaktige als gleichtaktige rhythmische Reihen bilden lassen, so ist schon um deswillen die Verwendung nur gleichtaktiger Verse in einer Dichtung durchaus unüblich. Es kennt also das Romanische keine durchweg tontrochäischen oder tonjambischen oder tondactylischen etc. Dichtungen, wie sie im späteren Latein (Soldatenlieder, Hymnen), bezw. im mittelalterlichen Latein gebräuchlich waren und im Neuhochdeutschen gebräuchlich sind. Hin und wieder sind solche Dichtungen in „accentuirend-metrischen" Versen allerdings abgefasst worden — der belgische Dichter van Hasselt († 1874) hat sogar eine ganze Sammlung derartiger Lieder geschrieben, der Genfer Marc-Monnier wenigstens einzelne —, aber das ist immer nur Liebhaberei und Spielerei gewesen, welche Anklang in grösseren Kreisen nicht gefunden hat. Andrerseits hat aber wohl noch kein romanischer Dichter

die Absicht gehabt, ein Gedicht aus lauter ungleichtaktigen
Versen zu bauen.

Romanische Dichtungsregel ist, dass in einer (längeren)
Dichtung ungleichtaktige und gleichtaktige Verse in bunter
Mischung auf einander folgen, und zwar in der Art, dass die
ungleichtaktigen die grosse Mehrzahl bilden.

Die ungleichtaktigen Verse können einander wieder un-
gleichartig sein, da ja innerhalb einer bestimmten Silbenzahl
mehrfache ungleichtaktige Silbenverbindungen möglich sind,
rhythmisch aber eben nur Gleichheit der Silbenzahl erfordert
wird. So kann z. B. eine sechssilbige rhythmische Reihe
mit zwei Hochtonstellen (von denen die erste beweglich ist)
folgende ungleichtaktige Silbenverbindungen aufweisen:

> Einsilbige Senkung + Hochtonstelle + dreisilbige
> Senkung + Hochtonstelle

oder:

> Dreisilbige Senkung + Hochtonstelle + einsilbige
> Senkung + Hochtonstelle.

Werden nun zwei sechssilbige Reihen zu einem Verse
verbunden, so kann der Bau der beiden Reihen der gleiche
oder aber er kann ungleich sein (z. B. in der ersten Reihe
gleichtaktig, in der zweiten Reihe ungleichtaktig oder umgekehrt), woraus folgt, dass der Bau des zweireihigen Verses
noch zahlreichere Formen haben kann, als der Bau der einzelnen Reihe. So ergiebt sich eine Fülle von Gestaltungs-
möglichkeiten innerhalb einer und derselben Silbenzahl.

Ein romanisches Gedicht besteht folglich (in der Regel)
aus einer Anzahl auf einander folgender Verse, welche —
abgesehen von der (den) nachtonigen Silbe(n) am Reihenschlusse — gleichen Umfang, aber (innerhalb der vorhandenen
Gestaltungsmöglichkeit) verschiedenen Bau haben. In einem
kürzeren, aus längeren (z. B. zwölfsilbigen) Versen bestehenden
Gedichte kann jeder Vers anders gebaut sein, als jeder andere;
in einem längeren Gedichte können die gleichgebauten Verse
wenigstens durch eine grössere Zahl verschieden gebauter von
einander getrennt werden.

So ist das romanische Gedicht, auch wenn für seinen
Aufbau nur eine Versart zur Verwendung kommt, grosser
Vielformigkeit fähig, und dem Dichter ist die Möglichkeit ge-

boten, die verschiedenen vorhandenen rhythmischen Formen eines und desselben Verses kunstvoll auszunutzen. Es ist dies an sich gewiss ein Vortheil, ein Vortheil ähnlicher Art, wie ihn die lateinische Kunstdichtung in der Vielformigkeit z. B. des Hexameters besass (s. oben § 45 No. 6), nur dass letztere Vielformigkeit eine noch mehr ausnutzbare war, weil sie sich nicht nur auf den Bau, sondern auch auf den Umfang des Verses erstreckte. Jedenfalls wendet in dem romanischen Gedichte der häufige Wechsel im innern Bau des Verses — ein Wechsel, dessen Spielraum durch die Möglichkeit der Unterdrückung der sog. Cäsur (s. oben S. 565) noch gesteigert wird — die Gefahr der Eintönigkeit, der ermüdenden Wiederholung immer nur eines und desselben Rhythmus ab.

Andrerseits nähert sich, wie der romanische Vers (s. oben No 2), so auch das romanische Gedicht durch seinen unsteten, wechselnden Gang gar sehr der Prosarede. Die Verse verschwimmen leicht mit einander, namentlich wenn enge syntaktische Verbindung zwischen ihnen besteht, vermöge deren die trennende Kraft des Reimes abgeschwächt wird. Eben deshalb ist der Bau reimloser Verse im Romanischen ein Wagniss, das eigentlich nur bei Versen, die nicht gehört, sondern nur gelesen werden sollen, statthaft ist, denn dann kann die Schrift die Verstrennung vollziehen.

5. Die Bindung auf einander folgender Verse durch den Reim ist, wie eben angedeutet wurde, im Romanischen eine Nothwendigkeit: der Reim ist gleichsam das Glöcklein, durch dessen Klang der Versschluss dem Ohre kenntlich gemacht wird; würde das Glöcklein nicht erklingen, so könnte das Ohr den durch den schwachen Versrhythmus ungenügend gekennzeichneten Versschluss gar leicht überhören.

Die älteste romanische Form des Reimes scheint im Gleichklang der im Versschlusse stehenden nachtonigen Vocale (z. B. *mare*:*inde*) zu bestehen; derartiger tonloser Reim findet sich schon bei Commodian und in Augustin's ABC-Psalm. Die nächste Stufe war die Assonanz, d. h. der Gleichklang der letzten Hochtonvocale (z. B. frz. *cire* : *bise*), möglich aber, dass das Italienische diese Stufe, für welche übrigens in der accentuirenden lateinischen Dichtung Beispiele fehlen dürften, übersprungen hat. Im Prov. und im Altfrz. wurde die Assonanz durch den Vollreim gänzlich verdrängt, im Spanischen hat sie sich neben dem Vollreime bis heute im Gebrauche behauptet. Der Vollreim war übrigens schon der accentuirenden lat. Dichtung der Spätzeit bekannt (man sehe oben S. 559 die Verse des Augustinschen ABC-Psalmes).

In Folge der Endsilbenbetonung, welche für das (geschichtliche) Latein und für das Romanische kennzeichnend ist, verfügen das erstere wie das letztere über eine unendliche Fülle von Reimen, wenn auch freilich keineswegs alle Wortausgänge in Masse vorhanden sind. Dieser Reimreichthum hat grosse Leichtigkeit des Reimes zur Folge. In mehreren Sprachen aber ist dieselbe theils durch phonetische Rücksichten, theils durch conventionelle Regeln stark eingeschränkt worden. Im Altprov. und im Altfrz. werden die verschiedenen Vocalklänge (z. B. offenes und geschlossenes *o*, die verschiedenen *E*-Laute) streng geschieden. Das Neufrz. steht seit dem 17. Jahrhundert unter dem Banne einer ganzen Reihe von Reimverboten, welche zum Theil darin begründet sind, dass ein früherer Lautstand der Sprache als noch bestehend betrachtet wird (wenn man z. B. *abri* nicht mit *nid*, *clou* nicht mit *vous* reimen darf, so beruht das auf der Annahme, dass das *d* in *nid* und das *s* in *vous* noch laute)[1]).

Der Reim kann männlich oder weiblich oder — aber nur in Sprachen, welche noch Proparoxytona besitzen — gleitend sein. Im Italienischen und auch im Spanischen wird die Anwendung männlicher oder gleitender Reime in der höheren Dichtung vermieden, so dass für diese nur der weibliche Reim in Gebrauch ist. Es erklärt sich dies aus der verhältnissmässig geringen Zahl der Worte männlichen und gleitenden Ausganges, denn seltene Reimarten haben stets etwas Auffälliges, der ernsten Dichtung Unliebsames an sich.

Im Neufranzösischen hat die Sitte sich ausgebildet, weibliche und männliche Reimpaare regelmässig mit einander wechseln zu lassen. Bei dem jetzigen Lautstande der Sprache ist dies Verfahren zu einem guten Theile eine sinnlose Form,

---

[1]) Die romanische Kunstdichtung hat sich überhaupt den Reim von jeher geflissentlich erschwert und in dem Gebrauche seltener oder sonst schwieriger Reime einen Hauptschmuck erblickt. So schon und vor Allem die alten Provenzalen, namentlich zur Zeit, als ihre Dichtung sich dem Niedergange zuneigte.

denn z. B. *elle : belle* oder *terre : verre* sind, weil das Aus-
laut-*e* verstummt ist, nur in der Schrift noch weibliche, für
das Ohr aber männliche Reime.

Bindung eines weiblichen und eines männlichen Reimes
(wie sie in der Schrift vorliegen würde, wenn man *terre* mit
fer binden wollte) findet sich nur im Altspanischen.

Consonantischer Reim (z. B. *argento : affronto : canto*)
kommt nur in der italienischen Volksdichtung zu gelegent-
licher Verwendung.

Die Allitteration ist dem Romanischen nicht unbekannt,
wird aber nicht zu einer regelmässigen Verbindung zweier
rhythmischer Reihen gebraucht.

6. Der Reim kann in seiner Eigenschaft als Mittel zur
Verstrennung dadurch verstärkt werden, dass jeder Vers eine
verhältnissmässig abgeschlossene Satzeinheit bildet, dass also
die syntaktische Construction nicht unmittelbar aus einem Verse
in den nachfolgenden hinübergreift und so eine begriffliche
Verbindung herstellt, welche die rhythmische Sonderung der
Verse abschwächt. Nichtsdestoweniger wird die syntaktische
Verstrennung im Romanischen sehr vernachlässigt; wo dies
geschieht, nähert sich die Versrede noch mehr, als ohnehin
schon der Fall ist, der Prosarede, freilich oft sehr zum Vortheil der Kraft, Lebendigkeit und Unmittelbarkeit des Ausdrucks. Nur im Neufranzösischen ist das „Enjambement"
verpönt, indessen, die Romantiker haben sich darüber ebenso
hinweggesetzt, wie über die Beobachtung der Verspause
(Cäsur).

7. Durch die dem Romanischen auferlegte Nothwendigkeit des Reimes wird die rhythmische Zusammenfassung, bezw.
die rhythmische Gliederung der in einem Gedichte aufeinander-
folgenden Verse bedingt. In dieser Hinsicht aber liegen mehrere
Möglichkeiten vor. Es können erstlich sämmtliche Verse durch
den gleichen Reim zusammengehalten werden. Dies ist selbstverständlich nur bei Stücken geringeren Umfanges ausführbar.
Andrerseits können die Verse des Gedichts in Abschnitte gleichen
oder ungleichen Umfanges zerlegt und innerhalb eines jeden Abschnittes so lange durch einen immer wechselnden Reim verbunden
werden, bis die Wiederkehr eines schon gebrauchten Reimes

nicht mehr als lästige Wiederholung empfunden wird. Es kann aber dieses Verfahren in kunstloser und in kunstvoller Weise geübt werden. Kunstlos ist es, wenn man einfache Reimpaare (Couplets) aufeinanderfolgen lässt, wie im altfrz. Abenteuerroman oder im neufrz. Epos und Drama. Kunstlos ist es auch, wenn eine bald grössere, bald geringere Anzahl von Versen durch gleichen Reim zu einer einreimigen „Tirade“ oder „Laisse“ vereinigt wird, wie dies in den ältesten frz. Epen geschah. Mehr oder weniger kunstvoll dagegen ist die Verbindung, wenn Verse verschiedenen Reimes mit einander in bestimmter Weise verschränkt werden, oder wenn zwischen Reimverse in bestimmter Ordnung reimlose Verse eingeschoben werden (so in der spanischen Romanze). Dieser „strophische“ Kunstbau kann noch dadurch rhythmisch ausgestaltet werden, dass Verse verschiedenen Umfanges mit einander wechseln, und dass die Gesammtstrophe eine rhythmisch wirkungsvolle dreitheilige Gliederung zeigt, innerhalb deren jeder Theil mit dem andern rhythmisch verkettet ist und dennoch eine gewisse Selbständigkeit besitzt.

Die kunstvollen Strophenformen werden, wie begreiflich, vorwiegend von der Lyrik gebraucht. Das Epos und das Drama — letzteres allerdings mit Ausnahme der lyrischen Bestandtheile (Chorgesänge u. dergl.) — begnügen sich mit einfacheren Formen. Indessen ist doch die Ottava rima, die Strophe des Renaissance-Epos, kunstvoll genug gestaltet.

8. Der rhythmische Kunstbau kann aber auf ein ganzes Gedicht sich erstrecken: es kann Strophe mit Strophe rhythmisch gebunden werden, sei es durch ebenmässige Durchführung der gleichen Reime, sei es durch wirkungsvolle Wiederholung eines Verses oder mehrerer Verse am Anfange oder im Innern oder auch, was das Häufigste ist, am Schlusse jeder Strophe (Refrain)[1]. Endlich kann dem Gedicht ein zugleich rhythmischer und rhetorischer Abschluss dadurch gegeben werden, dass ihm eine durch den Reim ihm verbundene kürzere Strophe (das Geleit, der Gruss) angefügt wird, in

---

[1] Ueber den Namen „Refrain“ vgl. *Schulze*, Ztschr. f. roman. Phil. XI, 249.

welcher der Dichter sein Lied anweist, an wen es sich zu richten, wohin es sich zu begeben habe.

So entstehen Gedichte fester Form. Die höchste Kunstvollendung zeigen unter allen die Canzone und das Sonett in italienischer Behandlung. Etwas ganz Eigenartiges, etwas über die Grenzen irdischer Verskunst gleichsam sich Erhebendes ist das Terzinengedicht, weil es, indem noch die letzte seiner Strophen eine folgende Strophe fordert, hineinragen will in die Unendlichkeit.

Die Gedichte fester Form gehören — mit Ausnahme des Terzinengedichtes — sämmtlich der Lyrik an. Aber keineswegs der Kunstlyrik allein, sondern auch der volksthümlichen Lyrik, der letzteren insbesondere die Gedichtsformen, in denen der Refrain zur Verwendung gelangt. Gerade die Volkslyrik besitzt höchst anmuthige Formen, weil ihre Strophen gedrängter und knapper und freier von raffinirten Reimverschlingungen sind, als die der Kunstlyrik.

In lyrischer Formenkunst haben die Romanen zweifellos das Höchste geleistet unter allen indogermanischen Völkern, Höheres noch, als selbst die Hellenen. Theuer haben sie den Ruhm erkauft: erkauft haben sie ihn auf Kosten des Gedankeninhaltes und der Gemüthstiefe ihrer Lyrik.

9. Für die epische Dichtung brauchten die Provenzalen und Franzosen zunächst den Zehnsilbler, und zwar, wie es scheint, zuerst mit der Verspause nach der sechsten, dann nach der vierten Silbe. Aus diesen Zehnsilblern wurden jene langen einreimigen Tiraden gebildet, welche so kennzeichnend für die altfrz. Chansons-de-geste-Epik sind[1]). Der Zehnsilbler wurde verdrängt durch den Zwölfsilbler (den sog. Alexandriner), der vereinzelt schon im Rolandsliede (*O*) erscheint (um 1080) und in der „Karlsreise" der einzig angewandte Vers ist. Späterhin, in neufranzösischer Zeit, wurde der Alexandriner der herrschende Vers der höheren Dichtung überhaupt, namentlich des Dramas. Die romantischen Dichter gaben ihm, indem sie sich die Unterdrückung der Verspause nach der sechsten Silbe grundsätzlich gestatteten (was vorher nur

---

[1]) In einzelnen Chansons-de-geste schliesst die Tirade mit einem sechssilbigen reimlosen Verse, vgl. *Becker*, Ztschr. f. rom. Phil. 18, 112.

gelegentlich geschehen war), eine zweite Form, die romantische, im Gegensatze zu welcher die früher einzige nun die „classische“ genannt wird.

Der heroische Vers der Italiener ist der Endecasillabo, den auch Spanier und Portugiesen für das Renaissance-Epos sich entlehnt haben.

Der Vers der spanischen Romanzendichtung ist der Siebensilbler mit weiblichem Ausgange.

10. Die ältesten uns erhaltenen romanischen Dichtungen sind: a) Das altfrz. Eulalia-Lied (vermuthlich 878 anlässlich der Translation der hl. Eulalia entstanden, vgl. *Suchier*, Ztschr. f. rom. Phil. XV, 24), leider die Nachahmung einer lateinischen Sequenz mit dem Bestreben, das quantitirende Metrum derselben nachzubilden. b) Das prov. Boëthiuslied (Ausgang des 10. Jahrh's.). c) Die Refrainverse einer im Uebrigen lateinisch überlieferten Alba (Cod. Vat. Regin. 1462, vgl. *J. Schmidt* und *Suchier*, Ztschr. f. deutsche Philol. XII, 333) [1]).

11. Allgemeines über romanische Metrik (vgl. auch die Litteraturangaben zu § 45 und die Anmerkung auf S. 561 f.): [*Stengel* in *Gröber's* Grundriss II, Abth. I, p. 1][2]). — *Scoppa*, Les beautés de toutes les langues, considérées sous le rapport de l'accent et du rhythme, Paris 1816 (diese Schrift legte den Grund für die wissenschaftliche Erkenntniss des romanischen Versbaues); *Becker*, Ueber den Ursprung der romanischen Versmaasse, Strassburg 1890, Diss. („Nach B. sind die roman. Verse in der Zwischenzeit vom 7. bis 12. Jahrh. aus den rhythmischen Umbildungen älterer metrischer hervorgegangen“.) *Stengel* a. a. O. p. 17; B's. Schrift kann bei der ersten Einsichtnahme sehr bestechen, hält aber näherer Prüfung nicht stand); *Eickhoff*, Der Ursprung des romanisch-germanischen Elfsilblers (der fünffüssigen Jamben) aus dem von Horaz in Od. 1 bis 5 eingeführten Worttonbau des sapphischen

---

[1]) Die Verse lauten:
> *lalba par umet mar atra sol*
> *poypas abigil miraclar tenebras.*

Bis jetzt ist eine befriedigende Erklärung und Uebersetzung nicht gefunden worden, trotz des Scharfsinns, den nach Suchier *Rajna* (Studj di filol. rom. III) und *Monaci* (Atti della R. Accademia dei Lincei, Jahrgang 1892) aufgeboten haben. Monaci erklärt die Verse für ladinisch, was doch kaum denkbar ist. Vgl. auch *Restori*, La notazione musicale dell' antichissima alba bilingue etc. Parma 1892, Nozze Salvioni-Taveggia.

[2]) Da *Stengel* in der genannten Arbeit seine Anschauungen über roman. Metrik zusammengefasst hat, so dürfte die Anführung seiner zahlreichen früheren Schriften über Einzelfragen der Metrik als entbehrlich erscheinen. Vgl. auch *Vollmöller's* Jahresb. I, 275.

Verses, Wandsbeck 1895 (der Titel der Schrift, der zugleich Inhaltsangabe ist, macht jede Bemerkung entbehrlich). — *Diez*, Ueber den epischen Vers, in: Altromanische Sprachdenkmale, Bonn 1846; *Storm*, Romanische Quantität, in: Phonet. Studien Bd. II; *Schuchardt*, Reim und Rhythmus im Deutschen und Romanischen, in: Keltisches und Romanisches, Berlin 1886, p. 222; *Gorra*, Delle origini della poesia lirica del medio evo, Turin 1895; *Densusianu*, Alliteratiunea in limbile romanice, Jassy 1895.

a) **Italienisch:** *Dante*, De vulgari eloquentia lib. II cap. 5 ff. (behandelt besonders den Bau der Canzone); *Antonio da Tempo*, Trattato delle rime volgari, composto nel 1332, ed. *Grion*, Bologna 1869; *Gidino*, Trattato dei ritmi volg., in: Scelta di curiosità etc. No. 105; *Trissino*, Poetica, Vicenza 1529; *Zuccolo*, Discorso delle ragioni del numero dei versi ital., Venezia 1623; *Mattei*, Teoria del verso volgare e prattica di retta pronunziazione, Venezia 1695; *Zanotti*, Dell' arte poetica ragionamenti cinque, Bologna 1768.

Berango, Della versificazione ital., Venezia 1854; *Picci*, Compendio della guida alle belle lettere (3ᵃ ed. Milano. 1865) p. 273; *Zambaldi*, Il ritmo dei versi italiani, Torino 1874; *Kurzweil*, Traité de la prosodie de la langue italienne, basé sur l'analyse étymologique des mots, Paris 1864; *Fraccaroli*, D'une teoria razionale di metrica italiana, Torino 1887 (wichtiges Buch, vgl. Ltbl. 1888 Sp. 125); *Murari*, Ritmica e metrica razionale, Milano 1891; *Solerti*, Manuale di metrica classica ital. ad accento ritmico, Torino 1886.

Immer noch brauchbar ist in Ermangelung einer besseren die von *Blanc* in seiner Grammatik (s. oben S. 542) gegebene elementare Darstellung des ital. Verbums.

Böhmer, Ueber Dante's de vulg. eloqu. und insbesondere über seine Theorie vom Bau der Canzone, Halle 1868 (Begrüssungsschrift zur Philologenversammlung); *Böhmer*, Roman. Stud. IV, 112; *d'Ovidio*, Sul trattato de vulg. eloqu. di Dante Al., in Arch. glott. II, 59 (vermehrt in den Saggi, Napoli 1879, p. 330).

D'Ovidio, Dierese e sinerese nella poesia ital., Napoli 1889 (wichtige Schrift); *Biadene*, Sul collegamento delle stanze mediante la rima nella canzone ital. del secolo 13⁰ e 14⁰, Florenz 1885; *Avolio*, La questione delle rime nei poeti siciliani del sec. 13⁰, in den Miscellanea Caix-Canello p. 237, vgl. Ztschr. f. rom. Philol. XI, 272; *d'Ancona* in der Nuova Antologia Heft 2 des Jahres 1879 (über das Sonett); *Corazzini*, Osservazioni sulla metrica popolare, in: Propugn. XIII, 2 p. 269; *Tigri* in: Canti pop. tosc. p. XLII; *Schuchardt*, Ritornell und Terzine, Halle 1875, vgl. Romania IV, 489, Ztschr. f. rom. Phil. II, 115; *Biadene*, La forma metrica del commiato (in Miscell. Caix-Canello), Il collegamento delle stanze etc., Florenz 1885 etc., und: Morfologia del Sonetto nei sec. 13⁰ e 14⁰, in: Studj di filol. rom. fasc. 10 (1888), vgl. *Vollmöller's* Jahresb. I, 287; *Ferrari*, La storia del sonetto ital., Modena 1887. — *Kriete*, Die Allitt. in der ital. Spr. mit bes. Berücksichtigung der Zeit bis T. Tasso; Halle 1893, Diss., vgl. Ltbl. 1894 Sp. 160.

Chiarini, I critici ital. e la metrica delle odi barbare, Bologna 1878; *Canino*, La metrica comparata latina italiana e le odi barbare di G. Carducci, Torino 1891.

b) **Rumänisch.** Ueber rumänischen Versbau findet man einige Angaben bei *Rudow*, Verslehre und Stil der rumän. Volkslieder, Halle 1887.

c) **Rätoromanisch.** Ueber rätoroman. Versbau sind bis jetzt Untersuchungen nicht angestellt worden.

d) **Provenzalisch.** Die ältesten Grammatiken, welche zugleich Vieles für die Theorie des Reimes bieten, wurden bereits oben genannt (S. 543, Anm.); besonders wichtig sind die Leys d'amors, vgl. dazu *Lienig*, Die Gramm. der prov. L. d'A. etc. Breslau 1890, Diss.

Diez, Die Poesie der Troubadours, Zwickau 1826 (auch in einem Neudruck erschienen), p. 84; *Bartsch*, Die Reimkunst der Troubadours, in Jahrb. f. rom. und engl. Litt. I, 171, vgl. auch *Bartsch's* Grundriss der prov. Litt. (Elberfeld 1872) § 21, § 25 bis 29, § 44; *Kalischer*, Observationes in poesim Romanensium Provincialibus inprimis respectis, Berlin 1866; *Pleines*, Hiatus und Elision im Prov. (Ausg. und Abh. 50); *Reimann*, Die Decl. der Subst. und Adj. im Prov. bis zum J. 1300, Danzig 1882, Strassburger Diss. (behandelt auch das Vorkommen des Hiatus); *Wiechmann*, Prov. geschlossenes *e* etc. Leipzig 1890 (Schluss der 1881 als Hallenser Diss. erschienenen Arbeit: Ueber die Auspr. des prov. *e*); *Oreans*, Die E-Reime im Altprov., Freiburg i. B. 1888, Diss., und: Die *O*-Laute im Prov., in: Roman. Forsch. IV, 427.

Maus, Peire Cardinals Strophenbau etc. Marburg 1882, Diss. (Ausg. u. Abh. 5); *Siebert*, Sprachliche Untersuchung der Reime des prov. Romans Flamenca, Marburg 1886, Diss.; *Davids*, Strophen- und Versbau des Castellans von Coucy, Hamburg 1887, Prgr.; *Thomas*, La versification de la chirurgie prov. de Raimon d'Avignon, Romania XI, 203; *Wiese*, Die Sprachformen Matfre Ermengau's, Ztschr. f. rom. Phil. VII, 390.

Witthoeft, Sirventes joglarese. Ein Blick auf das prov. Spielmannsleben, Marburg 1891, Diss. A. u. A. 88; über die Bedtg. des Namens *sirventes* vgl. *Tobler* bei *Gisi*, Der Troub. Guilh. Anelier von Toulouse, Solothurn 1877, p. 24, Ztschr. f. rom. Phil. II, 132, *Rajna*, Giorn. di filol. rom. I, 89 und 200, II, 73, *P. Meyer*, Romania VII, 626; *Selbach*, Das Streitgedicht in der altprov. Lyrik etc., Marburg 1886 (Ausg. u. Abh. 57), vgl. Ltbl. 1887 Sp. 76; *Knobloch*, Die Streitgedichte im Prov. und Altfrz., Breslau 1886, Diss., vgl. Ltbl. 1889, Sp. 76; *Zenker*, Die prov. Tenzone, Leipzig 1888, vgl. Ltbl. 1889, Sp. 108; *Jeanroy*, La tenson prov., in: Annales du Midi II, 281 und 441; *Martonne*, Le sonnet dans le Midi de la France, Aix 1894; *Schläger*, Studien über das Tagelied, Jena 1895, Diss.; *Springer*, Das altprov. Klagelied, Berlin 1895, Diss.; *Peretz*, Altprov. Sprichwörter, Erlangen 1887, Diss. (auch in Roman. Forsch. III, 415), vgl. Ltbl. 1888 Sp. 537; *Cnyrim*, Sprichwörter etc. bei den prov. Lyrikern, Marburg 1888 (Ausg. u. Abh. 71), vgl. Ltbl. 1888 Sp. 537; *Settegast*, Joi in der Sprache der Troub. etc., in: Berichte der k. sächs. Gesellsch. der Wissensch. 1889 p. 99; *Schindler*, Die Kreuzzüge in der altprov. und mhd. Lyrik, Dresden 1889, Prgr.

e) **Französisch**, *Langlois*, De artibus rhetoricae rhythmicae sive artibus poeticis in Francia ante litterarum renovationem editis, quibus versificationis nostrae leges explicantur, Paris 1891, Thèse; *Rucktäschel*, Einige Arts poétiques aus der Zeit Ronsards und Malherbe's, Leipzig 1889; *Zschalig*, Die Verslehren von Fabri, du Pont und Sibilet, Leipzig 1884, Diss.; *Johannesson*, Die Bestrebungen Malherbe's auf dem Gebiete der poet. Technik, Halle 1881; *Groebedinkel*, Der Versbau bei Ph. Desportes und Fr. de Malherbe, Französ. Stud. I, 41; *Braam*, Malherbe's Hiatusverbot und der Hiatus in der neufrz. Metrik, Leipzig 1884, Diss.; *Kalepky*, Ueber Malherbe's Versbau und Reimkunst, Berlin 1882; *Kaulen*, Die Poetik Boileau's, Münster 1882, Diss.; *Bornemann*, Boileau im Urtheile seines Zeitgenossen Jean Desmarets de St.-Sorlin, in: Französ. Stud. IV, 137.

Benloew, Rhythmes frçs. et rhythmes latins, Paris 1862; *Tisseur*, Modestes observations sur l'art de versification, Lyon 1893, vgl. über diese wichtige Schrift Ltbl. 1894 Sp. 88 und Romania XXII, 341; *Weber*, Ueber frz. Versbau, Ztschr. f. neufrz. Spr. und Litt. II, 523 und IX, 256; *Humbert*, Die Gesetze des frz. Verses, Leipzig 1888, vgl. Ltbl. 1890 Sp. 376; *Krause*, Die Bedtg. des Accents im frz. Verse für dessen begrifflichen Inhalt, Ztschr. f. rom. Phil. IX, 268; *Müller*, Ueb. accentuirend-metrische Verse in der frz. Spr. des 16. bis 19. Jahrh., Rostock 1882; *Harcyck*, Zur frz. Metrik, Ztschr. f. frz. Spr. und Lit. II, 1.

Quicherat, Traité de versification frçse., 5 ⁰ éd., Paris 1858; *Weigand*, Traité de versif. frçse., Bromberg 1871; *Grammont*, Les vers frçs. et leur prosodie, Paris 1876; *de Banville*, Traité de poésie frçse. 1881; *Duc*, Etude raisonnée de la versif. frçse., Paris 1889; *Goffic* et *Thirulin*, Nouveau traité de versif. frçse, 1890, vgl. Vollmöller's Jahresb. I, 287.

Berq de Fouquières, Traité général de versif. frçse., Paris 1879 (höchst geistvolles und anregendes Buch, das eine Fülle neuer Gesichtspunkte gegeben hat).

Tobler, Vom frz. Versbau alter und neuer Zeit, 3. Ausg., Leipzig 1894 (eine frz. Uebers. der 1. Ausg. erschien 1885); *Lubarsch*, Frz. Verslehre etc., Berlin 1879 (gutes Handbuch, aber doch nur mit einiger Vorsicht zu benutzen, da der Verf. zu sehr von vorgefassten Theorien ausgeht, vgl. Ztschr. f. rom. Phil. IV, 424); *Lubarsch*, Abriss der frz. Verslehre, Berlin 1879, vgl. Ztschr. f. neufrz. Spr. und Litt. II, 249; *Lubarsch*, Ueber Declamation und Rhythmus der frz. Verse, Oppeln 1888; *Humbert*, Das *e* muet und der Vortrag frz. Verse, Bielefeld 1890; *Sonnenberg*, Wie sind die frz. Verse zu lesen? Berlin 1885, vgl. Herrig's Archiv LXXIX, 472; *Foth*, Frz. Metrik f. Lehrer und Studirende, Berlin 1879.

Galino, Musique et versif. frçse. au moyen âge, Leipzig 1891, Diss.

Gnerlich, Bemerkungen über den Versbau der Anglo-Normannen, Strassburg 1889, Diss. Vgl. über anglo-norm. Versbau auch *Suchier* in Anglia 1879 S. 216 und in der Einleitung zu seiner Ausg. der Vie du s. Aubain, Halle 1877; *Vising*, La versif. anglo-norm., Upsala 1884.

Sepet, De la laisse monorime des chansons de geste, Bibl. de l'Ec.
des chartes XL., p. 363, vgl. Romania IX, 336; *Becker,* Der sechssilbige
Tiradenschluss, Ztschr. f. rom. Phil. XVIII, 122; *Suchier,* Der musikalische Vortrag der Ch. d. g. Ztschr. f. rom. Phil. XIX, 370; *Reissert,* Die
syntakt. Behandlung des zehnsilbigen Verses in der altfrz. Dichtung
(Ausg. und Abh. 13), Marburg 1883.

Andresen, Ueber den Einfluss von Metrum, Assonanz und Reim
auf die Sprache altfrz. Dichter, Bonn 1874, Diss.

Einzelschriften über den Versbau einzelner Dichtungswerke und
Dichter: Eulalia, vgl. *Koschwitz* in seinem Comm. der ältesten Sprachdenkmäler Bd. I, Heilbronn 1886; Leodegar: *G. Paris,* Romania I, 292;
Passion: *G. Paris,* Rom. II, 295; *Spenz,* Die syntaktische Behandlung des
achtsilbigen Verses in der Pass. und im Leod., Marburg 1887, Diss. (Ausg.
und Abh. 67); Rolandslied: *Gautier* in seiner Ausg., *Hill,* Das Metr. in
der Ch. de Rol., Strassb. 1873, Diss.; *Rambeau,* Ueber die als echt nach-
weisbaren Assonanzen im Oxforder Texte der Ch. de Rol., Halle 1878;
Wace: *Pohl,* Roman. Forsch. II, 321 und 453; Brandan: *Birkenhof,* Ausg.
und Abh. 19; Amis und Amiles: *Schoppe,* Frz. Stud. III, 1; Fantosme:
Rose, Roman. Stud. V, 301; Image du Monde: *Hase,* Halle 1882, Diss.;
Alain Chartier: *Hannappel,* Frz. Stud. I, 261; Trouvères belges: *Spies,*
Ausg. und Abh. 17; Rutebeuf: *Jordan,* Göttingen 1890; Froissart: *Blume,*
Greifswald 1890; Marot: *Keuter,* Herrig's Archiv LXVIII, 331; Ronsard :
Büscher, Weimar 1867, Prgr.; Maynard: *Lierau,* Greifswald 1882; Baïf
(metrische Verse): *Nagel,* Leipzig 1877 und Herrig's Archiv LXI, 439;
Jodelle (Versbau): *Herting,* Kiel 1884, Diss.; Jodelle (Lyrik): *Fehse,*
Ztschr. f. neufrz. Spr. und Litt. II, 183; Corneille: *Ricken,* Berlin 1885;
Musset: *Wehrmann,* Münster 1883, Diss.

Bellanger, Etudes hist. et philol. s. la rime frçse., Paris 1876, vgl.
Romania VI, 622; *Banner,* Ueber den regelmässigen Wechsel männlicher
und weiblicher Reime in der frz. Dichtung (Ausg. und Abh. 14); *Orth,*
Ueber Reim und Strophenbau in der altfrz. Lyrik, Cassel 1882; *Fenge,*
Ueber die Reime des Computus, und *Fölster,* Ueber die R. der Miracles
de Notre-Dame de Chartres, in Ausg. und Abh. 55 und 43; *Freymond,*
Ueber den reichen Reim bei den altfrz. Dichtern etc., Ztschr. für rom.
Phil. VI, 1 und 177; *Landais* et *Barré,* Dictionnaire des rimes frçses.,
nouv. éd., Paris 1889; *Quitard,* Dict. des rimes, Paris 1876 (enthält auch
einen brauchbaren Traité de versif.).

Riese, Allitterierender Gleichklang in der frz. Sprache alter und
neuer Zeit, Halle 1888, Diss., vgl. Ltbl. 1889, Sp. 171; *Köhler,* Allitt. im
Neufrz., Ztschr. f. frz. Spr. und Litt. XII, 90.

Otten, Ueber die Cäsur im Altfrz., Greifswald 1884, Diss.; *Heune,*
Die Caesur im Mittelfrz., Greifswald 1886, Diss.

Ricken, Neue Beiträge zur Hiatusfrage, Ztschr. f. neufrz. Spr. und
Litt. VII, 97 und VIII, 205; *Stramwitz,* Ueber Strophen- und Vers-
enjambement im Altfrz., Greifswald 1886, Diss., vgl. Romania XVI, 175.

Träger, Der frz. Alexandriner bis Ronsard, Leipzig 1889, Diss.;

Becker, Zur Geschichte der Vers libres in der neufrz. Poesie, Strassburg 1889, Diss. (Zeitschr. f. rom. Phil. XII, 89).

De la Grasserie, De la strophe et du poème dans la versif. frçse, spécialement en vieux frcs., Paris 1893; *Pfuhl*, Untersuchungen über die Rondeaux und Virelais etc., Königsberg 1887, Diss.; *Nätebus*, Die nichtlyrischen Strophenformen des Altfrz., Leipzig 1891, vgl. Ltbl. 1891, Sp. 273.

Jeanroy, Les origines de la poésie lyrique en France au moyen-âge, Paris 1889 (hochbedeutendes Werk, vgl. *G. Paris* im Journal des savants 1890/91).

Souriau, L'évolution du vers frçs. au XVII⁰ siècle, Paris 1893, vgl Rev. de philol. frçse et prov. VIII, 69.

f) Zusammenfassende Darstellungen des catalanischen, spanischen und portugiesischen Versbaues sind nicht vorhanden, abgesehen von kurzen und ganz elementaren Abrissen in Grammatiken. Ein Beitrag zur spanischen Metrik ist *Morel-Fatio's* Abhandlung: L'arte mayor et l'hendécasyllabe dans la poésie castillane du 15⁰ siècle et du commencement du 16⁰ siècle, in: Romania XXIII, 209. Ueber portg. Versbau vgl. *Braga's* „Poetica historica portugueza" in der „Antologia port." (Porto 1876) und die Angaben von *Carolina Michaëlis* in ihrer Ausg. der Poesien des Sá de Miranda, Halle 1885. Bezüglich des Catal. kann man nur auf *Mussafia's* Ausg. der Sieben weisen Meister (s. § 48 Bibliogr. F) und auf *Vogel's* Neucatal. Studien (Paderborn 1885) verweisen.

§ 47. Bemerkungen über das Schriftthum (die Litteratur) der Römer.

1. Die geistige Eigenart des römischen Volkes suchte und fand den angemessenen Spielraum für ihre Bethätigung auf den Gebieten des der Wirklichkeit zugewandten Lebens. Die Römer haben in rastlosem Ringen bald durch kühnes Wagen, bald durch kluges Berechnen ein Reich sich gewonnen, welches in seiner höchsten Ausdehnung (unter Trajan) nahezu den gesammten Erdkreis des Alterthums umspannte. Die Römer haben ein Staatswesen gegründet, welches sowohl in seiner republicanischen als auch in seiner monarchistischen Gestaltung vorbildlich geworden ist für die Entwickelung der Staatenbildung der Folgezeit. Die Römer haben ein Recht ausgebildet, welches, weil aufgebaut nach grossen allgemeinen Gesichtspunkten und doch dabei bis in das Kleinste die Bedürfnisse eines vielgestaltigen Gesellschaftslebens berücksichtigend, sich noch heute als brauchbar erweist. Die Römer sind in Kriegskunst und Politik die Lehrer der späteren Völker geworden. Die Römer haben endlich in der Technik Bewundernswerthes geleistet, wie noch jetzt die mächtigen

Trümmer der von ihnen aufgeführten Bauwerke und die noch erhaltenen Strassenanlagen bezeugen.

Gering aber war des nach allen praktischen Richtungen hin so hoch begabten Volkes Neigung und Befähigung zu künstlerischem Schaffen. Den Marmor zu Bildwerken zu gestalten, schönheitsvolle Tempel aufzurichten, Götter und Helden zu feiern in gedankentiefen und formvollendeten Liedern, die Geschichte der Vorzeit zu erzählen in geglätteter, zierlicher Rede —, alles dies lag ihnen ursprünglich völlig fern. Erst von den Griechen lernten sie, wie die Wissenschaft, so auch die Kunst und die Kunstübung, in Sonderheit die Kunst des rednerischen und dichterischen Schaffens.

Die Römer waren ihres Unvermögens zu selbständig künstlerischer Leistung und ihrer Abhängigkeit von den Griechen sich wohl bewusst, und ihre beiden grössten Dichter, Virgil und Horaz, haben dies Bewusstsein in sehr bezeichnenden Worten ausgesprochen[1]).

Die römische Litteratur, und zwar sowohl die Prosa wie die Dichtung, entwickelte sich erst, als das römische Volksthum in nahe Beziehungen zu dem benachbarten Hellenenthume getreten war. Die ersten. Anfänge römischer Dichtung nach griechischem Vorbilde gehören der Zeit vom Ende des ersten bis zum Ende des zweiten punischen Krieges an. Eine Art staatlicher Anerkennung erhielt das entstehende Schriftthum im J. 207 v. Chr. durch die Stiftung des Collegium poetarum (Liv. 27, 37).

Was vor der Berührung Rom's mit Hellas an römischer Dichtung vorhanden war, beschränkte sich auf das, was ein bäuerlich-abergläubisches und puritanisch-moralisirendes Volk nöthig hat an Gebets- und Zauberformeln, an Sittensprüchen, an Gedächtnissversen für den Hausbedarf, und was solcher

---

[1]) Man lese die schönen Verse in der Aeneis VI, 847 ff.:
> *Excudent alii spirantia mollius aera*
> *(cedo equidem), vivos ducent de marmore voltus,*
> *orabunt causas melius, caelique meatus*
> *describent radio et surgentia sidera dicent:*
> *tu regere imperio populos, Romane, memento*
> *(haec tibi erunt artes) pacique inponere morem,*
> *parcere subiectis et debellare superbos.*
Knapp und scharf aber sagt Horaz:
> *Graecia capta ferum cepit victorem.*

Dinge noch mehr sind. Es war eine Dichtung, wenn man das Wort hier überhaupt brauchen und nicht lieber „Versmacherei" sagen will, die halb aus liturgischem Formelkrame, halb aus bäuerlichen Kalenderregeln bestand, überdies wohl auch einige derbe Spottlieder in sich schloss. Eine Dichtung also war es, die so recht der Praxis des Lebens diente, nach Idealem gar nicht strebte. Möglich allerdings, dass, wie Macaulay so geistvoll vermuthete, daneben ein Volksgesang bestand, der geschichtliche Ereignisse in rohen, zugleich aber auch kraftvollen Liedern balladen- oder romanzenartiger Form verherrlichte. Aber wir wissen nichts von solchen „Lays of Ancient Rome", und aller Wahrscheinlichkeit nach sind sie nie erklungen [1]).

2. Schüler der Griechen also waren die Römer in Dichtung und Prosaschreibung. Dankbare Schüler waren sie, die wohl wussten, was sie ihren Lehrern schuldeten. Auch bildsame Schüler waren sie, die gern sich unterrichten liessen und Freude am Lernen hatten. Endlich aber waren sie nicht ganz unbegabte Schüler, und wenigstens einige von ihnen besassen Beanlagung genug, um etwas zu leisten, was verhältnissmässig neu, tüchtig und anmuthsvoll war.

Man darf den innern Werth der lateinischen Litteratur und insbesondere der lateinischen Dichtung nicht unterschätzen. Sie ist in ihren besseren Hervorbringungen keineswegs ein mechanischer Abklatsch der griechischen, keine sklavische Nachahmung. Freilich ist z. B. das römische Lustspiel der neuern attischen Comödie nachgebildet, aber Plautus und Terenz waren doch mehr als Uebersetzer, sie wahrten sich in der Umarbeitung griechischer Vorlagen eine verhältnissmässig grosse Freiheit und verstanden es, die fremden Stoffe römischem Geiste geschickt anzupassen. Das Gleiche lässt von

---

[1]) Wohl aber lohnt es sich, darauf hinzuweisen, wie die ganze ältere römische Geschichte von der Gründung Laviniums an bis hinab zum zweiten punischen Kriege (dieser mit eingeschlossen) mit Sagen so durchwoben ist, dass man sie ein grosses Volksepos nennen kann. Wie thätig selbst noch in späterer, vollgeschichtlicher Zeit die Sagenbildung war, kann die dramatische Erzählung von dem Falle Sagunt's zeigen, wie man sie bei Livius liest (vgl. *Meltzer*, Geschichte der Carthager [Leipzig 1896] Bd. II, p. 435). Dass solche Sage oft im Interesse politischer Bestrebungen gesponnen wurde und folglich, objectiv betrachtet, Geschichtslüge war, ist ja gewiss richtig, immerhin aber bezeugt sie auch dann die Befähigung der Römer zu epischer Dichtung.

den Tragikern sich sagen. Ja, e i n Gebiet des Drama's, das historische Schauspiel, die *fabula praetexta(ta)*, muss als eine eigenartige und sehr glückliche Schöpfung römischen Geistes angesehen werden [1]), als eine Schöpfung, die schönster Entwickelung fähig gewesen sein würde, wären ihr nur die äusseren Verhältnisse günstiger gewesen [2]). Aehnlich darf man über die *fabula togata* urtheilen. Die Römer besassen zweifellos eine gar nicht verächtliche Begabung für das realistische Drama. Leider aber bot das römische Theater der dramatischen Dichtung nicht die Möglichkeit zu einer gedeihlichen Entfaltung dar. Denn dies Theater wurde vom Staate als eine Vergnügungsanstalt, nicht als eine Bildungsstätte für das Volk betrachtet, und weil dem so war, drängten die ausgelassene Posse und der leichtgeschürzte Schwank, die Atellane und der Mimus, gar bald das bessere Lustspiel und vollends die Tragödie in den Hintergrund. Und überdies bestand die Volksmenge, welche bei den öffentlichen Spielen sich in das Theater drängte, schon seit den letzten Zeiten der Republik zu einem guten Theile gar nicht mehr aus Römern, denn Rom war als Hauptstadt eines Weltreiches auch eine Weltstadt geworden mit buntgemischter Bevölkerung verschiedenartigster Abstammung und Sprache. Für ein solches Publicum war ein Nationaldrama eine ungeeignete Speise; die Tingeltangelposse mundete ihm besser.

Gewiss hat Virgil dem Homer nachgeahmt, hat ihm nachgeahmt selbst in Einzelheiten, in Bildern, in Redewendungen, in epischen Formeln. Und doch ist die Aeneis ein ganz anderes Werk, als Ilias und Odyssee in ihrer Vereinigung es sind. Mit bewundernswerther Meisterschaft hat der Dichter es verstanden, seine Erzählung zu durchhauchen mit vaterländischem Geiste, das Gepräge römischer Grösse ihr zu geben, in ihr den naiven religiösen Glauben der Vorzeit dichterisch zu verklären und die sagenhafte Vergangenheit in engste innere Beziehung zu setzen mit der unmittelbaren Gegenwart,

---

[1]) Freilich darf man die alte Fabula praetexta nicht nach dem Rührdrama „Octavia" des Pseudo-Seneca beurtheilen.

[2]) Es hätte ein Kreis von „Historien" entstehen können, vergleichbar den Königsdramen Shakespeare's, d. h. eine Dichtungsreihe und eine Dichtungsart, wie sie so gewaltig selbst die Hellenen nicht geschaffen haben.

indem er die Gründung des Kaiserthums als den heilbringenden Abschluss einer vom Schicksal bestimmten, von den Göttern geleiteten Entwickelung darstellte.

Horaz hat in seinen Oden und Epoden griechischen Sängern nachgesungen, aber doch in eigenartiger Weise, denn den Lebensanschauungen seiner Zeit und seiner Persönlichkeit gab er Ausdruck, überdies oft genug sich Themata erwählend, die ausserhalb griechischen Gesichtskreises lagen, wie z. B. in allen Liedern, welche Augustus und Maecenas feiern. Noch weit selbständiger zeigt er sich in seinen Satiren und Episteln. Denn da sind römische Verhältnisse, da ist römisches Leben, da ist die ihn umgebende Wirklichkeit der Gegenstand seiner scharf auffassenden Beobachtung und fein zeichnenden Darstellung. Er bekundet da eine solche Begabung für eine im besten Sinne des Wortes realistische Auffassung der Menschen und Dinge, einen so geistvollen und doch auch zugleich so gemüthvollen Humor, wie man diesen Eigenschaften in der griechischen Litteratur nicht leicht begegnet. —

Ovid hat sich ganz eingelebt in griechische Mythologie, aber das bunte Bilderbuch seiner Metamorphosen enthält doch manche Seite, die nur ein Römer malen konnte. In ungleich höherem Grade gilt dies von dem Bilderbuche der römischen Sagengeschichte, den Fasten. Und welche feine, fast möchte man sagen: raffinirte Kenntniss des menschlichen Herzens zeigt er in seiner „Liebeskunst" und in seiner „Liebesheilkunde"! Am eigenartigsten aber ist er in seinen Trauerliedern und in seinen Briefen aus dem Pontus. Freilich kann die stete Wiederholung seiner Klagen ermüden, und unmännlich muss sie gewiss erscheinen, aber man empfindet doch, dass sie trotz der zierlichen Form, in welche sie sich kleidet, nicht einem bloss eingebildeten Unglücke gilt, sondern dass sie als ungekünstelter, wahrer Schmerzensschrei sich einer verzweifelnden Seele entringt. —

Und dann die römische Prosa! Ganz sicherlich erzählt Cäsar seine gallischen, germanischen und britischen Feldzüge nicht mit selbstloser und tendenzfreier Wahrheitsliebe, aber lichtvoll und klar ist seine Erzählung, frei von jedem Schwulst, frei auch von jedem Streben nach verdunkelnder Kürze. Der letzteren kann man Sallust zeihen, aber er entschädigt dafür seinen Leser durch den zielbewusst-festen und von sittlichen Grundgedanken getragenen Gang seiner Erzählung. —

Cicero wird oft mit dem Ehrennamen eines gedankenlosen Schwätzers belegt. Er soll hier nicht vertheidigt werden, schon weil er es gar nicht nöthig hat. Nur das Eine sei bemerkt, dass dieser Schwätzer zuweilen Reden gehalten hat, in denen er, wie z. B. in der für den Oberbefehl des Cn. Pompejus, grosse politische Verhältnisse von grossen Gesichtspunkten aus behandelt hat. Und auch ein Anderes werde nicht verschwiegen: eben jener Schwätzer besass eine Herrschaft über seine Muttersprache, wie mancher seiner Ankläger nicht. —

Livius' grosses Geschichtswerk ist eine Mischung von Sage und Geschichte, von Dichtung und Wahrheit. Diese Beschaffenheit mindert selbstverständlich seine Glaubwürdigkeit, schädigt seinen Quellenwerth, aber in rein litterarischer Beziehung darf man sie kaum als eine Schwäche bezeichnen, denn gerade weil der Erzähler auch dichterisch gestalteten Stoff in den Kreis seiner Darstellung einbezieht, wird es ihm erleichtert, seiner Rede Pathos und künstlerische Gestaltung zu verleihen.

Doch diese Bemerkungen sollen nicht fortgesetzt werden. Es galt ja nur, anzudeuten, dass die römische Litteratur höherer Bedeutung nicht entbehrt und der griechischen gegenüber eine sehr achtbare Selbständigkeit besitzt.

3. Die römische Litteratur hat nur e i n e r Blüthezeit sich erfreut, deren Dauer überdies nur kurz bemessen war, ein Jahrhundert ungefähr umfasste. Dann folgte eine Zeit anständiger Mittelmässigkeit, darauf unaufhaltsamer rascher Niedergang. Der im augusteischen Zeitalter breit und stolz dahinfliessende — zu einem guten Theile freilich nicht mit heimischem, sondern mit künstlich zugeleitetem Gewässer genährte — Strom der Litteratur wurde immer flacher und seichter, bis er endlich elendiglich verrann theils in öden Strandsand, theils in faulenden Sumpf. Geradezu kläglich ist der Niedergang des lateinischen Schriftthums in den letzten Jahrhunderten des weströmischen Reiches. Die einzigen tröstlichen Züge hat in das trübselige Bild das aufstrebende Christenthum hineingezeichnet. Die Werke der christlich-lateinischen Litte-

ratur erscheinen ebenso jugendfrisch und gedankenreich, wie diejenigen der nichtchristlichen Litteratur greisenhaft und gedankenarm. Aber die christliche Litteratur gehört ihrem ganzen Geiste nach schon nicht mehr dem Alterthume an, sie bildet die geistige Brücke zwischen diesem und der Folgezeit.

Die Ursache des schnellen Verblühens der römischen Litteratur ist unschwer abzusehen.

Ersparen kann man es sich, Anklagen gegen die Zwangsherrschaft der römischen Kaiser zu schleudern, unter deren Druck jedes freiere Geistesleben habe ersticken müssen. Im Spanien Philipps II., im Frankreich Ludwigs XIV. sind in ihrer Art hochbedeutende Litteraturen emporgeblüht, trotzdem dass die politischen Verhältnisse damals wohl noch beängstigender waren, als im kaiserlichen Rom.

Der Grund ist ein anderer.

Jedes Schriftthum muss, um Bestand zu haben, in einem Volksthume wurzeln, muss aus diesem Kräfte und Säfte saugen, durch welche es steter Verjüngung fähig ist, stete Auffrischung erhält.

Ein römisches Volksthum war einst vorhanden, und Grosses hat es vollbracht. Aber Grosses hat es nur vollbringen können mit Aufopferung seines eigenen Selbsts. Indem die Römer ein Weltreich gründeten, verurtheilten sie sich selbst zum Untergang. Die unterworfenen Völker erhielten innerhalb des weit ausgedehnten Reiches ein Uebergewicht an Zahl und Kraft, das den herrschenden Stamm nothwendig niederdrücken, sein innerstes Wesen erdrücken musste. Schon die geistige Ueberlegenheit der Griechen, die tiefgreifende Einwirkung ihrer Weltanschauung, ihrer Sprache, ihrer Wissenschaft, ihrer Kunst, ihrer Dichtung wirkte zersetzend auf den altrömischen Götterglauben, die altrömische Sitte, die ganze altrömische Lebensart ein. Dazu kam die Nothwendigkeit, zur Verwaltung des grossen Staates die Mithülfe der Provincialen, zur Vertheidigung der langgestreckten Grenzen die Kraft sogar der Barbaren in Anspruch zu nehmen. Provincialen (Kelten, Iberer etc.) traten in den Senat und in andere Behörden ein, Germanen in das Heer. So verlor das römische Reich allgemach den national-römischen Charakter, ohne einen neu nationalen zu erhalten, denn die Vielheit der in ihm äusserlich vereinten Völker war zu gross, als dass sie zu einer Einheit hätte verwachsen können. Zu alledem trat verwirrend hinzu die Vielheit der Religionen, unter denen das Christenthum zwar langsam zur Alleinherrschaft emporstrebte, aber gerade indem es dies that, vernichtend auf römische Eigenart, soweit sich solche noch zu behaupten vermocht hatte, einwirken musste.

Rom blieb bis zur Zeit Constantins die Hauptstadt des Reiches, neben welcher zeitweilig allerdings z. B. auch Mailand und Trier Sitze eines Cäsars waren. Gerade aber in der Hauptstadt musste römisches Wesen am raschesten und am völligsten verwischt werden, weil in sie Zuzügler aus allen Landen zusammenströmten: Kaufleute, Soldaten, Beamte, Gelehrte, Gewerbtreibende, Abenteurer und überdies jahraus, jahrein ganze Massen ausländischer Sklaven. Wurde so das Römerthum in Rom selbst erstickt, so wurde es auf dem platten Lande anderweitig untergraben: durch das Ueberhandnehmen der Grossgüterwirthschaft und des Villenwesens wurde der kleine bäuerliche Besitz und damit das Fortbestehen der Bauernschaft unmöglich gemacht. Die Feldern wurden zu Parkanlagen, Jagdgehegen, Fischteichen umgeschaffen, in deren Mitte ein reichbegüterter Mann wohnte, von einem fremdländischen Sklaven- und Freigelassenenheere umgeben, ein Mann, der wohl einen altrömischen Namen trug, vielleicht auch der Abstammung aus einer altrömischen Gens sich rühmte, weil er durch Adoption in eine solche eingetreten war, und der dennoch nicht als Römer sich fühlte.

Das römische Volk ist untergegangen vor Untergang des römischen Reiches; das letztere hat das erstere überlebt.

Das Absterben des römischen Volksthums vollzog sich im ersten und zweiten nachchristlichen Jahrhunderte. Je mehr die Zahl der römischen Bürger durch Verleihung der Civität an die Provincialen anwuchs, um so mehr minderte sich die Zahl der nationalrömischen Bürger.

Die römische Litteratur war die Litteratur eines dem Untergange unrettbar verfallenen Volksthums; sie war eine Pflanze, welcher durch unterirdisches Gewässer der Wurzelboden hinweggespült wurde: eine Zeit lang vermochte sie auch entwurzelt noch ein Scheinleben zu führen, Form und Farbe einigermaassen noch zu bewahren, dann aber musste sie welken und faulen, um nie wieder zu erblühen — denn die lateinische Litteratur des Mittelalters ist keine Fortsetzung und die lateinische Litteratur der Renaissance keine Zweitblüthe der römischen Litteratur.

4. Die Entnationalisirung der römischen Litteratur bekundet sich auch äusserlich in der hochwichtigen Thatsache, dass die Dichter und Prosaiker der Kaiserzeit zu einem guten Theile Provincialen waren, also nicht Römer von Geburt, oft wohl nicht einmal Römer von Abstammung. Virgil wurde im cisalpinischen Gallien geboren, Horaz und ebenso Ovid in Unteritalien, d. h. in einem Gebiete, das damals schwerlich schon dem oskischen Volksthume und dem Griechenthume völlig abgewonnen war. Indessen mag man diese drei als Vollblutrömer gelten lassen. Nicht statthaft aber ist dies in Bezug auf die zahlreichen Schriftsteller, welche (wie z. B. Auson) aus Gallien oder (wie z. B. Seneca) aus Hispanien oder (wie z. B. Apulej, Tertullian, Augustin) aus Afrika stammten. Solche Männer hatten zwar in der Rhetorenschule gelernt, mit römischem Brusttone zu reden und wie Römer sich zu geberden, aber zu Vollrömern wurden sie dadurch doch nicht umgeschaffen.

So nahm die römische Litteratur frühzeitig ein kosmopolitisches Wesen an und gab sich — was im denkbar schärfsten Gegensatze zu der Eigenart altrömischen Wesens steht — willig als Werkzeug her für die Verkündung kosmopolitischer Anschauungen und Bestrebungen.

Es vollzog sich damit eine grosse geschichtliche Fügung: die römische Litteratur arbeitete dem Christenthum vor, bahnte ihm die Wege, riss die Wälle nieder, welche römisches Volksbewusstsein, wäre es noch vorhanden gewesen, nicht zwar durch Verfolgung, aber durch starre Abweisung einem Glauben entgegengestellt haben würde, der nationale Götter nicht kannte, nicht an ein Volk, sondern an die Völker insgesammt sich wandte.

Eine Legende erzählt, dass der Philosoph Seneca die Taufe empfangen habe. Seneca ist nicht Christ geworden, aber seine Lehre hat dem Christenthum die Pfade geebnet.

Der kosmopolitische Zug der römischen Litteratur offenbart sich ferner darin, dass sie auch für nichtrömische Dinge wenigstens einige Antheilnahme bekundet hat. Cäsar schilderte die Sitten der Gallier und Germanen. Cornelius Nepos schrieb Lebensläufe griechischer und punischer Helden. Tacitus verfasste eine Schrift über die Germanen. Der ältere Plinius weiss Vieles zu erzählen, was ausserhalb des nationalrömischen Gesichtskreises lag, und das Gleiche thaten andere Polyhistoren.

Es wurde dadurch der Uebergang von der Nationalgeschichte zur Weltgeschichte vorbereitet, den dann später die christliche Geschichtsschreibung vollzogen hat.

5. Wo ein Volk mit scharf ausgeprägter geistiger Eigenart und mit reger Empfänglichkeit für ideale Denkrichtungen nicht vorhanden ist, da wird die Litteratur zu einer Beschäftigung und der Unterhaltung lediglich der oberen, der schulmässig gebildeten Gesellschaftsclassen. Die unteren Bevölkerungsschichten bleiben von ihr ausgeschlossen. Das konnte im Wesentlichen auch im römischen Kaiserreiche nicht anders sein. Allerdings war damals eine gewisse Durchschnittsbildung allem Anscheine nach weit verbreitet, erstreckte sich, namentlich in den grossen Städten, vielfach auch auf die Angehörigen der niederen Stände. Aber da die römische Litteratur so stark hellenisirt war, so erforderte ihr, sei es auch nur oberflächliches, Verständniss doch immerhin eine ziemliche Summe gelehrten Wissens von Mythologie, Geschichte, Geographie und anderen schönen Dingen. Darüber verfügte der gemeine Mann nicht, auch jene Geldprotze nicht, die, wie Trimalchio, sich Bibliotheken anlegten, Leibdichter hielten und ihre Gastmahle mit litterarischen Zuthaten würzten. Wie grauenhaft verworren in den Köpfen solcher Gesellen es aussah, das lese man in Petronius' ergötzlicher Schilderung nach. So blieb denn das, was die grossen Dichter und Prosaiker der classischen Zeit geschaffen hatten, geistige Speise für die wirklich Gebildeten; der weniger Gebildete konnte wohl den Versuch des Genusses wagen, war aber zur Verdauung nicht fähig. Kein einziges Werk der römischen Kunstlitteratur scheint geistiger Besitz der Massen der Bevölkerung geworden zu sein, wie dies, bis zu einem gewissen Grade wenigstens, im neuzeitlichen Frankreich oder Italien etwa hinsichtlich des

Cid oder der Gerusalemme liberata geschehen ist. Selbst die Aeneis stand viel zu hoch, um ein wirkliches Volksbuch werden zu können. Es scheint, als sei sie der Volksmasse nur in verzerrter Gestalt bekannt gewesen. Denn sonst wäre Virgil doch wohl kaum der lächerliche Held abgeschmackter Erdichtungen geworden. Zu alledem kam hinzu, dass, abgesehen von den frühzeitig ganz oder halbvergessenen Dramatikern der republicanischen Zeit, kein Kunstdichter es verstanden hat, Töne anzuschlagen, welche auch ausserhalb der Salons und Studierzimmer fühlende Herzen hätten erregen können.

Die Rhetorenschule war recht eigentlich die Pflanzstätte und die Uebungsstätte der Kunstlitteratur, jene Rhetorenschule, welche nicht nur in der Hauptstadt, sondern auch allenthalben in den Provinzen des Kaiserreichs blühte, so recht als Wahrzeichen spätrömischen Geisteslebens. Die Litteratur — die Dichtung nicht minder als die Prosa — versank in formalistische Schulrhetorik. Der Gedankeninhalt der Schriftwerke verödete und verkümmerte mehr und mehr; so blieb denn nur die stilistische Form noch übrig als Gegenstand der Pflege. Und sie wurde gar fleissig gepflegt und gemodelt nach verschiedenen Recepten, bald nach einem, mittelst dessen man den Schellenklang eines glitzernden Periodenbaues erzeugte, bald nach einem andern, das berechnet war auf alterthümelnde, geistreichelnd zugespitzte Kürze des Ausdrucks. Preciöse Stilarten wurden ausgebildet zum Anreiz und zur Befriedigung eines von Grund aus verbildeten und verdorbenen litterarischen Geschmacks.

6. Die Frage, ob etwa neben der verfallenden Kunstdichtung der Kaiserzeit eine irgendwie höherer Leistung fähige lebensfrische Volksdichtung geblüht habe, muss entschieden verneint werden. Es gab ja damals kein römisches Volk mehr, sondern nur eine Reichsbevölkerung. Und wenn auch ein Volk vorhanden gewesen wäre, wovon hätte es noch singen sollen? Die alten Götter waren abgethan, die Helden der so ganz anders gearteten Vorzeit wurden nicht mehr verstanden, die Gegenwart aber hatte keine Helden mehr. Von Liebe freilich und vom Weine wird man auch damals noch gesungen

haben, aber ein frischer und froher Gesang konnte das nicht sein, denn zu schwer war die Luft, die man athmete, zu drückend lastete auf Allen das dunkle Gefühl, dass es zu Ende gehe mit der alten Welt.

Auch die Bühnendichtung welkte rasch dahin. Die Bühne wurde ja mehr und mehr ein Specialitätentheater, auf welchem Athleten, Tänzer und Darsteller lebender Bilder ihre Kunststücke zeigten. Die Atellane und der Mimus behaupteten sich zwar noch, aber die erstere wirthschaftete mit den altüberlieferten stehenden Charaktermasken, und der letztere wurde mehr und mehr zu einer grotesken und zotigen Gesticulation; beide wurden übrigens durch das stumme Spiel des Pantomimus gar sehr in den Hintergrund des Interesses gedrängt.

Am Ausgange des Alterthums waren in der Profanlitteratur nur zwei Gattungen noch in leidlich lebhaftem Betrieb: die Bearbeitung griechischer Prosaromane einerseits und andrerseits die Fabrication von allerlei Handbüchern und Leitfäden, welche der Zusammenfassung der immer mehr zusammenschrumpfenden und immer mehr zum todten Stoffe werdenden Summe des Wissens dienen sollten.

7. Das Aufkommen des christlichen Schriftthums, welches selbstverständlich auf die biblischen Bücher, also auf Schöpfungen semitischen Geistes, sich stützte, führte ein neues Kunstmittel in die Litteratur ein: die häufige Anwendung der Allegorie. Unter anderen Verhältnissen hätte dies zu einer Verjüngung und Durchgeistigung des litterarischen Schaffens führen können. Die Litteratur des endenden Alterthums aber war bereits viel zu ausgelebt und entwickelungsunfähig, als dass sie ohne Nachtheil ein Kunstmittel hätte in sich aufnehmen können, dessen Verwendung höchste Besonnenheit und feinen dichterischen Sinn erfordert. Das letzte schwache Flackern antiken Geistes wurde ausgelöscht durch den mit der Allegorie getriebenen Missbrauch. Schliesslich, mit dem Zusammenbruche des weströmischen Staates, mit dem Niedergange der Rhetorenschulen, mit der Zertrümmerung der alten Bildungsformen, schwand auch die grammatische Sicherheit im Gebrauche der Schriftsprache. Der Untergang der römischen Litteratur war damit vollzogen.

Das Alterthum ging über in das Mittelalter. Die römischen Litteraturwerke, insbesondere die classischen, wurden zunächst nur in einzelnen Klosterschulen noch gelesen, aber auch da nicht mit dem richtigen Verständnisse; mussten sie es sich doch gefallen lassen, dass man allerlei christliche Anschauungen in sie hineingeheimnisste, dass man z. B. eine Ekloge Virgils auffasste als eine messianische Weissagung. Was man in weiteren Kreisen allenfalls noch las und verstand, waren Sammelwerke, voll von geschichtlichem Anekdotenkram und naturgeschichtlicher Fabelei, und ausserdem die abstrusen Troja-, Alexander- und Cäsarromane, sowie die letzten Ausläufer griechischer Liebes- und Abenteuernovellen. Das antike Drama wurde so unbekannt, dass man sogar den Begriff von „Comödie“ und „Tragödie“ verlor. Ein Theater gab es nicht mehr; selbst Atellane und Mimus lebten nur gleichsam unterirdisch fort.

Im frühen Mittelalter waren die irischen, schottischen und angelsächsischen Klöster die Hauptpflegestätten gelehrter Bildung. Die Klöster des Frankenreiches folgten ihnen nach, Dank der Anregung, welche der grosse Karl gegeben hatte. Das karolingische Zeitalter sah eine Art des Wiederauflebens lateinischer Dichtung und Prosaschreibung. In den folgenden Jahrhunderten erhob sich zeitweilig an einzelnen Fürstenhöfen (wie an dem Hofe Heinrichs II. von England) und in einzelnen Klöstern (so in dem zu Bec in der Normandie) die Beschäftigung mit lateinischer Litteratur zu höheren Leistungen des Verständnisses und der Nachbildung. Wirkliches Verständniss des classischen Alterthums aber schuf erst der mit Petrarca und Boccaccio anhebende Humanismus.

Hülfsmittel für das Studium der römischen Litteraturgeschichte wurden oben § 28 S. 252 angegeben.

§ 48. Das Schriftthum (die Litteratur) der Romanen.

1. Die Geschichte des romanischen Schriftthums theilt sich in zwei grosse Zeiträume, von denen der zweite mit dem Aufkommen der Renaissancebildung anhebt. Der erste Zeitraum kann der mittelalterliche, der zweite der neuzeitliche genannt werden, wenn auch diese Bezeichnung mit der üblichen Abgrenzung der Neuzeit von dem Mittelalter nicht ganz übereinstimmt.

2. Während des Mittelalters war bei Romanen (Germanen und Westslaven) das Latein die ausschliessliche Sprache der Wissenschaft und der die Nachahmung lateinischer Dichterwerke anstrebenden Poesie. Auch die Geschichtsschreibung bediente sich vorwiegend der lateinischen Sprache. In der romanischen Volkssprache wurden, abgesehen von vereinzelten Ausnahmen, nur solche Werke abgefasst, welche dem Zwecke der Erbauung, namentlich aber dem Zwecke der Unterhaltung dienen sollten. Daher ist es geschehen, dass das Adverb *romanice* „romanisch" Substantivform (altfrz. *romanz*, ital. *romanzo* etc.) annahm und zur Gattungsbezeichnung des erzählenden Gedichtes gebraucht wurde[1]).

Der lateinisch schreibende Schriftsteller des Mittelalters schrieb, auch wenn er Verse schrieb, für die Gelehrten, bezw. für die Lateinkundigen des gesammten Abendlandes.

Wer dagegen in einer romanischen Sprache schrieb, wandte sich an die Gesammtheit der Angehörigen seiner Sprachgenossenschaft, namentlich auch an die Ungelehrten, immer aber eben n u r an die Angehörigen seiner (vielleicht nur kleinen) Sprachgenossenschaft, so dass sein Werk, wenn es über diesen Kreis hinaus verbreitet werden sollte, einer sprachlichen Umsetzung benöthigte.

Die mittelalterlich-lateinische Litteratur trug ein gelehrtes und internationales, die mittelalterlich-romanische Litteratur ein volksthümliches und nationales, oft sogar ein landschaftliches Gepräge.

Die mittelalterlich-lateinische Litteratur war, weil sie ein gelehrtes Schriftthum war, vorwiegend wissenschaftliche Prosalitteratur. Die mittelalterlich-romanische Litteratur dagegen war, weil sie zumeist dem Zwecke der Unterhaltung diente, vorwiegend Dichtung und zwar Versdichtung (vgl. No. 3).

3. Da das Mittelalter die mechanische Vervielfältigung der Schriftwerke durch den Buchdruck noch nicht kannte, so konnten damals Schriftwerke nur entweder durch Abschrift

---

[1]) Ueber die auffällige lautliche Entwickelung von *romanice* s. *Meyer-Lübke*, Roman. Gramm. I, 252. Ueber die Sache vgl. *Hirzel*, Ztschr. f. deutsches Alterth. XXXIII, 226, und *Völker*, Ztschr. f. rom. Phil. X, 485. — Zu dem altfrz. Cas. rect. wurde ein analogischer Cas. obl. *romant* gebildet, wovon *romantisme* und *romantique* abgeleitet sind.

oder aber durch mündlichen Vortrag verbreitet werden. Die erstere Verbreitungsweise reichte aus bei den Erzeugnissen des gelehrten lateinischen Schriftthums; sie reichte nicht aus bei den Erzeugnissen der volksthümlichen (romanischen) Dichtung. Diese letzteren bedurften der Verbreitung durch den mündlichen Vortrag, dieser aber benöthigte, um volle Wirkung erzielen zu können, der Unterstützung durch die Musik. Es wurde nicht nur der Vortrag, bezw. der Gesang des lyrischen Liedes, sondern auch die Recitation des epischen Gedichts musikalisch begleitet[1]). So war die romanische Dichtung des Mittelalters eng verbunden mit der Musik. Solange dieses Verhältniss währte, bediente sich die romanische Dichtung ausschliesslich des Verses, denn die rhythmische Rede fügt sich leichter als die Prosarede musikalischer Composition[2]); als es sich löste, wurde für die erzählende Dichtung mehr und mehr Anwendung der Prosarede üblich: der mittelalterliche Roman war Versroman, der neuzeitliche Roman ist Prosaroman. Die Lösung der Verbindung zwischen Dichtung und Musik erfolgte, seitdem die Anwendung des Buchdrucks den mündlichen Vortrag entbehrlich machte.

4. Die Ueblichkeit des mündlichen Vortrages bedingte eine grosse Flüssigkeit in der sachlichen und sprachlichen Fassung der Dichtungen. Trug der Dichter sein Werk selbst vor, so lag es ihm nahe, Anlage und Wortlaut desselben bei jeder Wiederholung des Vortrages mehr oder weniger zu verändern, sei es, weil er der ursprünglichen Fassung sich nicht mehr genau erinnerte, oder weil er Aenderungen, Streichungen und Zusätze geflissentlich vornahm, um das Gedicht den jeweiligen Verhältnissen, unter denen es vorgetragen wurde, besser anzupassen. So entstanden gleichsam verschiedene Ausgaben einer und derselben Dichtung. In noch höherem Maasse musste oder doch konnte dies geschehen, wenn der Vortragende nicht der Verfasser der betreffenden Dichtung war, denn dann musste er sich versucht fühlen, mit Text und

---

[1]) Vgl. *Suchier*, Ztschr. f. rom. Phil. XIX, 370.
[2]) Ueberhaupt aber liebt die volksthümliche Dichtung, sich an den Rhythmus zu binden, weil durch diesen die Rede feierlicher gemacht und ihre Festhaltung durch das Gedächtniss erleichtert wird. Zugleich gründet sich echte Dichtung stets auf einen Affect und neigt schon um desswillen zum Gebrauche rhythmischer Rede.

Form ganz nach eigenem Gutdünken zu verfahren, den einen und die andern so umzugestalten, wie es ihm die jeweilige Sachlage als erforderlich erscheinen liess. Derartige Umarbeitung musste namentlich solchen Dichtungen zugewandt werden, welche, weil schon vor längerer Zeit verfasst, dem veränderten Geschmacke in irgendwelcher Beziehung nicht mehr recht entsprachen und folglich einer Verjüngung bedurften, um lebensfähig zu bleiben. Und so ist derartige Umarbeitung oft zu wiederholten Malen in gemessenen Zeitabständen vorgenommen worden (man denke z. B. an die Reihen verschiedener Redactionen des ältesten frz. Alexiusliedes, an die häufige Aufeinanderfolge einer Assonanz-, Reim- und Prosaredaction). Leicht konnte es dann geschehen, dass die jüngste Fassung einer Dichtung alle älteren verdrängte, so dass die Dichtung eben nur in dieser Fassung uns vorliegt, die ursprüngliche Gestaltung also nur vermuthungsweise erschlossen werden kann. Wurde eine Dichtung aus ihrem Entstehungslande in ein fremdes Sprach- oder Mundartgebiet übertragen, so war selbstverständlich Uebersetzung in oder Anpassung an die fremde Sprachform erforderlich. Der Anpassung setzte der Reim oft grosse Schwierigkeiten entgegen, so dass sie nur unvollkommen gelang, und also Spuren der ursprünglichen Mundart erhalten blieben.

So konnte im Mittelalter ein romanisches Litteraturwerk mannigfachem sprachlichen und sachlichen Wandel unterliegen, bald in diese, bald in jene Form gebracht, bald nach dieser, bald nach jener Richtung hin abgeändert, bald gekürzt, bald erweitert werden. Um so leichter konnte dies alles geschehen, als der Begriff des geistigen Eigenthums noch so wenig entwickelt war, dass selbst der Verfasser oft seinen Namen nicht genannt hat. Die romanische Litteratur des Mittelalters war eine in stetem Flusse begriffene Masse.

5. Abgesehen von seltsam ausgeputzten und verworrenen Gestaltungen der Oedipus-, Troja-, Aeneas-, Alexander- und Cäsarsage, von einigen novellistischen Erzählungen (z. B. Apollonius v. Tyrus) und endlich von den naturgeschichtlichen Fabeleien der Physiologi hat das römische, bezw. auch das griechische Alterthum der romanischen Volksdichtung des

Mittelalters dichterisch verarbeitbare Stoffe nicht überliefert [1]. Im Wesentlichen unabhängig vom Alterthume hat also die romanische Volksdichtung sich entwickelt. Es war dies für sie auch innere Nothwendigkeit, weil sie in der mittelalterlichen Welt- und Lebensanschauung wurzelte, welche ihrerseits das Ergebniss christlicher und germanischer Denkart war. Wie weit etwa vorrömisches — namentlich keltisches — Volksthum nachgewirkt hat auf die Dichtung der Romanen, entzieht sich sicherer Erkenntniss. Bedeutend aber kann diese etwaige Nachwirkung nicht gewesen sein. Das spätere Mittelalter erfreute sich allerdings an Sagen, deren Helden (Artus, Iwein, Gawein, Lancelot, Parcival etc.) keltische Namen tragen, und in denen auch sonst Manches, namentlich die bizarr phantastische Art der Erzählung, auf keltischen Ursprung hindeutet. Noch unverkennbarer trägt dies Gepräge die Tristansage. Aber es sind diese Sagen nicht etwa gallisches Erbgut, sondern sie sind entlehnt von den britischen Kelten, zum grössten Theil vermuthlich durch Vermittelung der Bretonen. Auch sonst wurden, namentlich seitdem die Kreuzzüge eine lebhafte Verbindung zwischen Westeuropa einerseits und Südosteuropa (Byzanz, Griechenland) und Vorderasien andrerseits hergestellt hatten, fremde Dichtungsstoffe (besonders byzantinische und indische) in das romanische Gebiet übertragen.

6. Die von den Romanen des Mittelalters (vgl. hierzu No. 7) in weitestem Umfange und mit grösstem Erfolge gepflegte Dichtungsgattung ist das Epos. Dasselbe hat, mindestens ausserhalb Nordfrankreichs, indessen höchst wahrscheinlich auch dort, zunächst biblische und legendarische Stoffe behandelt. Es ist schwerlich ein Zufall, dass die ältesten uns erhaltenen romanischen Dichtungen (Boëthius,

---

[1] Nicht in Betracht kann kommen, dass einzelne lateinische Werke (namentl. Ovid's Metamorphosen und Liebeskunst, die Fabeln des Phaedrus, Avianus und Romulus, Vegetius' Kriegskunst) in das Altfrz. übersetzt worden sind. Das war im Grunde doch nur gelehrtes Spiel. Die mittelalterliche Theorie der Liebeskunst ist unabhängig von Ovid, ebenso ihrem ganzen Wesen und Geiste nach die grosse Thierdichtung (Reineke Fuchs) des Mittelalters unabhängig von der antiken Fabel. Ueber die lat. Fabeldichtung s. *Herviaux*, Les fabulistes latins etc. Paris 1893/94, vgl. Romania XXIV, 279.

Eulalia, Leodegar, Passion, Hohes Lied, Stephansepistel, Alexiuslied) sämmtlich geistlichen Inhalt haben[1]).

Das älteste weltliche Heldenlied der Romanen oder, wie hier genauer gesagt werden muss, der Galloromanen (Franzosen, Provenzalen) ist seinem Stoffe nach germanisch, denn seine Helden sind die Fürsten der Merovingerzeit, die Hausmeier Pipin und Karl Martell, vor Allem aber der grosse Karl und seine Paladine. Merovingische und karolingische Sage also behandelt die älteste galloromanische Epik, später allerdings auch mancherlei fremde Stoffe äusserlich mit ihr verbindend, wie dies z. B. in Huon v. Bordeaux, in Amis und Amiles und Jourdains de Blaivies geschehen ist[2]).

Die Merovingersage wurde von der glänzenderen Karlssage überstrahlt, so dass sie, soweit nicht einzelne ihrer Bestandtheile von der jüngeren Sage übernommen worden sind, in Dunkel und Vergessenheit zurücktrat. Nur ein Merovingerepos, der „Floovent", ist in später Bearbeitung erhalten.

Kennzeichnend für die Karlsepik ist ihr Streben nach grossartig cyklischer Gestaltung, welches Streben freilich zu künstlerisch abgerundeter Durchführung nicht gelangt ist.

Neben der Karlssage wird auf der Höhe des Mittelalters, im Zeitalter der ritterlichen Gesellschaft und des Minnelebens, mehr und mehr die vielgestaltige, an phantastischen Episoden und Liebesabenteuern überreiche Artussage beliebt und in einer Unzahl von Versromanen bearbeitet. Eine seltsame Verquickung von geistlichem und weltlichem Stoffe, von Mystik und von Galanterie, von Artussage und Josephuslegende weist

---

[1]) Ausgenommen sind selbstverständlich die räthselhaften Refrainverse der ältesten Alba, s. oben S. 580. Keine Ausnahme dagegen bildet das sog. Farolied, denn in demselben hat man nicht eine Chanson de geste von Chlothar's II. Sachsenkriege, sondern einen Hymnus auf den hl. Faro zu erblicken, vgl. *Körting*, Ztschr. f. frz. Spr. und Litt. XVI, 235 (die Annahme, dass eine Ch. d. g. vorliege, hat namentl. *Suchier* (Ztschr. f. rom. Phil. XVIII, 175) zu begründen versucht.

[2]) Die Hauptwerke über die (merovingische u.) karolingische Heldendichtung sind: *G. Paris*, Hist. poétique de Charlemagne, Paris 1868; *Gautier*, Les Epopées frçses, 2 éd. Paris; *Rajna*, Le origini dell' epopea francese, Florenz 1884; *Nyrop*, Den oldfranske Heltedigtning, Kopenhagen 1883 (in das Ital. übers. von *Gorra* 1886).

die an den Abenteuerroman sich anschliessende Gral- und Parcivaldichtung auf[1]).

Die Artus- und Graldichtung, deren Hauptvertreter Christian von Troyes ist, wandte sich grundsätzlich und vorwiegend an die höheren (ritterlichen und geistlichen) Gesellschaftskreise, immerhin aber war das, was sie erzählte, doch auch dem nicht höfisch oder gelehrt Gebildeten noch einigermaassen fassbar und interessant[2]). Dasselbe gilt von den Epen, welche, wie z. B. Flor und Blancheflor oder Partenopeus, Novellenstoffe spätgriechischen (bezw. byzantinischen) Ursprunges oder, wie das Lied vom wackern Ritter Horn, skandinavische Sagen oder endlich, wie der Dolopathos und die Sieben weisen Meister, morgenländische (indische) Stoffe behandeln, welche letzteren Stoffe durch arabische, syrische und byzantinische Vermittelung nach Westeuropa übertragen worden waren. Mehr nur auf das Verständniss gelehrter Leser konnte der (pseudo-)antike Sagen (Trojasage, Alexandersage, Oedipussage [welche in der Gregoriuslegende verchristlicht wurde], Cäsarsage) bearbeitende Roman rechnen[3]). Ganz gelehrtes Gepräge trägt der am Ausgange des Mittelalters (dies Wort im culturgeschichtlichen Sinne genommen) emporkommende allegorische Roman, welcher mit seiner Bezugnahme auf die antike Mythologie und mit seinem Streben, der Dichtung wissenschaftlichen Gedankeninhalt zu geben, bereits auf die Renaissance hindeutet, andrerseits freilich durch seine Neigung zu encyklopädischer Darstellung des Wissens

---

[1]) Aus der massenhaften Litteratur über die Artus- und Gralsage seien hier nur folgende Schriften hervorgehoben: *G. Paris* in der Hist. litt. de la France XXX, p. 1 bis 270; *W. Förster* in den Einleitungen zu seinen Ausgaben der Werke Christian's v. Troyes, namentl. zum Erec, sowie im Ltbl. 1890 Sp. 265 (vgl. dazu *Muret*, Revue crit. 1890 p. 66); *Zimmer*, Gött. gel. Anz. 1890 p. 488 und 785 und Ztschr. f. frz. Spr. und Litt. XII[1], 252 (vgl. auch sein Buch „Nennius revindicatus", Berlin 1892); *Rajna*, Romania XVII, 161; *Nutt*, Studies on the Origin of the Legend of the Holy Grail, London 1888. Eine treffliche Uebersicht gab *Freymond* in Vollmöller's Jahresb. I, 388, 415, 424.

[2]) Mit Ausnahme freilich der beliebten spitzfindigen Raisonnements über das Wesen der Liebe.

[3]) Ueber die Oedipussage vgl. *Constans*, La légende d'Œdipe, Paris 1880; über die Trojasage *Joly* im ersten Bande seiner Ausg. des Trojaromanes des Benoît de Ste-More, Paris 1870, und *Greif*, Die mittelalterl. Bearbeitungen der Trojasage, Marburg 1886, Diss.; über die Alexandersage *P. Meyer*, Alexandre le Grand etc., Paris 1886, 2 Bde.

noch recht dem Mittelalter angehört[1]). Die grösste allegorische Dichtung des Mittelalters, Dante's Divina Commedia, ist der höchste Ausdruck und die tiefsinnigste Erfassung mittelalterlichen Glaubens, Wissens, Denkens und Empfindens überhaupt und doch zugleich durchhaucht von vorahnender Hindeutung auf eine neue Zeit mit veränderter Geistesrichtung.

Neben den gross angelegten, weitschichtigen und episodenreichen Epen stehen in reicher Fülle die Versnovellen (Lais) und die Versanekdoten (Fableaux), letztere allerlei Stoff behandelnd, zum Theil sinnigen und anmuthigen, zum Theil aber auch abstrusen und zotigen, eine buntscheckige Stoffmasse, in welcher das Verschiedenartigste sich zusammenfindet, zum Theil nach langer Wanderung, denn gar manches Fableau darf indischer Quelle entflossen zu sein sich rühmen[2]).

In Prosa wurden novellistische Stoffe zuerst in Italien bearbeitet (*Cento novelle antiche* etc., Boccaccio's Decamerone, dessen cyklische Form [Zusammenfassung der Einzelnovellen durch eine Rahmenerzählung] an die Anlage indischer und arabischer Dichtungen gemahnen kann). In Italien entstanden auch die ersten Prosaromane, beide Boccaccio's Werk, der eine noch ganz mittelalterlich gehalten (Filocopo), der andere (Fiammetta) in seiner durch und durch subjectiven Art und in seiner psychologischen Tiefe schon völlig der Neuzeit angehörend.

Volksthümliche Heldendichtung war nur den Franzosen (Provenzalen) und Spaniern eigener Besitz, denn auch die Spanier feierten nationale Helden, vor Allen den Maurenüberwinder Cid el Campeador. Auch die spanische Epik zeigt starke Neigung zu cyklischer Zusammenfassung der Einzellieder, aber auch sie hat künstlerische Ausbildung eines Cyklus nicht erreicht, ja nicht einmal Einzellieder (Romanzen), welche inhaltlich eng zusammenhängen, zur Einheit e i n e s grossen Epos verbunden.

---

[1]) Der bedeutendste allegorische Roman ist der Rosenroman des Guillaume de Lorris und des Jean Clopinel de Meun. Die beiden, etwa 40 Jahre auseinanderliegenden Theile der grossen Dichtung zeigen ganz verschiedenes Gepräge: der erste Theil bekundet sich durch seine Liebesmystik als mittelalterlich, der zweite durch seine an Voltaire erinnernde Satire als neuzeitlich, obwohl auch er, weil wahrscheinlich noch vor 1300 entstanden, chronologisch noch dem Mittelalter angehört.

[2]) S. *Bédier*, Les Fableaux etc., Paris 1893 (vgl. Romania XXII, 341).

Die Italiener entbehren nationaler Heldendichtung, aber sie haben früh die fränkische Karlssage entlehnt und späterhin derselben eigenartige romantische Form gegeben; s. unten No. 9.

7. Die romanische Lyrik des Mittelalters zeigt sich in zweifacher Gestaltung, einmal als reine Kunstlyrik, sodann als Volkslyrik. Die erstere Gattung hat sich am frühesten und am schönsten in Südfrankreich, also im provenzalischen Sprachgebiete, entwickelt und ist dort zu höchster Formenvollendung gediehen, freilich unter Benachtheiligung der Gedankentiefe und des Ausdrucks natürlicher Empfindung. In Südfrankreich selbst erstarrte die Kunstlyrik frühzeitig zu einem formalistischen Reimspiel, zu einem gedankenöden galanten Tabulaturgesang, namentlich seitdem veränderte politische Verhältnisse dem ritterlich-politischen „Dienstlied" (Sirventes) und dem Kreuzzugslied das Daseinsrecht entzogen hatten. Aber es wurde die Kunstlyrik der Provenzalen nach Sicilien[1]) und später nach Mittelitalien übertragen und gelangte dort durch Dante, Petrarca und Boccaccio zu neuer Blüthe, der freilich auch von Anfang an der Mehlthau der Unnatürlichkeit, Manierirtheit und allegorischer Spielerei anhaftete. Die italienische Lyrik wurde dann wieder, wie früher die provenzalische, in Frankreich, Spanien, Catalonien nachgebildet, nicht minder bei den Germanen, freilich aber gehört das schon der Renaissancezeit an.

Die volksthümliche Poesie des Mittelalters trieb die schönsten Blüthen in den altfrz. Romanzen, Balladen und Pastorellen, von denen die letzteren die Keime eines Hirtendramas in sich schlossen, welche später sich entfalten sollten. Aber auch diese Lyrik verkünstelte bald, und auch sie litt, wie die höfische Minnedichtung, unter der Sucht nach theoretischer Zergliederung und spitzfindiger Ausdeutung des Begriffs der Liebe.

Im späten Mittelalter war der Nordfranzose Villon der einzige Lyriker, der naturwahre Töne anzuschlagen verstand.

8. Aus dem liturgischen Gottesdienste entwickelte sich

---

[1]) Ueber die „sicilianische Dichterschule" vgl. *Gaspary's* so betitelte Schrift, Berlin 1878, und *Cesareo*, La poesia siciliana sotto gli Suevi, Catania 1894, vgl. Romania XXIV, 465.

bei den Romanen (und Germanen) des Mittelalters — ganz
ähnlich, wie im alten Griechenlande aus dem Dionysuscultus
— ein religiöses Drama. Die Heilsgeschichte und das Leben der
Heiligen wurden zunächst auf geistlichen, dann auf weltlichen
Bühnen dargestellt, mit Einflechtung von mancherlei Zuthaten,
unter denen auch komische Bestandtheile nicht fehlten (Teufels-
scenen, Gespräche von Leuten aus dem Volke u. dgl.). Kunstlos waren diese Dramen, nicht regelrecht gebaute Einheiten,
sondern nur Aufeinanderfolgen von lose zusammenhängenden
Scenen, aber schon vermöge ihres bedeutenden Inhalts entbehrten sie der Grossartigkeit und Wirkungsfähigkeit nicht.
Kunstlos war auch die Aufführung der Mysterien und Mirakel-
spiele, denn Dilettanten (Mitglieder von Handwerkerzünften,
die sich zu Betbrüderschaften vereinigten) waren die Schauspieler. Der Versuch, auch weltliche Stoffe in Mysterienform
darzustellen, wurde erst spät gemacht, hatte aber in Frankreich keinen Erfolg. Ebensowenig in Italien. Nur in Spanien
gelang die Ueberleitung des mittelalterlichen Schauspiels in
eine erweiterte Gestaltung.

Der Mimus, die rohe, groteske Posse des Alterthums,
lebte im Mittelalter in noch mehr verrohter Gestalt fort, lange
Jahrhunderte ganz ausserhalb des litterarischen Lebens stehend,
dann am Ausgange des Mittelalters in die Litteratur auf-
steigend als Farce und Narrenspiel (Sottie).

Dem allegorischen Romane trat ein allegorisches morali-
sirendes Schauspiel zur Seite, welches mitunter zu wirkungs-
voller Satire sich erhob.

Einen sehr bemerkenswerthen Ansatz zur Schöpfung
eines wirklichen Lustspiels machte Adam de la Hale in seinem
„Jeu de la Feuille“. —

9. Jede Litteratur muss, soll sie gesunder Entwickelung
fähig sein, in dem Boden eines Volksthums. wurzeln. Das
erste romanische Volksthum entstand in Folge des Zusammen-
wirkens günstiger geschichtlicher Verhältnisse in Nordfrankreich. Dort verschmolzen Galloromanen, Niederfranken und
Normannen (vielleicht auch Sachsen) zur französischen Volks-
einheit, innerhalb deren das germanische Element zunächst das
geistig bestimmende war, wie die Chanson-de-geste-Epik bezeugt. Um desswillen ist die nordfranzösische Dichtung nicht

bloss die am frühesten, sondern auch die am reichsten und am vielseitigsten entwickelte Dichtung des romanischen Mittelalters, ja, sie nimmt innerhalb der mittelalterlichen Gesammtlitteratur die vornehmste und leitende Stellung ein.

Südfrankreich gehörte dem fränkischen und Anfangs auch dem französischen Staatsverbande an, schied aber dann aus demselben für Jahrhunderte aus, theils in ein lockeres Verhältniss zum römisch-deutschen Reiche tretend, theils unter die Herrschaft der englischen Könige kommend. In Folge dieser staatlichen Unselbständigkeit des südlichen Frankreichs gelangte eine provenzalische Nationalität nicht zur Ausbildung. Daraus erklärt sich auch, dass dort die Epik, welche am meisten des nationalen Untergrundes bedarf, über Ansätze nicht hinaus kam, obwohl die Provence in der Erinnerung an die Saracenenkämpfe der merovingischen und an die inneren Wirren der spätkarolingischen Zeit reichen und bildsamen epischen Dichtungsstoff besass. Was aus diesem geschaffen werden konnte, lässt der Girartz von Rossilho erkennen. Aber eben nur die Lyrik und, was bezeichnend ist, auch nur die in der ritterlichen Gesellschaft, nicht im Volksthume wurzelnde Kunstlyrik kam im südlichen Frankreich zur Entfaltung mit all den Vorzügen, aber auch mit all den Schwächen, welche conventioneller Dichtung eigen sind.

Die provenzalische Lyrik wurde nach Catalonien übertragen. Dort war sie in noch erhöhtem Grade nur ritterliche und höfische Dichtung ohne Wurzeln im Volksthum. Von einer wirklich catalanischen Litteratur des Mittelalters kann man überhaupt nicht reden. Ein catalanischer Staat (Barcelona) bestand nur vorübergehend, jedenfalls nicht lange genug, dass er dem catalanischen Stamme die Zeit gewährt hätte, sich zu einer Nation auszuwachsen.

Die Provence ist noch im Mittelalter auf's Neue dem französischen, Catalonien ebenfalls noch im Mittelalter dem spanischen Staate eingegliedert worden. Damit wurde die Entstehung einer provenzalischen, bezw. catalanischen Nationalität vollends unmöglich gemacht, wenn auch nicht, wenigstens bis zu einem gewissen Grade nicht, die Bewahrung der Stammeseigenart. Aber die letztere Thatsache reichte doch zur Begründung einer wirklich litterarischen Selbständigkeit nicht aus.

Seit dem zweiten Viertel unseres Jahrhunderts ist nun sowohl eine neuprovenzalische als auch eine neucatalanische Dichtung erblüht. Aber bei aller Anerkennung des Schönen, was die eine wie die andere geleistet hat, bei aller Bewunderung, die man einerseits Mistral's „Mirèio“, andrerseits Verdaguer's „Atlantida“ zollen muss, wird man, schon in Erwägung der bestehenden politischen Verhältnisse, weder den Provenzalen noch den Catalanen eine glänzende Zukunft vorauszusagen wagen, sondern wird ihre „Felibre“-Dichtung doch nur für eine gehobene und veredelte Mundartdichtung erklären müssen. Recht bezeichnend ist übrigens, dass sowohl in der Provence wie in Catalonien eben nur ein Wiederaufblühen der Dichtung, nicht aber zugleich die Ausbildung einer bedeutsamen Prosalitteratur erfolgt ist[1]).

Die spanische Nationalität gelangte in den Kämpfen mit den Mauren langsam, aber stetig zur Entwickelung. Das Ergebniss dieser Entwickelung war ein festes, seiner selbst sich stolz bewusstes Volksthum. Eben deshalb ist Spanien seit dem späteren Mittelalter zu eigenartigem und hochbedeutendem litterarischen Schaffen befähigt und berufen gewesen. In weit höherem Maasse, als die altfranzösische, trägt die ältere (d. h. die bis etwa in den Beginn des 18. Jahrhunderts sich erstreckende) spanische Litteratur das Gepräge einer in sich abgeschlossenen, fremder Einwirkung schwer zugänglichen Nationalität. Die spanische Nationaldichtung strebte in Vers und in Prosa höchsten Zielen erfolgreich zu, dabei volle Eigenart sich bewahrend und daher dem Verständnisse des Ausländers nicht unmittelbar sich öffnend.

Die spät begonnene Ausbildung der portugiesichen Nationalität gelangte zum Abschlusse, als die Entdeckungsfahrten

---

[1]) Ueber die neuprov. Dichtung vgl. *Böhmer*, Die prov. Poesie der Gegenwart, Halle 1870, und *Koschwitz*, Ueber die prov. Felibres und ihre Vorgänger, Berlin 1894 (Greifswalder Rectoratsrede). Ueber die neucatal. Dichtung giebt beste Auskunft *Tubino*, Historia del renacimiento literario contemporáneo en Cataluña etc., Madrid 1880, vgl Ltbl. 1881 Sp. 299. Auch *Vogel* in seinen Neucatal. Studien, Paderborn 1885, giebt einen guten Ueberblick über die neucatal. Bewegung. — Der Name *felibre* ist noch nicht befriedigend gedeutet.

und die überseeischen Kriegsthaten portugiesischer Helden ihrem Volke stolzes Selbstbewusstsein verliehen. Es geschah dies, als längst die Zeit der Renaissance begonnen hatte. Die nationale portugiesische Litteratur ist also Renaissancelitteratur. Portugals Dichtung im Mittelalter ist höfisch-galante Lyrik nach provenzalischem Muster.

Spät erst trat Italien in die Zeit selbständigen litterarischen Schaffens ein. Während des früheren Mittelalters bis in das 13. Jahrh. hinein hatte es sich begnügt mit der Entlehnung der altfranzös. Chanson-de-geste-Dichtung und der provenzalischen Kunstlyrik (s. oben S. 605). Die franko-italischen Epen sind selbst der Sprache nach nicht italienisch oder doch nur unvollkommen italienisch; die älteste Lyrik bis auf Dante ist italienisch nur der Sprache, nicht dem Geiste nach. Die langdauernde litterarische Unfruchtbarkeit Italiens erklärt sich leicht aus dem langsamen Emporwachsen der italienischen Nationalität. Auch ist es begreiflich, dass gerade das Land, welches im Alterthum so Grosses geleistet hatte, einer längeren geistigen Brachzeit bedurfte, ehe es zu neuer geistiger Schöpfung befähigt war. —

Von einer Litteratur der Rätoromanen kann im Ernste nicht die Rede sein. Schriftwerke besitzen die Rätoromanen wohl, aber keine solchen, die irgendwie eigenartig und bedeutsam wären. Die Rätoromanen sind eben keine Nation.

Die rumänische Nationalität hat erst in der neuen und neuesten Zeit sich entwickelt. Von einer rumänischen Nationallitteratur kann man daher kaum schon sprechen, denn, wie erklärlich, hat das rumänische Schriftthum sich bis jetzt fast immer an ausländische Vorbilder angelehnt, ja das ältere Schriftthum, das übrigens nur bis in das 16. Jahrh. zurückreicht, ist zu einem guten Theile nur Uebersetzungslitteratur. Bedeutsam dagegen ist die rumänische Volksdichtung.

10. Aus nicht erst der Darlegung bedürftigen geschichtlichen Gründen wurde Italien das Ursprungsland der Renaissancebildung und nahm für etwa zwei und ein halbes Jahrhundert die leitende Stellung im westeuropäischen Geistesleben ein.

Die Renaissance entfesselte die Individualität der geistig Schaffenden; es tragen, seitdem sie emporgekommen, die

Geisteswerke das stark hervortretende Gepräge der Persön-
keit und Subjectivität ihrer Urheber.

Die Renaissansce stellte auf litterarischem Gebiete die
classischen oder doch (wie die Tragödien des Seneca) für
classich gehaltenen Dichtungen und Prosawerke des Alterthums und zwar, praktisch wenigstens, vorwiegend des römischen Alterthums als die einzig maassgebenden Vorbilder
litterarischen Schaffens auf, forderte also eine Umbildung der
Litteratur nach dem Muster der Antike.

In folgerichtiger Durchführung hätte die Renaissance zu
einer Entnationalisierung und Entchristlichung der Litteratur
hinleiten müssen. Aber die Nationalitäten waren bereits zu
gefestigt und das Christenthum zu stark, als dass eine solche
Umkehr hätte erfolgen können. Dazu kam, dass die Renaissance auf politischem Gebiete die Ausbildung der absoluten
Fürstenmacht nach dem Muster des römischen Imperatoren-
thums begünstigte und, indem sie dies that, die Entstehung
centralisirter Nationalstaaten förderte, dadurch aber den Nationalitäten einen festen Rückhalt gab. Es kam ferner hinzu,
dass theils im Zusammenhange mit, theils im Gegensatze zu
der Renaissancebildung die grosse kirchliche Doppelbewegung
der Reformation und Gegenreformation sich vollzog.

So hat in letzter Wirkung die Renaissance das nationale
Element in den romanischen Litteraturen gestärkt, wie schon
in der Thatsache sich bekundet, dass gerade seit dem Beginn
der Renaissance die romanischen Sprachen mehr und mehr
auch für die Zwecke der Wissenschaft und überhaupt für die
Prosaschreibung gebraucht wurden, das Latein langsam zwar,
aber stetig verdrängend. Die italienische, die neufranzösische,
die classisch-spanische Prosa hat unter dem Einfluss der
Renaissance sich gebildet, allerdings in Folge dessen auch
eine gewisse Latinisierung erlitten.

Weit davon entfernt, das Christenthum besiegen zu können,
ist die Renaissancebildung von dem Christenthume zurückgeführt worden auf einen Wirkungskreis, innerhalb dessen
sie religiös indifferent war. Das kirchliche Leben erwachte
zu neuer Stärke, theils festhaltend an den Satzungen der
mittelalterlichen Kirche, theils in neugegründeten Kirchen
anderweitige Pfade der Entwickelung suchend. Aber aller-

dings lehrte der Kirchenstreit die Uebung der Kritik an kirchlichen Dogmen, und aus der Kritik entsprang vielfach die Verneinung des positiven Glaubens überhaupt, als ob derselbe vernunftwidrig sei. So wurden auch in die Litteratur kirchen- und religionsfeindliche Bestrebungen hineingetragen, namentlich in Frankreich, weil dieses unter allen romanischen Ländern am mächtigsten und nachhaltigsten ergriffen worden war von der grossen kirchlichen Bewegung.

Abgeschwächt also, erheblich abgeschwächt wurde der Einfluss der Renaissance auf die litterarische Entwickelung. Immerhin war er tiefgreifend genug: es erhielt durch ihn die Litteratur einen kunstmässigen, ja einen akademischen Charakter, wurde dem Volksleben mehr oder weniger entfremdet, wurde mehr oder weniger ein Besitz nur der höher gebildeten Gesellschaftsclassen. Der schwere Nachtheil, der daraus sich hätte ergeben müssen, wurde einigermaassen dadurch verhütet, dass, Dank dem Buchdrucke und der Erneuerung des Schulwesens, höhere Bildung in weitere Kreise des Bürgerthums getragen werden konnte, als dies früher möglich gewesen war.

Am folgerichtigsten gelangte die litterarische Renaissance in Frankreich zur Durchführung; sie bedeutete dort wirklich einen Bruch mit der Vergangenheit, namentlich auf dem Gebiete des Dramas. Andrerseits aber wusste die Renaissance sich der französischen Nationalität derartig anzupassen, dass die französischen Nachahmungen antiker Dichtungswerke, namentlich wieder im Drama, doch französisch-nationale Eigenart aufweisen.

Die spanische Litteratur blieb auf wichtigen Gebieten unberührt von der Renaissance und also treu ihrer nationalen Eigenart. Dieser seiner Widerstandskraft hat Spanien es zu danken, dass es unter allen romanischen Nationen im Drama das Höchste und im Romane wenigstens neben Frankreich das Höchste geleistet hat.

In Italien, dem Heimathlande der Renaissance, wurde die letztere in der Litteratur gleichwohl nur in beschränkter Form durchgeführt. Neben der antikisirenden Dichtung behauptete sich die Romantik, jene künstlerisch verklärte Romantik, wie sie am schönsten in Ariost's und Tasso's Epen, vorher schon in Boccaccio's Filostrato, Teseide und Ninfale entgegentritt.

Nicht durch die Renaissance allein, sondern überhaupt durch die culturgeschichtlichen Verhältnisse der Neuzeit war es bedingt, dass die Litteratur vom 16. Jahrh. ab immer mehr einen wissenschaftlichen oder, besser gesagt, einen lehrhaften Charakter annahm, dass auch die Dichtung immer lehrhafter sich gestaltete. Den Höhepunkt erreichte diese Entwickelung in Frankreich während des 18. Jahrhs. (im Zeitalter Voltaire's), denn damals wurde selbst das Drama lehrhaften Zwecken dienstbar gemacht.

Die gewaltige Erschütterung der Gemüther, welche die französische Revolution mit sich brachte, hatte eine Wiedererstarkung dichterischer Schaffenskraft zur Folge. Eine Erneuerung der romanischen Dichtung vollzog sich unter dem Einflusse der englischen und deutschen Romantik.

Bald aber gewann die lehrhafte Richtung erneute Macht. Der moderne Realismus und der noch modernere Naturalismus, beide besonders im Roman und im Drama sich bethätigend, erstreben die wissenschaftlich genaue, photographisch getreue Wiedergabe des wirklichen Lebens, und zwar nicht bloss in seinen schönen und anmuthigen, sondern auch in seinen für das ästhetische und ethische Empfinden abstossenden Erscheinungsformen. So werden der Dichtung Aufgaben gestellt, welche zu lösen der Physiologie und Psychologie, ärztlicher und criminalistischer Beobachtungskunst überlassen bleiben sollten.

Litteraturangaben. Eine Geschichte der romanischen Gesammtlitteratur fehlt (*Sismonde de Sismondi's* „Histoire des littératures de l'Europe" [1813] entspricht, schon weil sie völlig veraltet ist, den wissenschaftlichen Anforderungen der Jetztzeit nicht). Es würde übrigens eine Geschichte der romanischen Gesammtlitteratur sich nothwendiger Weise nur in Form einer dem Zwecke praktischer Uebersicht oder auch dem Zwecke einer allgemein litterargeschichtlichen Betrachtung dienenden Skizze schreiben lassen, da tieferes Eindringen unbedingt die gesonderte Behandlung jeder einzelnen Nationallitteratur erfordern würde. Die theoretisch vorhandene Möglichkeit aber, dass ein Litterarhistoriker die Geschichte sämmtlicher romanischen Nationallitteraturen nach einheitlichem Plane und in einheitlichem Geiste schriebe, kann nie zur Wirklichkeit werden, weil ein solches Werk die Kraft eines einzelnen Mannes bei Weitem übersteigen würde.

Jede einzelne der romanischen Nationallitteraturen besitzt eine verhältnissmässig scharf ausgeprägte Eigenart, begründet in der geistigen Eigenart des Volksthums, von welchem sie getragen wird, und in den geschichtlichen Sonderbedingungen, unter denen sie sich entwickelt hat. Nichtsdestoweniger bilden die romanischen Einzellitteraturen in ihrer Gesammtheit eine grosse Einheit, denn zu einem nicht geringen Theile beruhen sie alle auf der gemeinsamen römischen Vergangenheit der romanischen Völker, und eine jede von ihnen wird mit allen übrigen verbunden durch die Urgemeinsamkeit der romanischen Sprachen. Dazu kommt, dass die romanischen Völker von dem Anbeginn ihrer nationalen Sonderentwickelungen ab bis auf den heutigen Tag in engen geschichtlichen Beziehungen mit einander gestanden, vielfach die gleichen Wege des religiösen, des staatlichen und des sittlichen Lebens durchmessen und in alten wie in neuen Zeiten regen geistigen Austausch mit einander gepflogen haben, allerdings mit ungleicher und zeitlich wechselnder Vertheilung der Rollen des Gebens und des Empfangens.

Die Thatsache, dass die romanischen Einzellitteraturen zu einer grossen Einheit sich zusammenfügen, legt Demjenigen, welcher eine der romanischen Nationallitteraturen wissenschaftlich zu erkennen und zu verstehen strebt, gebieterisch die Pflicht auf, auch die übrigen romanischen Litteraturen in den Kreis seiner Betrachtung einzubeziehen. Die Entwickelung z. B. der französischen Litteratur ist im 16. Jahrhundert unter italienischem Einflusse erfolgt, zu welchem sich im 17. Jahrhundert noch der spanische gesellte. Wer also diese Entwickelung verstehen will, muss mit italienischen und spanischen Dingen bekannt sein. Oder: die altitalienische Dichtung ist aus Keimen erwachsen, welche aus der Provence und aus Nordfrankreich nach Italien übertragen worden waren; folglich muss, wer mit ihr sich beschäftigt, der provenzalischen und altfranzösischen Litteratur kundig sein. In der Neuzeit hat die französische Litteratur auf diejenige der Italiener, Spanier und Portugiesen bestimmend eingewirkt, woraus sich ergiebt, dass das Studium der ersteren die unerlässliche Vorbedingung für das Studium der letzteren ist.

Romanen und Germanen bilden eine grosse Kultureinheit. In Folge dessen sind die romanische und die germanische Litteratur durch die mannigfachsten und engsten Beziehungen mit einander verbunden: die Entwickelung der germanischen Litteratur muss also kennen, wer diejenige der romanischen verstehen will. Es gilt dies insbesondere von der Neuzeit, da in dieser das Geistesleben der Engländer und der Deutschen vielfach maassgebend gewesen ist für das Denken und Dichten der Romanen. Man erinnere sich z. B. des Einflusses, den der englische Roman, das englische Drama und die englische Philosophie des 18. Jahrhunderts auf die Entwickelung der französischen Litteratur ausgeübt haben, oder man denke an die Bedeutung, welche die deutsche

Romantik für die Dichtung der Franzosen und Italiener in der ersten Hälfte unseres Jahrhunderts besessen hat.

Und überhaupt: die Litteraturen aller indogermanischen und semitischen Völker bilden ein grosses Gewebe, dessen einzelne Fäden sich vielverschlungen von dem einen zu dem anderen Volke hinziehen, bald deutlich sichtbar, bald mehr oder weniger versteckt. Auch die romanische Litteratur ist in diesem Gewebe inbegriffen, und demnach findet, wer ihrem wissenschaftlichen Studium sich widmet, oft genug Anlass, hinübergreifen zu müssen auf das Gebiet fremder, mitunter sogar recht entlegener Litteraturen. Des Spruches *„nihil humani a me alienum puto“* muss eingedenk sein, wer irgend eines Volkes Litteratur wissenschaftlich verstehen will.

Indessen, trotz der Wichtigkeit, welche die nichtromanischen Litteraturen für die Geschichte der romanischen Litteratur besitzen, muss hier doch aus Rücksicht auf den beschränkten Raum davon Abstand genommen werden, im Folgenden Werke zu nennen, welche, sei es die allgemeine Litteraturgeschichte, sei es die Litteraturgeschichte der einzelnen nichtromanischen Völker behandeln. Man vgl. übrigens die oben S. 62 ff. und 257 gegebenen Nachweise und dazu *Körting's* Encyklopädie II, S. 481 und 494 ff. Als besonders wichtig für die allgemeine mittelalterliche Litteraturgeschichte werde aber auch hier genannt: *Dunlop*, History of Fiction. 3ᵈ ed. London 1845 (deutsche Uebers. mit Ergänzungen etc. von *Liebrecht*, Berlin 1851).

A. Italienisch[1]).

Bibliographie: *Ottino* e *Fumagalli*, Bibliotheca bibliographica italica, Rom 1889 (ergänzt durch: *Mazzi*, Indicazioni di bibliografia ital. Florenz 1893). — *Haym*, Notizia de’ libri rari nella lingua ital., 4 ed. Mailand 1803. — *Gamba*, Serie dei testi di lingua, 4 ed. Venedig 1839. — *Razzolini* e *Bacchi della Lega*, Bibliografia dei testi di lingua, Bologna 1878.

Bandini, Catalogus codd. lat. Bibl. Mediceae Laurentianae, Florenz 1774/77, 5 Bde. (Bd. 5 behandelt die codd. italici).

Villani, Liber de civitatis Florentine famosis civibus, ed. *Galletti*, Florenz 1847.

Missaglia, Biografia universale, Venedig 1822/41, 77 Bde. — *Passigli*, Dizionario biografico, Florenz 1840/49, 5 Bde. — *Mazzuchelli*, Gli scrittori d’Italia, Brescia 1753/63. — *Tipaldo*, Biografia degli Italiani illustri etc. del sceolo XVIII e de’ contemporanei, Venedig 1834/45.

Weitere Angaben sehe man bei *Casini* in *Gröber's* Grundriss II, Abth. 3 p. 2 ff.

----

[1]) Praktisch nicht unnützlich ist, namentlich für Anfänger, *Breitinger's* Büchlein: Das Stud. des Ital., Zürich 1879; auch dessen „Grundzüge der ital. Litteraturgesch.“ (ebenfalls Zürich 1879 erschienen) sind ein für gewöhnliche praktische Zwecke brauchbarer Leitfaden.

Werke, welche die ital. Litteratur in ihrem Gesammtumfange behandeln: Eine wissenschaftlichen Anforderungen genügende Geschichte der ital. Gesammtlitt. ist noch nicht geschrieben.
Die vorhandenen Werke sind entweder unvollständig oder veraltet oder
einseitig schöngeistig oder endlich für praktische Unterrichtszwecke
bestimmt.

Gaspary, Gesch. d. ital. Litt., Strassburg 1885/88, 2 Bde, ital.
Uebers. mit Zusätzen des Verfassers, Turin 1887/91 (reicht bis zum Ende
des 16. Jahrhunderts; bestes Werk, gleich ausgezeichnet durch Gründlichkeit der Forschung wie durch geistreiche und geschmackvolle Darstellung). — *Bartoli*, Storia della lett. ital., Florenz 1878/89, 8 Bde (unvollendet; sehr ungleichmässig gearbeitet, Werthvolles und Werthloses
in breitspuriger Darstellung bietend). — *Casini*, Gesch. d. ital. Litt., in
Gröber's Grundriss II, Abth. 3 [1896] (noch nicht vollendet; gut gearbeitete und reichhaltige Skizze).

Crescimbeni, Istoria e commentari della volgare poesia, Venedig
1730/31. — *Quadrio*, Della storia e della ragione d'ogni poesia, Bologna
und Mailand 1739/52. — *Tiraboschi*, Storia della lett. ital., 2. ed. Modena
1787/94 (bestes der älteren Werke, noch jetzt unentbehrlich). — *Ginguené*,
Hist. littéraire d'Italie, 2e éd. Paris 1824/35 (gedankreiches, auch heute
noch lesenswerthes Buch).

Cantù, Storia della lett. ital. Florenz 1865 (wenig empfehlenswerth). —
Emiliani-Giudici, Storia della lett. ital., beste Ausg. Florenz 1865 (geistvolles Buch). — *Settembrini*, Lezioni di lett. ital. Neapel 1868/70 (politisch
tendenziöse Auffassung der Litteraturgesch.). — *de Sanctis*, Storia della
lett. ital., Neapel 1870 (ästhetisirende Essays von sehr ungleichem
Werthe).

Mehr oder weniger brauchbare Handbücher haben verfasst *Morsolin*
(Turin 1881), *Cappelletti* (Turin 1884, vgl. Giorn. stor. III, 456), *Torrace*
(Manuale della lett. ital., Florenz 1886/87), *Fornaciari* (Disegno stor.
della lett. ital., Florenz 1893), *Casini* (Manuale di lett. ital., Florenz
1891, 3 Bde.), *Finzi* (Lezioni di storia della lett. ital. Turin 1879/83 und
1895, 5 Bde.), *Fenini* (Mailand 1892, Hoepli, vgl. Ltbl. 1894 Sp. 155); besondere Hervorhebung verdient das von *Ancona* und *Bacci* herausgegebene Manuale della lett. ital., Florenz 1892/94 (vgl. Romania XXII,
172 und 629).

Zum Theil sind diese Handbücher zugleich auch Chrestomathien;
andrerseits enthalten manche der unten (S. 619) zu nennenden Chrestomathien zugleich auch brauchbare litterargeschichtliche Skizzen; es gilt
dies namentlich von derjenigen *Ebert's*.

Eine Fülle von Stoff und Anregung findet man in den Essays von
Carducci (Studj letterari, Livorno 1874, und: Il libro delle prefazioni,
Città di Castello 1888), *d'Ancona* (Studj di critica e di storia lett., Bologna
1880, und: Varietà storiche e letterarie (Mailand 1885, vgl. Giorn. stor.
VI, 434), *Canello* (Saggi di critica lett., Bologna 1877), *d'Ovidio* (Saggi
critici, Napoli 1879), *Zumbini* (Saggi critici, Napoli 1876), *Colagrosso*

(Studj di lett. ital., Verona 1892) und *Borgognoni* (Studj d'erudizione e arte, Bologna 1877 f.).   Der Inhalt der meisten dieser Sammlungen ist in *Körting's* Encykl. III, 700 f. verzeichnet.

W erke über einzelne Zeiträume, Persönlichkeiten und Gattungen der ital. Litt.: *Caix,* Le origini della lingua poetica ital., Florenz 1880, vgl. Ztschr. f. rom. Phil. IV, 610. — *Morandi,* Origini della lingua ital., Città di Castello 1890. — *Ozanam,* Documents inédits pour servir à l'hist. litt. de l'Italie depuis le 8e jusqu'au 13e siécle, Paris 1850 (und: Les poètes franciscains en Italie au 13e siécle, Paris 1855). — *d'Ancona,* Studj della lett. ital. dei primi secoli, Bologna 1884. — *Bartoli,* I primi due secoli della lett. ital., Turin 1881 (ziemlich werthlos).

Gaspary, Die sicil. Dichterschule des 13. Jahrh., Berlin 1878. — *Cesareo,* La poesia sicil. sotto gli Suevi, Catania 1894, vgl. Ltbl. 1895 Sp. 93.

Casini, La coltura bolognese dei sec. XII e XIII, in: Giorn. stor. I, 5. — *Tommasia,* Odofredo, studio storico-giuridico, Bologna 1893 (enthält interessante Angaben über die litterarischen Verhältnisse Italiens im 13. Jahrh., vgl. Romania XXIV, 160).

Rojna, La rotta di Roncisvalle nella lett. cavalleresca, Bologna 1871, und: Le Fonti dell' Orlando furioso, Florenz 1876 (vgl. auch Romania IV, 161). — *Castets,* Recherches sur les rapports des chansons de geste et de l'épopée chevaleresque italienne, Paris 1887. — *Thomas,* Nouvelles recherches sur l'Entrée d'Espagne, Paris 1882.

Ueber Cielo dal Camo (Ciullo d'Alcamo) und seinen Contrasto vgl. *d'Ancona* in den oben genannten Studj Bd. 1.

Eine brauchbare Uebersicht über die Dante und seine Werke betr. Litteratur hat *Scartazzini* gegeben in seiner „Dantologia" (Mailand 1894) und in dem „Dante-Handbuch" (Leipzig 1892).

Voigt, Die Wiederbelebung des class. Altherthums oder das erste Jahrh. des Humanismus, 2. Ausg., Berlin 1880/81, 2 Bde. (classisches Werk, das auch in ital. Uebers. vorliegt). — *Bartoli,* I precursori del rinascimento, Florenz 1877 (wenig bedeutend). — *Gebhard,* Les origines de la renaissance, Paris 1879 (geistvoll). — *Symonds,* Renaissance in Italy, London 1877, 2 Bde (phrasenreich). — *Burckhardt,* Die Cultur der Renaiss. in Ital., 3. Ausg., Stuttgart 1890 (gedankenreiches Buch, das beste über den Gegenstand). — *Müntz,* La Renaiss. en Italie et en France à l'époque de Charles VIII, Paris 1885 (im guten Sinne des Worts populär). — *Janitschek,* Die Gesellschaft der Renaiss. in Italien und die Kunst, Stuttg. 1879 (geistvoll und anregend). — *Hettner,* Ital. Studien. Zur Gesch. der Renaiss., Braunschweig 1879 (geistvoll). — *de Gobineau,* La Renaissance, Paris 1877 (anregende Bilder aus dem Leben der Renaissance in Form von Dialogen). — *Graf,* Attraverso il Cinquecento, Turin 1889. — *Körting,* Geschichte d. Litt. Italiens im Zeitalter der Renaiss., Leipzig 1878/84, 2¹/₂ Bde (wird fortgesetzt). —

Mehus, Vita Ambrosii Traversarii, Florenz 1759 (reichhaltige Materialiensammlung). — *Mainers,* Lebensbeschreibungen berühmter Männer aus dem Zeitalter der Wiederherstellung der Wissensch., Zürich 1795/97, 3 Bde. (noch immer als Fundgrube brauchbar).

Biographien Petrarca's von: *de Sade*, Amsterdam 1764/67, *Baldelli*, Florenz 1797, *Mézières*, Paris 1868, *Geiger*, Leipzig 1874, *Körting*, Leipzig 1878; wichtige Zusammenstellung des biograph. Materials bei *Fracassetti* in der ital. Uebers. der Epist. fam. I, 163. Ueber die zum Theil von P. selbst geschriebene Hds. des Canzoniere vgl. *Nolhac*, Le canzonière autographe de P., Paris 1886. Krit. Ausg. des Canz. von *Mestica*, Florenz 1895.

Biographien Boccaccio's von: *Manetti*, Florenz 1747, *Baldelli*, Florenz 1806, *Landau*, Stuttgart 1877 (ital. Uebers. mit werthvollen Anmerkungen von *Antona-Traversi*, Neapel 1881, leider unvollendet), *Körting* (Leipzig 1880), *Weselofsky*, Petersburg 1893/94 (sehr werthvoll), *Symonds*, London 1894. Wichtig auch für die Biographie sind: *Crescini*, Contributo agli studj sul Bocc., Turin 1887, und *Hortis*, Studj sulle opere lat. del Bocc., Triest 1879. Lesenswerth ist auch *Cochin's* Buch Boccace, Paris 1890.

Ueber das Paradiso degli Alberti und die damit zusammenhängenden litterargeschichtl. Fragen vgl. die grundlegende Untersuchung von *Weselofsky* in der Einleitung zu seiner Ausg. des Werkes, Bologna 1867.

Ueber *Machiavelli* ist das beste Werk: *Villari*, Niccolò Mach. e i suoi tempi, Florenz 1877/82, 3 Bde.

Ueber Ariost's Leben vgl. *Baruffaldi*, La vita di M. L. A., Ferrara 1807; *Campori*, Notizie per la vita di L. A., Modena 1871; *Cappelli* in der Einleitung zu seiner Ausg. der Briefe A.'s, Mailand 1887.

Beste Biographie Torqu. Tasso's ist die von *Solerti* (Turin 1895, vgl. Ltbl. 1895 Sp. 143).

Ueber Leopardi vgl. z. B. *Montefredini*, La vita e le opere di G. L., Mailand 1882.

Ueber Manzoni vgl. *Key*, Alessandro M. (Stockholm 1894), wo man weitere Angaben findet.

Canello, Storia della lett. ital. nel sec. 16°, Mailand 1881 (tüchtiges, aber unpraktisch angelegtes Buch). — *Lee*, Studies of the 18 th Century in Italy, London 1880. — *Heyse*, Ital. Dichter seit Mitte des 18. Jahrh. Uebersetzungen und Studien, Berlin 1888 ff. — *Guardione*, Storia della lett. ital. dal 1750 al 1850, Palermo 1888. — *Zanella*, Della lett. ital. nell' ultimo secolo. Città di Castello 1887.

Klein, Geschichte des ital. Drama's, Leipzig 1866/69, 4 Bde. — *Prölss*, Gesch. des neueren Dramas. Bd. I, zweite Hälfte: Das neuere Drama in Italien, Leipzig 1881. — *d'Ancona*, Origini del teatro italiano, 2ª ed., Turin 1891, 2 Bde, und: Rappresentazioni sacre dei sec. 14, 15 e 16 raccolte ed illustrate, Florenz 1872, vgl. Romania II, 266. — *Emiliani-Giudici*, Storia del Teatro in Italia, Florenz 1869. — *Monaci*, Uffizj drammatici dei Disciplinati dell' Umbria, in: Riv. di filol. rom. I, 235 und II, 29. — *Mazzatini*, I Disciplinati di Gubbio, in: Giorn. di fil. rom. III, 85 (vgl. *Padovan*, Gli uffizj dramm. dei Discipl. di G., in dem Archivio stor. per le Marche e per l'Umbria I, [1884], fasc. 1, und Giorn. stor. III, 299). — *Cloetta*, Beiträge zur Litteraturgeschichte des Mittelalters und der Renaissance, I. Komödie und Tragödie im Mittelalter,

II. Die Anfänge der Renaissancetragödie. Halle 1890/91. — *Graf*, Studj drammatici (Tre commedie del cinquecento [La Calandria, la Mandragola, il Candelaio; il mistero e le prime forme dell' auto sacro in Ispagna), Turin 1878. — Teatro ital. antico, commedie rivedute e corrette sugli antichi testi e commentate da *Jarro* (la Calandria, la Mandragola, la Clizia, l'Aridosia, lo Ipocrito), Florenz 1888. — *Scherillo*, La Commedia dell'Arte in Italia, Turin 1884, vgl. Giorn. stor. V, 276 (vgl. auch ebenda I, 75 und XVIII [1891], dazu Ltbl. 1892 Sp. 56. — *Bartoli*, Scenarj inediti della C. dell'A., Florenz 1868; (*Moland*, Molière et la comédie ital., Paris 1867). — *Stoppato*, La Commedia popolare in Italia, Padova 1887. — *Rasi*, I comici [italiani: biografia, bibliografia, iconografia Florenz 1894. — *Mazzoleni*, La poesia drammatica pastorale in Italia, Bergamo 1888. — *Masi*, Sulla storia del teatro ital. nel secolo XVIII (handelt besonders über Gozzi und Goldoni), Florenz 1892. — *Yorick*, Das ital. Theater seit 1848 in *Hillebrand's* Italia II, 195.

De Gubernatis, Storia della poesia lirica, Mailand 1883, vgl. Giorn. stor. II, 238.

Samosch, Ital. und franz. Satiriker, Berlin 1879. — *Merlini*, Saggio di ricerche sulla satira contro il villano, Turin 1894. — *Ancidri*, La satira morale pedagogica nel sec. XVIII, Frosinone 1893.

Gamba, Bibliografia delle novelle ital. in prosa, Flrz. 1833. — *Melzi-Torsi*, Bibliografia dei romanzi di cavalleria sì in prosa che in versi ital., Mailand 1853, 3 Bde. — *Papanti*, Catalogo dei novellieri ital. in prosa, Livorno 1871. — *Passano*, I novellieri ital. in prosa, Turin 1878, vgl. Giorn. di fil. rom. II, 104. — *Landau*, Beiträge zur Geschichte der ital. Novelle, Wien 1885. — Beste Ausg. der Cento novelle antiche (oder des Novellino) von *Biagi*, Flrz. 1880, vgl. Romania IX, 319. — *D'Ancona*, Le fonti del Novellino, in: Rom. II, 385 und III, 164 (dann neu bearbeitet in den oben [S. 615] genannten Studj di crit. etc.) — Novellenschatz der Italiener, herausg. von *Echtermeyer* und *Simrock*, Berlin 1832. — Italienische Novellisten, herausg. in Uebersetzungen von *P. Heyse*, Leipzig 1877—78, 6 Bde.]

Piccioni, Il giornalismo letterario in Italia, Turin 1894.

Biblioteca di letteratura popolare ital., pubblicata per cura di *P. Ferrari*, Florenz, seit 1882, vgl. Giornaie [storico I, 145. — *Pitrè*, Bibliografia delle tradizioni popolari d'Italia, Torino 1894, vgl. Ltbl. 1895 Sp. 130 (*Pitrè* giebt auch ein Archivio per lo studio delle tradizioni heraus). — *Ruberti*, Storia della poesia pop. ital., Flrz. 1877, vgl. Giorn. di fil. rom. I, 192. — *D'Ancona*, La poesia pop. ital., Livorno 1878. — *Nigra*, La poesia pop. ital., in: Romania V, 417. — *P. Heyse*, Ueber ital. Volkspoesie, in der Ztschr. f. Völkerpsychologie etc. Bd. I (*Heyse* hat auch unter dem Titel „Ital. Liederbuch" eine Sammlung ital. Volkslieder herausgegeben, Berlin 1862). — *Marc-Monnier*, Contes pop. en Italie, Paris 1880. — *Kaden*, Italiens Wunderhorn. Volkslieder aus allen Provinzen etc. in deutscher Uebertragung, Stuttg. 1878.

[*Puymaigre*, Folk-Lore, Paris 1885.]

Sammlungen, Handbücher, Chrestomathien:

Collezione di opere inedite o rare dei primi tre secoli della lingua, pubblicate per cura della R. commissione pe' testi di lingua, Bologna, seit 1863, und: Scelta di curiosità letterarie inedite o rare del secolo XIII al sec. XVII, Bologna, seit 1861 (wichtigste Sammlungen altital. Texte; die ersten Bände der Collezione enthalten die „Antiche Rime volgari" des Cod. Vat. 3793 in der Ausgabe von *d'Ancona* und *Comparetti*).

Nannucci, Manuale della lett. del primo secolo della lingua ital., 3ᵃ ed., Flrz. 1874, 2 Bde. (noch immer sehr brauchbare Chrestomathie der ältesten ital. Litt.). — *Monaci*, Crestomazia ital. dei primi secoli con prospetto delle flessioni grammaticali e glossario, fasc. 1, Città di Castello 1889, vgl. Ltbl. 1889 Sp. 297 (vortreffliches Buch). — *Tallarigo* e *Imbriani*, Nuova crestomazia ital., Napoli 1882, 3 Bde. (sehr empfehlenswerth, namentlich für die älteste Litt.). — *Ulrich*, Altital. Lesebuch, Halle 1886 (unvollkommen, vgl. Ltbl. 1886, Aprilheft; *Ulrich* hat auch Bd. I einer altital. Bibl. [„ältere ital. Novellen"] herausgegeben, Leipzig 1890, vgl. Ltbl. 1890 Sp. 313).

Büeler und *Meyer*, Ital. Chrest. mit besonderer Berücksichtigung der Neuzeit, Zürich 1887, vgl. Ltbl. 1887 Sp. 361. — *Mestica*, Manuale della lett. ital. nel secolo decimonono, Flrz. 1881, 2 Bde.

Sundby, Letture italiane. Poeti antichi e moderni. Scelta corredata di note, Kopenhagen 1889 (empfehlenswerthe Anthologie, vgl. Ltbl. 1890 Sp. 286).

Noch immer brauchbar sind die älteren (mit litteraturgeschichtl. Skizzen versehenen) Chrestomathien von *Ideler* (2. Ausg. Berlin 1820, 2 Bde.), *Jagemann* (2. Ausg. Leipzig 1802) und *Ebert* (Marburg 1854, die 2. Ausg. [Frankfurt a. M. 1874] ist nur Titel-Ausg.).

Wörterbücher: Vocabolario degli Accademici della Crusca, Flrz. 1612, 5. Ausg. Flrz. 1863 ff. (vgl. *Fanfani*, Il vocab. della Crusca, Flrz. 1877; das Voc. der Crusca, welches in ausgeprägtester Einseitigkeit den florentinischen Standpunkt vertritt, besitzt namentlich sprachgeschichtliche Bedeutung; eine Art Ergänzung bildet *Razzolini's* und *della Lega's* Bibliografia dei testi di lingua e stampa citati dagli Accad. della Cr., Bologna 1878. — *Tommaseo-Bellini*, Dizionario della ling. ital., Turin 1865—79 (vorzügliches Werk, vgl. *Rinaldi* im Suppl. des Turiner Journals „Il Baretto" vom 15. April 1880). — *Rigutini-Fanfani*, Vocab. ital. della ling. parlata, 2. Ausg. Flrz. 1875 (sehr werthvoll, vgl. *Breitinger*, Einleitung in das Studium des Ital. p. 65, und Propugnatore XIV, 2 p. 92). — *Giorgini*, Novo [sic!] Vocab. della ling. parlata, Flrz. 1870 ff. (vertritt den Florentiner Standpunkt).

Die verhältnissmässig besten ital.-deutschen und deutsch-ital. Wörterbücher sind die von *Weber* (Leipzig 1872), *Michaëlis* (Leipzig 1879), dazu Nachträge von *Dreser* in: Ztschr. f. rom. Phil. VIII, 63 und IX, 375) und *Rigutini-Bulle* (Leipzig 1895 f., sehr empfehlenswerthes Buch, wenn es auch freilich mit *Sachs-Villatte's* franz. Dict. nicht verglichen werden kann).

Als ein überaus praktisches Büchlein, das namentlich den nach Italien Reisenden nützlichste Dienste erweisen kann, sei genannt und empfohlen *Kleinpaul's* Ital. Sprachführer, Leipzig 1882.

Zambaldi, Vocab. etimologico ital., Turin 1889, vgl. Ltbl. 1890 Sp. 74. — *Caix*, Studj di etimologia ital. e romanza, Flrz. 1878 (s. auch Ztschr. f. rom. Phil. I, 421 und Giorn. di fil. rom. I, 48, vgl. Rom. VIII, 616 und Giorn. di fil. rom. I, 251). — *Canello*, Allotropi, Arch. glott. III, 285.

B. Rumänisch.

Zur Litteraturgeschichte: *Philippide*, Introducere in istoria limbei si literaturei romîne, Jasi 1888, vgl. Ltbl. 1895 Sp. 170 und Rom· XXIV, 156. — *Densusianu*, Istoria limbei si literaturei române, Jasi 1888. — *Săinénu*, Istoria filologîri române, Buc. 1892, vgl. Ltb. 1894 Sp. 91. — *Adamescu*, Notiuni de istoria limbei si literaturei romînesti, Buc. 1894, vgl. Rom. XXIV, 155.

Jarcu, Bibliografia cronologica romana, sau catalog general de cartile române imprimate etc., Buc. 1873. — Buletin mensual a librariei generale din România si a librariei române diu štreinătate, Buc., seit 1879. — *Portal*, La littérature roumaine. Essai bibliographique, Paris 1893.

Rudow, Geschichte des rumän. Schriftthums, Wernigerode 1892, dazu ein Nachtrag, Okrös 1894 (von demselben Verf.: Verslehre und Stil der rumän. Volkslieder, Halle 1886, Diss.

Bianu, Despre cultura si literatura românesca in secolul al XIX Buc. 1891, vgl. Ltbl. 1892 Sp. 350.

Gaster, Literatura populara româna, Buc. 1883 (hoch bedeutendes und inhaltsreiches, auch für die allgemeine Sagenkunde wichtiges Werk, vgl. *Nyrop* in Rom. XIV, 149; man vgl. auch desselben Verfassers: Elchester Lectures on Graeco-Slavonic Literature and its Relation to the Folk-Lore of Europa during the Middle Ages, London 1887). — Rumän. Volkslieder und dergl. wurden herausgegeben z. B. von *Alexandri* (Buc. 1853, 2 Bde., deutsche Uebers. von Kotzebue, Berlin 1857; der Herausgeber, selbst ein bedeutender Dichter, hat die Lieder mitunter dem modernen Geschmacke entsprechend umgestaltet), von *Marian* (Cernuali 1873/75, 2 Bde.) und von *Pompiliu* (Jasi 1870); Uebersetzungen rumän. Volkslieder veröffentlichte *Franken*, Danzig 1890. Uebersetzungen rumän. Märchen gab heraus *Kremnitz* (Leipzig 1882); auch die höchst inhaltsreichen „Rumän. Skizzen" (Buc. 1877) desselben Verfassers enthalten viele Uebersetzungen. — *Arthur* und *Albert Schott*, Walachische Märchen, Stuttgart 1845 (Uebersetzungen mit werthvoller Einleitung). — Rumän. Dichtungen, deutsch von *Carmen Silva*, herausg. von *Kremnitz*, Leipzig 1891. — *Săinénu*, Basmele române in comparatinne cu legendele antice classice, Buc. 1895, vgl. Rom. XXIV, 304.

Nyrop, Romanske Mosaiker, Kopenhagen 1885 (sehr anregendes und anziehendes Buch; für das Rumän. kommt besonders Cap. 4 in Betracht).

Chrestomathien: *Gaster*, Chrestomathie roumaine, Leipzig 1891,
2 Bde (enthält auch einen Abriss der rumän. Grammatik und Litteraturgeschichte). — Von den sonstigen Chrest. sind die von *Cipariu* (Buc.
1858) und die von *Popu* (Buc. 1875/76, 2 Bde.) die besten.

Wörterbücher: Das beste (d. h. das verhältnissmässig beste)
rumän. Wörterbuch ist das im Auftrage der rumän. Akademie von
Laurianu und *Massimu* herausgegebene (Buc. 1871/76), freilich leidet es
an dem Fehler, mehr eine künstlich zurechtgemachte und aufgestutzte
Sprache, als die wirklich lebendige Sprache oder auch die Sprache in
ihrer geschichtlichen Entwickelung darzustellen.

Noch immer nicht entbehrlich ist das alte „Ofener Wörterbuch"
(Lexicon valachico-latino-hungaricum, Budae 1825).

Praktischen Zwecken dienen: *Barcianu*, Wörterbuch der deutschen
und der roman. Spr., Hermannstadt 1888; *Săinénu*, Deutsch-rumän.
Wörterb., Buc. 1890; *Florescu*, Dictionar francesco-roman, Buc. 1894,
vgl. Rom. XXIV, 155.

Săinénu, Incercare asupra semasiologiei limbei române. Studie
istorico despre transitiunea sensuvilor, Buc. 1887.

Etymologicum magnum Romanicae. Dictionarul limbei istorice si
poporane a Romanilor etc. de Petriceicu-Hasdeu, Buc. seit 1885. —
Cihac, Dictionnaire d'étymologie daco-romane, Frankfurt a. M. 1870/79,
2 Bde (wichtiges Buch). — *Cretiu*, O noua etimologie a numeralului ro-
mânesc (in Revista pentru istorie, archeologie si philologie, Bd. VI; diese
Ztschr. sowie die „Columna lui Traian" enthalten auch sonst Beiträge
zur rumän. Wortforschung). — *Löbel*, Elemente turcesti, arabesti si
persane in limba româna, Konstantinopel 1895. — *Rudow*, Neue Belege
zu türkischen Lehnworten im Rumän., Ztschr. f. rom. Phil. XVII, 368,
XVIII, 74 und XIX, 383.

C. Rätisch.

Zur Litteraturgeschichte: Eine Bibliographie der räto-rom.
Litt. hat *Böhmer*, Rom. Stud. VI, 109 und 221, gegeben.

Rausch, Geschichte der Litt. des räto-roman. Volkes, Frankf. a. M.
1870 (dilettantisch), vgl. Rom. Stud. I, 305.

V. Flugi, Ladinische Liederdichter, in: Ztschr. f. rom. Phil. III,
518, und: Die lad. Dramen im 16. Jahrh., ebenda II, 515 und V, 461,
Lad. Dramen des 17. Jahrh., ebenda IV, 1 und 483. Von demselben
Verf.: Die Volkslieder des Engadin, Strafsburg 1873; Histor. Gedichte
in lad. Sprache, Ztschr. f. rom. Phil. IV, 256; Zwei hist. Gedichte in lad.
Sprache aus dem 16. und 17. Jahrh. (Müsserkrieg und Veltliner Krieg),
zum ersten Male herausg., übersetzt und mit einem Abrifs der lad. Litt.
eingeleitet, Ztschr. f. rom. Phil. II, 99. — *Böhmer*, Die zehn Alter, ein
räto-rom. dramat. Gedicht aus dem 16. Jahrh., Roman. Stud. VI, 239
(Ausg. mit Einleitung und Glossar).

Decurtins, Volksthümliches aus dem Unter-Engadin, Ztschr. f. rom.
Phil. VI, 582. — *Schneller*, Märchen und Sagen aus Wälschtyrol, Inns-

bruck 1867. — *Alton*, Proverbi, tradizioni e aneddoti delle valli ladine orientali, Innsbruck 1881, vgl. Ltbl. 1882, Märzheft. — *Böhmer*, Churwälsche Sprichwörter, Rom. Stud. II 157.

Chrestomathien und dergl.: *Decurtins*, Räto-rom. Chrest., Erlangen 1888 (Rom. Forsch. IV, vgl. Ltbl. 1888 Sp. 461; derselbe Gelehrte hat eine Reihe anderer Texte in verdienstlichster Weise herausgegeben (Arch. glott. VII[1], Ztschr. f. rom. Phil. V, 480, Rom. Stud. II, 99 und Rom. XIII, 60). — *Alton*, Rimes ladines, Innsbruck 1885, und Stories e chianties ladines con vocabolario ladin-talian, Innsbruck 1895. — *Asparagus*, Fablas e novellas, Chur, 1878. — *Ulrich*, Canzoni altoengadina di Bravuga, und Canzoni nel dialetto di Schoms, Arch. glott. VIII, 129. — *V. Flugi*, Chanzuns popularas d'Engadin, Rom. Stud. I 309.

Ulrich, Räto-rom Chrest , Halle 1882 f. und Räto-rom. Texte, Halle 1883 f.

Wörterbücher: *Pallioppi*, Dizionari dels idioms romauntschs d'Engadin, ota e bassa etc., Samedan 1893/94, vgl. Rom. XXIII, 274 und Ltbl. 1894 Sp. 23. — *Carisch*, Taschenwörterbuch der räto-rom. Spr. in Graubünden, Chur 1887 (Neudruck des zuerst 1848/52 erschienenen Buches). — *Conradi*, Taschenwörterb. der roman.-deutschen und deutschroman. Spr., Zürich 1823/28.

Werthvollste Beiträge zur räto-rom. Wortforschung hat *Ascoli* im Arch. glott. VII, 492 ff. gegeben. — Nützliche Wortverzeichnisse findet man z. B. in *Ulrich's* Chrest., in *Böhmer's* Ausg. des Gedichts von den zehn Altern und in *Alton's* (auch sonst wichtigem) Buche: Die ladinischen Idiome etc., Innsbruck 1879, vgl. Rom. Stud. IV, 638); ein südtyrolisches Idiotikon enthält *Schneller's* Buch: Die roman. Volksmundarten in Südtyrol, Gera 1870.

Eine hochinteressante Skizze des räto-roman. Wortschatzes hat *Gartner* in seiner Gramm. p. 1—32 entworfen.

Sehr eifrig gepflegt (freilich vielfach nur von Dilettanten) ist die räto-roman. Ortsnamenforschung, doch würde es hier zu weit führen, die betr. Schriften namhaft zu machen; genannt werde einzig *Kübler's* Diss.: Die suffixhaltigen Flurnamen Graubündens, Theil I, Liquidensuffixe Erlangen und Leipzig 1894 (Münchener Beitr. VIII), vgl. Ltbl. 1895 Sp. 238.

D. Provenzalisch[2]).

Zur Bibliographie: *Gröber*, Ueber die Liedersammlungen der Troubadours, in den Rom. Stud. II, 337, vgl. Ztschr. f. rom. Phil. II, 125.

Bartsch in seinem „Grundriss" [s. u.] p. 32 ff. (s. auch Ztschr. f.

---

[1]) Zu dem daselbst herausgegebenen rätischen Texte der Legende von Barlaam und Josaphat hat Ascoli in dem nämlichen Bande p. 365 eine wortgetreue ital. Uebers. hinzugefügt; es eignet sich demnach dieser Text besonders zur Anfangslectüre.

[2]) Ueber die Namen der prov. Sprache vgl. *P. Meyer's* Leçon d'ouverture in den Annales du Midi l. I, vgl. *Stengel* in: *Vollmöller's* Jahresb. I, 292.

rom. Phil. IV, 353 und 502, vgl, dazu V, 89). — Weitere Angaben, bezw.
diplomat. Abdrücke von Hdss. in: Romania XII, 336; Ztschr. f. r.
Phil. III, 526, IV, 35 und 276 (Liederhds. H. 196 von Montpellier);
Herrig's Archiv XXXIII, 288 und 407, XXXIV, 141 und 368, XXXV,
84 und 363, XXXVI, 379 (prov. Hdss. in Italien); Riv. di filol. rom.
I, 20 (Hdss. in Florenz und Rom); Herrig's Archiv Bd. 49 und 50
(Hds. Plat. XLI, cod. 42 der Laurenziana); Ztschr. f. r. Phil. IV, 72
(Hds. von Modena); Sitzungsb. d. Wiener Akad. d. Wissensch., philos.-
hist. Cl. Bd 53 [1867] (der cod. Estensis); Archives des missions scienti-
fiques et litt., 3 e série VI, 3, 269 (Hdss. in Spanien, vgl. Rom. X, 448);
Rev. des lang. rom. II [1876], 225 (Hds. des Dr. Pablo Gil y Gil in
Saragossa, vgl. Ztschr. f. r. Phil. I, 389); Riv. di fil. rom. II, 49 (Hds.
von Cheltenham; dieselbe ist abgedruckt in Rev. des lang. rom. 1881
Juni, Nov., Dec., 1882 Febr.); Ztschr. f. rom. Phil. I, 387 (Kopenhagener
Hds.). — Abdruck der prov. Blumenlese der Chigiana, bes. v. *Stengel*,
Marburg 1878, vgl. Ztschr. f. r. Phil. II, 128. — *Mussafia*, Ueb. die
prov. Liederhdss. des Giov. Maria Barbieri, Wien, 1876, und: Hand-
schriftl. Studien, Heft 1: Mitth. aus zwei Wiener Hdss. des Breviari
d'amor, Wien 1861. — *Appel*, Prov. Inedita aus Pariser Hdss., Leipzig
1890. — *de Lollis*, Il canzoniere prov. O (cod. Vat. 3208), Roma 1886,
vgl. Ltbl. 1887 Sp. 356. — *Chabaneau*, Varia provincialia. Textes pro-
vençaux en majeure partie inédits, Paris 1889. — *Crescini*, Del canzoniere
prov. V (Marc. App. XI), in den Rendiconti della R. Accad. dei Lincei
1890. — *Lévy*, Poésies religieuses prov. et frçses du ms. Extravag. 268
de Wolfenbuttel, Paris 1888, vgl. Ltbl. 1888 Sp. 121.

Wahlund, Livres prov. rassemblés pendant quelques années d'études
et offerts à la bibl. de l'université d'Upsala, Upsala 1892.

Zur Litteraturgeschichte: Les biographies des troubadours
en langue prov., p. p. *Chabaneau*, in: Hist. générale de Languedoc, éd.
E. Privat t. X (auch als Sonderdruck erschienen, Toulouse 1885), vgl.
Ltbl. 1887 Sp. 269. Aeltere Ausg. dieser Biogr. von *Mahn*, 2. Aufl.
Berlin 1878. — Völlig unkritisch ist das Buch des *Nostradamus:* Les
vies des plus célèbres et anciens poètes prov. etc., Lyon 1575, vgl.
dazu *Bartsch* im Jahrb. f. rom. und engl. Litt. XIII, 1.

Bartsch, Grundriss zur Gesch. der prov. Litt., Elberfeld 1872 (vorwiegend nur bibliographisch und schematisch).

Stimming, Prov. Litt., in: *Gröber's* Grundriss Bd. II, Abth. 2 p. 1
bis 70. — *Restori*, Letteratura prov., Mailand 1891, Hoepli, vgl. Ltbl.
1891, Sp. 347.

Veraltet sind: *Millot*, Hist. litt. des troub. Paris 1773, 3 Bde.;
Fauriel, Hist. litt. des troub., Paris 1844, 3 Bde.

Noch immer sehr werthvoll sind die Schriften von *Diez:* Die Poesie
der Troub., Zwickau 1826, 2. Ausg. bes. v. *Bartsch*, Leipzig 1883, und:
Leben und Werke der Troub., Zwickau 1829, 2. Ausg. bes. v. *Bartsch*,
Leipzig 1882.

P. Meyer, Les derniers troub. de la Provence, Paris 1872 (vgl. auch desselben Gelehrten Artikel über prov. Spr. und Litt. in Bd. 19 der Encyclopaedia britannica).

Birch-Hirschfeld, Ueber die den prov. Troub. des 12. und 13. Jahrh. bekannten epischen Stoffe, Halle 1878, vgl. Ztschr. f. rom. Phil. II, 318.

Schultz, Die Lebensverhältnisse der ital. Troub., Ztschr. f. r. Phil. VII, 177, vgl. auch IX, 406, und: Die prov. Dichterinnen, Leipzig 1888.

Sartori, Trovatori prov. alla corte dei marchesi in Este, Este 1889. — *Thomas*, Francesco da Barberino et la litt. prov. au moyen âge, Paris 1883, vgl. Giorn. stor. della lett. ital. III, 91.

Freymond, Jongleurs und Menestrels, Halle 1883 (Heidelberger Habilitationsschr.; vgl. Ltbl. 1884, Sp. 115). — Die Schrift v. *Witthoeft* s. unten Z. 15 v. u.

Die Lebensverhältnisse vieler einzelner Troubadours sind in Dissertationen etc. behandelt; es muss aber hier von einer Aufzählung der betr. Schriften abgesehen werden; man findet sie in *Körting's* Encykl. III, 467 ff. verzeichnet. Hier werde nur genannt *Kolsen's* Diss. über Guiraut de Bornelh, Berlin 1894, und hingewiesen auf die mit Einleitung etc. versehenen Ausgaben der Lieder Bertran's de Born von *Stimming*, Halle 1879 (kleinere Ausg. Halle 1892) und *Thomas*, Toulouse 1888, vgl. Ltbl. 1890 Sp. 228, vgl. auch *Schwan* in den Preuss. Jahrbb. Bd. 60 p. 95, und *Clédat*, Du rôle hist. de B. d. B., Paris 1879, vgl. Ztschr. f. rom. Phil. IV, 430.

Ueber die älteste *Alba* vgl. Ztschr. f. deutsche Philol. XII, 333, Studj di filol. rom. II, Rendiconti della R. Accad. dei Lincei, Juni 1892, Romania XXII, 627, endlich die Schrift von *Restori*, La notazione musicale dell' antichissima alba etc., Parma 1892 (Nozze Salvioni-Taveggia).

Ueber den Namen „Sirventes" vgl. *P. Meyer*, Romania VII, 628, *Rajna*, Giorn. stor. di fil. rom. I, 89 und 200 und II, 73, *Gisi*, Der Troub. Guill. Anelier v. Toulouse (Solothurn 1877) p. 24 und dazu *Bartsch*, Ztschr. f. rom. Phil. II, 132; *Stimming* in: *Gröber's* Grundr. II, Abth. 2 p. 22 (vgl. auch *Witthoeft*, Sirventes joglaresc. Ein Blick auf das Spielmannsleben. Marburg 1891, Diss.). — *Springer*, Das altprov. Klagelied mit Berücksichtigung der verwandten Litteraturen, Berlin 1895, Diss. — *Schläger*, Studien über das Tagelied, Jena 1895, Diss., vgl. Ltbl. 1895 Sp. 266. — *Zenker*, Die prov. Tenzone, Leipzig 1888, vgl. Ltbl. 1889 Sp. 108. — *Knobloch*, Die Streitgedichte im Prov. und Altfrz., Breslau 1886, Diss., vgl. Ltbl. 1887 Sp. 76. — *Selbach*, Das Streitgedicht in der altprov. Lyrik etc., Marburg 1886 (A. und A. 57), vgl. Ltbl. 1887 Sp. 76. — *Pfuhl*, Untersuchungen über die Rondeaux und Virelais, Königsberg 1887, Diss, vgl. Ltbl. 1888 Sp. 444. — *Schindler*, Die Kreuzzüge in der altprov. und mhd. Lyrik, Dresden 1889, Prgr. der Annenschule. — *Cnyrim*, Sprichwörter, sprichwörtl. Redensarten und Sentenzen bei den prov. Lyrikern, Marburg 1888 (A. und A. 71), vgl. Ltbl. 1888 Sp. 537. — *Peretz*, Altprov. Sprichwörter, Göttingen 1889, Diss. (Roman. Forsch. III, 2). — S. auch oben S. 582.

Chabaneau, Origine et établissement de l'Académie des Jeux Floraux, Toulouse 1885, vgl. Ltbl. 1887 Sp. 177. — *Schwan*, Die Entstehung der Blumenspiele von Toulouse, Preuss. Jahrb. Bd. 54 S. 457. — *Trojel*, Middelaldernes Elskovshofferne hos Scribenter mellem 1575/1800, Kopenhagen 1888, vgl. Ltbl. 1888 Sp. 333 und 1890 Sp. 31, Nordisk Tidsskrift f. filol. 1888 p. 545, Journ. des Sav. 1888 p. 664 und 727. — *Rajna*, Le corti d'amore, Mailand 1890, vgl. Ltbl. 1890, Sp. 456. — *Crescini*, Per la questione delle corti d'amore, Padua 1891 (Atti e Memorie dell' Accad. VI, Disp. IV a), vgl. Ltbl. 1891 Sp. 166. — *Andreae Capellani* de Amore libri tres rec. *E. Trojel*, Kopenhagen 1893. — *Rajna*, Tre Studj per la storia del libro di Andrea Capellano (Studj di filol. rom. V), vgl. Ltbl. 1890 Sp. 456. — Ueber die Auffassung der Liebe im Mittelalter vgl. *Freymond* in *Vollmöller's* Jahresb. I, 409 Anm. — *Settegast*, Die Ehre in den Liedern der Troub., Leipzig 1887.

Böhmer, Die prov. Poesie der Gegenwart, Halle 1870. — *Sachs*, Zur neuprov. Litt., Herrig's Archiv LXI, 427. — *Kreiten*, Félibres und Félibrige, in: Stimmen aus Maria-Laach Bd. 8 und 9. — *Portal*, Sulla lett. prov. moderna, Palermo 1892. — *Schneider*, Bemerkungen zur litt. Bewegung auf neuprov. Sprachgebiete, Berlin 1887, Prgr. des Friedrich-Wilh.-Gymnas. — *Nyrop*, Romanske Mosaiker, Kopenhagen 1885 (sehr lesenswerthe, anziehende Reiseerinnerungen). — *Koschwitz*, Ueber die Féliber und ihre Vorgänger (Rectoratsrede), Berlin 1894; K. hat auch eine treffliche Gramm. der neuprov. Spr. herausgegeben (Gramm. de la langue des félibres, Berlin 1894). — *Bonnefoy*, Les félibres et la langue frçse, Paris 1889. — *Wendler*, Jaques Jasmin, Zwickau 1870, Prgr. — *Babain*, Jasmin, sa vie et ses œuvres, Limoges 1867. — *Mondroud*, Jasmin, étude biogr. et litt., 2 e éd. Lille 1875. — *Westenhöffer*, Etude s. Mistral, Thann (Elsass) 1882. — *Maass*, Allerlei prov. Volksglaube, zusammengestellt nach Mistral's „Mirèio", Berlin 1895, Diss.

Mancherlei Beiträge zur neuprov. Litteraturgeschichte findet man in *Mushacke's* Diss. über die Mundart v. Montpellier, Frz. Stud. IV.

Sammlungen und Chrestomathien: *Raynouard*, Choix des poésies originales des troubadours, Paris 1816/21, 6 Bde. — *Mahn*, Die Werke der Troub., Berlin 1846/85, 4 Bde.; Gedichte der Troub., Berlin 1856/73, 4 Bde.; Commentar und Gloss. zu den Werken der Troub., Berlin 1871/78.

Bartsch, Prov. Lesebuch, Elberfeld 1855 (die späteren Ausgaben führen den Titel: Chrest. prov.), und: Denkmäler der prov. Litt., Stuttg. 1856 (Bibl. des litt. Vereins No. 39). — *Appel*, Prov. Chrest., Leipzig 1895 (bestes Handbuch). — *Crescini*, Manualetto prov., Verona nnd Padua 1892, vgl. Romania XXIV, 133 und Ltbl. 1895 Sp. 227. — *Monaci*, Testi antichi prov., Roma 1889, vgl. Vollmöller's Jahresb. I, 303. — *Kitchin*, Introduction to the Study of Prov. Lit. Grammar, Texts, Glossary. London 1887 (mangelhaftes Buch).

Suchier, Denkmäler prov. Litt. und Spr, Halle 1883, vgl. Ztschr. f. r. Phil. VII, 157 (Inhaltsverzeichniss in *Körting's* Encykl. III, 462 f.).

Ueber waldensische Litt. und Spr. vgl. die Angaben in *Körting's* Encykl. III, 462 f., und die reichhaltigen Darlegungen *W. Förster's* in den Gött. gel. Anz. 1888 S. 753 ff.

(Aufmerksam gemacht werde hier auf die treffliche Uebersetzung, welche *Bertuch* von Mistral's Mirèio gegeben hat [Frankf. a. M. 1893].)

Wörterbücher: *Raynouard*, Lexique roman ou dictionnaire de la langue des troub., Paris 1838/44, 6 Bde. (vgl. *Sternbeck*, Unrichtige Wortaufstellungen und Wortdeutungen in R.'s Lexique roman, Th. I: Unrichtige Wortaufstellungen, Berlin 1887, Diss., vgl. Ltbl. 1888 Sp. 268). — *Levy*, Prov. Supplementwörterbuch, Leipzig seit 1892, vgl. Ltbl. 1893 Sp. 330. — *Roquefort*, Glossaire de la langue romane, Paris 1808/20, 2 Bde. und Suppl. — *Rochegude*, Essai d'un gloss. occitanien p. servir à l'intelligence des poésies des troub., Toulouse 1819. — *Stichel*, Beitr. zur Lexikogr. des altprov. Verbums, Marburg 1890, Diss. (A. u. A. 89), vgl. Ltbl. 1890 Sp. 413. — *Settegast*, Joi in der Spr. der Troub. etc., in: Berichte der k. sächs. Gesellsch. der Wissensch. 1889 p. 99—154.

Brauchbare Glossare sind in *Bartsch's* und *Appel's* Chrest., sowie in *Stimming's* Ausg. des Bertran de Born enthalten.

Honnorat, Dict. prov.-franç. ou dict. de la langue d'oc ancienne et moderne, Digne 1846/47, 2 Bde. — *Azaïs*, Dict. des idiomes romans du midi de France etc. Paris 1877 ff., 3 Bde. — *Mistral*, Lou tresor dou Félibrige ou dict. prov.-franç., embrassant les divers dialectes de la langue d'oc moderne, Aix 1879 ff. (bestes Wörterb. des Neuprov.). — *Piat*, Dict. franç.-occitanien, Montpellier 1892 ff., vgl. Rom. XXIII, 318.

Mackel, Die german. Elemente in der franz. und prov. Sprache, in: Franz. Stud. VI Heft 1 (vorzügliche Arbeit).

E. Französisch.

Zur Bibliographie: Ausführliche Angaben bei *Körting*, Encykl. III, 303 ff. und Nachtrag p. 121 f.; es sei, um Raum zu sparen, gestattet, hier auf diese Angaben einfach zu verweisen, und nur einige neu erschienene Schriften namhaft zu machen.

Novati, I codici francesi de' Gonzaga Romania XIX, 161. — *Lamey*, Roman. Hdss. der Grossherzogl. Badenschen Hof- und Landesbibl. Karlsruhe 1894. — *Le Petit*, Bibliographie des principales éditions originales d'écrivains franç. du 15e au 16e siècle, Paris 1888 (enthält 300 Facsimiles von Titeln erster Aufl.) — *Monod*, Bibliographie de l'histoire de France. Catalogue méthodique et chronologique des sources et des ouvrages relatifs à l'hist. de France depuis les origines jusqu'en 1789, Paris 1888 (ein sehr nützliches Buch).

Ouvrages de philologie romane et textes d'ancien franç. faisant partie de la bibl. de M. Carl Wahlund à Upsala. Liste dressée d'après le manuel de litt. franç. au m. âge par M. G. Paris, Upsala 1890.

Gute Nachschlagebücher sind *Vapereau's* Dict. universel des littératures und Dict. univ. des contemporains (Paris, Hachette).

Eine wahre Fundgrube der Belehrung (namentlich für neufranz. Litt.) ist *Jal's* Dict. critique de biographie et de litt., 2e éd., Paris 1872;

zahlreiche irrige Daten, die sich von Buch zu Buch zu schleppen pflegten, sind von *Jal* auf Grund archivalischer Forschung richtiggestellt worden.

Meyr, Jahrbuch der frz. Litt., Jahrg. 1, Zittau 1895 (giebt eine Uebersicht der im Vorjahre erschienenen belletristischen Werke und berichtet über deren Inhalt).

Werke, welche die Geschichte der frz. Litt. in ihrem Gesammtumfange behandeln. Eine wissenschaftlichen Ansprüchen genügende Geschichte der frz. Litt. ist nicht vorhanden. Ob das gross angelegte, unter *P. de Julleville's* Leitung ausgearbeitete Werk „Histoire de la langue et de la littérature frçsè des origines à 1900" die darauf gesetzten Erwartungen befriedigen wird, muss dahingestellt bleiben [1]).

Die bis jetzt vorhandenen, von Franzosen verfassten frz. Litteraturgeschichten sind fast durchweg einseitig ästhetisirend und also höchstens eben nur in ästhetischer Beziehung werthvoll (so namentlich *Nisard's* Hist. de la litt. frçse, die zuerst 1844/49 erschien [2]).

Von neueren frz. Handbüchern der frz. (gesammten) Litteraturgeschichte seien genannt und bedingungsweise empfohlen die von *Lintilhac* (1891; wurde von *Stapfer* in der Rev. pol. et litt. 1891 Nr. 9 sehr günstig beurtheilt), *Lanson* (1895, vgl. Rom. XXIV, 495), *Doumic* (1893, vgl. Ltbl. 1894 Sp. 358), *Petit de Julleville* (8ᵉ éd. 1891).

Eine Art Geschichte der frz. Litt., allerdings sehr vorwiegend nur der Litt. vom 16. Jahrh. ab, sind indessen die umfangreichen Essaysammlungen des geistvollen Kritikers *Sainte-Beuve*: Causeries du lundi 1851/62, 15 Bde., Nouveaux lundis, 10 Bde., Critiques et portraits litt. 1832/39, 5 Bde., Portraits litt. 1844, 2 Bde.

Von deutschen Handbüchern sind die brauchbarsten die von *Kressner* und *Sarrazin* (Neubearbeitung des *Kreyssig*'schen Buches, Berlin 1888/89, 2 Bde., von denen der erste, von *Kressner* bearbeitete die altfrz., der zweite, von *Sarrazin* geschriebene, die neufrz. Litt. behandelt; der zweite Bd. ist der gediegenere, das Werk enthält auch die wichtigsten bibliograph. Angaben); *Bornhak* (Berlin 1886; das Buch

---

[1]) Es soll 8 Bände umfassen, von denen die beiden ersten, die Geschichte der Litt. und Spr. von den Anfängen bis zum Jahre 1500 behandelnd, demnächst (Frühsommer 1896) erscheinen sollen; verfasst sind sie von: *Brunot* (Origines de la langue frçse), *Petit de Julleville* (Poésie narrative et religieuse), *L. Gautier* (l'Epopée nationale), *Constans* (l'Epopée antique), *Clédat* (l'Epopée courtoise), *Jeanroy* (les Chansons), *Sudré* (les Fables et le Roman de Renard), *Bédier* (les Fabliaux), *E. Langlois* (le Roman de la Rose), *Piaget* (Littérature didactique, und: Sermonnaires et traducteurs), *Ch. V. Langlois* (l'Historiographie), *Petit de Julleville* (Les derniers poètes du moyen âge, und: le Théâtre), *Brunot* (La langue frçse jusqu'à la fin du XVᵉ siècle). *G. Paris* wird die Vorrede schreiben; der Subscriptionspreis für das (im Verlag von A. Colin et Cie., Paris, erscheinende) Gesammtwerk beträgt 110 fr.; jeder einzelne Band wird für 16 fr. käuflich sein.

[2]) Im Folgenden wird der Erscheinungsort der anzuführenden Bücher nur dann genannt, wenn er nicht Paris ist.

ist in Bezug auf die neufrz. Litt. sehr schätzbar, die altfrz. Litt. dagegen ist in sehr unzulänglicher Weise behandelt); *Junker* (Münster
1895, 2. Ausg.; brauchbares Compendium für Studirende); *Engel* (2. Ausg.
Leipzig 1887; im Feuilletonstil geschriebenes Buch; derselbe Verf. hat
auch eine „Psychologie der frz. Litt." veröffentlicht, Teschen 1884).

Praktisch brauchbar sind, namentlich für die neuere Litt., noch
immer *Breitinger's* Grundzüge der frz. Sprach- und Litteraturgesch.,
Zürich, 3. Ausg. 1880 (brauchbar ist auch desselben Verfassers Buch:
Die frz. Klassiker. Charakteristiken und Inhaltsangaben, 2. Ausgabe
Zürich 1879, sowie seine ebenfalls im Schulthess'schen Verlage zu Zürich
erschienene „Einleitung in das Stud. des Frz.").

Werke, welche einzelne Zeiträume und Gattungen behandeln:

Histoire littéraire de la France (begonnen 1733 von den Bene-
dictinern der Congregation des h. Maurus, welche das Werk bis zu
Bd. 12 einschliesslich fortsetzten [1763]; von Bd. 13 ab [1808] übernahm
eine Commission des Instituts die Arbeit; bis jetzt liegen 32 Bde. vor,
welche die Litteraturen Frankreichs, die lat., prov. und frz., bis zum
14. Jahrh. in gelehrtester und gediegenster Weise behandeln. Vgl.
Schmitz in seiner Encykl. Suppl. 2 p. 27 ff.).

G. Paris, La litt. frçse au moyen-âge, 2ᵉ éd. 1890 (höchst werthvolles, leider allzu knapp gehaltenes Handbuch; die darin gegebene
Bibliogr. ist unzulänglich, vgl. *W. Förster*, Ltbl. 1890 Sp. 263; werthvoll ist auch die Sammlung von Essays, welche *G. P.* unter dem Titel
„La Poésie du m.-â." herausgegeben hat, 1887.

Aubertin, Hist. de la langue et de la litt. frçses au m.-â., 1876/79
2 Bde. (verhältnissmässig gutes Buch, vgl. Rom. IX, 306).

In bibliogr. Hinsicht ist, weil darin die älteren Werke (des 17.
und 18. Jahrh.'s) über altfrz. Litt. verzeichnet sind, noch immer nützlich *Ideler's* Handb. d. frz. Nationallitt. v. d. ersten Anfängen bis auf
Franz I., Berlin 1842.

G. Paris, La légende de Pépin le Bref, in: Mélanges Julien Havet
p. 605, vgl. Rom. XXIV, 319.

Kurth, Hist. poét. des Merovingiens, 1892, vgl. Rev. universitaire
1893 p. 326 (dort ungünstig beurtheilt, nichtsdestoweniger ist das Buch
wichtig). — *Rajna*, Le origini dell' epopea francese, Flrz. 1884 (mit
glänzendem Scharfsinn geschrieben und höchst anregend). — *Suchier*,
Clothar's II. Sachsenkrieg und die Anfänge des frz. Volksepos, Ztschr.
f. rom. Phil. XVIII, 175, vgl. *Kr(usch)* in: Neues Archiv f. dtsche. Geschichtsf.
Bd. 20. — *Körting*, Das Farolied, Ztschr. f. frz. Spr. und Litt. XVI Heft 7
p. 235. — *Darmesteter*, De Floovante vetustiore poemate gallico et de
merovingo cyclo etc. 1877, vgl. Rom. VI, 605 und Ztschr. f. rom. Phil.
II, 332. — *Bangert*, Beitrag zur Gesch. der Floovantsage, Heilbr. 1879.

G. Gautier, Les épopées frçses, 2ᵉ éd. Paris 1878/89, 4 Bde. (bestes
Werk über die Chansons de Geste). — *G. Paris*, Hist. poét. de Charlemagne, 1865 (grundlegendes Werk über die Karlssage), und: De Pseudo-
Turpino, 1865, vgl. Rom. XI, 421. — *P. Meyer*, Recherches s. l'épopée
frçse, 1867.

Eine überaus sorgfältige Bibliographie des Rolandsliedes hat *Seelmann* zusammengestellt (Heilbr. 1888, vgl. Ltbl. 1889 Sp. 172).

Nordfelt, Les couplets similaires dans la vieille épopée frçse, Stockholm 1893, vgl. Rom. XXII, 632.

Bouchet, Maximes et proverbes tirés des chansons de geste, Orléans 1893, vgl. Rom. XXIII, 309.

Friedwagner, Ueber schwierige Fragen bei der Textgestaltung altfrz. Dichterwerke, in den Verhandl. der Wiener Philologenversamml. vom J. 1893; über Textkritik vgl. namentlich auch *W. Förster* in der Einltg. zu seiner kleineren Ausg. des Erec, Halle 1896.

Ueber die auf die Artussage bezüglichen Fragen vgl. die eingehende Darlegung von *Freymond*, in *Vollmöller's* Jahresb. I, 388 und 414, sowie *W. Förster* in seinen Ausgaben der Romane Crestiien's von Troyes.

Ueber die Gralsage vgl. *Birch-Hirschfeld*, Die Sage vom Gral, Leipzig 1877, *Zimmer*, Gött. gel. Anz. 1890 p. 488 und 785, und Ztschr. f. frz. Spr. und Litt. XII, 232 und XIII, 1, *Freymond* in *Vollmöller's* Jahresbericht I, 389, 415 und 424, *W. Förster* a. a. O.

Ueber die Trojasage vgl. *Joly* in Bd. I seiner Ausg. des Rom. de Troie; *Körting*, Dictys und Dares, Halle 1874; *Greif*, Die mittelalterl. Bearbeitungen der Trojasage, Marburg 1885.

Ueber die Oedipussage vgl. *Constans*, La légende d'Œ. etc. 1880, vgl. Ztschr. f. rom. Phil. VI, 462, Rom. X, 270.

Ueber die Alexandersage vgl. namentlich *P. Meyer*, Alexandre le Grand dans la litt. frçse du moyen-âge, 1889, 2 Bde, vgl. Giorn. stor. della lett. ital. IX, 255, Ztschr. f. vgl. Litteraturgesch. I, 4. — *Carraroli*, La leggenda di Al. Magno, Turin 1892, vgl. Litt. Centralbl. 18. Febr. 1893 Sp. 258, Rom. XXIII, 260.

Ueber den Rosenroman vgl. *Langlois*, Origines et sources du R. de la Rose, Paris 1891, Thèse (Bibl. des Écoles frçses d'Athènes et de Rome). *Joret*, La Rose dans l'antiquité et au moyen-âge, Paris 1892, vgl. Rom. XXII, 171, und: La lég. de la rose au moyen-âge chez les nations romanes et germaniques, in: Études romanes dédiées à G. Paris.

Ueber den Roman de Renard vgl. namentlich die Ausg. *Martin's*, Strassburg 1881/83, und: *Jonckbloet*, Étude s. le rom. de R., Groningen 1865. — *G. Paris*, Le R. de R., 1895, vgl. Rom. XXIV, 493.

Ueber die Fabliaux vgl. *Bédier*, Les Fabliaux 1893 (Bibl. de l'Ec. des Gaules Et. fasc. 98), vgl. Rom. XXII, 241; *Pilz*, Beiträge zur Kenntniss der Fabl., Leipzig 1889, Diss. (2 Theile: Th. 1 handelt über die Bedeutung des Wortes fablel, Th. 2 über die Verf. der Fabl.); *Loth*, Die Sprichwörter und Sentenzen der altfrz. Fabl. nach ihrem Inhalte zusammengestellt, Greifenberg 1895, Prgr.

Ueber die Fabeldichtung vgl. *Hervieux*, Les fabulistes latins depuis le siècle d'Auguste jusqu'à la fin du moyen-âge, 1893. — *Du Méril*, Poésies inédites du m.-â., précédées d'une hist. de la fable ésopique, 1854.

Ueber die Lais vgl. *Ahlström*, Studier i den fornfranske Lais-litterature, Upsala 1893, vgl. auch *Warnke's* Ausg. der Lais der Marie de France, Halle 1885 (Bd. III der Bibl. Norm.).

Lecoy de la Marche, Le 13e siècle litt. et scientifique, Lille 1888.

Sainte-Beuve, Tableau de la poésie frçse au 16e siècle, éd. déf. 1876, 2 Bde. — *Darmesteter* et *Hatzfeld*, Le 16e siècle en France, 1878 (treffliches Handbuch mit Chrest.). — *Birch-Hirschfeld*, Gesch. der frz. Litt. seit Anfang des 16. Jahrh.'s, Bd. I Das Zeitalter der Renaiss., Stuttg. 1889, vgl. Ltbl. 1890 Sp. 224. — *Morf*, Die frz. Litt. in der 2. Hälfte des 16. Jahrh.'s, in: Ztschr. f. frz. Spr. und Litt. XVIII, 157. — *Rosenhauer*, Die poet. Theorien der Plejade etc., Leipzig 1895. — *Bourciez*, Le mœurs polies et la litt. de cour sous Henri II, 1891. — *Livet*, La grammaire et les grammairiens au 16e s., 1859.

Philippson, Das Zeitalter Ludwig's XIV. (in der *Oncken*'schen Sammlung), Berlin 1887. — *Voltaire*, Le siècle de Louis XIV. (Ausg. v. *Pfundheller* in der *Weidmann*'schen Sammlung, guter Comm.). — *Lotheissen*, Gesch. der frz. Litt. im 17. Jahrh., Wien 1877/84, 4 Bde. (bestes Werk über den Gegenstand). — *Albert*, La litt. frçse au 17e siècle, 8e éd. 1891. — *V. Cousin*, La société frçse du 17e s. d'après le Grand Cyrus de Mlle de Scudéry, 1855. — *Livet*, Précieux et Précieuses, 1859 (*L.* hat auch *Somaize's* Dict. der préc. Spr. neu herausg. 1856). — *Schmitz*, Das Précieusenth. im 17. Jahrh., Erfurt 1894, Festschr. des Gymnas. — *Duchesne*, Hist. des poèmes épiques du 17e s., 1870. — *Fournel*, La litt. indépendante et les écrivains oubliés du 17e s., 1862 (wichtiges Buch). — *Deschanel*, Les Romantisme des classiques, 1883 (wichtig und interessant). — *Delaporte*, Du merveilleux dans la litt. frçse sous le règne de Louis XIV, 1891 (über denselben Gegenstand hat auch geschrieben *van den Bossche*, Gand 1893). — *Sainte-Beuve*, Hist. de Port-Royal 1840/62, 4 Bde. (höchst wichtig). — *Rigault*, Hist. de la querelle des anciens et des modernes, 1856 (über dasselbe Thema handelt ein Prgr. von *Lippold*, Zwickau 1876). — *Bourgoin*, Les maîtres de la critique au 17e siècle, 1889, vgl. Ltbl. 1891 Sp. 274.

Barante, Tableau de la litt. frçse au 18e s., 1808. — *Vinot*, Hist. de la litt. frçse au 18e s., 1853 und 1876, 2 Bde. — *Godefroy*, Hist. de la litt. frçse au 18e s., 1881 (viel Stoff, aber von beschränkten Gesichtspunkten aus behandelt). — *Hettner*, Gesch. d. frz. Litt. des 18. Jahrh.'s, Braunschweig, seit 1856 (geistvoll und anregend). — *Desnoiresterres*, Voltaire et la soc. frçse au 18e s., 1867/76, 8 Bde. (hochwichtiges Werk). *Kawczyński*, Studien zur Litteraturgeschichte des 18. Jahrhs. Die moral. Zeitschritten, Leipzig 1880 (werthvoll). — *Caro*, La fin du 18e s., 1878, 2 Bde. (geistvolle Essays). — *Faguet*, Le 18e s., études litt., 1891. — *Maugras*, Querelles de philosophes. Voltaire et J.-J. Rousseau, 2 éd. 1886, vgl. Ltbl. 1889 Sp. 382.

Wichtig auch für die Litteraturgesch. des 18. und 19. Jahrhs. ist *Taine's* grosses Werk: Les origines de la France contemporaine.

Géruzez, Hist. de la litt. frçse pendant la révolution, 7e éd. 1881. —

Schmidt-Weissenfels, Gesch. d. frz. Revolutionslitt., Prag 1859. — *Lotheissen*, Litt. und Gesellsch. in Frankreich zur Zeit der Revol., Wien 1872. — *Albert*, La litt. frçse sous la rév., l'empire et la rest., 1891, und: La litt. frçse au 19 e s., t. I Les Origines du romantisme, 5 e éd. 1892.

Laporte, Hist. litt. du 19 e s., 1890, 7 Bde. (Bibliographie). — *Brandes*, Die Litt. des 19. Jahrh's. in ihren Hauptströmungen dargestellt, Bd. 5: Die romant. Schule in Frankreich, Leipzig 1883 (viele Phrasen). — *Huber*, Die neuromant. Poesie in Frankreich, Leipzig 1833. — *Th. Gautier*, Hist. du romantisme, 3 e éd. 1877 (sehr wichtiges Buch). — *Nisard*, Essai s. l'école romantique, 1891. — *Lugrin*, Résumé de la litt. frçse en 19 e s., Basel (1890).

Maxime du Camp[1]). Souvenirs litt., 1883 (hochinteressante Erinnerungen, die z. B. auf Flaubert sich beziehen). — *Spach*, Zur Gesch. der mod. frz. Litt., Strassburg 1877 (ebenfalls sehr interessant; enthält z. B. ein Essay über *Stendhal*).

Schlüter, Die frz. Kriegs- und Revanchedichtung, Heilbr. 1878. — *Koschwitz*, Die frz. Novellistik und Romanlitt. über den Krieg 1870/71, Berlin 1893. — *Lenient*, La poésie patriotique en France dans les temps modernes, 1894, 2 Bde (von demselben Verf. auch: La poésie patr. en Fr. au m.-â, 1891).

Interessante Essaysammlungen über die frz. Litt. unserer Zeit von *Faguet* (10 e éd. 1891) und *Lemaître* (12 éd. 1894).

Völker, Die Bedeutungsentw. des Wortes „Roman“, Halle 1887, Diss. (Z. f. r. Ph. X, 485). — *G. Paris*, La nouvelle frçse au 15 e et 16 e siècles, Journ. des sav. 1895, Mai. — *Toldo*, Contributo allo studio della novella francese del 15 e 16 secolo etc., Rom 1895, vgl. *G. Paris*, Journ. des sav. 1895, Mai und Juni. — *de Loménie*, Le Roman sous Louis XIII, Rev. d. d. M. 1864, Febr. — *Brunetière*, Etudes crit. s. l'hist. de la litt. frçse, 1892 (enthält auch ein Essay über den Roman des 17. Jahrh.). — *H. Körting*, Gesch. des frz. Romans in 17. Jahrh., Oppeln 1885/86, 2 Bde. — *Le Breton*, Le roman an 17 e s., 1890. — *Morillot*, Le Roman en France depuis 1610 jusqu'à nos jours, 1892. — *Claretie*, Le Roman en France au début du 18 e s., Lesage romancier, 1891. — *Klincksieck*, Zur Entwickelungsgesch. des Realismus im frz. Roman des 19. Jahrhs., Marburg 1891, Diss., vgl. Ltbl. 1891 Sp. 235. — *Welten*, Zola-Abende, Berlin 1883.

(Gebrüder) *Parfaict*, Hist. gén. du Théâtre frçse, 1734/49, 15 Bde.; Mém. pour servir à l'hist. des spectacles de la foire 1743, 2 Bde.; Dict. des théâtres de Paris 1756/67, 7 Bde. — *Petit de Julleville*, Le th. en France. Hist. de la litt. dramat. depuis ses origines jusqu'à nos jours, P. 1889. — *Körting*, Gesch. des Theaters, Bd. I (behandelt das griech. und röm. Th.), Paderborn 1896 (Bd. 2 wird das Th. des Mittelalters, Bd. 3 das der Neuzeit behandeln). — *Pougin*, Dict. hist. et pitt. du théâtre et des arts qui s'y rattachent, 1885.

---

[1]) Verf. z. B. von „Les convulsions de Paris“ (Geschichte der Commune) und „Paris, ses organes, ses fonctions, sa vie dans la seconde moitié du 19 e s.“; beide Werke sind ebenso belehrend wie unterhaltend.

Petit de Julleville, Hist. du th. en France. Les Mystéres, 1880, 2 Bde. (grundlegendes Werk). — *Du Méril*, Origines latines du th. moderne, 1849, und: Hist. de la comédie 1864/69. — *Berger*, Framställning af det franska medeltids dramas utvecklingsgång fråm äldste tiden till år 1402, Stockholm 1872 (gute Schrift). — *Fournier*, Le th. frçs avant la Renaiss., 1880. — *Sepet*, Le drame chrétien au moyen-âge, 1878. — *Gasté*, Les drames liturgiques de la cathédrale de Rouen, Evreux 1893. — *Piolin*, Le théâtre chrétien dans le Maine au cours du moyen-âge, 1892.

Thomas, Le th. à Paris et aux environs à la fin du 14 e s., vgl. Romania XXI, 606.

Fournel, Le théâtre au 17 e s., P. 1892, vgl. Ltbl. 1893 Sp. 59. — *Despois*, Le th. frçs sous Louis XIV, 4 e éd. 1893 (sehr wichtiges Buch)[1]. — *Despierres*, Le théâtre et les Comédiens à Alençon au 16 e et 17 e siècles 1893. — *Cochrane*, Th. frçs. in the Reign of Louis XV, London 1879. — *Brunetière*, Les époques du Théâtre-Français 1836 à 1850, 1892. — *Hawkins*, Annals of the French Stage from its Origin to the Death of Racine, London 1885, 2 Bde. — *d'Hurat*, Le th. des Jésuites, 1ère partie, Luxemburg 1892, Prgr. des Gymnas., vgl. Ltbl. 1894 Sp. 116. — *Drack*, Le th. de la foire, la comédie ital. et l'opéra comique etc., 1890 („Recueil de pièces choisies jouées de la fin du 17 e s. aux premières années du 19 e s."). — *Nuitter* et *Thoinan*, Les origines de l'opéra frçs etc., 1886. — *Dietz*, Gesch. des musical. Dramas in Frankreich (von 1787 bis 1795), Wien 1885. — *Font* (*A. Favart*), L'opéra comique et la comédie-vaudeville aux 17 e et 18 e s., P. 1893. — *Lumière*, Le th. frçs pendant la révolution, P. 1894. — *Soubies*, Le th. en France 1871 à 1892, P. 1894. — (Anonym) Le th. de la cour à Compiègne pendant le règne de Napoléon III, 1885. — *Campardon*, Les comédiens de la troupe frçse pendant les deux derniers siècles. Documents recueillis aux archives nationales, Paris o. J.

Lanet, Le costume au th.; la tragédie depuis 1636, nouv. éd. p. p. *Larroumet*, 1886, vgl. Rev. crit. 1886 No. 44 p. 342.

Husserl, Zur Entwickelungsgesch. des frz. Dramas, Brünn 1891, Prgr. — *Brütt*, Die Anfänge der class. Tragödie Frankreichs, Göttingen 1878, Diss. — *Ebert*, Entwickelungsgesch. d. frz. Tragödie, vornehmlich im 16. Jahrh., Gotha 1856. — *Faguet*, La tragédie frçse au 16 e s., 1883 (Neudruck 1895). — *Breitinger*, Les unités d'Aristote avant le Cid de Corneille, 2 e éd. Basel 1894. — *Kinne*, Formulas in the Language of the French Poet Dramatists of the 17 th Century, Strassburg 1891, Diss. — *Jürgens*, Die dramat. Theorien Voltaire's, Münster 1885, Diss. — *Wetz*, Die Anfänge der ernsten bürgerlichen Dichtung in Frankreich, Bd. 1: Das rührende Drama, Worms 1885, vgl. Ltbl. 1887 Sp. 301. — *Uthoff*, Nivelle de la Chaussée's Leben und Werke, in: Frz. Stud. IV, 1.

---

[1]) Reichhaltige Angaben über das frz. Th. des 17. Jahrh. findet man auch in den Molière-Biographien von *Lotheissen*, *Mahrenholtz* und *Mesnard*, sowie in den der Molièrekunde gewidmeten (in den siebziger und achtziger Jahren erschienenen) Ztschr. „Molière-Museum" und „le Moliériste".

Sarrazin, Das moderne Drama der Franzosen in seinen Hauptvertretern, Stuttgart 1888, vgl. Ltbl. 1890 Sp. 72.

Reynard, Etude d'esthétique scientifique. La renaissance du drame lyrique, 1894. — *Weinberg*, Das frz. Schäferspiel in der ersten Hälfte des 17. Jahrhs., Frankfurt a. M. 1884. — *Levertin*, Studier öfver Fars og Farsörer i Frankrika mellem Renaissance og Molière, Upsala 1888. — *Picot*, La Sottie en France, Romania VII, 236. — Comédies du 17 e s., p. p. *Martel*, 1888. — *Noury*, Les comédiens à Rouen au 17 e s., in: „Le Patriote de Normandie, Nouvelliste de Rouen", 12. bis 15. Dec. 1892 und 4., 5. und 13. Januar 1893. — *Lenient*, La Comédie en France au 18 e s., 1888, 2 Bde., vgl. Ltbl. 1890 Sp. 29. — *Petit de Julleville*, Les comédiens en France au m.-âge, 1885; la comédie et les mœurs en Fr. au m.-âge, 1886, und: Répertoire du th. com. au m.-âge, 1886. — *Du Bled*, La comédie de société au 18 e s., 1893.

Tivier, Hist. de la litt. dramatique en France depuis ses origines jusqu'au Cid., 1873 (lesbares Compendium). — *Larroumet*, Etudes d'hist. et de crit. dramat., 1892 (werthvolle Essays: Œdipe roi et la tragédie de Sophocle; la comédie au m.-âge; de Molière à Marivaux; Shakespeare et le th. frçs; Beaumarchais, l'homme et l'œuvre; le th. et la morale).

Galino, Musique et versification frçses au moyen-âge, Leipzig 1891, Diss. — *Schwan*, Die Gesch. des mehrstimmigen Gesanges u. seiner Formen in der frz. Poesie des 12. und 13. Jahrh. (in den Verhandlungen der 38. Philologenversamml., auch in Herrig's Archiv Bd. 76 p. 339). — *Raynaud*, Bibliographie des chansonniers frçs des 13 o et 14 e siècles 1884, 2 Bde. — *Schwan*, Die altfrz. Liederhdss. etc., Berlin 1886, vgl. Ltbl. VII, Sp. 496. — *Jeanroy*, Les origines de la poésie lyrique en France au moyen-âge, Paris 1890 (hochbedeutendes Werk, vgl. *G. Paris*, Journ. des sav. 1891 Nov. und Dec., 1892 Mai und Juli; sehr lesenswerth ist auch *Jeanroy's* Diss.: De nostratibus medii aevi poetis qui primum lyrica Aquitaniae carmina imitati sunt. 1890). — *Clédat*, La poésie lyrique et satirique en France au moyen-âge, 1889. — *Binet*, Le style de la lyrique courtoise aux 12 o et 13 e siècles, 1891. — *Raynaud*, Rondeaux et autres poésies du 15 e s., 1890, vgl. Ltbl. 1890 Sp. 409. — *Pfuhl*, Untersuchungen über die Rondeaux und Virelais. Königsberg 1887, Diss., vgl. Ltbl. 1887 Sp. 444. — *Weidinger*, Die Schäferlyrik der frz. Vorrenaissance, München 1894, Prgr. der Luitpold-Realschule. — *Brunetière*, L'évolution de la poésie lyrique en France au 19 e s., 1893.

La poésie populaire en France au 16 e s., Clermont-Ferrand 1894. — *Tiersot*, Hist. de la chanson populaire en France, 1889. — *Ulrich*, Essai s. la chanson frçse de notre siècle, Leipzig 1887.

Schneegans, Gesch. der grotesken Satire, Strassburg 1894, vgl. Ltbl. 1895 Sp. 162. — *Lenient*, La satire en France au m.-âge, 3 e éd. 1888. — *Lenient*, La satire en France au 16 e siècle, 1888, 2 Bde.

Scheffler, Gesch. der frz. Volksdichtung und Sage, Leipzig 1883/85 (treffliches Buch).

Sayous, La litt. frçse à l'étranger, 1853, 2 Bde., und: Le 18 e s. à l'étranger, 1861, 2 Bde. — *Demogeot*, Hist. des litt. étrangères considérées dans leurs rapports avec le développement de la litt. frçse Litt. septentrionales: Angleterre, Allemagne, 3 e éd. 1888. — *Rossel*, Hist. de la litt. frçse hors de la France, 1895, vgl. Ltbl. 1895, Sp. 160. — *Godet*, Hist. litt. de la Suisse frçse, 2 e éd. Neuchâtel 1895. — *Rossel*, Hist. litt. de la Suisse romande, Lyon 1891, 2 Bde., vgl. Ltbl. 1892 Sp. 193. — *Marc-Monnier*, Genève et ses poètes 1874, vgl. Ztschr. f. neufrz. Spr. und Litt. II, 345. — *van Hasselt*, Essai s. l'hist. de la poésie frçse en Belg., Brüssel 1838, und: Histoire de la poésie frçse en Belgique jusqu'à la fin du règne d'Albert et d'Isabelle, Brüssel 1861. — *Faber*, Hist. du théâtre frçs en Belg., Brüssel 1880. — *Potvin*, Essai de la litt. dramat. en Belge, Brüssel 1881.

Puibusque, Histoire comparée de la litt. espagnole et frçse, 1844, 2 Bde. — *Rathéry*, l'Influence de l'Italie s. les lettres frçses depuis le 13 e s. jusqu'au règne de Louis XIV, 1853.

Süpfle, Ueber den Cultureinfluss Deutschlands auf Frankreich, Metz 1882, Prgr. — *Meissner*, Der Einfluss des deutschen Geistes auf die frz. Litt. des 19. Jahrhs. bis 1870, Leipzig 1893, vgl. Ltbl. 1893 Sp. 327.

Sammlungen und Chrestomathien:

Bartsch, Chrest. de l'ancien frçs, Elberfeld seit 1865 (6. Ausg. 1895, vgl. Ltbl. 1896 Sp. 200). — *Bartsch-Horning*, La langue et la litt. frçses depuis le 9 e jusqu'au 14 e siècle (mit einem trefflichen Abrisse der altfrz. Laut- und Formenlehre), Paris 1887 (seitdem neue Ausg.). — *Constans*, Chrest. de l'ancien frçs, 2 e éd. Paris 1890. — *P. Meyer*, Recueil d'anciens textes, 2 ième partie, P. 1877. — *W. Förster* und *Koschwitz*, Altfrz. Uebungsbuch, Theil I, Die ältesten Sprachdenkmäler, Theil II: Rolandsmaterialien, Heilbronn 1884 f. — *Paget Toynbee*, Specimens of Old French (mit Glossar), Oxford 1892, vgl. Ltbl. 1892 Sp. 415.

Chrestomathien für das 16. Jahrh. von: *Darmesteter* und *Hatzfeld* (s. oben S. 630 Z. 6 v. o.), *Merlet* (Les grands écrivains du 16 e s., 1875). *Brachet* (Morceaux choisis des grands écriv. frçs du 16 e s. [mit Gramm. und Gloss.], 2 e éd. 1884), *Monnard* (Chrest. des prosateurs frçs du 14 e au 16 e s., Genf 1862).

Chrestomathie für das 17. Jahrh.: *Demogeot*, Textes classiques de la litt. frçse etc. (moyen-âge, renaissance, XVII e siècle), 1868 und öfter. — *Godefroy*, Morceaux choisis des prosateurs et des poètes frçs des 17 e, 18 e et 19 e siècles, 3 éd. 1877. — *Staaff*, La littérature frçse, P. 1871 ff., 6 Bde. (eine wüste Compilation, in der man aber doch manches Gedicht findet, das man sonst schwerlich zu Gesicht bekommen würde).

Chrestomathien der neueren und neuesten frz. Litt. sind in Masse vorhanden, aber keine von ihnen besitzt (seitdem *Ideler's* und *Nolte's* Handb. d. frz. Spr. und Litt. [Berlin 1804/36, 4 Bde.] veraltet ist) wissenschaftliche Bedeutung; praktisch aber sind mehrere ganz brauchbar, wie z. B. die bekannten Bücher von *Vinet, Herrig, Plötz*.

Sammlungen von Litteraturwerken bestimmter Gattungen:

Aelteste Sprachdenkmäler (ed. *Stengel* in Ausg. und Abh. Heft 1 u. 11; dem Heft 1 ist ein vortreffliches Glossar beigegeben; und *Koschwitz* in dem oben genannten frz. Uebungsbuch, erschien auch als besonderes Büchlein. Beide Ausgaben bieten nur diplomat. Abdrücke dar. Heliotypische Facsimiles der kleineren Denkmäler findet man in dem Album der Société des anciens textes. Das Alexiuslied hat *G. Paris* kritisch herausgegeben, P. 1872, und durch diese Ausg. bahnbrechend auf die Entwickelung der frz. Philologie eingewirkt). [S. auch 7 Zeilen weiter unten.]

Publications de la Société des anciens textes, seit 1875, bis jetzt 34 Bde. (altfrz. Dichtungen und Prosawerke aller Art).

Altfrz. Bibliothek, hrsg. von *W. Förster*, Heilbronn (jetzt Leipzig) seit 1879 (enthält altfrz. Dichtungen und Prosatexte, aber auch Bd. I des Kommentars von *Koschwitz* zu den ältesten Sprachdenkmälern). *Förster* giebt auch eine „Romanische Bibl." heraus (Halle, Niemeyer), in welcher altfrz., altprov., altital. etc. Texte veröffentlicht werden.

Bibliotheca Normannica, herausg. von *Suchier*, Halle, Niemeyer (enthält franco- und anglo-norm. Texte).

Anciens poëtes de France, ed. *Guessard*, 1859/70, 10 Bde. (Chansons de Geste).

Les romans de la Table ronde, mis en nouveau language etc. p. p. *P. Paris* 1868/77, 5 Bde.

Fabliauxsammlungen von *Legrand* 1779/81, 4 Bde.; *Barbazon-Méon*, 1808; *Méon*, 1823, 2 Bde.; Jubinal 1839/42, 2 Bde.; *Montaiglon* und *Raynaud*, 1872/78, 4 Bde.

Louandre, Chets-d'œuvre des conteurs avant Lafontaine, 1873.

Keller, Altfrz. Sagen, 2. Ausg. Heilbr. 1875.

Sammlungen lyrischer Dichtungen (einschliefslich der Dits und dergl.):

Altfrz. Romanzen und Pastourelle, ed. *Bartsch*, Leipzig 1870, vgl. *Gröber*, Die altfrz. R. und P., Zürich 1872. — Chansons du 15e s. p. p. *G. Paris* (in den Publ. der Soc. des a. t.). — Recueil des motets frçs des 12e et 13e s., p. p. *Raynaud* 1881. — Recueil des poésies frçses des 15e et 16e siècles etc. p. p. *de Montaiglon* et *J. de Rothschild*, 1855/78, 13 Bde., vgl. Ztschr. f. rom. Phil. I 462 und II 344. — Chants historiques frçs depuis le 12e jusqu' au 16e s. (1841/42), und Chants hist. et pop. du temps de Charles VII et Louis XI p. p. *Le Roux de Lincy*, 1857. — *Dineaux*, Trouvères, jongleurs et ménestrels du Nord de la France et du Midi de la Belgique, Brüssel 1837/63, 4 Bde. — *Scheler*, Trouvères belges du 12e au 14e siècle, Brüssel 1876, vgl. Zschr. f. rom. Phil. II 476 und *Stengel's* Ausg. und Abh. 17.

Mittelalterliches Theater: *Monmerqué* et *Michel*, Th. frçs du m.-âge 1839; *Viollet-le-Duc*, Th. frçs ancien depuis les mystères jusqu'à Corneille 1854/57, 10 Bde., Bibl. elzév. — *Fournier*, Th. frçs avant la Renaissance, 1880.

Farcen: Recueil de farces etc. p. p. *Le Roux de Lincy* et *Michel*, 1837; Rec. de farces et moralités du 15e s., p. p. *Jacob*, 1859 und 1876; Nouveau Recueil de farces frçses des 15e et 16e siècles, p. p. *Picot* et *Nyrop*, Paris 1880, vgl. Rom. X 281.

Sammlung frz. Neudrucke, herausg. von *Vollmöller*, Heilbr., seit 1881.

„Les Grands Ecrivains de la France" (Paris, Hachette); Ausgaben der class. Dichtungen und Prosawerke des 17. Jahrh.'s. In dieser Sammlung erschienen z. B. die Ausg. Corneille's von *Marty-Laveaux*, Racine's von *Mesnard*, Molière's von *Despois* und *Mesnard*.

Wörterbücher: Ueber frz. Wörterbücher vor dem Erscheinen des Dict. de l'Acad. vgl. *Thurot*, De la prononciation frçse etc. I p. XXII ff. und *Körting*, Encykl. III 163 ff.

Dictionnaire de l'Académie (1694, 1718, 1740, 1762, [1798], 1835, 1878), vgl. dazu *Pautax*, Errata de l'Acad. frçse 1862, und: *Terzuolo*, Etudes s. le Dict. de l'Acad. 1863; eine Art Ergänzung zur ersten Ausg. des Dict. bilden *Vaugelas'* Remarques s. la langue frçse, nouv. éd. p. p. Chassang, Versailles 1880, 2 Bde.; ungefähr gleichzeitig mit der ersten Ausg. des Dict. de l'Acad. erschien *Furetière's* Dict. universel, Rotterdam 1690 (zuletzt im Haag 1727). Ueber die Geschichte der (im J. 1635 gegründeten) Acad. frçse vgl. *Pelissot* et *d'Olivet*, Hist. de l'Acad. frçse, nouv. éd. p. p. *Livet* 1858.

Littré, Dictionnaire de la langue frçse, 1863/72, 4 Theile mit einem Suppl., das ein „Dict. étym. de tous les mots d'origine orientale" von *Devic* enthält[1]). (L.'s Dict. ist ein bewundernswerthes Werk, welches indessen wie jedes Menschenwerk, nicht frei ist von kleinen Schwächen: die in ihm angegebenen ˙ Wortableitungen sind mitunter recht fragwürdig[2]) und die Angaben über Aussprache häufig veraltet. Eine Geschichte seines Wörterbuches [u. d. T. „Comment j'ai fait mon Dict."] hat Littré selbst in seinen „Etudes et Glanures" gegeben, sie erschien auch als selbständiges Büchlein.) Einen Auszug aus *L.'s* Dict. gab *Beaujean* 1875 heraus, vgl. Ztschr. f. rom. Phil. I 474.

Sachs-Villatte, Encyklopäd. frz.-dtsches und dtsch.-frzsisches Wörterbuch, 4. Ausg. Berlin 1881 f., 2 Bde. (seitdem neuere Ausg., auch eine Ausg. für den Schul- und Handgebrauch), dazu ein Suppl. 1894 (eine Art Suppl. bildet auch die von *Villatte* herausg. Sammlung von „Parisismen", 2. Ausg. Berlin 1888). *Sachs-Villatte's* Wörterb. ist ein Meisterwerk, jedem schlechterdings unentbehrlich, der sich, sei es wissenschaftlich oder praktisch, mit dem Frz. beschäftigt. An dem Gelingen dieses Werkes hat übrigens neben seinen hochverdienten Verfassern auch der sachkundige, thatkräftige und opferwillige Verleger *G. Langenscheidt* unvergesslichen Antheil.

Hatzfeld, *Darmesteter* und *Thomas*, Dict. gén. de la langue frçse

---

[1]) Ueber die arab. Worte im Frz. vgl. auch *Lammens*, Remarques s. les mots frçs dérivés de l'Arabe, Beyrut 1890, vgl. Ltbl. 1892 Sp. 23 (s. auch eine andere, in der Romania XXI, 330 angezeigte Schrift).

[2]) Vgl. *Le Héricher*, Les étymologies difficiles (celles que Littré a déclarées inconnues), 1887.

dep. le commenc. du 17e s. jusqu'a nos jours précédé d'un traité de la formation de la langue, seit 1890 (gutes Werk, vgl. Journ. des Sav. 1890 p. 603 und 665, Herrig's Archiv Bd. 85 p. 452).

Reichhaltigstes Wörterbuch für das Altfrz. ist *Godefroy's* Dict. de l'ancienne langue frçse et de tous ses dialectes du 9e au 14e s., seit 1879, 8 Bde. (Vgl. *Millot*, Etudes lexicographiques s. l'anc. langue frçse à propos du dict. de M. Godefroy, 1888); vollkommen ist G.'s Buch allerdings durchaus nicht, denn es trägt gar sehr das Gepräge einer unkritischen Materialiensammlung. Neben G.'s Dict. kann immer noch nützliche Dienste leisten der im 18. Jahrh. verfasste Dict. historique *La Curne de Ste-Palaye's*, p. p. *G. Favre*, Niort u. Paris 1876 ff., 8 Bände. Ein Handwörterbuch des Altfrz. fehlt leider noch immer; man muss sich mit dem Glossar in Bd. 3 der Gramm. de la langue d'oïl *Burguy's* (2. Ausg. Berlin 1870), sowie mit den Wortverzeichnissen in den altfrz. Chrest. von *Bartsch, Bartsch-Horning* u. A. behelfen. Nützliche Glossare sind beigegeben den Ausgaben z. B. der ältesten Denkmäler von *Stengel*, des Rolandsliedes von *Gautier*, der Romane Crestiien's von *Förster*, des Roman de Troie von *Joly*, der Chantefable „Aucassin et Nicolete" von *Suchier* [1]), der Dits de Condet von *Scheler*, der Chronique rimée de Godefroy de Bouillon von *Gachet*, der altfrz. Lieder von *Mätzner*. Meist freilich dienen diese Glossare nur den unmittelbaren praktischen Zwecken; wissenschaftliche Specialwörterbücher, wie sie die Altphilologie z. B. für Homer, Sophokles, Cäsar, Livius etc. besitzt, werden schmerzlich vermisst [2]).

Bos, Gloss. de la langue d'oïl (11e à 14e s.), contenant les mots vieux frçs hors d'usage, leur explication, leur étymologie et leur concordance avec le prov. et l'ital., 1891, vgl. Rom. XXI 137.

Etymolog. Wörterbücher von: *Scheler*, 3e éd. Brüssel 1888 (bestes

---

[1]) Mit der Lesung dieses Textes pflegen Anfänger gewöhnlich die altfrz. Lectüre zu beginnen; es ist das aber nicht eben eine sehr glückliche Wahl, denn erstlich ist der Text picardisch, und nicht mit einem solchen, sondern mit einem francischen oder normannischen sollte man beginnen; sodann hat der Herausgeber die Ausgabe so musterhaft eingerichtet und so sehr alle Schwierigkeiten beseitigt, dass der Leser an eigener Arbeit nichts, gar nichts mehr zu leisten hat, folglich aber auch nichts oder doch nur wenig lernt: endlich ist die Geschichte von A. und N. widerlich sentimental und süsslich. Besser ist es, mit dem „Löwenritter" Crestiien's zu beginnen, dann „Amis und Amiles" und „Jourdains de Blaivies" folgen zu lassen (Ausg. v. *Hofmann*, Erlangen 1882) und darnach zum Rolandsliede überzugehen. Das letztere lese man aber nicht ausschliesslich in der mit Uebers. versehenen und folglich zur Oberflächlichkeit verführenden Ausg. *Gautier's*, sondern man nehme *Stengel's* diplomat. Abdruck und benutze *Gautier* nur nebenbei.

[2]) Auf neufranzös. Gebiete sind wenigstens einige gute lexikalische Sonderarbeiten zu nennen, so das Wörterb. zu Corneille von *Marty-Laveaux* (der Ausg. in den „Grands Ecrivains" beigegeben), das Wörterb. zu Molière von *Génin* (1846), zu Mme de Sévigné's Briefen von *Sommer* (1867), zu Lafontaine von *Lorin* (1852), das letztere freilich keineswegs ausreichend. Ein neues Molière-Lex. von *Livet* ist angekündigt.

Werk); *Stappers*, 3e éd. 1895 (brauchbares Handbüchlein); *Laurent* et
Richardot, 1894 (nur ein Schulbuch); *Brachet*, seit 1868; *Bergerol*, 1892;
Schötensack, Heidelberg 1890 (ein gründlichst verfehltes Buch).

Ueber die german. Elemente im Frz. und Prov. ist beste Untersuchung die von *Mackel* in den Frz. Stud. VI gegebene. Lesenswerth
ist die anonyme Schrift: Eléments germ. de la langue frçse, Berlin
1888, vgl. Ltbl. 1889 Sp. 335. — Ueber frz. Wörter im Mittelhochdeut-
schen handelt z. B. die Diss. von *Kassewitz*, Strassburg 1890, vgl. Ztschr.
f. neufrz. Spr. und Litt. XIII, 2 p. 211.

Bestes Werk über frz. Synonymik ist *Lafay's* klassischer Dict.
des syn., 4e éd. 1878; brauchbare Handbücher von *Schmitz*, 3. Ausgabe
Leipzig 1883, und *Klöpper*, Leipzig 1881 und öfter[1]).

Brachet, Dict. des doublets, 1868 und öfter; *Wawra*, Die Scheideformen im Frz., Wiener-Neustadt 1890 Prgr. (gelobt von *Neumann* in
Vollmöller's Jahresb. I 316); *Morf*, Ueber Satzdoppelformen, in Gött.
gel. Anz. 1889 S. 11 ff., vgl. Ltbl. 1889 Sp. 37. — S. auch oben S. 342.

Leiffholdt, Etymolog. Figuren im Romanischen, Erlangen 1884. —
Lehmann, Der Bedeutungswandel im Frz., Erlangen 1884. — *Svedelius*,
Etude s. la sémantique, Upsala 1891, vgl. Rom. XXI, 330. — *Darme-
steter*, La vie des mots, 1887 (seitdem 2 Ausg.), vgl. *G. Paris* in der
Rev. crit. 1887 Febr., März und April. — S. auch oben S. 337, Anm.

Knesebiter, Die christl. Wörter in der Entwickelung des Frz., Halle
1887, Diss.

Ueber Wortzusammensetzung vgl. *Darmesteter*, Traité de la formation des mots composés etc. 1874, vgl. Jahrb. f. rom. und engl. Litt.
XV, 229. — *Meunier*, Les composés qui contiennent un verbe etc., 1875
(behandelt auch das Ital. und Span.). — *Osthoff*, Das Verbum in der
Nominalcompos., Jena 1878. — *Schmidt*, Ueber frz. Nominalzusammensetzung, Berlin 1872, vgl. Rom. I, 387.

Ueber Wortbildung im Neufrz. vgl. das treffliche Buch von *Darmesteter*, De la création actuelle de mots nouveaux dans la langue frçse,
1877, vgl. Ztschr. f. rom. Phil. II, 160.

[*Schmitz*, Deutsch-frz. Phraseologie, 4. Ausg. Berlin 1882 (praktisch
sehr brauchbares Buch). — *Beauvais*, Grosse deutsch-frz. Phraseologie,
Wolfenbüttel 1884, 2 Bde. (reiche Stoffsammlung). — *Barbieux*, Anti-
barbarus der frz. Spr., Frankfurt a. M., 1862. — *Scherffig*, Frz. Anti-
barbarus etc., Zittau 1894.]

Ueber die Lexikographie der neufrz. Mundarten vgl. *Behrens*,
Bibliographie des patois gallo-romans, 2e éd. (Frz. Stud. N. F., Heft 1).
Hier werde als besonders wichtig nur *Grandgagnage's* Dict. étym. de
la langue wallone (Brüssel 1843 ff.) genannt.

---

[1]) Einzelarbeiten über Synonymik sind, so dankbar und wichtig
auch das Studium gerade dieser Disciplin ist (besonders wenn es sprach-
geschichtlich betrieben wird), nur erst sehr wenige vorhanden. Die
weitaus beste ist *Lausberg's* Diss. über die verb. Syn. in den altfrz. ch.
d. g. Am. et Amiles u. J. de Bl., Münster 1884.

F. Catalanisch.

Zur Litteraturgeschichte: *Torres Amat*, Memorias para ayudar á former un diccionario crítico de los escritores catalanes y dar alguna idea de la antigua y moderna literatura de Cataluña, Barcelona 1836 (dazu ein Suppl. Burgos 1849). — *Ximeneo*, Escritores de Valencia, Valencia 1747/49, fortgesetzt von *Fuster*, Biblioteca valenciana etc., Val. 1827/30. — *Torrents*, Manuscritos catalanes de la bibl. de S. M., Barcelona 1888, vgl. Rev. crit. 1888 Nr. 46.

Milá y Fontanals, Los trobadores en España, Barcelona 1861, vgl. Jahrb. f. rom. und engl. Litt. IV, 331, und: Jahrb. f. rom. und engl. Litt. V, 137.

Morel-Fatio in *Gröber's* Grundriss II Abth. 2 p. 70—128 (beste Schrift).

Denk, Einführung in die Geschichte der altcatal. Litt. von deren Anfängen bis zum 18. Jahrh., München 1893, vgl. Hist.-pol. Bl. f. das kathol. Deutschland Bd. 114 p. 150 (wichtiges, wenn auch nicht streng wissenschaftliches Werk). — *Camboulion*, Essai s. l'hist. de la litt. catal., 2e éd. Paris 1858, vgl. Jahrb. f. rom. und engl. Litt. II, 241. — *Helfferich*, Raymon Lull und die Anfänge der catal. Litt., Berlin 1858, vgl. Jahrb. f. rom. und engl. Litt. II, 241.

Tubino, Hist. del renacimiento lit. contemporáneo en Cataluña, Madrid 1880 (bestes Werk über die catal. „Renaixensa", vgl. Ltbl. 1881 Sp. 299). — *Rubio y Ors*, Breve reseña del' actual rinacimiento de la lengua y lit. catal., Barc. 1877, frz. Uebers. von *Boy*, Lyon 1879. — *Feu*, Datos y apuntos para la hist. de la mod. lit. cat., Barc. 1865. — *Vogel*, Neucatal. Studien, Paderborn 1886 (treffliche Skizze der neucat. Spr. und Litt. mit Sprachproben). — *Fastenrath*, Catal. Troubadours der Gegenwart, Leipzig 1890. — *Bertran y Bros*, Rondallistica. Estudi di lit. popular ab mostres catal., Barc. 1888.

Aguiló y Fuster, Bibl. catal. de les mes principals y eletes obres en nostra llengua materna escrites axí en est Principat com en los antichs realmes de Mallorca y Valencia etc., Barc. 1871 ff. (Sammlung von Texten in relativ guten Ausgaben). — *Milá y Fontanals*, Poètes lyriques cat., Montpellier 1878 (vorher in der R. d. l. r. erschienen), und: Poètes catal. (les noves rimades, la codolada), Montp. 1876, vgl. Rom. V, 502. — Llibre d'or de la mod. poesia catal., Barc. 1878 (gute Chrest.). — *P. Meyer*, Nouvelles catal. inédites, in: Rom. XIII, 264.

Milá y Fontanals, Estudios de poesia popular. Romancerillo catal. Canciones tradicionales, 2e éd. Barc. 1882. — *Maspons y Cabrós*, Lo Rondallayre. Cuentos populars catal., Barc. 1871/75. — *Wolf*, Proben portug. und catal. Volksromanzen, Wien 1856, vgl. Jahrb. f. rom. und engl. Litt. III, 56.

Mussafia, Ausg. der Sieben weisen Meister (mit inhaltsreicher Einleitung), Denkschr. der philos.-hist. Cl. der Wiener Akad. d. Wissensch. Bd. 25 [1876]. — *Hofmann*, Ausg. des altcat. Thierepos, Denkschr. der Münchener Akad. der Wissensch. 1872, vgl. Rom. III, 111, Jahrb. f.

rom. und engl. Litt. XIII, 368. — *Lanz*, Ausg. des Ramon Muntaner, Bibl. des litt. Vereins zu Stuttgart VIII (1844).

Wörterbücher: *Lebrija*, Lexicon latino-catalanum, Barc. 1507. — *Roca*, Lex. lat.-cat., Barc. 1561. — *Esteve y Belvitges*, Dicc. catalano-castellano-lat., Barc. 1803 (sehr schätzenswerth).

Span.-catal. und catal.-span. Wörterbücher von: *Ferrer*, 2. Ausg. Barc. 1847; *Saura*, Barc. 1883 (praktisch brauchbar); *Escrig y Martinez*, Dicc. valenciano-castell., 3. Ausg. Valencia 1888 ff.; *Labernia y Esteller*, Dicc. de la lengua catal. ab la correspondencia castell., nova ed. Barc. 1888 ff. — *Donadiu*, Dicc. de la lengua cast. con la correspondencia catalana, Barc. 1889.

<h3 align="center">G. Spanisch[1]).</h3>

Zur Litteraturgeschichte: Ueber die Bibliographie vgl. *Körting*, Encykl. III, 542. Hier seien nur genannt: *Morel-Fatio*, Catalogue des mss. espagnols et des mss. portugais du département des mss. de la Bibl. Nat., Paris 1892 (ein erstes Heft war schon früher erschienen). — *Hartzenbusch*, Apuntes para un catálogo de periódicos madrileños 1861 bis 1870), Madrid 1894. — Von *Gayangos'* Katalog der span. Hss. im British Museum erschien 1893 Bd. 4. — *De la Viñaza*, Biblioteca historica de la filologia castell., Madrid 1893, vgl. Rom. XXIII, 311.

Milá y Fontanals, Principios de literatura general. Nueva ed., Barc. 1888. — *Cano*, Lecciones de litt. general y española, Madrid 1892.

Amador de los Rios, Hist. crít. de la lit. espan., Madrid 1861/65, 7 Bde. (bestes Werk, vgl. Jahrb. f. rom. und engl. Litt. V, 80, VI, 212). — *Ticknor*, Gesch. der schönen Litt. in Spanien, deutsch mit Zusätzen herausg. von *Julius*, Leipzig 1852, 2 Bde, Supplbd., Leipzig 1867, span. Uebers. von *Gayangos* und *Vedia*, Madrid 1851/54, 3 Bde. (grundlegendes gediegenes Werk). — *Baist*, Die span. Litt. in Gröber's Grundriss II, Abt. 2 S. 383 ff. (noch nicht abgeschlossen).

Alle übrigen Geschichten der span. Gesammtlitt. sind entweder veraltet (so die von *Bouterwek*, von welcher eine das Original verbessernde Uebers. 1829 zu Madrid erschien) oder dilettantisch (so das Buch von *Dohm*, Die span. Nationallitt. etc., Berlin 1873).

F. Wolf, Zur span. Litt., Leipzig 1852, und: Studien zur span. und ptg. Nationallitt., Berlin 1859 (bedeutende Schriften).

---

[1]) *Baist*, Die span. Sprache, in: *Gröber's* Grundriss I, 689 ff., vgl. Ltbl. 1888 Sp. 460. — *Herizo*, Elementas de gramática comparada de las lenguas lat. y castell. Parte I Analogia, Madrid 1895. — *Keller*, Histor. Formenlehre der span. Spr., Berlin 1893 (ungenügend). — *Mugica*, Gramática del Castellano antiguo. Fonética. Berlin 1891 (empfehlenswerth, freilich aber keine vollendete Leistung). — *Araujo*, Estudios de fonética kastelana, Toledo 1894 (treffliches Buch, vgl. Ltbl. 1894 Sp. 246). — *Lenz*, De la ortografia cast., Santiago de Chile 1894. — *Baist*, Die arab. Hauchlaute und Gutturalen im Span., Erlangen 1890, Habilitationsschr. (Rom. Forsch. IV, 345). — *Bello*, Análisis ideológica de los tiempos de la conjugacion castell., Madrid 1883.

Clarus, Gesch. d. span. Litt. im Mittelalter, Mainz 1846, 2 Bde. (noch brauchbar). — *Milá y Fontanals*, De los trovadores en España, neue Ausg. Barc. 1889 (wichtiges Buch), und: De la poesia heróica-popular cast., Barc. 1874. — *Balaguer*, Hist. polít. y literária de los trovadores, Madrid 1878/79, 2 Bde. — *Puymaigre*, Les vieux auteurs cast., Paris 1888, 2 Bde. und: La cour litt. de Don Juan, roi de Castille, Paris 1873. — *Dozy*, Recherches s. l'hist. et la litt. pendant le moyen-âge, 3e éd. Leyden 1881, 2 Bde., vgl. Rom. XI, 419 (hochwichtiges Buch), und: Hist. des musulmans en Esp., Leyden 1861[1]. — *Dollfuss*, Etude s. le moyen-âge esp., Paris 1894, vgl. Ltbl. 1894 Sp. 341. — *Morel-Fatio*, L'Espagne au 16e et au 17e s., Heilbr. 1878, vgl. Ztschr. f. rom. Phil. IV, 456. — *P. Förster*, Der Einfluss der Inquisition auf das geist. Leben und die Litt. der Spanier, Leipzig 1890. — *Lasso de la Vega*, Hist. y juicio crítico de la escuela poética sevillana en los siglos 17, 18 y 19, Madrid 1876, vgl. Ztschr. f. rom. Phil. III, 438. — *Amador de los Rios*, Del estado actual de la poesia lírica en España, Madrid 1876. — *Brinckmeier*, Die Nationallitt. der Spanier seit Anfang des 19. Jahrh.'s, Göttingen 1850. — *Hubbard*, Hist. de la litt. contemporaine en Espagne, Paris 1876. — (Anonym), Modern Spanisch Lit., in: The Quarterly Review 1884 Juli. — *F. Wolf*, Beiträge zur span. Volkspoesie und den Werken Fernan Caballero's, in: Sitzungsb. d. Wiener Akad. d. Wissensch. 1859. — *Diercks*, Das moderne Geistesleben Spaniens, Leipzig 1883, vgl. Deutsche Litteraturztg. 1884 Sp. 545. — *Blanco Garcia*, La lit. esp. en el siglo XIX. Parte I Madrid 1891.

F. Wolf, Beiträge zur Gesch. des Romans im span. Südamerika im Jahrb. f. rom. und engl. Litt. II, 164 und IV, 35.

[*Besada*, Hist. crítica de la literatura gallega, Madrid 1887.]

Morel-Fatio, Etudes sur l'Espagne: I Comment la France a compris l'Espagne depuis le moyen-âge jusqu'à nos jours, II Recherches s. Lazarillo de Tormes, III l'Histoire dans Ruy Blas, Paris 1888.

Chasles, Etudes s. l'Esp. et s. les influences de la litt. esp. en France et en Italie, Paris 1847. — *Puibusque*, Hist. comparée de la litt. esp. et de la litt. frçse, Paris 1844. — *Ebert*, Litt. Wechselwirkung Spaniens und Deutschlands, in: Deutsche Vierteljahrsschr. 1857 Nr. 2. — *Farinelli*, Spanien und die span. Litt. im Lichte der deutschen Kritik und Poesie, Berlin 1892.

v. Schack, Gesch. der dramat. Kunst und Litt. in Spanien, Frankfurt a. M. 1854, 3 Bde. (ebenso gelehrtes wie geistvolles Werk). — *Schäffer*, Geschichte des span. Nationaldrama's, Leipzig 1890, 2 Bde. (zum grossen Theile nur Inhaltsangaben). — *Münch-Bellinghausen*, Ueber die älteren Sammlungen span. Dramen, Wien 1842 (s. *Körting*, Encykl. III, 562). — *Arjona*, El Teatro en Sevilla en los Siglos XVI y XVII, Madrid 1887, vgl. Ltbl. 1888 Sp. 361.

------

[1] Ueber die Araber vgl. auch: *v. Schack*, Poesie und Kunst der Araber in Spanien und Sicilien, Berlin 1865, 2 Bde.

F. Wolf, Ueber die Romanzenpoesie der Spanier, in den Wiener
Jahrbb. f. Litt. Bd. 114 und 117 (gedrängte Uebersicht über die sehr
umfangreiche Romanzenbibliographie b. *Körting*, Encykl. III, 560 f.).

Schultheiss, Der Schelmenroman der Spanier und seine Nachbildungen, Hamburg 1893 (Sammlung gemeinverst. wissensch. Vorträge
Nr. 165).

Gaudeau, Les prêcheurs burlesques en Esp. au 18e s. Etude sur le
P. Isla. Paris 1891, vgl. Litt. Centralbl. 1892 Nr. 27, Sp. 962.

Sbarbi, Monografia sobre los refranes, adagios y proverbios castel-
lanos etc., Madrid 1892.

Sammlungen und Chrestomathien (Vorbemerkung: Ueber
die Romanzen- und Dramensammlungen s. *Körting*, Encykl. III, 560 ff.).

Biblioteca de autores españoles desde la formacion del language
hasta nuestros dias, Madrid (Verlag von Rivadeneyra) 1846/80, 71 Bde.
hochwichtige Sammlung, deren einzelne Bände herausgegeben worden
sind u. A. von *Aribau, Duran, Janer* [Poesias anteriores al siglo XV],
Gayangos [Escritores en prosa anteriores al siglo XV].

Sammlungen von Neudrucken seltener oder sonst interessanter
Werke sind: Coleccion de libros españoles raros ó curiosos publ. por
de la Fontana de Valle y Sancho Rayon, Madrid seit 1873, und: Libros
de antaño nuovamente dados á luz por varios aficionados, Madrid
seit 1872.

Sanchez, Coleccion de poesias cast. anteriores al siglo XV, Madrid
1779/90, 4 Bde. — *Lopez de Sedano*, Parnaso español, Madrid 1768/78.
Quintana, Tesoro de parnaso españ.: Poesias selectas cast., Paris 1838,
4 Bände, und: La musa épica española, Madrid 1833/36, 6 Bde.

De Ochoa, Tesoro de los romanceros y cancioneros esp., P. 1838.
— *Böhl de Faber*, Floresta de rimas antiguas cast., 2ª ed. Hamburg
1827/43, 2 Bde. — [*J. Grimm*, Silva de romances viejos, Wien 1815,
vgl. *F. Diez*, Heidelberger Jahrb. der Litt. 1817 p. 371 = *Diez*, Kleinere
Arbeiten und Recensionen, herausg. von *Breymann*, p. 1. — *Diez*, Altspan. Romanzen übers. von F. Diez, Frankfurt a. M. 1818, und: Altsp.
Romanzen, besonders vom Cid und von Kaiser Karls Paladinen, übers.
von F. Diez, Berlin 1821, aber gedruckt in Frankfurt a. M., vgl. Ztschr.
f. rom. Phil. IV, 266.]

De Cueto, Poetas líricos del siglo XVIII, Madrid 1869/72, 2 Bde.
— *Carolina Michaëlis*, Antológia españ. Coleccion de poesias líricas: I
Poetas de los siglos XV/XVIII, Leipzig 1875. — *F. Wolf*, Floresta de
rimas modernas castellanas desde el tiempo de J. de Luzan hasta nuestros dias, Wien 1837, 2 Bde. (mit werthvoller Einleitung). — *Menendez
y Pelayo*, Antológia de poesias líricas cast. desde la formacion del
idioma hasta nuestros dias, Madrid, 1895, 5 Bde.

Tesoro de novellistas esp. con notas de *E. de Ochoa*, Paris 1847,
2 Bde.

Klassische Bühnendichtungen der Spanier herausg. etc. von *Krenkel*,
Leipzig, 1881 ff. (Calderon, La vida es sueño, El principe const., El

mágico prod.). — *Restori*, Una collezione di commedie di Lope de Vega, Livorno 1891, vgl. Ltbl. 1892 Sp. 196.   Coleccion general de comedias escojidas, Madrid 1826 ff. — *Cañete*, Teatro español del siglo XVI, Madrid 1885, vgl. Ltbl. 1888 Sp. 128. — Autores dramáticos contemporáneos y joyas del teatro esp. del siglo XIX, Madrid 1882. — Teatro moderno español, Madrid 1836 ff. — Modernes span. Theater, herausg. von *Booch-Arkossy*, Gotha 1863 ff. — *v. Schack*, Span. Theater (Uebers.), Frankf. 1845.

Avelina de Orihuela, Poetas esp. y americanos del siglo XIX, Paris 1831. — *Anita de J. Wittstein*, Poesias de la América meridional, con noticias biográficas des los autores, Leipzig 1867. — *Cortés*, América poética. Poesias selectas, con not. biogr. de autores, Paris 1875.

Cantos esp. recojidos, ordenados y ilustrados por *F. R. Marin*, Madrid 1883 ff., vgl. Rom. XIII, 140.

Fabricio, Los historiadores esp. en pruebas escojidas, Leipzig 1858.

Keller, Altspan. Lesebuch mit Gramm. und Gloss., Leipzig 1889 (nur mässig brauchbar). — *Morel-Fatio*, Textes castillans inédits du XIII e s., Paris 1888 (Abdruck aus Rom. XVI).

Bibliothek span. Schriftsteller, herausg. von *Kressner*, Leipzig seit 1885. — Span. Bibl. mit deutschen Anmerkungen, herausg. von *Fesenmair*, München seit 1884.

Der Reclam'schen Universalbibl. entspricht in Spanien die: Biblioteca universal, coleccion de los mejores autores antiguos y modernos, nacionales y estranjeros, Madrid, Calle de Leganitos 18.

Beste span. Chrest. i-t *Lemcke's* Handbuch der span. Litt., Leipzig 1856/57, 3 Bde. (mit werthvollen litterargeschichtl. Einleitungen und Excursen). Recht brauchbar ist auch *Huber's* Span. Lesebuch, Bremen 1832; veraltet ist *Bertuch's* Magazin der span. und ptg. Litt., Weimar 1780, 2 Bde.

Eine treffliche Chrest. der span. Litt. der Gegenwart ist *Nyrop's* La España moderna, trozos escojidos de autores cast. contemporáneos, Kopenhagen 1892 (derselbe Gelehrte gab auch heraus: Lærebog i det spanske Sprog, 2. Aufl., Kopenhagen 1891; Kortfattet spansk Gramm., 2. Aufl., Kopenhagen 1894; Spansk Ordsamling, Kopenhagen 1894; alle diese Bücher sind sehr empfehlenswerth, vgl. Ltbl. 1895 Sp. 378.) — *Hoyermann* und *Uhlemann*, Span. Lesebuch, Dresden 1895, vgl. Ltbl. 1896, Sp. 206.

Wörterbücher: *Antonii Nebrissensis* (*Lebrija*), Lexicon lat.-hisp. und hisp.-lat., Salamanca 1492.

Diccionario de la lengua castellana por la Academia española, Madrid 1726/39, seitdem mehrere neuere Ausgaben; über die neueste vgl. *Mugica*, Maraña del Idioma, crítica lexicográfica y gramatical (1894); vgl. *W. Förster*, Litt. Centralbl. 1895 Sp. 576.

Zarolo, Miguel de Toro y Gomez, Diccionario de la lengua cast., Madrid 1887 (?) ff.

Spanisch-deutsche und deutsch-span. Wörterbücher von: *Seckendorff*, Hamburg 1823; *Franceson*, 3. Aufl. Leipzig 1863; *Kotzenberg*, Bremen 1875; *Tolhausen*, Leipzig 1888 (verhältnissmässig bestes Buch).

Cuervo, Dicc. de construccion y régimen de la lengua cast., Paris 1884/93, Bde. (ausgezeichnetes Werk, hochwichtig für die span. Syntax, vgl. Romania XIV, 176 und XXIII, 318).

Lentzner, Tesoro de voces y provincialismos hispano-americanos, Bd. 1 Theil 1, Halle 1892 (und: Bemerkungen über die span. Spr. in Guatemala, Halle 1892, vgl. Ltbl. 1893 Sp. 60).

Echegaray, Dicc. general etimológico de la lengua española, Madrid seit 1887. — *Engelmann*, Glossaire des mots esp. et port. dérivés de l'arabe, Leipzig 1862, 2. Ausg., Paris 1869, vgl. *Marcus J. Müller* in den Sitzungsberichten der bayr. Akad. d. Wiss., philos.-hist. Cl. 1861 II, 95. — *Simonet*, Glosario de voces ibéricas y latinas usadas entre los Mozarabes, Madrid 1888, vgl. Ltbl. 1891 Sp. 58. — *Lopez*, Filologia etimológica y filosófica de las palabras griegas de la lengua cast., 3. Ausg. Paris 1884. — *Goldschmidt*, Zur Kritik der altgerman. Elemente im Span., Bonn 1887, Diss.

Munthe, Observations s. les composés espagnols du type „aliabierto“, in: Recueil de mém. prés. à G. Paris p. 31.

H.　Portugiesisch[1]).

Zur Litteraturgeschichte: Vorbemerkung: Die Bibliographie zur ptg. Litteraturgesch. ist mit grosser Sorgfalt zusammengestellt in dem trefflichen Abrisse der ptg. Litteraturgesch., den *Carolina Michaëlis de Vasconcellos* und *Th. Braga* in *Gröber's* Grundriss II, Abth. 2 p. 129 bis 382 gegeben haben. Es sei gestattet, im Wesentlichen darauf verweisen und hier nur einige wenige Angaben machen zu dürfen.

Das Hauptwerk über ptg. Litteraturgesch. ist — abgesehen von dem eben erwähnten Abrisse — *Th. de Braga's* weitschichtige Historia da Litt. Portugueza (1870 bis 1881, die letzten Bände in Lissabon, die übrigen in Porto erschienen), deren einzelne Theile Sondertitel führen (vgl. *Gröber's* Grundriss a. a. O. p. 141) und sehr ungleichmässig gearbeitet sind[2]). *Braga* gab auch ein Manual de Hist. de Litt. Port. (1875) und einen Curso de Hist. de Litt. Port. (1886) heraus, ebenso zwei Chrestomathien (Anthologia, 1876, Parnasso, 1877).

Für die neueste ptg. Litteraturgesch. sind wichtig: *Garrett*, Memorias biographicas, ed. *Amorim*, Lisboa 1884, 3 Bde., vgl. Ltbl. V, 247, *Björk-*

---

[1]) *Leite de Vasconcellos*, A philologia portugueza (a proposito da reforma do curso superior de letras de Lisboa), Liss. 1889. — *Coelho*, A lingua portugueza, noções de glottologia geral e especial portugueza, Porto 1889, und: Questões da lingua port., Porto 1874 (bedeutendes Werk, vgl. Rom. III, 310, ebenso ist wichtig *C.'s* Theoria da conjug. em lat. e port., Liss. 1870). — *Viaña*, Esposição da pronuncia normal port., Liss. 1892, vgl. Rom. XXII, 337.

[2]) Das 17. und 18. Jahrh. hat B. überhaupt nicht behandelt.

man, Anthero de Quental, ett skaldeporträtt, Upsala 1894, vgl. Ltbl. 1894 Sp. 342.

Ueber die älteste ptg. Poesie vgl. *Diez*, Ueber die erste ptg. Kunst- und Hofpoesie, Bonn 1863.

Die Litt. des 16. und 17. Jahrh. hat *Lopez de Mendoça* in den von der Acad. das sciencias herausgeg. Annalen März 1857 bis Febr. 1858 behandelt.

Eine brauchbare Gesch. der ptg. Litt. in deutscher Sprache ist nicht vorhanden[1]); ebenso fehlt eine wissenschaftlich irgendwie brauch- bare Chrest. Ueberhaupt wird ja das Studium des Port. in Deutsch- land leider sehr vernachlässigt, wenigstens das wissenschaftliche. Die Thatsache, dass Camões öfter und meist auch schlechter, als nöthig war, übersetzt worden ist, kann dafür nicht entschädigen.

Ueber die Gesch. der ptg. Litt. in Brasilien vgl. *F. Wolf*, Le Brésil littéraire (zugleich auch Chrest.), Berlin 1863, vgl. Jahrb. f. rom. und engl. Litt. V, 222.

Leite de Vasconcellos, Tradições populares de Portugal, Liss. 1882 (unter fast gleichem Titel und in gleichem Jahre erschien auch in 15 Heften ein Werk von *Pedroso*), und: Poesia amorosa do povo portu- guez, Lisboa 1890.

Wörterbücher: Dicc. da ling. port., herausg. von der Akad. (ist nicht über A hinausgekommen), Liss. 1793. — *Bluteau*, Vocabulario port. e latino, Liss. 1712 (neue Bearbtg. von *Moraes Silva*, Liss. 1789, 4. Ausg. 1831). — Elucidario das palavras, termos e frases que em Por- tugal antigamente se usarão e que hoje regularmente se ignorão etc. por *J. de Santa Rosa de Viterbo*, Liss. Bd. I. 1798, Bd. II, 1799, Neu- druck 1865 (wichtiges Werk)[2]).

Portug.-deutsche und deutsch-ptg. Wörterbücher von: *Wollheim da Fonseca*, 3. Ausg. Leipzig 1877; *Bösche*, 2. Ausg. Hamburg 1876; *H. Michaelis*, Leipzig 1887/89 (verhältnissmässig bestes Werk); *Enenkel e Souza Pinto*, Paris 1894.

Coelho, Diccionario manual etymologico da lingua portugueza, Leipzig 1890. — *de Sousa*, Vestigios da lingua arabica em Portugal ou lexicon das palavras e nomes portuguezes que tem origem arabica, 2 ed. Liss. 1830. — *de Santo-Luiz*, Glossario das palavras e frases da lingua franceza que se tem introducidas na locução port. mod., Liss. 1827. — *Coelho*, Formes divergentes de mots portugais (mots populaires et mots savants), in: Romania II, 281.

---

[1]) *Bouterwek's* Gesch. d. ptg. Poesie und Beredsamkeit, Göttingen 1865, ist selbstverständlich veraltet, kann aber, weil Ersatz nicht be- schafft worden ist, noch nicht entbehrt werden.

[2]) Noch seien genannt: *de Moraes*, Dicc. da ling. port. (neu bearbeitet von *Coelho*), Lisb. 1878, und: *Aulete*, Dicc. contemp. da ling. port. Lisb. 1881.

Kurzes Register.

(Ein ausführliches Register wird durch das eingehende Inhaltsverzeichniss entbehrlich gemacht.)

Académie 636.
Accent 141.
Adjectiv 446.
Adverb 499.
Alba 580 Anm.
Albanesisch 68.
Allitteration 577.
Appendix Probi 248 (unten).
Arabisch 70.
Aufenthalt im Ausland 114.
Aussprache 144 (vgl. 116).
Bedeutungswandel 333.
Begriff 163.
Begriffsverbindung 174.
Buchdruck 204.
Byzantiner 62.
Cäsur 555, 565.
Composition 323.
Conjugation 458.
Conjunctionen 503.
Consonanten 138.
Declination 401, 430.
Dialekte 183, 300.
Dichtung 216.
Dichtungsgattungen 219.
Diphthonge 140.
Doctorexamen 109.
Encyklopädie 80.
Englisch 64.
Enjambement 577.

Etymologie 332 f.
Formenbau § 41 f.
Germanisch 63.
Gerundium 423.
Grammatiken 542 ff.
Griechisch 62.
Gymnasialunterricht 118.
Handschriften 237.
Hochton 141.
Indogermanische Sprachen 121.
Infinitive 487.
Interjectionen 504.
Interpunction 369 f.
Keltisch 65 f.
Lateinisch § 27 ff.
Laute 134 ff.
Lautgesetze 149 ff.
Lautlehre § 39 f.
Lautrede 124.
Lautschrift 205 ff.
Lautsprache 124.
Lautwandel 147.
Lehnworte 339.
Litteratur 209 ff.
Litteraturgattungen 210 ff.
Litteraturgeschichte § 48.
Logik 161 ff.
Metrik § 45 f.
Mundarten s. Dialekte
Naturalismus 612.

Neuphilologie 88.
Nomen 425.
Nominalstämme 402, 434.
Numeralia 456.
Orthographie 207.
Participien 488.
Personalendungen 421.
Philologie § 1 ff.
Präpositionen 501.
Pronomina 450.
Rechtschreibung 207.
Reim 575.
Rhythmische Rede 222.
Rhythmik 563.
Roman 596.
Romanische Philologie 45.
Romanische Sprachen 294.
Romanticismus 612.
Sanskrit 70.
Satz 175.
Satztheile 176 ff.
Schrift 201.
Schriftlatein 282 ff.
Schriftsprache 225.
Sirventes 624.

Sprache 119 ff.
Sprachen 180 ff.
Sprachgebiet § 31 f.
Staatsexamen 112.
Studium 88.
Substantiva 163.
Synonyma 129.
Syntax § 43 f.
Textkritik 239.
Uebersetzen 234.
Universalsprache 181.
Verbum 411.
Vers 551, 563.
Versbau § 45 f.
Versverbindung 555, 575.
Vocale 137.
Volkslatein 282 ff.
Wort 166.
Wortbestand § 37 f.
Wörterbücher 619 ff.
Wortformen § 41 f.
Wortstellung 531.
Wurzel 166.
Zahlwörter 456
Zeitschriften 83.

Pierer'sche Hofbuchdruckerei Stephan Geibel & Co. in Altenburg.